Excel 関数

2016/2013/2010 対応

羽山 博・吉川明広 & できるシリーズ編集部

できる大事典

インプレス

「できるシリーズはますます進化中！」

2大特典のご案内

©インプレス

特典1 内容を「検索できる！」無料電子版付き

本書の購入特典として、気軽に持ち歩ける電子書籍版（PDF）を提供しています。PDF閲覧ソフトを使えば、キーワードから知りたい情報をすぐに探せます。

詳しくは**下記のページを****チェック！**
http://book.impress.co.jp/books/1116101157

特典2 すぐに「試せる！」練習用ファイル

本書で解説している操作をすぐに試せる練習用ファイルを用意しています。好きな項目から繰り返し学べ、学習効果がアップします。

詳しくは……
901ページを**チェック！**

まえがき

　いわゆる社会人や学生、そのほかあらゆる人にとって、もっとも効率化に役立っているパソコンソフトは何かと聞かれると、多くの人が、Excelだ、と即答することでしょう。特に、関数は、使いこなせば使いこなすほど、目に見えて効率化に役立ちます。それだけでなく、データを分析し、本質を見抜く力も身につきます。

　個人的な話ですが、私は、Excelがまだこの世に存在しない頃から表計算ソフトを使ってきました。30年以上前のことです。その頃から、現在のSUM関数はもちろん、TODAY関数、VLOOKUP関数などと同じ働きの関数が用意されていました。それから今に至るまで、現れては消え、消えては現れるさまざまなソフトを見てきましたが、表計算ソフトはどの時代にも必要とされてきました。操作性は昔に比べると格段に向上しましたが、基本的な関数はそれほど変わっていません。それは、おそらくこれから10年後、20年後、あるいはその先も変わらないでしょう。

　この本は、『できる大事典 Excel関数 2007/2003/2002/2000対応』の改訂版です。なんと、約10年ぶりの改訂になります。バージョンアップによる変化が激しい時代にあって、10年間改訂されなかった（改訂の必要がなかった）、というのは、関数の知識がいかに長く使える基礎的な知識であるかという証でもあります。前述した昔話と同じように、根幹の部分はほとんど変わっていないのですから。

　しかし、この10年の間に、新しい関数が追加されたり、それにともなって名前が変わった関数もかなりあります。特に、Excel 2016では、条件の取り扱いや時系列分析など、ぐっと使いやすくなった関数や、高度な分析のための関数が追加されました。

　そこで、新たな関数をすべて掲載するだけでなく、これまでの関数の解説ももっと読みやすくしようという方針で旧版を全面的に改訂することになりました。ページ構成や体裁を一新し、文章もできるだけ簡潔で分かりやすくなるように書き直しています。

　日常よく使う基本的な関数を分かりやすく説明することはもちろんですが、統計関数や財務関数、エンジニアリング関数、キューブ関数、ウェブ関数などについても、初歩的な入門書には掲載されていないレベルまで突っ込んで基礎知識、関連知識を解説しています。分布の利用や仮説検定、データ分析の考え方、債券のしくみ、XML文書の解析なども身につく、きわめて付加価値の高い本になっているものと自負しています。

　この本が、あらゆる人にとって、新たな発見に巡り会えるものであるように、そして、これから10年、20年とExcelを活用したい人の要求にも応えられるように、という思いを込めて、世に送り出したいと思っています。読者の皆さまには、この本を座右に置いて、長く使っていただけると幸いです。

2017年8月　著者を代表して　羽山　博

本書の読み方

▶本書では、関数の機能や使い方を大項目、中項目に分類して説明しています。大項目では目的別に関数をまとめ、概要で、しくみや考え方を解説します。中項目では各関数の機能や引数の指定方法、入力のしかたなどを解説します。

紙面に含まれる要素

大項目タイトル
目的から関数を探すために使える見出しです。いくつかの関数をまとめてあります。

概要
目的別にまとめた関数のしくみや共通する考え方をわかりやすく説明しています。

中項目タイトル
関数の名前や機能から関数を探すための見出しです。

関数の形式
関数名と、関数にどのような引数を与えるかがわかります。

関数の解説
関数の働きと使い方を解説しています。

引数の意味
引数の意味と指定方法を解説しています。

ポイント
関数の利用時に役立つ情報や活用のポイント、留意点などを紹介しています。

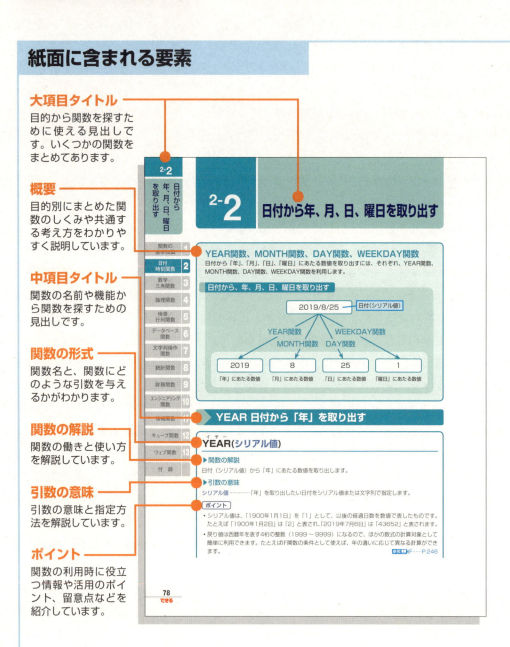

手順をわかりやすく解説

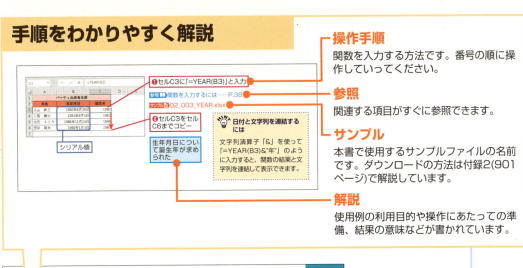

操作手順
関数を入力する方法です。番号の順に操作していってください。

参照
関連する項目がすぐに参照できます。

サンプル
本書で使用するサンプルファイルの名前です。ダウンロードの方法は付録2(901ページ)で解説しています。

解説
使用例の利用目的や操作にあたっての準備、結果の意味などが書かれています。

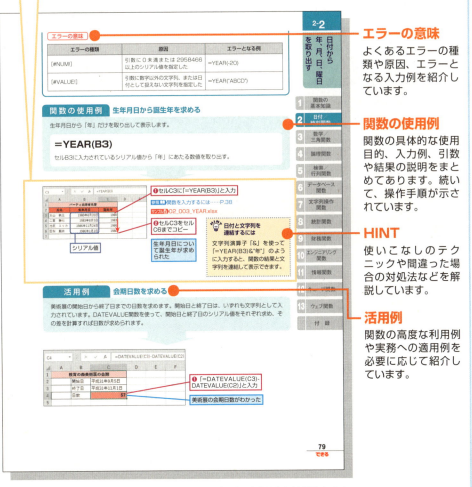

エラーの意味
よくあるエラーの種類や原因、エラーとなる入力例を紹介しています。

関数の使用例
関数の具体的な使用目的、入力例、引数や結果の説明をまとめてあります。続いて、操作手順が示されています。

HINT
使いこなしのテクニックや間違った場合の対処法などを解説しています。

活用例
関数の高度な利用例や実務への適用例を必要に応じて紹介しています。

※紙面はイメージです。本書の内容とは異なります。

本書の使い方

本書の関数は、関数の分類、目的、機能、関数名など、さまざまな方法で検索できるようになっています。目的から引くには目次を、関数名や機能から引くには索引を、というように、使い方を確認しておいてください。

目次から引く

本書の目次（10ページ～）は、関数の分類、目的、関数名の順に絞り込めるようになっています。たとえば、「日付/時刻関数」という分類から「年を取り出す」という目的で探すとYEAR関数のページ番号が見つかります。

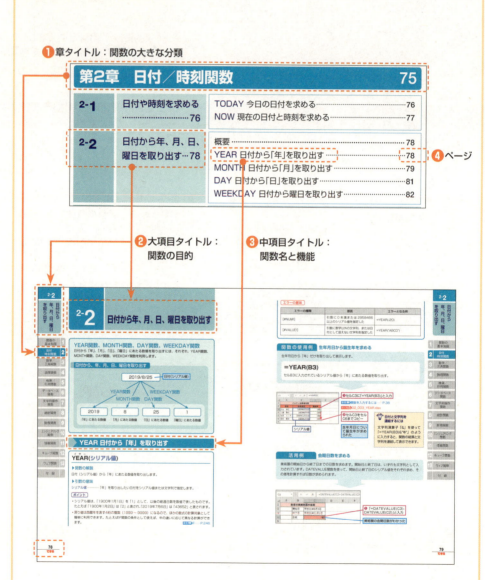

章インデックスから引く

章扉には大項目のタイトルが掲載されているので、関数の分類がわかっている場合は、章扉から目的、関数名の順に絞り込めます。また、ページの両端にある大項目のタイトルを眺めながら目的の関数を探すこともできます。

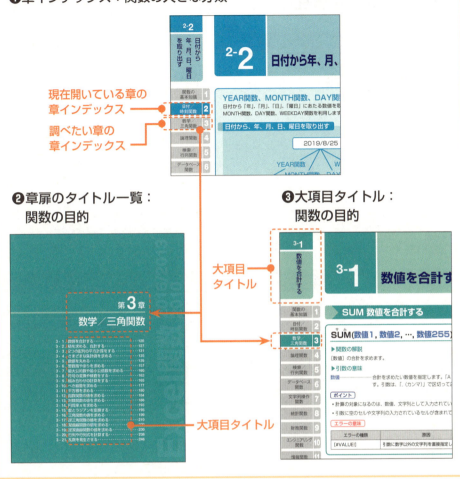

❶章インデックス：関数の大きな分類
　現在開いている章の章インデックス
　調べたい章の章インデックス

❷章扉のタイトル一覧：関数の目的

❸大項目タイトル：関数の目的
　大項目タイトル

索引から引く

関数名がわかっている場合は、巻末の関数索引からページ番号が見つけられます。また、関数の機能や目的に関するキーワードがわかっている場合は、総索引からそれらの内容を取り扱っているページ番号が見つけられます。

アルファベット順に並んだ関数索引で、関数名から探す

総索引で機能や目的に関するキーワードから探す

各章の内容

本書では、機能や目的をもとに、関数を13章に分類して掲載しています。この分類はExcelのヘルプや［数式］タブの分類とほぼ同じです。目的の関数がどの章にあるかを探すための手がかりとしてください。

第1章 関数の基本知識　29

関数の効率的な入力方法と修正方法を説明した後、関数をコピーしてすばやく表を作る方法や配列数式を使って数式を簡単にする方法、エラーに対処する方法などを紹介します。アドインの利用方法も説明します。

第4章 論理関数　251

条件によって異なる式を利用するための関数、複数の条件を組み合わせるための関数、エラー値に対処するための関数などについて解説します。状況に合わせて計算の方法を変えるなど、柔軟な表の作成に役立ちます。

第2章 日付/時刻関数　75

現在の日付や時刻を求める関数、年、月、日、時、分などを取り出す関数、期日や期間を求める関数、日付が何週目かを求める関数などについて解説します。日付を和暦に変換するなど、書式を変える関数も紹介します。

第5章 検索/行列関数　273

文字列を表の中から検索して対応する値を求める関数や、検索値がどの位置にあるかを求める関数、位置を指定してセルの参照を求める関数などを解説します。ピボットテーブルなどから値を取り出す関数も紹介します。

第3章 数学/三角関数　119

数値の合計を求める関数、さまざまな集計値を求める関数、四捨五入や切り上げ、切り捨てなどの丸め計算を行う関数などについて解説します。また、平方根や三角関数、行列などの数学的な計算を行う関数も紹介します。

第6章 データベース関数　323

表の中に入力された条件をもとに、セルの個数を数えたり、合計や平均、最大値、最小値を求める関数について解説します。複数の条件を組み合わせたり、分散や標準偏差などの統計値を求める関数も紹介します。

第7章 文字列操作関数　351

文字列の長さを求めたり、文字列の一部分を取り出す関数、文字列の検索や置換、連結などを行う関数について解説します。また、文字コードを調べたり、全角文字と半角文字の変換などを行う関数も紹介します。

第11章 情報関数　833

セルの内容が数値であるか文字列であるかなど、値の種類を調べたり、セルの状態を調べる関数、操作環境の情報を得るための関数について解説します。また、エラー値の種類を調べる関数についても解説します。

第8章 統計関数　431

平均値などの代表値や、分散や標準偏差を求める関数、順位を求める関数などを解説します。また、回帰分析を行ったり、相関係数を求めたりする関数、各種の分布や確率を求める関数、検定を行う関数について解説します。

第12章 キューブ関数　869

SQL サーバーの Analysis Services で提供されている分析機能を利用して、データを取り出したり、集計を行ったりするための関数、主要業績評価指標（KPI）の各種プロパティを求める関数について解説します。

第9章 財務関数　629

ローンの返済額や積立貯金の払込額、元金や金利に相当する金額、利率を求める関数について解説するとともに、キャッシュフローの分析、定期利付債に関する計算、減価償却費の計算などを行う関数について解説します。

第13章 ウェブ関数　885

ウェブサイトの検索時に使われる文字列を URL エンコードしたり、ウェブサイトからデータを取得したりする関数、取得した XML 文書を解析して、必要な要素を取り出す関数などについて説明します。

第10章 エンジニアリング関数　743

2進数を10進数に変換したり、10進数を2進数に変換するなどの基数変換、複素数の四則演算や指数、対数、三角関数の計算、ベッセル関数の計算など、工学分野で使われる関数について解説します。

付　録　893

マクロ機能を使って、ユーザー定義関数を作る方法や、そのためのプログラミング言語（Visual Basic for Applications）の基本を解説します。またサンプルファイルのダウンロード方法もここで説明します。

目次

まえがき	……………3	各章の内容	……………8
本書の読み方	……………4	目次	……………10
本書の使い方	……………6		

第1章　関数の基本知識　　29

1-1　関数とは …………30

概要	…………………………………… 30
関数のしくみ	……………………………… 32
関数の形式	…………………………… 32
引数として指定できるもの	………………… 33
演算子とは	………………………………… 34
演算子の種類	…………………………… 34
論理式とは	……………………………… 35
演算子の優先順位	……………………… 35
関数の分類	………………………………… 36
コラム 構造化参照とは	……………………… 37

1-2　関数を入力する…38

関数を入力するには	……………………… 38
セルに直接入力する	…………………… 38
数式バーに直接入力する	………………… 39
[関数ライブラリ]グループのボタンを使う ……… 40
[関数の挿入]ダイアログボックスを使う ………… 44
関数を組み合わせて入力するには	…………… 46
ネストされた関数をセルに直接入力する ………… 47
ネストされた関数を	
[関数の挿入]ダイアログボックスから入力する …… 49

1-3　関数を修正／削除する…52

関数を修正するには	……………………… 52
セル内で直接修正する	…………………… 52
数式バーで直接修正する	………………… 53
カラーリファレンスをドラッグして修正する ……… 53
[関数の引数]ダイアログボックスを使って修正する … 54
関数を削除するには	……………………… 55

1-4　関数をコピーする …………………56

概要	…………………………………… 56
関数をコピーするには	……………………… 57
セル参照を固定したまま関数をコピーするには ………… 59
セル参照の列だけ、または行だけを固定したまま	
関数をコピーするには	……………………… 61

1-5　配列を利用する…64

概要	…………………………………… 64
配列定数を利用するには	…………………… 65
配列数式を利用するには	…………………… 65
複数の計算を一度に行う（戻り値が1つの値）……… 66
複数の結果を一度に求める（戻り値が配列）………… 66

1-6	エラーに対処する ·················· 67	概要 ··· 67
		エラー値に対処するには ····························· 68
		エラー値の種類 ····································· 68
		エラーをチェックする ····························· 69
		循環参照に対応するには ····························· 71
		循環参照を解消する ································· 71
1-7	アドインを 利用するには ······ 73	概要 ··· 73
		アドインを有効にするには ··························· 73

第2章　日付／時刻関数　75

2-1	日付や時刻を求める ·················· 76	TODAY 今日の日付を求める ······························· 76
		NOW 現在の日付と時刻を求める ························· 77
2-2	日付から年、月、日、 曜日を取り出す··· 78	概要 ··· 78
		YEAR 日付から「年」を取り出す ························· 78
		MONTH 日付から「月」を取り出す ······················· 79
		DAY 日付から「日」を取り出す ························· 81
		WEEKDAY 日付から曜日を取り出す ······················· 82
2-3	時刻から時、分、秒 を取り出す ········ 84	概要 ··· 84
		HOUR 時刻から「時」を取り出す ························· 84
		MINUTE 時刻から「分」を取り出す ······················· 85
		SECOND 時刻から「秒」を取り出す ······················· 86
2-4	日付を表す数値を 求める ·················· 88	概要 ··· 88
		DATE 年、月、日から日付を求める ····················· 88
		DATEVALUE 日付を表す文字列からシリアル値を求める··· 90
2-5	時刻を表す数値を 求める ·················· 92	概要 ··· 92
		TIME 時、分、秒から時刻を求める ····················· 92
		TIMEVALUE 時刻を表す文字列からシリアル値を求める··· 94
2-6	期日を求める ········· 96	概要 ··· 96
		EDATE 数カ月前や数カ月後の日付を求める ··············· 97
		EOMONTH 数カ月前や数カ月後の月末を求める ··········· 98
		WORKDAY 土日と祭日を除外して期日を求める ··········· 99
		WORKDAY.INTL 指定した休日を除外して期日を求める ···101
2-7	期間を求める ····103	概要 ··· 103
		NETWORKDAYS 土日と祭日を除外して 期間内の日数を求める ···················104
		NETWORKDAYS.INTL 指定した休日を除外して 期間内の日数を求める ·········106
		DATEDIF 期間内の年数、月数、日数を求める ············108

2-7	期間を求める …103	DAYS360 1年を360日として期間内の日数を求める …109 DAYS 2つの日付から期間内の日数を求める…………111
2-8	日付が何週めかを 求める…………112	WEEKNUM 日付が何週めかを求める……………………112 ISOWEEKNUM ISO8601方式で日付が何週めかを求める…114
2-9	日付を和暦に 変換する………115	DATESTRING 日付を和暦に変換する ………………………115
2-10	期間が1年間に占める 割合を求める……117	YEARFRAC 期間が1年間に占める割合を求める………117

第3章　数学／三角関数 119

3-1	数値を合計する …………………120	SUM 数値を合計する………………………………………120 SUMIF 条件を指定して数値を合計する …………………122 SUMIFS 複数の条件を指定して数値を合計する…………124
3-2	積を求める、 合計する…………127	PRODUCT 積を求める …………………………………………127 SUMPRODUCT 配列要素の積を合計する ………………128 SUMSQ 平方和を求める ……………………………………129
3-3	2つの配列の平方計算 をする……………131	概要 ……………………………………………………………131 SUMX2PY2 2つの配列要素の平方和を合計する ……132 SUMX2MY2 2つの配列要素の平方差を合計する ……133 SUMXMY2 2つの配列要素の差の平方和を求める ……134
3-4	さまざまな集計値を 求める……………135	SUBTOTAL さまざまな集計値を求める ……………………135 AGGREGATE さまざまな集計値を求める…………………137
3-5	数値を丸める…139	INT 小数点以下を切り捨てる………………………………139 TRUNC 切り捨てて指定の桁数まで求める………………140 コラム TRUNC関数やROUND関数で指定する [桁数]の意味とは ………………………141 ROUNDDOWN 切り捨てて指定の桁数まで求める……141 ROUNDUP 切り上げて指定の桁数まで求める …………143 ROUND 四捨五入して指定の桁数まで求める …………144 FLOOR 指定した数値の倍数になるように切り捨てる…145 FLOOR.PRECISE 指定した数値の倍数になるように 切り捨てる…………………146 FLOOR.MATH 数値を基準値の倍数に切り捨てる……148 CEILING 指定した数値の倍数になるように切り上げる…149 CEILING.PRECISE 指定した数値の倍数になるように 切り上げる…………………150 ISO.CEILING 指定した数値の倍数になるように切り上げる…150

3-5	数値を丸める ····139	CEILING.MATH 指定した数値の倍数になるように 切り上げる ··151
		MROUND 指定した数値の倍数になるように丸める····152
		EVEN 最も近い偶数になるように切り上げる ·············154
		ODD 最も近い奇数になるように切り上げる ···············155
3-6	整数商や余りを 求める ··············157	MOD 余りを求める ···157
		QUOTIENT 整数商を求める··························158
3-7	最大公約数や最小公 倍数を求める ····160	GCD 最大公約数を求める ·····························160
		LCM 最小公倍数を求める······························161
3-8	符号の変換や 検査をする ········163	ABS 絶対値を求める ·····································163
		SIGN 正負を調べる······································164
3-9	組み合わせの計算を する··················165	FACT 階乗を求める ······································165
		FACTDOUBLE 二重階乗を求める·················166
		PERMUT 順列の数を求める ·························168
		PERMUTATIONA 重複順列の数を求める ········170
		COMBIN 組み合わせの数や二項係数を求める ······171
		COMBINA 重複組み合わせの数を求める ··········174
		MULTINOMIAL 多項係数を求める ···············175
3-10	べき級数を求める···177	SERIESSUM べき級数を求める····················177
3-11	平方根を求める···180	SQRT 平方根を求める··································180
		SQRTPI 円周率πの倍数の平方根を求める··········181
3-12	指数関数の値を 求める ··············184	POWER べき乗を求める································184
		EXP 自然対数の底eのべき乗を求める ···············186
3-13	対数関数の値を 求める ··············188	LOG 任意の数値を底とする対数を求める··············188
		LOG10 常用対数を求める····························190
		LN 自然対数を求める····································191
3-14	円周率πを求める···193	PI 円周率πの近似値を求める ··························193
3-15	度とラジアンを 変換する ··········195	概要 ···195
		RADIANS 度をラジアンに変換する··················195
		DEGREES ラジアンを度に変換する·················196
3-16	三角関数の値を 求める··············199	SIN 正弦を求める ··199
		COS 余弦を求める ·······································201
		TAN 正接を求める ·······································202
		CSC 余割を求める ·······································204
		SEC 正割を求める ·······································206
		COT 余接を求める ·······································207

1
2
3
4
5
6
7
8
9
10
11
12
13
付録

13
できる

3-17	逆三角関数の値を求める……………210	概要 ……………………………………………210 ASIN 逆正弦を求める ………………………211 ACOS 逆余弦を求める ………………………212 ATAN 逆正接を求める ………………………214 ACOT 逆余接を求める ………………………216 ATAN2 x-y座標から逆正接を求める………217
3-18	双曲線関数の値を求める……………220	SINH 双曲線正弦を求める …………………220 COSH 双曲線余弦を求める …………………221 TANH 双曲線正接を求める …………………223 CSCH 双曲線余割を求める …………………224 SECH 双曲線正割を求める …………………226 COTH 双曲線余接を求める …………………228
3-19	逆双曲線関数の値を求める……………230	概要 ……………………………………………230 ASINH 双曲線逆正弦を求める ………………231 ACOSH 双曲線逆余弦を求める ………………232 ATANH 双曲線逆正接を求める ………………234 ACOTH 双曲線逆余接を求める ………………235
3-20	行列や行列式を計算する…………238	概要 ……………………………………………238 MDETERM 行列の行列式を求める …………239 MINVERSE 行列の逆行列を求める…………240 MMULT 2つの行列の積を求める …………242 MUNIT 単位行列を求める …………………244
3-21	乱数を発生させる…………………246	RAND 0以上1未満の乱数を発生させる………246 RANDBETWEEN 整数の乱数を発生させる …………249

第4章　論理関数　　　　　　　　　　　　　　251

4-1	条件によって異なる値を返す…………252	IF 条件によって異なる値を返す……………………………252
4-2	複数の条件を順に調べて異なる値を返す……255	IFS 複数の条件を順に調べて異なる値を返す 365 ……255 SWITCH 検索値に一致する値を探し、 　　　　　それに対応する結果を返す 365 …………257
4-3	条件を組み合わせて判定する…………259	AND すべての条件が満たされているかを調べる………259 OR いずれかの条件が満たされているかを調べる………261 XOR 複数の条件の真偽が同じか異なるかを調べる……263
4-4	条件を否定する…265	NOT 条件が満たされていないことを調べる……………265

| 4-5 | エラーの場合に返す値を指定する …267 | IFERROR エラーの場合に返す値を指定する ……………267
IFNA [#N/A]エラーの場合に返す値を指定する ………268 |
| 4-6 | 論理値を表す …271 | TRUE 常に真(TRUE)であることを表す ………………271
FALSE 常に偽(FALSE)であることを表す ……………272 |

第5章　検索／行列関数　　　273

5-1	表を検索してデータを取り出す………274	概要 ……………………………………………………274 VLOOKUP 範囲を下に向かって検索する ………………275 HLOOKUP 範囲を右に向かって検索する ………………279 LOOKUP（ベクトル形式）1行または1列の範囲を検索する …281 LOOKUP（配列形式）範囲を検索して対応する値を返す …283
5-2	引数のリストから特定の値を選ぶ…286	CHOOSE 引数のリストから値を選ぶ……………………286
5-3	セルの位置や検索値の位置を求める……288	COLUMN セルの列番号を求める ………………………288 ROW セルの行番号を求める……………………………289 MATCH 検査値の相対位置を求める……………………291
5-4	範囲内の要素を求める……………294	COLUMNS 列数を数える…………………………………294 ROWS 行数を数える ……………………………………295 AREAS 指定した範囲の領域数を数える ………………296
5-5	指定した位置のセル参照を求める…298	OFFSET 行と列で指定したセルのセル参照を求める…298 INDEX（セル参照形式）行と列で指定したセルの参照を求める…301 INDEX（配列形式）行と列で指定した位置の値を求める……303
5-6	ほかのセルを間接的に参照する………306	INDIRECT 参照文字列をもとにセルを間接参照する …306 ADDRESS 行番号と列番号からセル参照の文字列を求める…310
5-7	行と列を入れ替える……………313	TRANSPOSE 行と列の位置を入れ替える………………313
5-8	ハイパーリンクを作成する…………316	HYPERLINK ハイパーリンクを作成する…………………316
5-9	ピボットテーブルからデータを取り出す………318	GETPIVOTDATA ピボットテーブルからデータを取り出す ……………………………………318
5-10	RTDサーバーからデータを取り出す……321	RTD RTDサーバーからデータを取り出す……………321

1
2
3
4
5
6
7
8
9
10
11
12
13
付　録

15

第6章　データベース関数　　323

6-1	条件を満たすセルの個数を求める……324	DCOUNT 条件を満たす数値の個数を求める……………324 DCOUNTA 条件を満たすセルのデータの個数を求める…327
6-2	条件を満たす最大値や最小値を求める…330	DMAX 条件を満たす最大値を求める………………330 DMIN 条件を満たす最小値を求める………………332
6-3	条件を満たすデータを計算する………334	DSUM 条件を満たすセルの合計を求める…………334 DAVERAGE 条件を満たすセルの平均を求める………337 DPRODUCT 条件を満たすセルの積を求める…………339
6-4	条件を満たすデータを探す……………341	DGET 条件を満たすデータを探す………………341
6-5	条件を満たすデータの分散を求める……343	DVAR 条件を満たすデータから不偏分散を求める……343 DVARP 条件を満たすデータの分散を求める…………345
6-6	条件を満たすデータの標準偏差を求める…347	DSTDEV 条件を満たすデータから不偏標準偏差を求める…347 DSTDEVP 条件を満たすデータの標準偏差を求める…349

第7章　文字列操作関数　　351

7-1	文字列の長さを調べる……………352	LEN 文字列の文字数を求める……………………352 コラム 文字列関数でセル範囲を指定すると ………353 LENB 文字列のバイト数を求める…………………354
7-2	文字列の一部を取り出す…………356	概要 …………………………………………356 LEFT 左端から何文字かを取り出す……………357 LEFTB 左端から何バイトかを取り出す……………358 RIGHT 右端から何文字かを取り出す……………360 RIGHTB 右端から何バイトかを取り出す……………361 MID 指定した位置から何文字かを取り出す……363 MIDB 指定した位置から何バイトかを取り出す………365
7-3	文字列を検索する……………368	概要 …………………………………………368 FIND 文字列の位置を求める……………………369 FINDB 文字列のバイト位置を求める……………370 SEARCH 文字列の位置を求める…………………372 SEARCHB 文字列のバイト位置を求める………………374
7-4	文字列を置き換える……………376	SUBSTITUTE 検索した文字列を置き換える…………376 REPLACE 指定した文字数の文字列を置き換える……378 REPLACEB 指定したバイト数の文字列を置き換える…380

7-5	文字列を連結する ………………382	CONCATENATE 文字列を連結する…………………………382 CONCAT 文字列を連結する **365** …………………………384 TEXTJOIN 区切り記号で区切って文字列を連結する **365** …385
7-6	余計な文字を削除する ………388	TRIM 余計な空白文字を削除する……………………………388 CLEAN 印刷できない文字を削除する ………………………389
7-7	ふりがなを取り出す …391	PHONETIC セルのふりがなを取り出す ……………………391
7-8	文字列をくり返し表示する …………393	REPT 指定した回数だけ文字列をくり返す …………………393
7-9	文字列が等しいか調べる ……………395	EXACT 文字列が等しいかどうかを返す ……………………395
7-10	文字コードを操作する ………397	概要 ………………………………………………………… 397 CODE 文字に対応するASCIIコードまたはJISコードを返す…398 CHAR ASCIIコードまたはJISコードに対応する文字を返す…399 UNICODE 文字に対応するunicodeの値を返す …………401 UNICHAR unicodeに対する文字を返す……………………402
7-11	全角文字と半角文字を変換する ………404	ASC 全角文字を半角文字に変換する …………………………404 JIS 半角文字を全角文字に変換する…………………………405
7-12	大文字と小文字を変換する …………407	概要 ………………………………………………………… 407 UPPER 英字を大文字に変換する …………………………407 LOWER 英字を小文字に変換する…………………………409 PROPER 英単語の先頭文字だけを大文字に変換する…410
7-13	数値の表示をさまざまな形式に整える ……………412	YEN 数値に¥記号と桁区切り記号を付ける ………………412 DOLLAR 数値にドル記号と桁区切り記号を付ける……413 FIXED 数値に桁区切り記号と小数点を付ける ……………414 TEXT 数値に表示形式を適用した文字列を返す…………416 セルの表示形式一覧………………………………………417
7-14	数値の表記を変える ………………………420	NUMBERSTRING 数値を漢数字の文字列に変換する…420 NUMBERVALUE 地域別の数値形式の文字列を 　　　　　　　　通常の数値に変換する ………………421 ROMAN 数値をローマ数字の文字列に変換する………422 ARABIC ローマ数字の文字列を数値に変換する………425 BAHTTEXT 数値をタイ文字の通貨表記に変換する…426
7-15	文字列を数値に変換する …………427	VALUE 数値を表す文字列を数値に変換する ……………427
7-16	文字列を返す …429	T 引数が文字列のときだけ文字列を返す…………………429

第8章　統計関数　431

8-1 データの個数を求める……432

概要……432
COUNT 数値や日付、時刻の個数を求める……433
COUNTA データの個数を求める……434
COUNTBLANK 空のセルの個数を求める……435
COUNTIF 条件に一致するデータの個数を求める……436
COUNTIFS 複数の条件に一致するデータの個数を求める……438

8-2 平均値を求める……440

AVERAGE 数値の平均値を求める……440
AVERAGEA すべてのデータの平均値を求める……441
AVERAGEIF 条件を指定して数値の平均を求める……443
AVERAGEIFS 複数の条件を指定して数値の平均を求める……445
TRIMMEAN 極端なデータを除いて平均値を求める……446
GEOMEAN 相乗平均(幾何平均)を求める……448
HARMEAN 調和平均を求める……450

8-3 中央値や最頻値を求める……452

概要……452
MEDIAN 中央値を求める……453
MODE.SNGL 最頻値を求める……454
MODE 最頻値を求める……454
MODE.MULT 複数の最頻値を求める……456

8-4 最大値や最小値を求める……458

MAX 数値の最大値を求める……458
MAXA データの最大値を求める……459
MAXIFS 複数の条件を指定して最大値を求める `365`……460
MIN 数値の最小値を求める……462
MINA データの最小値を求める……463
MINIFS 複数の条件を指定して最小値を求める `365`……464

8-5 順位を求める……466

LARGE 大きいほうから何番めかの値を求める……466
SMALL 小さいほうから何番めかの値を求める……468
RANK.EQ 順位を求める
　　　　(同値がある場合は上位の順位を返す)……470
RANK 順位を求める(同値がある場合は上位の順位を返す)……470
RANK.AVG 順位を求める
　　　　(同値がある場合は順位の平均値を返す)……471

8-6 頻度の一覧表を作る……473

FREQUENCY 区間に含まれる値の個数を求める……473

8-7 百分位数や四分位数を求める……475

概要……475
PERCENTILE.INC 百分位数を求める(0%と100%を含む)……476
PERCENTILE 百分位数を求める(0%と100%を含む)……476
PERCENTILE.EXC 百分位数を求める(0%と100%を除く)……477
QUARTILE.INC 四分位数を求める(0%と100%を含む)……479
QUARTILE 四分位数を求める(0%と100%を含む)……479
QUARTILE.EXC 百分位数を求める(0%と100%を除く)……480

8-7	百分位数や四分位数を求める‥‥‥‥475	PERCENTRANK.INC 百分率での順位を求める（0%と100%を含む）‥‥‥‥482
		PERCENTRANK 百分率での順位を求める（0%と100%を含む）‥‥‥‥482
		PERCENTRANK.EXC 百分率での順位を求める（0%と100%を除く）‥‥‥‥483
8-8	分散を求める‥‥485	概要‥‥‥‥‥‥‥‥‥‥‥485
		VAR.S 数値をもとに不偏分散を求める‥‥‥‥486
		VAR 数値をもとに不偏分散を求める‥‥‥‥486
		VARA データをもとに不偏分散を求める‥‥‥‥487
		VAR.P 数値をもとに分散を求める‥‥‥‥488
		VARP 数値をもとに分散を求める‥‥‥‥488
		VARPA データをもとに分散を求める‥‥‥‥489
8-9	標準偏差を求める‥‥‥‥‥‥491	概要‥‥‥‥‥‥‥‥‥‥‥491
		STDEV.S 数値をもとに不偏標準偏差を求める‥‥‥492
		STDEV 数値をもとに不偏標準偏差を求める‥‥‥‥492
		STDEVA データをもとに不偏標準偏差を求める‥‥‥493
		STDEV.P 数値をもとに標準偏差を求める‥‥‥‥494
		STDEVP 数値をもとに標準偏差を求める‥‥‥‥494
		STDEVPA データをもとに標準偏差を求める‥‥‥‥496
8-10	平均偏差や変動を求める‥‥‥‥‥498	概要‥‥‥‥‥‥‥‥‥‥‥498
		AVEDEV 数値をもとに平均偏差を求める‥‥‥‥498
		DEVSQ 数値をもとに変動を求める‥‥‥‥499
8-11	データを標準化する‥‥501	STANDARDIZE 数値データをもとに標準化変量を求める‥‥501
8-12	歪度や尖度を求める‥‥‥‥‥‥‥503	概要‥‥‥‥‥‥‥‥‥‥‥503
		SKEW 歪度を求める(SPSS方式)‥‥‥‥504
		SKEW.P 歪度を求める‥‥‥‥505
		KURT 尖度を求める(SPSS方式)‥‥‥‥506
8-13	回帰直線を利用した予測を行う‥‥‥508	概要‥‥‥‥‥‥‥‥‥‥‥508
		FORECAST.LINEAR 回帰直線を使って予測する（単回帰分析）‥‥‥‥509
		FORECAST 回帰直線を使って予測する(単回帰分析)‥‥509
		TREND 重回帰分析を使って予測する‥‥‥‥511
		SLOPE 回帰直線の傾きを求める‥‥‥‥513
		INTERCEPT 回帰直線の切片を求める‥‥‥‥515
		LINEST 重回帰分析により係数や定数項を求める‥‥‥516
		STEYX 回帰直線の標準誤差を求める‥‥‥‥520
		RSQ 回帰直線のあてはまりのよさを求める‥‥‥‥521
		コラム 重回帰分析では多重共線性に注意‥‥‥‥522
8-14	指数回帰曲線を利用した予測を行う‥‥523	概要‥‥‥‥‥‥‥‥‥‥‥523
		GROWTH 指数回帰曲線を使って予測する‥‥‥‥524
		LOGEST 指数回帰曲線の底や定数などを求める‥‥‥‥525

8-15	時系列分析を行う ……………………529	FORECAST.ETS 指数平滑法を利用して将来の値を予測する …529 FORECAST.ETS.SEASONALITY 指数平滑法を利用して予測を 行うときの季節変動の長さを 求める ……………………532 FORECAST.ETS.CONFINT 指数平滑法を利用して予測した 値の信頼区間を求める ……534 FORECAST.ETS.STAT 指数平滑法を利用して予測を行う ときの各種の統計量を求める…536
8-16	相関係数や共分散を求める……………540	概要 ……………………………………………………… 540 CORREL 相関係数を求める ……………………………………541 PEARSON 相関係数を求める……………………………………542 COVARIANCE.P 共分散を求める……………………………544 COVAR 共分散を求める ………………………………………544 COVARIANCE.S 共分散の不偏推定値を求める…………545
8-17	母集団に対する信頼区間を求める ……547	CONFIDENCE.NORM 母集団に対する信頼区間を求める （正規分布を利用）………………547 CONFIDENCE 母集団に対する信頼区間を求める （正規分布を利用）……………………547 CONFIDENCE.T 母集団に対する信頼区間を求める （t分布を利用）………………………548
8-18	下限値から上限値までの確率を求める…550	PROB 下限値から上限値までの確率を求める……………550
8-19	二項分布の確率を求める……………552	概要 ……………………………………………………… 552 BINOM.DIST 二項分布の確率や累積確率を求める……554 BINOMDIST 二項分布の確率や累積確率を求める……554 BINOM.DIST.RANGE 二項分布で一定区間の累積確率を 求める ……………………………556 BINOM.INV 累積二項確率が基準値以下になる最大値を求める…557 CRITBINOM 累積二項確率が基準値以下になる最大値を 求める ……………………………557 NEGBINOM.DIST 負の二項分布の確率を求める………559 NEGBINOMDIST 負の二項分布の確率を求める………559
8-20	超幾何分布の確率を求める……………561	HYPGEOM.DIST 超幾何分布の確率を求める…………561 HYPGEOMDIST 超幾何分布の確率を求める…………561
8-21	ポワソン分布の確率を求める…………564	POISSON.DIST ポワソン分布の確率や累積確率を求める …564 POISSON ポワソン分布の確率や累積確率を求める…564
8-22	正規分布の確率を求める……………567	概要 ……………………………………………………… 567 NORM.DIST 正規分布の累積確率や確率密度を求める …568 NORMDIST 正規分布の累積確率や確率密度を求める …568 NORM.INV 正規分布の累積確率から逆関数の値を求める …569

8-22	正規分布の確率を求める……567	NORMINV 正規分布の累積確率から逆関数の値を求める…569 NORM.S.DIST 標準正規分布の累積確率や確率密度を求める……570 NORMSDIST 標準正規分布の累積確率や確率密度を求める…570 NORM.S.INV 標準正規分布の累積確率から逆関数の値を求める……572 NORMSINV 標準正規分布の累積確率から逆関数の値を求める……572 GAUSS 標準正規分布の平均からの累積確率を求める…573 PHI 標準正規分布の確率密度を求める………574
8-23	対数正規分布の確率を求める…………575	概要………………575 LOGNORM.DIST 対数正規分布の累積確率や確率密度を求める……576 LOGNORMDIST 対数正規分布の累積確率や確率密度を求める……576 LOGNORM.INV 対数正規分布の累積確率から逆関数の値を求める……577 LOGINV 対数正規分布の累積確率から逆関数の値を求める……577
8-24	カイ二乗分布を求める、カイ二乗検定を行う…………579	概要………………579 CHISQ.DIST カイ二乗分布の累積確率や確率密度を求める…580 CHISQ.DIST.RT カイ二乗分布の右側確率を求める…581 CHIDIST カイ二乗分布の右側確率を求める………581 CHISQ.INV カイ二乗分布の累積確率から逆関数の値を求める………583 CHISQ.INV.RT カイ二乗分布の右側確率の逆関数を求める………585 CHIINV カイ二乗分布の右側確率の逆関数を求める…585 CHISQ.TEST カイ二乗検定を行う………586 CHITEST カイ二乗検定を行う………………586
8-25	t分布を求める、t検定を行う……589	概要………………589 T.DIST t分布の累積確率や確率密度を求める…………590 T.DIST.2T t分布の両側確率を求める………591 T.DIST.RT t分布の右側確率を求める………592 TDIST t分布の右側確率や両側確率を求める…………593 T.INV t分布の累積確率（左側確率）からt値を求める…594 T.INV.2T t分布の両側確率からt値を求める…………595 TINV t分布の両側確率からt値を求める………………595 T.TEST t検定を行う………596 TTEST t検定を行う………596
8-26	正規母集団の平均を検定する…………599	Z.TEST 正規母集団の平均を検定する………599 ZTEST 正規母集団の平均を検定する………599

8-27	F分布を求める、 F検定を行う……602	概要 ……………………………………………………… 602 F.DIST F分布の累積確率や確率密度を求める………… 603 F.DIST.RT F分布の右側確率を求める………………… 604 FDIST F分布の右側確率を求める……………………… 604 F.INV F分布の累積確率からF値を求める…………… 605 F.INV.RT F分布の右側確率からF値を求める ……… 606 FINV F分布の右側確率からF値を求める…………… 606 F.TEST F検定を行う…………………………………… 608 FTEST F検定を行う…………………………………… 608
8-28	フィッシャー変換を 行う………………610	FISHER フィッシャー変換を行う……………………… 610 FISHERINV フィッシャー変換の逆関数を求める ……… 612
8-29	指数分布関数を 求める…………614	EXPON.DIST 指数分布関数の値を求める …………… 614 EXPONDIST 指数分布関数の値を求める …………… 614
8-30	ガンマ関数やガンマ 分布を求める …616	概要 ……………………………………………………… 616 GAMMA.DIST ガンマ分布の累積確率や確率密度を求める…617 GAMMADIST ガンマ分布の累積確率や確率密度を求める…617 GAMMA.INV ガンマ分布の累積確率から逆関数の値を 　　　　　　 求める………………………………… 618 GAMMAINV ガンマ分布の累積確率から逆関数の値を求める ··618 GAMMA ガンマ関数の値を求める …………………… 619 GAMMALN.PRECISE ガンマ関数の自然対数を求める…621
8-31	ベータ分布を 求める…………622	概要 ……………………………………………………… 622 BETA.DIST ベータ分布の累積確率や確率密度を求める…623 BETADIST ベータ分布の累積確率を求める ………… 624 BETA.INV ベータ分布の累積確率から逆関数の値を求める…625 BETAINV ベータ分布の累積確率から逆関数の値を求める…625
8-32	ワイブル分布を 求める…………627	WEIBULL.DIST ワイブル分布の累積確率や確率密度を求める…627 WEIBULL ワイブル分布の累積確率や確率密度を求める…627

第9章　財務関数　629

9-1	ローンの返済額や積立貯蓄 の払込額を求める …630	概要 ……………………………………………………… 630 PMT ローンの返済額や積立貯蓄の払込額を求める…… 631
9-2	ローン返済額の元金 相当分を求める…634	概要 ……………………………………………………… 634 PPMT ローン返済の元金相当分を求める …………… 635 CUMPRINC ローン返済額の元金相当分の累計を求める…637

9-3	ローン返済額の金利相当分を求める …………………640	概要 ……………………………………………………… 640 IPMT ローンの返済額の金利相当分を求める …………641 CUMIPMT ローンの返済額の金利相当分の累計を求める…644 ISPMT 元金均等返済の金利相当分を求める ……………645
9-4	ローンの借入可能額や貯蓄の頭金を求める……648	概要 ……………………………………………………… 648 PV 現在価値を求める………………………………………649
9-5	貯蓄や投資の満期額を求める…………652	概要 ……………………………………………………… 652 FV 将来価値を求める ………………………………………653 FVSCHEDULE 利率が変動する預金の将来価値を求める…655
9-6	返済期間や積立期間を求める…………656	NPER ローンの返済期間や積立貯蓄の払込期間を求める …656 PDURATION 投資金額が目標額になるまでの期間を求める …658
9-7	ローンや積立貯蓄の利率を求める …660	RATE ローンや積立貯蓄の利率を求める ………………………660 RRI 元金と満期受取額から複利計算の利率を求める ……661
9-8	実効年利率や名目年利率を求める …663	概要 ……………………………………………………… 663 EFFECT 実効年利率を求める………………………………664 NOMINAL 名目年利率を求める ……………………………665
9-9	正味現在価値を求める……………666	概要 ……………………………………………………… 666 NPV 定期的なキャッシュフローから正味現在価値を求める…667 XNPV 不定期なキャッシュフローから正味現在価値を求める …668
9-10	内部利益率を求める……………670	IRR 定期的なキャッシュフローから内部利益率を求める…670 XIRR 不定期なキャッシュフローから内部利益率を求める…671 MIRR 定期的なキャッシュフローから修正内部利益率を求める…673
9-11	定期利付債の計算をする………675	概要 ……………………………………………………… 675 YIELD 定期利付債の利回りを求める ………………………676 PRICE 定期利付債の現在価格を求める……………………677 ACCRINT 定期利付債の経過利息を求める…………………679
9-12	定期利付債の日付情報を得る………681	概要 ……………………………………………………… 681 COUPPCD 受渡日以前で直前の利払日を求める ………682 COUPNCD 受渡日以降で次回の利払日を求める ………683 COUPNUM 受渡日～満期日の利払回数を求める ………685 COUPDAYBS 直前の利払日～受渡日の日数を求める…687 COUPDAYSNC 受渡日～次回の利払日の日数を求める…688 COUPDAYS 受渡日が含まれる利払期間の日数を求める…690
9-13	定期利付債のデュレーションを求める…692	概要 ……………………………………………………… 692 DURATION 定期利付債のデュレーションを求める……693 MDURATION 定期利付債の修正デュレーションを求める…694

1
2
3
4
5
6
7
8
9
10
11
12
13
付録

23

9-14	利払期間が半端な定期利付債の計算をする……697	概要 ………………………………………697 ODDFYIELD 最初の利払期間が半端な定期利付債の利回りを求める…………………698 ODDFPRICE 最初の利払期間が半端な定期利付債の現在価格を求める……………700 ODDLYIELD 最後の利払期間が半端な定期利付債の利回りを求める…………………702 ODDLPRICE 最後の利払期間が半端な定期利付債の現在価格を求める……………704
9-15	満期利付債の計算をする………706	概要 ………………………………………706 YIELDMAT 満期利付債の利回りを求める…………………707 PRICEMAT 満期利付債の現在価格を求める……………708 ACCRINTM 満期利付債の経過利息を求める…………710
9-16	割引債の計算をする………712	概要 ………………………………………712 YIELDDISC 割引債の利回りを求める…………………713 INTRATE 割引債の利回りを求める…………………713 RECEIVED 割引債の満期日支払額を求める……………714 PRICEDISC 割引債の現在価格を求める………………716 DISC 割引債の割引率を求める………………………717
9-17	米国財務省短期証券の計算をする……719	概要 ………………………………………719 TBILLYIELD 米国財務省短期証券の利回りを求める…720 TBILLEQ 米国財務省短期証券の債券換算利回りを求める…721 TBILLPRICE 米国財務省短期証券の現在価格を求める…722
9-18	ドル価格の分数表記と小数表記を変換する…724	DOLLARDE 分数表記のドル価格を小数表記に変換する…724 DOLLARFR 小数表記のドル価格を分数表記に変換する…725
9-19	ユーロ圏の通貨単位を換算する………727	EUROCONVERT ユーロ圏の通貨単位を相互に換算する………………………………727
9-20	減価償却費を求める……………730	SLN 定額法(旧定額法)で減価償却費を求める…………730 DB 定率法(旧定率法)で減価償却費を求める………732 DDB 倍額定率法で減価償却費を求める………………735 VDB 指定した期間の減価償却費を倍額定率法で求める…736 SYD 算術級数法で減価償却費を求める………………738 AMORLINC フランスの会計システムで減価償却費を求める…………………………………739 AMORDEGRC フランスの会計システムで減価償却費を求める…………………………………741

第10章　エンジニアリング関数　743

10-1	数値を比較する 744	DELTA 2つの数値が等しいかどうか調べる ....744 GESTEP 数値が基準値以上かどうか調べる 745
10-2	単位を変換する…747	CONVERT 数値の単位を変換する 747
10-3	数値の進数表記を 変換する 751	概要 ....751 BIN2OCT 2進数表記を8進数表記に変換する………752 BIN2DEC 2進数表記を10進数表記に変換する………753 BIN2HEX 2進数表記を16進数表記に変換する………754 OCT2BIN 8進数表記を2進数表記に変換する………756 OCT2DEC 8進数表記を10進数表記に変換する………757 OCT2HEX 8進数表記を16進数表記に変換する………759 DEC2BIN 10進数表記を2進数表記に変換する………760 DEC2OCT 10進数表記を8進数表記に変換する………762 DEC2HEX 10進数表記を16進数表記に変換する……763 HEX2BIN 16進数表記を2進数表記に変換する………764 HEX2OCT 16進数表記を8進数表記に変換する………766 HEX2DEC 16進数表記を10進数表記に変換する……768 BASE 10進数表記をn進数表記に変換する ………769 DECIMAL n進数表記を10進数表記に変換する ………771
10-4	複素数を作成、 分解する 772	概要 ....772 COMPLEX 実部と虚部から複素数を作成する………773 IMREAL 複素数の実部を求める ....774 IMAGINARY 複素数の虚部を求める ....775 IMCONJUGATE 共役複素数を求める………………776
10-5	複素数を極形式に 変換する 778	概要 ....778 IMABS 複素数の絶対値を求める ....779 IMARGUMENT 複素数の偏角を求める………………780
10-6	複素数の四則演算を 行う 782	IMSUM 複素数の和を求める ....782 IMSUB 複素数の差を求める ....784 IMPRODUCT 複素数の積を求める ....785 IMDIV 複素数の商を求める 787
10-7	複素数の平方根を 求める 790	IMSQRT 複素数の平方根を求める 790
10-8	複素数のべき関数と指数 関数の値を求める…792	IMPOWER 複素数のべき関数の値を求める ....792 IMEXP 複素数の指数関数の値を求める 793
10-9	複素数の対数関数の 値を求める 795	IMLN 複素数の自然対数の値を求める ....795 IMLOG10 複素数の常用対数の値を求める 796 IMLOG2 複素数の2を底とする対数の値を求める 798

1
2
3
4
5
6
7
8
9
10
11
12
13
付録

25
できる

10-10	複素数の三角関数の値を求める……800	IMSIN 複素数の正弦の値を求める ……………………800
		IMCOS 複素数の余弦の値を求める ……………………801
		IMTAN 複素数の正接の値を求める……………………802
		IMCSC 複素数の余割の値を求める……………………803
		IMSEC 複素数の正割の値を求める……………………805
		IMCOT 複素数の余接の値を求める……………………806

10-11	複素数の双曲線関数の値を求める ……808	IMSINH 複素数の双曲線正弦の値を求める ………808
		IMCOSH 複素数の双曲線余弦の値を求める………809
		IMCSCH 複素数の双曲線余割の値を求める………810
		IMSECH 複素数の双曲線正割の値を求める………812

10-12	ベッセル関数の値を求める……………814	BESSELJ 第1種ベッセル関数の値を求める …………814
		BESSELY 第2種ベッセル関数の値を求める …………816
		BESSELI 第1種変形ベッセル関数の値を求める………818
		BESSELK 第2種変形ベッセル関数の値を求める……820

| 10-13 | 誤差関数の値を求める……………822 | ERF ／ ERF.PRECISE 誤差関数の値を求める…………822 |
| | | ERFC ／ ERFC.PRECISE 相補誤差関数の値を求める………………………824 |

10-14	ビット演算を行う………………826	概要 ……………………………………………826
		BITAND ビットごとの論理積を求める …………………827
		BITOR ビットごとの論理和を求める …………………829
		BITXOR ビットごとの排他的論理和を求める…………830
		BITLSHIFT ／ BITRSHIFT ビットを左または右にシフトする ……………831

第11章 情報関数 833

11-1	セルの内容や状態を調べる……………834	ISBLANK 空のセルかどうか調べる …………………834
		ISERROR エラー値かどうか調べる …………………835
		ISNA [#N/A]かどうか調べる…………………………836
		ISERR [#N/A]以外のエラー値かどうか調べる …………837
		ISTEXT 文字列かどうか調べる………………………840
		ISNONTEXT 文字列以外かどうか調べる………………841
		ISNUMBER 数値かどうか調べる ……………………842
		ISEVEN 偶数かどうか調べる…………………………844
		ISODD 奇数かどうか調べる…………………………845
		ISLOGICAL 論理値かどうか調べる……………………846
		ISFORMULA 数式かどうか調べる……………………847
		FORMULATEXT 数式を取り出す………………………848
		ISREF セル参照かどうか調べる………………………850
		コラム 「名前」とは …………………………………851

11-2	データやエラー値の種類を調べる ⋯852	TYPE データの種類を調べる ⋯⋯⋯⋯⋯⋯⋯⋯⋯⋯⋯ 852 ERROR.TYPE エラー値の種類を調べる ⋯⋯⋯⋯⋯⋯⋯ 854
11-3	セルの情報を得る⋯856	CELL セルの情報を得る ⋯⋯⋯⋯⋯⋯⋯⋯⋯⋯⋯⋯⋯⋯⋯ 856
11-4	操作環境の情報を得る⋯⋯⋯⋯⋯860	INFO 現在の操作環境についての情報を得る ⋯⋯⋯⋯⋯ 860
11-5	エラー値［#N/A］を返す⋯⋯⋯⋯⋯862	NA エラー値[#N/A]を返す ⋯⋯⋯⋯⋯⋯⋯⋯⋯⋯⋯⋯⋯ 862
11-6	数値に変換する⋯864	N 引数を数値に変換する ⋯⋯⋯⋯⋯⋯⋯⋯⋯⋯⋯⋯⋯⋯ 864
11-7	ワークシートの番号や数を調べる ⋯⋯866	SHEET ワークシートの番号を調べる ⋯⋯⋯⋯⋯⋯⋯⋯⋯ 866 SHEETS ワークシートの数を調べる ⋯⋯⋯⋯⋯⋯⋯⋯⋯ 867

第12章　キューブ関数　869

| 12-1 | キューブ関数を利用する⋯⋯⋯⋯870 | 概要 ⋯⋯⋯⋯⋯⋯⋯⋯⋯⋯⋯⋯⋯⋯⋯⋯⋯⋯⋯⋯⋯⋯ 870
データソースとの接続 ⋯⋯⋯⋯⋯⋯⋯⋯⋯⋯⋯⋯⋯⋯ 871
CUBEMEMBER キューブ内のメンバーや組を返す ⋯873
CUBEMEMBERPROPERTY キューブ内のメンバーの
プロパティを求める ⋯874
CUBESET キューブからメンバーや組のセットを取り出す⋯875
CUBESETCOUNT キューブセット内の項目の個数を
求める ⋯877
CUBEVALUE キューブの集計値を求める ⋯⋯⋯⋯⋯ 878
CUBERANKEDMEMBER 指定した順位のメンバーを
求める ⋯880
CUBEKPIMEMBER 主要業績評価指標(KPI)の
プロパティを返す ⋯882 |

第13章　ウェブ関数　885

| 13-1 | ウェブ関数を利用する⋯⋯⋯⋯886 | 概要 ⋯⋯⋯⋯⋯⋯⋯⋯⋯⋯⋯⋯⋯⋯⋯⋯⋯⋯⋯⋯⋯⋯ 886
ENCODEURL 文字列をURLエンコードする ⋯⋯⋯⋯⋯887
WEBSERVICE Webサービスを利用してデータを
ダウンロードする ⋯888
FILTERXML XML文書から必要な情報だけを取り出す ⋯890 |

付録 893

付録-1	ユーザー定義関数 ……………………894	概要 ………………………………………………894
		ユーザー定義関数を作成するには………………895
		Visual Basic Editorを起動する ………………895
		ユーザー定義関数を入力する ……………………897
		ユーザー定義関数を利用するには………………899
		ユーザー定義関数の活用例 ………………………899
付録-2	サンプルファイルの ダウンロード……901	サンプルファイルをダウンロードするには ………………901

関数索引…………………………904
共通索引…………………………909
読者アンケートのお願い……………926

●**本書の前提**

本書では、2017年8月の情報をもとに「Microsoft Excel 2016/2013/2010」の関数の使い方について解説しています。また、「Windows 10」と「Office Professional 2016」がインストールされているパソコンでインターネットに常時接続されている環境を前提に画面を再現しています。

「できる」「できるシリーズ」は、株式会社インプレスの登録商標です。
Microsoft、Windows 10 は、米国 Microsoft Corporation の米国およびその他の国における登録商標または商標です。
その他、本書に記載されている会社名、製品名、サービス名は、一般に各開発メーカーおよびサービス提供元の登録商標または商標です。
なお、本文中には ™ および ® マークは明記していません。

第 **1** 章

関数の基本知識

1-1. 関数とは・・・・・・・・・・・・・・・・・・・・・・・・・・・・・30
1-2. 関数を入力する・・・・・・・・・・・・・・・・・・・・・・・38
1-3. 関数を修正／削除する・・・・・・・・・・・・・・・52
1-4. 関数をコピーする・・・・・・・・・・・・・・・・・・・・・56
1-5. 配列を利用する・・・・・・・・・・・・・・・・・・・・・・・64
1-6. エラーに対処する・・・・・・・・・・・・・・・・・・・・・67
1-7. アドインを利用するには・・・・・・・・・・・・・・73

1-1 関数とは

関数とは

関数は、よく使う計算や複雑な計算、数式だけではできない処理などを、かんたんにできるようにしたものです。数値や文字列を与えるだけで、すぐに結果が求められます。たとえば数学の三角関数のような計算、条件に応じて操作が変化する計算、文字列の一部を取り出す操作、財務のような専門分野の計算など、さまざまな計算や処理ができます。

計算をかんたんにする

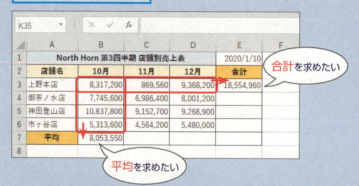

▶関数を使わない場合
- 数式が長く複雑になりやすい
- 計算の目的がわかりづらい
- 目的がわかっていても計算方法のわからない計算はできない

▶関数を使った場合
- 数式を短く**かんたんにできる！**
- 計算の目的が**ひとめでわかる！**
- 目的がわかれば**計算方法のわからない計算もできる！**

合計を求める（セル E3 に入力）

●関数を使わない場合
= B3 + C3 + D3

●**関数**を使った場合
= **SUM** (B3 : D3)

平均を求める（セル B7 に入力）

●関数を使わない場合
= (B3 + B4 + B5 + B6) /4

●**関数**を使った場合
= **AVERAGE** (B3 : B6)

数式ではできない処理をする

▶関数を使わない場合
- 日付や文字列をきめ細かく処理したり、数値の個数を数えたりできない
- すべて手作業でやらなければならず、入力や処理を間違えやすい
- 日付や文字列、数値の個数などが変更されたら、再入力する必要がある

▶関数を使った場合
- 日付や文字列をきめ細かく処理したり、数値の個数を数えたりするなど、**数式ではできない処理ができる！**
- 関数を入力するだけで**正確な結果が得られる！**
- あとから日付や文字列、数値の個数などを変更しても、**自動的に結果が変わる！**

●数値の個数を数える（セルB11に入力）

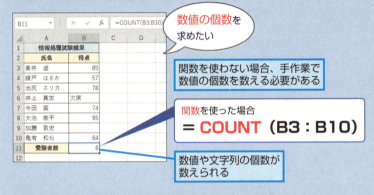

●先頭から3文字だけ取り出す（セルC3に入力）

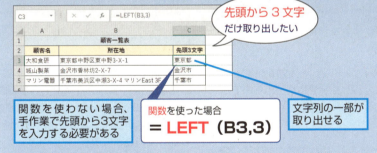

●今日の日付を求める（セルG1に入力）

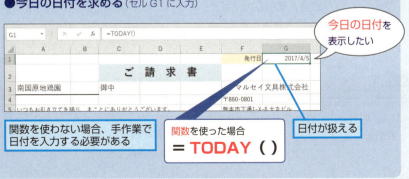

1-1

関数とは

関数のしくみ

関数は「引数」に指定された数値や文字列を使って目的の計算や処理をし、結果を「戻り値」として返します。

● 関数の形式

関数は、以下に示すような形式で入力します。入力にはいくつかの方法がありますが、結果を表示したいセルをクリックして選択し、そのままキー入力するのが最もシンプルな方法です。

参照📖関数を入力するには…………P.38

関数の入力後にセルをクリックして選択すると、数式バーには関数を含む数式が表示される

$$= \text{SUM} (\text{E3} : \text{E6} , \text{E8})$$

❶ ❷ ❸ ❹ ❺ ❻ ❸

E9		✕ ✓ fx	=SUM(E3:E6,E8)			
	A	B	C	D	E	F
1		お買い上げ品目詳細			2020/3/15	
2	品番	品名	本体価格	数量	小計	
3	PK-RV	Goaパーカ	10,800	1	10,800	
4	SH-FL	鹿の子ポロシャツ	7,800	2	15,600	
5	SH-VY	ウールシャツ	9,800	2	19,600	
6	PA-CG	カーゴパンツ	8,800	1	8,800	
7						
8				消費税	4,384	
9				税込合計	59,184	
10						

関数が返す結果は「戻り値」と呼ばれる

関数を入力したセルに戻り値が表示される

❶イコール

最初に「＝（イコール）」を入力します。これにより、入力した文字や数値そのものではなく、計算結果がセルに表示されます。

❷関数名

それぞれの関数には、関数の働きを表す「関数名」が付けられています。英字の大文字と小文字のどちらで入力してもかまいません。小文字で入力しても、大文字で表示されます。

参照📖関数の分類……P.36

❸括弧

引数全体を（ ）（丸括弧）で囲みます。引数が不要な関数でも（ ）は省略できないので、関数名のあとに（ ）だけ入力します。

❹引数（ひきすう）

関数の計算に使われる数値や文字列です。引数には、数値や文字列を直接入力するほかに、セルやセル範囲、あるいは、ほかの関数なども入力できます。どのような引数が指定できるかは関数ごとに決まっています。

参照📖引数として指定できるもの……P.33

❺コロン

2つのセル参照を「:（コロン）」でつなぐと、その2つのセルの間に含まれるセル範囲全体を引数として指定できます。コロンは、「参照演算子」と呼ばれる演算子の1つです。

参照📖演算子とは……P.34

❻カンマ

引数を複数指定できる場合は、それぞれの引数を「,（カンマ）」で区切ります。

サイドバー目次
- 関数の基本知識 1
- 日付／時刻関数 2
- 数学／三角関数 3
- 論理関数 4
- 検索／行列関数 5
- データベース関数 6
- 文字列操作関数 7
- 統計関数 8
- 財務関数 9
- エンジニアリング関数 10
- 情報関数 11
- キューブ関数 12
- ウェブ関数 13
- 付録

● 引数として指定できるもの

関数の引数には、下の表に示すようなものが指定できます。実際にどの引数をいくつ指定できるかは、関数ごとに決まっています。

引数に指定できるもの

引数に指定できるもの		説明
セル参照	セル	1つだけのセル。そのセルに入力されているデータが引数として使用される <例> =SUM(A2,B2,C2)
	セル範囲	A1:B10のように2つのセルをコロンで区切ったもの。2つのセルの間にある、すべてのセルに入力されているデータ全体が、引数として使用される。なお、セル範囲は複数のセルを含んでいるが、1つの引数とみなされる <例> =AVERAGE(C1:D10)
定数	数値	10、－20、3.45などの数値、60％のようなパーセント記号付きの数値、"20,000"のように「"（ダブルクォーテーション）」で囲んだカンマ付き数値など <例> =SUM(100,200,"2,500")
	文字列	「"（ダブルクォーテーション）」で囲んだ文字列。なにも文字を含まない空の文字列を指定するには「"」を2つ続けて「""」と入力する <例> =LEN(" できるシリーズ ")
	論理値	TRUE または FALSE <例> =NOT(FALSE)　　　　　　　　　　参照📖論理式とは……P.35
	エラー値	#DIV/0!、#N/A、#NAME?、#NULL!、#NUM!、#REF!、#VALUE! のいずれか。意図的にエラーを発生させる場合などに使う <例> =ERROR.TYPE(#N/A)　　　参照📖エラー値の種類…………P.68
	配列定数	{100,200} のように数値の列を「,（カンマ）」で区切って「{」と「}」で囲んだもの。{1,2;5,6} のように「;（セミコロン）」を使って行を区切れば、2行以上の配列も指定できる <例> =SUM({10,20}*{30,40})　　　　　参照📖配列とは……P.64
関数		引数に別の関数を指定すると、その別の関数が先に計算され、その戻り値（結果）が元の関数の引数として使用される <例> =INT(SUM(A2:B2))　参照📖関数を組み合わせて入力するには…………P.46
セルの名前		特定のセル、またはセル範囲に付けられた名前。その名前が示すセルやセル範囲に入力されているデータ全体が、引数として使用される <例> =MAX(単価リスト)　　　　　参照📖「名前」とは……P.851
構造化参照		ワークシートのなかにテーブルを作成している場合は、A1、A2、B1、C3のような通常のセル参照の代わりに、「構造化参照」と呼ばれる形式でセルやセル範囲を指定することもできる 　　　　　　　　　　参照📖構造化参照とは……P.37
論理式		セル参照、定数、関数を、比較演算子を使って組み合わせたもの。その比較結果が正しければTRUE、正しくなければFALSEとなる <例> =AND(B4>=80,C4>=80)　　　　　　参照📖演算子とは……P.34
数式		セル参照、定数、関数を、算術演算子や文字列演算子を使って組み合わせたもの <例> =INT(SUM(E3:E7)*8%)　　　　　　参照📖演算子とは……P.34

引数の指定方法

本書では、各関数の「引数の意味」の項で、どのような種類の値が指定できるかを示しています。たとえば「数値を指定します」という場合、数値そのものだけでなく、数値が入力されているセルのセル参照や数値を返す関数、数式も指定できます。

数値のほかに、文字列、論理値、エラー値、配列を指定する場合も、同様にセル参照や関数、数式が指定できます。

1-1

関数とは

演算子とは

Excelでは、セル参照、定数、関数といった数式の要素を、4種類の「演算子」を組み合わせることによって、さまざまな計算ができるようになっています。

● 演算子の種類

演算子には、四則演算（加減乗除）をする算術演算子、2つの値の大小を比較する比較演算子、文字列を連結する文字列演算子、複数のセル参照をまとめるための参照演算子があります。

演算子の種類

演算子	意味	使用例	使用例の説明
算術演算子			
＋（プラス）	加算	A1+A2	A1 の内容と A2 の内容を足す
－ （マイナス）	減算	A3 － A2	A3 の内容から A2 の内容を引く
＊（アスタリスク）	乗算	A3 ＊ 100	A3 の内容に 100 を掛ける
／（スラッシュ）	除算	B5/B1	B5 の内容を B1 の内容で割る
^（キャレット）	べき乗	C7^2	C7 の内容を 2 乗する
％（パーセント）	パーセント指定	A1 ＊ 80%	A1 の内容に 80%（0.8）を掛ける
比較演算子			
＝	等しい	A1=B1	A1 の値と B1 の値が等しければ TRUE、そうでなければ FALSE となる
<>	等しくない	A1<>B1	A1 の値と B1 の値が等しくなければ TRUE、そうでなければ FALSE となる
＞	より大きい	A1>B1	A1 の値が B1 の値より大きければ TRUE、そうでなければ FALSE となる
＜	より小さい	A1<B1	A1 の値が B1 の値より小さければ TRUE、そうでなければ FALSE となる
＞＝	以上	A1>=B1	A1 の値が B1 の値以上であれば TRUE、そうでなければ FALSE となる
＜＝	以下	A1<=B1	A1 の値が B1 の値以下であれば TRUE、そうでなければ FALSE となる
文字列演算子			
＆（アンパサンド）	連結	" できる "&E4	E4 に「シリーズ」という文字列が入力されていれば、「できるシリーズ」という文字列になる
参照演算子			
：（コロン）	セル範囲	A1:B10	A1 ～ B10 にあるセル、つまり A1 ～ A10、B1 ～ B10 を表す
，（カンマ）	セルの複数指定	A1:B10,C1:C10	A1 ～ B10 のセルと C1 ～ C10 のセル、つまり A1 ～ A10、B1 ～ B10、C1 ～ C10 を表す
（半角空白）	セルの共通部分	A1:B4 B2:C5	A1 ～ B4 のセルと、B2 ～ B5 のセルの重複した部分、つまり B2 ～ B4 を表す

関数の基本知識 **1**

日付／時刻関数 **2**

数学／三角関数 **3**

論理関数 **4**

検索／行列関数 **5**

データベース関数 **6**

文字列操作関数 **7**

統計関数 **8**

財務関数 **9**

エンジニアリング関数 **10**

情報関数 **11**

キューブ関数 **12**

ウェブ関数 **13**

付　録

● 論理式とは

「論理式」は、2つの要素（セル参照、定数、関数）を比較演算子でつないだものです。論理式は、IF関数やSUMIF関数のような条件によって異なる動作をする関数や、AND関数のような複数の条件を組み合わせるための論理関数のなかで、条件を指定するための引数として使用します。

参照📖 IF……P.252　　参照📖 SUMIF……P.122
参照📖 AND……P.259　参照📖 論理関数……P.251

AND関数の引数に指定した論理式

D3	▼	× ✓ fx	=AND(B3>=80,C3>=80)

	A	B	C	D
1		学期末テスト結果		
2	氏名	物理	化学	合否判定
3	玉山　鉄三	85	90	TRUE
4	藤田　竜也	75	85	FALSE
5	山野　孝之	60	75	FALSE
6	蒼井　遥	80	85	TRUE
7	上野　朱里	70	75	FALSE
8	松本　奈緒	95	90	TRUE
9				

◆論理値
論理式での比較結果は論理値（TRUEまたはFALSE）として表示される

論理式によって、物理と化学の点数がいずれも80点以上ならTRUEが、いずれかが80点未満ならFALSEが表示される

HINT 比較演算子は文字列にも適用できる

比較演算子は文字列の比較にも利用できます。文字列の大小は、一般に「読み」の順になっています。たとえば、「="A">"B"」はFALSEとなります。

HINT TRUEとFALSEは数値として扱われることもある

論理式での比較結果は、TRUEまたはFALSEとなりますが、数式のなかで数値として扱われた場合はTRUE=1、FALSE=0となります。たとえば、「=(10=10)*3」という数式では、論理式「10=10」の部分がTRUEとなって1として扱われるため、「=1*3」と計算されて最終的な結果は3となります。ただし、比較演算子を使ってTRUEやFALSEをほかの値と比較した場合、大小関係は、TRUE>FALSE>ほかの値、となります。

● 演算子の優先順位

演算子には優先順位があり、優先順位の高いものから順に計算されるようになっています。同じ優先順位の演算子が並んでいる場合には、数式の左側にあるものから順に計算されます。思いどおりの結果を得るためには、優先順位に注意して数式を作る必要があります。

演算子と括弧類の優先順位

❶ ( )で囲まれた数式
❷ ％（パーセント指定）
❸ ＾（べき乗）
❹ ＊（乗算）と ／（除算）
❺ ＋（加算）と −（減算）
❻ すべての比較演算子

計算順序の例1
=A1^2+（B1/C1）*10%

計算順序の例2
=A3−A4*10 > 200

1-1 関数とは

1	関数の基本知識
2	日付／時刻関数
3	数学／三角関数
4	論理関数
5	検索／行列関数
6	データベース関数
7	文字列操作関数
8	統計関数
9	財務関数
10	エンジニアリング関数
11	情報関数
12	キューブ関数
13	ウェブ関数
	付　録

関数の分類

Excelの関数は、計算の目的に応じて以下のように分類されています。第2章以降では、この分類ごとに設けた章のなかで、各関数について解説しています。ただし、本書では「互換性」と「外部（アドイン）」の章は設けていません。代わりに、互換性関数はそれぞれを旧バージョンのときと同じ分類に含め、Excel 2010以降で新しく追加された代替関数の前、または後のページで解説しています。また、外部関数のEUROCONVERT関数については、第9章「財務関数」のなか（727ページ）で解説しています。なお、本書では実際の利用場面を想定して各関数を章ごとに分類しているため、［関数ライブラリ］グループや［関数の挿入］ダイアログボックスの分類とは一致しない場合があります。

関数の分類

分類	説明	含まれる関数の例	ページ
日付 / 時刻	日時と時刻に関連する計算を行う関数群。今日の日付や現在の時刻を求める関数、年月日時分秒とシリアル値とを変換する関数など	TODAY、NOW、DATE、TIME、EOMONTH、EDATE	75
数学 / 三角	集計を行ったり、数学関数の値を得るための関数群。切り上げや切り捨て、四捨五入などを行う関数、行列や階乗の計算をする関数など	SUM、INT、ROUND、MDETERM、FACT、SIN、SINH、LOG	119
論理	論理式の結果に基づいて異なる計算をするIF関数と、そのなかで使用される条件判定用の論理式を組み合わせるための関数群	IF、AND、OR、NOT、TRUE、FALSE	251
検索 / 行列	セル範囲や配列から数値や文字列を取り出す、セル参照の位置（アドレス）を知る、行列を変換する、ハイパーリンクを作成する、などの関数群	VLOOKUP、HLOOKUP、ADDRESS、COLUMN、TRANSPOSE	273
データベース	ワークシート上に作成されている表をもとに、条件に合致するデータを取り出したり、それらの集計や標準偏差を求めたりする関数群	DSUM、DAVERAGE、DGET、DMAX、DMIN、DSTDEVP	323
文字列操作	文字列の全角 / 半角や大文字 / 小文字を変換したり、文字列から一部を取り出したり置き換えたりする関数群	ASC、JIS、UPPER、LOWER、LEFT、RIGHT、MID	351
統計	統計計算をする関数群。平均値、最大値 / 最小値、中央値などを求める関数、数値の順位を求める関数、分散や標準偏差を求める関数など	AVERAGE、MAX、MIN、RANK、FREQUENCY、VAR、STDEV	431
財務	金利計算や資産評価のような財務計算をする関数群。貯蓄や返済などの利息を計算する関数、投資の現在価値や将来価値を得る関数など	PMT、RATE、NPER、NPV、IRR、DB、SLN	629
エンジニアリング	科学系、工学系の特殊な計算をする関数群。数値をn進数に変換する関数、複素数の計算をする関数、ベッセル関数値を求める関数など	DEC2BIN、BIN2DEC、COMPLEX、IMSUM、BESSELJ、BESSELI	743
情報	セルに入っているデータの状態の検査や、データ型やエラーを表す数値、セルについての情報を得るための関数群	ISBLANK、ISTEXT、TYPE、ERROR.TYPE、INFO	833
キューブ	SQL Server Analysis Services のキューブからメンバやデータ、集計値などを取り出す関数群	CUBEMEMBER、CUBESET、CUBEVALUE	869
ウェブ	WEB サイト検索用の URL クエリー文字列をエンコードする関数、WEB サイトから情報を取得する関数、取得した情報から必要なデータを取り出す関数	ENCODEURL、FILTERXML、WEBSERVICE	885

互換性	Excel 2007 以前の旧バージョンとの互換性（下位互換性）を確保するための関数	BETADIST、CEILING、MODE、STDEVP	各代替関数の前後のページ
外部（アドイン）	ユーロ圏の通過を相互に換算する関数	EUROCONVERT	727

構造化参照とは

ワークシート上のデータ範囲を「テーブル」として作成すると、なかに含まれるセルを参照するのに「構造化参照」と呼ばれる形式が使えるようになります。この形式では、テーブルに付けられた「テーブル名」や、テーブルの最上行にある各列の「見出し名」、最下行にある「集計行」といった要素の名前の組み合わせによって、セルやセル範囲が指定できます。そのため、「A1」や「$B$2」のような通常のセル参照に比べて、数式をわかりやすく表せるようになります。

たとえば、以下のような表について考えてみます。

	A	B	C	D	E
1	店名	7月	8月	9月	合計
2	東京店	414,000	415,000	444,000	¥1,273,000
3	さいたま店	299,000	251,000	274,000	¥824,000
4	千葉店	354,000	300,000	383,000	¥1,037,000
5	横浜店	395,000	307,000	309,000	¥1,011,000
6	集計	1462000	1273000	1410000	¥4,145,000

セルE2には、東京店における7月～9月の売上合計金額を計算する数式が入力されています。テーブルの設定をしていない通常の表であれば、数式は次のようになるでしょう。

　　　=SUM(B2:D2)

一方、この表をテーブルに変換すると、数式は次のような形式になります。

　　　=SUM(テーブル1[@[7月]:[9月]])

ここで、テーブル1はこのテーブル全体（つまりセルA2～E5）、[7月]:[9月]は見出し「7月」～「9月」の列に含まれるデータ範囲全体（つまりセルB2～D5）、そして「@」はこの数式自身と同じ行（つまり2行目）を表しており、SUM関数の引数としては、これらの要素がすべて交わる部分（つまりセルB2～D2）が指定されることになります。列番号や行番号の代わりにテーブル名や見出し名が使われているので、何を対象に計算をしているか理解しやすくなっていることがわかります。

構造化参照はさらに、テーブルの外からも利用できます。たとえば、9月における各店の売上合計額をテーブルの外にあるセルで表示するには、次のような数式が使えます。

　　　=SUM(テーブル1[9月])

また、同じ売上合計金額を、集計行から取り出して表示することもできます。

　　　=SUM(テーブル1[[#集計],[9月]])

ここで、[#集計]は、見出し「9月」の列にある集計行のセル（つまりセルD6）を表します。

●構造化参照を利用するには

構造化参照は、ワークシート上のデータ範囲をテーブルに変換するだけで利用できるようになります。

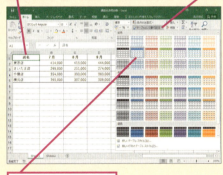

❶データ範囲内のどれかのセルを選択
❷[ホーム]タブ-[スタイル]グループ-[テーブルとして書式設定]をクリック
❸設定したいテーブルスタイルをクリック

テーブルに変換後、すでに入力されている数式があれば、それらは自動的に構造化参照の形式に変換されます。また、あとで別の数式を追加する場合も、数式の入力中に、参照したいセルやセル範囲を選択すれば、参照先が自動的に構造化参照の形式で入力されます。

なお、行を増やすなどして表の形状を変更した場合、列番号や行番号を含む通常の参照形式を使った数式は修正しなければなりませんが、テーブルの場合はその必要がありません。テーブルでは、表の形状を変更してもデータ範囲が自動的に拡張されるため、構造化参照を使った数式はそのままで正しい結果が得られるからです。

1-2 関数を入力する

関数を入力するには

関数をセルに入力するには、セルに直接入力する、数式バーに直接入力する、[関数ライブラリ]グループのボタンを使う、[関数の挿入]ダイアログボックスを使う、の4種類の方法があります。ここでは、これらの入力方法を順に説明します。例として、スポーツショップの第4四半期（セルB3～D3）の売上合計を表示するために、SUM関数をセルE3に入力してみます。

第4四半期の合計を求める

セルB3～D3の合計（SUM関数）

● セルに直接入力する

セルを選択してから、そのまま関数名や引数を直接入力していく方法です。英字の大文字と小文字のどちらを使って入力してもかまいません。この方法では、セルの位置関係を見ながら直感的に入力できるという利点がありますが、関数名や引数の指定方法についてあらかじめ知っておく必要があります。

セルE3にSUM関数を入力し、B3からD3までの合計を求める

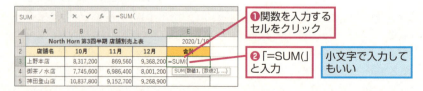

❶ 関数を入力するセルをクリック
❷「=SUM(」と入力
小文字で入力してもいい

関数の形式がポップヒントで表示された

❸続けて「B3:D3)」と入力

セルB3 〜 D3をドラッグして選択してもいい

入力した引数に応じてセル範囲が選択された

❹ Enter キーを押す

関数が入力され、計算結果が表示された

HINT 関数の直接入力時、引数にセル参照を指定するには

関数を直接入力しているとき、引数のセル参照を手入力する代わりに、マウス操作でセルを選択してもセル参照が指定できます。また、矢印キーを使ってもセル参照が指定できます。このとき、Shift キーを押しながら ↑↓←→ キーを押せば、セル範囲も指定できます。

HINT 関数の直接入力時、引数に文字列を指定するには

関数を直接入力しているとき、引数に固定の文字列を指定するには、文字列の前後を「"(ダブルクォーテーション)」で囲む必要があります。

参照▶ [関数の引数] ダイアログボックスで引数に定数や文字列を直接指定するには……P.45

HINT [合計] ボタンを使う方法もある

[ホーム] タブの [編集] グループまたは [数式] タブの [関数ライブラリ] グループにある [合計]（[オートSUM]）ボタンの [▼] をクリックし、一覧から項目を選択すれば、合計（SUM）、平均（AVERAGE）、数値の個数（COUNT）、最大値（MAX）、最小値（MIN）の5種類の関数を入力できます。

HINT 引数が省略できる場合の入力方法

関数によっては、指定すべき引数を省略できることもあります。その場合、引数の前の「,(カンマ)」まで含めて省略できる関数もあれば、逆に「,」だけは必ず指定しなければならない関数もあります。よく確認してください。

● 数式バーに直接入力する

セルを選択してから数式バーをクリックし、そのなかに関数名や引数を直接入力していく方法です。英字の大文字と小文字のどちらを使って入力してもかまいません。この方法は、長い数式を入力するときに使うと便利です。セルに直接入力する場合と同じように、関数名や引数の指定方法を知っておく必要があります。Esc キーを押せば、入力を途中でキャンセルできます。

セルE3にSUM関数を入力し、B3からD3までの合計を求める

❶関数を入力するセルをクリック

1-2 関数を入力する

1 関数の基本知識
2 日付／時刻関数
3 数学／三角関数
4 論理関数
5 検索／行列関数
6 データベース関数
7 文字列操作関数
8 統計関数
9 財務関数
10 エンジニアリング関数
11 情報関数
12 キューブ関数
13 ウェブ関数
付 録

39

1-2 関数を入力する

❷ 数式バーをクリック
❸ 「=SUM(」と入力
小文字で入力してもいい
関数の形式がポップヒントで表示された

❹ 続けて「B3:D3)」と入力
入力した引数に応じてセル範囲が選択された
❺ Enter キーを押す

関数が入力され、計算結果が表示された
小文字で入力したときは自動的に大文字に変更される

● [関数ライブラリ] グループのボタンを使う

[数式] タブの [関数ライブラリ] グループにある分類別のボタンをクリックし、関数一覧で関数名を選択する方法です。関数の分類や名前がわかっていれば、効率よく関数が入力できます。

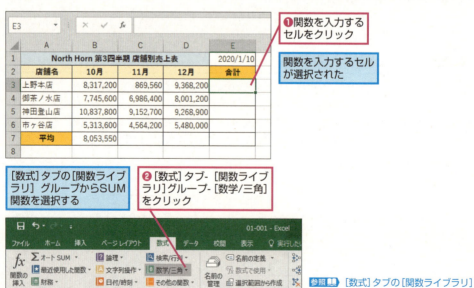

❶ 関数を入力するセルをクリック
関数を入力するセルが選択された

[数式]タブの[関数ライブラリ]グループからSUM関数を選択する

❷ [数式] タブ - [関数ライブラリ] グループ - [数学/三角] をクリック

参照▶ [数式]タブの[関数ライブラリ]グループ……P.42

1-2 関数を入力する

[数学/三角]の分類に含まれる関数の一覧が表示された

❸ここをドラッグして下にスクロール

❹[SUM]をクリック

[関数の引数]ダイアログボックスが表示された

引数を指定する

参照▶ [関数の引数]ダイアログボックス……P.46

❺ここをクリック

関数名も分類もわからないときは

目的とする関数の名前も分類もわからないときは、[数式]タブの[関数ライブラリ]グループにある[関数の挿入]ボタンをクリックして[関数の挿入]ダイアログボックスを表示し、[関数の検索]に計算の目的を文章で入力します。関数の候補が一覧表示されるので、目的の項目を選択して[OK]ボタンをクリックすれば関数を入力できます。

[関数の引数]ダイアログボックスが最小化された

❻引数のセル範囲を選択

セルを選択するときはクリック、セル範囲を選択するときはドラッグする

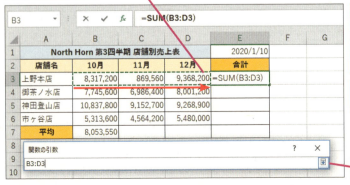

最初のセルを選択したあと、Ctrlキーを押しながらクリックまたはドラッグすると、複数のセルやセル範囲が選択できる

選択したセル範囲が入力された

❼ここをクリック

サイドタブ:
- 1 関数の基本知識
- 2 日付／時刻関数
- 3 数学／三角関数
- 4 論理関数
- 5 検索／行列関数
- 6 データベース関数
- 7 文字列操作関数
- 8 統計関数
- 9 財務関数
- 10 エンジニアリング関数
- 11 情報関数
- 12 キューブ関数
- 13 ウェブ関数
- 付録

1-2 関数を入力する

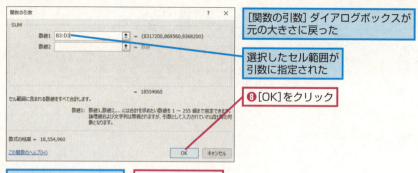

[関数の引数] ダイアログボックスが元の大きさに戻った

選択したセル範囲が引数に指定された

❽ [OK]をクリック

手順1で選択したセルに関数が入力された

❾ 計算結果が表示されたことを確認

上野本店の10〜12月の売上合計が1855万4960円であることがわかった

[数式] タブの [関数ライブラリ] グループ

[数式] タブの [関数ライブラリ] グループには、関数を入力するためのボタンが関数の分類別に並んでいます。入力したい関数のボタンをクリックすると[関数の引数]ダイアログボックスが表示されます。

参照▶ 関数の分類……P.36
参照▶ [関数の引数] ダイアログボックス……P.46

番号	項目名	説明
❶	[関数の挿入] ボタン	[関数の挿入] ダイアログボックスが表示され、関数を検索したり、分類別に関数を入力したりできる
❷	[合計] ボタン	合計を求めるSUM関数が入力できる。[▼]をクリックすると、SUM関数（合計）やAVERAGE関数（平均）など、よく使う5種類の関数が入力できる。[ホーム] タブの [編集] グループにある [合計] ボタンも同様に使える
❸	[最近使用した関数] ボタン	最後に使った関数から順に10個まで表示される。
❹	[財務] ボタン	金利計算や資産評価のような財務計算のための関数が入力できる
❺	[論理] ボタン	論理式の結果に基づいて異なる計算をするIF関数や、条件判定用の論理式を組み合わせるための関数が入力できる
❻	[文字列操作関数] ボタン	文字列から一部を取り出すためのLEFT関数やRIGHT関数など、文字列を操作する関数が入力できる
❼	[日付／時刻] ボタン	今日の日付を求めるTODAY関数、現在の時刻を求めるNOW関数など、日付と時刻を扱う関数が入力できる

番号	項目名	説明
❽	［検索／行列］ボタン	セル範囲から数値や文字列を探し出すVLOOKUP関数、検索値の位置を求めるMATCH関数などが入力できる
❾	［数学／三角］ボタン	合計を求めるSUM関数や、四捨五入をするROUND関数のほか、三角関数のような数学関数が入力できる
❿	［その他の関数］ボタン	［統計］、［エンジニアリング］、［キューブ］、［情報］、［互換性］、［Web］のサブメニューから関数が入力できる。ただし、［データベース］と［外部（アドイン）］の関数については、セルに直接入力するなど、ほかの入力方法を使う必要がある

［関数の挿入］ダイアログボックス

［関数の挿入］ボタンをクリックすると、［関数の挿入］ダイアログボックスが表示されます。ここで目的の関数を選択すると、続いて［関数の引数］ダイアログボックスが表示されます。

参照▶［関数の引数］ダイアログボックス……P.46

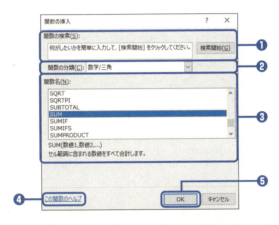

番号	項目名	説明
❶	［関数の検索］ボックス	探したい関数名や計算の目的を、「合計を求める」のように文章で入力してから［検索開始］ボタンをクリックすると、関数の候補が［関数名］リスト（❸）に一覧表示される
❷	［関数の分類］リスト	［(チェックマーク)］をクリックして関数の分類を選択すると、［関数名］リスト（❸）に関数が一覧表示される。［すべて表示］を選ぶと使用できるすべての関数が表示され、［最近使用した関数］を選ぶと最後に使った関数から新しい順に10個まで表示される
❸	［関数名］リスト	［関数の検索］ボックス（❶）を使って検索した関数の候補か、または［関数の分類］で選択した分類の関数が一覧表示される
❹	［この関数のヘルプ］リンク	［関数名］リスト（❸）で選択した関数の形式や使い方が詳細に表示される
❺	［OK］ボタン	クリックすると、選択した関数の［関数の引数］ダイアログボックスが表示される

● [関数の挿入] ダイアログボックスを使う

[関数の挿入] ダイアログボックスを使って関数を入力する方法です。関数や引数についての説明が表示されるので、よく知らない関数でもかんたんに入力できます。[関数の検索] ボックスに任意のキーワードを入力して、関数を検索することもできます。

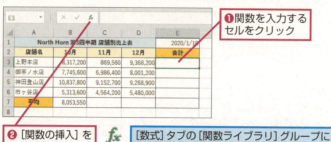

❶ 関数を入力するセルをクリック

❷ [関数の挿入] をクリック

[数式] タブの [関数ライブラリ] グループにある [関数の挿入] ボタンを使ってもいい

[関数の挿入] ダイアログボックスが表示された

❸ ここをクリック

参照▶ [関数の引数] ダイアログボックス……P.46

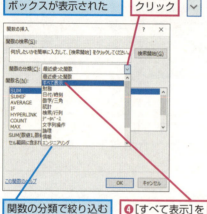

関数の分類で絞り込むこともできる

❹ [すべて表示] をクリック

参照▶ Excel 2007以前の旧バージョンとの互換性（下位互換性）を確保するための関数……P.37

すべての関数が一覧表示された

❺ 利用したい関数を選択

❻ [OK] をクリック

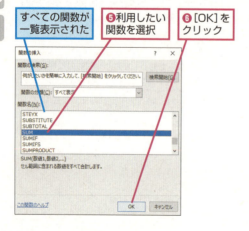

HINT 関数名に「.」（ピリオド）が含まれているものがあるのはなぜ？

Excelの関数は、バージョンアップのたびに数が増えており、その多くは旧バージョンで使われていた関数の機能分割版、または機能強化版となっています。そのため、旧バージョンの関数名を残しながら、分割された機能や強化された機能を意味する文字や単語を付加するために、間に「.」が追加されています（ただし、「.」を含む関数であっても、機能分割版や機能強化版でないものもあります）。たとえば、不偏標準偏差を求める関数はExcel 2007以前ではSTDEV関数でしたが、Excel 2010以降ではSTDEV.S関数に取って代わられています。ただし、以前の関数も、旧バージョンのExcel上での動作を確保するための「互換性関数」として、新バージョンのExcel上でも利用できるようになっています。

参照▶ 関数の分類……P.36

1-2 関数を入力する

[関数の引数]ダイアログボックスが表示された　　引数を指定する

❼ここをクリック

[関数の引数]ダイアログボックスが最小化された

参照▶ [関数の引数]ダイアログボックス……P.46

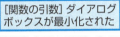

❽引数に指定する範囲を選択

❾ここをクリック

選択した範囲が引数に設定された

さらに引数を指定する場合は手順7〜9を参考に指定する

❿[OK]をクリック

関数が入力され、計算結果が表示された

HINT [関数の引数]ダイアログボックスで引数に定数や文字列を直接指定するには

関数の引数として、定数や固定の文字列を直接指定したいときには、[関数の引数]ダイアログボックスの各引数のボックスに数値や文字列をそのまま入力します。このとき、文字列の前後を「"（ダブルクォーテーション）」で囲む必要はありません。

参照▶ 関数の直接入力時、引数に文字列を指定するには……P.39

HINT ほかのワークシートのセル参照も指定できる

引数には、ほかのワークシートに含まれているセルへの参照も指定できます。それには、[関数の引数]ダイアログボックスで引数を指定するときに、ほかのワークシートタブをクリックしてから目的のセルまたはセル範囲を選択します。この操作により、引数には「Sheet2!A3」のように、ワークシート名を含むセル参照が自動的に入力されます。

サイドタブ:
1 関数の基本知識
2 日付/時刻関数
3 数学/三角関数
4 論理関数
5 検索/行列関数
6 データベース関数
7 文字列操作関数
8 統計関数
9 財務関数
10 エンジニアリング関数
11 情報関数
12 キューブ関数
13 ウェブ関数
付録

45 できる

1-2 関数を入力する

［関数の引数］ダイアログボックス

［関数ライブラリ］グループのボタンや［関数の挿入］ダイアログボックスから関数を選択すると、［関数の引数］ダイアログボックスが表示され、関数に必要な引数が入力できます。

参照▶引数として指定できるもの……P.33

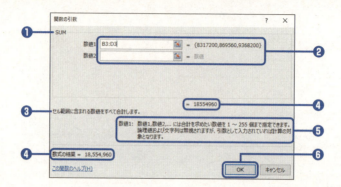

番号	項目名	説明
❶	関数名	［関数の挿入］ダイアログボックスで選択した関数の関数名が表示される
❷	［関数の引数］ボックス	関数の引数を順に入力する。引数がセル参照の場合には、マウスでシート上のセルやセル範囲を選択して入力する方法も使える。［↑］をクリックするとダイアログボックスが縮小され、セル範囲の指定が楽にできる。［=］の右側には、引数の現在の値が表示される
❸	関数の意味	関数の内容についてかんたんな説明が表示される
❹	数式の結果	引数が入力された時点での計算結果の途中経過が表示される。新しい引数が入力されるたびに計算結果が変わる
❺	引数の説明	その関数に指定できる引数の説明が表示される
❻	［OK］ボタン	クリックすると関数の入力が完了する。セルに関数が挿入され、関数の計算結果が表示される

関数を組み合わせて入力するには

関数の引数として、さらに関数を指定することを「ネスト」といいます。この場合、引数に指定された関数が先に計算され、その結果（戻り値）が最初の関数の引数として使われます。関数をネストすれば、1つの数式で複雑な計算ができるようになります。ここでは、2つの関数をネストする例について説明します。

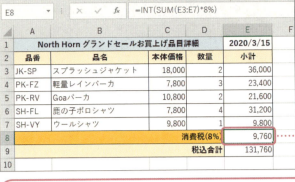

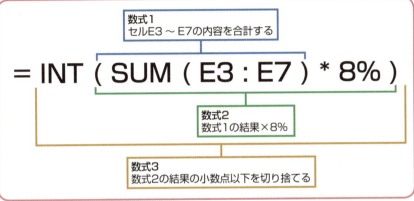

● ネストされた関数をセルに直接入力する

ここの例では、INT関数の引数に指定されたSUM関数のほうが先に計算されますが、数式を入力する順序としてはINT関数のほうが先になることに注意してください。関数をネストして利用したいときには、あらかじめ数式の全体像を把握し、入力の順序についてもよく考えておく必要があります。

セルE3〜E7の合計に8%を掛け、結果の小数点以下を切り捨てるための数式を入力する

1-2 関数を入力する

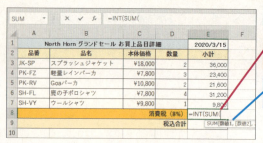

次にSUM関数を入力する

❸ 続けて「SUM(」と入力

SUM関数の形式がポップヒントで表示された

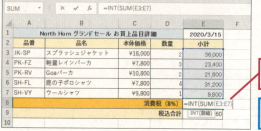

❹ 続けて「E3:E7)」と入力

SUM関数がINT関数の引数の一部として入力できた

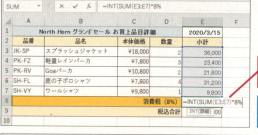

❺ 続けて「*8%」と入力

INT関数の引数がすべて入力できた

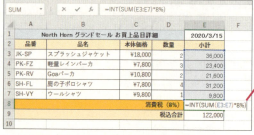

❻「)」と入力

❼ Enter キーを押す

ネストされた2つの関数が正しく入力され、計算結果が表示された

サイドメニュー

- 関数の基本知識 1
- 日付／時刻関数 2
- 数学／三角関数 3
- 論理関数 4
- 検索／行列関数 5
- データベース関数 6
- 文字列操作関数 7
- 統計関数 8
- 財務関数 9
- エンジニアリング関数 10
- 情報関数 11
- キューブ関数 12
- ウェブ関数 13
- 付録

HINT 関数は64レベルまでネストできる

関数を組み合わせて入力するとき、ある関数Aの引数に関数Bを指定するだけでなく、さらにその関数Bの引数に関数Cを指定し、その関数Cの引数に関数Dを……というように、階層的にネストすることもできます。なお、関数は64レベルまでネストできます。

HINT 関数のネストはほどほどに

関数をネストする場合、ネストのレベルを深くしすぎないように注意しましょう。数式が複雑になりすぎると、計算の内容が自分でもわからなくなったり、業務の引き継ぎで新しい担当者に負担をかけてしまうこともあります。また、処理速度の低下を招くこともあります。ワークシートにはたくさんのセルが用意されているので、無理にネストを使わず、計算の途中結果を別のセルに順に表示しながら計算を続けていくといいでしょう。個々の数式がかんたんになり、見通しのよいわかりやすいワークシートが作成できます。

HINT 関数をネストするときは括弧の数に注意

関数をネストすると数式が長くなり、ミスをしやすくなるので注意が必要です。特に、引数を指定するために入力する左右の括弧の数が合っていないと、以下のようなエラーメッセージが表示されます。その場合は［はい］をクリックすれば数式が正しく自動修正されますが、数式が非常に複雑な場合など、自動修正がうまくいかないこともあります。最終的に数式の内容が正しいかどうか、よく見て確認するようにしましょう。

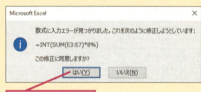

左右の括弧の数が合っていないとエラーメッセージが表示される

［はい］をクリック

メッセージボックスに表示されている内容で数式が修正される

● ネストされた関数を［関数の挿入］ダイアログボックスから入力する

ネストされた関数を入力するには、［関数の挿入］ダイアログボックスを使って、それぞれの関数を順に入力していく方法もあります。ダイアログボックスに表示される関数や引数の説明を見ながら作業を進めていけば、目的の数式が完成します。

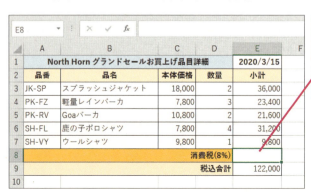

セルE3～E7の合計に8%を掛け、結果の小数点以下を切り捨てるための数式を入力する

❶関数を入力するセルをクリック

1-2 関数を入力する

1 関数の基本知識
2 日付／時刻関数
3 数学／三角関数
4 論理関数
5 検索／行列関数
6 データベース関数
7 文字列操作関数
8 統計関数
9 財務関数
10 エンジニアリング関数
11 情報関数
12 キューブ関数
13 ウェブ関数
付録

1-2 関数を入力する

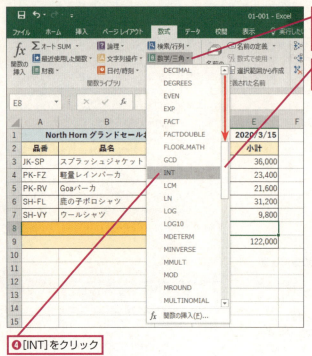

❷ [数式]タブ-[関数ライブラリ]グループ-[数学/三角]をクリック

❸ ここを下にドラッグしてスクロール

❹ [INT]をクリック

INT関数の[関数の引数]ダイアログボックスが表示された

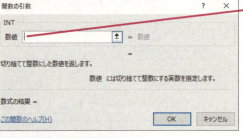

❺ ここをクリック

関数の一覧から組み合わせる関数を選択する

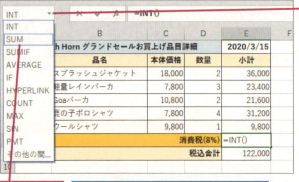

❻ ここをクリック

❼ [SUM]をクリック

目的の関数が一覧にない場合は[その他の関数]をクリックして探す

SUM関数の[関数の引数]ダイアログボックスが表示された

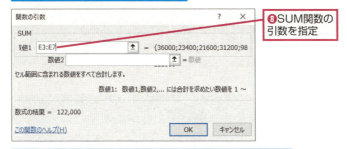

❽SUM関数の引数を指定

数式バーに表示されている関数名の部分をクリックすると、その関数の[関数の引数]ダイアログボックスが表示される

❾数式バーの[INT]の部分をクリック

INT関数の[関数の引数]ダイアログボックスに切り替わる

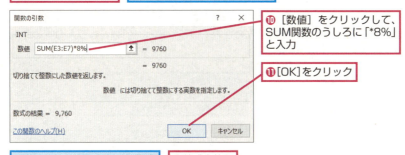

❿[数値]をクリックして、SUM関数のうしろに「*8%」と入力

⓫[OK]をクリック

引数にSUM関数の数式を指定したINT関数が入力された

⓬数式全体を確認

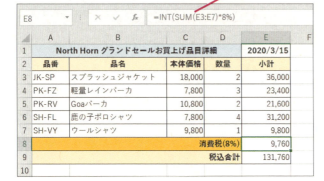

1-2 関数を入力する

1 関数の基本知識
2 日付／時刻関数
3 数学／三角関数
4 論理関数
5 検索／行列関数
6 データベース関数
7 文字列操作関数
8 統計関数
9 財務関数
10 エンジニアリング関数
11 情報関数
12 キューブ関数
13 ウェブ関数
付録

HINT 関数は64レベルまでネストできる

関数を組み合わせて入力するとき、ある関数Aの引数に関数Bを指定するだけでなく、さらにその関数Bの引数に関数Cを指定し、その関数Cの引数に関数Dを……というように、階層的にネストすることもできます。なお、関数は64レベルまでネストできます。

51
できる

1-3 関数を修正／削除する

関数を修正するには

セルに入力した関数や数式に間違いがあった場合や、計算内容を変更したい場合には、セル内で直接修正する、数式バーで直接修正する、カラーリファレンスをドラッグする、［関数の引数］ダイアログボックスを使う、のいずれかの方法で修正します。

● セル内で直接修正する

関数が入力されているセルをダブルクリックすると編集状態になり、関数の内容を直接修正できるようになります。この方法には、関数が入力されているセルと、引数として入力するセル参照の位置関係を把握しやすい利点があります。

◆数式バー
選択したセルに入力されている関数が表示される

❶関数が入力されているセルをクリック

❷セルをダブルクリック

F2 キーを押してもいい

数式を編集できる状態になる

❸関数の数式を修正

❹ Enter キーを押す

修正した数式に基づいてExcelが自動的に値を再計算する

● 数式バーで直接修正する

関数が入力されているセルをクリックして選択すると、数式バーにその関数が表示され、関数の内容を直接修正できるようになります。数式バーで直接修正すれば、長い数式も見やすく、修正がしやすくなります。[数式バーの展開]ボタンを利用すると、長い数式もすべて表示できます。

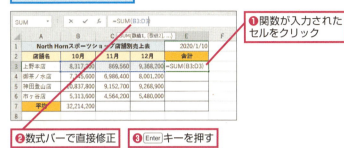

セルE3の関数を修正する
❶関数が入力されたセルをクリック
❷数式バーで直接修正
❸ Enter キーを押す
関数が修正され、計算結果に反映される

◆[数式バーの展開]ボタン
このボタンをクリックすると数式バーが下に拡大され、長い数式もすべて表示できる

● カラーリファレンスをドラッグして修正する

引数に指定したセル範囲を修正する場合には、「カラーリファレンス」と呼ばれる枠を使う方法があります。この枠は引数ごとに色分けされており、マウスでドラッグするだけでセル範囲の移動、拡大、縮小ができます。

❶修正するセルをダブルクリック
参照されているセル範囲にカラーリファレンスが表示された
◆カラーリファレンス
参照されているセルが色分けされて強調表示される
❷枠線の隅にあるハンドルにマウスポインターを合わせる

1-3 関数を修正／削除する

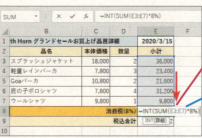

- マウスポインターの形が変わった
- ❸ ドラッグしてセル範囲を修正
- ドラッグした結果が引数のセル範囲に反映される
- ❹ Enter キーを押す
- 関数の引数が修正され、計算結果に反映される

● [関数の引数] ダイアログボックスを使って修正する

関数が入力されているセルを選択してから [関数の挿入] ボタンをクリックすると、[関数の引数] ダイアログボックスが表示され、関数の引数を修正できるようになります。引数についての説明を見たり、結果の値を確認しながら修正できます。

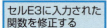
セルE3に入力された関数を修正する

❶ 関数が入力されているセルをクリック

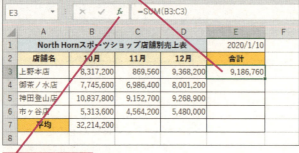

❷ [関数の挿入] をクリック

[関数の引数] ダイアログボックスが表示された

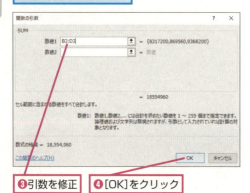

❸ 引数を修正
❹ [OK]をクリック

[関数の挿入] ボタンは2箇所にある

[関数の挿入] ボタンは、数式バーの左側だけでなく [数式] タブの [関数ライブラリ] グループにもあります。どちらのボタンを使っても動作は同じです。

1-3 関数を修正する／削除する

HINT 複数の関数が組み合わされている場合は

[関数の引数］ダイアログボックスが表示されている状態で、数式バーに表示された複数の関数のなかから、修正したい関数名の部分をクリックします。すると［関数の引数］ダイアログボックスがクリックした関数の内容に変わるので、そこで引数を修正します。こうして各関数について同様に修正したあと、最後に［OK］ボタンをクリックすれば、すべての修正が完了します。

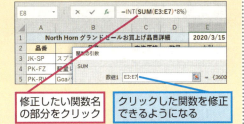

修正したい関数名の部分をクリック

クリックした関数を修正できるようになる

関数を削除するには

セルに入力されている関数や数式を削除するには、セルを選択してから Delete キーを押します。

セルE3の関数を削除する

❶関数が入力されているセルを選択

❷ Delete キーを押す

関数が削除された

数式バーを見ると関数が削除されていることがわかる

HINT エラーに注意する

セルに入力されている関数や数式を削除した場合、そのセルを参照先や関数の引数として指定している数式がほかのセル内にあると、エラーが発生することもあります。関数や数式を削除する場合には十分な注意が必要です。

参照 ▶ エラーに対処する……P.67

HINT 右クリックして削除する方法もある

関数や数式を削除したいセルを選択してから、その範囲内で右クリックし、［数式と値のクリア］を選択します。このとき、［削除］を選択するとセルそのものが削除されてしまうので注意してください。

❶選択したセル範囲内で右クリック

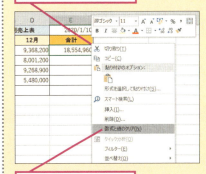

❷［数式と値のクリア］をクリック

1-4

**関数を
コピー
する**

1-4 関数をコピーする

サイドナビ（左列）:

1 関数の基本知識
2 日付／時刻関数
3 数学／三角関数
4 論理関数
5 検索／行列関数
6 データベース関数
7 文字列操作関数
8 統計関数
9 財務関数
10 エンジニアリング関数
11 情報関数
12 キューブ関数
13 ウェブ関数
付録

セル参照を指定する3種類の方法

数式や関数のなかでセル参照を指定する方法としては、「相対参照」、「絶対参照」、「複合参照」の3種類があります。これらのどれを使うかによって、数式や関数をコピーしたときの結果が異なってきます。

相対参照

相対参照は、A1やB2といった一般的に使われるセル参照の指定方法です。この場合、数式をコピーすると、セル参照がコピー先の位置に合わせて自動的に変更されます。計算内容が同じでセル参照だけが異なる数式を、複数のセルにコピーしたい場合に使います。

セルA3の数式を、セルB3〜C3にコピー

	A	B	C
1	10	20	30
2	100	200	300
3	=A1+A2	=B1+B2	=C1+C2

▶

	A	B	C
1	10	20	30
2	100	200	300
3	110	220	330

コピー先に合わせてセルの参照位置がずれる

それぞれのセルの位置に応じて上側2行の合計が表示される

絶対参照

絶対参照は、セル参照の列の前と行の前の両方に「$(ダラー)」を付けた形で指定する方法です。たとえば、$A$1、$B$2のように書き表します。この場合、数式をコピーしても、$を付けたセル参照は固定されたまま変更されません。数式を複数のセルにコピーしても、常に同じセルを参照したい場合に使います。

❶セルA1を絶対参照として指定　❷セルA3の数式を、セルB3〜C3にコピー

	A	B	C
1	10	20	30
2	100	200	300
3	=$A$1+A2	=$A$1+B2	=$A$1+C2

▶

	A	B	C
1	10	20	30
2	100	200	300
3	110	210	310

絶対参照として指定されたセルには「$」が付き、コピーしても参照位置がずれない

常にセルA1を参照して計算が行われる

56

複合参照

複合参照は、セル参照の列の前または行の前のどちらかに「$（ダラー）」を付けた形で指定する方法です。たとえば、$A1、B$1のように書き表します。数式をコピーすると、$を付けた列や行は変更されませんが、$を付けていない列や行はコピー先の位置に合わせて変更されます。つまり、列は絶対参照で行は相対参照、あるいは列は相対参照で行は絶対参照、という指定になります。列または行を固定すると計算がうまくできる場合に使います。

❶列Aと行1を固定する複合参照として指定
❷セルB2の数式をセルB2〜C3のすべてにコピー

	A	B	C
1		10	20
2	11	=$A2*B$1	=$A2*C$1
3	111	=$A3*B$1	=$A3*C$1

コピー先に合わせて、固定しなかった列または行だけセルの参照位置がずれる

	A	B	C
1		10	20
2	11	110	220
3	111	1110	2220

各セルには、列Aにあるセルと、行1にあるセルの計算結果が表示される

関数をコピーするには

隣り合うセルの合計を求めるような表のなかで関数をコピーする場合は、コピー元の関数に含まれるセル参照を「相対参照」のままにしておきます。この関数を含んだセルをほかのセルにコピーすれば、セル参照がコピー先の位置に合わせて自動的に変更されるので、コピー先でもそれぞれ適切な結果が得られます。

参照▶セル参照を指定する3種類の方法……P.56

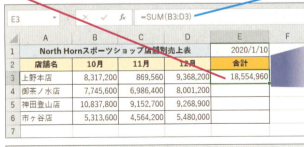

❶関数が入力されたセルをクリック
ここではオートフィルの機能を使って関数をコピーする
セルE3に入力されている関数
フィルハンドルが表示された
◆フィルハンドル

❷フィルハンドルにマウスポインターを合わせる
マウスポインターの形が変わった

HINT 関数を含まない数式をコピーすると

関数を含まない数式をコピーした場合も、数式中にセル参照が使われていれば、コピー先のセル参照はその指定方法（相対参照、絶対参照、または複合参照）に従って変更または固定されます。

1-4 関数をコピーする

1 関数の基本知識
2 日付／時刻関数
3 数学／三角関数
4 論理関数
5 検索／行列関数
6 データベース関数
7 文字列操作関数
8 統計関数
9 財務関数
10 エンジニアリング関数
11 情報関数
12 キューブ関数
13 ウェブ関数
付録

1-4 関数をコピーする

セルE3の関数をセルE4～E6にコピーする

❸ セルE6までドラッグ

関数がコピーできた

◆入力した関数
セルE3=SUM(B3:D3)

◆コピーされた関数
セルE4=SUM(B4:D4)
セルE5=SUM(B5:D5)
セルE6=SUM(B6:D6)

コピーした方向にセルの参照位置がずれるので正しく計算される

参照 SUM……P.120

HINT クリップボードを使ってコピーすることもできる

クリップボードを使って関数をコピーすることもできます。コピー元のセルを選択してから、[ホーム]タブの[クリップボード]グループにある[コピー]ボタンをクリックし、クリップボードに格納します。次に、コピー先のセルを選択し、[貼り付け]ボタンをクリックします。

コピーしたいセルを選択しておく

[ホーム]タブ-[クリップボード]グループ-[コピー]をクリック

Ctrl + C キーを押してもいい

コピー先のセルを選択して[貼り付け]をクリックする

Ctrl + V キーを押してもいい

HINT 書式はコピーせずに関数のみをコピーするには

あるセルに入力された関数をほかの場所にコピーした場合、関数だけでなく、元のセルに設定されているフォントや塗りつぶしの色までコピーされてしまいます。これを避けて、関数だけをコピーしたいときには、[オートフィルオプション]を使うと便利です。

❶オートフィルで関数をコピー

[オートフィルオプション]をクリックしてコピーの方法を選択する

❷[オートフィルオプション]をクリック

❸[書式なしコピー（フィル）]をクリック

セル参照を固定したまま関数をコピーするには

関数をほかのセルにコピーするとき、その関数に含まれるセル参照がコピー先の位置に合わせて変更されると、正しい結果が得られないことがあります。そのような場合は、固定しておきたいセル参照を「絶対参照」に変えてからコピーします。

参照▶セル参照を指定する3種類の方法……P.56

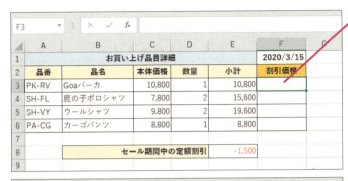

❶割引価格を表示するセルをクリック

❷「=SUM(E3,E8)」と入力

コピーしても常にE8を参照するようにする

❸ F4 キーを押す

セル参照が「$E$8」に変わった

HINT F4 キーで参照形式を切り替えられる

F4 キーを使うと、参照形式をかんたんに切り替えられます。まず、関数が入力されたセルをダブルクリックして編集状態にし、参照形式を変更したいセル参照の部分にカーソルを移動させます。そこで F4 キーを押すごとに、絶対参照→行のみ絶対参照→列のみ絶対参照→相対参照、の順に変更されます。なお、[関数の引数]ダイアログボックスを使って関数を入力する場合も、引数ボックスで F4 キーが使えます。

押す回数	参照形式	例
1回め	絶対参照	$E$8
2回め	行のみ絶対参照	E$8
3回め	列のみ絶対参照	$E8
4回め	相対参照	E8

1-4 関数をコピーする

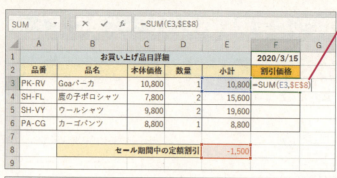

1-4 関数をコピーする

HINT セル参照を固定せずにコピーしたときは

ここでの例に含まれるセルF3の関数では、「セール期間中の定額割引」への参照が変わらないように「$E$8」という絶対参照を指定しています。しかし、もしこのセル参照を単に「E8」と相対参照で指定してしまうと、関数を別のセルにコピーしたときに参照先がずれてしまい、正しい結果が得られません。

◆入力した関数
セルF3=SUM(E3,E8)

絶対参照ではなく、相対参照のまま入力した

◆コピーされた関数
セルF4=SUM(E4,E9)
セルF5=SUM(E5,E10)
セルF6=SUM(E6,E11)

コピーした方向にセルの参照位置がずれるので正しい結果が得られない

▶ セル参照の列だけ、または行だけを固定したまま関数をコピーするには

関数をほかのセルにコピーするとき、その関数に含まれるセル参照の行を固定したまま列だけ相対的に変化させるか、逆に列を固定したまま行だけ相対的に変化させると計算がうまくできることがあります。そのような場合は、セル参照の列または行のどちらか一方に「$（ダラー）」を付け、「複合参照」に変えてからコピーします。

参照▶ セル参照を指定する3種類の方法……P.56

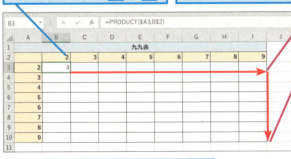

◆入力した関数
セルB3=PRODUCT($A3,B$2)

セルA3の列だけ固定し、セルB2の行だけ固定する複合参照として指定する

❶セルB3をセルC3～I3にコピー
❷セルB3～I3をセルB10～I10にコピー

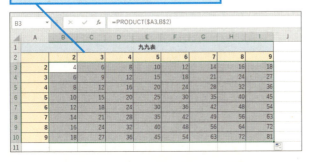

セルB3に1つだけ関数を入力し、それを2回コピーしただけで九九表が完成した

HINT 関数を含まない数式をコピーすると

関数を含まない数式をコピーした場合も、数式中にセル参照が使われていれば、コピー先のセル参照はその指定方法（相対参照、絶対参照、または複合参照）に従って変更または固定されます。

関数の基本知識
日付/時刻関数
数学/三角関数
論理関数
検索/行列関数
データベース関数
文字列操作関数
統計関数
財務関数
エンジニアリング関数
情報関数
キューブ関数
ウェブ関数
付録

61

1-4 関数をコピーする

◆コピーされた関数
セルC3=PRODUCT($A3, C$2)
セルD4=PRODUCT($A4, D$2)
セルE5=PRODUCT($A5, E$2)
　　　　　　　：

参照 PRODUCT……P.127

列Aの3行め、4行め、5行め…と、行2のC列、D列、E列…に入力されている値を計算していく

 関数の計算結果を値に変換するには

関数の計算結果が表示されたセルを選択してから数式バーをクリックし、[F9]キーを押します。これでセルに入力されていた関数が削除され、計算結果の値だけがセルに残ります。計算結果をほかのセルに貼り付けるのではなく、現在表示されているセルに計算結果だけを残したいときには、この方法が便利です。なお、対象のセルをダブルクリックし、編集状態にしてから[F9]キーを押しても同じことができます。

❶数式バーをクリック

❷[F9]キーを押す　　関数が削除され値が表示された　　❸[Enter]キーを押す

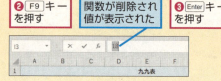

関数の基本知識 1
日付／時刻関数 2
数学／三角関数 3
論理関数 4
検索／行列関数 5
データベース関数 6
文字列操作関数 7
統計関数 8
財務関数 9
エンジニアリング関数 10
情報関数 11
キューブ関数 12
ウェブ関数 13
付録

1-4 関数をコピーする

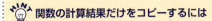

関数の計算結果だけをコピーするには

関数の計算結果が表示されたセルをコピーすると、貼り付けたセルの場所によって計算結果が変化してしまうことがあります。計算結果だけをコピーしたい場合には、そのセルをコピーしてから、[数式] タブの [クリップボード] グループにある [貼り付け] ボタンの [▼] をクリックし、[値の貼り付け] を選択します。

● [貼り付け] を利用する

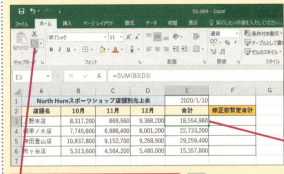

セルF4にセルF3の計算結果だけをコピーする

❶関数が入力されたセルを選択

❷[ホーム]タブ-[クリップボード]グループ-[コピー]をクリック

❸コピー先のセルをクリック

❹[貼り付け]の[▼]をクリック

❺[値の貼り付け]をクリック

または、[貼り付け] の操作をしたあとで [貼り付けのオプション] ボタンをクリックし、[値のみ] を選択する方法もあります。

● [貼り付けのオプション] ボタンを利用する

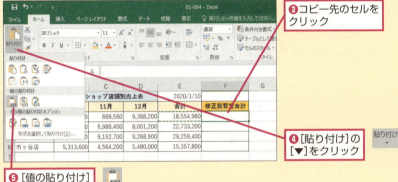

[貼り付けのオプション]をクリックすると、さまざまな種類の貼り付け方法を選択できる

1-5 配列を利用する

配列とは

「配列」は、複数の数値や文字列を仮想的な二次元の表として表したものです。Excelには、配列を扱うためのしくみとして、「配列定数」と「配列数式」が用意されています。

配列定数

「配列定数」は、複数の数値や文字列からなる仮想的な表を、数式のなかで直接指定できるようにしたものです。配列定数を入力するには、配列全体を直接「{ }」（中括弧）で囲み、列の区切りを「,（カンマ）」、行の区切りを「;（セミコロン）」でそれぞれ区切って指定します。

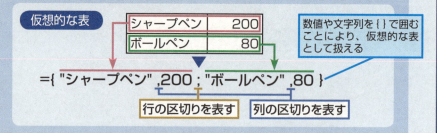

配列数式

「配列数式」は、複数の計算を一度に行ったり、1つの数式で複数の結果を求めたりするためのしくみです。配列数式を入力するには、計算結果を表示したいセルをすべて選択してから数式を入力し、最後に Ctrl + Shift + Enter キーを押します。これで数式全体が自動的に「{ }」（中括弧）で囲まれ、配列数式であることが示されます。

通常の数式

	A	B	C	D
1	商品	個数	単価	計
2	シャープペン	150	200	30,000
3	ボールペン	100	100	10,000
4	フェルトペン	80	150	12,000
5				

別々の数式でそれぞれ計算結果を求める必要がある

=B2*C2
=B3*C3
=B4*C4

配列数式

	A	B	C	D
1	商品	個数	単価	計
2	シャープペン	150	200	30,000
3	ボールペン	100	100	10,000
4	フェルトペン	80	150	12,000
5				

1つの数式で計算結果が求められる

{=B2:B4*C2:C4}

配列定数を利用するには

配列定数は、セル範囲を引数として指定する関数を利用するとき、その引数の代わりに指定できます。たとえば、以下に示すように、VLOOKUP関数で検索の対象とする範囲を、配列定数として数式のなかに直接指定できます。

> **配列定数が使える関数**
>
> セル範囲の代わりに配列定数が利用できる関数には、VLOOKUP関数のほかにも、LOOKUP関数、INDEX関数、MATCH関数などがあります。
> 参照▶VLOOKUP……P.275
> 参照▶LOOKUP……P.283
> 参照▶INDEX……P.301
> 参照▶MATCH……P.291

配列定数で表を作成する例

次のような表をセルに入力する代わりに、配列定数で表してみます。

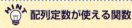

この表を配列定数で仮想的に表すことにする

表として表す部分全体を「{ }」で囲んだうえ、各列を「,」、各行を「;」で区切る

❶セルB3に「=VLOOKUP(B2,{"ER-L","消しゴム大";"RP-A4","レポート用紙A4";"CNA4","大学ノートA4"},2,FALSE)」と入力

❷Enterキーを押す

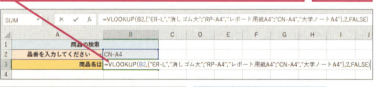

配列定数で作成した仮想的な表から、品番「CN-A4」に対応する値が求められた

配列数式を利用するには

配列数式を利用すると、複数の計算を一度に行ったり、1つの数式で複数の結果を求めたりできます。配列数式を入力する場合は、入力が終了したときにCtrl+Shift+Enterキーを押す必要があることに注意してください。これを忘れると、通常の数式として入力されてしまうため、正しい結果が得られません。

> **配列数式を修正するには**
>
> 配列数式を修正するには、配列数式が入力されたセルのどれか1つを選択し、F2キーを押して編集状態にしてから、数式の内容を修正します。修正が終わったら、Ctrl+Shift+Enterキーを押せば配列数式全体が更新されます。

● 複数の計算を一度に行う（戻り値が1つの値）

商品の売上表で合計金額を求めるには、商品ごとに単価×個数を計算して小計を求め、それらの小計を合計する、といった2段階の計算が必要になります。配列数式を使えば、このような計算が1つの数式で行えます。以下の例では、配列数式の利用によって一度に合計金額を計算しています。この場合、戻り値は1つの値となります。

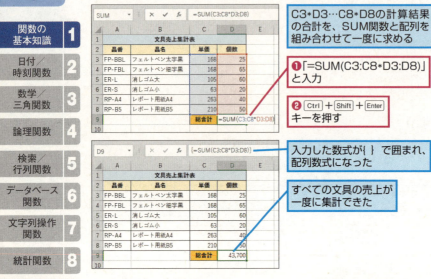

● 複数の結果を一度に求める（戻り値が配列）

関数のなかには、一度に複数の結果を返すものがあります。たとえば、複数の数値のなかの最頻値（最も多く現れる値）を求めるMODE.MULT関数では、戻り値が配列として返されます。このため、複数の戻り値を表示したいセル範囲をあらかじめ選択してから、関数を配列数式として入力します。

参照 MODE.MULT……P.456

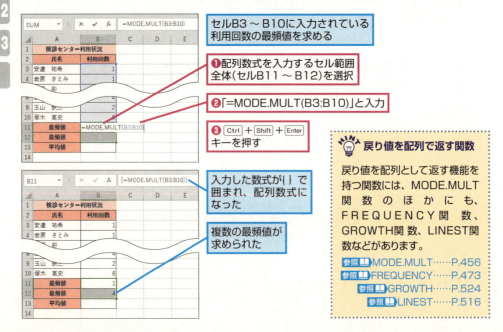

HINT 戻り値を配列で返す関数

戻り値を配列として返す機能を持つ関数には、MODE.MULT関数のほかにも、FREQUENCY関数、GROWTH関数、LINEST関数などがあります。

参照 MODE.MULT……P.456
参照 FREQUENCY……P.473
参照 GROWTH……P.524
参照 LINEST……P.516

1-6 エラーに対処する

エラー値と循環参照

Excelのエラーは、大きく分けると2つあります。1つは、数式に誤りがある場合に発生するエラーです。このとき、その数式が入力されたセルには「エラー値」が表示されます。エラー値にはいくつかの種類があり、それぞれの対処法に基づいて数式を修正する必要があります。

参照 ▶ エラー値の種類……P.68

エラー値

- 数式や関数に誤りがあって正しく計算できないとエラー値が表示される
- ◆[エラーのトレース]ボタン
  エラー値が表示されたセルを選択すると表示される。このボタンをクリックすると、エラー値の内容と操作候補が表示される
- ◆[エラーインジケータ]
  セルの左上隅に表示される

もう1つのエラーは、「循環参照」と呼ばれるエラーです。これは、数式の参照先にそのセル自身のセル参照が含まれているなどの原因により、計算が正しくできない場合に発生します。循環参照を解消するには、セル間の参照関係を調べて、数式のセル参照を修正する必要があります。

循環参照

- ◆[循環参照に関する警告]ダイアログボックス
  循環参照が発生すると表示される
- ◆トレース矢印
  循環参照が発生すると、セルどうしの参照関係を示す「トレース矢印」が自動的に表示されることもある。これを手がかりに、問題のあるセルを特定できる

サイドバー

1. 関数の基本知識
2. 日付/時刻関数
3. 数学/三角関数
4. 論理関数
5. 検索/行列関数
6. データベース関数
7. 文字列操作関数
8. 統計関数
9. 財務関数
10. エンジニアリング関数
11. 情報関数
12. キューブ関数
13. ウェブ関数
付録

1-6 エラーに対処する

エラー値に対処するには

セルにエラー値が表示されたときは、エラー値の種類に応じて原因を推測し、数式を修正するなどして原因を取り除くようにします。エラー値が表示されたセルを選択すると［エラーのトレース］ボタンが表示され、これを使えばエラーの内容を確認したり、修正のヒントを得たりできます。

● エラー値の種類

Excelのエラー値は8種類あります。以下に、その意味、実例、原因と対処法を示します。

エラー値の種類とその対処法

表示	意味	エラーとなる例	エラーの原因と対処法
#DIV/0!	数式や関数が0（ゼロ）または空のセルで割られている	=SUM(A1:A4)/A5 と入力していて、セルA5が空になっているとき	数式内で割り算をしている場合に、計算の過程でなにかの値が0（ゼロ）で割られた。数式や引数、参照先のデータを修正する
#N/A	計算や処理の対象となるデータがないか、または正当な結果が得られない	=MODE(10,20,30,40)	検索／行列関数や統計関数などで、検索値の指定が不適切だったか、検索範囲内に適合するデータがない。または、関数の計算で適切な戻り値が得られなかった。数式や引数、参照先のデータを修正する
#NAME?	Excelの関数では利用できない文字列が使用されている	=HEIKIN(A1:C1)	関数名が間違っているか、数式に使用したセルの名前が定義されていない。または、アドインがインストールされていないか、使用するアドインが有効になっていない。以上いずれかの原因を修正する
#NULL!	半角空白の参照演算子で指定した2つのセル範囲に、共通部分がない	=SUM(A1:A3 C1:C3)	セルの共通部分を指定する参照演算子（半角空白）が間違っているか、指定した2つのセル範囲に共通部分がない。数式や引数を修正する
#NUM!	数値の指定が不適切か、または正当な結果が得られない	=DATE(50000,1,1)	使用できる範囲外の数値を指定したか、それが原因で関数の解が見つからない。数式や引数、参照先のデータを修正する
#REF!	数式内で無効なセルが参照されている	INT(A1) と入力していて、A1 を削除したとき	参照先のセルを削除して、正しいセルを参照できなくなった。数式や引数を修正する
#VALUE!	関数の引数の形式が間違っている	MAX("Dekiru")	数値を指定すべきところに文字列を指定したり、1つのセルを指定すべきところにセル範囲を指定したりしている。正しい形式の引数を指定する
#GETTING_DATA	現在計算中である	非常に複雑な数式が入力されているとき	現在、非常に複雑な数式の計算中であり、結果が表示されるまでに時間がかかっている。計算が完了すれば表示は消える。厳密にはエラー値ではない

> **注意** 第2章以降の各関数の解説にある「エラーの意味」の項では、各関数の「使用例」をもとに関数が返す可能性のあるエラー値を列挙し、その原因、およびエラーとなる例を明記しています。ただし、次の場合はどの関数でも共通なので「エラーの意味」には明記しない場合があります。
> ・[#NAME?]：関数名を間違えて入力したり、定義されていない名前を引数として入力したりすると必ず表示されます。
> ・[#REF!]　：数式のなかに指定されている参照先のセルが削除されると必ず表示されます。
> ・[#VALUE!]：セル範囲に指定されることが想定されていない引数にセル範囲を指定すると、ほとんどの場合で表示されます。

エラー値とは違う表示上のエラー

関数や数式が入力されたセルで、横幅いっぱいに「#######」のように表示されることがあります。このような状態が発生するのは、次に示す2つの場合があり、それぞれに対処法が違います。なお、これらはいずれもエラー値ではありません。

「#######」のように表示されることがある

```
#######
```

●セル幅が短くてデータをすべて表示できない場合
例 ：セルに「=NOW()」と入力していて、セル幅が半角8文字分程度しかないとき
対処法：セル幅を広げる

●Excelで扱える範囲外の数値がセルに入力されている場合
例 ：「日付」の表示形式を指定したセルに「-1」と入力したとき
対処法：シリアル値として正しく扱える0以上2958466未満の値を入力する

セル幅が狭くて正しく表示されていない

シリアル値として正しく扱えない値が入力されている

● エラーをチェックする

セルにエラー値が表示されたら、そのセルをクリックして選択すると、［エラーのトレース］ボタンが表示されます。このボタンをクリックするとメニューが表示され、エラーのヘルプを見る、計算の過程を確認する、エラーを無視するなどの操作ができます。

❶エラー値が表示されたセルをクリック

［エラーのトレース］が表示された

❷［エラーのトレース］をクリック

エラー値の内容が表示される

エラーに関するいくつかの操作候補が表示される

参照 ［エラーのトレース］ボタンの操作候補……P.70

1-6 エラーに対処する

1 関数の基本知識
2 日付/時刻関数
3 数学/三角関数
4 論理関数
5 検索/行列関数
6 データベース関数
7 文字列操作関数
8 統計関数
9 財務関数
10 エンジニアリング関数
11 情報関数
12 キューブ関数
13 ウェブ関数
付録

1-6 エラーに対処する

[エラーのトレース]ボタンの操作候補

メニュー項目	説明
このエラーに関するヘルプ	エラー値に関するExcelのヘルプが表示される。エラーの原因や、その対処法を調べたいときに使う
計算の過程を表示	[数式の検証]ダイアログボックスが表示される。このダイアログボックスで[検証]ボタンをクリックすれば、Excelが実際に計算する過程が順に表示される。どの時点でエラーになったかが確かめられる
エラーを無視する	エラー値を表示したままにする。この項目を選ぶと、[エラーインジケータ]と[エラーのトレース]ボタンも表示されなくなる
数式バーで編集	カーソルが数式バーに表示され、数式の編集ができる状態になる
エラーチェックオプション	[Excelのオプション]ダイアログボックスの[数式]が表示される。ここで、Excelのエラーチェック機能をオン／オフしたり、どんなエラーをチェックするかを選べる。また、[無視したエラーのリセット]ボタンをクリックすれば、それまでに無視したエラーを再びすべてエラー状態に戻せる

HINT [エラーインジケータ]だけ表示されたときは

エラー値が表示されていないのに、セルの左上隅に[エラーインジケータ]だけが表示されることがあります。これは、数式内で指定されているセル参照が周囲のセルの数式と比べて一貫性に欠ける場合や、セルのロックがはずれている場合などに起こります。セルを選択して[エラーのトレース]ボタンをクリックすれば、エラーの内容を確認したり、エラーを解消するための項目を選んだりできます。

◆入力した関数
セルE3=SUM(B3:D3)

◆入力した関数
セルE4=SUM(B4:D4)

◆入力した関数
セルE5=SUM(B5:D5)

◆入力した関数
セルE6=SUM(B6:C6)

セルE6の数式だけ一貫性に欠けているので[エラーインジケータ]が表示される

◆エラーインジケータ
[エラーのトレース]をクリックすれば、エラーを解消するための項目を選択できる

HINT すべてのエラーを確認するには

[数式]タブの[ワークシート分析]グループにある[エラーチェック]ボタンをクリックすると[エラーチェック]ダイアログボックスが表示され、ワークシート全体にあるすべてのエラーについて、1つずつ内容を見たり計算の過程を確認したりできます。

エラーが発生したセルのセル参照が表示される

エラーの内容が表示される

エラーに関するヘルプが表示できる

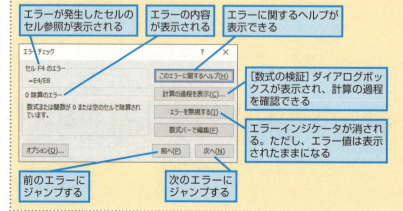

[数式の検証]ダイアログボックスが表示され、計算の過程を確認できる

エラーインジケータが消される。ただし、エラー値は表示されたままになる

前のエラーにジャンプする

次のエラーにジャンプする

循環参照に対応するには

関数の参照先にそのセル自身のセル参照が含まれている場合、「循環参照」を示すメッセージが表示されます。循環参照を解消するには、セル間の参照関係を調べて、数式のセル参照を修正します。また、[数式]タブの[ワークシート分析]グループにある[エラーチェック]ボタンを利用すれば、循環参照を起こしているセルを探し出せます。

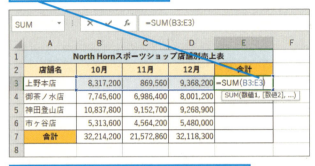

数式の参照先に、数式を入力したセル自身（E3）が含まれている

HINT 参照先からさらに参照されている場合もある

関数の引数に、関数を入力したセル自身が含まれていない場合でも、引数として指定したセルにほかの数式が入力されていて、その数式から関数を入力したセルが参照されていることもあります。そのような場合にも循環参照になることに注意してください。

循環参照が発生するとこのメッセージが表示される

● 循環参照を解消する

循環参照の発生を示すメッセージが表示されたときは、[OK]ボタンをクリックしてダイアログボックスを閉じ、数式のセル参照を修正します。このとき、問題のあるセルを一覧表示したり、トレース矢印を表示して、循環参照の原因を特定することもできます。

参照▶循環参照を起こしているセルを探すには……P.72

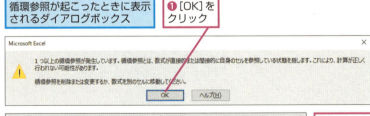

循環参照が起こったときに表示されるダイアログボックス

❶[OK]をクリック

❷数式が入力されたセルをダブルクリック

❸循環参照にならないように数式を修正

❹Enterキーを押す

参照▶関数を修正するには……P.52

1-6 エラーに対処する

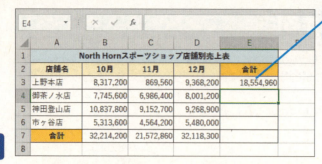

循環参照が解消され、正しい計算結果が表示された

HINT 循環参照を起こしているセルを探すには

循環参照を示すダイアログボックスが表示されたときに［OK］ボタンをクリックして閉じてしまうと、以後ワークシート上に循環参照を示す手がかりがなにも表示されなくなることがあります。その場合は下のように操作すれば、循環参照を起こしているセルを探し出して選択することができます。

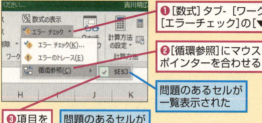

❶ ［数式］タブ-［ワークシート分析］グループ-［エラーチェック］の［▼］をクリック

❷ ［循環参照］にマウスポインターを合わせる

問題のあるセルが一覧表示された

❸ 項目をクリック

問題のあるセルが選択された

HINT トレース矢印が表示されることもある

循環参照が発生すると、セルどうしの参照関係を示す「トレース矢印」が自動的に表示されることもあります。たとえば、右に示す例では、どのセルも表示するべき値が決まらないので循環参照が発生し、トレース矢印が一巡する形で表示されます。これを手がかりにして問題のあるセルを特定し、数式を修正できます。数式の修正が完了して循環参照が解消されると、トレース矢印は自動的に表示されなくなります。

❶「=B1」と入力 ❷「=B2」と入力 ❸「=A1」と入力

セルどうしの参照関係を示すトレース矢印が表示された

1-7 アドインを利用するには

アドインとは

Excelには、さまざまな機能や関数をあとから追加して使えるようにする「アドイン」と呼ばれるしくみがあります。アドインには、たとえばExcelのリボンに新しい機能を持つボタンを追加するアドインや、専門的な統計処理を行うための関数を含むアドインなど、たくさんの種類があります。アドインの配布元からパッケージやファイルを入手してパソコンにインストールすれば、アドインが利用できるようになります。

アドインを有効にするには

Excelには、標準でいくつかのアドインがすでにインストールされており、有効（アクティブ）にするだけでその機能や関数が使えるようになります。ここでは、「Euro Currency Tools」（ユーロ通貨対応ツール）というアドインを有効にして「EUROCONVERT関数」が使えるようにしてみます。

❶[ファイル]タブをクリック

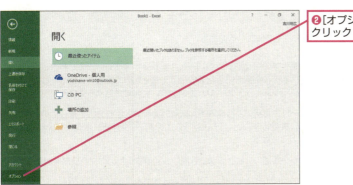

❷[オプション]をクリック

1-7 アドインを利用するには

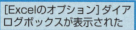

[Excelのオプション]ダイアログボックスが表示された

❸ [アドイン]をクリック

❹ [Excelアドイン]を選択

アドインの種類によっては[COMアドイン]や[操作]など、別の項目を選択する必要がある

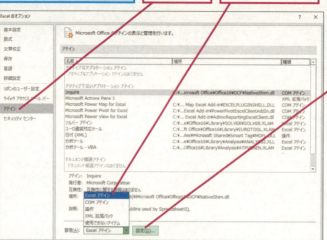

❺ [設定]をクリック

手順6以降の操作はアドインの種類によって異なる

[アドイン]ダイアログボックスが表示された

❻ [ユーロ通貨対応ツール](または[Euro Currency Tools])にチェックマークを付ける

機能を無効にしたいときはチェックマークをはずせばいい

❼ [OK]をクリック

EUROCONVERT関数が使えるようになった

 パッケージやダウンロードによって入手したアドインを利用するには

パッケージで購入したり、Webサイトからダウンロードしたりしたアドインを利用するには、まずパソコンにインストールする必要があります。インストールの手順はアドインによって違うので、それぞれの説明書に従って操作してください。インストールの完了後は、ここでの設定例と同様の手順で機能の有効／無効が切り替えられます。

標準でインストールされているアドイン

Excelに最初からインストールされているアドインには、以下のようなものがあります。実際に利用するには、ここでの設定例で示したように、[アドイン]ダイアログボックスを使って機能を有効（アクティブ）にする必要があります。

アドイン名	機能
Euro Currency Tools（ユーロ通貨対応ツール）	EUROCONVERT 関数を追加する
ソルバーアドイン	ソルバーの機能を追加する。ソルバーとは、計算結果を先に決めておき、指定した制約条件下でその結果を得るための最善の解を求める機能。有効にすると[データ]タブに[ソルバー]ボタンが追加され、利用できるようになる
分析ツール	F検定やフーリエ解析のような複雑な統計的分析や工学的分析を行うための機能を追加する。有効にすると[データ]タブに[データ分析]ボタンが追加され、利用できるようになる
分析ツール - VBA	上記の分析ツールをVBAプログラム内から利用するためのマクロ群を追加する

第2章

日付／時刻関数

2-1．日付や時刻を求める・・・・・・・・・・・・・・・・・・・76
2-2．日付から年、月、日、曜日を取り出す・・・・・78
2-3．時刻から時、分、秒を取り出す・・・・・・・・・・84
2-4．日付を表す数値を求める・・・・・・・・・・・・・・・88
2-5．時刻を表す数値を求める・・・・・・・・・・・・・・・92
2-6．期日を求める・・・・・・・・・・・・・・・・・・・・・・・・96
2-7．期間を求める・・・・・・・・・・・・・・・・・・・・・・・103
2-8．日付が何週めかを求める・・・・・・・・・・・・・112
2-9．日付を和暦に変換する・・・・・・・・・・・・・・・115
2-10．期間が1年間に占める割合を求める・・・・・・117

2-1 日付や時刻を求める

TODAY 今日の日付を求める

TODAY()

▶関数の解説

今日の日付を求めます。

▶引数の意味

引数は必要ありません。関数名に続けて( )のみ入力します。

[ポイント]

- この関数を入力すると、セルの表示形式が［日付］（yyyy/m/d）に変更され、「2019/10/1」のように表示されます。　　　　　　　　　　　　参照▶セルの表示形式一覧……P.417
- TODAY関数の戻り値は、ブックを開いたり、[F9]キーや[Shift]+[F9]キーを押すなどしてワークシートが再計算されると、自動的に更新されます。
- TODAY関数に引数を指定すると、エラーになります。( )のなかには何も指定しないようにします。
- 戻り値が今日の日付にならない場合は、Windowsの通知領域にある時計表示を右クリックし、［日付と時刻の調整］を選択してシステム時計の設定を確認してください。

[エラーの意味]

TODAY関数では、エラー値が返されることはありません。

関数の使用例　請求書に今日の日付を入れる

請求書に表示する今日の日付を求めます。

=TODAY()

今日の日付を求める。

❶セルG1に「=TODAY()」と入力

参照▶関数を入力するには……P.38
サンプル▶02_001_TODAY.xlsx

今日の日付が求められた

2-1

日付や時刻を求める

▶ NOW 現在の日付と時刻を求める

ナ ウ
NOW()

▶関数の解説

現在の日付と時刻を求めます。

▶引数の意味

引数は必要ありません。関数名に続けて( )のみ入力します。

ポイント

- この関数を入力すると、セルの表示形式が［日付］(yyyy/m/d h:mm) に変更され、「2019/10/1 10:20」のように表示されます。　　　　　　　参照📖セルの表示形式一覧……P.417
- NOW関数の戻り値は、ブックを開いたり、F9キーやShift＋F9キーを押すなどしてワークシートが再計算されると、自動的に更新されます。
- NOW関数に引数を指定するとエラーになります。( )のなかには何も指定しないようにします。
- 戻り値が現在の日付と時刻にならない場合は、Windowsの通知領域にある時計表示を右クリックし、［日付と時刻の調整］を選択してシステム時計の設定を確認してください。

エラーの意味

NOW関数では、エラー値が返されることはありません。

関数の使用例　請求書に現在の日付と時刻を入れる

請求書に表示する現在の日付と時刻を求めます。

=NOW()

現在の日付と時刻を求める。

---

❶セルG1に「=NOW()」と入力

参照📖関数を入力するには……P.38

サンプル📄02_002_NOW.xlsx

現在の日付と時刻が求められた

💡HINT 日付や時刻を更新したくない場合は

TODAY関数やNOW関数を使って表示した日付や時刻は、ワークシートが再計算されると自動的に更新されます。日付や時刻が更新されないようにするには、まず関数の表示結果をコピーし、目的のセルに貼り付けます。続いて、貼り付けたセルの右下に表示される［貼り付けのオプション］ボタンをクリックし、［値と数値の書式］

を選択します。
または、関数の表示結果をコピーしてから目的のセルを選択したあと、［ホーム］タブの［クリップボード］グループにある［貼り付け］ボタンの［▼］をクリックし、［値と数値の書式］を選択しても同じことができます。

---

1 関数の基本知識
2 日付／時刻関数
3 数学／三角関数
4 論理関数
5 検索／行列関数
6 データベース関数
7 文字列操作関数
8 統計関数
9 財務関数
10 エンジニアリング関数
11 情報関数
12 キューブ関数
13 ウェブ関数
付 録

77

2-2 日付から年、月、日、曜日を取り出す

YEAR関数、MONTH関数、DAY関数、WEEKDAY関数

日付から「年」、「月」、「日」、「曜日」にあたる数値を取り出すには、それぞれ、YEAR関数、MONTH関数、DAY関数、WEEKDAY関数を利用します。

日付から、年、月、日、曜日を取り出す

YEAR 日付から「年」を取り出す

YEAR(シリアル値)

▶関数の解説

日付（シリアル値）から「年」にあたる数値を取り出します。

▶引数の意味

シリアル値 …………「年」を取り出したい日付をシリアル値または文字列で指定します。

ポイント

- シリアル値は、「1900年1月1日」を「1」として、以後の経過日数を数値で表したものです。たとえば「1900年1月2日」は「2」と表され、「2019年7月6日」は「43652」と表されます。
- 戻り値は西暦年を表す4桁の整数（1999～9999）になるので、ほかの数式の計算対象として簡単に利用できます。たとえばIF関数の条件として使えば、年の違いに応じて異なる計算ができます。

参照 IF……P.252

エラーの意味

エラーの種類	原因	エラーとなる例
[#NUM!]	引数に0未満または2958466以上のシリアル値を指定した	=YEAR(-20)
[#VALUE!]	引数に数字以外の文字列、または日付として扱えない文字列を指定した	=YEAR("ABCD")

関数の使用例　生年月日から誕生年を求める

生年月日から「年」だけを取り出して表示します。

=YEAR(B3)

セルB3に入力されているシリアル値から「年」にあたる数値を取り出す。

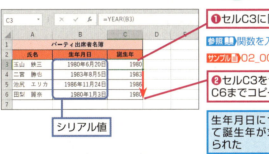

❶セルC3に「=YEAR(B3)」と入力

参照▶関数を入力するには……P.38
サンプル▶02_003_YEAR.xlsx

❷セルC3をセルC6までコピー

生年月日について誕生年が求められた

HINT 日付と文字列を連結するには
文字列演算子「&」を使って「=YEAR(B3)&"年"」のように入力すると、関数の結果と文字列を連結して表示できます。

MONTH 日付から「月」を取り出す

MONTH(シリアル値)

▶関数の解説

日付（シリアル値）から「月」にあたる数値を取り出します。

▶引数の意味

シリアル値…………「月」を取り出したい日付をシリアル値または文字列で指定します。

[ポイント]
- シリアル値は、「1900年1月1日」を「1」として、以後の経過日数を数値で表したものです。たとえば「1900年1月2日」は「2」と表され、「2019年7月6日」は「43652」と表されます。
- 戻り値は月を表す整数（1～12）になるので、ほかの数式の計算対象として簡単に利用できます。たとえばIF関数の条件として使えば、月の違いに応じて異なる計算ができます。

参照▶IF……P.252

エラーの意味

エラーの種類	原因	エラーとなる例
[#NUM!]	引数に0未満または2958466以上のシリアル値を指定した	=MONTH(-20)
[#VALUE!]	引数に数字以外の文字列、または日付として扱えない文字列を指定した	=MONTH("ABCD")

関数の使用例　生年月日から誕生月を求める

生年月日から「月」だけを取り出して表示します。

=MONTH(B3)

セルB3に入力されているシリアル値から「月」にあたる数値を取り出す。

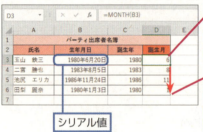

シリアル値

❶セルD3に「=MONTH(B3)」と入力

参照▶関数を入力するには……P.38
サンプル▶02_004_MONTH.xlsx

❷セルD3をセルD6までコピー

すべての生年月日について誕生月が求められた

 引数にほかの関数を指定する

MONTH関数の引数には、戻り値がシリアル値となる関数を指定することもできます。たとえば、「=MONTH(TODAY())」と指定すれば、今日の日付から「月」にあたる数値が取り出せます。
参照▶TODAY……P.76

 IF関数と組み合わせる

MONTH関数の戻り値をIF関数の条件として利用できます。ここでは、MONTH関数の戻り値が3以下なら「前年度」、それ以外（4以上）なら「今年度」と表示されます。
参照▶IF……P.252

❶「=IF(MONTH(A3)<=3,"前年度","今年度")」と入力

DAY 日付から「日」を取り出す

DAY(シリアル値)

▶関数の解説
日付（シリアル値）から「日」にあたる数値を取り出します。

▶引数の意味
シリアル値 …………「日」を取り出したい日付をシリアル値または文字列で指定します。

ポイント
- シリアル値は、「1900年1月1日」を「1」として、以後の経過日数を数値で表したものです。たとえば「1900年1月2日」は「2」と表され、「2019年7月6日」は「43652」と表されます。
- 戻り値は日を表す整数（1〜31）になるので、ほかの数式の計算対象として簡単に利用できます。たとえばIF関数の条件として使えば、日の違いに応じて異なる計算ができます。

参照 IF……P.252

エラーの意味

エラーの種類	原因	エラーとなる例
[#NUM!]	引数に0未満または2958466以上のシリアル値を指定した	=DAY(-20)
[#VALUE!]	引数に数字以外の文字列、または日付として扱えない文字列を指定した	=DAY("ABCD")

関数の使用例　生年月日から日付だけを求める

生年月日から「日」だけを取り出して表示します。

=DAY(B3)

セルB3に入力されているシリアル値から「日」にあたる数値を取り出す。

シリアル値

❶セルE3に「=DAY(B3)」と入力

参照 関数を入力するには……P.38
サンプル 02_005_DAY.xlsx

日付の「日」にあたる数値が取り出せた

❷セルE3をセルE6までコピー

すべての生年月日について誕生日の日のみが求められた

2-2 日付から年、月、日、曜日を取り出す

1 関数の基本知識
2 日付／時刻関数
3 数学／三角関数
4 論理関数
5 検索／行列関数
6 データベース関数
7 文字列操作関数
8 統計関数
9 財務関数
10 エンジニアリング関数
11 情報関数
12 キューブ関数
13 ウェブ関数
付録

2-2

日付から年、月、日、曜日を取り出す

▶ WEEKDAY 日付から曜日を取り出す

WEEKDAY(シリアル値, 種類)
ウィークデイ

▶関数の解説
日付から「曜日」にあたる数値を取り出します。

▶引数の意味
シリアル値 ……… 「曜日」を取り出したい日付をシリアル値または文字列で指定します。

種類 ……………… 戻り値の種類を次のように指定します。

- 1または省略 ………… 戻り値が1（日曜）～7（土曜）の範囲の整数
- 2 ……………………… 戻り値が1（月曜）～7（日曜）の範囲の整数
- 3 ……………………… 戻り値が0（月曜）～6（日曜）の範囲の整数

参照 WEEKDAY関数の戻り値を曜日名で表示するには……P.83

ポイント
- シリアル値は、「1900年1月1日」を「1」として、以後の経過日数を数値で表したものです。たとえば「1900年1月2日」は「2」と表され、「2019年7月6日」は「43652」と表されます。
- 戻り値は曜日を表す整数（1～7、または0～6）になるので、ほかの数式の計算対象として簡単に利用できます。たとえばIF関数の条件として使えば、曜日の違いに応じて異なる計算ができます。

エラーの意味

エラーの種類	原因	エラーとなる例
[#NUM!]	引数に 0 未満または 2958466 以上のシリアル値を指定した	=WEEKDAY(-20,1)
[#VALUE!]	引数に数字以外の文字列、または日付として扱えない文字列を指定した	=WEEKDAY("ABCD",1)

関数の使用例　イベント開催日の曜日を求める

日付から「曜日」を表す数値を求めて表示します。

=WEEKDAY(B3,1)

セルB3に入力されているシリアル値から「曜日」を表す数値を求める。

サイドバー

- 関数の基本知識 **1**
- 日付／時刻関数 **2**
- 数学／三角関数 **3**
- 論理関数 **4**
- 検索／行列関数 **5**
- データベース関数 **6**
- 文字列操作関数 **7**
- 統計関数 **8**
- 財務関数 **9**
- エンジニアリング関数 **10**
- 情報関数 **11**
- キューブ関数 **12**
- ウェブ関数 **13**
- 付録

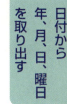

2-2 日付から年、月、日、曜日を取り出す

❶セルC3に「=WEEKDAY(B3,1)」と入力

参照📖関数を入力するには……P.38

サンプル📄02_006_WEEKDAY.xlsx

曜日を表す数値が求められた

❷セルC3をセルC9までコピー

イベントの曜日を表す数値がわかった

シリアル値

 WEEKDAY関数の戻り値を曜日名で表示するには

WEEKDAY関数の戻り値は曜日を表す数値で表示されますが、セルにユーザー定義の表示形式を設定すると、曜日名で表示できます。[セルの書式設定]ダイアログボックスの[分類]で[ユーザー定義]を選択し、[種類]で右の表に示す曜日の書式記号を指定します。[セルの書式設定]ダイアログボックスを表示するには、[ホーム]タブの[数値]グループにある[ダイアログボックス起動ツール]ボタンをクリックします。
なお、この書式記号を利用する場合は、必ずWEEKDAY関数の引数[種類]に「1」を指定するか、または省略しなければなりません。

書式記号	セルの表示
aaaa	日曜日〜土曜日
aaa	日〜土
dddd	Sunday 〜 Saturday
ddd	Sun 〜 Sat

2-3 時刻から時、分、秒を取り出す

HOUR関数、MINUTE関数、SECOND関数

時刻から「時」、「分」、「秒」にあたる数値を取り出すには、それぞれ、HOUR関数、MINUTE関数、SECOND関数を利用します。

時刻から時、分、秒を取り出す

HOUR 時刻から「時」を取り出す

HOUR(シリアル値)
アワー

▶関数の解説

時刻（シリアル値）から「時」にあたる数値を取り出します。

▶引数の意味

シリアル値……………「時」を取り出したい時刻をシリアル値または文字列で指定します。

ポイント

- 時刻を表すシリアル値は、24時間を1とした小数で表されます。たとえば「正午（午後0時）」は1日の半分なので「0.5」と表され、「午後7時12分」は「0.8」と表されます。
- 戻り値は「時」を表す整数（0～23）になるので、ほかの数式の計算対象として簡単に利用できます。たとえばIF関数の条件として使えば、「時」の違いに応じて異なる計算ができます。

参照▶ IF……P.252

エラーの意味

エラーの種類	原因	エラーとなる例
[#NUM!]	引数に0未満または2958466以上のシリアル値を指定した	=HOUR(-20)
[#VALUE!]	引数に数字以外の文字列、または日付として扱えない文字列を指定した	=HOUR("ABCD")

関数の使用例　ゴール時刻から時だけを求める

ゴールの時刻から「時」だけを取り出して表示します。

=HOUR(C3)

セルC3に入力されているシリアル値から「時」にあたる数値を取り出す。

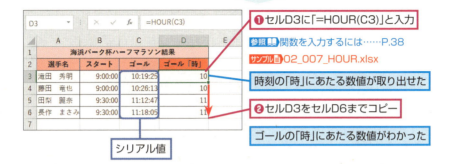

❶セルD3に「=HOUR(C3)」と入力
参照▶関数を入力するには……P.38
サンプル▶02_007_HOUR.xlsx
時刻の「時」にあたる数値が取り出せた
❷セルD3をセルD6までコピー
ゴールの「時」にあたる数値がわかった
シリアル値

MINUTE 時刻から「分」を取り出す

MINUTE(シリアル値)
（ミニット）

▶関数の解説

時刻（シリアル値）から「分」にあたる数値を取り出します。

▶引数の意味

シリアル値…………「分」を取り出したい時刻をシリアル値または文字列で指定します。

▶ポイント

- 時刻を表すシリアル値は、24時間を1とした小数で表されます。たとえば「正午（午後0時）」は1日の半分なので「0.5」と表され、「午後7時12分」は「0.8」と表されます。
- 戻り値は「分」を表す整数（0～59）になるので、ほかの数式の計算対象として簡単に利用できます。たとえばIF関数の条件として使えば、「分」の違いに応じて異なる計算ができます。

参照▶IF……P.252

▶エラーの意味

エラーの種類	原因	エラーとなる例
[#NUM!]	引数に0未満または2958466以上のシリアル値を指定した	=MINUTE(-20)
[#VALUE!]	引数に数字以外の文字列、または日付として扱えない文字列を指定した	=MINUTE("ABCD")

2-3

時刻から時、分、秒を取り出す

関数の使用例　ゴール時刻から分だけを求める

ゴールの時刻から「分」だけを取り出して表示します。

=MINUTE(C3)

セルC3に入力されているシリアル値から「分」にあたる数値を取り出す。

関数の基本知識	1
日付／時刻関数	2
数学／三角関数	3
論理関数	4
検索／行列関数	5
データベース関数	6
文字列操作関数	7
統計関数	8
財務関数	9
エンジニアリング関数	10
情報関数	11
キューブ関数	12
ウェブ関数	13
付　録	

❶セルE3に「=MINUTE(C3)」と入力

参照📖 関数を入力するには……P.38

サンプル📄02_008_MINUTE.xlsx

時刻の「分」にあたる数値が取り出せた

❷セルE3をセルE6までコピー

ゴールの「分」にあたる数値がわかった

シリアル値

▶ SECOND 時刻から「秒」を取り出す

セ カ ン ド
SECOND(シリアル値)

▶関数の解説

時刻（シリアル値）から「秒」にあたる数値を取り出します。

▶引数の意味

シリアル値 ……………「秒」を取り出したい時刻をシリアル値または文字列で指定します。

ポイント

- 時刻を表すシリアル値は、24時間を1とした小数で表されます。たとえば「正午（午後0時）」は1日の半分なので「0.5」と表され、「午後7時12分」は「0.8」と表されます。
- 戻り値は「秒」を表す整数（0 ～ 59）になるので、ほかの数式の計算対象として簡単に利用できます。たとえばIF関数の条件として使えば、「秒」の違いに応じて異なる計算ができます。

参照📖IF……P.252

エラーの意味

エラーの種類	原因	エラーとなる例
[#NUM!]	引数に 0 未満または 2958466 以上のシリアル値を指定した	=SECOND(-20)
[#VALUE!]	引数に数字以外の文字列、または日付として扱えない文字列を指定した	=SECOND("ABCD")

関数の使用例　ゴール時刻から秒だけを求める

ゴールの時刻から「秒」だけを取り出して表示します。

=SECOND(C3)

セルC3に入力されているシリアル値から「秒」にあたる数値を取り出す。

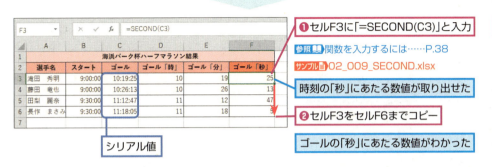

❶セルF3に「=SECOND(C3)」と入力

参照▶関数を入力するには……P.38
サンプル▶02_009_SECOND.xlsx

時刻の「秒」にあたる数値が取り出せた

❷セルF3をセルF6までコピー

ゴールの「秒」にあたる数値がわかった

シリアル値

2-4

2-4 日付を表す数値を求める

関数の基本知識	1
日付／時刻関数	2
数学／三角関数	3
論理関数	4
検索／行列関数	5
データベース関数	6
文字列操作関数	7
統計関数	8
財務関数	9
エンジニアリング関数	10
情報関数	11
キューブ関数	12
ウェブ関数	13
付　録	

DATE関数、DATEVALUE関数

日付を表す数値（シリアル値）を求めるには、DATE関数とDATEVALUE関数を利用します。DATE関数は、与えられた年、月、日の数値をもとにシリアル値を返します。このとき、セルの表示形式が自動的に［日付］に変更されるので、戻り値は日付の形式で表示されます。DATEVALUE関数は、日付を表す文字列をもとにシリアル値を返します。こちらの場合、戻り値はそのまま（数値のまま）表示されます。

DATE関数とDATEVALUE関数の違い

DATE(2019, 8, 10)
　年　月　日

Excel内部では……
43687

セル上では……
2019/8/10

どちらも同じ数値（シリアル値）として扱われる

表示形式が自動的に［日付］に変更され、戻り値は日付の形式で表示される

DATEVALUE("2019年8月10日")
日付文字列

43687

43687

戻り値はシリアル値のまま表示される

▷ DATE 年、月、日から日付を求める

DATE(年, 月, 日)
デ イ ト

▶関数の解説

［年］、［月］、［日］から日付を求めます。

▶引数の意味

年 ·························· 日付の「年」にあたる数値を1900～9999の範囲の整数で指定します。

月 ·························· 日付の「月」にあたる数値を指定します。12以上の数値を指定すると、次年以降の［年］と［月］が指定されたものとみなされます。負の数を指定すると、前年以前の［年］と［月］が指定されたものとみなされます。

日 ·························· 日付の「日」にあたる数値を指定します。月の最終日を超える数値を指定すると、次月以降の［月］と［日］が指定されたものとみなされます。負の数を指定すると、前月以前の［月］と［日］が指定されたものとみなされます。

ポイント

- 戻り値はシリアル値となります。
- シリアル値は、「1900年1月1日」を「1」として、以後の経過日数を数値で表したものです。たとえば「1900年1月2日」は「2」と表され、「2019年7月6日」は「43652」と表されます。
- この関数をセルに入力すると、自動的にセルの表示形式が［日付］に変更されます。そのため、たとえば戻り値が「43652」であれば、シリアル値がそのまま表示されるのではなく、「2019/7/6」と表示されます。

エラーの意味

エラーの種類	原因	エラーとなる例
[#NUM!]	戻り値（シリアル値）が0未満または2958466以上になるような引数を指定した	=DATE(1900,1,-1) =DATE(9999,12,32)
[#VALUE!]	引数に数字以外の文字列、または日付として扱えない文字列を指定した	=DATE("ABCD",8,5)

関数の使用例　年、月、日から誕生日を求める

年、月、日の数値から、誕生日の日付を求めます。

=DATE(B3,B4,B5)

セルB3に入力されている「年」、セルB4に入力されている「月」、セルB5に入力されている「日」の数値から日付を求める。

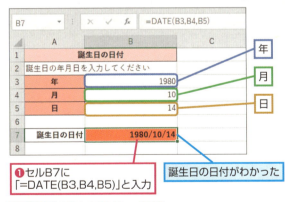

❶セルB7に「=DATE(B3,B4,B5)」と入力

誕生日の日付がわかった

HINT　0、または負の数の［月］や［日］を指定した場合は

［月］や［日］に0、または負の数を指定すると、前の「年」や「月」が指定されたものとみなされます。たとえば「=DATE(2017,0,10)」とすると、2016年12月10日が指定されたものとみなされ、「=DATE(2017,-1,10)」とすると、2016年11月10日が指定されたものとみなされます。

参照▶関数を入力するには……P.38
サンプル▶02_010_DATE.xlsx

2-4

日付を表す数値を求める

DATEVALUE 日付を表す文字列からシリアル値を求める

DATEVALUE(日付文字列)
デイト・バリュー

▶関数の解説

[日付文字列]から日付のシリアル値を求めます。

▶引数の意味

日付文字列 ………… シリアル値を求めたい日付を表す文字列を指定します。西暦（「2019/8/5」、「8-5」など）や和暦（「平成31年8月5日」、「H31.8.5」など）の表示形式を使って指定できます。

ポイント

- 戻り値は日付のシリアル値となります。
- 日付のシリアル値は、「1900年1月1日」を「1」として、以後の経過日数を数値で表したものです。たとえば「1900年1月2日」は「2」と表され、「2019年7月6日」は「43652」と表されます。
- 戻り値は、標準の表示形式で表示されます。つまり、シリアル値がそのまま数値として表示されます。
- 日付を表す文字列を引数に直接指定する場合は「"（ダブルクォーテーション）」で囲んで指定します。

エラーの意味

エラーの種類	原因	エラーとなる例
[#VALUE!]	引数に文字列以外の値、数字以外の文字列、または日付として扱えない文字列を指定した	=DATEVALUE(40000) =DATEVALUE("ABCD") =DATEVALUE("56/78/19")
	戻り値（シリアル値）が0未満または2958466以上になった	=DATEVALUE("10000/1/1")

関数の使用例　　日付文字列からシリアル値を求める

日付を表す文字列から、日付のシリアル値を求めます。

=DATEVALUE(B2)

セルB2に入力されている日付を表す文字列から、日付のシリアル値を求める。

関数の基本知識 **1**

日付／時刻関数 **2**

数学／三角関数 **3**

論理関数 **4**

検索／行列関数 **5**

データベース関数 **6**

文字列操作関数 **7**

統計関数 **8**

財務関数 **9**

エンジニアリング関数 **10**

情報関数 **11**

キューブ関数 **12**

ウェブ関数 **13**

付　録

90
できる

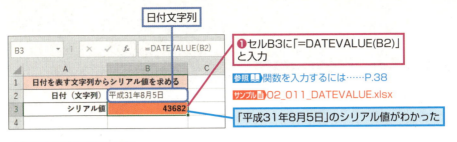

活用例　会期日数を求める

美術展の開始日から終了日までの日数を求めます。開始日と終了日は、いずれも文字列として入力されています。DATEVALUE関数を使って、開始日と終了日のシリアル値をそれぞれ求め、その差を計算すれば日数が求められます。

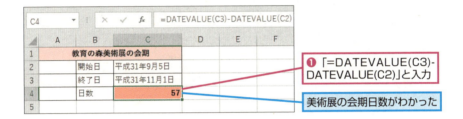

2-5 時刻を表す数値を求める

TIME関数、TIMEVALUE関数

時刻を表す数値（シリアル値）を求めるには、TIME関数とTIMEVALUE関数を利用します。TIME関数は、与えられた時、分、秒の数値をもとにシリアル値を返します。このとき、セルの表示形式が自動的に［時刻］に変更されるので、戻り値は時刻の形式で表示されます。TIMEVALUE関数は、時刻を表す文字列をもとにシリアル値を返します。この場合、戻り値はそのまま（数値のまま）表示されます。

TIME関数とTIMEVALUE関数の違い

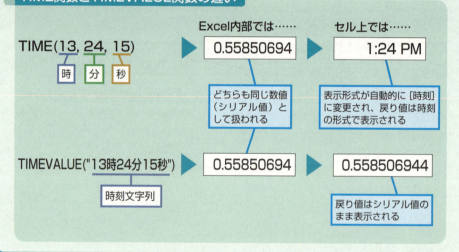

TIME 時、分、秒から時刻を求める

タイム
TIME(時, 分, 秒)

▶関数の解説

［時］、［分］、［秒］から時刻を求めます。

▶引数の意味

時 ……………………… 時刻の「時」にあたる数値を24時間制で指定します。「時」は0～23の範囲となりますが24以上の数値を指定すると、その数値を24で割った余りが指定されたものとみなされます。省略すると、0が指定されたものとみなされます。

分 ……………………… 時刻の「分」にあたる数値を指定します。60以上の数値を指定すると、次の「時」以降の［時］と［分］が指定されたものとみなされます。負の数値を指定すると、前の「時」以前の［時］と［分］が指定されたものとみなされます。省略すると、0が指定されたものとみなされます。

秒 ················· 時刻の「秒」にあたる数値を指定します。60以上の数値を指定すると、次の「分」以降の［分］と［秒］が指定されたものとみなされます。負の数を指定すると、前の［分］以前の［分］と［秒］が指定されたものとみなされます。省略すると、0が指定されたものとみなされます。

ポイント

- 各引数は省略できますが、区切りの「,（カンマ）」を省略することはできません。
- 戻り値は時刻のシリアル値となります。これは、次のような数式で計算された値です。

  戻り値＝（［時］÷24）＋（［分］÷24÷60）＋（［秒］÷24÷60÷60）

  したがって、たとえば「12時」なら「0.5」が返され、「19時12分」なら「0.8」が返されます。
- この関数をセルに入力すると、自動的にセルの表示形式がユーザー定義の「h:mm AM/PM」に変更されます。そのため、たとえば戻り値が「0.4」であれば、シリアル値がそのまま表示されるのではなく、「9:36 AM」と表示されます。

エラーの意味

エラーの種類	原因	エラーとなる例
[#NUM!]	どれかの引数に 32768 以上の数値を指定した	=TIME(10,32768,25)
	戻り値（シリアル値）が 0 未満になるような引数を指定した	=TIME(0,0,-1) =TIME(23,-1381,0)
[#VALUE!]	引数に数字以外の文字列、または時刻として扱えない文字列を指定した	=TIME("ABCD",56,25)

関数の使用例 　時、分、秒から出社時刻を求める

時、分、秒の数値から、出社時刻を求めます。

=TIME(C4,D4,E4)

セルC4に入力されている「時」、セルD4に入力されている「分」、セルE4に入力されている「秒」の数値から時刻を求める。

❶セルF4に「=TIME(C4,D4,E4)」と入力

参照 関数を入力するには……P.38

サンプル 02_012_TIME.xlsx

出社時刻がわかった

2-5
時刻を表す数値を求める

1 関数の基本知識
2 日付／時刻関数
3 数学／三角関数
4 論理関数
5 検索／行列関数
6 データベース関数
7 文字列操作関数
8 統計関数
9 財務関数
10 エンジニアリング関数
11 情報関数
12 キューブ関数
13 ウェブ関数
付録

93
できる

2-5

時刻を表す数値を求める

TIMEVALUE 時刻を表す文字列からシリアル値を求める

サイドバー（目次）:
- 関数の基本知識 **1**
- 日付／時刻関数 **2**
- 数学／三角関数 **3**
- 論理関数 **4**
- 検索／行列関数 **5**
- データベース関数 **6**
- 文字列操作関数 **7**
- 統計関数 **8**
- 財務関数 **9**
- エンジニアリング関数 **10**
- 情報関数 **11**
- キューブ関数 **12**
- ウェブ関数 **13**
- 付録

TIMEVALUE(時刻文字列)
タイム・バリュー

▶関数の解説

[時刻文字列]から時刻のシリアル値を求めます。

▶引数の意味

時刻文字列 ‥‥‥‥ シリアル値を求めたい時刻を表す文字列を指定します。「hh:mm:ss」、「hh:mm:ss AM」、「hh時mm分ss秒」などの表示形式を使って指定できます。時刻を表す文字列を引数に直接指定する場合は「"（ダブルクォーテーション）」で囲んで指定します。

ポイント

・戻り値は時刻のシリアル値となります。これは、次のような数式で計算された値です。

　戻り値＝（[時]÷24）＋（[分]÷24÷60）＋（[秒]÷24÷60÷60）

ここで、数式中の[時]、[分]、[秒]はそれぞれ、[時刻文字列]に含まれている「時」（24時間制）、「分」、「秒」を表します。したがって、たとえば「12時」なら「0.5」が返され、「19時12分」なら「0.8」が返されます。

・戻り値は、標準の表示形式で表示されます。つまり、シリアル値がそのまま数値として表示されます。

エラーの意味

エラーの種類	原因	エラーとなる例
[#VALUE!]	引数に文字列以外の値、数字以外の文字列、または時刻として扱えない文字列を指定した	=TIMEVALUE（0.3） =TIMEVALUE("ABCD") =TIMEVALUE("19 時間 30 分 ")

関数の使用例 　時刻文字列からシリアル値を求める

時刻を表す文字列から、時刻のシリアル値を求めます。

=TIMEVALUE(B2)

セルB2に入力されている時刻を表す文字列から、時刻のシリアル値を求める。

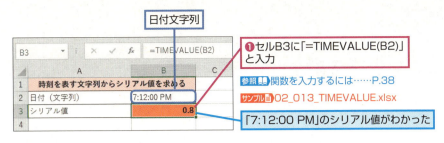

❶セルB3に「=TIMEVALUE(B2)」と入力

参照▶関数を入力するには……P.38
サンプル 02_013_TIMEVALUE.xlsx

「7:12:00 PM」のシリアル値がわかった

活用例　勤務時間を時間単位に変換する

勤怠表を使って時給計算を行う場合、勤務時間を「7時間30分」と表すより、「7.5」という時間単位の数値で表したほうが便利です。このような場合、出社時刻と退社時刻の各シリアル値の差を計算し、結果に24を掛ければ時間単位に変換できます。

❶「=(TIMEVALUE(D4)-TIMEVALUE(C4))*24」と入力

勤務時間がわかった

2-6 期日を求める

EDATE関数、EOMONTH関数、WORKDAY関数、WORKDAY.INTL関数

開始日から数えて、指定した月数だけ前、またはあとの日付を求めるにはEDATE関数を利用し、指定した月数だけ前、またはあとの月末の日付を求めるにはEOMONTH関数を利用します。また、開始日から数えて、指定した日数だけ前、またはあとの日付を、週の休日と祭日を除外して求めるにはWORKDAY関数、またはWORKDAY.INTL関数を利用します。いずれの関数の場合も戻り値はシリアル値となります。

EDATE関数

開始日から、指定した月数だけ前、またはあとの日付を求める

EOMONTH関数

開始日から、指定した月数だけ前、またはあとの月末の日付を求める

WORKDAY関数、WORKDAY.INTL関数

開始日から、指定した日数だけ前、またはあとの日付を、週の休日と祭日を除外して求める

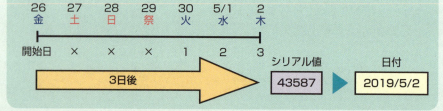

EDATE 数カ月前や数カ月後の日付を求める

EDATE(開始日, 月)

▶関数の解説
[開始日] から数えて [月] の数だけ経過した日付のシリアル値を求めます。

▶引数の意味

開始日 ……………… 計算の起点となる日付をシリアル値または文字列で指定します。

月 ………………… 月数を指定します。正の数を指定すると [開始日] よりあと (〜カ月後) の日付、負の数を指定すると [開始日] より前 (〜カ月前) の日付が求められます。

ポイント
- 戻り値はシリアル値となります。日付の形式で表示したい場合は、セルの表示形式を [日付] に変更する必要があります。
- シリアル値は、「1900年1月1日」を「1」として、以後の経過日数を数値で表したものです。たとえば「1900年1月2日」は「2」と表され、「2019年7月6日」は「43652」と表されます。
- [月] に小数部分のある数値を指定した場合、小数点以下が切り捨てられた整数とみなされます。

エラーの意味

エラーの種類	原因	エラーとなる例
[#NUM!]	戻り値（シリアル値）が0未満または2958466以上になるような引数を指定した	=EDATE("1900/1/1",-1) =EDATE("9999/12/1",1)
[#VALUE!]	[開始日] に数字以外の文字列、または日付として扱えない文字列を指定した	=EDATE("ABCD",8)
	[月] に数字以外の文字列を指定した	=EDATE("1900/1/1","A")

関数の使用例　購入日から保証期限を求める

電気製品の購入年月日と各製品の保証期間をもとに、それぞれの保証期限を求めます。

=EDATE(C3,D3)

セルC3に入力されている日付から数えて、セルD3に入力されている月数だけ経過した日付のシリアル値を求める。

❶セルE3に「=EDATE(C3,D3)」と入力

参照▶関数を入力するには……P.38
サンプル▶02_014_EDATE.xlsx

保証期限のシリアル値が求められた

❷セルE3をセルE7までコピー

各製品の保証期限がわかった

開始日　月

HINT 関数が返すシリアル値を日付の形式で表示するには

セルの表示形式が［標準］のとき、関数が返すシリアル値は数値のまま表示されます。これを日付の形式で表示したい場合は、［ホーム］タブの［数値］グループにある［表示形式］ボックスで［短い日付形式］または［長い日付形式］を選択します。

❶［ホーム］タブの［数値］グループにある［表示形式］ボックスの［▼］をクリック

❷［短い日付形式］をクリック

EOMONTH 数カ月前や数カ月後の月末を求める

EOMONTH(開始日, 月)
（エンド・オブ・マンス）

▶関数の解説

［開始日］から数えて［月］の数だけ経過した月末の日付のシリアル値を求めます。

▶引数の意味

開始日……………… 計算の起点となる日付をシリアル値または文字列で指定します。

月…………………… 月数を指定します。正の数を指定すると［開始日］よりあと（〜カ月後）の月末の日付、負の数を指定すると［開始日］より前（〜カ月前）の月末の日付が求められます。

▶ポイント

- 戻り値はシリアル値となります。日付の形式で表示したい場合は、セルの表示形式を［日付］に変更する必要があります。
- シリアル値は、「1900年1月1日」を「1」として、以後の経過日数を数値で表したものです。たとえば「1900年1月2日」は「2」と表され、「2019年7月6日」は「43652」と表されます。
- ［月］に小数部分のある数値を指定した場合、小数点以下が切り捨てられた整数とみなされます。

▶エラーの意味

エラーの種類	原因	エラーとなる例
[#NUM!]	戻り値（シリアル値）が0未満または2958466以上になるような引数を指定した	=EOMONTH("1900/1/1",-1) =EOMONTH("9999/12/31",1)
[#VALUE!]	［開始日］に数字以外の文字列、または日付として扱えない文字列を指定した	=EOMONTH("ABCD",8)
	［月］に数字以外の文字列を指定した	=EOMONTH("1900/1/1","A")

2-6 期日を求める

関数の使用例　締め日と支払いサイトから支払日を求める

月末払い制を採用している取引先各社の締め日と、各社の支払サイトをもとに、それぞれの支払日を求めます。支払サイトとは、取引代金の締め日から実際の支払日までの期間を意味し、取り引きする会社間で事前に決められています。

=EOMONTH(B3,C3)

セルB3に入力されている締め日から数えて、セルC3に入力されている支払サイト（月数）だけ経過した月末の日付のシリアル値を求める。

❶セルD3に「=EOMONTH(B3,C3)」と入力

参照▶関数を入力するには……P.38
サンプル▶02_015_EOMONTH.xlsx

支払日のシリアル値が求められた

❷セルD3をセルD7までコピー

各社の支払日がわかった

参照▶関数が返すシリアル値を日付の形式で表示するには……P.98

WORKDAY　土日と祭日を除外して期日を求める

WORKDAY（開始日, 日数, 祭日）
（ワークデイ）

▶関数の解説

［開始日］から数えて［日数］だけ経過した日付のシリアル値を、土日と祭日を除外して求めます。

▶引数の意味

開始日……………… 計算の起点となる日付をシリアル値または文字列で指定します。

日数………………… 土日と祭日を除外した期日までの日数を指定します。正の数を指定すると［開始日］よりあと（〜日後）の日付、負の数を指定すると［開始日］より前（〜日前）の日付が求められます。

祭日………………… 祭日や休暇などの日付を、シリアル値または文字列で指定します。複数の祭日を指定する場合は、複数のセルに各日付を入力してそのセル範囲を指定するか、または配列定数を使って指定します。この引数を省略すると、土日だけを除外して期日が計算されます。

【ポイント】

・戻り値はシリアル値となります。日付の形式で表示したい場合は、セルの表示形式を［日付］に変更する必要があります。

・シリアル値は、「1900年1月1日」を「1」として、以後の経過日数を数値で表したものです。たとえば「1900年1月2日」は「2」と表され、「2019年7月6日」は「43652」と表されます。

99

- [日数]に小数部分のある数値を指定した場合、小数点以下が切り捨てられた整数とみなされます。

エラーの意味

エラーの種類	原因	エラーとなる例
[#NUM!]	戻り値（シリアル値）が0未満または2958466以上になるような引数を指定した	=WORKDAY("1900/1/1",-1,C7:C10) =WORKDAY("9999/12/31",C7:C10)
[#VALUE!]	[開始日]に数字以外の文字列、または日付として扱えない文字列を指定した	=WORKDAY("ABCD",8,C7:C10)
	[日数]に数字以外の文字列を指定した	=WORKDAY("1900/1/1","A",C7:C10)

祭日を配列定数で指定するには

WORKDAY関数では、[祭日]に配列定数を利用できます。たとえば、「2019/4/29」と「2019/5/3」を配列定数として入力するには、[祭日]に「{"2019/4/29","2019/5/3"}」と指定します。　参照▶配列とは……P.64

祭日のリストに配列を使用して期日が求められた

関数の使用例　受注日と準備期間から発送日を求める

商品の受注日と、各商品の準備期間をもとに、それぞれの発送予定日を求めます。ただし、これらの期日を計算するときには、土日と、指定した祭日は除外するものとします。

=WORKDAY(C3, D3, $C$7:$C$10)

セルC3に入力されている受注日から数えて、セルD3に入力されている準備期間（日数）だけ経過した日付のシリアル値を、土日と祭日を除外して求める。祭日のデータはセルC7〜C10に入力してあるものとする。

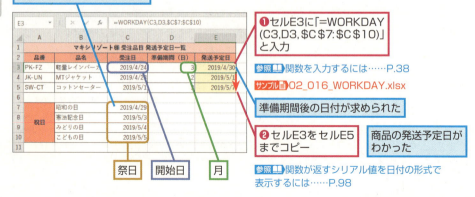

WORKDAY.INTL 指定した休日を除外して期日を求める

ワークデイ・インターナショナル
WORKDAY.INTL(開始日, 日数, 週末, 祭日)

▶関数の解説

［開始日］から数えて［日数］だけ経過した日付を、［週末］で指定した休日と［祭日］で指定した
祭日を除外して求めます。

▶引数の意味

開始日 ················· 計算の起点となる日付をシリアル値または文字列で指定します。

日数 ···················· 土日と祭日を除外した期日までの日数を指定します。正の数を指定すると［開
始日］よりあと（〜日後）の日付、負の数を指定すると［開始日］より前（〜
日前）の日付が求められます。

週末 ···················· 週の休日を以下のように指定します。

設定値	休日になる曜日
1 または省略	土と日
2	日と月
3	月と火
4	火と水
5	水と木
6	木と金
7	金と土
11	日のみ
12	月のみ
13	火のみ
14	水のみ
15	木のみ
16	金のみ
17	土のみ

または、月曜日からはじまる各曜日を「"1"」（休日）または「"0"」（非休日）
で表した7桁の文字列で指定することもできます。たとえば「"0000111"」
と指定すれば、金、土、日が休日であることを表します。こちらの方法を使え
ば、休日を自由に指定できます。

祭日 ···················· 祭日や休暇などの日付を、シリアル値または文字列で指定します。複数の祭日
を指定する場合は、複数のセルに各日付を入力してそのセル範囲を指定するか、
または配列定数を使って指定します。この引数を省略すると、［週末］で指定
した休日だけを除外して期日が計算されます。

ポイント

- 戻り値はシリアル値となります。日付の形式で表示したい場合は、セルの表示形式を［日付］に
変更する必要があります。
- シリアル値は、「1900年1月1日」を「1」として、以後の経過日数を数値で表したものです。

2-6 期日を求める

たとえば「1900年1月2日」は「2」と表され、「2019年7月6日」は「43652」と表されます。

• [日数] に小数部分のある数値を指定した場合、小数点以下が切り捨てられた整数とみなされます。

参照▶祭日を配列定数で指定するには……P.100

エラーの意味

エラーの種類	原因	エラーとなる例
[#NUM!]	戻り値（シリアル値）が 0 未満または 2958466 以上になるような引数を指定した	=WORKDAY.INTL("1900/1/1",-1,1,C7:C10) =WORKDAY.INTL("9999/12/31",1,1,C7:C10)
	[週末] に1～7、11～17以外の値を指定した	=WORKDAY.INTL("1900/1/1",1,0,C7:C10)
[#VALUE!]	[開始日] に数字以外の文字列、または日付として扱えない文字列を指定した	=WORKDAY.INTL("ABCD",8,1,C7:C10)
	[日数] に数字以外の文字列を指定した	=WORKDAY.INTL("1900/1/1","A",1,C7:C10)

関数の使用例　日曜と月曜が休日の会社で商品の発送予定日を求める

商品の受注日と、各商品の準備期間をもとに、それぞれの発送予定日を求めます。ただし、日曜と月曜、および指定した祭日は除外するものとします。

=WORKDAY.INTL(C3,D3,2,$C$7:$C$10)

セルC3に入力されている受注日から数えて、セルD3に入力されている準備期間（日数）だけ経過した日付のシリアル値を、日曜と月曜、および祭日を除外して求める。祭日のデータはセルC7～C10に入力してあるものとする。

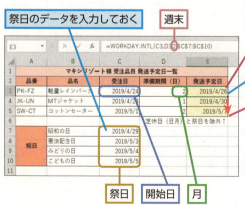

❶セルE3に「=WORKDAY.INTL(C3,D3,2, $C$7: $C$10)」と入力

参照▶関数を入力するには……P.38
サンプル▶02_017_WORKDAY.INTL.xlsx

準備期間後の日付が求められた

❷セルE3をセルE5までコピー

商品の発送予定日がわかった

参照▶関数が返すシリアル値を日付の形式で表示するには……P.98

2-7 期間を求める

NETWORKDAYS関数、NETWORKDAYS.INTL関数、DATEDIF関数、DAYS360関数、DAYS関数

開始日から終了日までの期間を求めるには、NETWORKDAYS関数、NETWORKDAYS.INTL関数、DATEDIF関数、DAYS360関数、DAYS関数を利用します。NETWORKDAYS.INTL関数、NETWORKDAYS関数では、休日を除外した期間（日数）が求められます。DATEDIF関数では、満年数、満月数、満日数のように、指定した6種類の単位で期間が求められます。また、DAYS360関数では、1年を30日×12カ月＝360日とみなして期間を計算できます。DAYS関数は単純に日付の差を計算します。

NETWORKDAYS関数、NETWORKDAYS.INTL関数

開始日から終了日までの期間を、週の休日と祭日を除外して求める

2019/4/26から2019/5/2までの期間

DATEDIF関数

開始日から終了日までの期間を、指定した単位で求める

2019/1/1から2020/2/10までの期間

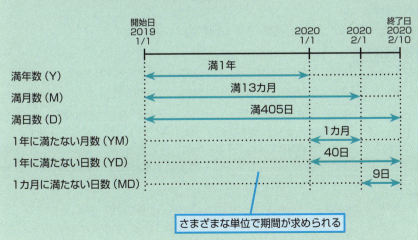

さまざまな単位で期間が求められる

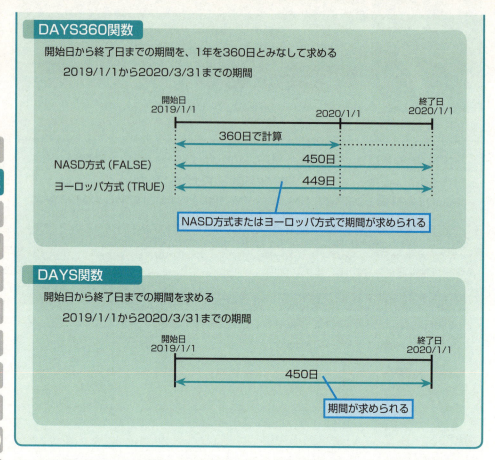

NETWORKDAYS 土日と祭日を除外して期間内の日数を求める

NETWORKDAYS(開始日, 終了日, 祭日)

▶関数の解説

[開始日]から[終了日]までの日数を、土日と祭日を除外して求めます。

▶引数の意味

開始日……………期間の開始日の日付をシリアル値または文字列で指定します。

終了日……………期間の最終日の日付をシリアル値または文字列で指定します。

祭日………………祭日や休暇などの日付を、シリアル値または文字列で指定します。複数の祭日を指定する場合は、複数のセルに各日付を入力してそのセル範囲を指定するか、または配列定数を使って指定します。この引数を省略すると、土日だけを除外して期日が計算されます。　参照▶祭日を配列定数で指定するには……P.100

ポイント

- NETWORKDAYS関数は、[開始日]と[終了日]を含めて日数を計算します。
- シリアル値は、「1900年1月1日」を「1」として、以後の経過日数を数値で表したものです。たとえば「1900年1月2日」は「2」と表され、「2019年7月6日」は「43652」と表されます。

エラーの意味

エラーの種類	原因	エラーとなる例
[#VALUE!]	[開始日]または[終了日]に数字以外の文字列、または日付として扱えない文字列を指定した	=NETWORKDAYS("ABCD","EFG",C7:C10)

関数の使用例　土日と祭日を除外して期間内の日数を求める

商品の受注日から実際の発送日までに要した日数を、商品ごとに求めます。ただし、日数を計算するときには、土日と、指定した祭日は除外するものとします。

=NETWORKDAYS(C3,D3,$C$7:$C$10)

セルC3に入力されている日付からセルD3に入力されている日付までの日数を、土日と祭日を除外して求める。祭日のデータはセルC7～C10に入力してあるものとする。

❶ セルE3に「=NETWORKDAYS(C3,D3,$C$7:$C$10)」と入力

参照▶関数を入力するには……P.38
サンプル▶02_018_NETWORKDAYS.xlsx

受注日から発送日までの日数が求められた

❷ セルE3をセルE5までコピー

商品の発送までに要した日数がわかった

参照▶関数が返すシリアル値を日付の形式で表示するには……P.98

活用例　「45日」を「1.5カ月」に変換する

工数管理や人件費の計算では、日数を小数の月数で表すことがあります。一定期間の稼働日数をこのような小数の月数に変換するには、NETWORKDAYS関数を使って求めた日数を30で割り、指定した桁数で丸めます。ここでは、ROUNDUP関数を使って切り上げ、結果を小数第2位まで求めています。

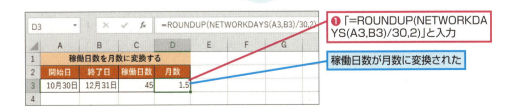

❶「=ROUNDUP(NETWORKDAYS(A3,B3)/30,2)」と入力

稼働日数が月数に変換された

2-7 期日を求める

1 関数の基本知識
2 日付／時刻関数
3 数学／三角関数
4 論理関数
5 検索／行列関数
6 データベース関数
7 文字列操作関数
8 統計関数
9 財務関数
10 エンジニアリング関数
11 情報関数
12 キューブ関数
13 ウェブ関数
付録

2-7

期
日
を
求
め
る

関数の 基本知識	1
日付／ 時刻関数	2
数学／ 三角関数	3
論理関数	4
検索／ 行列関数	5
データベース 関数	6
文字列操作 関数	7
統計関数	8
財務関数	9
エンジニアリング 関数	10
情報関数	11
キューブ関数	12
ウェブ関数	13
付　録	

NETWORKDAYS.INTL 指定した休日を除外して期間内の日数を求める

ネットワークデイズ・インターナショナル

NETWORKDAYS.INTL(開始日, 終了日, 週末, 祭日)

▶関数の解説

［開始日］から［終了日］までの日数を、［週末］で指定した休日と［祭日］で指定した祭日を除外して求めます。

▶引数の意味

開始日‥‥‥‥‥‥‥‥‥ 期間の開始日の日付をシリアル値または文字列で指定します。

終了日‥‥‥‥‥‥‥‥‥ 期間の最終日の日付をシリアル値または文字列で指定します。

週末‥‥‥‥‥‥‥‥‥‥ 週の休日を以下のように指定します。

設定値	休日になる曜日
1 または省略	土と日
2	日と月
3	月と火
4	火と水
5	水と木
6	木と金
7	金と土
11	日のみ
12	月のみ
13	火のみ
14	水のみ
15	木のみ
16	金のみ
17	土のみ

または、月曜日からはじまる各曜日を「"1"」（休日）または「"0"」（非休日）で表した7桁の文字列で指定することもできます。たとえば「"0000111"」と指定すれば、金、土、日が休日であることを表します。こちらの方法を使えば、休日を自由に指定できます。

祭日‥‥‥‥‥‥‥‥‥‥ 祭日や休暇などの日付を、シリアル値または文字列で指定します。複数の祭日を指定する場合は、複数のセルに各日付を入力してそのセル範囲を指定するか、または配列定数を使って指定します。この引数を省略すると、［週末］に指定した休日だけを除外して期日が計算されます。

参照 祭日を配列定数で指定するには……P.100

ポイント

• NETWORKDAYS.INTL関数は、［開始日］と［終了日］を含めて日数を計算します。

• シリアル値は、「1900年1月1日」を「1」として、以後の経過日数を数値で表したものです。たとえば「1900年1月2日」は「2」と表され、「2019年7月6日」は「43652」と表されます。

106

できる

エラーの意味

エラーの種類	原因	エラーとなる例
[#VALUE!]	[開始日]または[終了日]に数字以外の文字列、または日付として扱えない文字列を指定した	=NETWORKDAYS.INTL("ABCD","EFG",1,C7:C10)
	[週末]に1～7、11～17以外の無効な値を指定した	=NETWORKDAYS.INTL("1900/1/1","1900/1/10",0,C7:C10)

関数の使用例　指定した日付が理容店の営業日かどうかを調べる

指定した日付が理容店の営業日かどうかを求めます。[開始日]と[終了日]に同じ日付を指定しているので、その日が[週末]で指定した休日または[祭日]で指定した祭日であると日数の計算から除外され、日数として0が返されます。一方、その日が休日または祭日でなければ日数として1が返されるので、結果として営業日かどうかがわかります。

=NETWORKDAYS.INTL(A3,A3,12,$F$3:$F$6)

セルA3に入力されている日付からセルA3に入力されている日付までの日数を、月曜日と祭日を除外して求める。祭日のデータはセルF3～F6に入力してあるものとする。

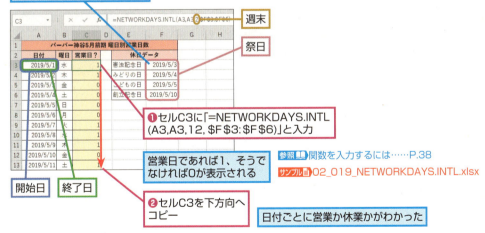

2-7

期日を求める

関数の基本知識	1
日付／時刻関数	2
数学／三角関数	3
論理関数	4
検索／行列関数	5
データベース関数	6
文字列操作関数	7
統計関数	8
財務関数	9
エンジニアリング関数	10
情報関数	11
キューブ関数	12
ウェブ関数	13
付 録	

▶ DATEDIF 期間内の年数、月数、日数を求める

デイト・ディフ
DATEDIF(開始日, 終了日, 単位)

▶関数の解説

［開始日］から［終了日］までの年数、月数、日数を、［単位］で指定した計算方法にもとづいて求めます。

▶引数の意味

開始日 ·················· 期間の開始日をシリアル値または文字列で指定します。

終了日 ·················· 期間の終了日をシリアル値または文字列で指定します。たとえば「1900年1月2日」は「2」と表され、「2019年7月6日」は「43652」と表されます。

単位 ······················ 日数の計算方法を、以下の文字列で指定します。

- "Y"　満年数を求める
- "M"　満月数を求める
- "D"　満日数を求める
- "YM"　年に満たない月数を求める
- "YD"　1年に満たない日数を求める
- "MD"　1カ月に満たない日数を求める

ポイント

- DATEDIF関数は、［数式］タブの［関数ライブラリ］グループのボタンから入力することはできません。DATEDIF関数を使う場合は、セルや数式バーに直接入力する必要があります。

参照 セルに直接入力する……P.38

- DATEDIF関数は、［開始日］と［終了日］を含めて日数を計算します。
- シリアル値は、「1900年1月1日」を「1」として、以後の経過日数を数値で表したものです。たとえば「1900年1月2日」は「2」と表され、「2019年7月6日」は「43652」と表されます。
- 文字列を引数に直接指定する場合は「"（ダブルクォーテーション）」で囲んで指定します。

エラーの意味

エラーの種類	原因	エラーとなる例
[#VALUE!]	［開始日］または［終了日］に数字以外の文字列、または日付として扱えない文字列を指定した	=DATEDIF("ABCD","EFG","Y")

2-7 期日を求める

関数の使用例　満年齢を求める

生年月日から今日までの経過年数を計算することにより、満年齢を求めます。

=DATEDIF(B3,C3,"Y")

セルB3に入力されている日付からセルC3に入力されている日付までの経過年数を求める。

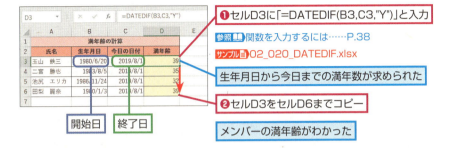

❶セルD3に「=DATEDIF(B3,C3,"Y")」と入力

参照▶関数を入力するには……P.38
サンプル 02_020_DATEDIF.xlsx

生年月日から今日までの満年数が求められた

❷セルD3をセルD6までコピー

メンバーの満年齢がわかった

HINT 満年齢を、年だけでなく月、日の単位まで求めるには

[単位]の引数に、満年数を求める「Y」のほかに、1年に満たない月数を求める「YM」、および1カ月に満たない日数を求める「MD」をそれぞれ指定すると、経過期間を年、月、日に分けて求められます。これを利用すれば、満年齢を、年だけでなく月、日の単位まで求められます。

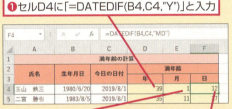

❶セルD4に「=DATEDIF(B4,C4,"Y")」と入力
❷セルE4に「=DATEDIF(B4,C4,"YM")」と入力
❸セルF4に「=DATEDIF(B4,C4,"MD")」と入力

▶ DAYS360　1年を360日として期間内の日数を求める

デイズ・サンロクマル
DAYS360(開始日, 終了日, 方式)

▶関数の解説
1年を360日として、[開始日]から[終了日]までの日数を求めます。

▶引数の意味
開始日…………… 期間の開始日をシリアル値または文字列で指定します。

終了日…………… 期間の終了日をシリアル値または文字列で指定します。

方式……………… 日数の計算に適用する会計方式を、以下の論理値で指定します。
　　　　　┌ FALSEまたは省略………… NASD方式で日数を求める
　　　　　└ TRUE……………………… ヨーロッパ方式で日数を求める

109

2-7 期日を求める

ポイント

- DAYS360関数は、1年を30日×12カ月＝360日として日数を計算します。この計算方法にはNASD方式とヨーロッパ方式という2つの会計方式があり、いずれも証券取引などで利用されています。
- DAYS360関数は、［開始日］と［終了日］を含めて日数を計算します。
- シリアル値は、「1900年1月1日」を「1」として、以後の経過日数を数値で表したものです。たとえば「1900年1月2日」は「2」と表され、「2019年7月6日」は「43652」と表されます。

エラーの意味

エラーの種類	原因	エラーとなる例
[#VALUE!]	［開始日］または［終了日］に数字以外の文字列、または日付として扱えない文字列を指定した	=DAYS360("ABCD","EFG",FALSE)

関数の使用例　海外の取引先の会計日数を求める

海外の取引先ごとに、［開始日］から［終了日］までの会計日数を求めます。

=DAYS360(B3,C3,FALSE)

セルB3に入力されている日付からセルC3に入力されている日付までの会計日数を求める。ただし、会計方式がNASD方式であるものとする。

❶セルE3に「=DAYS360(B3,C3,FALSE)」と入力

参照▶関数を入力するには……P.38
サンプル▶02_021_DAYS360.xlsx

NASD方式で［開始日］から［終了日］までの日数が求められた

❷セルE4に「=DAYS360(B4,C4,TRUE)」と入力

ヨーロッパ方式で［開始日］から［終了日］までの日数が求められた

取引先の会計日数がわかった

NASD方式とヨーロッパ方式の会計方式の違い

DAYS360関数では、日数の計算方法として、NASD方式とヨーロッパ方式という2つの会計方式が使われています。いずれも、1年を360日とする財務関係の計算処理に使われるもので、これらの2つの方式では、[開始日]と[終了日]が月末にあたる場合の日付の置き換え処理に違いがあります。

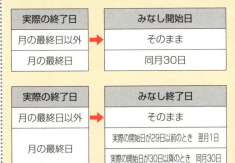

DAYS 2つの日付から期間内の日数を求める

DAYS（終了日, 開始日）

▶関数の解説

[開始日]から[終了日]までの日数を求めます。

▶引数の意味

終了日 ……………… 期間の終了日をシリアル値または文字列で指定します。
開始日 ……………… 期間の開始日をシリアル値または文字列で指定します。

[ポイント]

- この関数はExcel 2013で新たに追加されたものです。Excel 2010以前では使えません。
- DAYS関数は、[終了日]と[開始日]を含めて計算します。
- DAYS関数を使う代わりに、単純に「=[終了日]-[開始日]」という数式を使っても、同じ結果が得られます。

[エラーの意味]

エラーの種類	原因	エラーとなる例
[#VALUE!]	[開始日]または[終了日]に数字以外の文字列、または日付として扱えない文字列を指定した	=DAYS("ABCD","EFG")

111

2-8 日付が何週めかを求める

WEEKNUM 日付が何週めかを求める

WEEKNUM(シリアル値, 週の基準)

▶関数の解説

[シリアル値]で指定した日付が、その年の1月1日を含む週から数えて何週めに含まれるかを求めます。

2019年2月1日が、同年1月1日から数えて5週めであることがわかる

▶引数の意味

シリアル値 ………… 何週めかを求めたい日付をシリアル値または文字列で指定します。

週の基準 ………… 週の開始日を何曜日として計算するかを指定します。

設定値	週の始まり
1 または省略	日曜日
2	月曜日
11	月曜日
12	火曜日
13	水曜日
14	木曜日
15	金曜日
16	土曜日
17	日曜日
21	月曜日（ISO8601方式）

ポイント

- [週の基準]に「21」を指定したときに限り、その年の最初の木曜日を含む週を第1週として週を数えるISO8601方式が用いられます。したがって、ISOWEEKNUM関数を使った場合と同じ結果になります。　参照▶ISOWEEKNUM……P.114
- シリアル値は、「1900年1月1日」を「1」として、以後の経過日数を数値で表したものです。たとえば「1900年1月2日」は「2」と表され、「2019年7月6日」は「43652」と表されます。

エラーの意味

エラーの種類	原因	エラーとなる例
[#NUM!]	[週の基準]に所定の数値以外の値を指定した	=WEEKNUM("2019/6/1",0)
[#VALUE!]	[シリアル値]に数字以外の文字列、または日付として扱えない文字列を指定した	=WEEKNUM("ABCD",1)

関数の使用例　1月1日から数えて何週めかを求める

当日までの週単位の累計を求める表で、指定した日付が1月1日の週から数えて何週めに含まれるかを求めます。

=WEEKNUM(A3,2)

セルA3に入力されている日付が、1月1日の週から数えて何週めに含まれるかを求める。ただし、週の開始日は月曜日とする。

❶セルC3に「=WEEKNUM(A3,2)」と入力

参照▶関数を入力するには……P.38
サンプル▶02_022_WEEKNUM.xlsx

1月1日の週から数えて何週めかが求められた

❷セルC3をセルC11までコピー

日付が1月1日から数えて何週めにあるかがわかった

シリアル値

> **HINT 年をまたがる週の計算はできない**
> WEEKNUM関数は、1月1日の週を「1」として、12月31日までにある週の計算を行います。12月31日を含む週から年をまたがる週の計算はできません。

2-8 日付が何週めかを求める

活用例　週ごとに売上金額を集計する

商品の売上表に入力されている毎日の売上金額を、週単位で集計したいことがあります。これを行うには、WEEKNUM関数を使って集計対象のそれぞれの日付の週番号を調べ、さらにSUMIF関数を使って同じ週番号を持つ行の金額を合計します。

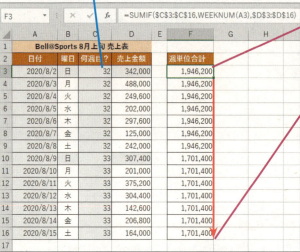

セルC3に「=WEEKNUM(A3)」と入力し、セルC16までコピーしておく

年初からの週番が求められた

❶「=SUMIF($C$3:$C$16,WEEKNUM(A3),$D$3:$D$16)」と入力

8月2日が含まれる週の売上金額が合計できた

❷セルF3をセルF16までコピー

各行の日付が含まれる週の売上合計金額が表示できた

ISOWEEKNUM　ISO8601方式で日付が何週めかを求める

ISOWEEKNUM（シリアル値）
アイエスオー・ウィークナム

▶関数の解説

[シリアル値] で指定した日付が、ISO8601方式で何週めに含まれるかを求めます。

▶引数の意味

シリアル値………… 何週めかを求めたい日付をシリアル値または文字列で指定します。

ポイント

- この関数はExcel 2013で新たに追加されたものです。Excel 2010以前では使えません。
- ISO8601方式では、その年の最初の木曜日を含む週を第1週とし、週の開始日を月曜日として週数を数えます。この方式はヨーロッパ式週番号システムと呼ばれています。
- シリアル値は、「1900年1月1日」を「1」として、以後の経過日数を数値で表したものです。たとえば「1900年1月2日」は「2」と表され、「2019年7月6日」は「43652」と表されます。

エラーの意味

エラーの種類	原因	エラーとなる例
[#VALUE!]	[シリアル値] に数字以外の文字列、または日付として扱えない文字列を指定した	=ISOWEEKNUM("ABCD")

2-9 日付を和暦に変換する

2-9
日付を和暦に変換する

▶ DATESTRING 日付を和暦に変換する

1 関数の基本知識
2 日付／時刻関数
3 数学／三角関数
4 論理関数
5 検索／行列関数
6 データベース関数
7 文字列操作関数
8 統計関数
9 財務関数
10 エンジニアリング関数
11 情報関数
12 キューブ関数
13 ウェブ関数
付録

DATESTRING(シリアル値)
デイト・ストリング

▶関数の解説

[シリアル値]で指定した日付を、和暦を表す文字列に変換します。

▶引数の意味

シリアル値 ‥‥‥‥‥ 和暦に変換したい日付をシリアル値または文字列で指定します。

ポイント

・DATESTRING関数は、[数式]タブの[関数ライブラリ]グループのボタンから入力することはできません。DATESTRING関数を使う場合は、セルや数式バーに直接入力する必要があります。

　　　　　　　　　　　　　　　　　　　　　参照 セルに直接入力する……P.38

・戻り値は、明治33年1月1日（1900年1月1日）から、大正および昭和の全年、そして平成8011年12月31日（9999年12月31日）までの和暦を表す文字列となります。

・シリアル値は、「1900年1月1日」を「1」として、以後の経過日数を数値で表したものです。たとえば「1900年1月2日」は「2」と表され、「2019年7月6日」は「43652」と表されます。

エラーの意味

	原因	エラーとなる例
[#VALUE!]	引数に数字以外の文字列、または日付として扱えない文字列を指定した	=DATESTRING("ABCD")
	引数に負の数または 2958466 以上の数値を指定した	=DATESTRING(-1) =DATESTRING(2958466)

115
できる

2-9 日付を和暦に変換する

関数の使用例　**請求書の発行日を和暦で表示する**

請求書の発行時に、今日の日付を和暦で表示します。

=DATESTRING(TODAY())

今日の日付を和暦に変換する。

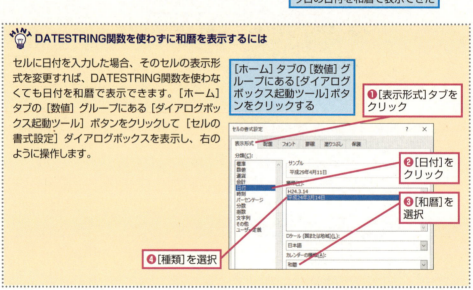

❶セルG1に「=DATESTRING(TODAY())」と入力

参照▶関数を入力するには……P.38
サンプル▶02_023_DATESTRING.xlsx

今日の日付を和暦で表示できた

HINT DATESTRING関数を使わずに和暦を表示するには

セルに日付を入力した場合、そのセルの表示形式を変更すれば、DATESTRING関数を使わなくても日付を和暦で表示できます。[ホーム]タブの[数値]グループにある[ダイアログボックス起動ツール]ボタンをクリックして[セルの書式設定]ダイアログボックスを表示し、右のように操作します。

[ホーム]タブの[数値]グループにある[ダイアログボックス起動ツール]ボタンをクリックする

❶[表示形式]タブをクリック
❷[日付]をクリック
❸[和暦]を選択
❹[種類]を選択

2-10 期間が1年間に占める割合を求める

YEARFRAC 期間が1年間に占める割合を求める

イヤー・フラクション
YEARFRAC(開始日, 終了日, 基準)

▶関数の解説

[開始日]から[終了日]までの期間が1年間に占める割合を、[基準]で指定した基準日数に基づいて求めます。

▶引数の意味

開始日 ·················· 期間の開始日の日付をシリアル値または文字列で指定します。

終了日 ·················· 期間の終了日の日付をシリアル値または文字列で指定します。

基準 ······················ 日数の計算に使われる基準日数（月／年）を、以下の数値で指定します。

0または省略	30日／360日（NASD方式）
1	実際の日数／実際の日数
2	実際の日数／360日
3	実際の日数／365日
4	30日／360日（ヨーロッパ方式）

参照📖NASD方式とヨーロッパ方式の会計方式の違い……P.111

ポイント

- YEARFRAC関数は、日数の計算をするときに[開始日]を「0」として起算します。したがって、[開始日]と[終了日]が同じ場合は戻り値が「0」になります。
- 戻り値は、0～1の範囲内の小数値です。パーセント表示にするには、セルの表示形式を[パーセンテージ]に変更する必要があります。
- シリアル値は、「1900年1月1日」を「1」として、以後の経過日数を数値で表したものです。たとえば「1900年1月2日」は「2」と表され、「2019年7月6日」は「43652」と表されます。

エラーの意味

エラーの種類	原因	エラーとなる例
[#NUM!]	[基準]に0～4以外の値を指定した	=YEARFRAC("2009/6/1","2019/6/30",5)
[#VALUE!]	[開始日]または[終了日]に数字以外の文字列、または日付として扱えない文字列を指定した	=YEARFRAC("ABCD","EFG",1)

2-10
期間が1年間に占める割合を求める

1 関数の基本知識
2 日付／時刻関数
3 数学／三角関数
4 論理関数
5 検索／行列関数
6 データベース関数
7 文字列操作関数
8 統計関数
9 財務関数
10 エンジニアリング関数
11 情報関数
12 キューブ関数
13 ウェブ関数
付録

2-10 期間が1年間に占める割合を求める

関数の使用例 借入期間が1年に占める割合を求める

借入金の借入日から返済日までの期間が1年間に占める割合を、実際の日数にもとづいて求めます。

＝YEARFRAC(C3,D3,1)

セルC3に入力されている借入日からセルD3に入力されている返済日までの期間が1年に占める割合を求める。

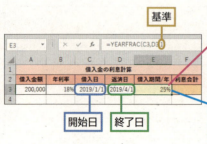

基準

❶セルE3に「＝YEARFRAC(C3,D3,1)」と入力

参照▶関数を入力するには……P.38
サンプル▶02_024_YEARFRAC.xlsx

1年間に占める割合が求められた

借入期間の割合は1年間の25%であることがわかった

開始日　終了日

第 **3** 章

数学／三角関数

3 - 1. 数値を合計する・・・・・・・・・・・・・・・・・・・・・120
3 - 2. 積を求める、合計する・・・・・・・・・・・・・・・・127
3 - 3. 2つの配列の平方計算をする・・・・・・・・・・・131
3 - 4. さまざまな集計値を求める・・・・・・・・・・・・・135
3 - 5. 数値を丸める・・・・・・・・・・・・・・・・・・・・・・・139
3 - 6. 整数商や余りを求める・・・・・・・・・・・・・・・・157
3 - 7. 最大公約数や最小公倍数を求める・・・・・・・・160
3 - 8. 符号の変換や検査をする・・・・・・・・・・・・・・163
3 - 9. 組み合わせの計算をする・・・・・・・・・・・・・・165
3 - 10. べき級数を求める・・・・・・・・・・・・・・・・・・・177
3 - 11. 平方根を求める・・・・・・・・・・・・・・・・・・・・・180
3 - 12. 指数関数の値を求める・・・・・・・・・・・・・・・・184
3 - 13. 対数関数の値を求める・・・・・・・・・・・・・・・・188
3 - 14. 円周率 π を求める・・・・・・・・・・・・・・・・・・193
3 - 15. 度とラジアンを変換する・・・・・・・・・・・・・・195
3 - 16. 三角関数の値を求める・・・・・・・・・・・・・・・・199
3 - 17. 逆三角関数の値を求める・・・・・・・・・・・・・・210
3 - 18. 双曲線関数の値を求める・・・・・・・・・・・・・・220
3 - 19. 逆双曲線関数の値を求める・・・・・・・・・・・・230
3 - 20. 行列や行列式を計算する・・・・・・・・・・・・・・238
3 - 21. 乱数を発生させる・・・・・・・・・・・・・・・・・・・246

3-1

数値を合計する

サイドバー:
- 関数の基本知識 1
- 日付／時刻関数 2
- 数学／三角関数 3
- 論理関数 4
- 検索／行列関数 5
- データベース関数 6
- 文字列操作関数 7
- 統計関数 8
- 財務関数 9
- エンジニアリング関数 10
- 情報関数 11
- キューブ関数 12
- ウェブ関数 13
- 付録

SUM 数値を合計する

SUM(数値1, 数値2, …, 数値255)

▶関数の解説

［数値］の合計を求めます。

▶引数の意味

数値·························· 合計を求めたい数値を指定します。「A1:A3」のようなセル範囲も指定できます。引数は、「,（カンマ）」で区切って255個まで指定できます。

ポイント

- 計算の対象になるのは、数値、文字列として入力されている数字、またはこれらを含むセルです。
- 引数に空のセルや文字列の入力されているセルが含まれている場合、それらは無視されます。
- 引数に列全体、または行全体を指定することもできます。たとえば、「=SUM(B:B)」とすればB列に含まれるすべての数値を、「=SUM(2:2)」とすれば2行目に含まれるすべての数値を、それぞれ合計できます。
- 引数に複数のワークシートをまたぐセルやセル範囲を指定することもできます。たとえば、「=SUM(Sheet1:Sheet2!C2)」と入力すれば、Sheet1のセルC2とSheet2のセルC2の内容が合計できます。これは「串刺し計算」と呼ばれる方法で、複数の表をまとめて集計したいときに便利です。

エラーの意味

エラーの種類	原因	エラーとなる例
[#VALUE!]	引数に数値とみなせない文字列を直接指定した	=SUM("ABC","DEF")

関数の使用例　月ごとの合計売上金額を求める

店舗別、月別に売上金額を入力した売上表から、月ごとの合計売上金額を求めます。

=SUM(B3:B5)

セルB3 ～ B5に入力されている売上金額の合計を表示する。

数値

❶セルB6に「=SUM(B3:B5)」と入力

参照▶関数を入力するには……P.38
サンプル▶03_001_SUM.xlsx

合計値が求められた

❷セルB6をセルD6までコピー

月ごとの合計売上金額は2663万8300円であることがわかった

離れた場所にあるセルの値も合計できる

引数を入力するとき、[Ctrl]キーを押しながらセルをクリックするか、セル範囲をドラッグしていくと、引数が「,（カンマ）」で区切られながら入力されていきます。そのため、離れた場所にあるセルでも、合計の対象として指定できます。

［関数の引数］ダイアログボックスを使って関数を入力するときは引数に注意

［関数の引数］ダイアログボックスを使って関数を入力すると、自動的に引数が入力される場合があります。しかし、計算の対象としたいセルが離れた場所にあったり、セル範囲のなかに空のセルが含まれていたりすると、引数が正しく入力されないことがあります。その場合は、セル範囲をドラッグし直すか、直接セル範囲を入力し直せば修正できます。

参照▶［関数の挿入］ダイアログボックスを使う……P.44

［合計］ボタンを使ってもSUM関数を入力できる

合計を表示したいセルを選択してから、［ホーム］タブの［編集］グループにある［合計］（［オートSUM］）ボタンをクリックします。セルに直接SUM関数が入力され、自動的に引数も入力されます。引数が正しくない場合は、セル範囲をドラッグし直すか、直接セル範囲を入力し直せば修正できます。最後に[Enter]キーを押すと関数が入力されます。
また、［合計］ボタンの［▼］をクリックすると、合計（SUM関数）のほかに、平均（AVERAGE関数）、数値の個数（COUNT関数）、最大値（MAX関数）、最小値（MIN関数）を求めることもできます。

なお、［数式］タブの［関数ライブラリ］グループにある［合計］（［オートSUM］）ボタンを使っても、同じことができます。

◆［合計］ボタン
リボンの表示幅の大きさによって外観が変わる

参照▶COUNT……P.433
参照▶AVERAGE……P.440
参照▶MAX……P.458
参照▶MIN……P.462

セル範囲は1つの引数とみなされる

SUM関数の引数にセル範囲を指定した場合、複数のセルについて合計できますが、引数としては1個とみなされます。たとえば、「=SUM(A1:B2,C3)」と指定すると、合計されるセルの数は5個ですが、引数の数は2個となります。

参照▶引数として指定できるもの……P.33

SUMIF 条件を指定して数値を合計する

SUMIF(範囲, 検索条件, 合計範囲)
(サム・イフ)

▶関数の解説
［範囲］のなかから［検索条件］に一致するセルを検索し、見つかったセルと同じ行（または列）にある、［合計範囲］のなかのセルの数値の合計を求めます。

▶引数の意味
範囲……………… 検索の対象とするセル範囲を指定します。
検索条件………… セルを検索するための条件を数値や文字列で指定します。
合計範囲………… 合計したい値が入力されているセル範囲を指定します。［検索条件］によって見つかったセルと同じ行（または列）にある、［合計範囲］のなかのセルが合計の対象となります。この引数を省略すると、［範囲］で指定したセルが合計の対象となります。

ポイント
- 指定できる［検索条件］は1つだけです。
- ［検索条件］にはワイルドカード文字が使えます。詳しくは124ページのHINT「検索条件で使えるワイルドカード文字」を参照してください。
- ［検索条件］として文字列を指定する場合は、「">=100"」や「"<>土"」のように、「"（ダブルクォーテーション）」で囲む必要があります。
- ［範囲］と［合計範囲］の行数（または列数）が異なっていると、正しい結果が得られない場合があります。
- ［合計範囲］に空のセルや文字列の入力されているセルが含まれている場合、それらは無視されます。

| マキシリゾート来場者数一覧 ||||
日付	曜日	部	来場者数
2019/6/3	月	午後	84
2019/6/4	火	午前	88
2019/6/4	火	午後	96
2019/6/5	水	午後	110
2019/6/6	木	午前	66
2019/6/6	木	午後	88
2019/6/7	金	午前	59
2019/6/7	金	午後	79
2019/6/8	土	午前	222
2019/6/8	土	午後	263
来場者数			1,155
平日来場者数			670
平日午前の部来場者数			213

◆SUMIF関数
［範囲］のなかで［検索条件］に一致するセルと同じ行にある［合計範囲］のなかの数値を合計する

エラーの意味
SUMIF関数では、エラー値が返されることはありません。

関数の使用例　平日の来場者数の合計を求める

来場者数を日付別に記録した表で、平日の来場者数だけを合計します。

=SUMIF(B3:B8,"<>土",C3:C8)

曜日が入力されているセルB3～B8から「土」以外のセルを検索し、見つかったセルと同じ行にあるセルC3～C8のなかのセルだけを合計する。

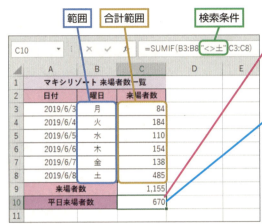

範囲　合計範囲　検索条件

セルC10に「=SUMIF(B3:B8,"<>土",C3:C8)」と入力

参照▶関数を入力するには……P.38
サンプル▶03_002_SUMIF.xlsx

[範囲]のなかで[検索条件]に一致するセルと同じ行にある[合計範囲]のなかの数値が合計された

平日の来場者数の合計は670人であることがわかった

HINT [関数の引数] ダイアログボックスを使って関数を入力するときは「"」の入力を省略できる

[関数の引数]ダイアログボックスで、引数の入力ボックスに文字列を表す引数（[検索条件]や[日付文字列]など）を入力する場合、前後を「"」（ダブルクォーテーション）」で囲まなくても自動的に付加されます。

参照▶[関数の引数]ダイアログボックス……P.46

ダブルクォーテーションを省略して入力できる

HINT 条件を指定して集計するための関数

SUMIF関数は、条件を指定して数値の合計を求める関数ですが、このほかに、条件を指定して数値の個数を求めるCOUNTIF関数や、条件を指定して数値の平均値を求めるAVERAGEIF関数もあります。

参照▶COUNTIF……P.436
参照▶AVERAGEIF……P.443

3-1

数値を合計する

1 関数の基本知識
2 日付／時刻関数
3 数学／三角関数
4 論理関数
5 検索／行列関数
6 データベース関数
7 文字列操作関数
8 統計関数
9 財務関数
10 エンジニアリング関数
11 情報関数
12 キューブ関数
13 ウェブ関数
付録

HINT [検索条件]をより柔軟に指定する

使用例では、[検索条件]を「"<>土"」のように文字列で直接指定していますが、たとえばこの部分を「"<>"&D2」に置き換えておけば、セルD2に曜日を入力するだけで、どの曜日の来場者もすぐに合計できるようになります。このように、あとで変更の可能性がある[検索条件]のような項目は、数式内に直接指定するのではなく、セル参照を使って指定するといいでしょう。より柔軟な対応が可能になるだけでなく、数式をいちいち変更しなくても済むので修正時のミスも減らせます。

HINT 検索条件で使えるワイルドカード文字

SUMIF関数の[検索条件]やSUMIFS関数の[条件]で文字列を指定する場合、「ワイルドカード文字」を使うと、ある文字ではじまる任意の文字列や、文字の数だけ決まっている任意の文字列などを検索できます。これらをうまく組み合わせると、さまざまな文字列を効率よく検索できます。

ワイルドカード文字	意味	例	例の解説
*（アスタリスク）	0文字以上の任意の文字と一致	できる*	「できる」ではじまる任意の文字列と一致
		*シリーズ	「シリーズ」で終わる任意の文字列と一致
?（クエスチョンマーク）	任意の1文字と一致	??支店	「支店」の前に必ず2文字が入る文字列と一致（「青山支店」、「新宿支店」など）
~（チルダ）	*と?をワイルドカード文字として扱わないように指定	~*シリーズ	「*シリーズ」という文字列と一致（「シリーズ」で終わる任意の文字列を指定したことにはならない）

▶ SUMIFS 複数の条件を指定して数値を合計する

サム・イフ・エス
SUMIFS(合計対象範囲, 条件範囲1, 条件1, 条件範囲2, 条件2, …)

▶関数の解説

複数の条件に一致するセルを検索し、見つかったセルと同じ行（または列）にある、[合計対象範囲]のなかのセルの数値の合計を求めます。

▶引数の意味

合計対象範囲………合計したい値が入力されているセル範囲を指定します。[条件範囲]と[条件]の指定によって見つかったセルと同じ行（または列）にある、[合計対象範囲]のなかのセルが合計の対象となります。

条件範囲……………検索の対象とするセル範囲を指定します。

条件…………………直前の[条件範囲]からセルを検索するための条件を数値や文字列で指定します。[条件範囲]と[条件]の組み合わせは127個まで指定できます。

ポイント

・SUMIF関数とは異なり、[合計対象範囲]を最初に指定します。

・複数の[条件]は、AND条件とみなされます。つまり、すべての[条件]に一致したセルに対応する[合計対象範囲]のなかの数値だけが合計されます。

124
できる

- ［条件］にはワイルドカード文字が使えます。詳しくは124ページのHINT「検索条件で使えるワイルドカード文字」を参照してください。
- ［条件］に文字列を指定する場合は、"">=100"" や ""<>土"" のように、""（ダブルクォーテーション）""で囲む必要があります。数値やセル参照、数式を指定する場合は""""で囲む必要はありません。
- ［合計対象範囲］の行数（または列数）と［条件範囲］の行数（または列数）は同じである必要があります。
- ［合計対象範囲］に空のセルや文字列の入力されているセルが含まれている場合、それらは無視されます。

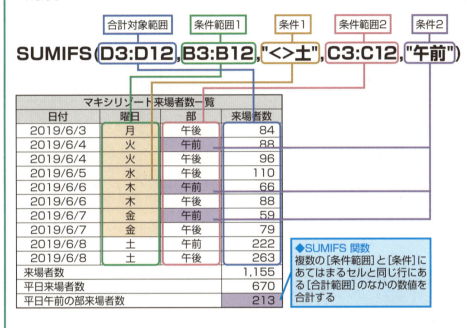

エラーの種類	原因	エラーとなる例
[#VALUE!]	［合計対象範囲］と［条件範囲］の行数（または列数）が異なっている	=SUMIFS(D3:D12,B3:B10,"<>土")

関数の使用例　平日午前の部の来場者数合計を求める

来場者数を日付別に記録した表で、平日の午前の部の来場者数だけを合計します。

=SUMIFS(D3:D12,B3:B12,"<>土",C3:C12,"午前")

セルB3～B12に入力されている曜日が「土」以外で、かつセルC3～C12に入力されている部が「午前」のセルを検索し、この2つの条件を満たすセルと同じ行にあるセルD3～D12のなかのセルだけを合計する。

125

3-1 数値を合計する

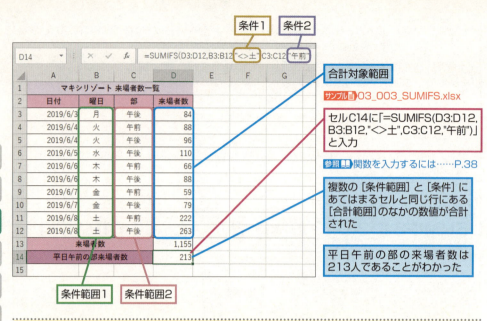

セルC14に「=SUMIFS(D3:D12,B3:B12,"<>土",C3:C12,"午前")」と入力

参照▶関数を入力するには……P.38

複数の［条件範囲］と［条件］にあてはまるセルと同じ行にある［合計範囲］のなかの数値が合計された

平日午前の部の来場者数は213人であることがわかった

サンプル▶03_003_SUMIFS.xlsx

HINT 複数の条件を指定して集計するための関数

SUMIFS関数は、複数の条件を指定して数値の合計を求める関数ですが、このほかに、複数の条件を指定して数値の個数を求めるCOUNTIFS関数や、複数の条件を指定して数値の平均値を求めるAVERAGEIFS関数もあります。

参照▶COUNTIFS……P.438
参照▶AVERAGEIFS……P.445

活用例　曜日の範囲を指定して合計を求める

WEEKDAY関数を利用して曜日を数値で表しておけば、SUMIFS関数に曜日の範囲を指定して合計を求めることもできます。たとえば、月曜日から金曜日までの合計を求めるのであれば、「">=2"」と「"<=6"」という2つの条件を指定します。

参照▶WEEKDAY……P.82

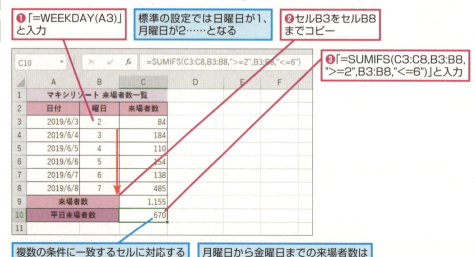

❶「=WEEKDAY(A3)」と入力

標準の設定では日曜日が1、月曜日が2……となる

❷セルB3をセルB8までコピー

❸「=SUMIFS(C3:C8,B3:B8,">=2",B3:B8,"<=6")」と入力

複数の条件に一致するセルに対応する数値の合計値が求められた

月曜日から金曜日までの来場者数は670人であることがわかった

3-2 積を求める、合計する

PRODUCT 積を求める

PRODUCT(数値1, 数値2, …, 数値255)
プロダクト

▶関数の解説

[数値] をすべて掛け合わせた値（積）を求めます。

▶引数の意味

数値 ………………… 積を求めたい数値を指定します。「A1:A3」のようなセル範囲も指定できます。引数は、「,（カンマ）」で区切って255個まで指定できます。

ポイント

- 計算の対象になるのは、数値、文字列として入力されている数字、またはこれらを含むセルです。
- 引数に空のセルや文字列の入力されているセルが含まれている場合、それらは無視されます。

エラーの意味

エラーの種類	原因	エラーとなる例
[#VALUE!]	引数に数値とみなせない文字列を直接指定した	=PRODUCT("ABC","DEF")

関数の使用例　お買上品の金額を求める

品名や本体価格、割引掛率、数量を記録した一覧表から、お買上品ごとの金額を求めます。金額は本体価格×割引掛率×数量で求められます。

=PRODUCT(B3,C3,D3)

セルB3に入力されている本体価格、セルC3に入力されている割引掛率、セルD3に入力されている数量をすべて掛け、お買上品の金額を求める。

3-2 積を求める、合計する

1 関数の基本知識
2 日付／時刻関数
3 数学／三角関数
4 論理関数
5 検索／行列関数
6 データベース関数
7 文字列操作関数
8 統計関数
9 財務関数
10 エンジニアリング関数
11 情報関数
12 キューブ関数
13 ウェブ関数
付録

127
できる

3-2 積を求める、合計する

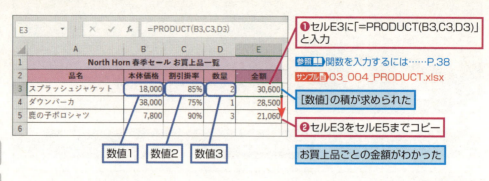

SUMPRODUCT 配列要素の積を合計する

SUMPRODUCT（配列1, 配列2, …, 配列255）
サム・プロダクト

▶関数の解説

複数の［配列］について、各配列内での位置が同じ要素どうしを掛け合わせ、それらの合計を求めます。

参照▶配列とは……P.64

▶引数の意味

配列……………… 数値を含むセル範囲、または配列定数を指定します。［配列］は、大きさ（行数×列数）がすべて同じでなければなりません。引数は、「,（カンマ）」で区切って255個まで指定できます。

ポイント
- 計算の対象になるのは、数値、文字列として入力されている数字を含むセル範囲、または配列定数です。
- 引数に空のセルや文字列の入力されているセルが含まれている場合、それらは無視されます。

エラーの意味

エラーの種類	原因	エラーとなる例
[#VALUE!]	引数のなかに、大きさ（行数×列数）の異なる配列が含まれていた	=SUMPRODUCT(B3:B5,C3:C4,D3:D5) =SUMPRODUCT({1,2,3},{4,5,6},{7,8})

関数の使用例　お買上品の総合計を一度に求める

品名や本体価格、割引掛率、数量を記録した一覧表から、お買上品の総合計を求めます。SUMPRODUCT関数を使うと、お買上品ごとの金額を求めなくても、一度に総合計が求められます。

=SUMPRODUCT(B3:B5,C3:C5,D3:D5)

お買上品の本体価格が入力されているセルB3～B5、割引掛率が入力されているセルC3～C5、数量が入力されているセルD3～D5のなかから、対応する位置にあるセルの値どうしをすべて掛け合わせ、お買上品の総合計を求める。

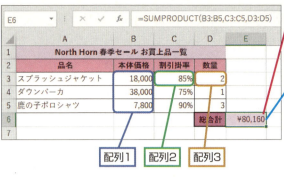

❶ セルE6に「=SUMPRODUCT(B3:B5,C3:C5,D3:D5)」と入力

参照 関数を入力するには……P.38
サンプル 03_005_SUMPRODUCT.xlsx

[配列] の同じ位置のセルの積が合計された

お買上品の総合計は8万160円であることがわかった

3-2 積を求める、合計する

HINT SUMPRODUCT関数の計算方法

上の使用例の場合、「本体価格」、「割引掛率」、「数量」はどれも3行×1列の配列になっています。
SUMPRODUCT関数では、まず、これらの配列の1行めにある要素の値がすべて掛けられます（セルB3×セルC3×セルD3）。次に2行め（セルB4×セルC4×セルD4）、さらに3行め（セルB5×セルC5×セルD5）と掛け算が続けられ、以上の結果がすべて合計されて、最終的な結果が得られます。同様に、m行×n列の配列が複数指定された場合も、同じ位置にある要素どうしが掛けられ、それらがすべて合計されることになります。

$18000 \times 0.85 \times 2$ + $38000 \times 0.75 \times 1$ + $7800 \times 0.90 \times 3$

セルB3 × セルC3 × セルD3 = 30600
セルB4 × セルC4 × セルD4 = 28500
セルB5 × セルC5 × セルD5 = 21060
　　　　　　　　　　　合計 = 80160

SUMSQ 平方和を求める

SUMSQ(数値1, 数値2, …, 数値255)
（サム・スクエア）

▶関数の解説

[数値] を2乗し、それらの合計を求めます。

▶引数の意味

数値………………… 平方和を求めたい数値を指定します。「A1:A3」のようなセル範囲も指定できます。引数は、「,（カンマ）」で区切って255個まで指定できます。

ポイント
- 計算の対象になるのは、数値、文字列として入力されている数字、またはこれらを含むセルです。
- 引数に空のセルや文字列の入力されているセルが含まれている場合、それらは無視されます。

エラーの意味

エラーの種類	原因	エラーとなる例
[#VALUE!]	引数に数値とみなせない文字列を直接指定した	=SUMSQ("ABC","DEF")

関数の基本知識 / 日付／時刻関数 / 数学／三角関数 / 論理関数 / 検索／行列関数 / データベース関数 / 文字列操作関数 / 統計関数 / 財務関数 / エンジニアリング関数 / 情報関数 / キューブ関数 / ウェブ関数 / 付録

129
できる

3-2 積を求める、合計する

関数の使用例　各数値の平方和を求める

x、y、zの各変数に代入された数値の平方和を求めます。

=SUMSQ(A3:C3)

セルA3～C3の各セルに入力されている数値を2乗し、それらの合計を求める。

❶ セルD3に「=SUMSQ(A3:C3)」と入力
参照▶関数を入力するには……P.38
サンプル▶03_006_SUMSQ.xlsx

平方和が求められた

❷ セルD3をセルD5までコピー

x、y、zの平方和がわかった

HINT 平方和はこんなときに使う

データの分析にあたっては、標準偏差や分散などの値がよく利用されます。これらの値は統計関数を使えば簡単に求められますが、定義に従って計算する場合は、各データと平均値の差（偏差）をSUMSQ関数の引数に指定し、偏差の平方和を求めておくと数式が簡単になります。

このようにして求めた偏差の平方和をデータの個数で割れば標本分散が求められます。

参照▶分散を求める……P.485
参照▶標準偏差を求める……P.491
参照▶平均偏差や変動を求める……P.498

3-3

2つの配列の平方計算をする

3-3
2つの配列の平方計算をする

SUMX2PY2関数、SUMX2MY2関数、SUMXMY2関数

2つの配列があるとき、同じ位置にある要素に対して平方（2乗）計算をするには、以下のような3つの関数を利用します。

位置が同じ要素の平方和を合計する　→ SUMX2PY2関数
位置が同じ要素の平方差を合計する　→ SUMX2MY2関数
位置が同じ要素の差の平方和を求める → SUMXMY2関数

2つの配列の平方計算を実行する関数

配列1		配列2	
3	4	5	0
12	5	−6	10
−5	25	4	8

[配列1] と [配列2] について、以下の計算をする

→ $(3^2 + 5^2) + (4^2 + 0^2)$
→ $(12^2 + (-6)^2) + (5^2 + 10^2)$
→ $((-5)^2 + 4^2) + (25^2 + 8^2)$

◆SUMX2PY2関数
同じ位置にある要素をそれぞれ2乗して足した値（平方和）を求め、さらにそれらを合計する

1085

→ $(3^2 - 5^2) + (4^2 - 0^2)$
→ $(12^2 - (-6)^2) + (5^2 - 10^2)$
→ $((-5)^2 - 4^2) + (25^2 - 8^2)$

◆SUMX2MY2関数
同じ位置にある要素をそれぞれ2乗して引いた値（平方差）を求め、さらにそれらを合計する

603

→ $(3 - 5)^2 + (4 - 0)^2$
→ $(12 - (-6))^2 + (5 - 10)^2$
→ $((-5) - 4)^2 + (25 - 8)^2$

◆SUMXMY2関数
同じ位置にある要素どうしを引き、それぞれ2乗してすべて足した値（平方和）を求める

739

---

1 関数の基本知識
2 日付／時刻関数
3 数学／三角関数
4 論理関数
5 検索／行列関数
6 データベース関数
7 文字列操作関数
8 統計関数
9 財務関数
10 エンジニアリング関数
11 情報関数
12 キューブ関数
13 ウェブ関数
付　録

3-3 2つの配列の平方計算をする

SUMX2PY2 2つの配列要素の平方和を合計する

サム・エックス・ジジョウ・プラス・ワイ・ジジョウ
SUMX2PY2(配列1, 配列2)

▶関数の解説

2つの[配列]について、同じ位置にある要素を2乗して足した値（平方和）を求め、それらすべての合計を求めます。

参照▶配列とは……P.64

▶引数の意味

配列……………………… 数値を含むセル範囲、または配列定数を指定します。[配列1]の大きさ（行数と列数）と[配列2]の大きさは同じでなければなりません。

ポイント

- 計算の対象になるのは、数値、文字列として入力されている数字を含むセル範囲、または配列定数です。
- 引数に空のセルや文字列の入力されているセルが含まれている場合、それらは無視されます。

エラーの意味

エラーの種類	原因	エラーとなる例
[#N/A]	[配列1]の大きさ（行数×列数）と[配列2]の大きさが異なっていた	=SUMX2PY2(A3:B5,C3:C5) =SUMX2PY2({1,2,3},{4,5})

関数の使用例　平方和の合計を求める

3行×2列の要素を持つ2つの配列について、対応する各要素の平方和の合計を求めます。

=SUMX2PY2(A3:B5,C3:D5)

セルA3～B5に入力されている配列と、セルC3～D5に入力されている配列について、同じ位置にある要素の平方和を求め、それらの結果を合計する。

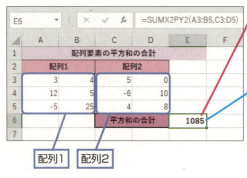

❶セルE6に「=SUMX2PY2(A3:B5,C3:D5)」と入力

参照▶関数を入力するには……P.38
サンプル▶03_007_SUMX2PY2.xlsx

[配列1]と[配列2]について、要素の平方和の合計値が求められた

実行された計算は、$(3^2+5^2)+(4^2+0^2)+(12^2+(-6)^2)+(5^2+10^2)+((-5)^2+4^2)+(25^2+8^2)$ となる

SUMX2MY2 2つの配列要素の平方差を合計する

サム・エックス・ジジョウ・マイナス・ワイ・ジジョウ
SUMX2MY2(配列1, 配列2)

▶関数の解説

2つの[配列]について、各配列内での位置が同じ要素を2乗して引いた値（平方差）を求め、それらすべての合計を求めます。　　　　　　　　　　参照 配列とは……P.64

▶引数の意味

配列……………… 数値を含むセル範囲、または配列定数を指定します。[配列1]の大きさ（行数と列数）と[配列2]の大きさは同じでなければなりません。

ポイント

- 計算の対象になるのは、数値、文字列として入力されている数字を含むセル範囲、または配列定数です。
- 引数に空のセルや文字列の入力されているセルが含まれている場合、それらは無視されます。

エラーの意味

エラーの種類	原因	エラーとなる例
[#N/A]	[配列1]の大きさ（行数×列数）と[配列2]の大きさが異なっていた	=SUMX2MY2(A3:B5,C3:C5) =SUMX2MY2({1,2,3},{4,5})

関数の使用例　平方差の合計を求める

3行×2列の要素を持つ2つの配列について、対応する各要素の平方差の合計を求めます。

=SUMX2MY2(A3:B5,C3:D5)

セルA3～B5に入力されている配列と、セルC3～D5に入力されている配列について、同じ位置にある要素の平方差を求め、それらの結果を合計する。

❶セルE6に「=SUMX2MY2(A3:B5,C3:D5)」と入力

参照 関数を入力するには……P.38
サンプル 03_008_SUMX2MY2.xlsx

[配列1]と[配列2]について、要素の平方差の合計値が求められた

実行された計算は、$(3^2-5^2)+(4^2-0^2)+(12^2-(-6)^2)+(5^2-10^2)+((-5)^2-4^2)+(25^2-8^2)$ となる

3-3 2つの配列の平方計算をする

3-3

2つの配列の平方計算をする

SUMXMY2 2つの配列要素の差の平方和を求める

サム・エックス・マイナス・ワイ・ジジョウ
SUMXMY2(配列1, 配列2)

▶関数の解説

2つの［配列］について、各配列内での位置が同じ要素どうしを引き、2乗してすべて足した値（平方和）を求めます。

参照 配列とは……P.64

▶引数の意味

配列……………………… 数値を含むセル範囲、または配列定数を指定します。［配列1］の大きさ（行数と列数）と［配列2］の大きさは同じでなければなりません。

ポイント

- 計算の対象になるのは、数値、文字列として入力されている数字を含むセル範囲、または配列定数です。
- 引数に空のセルや文字列の入力されているセルが含まれている場合、それらは無視されます。

エラーの意味

エラーの種類	原因	エラーとなる例
[#N/A]	［配列1］の大きさ（行数×列数）と［配列2］の大きさが異なっていた	=SUMXMY2(A3:B5,C3:C5) =SUMXMY2({1,2,3},{4,5})

関数の使用例 各要素の差の平方和を求める

3行×2列の要素を持つ2つの配列について、対応する各要素の差の平方和を求めます。

=SUMXMY2(A3:B5,C3:D5)

セルA3 ～ B5に入力されている配列と、セルC3 ～ D5に入力されている配列について、同じ位置にある同じ要素の差を求め、それらの結果の平方和を求める。

❶セルE6に「=SUMXMY2(A3:B5,C3:D5)」と入力

参照 関数を入力するには……P.38

サンプル 03_009_SUMXMY2.xlsx

［配列1］と［配列2］について、要素の差の平方和が求められた

実行された計算は、$(3-5)^2+(4-0)^2+(12-(-6))^2+(5-10)^2+((-5)-4)^2+(25-8)^2$ となる

134
できる

3-4 さまざまな集計値を求める

SUBTOTAL さまざまな集計値を求める

サブトータル
SUBTOTAL(集計方法, 参照1, 参照2, …, 参照254)

▶関数の解説

[集計方法] に従って、さまざまな集計値を求めます。[参照] の範囲内に、ほかのSUBTOTAL関数を使って集計した小計が含まれている場合は、それらの小計を除外して集計値を求めます。

▶引数の意味

集計方法 ……………… 集計値を得るための計算の種類を1～11の値で指定します。101～111を指定した場合は、非表示の行が集計対象から除外されます。ただし、横方向に集計している場合は、非表示の列は集計対象から除外されないので注意が必要です。

集計方法		集計機能	同等な関数	
非表示のセルも集計対象に含める場合	非表示のセルを集計対象に含めない場合			
1	101	平均値を求める	AVERAGE	参照📖 AVERAGE……P.440
2	102	日付と数値の個数を求める	COUNT	参照📖 COUNT……P.433
3	103	データの個数を求める	COUNTA	参照📖 COUNTA……P.434
4	104	最大値を求める	MAX	参照📖 MAX……P.458
5	105	最小値を求める	MIN	参照📖 MIN……P.462
6	106	積を求める	PRODUCT	参照📖 PRODUCT……P.127
7	107	不偏標準偏差を求める	STDEV.S	参照📖 STDEV.S……P.492
8	108	標本標準偏差を求める	STDEV.P	参照📖 STDEV.P……P.494
9	109	合計値を求める	SUM	参照📖 SUM……P.120
10	110	不偏分散を求める	VAR.S	参照📖 VAR.S……P.486
11	111	標本分散を求める	VAR.P	参照📖 VAR.P……P.488

参照 ………………… 集計したい数値が入力されているセルへのセル参照を指定します。セル範囲も指定できます。数値を直接指定することはできません。

ポイント

• 引数は全部で255個指定できますが、[集計方法] を指定するために1つ使うので、指定できる [参照] は254個までとなります。

3-4 さまざまな集計値を求める

エラーの意味

エラーの種類	原因	エラーとなる例
[#VALUE!]	[集計方法]に1～11、101～111以外の値を指定した	=SUBTOTAL(0,C3:C5)

関数の使用例　店舗別売上実績を集計する

月別、店舗別売上実績表の売上金額を集計します。店舗ごとに小計を求めるとともに、総合計を求めます。

=SUBTOTAL(9,C3:C10)

月別、店舗別の売上金額とそれらの小計が混在しているセルC3～C10の範囲から、小計を除外して総合計を求める。

❶セルC6に「=SUBTOTAL(9,C3:C5)」と入力

参照▶関数を入力するには……P.38
サンプル▶03_010_SUBTOTAL.xlsx

上野本店の小計（売上）80万7000円が求められた

❷セルC10に「=SUBTOTAL(9,C7:C9)」と入力

御茶ノ水店の小計（売上）60万8000円が求められた

❸セルC11に「=SUBTOTAL(9,C3:C10)」と入力

売上総合計が141万5000円であることがわかった

総合計は小計を除いたデータの合計になっている

HINT 非表示のセルを集計値の対象からはずすには

[集計方法]に101～111の値を指定すると、非表示になっている行を除外して集計値が求められます。たとえば、使用例のセルC6の内容を「=SUBTOTAL(109,C3:C5)」に変更して5行めを非表示にすると、セルC5に入力されている「225」が計算の対象から除外されるので、セルC6には「807」ではなく、「582」と表示されます。

❶「=SUBTOTAL(109,C3:C5)」と入力

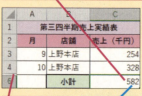

❷5行めを非表示にする

非表示の行に含まれるデータが計算の対象から除外された

136

AGGREGATE さまざまな集計値を求める

AGGREGATE(集計方法, オプション, 参照1, 参照2, ..., 参照253)
（アグリゲート）

▶関数の解説

［集計方法］に従って、さまざまな集計値を求めます。［オプション］の指定により、エラー値が表示されたセルや非表示のセルを除外して集計できます。

▶引数の意味

集計方法 ……………… 集計値を得るための計算の種類を1 ～ 19の値で指定します。詳しくは以下の表を参照してください。

集計方法	集計機能	同等の関数	
1	平均値を求める	AVERAGE	参照📖 AVERAGE……P.440
2	数値の個数を求める	COUNT	参照📖 COUNT……P.433
3	データの個数を求める	COUNTA	参照📖 COUNTA……P.434
4	最大値を求める	MAX	参照📖 MAX……P.458
5	最小値を求める	MIN	参照📖 MIN……P.462
6	積を求める	PRODUCT	参照📖 PRODUCT……P.127
7	不偏標準偏差を求める	STDEV.S	参照📖 STDEV.S……P.492
8	標本標準偏差を求める	STDEV.P	参照📖 STDEV.P……P.494
9	合計値を求める	SUM	参照📖 SUM……P.120
10	不偏分散を求める	VAR.S	参照📖 VAR.S……P.486
11	標本分散を求める	VAR.P	参照📖 VAR.P……P.488
12	中央値を求める	MEDIAN	参照📖 MEDIAN……P.453
13	最頻値を求める	MODE.SNGL	参照📖 MODE.SNGL……P.454
14	降順の順位を求める	LARGE	参照📖 LARGE……P.466
15	昇順の順位を求める	SMALL	参照📖 SMALL……P.468
16	百分位数を求める	PERCENTILE.INC	参照📖 PERCENTILE.INC……P.476
17	四分位数を求める	QUARTILE.INC	参照📖 QUARTILE.INC……P.479
18	百分位数を求める（0%と100%を除く）	PERCENTILE.EXC	参照📖 PERCENTILE.EXC……P.477
19	四分位数を求める（0%と100%を除く）	QUARTILE.EXC	参照📖 QUARTILE.EXC……P.480

オプション ……… 集計のオプションを以下のように指定します。

- 0または省略 …… ネストされたSUBTOTAL関数とAGGREGATE関数を無視
- 1 ………………… 0の機能に加えて非表示の行を無視（ただし、横方向に集計している場合は、非表示の列は無視されない）
- 2 ………………… 0の機能に加えてエラー値を無視
- 3 ………………… 0の機能に加えて非表示の行とエラー値を無視
- 4 ………………… 何も無視しない
- 5 ………………… 非表示の行を無視
- 6 ………………… エラー値を無視
- 7 ………………… 非表示の行とエラー値を無視

参照……………集計したい数値が入力されているセルへのセル参照を指定します。セル範囲も指定できます。数値を直接指定することはできません。

[ポイント]
- AGGREGATE関数はSUBTOTAL関数の機能を強化したデータ集計用の関数です。
- [集計方法]に1～13を指定した場合は、[参照]にセルやセル範囲を253個まで指定できます。
- [集計方法]に14～19を指定した場合は、[参照1]に集計対象のセル範囲を指定し、[参照2]にはその集計に必要となる順位や百分位の値を指定します。

[エラーの意味]

エラーの種類	原因	エラーとなる例
[#VALUE!]	[集計方法]に1～19以外の値を指定した	=AGGREGATE(0,0,C3:C5)

関数の使用例　エラー値が表示されたセルを除外して数値を集計する

集計の対象となるセルにエラー値が表示された場合に、そのセルを除外して数値の合計を求めます。

=AGGREGATE(9,6,C3:C6)

セルC3～C6の範囲から、エラー値が表示されたセルを除外して評点を合計する。

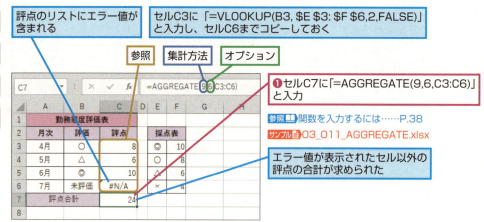

3-5 数値を丸める

INT 小数点以下を切り捨てる

INT(数値)
（インテジャー）

▶関数の解説

［数値］の小数点以下を切り捨て、その数値以下で最も近い整数を求めます。

▶引数の意味

数値 …………………… 小数点以下を切り捨てたい数値を指定します。

ポイント

- INT関数は［数値］以下で最も近い整数を返します。たとえば、INT(1.8)は1となり、INT(-1.8)は-2となります。

エラーの意味

エラーの種類	原因	エラーとなる例
[#VALUE!]	引数に数値とみなせない文字列を指定した	=INT("ABC")

関数の使用例　小数点以下を切り捨てる

数値を小数点以下で切り捨て、その数値以下で最も近い整数を求めます。

=INT(A3)

セルA3に入力されている数値を小数点以下で切り捨て、その数値以下で最も近い整数を求める。

❶セルB3に「=INT(A3)」と入力

参照▶関数を入力するには……P.38
サンプル▶03_012_INT.xlsx

小数点以下を切り捨て、［数値］以下で最も近い整数が求められた

❷セルB3をセルB8までコピー

［数値］の小数点以下を切り捨てた結果がわかった

3-5 数値を丸める

活用例　本体価格から税込表示価格を求める

商品の税込価格は、本体価格に消費税（8%）相当分を加算したものとなります。このとき、小数点以下の端数は通常切り捨てます。この計算にはROUNDDOWN関数やTRUNC関数も利用できますが、関数名が短く、引数を1つ指定するだけで済むINT関数を使うと便利です。ただし、対象の数値が負の場合、ROUNDDOWN関数やTRUNC関数とは異なる結果が返されるので注意が必要です。

参照▶ROUNDDOWN……P.141　　参照▶TRUNC……………P.140

❶「=INT(B3*1.08)」と入力
❷セルC3をセルC8までコピー
商品の税込価格が求められた

TRUNC 切り捨てて指定の桁数まで求める

TRUNC(数値, 桁数)
（トランク）

▶関数の解説

［数値］を切り捨てて、指定した［桁数］まで求めます。

▶引数の意味

数値……………………切り捨てたい数値を指定します。

桁数……………………［数値］を切り捨てるときにどの桁まで求めるかを、以下のように整数で指定します。省略すると「0」が指定されたものとみなされます。

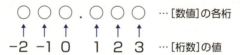

参照▶TRUNC関数やROUND関数で指定する［桁数］の意味とは……P.141

ポイント

- TRUNC関数はINT関数と異なり、［数値］を単純に切り捨てます。たとえば、TRUNC(1.8)は1となり、TRUNC(-1.8)は-1となります。

エラーの意味

エラーの種類	原因	エラーとなる例
[#VALUE!]	引数に数値とみなせない文字列を指定した	=TRUNC("ABC",2)
	引数に複数の行と列からなるセル範囲を指定した	=TRUNC(A1:B2,2)

3-5 数値を丸める

関数の使用例　数値を切り捨てて指定の桁数まで求める

数値を切り捨てて、指定した桁数まで求めます。

=TRUNC(A3,B3)

セルA3に入力されている数値を切り捨てて、セルB3で指定した桁数まで求める。

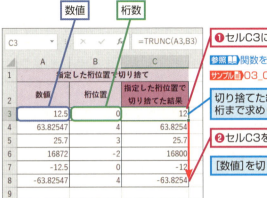

❶セルC3に「=TRUNC(A3,B3)」と入力

参照▶関数を入力するには……P.38
サンプル▶03_013_TRUNC.xlsx

切り捨てた結果、[桁数]の桁まで求められた

❷セルC3をセルC8までコピー

[数値]を切り捨てた結果がわかった

TRUNC関数やROUND関数で指定する[桁数]の意味とは ◀◀◀

TRUNC関数やROUND関数、ROUNDDOWN関数など数値の丸めに関係する関数では、[数値]を丸めるときにどの桁まで求めるかを[桁数]で指定できます。[桁数]は丸めを行って[数値]のどの位(桁位置)まで求めるかを表す整数値で、以下のように決められています。

○○○.○○○ …[数値]の各桁
-2 -1 0　1 2 3 …[桁数]の値
百の位／十の位／一の位／小数点／小数第一位／小数第二位／小数第三位

たとえば、ROUND関数の[桁数]に「2」を指定すると、[数値]の小数第3位が切り捨てられ、小数第2位まで求められます。また[桁数]に「-2」を指定すると、[数値]の一の位が四捨五入され、百の位まで求められます。

このことをより一般的に表現すれば、[桁数]をNとして、

　[数値]の10^{-N}の位まで求めるためにその下の桁が丸められる

ということになります。

▶ ROUNDDOWN 切り捨てて指定の桁数まで求める

ROUNDDOWN(数値, 桁数)
（ラウンドダウン）

▶関数の解説

[数値]を切り捨てて、指定した[桁数]まで求めます。

141

▶引数の意味

数値……………………切り捨てたい数値を指定します。

桁数……………………［数値］を切り捨てるときにどの桁まで求めるかを、以下のように整数で指定します。

```
  ○ ○ ○ . ○ ○ ○    …［数値］の各桁
  ↑ ↑ ↑   ↑ ↑ ↑
 -2 -1 0   1 2 3     …［桁数］の値
```

参照▶ TRUNC関数やROUND関数で指定する［桁数］の意味とは……P.141

ポイント

- ROUNDDOWN関数は［数値］を単純に切り捨てます。たとえば、ROUNDDOWN(1.8,0)は1となり、ROUNDDOWN(-1.8,0)は-1となります。
- ROUNDDOWN関数はTRUNC関数と同じ働きを持っていますが、［桁数］は省略できません。

エラーの意味

エラーの種類	原因	エラーとなる例
[#VALUE!]	引数に数値とみなせない文字列を指定した	=ROUNDDOWN("ABC",2)
	引数に複数の行と列からなるセル範囲を指定した	=ROUNDDOWN(A1:B2,2)

関数の使用例　数値を切り捨てて指定の桁数まで求める

数値を切り捨てて、指定した桁数まで求めます。

=ROUNDDOWN(A3,B3)

セルA3に入力されている数値を切り捨てて、セルB3で指定した桁数まで求める。

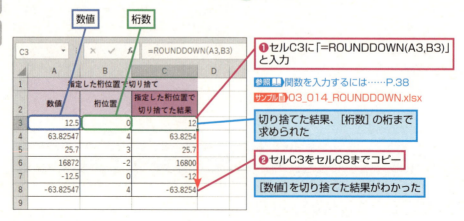

❶セルC3に「=ROUNDDOWN(A3,B3)」と入力

参照▶ 関数を入力するには……P.38
サンプル▶ 03_014_ROUNDDOWN.xlsx

切り捨てた結果、［桁数］の桁まで求められた

❷セルC3をセルC8までコピー

［数値］を切り捨てた結果がわかった

ROUNDUP 切り上げて指定の桁数まで求める

ROUNDUP(数値, 桁数)

▶関数の解説

［数値］を切り上げて、指定した［桁数］まで求めます。

▶引数の意味

数値……………… 切り上げたい数値を指定します。

桁数……………… ［数値］を切り上げるときにどの桁まで求めるかを、以下のように整数で指定します。

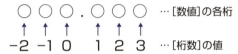

参照▶TRUNC関数やROUND関数で指定する［桁数］の意味とは……P.141

ポイント

- ROUNDUP関数で［数値］を切り上げると、［数値］が正の場合は［数値］以上で最も近い整数が返され、［数値］が負の場合は［数値］以下で最も近い整数が返されます。たとえば、ROUNDUP(1.8,0)は2となり、ROUNDUP(-1.8,0)は-2となります。

エラーの意味

エラーの種類	原因	エラーとなる例
[#VALUE!]	引数に数値とみなせない文字列を指定した	=ROUNDUP("ABC",2)
	引数に複数の行と列からなるセル範囲を指定した	=ROUNDUP(A1:B2,2)

関数の使用例　数値を切り上げて指定の桁数まで求める

数値を切り上げて、指定した桁数まで求めます。

=ROUNDUP(A3,B3)

セルA3に入力されている数値を切り上げて、セルB3で指定した桁数まで求める。

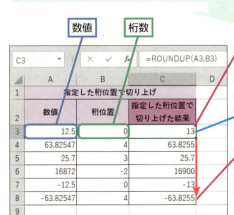

❶セルC3に「=ROUNDUP(A3,B3)」と入力

参照▶関数を入力するには……P.38

サンプル▶03_015_ROUNDUP.xlsx

切り上げた結果、［桁数］の桁まで求められた

❷セルC3をセルC8までコピー

［数値］を切り上げた結果がわかった

3-5 数値を丸める

143

ROUND 四捨五入して指定の桁数まで求める

ROUND(数値, 桁数)

▶関数の解説

［数値］を四捨五入して、指定した［桁数］まで求めます。

▶引数の意味

数値……………………四捨五入したい数値を指定します。

桁数……………………［数値］を四捨五入するときにどの桁まで求めるかを、以下のように整数で指定します。

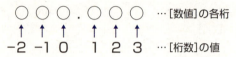

参照 TRUNC関数やROUND関数で指定する［桁数］の意味とは……P.141

ポイント

- ROUND関数で負の数を四捨五入すると、［数値］の絶対値を四捨五入した値に「-（マイナス）」を付けた値が返されます。たとえば、ROUND(-1.4,0)は-1となり、ROUND(-1.5,0)は-2となります。

エラーの意味

エラーの種類	原因	エラーとなる例
[#VALUE!]	引数に数値とみなせない文字列を指定した	=ROUND("ABC",2)
	引数に複数の行と列からなるセル範囲を指定した	=ROUND(A1:B2,2)

関数の使用例　数値を四捨五入して指定の桁数まで求める

数値を四捨五入して、指定した桁数まで求めます。

=ROUND(A3,B3)

セルA3に入力されている数値を四捨五入して、セルB3で指定した桁数まで求める。

3-5 数値を丸める

❶ セルC3に「=ROUND(A3,B3)」と入力

参照▶関数を入力するには……P.38
サンプル▶03_016_ROUND.xlsx

四捨五入した結果、[桁数]の桁まで求められた

❷ セルC3をセルC8までコピー

[数値]を四捨五入した結果がわかった

参照▶TRUNC関数やROUND関数で指定する[桁数]の意味とは……P.141

活用例　百円単位のセール価格を求める

商品のセール価格を決める場合など、1円単位や10円単位の端数を丸めて、切りのよい価格に設定したいときがあります。ここでは、商品の本体価格を33%割引きしたあと、ROUND関数を使ってその結果を十の位で四捨五入し、百円単位のセール価格を求めてみます。ポイントは[桁数]に負の数を指定することです。

❶「=ROUND(C3,-2)」と入力

❷ セルD3をセルD8までコピー

十の位で四捨五入した百円単位のセール価格が求められた

FLOOR　指定した数値の倍数になるように切り捨てる

FLOOR(数値, 基準値)

▶関数の解説

[数値]を[基準値]の倍数になるように切り捨てます。

▶引数の意味

数値………………… 切り捨てたい数値を指定します。

基準値……………… 切り捨てるときの基準となる数値を指定します。

145

3-5 数値を丸める

| ポイント |

- [数値] と [基準値] が両方とも正または負の場合、[数値] は0に近い整数に切り捨てられます。
- [数値] が負で [基準値] が正の場合、[数値] は0から離れた整数に切り捨てられます。
- [数値] が正で [基準値] が負の場合はエラー値 [#NUM!] が返されます。
- FLOOR関数は、Excel 2007以前のバージョンとの互換性（下位互換性）を確保するための互換性関数です。Excel 2010以降を利用する場合、下位互換性が不要であればFLOOR.PRECISE関数を使うようにしてください。また、Excel 2013以降では、機能がさらに強化されたFLOOR.MATH関数も使えます。

参照📖FLOOR.PRECISE……P.147
参照📖FLOOR.MATH……P.148

| エラーの意味 |

エラーの種類	原因	エラーとなる例
[#DIV/0!]	[基準値] に「0」を指定した	=FLOOR(35,0)
[#NUM!]	[数値] が正で [基準値] が負である	=FLOOR(20,-2)
[#VALUE!]	引数に数値とみなせない文字列を指定した	=FLOOR("ABC",2)
	引数に複数の行と列からなるセル範囲を指定した	=FLOOR(A1:B2,2)

▶ FLOOR.PRECISE 指定した数値の倍数になるように切り捨てる

フ ロ ア ・ プ リ サ イ ス
FLOOR.PRECISE(数値, 基準値)

▶関数の解説

[数値] を [基準値] の倍数になるように切り捨てます。

▶引数の意味

数値………………… 切り捨てたい数値を指定します。

基準値……………… 切り捨てるときの基準となる数値を指定します。省略すると、1が指定されたものとみなされます。

| ポイント |

- [数値] が正の場合、0に近い整数に切り捨てられます。
- [数値] が負の場合、0から離れた整数に切り捨てられます。
- [基準値] は絶対値として扱われるため、負の数値を指定しても、正の数値を指定した場合と同じ結果となります。

| エラーの意味 |

エラーの種類	原因	エラーとなる例
[#VALUE!]	引数に数値とみなせない文字列を指定した	=FLOOR.PRECISE("ABC",2)
	引数に複数の行と列からなるセル範囲を指定した	=FLOOR.PRECISE(A1:B2,2)

関数の使用例　基準値の倍数になるように切り捨てる

数値を、指定した基準値の倍数になるように切り捨てます。

=FLOOR.PRECISE(A3,B3)

セルA3に入力されている数値を、セルB3で指定した基準値の倍数になるように切り捨てる。

❶ セルC3に「=FLOOR.PRECISE(A3,B3)」と入力

参照 関数を入力するには……P.38
サンプル 03_017_FLOOR_PRECISE.xlsx

[基準値]の倍数になるように切り捨てた結果が求められた

❷ セルC3をセルC6までコピー

97を4つの値（3、10、15、5.7）の倍数になるように切り捨てた結果がわかった

活用例　コスト重視の商品出荷表を作成する

ある店舗では、商品を受注すると、商品ごとに決まった容量を持つケースを使って梱包します。このとき、満杯になったケースから順に発送し、梱包できずに余った端数は次回の発送分に回します。このようなコストを重視した出荷調整を行う場合に、受注数に応じた梱包数をFLOOR関数で計算し、端数と必要ケース数を求めます。

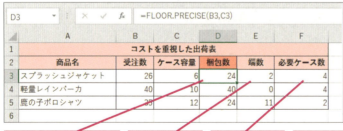

❶「=FLOOR.PRECISE(B3,C3)」と入力

❷「=B3-D3」と入力

❸「=D3/C3」と入力

❹ セルD3～F3を、セルD4～F4とセルD5～F5にもコピー

商品ごとに必要なケース数がわかった

3-5

数値を丸める

FLOOR.MATH 数値を基準値の倍数に切り捨てる

FLOOR.MATH (数値, 基準値, モード)

フロア・マス

▶関数の解説

［数値］を［基準値］の倍数になるように切り捨てます。

▶引数の意味

数値·················· 切り捨てたい数値を指定します。

基準値·················· 切り捨てるときの基準となる数値を指定します。省略すると、1が指定された
ものとみなされます。

モード·················· 省略するか0を指定すると、［数値］が正の場合は0に近い整数に、［数値］が
負の場合は0から離れた整数に切り捨てます。0以外の数値を指定すると、［数
値］が正の場合も負の場合も0に近い整数に切り捨てます。

ポイント

- この関数はExcel 2013で新たに追加されたものです。Excel 2010以前では使えません。
- ［数値］が正の場合、［モード］の指定にかかわらず、0に近い整数に切り捨てられます。
- ［数値］が負の場合、［モード］に0を指定（または省略）すれば0から離れた整数に切り捨てられ、
  0以外を指定すれば0に近い整数に切り捨てられます。

エラーの意味

エラーの種類	原因	エラーとなる例
[#VALUE!]	引数に数値とみなせない文字列を指定した	=FLOOR.MATH("ABC",2)
	引数に複数の行と列からなるセル範囲を指定した	=FLOOR.MATH(A1:B2,2)

関数の使用例　基準値の倍数になるように切り捨てる

数値を、指定した基準値の倍数になるように切り捨てます。

=FLOOR.MATH(A3,B3,C3)

セルA3に入力されている数値を、セルC3で指定されたモードに従って、セルB3で指定した
基準値の倍数になるように切り捨てる。

**関数の
基本知識** 1

**日付／
時刻関数** 2

**数学／
三角関数** 3

論理関数 4

**検索／
行列関数** 5

**データベース
関数** 6

**文字列操作
関数** 7

統計関数 8

財務関数 9

**エンジニアリング
関数** 10

情報関数 11

キューブ関数 12

ウェブ関数 13

付　録

148
できる

3-5

数値を丸める

| D3 | ▼ | × | ✓ | fx | =FLOOR.MATH(A3,B3,C3) |

数値　基準値　モード

❶セルD3に「=FLOOR.MATH
(A3,B3,C3)」と入力

参照 関数を入力するには……P.38
サンプル 03_018_FLOOR.MATH.xlsx

▲	A	B	C	D	E	F
1			基準値の倍数に切り下げ			
2	数値	基準値	モード	FLOOR.MATH	FLOOR	FLOOR.PRECISE
3	13	6	0	12	12	12
4	13	-6	0	12	#NUM!	12
5	-13	6	0	-18	-18	-18
6	-13	-6	0	-18	-12	-18
7	13	6	1	12	–	–
8	13	-6	1	12	–	–
9	-13	6	1	-12	–	–
10	-13	-6	1	-12	–	–
11						

［基準値］の倍数になるように
切り捨てた結果が求められた

❷セルD3をセルD10までコピー

［数値］、［基準値］、［モード］の組み
合わせでどのような結果になるか
わかった

1 関数の基本知識
2 日付／時刻関数
3 数学／三角関数
4 論理関数
5 検索／行列関数
6 データベース関数
7 文字列操作関数
8 統計関数
9 財務関数
10 エンジニアリング関数
11 情報関数
12 キューブ関数
13 ウェブ関数
付 録

CEILING 指定した数値の倍数になるように切り上げる

シーリング
CEILING(数値, 基準値)

▶関数の解説

［数値］を［基準値］の倍数になるように切り上げます。

▶引数の意味

数値………………………… 切り上げたい数値を指定します。

基準値………………… 切り上げるときの基準となる数値を指定します。

ポイント

• ［数値］と［基準値］が両方とも正または負の場合、［数値］は0から離れた整数に切り上げられます。

• ［数値］が負で［基準値］が正の場合、［数値］は0に近い整数に切り上げられます。

• ［数値］が正で［基準値］が負の場合はエラー値［#NUM!］が返されます。

• CEILING関数は、Excel 2007以前のバージョンとの互換性（下位互換性）を確保するための互換性関数です。Excel 2010以降を利用する場合、下位互換性が不要であればCEILING.PRECISE関数またはISO.CEILING関数を使うようにしてください。また、Excel 2013以降では、機能がさらに強化されたCEILING.MATH関数も使えます。

参照 CEILING.PRECISE……P.150
参照 CEILING.MATH……P.151

エラーの意味

エラーの種類	原因	エラーとなる例
［#NUM!］	［数値］が正で［基準値］が負である	=CEILING(20,-2)
［#VALUE!］	引数に数値とみなせない文字列を指定した	=CEILING("ABC",2)
	引数に複数の行と列からなるセル範囲を指定した	=CEILING(A1:B2,2)

149
できる

3-5

数値を丸める

> **CEILING.PRECISE 指定した数値の倍数になるように切り上げる**

> **ISO.CEILING 指定した数値の倍数になるように切り上げる**

関数の 基本知識	1
日付／ 時刻関数	2
数学／ 三角関数	3
論理関数	4
検索／ 行列関数	5
データベース 関数	6
文字列操作 関数	7
統計関数	8
財務関数	9
エンジニアリング 関数	10
情報関数	11
キューブ関数	12
ウェブ関数	13
付　録	

シーリング・プリサイス
CEILING.PRECISE(数値, 基準値)
アイ・エス・オー・シーリング
ISO.CEILING(数値, 基準値)

▶関数の解説

［数値］を［基準値］の倍数になるように切り上げます。

▶引数の意味

数値‥‥‥‥‥‥‥‥‥‥ 切り上げたい数値を指定します。

基準値‥‥‥‥‥‥‥‥‥ 切り上げるときの基準となる数値を指定します。省略すると、1が指定された
ものとみなされます。

ポイント

- CEILING.PRECISE関数とISO.CEILING関数の機能はまったく同じなので、どちらを使っても同じ結果が得られます。
- ［数値］が正の場合、0から離れた整数に切り上げられます。
- ［数値］が負の場合、0に近い整数に切り上げられます。
- ［基準値］は絶対値として扱われるため、負の数値を指定しても、正の数値を指定した場合と同じ結果となります。

エラーの意味

エラーの種類	原因	エラーとなる例
[#VALUE!]	引数に数値とみなせない文字列を指定した	=CEILING.PRECISE("ABC",2)
	引数に複数の行と列からなるセル範囲を指定した	=CEILING.PRECISE(A1:B2,2)

関数の使用例 **基準値の倍数になるように切り上げる**

数値を、指定した基準値の倍数になるように切り上げます。

=CEILING.PRECISE(A3,B3)

セルA3に入力されている数値を、セルB3で指定した基準値の倍数になるように切り上げる。

150

できる

3-5 数値を丸める

❶セルC3に「=CEILING.PRECISE(A3,B3)」と入力

参照▶関数を入力するには……P.38
サンプル▶03_019_CEILING_PRECISE.xlsx

[基準値]の倍数になるように切り上げた結果が求められた

❷セルC3をセルC6までコピー

97を4つの値（3、10、15、5.7）の倍数になるように切り上げた結果がわかった

活用例　スピード重視の商品出荷表を作成する

ある店舗では、商品を受注すると、商品ごとに決まった容量を持つケースを使って梱包します。このとき、たとえケースが満杯にならなくても（商品の端数が出ても）、受注分はすぐに発送します。このようなスピードを重視した出荷調整を行う場合に、受注数に応じた梱包数をCEILING関数で計算し、端数と必要ケース数を求めます。なお、負の端数はケースのなかに出る「空き」の数を意味します。

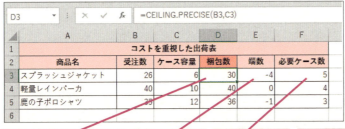

❶「=CEILING.PRECISE(B3,C3)」と入力　❷「=B3-D3」と入力　❸「=D3/C3」と入力　❹セルD3～F3を、セルD4～F4とセルD5～F5にもコピー

商品ごとに必要なケース数がわかった

▶ CEILING.MATH　指定した数値の倍数になるように切り上げる

CEILING.MATH（数値, 基準値, モード）
シーリング・マス

▶関数の解説

[モード]の指定に従って、[数値]を[基準値]の倍数になるように切り上げます。

▶引数の意味

数値……………… 切り上げたい数値を指定します。

基準値…………… 切り上げるときの基準となる数値を指定します。省略すると、1が指定されたものとみなされます。

モード…………… 省略するか0を指定すると、[数値]が正の場合は0から離れた整数に、[数値]が負の場合は0に近い整数に切り上げます。0以外の数値を指定すると、[数値]が正の場合も負の場合も0から離れた整数に切り上げます。

3-5

数値を丸める

ポイント

- この関数はExcel 2013で新たに追加されたものです。Excel 2010以前では使えません。
- [数値] が正の場合は、[モード] の指定にかかわらず、0から離れた整数に切り上げられます。
- [数値] が負の場合は、[モード] に0を指定（または省略）すれば0に近い整数に切り上げられ、0以外を指定すれば0から離れた整数に切り上げられます。

エラーの意味

エラーの種類	原因	エラーとなる例
[#VALUE!]	引数に数値とみなせない文字列を指定した	=CEILING.MATH("ABC",2)
	引数に複数の行と列からなるセル範囲を指定した	=CEILING.MATH(A1:B2,2)

関数の使用例　基準値の倍数になるように切り上げる

数値を、指定した基準値の倍数になるように切り上げます。

=CEILING.MATH(A3,B3,C3)

セルA3に入力されている数値を、セルC3で指定されたモードに従って、セルB3で指定した基準値の倍数になるように切り上げる。

数値　基準値　モード

D3　＝CEILING.MATH(A3,B3,C3)

	A	B	C	D	E	F
1			基準値の倍数に切り下げ			
2	数値	基準値	モード	CEILING.MATH	CEILING	CEILING.PRECISE
3	13	6	0	18	18	18
4	13	-6	0	18	#NUM!	18
5	-13	6	0	-12	-12	-12
6	-13	-6	0	-12	-18	-12
7	13	6	1	18	–	–
8	13	-6	1	18	–	–
9	-13	6	1	-18	–	–
10	-13	-6	1	-18	–	–
11						

❶ セルD3に「=CEILING.MATH(A3,B3,C3)」と入力

参照 関数を入力するには……P.38

サンプル 03_020_CEILING.MATH.xlsx

[基準値] の倍数になるように切り上げた結果が求められた

❷ セルD3をセルD10までコピー

[数値]、[基準値]、[モード] の組み合わせでどのような結果になるかわかった

MROUND 指定した数値の倍数になるように丸める

エム・ラウンド
MROUND(数値, 基準値)

▶ 関数の解説

[数値] を [基準値] の倍数になるように丸めます。丸めの方法についてはポイントを参照してください。

関数の基本知識 1
日付／時刻関数 2
数学／三角関数 3
論理関数 4
検索／行列関数 5
データベース関数 6
文字列操作関数 7
統計関数 8
財務関数 9
エンジニアリング関数 10
情報関数 11
キューブ関数 12
ウェブ関数 13
付録

152
できる

▶引数の意味

数値……………………… 倍数を求めたい数値を指定します。

基準値…………………… 丸めるときの基準となる数値を指定します。

ポイント

- 戻り値は、[基準値]のうち、[数値]に最も近い値となります。具体的には、[数値]を[基準値]で割ったときに出た余りが[基準値]の半分未満ならFLOOR関数と同じ結果となり、半分以上ならCEILING関数と同じ結果となります。

エラーの意味

エラーの種類	原因	エラーとなる例
[#NUM!]	[数値]と[基準値]の符号が異なっている	=MROUND(20,-2)
[#VALUE!]	引数に数値とみなせない文字列を指定した	=MROUND("ABC",2)
	引数に複数の行と列からなるセル範囲を指定した	=MROUND(A1:B2,2)

関数の使用例　指定値の倍数になるように丸める

数値を、指定した基準値の倍数になるように丸めます。

=MROUND(A3,B3)

セルA3に入力されている数値を、セルB3で指定した基準値の倍数になるように丸める。

❶セルC3に「=MROUND(A3,B3)」と入力

参照▶関数を入力するには……P.38
サンプル▶03_021_MROUND.xlsx

[基準値]の倍数になるように丸めた結果が求められた

❷セルC3をセルC6までコピー

97を4つの値(3、10、15、5.7)の倍数になるように丸めた結果がわかった

活用例　コストとスピードのバランスを重視した商品出荷表を作成する

ある店舗では、商品を受注すると、商品ごとに決まった容量を持つケースを使って梱包します。このとき、ケースが満杯にならなくても、ケースの半分以上が埋まった場合にはすぐ発送し、それ以外の場合には端数を次回の発送分に回します。このようなコストとスピードのバランスを重視した出荷調整を行う場合に、受注数に応じた梱包数をMROUND関数で計算し、端数と必要ケース数を求めます。なお、負の端数はケースのなかに出る「空き」の数を意味します。

3-5 数値を丸める

❶「=MROUND(B3,C3)」と入力　❷「=B3-D3」と入力　❸「=D3/C3」と入力　❹セルD3～F3を、セルD4～F4とセルD5～F5にもコピー

商品ごとに必要なケース数がわかった

EVEN 最も近い偶数になるように切り上げる

EVEN(数値)
イーブン

▶関数の解説

[数値] を切り上げ、その数値に最も近い偶数を求めます。

▶引数の意味

数値 ……………… 切り上げたい数値を指定します。

ポイント

- [数値] が正の数の場合、戻り値は [数値] 以上で最小の偶数（整数）となります。一方、[数値] が負の数の場合、戻り値は [数値] 以下で最大の偶数（整数）となります。

エラーの意味

エラーの種類	原因	エラーとなる例
[#VALUE!]	引数に数値とみなせない文字列を指定した	=EVEN("ABC")
	引数に複数の行と列からなるセル範囲を指定した	=EVEN(A1:B2)

関数の使用例　偶数になるように切り上げる

数値を切り上げ、その数値に最も近い偶数を求めます。

=EVEN(A3)

セルA3に入力されている数値を、最も近い偶数に切り上げる。

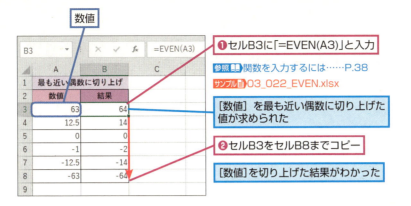

❶ セルB3に「=EVEN(A3)」と入力

参照▶関数を入力するには……P.38
サンプル 03_022_EVEN.xlsx

[数値] を最も近い偶数に切り上げた値が求められた

❷ セルB3をセルB8までコピー

[数値]を切り上げた結果がわかった

HINT [数値]に「0」や小数を指定すると

EVEN関数の引数の[数値]に「0」を指定すると、戻り値は「0」となります。また、[数値]に小数を指定すると、まず整数に切り上げられてから、最も近い偶数に切り上げられます。

活用例　項目ごとのページ数をもとに全体のページ数を求める

冊子などを作るとき、それぞれの項目のページ数を合計して全体のページ数に収まるかを調べたいときがあります。たとえば、各章が必ず右側のページからはじまる冊子の場合、1つの章のページ数の合計は偶数にする必要があります。EVEN関数を使えば、合計ページ数をもとに、実際の必要ページ数が求められます。

「=EVEN(SUM(D3:D7))」と入力

必要なページ数がわかった

ODD 最も近い奇数になるように切り上げる

ODD(数値)
オッド

▶関数の解説

[数値]を切り上げ、その数値に最も近い奇数を求めます。

▶引数の意味

数値………………… 切り上げたい数値を指定します。

ポイント

- [数値] が正の数の場合、戻り値は [数値] 以上で最小の奇数（整数）となります。一方、[数値] が負の数の場合、戻り値は [数値] 以下で最大の奇数（整数）となります。

エラーの意味

エラーの種類	原因	エラーとなる例
[#VALUE!]	引数に数値とみなせない文字列を指定した	=ODD("ABC")
	引数に複数の行と列からなるセル範囲を指定した	=ODD(A1:B2)

関数の使用例　奇数になるように切り上げる

数値を切り上げ、その数値に最も近い奇数を求めます。

=ODD(A3)

セルA3に入力されている数値を、最も近い奇数に切り上げる。

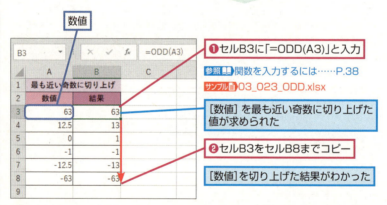

❶ セルB3に「=ODD(A3)」と入力

参照▶関数を入力するには……P.38
サンプル▶03_023_ODD.xlsx

[数値] を最も近い奇数に切り上げた値が求められた

❷ セルB3をセルB8までコピー

[数値] を切り上げた結果がわかった

HINT [数値] に「0」や小数を指定すると

ODD関数の引数の [数値] に「0」を指定すると、戻り値は「1」となります。ODD関数では、「0」は正の数として扱われ、0以上で最小の奇数（整数）は「1」になるからです。また、[数値] に小数を指定すると、まず整数に切り上げられてから、最も近い奇数に切り上げられます。

3-6 整数商や余りを求める

MOD 余りを求める

MOD(数値, 除数)
モッド

▶関数の解説

［数値］を［除数］で割ったときの余り（剰余）を求めます。

▶引数の意味

数値·························· 割られる数（被除数）を指定します。

除数·························· 割る数（除数）を指定します。

ポイント

• 戻り値は、［数値］を［除数］で割って整数商を求めたときに、割り切れずに残った分となります。これは「余り」または「剰余」と呼ばれます。

エラーの意味

エラーの種類	原因	エラーとなる例
[#DIV/O!]	［除数］に「0」を指定した	=MOD(35,0)
[#VALUE!]	引数に数値とみなせない文字列を指定した	=MOD("ABC",2)
	引数に複数の行と列からなるセル範囲を指定した	=MOD(A1:B2,2)

関数の使用例　割り算の余りを求める

数値を、指定した除数で割り、整数商を求めたときの余りを求めます。

=MOD(A3,B3)

セルA3に入力されている数値を、セルB3で指定した除数で割ったときの余りを求める。

3-6 整数商や余りを求める

1 関数の基本知識
2 日付／時刻関数
3 数学／三角関数
4 論理関数
5 検索／行列関数
6 データベース関数
7 文字列操作関数
8 統計関数
9 財務関数
10 エンジニアリング関数
11 情報関数
12 キューブ関数
13 ウェブ関数
付録

157
できる

3-6 整数商や余りを求める

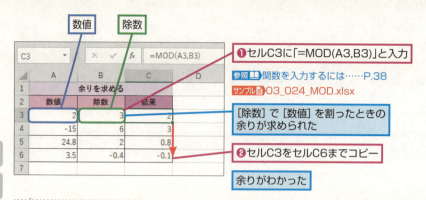

❶セルC3に「=MOD(A3,B3)」と入力

参照▶関数を入力するには……P.38
サンプル▶03_024_MOD.xlsx

[除数]で[数値]を割ったときの余りが求められた

❷セルC3をセルC6までコピー

余りがわかった

HINT 整数商とは

[数値]を[除数]で割ったとき、小数点以下まで計算せずに得られた整数の答えが「整数商」です。整数商を求めるにはQUOTIENT関数を使います。　参照▶QUOTIENT……P.158

HINT MOD関数はどんな計算をしている？

MOD関数は、「MOD（数値, 除数）= 数値 − 除数*INT（数値／除数）」という計算をします。数式中の「INT」は、引数の小数点以下を切り捨て、その値以下で最も近い整数を返す関数です。したがって、

●11を4で割ったときの余りを求める
MOD (11,4) =11-4*INT (11/4) =11-4*2=3
●2を4で割ったときの余りを求める
MOD (2,4) =2-4*INT (2/4) =2-4*0=2

などとなります。結果を、使用例と見比べてみてください。

QUOTIENT 整数商を求める

QUOTIENT(数値, 除数)

▶関数の解説

[数値]を[除数]で割ったときの整数商を求めます。

▶引数の意味

数値……………割られる数（被除数）を指定します。
除数……………割る数（除数）を指定します。

ポイント
・戻り値は、[数値]を[除数]で割ったとき、小数点以下まで計算せずに得られた整数の答えとなります。これは「整数商」と呼ばれます。

エラーの意味

エラーの種類	原因	エラーとなる例
[#DIV/0!]	[除数]に「0」を指定した	=QUOTIENT(35,0)
[#NUM!]	[除数]を省略した	=QUOTIENT(20,)
[#VALUE!]	引数に数値とみなせない文字列を指定した	=QUOTIENT("ABC",2)
	引数に複数の行と列からなるセル範囲を指定した	=QUOTIENT(A1:B2,2)

関数の使用例　割り算の整数商を求める

数値を、指定した除数で割ったときの整数商を求めます。

=QUOTIENT(A3,B3)

セルA3に入力されている数値を、セルB3で指定した除数で割ったときの整数商を求める。

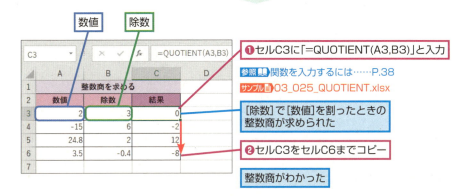

❶セルC3に「=QUOTIENT(A3,B3)」と入力

参照▶関数を入力するには……P.38
サンプル▶03_025_QUOTIENT.xlsx

[除数]で[数値]を割ったときの整数商が求められた

❷セルC3をセルC6までコピー

整数商がわかった

HINT 整数商はほかの関数を使っても求められる

「整数商」は、[数値]を[除数]で割って小数点以下まで計算したあと、結果から小数点以下を取り去ることによって求めることもできます。したがって、たとえば「=TRUNC([数値]／[除数])」という数式を使っても同じ結果が得られます。ROUNDDOWN関数も同様に利用できます。

参照▶TRUNC……P.140
参照▶ROUNDDOWN……P.141

3-6 整数商や余りを求める

3-7 最大公約数や最小公倍数を求める

サイドバー（縦書き）:
3-7 最大公約数や最小公倍数を求める

1. 関数の基本知識
2. 日付／時刻関数
3. 数学／三角関数
4. 論理関数
5. 検索／行列関数
6. データベース関数
7. 文字列操作関数
8. 統計関数
9. 財務関数
10. エンジニアリング関数
11. 情報関数
12. キューブ関数
13. ウェブ関数
付録

GCD 最大公約数を求める

GCD(数値1, 数値2, …, 数値255)
ジー・シー・ディー

▶関数の解説

すべての［数値］の最大公約数（共通する約数のなかで最も大きい数）を求めます。

▶引数の意味

数値……………………… 最大公約数を求めたい数値を指定します。「A1:A3」のようなセル範囲も指定
できます。引数は、「,（カンマ）」で区切って255個まで指定できます。

ポイント

- GCDは、「Greatest Common Divisor（グレーテスト・コモン・ディバイザー）」の略語です。
- 計算の対象になるのは、数値、文字列として入力されている数字、またはこれらを含むセルです。
- 引数に空のセルや文字列の入力されているセルが含まれている場合、それらは無視されます。
- 引数に小数部分のある数値を指定した場合、小数点以下が切り捨てられた整数とみなされます。

エラーの意味

エラーの種類	原因	エラーとなる例
[#NUM!]	引数に負の数を指定した	=GCD(8,12,-4)
[#VALUE!]	引数に数値とみなせない文字列を指定した	=GCD("ABC","DEF")

関数の使用例 最大公約数を求める

複数の数値に対する最大公約数を求めます。

=GCD(A3:E3)

セルA3 〜 E3に入力されているすべての数値の最大公約数を求める。

3-7

最大公約数や最小公倍数を求める

① セルF3に「=GCD(A3:E3)」と入力

参照📖 関数を入力するには……P.38

サンプル📄 03_026_GCD.xlsx

	A	B	C	D	E	F
	F3		× ✓ fx	=GCD(A3:E3)		
1			最大公約数を求める			
2	数値1	数値2	数値3	数値4	数値5	最大公約数
3	16	24	72	96	256	8
4	45	18.9	225	63.5	711	9
5	55	26	-32	54	7	#NUM!
6						

数値 → (指している)

最大公約数が求められた

② セルF3をセルF5までコピー

セルC5に負の数が入力されているのでエラーになる

それぞれの最大公約数がわかった

右側インデックス:
1 関数の基本知識
2 日付／時刻関数
3 数学／三角関数
4 論理関数
5 検索／行列関数
6 データベース関数
7 文字列操作関数
8 統計関数
9 財務関数
10 エンジニアリング関数
11 情報関数
12 キューブ関数
13 ウェブ関数
付 録

▶ LCM 最小公倍数を求める

エル・シー・エム
LCM(数値1, 数値2, …, 数値255)

▶関数の解説

すべての［数値］の最小公倍数（共通する倍数のなかで最も小さい数）を求めます。

▶引数の意味

数値……………………… 最小公倍数を求めたい数値を指定します。「A1:A3」のようなセル範囲も指定できます。引数は、「,（カンマ）」で区切って255個まで指定できます。

ポイント

- LCMは、「Least Common Multiple（リースト・コモン・マルチプル）」の略語です。
- 計算の対象になるのは、数値、文字列として入力されている数字、またはこれらを含むセルです。
- 引数に空のセルや文字列の入力されているセルが含まれている場合、それらは無視されます。
- 引数に小数部分のある数値を指定した場合、小数点以下が切り捨てられた整数とみなされます。

エラーの意味

エラーの種類	原因	エラーとなる例
[#NUM!]	引数に負の数を指定した	=LCM(8,12,-4)
[#VALUE!]	引数に数値とみなせない文字列を指定した	=LCM("ABC","DEF")

関数の使用例　最小公倍数を求める

複数の数値に対する最小公倍数を求めます。［数値］は、セルA3 ～ E3、セルA4 ～ E4、セルA5 ～ E5に、それぞれ入力されています。

=LCM(A3:E3)

セルA3 ～ E3に入力されているすべての数値の最小公倍数を求める。

161
できる

3-7 最大公約数や最小公倍数を求める

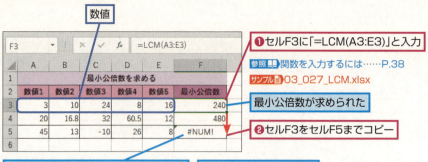

数値

❶セルF3に「=LCM(A3:E3)」と入力

参照▶関数を入力するには……P.38
サンプル▶03_027_LCM.xlsx

最小公倍数が求められた

❷セルF3をセルF5までコピー

セルC5に負の数が入力されているのでエラーになる

それぞれの最小公倍数がわかった

活用例　同じ相手と当番になる次回の日付を求める

日直や朝礼の当番を名簿の順に男女で担当する場合、男子と女子の人数が異なると、当番の組み合わせが毎回変わっていきます。次に同じ相手と当番になる日は、男子と女子の人数の最小公倍数で求められます。以下の例では、LCM関数を使って人数の最大公約数を求め、2月14日に当番になった組が再び当番になる日を求めています。

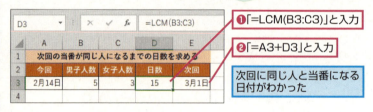

❶「=LCM(B3:C3)」と入力
❷「=A3+D3」と入力

次回に同じ人と当番になる日付がわかった

3-8 符号の変換や検査をする

ABS 絶対値を求める

ABS(数値)
アブソリュート

▶ 関数の解説

［数値］の絶対値を求めます。

▶ 引数の意味

数値……………………… 絶対値を求めたい数値を指定します。

ポイント

- 戻り値は、［数値］から正負を表す符号を取り去った値となり、これは「絶対値」と呼ばれます。絶対値は、その数値が持っている「大きさ」を意味します。

エラーの意味

エラーの種類	原因	エラーとなる例
[#VALUE!]	引数に数値とみなせない文字列を指定した	=ABS("ABC")
	引数に複数の行と列からなるセル範囲を指定した	=ABS(A1:B2)

関数の使用例　絶対値を求める

数値の絶対値を求めます。

=ABS(A3)

セルA3に入力されている数値の絶対値を求める。

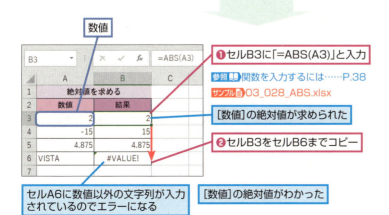

数値

❶セルB3に「=ABS(A3)」と入力

参照 関数を入力するには……P.38
サンプル 03_028_ABS.xlsx

［数値］の絶対値が求められた

❷セルB3をセルB6までコピー

セルA6に数値以外の文字列が入力されているのでエラーになる

［数値］の絶対値がわかった

3-8 符号の変換や検査をする

> **HINT 複素数の絶対値を求めるには**
> ABS関数は、実数の絶対値を求める関数です。複素数の絶対値を求めたい場合には、IMABS関数を使います。
> 参照▶IMABS……P.779

SIGN 正負を調べる

SIGN(数値)

▶**関数の解説**

[数値]の符号が正(+)か負(-)かを調べます。

▶**引数の意味**

数値………………… 正負を調べたい数値を指定します。

ポイント
- 戻り値は、[数値]が正の数(符号が+)であれば1、負の数(符号が-)であれば-1、0であれば0となります。

エラーの意味

エラーの種類	原因	エラーとなる例
[#VALUE!]	引数に数値とみなせない文字列を指定した	=SIGN("ABC")
	引数に複数の行と列からなるセル範囲を指定した	=SIGN(A1:B2)

関数の使用例　正負を調べる

数値の正負を調べます。

=SIGN(A3)

セルA3に入力されている数値の正負を調べる。

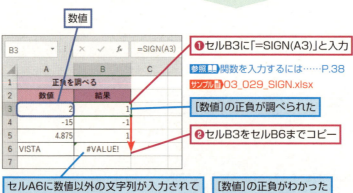

❶セルB3に「=SIGN(A3)」と入力
参照▶関数を入力するには……P.38
サンプル▶03_029_SIGN.xlsx
[数値]の正負が調べられた
❷セルB3をセルB6までコピー
セルA6に数値以外の文字列が入力されているのでエラーになる
[数値]の正負がわかった

3-9

組み合わせの計算をする

3-9
組み合わせの計算をする

1 関数の基本知識
2 日付／時刻関数
3 数学／三角関数
4 論理関数
5 検索／行列関数
6 データベース関数
7 文字列操作関数
8 統計関数
9 財務関数
10 エンジニアリング関数
11 情報関数
12 キューブ関数
13 ウェブ関数
付　録

▶ FACT 階乗を求める

FACT(数値)
ファクト

▶関数の解説

［数値］の階乗を求めます。

▶引数の意味

数値………………………… 階乗を求めたい数値を指定します。

ポイント

- 引数に小数部分のある数値を指定した場合、小数点以下が切り捨てられた整数とみなされます。

- 戻り値は、次のような数式で計算された階乗の値となります。ここで、「n」は［数値］で指定した値を表します。数学では、「n」の階乗は「$n!$」と表現されます。

$$\mathrm{FACT}(n) = n! = n \times (n-1) \times (n-2) \times \cdots \times 2 \times 1 \quad \text{ただし}\, 0! = 1$$

エラーの意味

エラーの種類	原因	エラーとなる例
[#NUM!]	引数に負の数を指定した	=FACT(-5)
	引数に 171 以上の値を指定した	=FACT(171)
[#VALUE!]	引数に数値とみなせない文字列を指定した	=FACT("ABC")
	引数に複数の行と列からなるセル範囲を指定した	=FACT(A1:B2)

関数の使用例　階乗を求める

数値の階乗を求めます。

=FACT(A3)

セルA3に入力されている数値の階乗を求める。

165
できる

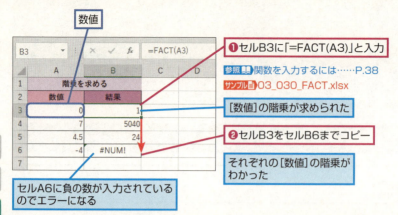

HINT! FACT関数の戻り値の桁をすべて表示するには

FACT関数では、[数値]の値を大きくすると戻り値が急速に大きくなり、表示桁数もどんどん増えていきます。そのため、[数値]に「15」以上を指定すると、表示形式が[標準]であっても「1.30767+E12」のような指数形式で表示されるようになります。これを避けて、戻り値の桁をすべて表示するには、セルの表示形式で[数値]を指定し、列幅を十分に広げておきます。ただし、FACT関数の[数値]に「146」以上を指定すると戻り値が256桁以上になり、セルの最大表示桁数である255を超えてしまうので、セルには「#########」だけが表示されるようになります。その場合は、指数形式の表示に戻しておきます。

参照▶セルの表示形式一覧……P.417

FACTDOUBLE 二重階乗を求める

FACTDOUBLE(数値)
ファクト・ダブル

▶関数の解説

[数値]の二重階乗を求めます。

▶引数の意味

数値……………… 二重階乗を求めたい数値を指定します。

[ポイント]
- 引数に小数部分のある数値を指定した場合、小数点以下が切り捨てられた整数とみなされます。
- 戻り値は、次のような数式で計算された二重階乗の値となります。ここで、「n」は[数値]で指定した値を表します。数学では、「n」の二重階乗は「$n!!$」と表現されます。

$$FACTDOUBLE(n) =$$
$$n!! = n \times (n-2) \times (n-4) \times \cdots \times 4 \times 2 \cdots\cdots n が偶数の場合$$
$$FACTDOUBLE(n) =$$
$$n!! = n \times (n-2) \times (n-4) \times \cdots \times 3 \times 1 \cdots\cdots n が奇数の場合$$
ただし $0!! = 1$

エラーの意味

エラーの種類	原因	エラーとなる例
[#NUM!]	引数に負の数を指定した	=FACTDOUBLE(-5)
	引数に301以上の値を指定した	=FACTDOUBLE(301)
[#VALUE!]	引数に数値とみなせない文字列を指定した	=FACTDOUBLE("ABC")
	引数に複数の行と列からなるセル範囲を指定した	=FACTDOUBLE(A1:B2)

関数の使用例　二重階乗を求める

数値の二重階乗を求めます。

=FACTDOUBLE(A3)

セルA3に入力されている数値の二重階乗を求める。

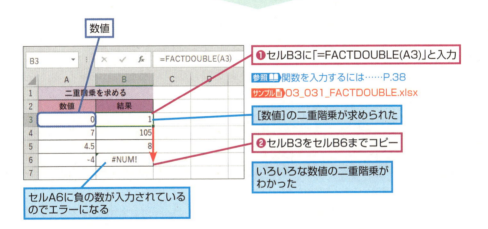

❶セルB3に「=FACTDOUBLE(A3)」と入力

参照▶関数を入力するには……P.38
サンプル▶03_031_FACTDOUBLE.xlsx

[数値]の二重階乗が求められた

❷セルB3をセルB6までコピー

いろいろな数値の二重階乗がわかった

セルA6に負の数が入力されているのでエラーになる

HINT FACTDOUBLE関数の戻り値の桁をすべて表示するには

FACTDOUBLE関数では、[数値]の値を大きくすると戻り値が急速に大きくなり、表示桁数もどんどん増えていきます。そのため、[数値]に「23」以上を指定すると、表示形式が[標準]であっても「3.16234+E11」のような指数形式で表示されるようになります。これを避けて、戻り値の桁をすべて表示するには、セルの表示形式で[数値]を指定し、列幅を十分に広げておきます。ただし、FACTDOUBLE関数の[数値]に「256」以上を指定すると戻り値が256桁以上になり、セルの最大表示桁数である255を超えてしまうので、セルには「#########」だけが表示されるようになります。その場合は、指数形式の表示に戻しておきます。

参照▶セルの表示形式一覧……P.417

3-9

組み合わせの計算をする

PERMUT 順列の数を求める

PERMUT(総数, 抜き取り数)
バーミュテーション

▶関数の解説

［総数］個の項目のなかから［抜き取り数］個を取り出して並べたとき、何種類の「順列」（並べ方）が可能であるかを求めます。ただし、［総数］個の項目から取り出すとき、同じ項目を重複して取り出せないものとします。

▶引数の意味

数値·························· 対象となる項目の総数を指定します。

抜き取り数············· ［総数］個の項目のなかから取り出して並べる項目の個数を指定します。

ポイント

- 引数に小数部分のある数値を指定した場合、小数点以下が切り捨てられた整数とみなされます。
- 戻り値は、次のような数式で計算された順列の数となります。ここで、「n」は［総数］、「k」は［抜き取り数］を表します。

$$ \text{PERMUT}(n, k) = {}_n\text{P}_k = \frac{n!}{(n-k)!} $$

- PERMUT関数は、たとえば何人かのメンバーのなかから順列を付けて選ぶとき、何とおりの選び方が可能であるかを求めたい場合に利用できます。たとえば、8人のなかからリーダーとサブリーダーを1人ずつ選ぶときにはPERMUT(8, 2)とします。この場合、結果は56（とおり）となります。

エラーの意味

エラーの種類	原因	エラーとなる例
[#NUM!]	［総数］に1未満の値を指定した	=PERMUT(0.9,1)
	［抜き取り数］に負の数を指定した	=PERMUT(1,-1)
	［総数］が［抜き取り数］より小さい	=PERMUT(4,5)
[#VALUE!]	引数に数値とみなせない文字列を指定した	=PERMUT("ABC",2)
	引数に複数の行と列からなるセル範囲を指定した	=PERMUT(A1:B2,2)

関数の使用例　異なる職務の役員を選ぶパターンの数を求める

何人かのメンバーのなかから、ある人数をそれぞれ異なる職務の役員（たとえば常務と専務など）として選ぶとき、何とおりの選び方が可能であるかを求めます。

=PERMUT(A3,B3)

セルA3に入力されているメンバーの人数から、セルB3に入力されている人数の役員を選ぶとき、何とおりの選び方ができるか求める。ただし、役員の役職に重複はないものとする。

関数の基本知識 1
日付／時刻関数 2
数学／三角関数 3
論理関数 4
検索／行列関数 5
データベース関数 6
文字列操作関数 7
統計関数 8
財務関数 9
エンジニアリング関数 10
情報関数 11
キューブ関数 12
ウェブ関数 13
付　録

3-9 組み合わせの計算をする

数値 / **抜き取り数**

	A	B	C
1	可能な選び方の数を求める（異なる職階の役員を選ぶ場合）		
2	メンバーの人数	異なる職階の役員の人数	可能な選び方の数
3	4	2	12
4	4	3	24
5	8	2	56
6	8	3	336

❶セルC3に「=PERMUT(A3,B3)」と入力
参照▶関数を入力するには……P.38
サンプル▶03_032_PERMUT.xlsx
順列の数が求められた
❷セルC3をセルC6までコピー
何とおりの選び方があるかがわかった

HINT PERMUT関数は「統計関数」の1つ

PERMUT関数は、本書では第3章「数学/三角関数」に分類していますが、Excelでは「統計関数」に分類されているので注意してください。

HINT 順列と組み合わせの違い

PERMUT関数を使った順列の計算では、同じ項目を含む組がある場合でも、各項目の並び順が違えば別の順列として数えられます。これに対して、COMBIN関数を使った組み合わせの計算では、同じ項目を含む組がある場合に、各項目の並び順が違っても、同じ1つの組み合わせとして数えられます。
参照▶COMBIN……P.171

◆3つの数値から2つを抜き出す順列と組み合わせ

=PERMUT(3,2)　（1-2）、（1-3）、（2-1）、（2-3）、（3-1）、（3-2）　（1-2）と（2-1）は別の組として数えられる

=COMBIN(3,2)　（1-2）、（1-3）、（2-3）　（1-2）と（2-1）は同じ組として数えられる

HINT 同じ項目を重複して取り出すことが許されている場合の順列を求めるには

ある個数の項目のなかから、同じ項目を重複して取り出すことが許されている場合の順列（並べ方）は「重複順列」と呼ばれます。このような重複順列の値を求めるには、PERMUTATIONA関数を使います。
参照▶PERMUTATIONA……P.170

活用例　「馬単」馬券における1着→2着の馬番号の並び順の数を求める

競馬の「馬単」馬券で指定できる馬番号の並び順（順列）の数を、出走馬の頭数ごとに求めます。ここで「馬単」というのは、1着→2着の馬番号を着順どおりに当てる馬券のことです。ここではさらに、実際に当選する馬券（馬番号の指定）は1とおりだけであることから、並び順の数の逆数を取ることにより、出走馬の頭数に応じた当選確率も求めてみます。

3-9 組み合わせの計算をする

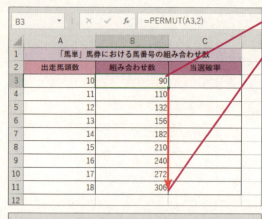

PERMUTATIONA 重複順列の数を求める

PERMUTATIONA(総数, 抜き取り数)

▶関数の解説

［総数］個の項目のなかから同じ項目を重複して取り出すことが許されている場合、［抜き取り数］個を取り出して並べたときに何種類の「順列」（並べ方）が可能であるかを求めます。

▶引数の意味

数値……………………対象となる項目の総数を指定します。

抜き取り数……………［総数］個の項目のなかから取り出して並べる項目の個数を指定します。

[ポイント]

- この関数はExcel 2013で新たに追加されたものです。Excel 2010以前では使えません。
- 引数に小数部分のある数値を指定した場合、小数点以下が切り捨てられた整数とみなされます。
- 戻り値は、次のような数式で計算された順列の数となります。ここで、「n」は［総数］、「k」は［抜き取り数］を表します。

$$PERMUTATIONA(n, k) = \prod_n{}_k = n^k$$

- 重複順列の値は、POWER関数を使って「=POWER(総数,抜き取り数)」としても求められます。

エラーの意味

エラーの種類	原因	エラーとなる例
[#NUM!]	[抜き取り数]に負の数を指定した	=PERMUTATIONA(1,-1)
[#VALUE!]	引数に数値とみなせない文字列を指定した	=PERMUTATIONA("ABC",2)
	引数に複数の行と列からなるセル範囲を指定した	=PERMUTATIONA(A1:B2,2)

関数の使用例　スロットマシンの絵柄の並び方が何とおりあるかを求める

スロットマシンは、何種類かの絵柄が付けられた複数のリールを同時に回したあと、すべてが停止したときの絵柄の並び具合で賞金が決まる仕組みになっています。ここでは、5種類の絵柄が付けられた3本のリールで構成されるスロットマシンでは、絵柄の並び方が何とおりあるか求めます。この場合、絵柄の重複が許されているので、重複順列と考えることができます。

=PERMUTATIONA(A3,B3)

セルA3に入力されている絵柄の数から、セルB3に入力されているリールの数だけ取り出したとき、何とおりの並び方があるか求める。

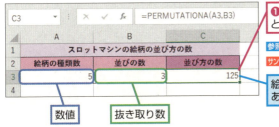

❶セルC3に「=PERMUTATIONA(A3,B3)」と入力

参照▶関数を入力するには……P.38
サンプル▶03_033_PERMUTATIONA.xlsx

絵柄が5つのとき、並び方が125とおりあることがわかった

COMBIN　組み合わせの数や二項係数を求める

COMBIN(総数, 抜き取り数)

▶関数の解説

[総数]個の項目のなかから、指定した[抜き取り数]個を取り出したとき、何種類の組み合わせが可能であるかを求めます。また、与えられた二項式の二項係数を求めることもできます。

▶引数の意味

数値……………………対象となる項目の総数を指定します。

抜き取り数……………[総数]個の項目のなかから取り出して組み合わせる項目の個数を指定します。

ポイント
- 引数に小数部分のある数値を指定した場合、小数点以下が切り捨てられた整数とみなされます。
- 戻り値は、次のような数式で計算された組み合わせの数となります。ここで、「n」は[総数]、「k」は[抜き取り数]を表します。

3-9 組み合わせの計算をする

$$\mathrm{COMBIN}(n, k) = {}_n\mathrm{C}_k = \frac{n!}{k!(n-k)!} = \frac{{}_n\mathrm{P}_k}{k!}$$

- COMBIN関数は、たとえば何人かのメンバーのなかから順列を付けずに選ぶとき、何とおりの選び方が可能であるかを求めたい場合に利用できます。たとえば、8人のなかから2人の役員を選ぶときにはCOMBIN(8, 2)とします。この場合、結果は28(とおり)となります。

エラーの意味

エラーの種類	原因	エラーとなる例
[#NUM!]	[総数] に 1 未満の値を指定した	=COMBIN(0,1)
	[抜き取り数] に負の数を指定した	=COMBIN(1,-1)
	[総数] が [抜き取り数] より小さい	=COMBIN(4,5)
[#VALUE!]	引数に数値とみなせない文字列を指定した	=COMBIN("ABC",2)
	引数に複数の行と列からなるセル範囲を指定した	=COMBIN(A1:B2,2)

関数の使用例 同じ職務の役員を選ぶパターンの数を求める

何人かのメンバーのなかから、ある人数を同じ職務の役員(たとえば取締役を何人か)として選ぶとき、何とおりの選び方が可能であるかを求めます。

=COMBIN(A3,B3)

セルA3に入力されているメンバーの人数から、セルB3に入力されている人数の役員を選ぶとき、何とおりの選び方ができるか求める。ただし、役員の役職が重複していても構わないものとする。

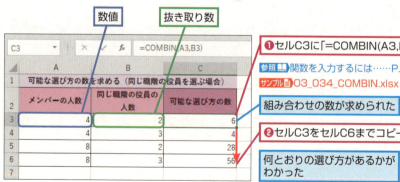

❶セルC3に「=COMBIN(A3,B3)」と入力
参照▶関数を入力するには……P.38
サンプル▶03_034_COMBIN.xlsx
組み合わせの数が求められた
❷セルC3をセルC6までコピー
何とおりの選び方があるかがわかった

HINT 順列と組み合わせの違い

COMBIN関数を使った組み合わせの計算では、同じ項目を含む組がある場合に、各項目の並び順が違っても、同じ1つの組み合わせとして数えられます。

これに対して、PERMUT関数を使った順列の計算では、同じ項目を含む組がある場合でも、各項目の並び順が違えば別の順列として数えられます。　参照▶PERMUT……P.168

二項係数を求めるには

COMBIN関数は、次のような二項式の係数を求めるためにも利用できます。「$_nC_k$」は二項係数と呼ばれるもので、この部分は「=COMBIN(n,k)」とすれば計算できます。

$$(a+b)^n = \sum_{k=0}^{n} {_nC_k} a^{n-k}b^k = {_nC_0}a^n + {_nC_1}a^{n-1}b + \cdots + {_nC_n}b^n$$

活用例 「馬連」馬券における1着/2着の馬番号の組み合わせの数を求める

競馬の「馬連」馬券で指定できる馬番号の組み合わせの数を、出走馬の頭数ごとに求めます。ここで「馬連」というのは、1着と2着になる馬番号の組み合わせを当てる馬券のことです。たとえば、「5番と8番」と「8番と5番」は同じ組み合わせとして数えられます。ここではさらに、実際に当選する馬券（馬番号の指定）は1とおりだけであることから、組み合わせの数の逆数を取ることにより、出走馬の頭数に応じた当選確率も求めてみます。

❶「=COMBIN(A3,2)」と入力
❷セルB3をセルB11までコピー
出走馬の頭数に応じた1着/2着の組み合わせの数がわかった

❸「=1/B3」と入力
❹セルC3をセルC11までコピー
出走馬の頭数に応じた当選確率がわかった

3-9

組み合わせの計算をする

COMBINA 重複組み合わせの数を求める

コンビネーション・エー
COMBINA（総数, 抜き取り数）

▶関数の解説

［総数］個の項目のなかから同じ項目を重複して取り出すことが許されている場合、［抜き取り数］個を取り出したときに何種類の組み合わせが可能であるかを求めます。

▶引数の意味

数値･･････････････････････ 対象となる項目の総数を指定します。

抜き取り数 ･･････････････ ［総数］個の項目のなかから取り出して並べる項目の個数を指定します。

ポイント

- この関数はExcel 2013で新たに追加されたものです。Excel 2010以前では使えません。
- 引数に小数部分のある数値を指定した場合、小数点以下が切り捨てられた整数とみなされます。
- 戻り値は、次のような数式で計算された組み合わせの数となります。ここで、「n」は［総数］、「r」は［抜き取り数］を表します。

$$\text{COMBINA}(n, r) = {}_nH_r = {}_{r+n-1}C_r = \frac{(r+n-1)!}{(n-1)!r!}$$

エラーの意味

エラーの種類	原因	エラーとなる例
[#NUM!]	［総数］に1未満の数を指定した	=COMBINA(0.9,1)
	［抜き取り数］に負の数を指定した	=COMBINA(1,-1)
[#VALUE!]	引数に数値とみなせない文字列を指定した	=COMBINA("ABC",2)
	引数に複数の行と列からなるセル範囲を指定した	=COMBINA(A1:B2,2)

関数の使用例　スロットマシンの絵柄の組み合わせが何とおりあるか求める

スロットマシンは、何種類かの絵柄が付けられた複数のリールを同時に回したあと、すべてが停止したときの絵柄の並び具合で賞金が決まる仕組みになっています。ここでは、4種類の絵柄が付けられた3本のリールで構成されるスロットマシンでは、絵柄の組み合わせが何とおりあるか求めます。この場合、絵柄の重複が許されているので、重複組み合わせと考えることができます。

=COMBINA(A3,B3)

セルA3に入力されている絵柄の数から、セルB3に入力されているリールの数だけ取り出したとき、何とおりの組み合わせがあるか求める。

関数の基本知識　**1**

日付／時刻関数　**2**

数学／三角関数　**3**

論理関数　**4**

検索／行列関数　**5**

データベース関数　**6**

文字列操作関数　**7**

統計関数　**8**

財務関数　**9**

エンジニアリング関数　**10**

情報関数　**11**

キューブ関数　**12**

ウェブ関数　**13**

付　録

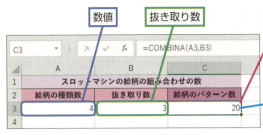

❶ セルC3に「=COMBINA(A3,B3)」と入力

参照▶関数を入力するには……P.38
サンプル▶03_035_COMBINA.xlsx

絵柄が4つのとき、組み合わせが20とおりあることがわかった

MULTINOMIAL 多項係数を求める

MULTINOMIAL(数値1, 数値2, …, 数値255)
マルチノミアル

▶ 関数の解説

$(a_1+a_2+a_3+\cdots\cdots+a_k)$ の形で表される多項式を展開したとき、各項に付く多項係数をその次数に応じて求めます。

▶ 引数の意味

数値……………… 多項式の各項の次数を指定します。「A1:A3」のようにセル範囲を指定することもできます。引数は、カンマで区切って255個まで指定できます。

ポイント

・引数に小数部分のある数値を指定すると、小数点以下が切り捨てられた整数とみなされます。
・多項式の展開は、次のような数式で表せます。ここで、下線の数式部分（和の階乗と階乗積との比）は「多項係数」と呼ばれ、「=MULTINOMIAL(n1, n2,……, nk)」で計算できます。

$$(a_1 + a_2 + \cdots + a_k)^n = \sum_{n_1,n_2,\cdots,n_k} \frac{(n_1 + n_2 + \cdots + n_k)!}{n_1!n_2!\cdots n_k!} a_1^{n_1} a_2^{n_2} \cdots a_k^{n_k}$$

エラーの意味

エラーの種類	原因	エラーとなる例
[#NUM!]	引数に負の数を指定した	=MULTINOMIAL(4,5,-2)
[#VALUE!]	引数に数値とみなせない文字列を指定した	=MULTINOMIAL("ABC","DEF")

> **HINT 設問の最終的な答え**
>
> 使用例で得られた結果は、多項式 $(a+b+c)^3$ を展開したときに現れる a、b、c の組み合わせとその次数、そして多項係数を表しています。たとえば、行2では、$a^3b^0c^0$ 項の係数が1として求められています。
> また、行11では、$a^1b^1c^1$ 項の係数が6として求められています。これらの結果を総合すると、最終的な展開式は次のようになります。
>
> $$a^3 + b^3 + c^3 + 3a^2b + 3a^2c + 3ab^2 + 3b^2c + 3ac^2 + 3bc^2 + 6abc$$

3-9 組み合わせの計算をする

3-9 組み合わせの計算をする

関数の使用例　多項式の多項係数を求める

$(a+b+c)^3$という多項式を展開したときに、各項に付く係数を求めます。この場合、a、b、cそれぞれの次数の組み合わせは10とおりあり、それらをMULTINOMIAL関数の引数として与えれば、各項の係数を計算できます。

=MULTINOMIAL(A3,B3,C3)

3項の多項式において、セルA3、B3、C3に入力されている次数を持つ項の係数を求める。

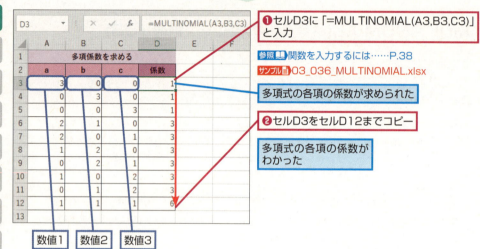

❶セルD3に「=MULTINOMIAL(A3,B3,C3)」と入力

参照 関数を入力するには……P.38
サンプル 03_036_MULTINOMIAL.xlsx

多項式の各項の係数が求められた

❷セルD3をセルD12までコピー

多項式の各項の係数がわかった

3-10 べき級数を求める

SERIESSUM べき級数を求める

シリーズ・サム
SERIESSUM(変数値, 初期値, 増分, 係数)

▶**関数の解説**

指定した引数をもとに、べき級数を求めます。

▶**引数の意味**

変数値·················· べき級数の近似式に代入する変数の値を指定します。

初期値·················· べき級数の最初の項に現れる［変数値］の次数を指定します。

増分······················ ［変数値］の次数の増分を指定します。

係数······················ べき級数の各項の係数を、セル範囲、または配列定数で指定します。この引数
で指定した数値の個数が、べき級数の近似式の項数になります。

ポイント

- SERIESSUM関数は、次のような「べき級数」と呼ばれる近似式で表される計算を実行します。ここで、「x」は［変数値］、「n」は［初期値］、「m」は［増分］、「a」は［係数］を表します。

$$\mathrm{SERIESSUM}(x, n, m, a) = a_1 x^n + a_2 x^{n+m} + a_3 x^{n+2m} + \cdots + a_i x^{n+2(i-1)m}$$

- SERIESSUM関数を利用すると、三角関数や指数関数などのさまざまな関数の近似値が求められます。たとえば、「マクローリン展開」と呼ばれる方法を使うと、いくつかの関数は以下のようなべき級数に展開できるので、SERIESSUM関数が適用できます。

マクローリン展開による近似値の求め方

$$\sin x = x - \frac{x^3}{3!} + \frac{x^5}{5!} - \frac{x^7}{7!} + \cdots \qquad e^x = 1 + \frac{x}{1!} + \frac{x^2}{2!} + \frac{x^3}{3!} + \cdots$$

$$\cos x = 1 - \frac{x^2}{2!} + \frac{x^4}{4!} - \frac{x^6}{6!} + \cdots$$

- SERIESSUM関数を使うには、まず近似したい関数をべき級数に展開し、その式をもとにしてそれぞれの引数を指定するようにします。

エラーの意味

エラーの種類	原因	エラーとなる例
[#VALUE!]	引数に数値とみなせない文字列を指定した	=SERIESSUM("ABC",2,3,4)
	［変数値］、［初期値］、［増分］のどれかにセル範囲を指定した	=SERIESSUM(A1:A3,2,3,4)

3-10
べき級数を求める

1 関数の基本知識
2 日付／時刻関数
3 数学／三角関数
4 論理関数
5 検索／行列関数
6 データベース関数
7 文字列操作関数
8 統計関数
9 財務関数
10 エンジニアリング関数
11 情報関数
12 キューブ関数
13 ウェブ関数
付録

3-10 べき級数を求める

関数の使用例　SIN関数の近似値を求める

マクローリン展開によるsin関数のべき級数近似式をSERIESSUM関数に適用して、sin 0.2の近似値を求めます。

=SERIESSUM(0.2,1,2,A2:D2)

次に示すsin関数のべき級数近似式に基づいて各引数を指定し、sin 0.2の近似値を求める。

$$\sin 0.2 \fallingdotseq \mathrm{SERIESSUM}\left(0.2, 1, 2, \left\{1, \frac{-1}{3!}, \frac{1}{5!}, \frac{-1}{7!}\right\}\right)$$

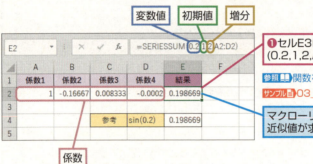

❶ セルE3に「=SERIESSUM(0.2,1,2,A2:D2)」と入力

参照▶関数を入力するには……P.38
サンプル▶03_037_SERIESSUM.xlsx

マクローリン展開によってsin 0.2の近似値が求められた

HINT 配列定数による指定とセル範囲による指定

使用例の説明に明記した近似式では［係数］を配列定数として指定していますが、ここでの操作手順ではセル範囲に4つの数値をそれぞれ入力し、それらをまとめて引数として指定しています。どちらの方法を使っても、同じ結果が得られます。

HINT ［係数］の値を入力するには

使用例の説明に明記した近似式の各項の係数から、セルA2には「=1」、セルB2には「=-1/FACT(3)」、セルC2には「=1/FACT(5)」、セルD2には「=-1/FACT(7)」をそれぞれ入力しておきます。

参照▶FACT……P.165

HINT SIN関数との比較

使用例では、SERIESSUM関数による近似式で求めたsin 0.2の値の精度を確認できるように、セルE4に「=SIN(0.2)」と入力しています。使用例での表示桁数（小数点以下6桁）の範囲内では、両者に違いがないことがわかります。

参照▶SIN……P.199

活用例　近似値の精度を上げるには

ここでの操作手順では［係数］に4つの数値を指定していますが、この個数を多くして、より高い次数まで計算すれば、それだけ近似値の精度を上げることができます。なお、この例のセルF2、F3、F5は、より多くの桁数を表示できるようにするために、セルの表示形式を［数値］に変更し、［小数点以下の桁数］を「15」に設定してあります。

❶［係数5］として「＝1/FACT(9)」と入力

sin 0.2の近似値がより正確に求められた

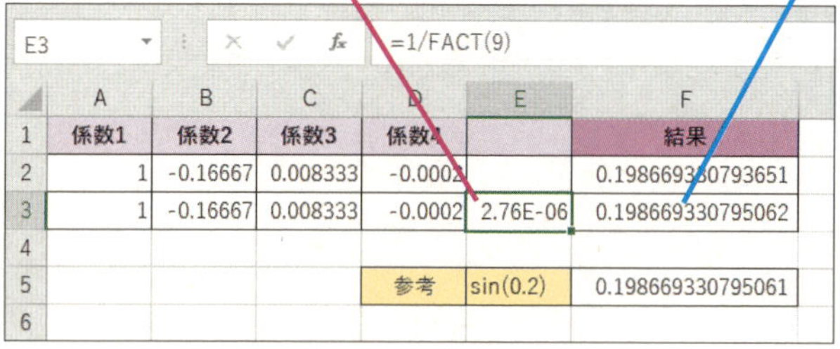

	A	B	C	D	E	F
1	係数1	係数2	係数3	係数4		結果
2	1	-0.16667	0.008333	-0.0002		0.198669330793651
3	1	-0.16667	0.008333	-0.0002	2.76E-06	0.198669330795062
4						
5				参考	sin(0.2)	0.198669330795061
6						

E3　＝1/FACT(9)

3-10
べき級数を求める

1　関数の基本知識

2　日付／時刻関数

3　数学／三角関数

4　論理関数

5　検索／行列関数

6　データベース関数

7　文字列操作関数

8　統計関数

9　財務関数

10　エンジニアリング関数

11　情報関数

12　キューブ関数

13　ウェブ関数

付　録

179
できる

3-11

平方根を求める

3-11 平方根を求める

SQRT 平方根を求める

スクエアルート
SQRT(数値)

▶関数の解説

[数値]の平方根を求めます。

▶引数の意味

数値‥‥‥‥‥‥‥‥ 平方根を求めたい数値を指定します。

ポイント

・戻り値は、[数値]の正の平方根となります。ここで、「x」は[数値]を表します。

$$\mathrm{SQRT}(x) = \sqrt{x}$$

・通常の数式を使って「=x^0.5」と入力するか、またはPOWER関数を使って「=POWER(x, 0.5)」と入力しても、指定した「x」の平方根が求められます。

エラーの意味

エラーの種類	原因	エラーとなる例
[#NUM!]	引数に負の数を指定した	=SQRT(-2)
[#VALUE!]	引数に数値とみなせない文字列を指定した	=SQRT("ABC")
	引数に複数の行と列からなるセル範囲を指定した	=SQRT(A1:B2)

関 数 の 使 用 例　平方根を求める

数値の平方根を求めます。

=SQRT(A3)

セルA3に入力されている数値の平方根を求める。

関数の
基本知識 **1**

日付／
時刻関数 **2**

数学／
三角関数 **3**

論理関数 **4**

検索／
行列関数 **5**

データベース
関数 **6**

文字列操作
関数 **7**

統計関数 **8**

財務関数 **9**

エンジニアリング
関数 **10**

情報関数 **11**

キューブ関数 **12**

ウェブ関数 **13**

付 録

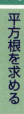

3-11 平方根を求める

	A	B
1	平方根を求める	
2	数値	結果
3	25	5
4	3	1.732050808
5	1.7546	1.324613151
6	-1	#NUM!

B3 =SQRT(A3)

- 数値
- ❶セルB3に「=SQRT(A3)」と入力
- 参照▶関数を入力するには……P.38
- サンプル▶03_038_SQRT.xlsx
- [数値]の平方根が求められた
- ❷セルB3をセルB6までコピー
- いろいろな数値の平方根がわかった
- セルA6に負の数が入力されているのでエラーになる

HINT 複素数の平方根を求めるには

正の平方根ではなく、複素数の平方根を求めるには、IMSQRT関数を使います。
参照▶IMSQRT……P.790

HINT 表示桁数を増やすには

使用例でSQRT関数が入力されているセルB3～B6は、表示形式が［標準］に設定されているので、列幅が十分にあれば有効桁数10桁まで表示されます。さらに表示桁数を増やすには、セルの表示形式を［数値］に変更し、［小数点以下の桁数］を適宜増やします。ただし、Excelの関数で求められる数値の有効桁数は15桁なので、表示桁数を増やしても、頭から15桁を超えた分には「0」が表示されます。
参照▶セルの表示形式一覧……P.417

SQRTPI 円周率πの倍数の平方根を求める

スクエアルート・パイ
SQRTPI(数値)

▶関数の解説

［数値］を円周率πに掛けた値の平方根を求めます。

▶引数の意味

数値………………………平方根を求めたい数値を指定します。

ポイント

- 戻り値は、［数値］に円周率πを掛けた結果についての正の平方根となります。ここで、「x」は［数値］を表します。

$$\mathrm{SQRT}(x) = \sqrt{x}$$

- SQRT関数とPI関数を組み合わせて「=SQRT(x*PI())」と入力しても、「=SQRTPI(x)」と同じ結果が得られます。
参照▶SQRT……P.180　参照▶PI……P.193

3-11 平方根を求める

エラーの意味

エラーの種類	原因	エラーとなる例
[#NUM!]	引数に負の数を指定した	=SQRTPI(-2)
[#VALUE!]	引数に数値とみなせない文字列を指定した	=SQRTPI("ABC")
	引数に複数の行と列からなるセル範囲を指定した	=SQRTPI(A1:B2)

関数の使用例　円周率πの倍数の平方根を求める

円周率πの倍数の平方根を求めます。

=SQRTPI(A3)

セルA3に入力されている数値を円周率πに掛けた値の平方根を求める。

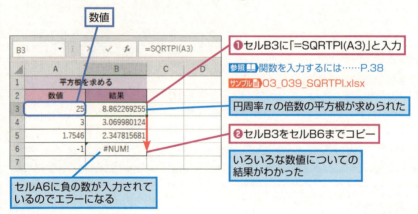

数値

❶セルB3に「=SQRTPI(A3)」と入力

参照▶関数を入力するには……P.38
サンプル▶03_039_SQRTPI.xlsx

円周率πの倍数の平方根が求められた

❷セルB3をセルB6までコピー

いろいろな数値についての結果がわかった

セルA6に負の数が入力されているのでエラーになる

活用例　スターリングの公式を使って階乗の近似値を求める

次に示す「スターリングの公式」と呼ばれる数式を利用して、数値の階乗の近似値を求めてみます。

スターリングの公式

$$n! \fallingdotseq \sqrt{2n\pi}\left(\frac{n}{e}\right)^n$$

参照▶FACT……P.165
参照▶POWER……P.184
参照▶EXP……P.186

この公式のなかの平方根の部分にはSQRTPI関数を、n乗している括弧の部分にはPOWER関数をそれぞれ適用します。また、自然対数の底eを表現するために、EXP関数を使って「EXP(1)」と指定します。
なお、結果の比較のために、FACT関数を使って計算した実際の階乗の値も表示しておきます。

❶「=SQRTPI(2*B2)*POWER(B2/EXP(1),B2)」と入力　　❷セルB3をセルF3までコピー

スターリングの公式による階乗の近似値が求められた

HINT FACT関数で階乗の値を求める

上の活用例では、比較のために、4行めにFACT関数を使った実際の階乗の値も表示しています。実際に入力されている数式は、たとえばセルB4であれば「=FACT(B2)」となっています。　参照▶FACT……P.165

セルB4〜F4に「=FACT(B2)」〜「=FACT(F2)」と入力して実際の階乗の値を求めている

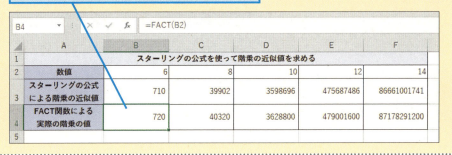

3-11 平方根を求める

3-12

指数関数の値を求める

関数の基本知識 **1**

日付／時刻関数 **2**

数学／三角関数 **3**

論理関数 **4**

検索／行列関数 **5**

データベース関数 **6**

文字列操作関数 **7**

統計関数 **8**

財務関数 **9**

エンジニアリング関数 **10**

情報関数 **11**

キューブ関数 **12**

ウェブ関数 **13**

付　録

3-12 指数関数の値を求める

▷ POWER べき乗を求める

POWER(数値, 指数)
（パ ワ ー）

▶関数の解説

［数値］を［指数］乗した値を求めます。

▶引数の意味

数値‥‥‥‥‥‥‥‥‥‥べき乗の底を数値で指定します。省略すると「0」が指定されたものとみなされます。

指数‥‥‥‥‥‥‥‥‥‥［数値］を何乗するかを数値で指定します。省略すると「0」が指定されたものとみなされます。

ポイント

・戻り値は、次のような数式で計算されたべき乗の値となります。ここで、「a」は［数値］を、「x」は［指数］を表します。

$$\mathrm{POWER}(a, x) = a^x$$

・［指数］には、小数（分数）や負の数も指定できます。特に、「1/x」を指定すればx乗根が得られ、「-x」を指定すれば「x」を指定したときの逆数が得られます。

$$\mathrm{POWER}(a, 1/x) = a^{\frac{1}{x}} = \sqrt[x]{a} \qquad \mathrm{POWER}(a, -x) = a^{-x} = \frac{1}{a^x}$$

エラーの意味

エラーの種類	原因	エラーとなる例
[#NUM!]	［数値］と［指数］の両方に「0」を指定した	=POWER(0,0)
[#VALUE!]	引数に数値とみなせない文字列を指定した	=POWER("ABC",2)
	引数に複数の行と列からなるセル範囲を指定した	=POWER(A1:B2,2)

184

できる

関数の使用例　2^{x}の値を求める

2^{x}の値を求めます。指数（x）には－4から4までの値を指定し、グラフを作成します。

=POWER(2,A3)

セルA3に入力されている数値を指数とする2のべき乗を求める。

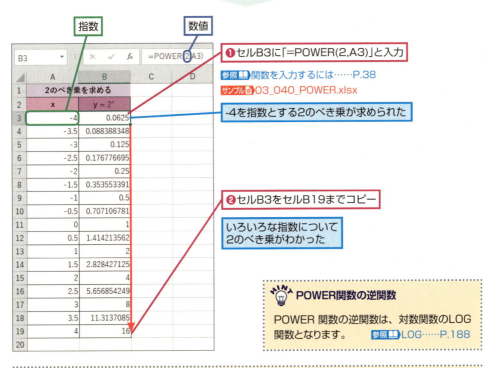

指数　数値

❶セルB3に「=POWER(2,A3)」と入力

参照▶関数を入力するには……P.38
サンプル▶03_040_POWER.xlsx

-4を指数とする2のべき乗が求められた

❷セルB3をセルB19までコピー

いろいろな指数について2のべき乗がわかった

HINT POWER関数の逆関数

POWER関数の逆関数は、対数関数のLOG関数となります。　参照▶LOG……P.188

HINT 算術演算子の「^」を使ってべき乗を求めるには

数値のべき乗を求めるには、算術演算子の「^（キャレット）」を使うこともできます。たとえば「=5^2」と入力すれば、5を2乗した結果が得られます。同様に、「=9^(1/2)」と入力すれば、9の1/2乗、つまり9の平方根が得られます。
参照▶演算子とは……P.34

3-12 指数関数の値を求める

HINT POWER関数の結果をグラフで表示するには

関数で求めた結果をなめらかなグラフで表示するには、描画対象のセル範囲を選択したあと、[挿入] タブの [グラフ] グループにある [散布図 (X,Y) またはバブルチャートの挿入] ボタンをクリックし、[散布図 (平滑線)] または [散布図 (平滑線とマーカー)] を選択します。「平滑線」が含まれる項目を選択すると「スムージング」機能が働き、実際のデータが存在しない区間が自動的に「補完」されるので、グラフをなめらかな曲線で描画できます。

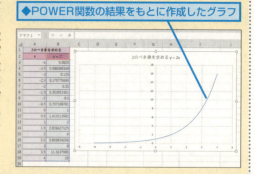

◆POWER関数の結果をもとに作成したグラフ

EXP 自然対数の底eのべき乗を求める

EXP(指数)
エクスポーネンシャル

▶関数の解説

自然対数の底 e を [指数] 乗した値を求めます。

▶引数の意味

指数……………… 自然対数の底 e を何乗するかを数値で指定します。

ポイント

・戻り値は、次のような数式で計算された、自然対数の底 e のべき乗の値となります。ここで、「x」は [指数] を表します。

$$\mathrm{EXP}(x) = e^x$$

・[指数] には、小数(分数)や負の数も指定できます。特に、「1/x」を指定すればx乗根が得られ、「-x」を指定すれば「x」を指定したときの逆数が得られます。

$$\mathrm{EXP}(1/x) = e^{\frac{1}{x}} = \sqrt[x]{e} \qquad \mathrm{EXP}(-x) = e^{-x} = \frac{1}{e^x}$$

エラーの意味

エラーの種類	原因	エラーとなる例
[#VALUE!]	引数に数値とみなせない文字列を指定した	=EXP("ABC")
	引数に複数の行と列からなるセル範囲を指定した	=EXP(A1:B2)

関数の使用例 e^x を求める

xにさまざまな値を指定したときのe^xの値を求めます。

=EXP(A3)

セルA3に入力されている数値を指数とするeのべき乗を求める。

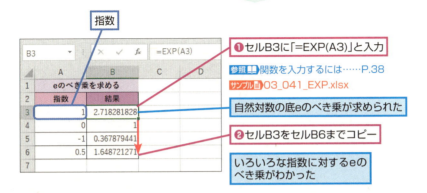

❶セルB3に「=EXP(A3)」と入力

参照▶ 関数を入力するには……P.38
サンプル 03_041_EXP.xlsx

自然対数の底eのべき乗が求められた

❷セルB3をセルB6までコピー

いろいろな指数に対するeのべき乗がわかった

HINT 自然対数の底 e の値

自然対数の底eは、無理数の2.7182818284590452……という値を持っており、「ネピア数」とも呼ばれます。eは数学上きわめて特殊な性質を持つ重要な数で、eの指数関数（EXP）や自然対数関数（LN）をはじめ、双曲線関数（SINH、COSH、TANH）、複素数の諸関数（IMEXP、IMPOWER、IMLN、IMSIN、IMCOS）、確率分布の諸関数（NORMDIST、NORMSDIST、EXPONDISTほか）など、多くの関数がeを用いて定義されています。

3-12 指数関数の値を求める

関数の基本知識 1
日付／時刻関数 2
数学／三角関数 3
論理関数 4
検索／行列関数 5
データベース関数 6
文字列操作関数 7
統計関数 8
財務関数 9
エンジニアリング関数 10
情報関数 11
キューブ関数 12
ウェブ関数 13
付　録

3-13 対数関数の値を求める

LOG 任意の数値を底とする対数を求める

LOG(数値, 底)

ロ グ

▶関数の解説

[数値] について、[底] を底とする対数を求めます。

▶引数の意味

数値……………………… 対数を求めたい数値（真数）を指定します。0以下の数値は指定できません。

底………………………… 対数の底を数値で指定します。1と0以下の数値は指定できません。省略すると「10」が指定されたものとみなされます。

ポイント

- 戻り値は、次のような数式で計算された対数の値となります。ここで、「x」は [数値] を、「a」は [底] を表します。

$$\mathrm{LOG}(x,a) = \log_a x$$

- [底] を省略すると「10」が指定されたものとみなされるので、10を底とする対数、つまり常用対数が求められます。

$$\mathrm{LOG}(x) = \log_{10} x$$

エラーの意味

エラーの種類	原因	エラーとなる例
[#DIV/0!]	[底] に 1 を指定した	=LOG(16,1)
[#NUM!]	引数に 0 以下の値を指定した	=LOG(0,2) =LOG(4,-1)
[#VALUE!]	引数に数値とみなせない文字列を指定した	=LOG("ABC",2)
	引数に複数の行と列からなるセル範囲を指定した	=LOG(A1:B2,2)

関数の使用例　$\log_2 x$ を求める

$\log_2 x$ の値を求めます。xには0.1から4までの値を指定し、グラフを作成します。

=LOG(A3,2)

セルA3に入力されている数値について、2を底とする対数を求める。

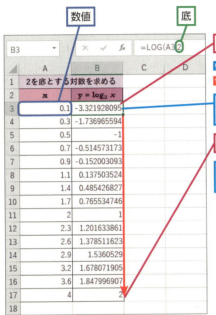

❶ セルB3に「=LOG(A3,2)」と入力

参照▶関数を入力するには……P.38
サンプル▶03_042_LOG.xlsx

0.1の真数について、2を底とする対数が求められた

❷ セルB3をセルB17までコピー

いろいろな数値の、2を底とする対数がわかった

HINT 常用対数を求めるには LOG10関数が便利

常用対数を求めるには、LOG10関数を使うこともできます。LOG10関数は、はじめから底が10に設定されているため、1つの引数（[数値]）で真数を指定するだけで対数の値を求められます。

HINT LOG関数の逆関数

LOG関数の逆関数は、指数関数のPOWER関数となります。　参照▶POWER……P.184

HINT LOG関数の結果をグラフで表示するには

関数で求めた結果をなめらかなグラフで表示するには、描画対象のセル範囲を選択したあと、[挿入]タブの[グラフ]グループにある[散布図（X,Y）またはバブルチャートの挿入]ボタンをクリックし、[散布図（平滑線）]または[散布図（平滑線とマーカー）]を選択します。「平滑線」が含まれる項目を選択すると「スムージング」機能が働き、実際のデータが存在しない区間が自動的に「補完」されるので、グラフをなめらかな曲線で描画できます。

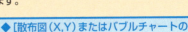

◆[散布図（X,Y）またはバブルチャートの挿入]ボタン

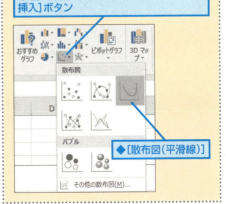

◆[散布図（平滑線）]

3-13 対数関数の値を求める

3-13

対数関数の値を求める

LOG10 常用対数を求める

ログ・ジュウ
LOG10(数値)

▶関数の解説

［数値］について、10を底とする対数、つまり常用対数を求めます。

▶引数の意味

数値‥‥‥‥‥‥‥‥‥ 対数を求めたい数値（真数）を指定します。0以下の数値は指定できません。

ポイント

・戻り値は、次のような数式で計算された常用対数の値となります。ここで、「x」は［数値］を表します。

$$LOG10(x) = \log_{10} x$$

・LOG関数で［底］に10を指定するか、または［底］を省略しても同じ結果が得られますが、LOG10関数では［底］を指定する必要がないので便利です。

エラーの意味

エラーの種類	原因	エラーとなる例
[#NUM!]	引数に0以下の値を指定した	=LOG10(-2)
[#VALUE!]	引数に数値とみなせない文字列を指定した	=LOG10("ABC")
	引数に複数の行と列からなるセル範囲を指定した	=LOG10(A1:B2)

関数の使用例 　$\log_{10} x$ を求める

xにさまざまな値を指定したときの$\log_{10} x$の値を求めます。

=LOG10(A3)

セルA3に入力されている数値の常用対数を求める。

関数の基本知識 1

日付／時刻関数 2

数学／三角関数 3

論理関数 4

検索／行列関数 5

データベース関数 6

文字列操作関数 7

統計関数 8

財務関数 9

エンジニアリング関数 10

情報関数 11

キューブ関数 12

ウェブ関数 13

付 録

190
できる

3-13

対数関数の値を求める

❶ セルB3に「=LOG10(A3)」と入力

参照 関数を入力するには……P.38

サンプル 03_043_LOG10.xlsx

［数値］の常用対数が求められた

❷ セルB3をセルB6までコピー

| B3 | | : | ✕ ✓ | fx | =LOG10(A3) |

▲	A	B	C	D
1	常用対数を求める			
2	数値	結果		
3	10000	4		
4	2	0.301029996		
5	0.001	-3		
6	0	#NUM!		
7				

数値

セルA6に負の数が入力されているのでエラーになる

いろいろな数値の常用対数がわかった

HINT LOG10関数の逆関数

LOG10関数の逆関数は、指数関数のPOWER関数です。この場合、POWER関数の引数［指数］には10を指定する必要があります。 参照 POWER……P.184

1	関数の基本知識
2	日付／時刻関数
3	数学／三角関数
4	論理関数
5	検索／行列関数
6	データベース関数
7	文字列操作関数
8	統計関数
9	財務関数
10	エンジニアリング関数
11	情報関数
12	キューブ関数
13	ウェブ関数
	付 録

▶ LN 自然対数を求める

ログ・ナチュラル

LN(数値)

▶ 関数の解説

［数値］について、自然対数の底 e を底とする対数、つまり自然対数を求めます。

▶ 引数の意味

数値………………… 対数を求めたい数値（真数）を指定します。0以下の数値は指定できません。

ポイント

• 戻り値は、次のような数式で計算された自然対数の値となります。ここで、「x」は［数値］を表します。

$$LN(x) = \log_e x$$

• 自然対数は、底の「e」を省略して「$\log x$」と表されることもあります。ただし、この形式では常用対数と混同しやすいので、「自然対数」（Natural Logarithm）という呼び名からの連想で「$\ln x$」と表されることもあります。LN関数の名前の由来は、この「$\ln x$」の形式によります。

エラーの意味

エラーの種類	原因	エラーとなる例
[#NUM!]	引数に 0 以下の値を指定した	=LN(-2)
[#VALUE!]	引数に数値とみなせない文字列を指定した	=LN("ABC")
	引数に複数の行と列からなるセル範囲を指定した	=LN(A1:B2)

3-13 対数関数の値を求める

関数の使用例　$\log_e x$ の値を求める

xにさまざまな値を指定したときの$\log_e x$の値を求めます。

=LN(A3)

セルA3に入力されている数値の自然対数を求める。

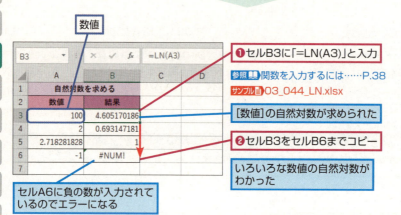

❶セルB3に「=LN(A3)」と入力

参照▶関数を入力するには……P.38
サンプル▶03_044_LN.xlsx

[数値]の自然対数が求められた

❷セルB3をセルB6までコピー

いろいろな数値の自然対数がわかった

セルA6に負の数が入力されているのでエラーになる

HINT セルA5に入力されている値

使用例で、セルB5の値が1になっているのは、セルA5に自然対数の底eの値が入力してあるからです。実際には、LN関数の逆関数であるEXP関数を利用して、「=EXP(1)」と入力しています。
参照▶EXP……P.186

HINT LN関数の逆関数

LN関数の逆関数は、指数関数のEXP関数です。
参照▶EXP……P.186

3-14 円周率πを求める

▶ PI 円周率πの近似値を求める

PI() （バイ）

▶関数の解説

円周率πの近似値を有効桁数15桁の精度で求めます。

▶引数の意味

引数は必要ありません。関数名に続けて()のみ入力します。

ポイント

・戻り値は、円周率πの近似値である「3.14159265358979」となります。

$$PI() = \pi = 3.14159265358979$$

・円周率πは、三角関数をはじめとするいろいろな計算に用いられます。「3.14159265……」という数値を数式内に直接指定することもできますが、PI関数を使えば、精度15桁の近似値を簡単に利用できるうえ、数式の表現もわかりやすくなります。

・PI関数に引数を指定するとエラーメッセージが表示されます。()のなかに引数が指定されていたら削除します。

エラーの意味

PI関数では、エラー値が返されることはありません。

関数の使用例　円周率πを求める

円周率πの近似値を求めます。

=PI()

円周率πの近似値を求める。

❶セルA3に「=PI()」と入力

参照 関数を入力するには……P.38
サンプル 03_045_PI.xlsx

円周率πの近似値が求められた

右サイドバー:
- 3-14 円周率πを求める
- 1 関数の基本知識
- 2 日付／時刻関数
- 3 数学／三角関数
- 4 論理関数
- 5 検索／行列関数
- 6 データベース関数
- 7 文字列操作関数
- 8 統計関数
- 9 財務関数
- 10 エンジニアリング関数
- 11 情報関数
- 12 キューブ関数
- 13 ウェブ関数
- 付録

193
できる

3-14 円周率πを求める

HINT 表示桁数を増やすには

使用例でPI関数が入力されているセルA3は、表示形式が［標準］に設定されているので、列幅が十分にあれば有効桁数10桁まで表示されます。さらに表示桁数を増やすには、セルの表示形式を［数値］に変更し、［小数点以下の桁数］を適宜増やします。ただし、Excelの関数で求められる数値の有効桁数は15桁なので、表示桁数を増やしても、頭から15桁を超えた分には「0」が表示されます。

HINT πを求めるほかの方法

度単位の角度をラジアン単位の角度に変換するRADIANS関数を利用して、「=RADIANS(180)」としても、πの近似値が得られます。
参照▶RADIANS……P.195

活用例　逆正接の値をπ単位で求める

ATAN関数を使って求めた逆正接の値（ラジアン単位）をPI関数で割ることにより、πの倍数（つまりπ単位）として求めます。得られた結果は、π単位であることがよくわかるように、分数形式で表示します（分数形式の表示についてはHINTを参照）。
参照▶ATAN……P.214

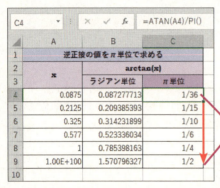

❶「=ATAN(A4)/PI()」と入力
❷セルC4をセルC9までコピー
逆正接の値がπ単位で求められた

HINT 分数形式で表示にするには

活用例では、結果を分数で表示するために、π単位の値が表示されているセルC4～C9の表示形式を［分数］に変更し、表示の種類を［3桁増加］に設定しています。ただし、分数形式で表示すると、比較的誤差が大きくなるので注意が必要です。

HINT π単位の表示について

逆三角関数（ASIN関数、ACOS関数、ATAN関数）を使って得られる結果はすべてラジアン単位となりますが、そのまま小数で表示するのではなく、π単位で表示するほうが理解しやすいこともあります。その場合は、活用例で示した方法を利用すると便利です。

参照▶ASIN……P.211
参照▶ACOS……P.212
参照▶ATAN……P.214

3-15 度とラジアンを変換する

RADIANS関数、DEGREES関数

角度を表す場合、一般には0〜360°(度単位)という表現法が使われますが、数学や工学の分野では0〜2π(ラジアン単位)という表現法が多用されます。この2つの単位を相互に変換するには、RADIANS関数とDEGREES関数を利用します。

度をラジアンに変換する　➡　RADIANS関数
ラジアンを度に変換する　➡　DEGREES関数

ちなみに、ラジアン単位の角度は以下に示す「弧度法」で定義されています。たとえば、全周を表す360°は6.2831853……(2π)ラジアン、直角を表す90°は1.57079632……(π/2)ラジアンなどとなります。

弧度法による角度の定義

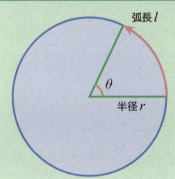

弧度法
半径rの円において、円周上に弧長lを持つ弧を取ったとき、その弧に対応する中心角θを次のように定義する

$$\theta = \frac{l}{r}$$

このとき、中心角θの単位は「ラジアン」で表す

RADIANS 度をラジアンに変換する

RADIANS(角度)

▶関数の解説

度単位の[角度]を、ラジアン単位に変換します。

▶引数の意味

角度………………ラジアン単位に変換したい度単位の角度を数値で指定します。

ポイント

- [角度](度単位)に「π/180」(1度あたりのラジアン値)を掛けることにより、ラジアン単位に変換した値が戻り値として返されます。
- 度単位の角度に「PI()/180」を掛けても同じ結果が得られますが、RADIANS関数を使ったほうが簡単で、数式の表現もわかりやすくなります。

参照 ▶ PI……P.193

3-15 度とラジアンを変換する

エラーの意味

エラーの種類	原因	エラーとなる例
[#VALUE!]	引数に数値とみなせない文字列を指定した	=RADIANS("ABC")
	引数に複数の行と列からなるセル範囲を指定した	=RADIANS(A1:B2)

関数の使用例　角度をラジアン単位に変換する

度単位の角度をラジアン単位に変換します。

=RADIANS(A3)

セルA3に入力されている度単位の角度をラジアン単位に変換する。

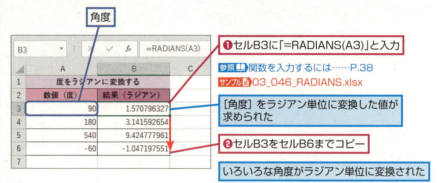

❶セルB3に「=RADIANS(A3)」と入力

参照 関数を入力するには……P.38
サンプル 03_046_RADIANS.xlsx

[角度]をラジアン単位に変換した値が求められた

❷セルB3をセルB6までコピー

いろいろな角度がラジアン単位に変換された

HINT RADIANS関数の利用法

三角関数のSIN関数、COS関数、およびTAN関数では、引数にラジアン単位の数値を指定する必要があります。そのため、度単位で表された角度について三角関数の値を求めたいときには、事前にRADIANS関数を使ってラジアンに変換します。

参照 SIN……P.199
参照 COS……P.201
参照 TAN……P.202

DEGREES　ラジアンを度に変換する

DEGREES(角度)

▶関数の解説

ラジアン単位の[角度]を、度単位に変換します。

▶引数の意味

角度……………………度単位に変換したいラジアン単位の角度を数値で指定します。

3-15 度とラジアンを変換する

> **ポイント**
> - ［角度］（ラジアン単位）に「180/π」（1ラジアンあたりの度）を掛けることにより、度単位に変換した値が戻り値として返されます。
> - ラジアン単位の角度に「180/PI()」を掛けても同じ結果が得られますが、DEGREES関数を使ったほうが簡単で、数式の表現もわかりやすくなります。　　参照▶PI……P.193

エラーの意味

エラーの種類	原因	エラーとなる例
[#VALUE!]	引数に数値とみなせない文字列を指定した	=DEGREES("ABC")
	引数に複数の行と列からなるセル範囲を指定した	=DEGREES(A1:B2)

関数の使用例　ラジアン単位の角度を度単位に変換する

ラジアン単位の角度を度単位に変換します。

=DEGREES(A3)

セルA3に入力されているラジアン単位の角度を度単位に変換する。

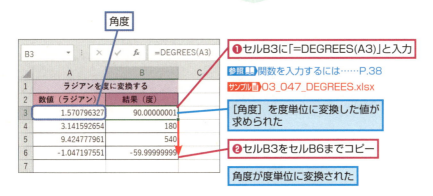

❶セルB3に「=DEGREES(A3)」と入力
参照▶関数を入力するには……P.38
サンプル 03_047_DEGREES.xlsx

［角度］を度単位に変換した値が求められた

❷セルB3をセルB6までコピー

角度が度単位に変換された

DEGREES関数の利用法

逆三角関数のASIN関数、ACOS関数、およびATAN関数では、得られる結果がラジアン単位の数値となります。そのため、結果を度単位で表したいときには、DEGREES関数を使って度に変換します。

参照▶ASIN……P.211
参照▶ACOS……P.212
参照▶ATAN……P.214

3-15

度とラジアンを変換する

活用例 　逆正接の値を度単位で求める

ATAN関数を使って求めた逆正接の値（ラジアン単位）を度単位で求めます。

参照📖ATAN……P.214

| C4 | ▼ | ✕ ✓ fx | =DEGREES(ATAN(A4)) |

▲	A	B	C	D
1	逆正接の値を度単位で求める			
2	x	arctan(x)		
3		ラジアン単位	度単位	
4	0.0875	0.087277713	5.00	
5	0.2125	0.209385393	12.00	
6	0.325	0.314231899	18.00	
7	0.577	0.523336034	29.98	
8	1	0.785398163	45.00	
9	1.00E+100	1.570796327	90.00	
10				

❶「=DEGREES(ATAN(A4))」と入力

❷セルC4をセルC9までコピー

逆正接の値が度単位で求められた

HINT 小数点以下の桁数を変えるには

活用例では、小数点以下の表示桁数を2に設定して結果を表示しています。このような設定にするためには、結果のセル範囲（セルC4～C9）を選択してから、［ホーム］タブの［数値］グループにある［小数点以下の表示桁数を減らす］ボタン（.00→.0）を、小数点以下の表示が2桁になるまで何度かクリックします。

関数の基本知識　**1**

日付／時刻関数　**2**

数学／三角関数　**3**

論理関数　**4**

検索／行列関数　**5**

データベース関数　**6**

文字列操作関数　**7**

統計関数　**8**

財務関数　**9**

エンジニアリング関数　**10**

情報関数　**11**

キューブ関数　**12**

ウェブ関数　**13**

付　録

198
できる

3-16 三角関数の値を求める

SIN 正弦を求める

サイン
SIN(数値)

▶関数の解説
ラジアン単位の［数値］に対する正弦（サイン）を求めます。

▶引数の意味
数値‥‥‥‥‥‥‥‥‥ 正弦を求めたい角度をラジアン単位で指定します。

ポイント

- 戻り値は、次のような数式で計算された正弦の値となります。ここで、「θ（シータ）」は引数の［数値］を表します。θの単位はラジアンです。

$$\mathrm{SIN}(\theta) = \sin\theta$$

- 得られる正弦の値は、-1 ～ +1の範囲内となります。
- SIN関数は2πの周期性を持っているので、［数値］が2π（6.28318530……）変化するごとに、くり返し同じ結果を返します。
- 度単位で角度を指定したい場合は、あらかじめ「PI()/180」を掛けるか、またはRADIANS関数を使って、ラジアン単位に変換しておく必要があります。

参照 PI……P.193
参照 RADIANS……P.195

エラーの意味

エラーの種類	原因	エラーとなる例
[#NUM!]	引数に 134217728 以上、または -134217728 以下の値を指定した	=SIN(134217728)
[#VALUE!]	引数に数値とみなせない文字列を指定した	=SIN("ABC")
	引数に複数の行と列からなるセル範囲を指定した	=SIN(A1:B2)

3-16 三角関数の値を求める

1 関数の基本知識
2 日付／時刻関数
3 数学／三角関数
4 論理関数
5 検索／行列関数
6 データベース関数
7 文字列操作関数
8 統計関数
9 財務関数
10 エンジニアリング関数
11 情報関数
12 キューブ関数
13 ウェブ関数
付録

3-16 三角関数の値を求める

関数の使用例　正弦を求める

-3.75 〜 3.75ラジアンの角度に対する正弦を求めます。

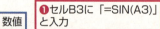

セルA3に入力されている角度に対する正弦を求める。

❶セルB3に「=SIN(A3)」と入力

参照▶関数を入力するには……P.38
サンプル▶03_048_SIN.xlsx

角度に対する正弦が求められた

数値

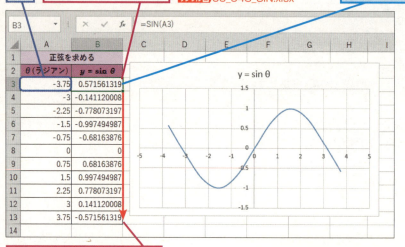

❷セルB3をセルB13までコピー

いろいろな角度に対する正弦がわかった

HINT SIN関数の逆関数

正弦の値に対する角度（逆正弦）を求めるには、SIN関数の逆関数であるASIN関数を使います。　　　参照▶ASIN……P.211

HINT SIN関数の結果をグラフで表示するには

関数で求めた結果をなめらかなグラフで表示するには、描画対象のセル範囲を選択したあと、［挿入］タブの［グラフ］グループにある［散布図（X,Y）またはバブルチャートの挿入］ボタンをクリックし、［散布図（平滑線）］または［散布図（平滑線とマーカー）］を選択します。「平滑線」が含まれる項目を選択すると「スムージング」機能が働き、実際のデータが存在しない区間が自動的に「補完」されるので、グラフをなめらかな曲線で描画できます。

COS 余弦を求める

COS(数値)
コサイン

▶関数の解説

ラジアン単位の［数値］に対する余弦（コサイン）を求めます。

▶引数の意味

数値·························· 余弦を求めたい角度をラジアン単位で指定します。

ポイント

• 戻り値は、次のような数式で計算された余弦の値となります。ここで、「θ（シータ）」は引数の［数値］を表します。θの単位はラジアンです。

参照 ▣ PI······P.193
参照 ▣ RADIANS······P.195

$$COS(\theta) = \cos\theta$$

• 得られる余弦の値は、-1 ～ +1の範囲内となります。

• COS関数は2πの周期性を持っているので、［数値］が2π（6.28318530……）変化するごとに、くり返し同じ結果を返します。

• 度単位で角度を指定したい場合は、あらかじめ「PI()/180」を掛けるか、またはRADIANS関数を使って、ラジアン単位に変換しておく必要があります。

エラーの意味

エラーの種類	原因	エラーとなる例
[#NUM!]	引数に 134217728 以上、または -134217728 以下の値を指定した	=COS(134217728)
[#VALUE!]	引数に数値とみなせない文字列を指定した	=COS("ABC")
	引数に複数の行と列からなるセル範囲を指定した	=COS(A1:B2)

関数の使用例 　余弦を求める

-3.75 ～ 3.75ラジアンの角度に対する余弦を求めます。

=COS(A3)

セルA3に入力されている角度に対する余弦を求める。

3-16

三角関数の値を求める

1 関数の基本知識

2 日付／時刻関数

3 数学／三角関数

4 論理関数

5 検索／行列関数

6 データベース関数

7 文字列操作関数

8 統計関数

9 財務関数

10 エンジニアリング関数

11 情報関数

12 キューブ関数

13 ウェブ関数

付 録

201
できる

3-16 三角関数の値を求める

❶セルB3に「=COS(A3)」と入力

参照▶関数を入力するには……P.38
サンプル▶03_049_COS.xlsx

角度に対する余弦が求められた

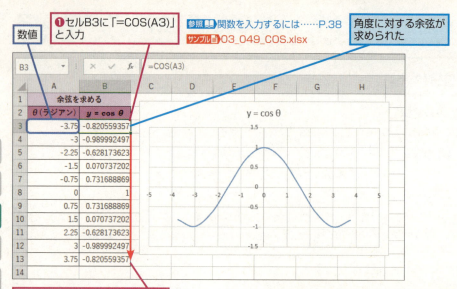

❷セルB3をセルB13までコピー

いろいろな角度に対する余弦がわかった

> **HINT COS関数の逆関数**
> 余弦の値に対する角度（逆余弦）を求めるには、COS関数の逆関数であるACOS関数を使います。　参照▶ACOS……P.212

▶ TAN 正接を求める

タンジェント
TAN(数値)

▶関数の解説

ラジアン単位の［数値］に対する正接（タンジェント）を求めます。

▶引数の意味

数値……………………… 正接を求めたい角度をラジアン単位で指定します。

ポイント

・戻り値は、次のような数式で計算された正接の値となります。ここで、「θ（シータ）」は引数の［数値］を表します。θの単位はラジアンです。

$$\mathrm{TAN}(\theta) = \tan \theta$$

・得られる正接の値は、理論上は－∞〜＋∞（∞は無限大を表す）の範囲内となりますが、Excelでは表現可能な最小値〜最大値の範囲内となります。

・TAN関数はπの周期性を持っているので、［数値］がπ（3.14159265……）変化するごとに、くり返し同じ結果を返します。

・度単位で角度を指定したい場合は、あらかじめ「PI()/180」を掛けるか、またはRADIANS関数を使って、ラジアン単位に変換しておく必要があります。

参照▶PI……P.193
参照▶RADIANS……P.195

エラーの意味

エラーの種類	原因	エラーとなる例
[#NUM!]	引数に 134217728 以上、または -134217728 以下の値を指定した	=TAN(134217728)
[#VALUE!]	引数に数値とみなせない文字列を指定した	=TAN("ABC")
	引数に複数の行と列からなるセル範囲を指定した	=TAN(A1:B2)

関数の使用例 **正接を求める**

-1.5 〜 1.5ラジアンの角度に対する正接を求めます。

=TAN(A3)

セルA3に入力されている角度に対する正接を求める。

数値

❶セルB3に「=TAN(A3)」と入力

参照 関数を入力するには……P.38
サンプル 03_050_TAN.xlsx

角度に対する正接が求められた

	A	B
1	正接を求める	
2	θ（ラジアン）	tan θ
3	-1.5	-14.10141995
4	-1.45	-8.238092753
5	-1.4	-5.797883715
6	-1.35	-4.45522176
7	-1.3	-3.602102448
8	-1.25	-3.009569674
9	-1.2	-2.572151622
10	-0.8	-1.029638557
11	0	0
12	0.8	1.029638557
13	1.2	2.572151622
14	1.25	3.009569674
15	1.3	3.602102448
16	1.35	4.45522176
17	1.4	5.797883715
18	1.45	8.238092753
19	1.5	14.10141995
20		

B3　=TAN(A3)

tan θ

❷セルB3をセルB19までコピー

いろいろな角度に対する正接がわかった

HINT TAN関数の逆関数

正接の値に対する角度（逆正接）を求めるには、TAN関数の逆関数であるATAN関数を使います。　参照 ATAN……P.214

3-16 三角関数の値を求める

1 関数の基本知識
2 日付／時刻関数
3 数学／三角関数
4 論理関数
5 検索／行列関数
6 データベース関数
7 文字列操作関数
8 統計関数
9 財務関数
10 エンジニアリング関数
11 情報関数
12 キューブ関数
13 ウェブ関数
付録

3-16

三角関数の値を求める

CSC 余割を求める

コセカント
CSC(数値)

▶関数の解説

ラジアン単位の［数値］に対する余割（コセカント）を求めます。余割は、同じ角度に対する正弦（サイン）の値の逆数となります。

▶引数の意味

数値………………… 余割を求めたい角度をラジアン単位で指定します。

ポイント

- この関数はExcel 2013で新たに追加されたものです。Excel 2010以前では使えません。

- 戻り値は、次のような数式で計算された余割の値となります。ここで、「θ（シータ）」は引数の［数値］を表します。θの単位はラジアンです。

$$\mathrm{CSC}(\theta) = \csc\theta = \frac{1}{\sin\theta}$$

- 得られる余割の値は、理論上は$-\infty \sim -1$、$1 \sim +\infty$（∞は無限大を表す）の範囲内となりますが、Excelでは表現可能な最小値~ -1、$1 \sim$最大値の範囲内となります。

- CSC関数は2πの周期性を持っているので、［数値］が2π（6.28318530……）変化するごとに、くり返し同じ結果を返します。

- 度単位で角度を指定したい場合は、あらかじめ「PI()/180」を掛けるか、またはRADIANS関数を使って、ラジアン単位に変換しておく必要があります。

参照 PI……P.193
参照 RADIANS……P.195

エラーの意味

エラーの種類	原因	エラーとなる例
[#DIV/0!]	引数に 0 を指定した	=CSC(0)
[#NUM!]	引数に 134217728 以上、または -134217728 以下の値を指定した	=CSC(134217728)
[#VALUE!]	引数に数値とみなせない文字列を指定した	=CSC("ABC")
	引数に複数の行と列からなるセル範囲を指定した	=CSC(A1:B2)

関数の使用例　余割を求める

-3 ～ 3ラジアンの角度に対する余割を求めます。

=CSC(A3)

セルA3に入力されている角度に対する余割を求める。

関数の基本知識 **1**
日付／時刻関数 **2**
数学／三角関数 **3**
論理関数 **4**
検索／行列関数 **5**
データベース関数 **6**
文字列操作関数 **7**
統計関数 **8**
財務関数 **9**
エンジニアリング関数 **10**
情報関数 **11**
キューブ関数 **12**
ウェブ関数 **13**
付 録

3-16 三角関数の値を求める

❶セルB3に「=CSC(A3)」と入力

数値

参照▶関数を入力するには……P.38
サンプル▶03_051_CSC.xlsx

角度に対する余割が求められた

	A	B
1	余割を求める	
2	θ（ラジアン）	y = csc θ
3	-3	-7.086167396
4	-2.57	-1.848523755
5	-2.14	-1.187182562
6	-1.71	-1.009767681
7	-1.29	-1.040761352
8	-0.86	-1.319535282
9	-0.43	-2.398824754
10	0	#DIV/0!
11	0.43	2.398824754
12	0.86	1.319535282
13	1.29	1.040761352
14	1.71	1.009767681
15	2.14	1.187182562
16	2.57	1.848523755
17	3	7.086167396

セルA10に0が入力されているのでエラーになる

❷セルB3をセルB17までコピー

いろいろな角度に対する余割がわかった

HINT CSC関数の結果をグラフで表示するには

関数で求めた結果をなめらかなグラフで表示するには、描画対象のセル範囲を選択したあと、［挿入］タブの［グラフ］グループにある［散布図（X,Y）またはバブルチャートの挿入］ボタンをクリックし、［散布図（平滑線）］または［散布図（平滑線とマーカー）］を選択します。「平滑線」が含まれる項目を選択すると「スムージング」機能が働き、実際のデータが存在しない区間が自動的に「補完」されるので、グラフをなめらかな曲線で描画できます。

HINT 関数の戻り値がエラーになったときは

グラフの［スムージング］が設定されている場合、使用例のセルB10のように、グラフを描画するもととなるデータにエラーがあるとグラフが正しく描画できません。スムージングの機能により、エラー部分の前後にあるデータが無意味に補完されてしまうからです。

そんな場合は、エラーとなっているセル内の数式を削除するといいでしょう。エラー部分にはグラフが描かれなくなりますが、無意味な補完がされなくなるので、全体としてはより本来の形状に近いグラフが描画できます。

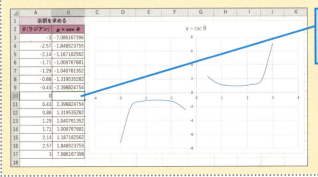

エラーになっている数式を削除すると、より正確なグラフが描画できる

- 1 関数の基本知識
- 2 日付／時刻関数
- 3 数学／三角関数
- 4 論理関数
- 5 検索／行列関数
- 6 データベース関数
- 7 文字列操作関数
- 8 統計関数
- 9 財務関数
- 10 エンジニアリング関数
- 11 情報関数
- 12 キューブ関数
- 13 ウェブ関数
- 付録

3-16

三角関数の値を求める

SEC 正割を求める

SEC(数値)
（セカント）

▶関数の解説

ラジアン単位の［数値］に対する正割（セカント）を求めます。正割は、同じ角度に対する余弦（コサイン）の値の逆数となります。

▶引数の意味

数値‥‥‥‥‥‥‥‥‥‥ 正割を求めたい角度をラジアン単位で指定します。

ポイント

- この関数はExcel 2013で新たに追加されたものです。Excel 2010以前では使えません。
- 戻り値は、次のような数式で計算された正割の値となります。ここで、「θ（シータ）」は引数の［数値］を表します。θの単位はラジアンです。

$$\text{SEC}(\theta) = \sec(\theta) = \frac{1}{\cos\theta}$$

- 得られる余割の値は、理論上は$-\infty \sim -1$、$1 \sim +\infty$（∞は無限大を表す）の範囲内となりますが、Excelでは表現可能な最小値~ -1、$1 \sim$最大値の範囲内となります。
- SEC関数は2πの周期性を持っているので、［数値］が2π（6.28318530‥‥‥）変化するごとに、くり返し同じ結果を返します。
- 度単位で角度を指定したい場合は、あらかじめ「PI()/180」を掛けるか、またはRADIANS関数を使って、ラジアン単位に変換しておく必要があります。　　参照📖PI‥‥‥P.193
　　参照📖RADIANS‥‥‥P.195

エラーの意味

エラーの種類	原因	エラーとなる例
[#NUM!]	引数に 134217728 以上、または -134217728 以下の値を指定した	=SEC(134217728)
[#VALUE!]	引数に数値とみなせない文字列を指定した	=SEC("ABC")
	引数に複数の行と列からなるセル範囲を指定した	=SEC(A1:B2)

関数の使用例　　正割を求める

-1.5 ～ 1.5ラジアンの角度に対する正割を求めます。

=SEC(A3)

セルA3に入力されている角度に対する正割を求める。

左メニュー項目:
- 関数の基本知識 1
- 日付／時刻関数 2
- 数学／三角関数 3
- 論理関数 4
- 検索／行列関数 5
- データベース関数 6
- 文字列操作関数 7
- 統計関数 8
- 財務関数 9
- エンジニアリング関数 10
- 情報関数 11
- キューブ関数 12
- ウェブ関数 13
- 付録

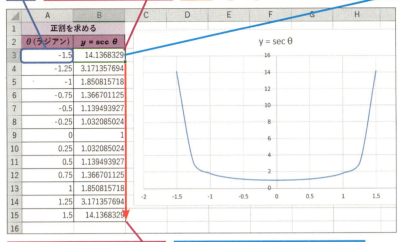

❶セルB3に「=SEC(A3)」と入力
❷セルB3をセルB15までコピー
角度に対する正割が求められた
いろいろな角度に対する正割がわかった

HINT SEC関数の結果をグラフで表示するには

関数で求めた結果をなめらかなグラフで表示するには、描画対象のセル範囲を選択したあと、[挿入] タブの [グラフ] グループにある [散布図（X,Y）またはバブルチャートの挿入] ボタンをクリックし、[散布図（平滑線）] または [散布図（平滑線とマーカー）] を選択します。「平滑線」が含まれる項目を選択すると「スムージング」機能が働き、実際のデータが存在しない区間が自動的に「補完」されるので、グラフをなめらかな曲線で描画できます。

COT 余接を求める

コタンジェント
COT(数値)

▶関数の解説

ラジアン単位の [数値] に対する余接（コタンジェント）を求めます。余接は、同じ角度に対する正弦（タンジェント）の値の逆数となります。

▶引数の意味

数値……………………… 余接を求めたい角度をラジアン単位で指定します。

ポイント

- この関数はExcel 2013で新たに追加されたものです。Excel 2010以前では使えません。
- 戻り値は、次のような数式で計算された余接の値となります。ここで、「θ（シータ）」は引数の [数値] を表します。θの単位はラジアンです。

$$\mathrm{COT}(\theta) = \cot \theta$$

- 得られる余接の値は、理論上は $-\infty$〜$+\infty$（∞は無限大を表す）の範囲内となりますが、Excelでは表現可能な最小値〜最大値の範囲内となります。

3-16 三角関数の値を求める

- COT関数はπの周期性を持っているので、[数値] がπ（3.14159265……）変化するごとに、くり返し同じ結果を返します。
- 度単位で角度を指定したい場合は、あらかじめ「PI()/180」を掛けるか、またはRADIANS関数を使って、ラジアン単位に変換しておく必要があります。

参照▶ PI……P.193
参照▶ RADIANS……P.195

エラーの意味

エラーの種類	原因	エラーとなる例
[#DIV/0!]	引数に 0 を指定した	=COT(0)
[#NUM!]	引数に 134217728 以上、または -134217728 以下の値を指定した	=COT(134217728)
[#VALUE!]	引数に数値とみなせない文字列を指定した	=COT("ABC")
	引数に複数の行と列からなるセル範囲を指定した	=COT(A1:B2)

関数の使用例　余接を求める

-3 〜 3ラジアンの角度に対する余接を求めます。

=COT(A3)

セルA3に入力されている角度に対する余接を求める。

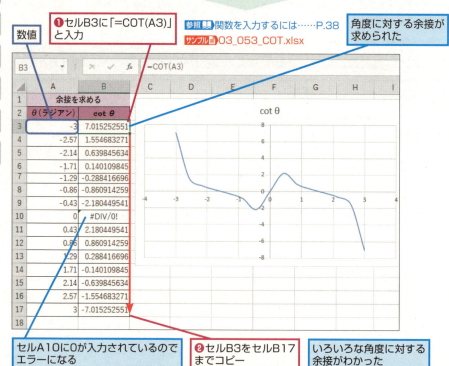

❶セルB3に「=COT(A3)」と入力

参照▶ 関数を入力するには……P.38
サンプル▶ 03_053_COT.xlsx

角度に対する余接が求められた

セルA10に0が入力されているのでエラーになる

❷セルB3をセルB17までコピー

いろいろな角度に対する余接がわかった

COT関数の逆関数

余接の値に対する角度（逆余接）を求めるには、COT関数の逆関数であるACOT関数を使います。

参照▶ACOT……P.216

COT関数の結果をグラフで表示するには

関数で求めた結果をなめらかなグラフで表示するには、描画対象のセル範囲を選択したあと、［挿入］タブの［グラフ］グループにある［散布図（X,Y）またはバブルチャートの挿入］ボタンをクリックし、［散布図（平滑線）］または［散布図（平滑線とマーカー）］を選択します。「平滑線」が含まれる項目を選択すると「スムージング」機能が働き、実際のデータが存在しない区間が自動的に「補完」されるので、グラフをなめらかな曲線で描画できます。

関数の戻り値がエラーになったときは

グラフの［スムージング］が設定されている場合、使用例のセルB10のように、グラフを描画するもととなるデータにエラーがあるとグラフが正しく描画できません。スムージングの機能により、エラー部分の前後にあるデータが無意味に補完されてしまうからです。

そんな場合は、エラーとなっているセル内の数式を削除するといいでしょう。エラー部分にはグラフが描かれなくなりますが、無意味な補完がされなくなるので、全体としてはより本来の形状に近いグラフが描画できます。

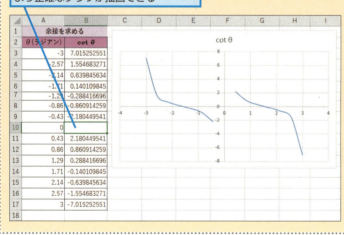

エラーになっている数式を削除すると、より正確なグラフが描画できる

3-17 逆三角関数の値を求める

ASIN関数、ACOS関数、ATAN関数、ACOT関数、ATAN2関数

SIN関数、COS関数、TAN関数、COT関数では、引数に角度を指定することにより、それぞれ正弦、余弦、正接、余接の値が得られます。これとは逆に、正弦、余弦、正接、余接の値から、そのもととなったそれぞれの角度（逆正弦、逆余弦、逆正接、逆余接）を得るには、ASIN関数、ACOS関数、ATAN関数、ACOT関数を利用します。さらに、あるx-y座標に対する逆正接を直接求めることもでき、それにはATAN2関数を利用します。

逆正弦を求める	➡	ASIN関数
逆余弦を求める	➡	ACOS関数
逆正接を求める	➡	ATAN関数
逆余接を求める	➡	ACOT関数
x-y座標から逆正接を求める	➡	ATAN2関数

三角関数と逆三角関数の関係

角度 θ（逆正弦） ─ $x = \mathrm{SIN}(\theta)$ → 正弦 x
角度 θ（逆正弦） ← $\theta = \mathrm{ASIN}(x)$ ─ 正弦 x

角度 θ（逆余弦） ─ $x = \mathrm{COS}(\theta)$ → 余弦 x
角度 θ（逆余弦） ← $\theta = \mathrm{ACOS}(x)$ ─ 余弦 x

角度 θ（逆正接） ─ $x = \mathrm{TAN}(\theta)$ → 正接 x
角度 θ（逆正接） ← $\theta = \mathrm{ATAN}(x)$ ─ 正接 x

角度 θ（逆余接） ─ $x = \mathrm{COT}(\theta)$ → 余接 x
角度 θ（逆余接） ← $\theta = \mathrm{ACOT}(x)$ ─ 余接 x

参照 SIN……P.199　参照 COS……P.201　参照 TAN……P.202　参照 COT……P.207

ASIN 逆正弦を求める

ASIN(数値)
アークサイン

▶ 関数の解説

正弦の［数値］に対する逆正弦（アークサイン）をラジアン単位で求めます。

▶ 引数の意味

数値 ……………………… 逆正弦を求めたい数値を指定します。指定する数値は-1 ～ 1の範囲内でなければなりません。

ポイント

・戻り値は、次のような数式で計算された逆正弦の値となります。ここで、「x」は引数の［数値］を表します。

$$\mathrm{ASIN}(x) = \sin^{-1}x = \arcsin x$$

・得られる逆正弦の値はラジアン単位の角度で、$-\pi/2$（-1.57079632……）～ $\pi/2$（1.57079632……）の範囲内となります。

・得られた値を度単位の角度として扱いたい場合は、結果に「180/PI()」を掛けるか、またはDEGREES関数を使って度単位に変換します。

参照 PI ……P.193
参照 DEGREES ……P.196

エラーの意味

エラーの種類	原因	エラーとなる例
[#NUM!]	引数に -1 ～ 1の範囲を超える値を指定した	=ASIN(1.2)
[#VALUE!]	引数に数値とみなせない文字列を指定した	=ASIN("ABC")
	引数に複数の行と列からなるセル範囲を指定した	=ASIN(A1:B2)

関数の使用例　逆正弦を求める

-1 ～ 1の数値（正弦）に対する角度（逆正弦）を求めます。

=ASIN(A3)

セルA3に入力されている正弦の数値に対する逆正弦を求める。

3-17

逆三角関数の値を求める

1 関数の基本知識
2 日付／時刻関数
3 数学／三角関数
4 論理関数
5 検索／行列関数
6 データベース関数
7 文字列操作関数
8 統計関数
9 財務関数
10 エンジニアリング関数
11 情報関数
12 キューブ関数
13 ウェブ関数
付録

211

3-17 逆三角関数の値を求める

❶セルB3に「=ASIN(A3)」と入力

参照▶関数を入力するには……P.38
サンプル▶03_054_ASIN.xlsx

正弦に対する逆正弦が求められた

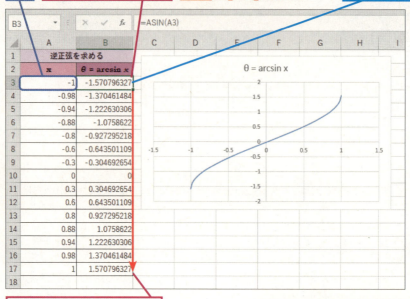

❷セルB3をセルB17までコピー

いろいろな数値に対する逆正弦がわかった

HINT ASIN関数の逆関数

角度に対する正弦の値を求めるには、ASIN関数の逆関数であるSIN関数を使います。

参照▶SIN……P.199

HINT ASIN関数の結果をグラフで表示するには

関数で求めた結果をなめらかなグラフで表示するには、描画対象のセル範囲を選択したあと、[挿入] タブの [グラフ] グループにある [散布図（X,Y）またはバブルチャートの挿入] ボタンをクリックし、[散布図 (平滑線)] または [散布図 (平滑線とマーカー)] を選択します。「平滑線」が含まれる項目を選択すると「スムージング」機能が働き、実際のデータが存在しない区間が自動的に「補完」されるので、グラフをなめらかな曲線で描画できます。

ACOS 逆余弦を求める

ACOS(数値)
アークコサイン

▶関数の解説

余弦の [数値] に対する逆余弦（アークコサイン）をラジアン単位で求めます。

▶引数の意味

数値……………………逆余弦を求めたい数値を指定します。指定する数値は-1～1の範囲内でなければなりません。

ポイント

・戻り値は、次のような数式で計算された逆余弦の値となります。ここで、「x」は引数の [数値] を表します。

3-17 逆三角関数の値を求める

$$\mathrm{ACOS}(x) = \cos^{-1} x = \arccos x$$

- 得られる逆余弦の値はラジアン単位の角度で、0〜π（3.14159265……）の範囲内となります。
- 得られた値を度単位の角度として扱いたい場合は、結果に「180/PI()」を掛けるか、またはDEGREES関数を使って度単位に変換します。

参照▶PI……P.193
参照▶DEGREES……P.196

エラーの意味

エラーの種類	原因	エラーとなる例
[#NUM!]	引数に -1 〜 1 の範囲を超える値を指定した	=ACOS(1.2)
[#VALUE!]	引数に数値とみなせない文字列を指定した	=ACOS("ABC")
	引数に複数の行と列からなるセル範囲を指定した	=ACOS(A1:B2)

関数の使用例　逆余弦を求める

-1 〜 1の数値（余弦）に対する角度（逆余弦）を求めます。

=ACOS(A3)
セルA3に入力されている余弦に対する逆余弦を求める。

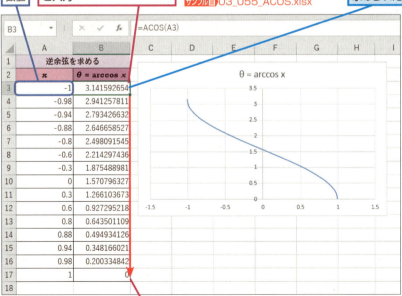

❶セルB3に「=ACOS(A3)」と入力
参照▶関数を入力するには……P.38
サンプル▶03_055_ACOS.xlsx
余弦に対する逆余弦が求められた

❷セルB3をセルB17までコピー

いろいろな数値に対する逆余弦がわかった

3-17 逆三角関数の値を求める

HINT ACOS関数の逆関数

角度に対する余弦の値を求めるには、ACOS関数の逆関数であるCOS関数を使います。

参照▶COS……P.201

HINT ACOS関数の結果をグラフで表示するには

関数で求めた結果をなめらかなグラフで表示するには、描画対象のセル範囲を選択したあと、[挿入] タブの [グラフ] グループにある [散布図（X,Y）またはバブルチャートの挿入] ボタンをクリックし、[散布図（平滑線）] または [散布図（平滑線とマーカー）] を選択します。「平滑線」が含まれる項目を選択すると「スムージング」機能が働き、実際のデータが存在しない区間が自動的に「補完」されるので、グラフをなめらかな曲線で描画できます。

ATAN 逆正接を求める

ATAN(数値)
（アークタンジェント）

▶関数の解説

正接の [数値] に対する逆正接（アークタンジェント）をラジアン単位で求めます。

▶引数の意味

数値……………………逆正接を求めたい数値を指定します。

ポイント

- 戻り値は、次のような数式で計算された逆正接の値となります。ここで、「x」は引数の [数値] を表します。

$$\mathrm{ATAN}(x) = \tan^{-1} x = \arctan x$$

- 得られる逆正接の値はラジアン単位の角度で、$-\pi/2$（-1.57079632……）〜 $\pi/2$（1.57079632……）の範囲内となります。

- 得られた値を度単位の角度として扱いたい場合は、結果に「180/PI()」を掛けるか、またはDEGREES関数を使って度単位に変換します。

参照▶PI……P.193
参照▶DEGREES……P.196

エラーの意味

エラーの種類	原因	エラーとなる例
[#VALUE!]	引数に数値とみなせない文字列を指定した	=ATAN("ABC")
	引数に複数の行と列からなるセル範囲を指定した	=ATAN(A1:B2)

3-17 逆三角関数の値を求める

関数の使用例　逆正接を求める

-15〜15の数値（正接）に対する角度（逆正接）を求めます。

=ATAN(A3)

セルA3に入力されている正接に対する逆正接を求める。

❶セルB3に「=ATAN(A3)」と入力

数値

参照▶関数を入力するには……P.38
サンプル▶03_056_ATAN.xlsx

正接に対する逆正接が求められた

	A	B
1	逆正接を求める	
2	x	θ = arctan x
3	-15	-1.504228163
4	-9	-1.460139106
5	-5.5	-1.390942827
6	-3.4	-1.284744885
7	-2.2	-1.144168834
8	-1.2	-0.876058051
9	-0.6	-0.5404195
10	0	0
11	0.6	0.5404195
12	1.2	0.876058051
13	2.2	1.144168834
14	3.4	1.284744885
15	5.5	1.390942827
16	9	1.460139106
17	15	1.504228163

❷セルB3をセルB17までコピー

いろいろな数値に対する逆正接がわかった

ATAN関数の逆関数

角度に対する正接の値を求めるには、ATAN関数の逆関数であるTAN関数を使います。

参照▶TAN……P.202

ATAN関数の結果をグラフで表示するには

関数で求めた結果をなめらかなグラフで表示するには、描画対象のセル範囲を選択したあと、[挿入]タブの[グラフ]グループにある[散布図（X,Y）またはバブルチャートの挿入]ボタンをクリックし、[散布図（平滑線）]または[散布図（平滑線とマーカー）]を選択します。「平滑線」が含まれる項目を選択すると「スムージング」機能が働き、実際のデータが存在しない区間が自動的に「補完」されるので、グラフをなめらかな曲線で描画できます。

3-17

逆三角関数の値を求める

ACOT 逆余接を求める

アークコタンジェント
ACOT(数値)

▶**関数の解説**

余接の［数値］に対する逆余接（アークコタンジェント）をラジアン単位で求めます。

▶**引数の意味**

数値……………………… 逆余接を求めたい数値を指定します。

ポイント

・戻り値は、次のような数式で計算された逆余接の値となります。ここで、「x」は引数の［数値］を表します。

$$\mathrm{ATAN}(x) = \tan^{-1} x = \arctan x$$

・得られる逆余接の値はラジアン単位の角度で、$0 \sim \pi$（3.14159265……）の範囲内となります。

・得られた値を度単位の角度として扱いたい場合は、結果に「180/PI()」を掛けるか、または DEGREES関数を使って度単位に変換します。

参照 PI……P.193
参照 DEGREES……P.196

エラーの意味

エラーの種類	原因	エラーとなる例
[#VALUE!]	引数に数値とみなせない文字列を指定した	=ATAN("ABC")
	引数に複数の行と列からなるセル範囲を指定した	=ATAN(A1:B2)

関数の使用例　逆余接を求める

-15 〜 15の数値（余接）に対する角度（逆余接）を求めます。

=ACOT(A3)

セルA3に入力されている余接に対する逆余接を求める。

関数の基本知識 1
日付／時刻関数 2
数学／三角関数 3
論理関数 4
検索／行列関数 5
データベース関数 6
文字列操作関数 7
統計関数 8
財務関数 9
エンジニアリング関数 10
情報関数 11
キューブ関数 12
ウェブ関数 13
付録

216
できる

3-17 逆三角関数の値を求める

❶セルB3に「=ACOT(A3)」と入力

数値

参照▶関数を入力するには……P.38
サンプル▶03_057_ACOT.xlsx

余接に対する逆余接が求められた

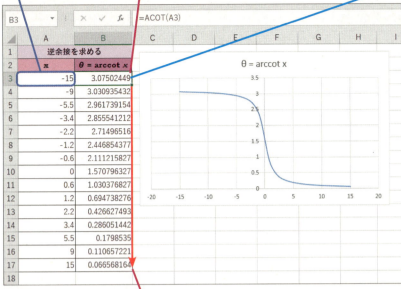

❷セルB3をセルB17までコピー

いろいろな数値に対する逆余接がわかった

HINT ACOT関数の逆関数

角度に対する余接の値を求めるには、ACOT関数の逆関数であるCOT関数を使います。

参照▶COT……P.207

HINT ACOT関数の結果をグラフで表示するには

関数で求めた結果をなめらかなグラフで表示するには、描画対象のセル範囲を選択したあと、［挿入］タブの［グラフ］グループにある［散布図（X,Y）またはバブルチャートの挿入］ボタンをクリックし、［散布図（平滑線）］または［散布図（平滑線とマーカー）］を選択します。「平滑線」が含まれる項目を選択すると「スムージング」機能が働き、実際のデータが存在しない区間が自動的に「補完」されるので、グラフをなめらかな曲線で描画できます。

ATAN2 x-y座標から逆正接を求める

アークタンジェント・ツー
ATAN2(x座標, y座標)

▶関数の解説

［X座標］と［Y座標］の組で指定した $x-y$ 座標に対する逆正接（アークタンジェント）をラジアン単位で求めます。

▶引数の意味

x座標………………逆正接を求めたい座標のx座標値を指定します。

y座標………………逆正接を求めたい座標のy座標値を指定します。

3-17 逆三角関数の値を求める

> **ポイント**
> - 戻り値は、次のような数式で計算された逆正接の値となります。ここで、「x」は［x座標］、「y」は［y座標］を表します。

$$\text{ATAN2}(x, y) = \tan^{-1}\frac{y}{x} = \arctan\frac{y}{x} = \theta$$

- 得られる逆正接の値は、以下の図に示すように、指定した$x-y$座標と原点Oとを通る直線が、x軸との間で成す角θを表すことになります。

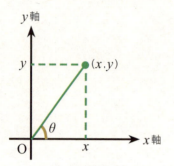

- 得られる逆正接の値はラジアン単位の角度で、$-\pi$（-3.14159265……）～π（3.14159265……）の範囲内となります。
- 得られた値を度単位の角度として扱いたい場合は、結果に「180/PI()」を掛けるか、またはDEGREES関数を使って度単位に変換します。

参照 ▶ PI……P.193
参照 ▶ DEGREES……P.196

エラーの意味

エラーの種類	原因	エラーとなる例
[#DIV/0!]	［x座標］と［y座標］の両方に0を指定した	=ATAN2(0,0)
[#VALUE!]	引数に数値とみなせない文字列を指定した	=ATAN2("ABC",2)
	引数に複数の行と列からなるセル範囲を指定した	=ATAN2(A1:B2,2)

関数の使用例　x-y座標の逆正接を求める

指定したx-y座標の逆正接を求めます。

=ATAN2(A3,B3)

セルA3とセルB3に入力されているx-y座標の組に対する逆正接を求める。

3-17 逆三角関数の値を求める

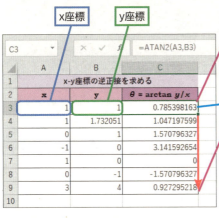

❶ セルC3に「=ATAN2(A3,B3)」と入力

参照▶関数を入力するには……P.38
サンプル▶03_058_ATAN2.xlsx

x-y座標に対する逆正接が求められた

❷ セルC3をセルC9までコピー

いろいろなx-y座標に対する逆正接がわかった

HINT ATAN関数との違い

ATAN2関数の戻り値は「arctan y/x」という数式の結果になるので、「=ATAN2(x, y)」の代わりに「=ATAN(y/x)」としても同じ結果が得られます。ただし、xの値が「0」の場合は、「=ATAN(y, 0)」と入力すると［#DIV/0!］が表示されてしまいますが、「=ATAN2(0, y)」と入力すれば正しい結果が得られます。
また、ATAN2関数では、得られる値の範囲が-π〜πであるのに対し、ATAN関数では-π/2〜π/2となります。　参照▶ATAN……P.214

HINT 逆正接を度単位で求めるには

使用例のD列にDEGREES関数を入力すれば、逆正接の値を度単位に変換して表示できます。

❶「=DEGREES(C3)」と入力
❷ セルD3をセルD9までコピー

ラジアン単位の逆正接の値が度単位に変換された

	A	B	C	D
1			x-y座標の逆正接を求める	
2	x	y	θ = arctan y/x	θ(度単位)
3	1	1	0.785398163	45
4	1	1.732051	1.047197599	60.00000276
5	0	1	1.570796327	90
6	-1	0	3.141592654	180
7	1	0	0	0
8	0	-1	-1.570796327	-90
9	3	4	0.927295218	53.13010235

- 1 関数の基本知識
- 2 日付／時刻関数
- 3 数学／三角関数
- 4 論理関数
- 5 検索／行列関数
- 6 データベース関数
- 7 文字列操作関数
- 8 統計関数
- 9 財務関数
- 10 エンジニアリング関数
- 11 情報関数
- 12 キューブ関数
- 13 ウェブ関数
- 付録

219

3-18 双曲線関数の値を求める

3-18 双曲線関数の値を求める

SINH 双曲線正弦を求める

ハイパボリック・サイン
SINH(数値)

▶関数の解説

［数値］に対する双曲線正弦（ハイパボリック・サイン）を求めます。

▶引数の意味

数値……………………… 双曲線正弦を求めたい数値を指定します。

ポイント

- 戻り値は、次のような数式で計算された双曲線正弦の値となります。ここで、「e」は自然対数の底、「x」は［数値］を表します。

$$\mathrm{SINH}(x) = \sinh x = \frac{e^x - e^{-x}}{2}$$

- 双曲線正弦関数は、確率分布の近似計算などに利用されます。

エラーの意味

エラーの種類	原因	エラーとなる例
[#NUM!]	引数に± 709.782712893384 を超える値を指定した	=SINH(710)
[#VALUE!]	引数に数値とみなせない文字列を指定した	=SINH("ABC")
	引数に複数の行と列からなるセル範囲を指定した	=SINH(A1:B2)

関数の使用例　双曲線正弦を求める

-4.4 〜 4.4の数値に対する双曲線正弦を求めます。

=SINH(A3)

セルA3に入力されている数値に対する双曲線正弦を求める。

サイドタブ

1 関数の基本知識
2 日付／時刻関数
3 数学／三角関数
4 論理関数
5 検索／行列関数
6 データベース関数
7 文字列操作関数
8 統計関数
9 財務関数
10 エンジニアリング関数
11 情報関数
12 キューブ関数
13 ウェブ関数
付録

220
できる

❶セルB3に「=SINH(A3)」と入力

数値

参照📖関数を入力するには……P.38
サンプル📄03_059_SINH.xlsx

[数値]に対する双曲線正弦が求められた

	A	B
	B3 ▼ : × ✓ fx =SINH(A3)	
1	双曲線正弦を求める	
2	x	y = sinh x
3	-4.4	-40.71929566
4	-4	-27.2899172
5	-3.5	-16.54262729
6	-3	-10.01787493
7	-2.5	-6.050204481
8	-2	-3.626860408
9	-1.2	-1.509461355
10	0	0
11	1.2	1.509461355
12	2	3.626860408
13	2.5	6.050204481
14	3	10.01787493
15	3.5	16.54262729
16	4	27.2899172
17	4.4	40.71929566
18		

y = sinh x

❷セルB3をセルB17までコピー

いろいろな数値に対する双曲線正弦がわかった

💡HINT **SINH関数の逆関数**

双曲線正弦の値に対する双曲線逆正弦の値を求めるには、SINH関数の逆関数であるASINH関数を使います。

参照📖ASINH……P.231

COSH 双曲線余弦を求める

ハイパボリック・コサイン
COSH(数値)

▶関数の解説

[数値]に対する双曲線余弦（ハイパボリック・コサイン）を求めます。

▶引数の意味

数値………………… 双曲線余弦を求めたい数値を指定します。

ポイント

・戻り値は、次のような数式で計算された双曲線余弦の値となります。ここで、「e」は自然対数の底、「x」は[数値]を表します。

$$\mathrm{COSH}(x) = \cosh x = \frac{e^x + e^{-x}}{2}$$

・双曲線余弦関数は、確率分布の近似計算などに利用されます。

3-18

双曲線関数の値を求める

1 関数の基本知識
2 日付／時刻関数
3 **数学／三角関数**
4 論理関数
5 検索／行列関数
6 データベース関数
7 文字列操作関数
8 統計関数
9 財務関数
10 エンジニアリング関数
11 情報関数
12 キューブ関数
13 ウェブ関数
付録

221
できる

3-18 双曲線関数の値を求める

エラーの意味

エラーの種類	原因	エラーとなる例
[#NUM!]	引数に±709.782712893384を超える値を指定した	=COSH(710)
[#VALUE!]	引数に数値とみなせない文字列を指定した	=COSH("ABC")
	引数に複数の行と列からなるセル範囲を指定した	=COSH(A1:B2)

関数の使用例　双曲線余弦を求める

-4～4の数値に対する双曲線余弦を求めます。

=COSH(A3)

セルA3に入力されている数値に対する双曲線余弦を求める。

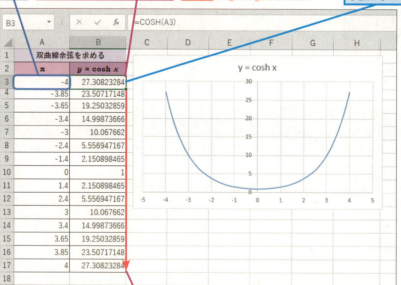

❶セルB3に「=COSH(A3)」と入力
数値
参照 関数を入力するには……P.38
サンプル 03_060_COSH.xlsx
[数値]に対する双曲線余弦が求められた
❷セルB3をセルB17までコピー
いろいろな数値に対する双曲線余弦がわかった

HINT COSH関数の逆関数

双曲線余弦の値に対する双曲線逆余弦の値を求めるには、COSH関数の逆関数であるACOSH関数を使います。
参照 ACOSH……P.232

HINT COSH関数の結果をグラフで表示するには

関数で求めた結果をなめらかなグラフで表示するには、描画対象のセル範囲を選択したあと、[挿入] タブの [グラフ] グループにある [散布図（X,Y）またはバブルチャートの挿入] ボタンをクリックし、[散布図（平滑線）] または [散布図（平滑線とマーカー）] を選択します。「平滑線」が含まれる項目を選択すると「スムージング」機能が働き、実際のデータが存在しない区間が自動的に「補完」されるので、グラフをなめらかな曲線で描画できます。

▶ TANH 双曲線正接を求める

ハイパボリック・タンジェント
TANH(数値)

▶関数の解説

[数値] に対する双曲線正接（ハイパボリック・タンジェント）を求めます。

▶引数の意味

数値………………………… 双曲線正接を求めたい数値を指定します。

ポイント

• 戻り値は、次のような数式で計算された双曲線正接の値となります。ここで、「e」は自然対数の底、「x」は [数値] を表します。

$$\mathrm{TANH}(x) = \tanh x = \frac{\sinh x}{\cosh x} = \frac{e^x - e^{-x}}{e^x + e^{-x}}$$

• 双曲線正接関数は、確率分布の近似計算などに利用されます。

エラーの意味

エラーの種類	原因	エラーとなる例
[#VALUE!]	引数に数値とみなせない文字列を指定した	=TANH("ABC")
	引数に複数の行と列からなるセル範囲を指定した	=TANH(A1:B2)

関数の使用例 双曲線正接を求める

-4 ～ 4の数値に対する双曲線正接を求めます。

=TANH(A3)

セルA3に入力されている数値に対する双曲線正接を求める。

3-18
双曲線関数の値を求める

1 関数の基本知識
2 日付／時刻関数
3 数学／三角関数
4 論理関数
5 検索／行列関数
6 データベース関数
7 文字列操作関数
8 統計関数
9 財務関数
10 エンジニアリング関数
11 情報関数
12 キューブ関数
13 ウェブ関数
付 録

223
できる

3-18 双曲線関数の値を求める

❶セルB3に「=TANH(A3)」と入力

参照▶関数を入力するには……P.38
サンプル▶03_061_TANH.xlsx

［数値］に対する双曲線正接が求められた

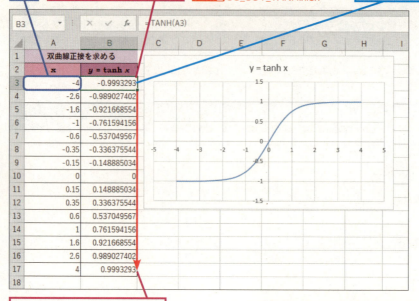

❷セルB3をセルB17までコピー

いろいろな数値に対する双曲線正接がわかった

TANH関数の逆関数

双曲線正接の値に対する双曲線逆正接の値を求めるには、TANH関数の逆関数であるATANH関数を使います。

参照▶ATANH……P.234

CSCH 双曲線余割を求める

ハイパボリック・コセカント
CSCH(数値)

▶関数の解説

［数値］に対する双曲線余割（ハイパボリック・コセカント）を求めます。双曲線余割は、同じ数値に対する双曲線正弦（ハイパボリック・サイン）の値の逆数となります。

▶引数の意味

数値……………………双曲線余割を求めたい数値を指定します。

ポイント

・この関数はExcel 2013で新たに追加されたものです。Excel 2010以前では使えません。
・戻り値は、次のような数式で計算された双曲線余割の値となります。ここで、「e」は自然対数の底、「x」は［数値］を表します。

$$\text{CSCH}(x) = \text{csch } x = \frac{1}{\sinh x} = \frac{2}{e^x - e^{-x}}$$

・双曲線余割関数は、確率分布の近似計算などに利用されます。

3-18 双曲線関数の値を求める

エラーの意味

エラーの種類	原因	エラーとなる例
[#DIV/0!]	引数に 0 を指定した	=CSCH(0)
[#VALUE!]	引数に数値とみなせない文字列を指定した	=CSCH("ABC")
	引数に複数の行と列からなるセル範囲を指定した	=CSCH(A1:B2)

関数の使用例　双曲線余割を求める

-4.4 〜 4.4の数値に対する双曲線余割を求めます。

=CSCH(A3)

セルA3に入力されている数値に対する双曲線余割を求める。

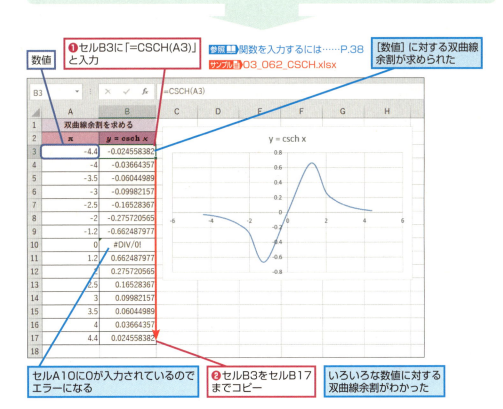

❶セルB3に「=CSCH(A3)」と入力

参照▶関数を入力するには……P.38
サンプル▶03_062_CSCH.xlsx

［数値］に対する双曲線余割が求められた

セルA10に0が入力されているのでエラーになる

❷セルB3をセルB17までコピー

いろいろな数値に対する双曲線余割がわかった

3-18 双曲線関数の値を求める

HINT 関数の戻り値がエラーになったときは

グラフの[スムージング]が設定されている場合、使用例のセルB10のように、グラフを描画するもととなるデータにエラーがあるとグラフが正しく描画できません。スムージングの機能により、エラー部分の前後にあるデータが無意味に補完されてしまうからです。

そんな場合は、エラーとなっているセル内の数式を削除するといいでしょう。エラー部分にはグラフが描かれなくなりますが、無意味な補完がされなくなるので、全体としてはより本来の形状に近いグラフが描画できます。

エラーになっている数式を削除すると、より正確なグラフが描画できる

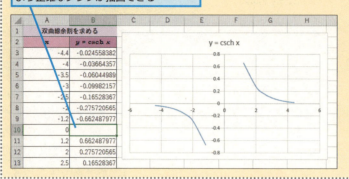

HINT CSCH関数の結果をグラフで表示するには

関数で求めた結果をなめらかなグラフで表示するには、描画対象のセル範囲を選択したあと、[挿入]タブの[グラフ]グループにある[散布図(X,Y)またはバブルチャートの挿入]ボタンをクリックし、[散布図(平滑線)]または[散布図(平滑線とマーカー)]を選択します。「平滑線」が含まれる項目を選択すると「スムージング」機能が働き、実際のデータが存在しない区間が自動的に「補完」されるので、グラフをなめらかな曲線で描画できます。

▶ SECH 双曲線正割を求める

ハイパボリック・セカント
SECH(数値)

▶関数の解説

[数値]に対する双曲線正割(ハイパボリック・セカント)を求めます。双曲線正割は、同じ数値に対する双曲線余弦(ハイパボリック・コサイン)の値の逆数となります。

▶引数の意味

数値……………………… 双曲線正割を求めたい数値を指定します。

[ポイント]

・この関数はExcel 2013で新たに追加されたものです。Excel 2010以前では使えません。

- 戻り値は、次のような数式で計算された双曲線正割の値となります。ここで、「e」は自然対数の底、「x」は［数値］を表します。

$$\mathrm{SECH}(x) = \mathrm{sech}\, x = \frac{1}{\cosh x} = \frac{2}{e^x + e^{-x}}$$

- 双曲線正割関数は、確率分布の近似計算などに利用されます。

エラーの意味

エラーの種類	原因	エラーとなる例
[#VALUE!]	引数に数値とみなせない文字列を指定した	=SECH("ABC")
	引数に複数の行と列からなるセル範囲を指定した	=SECH(A1:B2)

関数の使用例　双曲線正割を求める

-4 〜 4の数値に対する双曲線正割を求めます。

=SECH(A3)

セルA3に入力されている数値に対する双曲線正割を求める。

数値

❶セルB3に「=SECH(A3)」と入力

参照 関数を入力するには……P.38
サンプル 03_063_SECH.xlsx

［数値］に対する双曲線正割が求められた

B3		× ✓ fx	=SECH(A3)

	A	B	C
1	双曲線正割を求める		
2	x	$y = \mathrm{sech}\, x$	
3	-4	0.036618993	
4	-3.85	0.04254021	
5	-3.65	0.051947165	
6	-3.4	0.066672282	
7	-3	0.099327927	
8	-2.4	0.179954923	
9	-1.4	0.464921992	
10	0	1	
11	1.4	0.464921992	
12	2.4	0.179954923	
13	3	0.099327927	
14	3.4	0.066672282	
15	3.65	0.051947165	
16	3.85	0.04254021	
17	4	0.036618993	
18			

❷セルB3をセルB17までコピー

いろいろな数値に対する双曲線正割がわかった

3-18

双曲線関数の値を求める

1 関数の基本知識
2 日付／時刻関数
3 数学／三角関数
4 論理関数
5 検索／行列関数
6 データベース関数
7 文字列操作関数
8 統計関数
9 財務関数
10 エンジニアリング関数
11 情報関数
12 キューブ関数
13 ウェブ関数
付録

227
できる

3-18

双曲線関数の値を求める

COTH 双曲線余接を求める

ハイパボリック・コタンジェント
COTH(数値)

▶関数の解説

［数値］に対する双曲線余接（ハイパボリック・コタンジェント）を求めます。

▶引数の意味

数値··························· 双曲線余接を求めたい数値を指定します。

ポイント

- この関数はExcel 2013で新たに追加されたものです。Excel 2010以前では使えません。
- 戻り値は、次のような数式で計算された双曲線余接の値となります。ここで、「e」は自然対数の底、「x」は［数値］を表します。

$$\mathrm{COTH}(x) = \coth x = \frac{1}{\tanh x} = \frac{\cosh x}{\sinh x} = \frac{e^x + e^{-x}}{e^x - e^{-x}}$$

- 双曲線余接関数は、確率分布の近似計算などに利用されます。

エラーの意味

エラーの種類	原因	エラーとなる例
[#DIV/0!]	引数に 0 を指定した	=COTH(0)
[#VALUE!]	引数に数値とみなせない文字列を指定した	=COTH("ABC")
	引数に複数の行と列からなるセル範囲を指定した	=COTH(A1:B2)

関数の使用例　双曲線余接を求める

-4 ～ 4の数値に対する双曲線余接を求めます。

=COTH(A3)

セルA3に入力されている数値に対する双曲線余接を求める。

サイドバー:
- 関数の基本知識 **1**
- 日付／時刻関数 **2**
- 数学／三角関数 **3**
- 論理関数 **4**
- 検索／行列関数 **5**
- データベース関数 **6**
- 文字列操作関数 **7**
- 統計関数 **8**
- 財務関数 **9**
- エンジニアリング関数 **10**
- 情報関数 **11**
- キューブ関数 **12**
- ウェブ関数 **13**
- 付　録

3-18 双曲線関数の値を求める

❶ セルB3に「=COTH(A3)」と入力

参照▶ 関数を入力するには……P.38
サンプル▶ 03_064_COTH.xlsx

［数値］に対する双曲線余接が求められた

	A	B
1	双曲線余接を求める	
2	x	y = coth x
3	-4	-1.00067115
4	-2.6	-1.011094331
5	-1.6	-1.084988736
6	-1	-1.313035285
7	-0.6	-1.862025521
8	-0.35	-2.972867727
9	-0.15	-6.716591827
10	0	#DIV/0!
11	0.15	6.716591827
12	0.35	2.972867727
13	0.6	1.862025521
14	1	1.313035285
15	1.6	1.084988736
16	2.6	1.011094331
17	4	1.00067115

セルA10に0が入力されているのでエラーになる

❷ セルB3をセルB17までコピー

いろいろな数値に対する双曲線余接がわかった

HINT 関数の戻り値がエラーになったときは

グラフの［スムージング］が設定されている場合、使用例のセルB10のように、グラフを描画するもととなるデータにエラーがあるとグラフが正しく描画できません。スムージングの機能により、エラー部分の前後にあるデータが無意味に補完されてしまうからです。

そんな場合は、エラーとなっているセル内の数式を削除するといいでしょう。エラー部分にはグラフが描かれなくなりますが、無意味な補完がされなくなるので、全体としてはより本来の形状に近いグラフが描画できます。

エラーになっている数式を削除すると、より正確なグラフが描画できる

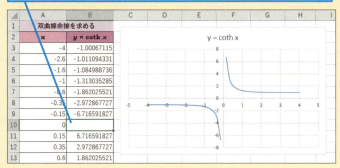

HINT COTH関数の逆関数

双曲線余接の値に対する双曲線逆余接の値を求めるには、COTH関数の逆関数であるACOTH関数を使います。

参照▶ ACOTH……P.235

3-19

逆双曲線関数の値を求める

左サイドバー：
- 関数の基本知識 **1**
- 日付／時刻関数 **2**
- 数学／三角関数 **3**
- 論理関数 **4**
- 検索／行列関数 **5**
- データベース関数 **6**
- 文字列操作関数 **7**
- 統計関数 **8**
- 財務関数 **9**
- エンジニアリング関数 **10**
- 情報関数 **11**
- キューブ関数 **12**
- ウェブ関数 **13**
- 付録

ASINH関数、ACOSH関数、ATANH関数、ACOTH関数

SINH 関数、COSH 関数、TANH関数、COTHでは、引数に数値を指定することにより、それぞれ双曲線正弦、双曲線余弦、双曲線正接、双曲線余接の値が得られます。これとは逆に、双曲線正弦、双曲線余弦、双曲線正接、双曲線余接の値から、そのもととなったそれぞれの数値（双曲線逆正弦、双曲線逆余弦、双曲線逆正接、双曲線逆余接）を得るには、ASINH関数、ACOSH関数、ATANH関数、ACOTH関数を利用します。

双曲線逆正弦を求める ➡ ASINH関数
双曲線逆余弦を求める ➡ ACOSH関数
双曲線逆正接を求める ➡ ATANH関数
双曲線逆余接を求める ➡ ACOTH関数

双曲線関数と逆双曲線関数の関係

数値 x（双曲線逆正弦）
$$y = \mathrm{SINH}(x)$$
$$x = \mathrm{ASINH}(y)$$
双曲線正弦 y

数値 x（双曲線逆余弦）
$$y = \mathrm{COSH}(x)$$
$$x = \mathrm{ACOSH}(y)$$
双曲線余弦 y

数値 x（双曲線逆正接）
$$y = \mathrm{TANH}(x)$$
$$x = \mathrm{ATANH}(y)$$
双曲線正弦 y

数値 x（双曲線逆余接）
$$y = \mathrm{COTH}(x)$$
$$x = \mathrm{ACOTH}(y)$$
双曲線余接 y

参照 TANH……P.223　　参照 COTH……P.228
参照 SINH……P.220　　参照 COSH……P.221

ASINH 双曲線逆正弦を求める

ハイパボリック・アークサイン
ASINH(数値)

▶関数の解説

［数値］に対する双曲線逆正弦（ハイパボリック・アークサイン）を求めます。

▶引数の意味

数値……………………… 双曲線逆正弦を求めたい数値を指定します。

ポイント

- 戻り値は、次のような数式で計算された双曲線逆正弦の値となります。ここで、「e」は自然対数の底、「x」は［数値］を表します。

$$\mathrm{ASINH}(x) = \sinh^{-1} x = \operatorname{arcsinh} x = \log_e \left(x + \sqrt{x^2 - 1} \right)$$

エラーの意味

エラーの種類	原因	エラーとなる例
[#NUM!]	引数に -6.71088639999999E+7 未満か、1.34078079299425E+154 を超える値を指定した	=ASINH(1.5E+154)
[#VALUE!]	引数に数値とみなせない文字列を指定した	=ASINH("ABC")
	引数に複数の行と列からなるセル範囲を指定した	=ASINH(A1:B2)

関数の使用例　双曲線逆正弦を求める

-40 〜 40の数値に対する双曲線逆正弦を求めます。

=ASINH(A3)

セルA3に入力されている数値に対する双曲線逆正弦を求める。

3-19

逆双曲線関数の値を求める

1 関数の基本知識

2 日付／時刻関数

3 数学／三角関数

4 論理関数

5 検索／行列関数

6 データベース関数

7 文字列操作関数

8 統計関数

9 財務関数

10 エンジニアリング関数

11 情報関数

12 キューブ関数

13 ウェブ関数

付録

231

できる

3-19 逆双曲線関数の値を求める

❶ セルB3に「=ASINH(A3)」と入力

[数値] に対する双曲線逆正弦が求められた

参照▶ 関数を入力するには……P.38
サンプル▶ 03_065_ASINH.xlsx

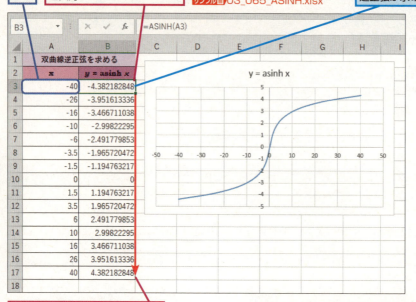

❷ セルB3をセルB17までコピー

いろいろな数値に対する双曲線逆正弦がわかった

HINT ASINH関数の逆関数

双曲線余接の値に対する双曲線逆余接の値を求めるには、COTH関数の逆関数であるACOTH関数を使います。

参照▶ SINH……P.220

ACOSH 双曲線逆余弦を求める

ハイパボリック・アークコサイン
ACOSH(数値)

▶関数の解説

[数値] に対する双曲線逆余弦（ハイパボリック・アークコサイン）を求めます。

▶引数の意味

数値……………………双曲線逆余弦を求めたい数値を指定します。この引数には1未満の数値を指定することはできません。

ポイント

・戻り値は、次のような数式で計算された双曲線逆余弦の値となります。ここで、「e」は自然対数の底、「x」は [数値] を表します。

$$\mathrm{ACOSH}(x) = \cosh^{-1} x = \mathrm{arccosh}\, x = \pm \log_e (x + \sqrt{x^2 + 1})$$

エラーの意味

エラーの種類	原因	エラーとなる例
[#NUM!]	引数に1未満か、1.34078079299425E+154を超える値を指定した	=ACOSH(0.5) =ACOSH(1.5E+154)
[#VALUE!]	引数に数値とみなせない文字列を指定した	=ACOSH("ABC")
	引数に複数の行と列からなるセル範囲を指定した	=ACOSH(A1:B2)

関数の使用例　双曲線逆余弦を求める

1～46.5の数値に対する双曲線逆余弦を求めます。

=ACOSH(A3)

セルA3に入力されている数値に対する双曲線逆余弦を求める。

❶セルB3に「=ACOSH(A3)」と入力
参照▶関数を入力するには……P.38
サンプル▶03_066_ACOSH.xlsx
[数値] に対する双曲線逆余弦が求められた

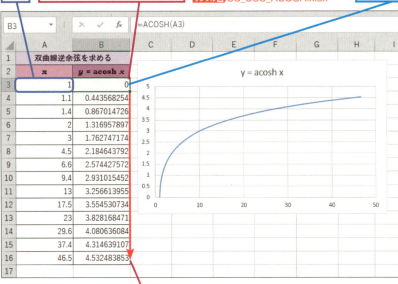

❷セルB3をセルB16までコピー

いろいろな数値に対する双曲線逆余弦がわかった

ACOSH関数の逆関数

双曲線逆余弦の値に対する双曲線余弦の値を求めるには、ACOSH関数の逆関数であるCOSH関数を使います。
参照▶COSH……P.221

双曲線逆余弦関数の値が負の場合

数学上の「$y=arccosh\ x$」という関数では、1つのxの値に対して、実際にはyが正と負の2つの値を取ります。これを使用例のグラフで表すと、現在表示されている曲線に、さらにx軸について線対称となる曲線を書き加えたものとなります。計算の都合上、負の値が必要となる場合には、ACOSH関数で得られた値に-1を掛けるようにします。

3-19 逆双曲線関数の値を求める

3-19 逆双曲線関数の値を求める

HINT ACOSH関数の結果をグラフで表示するには

関数で求めた結果をなめらかなグラフで表示するには、描画対象のセル範囲を選択したあと、[挿入] タブの [グラフ] グループにある [散布図（X,Y）またはバブルチャートの挿入] ボタンをクリックし、[散布図（平滑線）] または [散布図（平滑線とマーカー）] を選択します。「平滑線」が含まれる項目を選択すると「スムージング」機能が働き、実際のデータが存在しない区間が自動的に「補完」されるので、グラフをなめらかな曲線で描画できます。

ATANH 双曲線逆正接を求める

ハイパボリック・アークタンジェント
ATANH(数値)

▶ **関数の解説**

[数値] に対する双曲線逆正接（ハイパボリック・アークタンジェント）を求めます。

▶ **引数の意味**

数値………………… 双曲線逆正接を求めたい数値を指定します。この引数には-1以下、または1以上の数値を指定することはできません。

ポイント

• 戻り値は、次のような数式で計算された双曲線逆正接の値となります。ここで、「e」は自然対数の底、「x」は [数値] を表します。

$$\text{ATANH}(x) = \tanh^{-1}x = \text{arctanh}\,x = \frac{1}{2}\log_e\left(\frac{1+x}{1-x}\right)$$

エラーの意味

エラーの種類	原因	エラーとなる例
[#NUM!]	引数に -1 以下か、1 以上の値を指定した	=ATANH(1.2)
[#VALUE!]	引数に数値とみなせない文字列を指定した	=ATANH("ABC")
	引数に複数の行と列からなるセル範囲を指定した	=ATANH(A1:B2)

関数の使用例　双曲線逆正接を求める

-0.995 ～ 0.995の数値に対する双曲線逆正接を求めます。

=ATANH(A3)

セルA3に入力されている数値に対する双曲線逆正接を求める。

左サイドメニュー

- 関数の基本知識 1
- 日付／時刻関数 2
- 数学／三角関数 3
- 論理関数 4
- 検索／行列関数 5
- データベース関数 6
- 文字列操作関数 7
- 統計関数 8
- 財務関数 9
- エンジニアリング関数 10
- 情報関数 11
- キューブ関数 12
- ウェブ関数 13
- 付録

3-19 逆双曲線関数の値を求める

❶セルB3に「=ATANH(A3)」と入力

参照▶関数を入力するには……P.38
サンプル▶03_067_ATANH.xlsx

[数値]に対する双曲線逆正接が求められた

数値

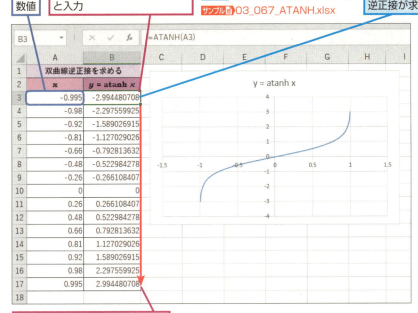

❷セルB3をセルB17までコピー

いろいろな数値に対する双曲線逆正接がわかった

ATANH関数の逆関数

双曲線逆正接の値に対する双曲線正接の値を求めるには、ATANH関数の逆関数であるTANH関数を使います。

参照▶TANH……P.223

ACOTH 双曲線逆余接を求める

ハイパボリック・アークコタンジェント
ACOTH(数値)

▶関数の解説

[数値]に対する双曲線逆余接（ハイパボリック・アークコタンジェント）を求めます。

▶引数の意味

数値……………………双曲線逆余接を求めたい数値を指定します。この引数には、絶対値が1以下の数値を指定することはできません。

ポイント

- この関数はExcel 2013で新たに追加されたものです。Excel 2010以前では使えません。
- 戻り値は、次のような数式で計算された双曲線逆余接の値となります。ここで、「e」は自然対数の底、「x」は[数値]を表します。

$$\mathrm{ACOTH}(x) = \coth^{-1} x = \operatorname{arccoth} x = \frac{1}{2} \log_e \left(\frac{1+x}{1-x} \right)$$

235

3-19 逆双曲線関数の値を求める

エラーの意味

エラーの種類	原因	エラーとなる例
[#NUM!]	引数に絶対値が1以下の数値を指定した	=ACOTH(-1)
[#VALUE!]	引数に数値とみなせない文字列を指定した	=ACOTH("ABC")
	引数に複数の行と列からなるセル範囲を指定した	=ACOTH(A1:B2)

関数の使用例　双曲線逆余接を求める

-23～-1.1、1.1～23の数値に対する双曲線逆余接を求めます。

=ACOTH(A3)

セルA3に入力されている数値に対する双曲線逆余接を求める。

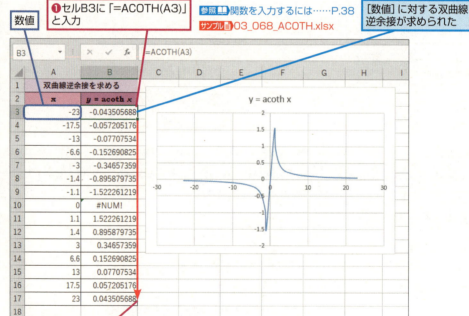

❶セルB3に「=ACOTH(A3)」と入力

数値

参照▶関数を入力するには……P.38
サンプル▶03_068_ACOTH.xlsx

[数値]に対する双曲線逆余接が求められた

❷セルB3をセルB16までコピー

いろいろな数値に対する双曲線逆余接がわかった

236

関数の戻り値がエラーになったときは

グラフの［スムージング］が設定されている場合、使用例のセルB10のように、グラフを描画するもととなるデータにエラーがあるとグラフが正しく描画できません。スムージングの機能により、エラー部分の前後にあるデータが無意味に補完されてしまうからです。

そんな場合は、エラーとなっているセル内の数式を削除するといいでしょう。エラー部分にはグラフが描かれなくなりますが、無意味な補完がされなくなるので、全体としてはより本来の形状に近いグラフが描画できます。

エラーになっている数式を削除すると、より正確なグラフが描画できる

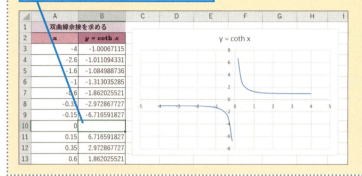

ACOTH関数の逆関数

双曲線逆余接の値に対する双曲線余接の値を求めるには、ACOTH関数の逆関数であるCOTH関数を使います。

参照 COTH……P.228

3-20 行列や行列式を計算する

MDETERM関数、MINVERSE関数、MMULT関数

行列や行列式の計算をするには、MDETERM関数、MINVERSE関数、MMULT関数を利用します。

　　行列の行列式を求める　➡　MDETERM関数
　　行列の逆行列を求める　➡　MINVERSE関数
　　2つの行列の積を求める　➡　MMULT関数

いずれの関数を使う場合も、引数には、対象の行列を配列として指定する必要があります。配列として指定するには、以下に示すような2つの方法が使えます。

行列を配列として指定する方法

セル範囲で指定する方法　　　　　　　　　　　　　　**配列定数で指定する方法**

	A
1	10
2	20
3	30

→ A1:A3と指定

3行×1列の行列
$\begin{pmatrix} 10 \\ 20 \\ 30 \end{pmatrix}$

{10;20;30}と指定

	A	B
1	10	20
2	200	300

→ A1:B2と指定

2行×2列の行列
$\begin{pmatrix} 10 & 20 \\ 200 & 300 \end{pmatrix}$

{10,20;200,300}と指定

	A	B
1	11	12
2	21	22
3	31	32
4	41	42

→ A1:B4と指定

4行×2列の行列
$\begin{pmatrix} 11 & 12 \\ 21 & 22 \\ 31 & 32 \\ 41 & 42 \end{pmatrix}$

{11,12;21,22;31,32;41,42}と指定

参照 配列とは……P.64

MUNIT関数

MUNIT関数を利用すると、単位行列、つまり右下がりの対角線上に1が並び、その他はすべて0であるような正方行列が得られます。単位行列は定数が入力されているセル範囲や配列定数を使っても指定できますが、MUNIT関数を使えば任意の次数の単位行列が簡単に得られます。

MDETERM 行列の行列式を求める

3-20

行列や行列式を計算する

MDETERM(配列)
（エム・デターム）

▶関数の解説

［配列］で指定した正方行列の行列式を求めます。

▶引数の意味

配列……………………… 行列式を求めたい行列を、セル範囲または配列定数で指定します。計算の対象とする行列は、行数と列数が等しい正方行列でなければなりません。

ポイント

- 行列式は、多変数の連立方程式を解くためによく利用されます。
- 行列式の定義は以下に示すとおりです。

2次（2行×2列）の正方行列の行列式の定義

行列 $A = \begin{bmatrix} a_{11} & a_{12} \\ a_{21} & a_{22} \end{bmatrix}$ があるとき、行列式 $|A|$ は次のように定義される

$$|A| = \begin{vmatrix} a_{11} & a_{12} \\ a_{21} & a_{22} \end{vmatrix} = a_{11} \times a_{22} - a_{12} \times a_{21}$$

3次以上の正方行列の行列式の計算

3次の正方行列の場合、次のような「小行列式展開」を使えば、2次の行列式に展開できる

$$\begin{vmatrix} a_{11} & a_{12} & a_{13} \\ a_{21} & a_{22} & a_{23} \\ a_{31} & a_{32} & a_{33} \end{vmatrix} = a_{11} \begin{vmatrix} a_{22} & a_{23} \\ a_{32} & a_{33} \end{vmatrix} - a_{21} \begin{vmatrix} a_{12} & a_{13} \\ a_{32} & a_{33} \end{vmatrix} + a_{31} \begin{vmatrix} a_{12} & a_{13} \\ a_{22} & a_{23} \end{vmatrix}$$

4次以上の正方行列についても、上記の小行列式展開をくり返し適用して次数を下げれば、最終的に元の行列の行列式が求められる

エラーの意味

エラーの種類	原因	エラーとなる例
[#VALUE!]	引数に文字列や空のセルが含まれていた	=MDETERM(A3:C5) と入力していて、セル A3 が空だったとき
	引数に、行数と列数が異なるセル範囲または配列定数を指定した	=MDETERM(A3:C4) =MDETERM({1,3,8,5;1,3,6,1})

サイドメニュー

1 関数の基本知識
2 日付／時刻関数
3 数学／三角関数
4 論理関数
5 検索／行列関数
6 データベース関数
7 文字列操作関数
8 統計関数
9 財務関数
10 エンジニアリング関数
11 情報関数
12 キューブ関数
13 ウェブ関数
付録

3-20 行列や行列式を計算する

関数の使用例　正方行列の行列式を求める

指定した正方行列の行列式を求めます。

=MDETERM(A3:C5)

セルA3～C5に入力されている正方行列の行列式を求める。

❶セルE3に「=MDETERM(A3:C5)」と入力

参照▶関数を入力するには……P.38
サンプル▶03_069_MDETERM.xlsx

正方行列の行列式が求められた

	A	B	C	D	E
1	行列の行列式を求める				
2	正方行列				行列式
3	5	1	3	→	2
4	4	-6	4		
5	2	1	1		
6					

HINT MDETERM関数の計算誤差

MDETERM関数では限られた精度（約16桁）で計算が行われるため、計算結果にわずかな誤差が生じることがあります。したがって、正確に0になるはずの計算結果が、たとえば「1.00E-15」のような指数形式でセルに表示される場合があります。これは1.00×10^{-15}＝1/1,000,000,000,000,000を表し、非常に0に近い数値であることを意味します。

HINT 引数を配列定数で指定するには

使用例では、行列を指定するのにセル範囲を利用していますが、同じ行列を配列定数で指定することもできます。その場合は、結果を求めたいセルに、「=MDETERM({5,1,3;4,-6,4;2,1,1})」と入力します。

参照▶配列定数を利用するには……P.65

MINVERSE　行列の逆行列を求める

MINVERSE(配列)
エム・インバース

▶関数の解説

［配列］で指定した正方行列の逆行列を求めます。

▶引数の意味

配列………………………逆行列を求めたい行列を、セル範囲または配列定数で指定します。計算の対象とする行列は、行数と列数が等しい正方行列でなければなりません。

参照▶配列定数……P.64

ポイント

- 戻り値は行列となり、配列として返されるので、MINVERSE関数は必ず「配列数式」として入力しなければなりません。配列数式の入力方法については、使用例を参照してください。
- 逆行列の定義は以下に示すとおりです。

3次（3行×3列）の正方行列の逆行列の定義

行列 $A = \begin{bmatrix} a_{11} & a_{12} & a_{13} \\ a_{21} & a_{22} & a_{23} \\ a_{31} & a_{32} & a_{33} \end{bmatrix}$ のとき、$\begin{vmatrix} a_{11} & a_{12} & a_{13} \\ a_{21} & a_{22} & a_{23} \\ a_{31} & a_{32} & a_{33} \end{vmatrix} \neq 0$ であれば、

逆行列 A^{-1} は次のように定義される

$$A^{-1} = \frac{1}{\begin{vmatrix} a_{11} & a_{12} & a_{13} \\ a_{21} & a_{22} & a_{23} \\ a_{31} & a_{32} & a_{33} \end{vmatrix}} \begin{bmatrix} \begin{vmatrix} a_{22} & a_{23} \\ a_{32} & a_{33} \end{vmatrix} & -\begin{vmatrix} a_{12} & a_{13} \\ a_{32} & a_{33} \end{vmatrix} & \begin{vmatrix} a_{12} & a_{13} \\ a_{22} & a_{23} \end{vmatrix} \\ -\begin{vmatrix} a_{21} & a_{23} \\ a_{31} & a_{33} \end{vmatrix} & \begin{vmatrix} a_{11} & a_{13} \\ a_{31} & a_{33} \end{vmatrix} & -\begin{vmatrix} a_{11} & a_{13} \\ a_{21} & a_{23} \end{vmatrix} \\ \begin{vmatrix} a_{21} & a_{22} \\ a_{31} & a_{32} \end{vmatrix} & -\begin{vmatrix} a_{11} & a_{12} \\ a_{31} & a_{32} \end{vmatrix} & \begin{vmatrix} a_{11} & a_{12} \\ a_{21} & a_{22} \end{vmatrix} \end{bmatrix}$$

4次以上の正方行列についても、同様に逆行列を定義できる

エラーの意味

エラーの種類	原因	エラーとなる例
[#NUM!]	引数に指定した正方行列が逆行列を持っていない	{=MINVERSE({1,3;1,3})}
[#VALUE!]	引数に文字列や空のセルが含まれている	{=MINVERSE(A3:C5)} と入力していて、セル A3 が空だったとき

関数の使用例　正方行列の逆行列を求める

指定した正方行列の逆行列を求めます。MINVERSE関数の戻り値は、引数に指定した正方行列と同じ行数と列数を持つ行列となります。したがって、MINVERSE関数を入力するときは、引数の正方行列と同じ大きさのセル範囲をはじめに選択しておき、その範囲のすべてのセルに配列数式として入力する必要があります。

{=MINVERSE(A3:C5)}

セルA3 ～ C5に入力されている正方行列の逆行列を求める。

3-20

行列や行列式を計算する

1 関数の基本知識
2 日付／時刻関数
3 数学／三角関数
4 論理関数
5 検索／行列関数
6 データベース関数
7 文字列操作関数
8 統計関数
9 財務関数
10 エンジニアリング関数
11 情報関数
12 キューブ関数
13 ウェブ関数
付　録

HINT 正方行列が逆行列を持つかどうかを調べるには

引数に指定した正方行列が逆行列を持たないとエラー値の [#NUM!] が表示されてしまうため、事前に逆行列を持つかどうかを確かめておくとよいでしょう。それには、MDETERM関数を使ってその正方行列の行列式を求めます。もし、行列式の値が「0」でなければ逆行列を持ちますが、「0」であれば逆行列を持ちません。

参照▶MDETERM……P.239

MMULT 2つの行列の積を求める

MMULT(配列1, 配列2)

▶関数の解説

[配列1] で指定した行列と、[配列2] で指定した行列の積を、[配列1] ×［配列2］の順序で求めます。

▶引数の意味

配列1 …………… 積を求めたい行列を、セル範囲または配列定数で指定します。ただし、[配列1] の列数と [配列2] の行数は同じでなければなりません。

配列2 …………… 積を求めたい行列を、セル範囲または配列定数で指定します。ただし、[配列1] の列数と [配列2] の行数は同じでなければなりません。

ポイント

- 戻り値は、行数が [配列1] と等しく、列数が [配列2] と等しい行列となります。
- 戻り値は配列として返されるので、MMULT関数は必ず「配列数式」として入力しなければなりません。配列数式の入力方法については、使用例を参照してください。
- 行列の積の定義は以下に示すとおりです

2行×3列の行列Aと3行×3列の行列Bの積ABについての定義

行列 $A = \begin{bmatrix} a_{11} & a_{12} & a_{13} \\ a_{21} & a_{22} & a_{23} \end{bmatrix}$ で、行列 $B = \begin{bmatrix} b_{11} & b_{12} & b_{13} \\ b_{21} & b_{22} & b_{23} \\ b_{31} & b_{32} & b_{33} \end{bmatrix}$ のとき、

これら2つの行列の積ABは次のように定義される

$$AB = \begin{bmatrix} a_{11}b_{11}+a_{12}b_{21}+a_{13}b_{31} & a_{11}b_{12}+a_{12}b_{22}+a_{13}b_{32} & a_{11}b_{13}+a_{12}b_{23}+a_{13}b_{33} \\ a_{21}b_{11}+a_{22}b_{21}+a_{23}b_{31} & a_{21}b_{12}+a_{22}b_{22}+a_{23}b_{32} & a_{21}b_{13}+a_{22}b_{23}+a_{23}b_{33} \end{bmatrix}$$

これ以外の行数や列数を持つ行列どうしについても、同様に積を定義できる
ただし、行列Aの列数と、行列Bの行数は必ず同じでなければならない

エラーの意味

エラーの種類	原因	エラーとなる例
[#VALUE!]	引数に文字列や空のセルが含まれている	{=MMULT(A3:C5,E3:F5)} と入力していて、セル A3 が空だったとき
	[配列1]の列数と[配列2]の行数が等しくない	{=MMULT({1,2,3;4,5,6;7,8,9},{1,2;3,4})}

関数の使用例　2つの行列の積を求める

指定した2つの行列の積を求めます。MMULT関数の戻り値は、行数が[配列1]と等しく、列数が[配列2]と等しい行列となります。したがって、MMULT関数を入力するときは、得られる行列と同じ大きさのセル範囲をはじめに選択しておき、その範囲のすべてのセルに配列数式として入力する必要があります。

{=MMULT(A3:C5,E3:F5)}

セルA3～C5に入力されている行列とセルE3～F5に入力されている行列との積を求める。

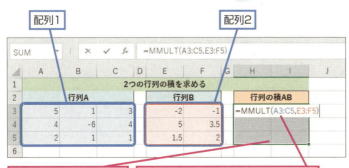

❶積を表示するセル範囲を選択
❷「=MMULT(A3:C5,E3:F5)」と入力し、Ctrl + Shift + Enter キーを押す

参照 関数を入力するには……P.38
サンプル 03_071_MMULT.xlsx

3-20

行列や行列式を計算する

| H3 | | | ✕ ✓ *fx* | {=MMULT(A3:C5,E3:F5)} |

▲	A	B	C	D	E	F	G	H	I	J
1		2つの行列の積を求める								
2		行列A				行列B		行列の積AB		
3	5	1	3		-2	-1		-0.5	4.5	
4	4	-6	4		5	3.5		-32	-17	
5	2	1	1		1.5	2		2.5	3.5	
6										

2つの行列の積が
求められた

▶ MUNIT 単位行列を求める

マトリックス・ユニット
MUNIT(数値)

▶関数の解説

［数値］で指定した次元の単位行列を求めます。結果は配列として返されます。

▶引数の意味

数値.......................... 求めたい単位行列の次元を1以上の整数で指定します。

ポイント

- この関数はExcel 2013で新たに追加されたものです。Excel 2010以前では使えません。
- 戻り値は単位行列、つまり右下がりの対角線上に1が並び、その他はすべて0であるような正方行列となります。
- NUNIT関数は、MMULT関数のようなほかの行列関数と組み合わせて使えます。たとえば「=MMULT({4,3;5,10}, MUNIT(2))」と入力すれば、結果は「{4,3;5,10}」という2次元の配列として求められます。
- 単位行列の定義は以下に示すとおりです。

> **単位行列の定義**
>
> 任意のn次の正方行列Aに対して
>
> $$AE=EA=A$$
>
> が成立するようなn次の正方行列Eを単位行列という。たとえば、3次の単位行列Eは次のような形である
>
> $$E = \begin{pmatrix} 1 & 0 & 0 \\ 0 & 1 & 0 \\ 0 & 0 & 1 \end{pmatrix}$$

エラーの意味

エラーの種類	原因	エラーとなる例
[#VALUE!]	引数に文字列や0以下の数値を指定した	=MUNIT("ABC") =MUNIT("-1")

244
できる

関数の基本知識 **1**

日付／時刻関数 **2**

数学／三角関数 **3**

論理関数 **4**

検索／行列関数 **5**

データベース関数 **6**

文字列操作関数 **7**

統計関数 **8**

財務関数 **9**

エンジニアリング関数 **10**

情報関数 **11**

キューブ関数 **12**

ウェブ関数 **13**

付録

関数の使用例 単位行列を求める

指定した次数の単位行列を求めます。MUNIT関数の戻り値は、指定した次数と同じ行数と列数を持つ正方行列となります。したがって、MUNIT関数を入力するときは、得られる行列と同じ大きさのセル範囲をはじめに選択しておき、その範囲のすべてのセルに配列数式として入力する必要があります。

=MUNIT(3)

次数3の単位行列を求める。

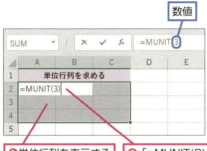

❶ 単位行列を表示するセル範囲を選択
❷ 「=MUNIT(3)」と入力し、[Ctrl]+[Shift]+[Enter]キーを押す

参照▶関数を入力するには……P.38
サンプル▶03_072_MUNIT.xlsx

3行3列の単位行列が求められた

HINT 単位行列は定数を使っても入力できる

単位行列は、定数が入力されているセル範囲、または配列定数を使って指定することもできます。たとえば、セルA2～A4に「1」「0」「0」、セルB2～B4に「0」「1」「0」、セルC2～C4に「0」「0」「1」と順に入力しておけば、セル範囲「A2:C4」を次数3の単位行列として扱えます。また、配列定数として「{1,0,0;0,1,0;0,0,1}」と入力すれば、やはり次数3の単位行列として扱えます。ただ、MUNIT関数を利用すれば、次数を指定するだけで簡単に目的の単位行列が得られるので便利です。

3-21

3-21 乱数を発生させる

サイドバー:
- 関数の基本知識 **1**
- 日付／時刻関数 **2**
- 数学／三角関数 **3**
- 論理関数 **4**
- 検索／行列関数 **5**
- データベース関数 **6**
- 文字列操作関数 **7**
- 統計関数 **8**
- 財務関数 **9**
- エンジニアリング関数 **10**
- 情報関数 **11**
- キューブ関数 **12**
- ウェブ関数 **13**
- 付　録

RAND 0以上1未満の乱数を発生させる

RAND()
ランド

▶関数の解説

0以上1未満の実数（小数）の乱数を発生させます。

▶引数の意味

引数は必要ありません。関数名に続けて()のみ入力します。

【ポイント】

- RAND関数は、ワークシートが再計算されるたびに、新しい乱数を返します。再計算されるのは次の場合です。
  - ・そのブック（ファイル）を開いたとき
  - ・セルにデータを入力したか、またはセルのデータを修正したとき
  - ・ F9 キー、 Shift + F9 キー、 Ctrl + Alt + F9 キー、 Shift + Ctrl + Alt + F9 キーのいずれかを押したとき
- RAND関数に引数を指定すると、エラーメッセージが表示されます。()のなかに引数が指定されていたら削除します。
- RAND関数は、統計学、物理学、あるいは工学などの計算で、擬似的なサンプルデータや計算のもとになる無作為な数値が必要になる場合に利用されます。

【エラーの意味】

RAND関数では、エラー値が返されることはありません。

関数の使用例　指定の範囲内で乱数を発生させる

指定した最小値と最大値の範囲内で乱数を発生させます。RAND関数を単体で使うと0以上1未満の乱数が得られますが、実際には任意の範囲内の乱数が必要になることがよくあります。そのため、ここでは「=RAND()*(b-a)+a」という数式を用いて、a以上b未満の乱数を発生させます。

=RAND()*(B3-A3)+A3

セルA3に入力されている最小値a以上で、セルB3に入力されている最大値b未満の乱数を発生させる。

3-21 乱数を発生させる

❶セルC3に「=RAND()*(B3-A3)+A3」と入力

参照▶関数を入力するには……P.38
サンプル▶03_073_RAND.xlsx

a以上b未満の乱数が表示された

❷セルC3をセルC6までコピー

指定した最小値と最大値の範囲内で乱数が得られた

整数の乱数を発生するには

実数（小数）の乱数ではなく、整数の乱数を得たいときには、RANDBETWEEN関数を使うと便利です。

参照▶RANDBETWEEN……P.249

得られた乱数が変更されないようにする方法

発生させた乱数が再計算によって変更されないようにするには、セルに入力されている数式の計算結果を数値に変換します。RAND関数が入力されているセルを選択してから[F2]キーを押し、さらに[F9]キー、[Enter]キーと押します。これで、セルの内容はそのとき表示されていた数値に置き換わります。

得られた乱数が変更されないようにするもう1つの方法

発生させた乱数が再計算によって変更されないようにするには、RAND関数が入力されているセルを選択してコピーしたあと、同じ位置に値のみを貼り付ける方法もあります。値のみを貼り付けるには、［ホーム］タブの［クリップボード］グループにある［貼り付け］ボタンの［▼］をクリックし、［値］を選択します。

活用例　一覧をランダムに並べ替える

会合での席次などを決めるとき、氏名をランダム（無作為）な順序で並べ替えたいことがあります。そのような場合には、RAND関数を使って乱数を発生させ、その値をキーとして行を並べ替えると便利です。

RAND関数を使って乱数を発生させる

❶「=RAND()」と入力

❷セルB4をセルB11までコピー

すべてのセルに乱数が表示された

---

1 関数の基本知識
2 日付／時刻関数
3 数学／三角関数
4 論理関数
5 検索／行列関数
6 データベース関数
7 文字列操作関数
8 統計関数
9 財務関数
10 エンジニアリング関数
11 情報関数
12 キューブ関数
13 ウェブ関数
付録

3-21 乱数を発生させる

乱数をキーとして並べ替える

❸ セルB4をクリック

ここでは乱数の昇順に並べ替える

❹ [データ] タブ-[並べ替えとフィルター] グループ-[昇順]をクリック

氏名がランダムに並べ替えられた

見出し行が並べ替えられてしまう場合は

一覧の並べ替えをしたとき、見出し行（[氏名]と[乱数]を含む行）までが並べ替えられてしまうことがあります。そのような場合には、まず並べ替えたい範囲全体（活用例ではセルA3〜B11）を選択してから、[データ] タブの [並べ替えとフィルター] グループにある [並べ替え] ボタンをクリックします。[並べ替え] ダイアログボックスが表示されたら、[先頭行をデータの見出しとして使用する] にチェックマークを付けてから、[最優先されるキー] で [乱数] を選択し、[OK] ボタンをクリックします。これで、表を崩さずに並べ替えができます。

❶ [優先されるキー]で[乱数]を選択
❷ [OK]をクリック

RANDBETWEEN 整数の乱数を発生させる

3-21

乱数を発生させる

RANDBETWEEN(最小値, 最大値)
ランド・ビトウィーン

▶関数の解説

［最小値］の数値以上かつ［最大値］の数値以下の、整数の乱数を発生させます。

▶引数の意味

最小値‥‥‥‥‥‥‥‥ 発生させたい整数の乱数の最小値を指定します。

最大値‥‥‥‥‥‥‥‥ 発生させたい整数の乱数の最大値を指定します。

ポイント

- 引数に小数部分のある数値を指定した場合、小数点以下が切り捨てられた整数とみなされます。
- RANDBETWEEN関数は、ワークシートが再計算されるたびに、新しい乱数を返します。再計算されるのは次の場合です。
  - ・そのブック（ファイル）を開いたとき
  - ・セルにデータを入力したか、またはセルのデータを修正したとき
  - ・F9 キー、Shift + F9 キー、Ctrl + Alt + F9 キー、Shift + Ctrl + Alt + F9 キーのいずれかを押したとき
- RANDBETWEEN関数は、統計学、物理学、あるいは工学などの計算で、擬似的なサンプルデータや計算のもとになる無作為な数値が必要になる場合に利用されます。

エラーの意味

エラーの種類	原因	エラーとなる例
[#NUM!]	［最小値］に［最大値］を超える値を指定した	=RANDBETWEEN(8,2)
[#VALUE!]	引数に数値とみなせない文字列やセル範囲を指定した	=RANDBETWEEN("ABC","DEF") =RANDBETWEEN(A1:A3,2)

関 数 の 使 用 例　指定の範囲内で整数の乱数を発生させる

指定した最小値と最大値の範囲内で、整数の乱数を発生させます。

=RANDBETWEEN(A3,B3)

セルA3に入力されている最小値以上で、セルB3に入力されている最大値以下の整数の乱数を発生させる。

---

1 関数の基本知識

2 日付／時刻関数

3 数学／三角関数

4 論理関数

5 検索／行列関数

6 データベース関数

7 文字列操作関数

8 統計関数

9 財務関数

10 エンジニアリング関数

11 情報関数

12 キューブ関数

13 ウェブ関数

付　録

249

できる

3-21 乱数を発生させる

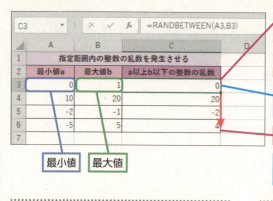

❶セルC3に「=RANDBETWEEN(A3,B3)」と入力

参照▶関数を入力するには……P.38
サンプル▶03_074_RANDBETWEEN.xlsx

［最小値］以上で［最大値］以下の整数の乱数が表示された

❷セルC3をセルC6までコピー

指定した最小値と最大値の範囲内で整数の乱数が得られた

HINT 乱数を任意の刻みで得るには

RANDBETWEEN関数で得られるのは整数の乱数なので、結果に一定の数値を掛ければ、その数値刻みの乱数が得られます。たとえば、「=RANDBETWEEN(0,10)*0.5」という数式を入力すれば、0～5の範囲内で0.5刻みの乱数が得られます。

HINT 実数の乱数を発生するには

整数の乱数ではなく、実数（小数）の乱数を得たいときには、RAND関数を使うと便利です。RAND関数では、0以上1未満の実数の乱数が得られます。

参照▶RAND……P.246

HINT 計算結果を数値に変更するには

再計算されるたびに乱数の値が変更されないようにするには、セルに入力されている数式の計算結果を数値に変換します。RANDBETWEEN関数が入力されているセルを選択してから F2 キーを押し、さらに F9 キー、 Enter キーと押します。これで、セルの内容はそのとき表示されていた数値に置き換わります。

第 **4** 章
論理関数

4-1.条件によって異なる値を返す・・・・・・・・・・252
4-2.複数の条件を順に調べて異なる値を返す・・255
4-3.条件を組み合わせて判定する・・・・・・・・・・259
4-4.条件を否定する・・・・・・・・・・・・・・・・・265
4-5.エラーの場合に返す値を指定する・・・・・・・267
4-6.論理値を表す・・・・・・・・・・・・・・・・・・・271

4-1 条件によって異なる値を返す

IF 条件によって異なる値を返す

IF(論理式, 真の場合, 偽の場合)

▶関数の解説

[論理式]が真であれば[真の場合]の値を返し、偽であれば[偽の場合]の値を返します。「もし条件を満たせば〜する。そうでなければ〜する」というように、条件によってセルに表示する内容を変更するときに使います。

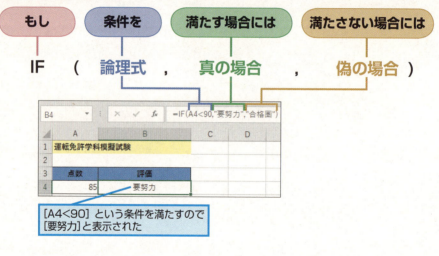

[A4<90]という条件を満たすので[要努力]と表示された

▶引数の意味

論理式……………TRUE（真）かFALSE（偽）を返す式を指定します。「A4<90」（セルA4の値が90より小さいか）のように、比較演算子を使って大小の比較や文字列の比較をするのが一般的です。[論理式]は「条件」にあたるものと考えられます。
参照▶比較演算子……P.34

真の場合…………[論理式]の値が真の場合（条件を満たす場合）に返す値を指定します。省略すると0が指定されたものとみなされます。

偽の場合…………[論理式]の値が偽の場合（条件を満たさない場合）に返す値を指定します。省略すると0が指定されたものとみなされます。

ポイント

・真とはTRUEまたは0以外の数値を、偽とはFALSEまたは0を意味します。たとえば、「A4<90」という論理式は、セルA4の値が90未満のときTRUEを返し、セルA4の値が90以上のときFALSEを返します。

・[真の場合]や[偽の場合]にさらにIF関数を指定することもできます。このようにして、関数を

組み合わせることを、「ネスト」または「入れ子」と呼びます。IF関数は64レベルまでネストできます。

エラーの意味

エラーの種類	原因	エラーとなる例
[#VALUE!]	[論理式]に文字列を指定した	=IF("A4<90",1,0)

関数の使用例　衣料品の在庫数をもとに発注が必要かどうかを判定する

衣料品の在庫数をもとに発注が必要かどうかを判定します。在庫が50着未満なら「要発注」と表示し、50着以上なら「在庫あり」と表示します。判定に使う在庫数はセルC4～C8に入力されています。

=IF(C4<50,"要発注","在庫あり")

セルC4に入力された在庫数が50未満なら「要発注」と表示し、そうでなければ「在庫あり」と表示する。

論理式の参照先　論理式　真の場合　偽の場合

	A	B	C	D	E
	D4		=IF(C4<50,"要発注","在庫あり")		
1	在庫管理表				
2					
3	品番	品名	在庫	発注シグナル	
4	JK-SP	スプラッシュジャケット	28	要発注	
5	JK-TR	トレッキングジャケット	55	在庫あり	
6	JK-UN	MTジャケット	54	在庫あり	
7	PK-FZ	軽量レインパーカ	46	要発注	
8	PK-RV	Goaパーカ	70	在庫あり	
9					

❶セルD4に「=IF(C4<50,"要発注","在庫あり")」と入力

参照 関数を入力するには……P.38
サンプル 04_001_IF.xlsx

セルC3の値が50より小さいので「要発注」と表示された

❷セルD4をセルD8までコピー

すべての商品について発注が必要かどうかがわかった

HINT

[真の場合]や[偽の場合]には数式も指定できる

関数の使用例では、[真の場合]や[偽の場合]として文字列を指定していますが、数値や数式も指定できます。たとえば、[発注シグナル]の列に、在庫数が70になるように発注量を表示するのであれば、セルD4に「=IF(C4<50, 70-C4, 0)」と入力し、セルD8までコピーします。

4-1
条件によって異なる値を返す

1 関数の基本知識
2 日付／時刻関数
3 数学／三角関数
4 論理関数
5 検索／行列関数
6 データベース関数
7 文字列操作関数
8 統計関数
9 財務関数
10 エンジニアリング関数
11 情報関数
12 キューブ関数
13 ウェブ関数
付録

253
できる

4-1 条件によって異なる値を返す

活用例　複数のIF関数を組み合わせて使う

複数の条件を指定して何とおりかの値に場合分けしたいときには、IF関数を組み合わせて使います。次の例では、在庫数が30未満の場合は「至急」、50未満の場合は「要発注」、60未満の場合は「在庫少」、60以上の場合は「在庫あり」という文字列を表示します。

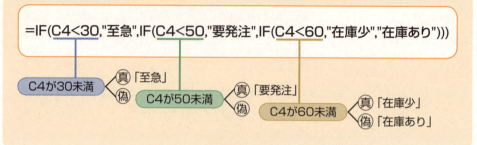

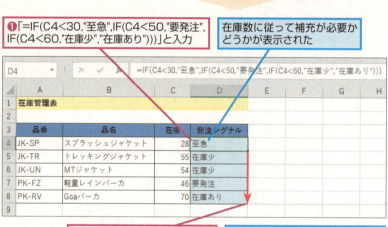

❶「=IF(C4<30,"至急",IF(C4<50,"要発注",IF(C4<60,"在庫少","在庫あり")))」と入力

在庫数に従って補充が必要かどうかが表示された

❷セルD4をセルD8までコピー

すべてのセルに結果が表示できた

HINT 「～以上～以下」のような範囲を指定するには

「セルA2が20以上40以下」のように、条件として範囲を指定するとき、日常の感覚では「IF(20<=A2<=40,…)」のように書きたくなります。しかし、この書き方だと、セルA2の値がいくらであっても必ず［偽の場合］の結果が返されてしまいます。
結論から言うと、254ページのHINTに示したようにAND関数を使って「IF(AND(20<=A2,A2<=40),…)」のように書きます。
間違って「20<=A2<=40」と書くと、最初の「20<=A2」により、セルA2が20以上かどうかが判定されます。したがって、結果はTRUEかFALSEとなります。続いて、この結果と40とが比較されるので「TRUE<=40」または「FALSE<=40」という式を判定することになります。このような論理値と数値の比較を行うと、Excelでは論理値のほうが数値より大きいとみなされるので、結果はいずれもFALSEになります。

参照▶論理式と条件……P.260
参照▶AND……P.259

4-2 複数の条件を順に調べて異なる値を返す

IFS 複数の条件を順に調べて異なる値を返す　　365

IFS(論理式1, 真の場合1, 論理式2, 真の場合2, …, …,
論理式127, 真の場合127 **)**

▶関数の解説

[論理式1]が真であれば、[真の場合1]の値を返します。[論理式1]が偽であれば、次の[論理式2]を調べ、真であれば[真の場合2]の値を返します。同様にして、[論理式]と[式]のペアを127個まで指定できます。この関数を使うと、254ページの活用例のようにいくつかに場合が分かれる式が簡単に書けます。

参照▶複数のIF関数を組み合わせて使う……P.254

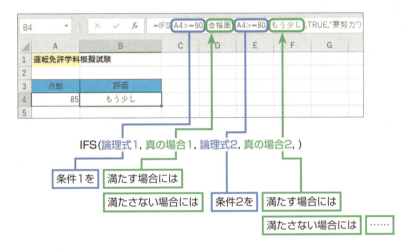

▶引数の意味

論理式……………TRUE（真）かFALSE（偽）を返す式を指定します。「A4<90」（セルA4の値が90より小さいか）のように、比較演算子を使って大小の比較や文字列の比較をするのが一般的です。[論理式]は「条件」にあたるものと考えられます。

参照▶比較演算子……P.34

真の場合…………[論理式]の値が真の場合（条件を満たす場合）に返す値を指定します。省略すると0が指定されたものとみなされます。

ポイント

- 真とはTRUEまたは0以外の数値を、偽とはFALSEまたは0を意味します。たとえば、「A4<90」という論理式は、セルA4の値が90未満のときTRUEを返し、セルA4の値が90以上のときFALSEを返します。
- [論理式1]が偽のときだけ[論理式2]以降が調べられます。さらに[論理式2]が偽のときだけ[論理式3]以降が調べられます。同様にして[論理式127]までが調べられます。

4-2 複数の条件を順に調べて異なる値を返す

- どの条件にも当てはまらない場合、つまり、すべての［論理式］が偽のときは［#N/A］エラーが返されます。
- どの条件にも当てはまらない場合に返す値を指定したいときには、最後の［論理式］にTRUEを指定し、その次に返す値を指定します。

エラーの意味

エラーの種類	原因	エラーとなる例
[#VALUE]	［論理式］に文字列を指定した	=IFS("A4>=60"," 合格 ","A4>=50"," もう少し ")
[#N/A]	どの条件にも当てはまらなかった	「=IFS(A4>=60," 合格 ",A4>=50," もう少し ")」と入力したが、セルA4の値が50より小さかった

関数の使用例　衣料品の在庫数をもとに発注が必要かどうかを判定する

衣料品の在庫数をもとに発注が必要かどうかを判定します。在庫数が30未満の場合は「至急」、50未満の場合は「要発注」、50以上の場合は「在庫あり」という文字列を表示します。判定に使う在庫数はセルC4～C8に入力されています。

=IFS(C4<30,"至急",C4<50,"要発注",TRUE,"在庫あり")

セルC4に入力された在庫数が30未満なら「至急」と表示し、30以上50未満であれば「要発注」と表示し、50以上であれば「在庫あり」と表示する。

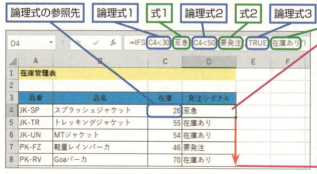

❶セルD4に「=IFS(C4<30,"至急",C4<50,"要発注",TRUE,"在庫あり")」と入力

参照▶関数を入力するには……P.38
サンプル▶04_002_IFS.xlsx

セルC3の値が30より小さいので「至急」と表示された

❷セルD4をセルD8までコピー

すべての商品について発注が必要かどうかがわかった

セルC7は30以上50未満なので「要発注」と表示された

セルC5、C6、C8は50以上なので「在庫あり」と表示された

HINT 「それ以外」を表すには

IFS関数では、最後の論理式も偽になると、一致する条件がなかったものとみなされ［#N/A］エラーが返されます。最後の論理式で「それ以外のすべて」を表したい場合には、TRUEを指定します。TRUEは常に真なので、最後は必ずこの条件にあてはまることになるわけです。

SWITCH 検索値に一致する値を探し、それに対応する結果を返す　365

SWITCH(検索値, 値1, 結果1, 値2, 結果2, …, …, 値126, 結果126, 既定の結果)

▶関数の解説

[検索値]が[値1]に一致すれば[結果1]の値を返します。[値1]に一致しない場合、次の[値2]を調べ、[値2]に一致すれば[結果2]の値を返します。同様にして、[値]と[結果]のペアを126個まで指定できます。どの[値]にも一致しない場合は[既定の結果]が返されます。

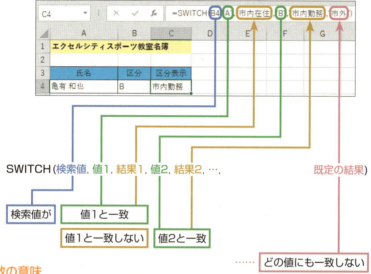

▶引数の意味

検索値 ……………… 検索する値を指定します。

値 …………………… 検索される値を指定します。

結果 ………………… [検索値]が値に一致したときに返す値です。省略すると0が指定されたものとみなされます。[値]と[結果]の組み合わせは126個まで指定できます。

既定の結果 ………… [検索値]がどの[値]にも一致しなかったときに返す値を指定します。この引数を省略した場合、[検索値]がどの[値]にも一致しないと[#N/A]エラーが返されます。

ポイント

- [検索値]が[値]に一致すると、それ以降は検索されません。
- どの条件にも当てはまらない場合に返す値を指定したいときには、最後の[既定の結果]に値を指定します。
- 通常、[検索値]にセル範囲は指定できません。　参照▶文字列関数でセル範囲を指定すると……P.353

4-2 複数の条件を順に調べて異なる値を返す

エラーの意味

エラーの種類	原因	エラーとなる例
[#VALUE]	[検索値]に複数の行と列からなるセル範囲を指定した	=SWITCH(A4:B7,"A"," 市内 "," 市外 ")
[#N/A]	[検索値]がどの値にも一致せず、[既定の結果]も書かれていなかった	「=SWITCH(B4,"A"," 市内 ","B"," 市外 ")」と入力したが、セル B4 の内容が "A" でも "B" でもなかった

関数の使用例　区分を表す文字列を表示する

スポーツ教室の名簿で、B列の「区分」に入力された英字をもとに、C列に区分を表す文字列を表示します。区分が"A"のときは「市内在住」、区分が"B"のときは「市内勤務」、それ以外のときは「市外」と表示します。

=SWITCH(B4,"A","市内在住","B","市内勤務","市外")

セルB4に入力された文字が"A"なら「市内在住」と表示し、"B"なら「市内勤務」と表示し、それ以外なら「市外」と表示する。

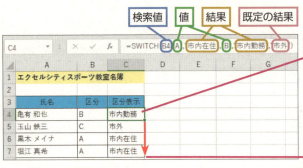

❶「=SWITCH(B4,"A","市内在住","B","市内勤務","市外")」と入力

参照▶関数を入力するには……P.38
サンプル▶04_003_SWITCH.xlsx

セルC4の値は"B"だったので「市内勤務」と表示された

❷セルC4をセルC7までコピー

区分を表す文字列がすべて表示された

> **HINT 検索値が1からはじまる数値の場合にはCHOOSE関数が便利**
>
> 1ならば「市内在住」、2ならば「市内勤務」、3ならば「市外」という結果を返したいときには、CHOOSE関数のほうが簡単です。たとえば、セルB4に1、2、3のいずれかが入力されている場合は「=CHOOSE(B4,"市内在住","市内勤務","市外")」となります。ただし、CHOOSE関数では「それ以外」にあたる結果を指定できません。また、文字列を使った検索はできません。そのような場合にはSWITCH関数を使います。
>
> 参照▶CHOOSE……P.286

4-3 条件を組み合わせて判定する

AND すべての条件が満たされているかを調べる

アンド
AND(論理式1，論理式2，…，論理式255)

▶関数の解説
[論理式] がすべてTRUE（真）であるときだけTRUEを返し、1つでもFALSE（偽）があれば
FALSEを返します。

▶引数の意味
論理式‥‥‥‥‥‥‥‥TRUE（真）かFALSE（偽）を返す式を指定します。引数は255個まで指定
　　　　　　　　　　できます。

ポイント
- 引数に数値を指定したときには、0以外の値がTRUE、0がFALSEとみなされます。
- 引数にセル範囲を指定したときには、すべてのセルがTRUEであるときだけTRUEが返されます。
  いずれかのセルがFALSEであればFALSEが返されます。
- 空のセルや文字列の入力されたセルは無視されます。

エラーの意味

エラーの種類	原因	エラーとなる例
[#VALUE!]	引数に文字列を指定した	=AND("A1>10","B1<20")
	引数に指定したセルやセル範囲に論理値や数値が1つもない	=AND(A1:A3) と入力したが、セルA1 ～ A3 がすべて空のセルか、文字列の入力されたセルであった

関数の使用例　すべての科目の点数が80点以上であるかどうかを調べる

テストの採点結果が入力されている表で、すべての科目が80点以上であるかどうかを調べます。
国語の点数はセルB4 ～ B8に、数学の点数はセルC4 ～ C8に入力されています。

=AND(B4>=80,C4>=80)

セルB4に入力されている点数が80以上で、かつ、セルC4に入力されている点数が80以上で
あればTRUEを返す。そうでなければFALSEを返す。

4-3
条件を組み合わせて判定する

1 関数の基本知識
2 日付／時刻関数
3 数学／三角関数
4 論理関数
5 検索／行列関数
6 データベース関数
7 文字列操作関数
8 統計関数
9 財務関数
10 エンジニアリング関数
11 情報関数
12 キューブ関数
13 ウェブ関数
付録

4-3 条件を組み合わせて判定する

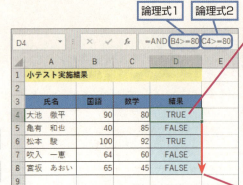

❶セルD4に「=AND(B4>=80,C4>=80)」と入力

参照▶関数を入力するには……P.38

サンプル▶04_004_AND.xlsx

すべての条件を満たしているかどうかが調べられた

どちらの点数も80以上なので「TRUE」と表示された

❷セルD4をセルD8までコピー

すべての受験者の点数を調べた結果がわかった

HINT 論理式と条件

ここでは、論理式が真であることを「条件を満たす」、論理式が偽であることを「条件を満たさない」と呼んでいます。しかし、日常的な感覚での「条件」と「論理式」とは異なる場合があります。
Excelでは、0以外の値はTRUEとみなされ、0はFALSEとみなされます。したがって、「=AND(1,2)」の結果はTRUEとなり、「=AND(0,1)」の結果はFALSEとなります。引数に指定した1や2という値は、日常的な感覚での「条件」とは言えませんが、AND関数は、引数の値が真であるか偽であるかを調べるので、このような使い方もできるわけです。

活用例　すべての科目に合格したときだけ「合格」と表示する

AND関数の戻り値はTRUEかFALSEなので、IF関数と組み合わせれば、複雑な条件による場合分けができます。次の例では、セルB3とセルC3の値がどちらも80以上なら「合格」、そうでなければ「不合格」と表示します。

参照▶関数を組み合わせて入力するには……P.46

参照▶IF……P.252

❶「=IF(AND(B4>=80,C4>=80),"合格","不合格")」と入力

❷セルD4をセルD8までコピー

すべての受験者の合否がわかった

HINT 「～以上～以下」のような範囲を指定するには

AND関数を利用して条件を組み合わせると、ある値が「～以上～以下」のような範囲内に入っているかどうかを調べることができます。たとえば、右のような表でセルC4に入力されている価格が5000円以上1万円以下かどうかを調べるには、「=AND(C4>=5000,C4<=10000)」とします。

セルC4の値は「5000円以上10000円以下」という条件を満たすので「TRUE」と表示されます。254ページのHINTでも示したように「=5000<=C4<=10000」という書き方は誤りです。この方法では正しい結果が得られません。

| | | D4 | ▼ | | × | ✓ | fx | =AND(C4>=5000,C4<=10000) |

	A	B	C	D
1	商品一覧表			
2				
3	商品番号	商品名	価格	セール対象
4	SW-OT	コットンセーター	5,800	TRUE
5	PK-FZ	軽量レインパーカー	4,800	FALSE
6	PA-CG	カーゴパンツ	8,800	TRUE

> セルC4の値が「5000円以上10000円以下」という条件を満たすので「TRUE」と表示される

参照📖 関数の基本知識……P.29

OR いずれかの条件が満たされているかを調べる

OR(論理式１，論理式２，…，論理式255)
オア

▶関数の解説

[論理式] のうち、1つでもTRUE（真）であればTRUEを返し、すべてがFALSE（偽）であるときだけFALSEを返します。

▶引数の意味

論理式………………… TRUE（真）かFALSE（偽）を返す式を指定します。引数は255個まで指定できます。

ポイント

- 引数に数値を指定したときには、0以外の値がTRUE、0がFALSEとみなされます。
- 引数にセル範囲を指定したときには、いずれかのセルがTRUEであればTRUEが返されます。すべてのセルがFALSEであるときだけFALSEが返されます。
- 空のセルや文字列の入力されたセルは無視されます。

エラーの意味

エラーの種類	原因	エラーとなる例
[#VALUE!]	引数に文字列を指定した	=OR("A1>10","B1<20")
	引数に指定したセルやセル範囲に論理値や数値が1つもない	=OR(A1:A3) と入力したが、セルA1 ～ A3がすべて空のセルか、文字列の入力されたセルであった

4-3 条件を組み合わせて判定する

1 関数の基本知識
2 日付／時刻関数
3 数学／三角関数
4 論理関数
5 検索／行列関数
6 データベース関数
7 文字列操作関数
8 統計関数
9 財務関数
10 エンジニアリング関数
11 情報関数
12 キューブ関数
13 ウェブ関数
付録

4-3 条件を組み合わせて判定する

関数の使用例　80点以上の科目が1つでもあるかを調べる

テストの採点結果が入力されている表で、80点以上の科目が1つでもあるかどうかを調べます。理科の点数はセルB4〜B8に、英語の点数はセルC4〜C8に入力されています。

=OR(B4>=80,C4>=80)

セルB4に入力されている点数が80以上であるか、セルC4に入力されている点数が80以上であればTRUEを返す。そうでなければFALSEを返す。

❶ セルD4に「=OR(B4>=80,C4>=80)」と入力

参照▶関数を入力するには……P.38
サンプル▶04_005_OR.xlsx

いずれかの条件を満たしているかどうかが調べられた

❷ セルD4をセルD8までコピー

すべての受験者の点数を調べた結果がわかった

活用例　欠席が1人でもいれば「欠席者あり」と表示する

OR関数の戻り値はTRUEかFALSEなので、IF関数と組み合わせれば、複雑な条件による場合分けができます。次の例は欠席者が1人でもいれば「欠席者あり」と表示し、全員出席の場合のみ「全員出席」と表示します。

参照▶関数を組み合わせて入力するには……P.46
参照▶IF……P.252

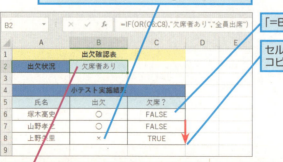

セルB8に確認項目として「×」と入力しておく

「=B6="×"」と入力されている

セルC6の数式をセルC7〜C8にコピーしておく

❶「=IF(OR(C6:C8),"欠席者あり","全員出席")」と入力

欠席者がいることがわかった

HINT　TRUEかFALSEを返す数式

活用例の表のなかで、セルC6には「=B6="×"」という数式が入力されています。この数式は「B6="×"」が成り立てばTRUEとなり、成り立たなければFALSEとなります。

XOR 複数の条件の真偽が同じか異なるかを調べる

4-3

条件を組み合わせて判定する

XOR(論理式1, 論理式2, …, 論理式254)
エクスクルーシブ・オア

▶関数の解説

[論理式] の値のうち、TRUEが奇数個あればTRUEを返し、偶数個あればFALSEを返します。

▶引数の意味

論理式 ………………… TRUE（真）かFALSE（偽）を返す式を指定します。引数は254個まで指定できます。

ポイント

- この関数はExcel 2013で新たに追加されたものです。Excel 2010以前では使えません。
- [論理式] はAND関数やOR関数と異なり、254個までしか指定できません。
- [論理式] が2つの場合は、両方の真偽が同じとき(TRUEとTRUE、FALSEとFALSEの場合)にFALSEとなり、両方の真偽が異なるとき(TRUEとFALSE、FALSEとTRUEの場合)にTRUEとなります。
- 引数に数値を指定したときには、0以外の値がTRUE、0がFALSEとみなされます。
- 引数にセル範囲を指定したときには、TRUEが奇数個あればTRUEを返し、偶数個あればFALSEを返します。
- 空のセルや文字列の入力されたセルは無視されます。

エラーの意味

エラーの種類	原因	エラーとなる例
[#VALUE]	引数に文字列を指定した	=XOR("A1>10","B1<20")
	引数に指定したセルやセル範囲に論理式や数式が1つもない	=OR(A1:A3) と入力したが、セル A1 ～ A3 がすべて空のセルか、文字列の入力されたセルであった

関数の使用例　「X線間接撮影」と「問診」の片方しか受診していない人を探す

健康診断の受診状況を記録した表で、「X線間接撮影」と「問診」の片方しか受診していない人を探します。受診した場合は"Y"と入力されており、受診していない場合は"N"と入力されています。

=XOR(B4="Y", C4="Y")

セルB4に入力された文字が"Y"であるという条件と、セルC4に入力された文字が"Y"であるという条件の片方だけが成り立っているかどうかを調べる。片方だけが成り立っている場合にはTRUEを返す。

---

1 関数の基本知識
2 日付／時刻関数
3 数学／三角関数
4 論理関数
5 検索／行列関数
6 データベース関数
7 文字列操作関数
8 統計関数
9 財務関数
10 エンジニアリング関数
11 情報関数
12 キューブ関数
13 ウェブ関数
付録

4-3 条件を組み合わせて判定する

論理式1　論理式2

`=XOR(B4="Y", C4="Y")`

❶「=XOR(B4="Y", C4="Y")」と入力

参照 関数を入力するには……P.38

サンプル 04_006_XOR.xlsx

片方の検査だけを受診したかどうかが調べられた

❷セルD4をセルD7までコピー

すべての人について、片方の検査だけを受診したかどうかがわかった

活用例　会議を開催できる日程のなかに、指定した日付があるかどうかを調べる

XOR関数ではTRUEの個数が奇数であればTRUEが返されるので、指定した日付と、会議を開催できる日程を1つずつ比較し、どれか1つがTRUEであれば、その日付があることがわかります。指定した日付がなければ、すべての比較がFALSEになります。複数の比較を一度に行うには配列数式が便利です。

セルB5～B10に会議開催可能日程が入力されている

検索したい日付を入力しておく

「=XOR(B3=B5:B10)」と入力し、入力終了時に Ctrl + Shift + Enter キーを押す

「B3=B5」,「B3=B6」,…,「B3=B10」の比較が一度にできる

1つだけ条件が成り立てば、TRUEの個数が奇数なのでTRUEが返される

すべての条件が成り立たなければ、TRUEの個数が偶数（0）なのでFALSEが返される

日付が会議開催可能日程のいずれかに一致するかどうかがわかった

参照 配列を利用する……P.64

4-4 条件を否定する

4-4
条件を否定する

NOT 条件が満たされていないことを調べる

1 関数の基本知識
2 日付／時刻関数
3 数学／三角関数
4 論理関数
5 検索／行列関数
6 データベース関数
7 文字列操作関数
8 統計関数
9 財務関数
10 エンジニアリング関数
11 情報関数
12 キューブ関数
13 ウェブ関数
付録

NOT(論理式)
ノット

▶関数の解説

[論理式] がTRUE（真）であればFALSEを返し、FALSE（偽）であればTRUEを返します。

参照 論理式とは……P.35

▶引数の意味

論理式 ………………… TRUE（真）かFALSE（偽）を返す式を指定します。

ポイント

- 引数に数値を指定したときには、0以外の値がTRUE、0がFALSEとみなされます。
- 引数に空のセルを指定すると、TRUEが返されます。
- 引数にセル範囲を指定したときには先頭のセルの論理値を反転させた値が返されます。ただし、複数の列を指定することはできません。
- NOT関数は配列数式として入力できます。
- AND関数やOR関数で求めた結果の逆の結果を求めるときにも利用できます。

参照 AND……P.259
参照 OR……P.261

エラーの意味

エラーの種類	原因	エラーとなる例
[#VALUE!]	引数に文字列や文字列が入力されたセルを指定した	=NOT("C4>2")
	引数に複数列のセル範囲を指定したが、配列数式として入力しなかった	=NOT(C4:D8)

関数の使用例　社員の在籍年数が2年以下かどうかを調べる

社員名簿の一覧で、社員の在籍年数が2年以下かどうかを調べます。社員の在籍年数はセルC4〜C8に入力されています。

=NOT(C4>2)

セルC4に入力されている在籍年数が2より大きければFALSEを返す。そうでなければ(2以下であれば)TRUEを返す。

4-4 条件を否定する

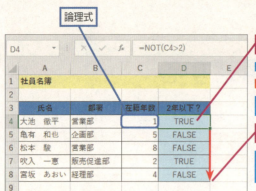

論理式

❶ セルD4に「=NOT(C4>2)」と入力

参照▶関数を入力するには……P.38
サンプル▶04_007_NOT.xlsx

条件を満たしていないかどうかが調べられた

❷ セルD4をセルD8までコピー

すべての社員の在籍年数を調べた結果がわかった

活用例　「営業部の契約社員」以外の人を調べる

NOT関数は多くの場合、AND関数やOR関数と組み合わせて使います。たとえば「営業部の契約社員」以外の人をTRUEと表示したい場合、「営業部である」と「契約社員である」という2つの条件を満たしている人をAND関数で調べ、それをNOT関数で否定するとよいでしょう。

参照▶関数を組み合わせて入力するには……P.46

❶「=NOT(AND(B4="営業部",C4="契約社員"))」と入力

❷ セルD4をセルD8までコピー

「営業部の契約社員」以外の人が調べられた

参照▶AND……P.259
参照▶OR……P.261

4-5 エラーの場合に返す値を指定する

IFERROR エラーの場合に返す値を指定する

IFERROR(値, エラーの場合の値)
イフ・エラー

▶関数の解説
［値］がエラー値であれば［エラーの場合の値］を返します。エラーでなければ［値］をそのまま返します。

▶引数の意味
値‥‥‥‥‥‥‥‥‥‥‥‥‥‥ エラーかどうか調べたい値を指定します。

エラーの場合の値‥‥‥‥ ［値］がエラーの場合に、戻り値として返す値を指定します。

ポイント

［値］、［エラーの場合の値］のいずれかまたは両方を省略し「,」だけを入力すると、0が指定されたものとみなされます。この場合、「,」は省略できません。

エラーの意味

IFERROR関数では、エラー値が返されることはありません。

関数の使用例　衣料品の販売数の成長率を求める

衣料品の販売数の成長率を求めます。本年度の販売数を前年度の販売数で割って求めるので、前年度の販売数が0であると［#DIV/0!］エラーとなります。エラーの場合には、IFERROR関数を使って空の文字列が表示されるようにします。

=IFERROR(D3/C3,"")

セルD3に入力されている販売数をセルC3に入力されている前年の販売数で割って成長率を求める。セルC3が空のセルであったり、値が0であったりすると、［#DIV/0!］エラーとなるが、その場合は空の文字列を表示する。

- 1 関数の基本知識
- 2 日付／時刻関数
- 3 数学／三角関数
- **4 論理関数**
- 5 検索／行列関数
- 6 データベース関数
- 7 文字列操作関数
- 8 統計関数
- 9 財務関数
- 10 エンジニアリング関数
- 11 情報関数
- 12 キューブ関数
- 13 ウェブ関数
- 付録

267

4-5 エラーの場合に返す値を指定する

値

エラーの場合は空の文字列を返す

| E3 | : | × ✓ fx | =IFERROR(D3/C3,"") |

	A	B	C	D	E	F
1		販売実績比較表				
2	品番	品名	前年度	本年度	成長率(倍)	
3	JK-SP	スプラッシュジャケット	0	4,256		
4	JK-TR	トレッキングジャケット	5,624	6,333	1.13	
5	JK-UN	MTジャケット	3,251	2,687	0.83	
6	PK-FZ	軽量レインパーカ	3,348	4,126	1.23	
7	PK-RV	Goaパーカ	8,451	6,887	0.81	
8						

❶セルE3に「=IFERROR(D3/C3,"")」と入力

参照▶ 関数を入力するには……P.38

サンプル▶ 04_008_IFERROR.xlsx

[値] がエラーの場合に、指定した戻り値が返された

0で割った場合にはエラーとならず、空の文字列が表示された

❷セルE3をセルE7までコピー

[#DIV/0!] エラーでなければ、計算結果が表示される

HINT エラーの種類を知りたいときは

IFERROR関数では、エラー種類を問わず、エラーになったときに返す値を指定します。しかし、エラーの種類を調べて、それに応じて値を返したい場合もあります。そのような場合には、ERROR.TYPE関数を使ってエラーの番号を調べます。たとえば、セルE3が [#VALUE] エラーであるかどうかを知りたいときには、「=IF(ERROR.TYPE(E3)=3, "#VALUE!エラーです", "その他のエラーです")」のように書きます。

ERROR.TYPE 関数では、エラー値を引数に指定すると、そのエラーの番号が返されます。エラーの番号がどのエラーを表すかについては、854ページを参照してください。なお、IFNA関数を使えば [#N/A!] エラーであるときに返す値を指定できます。

参照▶ ERROR.TYPE……P.854
参照▶ IFNA……P.268

IFNA ［#N/A］ エラーの場合に返す値を指定する

イフ・ノンアプリカブル
IFNA(値, エラーの場合の値)

▶関数の解説

[値] が [#N/A] エラーであれば [エラーの場合の値] を返します。[#N/A] エラーでなければ [値] をそのまま返します。

▶引数の意味

値………………… [#N/A] エラーかどうか調べたい値を指定します。

エラーの場合の値… [値] が [#N/A] エラーの場合に、戻り値として返す値を指定します。

ポイント

- この関数はExcel 2013で新たに追加されたものです。Excel 2010以前では使えません。
- [#N/A] エラーは、値が利用できない場合に返されるエラー値です。主に検索関数で検索値が見つからなかった場合に返されます。
- [値]、[エラーの場合の値] のいずれかまたは両方を省略し「,」だけを入力すると、0が指定されたものとみなされます。この場合、「,」は省略できません。

268

エラーの意味

［値］が［#N/A］以外のエラー値の場合は、エラー値がそのまま返されます。

関数の使用例　血液検査の結果を表示する

血液検査の結果を記録した表で、判定が［#N/A］エラーであれば、測定不能とみなして「測定不能」と表示し、そうでなければ判定結果をそのまま表示します。なお、セルB7には利用できる値がないという意味合いで「#N/A」というエラー値を直接入力してあり、セルE7にもその値が表示されています。

=IFNA(E4,"測定不能")

セルE4に入力された判定結果が［#N/A］エラーであれば、「測定不能」と表示する。そうでなければセルE4の値をそのまま表示する。

値　［#N/A］エラーの場合は空文字列を返す

❶「=IFNA(E4,"測定不能")」と入力

参照　関数を入力するには……P.38

サンプル　04_009_IFNA.xlsx

	A	B	C	D	E	F
1	血球計数検査結果					
2						
3	項目	値	下限	上限	判定	注記
4	赤血球数	527	418	560		
5	ヘモグロビン濃度	15.2	12.7	17.0		
6	ヘマクリット値	44.4	38.8	55.0		
7	白血球数	#N/A	38.0	89.0	#N/A	測定不能
8	血小板数	16.9	17.0	36.5	*	*

F4 =IFNA(E4,"測定不能")

❷セルF4をセルF8までコピー

値が［#N/A］エラーでないのでセルE8の値がそのまま表示されている

値が［#N/A］エラーの場合に「測定不能」と表示された

HINT ［#N/A］エラーでない場合に、何も表示しないようにするには

上の例では、「値」が「下限」未満であったり、「上限」を超えている場合には、E列に「*」を表示するための関数が入力されています。たとえば、セルE4には「=IF(AND(B4>C4,B4<D4),"","*")」が入力されています。ただし、このままだと、E列に「*」が表示されている場合には、F列にも「*」が表示されてしまいます

（セルF8）。そこで、「判定」と「注記」をまとめてみましょう。セルE4に「=IFNA(IF(AND(B4>C4,B4<D4),"","*"),"測定不能")」と入力して、セルE8までコピーすれば、F列は不要になります。

参照　AND……P.259

活用例　VLOOKUP関数やLOOKUP関数と組み合わせて使う

VLOOKUP関数やLOOKUP関数では検索値が見つからないときには［#N/A!］エラーとなります。IFNA関数と組み合わせて使うと、エラー値の代わりに、メッセージを表示するようにできます。たとえば、次の例では、予算が5,800円未満の場合は検索値が見つかりません。その場合には「該当なし」という文字列を表示します。

4-5

エラーの場合に返す値を指定する

1 関数の基本知識
2 日付／時刻関数
3 数学／三角関数
4 論理関数
5 検索／行列関数
6 データベース関数
7 文字列操作関数
8 統計関数
9 財務関数
10 エンジニアリング関数
11 情報関数
12 キューブ関数
13 ウェブ関数
付録

269
できる

4-5 エラーの場合に返す値を指定する

❶「=IFNA(LOOKUP(A3,C6:C10,B6:B10),"該当なし")」と入力

参照▶ VLOOKUP……P.275
参照▶ LOOKUP……P.283

予算が5,800円未満の場合は「該当なし」と表示された

HINT IFERROR関数と組み合わせて使う

Excel 2010以前ではIFNA関数が使えないので、IF関数とISNA関数を組み合わせて使います。上の例であれば、「=IF(ISNA(LOOKUP(A3,C6:C10,B6:B10)),"該当なし",LOOKUP(A3,C6:C10,B6:B10))」とします。
ただし、該当商品がある場合には、LOOKUP関数を2回呼び出すことになるので、このまま入力するよりは、LOOKUP関数の結果を作業用のセルに入力しておき、その結果を使った方が式がわかりやすくなります。たとえば、セルC3に「=LOOKUP(A3,C6:C10,B6:B10)」と入力しておけば、セルB3は「=IF(ISNA(B3),"該当なし",B3)」となります。
なお、作業用に使ったセルC3の表示が目障りであれば、フォントの色を白にするなどして、検索結果やエラー値が表示されないようにするといいでしょう。

参照▶ IF……P.252
参照▶ ISNA……P.836

4-6 論理値を表す

TRUE 常に真（TRUE）であることを表す

TRUE()
トゥルー

▶関数の解説

論理値TRUE（真）を返します。

▶引数の意味

引数は必要ありません。関数名に続けて()のみ入力します。

ポイント
- セルに「TRUE」という値を入力しても同じ結果が得られます。
- TRUE関数に引数を指定すると、エラーメッセージが表示されます。()のなかに引数が指定されていたら削除してください。

エラーの意味

TRUE関数では、エラー値が返されることはありません。

関数の使用例　書類の提出状況を確認する

書類の提出状況を確認する表を作成します。TRUE関数を使い、提出済であれば論理値TRUEを表示します。

=TRUE()

「真」を表したいセルに「TRUE」と表示する。

❶セルB4に「=TRUE()」と入力

参照 関数を入力するには……P.38
サンプル 04_010_TRUE.xlsx

論理値「TRUE」が表示された

271

4-6 論理値を表す

HINT TRUE関数と論理値TRUE

「TRUE()」は論理値TRUEを返す関数です。一方、「TRUE」は「真」を表す値です。セルに「=TRUE()」と入力しても、「=TRUE」と入力しても同じ結果が得られますが、この「=TRUE」は関数ではなく、TRUEという値をセルに入力する数式です。

FALSE 常に偽（FALSE）であることを表す

FALSE()
フォールス

▶関数の解説

論理値FALSE（偽）を返します。

▶引数の意味

引数は必要ありません。関数名に続けて()のみ入力します。

ポイント

- セルに「FALSE」という値を入力しても同じ結果が得られます。
- FALSE関数に引数を指定すると、エラーメッセージが表示されます。()のなかに引数が指定されていたら削除してください。

エラーの意味

FALSE関数では、エラー値が返されることはありません。

関数の使用例　書類の未提出状況を確認する

書類の未提出状況を確認する表を作成します。FALSE関数を使い、未提出であれば論理値FALSEを表示します。

=FALSE()

「偽」を表したいセルに「FALSE」と表示する。

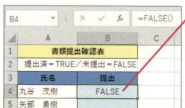

❶セルB4に「=FALSE()」と入力
参照▶関数を入力するには……P.38
サンプル▶04_011_FALSE.xlsx
論理値「FALSE」が表示された

HINT FALSE関数と論理値FALSE

「FALSE()」は論理値FALSEを返す関数です。一方、「FALSE」は「偽」であることを表す値です。セルに「=FALSE()」と入力しても、「=FALSE」と入力しても同じ結果が得られますが、「=FALSE」は関数ではなく、FALSEという値をセルに入力する数式です。

第5章

検索／行列関数

5 - 1．表を検索してデータを取り出す・・・・・・・・・274
5 - 2．引数のリストから特定の値を選ぶ・・・・・・・286
5 - 3．セルの位置や検索値の位置を求める・・・・・288
5 - 4．範囲内の要素を求める・・・・・・・・・・・・・・・294
5 - 5．指定した位置のセル参照を求める・・・・・・298
5 - 6．ほかのセルを間接的に参照する・・・・・・・・306
5 - 7．行と列を入れ替える・・・・・・・・・・・・・・・313
5 - 8．ハイパーリンクを作成する・・・・・・・・・・316
5 - 9．ピボットテーブルからデータを取り出す・・・318
5 - 10．RTDサーバーからデータを取り出す・・・・・321

5-1 表を検索してデータを取り出す

VLOOKUP関数、HLOOKUP関数、LOOKUP関数

表を検索し、検索値に対応するデータを取り出すには、VLOOKUP関数、HLOOKUP関数、LOOKUP関数を利用します。VLOOKUP関数は、範囲の先頭列を下に向かって検索し、対応するデータを取り出します。HLOOKUP関数は、範囲の先頭行を右に向かって検索し、対応するデータを取り出します。LOOKUP関数は、指定した範囲を検索し、対応範囲の同じ位置にあるデータを取り出します。LOOKUP関数は、検索する範囲と対応範囲とが離れた位置にある場合や、検索する範囲よりも対応範囲が上または左にある場合に便利です。

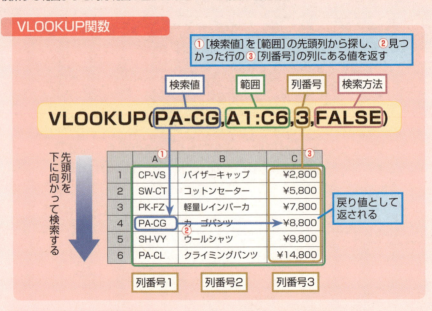

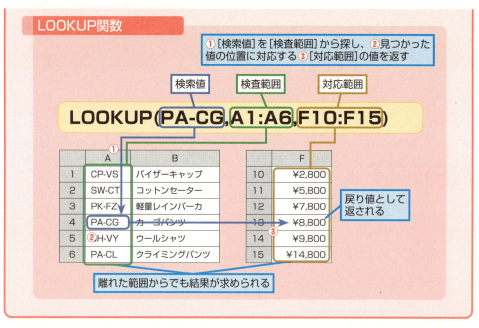

VLOOKUP 範囲を下に向かって検索する

VLOOKUP(検索値, 範囲, 列番号, 検索方法)

▶関数の解説

[範囲]の先頭列を下に向かって検索し、[検索値]に一致する値または[検索値]以下の最大値を探します。見つかったセルと同じ行の、[列番号]の位置にあるセルの値を取り出します。

▶引数の意味

検索値 …………………… 検索する値を指定します。全角文字と半角文字は区別されますが、英字の大文字と小文字は区別されません。

範囲 ……………………… 検索されるセル範囲を指定します。

列番号 …………………… 範囲の先頭列から数えた列数を指定します。検索値が見つかった場合、ここで指定した列にあるセルの値が取り出されます。

検索方法 ………………… 近似値検索を行うかどうかを指定します。以下の値を指定できます。
　　　　　　　　┌ TRUEまたは省略 ………… [検索値]以下の最大値を検索します（近似値検索）。
　　　　　　　　└ FALSE ………………………… [検索値]に一致する値のみを検索します。

ポイント

- VLOOKUP関数は1行につき1件のデータが入力されており、列が項目を表す表の検索に向いています。[検索値]が検索されるのは先頭列のみです。
- [検索方法]にTRUEを指定するか省略した場合、[検索値]と[範囲]の先頭列の値を大小比較して小さい値から順に検索します。したがって、[範囲]のデータは、先頭列をキーとして昇順に並べ替えておく必要があります。

5-1 表を検索してデータを取り出す

エラーの意味

エラーの種類	原因	エラーとなる例
[#N/A]	[検索値] が見つからなかった	=VLOOKUP("M-73",A6:C13,3,FALSE)
[#REF!]	[列番号] が [範囲] の列数を超えている	=VLOOKUP(A3,A6:C13,4)
[#VALUE!]	[列番号] が 1 未満になっている	=VLOOKUP(A3,A6:C13,0)

関数の使用例　商品の価格を取り出す

商品番号を検索し、その商品の価格を取り出します。セルA3に入力した商品番号をセルA6～C13の先頭列から検索し、商品番号が見つかれば、その商品番号に対応する価格を取り出します。

=VLOOKUP(A3,A6:C13,3,FALSE)

セルA3に入力された [検索値] を、セルA6～C13の [範囲] の先頭列で検索し、見つかった値と同じ行にある、3列めのセルの値を返す。

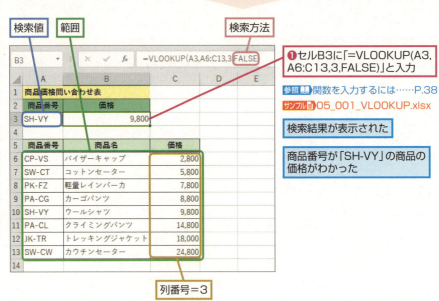

❶セルB3に「=VLOOKUP(A3,A6:C13,3,FALSE)」と入力

参照▶関数を入力するには……P.38
サンプル▶05_001_VLOOKUP.xlsx

検索結果が表示された

商品番号が「SH-VY」の商品の価格がわかった

HINT [検索方法] を正しく指定するには

VLOOKUP関数やHLOOKUP関数では、[検索方法] にFALSEを指定すると [検索値] に一致する値のみが検索され、TRUEを指定すると [検索値] 以下の最大値が検索されます（近似値検索）。関数を入力するときに、ポップヒントが表示されるので、TRUEを指定すべきか、FALSEを指定すべきか迷うことはありませんが、[検索方法] の意味を「近似値検索を行うかどうかを指定する」と理解しておけば、ポップヒントが表示されていなくても確実に指定できます。

ほかのブックやシートに入力されている範囲を検索するには

VLOOKUP関数の［範囲］には、ほかのブックやワークシートのセル範囲も指定できます。その場合、ブック名は［］で囲んで指定し、ワークシート名とセル範囲は！で区切ります。たとえば、「商品一覧表.xlsx」というブックの「Sheet1」にあるセルA3～C10であれば、「[商品一覧表.xlsx]Sheet1!$A$3:$C$10」のように表します。

❶「=VLOOKUP(A8,[商品一覧表.xlsx]Sheet1!$A$3:$C$10,2,FALSE)」と入力

◆「商品一覧表.xlsx」
◆ワークシート名は「Sheet1」

商品番号が「FP-BBL」の商品の商品名がわかった

活用例① 検索値がないときにエラーメッセージを表示する

VLOOKUP関数では、［検索値］に一致する値がない場合は［#N/A］エラーが表示されます。IFNA関数を利用して、式の値が［#N/A］エラーかどうかを調べれば、エラー値の代わりに別の文字列を表示できます。下の例では、セルA3に入力した商品番号「SA-VY」は、［範囲］として指定したセルA6～C13の先頭列にないので、セルB3には「該当商品なし」と表示されます。なお、IFNA関数はExcel 2013以降で使える関数なので、それ以前のバージョンでは、IF関数とISNA関数を組み合わせます。

参照▶IFNA……P.268

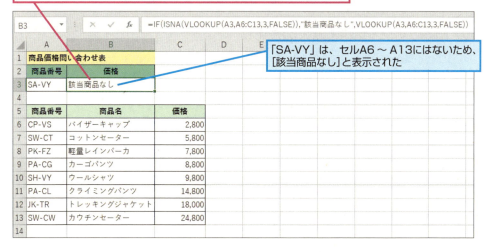

❶「=IFNA(VLOOKUP(A3,A6:C13,3,FALSE),"該当商品なし")」と入力

「SA-VY」は、セルA6～A13にはないため、［該当商品なし］と表示された

5-1

表を検索してデータを取り出す

関数の基本知識 **1**

日付／時刻関数 **2**

数学／三角関数 **3**

論理関数 **4**

検索／行列関数 **5**

データベース関数 **6**

文字列操作関数 **7**

統計関数 **8**

財務関数 **9**

エンジニアリング関数 **10**

情報関数 **11**

キューブ関数 **12**

ウェブ関数 **13**

付　録

HINT IF関数とISNA関数を組み合わせるには

Excel 2010以前で前ページの例と同様のことを行うには、IF関数とISNA関数を組み合わせて、セルB3に「=IF(ISNA(VLOOKUP (A3,A6:C13,3,FALSE)),"該当商品なし", VLOOKUP(A3,A6:C13,3,FALSE))」と入力します。

活用例② [検索値]以下の最大値を検索する（近似値検索）

[検索方法]にFALSEを指定した場合、[検索値]に一致する値がないと[#N/A]エラーが表示されます。一方、[検索方法]にTRUEを指定するか省略した場合、[検索値]以下の最大値が検索されます。この機能を利用すると、完全に一致する値がなくても、検索ができます。たとえば、点数によって何段階かに評価を分けることができます。次の例では、セルB3に入力された得点を[検索値]として、セルE3～F6を検索します。たとえば、得点が65点の場合、[範囲]の先頭列には一致する値がありませんが、65以下の最大値が検索されるので、60に一致したものと見なされます。また、得点がちょうど70点の場合、70以下の最大値は70なので、それに対応する「良」という評価が表示されます。

❶「=VLOOKUP(B3, $E$3: $F$6,2,TRUE)」と入力

❷「65」と入力

65以下の最大値である60と一致したものとみなされ、[可]と表示された

評価は「可」になることがわかった

セルC3をセルC7までコピーしておく

70を検索すると、70に対する「良」が表示される（70は「70以下の最大値」に一致する）

HINT 近似値検索できる表を間違いなく作るには

VLOOKUP関数の近似値検索を行うとき、検索される表にどのような値を入れておけばいいのかわからないと頭を抱えてしまう人が多いようです。この表の作り方には以下のようなコツがあります。

①まず、結果として欲しい値を小さいものから順に入力する……上の例であれば、欲しいものは「不可」「可」「良」「優」であり、それ以外はありません。最初に、これらの値を入力します。
②左側の列に、①で入力した結果を得るための

最低の値を入力する……たとえば、「不可」を取るための最低の点数は0点です。また「可」を取るための最低の点数は60点です。それらを順に入力していきます。
以上で表が完成します。この方法は成績の例だけでなくあらゆる場合に使えます。あとは、VLOOKUP関数を形式どおりに入力するだけです。近似値検索でどのような処理が行われるかを一切考えなくても正しく近似値検索のできる表が作成できます。

278
できる

検索範囲は昇順に並べ替えておく

VLOOKUP関数の［検索方法］にTRUEを指定するか省略した場合、先頭列が小さい値から順に検索されるので、［範囲］のデータは先頭列をキーとして並べ替えておく必要があります。昇順に並べ替えると、数値は「負の小さな値→正の大きな値」、アルファベットは「A→Z」、かなは「あ→ん」、論理値は「FALSE→TRUE」に、日付は「古い日付→新しい日付」の順になります。ただし、VLOOKUP関数は文字コード順に検索を行うので、文字列をキーとして並べ替えるときには［並べ替えオプション］ダイアログボックスでふりがなを使わないように指定して並べ替えておく必要があります。

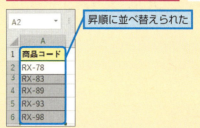

並べ替えたい範囲を指定する

❶［ホーム］タブの［並べ替えとフィルター］ボタンをクリックし、［昇順］を選択

昇順に並べ替えられた

HLOOKUP　範囲を右に向かって検索する

HLOOKUP(検索値, 範囲, 行番号, 検索方法)
（エイチ・ルックアップ）

▶関数の解説

［範囲］の先頭行を右に向かって検索し、［検索値］に一致する値または［検索値］以下の最大値を探します。見つかったセルと同じ列の、［行番号］の位置にあるセルの値を取り出します。

▶引数の意味

検索値 …………… 検索する値を指定します。全角文字と半角文字は区別されますが、英字の大文字と小文字は区別されません。

範囲 ……………… 検索されるセル範囲を指定します。

行番号 …………… 範囲の先頭行から数えた行数を指定します。検索値が見つかった場合、ここで指定した行にあるセルの値が取り出されます。

検索方法 ………… 近似値検索を行うかどうかを指定します。以下の値を指定できます。
　　　　　　　　　┌ TRUEまたは省略 ……… ［検索値］以下の最大値を検索します（近似値検索）。
　　　　　　　　　└ FALSE ………………… ［検索値］に一致する値のみを検索します。

ポイント

- HLOOKUP関数は1列につき1件のデータが入力されており、行が項目を表す表の検索に向いています。［検索値］が検索されるのは先頭行のみです。
- ［検索方法］にTRUEを指定するか省略した場合、先頭行が小さい値から順に検索されます。したがって、［範囲］のデータは、先頭行をキーとして昇順に並べ替えておく必要があります。

エラーの意味

エラーの種類	原因	エラーとなる例
[#N/A]	［検索値］が見つからなかった	=HLOOKUP("X86",B5:D10,2,FALSE)
[#REF!]	［行番号］が［範囲］の行数を超えている	=HLOOKUP(A3,B5:D10,7)
[#VALUE!]	［行番号］が1未満になっている	=HLOOKUP(A3,B5:D10,0)

279

5-1 表を検索してデータを取り出す

関数の使用例　部品の仕入先を取り出す

部品番号を検索し、その部品の仕入先を取り出します。セルA3に入力された商品番号をセルB5～D10の先頭行から検索し、商品番号が見つかれば、その商品番号に対応する仕入れ先を取り出します。

=HLOOKUP(A3,B5:D10,2,FALSE)

セルA3に入力された［検索値］を、セルB5～D10の［範囲］の先頭行で検索し、見つかった値と同じ列にある、2行めのセルの値を返す。

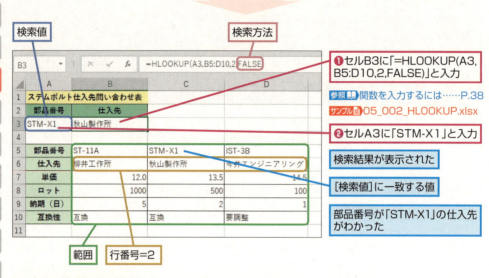

❶セルB3に「=HLOOKUP(A3,B5:D10,2,FALSE)」と入力
❷セルA3に「STM-X1」と入力
検索結果が表示された
［検索値］に一致する値
部品番号が「STM-X1」の仕入先がわかった

参照▶関数を入力するには……P.38
サンプル▶05_002_HLOOKUP.xlsx

活用例　検索値に近い値を検索する

HLOOKUP関数では、［検索方法］にFALSEを指定した場合、［検索値］に一致する値がないと［#N/A］エラーが表示されます。一方、［検索方法］にTRUEを指定するか省略した場合、［検索値］以下の最大値が検索されます。この機能を利用すると、文字の近似値で検索できます。次の例では、セルA3に入力された社員番号を［検索値］として、セルB5～E5を検索します。たとえば、社員番号がB07114の場合、［範囲］の先頭の行には一致する値がありませんが、B07114以下の最大値が検索されるので、「部署コード」の「B」に一致したものとみなされます。

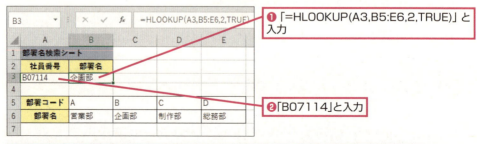

❶「=HLOOKUP(A3,B5:E6,2,TRUE)」と入力
❷「B07114」と入力
B07114以下の最大値であるBと一致したものとみなされ、［企画部］と表示された
部署名が「企画部」であることがわかった

VLOOKUP関数とHLOOKUP関数の違い

VLOOKUP関数とHLOOKUP関数とは、検索の方向が異なるだけで、そのほかの違いはありません。[範囲]の先頭列を上から下へ（縦方向に）検索する場合にはVLOOKUP関数を使い、[範囲]の先頭行を左から右へ（横方向に）検索する場合にはHLOOKUP関数を使います。

検索範囲は昇順に並べ替えておく

HLOOKUP関数の[検索方法]にTRUEを指定するか省略した場合、先頭行が小さい値から順に検索されるので、[範囲]のデータは先頭行をキーとしてあらかじめ並べ替えておく必要があります。この場合、並べ替えの[方向]は[列単位]としておきます。[ホーム]タブの[並べ替えとフィルター]－[ユーザー設定の並べ替え]を選んで[並べ替え]ダイアログボックスを表示し、[オプション]ボタンをクリックすれば[列単位]が指定できます。また、文字列の検索は、ふりがな順ではなく文字コード順に行われるので、並べ替えの[方法]として[ふりがなを使わない]を選択しておきます。

▶ LOOKUP（ベクトル形式）1行または1列の範囲を検索する

LOOKUP(検査値, 検査範囲, 対応範囲)
（ルックアップ）

▶関数の解説

[検査値]を[検査範囲]から検索し、[対応範囲]にある値を取り出します。この関数には「ベクトル形式」と「配列形式」の2種類があり、引数の指定方法が異なっています。この項で解説するベクトル形式のLOOKUP関数では、1行または1列のセル範囲（これを「ベクトル」と呼びます）を検索し、[検査範囲]内で[検査値]が見つかれば、その位置に対応する[対応範囲]のセルの値を取り出します。

参照 LOOKUP（配列形式）……P.283

それぞれ範囲を指定できる

▶引数の意味

検査値………………検索する値を指定します。全角文字と半角文字は区別されますが、英字の大文字と小文字は区別されません。[検査値]に完全に一致する値だけを検索するのではなく、[検査値]以下の最大値が検索されます。

検査範囲……………検索されるセル範囲を1行または1列で指定します。

対応範囲……………[検査範囲]に対応させるセル範囲を指定します。[検査範囲]内で[検査値]が見つかれば、その位置に対応する[対応範囲]の値が取り出されます。

5-1 表を検索してデータを取り出す

ポイント

- ［検査範囲］と［対応範囲］の大きさは同じでなければなりません。
- ［検査範囲］と［対応範囲］が隣接している必要はありません。
- ［検査範囲］と［対応範囲］の方向は同じでなくてもかまいません。たとえば、［検査範囲］が列方向で、［対応範囲］が行方向でもかまいません。
- 位置とは、［検査範囲］や［対応範囲］の先頭から数えた位置（行数または列数）のことです。たとえば、［検査値］が［検査範囲］の4番めで見つかったとすれば、［対応範囲］の4番めの値が取り出されます。
- 文字列はふりがなの順ではなく文字コード順に検索されます。したがって、［検査範囲］は文字コードの昇順に並べ替えておく必要があります。　参照▶ふりがなを使わずに並べ替えるには……P.283

エラーの意味

エラーの種類	原因	エラーとなる例
[#N/A]	［検査範囲］と［対応範囲］の大きさが異なる	=LOOKUP(A3,A7:A9,E12:E15)
	［検査値］が［検査範囲］の最小値よりも小さい	=LOOKUP(0,A7:A9,E12:E14)

関数の使用例　模試の判定結果を取り出す

氏名を検索し、その人の模試の判定結果を取り出します。セルA3に入力された氏名をセルA7～A9から検索し、見つかった位置（先頭からの位置）に対応する位置にある「判定」の値を取り出します。

=LOOKUP(A3,A7:A9,E12:E14)

セルA3の値を［検査値］として、セルA7～A9の［検査範囲］で検索し、見つかった位置と同じ位置にある、［対応範囲］のセルの値を返す。

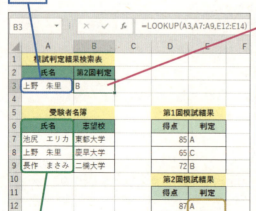

❶ セルB3に「=LOOKUP(A3,A7:A9,E12:E14)」と入力

参照▶関数を入力するには……P.38
サンプル 05_003_LOOKUP.xlsx

検索結果が表示された

「上野　朱里」の2回めの判定結果がわかった

HINT 通常は受験番号で検索する

ここでは氏名を使った検索を例として示していますが、一般的には受験番号や学生番号で検索するのが普通です（同姓同名にも対処できます）。

> **HINT ふりがなを使わずに並べ替えるには**
>
> [ホーム]タブの[並べ替えとフィルター]-[ユーザー設定の並べ替え]を選んで[並べ替え]ダイアログボックスを表示し、[オプション]ボタンをクリックすれば、並べ替えの[方法]として[ふりがなを使わない]が選択できます。このように設定しておいて並べ替えを実行すると、文字列が入力されているセルはふりがなの順ではなく、文字コードの順に並べ替えられます。

LOOKUP（配列形式）範囲を検索して対応する値を返す

LOOKUP(検査値, 配列)

▶関数の解説

[検査値]を[配列]の範囲から検索し、対応する位置にある値を取り出します。この関数には「ベクトル形式」と「配列形式」の2種類があり、引数の指定方法が異なっています。この項で解説する配列形式のLOOKUP関数では、[配列]の先頭列または先頭行で[検査値]を検索し、見つかった値と同じ位置にある[配列]の右端の列または最後の行のセルの値を取り出します。

参照 LOOKUP（ベクトル形式）……P.281

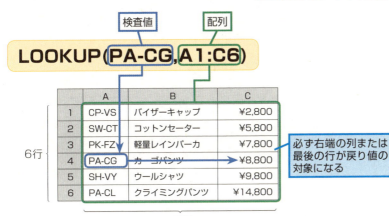

▶引数の意味

検査値 …………… 検索する値を指定します。全角文字と半角文字は区別されますが、英字の大文字と小文字は区別されません。[検査値]に完全に一致する値だけを検索するのではなく、[検査値]以下の最大値が検索されます。

配列 ………………… [検査値]と対応させるセル範囲を指定します。[配列]内で[検査値]が見つかれば、その位置に対応する[配列]の右端の列または最後の行のセルの値が取り出されます。

ポイント

・列方向に検索するか行方向に検索するかは、[配列]の列と行の数によって決まります。

・文字列はふりがなの順ではなく文字コード順に検索されます。したがって、［検査値］と対応させるセル範囲は文字コードの昇順に並べ替えておく必要があります。

参照▶ふりがなを使わずに並べ替えるには……P.283

エラーの意味

エラーの種類	原因	エラーとなる例
［#N/A］	［検査値］が［配列］の最小値よりも小さい	=LOOKUP(0,A7:E11)

関数の使用例　支店の合計売上を取り出す

支店名を検索し、その支店の合計売上を取り出します。セルA3に入力された支店名をセルA7〜E11から検索し、見つかった位置に対応する合計金額を取り出します。

=LOOKUP(A3,A7:E11)

セルA3の値を［検査値］として、セルA7〜E11の［検査範囲］を検索し、見つかった位置に対応するセルの値を取り出す。この場合、［配列］のサイズが5行5列であり、行数≧列数の場合にあたるので、先頭列が検索され、右端のセルの値が取り出される。

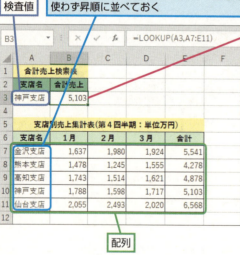

❶セルB3に「=LOOKUP(A3,A7:E11)」と入力

参照▶関数を入力するには……P.38
サンプル▶05_004_LOOKUP.xlsx

検索結果が表示された

「神戸支店」の合計売上がわかった

行数と列数によっては期待した結果が得られないこともある

配列形式のLOOKUP関数では、検索の方向が［配列］の行数と列数で決まるので、表の構成によっては思ったような結果が得られないこともあります。たとえば、下の表で、都道府県名を［検査値］として会員数を検索しようとしても、行数が列数よりも少ないので、「埼玉」がセルA6～D8の先頭の行で（右に向かって）検索されます。「埼玉」の文字コードと一致する値は6行めにありませんが、検査値以下の最大値が検索されるので、「横浜市」と一致します（文字コードは「横(3223)」＜「埼(3A6B)」＜「神(3F40)」＜「青(4044)」）。この場合は、最後の行のセルの値が取り出されるので、「渋谷区」が検索結果として表示されることになります。このような場合、範囲の行数を多めに指定しておけば、先頭の列を検索することができます。ただし、VLOOKUP関数やHLOOKUP関数、ベクトル形式のLOOKUP関数を使って、戻り値を返す対象範囲を指定したほうが確実に検索できます。

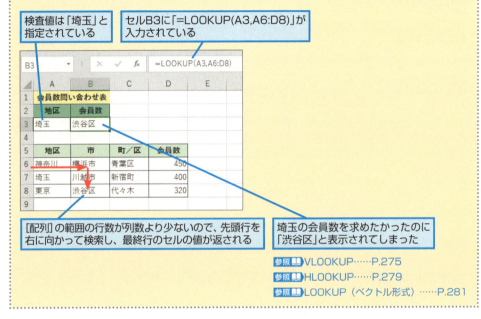

［配列］の範囲の行数が列数より少ないので、先頭行を右に向かって検索し、最終行のセルの値が返される

埼玉の会員数を求めたかったのに「渋谷区」と表示されてしまった

参照▶VLOOKUP……P.275
参照▶HLOOKUP……P.279
参照▶LOOKUP（ベクトル形式）……P.281

5-2　引数のリストから特定の値を選ぶ

CHOOSE　引数のリストから値を選ぶ

CHOOSE(インデックス, 値1, 値2, …, 値254)
（チューズ）

▶関数の解説

［インデックス］の位置にある［値］を取り出します。

▶引数の意味

インデックス ………… ［値1］～［値254］のうち、何番めの値を選ぶかを、1～254までの数値で
指定します。

値…………………………［インデックス］によって選択される値を指定します。「,（カンマ）」で区切っ
て254個まで指定できます。

ポイント

- ［インデックス］に小数部分のある数値を指定した場合、小数点以下を切り捨てた整数とみなされます。
- ［インデックス］の値が1のときには［値1］、［インデックス］の値が2のときには［値2］というように、［インデックス］の値に対応する位置にある［値］が取り出されます。
- ［インデックス］に配列定数を指定すれば、複数の値が求められます。その場合、配列数式として入力する必要があるので、関数の入力を終了するときにはEnterキーではなく、Ctrl＋Shift＋Enterキーを押す必要があります。　　　　　　　　　　　　　　参照 配列数式……P.64

たとえば、セルA1～A2を選択し、セルA1に「=CHOOSE({1,2},"桐壺","帚木","空蝉")」と入力してCtrl＋Shift＋Enterキーを押すと、セルA1には「桐壺」、セルA2には「帚木」が表示されます。

エラーの意味

エラーの種類	原因	エラーとなる例
[#VALUE!]	［インデックス］に1未満の値、または［値］の個数を超える値を指定した	=CHOOSE(0,B3,B4,B5) =CHOOSE(4,B3,B4,B5)

関数の使用例　指定したコードに対応する振替サイクルを取り出す

口座振替（引き落とし）情報を入力するための表で、指定したコードに対応する振替サイクルを取り出します。セルB4に入力されたコードに対応する回数（セルG3,G4,I3,I4）が取り出されるようにします。

=CHOOSE(B4,G3,G4,I3,I4)

セルB4に入力された［インデックス］に対応する位置にある［値］を取り出す。［値］として指定されているG3、G4、I3、I4のいずれかの値が取り出される。

サイドバー（縦）

5-2　引数のリストから特定の値を選ぶ

1 関数の基本知識
2 日付／時刻関数
3 数学／三角関数
4 論理関数
5 検索／行列関数
6 データベース関数
7 文字列操作関数
8 統計関数
9 財務関数
10 エンジニアリング関数
11 情報関数
12 キューブ関数
13 ウェブ関数
付録

5-2 引数のリストから特定の値を選ぶ

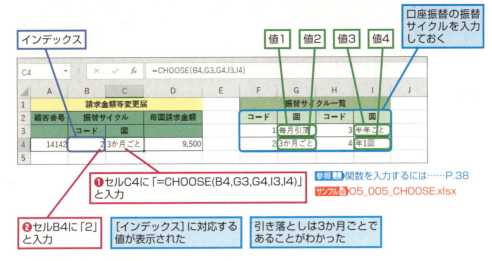

❶ セルC4に「=CHOOSE(B4,G3,G4,I3,I4)」と入力

❷ セルB4に「2」と入力

[インデックス]に対応する値が表示された

引き落としは3か月ごとであることがわかった

参照▶ 関数を入力するには……P.38
サンプル▶ 05_005_CHOOSE.xlsx

活用例　指定した位置までの合計を求める

CHOOSE関数の[値]にセル参照を指定すると、戻り値もセル参照になります。たとえば、使用例に示した「=CHOOSE(B4,G3,G4,I3,I4)」という数式では、「3か月ごと」という文字列が結果として表示されましたが、戻り値は文字列ではなく、あくまでもセルG4の参照です。したがって、この戻り値は、ほかの関数の引数のうち、セル参照を指定できる箇所にもそのまま指定できます。下の表では、その機能を利用して、セルD3に入力した月までの合計を求めています。セルE3には、「=SUM(B3:CHOOSE(D3,B3,B4,B5,B6,B7,B8))」という数式が入力されていますが、このなかのCHOOSE関数に注目してください。D3には4が入力されているので、CHOOSE関数の結果はセルB6への参照となります（430という値そのものではありません）。したがって、この関数は「=SUM(B3:B6)」と同じ意味になります。なお、セル参照を求めるにはINDEX関数やOFFSET関数なども使えます。

参照▶ OFFSET……P.298
参照▶ INDEX（セル参照形式）……P.301
参照▶ INDEX（配列形式）……P.303

❶「=SUM(B3:CHOOSE(D3,B3,B4,B5,B6,B7,B8))」と入力

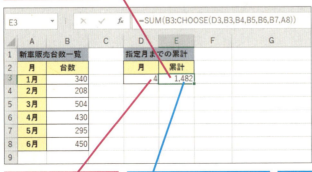

❷ セルD3に4月を表す「4」と入力

1月～4月までの販売台数の合計がわかった

「=SUM(B3:B6)」と同じ計算が行われる

287

5-3

セルの位置や検索値の位置を求める

左サイドバー:
- 5-3 セルの位置や検索値の位置を求める
- 1 関数の基本知識
- 2 日付／時刻関数
- 3 数学／三角関数
- 4 論理関数
- 5 検索／行列関数
- 6 データベース関数
- 7 文字列操作関数
- 8 統計関数
- 9 財務関数
- 10 エンジニアリング関数
- 11 情報関数
- 12 キューブ関数
- 13 ウェブ関数
- 付録

▶ COLUMN　セルの列番号を求める

COLUMN(参照)
カ　ラ　ム

▶関数の解説

［参照］に指定したセルの列番号を求めます。列番号はワークシートの先頭の列を1として数えた値です。

▶引数の意味

参照……………………… セルまたはセル範囲を指定します。セル範囲を指定した場合は、先頭の列の番号が戻り値として返されます。

［ポイント］

- ［参照］を省略して「=COLUMN()」と入力すると、COLUMN関数が入力されているセルの列番号が戻り値として返されます。
- ［参照］がA列であれば1、B列であれば2というように、英字の列番号ではなく、列の位置を表す数字が返されます。

［エラーの意味］

COLUMN関数では、エラー値が返されることはありません。

関数の使用例　セルB2がワークシートの何列めにあたるかを求める

セルB2がワークシートの何列めにあたるかを求めます。この表では、ここで求められた列の位置を駐輪場の番号としています。

=COLUMN(B2)

セルB2の列位置を返す。

288
できる

❶ セルB3に「=COLUMN(B2)」と入力

参照📖 関数を入力するには……P.38
サンプル📄 05_006_COLUMN.xlsx

[参照]として指定したセルの列番号が表示された

セルB2は2列めであることがわかった

HINT セルが結合されているときは

[参照]として指定したセルが結合されているときは、先頭のセルの列番号が返されます。

活用例　基準位置から何列めにあたるかを求める

現在のセルが、特定のセル（基準のセル）から数えて何列めにあるかを求めるには、「現在のセルの列番号-基準のセルの列番号」という数式を入力します。以下の例では、セルA3を基準として、現在のセルがセルA3から何列めにあたるかを求めています。

❶ セルB3に「=COLUMN()-COLUMN($A$3)」と入力

セルA3から何列めにあたるかがわかった

❷ セルB3をセルE3までコピー

ほかのセルにも番号が表示された

ROW　セルの行番号を求める

ROW(参照)

▶関数の解説

[参照]に指定したセルの行番号を求めます。行番号はワークシートの先頭の行を1として数えた値です。

▶引数の意味

参照……………… セルまたはセル範囲を指定します。セル範囲を指定した場合は、先頭の行の番号が戻り値として返されます。

［ポイント］
・[参照]を省略して「=ROW()」と入力すると、ROW関数が入力されているセルの行番号が戻り値として返されます。

［エラーの意味］
ROW関数では、エラー値が返されることはありません。

5-3 セルの位置や検索値の位置を求める

289

5-3 セルの位置や検索値の位置を求める

関数の使用例　セルB2がワークシートの何行めにあたるかを求める

セルB2がワークシートの何行めにあたるかを求めます。この表では、ここで求められた行の位置を明細の番号としています。

=ROW(B2)

セルB2の行位置を返す。

❶セルA2に「=ROW(B2)」と入力

参照 ▶関数を入力するには……P.38
サンプル 📘 05_007_ROW.xlsx

セルB2は2行めであることがわかった

参照

HINT セルが結合されているときは
［参照］として指定したセルが結合されているときは、先頭のセルの行番号が返されます。

HINT 伝票に行番号を付けるには
引数を指定せずにROW関数を入力すると、関数を入力したセルの行番号が求められます。通常、伝票や一覧表には見出しが付いているので、セルの行番号と明細の行番号には、見出しの分だけずれがあります。その場合、セルの行番号から見出しの行数を引けば、明細の行番号が求められます。
なお、このようにして作成した行番号は、ほかの項目をキーとして行を並べ替えても変わりません（常に、「現在の行位置-7」の値が表示されます）。

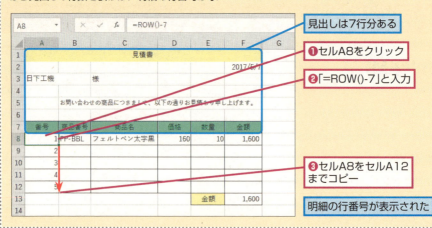

見出しは7行分ある
❶セルA8をクリック
❷「=ROW()-7」と入力
❸セルA8をセルA12までコピー
明細の行番号が表示された

MATCH 検査値の相対位置を求める

MATCH(検査値, 検査範囲, 照合の種類)

▶関数の解説

[検査値]が[検査範囲]のなかの何番めのセルであるかを求めます。[検査範囲]の先頭のセルの位置を1として数えた値が返されます。

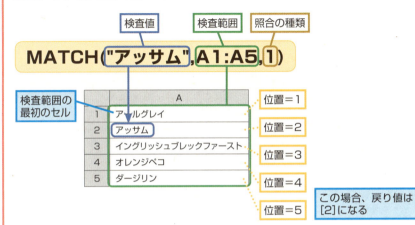

▶引数の意味

検査値……………検索する値を指定します。

検査範囲…………[検査値]を検索する範囲を指定します。1行または1列のセル範囲や配列定数で指定します。

照合の種類………検索の方法を指定します。以下の値が指定できます。

- 1または省略………[検査値]以下の最大値を検索します。この場合、[検査範囲]のデータは昇順に並べ替えておく必要があります。
- 0…………………[検査値]に一致する値のみを検索します。
- −1…………………[検査値]以上の最小値を検索します。この場合、[検査範囲]のデータは降順に並べ替えておく必要があります。

ポイント

- [照合の種類]が0のとき、[検査値]の文字列にはワイルドカード文字が使用できます。使用できるワイルドカード文字は、任意の文字列を表す「*」と、任意の1文字を表す「?」です。

  参照▶検索条件で使えるワイルドカード文字……P.124

- 検索時には、英字の大文字と小文字は区別されませんが、全角文字と半角文字は区別されます。

エラーの意味

エラーの種類	原因	エラーとなる例
[#N/A]	[検査値]が検査範囲内で見つからなかった	=MATCH("ビリー園芸",A7:A11,0)
[#N/A]	[検査範囲]に複数の行と列を指定した	=MATCH("アッサム",A1:B5)

関数の使用例　売掛残高の順位を求める

顧客名をもとに、売掛残高の順位を求めます。セルA3に入力された顧客名をセルA7～A11の売掛残高一覧の範囲で検索し、先頭からの位置を返します。ここでは、売掛金の残高を調べているわけではなく、範囲内での位置を調べています。

=MATCH(A3,A7:A11,1)

セルA3に入力された値を［検査値］として、セルA7～A11の［検査範囲］を検索する。検索の方法は1（［検査値］以下の最大値を探す）とする。

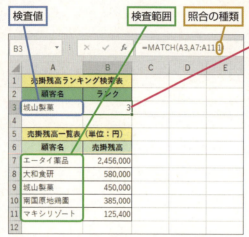

❶セルB3に「=MATCH(A3,A7:A11,1)」と入力

参照関数を入力するには……P.38
サンプル 05_008_MATCH.xlsx

検索結果が表示された

売掛残高の順位がわかった

検査範囲が並べ替えられていない場合は

MATCH関数の［照合の種類］に1を指定するか省略すると、［検査値］以下の最大値が検索されます。このとき、［検査範囲］が並べ替えられていないと期待した結果が得られません。

たとえば、［検査値］が［検査範囲］のどの値よりも大きい場合には、最後のデータの位置が返されます。

セルC3～C7が並べ替えられていない

❶セルF3に「=MATCH(E3,C3:C7,1)」と入力

「オッズ」が8以下の最大値は7.9なので、3という結果を期待したが、5が返された

活用例　行位置と列位置で検索する

INDEX関数を使えば、行番号と列番号で指定したセルの値が取り出せます。つまり、行と列の交わった位置にある値が取り出せます。行位置と列位置はMATCH関数で求められるので、それらの値をINDEX関数に指定すれば、クロス集計表の検索ができます。たとえば、先頭列に氏名が、先頭行に月が入力されている集計表があれば、MATCH関数を使って氏名から行番号を求め、月から列番号を求めます。それらをINDEX関数の引数に指定すれば、氏名と月が交差する位置にある値が求められます。

参照📖INDEX（セル参照形式）……P.301

氏名を検査値として行番号を求める

月を検査値として列番号を求める

| C3 | | | fx | =INDEX(B7:G11,MATCH(A3,A7:A11,0),MATCH(B3,B6:G6,0)) |

	A	B	C	D	E	F	G	H	I
1	給与計算検索表								
2	氏名	月	総支給額						
3	玉本　宏	4	660,000						
4									
5	給与集計表（支給額）								
6	氏名／月	1	2	3	4	5	6		
7	加藤　敦史	400,000	415,000	418,000	420,000	421,500	422,000		
8	玉本　宏	560,000	582,000	585,200	660,000	638,000	612,000		
9	玉山　鉄三	450,000	4,510,000	452,300	485,000	400,000	468,000		
10	成美　高尾	385,000	385,200	384,500	356,000	359,000	397,000		
11	山野　孝之	244,000	244,000	246,000	241,800	226,000	215,000		
12									

INDEX関数で、MATCH関数の戻り値を行番号と列番号に指定する

❶「=INDEX(B7:G11,MATCH(A3,A7:A11,0),MATCH(B3,B6:G6,0))」と入力

氏名と月が交差する位置にある総支給額が求められた

HINT 関数のネストが複雑になってきたら

関数の引数にほかの関数を指定することを「ネスト」とか「入れ子」と呼びます。しかし、あまりにネストが深くなるとかえって数式の意味がわかりにくくなります。そのような場合には、計算の途中経過を作業用のセルに入れておくといいでしょう。たとえば、セルE3に「=MATCH(A3,A7:A10,0)」と入力して行番号を求めておき、セルF3に「=MATCH(B3,B6:G6,0)」と入力して列番号を求めておけば、セルC3の

式は「=INDEX(E3,F3)」となります。ワークシートには作業場所として使えるセルがたくさんあるので、関数を無理にネストさせるより、このようにステップを分けて入力したほうがわかりやすくなります（関数を数多く入力した場合、再計算の処理も速くなります）。また、表を引き継ぐときにも、後任者の負担が少なくなります。

5-3
セルの位置や検索値の位置を求める

1 関数の基本知識
2 日付／時刻関数
3 数学／三角関数
4 論理関数
5 検索／行列関数
6 データベース関数
7 文字列操作関数
8 統計関数
9 財務関数
10 エンジニアリング関数
11 情報関数
12 キューブ関数
13 ウェブ関数
付録

5-4 範囲内の要素を求める

関数の基本知識 1
日付／時刻関数 2
数学／三角関数 3
論理関数 4
検索／行列関数 5
データベース関数 6
文字列操作関数 7
統計関数 8
財務関数 9
エンジニアリング関数 10
情報関数 11
キューブ関数 12
ウェブ関数 13
付 録

COLUMNS 列数を数える

COLUMNS(配列)
カ ラ ム ズ

▶**関数の解説**

[配列] に含まれる列数を求めます。

▶**引数の意味**

配列………………………列数を求めたいセルやセル範囲、配列を指定します。

ポイント

・複数のセルが結合されている場合でも、結合していない状態の列数が返されます。

エラーの意味

エラーの種類	原因	エラーとなる例
[#VALUE!]	[配列] にセル、セル範囲、配列以外の値を指定した	=COLUMNS(" 売上 ")

関数の使用例　作業の延べ日数を求める

セルB6 ～ F8に含まれる列数を調べ、作業の延べ日数を求めます。ここでは、セルB6 ～ F6が結合されていますが、COLUMNS関数では結合していない状態の列数を返します。

=COLUMNS(B6:F8)

セルB6 ～ F8の列数を返す。

配列

B3	:	× ✓ fx	=COLUMNS(B6:F8)			
	A	B	C	D	E	F	G
1	所要日数検索表						
2	所要日数	7					
3	延べ日数	5					
4							
5	プロジェクト管理表						
6	工程	基礎コンクリート打ち					
7	日付	9月1日	9月4日	9月5日	9月6日	9月7日	
8	フラグ	開始				終了	
9							

❶セルB3に「=COLUMNS(B6:F8)」と入力

参照 関数を入力するには……P.38
サンプル 05_009_COLUMNS.xlsx

[配列] の列数が表示された

延べ日数は5日であることがわかった

| 活用例 | プロジェクトの残り日数を求める |

関数の使用例では、COLUMNS関数を使って列数を調べ、作業の延べ日数を求めています。MATCH関数を使って今日の日付の位置を求めると、「全体の日数-今日の日付の位置」という式で、作業の残り日数が求められます。ここでは、セルE2に入力されている日付がセルB7～F7のどの位置にあるかを調べ、セルB7～F7の列数から、日付の位置を引いて、残り日数を求めます。

参照 MATCH……P.291

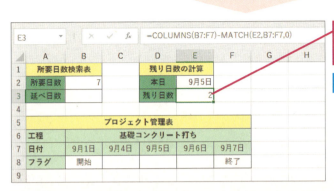

❶セルE3に「=COLUMNS(B7:F7)-MATCH(E2,B7:F7,0)」と入力

残り日数が求められた

ROWS 行数を数える

ROWS(配列)
ロウズ

▶関数の解説

［配列］に含まれる行数を求めます。

▶引数の意味

配列……………………… 行数を求めたいセルやセル範囲、配列を指定します。

ポイント

・複数のセルが結合されている場合でも、結合していない状態の行数が返されます。

エラーの意味

エラーの種類	原因	エラーとなる例
[#VALUE!]	［配列］にセル、セル範囲、配列以外の値を指定した	=ROWS(" 売上 ")

| 関数の使用例 | 授業の総日数を求める |

セルB7～B13に含まれる行数を調べ、授業の総日数を求めます。

=ROWS(B7:B13)

セルB7～B13の行数を返す。

5-4 範囲内の要素を求める

配列

❶セルB2に「=ROWS(B7:B13)」と入力

参照 関数を入力するには……P.38
サンプル 05_010_ROWS.xlsx

［配列］の行数が求められた

総日数は7日であることがわかった

活用例　進捗率を求める

語学研修のカリキュラムと進捗状況が記入された表で、進捗率を求めます。COUNTA関数を使って、「進捗状況」の列に入力されているデータ（「済」という文字列）の数を数え、ROWS関数を使って求めた総行数で割れば、進捗率が求められます。進捗状況はセルC3〜C10に入力されています。結果を表示するセルは、あらかじめ表示形式を［パーセントスタイル］にしておき、小数点以下第1位まで表示します。　参照 COUNTA……P.434　参照 セルの表示形式一覧……P.417

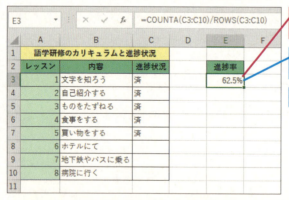

❶「=COUNTA(C3:C10)/ROWS(C3:C10)」と入力

全体の行数のうち、データが入力されている行数の割合が求められた

進捗率は62.5%であることがわかった

AREAS　指定した範囲の領域数を数える

AREAS(参照)
エリアズ

▶関数の解説

［参照］の範囲に、セルやセル範囲の領域がいくつあるかを求めます。

▶引数の意味

参照………………… 1つ以上のセルまたはセル範囲を指定します。

ポイント

- 領域とは連続したセル範囲、または1つのセルのことです。
- 1つの引数に、複数のセルやセル範囲を指定したい場合は、（ ）で囲んで指定します。たとえば、「=AREAS((A1,B1))」とすると、セルA1とセルB1という複数のセルが1つの引数として指定されたことになります。もし「=AREAS(A1,B1)」とすると、引数は2つとみなされ、エラーメッセージが表示されます。
- 「A1:C3 A1:A3」のように、2つの範囲を参照演算子の半角スペースで区切ると、それらの範囲の重なった部分の参照が返されます。したがって、「=AREAS(A1:C3 A1:A3)」の結果は1となります。 　　　　　　　　　　　　　　　　　　　　　　　　　参照📖演算子とは……P.34

エラーの意味

エラーの種類	原因	エラーとなる例
[#NULL!]	領域が存在しない	=AREAS(A1:C3 D1:D3)

関数の使用例　商品データが入力されている範囲の個数を調べる

セルA4～C7とセルA10～C12を［参照］に指定し、商品データが入力されている範囲がいくつあるかを求めます。

=AREAS((A4:C7,A10:C12))

セルA4～C7とセルA10～C12の領域の数を返す。

参照

❶セルD1に「=AREAS((A4:C7,A10:C12))」と入力

参照📖関数を入力するには……P.38
サンプル📄05_011_AREAS.xlsx

［参照］の領域数が表示された

商品データが入力されている範囲は2箇所であることがわかった

名前を付けているときに便利

使用例では、関数の働きがわかるように、2つのセル範囲を引数に指定していますが、普通は計算するまでもなく領域の個数がわかります。しかし、離れたセルやセル範囲に名前を付けている場合は、名前を見ただけでは領域の個数がわかりません。たとえば、使用例でセルA4:C7,A10:A12に「商品の表」といった名前が付けられていれば、「=AREAS(商品の表)」で領域の個数が求められます。

参照📖「名前」とは……P.851

5-4
範囲内の要素を求める

1 関数の基本知識
2 日付／時刻関数
3 数学／三角関数
4 論理関数
5 検索／行列関数
6 データベース関数
7 文字列操作関数
8 統計関数
9 財務関数
10 エンジニアリング関数
11 情報関数
12 キューブ関数
13 ウェブ関数
付録

297
できる

5-5 指定した位置のセル参照を求める

OFFSET　行と列で指定したセルのセル参照を求める

OFFSET(参照, 行数, 列数, 高さ, 幅)

▶関数の解説

基準となる［参照］のセルから、［行数］と［列数］だけ離れたセル参照を求めます。高さと幅を指定すると、セル範囲の参照が求められます。戻り値は、セルに入力されている値ではなく、セル参照です。したがって、ほかの関数の引数で、セル参照が指定できるところに、OFFSET関数を指定することもできます。

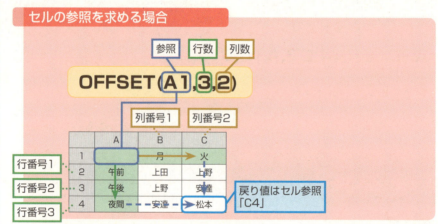

セルの参照を求める場合

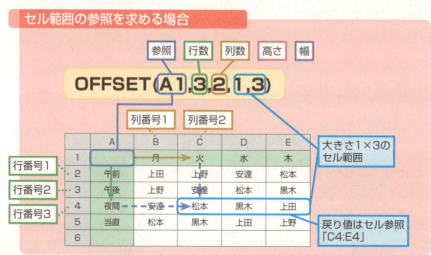

セル範囲の参照を求める場合

▶引数の意味

参照··················· 基準となるセルまたはセル範囲を指定します。セル範囲を指定した場合は、先頭のセルを基準と見なします。

行数··················· 戻り値として返すセル参照の先頭の行位置を指定します。［参照］で指定した基準のセルから何行離れた位置であるかを指定します。

列数··················· 戻り値として返すセル参照の先頭の列位置を指定します。［参照］で指定した基準のセルから何列離れた位置であるかを指定します。

高さ··················· 戻り値として返すセル参照の高さを指定します。省略すると［参照］と同じ行数が指定されたものとみなされます。

幅····················· 戻り値として返すセル参照の幅を指定します。省略すると［参照］と同じ列数が指定されたものとみなされます。

ポイント

- ［行数］や［列数］に0を指定した場合、［参照］の位置（［参照］から0だけ離れている位置）が指定されたものとみなされます。
- ［行数］や［列数］に負の数を指定した場合、［参照］の位置よりも手前（行ならば上、列ならば左）の位置が指定されたものとみなされます。
- 戻り値はセル参照です。SUM関数の引数のように、引数のなかでセル参照が指定できる場合、その位置にOFFSET関数を指定することもできます。

エラーの意味

エラーの種類	原因	エラーとなる例
[#N/A]	配列数式として入力された範囲よりも、返されたセル参照の範囲のほうが小さい（値が表示されないセルに [#N/A] が表示される）	{=OFFSET(A1:A2,1,1)} を3つのセルに入力した
[#REF!]	指定したセルが存在しない	=OFFSET(A1,-1,0)
[#VALUE!]	［行数］や［列数］に数値と見なされない文字列を指定した	=OFFSET(A7,"x","y")
	セル範囲の参照を返すにもかかわらず、配列数式として入力されていない	=OFFSET(A1,0,0,2,2)

関数の使用例　セルA7から3行下、2行右の位置にあるセルの参照を求める

時間と曜日の交わった位置に担当者が入力されているシフト表で、先頭のセル（セルA7）から3行下、2行右の位置にあるセルの参照を求めます。

=OFFSET(A7,B2,B3)

セルA7を基準として、セルB2に入力されている行数とセルB3に入力されている列数だけ離れた位置にあるセルの参照を返す。

5-5 指定した位置のセル参照を求める

1 関数の基本知識
2 日付／時刻関数
3 数学／三角関数
4 論理関数
5 検索／行列関数
6 データベース関数
7 文字列操作関数
8 統計関数
9 財務関数
10 エンジニアリング関数
11 情報関数
12 キューブ関数
13 ウェブ関数
付録

5-5 指定した位置のセル参照を求める

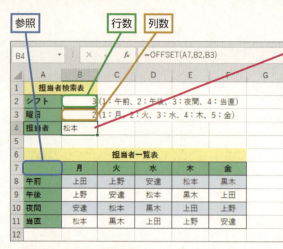

❶セルB4に「=OFFSET(A7,B2,B3)」と入力

参照▶関数を入力するには……P.38
サンプル▶05_012_OFFSET.xlsx

検索結果が表示された

「夜間」で「火曜日」の担当者がわかった

活用例① 指定した月の売上合計を求める

OFFSET関数の戻り値は、値ではなくセル参照です。したがって、ほかの関数の、セル参照を指定する引数にOFFSET関数をそのまま指定することもできます。たとえば、下の表では、セルB7から、0行下で「セルB2に入力されている月-4」列だけ右にある、3行1列分の範囲のセル参照を求め、SUM関数でその範囲の合計を求めています。基準をセルB7にしているので、4月が0列めにあたります。そこで、4月が0列めにあたるので、月数から4を引いた値を［列数］に指定しています。

参照▶SUM……P.120

❶セルB3に「=SUM(OFFSET(B7,0,B2-4,3,1))」と入力

7月の売上合計がわかった

活用例② 表の最終行の数値を取り出す

見積書や請求書では、最終行にある合計金額を上のほうにも表示したいことがあります。しかし、明細の行数が決まっていない場合には、最終行にある合計金額の位置もそのつど変わります。そのような場合、OFFSET関数を使って、明細の先頭から、明細の行数分だけ下にあるセルを求めれば、合計金額が取り出せます。明細の行数はCOUNT関数を使えば簡単にわかります。ただし、セルE2には日付が入力されており、これも数値と見なされるので、数値の個数から1を引いて明細の行数とします。このようにすれば、明細が何行であっても、合計金額が取り出せます。

参照▶COUNT……P.433

5-5 指定した位置のセル参照を求める

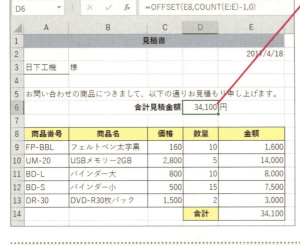

❶「=OFFSET(E8,COUNT(E:E)-1,0)」と入力

「セルE8からE列の数値の個数-1」だけ下のセルの参照が求められた

合計金額がわかった

HINT MAX関数でも合計を取り出せる

金額に負の値がなければ、合計金額は必ず最大値になります。したがって、セルD6に「=MAX(E:E)」と入力しても合計金額を取り出せます（ただし、日付も計算の対象となるので、日付のシリアル値が最大値となっていないことを確認しておく必要があります）。

参照▶MAX……P.458

INDEX（セル参照形式） 行と列で指定したセルの参照を求める

INDEX(参照, 行番号, 列番号, 領域番号)
（インデックス）

▶関数の解説

［参照］の範囲で［行番号］と［列番号］の位置にあるセル参照を求めます。INDEX関数には「セル参照形式」と「配列形式」の2種類がありますが、ここではセル参照形式のINDEX関数について説明します。戻り値は値ではなく、セル参照であることに注意してください。

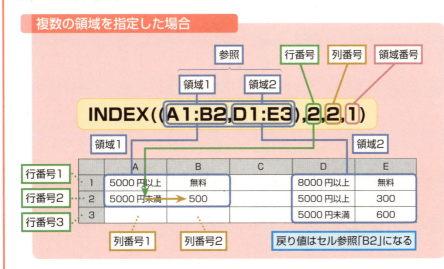

複数の領域を指定した場合

301

5-5 指定した位置のセル参照を求める

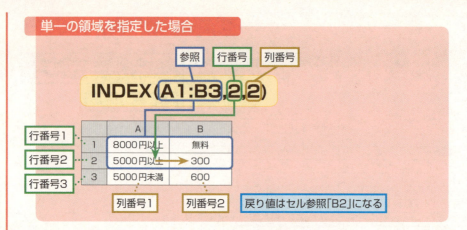

▶引数の意味

参照……………… セル参照を求めるためのセルまたはセル範囲を指定します。複数の領域を指定することもできます。その場合は、全体を（ ）で囲み、「(領域1,領域2)」のように「,（カンマ）」で区切って指定します。

行番号…………… 戻り値として返すセル参照の行位置を指定します。先頭の行が1となります。［参照］が1行しかない場合には、この引数を省略して、「INDEX(参照,列番号)」のように指定できます。

列番号…………… 戻り値として返すセル参照の列位置を指定します。先頭の列が1となります。［参照］が1列しかない場合には、この引数を省略して、「INDEX(参照,行番号)」のように指定できます。

領域番号………… 複数の領域を［参照］に指定した場合、何番めの領域を検索対象とするかを指定します。最初の領域が1となります。［領域番号］を省略した場合は1が指定されたものとみなされます。

ポイント

- OFFSET関数では、基準の位置からどれだけ離れているかを行数と列数で指定したので、先頭行や先頭列の場合は0を指定しました。しかし、INDEX関数では、範囲内での位置を指定するので、先頭行や先頭列は1となります。　　　　　　　　　　　　　　　参照▶OFFSET……P.298
- ［行番号］または［列番号］に0を指定すると、［参照］内の列全体、または行全体の参照が返されます。
- 戻り値はセル参照です。SUM関数の引数のように、引数のなかでセル参照が指定できる場合、その位置にINDEX関数を指定することもできます。

エラーの意味

エラーの種類	原因	エラーとなる例
[#N/A]	配列数式として入力された範囲よりも、返されたセル参照の範囲のほうが小さい（値が表示されないセルに [#N/A] が表示される）	{=INDEX(A1:B2,0,1)} を3つのセルに入力した
[#REF!]	指定したセルが存在しない	=INDEX(A1:B2,1,3)
[#VALUE!]	［領域番号］に1未満の値を指定した	=INDEX((A1:B2,D1:E2),1,2,0)
	［行番号］や［列番号］に負の数を指定した	=INDEX(A1:B2,-1,1)
	セル範囲の参照を返すにもかかわらず、配列数式として入力されていない	=INDEX(A1:B2,0,1)

関数の使用例　送料を求める

配送地域とお買い上げ金額をもとに、送料を求めます。送料は配送地域によって異なり、県内の料金と県外の料金が別の領域に入力されています。INDEX関数の［参照］にこの2つの領域を指定し、お買い上げ金額の区分を［行番号］として、いずれかの範囲を検索します。

=INDEX((A8:B9,D8:E10),B3,2,B2)

セルA8～B9に入力された県内の料金とセルD8～D10に入力された県外の料金の2つの領域のいずれかの範囲で、セルB3で指定された行の2列めのセル参照を返す。どちらの領域を選択するかは、セルB2に入力されているものとする。

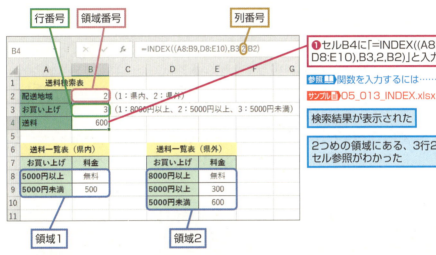

❶セルB4に「=INDEX((A8:B9,D8:E10),B3,2,B2)」と入力

参照 関数を入力するには……P.38
サンプル 05_013_INDEX.xlsx

検索結果が表示された

2つめの領域にある、3行2列めのセル参照がわかった

HINT 無効な値が入力されないようにするには

上の表では、セルB2やセルB3に0や4などの値を入力するとエラーになります。セルに決まった値しか入力できないようにするには、入力規則を設定しておくといいでしょう。対象のセルを選択しておき、［データ］タブの［データの入力規則］をクリックして設定します。たとえば、セルB2は［入力値の種類］を［整数］とし、［最小値］を1、最大値を2とします。セルB3は、少し複雑になりますが、［入力値の種類］を［ユーザー設定］とし、［数式］を「=AND(B3>=1,B3<=CHOOSE(B2,ROWS(A8:B9),ROWS(D8:E10)))」とします。1以上で、B2の値によって求めた領域の行数以下、という意味です。

INDEX（配列形式）　行と列で指定した位置の値を求める

INDEX(配列, 行番号, 列番号)

▶関数の解説

［配列］のなかで、［行番号］と［列番号］の位置にある値を求めます。INDEX関数には「セル参照形式」と「配列形式」の2種類がありますが、ここでは配列形式のINDEX関数について説明します。戻り値は値であることに注意してください。

5-5 指定した位置のセル参照を求める

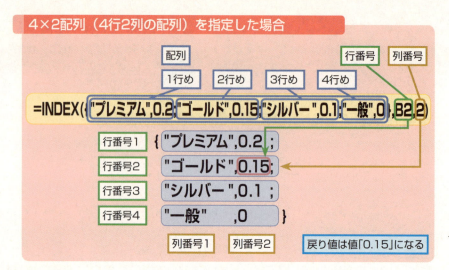

▶引数の意味

配列……………… 値を求めたい範囲を配列定数で指定します。　　　参照▶配列定数……P.64

行番号…………… 戻り値として返す値の行位置を指定します。先頭の行が1となります。［配列］が1行しかない場合には、この引数を省略して、「INDEX(配列,列番号)」のように指定できます。

列番号…………… 戻り値として返す値の列位置を指定します。先頭の列が1となります。［配列］が1列しかない場合には、この引数を省略して、「INDEX(配列,行番号)」のように指定できます。

ポイント

- OFFSET関数では、基準の位置からどれだけ離れているかを行数と列数で指定したので、先頭行や先頭列の場合は0を指定しました。しかし、INDEX関数では、配列内での位置を指定するので、先頭行や先頭列は1となります。　　　参照▶OFFSET……P.298
- ［行番号］または［列番号］に0を指定すると、［配列］内の列全体、または行全体の値が配列として返されます。
- ［配列］に複数行または複数列の配列を指定し、［行番号］または［列番号］を省略したときには、列全体または行全体の値が配列として返されます。
- 戻り値は値または配列です。配列数式やほかの関数の引数としてINDEX関数を指定することもできます。　　　参照▶配列数式……P.64

エラーの意味

エラーの種類	原因	エラーとなる例
[#N/A]	配列数式として入力された範囲よりも、返された配列の大きさのほうが小さい（値が表示されないセルに [#N/A] が表示される）	{=INDEX({"A";"B"},0,1)} を3つのセルに入力した
[#REF!]	指定した値が存在しない	=INDEX({"A","B"},1,3)
[#VALUE!]	［行番号］や［列番号］に負の数を指定した	=INDEX({"A","B"},-1,1)

5-5 指定した位置のセル参照を求める

関数の使用例　料金の割引率を求める

会員種別をもとに、料金の割引率を求めます。割引率の表は、4行×2列の配列定数で指定します。セルB2に入力されている行番号にある値を取り出します（列番号は2に固定）。 参照 配列定数……P.64

=INDEX({"プレミアム",0.2;"ゴールド",0.15;"シルバー",0.1;"一般",0},B2,2)

料金と割引率の配列から、セルB2で指定された行の2列めの値を取り出す。

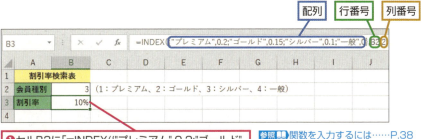

❶セルB3に「=INDEX({"プレミアム",0.2;"ゴールド",0.15;"シルバー",0.1;"一般",0},B2,2)」と入力

参照 関数を入力するには……P.38
サンプル 05_014_INDEX.xlsx

検索結果が表示された

[配列]の[行番号]が3、[列番号]が2の位置にある値がわかった

活用例　配列数式を使って割引価格を一括で求める

INDEX関数を配列数式として入力すると、1つの数式で複数の結果を求めることができます。配列形式のINDEX関数の例では、セルE3～E6を選択しておき、「=B3-INDEX({"プレミアム",0.2;"ゴールド",0.15;"シルバー",0.1;"一般",0},0,2)*B3」という式を入力します。ここでは、[行番号]に0、[列番号]に2を指定していますが、0を指定すると行全体（または列全体）という意味になります。配列数式として入力するので、入力の終了にはEnterキーではなく、Ctrl＋Shift＋Enterキーを押すことに注意してください。

❶セルE3～E6を選択

❷「=B3-INDEX({"プレミアム",0.2;"ゴールド",0.15;"シルバー",0.1;"一般",0},0,2)*B3」と入力

❸Ctrl＋Shift＋Enterキーを押す

計算結果が表示された

すべての会員の優待価格がわかった

5-6 ほかのセルを間接的に参照する

5-6 ほかのセルを間接的に参照する

サイドバー（左）:
- ほかのセルを間接的に参照する

1 関数の基本知識
2 日付／時刻関数
3 数学／三角関数
4 論理関数
5 検索／行列関数
6 データベース関数
7 文字列操作関数
8 統計関数
9 財務関数
10 エンジニアリング関数
11 情報関数
12 キューブ関数
13 ウェブ関数
付録

▶ INDIRECT　参照文字列をもとにセルを間接参照する

インダイレクト
INDIRECT(参照文字列, 参照形式)

▶関数の解説

セル参照を表す文字列を利用して、そのセルの参照を求めます。戻り値はセルの値ではなく、セル参照であることに注意してください。

> C1を指定すると、C1に入力された文字列が示す先を間接参照する（A1を参照する）

INDIRECT(参照文字列, 参照形式)

> ["A1"のようなセル参照を表す文字列を直接指定してもよい

	A	B	C
1	特選ヨーグルト		A1
2			
3			

▶引数の意味

参照文字列……………セル参照を表す文字列をA1形式またはR1C1形式で指定します。

参照形式………………[参照文字列]がA1形式かどうかを指定します。以下の値が指定できます。

- TRUEまたは省略 …………[参照文字列]はA1形式
- FALSE…………………………[参照文字列]はR1C1形式

> 参照 A1形式、R1C1形式とは……P.309

ポイント

- 戻り値はセル参照です。SUM関数の引数のように、引数のなかでセル参照が指定できる場合、その位置にINDIRECT関数を指定することもできます。
- 文字列を引数に直接指定する場合は「"（ダブルクォーテーション）」で囲んで指定します。

エラーの意味

エラーの種類	原因	エラーとなる例
[#REF!]	[参照文字列]に、セルを参照する文字列を指定しなかった	=INDIRECT("HELLO")
	[参照文字列]の形式が[参照形式]と一致していない	=INDIRECT("A1",FALSE)

関数の使用例　月の借入金を求める

指定された月の借入金を求めます。借入金はセルE3〜E14に入力されているので、取り出したい値の列位置はE列であることがすぐにわかります。また、1月の借入金が3行めに入力されていることから、取り出したい値の行位置は「月+2」行となることがわかります。
セルB6には、この列位置と行位置を使ってセルのアドレスを表す文字列を求めてあります。

=INDIRECT(B6,TRUE)

セルB6に入力されている［参照文字列］で表されているセルの参照を返す。セルアドレスを表す文字列はA1形式なので、［参照形式］にはTRUEを指定する。

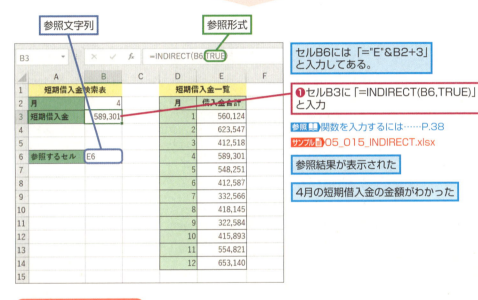

セルB6には「="E"&B2+3」と入力してある。

❶セルB3に「=INDIRECT(B6,TRUE)」と入力

参照 関数を入力するには……P.38
サンプル 05_015_INDIRECT.xlsx

参照結果が表示された

4月の短期借入金の金額がわかった

活用例①　指定した月までの累計を求める

INDIRECT関数の戻り値は値ではなくセル参照なので、ほかの関数の、セル参照を指定できる引数にINDIRECT関数を指定することもできます。たとえば、使用例と同じような表で、4月の金額を求めるのではなく、4月までの累計を求めるのであれば「=SUM(E3:INDIRECT(B6))」とします。

参照 SUM……P.120

5-6 ほかのセルを間接的に参照する

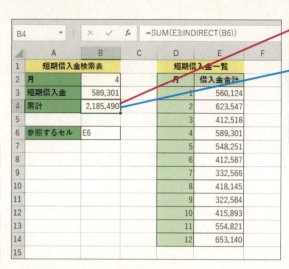

❶セルB4に「=SUM(E3:INDIRECT(B6))」と入力

セルE3からセルB6に入力されているアドレスのセルまでの合計が求められた

1月から4月までの短期借入金の累計金額がわかった

活用例② 行と列の交わる点にある値を求める

INDIRECT関数の引数には、セルを表す文字列だけでなく、名前も指定できます。たとえば次の表でセルF3～H3に「ソウル」という名前が付けられている場合、INDIRECT(ソウル)は、INDIRECT("F3:H3")と同じ意味になり、セルF3～H3への参照が返されます。また、セルF3:F5に「ファースト」という名前が付けられている場合、INDIRECT（ファースト）は、INDIRECT("F3:F5")と同じ意味になり、セルF3～F5への参照が返されます。
この機能と、参照演算子のスペースを組み合わせると、名前を使って表を検索できます。参照演算子のスペースは、参照の共通部分を求める演算子で、たとえば、「=F3:H3 F3:F5」という式では、セルF3～H3と、セルF3～F5の交わる部分（つまりセルF3）の参照が返されます。下の例では「ソウル」と同様に「バンコク」「クアラルンプール」という名前も定義されており、［ファースト］と同様に［ビジネス］［エコノミー］という名前も定義されています。　参照▶演算子とは……P.34

列の見出しと行の見出しが名前として定義されている

❶セルC3に「=INDIRECT(A3) INDIRECT(B3)」と入力

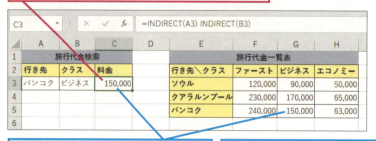

「バンコク」という名前で参照される範囲と「ビジネス」という名前で参照される範囲の交差するセルの値が求められた

バンコク行きのビジネスクラスの料金は150,000円であることがわかった

列の見出しや行の見出しを名前にするには

前ページの例では名前が6つ定義されていますが、列の見出しや行の見出しは一括して名前にできます（1回の操作ですべての名前が設定できます）。セルE2～H5を選択し、[数式] タブの [選択範囲から作成] をクリックします。[選択範囲から名前を作成] ダイアログボックスが表示されたら [上端行] と [左端列] にチェックマークを付け、[OK] ボタンをクリックします。

◆[選択範囲から名前を作成] ダイアログボックス

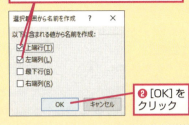

❶選択範囲のなかで見出しにあたる部分にチェックマークを付ける

❷[OK] をクリック

A1形式、R1C1形式とは

セル参照の表し方には、「A1形式」と「R1C1形式」があります。A1形式では、列にアルファベット文字を指定し、行に数字を指定してセルの位置を表します。Excelの初期設定では、このA1形式を使用するようになっています。
一方、R1C1形式では、行を表す記号「R」に続けて行番号を数字で指定し、列を表す記号「C」に続けて列番号を数字で指定してセルの位置を表します。R1C1形式は、マクロ（VBA）を使ってセルの位置を指定するときによく使われます。どちらの方法を利用するかは、[ファイル] タブをクリックし、[オプション] を選択します。[Excelのオプション] ダイアログボックスが表示されたら、左側の一覧で [数式] をクリックし、[R1C1参照形式を使用する] のチェックマークをオンまたはオフにします。

◆「A1形式」表示の画面

このセルは「A1」と表される

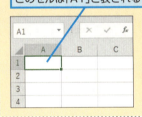

◆「R1C1形式」表示の画面

このセルは「R1C1」と表される

5-6

ほかのセルを間接的に参照する

章	
関数の基本知識	1
日付／時刻関数	2
数学／三角関数	3
論理関数	4
検索／行列関数	5
データベース関数	6
文字列操作関数	7
統計関数	8
財務関数	9
エンジニアリング関数	10
情報関数	11
キューブ関数	12
ウェブ関数	13
付　録	

ADDRESS　行番号と列番号からセル参照の文字列を求める

ADDRESS（行番号, 列番号, 参照の種類, 参照形式, シート名）
アドレス

▶**関数の解説**

［行番号］と［列番号］をもとに、セル参照を表す文字列を求めます。戻り値は、セル参照ではなく、文字列であることに注意してください。

▶**引数の意味**

行番号‥‥‥‥‥‥ ワークシートの先頭行を1とした行の番号を指定します。

列番号‥‥‥‥‥‥ ワークシートの先頭列を1とした列の番号を指定します。

参照の種類‥‥‥‥ 戻り値の文字列を絶対参照の形式にするか、相対参照の形式にするかを指定します。以下の値が指定できます。

- 1または省略‥‥‥‥‥‥‥ 絶対参照の文字列を返す
  （例：「＄Ａ＄1」「R1C1」）
- 2‥‥‥‥‥‥‥‥‥‥‥‥‥ 行は絶対参照、列は相対参照の文字列を返す
  （例：「A＄1」「R1C[1]」）
- 3‥‥‥‥‥‥‥‥‥‥‥‥‥ 行は相対参照、列は絶対参照の文字列を返す
  （例：「＄A1」「R[1]C1」）
- 4‥‥‥‥‥‥‥‥‥‥‥‥‥ 相対参照の文字列を返す
  （例：「A1」「R[1]C[1]」）

参照形式‥‥‥‥‥ 戻り値の文字列をA1形式で返すか、R1C1形式で返すかを指定します。以下の値が指定できます。

- TRUEまたは省略‥‥‥‥ A1形式で返す
- FALSE‥‥‥‥‥‥‥‥‥ R1C1形式で返す

参照 A1形式、R1C1形式とは‥‥‥‥P.309

シート名‥‥‥‥‥ ほかのブックのセル参照の文字列を返す場合には、使用するブック名またはシート名を指定します。省略すると、戻り値にブック名やシート名は含まれなくなります。

ポイント

- 戻り値はセル参照を表す文字列です。INDIRECT関数の引数に指定すれば、セル参照が求められます。
  参照 INDIRECT‥‥‥‥P.306
- シート名に、実在しない名前を指定してもエラーにはなりません。指定された名前がそのまま使われ、「シート名!＄Ａ＄1」の形式の文字列が返されます。

エラーの意味

エラーの種類	原因	エラーとなる例
［#VALUE!］	［行番号］または［列番号］が数値でない、あるいは1未満の値である	=ADDRESS(1,0)
	［参照の種類］に1、2、3、4以外の値を指定した	=ADDRESS(1,1,0)
	［参照形式］に数値と見なせない文字列を指定した	=ADDRESS(1,1,1,"YES")

310
できる

関数の使用例　借入金が入力されているセルのアドレスを求める

指定された月の借入金が入力されているセルのアドレスを求めます。セルB3には月が、右側の短期借入金一覧の表のなかで何行めにあたるかが入力されています（これは、セルB2の月数に2を足した値です）。借入金は先頭の列から数えて5列めにあります。

=ADDRESS(B3,5,1)

セルB3に入力されている行番号と、5という列番号で表されるセルのアドレスを返す。アドレスは絶対参照で表された文字列とするので、[参照形式] に1を指定する。

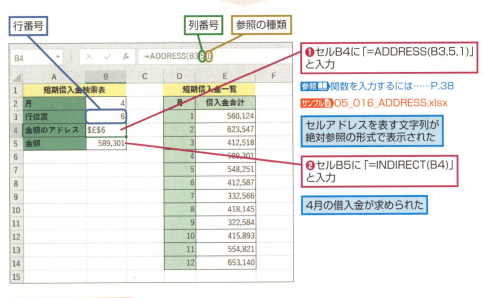

❶セルB4に「=ADDRESS(B3,5,1)」と入力

参照 関数を入力するには……P.38
サンプル 05_016_ADDRESS.xlsx

セルアドレスを表す文字列が絶対参照の形式で表示された

❷セルB5に「=INDIRECT(B4)」と入力

4月の借入金が求められた

活用例　偶数番めの氏名を取り出す

ADDRESS関数で求めたセルアドレスの文字列をINDIRECT関数の引数に指定すれば、そのセルの参照が求められます。次ページの表では、その組み合わせを利用して偶数番めの氏名を取り出しています。たとえば、セルB3には「=INDIRECT(ADDRESS(A3+2,5))」と入力されています。[行番号] がA3の値に2を足したもの（この場合は4）、[列番号] が5のセルは、セルE4です。このE4の絶対参照の形式の文字列（$E$4）がINDIRECT関数の引数となるので、セルE4に入力されている「大池　徹平」が取り出されます。なお、このINDIRECT関数を「=INDIRECT("E"&A3+2)」としても同じ結果が得られます。

参照 INDIRECT……P.306

5-6 ほかのセルを間接的に参照する

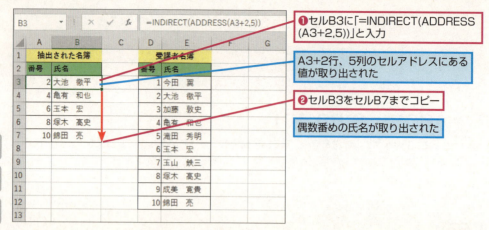

❶セルB3に「=INDIRECT(ADDRESS(A3+2,5))」と入力

A3+2行、5列のセルアドレスにある値が取り出された

❷セルB3をセルB7までコピー

偶数番めの氏名が取り出された

> **HINT ほかのシートやブックを参照するには**
>
> ほかのシートを参照するときには、シート名のあとに半角で「!」を付けて、「シート名!セル番号」のように入力します。たとえば、Sheet2のセルA1を参照する場合は「Sheet2!A1」になります。ほかのブックを参照するときには、ブック名を［］で囲んで「[ブック名]Sheet2!A1」のように入力します。

5-7 行と列を入れ替える

TRANSPOSE 行と列の位置を入れ替える

TRANSPOSE(トランスポーズ)(配列)

▶関数の解説

［配列］の行と列を入れ替えた配列を求めます。この関数は、通常、配列数式として入力します。

参照▶配列数式……P.64

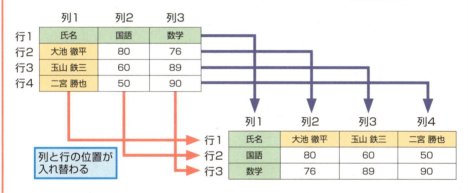

▶引数の意味

配列……………………行と列を入れ替えるセル範囲や配列を指定します。

ポイント

- TRANSPOSE関数は、配列数式として入力するので、あらかじめ結果を表示する範囲を選択してから入力します。選択する範囲は、元の［配列］の行と列を入れ替えた大きさです。つまり、元の［配列］の行数と同じ列数、元の［配列］の列数と同じ行数の範囲を選択しておきます。入力の終了には Shift + Ctrl + Enter キーを押します。手順の例では Enter キーの代わりに［OK］ボタンをクリックします。

エラーの意味

エラーの種類	原因	エラーとなる例
[#N/A]	配列数式として入力された範囲よりも、返された配列のほうが小さい（値が表示されないセルに [#N/A] が表示される）	{=TRANSPOSE(A2:B6)} を3行にわたって入力した
[#VALUE!]	配列数式として入力されていない	=TRANSPOSE(A2:B6)

5-7 行と列を入れ替える

関数の使用例 支店別売上一覧表の行と列を入れ替える

セルA2～B6に入力されている支店別売上一覧表の行と列を入れ替え、セルD2～H3に表示します。TRANSPOSE関数を入力する前に、あらかじめセルD2～H3を選択してから、配列数式として関数を入力します。

{=TRANSPOSE(A2:B6)}

セルA2～B6の行と列を入れ替えた配列を返す。

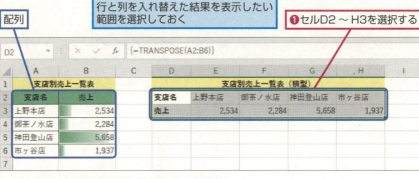

❶セルD2～H3を選択する
配列
行と列を入れ替えた結果を表示したい範囲を選択しておく

❷「=TRANSPOSE(A2:B6)」と入力し、入力の終了時に Ctrl + Shift + Enter キーを押す

参照▶関数を入力するには……P.38
サンプル▶05_017_TRANSPOSE.xlsx

支店別売上一覧表の行と列が入れ替わった

HINT 配列数式を修正するには

配列数式として入力した範囲の一部を修正しようとすると、「配列の一部を変更できません」というエラーメッセージが表示されます。
配列数式を修正するには、まず配列数式が入力されたセルのどれか1つを選択し、Ctrl + / キーを押します。これで配列数式が入力されている範囲全体が選択されます。この状態で F2 キーを押すと、数式の内容が修正できるようになります。入力の終了時に、Ctrl + Shift + Enter キーを押せば、配列数式全体が修正され、表示が更新されます。

❶配列数式が入力されているどれか1つのセルを選択し、Ctrl + / キーを押す
❷ F2 キーを押す
入力されている配列数式を変更できるようになった

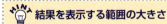

結果を表示する範囲の大きさ

TRANSPOSE関数を入力する前には、結果を表示するためのセル範囲をあらかじめ選択しておく必要があります。この範囲は、[配列] の行と同じ列数、[配列] の列数と同じ行数にします。

範囲が [配列] より小さい場合、表示可能な部分だけが表示されます。逆に、範囲のほうが大きい場合、表示する値のない部分には [#N/A] が表示されます。

結果を表示する範囲が指定した [配列] より小さいときは、表示可能な部分だけが表示される

結果を表示する範囲が指定した [配列] より大きいときは、表示する値のない部分に [#N/A] が表示される

5-8 ハイパーリンクを作成する

HYPERLINK ハイパーリンクを作成する

HYPERLINK(リンク先, 別名)

▶関数の解説

[リンク先] にジャンプするハイパーリンクを作成します。HYPERLINK関数が入力されているセルをクリックすると、Webページを表示したり、リンク先のファイルを開くことができます。

▶引数の意味

リンク先················· リンク先を表す文字列を指定します。

別名····················· セルに表示される文字列を指定します。[別名] を省略すると、[リンク先] の文字列がセルに表示されます。

ポイント

- [リンク先] にはファイル名や、Wordの文書内に設定されたブックマーク、メールアドレスなども指定できます。

リンク先の指定方法

リンクする内容	引数の指定例
Web ページのURL	https://dekiru.net/
UNC パス※	¥¥Master¥My Documents¥Sample.xls
ハードディスク内のファイルやフォルダ	C:¥My Documents¥Sample.xls
	C:¥My Documents
別のブックのシートにあるセルまたはセル範囲	C:¥My Documents¥[Sample.xls]Sheet1!A10
同じブックの別シートにあるセルまたはセル範囲	Sheet1!A10
Word のブックマーク	C:¥My Documents¥[sample.doc]BookMark
メールアドレス	mailto:info@dekiru.net

※UNCパス········ ファイルの保存位置を表す命名規則。Masterという名前のコンピュータ上にある [My Documents] フォルダの下のabcというファイルは「¥¥Master¥My Documents¥abc」のように表す

- HYPERLINK関数が入力されているセルをクリックすると、[リンク先] の種類に合わせて適切なプログラムが起動します。たとえば、[リンク先]としてWebページのURLが指定されていると、ブラウザーが起動し、そのページが表示されます。また、「mailto:」に続けてメールアドレスを指定した場合には、メールソフトが起動し、新しいメールが作成されます。ただし、[リンク先] の書き方が間違っている場合にはエラーメッセージが表示されます。

エラーの意味

HYPERLINK関数では、エラー値が返されることはありません。

5-8 ハイパーリンクを作成する

関数の使用例 **ハイパーリンクを作成する**

ハイパーリンクを作成します。［リンク先］のURLとして「https://dekiru.net/」を指定し、セルA3に入力されているサイト名をリンク先の［別名］として表示します。

=HYPERLINK("https://dekiru.net/",A3)

"https://dekiru.net/"に対するハイパーリンクを作成する。ただし、セルA3に入力されている文字列を表示する。

❶セルB3に「=HYPERLINK("https://dekiru.net/",A3)」と入力

参照▶関数を入力するには……P.38
サンプル▶05_018_HYPERLINK.xlsx

セル内の文字にハイパーリンクが設定された

ハイパーリンクが設定されている文字列には下線が付けられ、青い文字で表示される

HINT ハイパーリンクに表示されている文字列を取り出すには

T関数を使うと、ハイパーリンクの［別名］の文字列が取り出せます。上の例で「=T(B3)」とすれば、「できるネットプラス」という文字列が取り出せます。
参照▶T……P.429

HINT Webサービスのデータを利用するには

WEBSERVICE関数を利用すれば、Webサービスを提供しているサイトから得られたデータをワークシートに表示できます。また、FILTERXML関数を利用すれば、取得したXML文書から必要な要素だけを取り出すこともできます。
参照▶WEBSERVICE……P.888
参照▶FILTERXML……P.890

5-9

5-9 ピボットテーブルからデータを取り出す

▶ **GETPIVOTDATA　ピボットテーブルからデータを取り出す**

ゲット・ピボット・データ
**GETPIVOTDATA (データフィールド, ピボットテーブル, フィールド1,
アイテム1, フィールド2, アイテム2, …, フィールド126, アイテム126)**

▶ **関数の解説**

ピボットテーブルからデータを取り出します。ピボットテーブルとは、いくつかの項目から成り立っているデータを、さまざまな方法で集計し、表やグラフにする機能です。

▶ **引数の意味**

データフィールド………取り出したいデータフィールドの名前を文字列で指定します。

ピボットテーブル………どのピボットテーブルからデータを取り出すかを指定します。セル、セル範囲などが指定できます。

フィールド………………取り出したいデータのフィールド名を指定できます。次の［アイテム］とペアにします。

アイテム…………………［フィールド］のなかの項目名を指定します。［フィールド］と［アイテム］をペアにして126組まで指定できます。［フィールドと［アイテム］のペアを1つも指定していない場合は「総計」の値が返されます。

ポイント

- 「=」を入力してからピボットテーブル上のセルをクリックするだけで、そのセルの値を取り出すためのGETPIVOTDATA関数が自動的に入力されます。
- ［アイテム］に日付や時刻を指定する場合には、シリアル値を直接指定するか、DATE関数やTIME関数を使って指定します。　　　　　参照▶DATE…P.88　参照▶TIME…P.92
- 文字列を引数に直接指定する場合は、「"（ダブルクォーテーション）」で囲んで指定します。

エラーの意味

エラーの種類	原因	エラーとなる例
[#REF!]	［ピボットテーブル］に指定した範囲にピボットテーブルがない	=GETPIVOTDATA(" 金額 ", ＄A ＄1," 店舗 ","WEB 店 ")
	［フィールド］や［アイテム］に指定した文字列がピボットテーブルにない	=GETPIVOTDATA(" 金額 " ＄A ＄3," 店舗 "," ウェブ店 ")

5-9 ピボットテーブルからデータを取り出す

関数の使用例 WEB店の売上金額を取り出す

商品の売上金額を店舗別に集計したピボットテーブルから、WEB店の売上金額を取り出します。

=GETPIVOTDATA("金額", $A$3,"店舗","WEB店")

セルA3に作成されたピボットテーブルの「金額」の値を取り出す。取り出す値は「店舗」というフィールドが「Web店」であるものとする。

❶「=」と入力したあと、セルB13をクリック

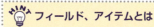
参照 関数を入力するには……P.38
サンプル 05_019_GETPIVOTDATA.xlsx

「=GETPIVOTDATA("金額", $A$3,"店舗","WEB店")」という関数が自動的に入力される

ピボットテーブルからデータが取り出された

WEB店の売上金額がわかった

HINT フィールド、アイテムとは

引数の［フィールド］とは項目名のことです。上の例では「店舗」や「品名」が［フィールド］にあたります。［アイテム］とは［フィールド］に含まれる個々の項目です。たとえば、［フィールド］が「店舗」であれば、［アイテム］は「WEB店」や「市ヶ谷店」などです。

HINT GETPIVOTDATA関数が自動的に入力されないときは

［ファイル］タブをクリックし、[オプション]を選択して[Excelのオプション]ダイアログボックスを表示します。左側の一覧で[数式]をクリックし、[ピボットテーブル参照にGetPivotData関数を使用する]にチェックマークを付けます。チェックマークがオフのままだと、GETPIVOTDATA関数が自動的に入力されません。上の例であれば「=B13」と入力されます。

交差する部分のデータを取り出すには

関数の使用例では、[フィールド]に"店舗"、[アイテム]に"WEB店"を指定しているので、WEB店の売上の総計が求められます。さらに[フィールド]と[アイテム]を指定すると、それらが交差した位置のデータが取り出されます。たとえば、[フィールド]に"品名"、[アイテム]に"MTジャケット"を追加して指定すると、WEB店のMTジャケットの売上金額が求められます。ただし、実際には引数を1つ1つ入力しなくても、「=」と入力したあと、セルB6をクリックすれば、以下の関数が自動的に入力されます。

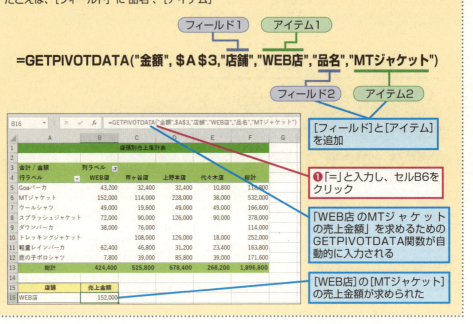

5-10 RTDサーバーからデータを取り出す

RTD　RTDサーバーからデータを取り出す

アール・ティー・ディー
RTD (**プログラムID**, **サーバー**, **トピック1**, **トピック2**, **…**, **トピック253**)

▶関数の解説

RTDサーバー（リアルタイムデータサーバー）から、データを取り出します。RTDサーバーとは、アプリケーション間の連携を取るためのCOM（Component Object Model）などの技術を使って作成されたプログラムのことです。主に、金融、証券などの分野で、リアルタイムにデータを取り出すときに使われます。

▶引数の意味

プログラムID‥‥‥‥RTDサーバーのプログラムIDの名前を表す文字列を指定します。

サーバー‥‥‥‥‥‥RTDサーバーが動作しているコンピュータの名前を表す文字列を指定します。RTDサーバーがローカルマシン（RTD関数を入力したコンピュータと同じコンピュータ）で動作している場合、［サーバー］の指定は省略できます。その場合、「""（空の文字列）」を指定してもかまいません。

トピック‥‥‥‥‥‥取得するデータの名前を表す文字列を指定します。トピックは「,（カンマ）」で区切って253個まで指定できます。

ポイント

- RTDサーバーがデータを更新し続けるように作られている場合、Excelの表示も自動的に刻々と変わります。ただし、ブックの計算方法が「自動」に設定されていない場合は、表示は変わりません。計算方法を変更するための設定については322ページのHINTを参照してください。
- RTDサーバーによっては、データを取り出すためのアドイン関数を提供している場合もあります。そのような関数を利用すると、簡単な指定で、必要なデータが取り出せます。

エラーの意味

エラーの種類	原因	エラーとなる例
[#N/A]	指定した RTD サーバーが見つからない	=RTD("sample",,"topic") と入力したが、"sample" というプログラム ID の RTD サーバーがなかった

5-10 RTDサーバーからデータを取り出す

関数の使用例　男性の入場者数を取り出す

入場者数をカウントするRTDサーバーから、男性の入場者数を取り出します。RTDサーバーの[プログラムID]は「VisitorReport」、サーバーが動作するコンピュータの名前は「Blue」、取り出す[トピック]を「Male」とします。

=RTD(B3,B4,"Male")

セルB3に入力されたプログラムIDのRTDサーバーからデータを取り出す。サーバーのコンピュータ名はセルB4に入力されているものとし、取り出すデータを表す[トピック]を「Male」とする。

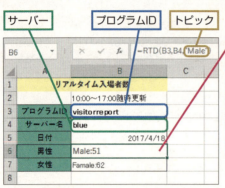

❶ セルB6に「=RTD(B3,B4,"Male")」と入力

参照 関数を入力するには……P.38
サンプル 05_020_rtd.xlsx

RTDサーバーから取得したデータが表示された

男性の入場者数がわかった

HINT RTD関数の使い道

RTDサーバーは、主に金融や証券など、時々刻々と変わるデータを更新するために使用されます。そのほかにも、生産した製品の工程や歩留まりの状況を監視したり、使用例で示したような通行者管理システムなどに利用できます。RTD関数は、これらのデータを時系列に従って取り出し、加工するために使用されます。

HINT 計算方法を変更するには

Excelの計算方法には、再計算を自動的に行う「自動計算モード」と、必要なときに手動で再計算を行う「手動計算モード」があります。計算方法を変更するには、[ファイル]タブをクリックして[オプション]を選択します。Excelのオプション]ダイアログボックスが表示されたら、左側の一覧で[数式]をクリックし、[計算方法の設定]のオプションを変更します。

◆[Excelのオプション]ダイアログボックス

選択すると自動計算モードになる

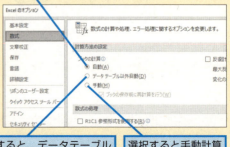

選択すると、データテーブル以外が自動的に再計算される

選択すると手動計算モードになる

第6章
データベース関数

6 - 1．条件を満たすセルの個数を求める・・・・・・・324
6 - 2．条件を満たす最大値や最小値を求める・・・・330
6 - 3．条件を満たすデータを計算する・・・・・・・・・334
6 - 4．条件を満たすデータを探す・・・・・・・・・・・・341
6 - 5．条件を満たすデータの分散を求める・・・・・・343
6 - 6．条件を満たすデータの標準偏差を求める・・・347

6-1 条件を満たすセルの個数を求める

DCOUNT 条件を満たす数値の個数を求める

DCOUNT(データベース, フィールド, 条件)

▶関数の解説

[データベース]の範囲で[条件]を満たす行を探します。見つかった行のうち[フィールド]の列に入力されている数値の個数を求めます。

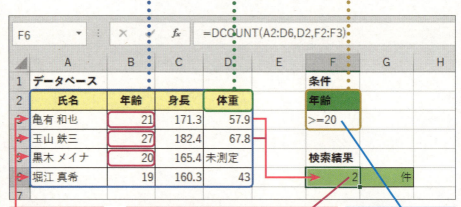

▶引数の意味

データベース………検索の対象となる範囲を指定します。先頭の行が項目の見出しとみなされます。つまり、見出しも含めて範囲を指定する必要があります。

フィールド…………数値の個数を数えたい項目を指定します。項目の見出しの文字列を指定するか、[データベース]の左端を1とした列番号を指定します。[フィールド]を省略すると、[条件]を満たす行数が戻り値として返されます。

条件…………………検索条件が入力された範囲を指定します。項目名の下に条件を指定します。文字列を検索する場合には、条件にワイルドカード文字を含めることができます。

参照▶検索条件で使えるワイルドカード文字……P.124

ポイント

- DCOUNT関数は［数式］タブの［関数ライブラリ］グループのボタンからは選択できません。［関数の挿入］ボタンを使うか、セルに直接入力します。
- 複数の条件を同じ行に並べた場合は「AND条件」となり、すべての条件を満たす行が検索されます。
- 複数の条件を異なる行に並べた場合は「OR条件」となり、いずれかの条件を満たす行が検索されます。
  参照▶AND条件とOR条件……P.329
- 戻り値は条件に一致した行数ではなく、条件に一致した行のなかで、［フィールド］で示された列に入力されている数値の個数です。ただし、［フィールド］を省略すると、条件に一致した行数をそのまま返します。
- 検索条件をワークシートに入れておくのではなく、関数の引数に直接指定したい場合には、COUNTIF関数やCOUNTIFS関数が使えます（ただし、COUNTIF関数やCOUNTIFS関数は条件に一致する数値の数ではなく、条件に一致するセルの数を返します）。
  参照▶COUNTIF……P.436
  参照▶COUNTIFS……P.438

エラーの意味

エラーの種類	原因	エラーとなる例
[#NAME?]	引数として指定した名前が定義されていない（［フィールド］に「"（ダブルクォーテーション）」を付けずに文字列を指定した）	=DCOUNT(A2:D6,身長,F2:F3)
[#VALUE!]	［フィールド］に存在しない項目名を指定した	=DCOUNT(A2:D6," 胸囲 ",F2:F3)
[#VALUE!]	［フィールド］にデータベースの範囲を超える列番号を指定した	=DCOUNT(A2:D6,0,F2:F3)

関数の使用例　消耗品費のうち、貸方の金額が入力されたセルの個数を求める

立替払いの経費一覧表で、「相手項目」が「消耗品費」である行を検索し、そのなかで貸方の金額が入力されているセルの個数を求めます。

=DCOUNT(A2:F8,E2,H2:H3)

セルA2～F8に入力されているデータベースを検索し、セルE2の列に数値が入力されているセルの個数を求める。検索条件はセルH2～H3に入力されているものとする。

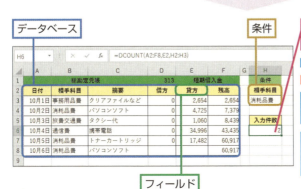

❶ セルH6に「=DCOUNT(A2:F8,E2,H2:H3)」と入力

参照▶関数を入力するには……P.38
サンプル▶06_001_DCOUNT.xlsx

［条件］を満たす行のうち［フィールド］の列にある数値の個数が求められた

「相手科目」が「消耗品費」で、「貸方」の金額が入力されているセルの個数がわかった

6-1 条件を満たすセルの個数を求める

HINT [フィールド]を省略すると

「=DCOUNT(A2:D6,,F2:F3)」のように[フィールド]を省略すると、[条件]に指定した範囲のうち、条件を満たす行の個数が求められます。以下の例では、「身長が165以上」という条件を満たす行の数が求められます。ここでは、条件を満たす行の数は2になります。

	A	B	C	D	E	F
1	入会時プロファイル					条件
2	氏名	年齢	身長	体重		身長
3	長作 まさみ	20	168.8	52.2		>=165
4	吹入 一恵	25	170.2	53.6		
5	堀江 真希	19	160.3	不明		人数
6	宮坂 あおい	22	163.2	46.7		2
7						

F6: =DCOUNT(A2:D6,,F2:F3)

[フィールド]を省略して入力されたDCOUNT関数

「身長が165以上」である行の数が求められた

HINT 検索条件に文字列だけを指定すると

データベース関数では、条件に文字列を指定すると、セルに入力された文字列の先頭から検索が行われます。たとえば、条件として「abc」という文字列を指定すると、セルの内容が「abc」ではじまるセルが検索されます。したがって「abc」だけでなく「abcdef」と入力されたセルも検索されます。なお、内容が「abc」だけのセルを検索したい場合は、条件の文字列を「"=abc"」とするか「=”=abc”」とします。

活用例　ワイルドカード文字を使って検索する

ワイルドカード文字を利用すると、パターンを指定した検索ができます。ワイルドカード文字の「*」は0文字以上の任意の文字列を表し、「?」は任意の1文字を表します。たとえば、「*猫*」で「猫」を含む文字列を検索します。また、「子?元気」で、「子」の次に任意の1文字、その次に「元気」が続く文字列を検索します。

参照▶検索条件で使えるワイルドカード文字……P.124

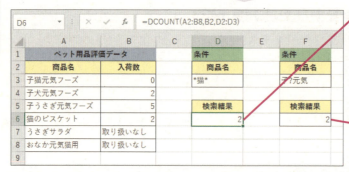

❶セルD6に「=DCOUNT(A2:B8,B2,D2:D3)」と入力

商品名に「猫」を含む行で、入荷数が記録されているセルの数が求められた

❷セルF6に「=DCOUNT(A2:B8,B2,F2:F3)」と入力

商品名が「子」、任意の1文字、「元気」ではじまる行で、入荷数が記録されているセルの数が求められた

DCOUNTA 条件を満たすセルのデータの個数を求める

DCOUNTA(データベース, フィールド, 条件)

▶関数の解説

[データベース]の範囲で[条件]を満たす行を探します。見つかった行のうち[フィールド]の列に入力されているデータの個数を求めます。数値、文字列、論理値、数式などが入力されているセルの個数が返されます。何も入力されていないセルは数えられません。

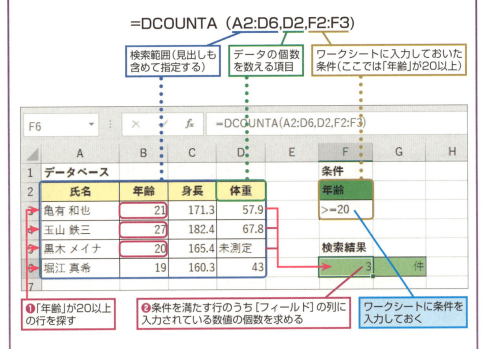

▶引数の意味

データベース ……… 検索の対象となる範囲を指定します。先頭の行が項目の見出しとみなされます。つまり、見出しも含めて範囲を指定する必要があります。

フィールド …………… データの個数を数えたい項目を指定します。項目の見出しの文字列を指定するか、[データベース]の左端を1とした列番号を指定します。[フィールド]を省略すると、[条件]を満たす行数が戻り値として返されます。

条件 ………………… 検索条件が入力された範囲を指定します。項目名の下に条件を指定します。文字列を検索する場合には、条件にワイルドカード文字を含めることができます。

参照▶検索条件で使えるワイルドカード文字……P.124

ポイント

- DCOUNTA関数は[数式]タブの[関数ライブラリ]グループのボタンからは選択できません。[関数の挿入]ボタンを使うか、セルに直接入力します。
- 複数の条件を同じ行に並べた場合は「AND条件」となり、すべての条件を満たす行が検索されます。
- 複数の条件を異なる行に並べた場合は「OR条件」となり、いずれかの条件を満たす行が検索されます。

参照▶AND条件とOR条件……P.329

6-1 条件を満たすセルの個数を求める

- 戻り値は条件に一致した行数ではなく、条件に一致した行のなかで、[フィールド]で示された列に入力されているデータの個数です。ただし、[フィールド]を省略すると、条件に一致した行数をそのまま返します。
- 検索条件をワークシートに入れておくのではなく、関数の引数に直接指定したい場合には、COUNTIF関数やCOUNTIFS関数が使えます（ただし、COUNTIF関数やCOUNTIFS関数は条件に一致するデータの数ではなく、条件に一致するセルの数を返します）。

参照▶COUNTIF……P.436
参照▶COUNTIFS……P.438

エラーの意味

エラーの種類	原因	エラーとなる例
[#NAME?]	引数として指定した名前が定義されていない（[フィールド]に「"（ダブルクォーテーション）」を付けずに文字列を指定した）	=DCOUNTA(A2:D6, 身長 ,F2:F3)
[#VALUE!]	[フィールド]に存在しない項目名を指定した	=DCOUNT(A2:D6," 胸囲 ",F2:F3)
	[フィールド]にデータベースの範囲を超える列番号を指定した	=DCOUNTA(A2:D6,0,F2:F3)

関数の使用例　消耗品費のうち、摘要が入力されたセルの個数を求める

立替払いの経費一覧表で、「相手項目」が「消耗品費」である行を検索し、そのなかで、摘要が入力されているセルの個数を求めます。何も入力されていないセルは数えません。

=DCOUNTA(A2:F8,C2,H2:H3)

セルA2～F8に入力されているデータベースを検索し、セルC2の列にデータが入力されているセルの個数を求める。検索条件はセルH2～H3に入力されているものとする。

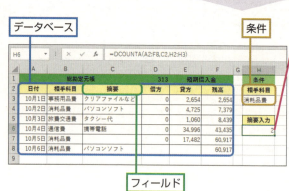

❶セルH6に「=DCOUNTA(A2:F8,C2,H2:H3)」と入力

参照▶関数を入力するには……P.38
サンプル▶06_002_DCOUNTA.xlsx

[条件]を満たす行のうち[フィールド]の列にあるデータの個数が求められた

「相手科目」が「消耗品費」で、「摘要」が入力されているセルの個数がわかった

💡 AND条件とOR条件

検索条件を横（同じ行）に並べて指定した場合は、「英語が80点以上かつ数学が80点以上」というようなAND条件による検索ができます。一方、複数の検索条件を縦（異なる行）に指定した場合は、「英語が80点以上または数学が90点以上」というようなOR条件による検索ができます。

❶ セルI12に「=DCOUNTA(A2:D10,A2,F3:G4)」と入力
❷ セルI13に「=DCOUNTA(A2:D10,A2,I3:J5)」と入力
❸ セルI14に「=DCOUNTA(A2:D10,A2,F8:G9)」と入力
❹ セルI15に「=DCOUNTA(A2:D10,A2,I8:I10)」と入力

条件を同じ行に並べるとAND条件、異なる行に書くとOR条件になる

💡 摘要が未入力のセルの個数を求めるには

相手科目が「消耗品費」で、摘要に何も入力されていないセルの個数を求めるには、「消耗品費」と入力されているセルの個数から、関数の使用例で求めた個数を引きます。いずれもDCOUNTA関数を使って「=DCOUNTA(A2:F8,,H2:H3)-DCOUNTA(A2:F8,C2,H2:H3)」と入力します。

❶ セルH9に「=DCOUNTA(A2:F8,,H2:H3)-DCOUNTA(A2:F8,C2,H2:H3)」と入力

摘要が未入力のセルの個数がわかった

💡 数値以外が入力されているセルの個数を求めるには

DCOUNTA関数では、空のセル以外(文字列、数値、真偽値、エラー値)の個数が数えられます。一方、DCOUNT関数では、数値の個数が数えられます。したがって、DCOUNTA関数の結果からDCOUNT関数の結果を引くと、数値以外が入力されているセルの個数が求められます。[フィールド]に真偽値やエラー値がなければ、条件を満たす行のうち、文字列が入力されているセルの個数が求められます。

❶ セルF4に「DCOUNTA(A2:C8,C2,E3:E4)-DCOUNT(A2:C8,C2,E3:E4)」と入力

[成績]に未受験の事由が記されている人数がわかった

6-2

6-2 条件を満たす最大値や最小値を求める

DMAX 条件を満たす最大値を求める

ディー・マックス
DMAX(データベース, フィールド, 条件)

▶関数の解説

[データベース] の範囲で [条件] を満たす行を探します。見つかった行のうち [フィールド] の列に入力されている数値の最大値を求めます。

=DMAX（A2:D6,D2,F2:F3）

- 検索範囲(見出しも含めて指定する)
- 最大値を求めたい項目
- ワークシートに入力しておいた条件(ここでは「年齢」が20以上)

F6			fx	=DMAX(A2:D6,D2,F2:F3)		

	A	B	C	D	E	F	G	H
1	データベース					条件		
2	氏名	年齢	身長	体重		年齢		
3	亀有 和也	21	171.3	57.9		>=20		
4	玉山 鉄三	27	182.4	67.8				
5	黒木 メイナ	20	165.4	未測定		検索結果		
6	堀江 真希	19	160.3	43		67.8 kg		
7								

❶「年齢」が20以上の行を探す

❷条件を満たす行のうち [フィールド] の列に入力されている数値の最大値を求める

ワークシートに条件を入力しておく

▶引数の意味

データベース ………… 検索の対象となる範囲を指定します。先頭の行が項目の見出しとみなされます。つまり、見出しも含めて範囲を指定する必要があります。

フィールド …………… 最大値を求めたい項目を指定します。項目の見出しの文字列を指定するか、[データベース] の左端を1とした列番号を指定します。

条件 ………………… 検索条件が入力された範囲を指定します。項目名の下に条件を指定します。文字列を検索する場合には、条件にワイルドカード文字を含めることができます。

参照 検索条件で使えるワイルドカード文字……P.124

ポイント

- DMAX関数は［数式］タブの［関数ライブラリ］グループのボタンからは選択できません。［関数の挿入］ボタンを使うか、セルに直接入力します。
- 複数の条件を同じ行に並べた場合は「AND条件」となり、すべての条件を満たす行が検索されます。　　参照▶AND条件とOR条件……P.329
- 複数の条件を異なる行に並べた場合は「OR条件」となり、いずれかの条件を満たす行が検索されます。
- 条件に一致するセルが見つからないときや、条件に一致するセルに数値が1つも入力されていないときには0が返されます。
- 戻り値は条件に一致したセルの最大値ではなく、条件に一致した行のなかで、［フィールド］で示された列に入力されている数値の最大値です。
- 検索条件をワークシートに入れておくのではなく、関数の引数に直接指定したい場合には、MAXIFS関数が使えます。　　参照▶MAXIFS……P.460

エラーの意味

エラーの種類	原因	エラーとなる例
[#NAME?]	引数として指定した名前が定義されていない（［フィールド］に「"（ダブルクォーテーション）」を付けずに文字列を指定した）	=DMAX(A2:D6,身長,F2:F3)
[#VALUE!]	［フィールド］に存在しない項目名を指定した	=DMAX(A2:D6," 胸囲 ",F2:F3)
	［フィールド］にデータベースの範囲を超える列番号を指定した	=DMAX(A2:D6,0,F2:F3)
	［フィールド］を省略した	=DMAX(A2:D6,,F2:F3)

関数の使用例　試験結果のデータベースで数学の最高点を求める

英語と数学の試験結果が入力されているデータベースで、数学の最高点を求めます。ここでは、「性別」が「女」という条件を指定します。

=DMAX(A2:D10,D2,F2:F3)

セルA2～D10に入力されているデータベースを検索し、セルD2の列に入力されている数値の最大値を求める。検索条件はセルF2～F3に入力されているものとする。

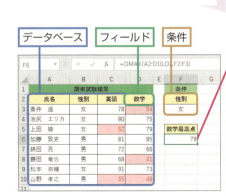

❶セルF6に「=DMAX(A2:D10,D2,F2:F3)」と入力

参照▶関数を入力するには……P.38

サンプル 06_003_DMAX.xlsx

［条件］を満たす行のうち［フィールド］の列にある数値の最大値が求められた

「性別」が「女」の、「数学」の最高点がわかった

DMIN 条件を満たす最小値を求める

DMIN(データベース, フィールド, 条件)

▶関数の解説

［データベース］の範囲で［条件］を満たす行を探します。見つかった行のうち［フィールド］の列に入力されている数値の最小値を求めます。

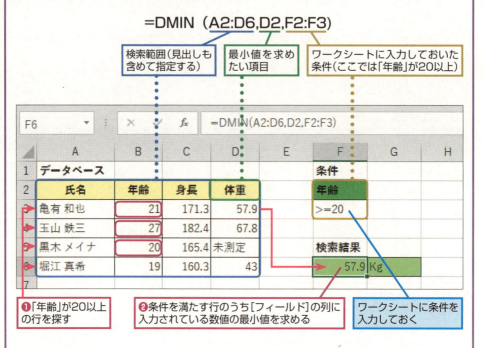

▶引数の意味

データベース ………… 検索の対象となる範囲を指定します。先頭の行が項目の見出しとみなされます。つまり、見出しも含めて範囲を指定する必要があります。

フィールド …………… 最小値を求めたい項目を指定します。項目の見出しの文字列を指定するか、［データベース］の左端を1とした列番号を指定します。

条件 …………………… 検索条件が入力された範囲を指定します。項目名の下に条件を指定します。文字列を検索する場合には、条件にワイルドカード文字を含めることができます。

参照▶検索条件で使えるワイルドカード文字……P.124

ポイント

- DMIN関数は［数式］タブの［関数ライブラリ］グループのボタンからは選択できません。［関数の挿入］ボタンを使うか、セルに直接入力します。
- 複数の条件を同じ行に並べた場合は「AND条件」となり、すべての条件を満たす行が検索されます。
- 複数の条件を異なる行に並べた場合は「OR条件」となり、いずれかの条件を満たす行が検索されます。

参照▶AND条件とOR条件……P.329

- 条件に一致するセルが見つからないときや、条件に一致するセルに数値が1つも入力されていないときには0が返されます。

- 戻り値は条件に一致したセルの最大値ではなく、条件に一致した行のなかで、[フィールド]で示された列に入力されている数値の最小値です。
- 検索条件をワークシートに入れておくのではなく、関数の引数に直接指定したい場合には、MINIFS関数が使えます。

参照▶MINIFS……P.464

エラーの意味

エラーの種類	原因	エラーとなる例
[#NAME?]	引数として指定した名前が定義されていない（[フィールド]に「"（ダブルクォーテーション）」を付けずに文字列を指定した）	=DMIN(A2:D6, 身長 ,F2:F3)
[#VALUE!]	[フィールド] に存在しない項目名を指定した	=DMIN(A2:D6," 胸囲 ",F2:F3)
	[フィールド] にデータベースの範囲を超える列番号を指定した	=DMIN(A2:D6,0,F2:F3)
	[フィールド] を省略した	=DMAX(A2:D6,,F2:F3)

関数の使用例　試験結果のデータベースで合格者の各科目の最低点を求める

英語と数学の試験結果が入力されているデータベースで、合格者の各科目の最低点を求めます。ここでは、「英語と数学がいずれも60点以上」を合格の条件とします。

=DMIN(A2:D10,C2,F2:G3)

セルA2～D10に入力されているデータベースを検索し、セルC2の列に入力されている数値の最小値を求める。検索条件はセルF2～F3に入力されているものとする。

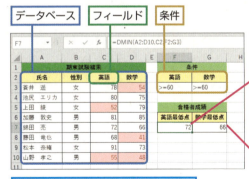

❶ セルF7に「=DMIN(A2:D10,C2,F2:G3)」と入力

参照▶関数を入力するには……P.38
サンプル▶06_004_DMIN.xlsx

❷ セルG7に「=DMIN(A2:D10,D2,F2:G3)」と入力

[条件] を満たす行のうち [フィールド] の列にある数値の最小値が求められた

合格者の英語と数学の最低点がわかった

💡HINT 条件にワイルドカード文字を使う

文字列を [条件] に使用する場合には、ワイルドカード文字が使用できます。1文字以上の任意の文字は「?（クエスチョンマーク）」、複数の文字は「*（アスタリスク）」で表すことができます。また、「?」や「*」をワイルドカード文字としてではなく、「?」や「*」という文字そのものとして扱いたいときには「~（チルダ）」を前に付け、「~?」、「~*」と表します。

参照▶検索条件で使える
ワイルドカード文字……P.124

6-3 条件を満たすデータを計算する

6-3 条件を満たすデータを計算する

DSUM 条件を満たすセルの合計を求める

ディー・サム
DSUM(データベース, フィールド, 条件)

▶関数の解説

[データベース]の範囲で[条件]を満たす行を探します。見つかった行のうち[フィールド]の列に入力されている数値の合計を求めます。

=DSUM（A2:D6,C2,F2:F3)

- 検索範囲（見出しも含めて指定する）
- 合計を求めたい項目
- ワークシートに入力しておいた条件（ここでは「区分」が「通常」）

F6		× ✓ fx	=DSUM(A2:D6,C2,F2:F3)			
	A	B	C	D	E	F	G
1	データベース					条件	
2	日付	区分	獲得ポイント	累計		区分	
3	10月1日	通常	14	14		通常	
4	10月2日	通常	21	35			
5	10月3日	加算	100	135		検索結果	
6	10月4日	通常	20	155		55 ポイント	
7							

❶「区分」が「通常」の行を探す

❷条件を満たす行のうち[フィールド]の列に入力されている数値の合計を求める

ワークシートに条件を入力しておく

▶引数の意味

データベース ……… 検索の対象となる範囲を指定します。先頭の行が項目の見出しとみなされます。つまり、見出しも含めて範囲を指定する必要があります。

フィールド ………… 合計を求めたい項目を指定します。項目の見出しの文字列を指定するか、[データベース]の左端を1とした列番号を指定します。

条件 ……………… 検索条件が入力された範囲を指定します。項目名の下に条件を指定します。文字列を検索する場合には、条件にワイルドカード文字を含めることができます。

ポイント

- DSUM関数は[数式]タブの[関数ライブラリ]グループのボタンからは選択できません。[関数の挿入]ボタンを使うか、セルに直接入力します。

サイドバー（左）

- 1 関数の基本知識
- 2 日付／時刻関数
- 3 数学／三角関数
- 4 論理関数
- 5 検索／行列関数
- 6 データベース関数
- 7 文字列操作関数
- 8 統計関数
- 9 財務関数
- 10 エンジニアリング関数
- 11 情報関数
- 12 キューブ関数
- 13 ウェブ関数
- 付録

- 複数の条件を同じ行に並べた場合は「AND条件」となり、すべての条件を満たす行が検索されます。
- 複数の条件を異なる行に並べた場合は「OR条件」となり、いずれかの条件を満たす行が検索されます。　　参照▶AND条件とOR条件……P.329
- 条件に一致するセルが見つからないときや、条件に一致するセルに数値が1つも入力されていないときには0が返されます。
- 戻り値は条件に一致したセルの数値の合計ではなく、条件に一致した行のなかで、[フィールド]で示された列に入力されている数値の合計です。
- 検索条件をワークシートに入れておくのではなく、関数の引数に直接指定したい場合にはSUMIF関数やSUMIFS関数が使えます。

参照▶SUMIF……P.122
参照▶SUMIFS……P.124

エラーの意味

エラーの種類	原因	エラーとなる例
[#NAME?]	引数として指定した名前が定義されていない（[フィールド] に「"（ダブルクォーテーション）」を付けずに文字列を指定した）	=DSUM(A2:D6,区分,F2:F3)
[#VALUE!]	[フィールド] に存在しない項目名を指定した	=DSUM(A2:D6," 対象 ",F2:F3)
	[フィールド] にデータベースの範囲を超える列番号を指定した	=DSUM(A2:D6,5,F2:F3)
	[フィールド] を省略した	=DSUM(A2:D6,,F2:F3)

関数の使用例　日付と仕入先を指定して、商品の支払代金の合計を求める

日付と仕入先を指定して、仕入れた商品の支払代金の合計を求めます。[データベース] はセルA2～F6に、[条件] はセルH2～I3にそれぞれ入力されており、セルF2にある「金額」のフィールドを合計します。

=DSUM(A2:F6,F2,H2:I3)

セルA2～F6に入力されているデータベースを検索し、セルF2の列に入力されている数値の合計を求める。検索条件はセルH2～I3に入力されているものとする。

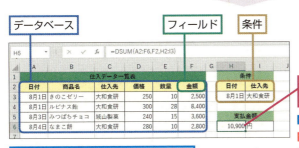

❶セルH6に「=DSUM(A2:F6,F2,H2:I3)」と入力

参照▶関数を入力するには……P.38

サンプル▶06_005_DSUM.xlsx

[条件]を満たす行のうち[フィールド]の列にある数値の合計が求められた

支払代金の合計がわかった

6-3

条件を満たすデータを計算する

活用例　品番が5文字以下の商品の仕入金額を合計する

データベース関数では、条件は文字列として指定する必要があります。したがって、「品番の長さが5以下」のように、数式を使って求める必要のある条件は簡単には指定できません。このような場合には、条件の見出しとして、データベースの項目名以外を指定し、条件にTRUEかFALSEを返す値を指定します。

	関数の基本知識	1
日付／時刻関数	2
数学／三角関数	3
論理関数	4
検索／行列関数	5
データベース関数	6
文字列操作関数	7
統計関数	8
財務関数	9
エンジニアリング関数	10
情報関数	11
キューブ関数	12
ウェブ関数	13
付　録	

H3　×　✓　fx　=LEN(B3)<=5

	A	B	C	D	E	F	G	H
1			仕入データ一覧表					条件
2	日付	品番	商品名	価格	数量	金額		主要商品
3	8月1日	PC-01	パーソナルチェア	36,000	5	180,000		TRUE
4	8月1日	KW-02	キッチンワゴン	18,000	5	90,000		
5	8月3日	BS-04-PB	ブックスタンド(文庫本)	12,000	10	120,000		支払金額
6	8月4日	DR-04	DVDラック	9,500	5	47,500		317,500
7								

データベースの項目名以外の見出しを付けておく

❶セルH3に「=LEN(B3)<=5」と入力

セルB3の文字数が5文字以下なのでTRUEと表示された

❷セルH6に「=DSUM(A2:F6,F2,H2:H3)」と入力

品番が5文字以下の商品の金額が合計された

HINT　数式を使って条件を指定するには

データベース関数では、条件として「"<=5"」などの文字列を指定する場合は、[条件]の項目名にデータベースにある項目名を入力しておきます。しかし、条件として「=LEN(B3)<=5」のようなTRUEまたはFALSEを返す数式を指定する場合には、[条件]の項目名にはデータベースにない項目名を指定する必要があります。

また、条件を表す数式には「=LEN(B3)<=5」の「B3」のように先頭のセルだけを相対参照で指定しておきます。そのようにしておけば、データベース関数によって検索される範囲に合わせてセル参照が変えられます。たとえば、4行めに対しては「=LEN(B4)<=5」が、5行めに対しては「LEN(B5)<=5」が指定されているものとみなされます。これらの式がTRUEになった行だけが合計の対象となるわけです。

DAVERAGE 条件を満たすセルの平均を求める

DAVERAGE(データベース, フィールド, 条件)

▶関数の解説

[データベース]の範囲で[条件]を満たす行を探します。見つかった行のうち[フィールド]の列に入力されている数値の平均を求めます。

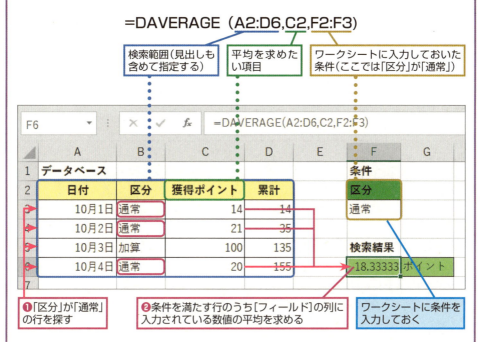

▶引数の意味

データベース ………… 検索の対象となる範囲を指定します。先頭の行が項目の見出しとみなされます。つまり、見出しも含めて範囲を指定する必要があります。

フィールド …………… 平均を求めたい項目を指定します。項目の見出しの文字列を指定するか、[データベース]の左端を1とした列番号を指定します。

条件 …………………… 検索条件が入力された範囲を指定します。項目名の下に条件を指定します。文字列を検索する場合には、条件にワイルドカード文字を含めることができます。

参照▶検索条件で使えるワイルドカード文字……P.124

[ポイント]
- DAVERAGE関数は[数式]タブの[関数ライブラリ]グループのボタンからは選択できません。[関数の挿入]ボタンを使うか、セルに直接入力します。
- 複数の条件を同じ行に並べた場合は「AND条件」となり、すべての条件を満たす行が検索されます。
- 複数の条件を異なる行に並べた場合は「OR条件」となり、いずれかの条件を満たす行が検索されます。

参照▶AND条件とOR条件……P.329

- 条件に一致するセルが見つからないときや、条件に一致するセルに数値が1つも入力されていないときには0が返されます。

6-3

条件を満たすデータを計算する

- 戻り値は条件に一致したセルの数値の平均ではなく、条件に一致した行のなかで、[フィールド]で示された列に入力されている数値の平均です。
- 検索条件をワークシートに入れておくのではなく、関数の引数に直接指定したい場合にはAVERAGEIF関数やAVERAGEIFS関数が使えます。

参照📖AVERAGEIF……P.443
参照📖AVERAGEIFS……P.445

エラーの意味

エラーの種類	原因	エラーとなる例
[#NAME?]	引数として指定した名前が定義されていない（[フィールド]に「"（ダブルクォーテーション）」を付けずに文字列を指定した）	=DAVERAGE(A2:D6,区分,F2:F3)
[#VALUE!]	[フィールド]に存在しない項目名を指定した	=DAVERAGE(A2:D6,"対象",F2:F3)
	[フィールド]にデータベースの範囲を超える列番号を指定した	=DAVERAGE(A2:D6,5,F2:F3)
	[フィールド]を省略した	=DAVERAGE(A2:D6,,F2:F3)

関数の使用例　試験結果のデータベースで合格者の平均点を求める

英語と数学の試験結果が入力されているデータベースで、合格者の平均点を求めます。ここでは、「合計」が132点以上を合格の条件とします。

=DAVERAGE(A2:E10,E2,G2:G3)

セルA2〜E10に入力されているデータベースを検索し、セルE2の列に入力されている数値の平均を求める。検索条件はセルG2〜G3に入力されているものとする。

データベース　　　　　　　　　　条件

❶ セルG6に「=DAVERAGE(A2:E10,E2,G2:G3)」と入力

参照📖関数を入力するには……P.38

サンプル📄06_006_DAVERAGE.xlsx

[条件]を満たす行のうち[フィールド]の列にある数値の平均が求められた

合格者の平均点がわかった

フィールド

💡HINT 上位5名の成績を条件とするには

セルG3の「=>132」という条件は、第5位までに入る成績です。その成績を求めるために、セルG3には「=">="&LARGE(E3:E10,5)」という数式が入力されています。

LARGE関数により第5位の人の成績を求め、">="という文字列と連結して条件の文字列としたわけです。

参照📖LARGE……P.466

関数の基本知識 **1**

日付／時刻関数 **2**

数学／三角関数 **3**

論理関数 **4**

検索／行列関数 **5**

データベース関数 **6**

文字列操作関数 **7**

統計関数 **8**

財務関数 **9**

エンジニアリング関数 **10**

情報関数 **11**

キューブ関数 **12**

ウェブ関数 **13**

付　録

338

できる

DPRODUCT 条件を満たすセルの積を求める

6-3

DPRODUCT(データベース, フィールド, 条件)
（ディー・プロダクト）

▶関数の解説

［データベース］の範囲で［条件］を満たす行を探します。見つかった行のうち［フィールド］の
列に入力されている数値の積を求めます。

=DPRODUCT(A2:C8,C2,E2:E3)

- 検索範囲（見出しも含めて指定する）
- 積を求めたい項目
- ワークシートに入力しておいた条件（ここでは「区分」が「実験群」）

E6		× ✓ fx	=DPRODUCT(A2:C8,C2,E2:E3)				
	A	B	C	D	E	F	G
1	データベース				条件		
2	サンプル	区分	測定値		区分		
3	A	実験群	25.4		実験群		
4	B	実験群	23.6				
5	C	実験群	45.6		検索結果（積）	検索結果（件数）	幾何平均
6	D	対照群	12.5		27334.464	3	30.12336754
7	E	対照群	13.8				
8	F	対照群	20.2				
9							

❶「区分」が「実験群」の行を探す

❷条件を満たす行のうち［フィールド］の列に入力されている数値の積を求める

ワークシートに条件を入力しておく

▶引数の意味

データベース ………… 検索の対象となる範囲を指定します。先頭の行が項目の見出しとみなされます。
つまり、見出しも含めて範囲を指定する必要があります。

フィールド …………… 積を求めたい項目を指定します。項目の見出しの文字列を指定するか、［データベース］の左端を1とした列番号を指定します。

条件 ………………… 検索条件が入力された範囲を指定します。項目名の下に条件を指定します。文字列を検索する場合には、条件にワイルドカード文字を含めることができます。
　　　　　　　　　　　参照🔖検索条件で使えるワイルドカード文字……P.124

【ポイント】

- DPRODUCT関数は［数式］タブの［関数ライブラリ］グループのボタンからは選択できません。
［関数の挿入］ボタンを使うか、セルに直接入力します。

- 複数の条件を同じ行に並べた場合は「AND条件」となり、すべての条件を満たす行が検索されます。

- 複数の条件を異なる行に並べた場合は「OR条件」となり、いずれかの条件を満たす行が検索されます。　　　　　　　　　　　参照🔖AND条件とOR条件……P.329

- 戻り値は条件に一致したセルの数値の積ではなく、条件に一致した行のなかで、［フィールド］で示された列に入力されている数値の積です。

条件を満たすデータを計算する

1	関数の基本知識
2	日付／時刻関数
3	数学／三角関数
4	論理関数
5	検索／行列関数
6	**データベース関数**
7	文字列操作関数
8	統計関数
9	財務関数
10	エンジニアリング関数
11	情報関数
12	キューブ関数
13	ウェブ関数
	付 録

339
できる

・条件に一致するセルが見つからないときや、条件に一致するセルに数値が1つも入力されていないときには0が返されます。

エラーの意味

エラーの種類	原因	エラーとなる例
[#NAME?]	引数として指定した名前が定義されていない（[フィールド]に「"（ダブルクォーテーション）」を付けずに文字列を指定した）	=DPRODUCT(A2:C8,測定値,E2:E3)
[#VALUE!]	[フィールド]に存在しない項目名を指定した	=DPRODUCT(A2:C8," 結果 ",E2:E3)
	[フィールド]にデータベースの範囲を超える列番号を指定した	=DPRODUCT(A2:C8,0,E2:E3)
	[フィールド]を省略した	=DPRODUCT(A2:C8,,E2:E3)

関数の使用例　対象となる割引の種類から全体の掛率を求める

割引対象と割引率、掛率が入力されているデータベースで、対象となる割引の種類から全体の掛率を求めます。掛率の計算は足し算ではなく掛け算で求めることとします。たとえば、会員割引と高齢者割引が適用されたときには、全体の金額から割引率の合計の15％（0.1＋0.05＝0.15）を引くのではなく、全体の金額から10％の会員割引をした価格に対して、5％の高齢者割引を適用するものとします。割引した金額ではなく、割引後の金額を求めたいので、掛率（1－割引率）の積を求めます。

=DPRODUCT(E2:G5,G2,A5:A7)

セルE2～G5に入力されているデータベースを検索し、セルG2の列に入力されている数値の積を求める。検索条件はセルA5～A7に入力されているものとする。

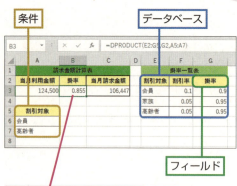

❶セルB3に「=DPRODUCT(E2:G5,G2,A5:A7)」と入力

参照▶関数を入力するには……P.38
サンプル▶06_007_DPRODUCT.xlsx

[条件]を満たす行のうち[フィールド]の列にある数値の積が求められた

「会員」で「高齢者」の掛率がわかった

セルC3には「=INT(A3*B3)」という式が入力されている

割引後の金額が求められた

6-4 条件を満たすデータを探す

DGET 条件を満たすデータを探す

ディー・ゲット
DGET(データベース, フィールド, 条件)

▶関数の解説

[データベース] の範囲で [条件] を満たす行を探します。見つかった行のうち [フィールド] の列に入力されている値を取り出します。

=DGET(A2:E6,A2,G2:G3)

検索範囲(見出しも含めて指定する)

値を取り出したい項目

ワークシートに入力しておいた条件(ここでは「合計」が「166」)

G6			fx		=DGET(A2:E6,A2,G2:G3)		
	A	B	C	D	E	F	G	H

	A	B	C	D	E	F	G	H
1	期末試験結果						最高点	
2	氏名	性別	英語	数学	合計		合計	
3	蒼井 遥	女	78	54	132		166	
4	池尻 エリカ	女	80	75	155			
5	上田 綾	女	52	79	131		最優秀者	
6	加藤 敦史	男	81	85	166		加藤 敦史	
7								

❶「合計」が「166」の行を探す

❷条件を満たす行のうち[フィールド]の列に入力されている値を取り出す

ワークシートに条件を入力しておく

▶引数の意味

データベース ………… 検索の対象となる範囲を指定します。先頭の行が項目の見出しとみなされます。つまり、見出しも含めて範囲を指定する必要があります。

フィールド …………… 値を取り出したい項目を指定します。項目の見出しの文字列を指定するか、[データベース]の左端を1とした列番号を指定します。

条件 ………………… 検索条件が入力された範囲を指定します。項目名の下に条件を指定します。文字列を検索する場合には、条件にワイルドカード文字を含めることができます。

参照 検索条件で使えるワイルドカード文字……P.124

[ポイント]

• DGET関数は [数式] タブの [関数ライブラリ] グループのボタンからは選択できません。[関

6-4
条件を満たすデータを探す

1 関数の基本知識
2 日付／時刻関数
3 数学／三角関数
4 論理関数
5 検索／行列関数
6 データベース関数
7 文字列操作関数
8 統計関数
9 財務関数
10 エンジニアリング関数
11 情報関数
12 キューブ関数
13 ウェブ関数
付 録

341
できる

6-4 条件を満たすデータを探す

数の挿入]ボタンを使うか、セルに直接入力します。
- 複数の条件を同じ行に並べた場合は「AND条件」となり、すべての条件を満たす行が検索されます。
- 複数の条件を異なる行に並べた場合は「OR条件」となり、いずれかの条件を満たす行が検索されます。
    参照▶AND条件とOR条件……P.329
- 戻り値は条件に一致したセルの値ではなく、条件に一致した行のなかで、[フィールド]で示された列に入力されている値です。

エラーの意味

エラーの種類	原因	エラーとなる例
[#NAME?]	引数として指定した名前が定義されていない([フィールド]に「"(ダブルクォーテーション)」を付けずに文字列を指定した)	=DGET(A2:E10, 氏名 ,G2:G3)
[#NUM!]	条件に一致する行がない	前ページの例で[条件]に "<0" を指定した
[#VALUE!]	[フィールド]に存在しない項目名を指定した	=DGET(A2:E10," 名前 ",G2:G3)
	[フィールド]にデータベースの範囲を超える列番号を指定した	=DGET(A2:E10,6,G2:G3)
	[フィールド]を省略した	=DGET(A2:E10,,G2:G3)
	条件に複数の行が一致する	前ページの例で[条件]に ">0" を指定した

関数の使用例　試験結果のデータベースで女性の最優秀者の氏名を求める

英語と数学の試験結果が入力されているデータベースで、女性の最優秀者の氏名を求めます。合計点が最大の人を最優秀者とします。

=DGET(A2:E10,A2,G2:H3)

セルA2～E10に入力されているデータベースを検索し、セルA2の列に入力されている値を求める。検索条件はセルG2～H3に入力されているものとする。

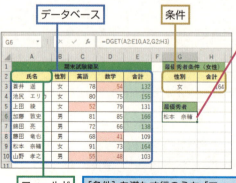

❶ セルG6に「=DGET(A2:E10,A2,G2:H3)」と入力

参照▶関数を入力するには……P.38
サンプル▶06_008_DGET.xlsx

[条件]を満たす行のうち[フィールド]の列にある値が求められた

女性の最優秀者の氏名がわかった

> **HINT 女性の最高点を求めるには**
> セルH3に表示されている女性の最高点は、DMAX関数を使って求めたものです。検索の対象となる範囲がセルA2～E10に、条件がセルG2～G3に入力されているので、関数は「=DMAX(A2:E10,E2,G2:G3)」となります。　参照▶DMAX……P.330

342

6-5 条件を満たすデータの分散を求める

▶ DVAR 条件を満たすデータから不偏分散を求める

DVAR(データベース, フィールド, 条件)
（ディー・バリアンス）

▶関数の解説

[データベース] の範囲で [条件] を満たす行を探します。見つかった行のうち [フィールド] の列に入力されている数値を正規母集団の標本とみなして、母集団の分散の推定値（不偏分散）を求めます。

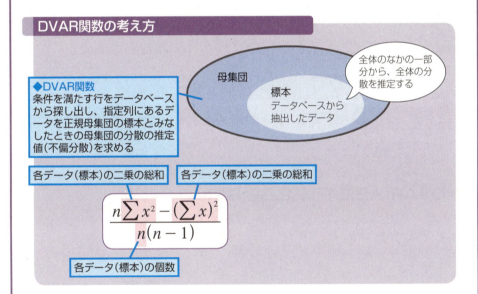

DVAR関数の考え方

◆DVAR関数
条件を満たす行をデータベースから探し出し、指定列にあるデータを正規母集団の標本とみなしたときの母集団の分散の推定値（不偏分散）を求める

全体のなかの一部分から、全体の分散を推定する

母集団／標本 データベースから抽出したデータ

各データ（標本）の二乗の総和　各データ（標本）の二乗の総和

$$\frac{n\sum x^2 - (\sum x)^2}{n(n-1)}$$

各データ（標本）の個数

▶引数の意味

データベース ………… 検索の対象となる範囲を指定します。先頭の行が項目の見出しとみなされます。つまり、見出しも含めて範囲を指定する必要があります。

フィールド …………… 不偏分散を求めたい項目を指定します。項目の見出しの文字列を指定するか、[データベース] の左端を1とした列番号を指定します。

条件 …………………… 検索条件が入力された範囲を指定します。項目名の下に条件を指定します。文字列を検索する場合には、条件にワイルドカード文字を含めることができます。

参照▶検索条件で使えるワイルドカード文字……P.124

ポイント

・DVAR関数は [数式] タブの [関数ライブラリ] グループのボタンからは選択できません。[関数の挿入] ボタンを使うか、セルに直接入力します。

6-5 条件を満たすデータの分散を求める

- 複数の条件を同じ行に並べた場合は「AND条件」となり、すべての条件を満たす行が検索されます。
- 複数の条件を異なる行に並べた場合は「OR条件」となり、いずれかの条件を満たす行が検索されます。　参照▶AND条件とOR条件……P.329
- 条件を指定せずに不偏分散を求めるにはVAR.S関数を使います。　参照▶VAR.S……P.486
- 戻り値は条件に一致したセルの不偏分散ではなく、条件に一致した行のなかで、[フィールド]で示された列に入力されている数値の不偏分散です。

エラーの意味

エラーの種類	原因	エラーとなる例
[#DIV/0!]	取り出された値が1個以下である	=DVAR(A2:E10,E2,G2:G3) と入力したが、セル G3 に「不明」などの文字列が入力されていて、条件を満たすデータがなかった
[#NAME?]	引数として指定した名前が定義されていない（[フィールド]に「"（ダブルクォーテーション）」を付けずに文字列を指定した）	=DVAR(A2:E10, 合計 ,G2:G3)
[#VALUE!]	[フィールド]に存在しない項目名を指定した	=DVAR(A2:E10," 国語 ",G2:G3)
	[フィールド]にデータベースの範囲を超える列番号を指定した	=DVAR(A2:E10,0,G2:G3)
	[フィールド]を省略した	=DVAR(A2:E10,,G2:G3)

関数の使用例　試験結果のデータベースで男性の合計点の不偏分散を求める

英語と数学の試験結果が入力されているデータベースで、男性の合計点の不偏分散の値を求めます。

=DVAR(A2:E10,E2,G2:G3)

セルA2〜E10に入力されているデータベースを検索し、セルE2の列に入力されている値をもとに不偏分散を求める。検索条件はセルG2〜G3に入力されているものとする。

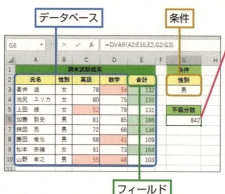

❶セルG6に「=DVAR(A2:E10,E2,G2:G3)」と入力

参照▶関数を入力するには……P.38
サンプル▶06_009_DVAR.xlsx

[条件]を満たす行のうち[フィールド]の列にある値の不偏分散が求められた

男性の合計点の不偏分散の値がわかった

DVARP 条件を満たすデータの分散を求める

DVARP(データベース, フィールド, 条件)

▶関数の解説

［データベース］の範囲で［条件］を満たす行を探します。見つかった行のうち［フィールド］の列に入力されている数値を母集団とみなして、分散を求めます。

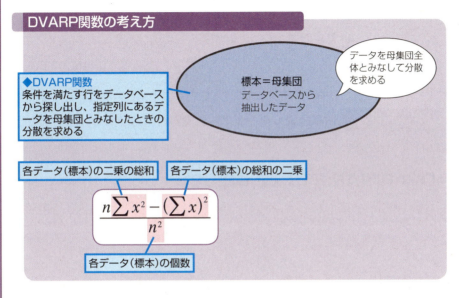

▶引数の意味

データベース .... 検索の対象となる範囲を指定します。先頭の行が項目の見出しとみなされます。つまり、見出しも含めて範囲を指定する必要があります。

フィールド .... 分散を求めたい項目を指定します。項目の見出しの文字列を指定するか、［データベース］の左端を1とした列番号を指定します。

条件 .... 検索条件が入力された範囲を指定します。項目名の下に条件を指定します。文字列を検索する場合には、条件にワイルドカード文字を含めることができます。

参照▶検索条件で使えるワイルドカード文字……P.124

▶ポイント

- DVARP関数は［数式］タブの［関数ライブラリ］グループのボタンからは選択できません。［関数の挿入］ボタンを使うか、セルに直接入力します。
- 複数の条件を同じ行に並べた場合は「AND条件」となり、すべての条件を満たす行が検索されます。
- 複数の条件を異なる行に並べた場合は「OR条件」となり、いずれかの条件を満たす行が検索されます。

参照▶AND条件とOR条件……P.329

- 戻り値は条件に一致したセルの分散ではなく、条件に一致した行のなかで、［フィールド］で示された列に入力されている数値の分散です。
- 条件を指定せずに分散を求めるにはVAR.P関数を使います。

参照▶VAR.P……P.488

- 取り出された値が1個の場合には0が返されます。

6-5 条件を満たすデータの分散を求める

エラーの意味

エラーの種類	原因	エラーとなる例
[#DIV/0!]	取り出された値が0個である	=DVARP(A2:E10,E2,G2:G3) と入力したが、セル G3 に「不明」などの文字列が入力されていて、条件を満たすデータがなかった
[#NAME?]	引数として指定した名前が定義されていない（[フィールド] に「"(ダブルクォーテーション)」を付けずに文字列を指定した）	=DVARP(A2:E10, 合計 ,G2:G3)
[#VALUE!]	[フィールド] に存在しない項目名を指定した	=DVARP(A2:E10," 国語 ",G2:G3)
	[フィールド] にデータベースの範囲を超える列番号を指定した	=DVARP(A2:E10,0,G2:G3)
	[フィールド] を省略した	=DVARP(A2:E10,,G2:G3)

関数の使用例　試験結果のデータベースで男性の合計点の分散を求める

英語と数学の試験結果が入力されているデータベースで、男性の合計点の分散の値を求めます。

=DVARP(A2:E10,E2,G2:G3)

セルA2～E10に入力されているデータベースを検索し、セルE2の列に入力されている値をもとに分散を求める。検索条件はセルG2～G3に入力されているものとする。

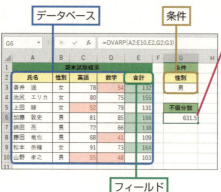

❶セルG6に「=DVARP(A2:E10,E2,G2:G3)」と入力

参照▶関数を入力するには……P.38
サンプル 06_010_DVARP.xlsx

[条件] を満たす行のうち [フィールド] の列にある値の分散が求められた

男性の合計点の分散の値がわかった

6-6 条件を満たすデータの標準偏差を求める

DSTDEV 条件を満たすデータから不偏標準偏差を求める

ディー・スタンダード・ディビエーション
DSTDEV(データベース, フィールド, 条件)

▶関数の解説

［データベース］の範囲で［条件］を満たす行を探します。見つかった行のうち［フィールド］の列に入力されている数値を正規母集団の標本とみなして、母集団の標準偏差の推定値（不偏標準偏差）を求めます。

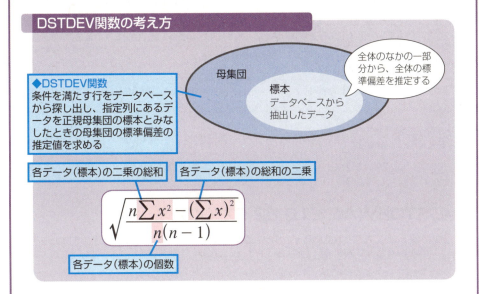

▶引数の意味

データベース………… 検索の対象となる範囲を指定します。先頭の行が項目の見出しとみなされます。つまり、見出しも含めて範囲を指定する必要があります。

フィールド…………… 不偏標準偏差を求めたい項目を指定します。項目の見出しの文字列を指定するか、［データベース］の左端を1とした列番号を指定します。

条件…………………… 検索条件が入力された範囲を指定します。項目名の下に条件を指定します。文字列を検索する場合には、条件にワイルドカード文字を含めることができます。

参照▶検索条件で使えるワイルドカード文字……P.124

【ポイント】
- DSTDEV関数は［数式］タブの［関数ライブラリ］グループのボタンからは選択できません。［関数の挿入］ボタンを使うか、セルに直接入力します。

6-6 条件を満たすデータの標準偏差を求める

- 複数の条件を同じ行に並べた場合は「AND条件」となり、すべての条件を満たす行が検索されます。
- 複数の条件を異なる行に並べた場合は「OR条件」となり、いずれかの条件を満たす行が検索されます。

　　　　　　　　　　　　　　　　　　参照▶AND条件とOR条件……P.329

- 戻り値は条件に一致したセルの不偏標準偏差ではなく、条件に一致した行のなかで、[フィールド]で示された列に入力されている数値の不偏標準偏差です。
- 条件を指定せずに不偏標準偏差を求めるにはSTDEV.S関数を使います。

　　　　　　　　　　　　　　　　　　参照▶STDEV.S……P.492

エラーの意味

エラーの種類	原因	エラーとなる例
[#DIV/0!]	取り出された値が1個以下である	=DSTDEV(A2:E10,E2,G2:G3) と入力したが、セルG3に「不明」などの文字列が入力されていて、条件を満たすデータがなかった
[#NAME?]	引数として指定した名前が定義されていない（[フィールド]に「"(ダブルクォーテーション)」を付けずに文字列を指定した）	=DSTDEV(A2:E10, 合計 ,G2:G3)
[#VALUE!]	[フィールド]に存在しない項目名を指定した	=DSTDEV(A2:E10," 国語 ",G2:G3)
	[フィールド]にデータベースの範囲を超える列番号を指定した	=DSTDEV(A2:E10,0,G2:G3)
	[フィールド]を省略した	=DSTDEV(A2:E10,,G2:G3)

関数の使用例　試験結果のデータベースで男性の合計点の不偏標準偏差を求める

英語と数学の試験結果が入力されているデータベースで、男性の合計点の不偏標準偏差の値を求めます。

=DSTDEV(A2:E10,E2,G2:G3)

セルA2～E10に入力されているデータベースを検索し、セルE2の列に入力されている値をもとに不偏標準偏差を求める。検索条件はセルG2～G3に入力されているものとする。

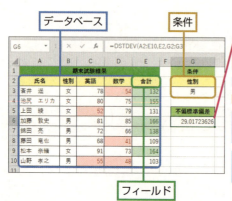

❶セルG6に「=DSTDEV(A2:E10,E2,G2:G3)」と入力

参照▶関数を入力するには……P.38

サンプル▶06_011_DSTDEV.xlsx

[条件]を満たす行のうち[フィールド]の列にある値の不偏標準偏差が求められた

男性の合計点の不偏標準偏差の値がわかった

DSTDEVP 条件を満たすデータの標準偏差を求める

ディー・スタンダード・ディビエーション・ピー
DSTDEVP(データベース, フィールド, 条件)

▶関数の解説

[データベース]の範囲で[条件]を満たす行を探します。見つかった行のうち[フィールド]の列に入力されている数値を母集団とみなして、標準偏差を求めます。

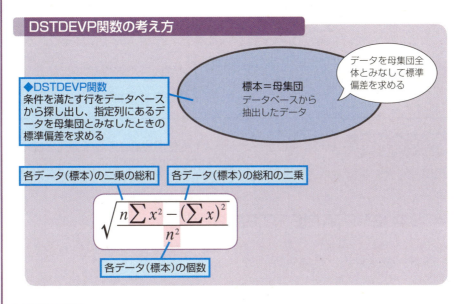

▶引数の意味

データベース ……… 検索の対象となる範囲を指定します。先頭の行が項目の見出しとみなされます。つまり、見出しも含めて範囲を指定する必要があります。

フィールド ………… 標準偏差を求めたい項目を指定します。項目の見出しの文字列を指定するか、[データベース]の左端を1とした列番号を指定します。

条件 ………………… 検索条件が入力された範囲を指定します。項目名の下に条件を指定します。文字列を検索する場合には、条件にワイルドカード文字を含めることができます。

参照▶検索条件で使えるワイルドカード文字……P.124

ポイント

- DSTDEVP関数は[数式]タブの[関数ライブラリ]グループのボタンからは選択できません。[関数の挿入]ボタンを使うか、セルに直接入力します。
- 複数の条件を同じ行に並べた場合は「AND条件」となり、すべての条件を満たす行が検索されます。
- 複数の条件を異なる行に並べた場合は「OR条件」となり、いずれかの条件を満たす行が検索されます。

参照▶AND条件とOR条件……P.329

- 戻り値は条件に一致したセルの標準偏差ではなく、条件に一致した行のなかで、[フィールド]で示された列に入力されている数値の標準偏差です。
- 条件を指定せずに標準偏差を求めるにはSTDEV.P関数を使います。

参照▶STDEV.P……P.494

6-6 条件を満たすデータの標準偏差を求める

- 取り出された値が1個の場合には0が返されます。

エラーの意味

エラーの種類	原因	エラーとなる例
[#DIV/0!]	取り出された値が0個である	=DSTDEVP(A2:E10,E2,G2:G3) と入力したが、セルG3に「不明」などの文字列が入力されていて、条件を満たすデータがなかった
[#NAME?]	引数として指定した名前が定義されていない（[フィールド] に「"（ダブルクォーテーション）」を付けずに文字列を指定した）	=DSTDEVP(A2:E10, 合計 ,G2:G3)
[#VALUE!]	[フィールド] に存在しない項目名を指定した	=DSTDEVP(A2:E10," 国語 ",G2:G3)
	[フィールド] にデータベースの範囲を超える列番号を指定した	=DSTDEVP(A2:E10,0,G2:G3)
	[フィールド] を省略した	=DSTDEVP(A2:E10,,G2:G3)

関数の使用例 試験結果のデータベースで男性の合計点の標準偏差を求める

英語と数学の試験結果が入力されているデータベースで、男性の合計点の標準偏差の値を求めます。

=DSTDEVP(A2:E10,E2,G2:G3)

セルA2～E10に入力されているデータベースを検索し、セルE2の列に入力されている値をもとに標準偏差を求める。検索条件はセルG2～G3に入力されているものとする。

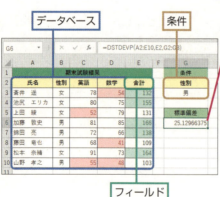

❶ セルG6に「=DSTDEVP(A2:E10,E2,G2:G3)」と入力

参照 関数を入力するには……P.38
サンプル 06_012_DSTDEVP.xlsx

[条件] を満たす行のうち [フィールド] の列にある値の標準偏差が求められた

男性の合計点の標準偏差の値がわかった

第7章
文字列操作関数

7 - 1. 文字列の長さを調べる・・・・・・・・・・・・・・・・・352
7 - 2. 文字列の一部を取り出す・・・・・・・・・・・・・・・356
7 - 3. 文字列を検索する・・・・・・・・・・・・・・・・・・368
7 - 4. 文字列を置き換える・・・・・・・・・・・・・・・・・376
7 - 5. 文字列を連結する・・・・・・・・・・・・・・・・・・382
7 - 6. 余計な文字を削除する・・・・・・・・・・・・・・・388
7 - 7. ふりがなを取り出す・・・・・・・・・・・・・・・・・391
7 - 8. 文字列をくり返し表示する・・・・・・・・・・・・・393
7 - 9. 文字列が等しいか調べる・・・・・・・・・・・・・395
7 - 10. 文字コードを操作する・・・・・・・・・・・・・・・397
7 - 11. 全角文字と半角文字を変換する・・・・・・・・404
7 - 12. 大文字と小文字を変換する・・・・・・・・・・・407
7 - 13. 数値の表示をさまざまな形式に整える・・・・412
7 - 14. 数値の表記を変える・・・・・・・・・・・・・・・・420
7 - 15. 文字列を数値に変換する・・・・・・・・・・・・・427
7 - 16. 文字列を返す・・・・・・・・・・・・・・・・・・・・429

7-1 文字列の長さを調べる

7-1 文字列の長さを調べる

LEN 文字列の文字数を求める

LEN（文字列）
レングス

▶関数の解説

［文字列］の文字数を求めます。

▶引数の意味

文字列······················ 文字数を求めたい文字列を指定します。

ポイント

- 半角文字も全角文字も1文字として数えられます。
- ［文字列］に含まれるスペース、句読点、数字なども文字として数えられます。
- 文字列を引数に直接指定する場合は「"（ダブルクォーテーション）」で囲んで指定します。
- ［文字列］に指定したセルに数値や日付、時刻が入力されている場合、表示形式が適用された結果ではなく、元の値の文字数が返されます。日付や時刻の場合はシリアル値の文字数が返されます。
- 数値が小数の場合、小数点も1文字と数えられます。
- 通常、［文字列］にセル範囲は指定できません。
  参照📖 文字列関数でセル範囲を指定すると……P.353
- 文字列のバイト数を求めるにはLENB関数を使います。　　　参照📖 LENB……P.354

エラーの意味

エラーの種類	原因	エラーとなる例
［#VALUE!］	引数に複数の行と列からなるセル範囲を指定した	=LEN(A3:B4)

関数の使用例　所在地の文字数を求める

セルB3に入力されている所在地の文字数を求めます。所在地には全角文字、半角の数字、カタカナ、漢字、スペースなどが含まれていますが、いずれも1文字として数えられます。

=LEN(B3)

セルB3に入力されている［文字列］の文字数を返す。

関数の基本知識　**1**
日付／時刻関数　**2**
数学／三角関数　**3**
論理関数　**4**
検索／行列関数　**5**
データベース関数　**6**
文字列操作関数　**7**
統計関数　**8**
財務関数　**9**
エンジニアリング関数　**10**
情報関数　**11**
キューブ関数　**12**
ウェブ関数　**13**
付　録

352
できる

7-1 文字列の長さを調べる

❶ セルC3に「=LEN(B3)」と入力

参照▶関数を入力するには……P.38
サンプル▶07_001_LEN.xlsx

❷ セルC3をセルC5までコピー

[文字列]の文字数が求められた

所在地の文字数がわかった

HINT 住所は分割して入力することが多い

本書の例では、所在地を1つのセルに入力していますが、一般には「都道府県名」、「市町村名」、「番地」、「その他」のように、複数の項目に分けて入力しておいたほうがデータを柔軟に取り扱えます。

文字列関数でセル範囲を指定すると

文字列関数の多くは、文字列を指定するための引数にセル範囲を指定すると、たいていの場合、[#VALUE!]エラーになります。しかし、場合によってはエラーにならないこともあります。それは以下の場合です。

- セル範囲が1行複数列で、そのセル範囲と同じ列に関数が入力されている場合
- セル範囲が1列複数行で、そのセル範囲と同じ行に関数が入力されている場合

これらの場合、関数が入力された列または行にある1つのセルが引数として指定されたものとみなされます。たとえば、以下の例であれば、セルB6には「=LEN(A5:B5)」という関数が入力されています。この場合、関数が入力されているB列は、引数の列（A列とB列）に含まれます。したがって、関数が入力されているB列の文字列(セルB5)の長さが求められます。

このような動作はLEN関数、LEFT関数、RIGHT関数、FIND関数、SEARCH関数、SUBSTITUTE関数、REPLACE関数などで引数として文字列を指定するときすべてにあてはまります。

ただし、あまりにも特殊な場合の動作なので、この機能を積極的に活用する場面はほとんど考えられません。そのため、これらの文字列関数では、文字列としてセル範囲は指定できない、と理解しておいても実用上問題はありません。

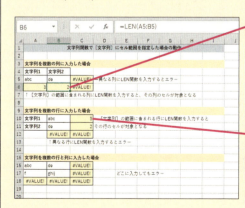

❶「=LEN(A5:B5)」と入力

引数のA列～B列の範囲に関数が入力されているのでエラーにならない

関数が入力されているB列（セルB5）の文字列の長さが求められた

❷「=LEN(B10:B11)」と入力

引数の10行め～11行めの範囲に関数が入力されているのでエラーにならない

関数が入力されている11行め（セルB11）の文字列の長さが求められた

7-1

文字列の長さを調べる

LENB 文字列のバイト数を求める

レングス・ビー
LENB(文字列)

▶関数の解説

［文字列］のバイト数を求めます。

▶引数の意味

文字列……………… バイト数を求めたい文字列を指定します。　　　参照🔖 バイト数とは……P.355

【ポイント】

- 半角文字は1バイト、全角文字は2バイトとして数えられます。
- ［文字列］に含まれるスペース、句読点、数字なども、半角文字は1バイト、全角文字は2バイトとして数えられます。
- 文字列を引数に直接指定する場合は「"（ダブルクォーテーション）」で囲んで指定します。
- ［文字列］に指定したセルに数値や日付、時刻が入力されている場合、表示形式が適用された結果ではなく、元の値を文字列として取り扱ったときのバイト数が返されます。日付や時刻の場合はシリアル値を文字列にしたときのバイト数が返されます。
- 数値が小数の場合、小数点も1バイトと数えられます。
- 通常、［文字列］にセル範囲は指定できません。

　　　　　　　　　　　　　　　　参照🔖 文字列関数でセル範囲を指定すると……P.353

- 文字列の文字数を求めるにはLEN関数を使います。　　　参照🔖 LEN……P.352

【エラーの意味】

エラーの種類	原因	エラーとなる例
[#VALUE!]	引数に複数の行と列からなるセル範囲を指定した	=LENB(A3:B4)

関数の使用例　　所在地のバイト数を求める

セルB3に入力されている所在地のバイト数を求めます。所在地には全角文字、半角の数字、カタカナ、漢字、スペースなどが含まれていますが、半角文字は1バイト、全角文字は2バイトとして数えられます。

=LENB(B3)

セルB3に入力されている［文字列］のバイト数を返す。

関数の基本知識　1
日付／時刻関数　2
数学／三角関数　3
論理関数　4
検索／行列関数　5
データベース関数　6
文字列操作関数　7
統計関数　8
財務関数　9
エンジニアリング関数　10
情報関数　11
キューブ関数　12
ウェブ関数　13
付　録

7-1 文字列の長さを調べる

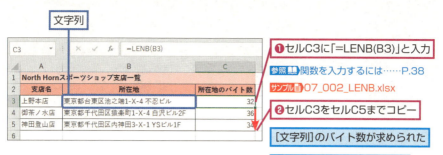

❶ セルC3に「=LENB(B3)」と入力

参照▶関数を入力するには……P.38

サンプル 07_002_LENB.xlsx

❷ セルC3をセルC5までコピー

[文字列]のバイト数が求められた

所在地のバイト数がわかった

HINT バイト数とは

バイトとは、文字などを表すときに使われるデータ量の単位です。LENB関数では半角英数字1文字を1バイトと数えます。全角の日本語文字は1文字を表すために複数のバイトが使われていますが、LENB関数では全角文字1文字を2バイトと数えます。したがって、LENB関数に日本語文字を1文字指定すると、結果は「2」となります。

活用例　文字列に半角文字と全角文字が混在しているかどうかを調べる

半角文字1文字はLEN関数では1文字、LENB関数では1バイトと数えられるので、文字列に含まれる文字がすべて半角文字であれば、LEN関数の結果とLENB関数の結果が等しくなります。一方、全角文字はLEN関数では1文字、LENB関数では2バイトと数えられるので、LENB関数の結果の2倍がLENB関数の結果と等しければ、すべて全角文字であることがわかります。それ以外の場合は半角文字と全角文字が混在しています。

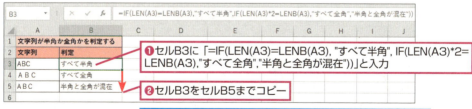

❶ セルB3に「=IF(LEN(A3)=LENB(A3), "すべて半角", IF(LEN(A3)*2= LENB(A3),"すべて全角","半角と全角が混在"))」と入力

❷ セルB3をセルB5までコピー

文字列が半角だけか、全角だけか、混在しているかがわかった

HINT 半角文字や全角文字の文字数を数えるには

活用例の表で「=LEN(A3)*2-LENB(A3)」と入力すると、文字列に含まれる半角文字の個数が求められます。また「=LENB(A3)-LEN(A3)」と入力すると、文字列に含まれる全角文字の個数が求められます。

---

1 関数の基本知識
2 日付／時刻関数
3 数学／三角関数
4 論理関数
5 検索／行列関数
6 データベース関数
7 文字列操作関数
8 統計関数
9 財務関数
10 エンジニアリング関数
11 情報関数
12 キューブ関数
13 ウェブ関数
付録

7-2

7-2 文字列の一部を取り出す

指定した長さの文字列を取り出す関数

文字列の一部を取り出すには、以下のような3つの関数を利用します。

左端から取り出す	→	LEFT関数、LEFTB関数
右端から取り出す	→	RIGHT関数、RIGHTB関数
指定した位置から取り出す	→	MID関数、MIDB関数

LEFT関数、RIGHT関数、MID関数では、取り出したい文字列の長さを文字数で指定します。一方、名前にBの付くLEFTB関数、RIGHTB関数、MIDB関数では、取り出したい文字列の長さをバイト数で指定します。

文字列の左端から文字を取り出す

◆LEFT関数
半角文字も全角文字も1文字と数える
LEFT(A1,3) → 左端から3文字取り出す

◆LEFTB関数
半角文字を1バイト、全角文字を2バイトと数える
LEFTB(A1,6) → 左端から6バイト分取り出す

文字列の右端から文字を取り出す

◆RIGHT関数
半角文字も全角文字も1文字と数える
RIGHT(A1,7) → 右端から7文字取り出す

◆RIGHTB関数
半角文字を1バイト、全角文字を2バイトと数える
RIGHTB(A1,9) → 右端から9バイト分取り出す

	A	B
1	東京都 文京区 大塚 9-9-9	
2		

指定位置から文字を取り出す

◆MID関数
半角文字も全角文字も1文字と数える
MID(A1,4,3) → 4文字めから3文字取り出す

◆MIDB関数
半角文字を1バイト、全角文字を2バイトと数える
MIDB(A1,7,6) → 7バイトめから6バイト分取り出す

関数の基本知識 **1**
日付／時刻関数 **2**
数学／三角関数 **3**
論理関数 **4**
検索／行列関数 **5**
データベース関数 **6**
文字列操作関数 **7**
統計関数 **8**
財務関数 **9**
エンジニアリング関数 **10**
情報関数 **11**
キューブ関数 **12**
ウェブ関数 **13**
付録

356
できる

▶ LEFT 左端から何文字かを取り出す

LEFT（文字列, 文字数）
レフト

▶関数の解説

［文字列］の左端から［文字数］分の文字列を取り出します。

▶引数の意味

文字列………………… 元の文字列を指定します。数値も指定できます。

文字数………………… 取り出したい文字数を指定します。［文字数］を省略すると、1が指定された
ものとみなされます。

ポイント

- 半角文字も全角文字も1文字として数えられます。
- ［文字列］に含まれるスペース、句読点、数字なども文字として数えられます。
- ［文字数］に0を指定すると、空の文字列が返されます。
- ［文字列］の長さを超える［文字数］を指定すると、［文字列］全体が返されます。
- 文字列を引数に直接指定する場合は「"（ダブルクォーテーション）」で囲んで指定します。
- ［文字列］に指定したセルに数値や日付、時刻が入力されている場合、表示形式が適用された結果ではなく、元の値の左から何文字分かが返されます。日付や時刻の場合はシリアル値を文字列とみなして、左から何文字かが返されます。
- 数値が小数の場合、小数点も1文字と数えられます。
- 通常、［文字列］にセル範囲は指定できません。
  参照🔖 文字列関数でセル範囲を指定すると……P.353
- 取り出す文字列の長さをバイト数単位で指定したいときにはLEFTB関数を使います。
  参照🔖 LEFTB……P.358
- FIND関数やSEARCH関数、LEN関数と組み合わせると、特定の文字までを取り出すなど、さまざまな活用ができます。
  参照🔖 FIND……P.369
  参照🔖 SEARCH……P.372　参照🔖 LEN……P.352

エラーの意味

エラーの種類	原因	エラーとなる例
［#VALUE!］	［文字数］に数値以外の値や負の数を指定した	=LEFT(" 金沢市 ",-1)
	［文字列］に複数の行と列からなるセル範囲を指定した	=LEFT(A3:B4,3)

関数の使用例　所在地の左端から3文字分の文字列を取り出す

セルB3に入力されている所在地の左端から3文字分の文字列を取り出します。

=LEFT(B3,3)

セルB3に入力されている［文字列］の左から3文字を返す。

7-2

文字列の一部を取り出す

取り出す

1 関数の基本知識
2 日付／時刻関数
3 数学／三角関数
4 論理関数
5 検索／行列関数
6 データベース関数
7 文字列操作関数
8 統計関数
9 財務関数
10 エンジニアリング関数
11 情報関数
12 キューブ関数
13 ウェブ関数

付　録

357
できる

7-2 文字列の一部を取り出す

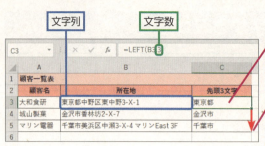

❶ セルC3に「=LEFT(B3,3)」と入力

参照▶関数を入力するには……P.38
サンプル▶07_003_LEFT.xlsx

❷ セルC3をセルC5までコピー

［文字列］の左端から［文字数］分が取り出せた

所在地の左端から3文字分が取り出せた

活用例　特定の文字までの文字列を取り出す

FIND関数を利用すれば、指定した文字が何文字めにあるかがわかります。したがって、LEFT関数で取り出す文字数として、FIND関数の結果を指定すれば、特定の文字までの文字列が取り出せます。
たとえば、下の表のように、氏名の区切りに全角の空白文字が使われている場合、「=FIND(" ",A3)」とすると、3という結果が返されます。この値から1を引いた値をLEFT関数の［文字数］に指定すると、姓の部分だけが取り出せます。空白文字が3文字めにあるので、2文字分取り出すというわけです。

参照▶FIND……P.369

全角の空白文字で区切られた氏名

❶ 「=LEFT(A3,FIND(" ",A3)-1)」と入力
❷ セルB3をセルB5までコピー

氏名の姓だけが取り出せた

> **HINT**
> **姓と名は別項目として入力することが多い**
> 本書の例では、姓と名を1つのセルに入力していますが、一般には、姓と名を別のセルに入力しておいたほうがデータを柔軟に取り扱えます。

▶ LEFTB 左端から何バイトかを取り出す

LEFTB（文字列, バイト数）
（レフト・ビー）

▶関数の解説

［文字列］の左端から［バイト数］分の文字列を取り出します。

▶引数の意味

文字列……………… 元の文字列を指定します。数値も指定できます。

バイト数…………… 取り出したいバイト数を指定します。［バイト数］を省略すると、1が指定されたものとみなされます。

ポイント

- 半角文字は1バイト、全角文字は2バイトとして数えられます。
- ［文字列］に含まれるスペース、句読点、数字なども、半角文字は1バイト、全角文字は2バイトとして数えられます。
- ［バイト数］に0を指定すると、空の文字列が返されます。
- ［文字列］の長さを超える［バイト数］を指定すると、［文字列］全体が返されます。
- 文字列を引数に直接指定する場合は「"（ダブルクォーテーション）」で囲んで指定します。
- ［文字列］に指定したセルに数値や日付、時刻が入力されている場合、表示形式が適用された結果ではなく、元の値の左から何バイト分かが返されます。日付や時刻の場合はシリアル値を文字列とみなして、左から何バイト分かが返されます。
- 数値が小数の場合、小数点も1バイトと数えられます。
- 通常、［文字列］にセル範囲は指定できません。
  参照▶文字列関数でセル範囲を指定すると……P.353
- 取り出す文字列の長さを文字単位で指定したいときにはLEFT関数を使います。
  参照▶LEFT……P.357
- FINDB関数やSEARCHB関数、LENB関数と組み合わせると、特定のバイト位置までを取り出すなど、さまざまな活用ができます。
  参照▶FINDB……P.370
  参照▶SEARCHB……P.374　参照▶LENB……P.354

エラーの意味

エラーの種類	原因	エラーとなる例
［#VALUE!］	［バイト数］に数値以外の値や負の数を指定した	=LEFTB(" 金沢市 ",-1)
	［文字列］に複数の行と列からなるセル範囲を指定した	=LEFTB(A3:B4,3)

関数の使用例　所在地の左端から6バイト分の文字列を取り出す

セルB3に入力されている所在地の左端から6バイト分の文字列を取り出します。

=LEFTB(B3,6)

セルB3に入力されている［文字列］の左から6バイト分を返す。

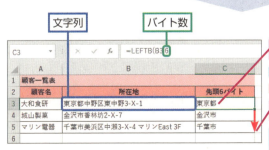

❶セルC3に「=LEFTB(B3,6)」と入力
参照▶関数を入力するには……P.38
サンプル▶07_004_LEFTB.xlsx
❷セルC3をセルC5までコピー

［文字列］の左端から［バイト数］分が取り出せた

所在地の左端から6バイト分が取り出せた

7-2

文字列の一部を取り出す

> 💡 **HINT** **全角文字の1バイトめを指定した場合は**
>
> LEFTB関数の［バイト数］で指定した位置が全角文字の1バイトめにあたっていると、その文字は半角スペースに置き換えられます。たとえば右の表で「=LEFTB(A1,3)」とすると戻り値は「神 」になります。元の文字列が全角文字を含む場合、全角文字の2バイトめが取り出す位置にならないように、［バイト数］を指定する必要があります。
>
> 「=LEFTB(A1,3)」と入力
>
> 通常の表示では見えないが、「神」のあとに半角スペースが入っている

▶ **関数の基本知識** 1
▶ **日付／時刻関数** 2
▶ **数学／三角関数** 3
▶ **論理関数** 4
▶ **検索／行列関数** 5
▶ **データベース関数** 6
▶ **文字列操作関数** 7
▶ **統計関数** 8
▶ **財務関数** 9
▶ **エンジニアリング関数** 10
▶ **情報関数** 11
▶ **キューブ関数** 12
▶ **ウェブ関数** 13
▶ **付　録**

▶ RIGHT 右端から何文字かを取り出す

RIGHT（文字列, 文字数）
ライト

▶関数の解説

［文字列］の右端から［文字数］分の文字列を取り出します。

▶引数の意味

文字列 ·················· 元の文字列を指定します。数値も指定できます。

文字数 ·················· 取り出したい文字数を指定します。［文字数］を省略すると、1が指定されたものとみなされます

ポイント

- 半角文字も全角文字も1文字として数えられます。
- ［文字列］に含まれるスペース、句読点、数字なども文字として数えられます。
- ［文字数］に0を指定すると、空の文字列が返されます。
- ［文字列］の長さを超える［文字数］を指定すると、［文字列］全体が返されます。
- 文字列を引数に直接指定する場合は「"（ダブルクォーテーション）」で囲んで指定します。
- ［文字列］に指定したセルに数値や日付、時刻が入力されている場合、表示形式が適用された結果ではなく、元の値の右から何文字分かが返されます。日付や時刻の場合はシリアル値を文字列とみなして、右から何文字かが返されます。
- 数値が小数の場合、小数点も1バイトと数えられます。
- 通常、［文字列］にセル範囲は指定できません。
  > 参照📖 文字列関数でセル範囲を指定すると······P.353
- 取り出す文字列の長さをバイト数単位で指定したいときにはRIGHTB関数を使います。
  > 参照📖 RIGHTB······P.361
- FIND関数やSEARCH関数、LEN関数と組み合わせると、特定の文字までを取り出すなど、さまざまな活用ができます。
  > 参照📖 FIND······P.369
  > 参照📖 SEARCH······P.372　　参照📖 LEN······P.352

エラーの意味

エラーの種類	原因	エラーとなる例
[#VALUE!]	［文字数］に数値以外の値や負の数を指定した	=RIGHT(" 金沢市 ",-1)
	［文字列］に複数の行と列からなるセル範囲を指定した	=RIGHT(A3:B4,3)

360
できる

関数の使用例　所在地の右端から7文字分の文字列を取り出す

セルB3に入力されている所在地の右端から7文字分の文字列を取り出します。

=RIGHT(B3,7)

セルB3に入力されている［文字列］の右から7文字を返す。

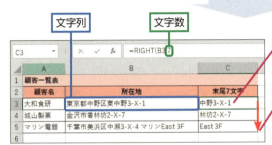

❶セルC3に「=RIGHT(B3,7)」と入力
参照▶関数を入力するには……P.38
サンプル▶07_005_RIGHT.xlsx
❷セルC3をセルC5までコピー
［文字列］の右端から［文字数］分が取り出せた
所在地の右端から7文字分が取り出せた

活用例　特定の文字以降の文字列を取り出す

FIND関数を利用すれば、指定した文字が何文字めにあるかがわかります。またLEN関数を利用すると文字列の長さがわかります。これらの関数とRIGHT関数を組み合わせれば、特定の文字から何文字かが取り出せます。
たとえば、以下の表のように、氏名の区切りに全角の空白文字が使われている場合、「=FIND("　",A3)」とすると、「3」という結果が返されます。この値に1を加えた値をRIGHT関数の［文字数］に指定すると、氏名の「名」の部分だけが取り出せます。取り出す文字数は、氏名全体の長さから全角の空白文字までの文字数を引いた値になります。

参照▶FIND……P.369
参照▶LEN……P.352

全角の空白文字で区切られた氏名
❶「=RIGHT(A3,LEN(A3)-FIND("　",A3))」と入力
❷セルB3をセルB5までコピー
氏名の名だけが取り出せた

RIGHTB 右端から何バイトかを取り出す

RIGHTB(文字列, バイト数)
（ライト・ビー）

▶関数の解説
［文字列］の右端から［バイト数］分の文字列を取り出します。

7-2

文字列の一部を取り出す

関数の基本知識	1
日付／時刻関数	2
数学／三角関数	3
論理関数	4
検索／行列関数	5
データベース関数	6
文字列操作関数	7
統計関数	8
財務関数	9
エンジニアリング関数	10
情報関数	11
キューブ関数	12
ウェブ関数	13
付録	

▶引数の意味

文字列……………… 元の文字列を指定します。数値も指定できます。

バイト数…………… 取り出したいバイト数を指定します。［バイト数］を省略すると、1が指定されたものとみなされます。

ポイント

- 半角文字は1バイト、全角文字は2バイトとして数えられます。
- ［文字列］に含まれるスペース、句読点、数字なども、半角文字は1バイト、全角文字は2バイトとして数えられます。
- ［バイト数］に0を指定すると、空の文字列が返されます。
- ［文字列］の長さを超える［バイト数］を指定すると、［文字列］全体が返されます。
- 文字列を引数に直接指定する場合は「"（ダブルクォーテーション）」で囲んで指定します。
- ［文字列］に指定したセルに数値や日付、時刻が入力されている場合、表示形式が適用された結果ではなく、元の値の右から何バイト分かが返されます。日付や時刻の場合はシリアル値を文字列とみなして、右から何バイト分かが返されます。
- 数値が小数の場合、小数点も1バイトと数えられます。
- 通常、［文字列］にセル範囲は指定できません。

　　　　　　　　　　　参照📖文字列関数でセル範囲を指定すると……P.353

- 取り出す文字列の長さを文字単位で指定したいときにはRIGHT関数を使います。

　　　　　　　　　　　参照📖RIGHT……P.360

- FINDB関数やSEARCHB関数、LENB関数と組み合わせると、特定のバイト位置までを取り出すなど、さまざまな活用ができます。　　　参照📖FINDB……P.370

　　参照📖SEARCHB……P.374　　参照📖LENB……P.354

エラーの意味

エラーの種類	原因	エラーとなる例
[#VALUE!]	［バイト数］に数値以外の値や負の数を指定した	=RIGHTB(" 金沢市 ",-1)
	［バイト数］に複数の行と列からなるセル範囲を指定した	=RIGHTB(A3:B4,3)

関数の使用例　所在地の右端から11バイト分の文字列を取り出す

セルB3に入力されている所在地の右端から11バイト分の文字列を取り出します。

=RIGHTB(B3,11)

セルB3に入力されている［文字列］の右から11バイト分を返す。

7-2 文字列の一部を取り出す

❶ セルC3に「=RIGHTB(B3,11)」と入力

参照▶関数を入力するには……P.38

サンプル 07_006_RIGHTB.xlsx

❷ セルC3をセルC5までコピー

［文字列］の右端から［バイト数］分が取り出せた

所在地の右端から11バイト分が取り出せた

HINT 全角文字の2バイトめを指定した場合は

RIGHTB関数の［バイト数］で指定した位置が全角文字の2バイトめにあたる場合、その文字は半角スペースに置き換えられます。たとえば右の表で「=RIGHTB(A1,3)」とすると、戻り値は「 県」になります。
元の文字列が全角文字を含む場合、全角文字の2バイトめが取り出す位置にならないように、［バイト数］を指定する必要があります。

「=RIGHTB(A1,3)」と入力

「県」の前に半角スペースが入っている

▶ MID 指定した位置から何文字かを取り出す

MID(文字列, 開始位置, 文字数)
ミッド

▶関数の解説

［文字列］の［開始位置］から［文字数］分の文字列を取り出します。

▶引数の意味

文字列……………… 元の文字列を指定します。数値も指定できます。

開始位置…………… 取り出したい文字列の開始位置を指定します。［文字列］の先頭を1として文字単位で数えます。

文字数……………… 取り出したい文字数を指定します。

［ポイント］

- 半角文字も全角文字も1文字として数えられます。
- ［文字列］に含まれるスペース、句読点、数字なども文字として数えられます。
- ［開始位置］として［文字列］の長さを超える値を指定すると、空の文字列が返されます。
- ［文字数］は省略できません。0以上の値を指定します。
- ［文字数］に0を指定すると、空の文字列が返されます。
- ［文字列］の末尾を超える長さの［文字数］を指定すると、［開始位置］から［文字列］の末尾までが返されます。
- 文字列を引数に直接指定する場合は「"（ダブルクォーテーション）」で囲んで指定します。
- ［文字列］に指定したセルに数値や日付、時刻が入力されている場合、表示形式が適用された結

7-2 文字列の一部を取り出す

果ではなく、元の値から何文字分かが返されます。日付や時刻の場合はシリアル値を文字列とみなして、何文字かが返されます。
- 数値が小数の場合、小数点も1バイトと数えられます。
- 通常、[文字列]にセル範囲は指定できません。

参照▶文字列関数でセル範囲を指定すると……P.353

- 取り出す文字列の長さをバイト数単位で指定したいときにはMIDB関数を使います。

参照▶MIDB……P.365

- FIND関数やSEARCH関数、LEN関数と組み合わせると、特定の文字までを取り出すなど、さまざまな活用ができます。

参照▶FIND……P.369
参照▶SEARCH……P.372　参照▶LEN……P.352

エラーの意味

エラーの種類	原因	エラーとなる例
[#VALUE!]	[開始位置]に1未満の値を指定した	=MID(" 金沢市 ",0,1)
	[文字数]に数値以外の値や負の数を指定した	=MID(" 金沢市 ",2,-1)
	[文字列]に複数の行と列からなるセル範囲を指定した	=MID(A3:B4,4,3)

関数の使用例　所在地の4文字めから3文字分の文字列を取り出す

セルB3に入力されている所在地の4文字めから3文字分の文字列を取り出します。

=MID(B3,4,3)

セルB3に入力されている[文字列]の4文字めから3文字を返す。

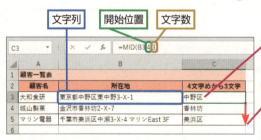

❶セルC3に「=MID(B3,4,3)」と入力

参照▶参照▶関数を入力するには……P.38
サンプル▶07_007_MID.xlsx

❷セルC3をセルC5までコピー

[文字列]の[開始位置]から[文字数]が取り出せた

所在地の4文字めから3文字分が取り出せた

HINT 住所は分割して入力することが多い

本書の例では、所在地を1つのセルに入力していますが、一般には「都道府県名」、「市町村名」、「番地」、「その他」のように、複数の項目に分けて入力しておいたほうがデータを柔軟に取り扱えます。LEFT関数、RIGHT関数、MID関数を利用すれば、1つのセルに入力されていた内容を入力しなおすことなく、いくつかのセルに分割することもできます。

活用例　特定の文字から特定の文字までを取り出す

FIND関数を利用すれば、指定した文字が何文字めにあるかがわかります。この関数とMID関数を組み合わせれば、特定の文字から特定の文字までの文字列が取り出せます。たとえば、下の表のように、Webサイトのアドレスに含まれる最初の"."の次の文字から、次の"."の直前の文字までを取り出すこともできます。この表では、最初の"."の位置を知るために、セルB3に「=FIND(".",A3)」と入力し、「11」という結果を求めています。続いて、それ以降にある"."の位置を知るために、セルC3に「=FIND(".",A3,B3+1)」と入力し、「21」という結果を求めています。最後に、セルD3に「=MID(A3,B3+1,C3-B3-1)」と入力し、12文字めから21-11-1=9文字分を取り出しています。

参照▶FIND……P.369

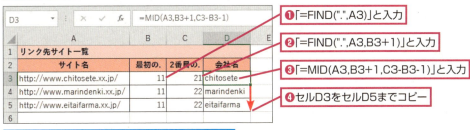

Webサイトのアドレスは"."で区切られている

❶「=FIND(".",A3)」と入力
❷「=FIND(".",A3,B3+1)」と入力
❸「=MID(A3,B3+1,C3-B3-1)」と入力
❹セルD3をセルD5までコピー

アドレスの途中の会社名の部分だけが取り出せた

▶ MIDB 指定した位置から何バイトかを取り出す

MIDB（文字列, 開始位置, バイト数）
（ミッド・ビー）

▶関数の解説
［文字列］の［開始位置］から［バイト数］分の文字列を取り出します。

▶引数の意味
文字列……………… 元の文字列を指定します。数値も指定できます。

開始位置…………… 取り出したい文字列の開始位置を指定します。［文字列］の先頭を1としてバイト単位で数えます。

バイト数…………… 取り出したいバイト数を指定します。

ポイント
- 半角文字は1バイト、全角文字は2バイトとして数えられます。
- ［文字列］に含まれるスペース、句読点、数字なども、半角文字は1バイト、全角文字は2バイトとして数えられます。
- ［開始位置］として［文字列］の長さを超える値を指定すると、空の文字列が返されます。
- ［バイト数］は省略できません。0以上の値を指定します。
- ［バイト数］に0を指定すると、空の文字列が返されます。
- ［文字列］の末尾を超える長さの［バイト数］を指定すると、［開始位置］から［文字列］の末尾までが返されます。

- 文字列を引数に直接指定する場合は「"（ダブルクォーテーション）」で囲んで指定します。
- ［文字列］に指定したセルに数値や日付、時刻が入力されている場合、表示形式が適用された結果ではなく、元の値から何バイト分かが返されます。日付や時刻の場合はシリアル値を文字列とみなして、何バイト分かが返されます。
- 数値が小数の場合、小数点も1バイトと数えられます。
- 通常、［文字列］にセル範囲は指定できません。

　　　　　　　　　　　　　　　　　参照▶文字列関数でセル範囲を指定すると……P.353

- 取り出す文字列の長さを文字単位で指定したいときにはMID関数を使います。

　　　　　　　　　　　　　　　　　　　　　　　参照▶MID……P.363

- FINDB関数やSEARCHB関数、LENB関数と組み合わせると、特定の文字までを取り出すなど、さまざまな活用ができます。　　　　　　　　　　　　参照▶FINDB……P.370

　　　　　　　　　参照▶SEARCHB……P.374　　参照▶LENB……P.354

エラーの意味

エラーの種類	原因	エラーとなる例
［#VALUE!］	［開始位置］に1未満の値を指定した	=MIDB(" 金沢市 ",0,1)
	［バイト数］に数値以外の値や負の数を指定した	=MIDB(" 金沢市 ",2,-1)
	［文字列］に複数の行と列からなるセル範囲を指定した	=MIDB(A3:B4,4,3)

関数の使用例　所在地の7バイトめから6バイト分の文字列を取り出す

セルB3に入力されている所在地の7バイトめから6バイト分の文字列を取り出します。

=MIDB(B3,7,6)

セルB3に入力されている［文字列］の7バイトめから6バイト分を返す。

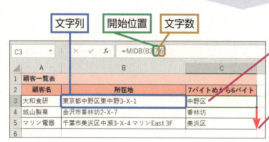

❶セルC3に「=MIDB(B3,7,6)」と入力

参照▶関数を入力するには……P.38
サンプル▶07_008_MIDB.xlsx

❷セルC3をセルC5までコピー

［文字列］の［開始位置］から［バイト数］が取り出せた

所在地の7バイトめから6バイト分が取り出せた

全角文字の途中の位置を指定した場合は

MIDB関数の［開始位置］が全角文字の2バイトめにあたる場合や、［バイト数］で指定した位置が全角文字の1バイトめにあたる場合、その文字は半角スペースに置き換えられます。たとえば右の表で「=MIDB（A1,3,3）」とすると、戻り値は「奈 」となります。
元の文字列が全角文字を含む場合、全角文字の2バイトめが開始位置になったり、取り出す文字列の最後が、全角文字の1バイトめになったりしないように、［開始位置］や［バイト数］を指定する必要があります。

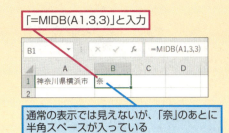

「=MIDB(A1,3,3)」と入力

通常の表示では見えないが、「奈」のあとに半角スペースが入っている

電話番号から市内局番を取り出す

MIDB関数とFINDB関数を組み合わせると、「-（ハイフン）」で区切られた電話番号から、市内局番が取り出せます。セルD2のMIDB関数は、セルA2に入力されている電話番号から、市内局番を取り出しています。MIDB関数の引数には、市内局番の開始位置（セルB2）と、市内局番の文字数（セルC2）を指定します。

参照▶FINDB……P.370

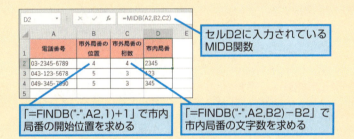

セルD2に入力されているMIDB関数

「=FINDB("-",A2,1)+1」で市内局番の開始位置を求める

「=FINDB("-",A2,B2)−B2」で市内局番の文字数を求める

7-3 文字列を検索する

FIND関数、FINDB関数、SEARCH関数、SEARCHB関数

文字列から特定の文字列を検索するには、以下のような2種類の関数を利用します。

英字の大文字と小文字を区別する　➡　FIND関数、FINDB関数
英字の大文字と小文字を区別しない　➡　SEARCH関数、SEARCHB関数

FIND関数とSEARCH関数では、検索開始位置を文字数で指定します。一方、名前にBの付く
FINDB関数とSEARCHB関数では、検索開始位置をバイト数で指定します。
戻り値としては、検索文字列が見つかった位置が返されますが、これもFIND関数とSEARCH
関数では文字数での位置、FINDB関数とSEARCHB関数ではバイト数での位置となります。
SEARCH関数とSEARCHB関数では、ワイルドカード文字を使った検索ができます。

参照 検索条件で使えるワイルドカード文字……P.124

英字の大文字と小文字を区別する

◆**FIND関数**　　　　半角文字も全角文字も1文字と数える

FIND("A102",A1,1) → 左端から数えて「A102」が何文字めにあるか（16文字め）
FIND("a102", A1, 1) →「a102」と「A102」は別の文字列とみなされるので見つから
　　　　　　　　　　　ない（[#VALUE!] エラー）

◆**FINDB関数**　　　　半角文字を1バイト、全角文字を2バイトと数える

FINDB("A102",A1,1) → 左端から数えて「A102」が何バイトめにあるか
　　　　　　　　　　　（26バイトめ）
FINDB("a102", A1, 1) →「a102」と「A102」は別の文字列とみなされるので見つか
　　　　　　　　　　　らない（[#VALUE!] エラー）

半角で7文字（番地の前後に半角
スペースが入っている）

	A	B
1	東京都新宿区中落合 9-9-9 A102	

全角で9文字

英字の大文字と小文字を区別しない／ワイルドカード文字を使う

◆**SEARCH関数**　　　　半角文字も全角文字も1文字と数える

SEARCH("a10?",A1,1) → 左端から数えて「a10?」が何文字めにあるか（16文字め）

◆**SEARCHB関数**　　　　半角文字を1バイト、全角文字を2バイトと数える

SEARCHB("a10?",A1,1) → 左端から数えて「a10?」が何バイトめにあるか
　　　　　　　　　　　（26バイトめ）

▶ FIND 文字列の位置を求める

FIND(検索文字列, 対象, 開始位置)

ファインド

▶関数の解説

［検索文字列］が、［対象］の文字列の先頭から数えて何文字めにあるかを返します。

▶引数の意味

検索文字列 ………… 検索のキーワードとなる文字列を指定します。

対象 ………………… 検索の対象となる文字列を指定します。

開始位置 …………… ［対象］のどの位置から検索を開始するかを指定します。［対象］の先頭を1と
して文字単位で数えます。［開始位置］を省略したときは1が指定されたもの
とみなされます（先頭から検索されます）。

ポイント

• 半角文字も全角文字も1文字として数えられます。

• ［検索文字列］に「""（空の文字列)」を指定すると、開始位置の値が返されます。

• 英字の大文字と小文字は区別されます。たとえば、「A」と「a」は別の文字とみなされます。

• 半角文字と全角文字は区別されます。たとえば、「A」と「Ａ」は別の文字とみなされます。

• 文字列を引数に直接指定する場合は「"（ダブルクォーテーション)」で囲んで指定します。

• ［検索文字列］や［対象］には数値や日付、時刻も指定できます。ただし、表示形式が適用され
た結果ではなく、元の値を文字列とみなして検索します。 たとえば、「1,234」のように桁区切
りスタイルが設定されている場合は元の値の「1234」を文字列とみなして検索します。日付や
時刻の場合はシリアル値を文字列とみなして、検索します。

• 数値が小数の場合、小数点も1文字と数えられます。

• 通常、［検索文字列］や［対象］にセル範囲は指定できません。

参照📖文字列関数でセル範囲を指定すると……P.353

エラーの意味

エラーの種類	原因	エラーとなる例
[#VALUE!]	［開始位置］が0以下、または［対象］の文字数よりも大きい	=FIND(" タ "," 夕張市 ",4)
	［検索文字列］が見つからなかった	=FIND(" 朝 "," 夕張市 ")
	［検索文字列］や［対象］に複数の行と列からなるセル範囲を指定した	=FIND("-", A3:B4,1)

関数の使用例　品番の何文字めに「-（ハイフン)」があるかを調べる

セルA3に入力されている品番の何文字めに「-（ハイフン)」があるかを調べます。

=FIND("-",A3,1)

"-"がセルA3に入力されている文字列の何文字めにあるかを返す。

7-3

文字列を
検索する

1 関数の
基本知識

2 日付／
時刻関数

3 数学／
三角関数

4 論理関数

5 検索／
行列関数

6 データベース
関数

7 文字列操作
関数

8 統計関数

9 財務関数

10 エンジニアリング
関数

11 情報関数

12 キューブ関数

13 ウェブ関数

付 録

369

7-3 文字列を検索する

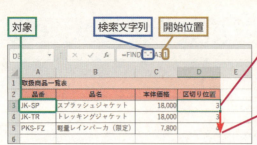

❶ セルD3に「=FIND("-",A3,1)」と入力

参照▶関数を入力するには……P.38
サンプル▶07_009_FIND.xlsx

❷ セルD3をセルD5までコピー

[検索文字列]が[対象]の何文字めにあるかが表示された

品番の何文字めに「-」があるかがわかった

活用例　特定の文字より前の文字列を取り出す

LEFT、RIGHT、MIDなどの関数では、位置や文字数を指定して、文字列を取り出します。しかし、取り出す文字列は、位置と文字数でしか指定できないので、これらの関数だけでは、指定した文字までを取り出したり、指定した文字以降を取り出したりすることはできません。一方、FIND関数を利用すれば、指定した文字の位置がわかります。したがって、文字の位置をFIND関数で調べ、その値をLEFT、RIGHT、MIDなどの関数で利用すれば、指定した文字までを取り出したり、指定した文字以降を取り出したりすることができます。
たとえば、セルA3に入力された文字列の左端から「-」の直前までを取り出すには、FIND関数で「-」の位置を求め、その位置の手前までをLEFT関数で取り出します。以下の例でFIND関数の結果から1を引いているのは、「-」の手前までの文字数を求めるためです。

参照▶LEFT……P.357　参照▶RIGHT……P.360　参照▶MID……P.363

❶「=LEFT(A3,FIND("-",A3,1)-1)」と入力

❷ セルD3をセルD5までコピー

品番の「-」より前の文字列が取り出せた

FINDB 文字列のバイト位置を求める

FINDB(検索文字列, 対象, 開始位置)
（ファインド・ビー）

▶関数の解説

[検索文字列]が、[対象]の文字列の先頭から数えて何バイトめにあるかを返します

▶引数の意味

検索文字列………… 検索のキーワードとなる文字列を指定します。
対象………………… 検索の対象となる文字列を指定します。
開始位置…………… [対象]のどの位置から検索を開始するかを指定します。[対象]の先頭を1としてバイト単位で数えます。[開始位置]を省略したときは1が指定されたものとみなされます（先頭から検索されます）。

ポイント

- 半角文字は1バイト、全角文字は2バイトとして数えられます。
- ［検索文字列］に「""（空の文字列）」を指定すると、開始位置の値が返されます。
- 英字の大文字と小文字は区別されます。たとえば、「A」と「a」は別の文字とみなされます。
- 半角文字と全角文字は区別されます。たとえば、「A」と「Ａ」は別の文字とみなされます。
- 文字列を引数に直接指定する場合は「"（ダブルクォーテーション）」で囲んで指定します。
- ［検索文字列］や［対象］には数値や日付、時刻も指定できます。ただし、表示形式が適用された結果ではなく、元の値を文字列とみなして検索します。 たとえば、「1,234」のように桁区切りスタイルが設定されている場合は元の値の「1234」を文字列とみなして検索します。日付や時刻の場合はシリアル値を文字列とみなして、検索します。
- 数値が小数の場合、小数点も1バイトと数えられます。
- 通常、［検索文字列］や［対象］にセル範囲は指定できません。

参照▶文字列関数でセル範囲を指定すると……P.353

エラーの意味

エラーの種類	原因	エラーとなる例
［#VALUE!］	［開始位置］が0以下、または［対象］のバイト数よりも大きい	=FINDB(" タ "," 夕張市 ",4)
	［検索文字列］が見つからなかった	=FINDB(" 朝 "," 夕張市 ")
	［検索文字列］や［対象］に複数の行と列からなるセル範囲を指定した	=FINDB("-", A3:B4,1)

関数の使用例　品名の何バイトめに「-（ハイフン）」があるかを調べる

セルB3に入力されている品名の何バイトめに「-（ハイフン）」があるかを調べます。

=FINDB("-",B3,1)

"-"がセルA3に入力されている文字列の何バイトめにあるかを返す。

❶セルD3に「=FINDB("-",B3,1)」と入力

参照▶関数を入力するには……P.38.
サンプル▶07_010_FINDB.xlsx

❷セルD3をセルD5までコピー

［検索文字列］が［対象］の何バイトめにあるかが表示された

品名の何バイトめに「-」があるかがわかった

7-3

文字列を検索する

SEARCH 文字列の位置を求める

SEARCH（検索文字列, 対象, 開始位置）
サーチ

▶関数の解説

［検索文字列］が、［対象］の文字列の先頭から数えて何文字めにあるかを返します。

▶引数の意味

検索文字列 ············ 検索のキーワードとなる文字列を指定します。

対象 ···················· 検索の対象となる文字列を指定します。

開始位置 ·············· ［対象］のどの位置から検索を開始するかを数値で指定します。［対象］の先頭を1として文字単位で数えます。［開始位置］を省略したときは1が指定されたものとみなされます（先頭から検索されます）。

ポイント

- ［検索文字列］に「""（空の文字列)」を指定すると、開始位置の値が返されます。
- 英字の大文字と小文字は区別されません。たとえば、「A」と「a」は同じ文字とみなされます。
- 半角文字と全角文字は区別されます。たとえば、「A」と「Ａ」は別の文字とみなされます。
- ［検索文字列］にはワイルドカード文字が使えます。

参照📖検索条件で使えるワイルドカード文字……P.124

- 文字列を引数に直接指定する場合は「"（ダブルクォーテーション)」で囲んで指定します。
- ［検索文字列］や［対象］には数値や日付、時刻も指定できます。ただし、表示形式が適用された結果ではなく、元の値を文字列とみなして検索します。 たとえば、「1,234」のように桁区切りスタイルが設定されている場合は元の値の「1234」を文字列とみなして検索します。日付や時刻の場合はシリアル値を文字列とみなして、検索します。
- 数値が小数の場合、小数点も1文字と数えられます。
- 通常、［検索文字列］や［対象］にセル範囲は指定できません。

参照📖文字列関数でセル範囲を指定すると……P.353

エラーの意味

エラーの種類	原因	エラーとなる例
［#VALUE!]	［開始位置］が0以下、または［対象］の文字数よりも大きい	=SEARCH(" タ "," 夕張市 ",4)
	［検索文字列］が見つからなかった	=SEARCH(" 朝 "," 夕張市 ")
	［検索文字列］や［対象］に複数の行と列からなるセル範囲を指定した	=SEARCH("-", A3:B4,1)

関数の使用例　品番の何文字めに「-」があるかを調べる

セルA3に入力されている品番の何文字めに「-（ハイフン)」があるかを調べます。

=SEARCH("-",A3,1)

"-"がセルA3に入力されている文字列の何文字めにあるかを返す。

7-3 文字列を検索する

対象　検索文字列　開始位置

❶ セルD3に「=SEARCH("-",A3,1)」と入力

参照▶ 関数を入力するには……P.38
サンプル▶ 07_011_SEARCH.xlsx

❷ セルD3をセルD5までコピー

[検索文字列]が[対象]の何文字めにあるかが表示された

品名の何文字めに「-」があるかがわかった

活用例　特定の文字より前の文字列を取り出す

LEFT、RIGHT、MIDなどの関数では、取り出す文字列を、位置と文字数でしか指定できないので、指定した文字までを取り出したり、指定した文字以降を取り出したりすることはできません。一方、SEARCH関数を利用すれば、指定した文字の位置がわかります。したがって、文字の位置をSEARCH関数で求め、その値をLEFT、RIGHT、MIDなどの関数で利用すれば、指定した文字までを取り出したり、指定した文字以降を取り出したりすることができます。
以下の例では、セルB3に入力された文字列から「幅」にあたる値、「奥行き」にあたる値、「高さ」にあたる値を取り出しています。

・「幅」は、文字列の先頭から「x」または「X」の直前までです。そこで、SEARCH関数で「x」の位置を求め、その位置の手前までをLEFT関数で取り出します。SEARCH関数では、大文字と小文字は区別されないので、「x」を[検索文字列]として指定すれば「X」も検索されます。SEARCH関数の結果から1を引いているのは、「x」や「X」の手前までの文字数を求めるためです。

・「奥行き」は、「幅」にあたる文字列の2文字後から、次の「x」または「X」が現れるまでです。そこで、検索の開始位置をLEN関数で求め、次の「x」または「X」の位置をSEARCH関数で求めます。後は、取り出す文字数を計算して、MID関数に指定するだけです。

・「高さ」にあたる文字列は、RIGHT関数で簡単に取り出せます。右端から、全体の文字数－（「幅」と「奥行き」の文字数＋2）文字分だけ取り出します。2というのは「x」の個数です。

参照▶ LEFT……P.357　　参照▶ RIGHT……P.360
参照▶ MID……P.363　　参照▶ LEN……P.352

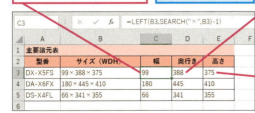

❶ 「=LEFT(B3,SEARCH("x",B3)-1)」と入力

「x」より前の文字列が取り出せた

❷ 「=MID(B3,LEN(C3)+2,SEARCH("x",B3,LEN(C3)+2)-(LEN(C3)+2))」と入力

最初の「x」と次の「x」の間の文字列が取り出せた

❸ 「=RIGHT(B3,LEN(B3)-(LEN(C3&D3)+2))」と入力

右端から、全体の文字数－（「幅」と「奥行き」と「x」の文字数）分が表示された

7-3

文字列を検索する

SEARCHB 文字列のバイト位置を求める

SEARCHB（検索文字列, 対象, 開始位置）
サーチ・ビー

▶関数の解説

［検索文字列］が、［対象］の文字列の先頭から数えて何バイトめにあるかを返します。

▶引数の意味

検索文字列 ············· 検索のキーワードとなる文字列を指定します。

対象 ····················· 検索の対象となる文字列を指定します。

開始位置 ················· ［対象］のどの位置から検索を開始するかを数値で指定します。［対象］の先頭を1としてバイト単位で数えます。［開始位置］を省略したときは1が指定されたものとみなされます（先頭から検索されます）。

ポイント

- ［検索文字列］に「""（空の文字列）」を指定すると、開始位置の値が返されます。
- 英字の大文字と小文字は区別されません。たとえば、「A」と「a」は同じ文字とみなされます。
- 半角文字と全角文字は区別されます。たとえば、「A」と「Ａ」は別の文字とみなされます。
- ［検索文字列］にはワイルドカード文字が使えます。

参照📖検索条件で使えるワイルドカード文字……P.124

- 文字列を引数に直接指定する場合は「"（ダブルクォーテーション）」で囲んで指定します。
- ［検索文字列］や［対象］には数値や日付、時刻も指定できます。ただし、表示形式が適用された結果ではなく、元の値を文字列とみなして検索します。たとえば、「1,234」のように桁区切りスタイルが設定されている場合は元の値の「1234」を文字列とみなして検索します。日付や時刻の場合はシリアル値を文字列とみなして、検索します。
- 数値が小数の場合、小数点も1バイトと数えられます。
- 通常、［検索文字列］や［対象］にセル範囲は指定できません。

参照📖文字列関数でセル範囲を指定すると……P.353

エラーの意味

エラーの種類	原因	エラーとなる例
[#VALUE!]	［開始位置］が0以下、または［対象］のバイト数よりも大きい	=SEARCHB(" タ "," 夕張市 ",4)
	［検索文字列］が見つからなかった	=SEARCHB(" 朝 "," 夕張市 ")
	［検索文字列］や［対象］に複数の行と列からなるセル範囲を指定した	=SEARCHB("-", A3:B4,1)

関数の使用例　品名の何バイトめに「-」があるかを調べる

セルB3に入力されている品名の何バイトめに「-（ハイフン）」があるかを調べます。

=SEARCHB("-",B3,1)

"-"がセルB3に入力されている文字列の何バイトめにあるかを返す。

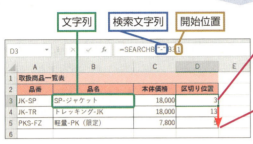

❶セルD3に「=SEARCHB("-",B3,1)」と入力

参照▶関数を入力するには……P.38
サンプル▶07_012_SEARCHB.xlsx

❷セルD3をセルD5までコピー

［検索文字列］が［対象］の何バイトめにあるかが表示された

品名の何バイトめに「-」があるかがわかった

HINT 特定の文字列が含まれるかどうかを調べる

FIND関数、FINDB関数、SEARCH関数、SEARCHB関数は、検索文字列が見つからない場合に［#VALUE!］エラーを返すので、戻り値がエラーであるかどうかを調べると、検索文字列が対象に含まれているかどうかがわかります。以下の例では、FIND関数を使って、アレルギー物質が文字列で表された一覧のなかに含まれているかどうかを調べます。FINDB関数、SEARCH関数、SEARCHB関数を使っても同じことができます。

❶セルC3に「=IF(ISERROR(FIND($A$3,B3)),"含まれていません","含まれています")」と入力

ISERROR関数を使って、FIND関数の結果がエラーであるかどうかを調べる

参照▶ISERROR……P.835

❷セルC3をセルC4までコピー

アレルギー物質が含まれているかどうかがわかった

7-3 文字列を検索する

1 関数の基本知識
2 日付／時刻関数
3 数学／三角関数
4 論理関数
5 検索／行列関数
6 データベース関数
7 文字列操作関数
8 統計関数
9 財務関数
10 エンジニアリング関数
11 情報関数
12 キューブ関数
13 ウェブ関数
付録

7-4

文字列を置き換える

7-4 文字列を置き換える

SUBSTITUTE 検索した文字列を置き換える

SUBSTITUTE（文字列, 検索文字列, 置換文字列, 置換対象）
サブスティチュート

▶関数の解説

［文字列］に含まれる［検索文字列］を［置換文字列］に置き換え、置換後の文字列を返します。
　同じ文字列が複数ある場合には、何番めの文字列を置き換えるかを［置換対象］に指定できます。

▶引数の意味

文字列‥‥‥‥‥‥‥‥ 検索の対象となる文字列を指定します。

検索文字列‥‥‥‥‥‥ 検索のキーワードとなる文字列を指定します。

置換文字列‥‥‥‥‥‥ ［検索文字列］が見つかったときに、［検索文字列］と置き換える文字列を指定
します。

置換対象‥‥‥‥‥‥‥ 複数の［検索文字列］が見つかったときに、何番めの文字列を置き換えるかを
指定します。［置換対象］を省略した場合、すべての［検索文字列］が［置換
文字列］に置き換えられます。

［ポイント］

- ［文字列］に「""（空の文字列）」を指定すると、「""」が返されます。
- ［検索文字列］に「""」を指定すると、［文字列］がそのまま返されます。
- ［検索文字列］が見つからない場合は、［文字列］がそのまま返されます。
- ［置換文字列］に「""」を指定すると、見つかった［検索文字列］を削除した文字列が返されます。
- 英字の大文字と小文字、半角文字と全角文字はすべて区別されます。たとえば、「A」、「Ａ」、「a」
はすべて別の文字とみなされます。
- 文字列を引数に直接指定する場合は「"（ダブルクォーテーション）」で囲んで指定します。
- ［文字列］、［検索文字列］、［置換文字列］には数値や日付、時刻も指定できます。ただし、表示
形式が適用された結果ではなく、元の値を文字列とみなして検索や置換を行います。 たとえば、
「1,234」のように桁区切りスタイルが設定されている場合は元の値の「1234」を文字列とみ
なして検索や置換を行います。日付や時刻の場合はシリアル値を文字列とみなして、検索や置換
を行います。
- 数値が小数の場合、小数点も1文字と数えられます。
- 通常、［文字列］［検索文字列］［置換文字列］にセル範囲は指定できません。

参照 文字列関数でセル範囲を指定すると……P.353

関数の
基本知識 **1**

日付／
時刻関数 **2**

数学／
三角関数 **3**

論理関数 **4**

検索／
行列関数 **5**

データベース
関数 **6**

文字列操作
関数 **7**

統計関数 **8**

財務関数 **9**

エンジニアリング
関数 **10**

情報関数 **11**

キューブ関数 **12**

ウェブ関数 **13**

付　録

エラーの意味

エラーの種類	原因	エラーとなる例
[#VALUE!]	[置換対象] に 0 以下の値を指定した	=SUBSTITUTE("abcabc","a","x",0)
	引数に複数の行と列からなるセル範囲を指定した	=SUBSTITUTE(A3:B4,"部","事業部")

関数の使用例 　部署名の「部」を「事業部」に置き換える

セルB3に入力されている部署名の「部」を「事業部」に置き換えます。

=SUBSTITUTE(B3,"部","事業部")

セルB3に入力されている文字列から「部」を検索し、「事業部」に置き換える。

文字列　　検索文字列　　置換文字列

❶セルC3に「=SUBSTITUTE(B3,"部","事業部")」と入力

参照 関数を入力するには……P.38

サンプル 07_013_SUBSTITUTE.xlsx

見つかったすべての文字列を置き換えるので[置換対象]は省略する

❷セルC3をセルC5までコピー

[検索文字列]が[置換文字列]に置き換えられた

部署名の「部」が「事業部」に置き換えられた

	A	B	C	D
1	新旧部署名対応表			
2	部門コード	旧部署名	新部署名	
3	19001	公共システム部	公共システム事業部	
4	19002	流通システム部	流通システム事業部	
5	19003	教育システム部	教育システム事業部	
6				

C3セル内容: =SUBSTITUTE(B3,"部","事業部")

活用例 　複数の文字列を置き換える

SUBSTITUTE関数を使って一部分を置き換えた文字列を、さらにSUBSTITUTE関数の引数に指定して文字列を置き換えれば、複数の文字列が置き換えられます。ここでは、「部」を「本部」に置き換えたあと、さらに「課」を「部」に置き換えます。順序を逆にして「課」を「部」に置き換え、さらに「部」を「本部」に置き換えるとうまくいかないので注意してください。

参照 関数を組み合わせて入力するには……P.46

❶「=SUBSTITUTE(SUBSTITUTE(B3,"部","本部"),"課","部")」と入力

❷セルC3をセルC5までコピー

部署名の「部」が「本部」に置き換えられ、「課」が「部」に置き換えられた

	A	B	C	D	E
1	新旧部署名対応表				
2	部門コード	旧部署名	新部署名		
3	19001	営業部公共営業課	営業本部公共営業部		
4	19002	営業部流通営業課	営業本部流通営業部		
5	19003	営業部教育営業課	営業本部教育営業部		
6					

C3セル内容: =SUBSTITUTE(SUBSTITUTE(B3,"部","本部"),"課","部")

7-4

文字列を置き換える

1	関数の基本知識
2	日付／時刻関数
3	数学／三角関数
4	論理関数
5	検索／行列関数
6	データベース関数
7	文字列操作関数
8	統計関数
9	財務関数
10	エンジニアリング関数
11	情報関数
12	キューブ関数
13	ウェブ関数
	付録

377
できる

7-4

文字列を置き換える

REPLACE 指定した文字数の文字列を置き換える

REPLACE（文字列, 開始位置, 文字数, 置換文字列）
リプレース

▶関数の解説

［文字列］の［開始位置］から［文字数］分の文字列を［置換文字列］に置き換え、置換後の文字列を返します。

▶引数の意味

文字列······················ 検索の対象となる文字列を指定します。

開始位置················· ［文字列］のどの位置から検索を開始するかを指定します。［文字列］の先頭を1として文字単位で数えます。

文字数······················ 置き換えたい文字数を指定します。

置換文字列············· ［開始位置］と［文字数］で指定した部分にある文字列と置き換える文字列を指定します。

ポイント

- ［文字列］に「""（空の文字列）」を指定すると、［置換文字列］が返されます。
- ［開始位置］と［文字数］で指定した部分が［文字列］をはみ出す場合は、［開始位置］から［文字列］の末尾までが置き換えられます。
- ［文字数］を省略するか0を指定すると、［開始位置］にある文字の手前に［置換文字列］が挿入されます。
- ［置換文字列］に「""」を指定すると、［開始位置］から［文字数］分の文字列を削除した文字列が返されます。
- 文字列を引数に直接指定する場合は「"（ダブルクォーテーション）」で囲んで指定します。
- ［文字列］や［置換文字列］には数値や日付、時刻も指定できます。ただし、表示形式が適用された結果ではなく、元の値を文字列とみなして検索や置換を行います。 たとえば、「1,234」のように桁区切りスタイルが設定されている場合は元の値の「1234」を文字列とみなして検索や置換を行います。日付や時刻の場合はシリアル値を文字列とみなして、検索や置換を行います。
- 数値が小数の場合、小数点も1文字と数えられます。
- 通常、［文字列］や［置換文字列］にセル範囲は指定できません。

参照🔲文字列関数でセル範囲を指定すると……P.353

エラーの意味

エラーの種類	原因	エラーとなる例
［#VALUE!］	［開始位置］に0以下の値を指定した	=REPLACE("abcabc",0,3,"xxx")
	［文字数］に負の数を指定した	=REPLACE("abcabc",1,-1,"xxx")
	引数に複数の行と列からなるセル範囲を指定した	=REPLACE(A1:B2,0,1,"xxx")

関数の基本知識 **1**

日付／時刻関数 **2**

数学／三角関数 **3**

論理関数 **4**

検索／行列関数 **5**

データベース関数 **6**

文字列操作関数 **7**

統計関数 **8**

財務関数 **9**

エンジニアリング関数 **10**

情報関数 **11**

キューブ関数 **12**

ウェブ関数 **13**

付　録

378
できる

7-4 文字列を置き換える

関数の使用例　口座番号の5文字めから7文字分を「*******」に置き換える

セルB3に入力されている口座番号の5文字めから7文字分を「*******」に置き換えます。

=REPLACE(B3,5,7,"*******")

セルB3に入力されている文字列の5文字めから7文字分を"*******"に置き換える。

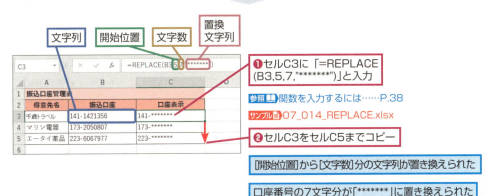

❶セルC3に「=REPLACE(B3,5,7,"*******")」と入力

参照▶関数を入力するには……P.38
サンプル▶07_014_REPLACE.xlsx

❷セルC3をセルC5までコピー

[開始位置]から[文字数]分の文字列が置き換えられた

口座番号の7文字分が「*******」に置き換えられた

活用例❶　文字列を途中に挿入する

REPLACE関数では、置き換えたい[文字数]に0を指定すると、置換の[開始位置]の手前に[置換文字列]を挿入できます。ここでは、この機能を利用して、4文字めの手前に「1」を挿入します。ただし、元の文字列の右端の2文字が"05"以下の場合のみ、置き換えを行います。

❶「=IF(RIGHT(A3,2)<="05",REPLACE(A3,4,0,1),A3)」と入力

❷セルB3をセルB5までコピー

右端の2文字が05以下の品番の4文字めの手前に「1」が挿入された

活用例❷　開始位置を指定するためにFIND関数を使う

REPLACE関数だけでは、特定の文字列のある位置から、何文字分かを置き換えることができません。しかし、FIND関数を使って文字列の位置を求めると、そういった置換も可能です。ここではFIND関数で「-（ハイフン）」の位置を検索し、その位置から3文字分を「-01」に置き換えています。

参照▶FIND……P.369

7-4 文字列を置き換える

❶「=REPLACE(A3,FIND("-",A3), 3,"-01")」と入力

❷セルB3をセルB5までコピー

品番の「-」とそのあとの2文字が「-01」に置き換えられた

REPLACEB 指定したバイト数の文字列を置き換える

REPLACEB(文字列, 開始位置, バイト数, 置換文字列)
リプレース・ビー

▶関数の解説

［文字列］の［開始位置］から［バイト数］分の文字列を［置換文字列］に置き換えて、置換後の文字列を表示します。

▶引数の意味

文字列………………… 検索の対象となる文字列を指定します。

開始位置……………… ［文字列］のどの位置から検索を開始するかを指定します。［文字列］の先頭を1としてバイト単位で数えます。

バイト数……………… 置き換えたいバイト数を指定します。

置換文字列…………… ［開始位置］と［バイト数］で指定した部分にある文字列と置き換える文字列を指定します。

ポイント

- ［文字列］に「""（空の文字列）」を指定すると、［置換文字列］が返されます。
- ［開始位置］と［バイト数］で指定した部分が［文字列］をはみ出す場合は、[開始位置] から [文字列] の末尾までが置き換えられます。
- ［バイト数］を省略するか0を指定すると、［開始位置］にある文字の手前に［置換文字列］が挿入されます。
- ［置換文字列］に「""」を指定すると、［開始位置］から［バイト数］分の文字列を削除した文字列が返されます。
- 文字列を引数に直接指定する場合は「"（ダブルクォーテーション）」で囲んで指定します。
- ［文字列］や［置換文字列］には数値や日付、時刻も指定できます。ただし、表示形式が適用された結果ではなく、元の値を文字列とみなして検索や置換を行います。たとえば、「1,234」のように桁区切りスタイルが設定されている場合は元の値の「1234」を文字列とみなして検索や置換を行います。日付や時刻の場合はシリアル値を文字列とみなして、検索や置換を行います。
- 数値が小数の場合、小数点も1バイトと数えられます。
- 通常、［文字列］や［置換文字列］にセル範囲は指定できません。

参照▶文字列関数でセル範囲を指定すると……P.353

エラーの意味

エラーの種類	原因	エラーとなる例
[#VALUE!]	［開始位置］に０以下の値を指定した	=REPLACEB("abcabc",0,"3","xxx")
	［バイト数］に負の数を指定した	=REPLACEB("abcabc",1,"-1","xxx")
	引数に複数の行と列からなるセル範囲を指定した	=REPLACEB(A1:B2,0,1, "xxx")

関数の使用例　会員コードの4バイトめから3バイト分を「-10」に置き換える

セルB3に入力されている会員コードの4バイトめから3バイト分を「-10」に置き換えます。

=REPLACEB(B3,4,3,"-10")

セルB3に入力されている文字列の4バイトめから3バイト分を「-10」に置き換える。

❶セルC3に「=REPLACEB(B3,4,3,"-10")」と入力

参照▶関数を入力するには……P.38
サンプル▶07_015_REPLACEB.xlsx

❷セルC3をセルC5までコピー

[開始位置]から[バイト数]分の文字列が置き換えられた

会員コードの3バイト分が「-10」に置き換えられた

HINT 全角文字の1バイトめまたは2バイトめを置換すると

REPLACEB関数の［開始位置］が全角文字の2バイトめにあたる場合は、その文字の1バイトめが半角スペースに置き換えられます。たとえば、下の表で「=REPLACEB(A1,4,1,"本")」とすると、戻り値は「塚 本　高史」となります（「木」の2バイトめを「本」に置き換えることになるので、半角スペースと「本」になります）。また、［バイト数］で指定した位置が全角文字の1バイトめにあたる場合は、その文字がスペースに置き換えられます。たとえば、下の表で「=REPLACEB(A2,7,2,"英")」とすると、戻り値は「石川 英 」となります（「A」と「子」の1バイトめを「英」に置き換えることになるので、「英」と半角スペースになります）。元の文字列が全角文字を含む場合、全角文字の2バイトめから、または1バイトめまでが置換されないように［開始位置］や［バイト数］を指定する必要があります。

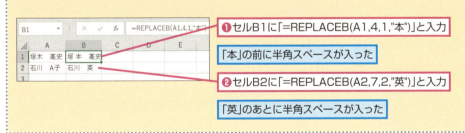

❶セルB1に「=REPLACEB(A1,4,1,"本")」と入力

「本」の前に半角スペースが入った

❷セルB2に「=REPLACEB(A2,7,2,"英")」と入力

「英」のあとに半角スペースが入った

7-5 文字列を連結する

7-5 文字列を連結する

7 文字列操作関数

CONCATENATE 文字列を連結する

CONCATENATE（文字列1, 文字列2, …, 文字列255）

コンカティネート

▶関数の解説

［文字列］を連結した文字列を返します。

▶引数の意味

文字列‥‥‥‥‥‥‥‥ 連結したい文字列を指定します。数値や数式も指定できます。引数は255個
まで指定できます。

ポイント

- 引数に数値や日付、時刻を指定した場合、表示形式が適用された結果ではなく、元の値を文字列
とみなして連結します。

- 文字列を連結するには「&」演算子も利用できます。　　　　　　　参照📖文字列演算子‥‥‥P.34

- 通常、［文字列］にセル範囲は指定できません。
　　　　　　　　　　　　　　　　　参照📖文字列関数でセル範囲を指定すると‥‥‥P.353

- Office365では、文字列の連結にCONCAT関数が利用できます。CONCAT関数では引数にセ
ル範囲が指定できます。　　　　　　　　　　　　　　　　　参照📖CONCAT‥‥‥P.384

エラーの意味

エラーの種類	原因	エラーとなる例
[#VALUE!]	引数に複数の行と列からなるセル範囲を指定した	=CONCATENATE(E14:F16)

関数の使用例　請求金額をまとめる

合計請求額と消費税額を連結し、請求金額をまとめた文書を作ります。セルE16に合計請求額が、
セルE15に消費税額が、それぞれ表示されています。

=CONCATENATE(E16,"円（うち消費税",E15,"円）")

セルE16に入力された文字列と、「円（うち消費税」と、セルE15に入力された文字列と「円）」
を連結します。

382
できる

7-5 文字列を連結する

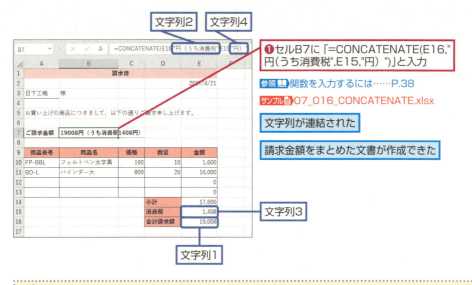

文字列2　文字列4

❶セルB7に「=CONCATENATE(E16,"円(うち消費税",E15,"円)")」と入力

参照▶関数を入力するには……P.38
サンプル▶07_016_CONCATENATE.xlsx

文字列が連結された

請求金額をまとめた文書が作成できた

文字列3

文字列1

HINT YEN関数やFIXED関数を使って数値に表示形式を適用する

関数の使用例では、セルE16に桁区切りスタイルが適用されていますが、CONCATENATE関数では、元の値を文字列として連結するので、セルB7に表示された結果には、桁区切りスタイルが適用されていません。より見やすい結果にするためには、YEN関数やFIXED関数を使って、数値に通貨スタイルの表示形式を適用した文字列を求め、それをCONCATENATE関数に指定するといいでしょう。たとえば、セルB7に「=CONCATENATE(YEN(E16),"円（うち消費税",FIXED(E15,0),"円)")」と入力すれば、結果は「¥19,008円（うち消費税1,408円)」となります。なお、より詳細な表示形式を適用するにはTEXT関数を使います。

参照▶YEN……P.412
参照▶FIXED……P.414
参照▶TEXT……P.416

「=CONCATENATE(YEN(E16),"円（うち消費税",FIXED(E15,0),"円)")」と入力

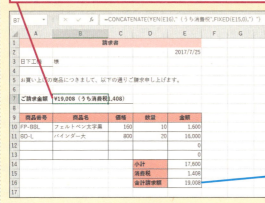

TEXT関数によって数値が表示形式の設定された文字列となり、CONCATENATE関数によって連結された

[桁区切りスタイル]の表示形式が設定されている

7-5 文字列を連結する

CONCAT 文字列を連結する　365

CONCAT(文字列1, 文字列2, ... , 文字列253)

▶関数の解説

［文字列］を連結した文字列を返します。

▶引数の意味

文字列……………… 連結したい文字列を指定します。セル範囲や数値、数式も指定できます。引数は253個まで指定できます。

ポイント

- 引数に空のセルを指定しても無視されます。
- 引数にはセル範囲も指定できます。複数の行と列からなる範囲を指定した場合は、列方向（左から右）に連結され、次に行方向（上から下）に連結されます。
- 文字列を連結するには「&」演算子も利用できます。
- Office365以外ではCONCAT関数が使えないので、「&」演算子またはCONCATENATE関数を使って文字列を連結します。

　　　　参照▶文字列演算子……P.34
　　　　参照▶CONCATENATE……P.382

エラーの意味

［文字列］がエラー値でない限り、CONCAT関数はエラーを返しません。

関数の使用例　都道府県名と市町村名、番地を連結する

都道府県名や市区町村名など、いくつかの列に分けて入力されている所在地を1つの文字列にまとめます。所在地はセルB3～F3に入力されています。

=CONCAT(B3:F3)

セルB3～F3に入力された文字列をすべて連結する。

❶セルG3に「=CONCAT(B3:F3)」と入力

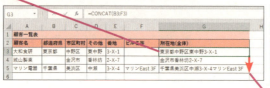

参照▶関数を入力するには……P.38
サンプル▶07_017_CONCAT.xlsx

セルB3に入力された都道府県名からセルF3に入力されたビル名等までがすべて連結された

❷セルG3をセルG5までコピー

所在地が1つの文字列にまとめられた

HINT 複数の行と列を上から下、左から右に向かって連結するには

CONCAT関数の引数に複数の行と列からなる範囲を指定すると、左から右に向かって文字列が連結され、次に上から下に向かって文字列が連結されます。たとえば、「=CONCAT(A1:C3)」と入力すると、A1→B1→C1→A2→B2→C2→A3→B3→C3の順に文字列が連結されます。TRANSPOSE関数を使って行と列を入れ替え、「=CONCAT(TRANSPOSE(A1:

C3))」とすると、A1→A2→A3→B1→B2→B3→C1→C2→C3の順に文字列が連結されます。ただし、この場合は配列数式として入力する必要があるので、関数の入力終了時にEnterキーではなくShift+Ctrl+Enterキーを押します。

参照📖 TRANSPOSE……P.313
参照📖 配列を利用する……P.64

▶ TEXTJOIN 区切り記号で区切って文字列を連結する 365

テキストジョイン
TEXTJOIN(区切り記号, 空の文字列を無視, 文字列1, 文字列2, … , 文字列252)

▶関数の解説

[区切り記号]を挿入しながら[文字列]を連結した文字列を返します。

▶引数の意味

区切り記号 ………… [文字列]の間に挿入したい文字列を指定します。文字列の配列定数やセル範囲も指定できます。

空の文字列を無視… [文字列]に空の文字列が含まれている場合、[区切り記号]をどのように挿入するかを以下のように指定します

┌ TRUEまたは省略 …… [区切り記号]を挿入しません
└ FALSE ……………… [区切り記号]を挿入します

文字列 ………………… 連結したい文字列を指定します。セル範囲や数値、数式も指定できます。252個まで指定できます。

ポイント

• [区切り記号]や[文字列]に数値や日付、時刻を指定した場合、表示形式が適用された結果ではなく、元の値を文字列とみなして連結します。

• 引数にはセル範囲も指定できます。複数の行と列からなる範囲を指定した場合は、列方向（左から右）に連結され、次に行方向（上から下）に連結されます。

• 文字列を連結するには「&」演算子も利用できます。　　　　　参照📖 文字列演算子……P.34

エラーの意味

エラーの種類	原因	エラーとなる例
[#VALUE!]	[空の文字列]に真偽値とみなせない値を指定した	=TEXTJOIN("-","-",A1,B1,C1)

サイドバー

7-5 文字列を連結する

1 関数の基本知識
2 日付／時刻関数
3 数学／三角関数
4 論理関数
5 検索／行列関数
6 データベース関数
7 文字列操作関数
8 統計関数
9 財務関数
10 エンジニアリング関数
11 情報関数
12 キューブ関数
13 ウェブ関数
付録

385
できる

7-5 文字列を連結する

関数の使用例 都道府県名と市町村名、番地を連結して英文表記の住所にする

都道府県名や市区町村名など、いくつかの列に分けて入力されている所在地を「,」で区切りながら逆順に並べます。所在地はセルB3〜F3に入力されています。

=TEXTJOIN(",",TRUE,F3,E3,D3,C3,B3)

区切り記号として「,」を挿入しながら、セルF3,E3,D3,C3,B3を連結する。ただし、空のセルがあった場合には区切り記号を挿入しない。

❶セルG3に「=TEXTJOIN(",",TRUE,F3,E3,D3,C3,B3)」と入力

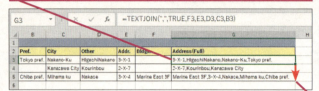

参照▶ 関数を入力するには……P.38
サンプル▶ 07_018_TEXTJOIN.xlsx

セルF3ビル名等からセルA3に入力された都道府県名までが「,」で区切りながら逆順に連結された

❷セルG3をセルG5までコピー

英文表記の所在地が作成できた

HINT 複数の行と列を上から下、左から右に向かって連結するには

TEXTJOIN関数の[文字列]に複数の行と列からなる範囲を指定すると、左から右に向かって文字列が連結され、次に上から下に向かって文字列が連結されます。たとえば、「=TEXTJOIN("->",TRUE,A1:C3)」と入力すると、A1→B1→C1→A2→B2→C2→A3→B3→C3の順に文字列が連結されます。TRANSPOSE関数を使って行と列を入れ替え、「=TEXTJOIN("->",TRUE,TRANSPOSE(A1:C3))」とすると、A1→A2→A3→B1→B2→B3→C1→C2→C3の順に文字列が連結されます。ただし、この場合は配列数式として入力する必要があるので、関数の入力終了時にEnterキーではなくShift+Ctrl+Enterキーを押します。

参照▶ 配列を利用する……P.64

HINT 複数の区切り記号を使い分けたいときには

[区切り記号]にセル範囲や文字列の配列定数を指定すると、いくつかの区切り記号を順に挿入しながら文字列を連結できます。文字列の配列定数は{}で囲んで指定します。配列数式として入力する必要はありません。

参照▶ 配列を利用する……P.64

❶セルB4に「=TEXTJOIN(B3:C3,TRUE,B2:D2)」と入力

セルB3〜C3に入力されている「+」と「*」を区切り記号として、セルB2〜D2の「a」「b」「c」を連結したので「a+b*c」となった

配列定数を使うなら「=TEXTJOIN({"+","*"},TRUE,B2:D2)」と入力する

活用例　連結した文字列の最後にも区切り記号を挿入する

区切り記号として「(」と「)」を指定し、文字列をかっこで囲む場合には、最後に区切り記号の「)」を連結する必要があります。そのような場合には、[空の文字列を無視] をFALSEにし、最後に空の文字列を連結します。なお、以下の例で、[空の文字列を無視]にTRUEを指定すると、空の文字列が無視されるので、「)」が連結されません。

❶セルC3に「=TEXTJOIN({"(",")"},FALSE,A3:B3,"")」と入力

セルA3に入力されている文字列の次に「(」が挿入され、セルB3に入力されている文字列の次に「)」が挿入された。最後に指定されている空の文字列も無視されない

7-6 余計な文字を削除する

TRIM 余計な空白文字を削除する

TRIM(文字列)
トリム

▶関数の解説

[文字列]の先頭と末尾に入力されている空白文字を削除し、[文字列]の途中にある複数の空白文字を1つにまとめます。余計な空白文字を削除したあとの文字列が返されます。

▶引数の意味

文字列……………… 余計な空白文字を削除したい文字列を指定します。

ポイント

- 半角の空白文字も全角の空白文字も削除されます。
- [文字列]の途中にある複数の空白文字は、先頭の1つだけが残され、ほかの空白文字は削除されます。たとえば、全角の空白文字と半角の空白文字が連続している場合は、先頭にある全角の空白文字だけが残されます。
- unicodeで追加された「改行されない空白文字」(文字コードは10進数で160)や「ゼロ幅の空白文字」(文字コードは10進数で8203)は削除されません。
- 文字列と引数を直接指定する場合は「"(ダブルクォーテーション)」で囲んで指定します。
- 通常、[文字列]にセル範囲は指定できません。

参照 文字列関数でセル範囲を指定すると……P.353

エラーの意味

エラーの種類	原因	エラーとなる例
[#VALUE!]	引数に複数の行と列からなるセル範囲を指定した	=TRIM(A1:B2)

関数の使用例　氏名の余計な空白文字を削除する

セルA3に入力されている氏名の余計な空白文字を削除します。氏名の前後にある空白文字が削除され、姓と名の間の空白文字を1つにまとめます。

=TRIM(A3)

セルA3に入力されている文字列から余計な空白文字を削除する。

7-6 余計な文字を削除する

❶セルC3に「=TRIM(A3)」と入力

参照▶関数を入力するには……P.38

サンプル▶07_019_TRIM.xlsx

❷セルC3をセルC5までコピー

氏名の前後にある空白文字が削除された

HINT ふりがなに含まれる余計な空白文字を削除するには

TRIM関数の結果にはふりがなが設定されません。したがって、ふりがなに含まれる余計な空白文字を削除するには、TRIM関数の結果をPHONETIC関数の引数に指定するのではなく、PHONETIC関数の結果をTRIM関数の引数に指定します。　参照▶PHONETIC……P.391

「=TRIM(PHONETIC(A3))」と入力

ふりがなから余計な空白文字が削除された

CLEAN 印刷できない文字を削除する

CLEAN(文字列)

▶関数の解説

[文字列]に含まれる制御文字や特殊文字などの印刷できない文字を削除します。印刷できない文字が削除されたあとの文字列が返されます。異なるOSや、ほかのソフトウェアとの間でデータをやりとりすると、文字列に制御文字や特殊文字が含まれることがあります。そのような文字を削除するために利用します。

▶引数の意味

文字列……………印刷できない文字を含む文字列を指定します。

ポイント

- 10進数で0～31（16進数で0～1F）の文字コードを持つ文字が削除されます。
- 10進数で127,129,141,143,144,157の文字コード（16進数で7F,81,8D,8E,90,9D）を持つ、unicodeの印刷されない文字は削除されません。
- 文字列を引数に直接指定する場合は「"（ダブルクォーテーション）」で囲んで指定します。
- 通常、[文字列]にセル範囲は指定できません。参照▶文字列関数でセル範囲を指定すると……P.353

エラーの意味

エラーの種類	原因	エラーとなる例
[VALUE!]	引数に複数の行と列からなるセル範囲を指定した	=CLEAN(A1:B2)

7-6 余計な文字を削除する

関数の使用例 セル内の改行文字を削除する

セルA3に入力されているセル内の改行文字を削除します。セル内で改行文字を入力するには、改行したい位置で Alt + Enter キーを押します。改行した位置には10進数で10（16進数で0A）のコードを持つ文字が入力されています。

=CLEAN(A3)

セルA3に入力されている文字列から印刷できない文字を削除する。

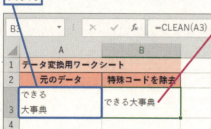

文字列

❶ セルB3に「=CLEAN(A3)」と入力

参照▶関数を入力するには……P.38
サンプル▶07_020_CLEAN.xlsx

元のデータにある改行文字が削除された

HINT 印刷できない文字が含まれているかどうかを知るには

印刷できない文字は、多くの場合、画面上では「□」や「・」と表示されています。しかし、まったく表示されないものもあり、印刷できない文字が含まれているかどうかが、目視しただけではわからないこともあります。そのような場合には、LEN関数を使って文字数を求めるといいでしょう。印刷できない文字も1文字と数えられるので、目視で確認した文字数とLEN関数の結果が異なっている場合は、印刷できない文字が含まれていることがわかります。
参照▶LEN……P.352

HINT 印刷できないunicode文字を削除するには

印刷できないunicode文字を一括して削除することは難しいですが、文字コードがわかっている場合は、SUBSTITUTE関数を使って文字列の置換を行えば、不要な文字が削除できます。たとえば、セルA1に入力されている文字列から、文字コード127の文字を削除するには「=SUBSTITUTE(A1,UNICHAR(127),"")」と入力します。
参照▶SUBSTITUTE……P.376
参照▶UNICHAR……P.402

390

7-7 ふりがなを取り出す

PHONETIC セルのふりがなを取り出す

フォネティック
PHONETIC（参照）

▶関数の解説

［参照］で指定されているセルのふりがなを取り出します。PHONETIC関数は、［数式］タブの［関数ライブラリ］グループでは［その他の関数］の［情報関数］に分類されていますが、ヘルプでは「文字列関数」に分類されています。

▶引数の意味

参照.......................... ふりがなを取り出したいセルまたはセル範囲を指定します。セル範囲を指定したときには、範囲内のふりがながすべて連結されて取り出されます。数値や論理値の入力されているセルを指定すると空の文字列が返されます。

ポイント

- 引数に文字列を直接指定することはできません。ふりがなは文字列に対して設定されているのではなく、セルに対して設定されているからです。

- 取り出されるふりがなの文字種は、ふりがなの設定によって変わります。たとえば、ふりがなの設定が「ひらがな」になっている場合は、結果はひらがなで返されます。

- ほかのソフトウェアなどからコピーした文字列をセルに貼り付けた場合、ふりがなが設定されない場合があります。PHONETIC関数の引数にそのようなセルを指定すると、セルに入力されている文字列がそのまま返されます。

- Excelのヘルプには、隣接しない範囲を指定すると［#N/A］エラーが表示されると書かれていますが、実際には離れた範囲を指定しても結果が求められます。

エラーの意味

PHONETIC関数では、エラー値が返されることはありません。

関数の使用例　氏名のふりがなを取り出す

セルA3に入力されている氏名のふりがなを取り出します。セルにはふりがなが設定されているものとします。

=PHONETIC(A3)

セルA3に設定されているふりがなを取り出す。

---

1 関数の基本知識
2 日付／時刻関数
3 数学／三角関数
4 論理関数
5 検索／行列関数
6 データベース関数
7 文字列操作関数
8 統計関数
9 財務関数
10 エンジニアリング関数
11 情報関数
12 キューブ関数
13 ウェブ関数
付録

391
できる

7-7 ふりがなを取り出す

文字列

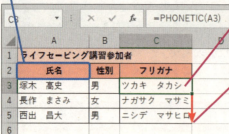

❶ セルC3に「=PHONETIC(A3)」と入力

参照▶関数を入力するには……P.38
サンプル▶07_021_PHONETIC.xlsx

❷ セルC3をセルC5までコピー

氏名のふりがなが取り出された

入力時の読みがふりがなに設定されている

セルに文字列を入力したとき、入力に使った読みがふりがなとして自動的に設定されます。たとえば月見里（やまなし）という名前を、月見（つきみ）、里（さと）と入力した場合、PHONETIC関数で取り出されるふりがなは「ツキミサト」となります。ふりがなを修正するには、［ホーム］タブの［フォント］グループにある［ふりがなの表示/非表示］ボタンの［▼］をクリックし、［ふりがなの編集］を選択します。

ふりがなが正しく表示されない場合は、ふりがなを編集し、正しい読みに変えておく

引数にセル範囲を指定すると

引数にセル範囲を指定すると、範囲内のふりがながすべて連結されます。たとえば、右のような表で「PHONETIC(A3:B3)」とすると、結果は「ホリエマキ」となります。

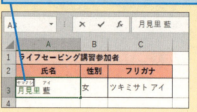

「=PHONETIC(A3:B3)」と入力

セルA3とセルB3のふりがなが連結された

引数に離れた範囲を指定するには

PHONETIC関数の引数は1つしか指定できないので、セルA1とセルC2のふりがなを取り出したいときに「=PHONETIC(A1,C2)」と入力すると「この関数に対して、多すぎる引数が入力されています。」というエラーメッセージが表示されます。このような場合には、複数のセル参照を()で囲んで1つにまとめ「=PHONETIC((A1,C2))」と入力します。

PHONETIC関数の引数に文字列は指定できない

PHONETIC関数の引数にはセル参照を指定します。引数に文字列を指定して、「=PHONETIC("小鳥遊")」などと入力すると「この数式には問題があります」というエラーメッセージが表示されます。［OK］をクリックして、エラーメッセージを閉じ、引数にセル参照を指定して入力しなおしてください。

7-8 文字列をくり返し表示する

7-8
文字列をくり返し表示する

REPT 指定した回数だけ文字列をくり返す

REPT（文字列, 繰り返し回数）
リピート

▶関数の解説
［文字列］を［繰り返し回数］だけくり返した文字列を返します。

▶引数の意味
文字列·················· くり返したい文字列を指定します。

繰り返し回数 ········· ［文字列］の［繰り返し回数］を0 ～ 32767までの数値で指定します。

ポイント

- ［繰り返し回数］に0を指定すると、「""（空の文字列）」が返されます。
- ［繰り返し回数］に小数部分のある数値を指定した場合には小数点以下を切り捨てた整数とみなされます。
- 文字列を引数に直接指定する場合は「"（ダブルクォーテーション）」で囲んで指定します。
- ［文字列］に数値や日付、時刻を指定した場合、表示形式が適用された結果ではなく、元の値を文字列とみなします。たとえば、桁区切りスタイルの指定により「1,234」と表示されている数値も「1234」という文字列として扱われます。
- 通常、［文字列］にセル範囲は指定できません。

参照 文字列関数でセル範囲を指定すると……P.353

エラーの意味

エラーの種類	原因	エラーとなる例
[#VALUE!]	［繰り返し回数］に負の数を指定した	=REPT("x",-1)
	作成される文字列が 32767 文字を超えた	=REPT("x",32768)

関数の使用例　「★」をくり返し表示する

セルB3に入力されているポイントに従って、「★」をくり返し表示します。「ポイント÷10」を［繰り返し回数］とします。

=REPT("★",B3/10)

「★」をセルB3を10で割った数だけ繰り返した文字列を返す。

---

1 関数の基本知識
2 日付／時刻関数
3 数学／三角関数
4 論理関数
5 検索／行列関数
6 データベース関数
7 文字列操作関数
8 統計関数
9 財務関数
10 エンジニアリング関数
11 情報関数
12 キューブ関数
13 ウェブ関数
付 録

393
できる

7-8 文字列をくり返し表示する

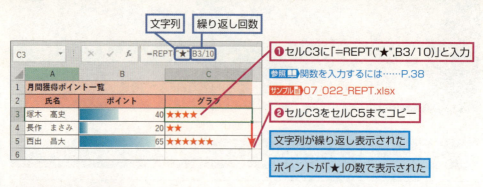

❶ セルC3に「=REPT("★",B3/10)」と入力

参照▶関数を入力するには……P.38
サンプル▶07_022_REPT.xlsx

❷ セルC3をセルC5までコピー

文字列が繰り返し表示された

ポイントが「★」の数で表示された

活用例　項目の間に「……」を入れ、間隔を整える

「項目名……ページ番号」といった行を体裁よく作るために、全体の文字数を一定に揃えるには、「……」の部分の長さを調節する必要があります。そのためには、「全体の文字数－項目名の文字数－ページ番号の文字数」で求めた値をREPT関数の繰り返し数に指定し、その回数だけ「.」を表示します。以下の例では、全体の幅を30バイトとし、「.」の前後に空白文字を1つずつ入れるので、「30-項目名の長さ-ページ番号の長さ-2」を繰り返し数としています。

❶ セルD3に「=A3&" "&REPT(".",30-LENB(A3)-LENB(B3)-2)&" "&B3」と入力

❷ セルD3をセルD9までコピー

❸ セルD3～D9のフォントを「MS ゴシック」などの固定ピッチフォントにする

7-9 文字列が等しいか調べる

▶ EXACT 文字列が等しいかどうかを返す

EXACT（文字列1, 文字列2）
イグザクト

▶ **関数の解説**

2つの文字列を比較して等しいかどうかを真偽値で返します。文字列が等しければTRUE、文字列が異なればFALSEが返されます。

▶ **引数の意味**

文字列1, 文字列2…比較する文字列を指定します。数値や数式なども指定できます。

ポイント

- 英字の大文字と小文字は区別されます。たとえば、「A」と「a」は別の文字とみなされます。なお、「=」を使った比較では、英字の大文字と小文字は同じ文字とみなされます。
- 半角文字と全角文字は区別されます。たとえば、「A」と「Ａ」は別の文字とみなされます。
- フォントの種類や文字色、書式、数値や日付の表示形式、セルに設定されたふりがなの違いは無視されます。
- 文字列を引数に直接指定する場合は「"（ダブルクォーテーション）」で囲んで指定します。
- 通常、［文字列］にセル範囲は指定できません。

参照 文字列関数でセル範囲を指定すると……P.353

エラーの意味

エラーの種類	原因	エラーとなる例
[#VALUE!]	引数に複数の行と列からなるセル範囲を指定した	=EXACT(A1:B2,C1:D2)

関数の使用例　セルに入力されている文字列が等しいかどうかを調べる

セルA3とセルB3に入力されている文字列が等しいかどうかを調べます。

=EXACT(A3,B3)

セルA3に入力されている文字列とセルB3に入力されている文字列が等しければTRUEを返し、等しくなければFALSEを返す。

7-9
文字列が等しいか調べる

1 関数の基本知識
2 日付／時刻関数
3 数学／三角関数
4 論理関数
5 検索／行列関数
6 データベース関数
7 文字列操作関数
8 統計関数
9 財務関数
10 エンジニアリング関数
11 情報関数
12 キューブ関数
13 ウェブ関数
付録

395
できる

7-9 文字列が等しいか調べる

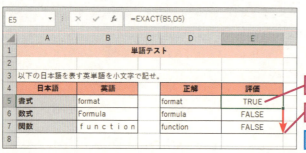

❶ セルC3に「=EXACT(A3,B3)」と入力

参照▶関数を入力するには……P.38

サンプル 07_023_EXACT.xlsx

❷ セルC3をセルC9までコピー

2つの文字列が等しい行では「TRUE」、等しくない行では「FALSE」が表示された

活用例　単語テストを作る

英単語のテストができるワークシートを作成します。ここでは、セルA5～A7の日本語に対応する英単語をセルB5～B7に入力します。正解がセルD5～D7に入力されているので、EXACT関数を使って英単語が正しく入力されたかどうかを調べます。セルE5～E7に、正解ならTRUEが、不正解ならFALSEが表示されるようにします。

❶「=EXACT(B5,D5)」と入力

❷ セルE5をセルE7までコピー

単語テストの採点ができた

HINT 文字の大小比較は必ずしも文字コード順ではない

Excelでは、文字列も「<」「<=」「=」「<>」「>=」「>」という比較演算子で大小比較ができます。このとき、漢字はほぼ文字コード（JISコード）順に大小の比較が行われますが、ひらがなやカタカナなどは文字コードとは別の大小比較が行われます。たとえば「="あ"<"ア"」はFALSE（「あ」より「ア」のほうが小さい）となります。文字コード順であれば「ぁ」＜「あ」＜「ァ」＜「ア」ですが、比較演算子を利用した比較では「ァ」＜「ぁ」＜「ア」＜「あ」の順になります。

HINT 「=」演算子や「<」演算子、「>」演算子では大文字と小文字は区別されない

Excelでは、文字列も「<」「<=」「=」「<>」比較演算子を使うと、大文字と小文字は区別されないので、たとえば「="A"="a"」はTRUEとなります。また「="A">"a"」と「="A"<"a"」はいずれもFALSEとなります。全角の「A」と全角の「a」も等しいとみなされます。ただし、半角と全角は区別され、全角文字のほうが値が大きいとみなされます。

7-10 文字コードを操作する

7-10
文字コードを操作する

CODE関数、CHAR関数、UNICODE関数、UNICHAR関数

文字に対応する文字コードを求めるにはCODE関数やUNICODE関数が使えます。CODE関数では半角文字はASCIIコード、全角文字はJISコードの値が返されます。UNICODE関数ではunicodeの値が返されます。

逆に、文字コードに対応する文字を求めるにはCHAR関数やUNICHAR関数を使います。CHAR関数ではASCIIコードやJISコードに対応する文字が求められ、UNICHAR関数でunicodeに対応する文字が求められます。

文字コードと文字の対応の例

文字に対応する文字コードの一部を表にまとめると以下のようになります。数値は10進数です。この表を見ると、文字が同じでも、ASCIIコード（またはJISコード）とunicodeでは文字コードが異なることがわかります。逆に、文字コードの値が同じでも、対応する文字が異なることもわかります。

なお、制御文字と呼ばれる文字（たとえば、文字コード12）はセルには表示されないか「・」などの文字が代わりに表示されます。文字コードに対応する文字が定義されていない場合は「#VALUE!」と表示されています。

文字コードの例（値は 10 進数）

文字	CODE 関数	UNICODE 関数
半角の空白	32	32
全角の空白	8481	12288
A	65	65
a	97	97
あ	9250	12354
ア	9506	12450
亜	12321	20124
河	12879	27827
川	16494	24029
山	15155	23665

コード	CHAR 関数	UNICHAR 関数
12	・	・
90	Z	Z
177	ｱ	±
256	#VALUE!	Ā
3627	#VALUE!	и
9025	A	・
9331	ん	⑳
12326	愛	亠
12354	安	あ
24859	#VALUE!	愛

※システムやフォントの違いによって、「¥」が「\（バックスラッシュ）」、「|（縦棒）」が「¦（破線）」、「˜（チルダ）」が「‾（オーバーライン）」で表示される場合もあります。

---

1 関数の基本知識
2 日付／時刻関数
3 数学／三角関数
4 論理関数
5 検索／行列関数
6 データベース関数
7 文字列操作関数
8 統計関数
9 財務関数
10 エンジニアリング関数
11 情報関数
12 キューブ関数
13 ウェブ関数
付録

397

7-10

文字コードを操作する

CODE 文字に対応するASCIIコードまたはJISコードを返す

CODE（文字列）
コード

▶関数の解説

［文字列］の先頭文字のコードを10進数の数値として返します。

▶引数の意味

文字列······················ 文字コードを求めたい文字列を指定します。数値や数式も指定できます。［文字列］が2文字以上であっても、先頭文字のコードだけが返されます。

ポイント

- 半角文字はASCIIコードの値が、全角文字はJISコードの値が返されます。

- 文字コードと文字の種類は以下のように対応しています。

1 ～ 128	：制御文字（改行やタブなど）、半角英字
161 ～ 223	：半角カタカナ、半角カナ記号
8481 ～ 32382	：全角文字（ひらがな、漢字など）

- WindowsとMacOSとでは同じコードに異なる文字が割り当てられている場合があるので、［文字列］に同じ文字を指定しても、結果が異なる場合があります。たとえば、「①」の文字コードはWindowsでは11553という値ですが、MacOSでは10527になります。

- 環境依存文字には対応していないので、「©」や「®」などの特殊記号を［文字列］に指定すると、「?」の文字コードに対応する「63」が返されます。特殊記号は［挿入］タブの［記号と特殊文字］グループにある［記号と特殊文字］ボタンをクリックすれば、入力できます。

- 文字列を引数に直接指定する場合は「"（ダブルクォーテーション）」で囲んで指定します。

- ［文字列］に数値や日付、時刻を指定した場合、表示形式が適用された結果ではなく、元の値を文字列とみなします。たとえば、通貨スタイルの指定により「¥1,234」と表示されている数値も「1234」という文字列として扱われます。

- 通常、［文字列］にセル範囲は指定できません。

参照📖文字列関数でセル範囲を指定すると······P.353

エラーの意味

エラーの種類	原因	エラーとなる例
[#VALUE!]	引数に複数の行と列からなるセル範囲を指定した	=CODE(A1:B2)

関数の使用例　難読文字の先頭文字の文字コードを調べる

セルA3に入力されている難読文字の先頭文字の文字コードを調べます。

=CODE(A3)

セルA3に入力されている文字列の先頭文字のコードを返す。

サイドバー（左）:

- 関数の基本知識　1
- 日付／時刻関数　2
- 数学／三角関数　3
- 論理関数　4
- 検索／行列関数　5
- データベース関数　6
- 文字列操作関数　7
- 統計関数　8
- 財務関数　9
- エンジニアリング関数　10
- 情報関数　11
- キューブ関数　12
- ウェブ関数　13
- 付　録

7-10 文字コードを操作する

❶セルB3に「=CODE(A3)」と入力

参照▶関数を入力するには……P.38
サンプル▶07_024_CODE.xlsx

セルD3～D5にはセルC3～C5で求められた文字コードを16進数に変換する数式が入力されている

難読文字の文字コードが表示された

活用例　文字位置を指定して文字コードを調べる

文字列の先頭にない文字の文字コードを調べるには、MID関数を使って目的の文字を取り出し、それをCODE関数の引数に指定します。下の表では、Webページなどからコピーしてきた文字列のなかの難読文字の文字コードを調べます。

参照▶MID……P.363

❶「=CODE(MID(A3, B3, 1))」と入力

セルD3～D5にはセルC3～C5で求められた文字コードを16進数に変換する数式が入力されている

❷セルC3をセルC5までコピー

指定した位置の文字の文字コードがわかった

▶ CHAR　ASCIIコードまたはJISコードに対応する文字を返す

CHAR(数値)
（キャラクター）

▶関数の解説
［数値］で指定した10進数の文字コードに対応する文字を返します。

▶引数の意味
数値………………………文字コードを10進数で指定します。

ポイント
- 半角文字はASCIIコードで、全角文字はJISコードで指定します。
- 文字コードと文字の種類は以下のように対応しています。
  - 　　　　1～128　　　：制御文字（改行やタブなど）、半角英字
  - 　　　161～223　　　：半角カタカナ、半角カナ記号
  - 　　8481～32382　　：全角文字（ひらがな、漢字など）
- WindowsとMacOSとでは同じコードに異なる文字が割り当てられている場合があるので、［数値］に同じコードを指定しても、結果が異なる場合があります。たとえば、「11553」という文字コードに対応する文字は、Windowsでは「①」ですが、MacOSでは「日」となります。
- 環境依存文字には対応していないので、「©」や「®」などの特殊記号を返すことはできません。

7-10 文字コードを操作する

- フォントの種類によっては、同じ文字コードでも表示される文字が異なることがあります。
- 通常、[数値]にセル範囲は指定できません。

参照▶文字列関数でセル範囲を指定すると……P.353

エラーの意味

エラーの種類	原因	エラーとなる例
[#VALUE!]	引数の文字コードに対応する文字が定義されていない	=CHAR(0)
	引数に複数の行と列からなるセル範囲を指定した	=CHAR(A1:B2)

関数の使用例　住所の途中に改行文字を挿入する

セルC3、D3、E3に入力されている住所を連結します。ただし、セルD3の文字列とセルE3の文字列の間には、改行文字（10進数の文字コードで10）を入れます。関数を入力するセルB8は、複数行の表示ができるようにしておく必要があります。

参照▶文字列演算子……P.34

=C3&D3&CHAR(10)&E3

セルC3とセルD3に入力されている文字列を連結し、さらに、改行文字、セルE3に入力されている文字列を連結する。

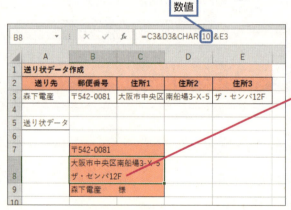

セルB8を選択し、[ホーム]タブの[折り返して全体を表示]ボタンをクリックしてセルに複数行が表示されるようにしておく

❶セルB8に「=C3&D3&CHAR(10)&E3」と入力

参照▶関数を入力するには……P.38

サンプル▶07_025_CHAR.xlsx

[数値]で指定した文字コードに対応する文字(改行文字)が連結された

住所2のあとで改行された

HINT 制御文字のコードを指定すると「・」が表示される

文字のなかには制御文字と呼ばれるものがあります。これらは実際の文字を表示するためではなく、表示や通信を制御（コントロール）するために使われます。たとえば、改行文字やタブ文字も制御文字の一種です。CHAR関数の引数に改行文字以外の制御文字のコードを指定する文字と、たいていの場合、セルには「・」が表示されます。たとえば、=CHAR(6)とすると、結果は「・」となります。
なお、制御文字には32より小さな文字コードが割り当てられています。

UNICODE 文字に対応するunicodeの値を返す

7-10

文字コードを操作する

UNICODE（文字列）
ユニコード

▶関数の解説

［文字列］の先頭文字のコードをunicodeの10進数の値として返します。

▶引数の意味

文字列 ……………… 文字コードを求めたい文字列を指定します。数値や数式も指定できます。［文字列］が2文字以上であっても、先頭文字のコードだけが返されます。

ポイント

- 半角英数字の文字コードはASCIIコードと同じ値（1バイト分の値）が返されます。半角カタカナは2バイトになります。
- 日本語文字やそのほかのさまざまな言語で使われている文字、記号は、2バイトまたは3バイト分の値が返されます。
- 文字コードと主な文字の種類は以下のように対応しています。かっこ内は16進数での表現です。

文字コード	主な文字の種類
1 ～ 127(01 ～ 7F)	制御文字（改行やタブなど）、半角英数字
19968 ～ 40959(4E00 ～ 9FFF)	CJK 統合漢字（C: 中国、J: 日本、K: 韓国）
65381 ～ 65439(FF65 ～ FF9F)	半角カタカナ

- 文字列を引数に直接指定する場合は「"（ダブルクォーテーション）」で囲んで指定します。
- ［文字列］に数値や日付、時刻を指定した場合、表示形式が適用された結果ではなく、元の値を文字列とみなします。たとえば、通貨スタイルの指定により「¥1,234」と表示されている数値も「1234」という文字列として扱われます。
- 通常、［文字列］にセル範囲は指定できません。

参照📖文字列関数でセル範囲を指定すると……P.353
参照📖CODE……P.398　参照📖UNICHAR……P.402

エラーの意味

エラーの種類	原因	エラーとなる例
[#VALUE!]	引数に空の文字列や空のセル、サロゲート（補助的な文字に切り替えるためのコード）を指定した	=UNICODE("")
	引数に複数の行と列からなるセル範囲を指定した	=UNICODE(A1:B2)

関数の使用例　さまざまな文字のunicodeの値を調べる

セルA3に入力されている文字のunicodeの値を求めます

=UNICODE(A3)

セルA3に入力されている文字列の先頭文字のコードをunicodeの値として返す。

サイドインデックス

1 関数の基本知識
2 日付／時刻関数
3 数学／三角関数
4 論理関数
5 検索／行列関数
6 データベース関数
7 文字列操作関数
8 統計関数
9 財務関数
10 エンジニアリング関数
11 情報関数
12 キューブ関数
13 ウェブ関数
付録

7-10 文字コードを操作する

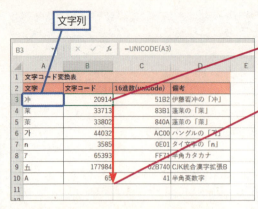

❶セルB3に「=UNICODE(A3)」と入力

参照▶関数を入力するには……P.38

サンプル▶07_026_UNICODE.xlsx

❷セルB3をセルB10までコピー

さまざまな文字のコードがunicodeで表示された

セルC3～セルC10にはB列の文字コードを16進数に変換する数式が入力されている

HINT 文字位置を指定してunicodeでの文字コードを調べる

文字列の先頭にない文字のコードを調べるには、399ページの活用例と同様に、MID関数を使って目的の文字を取り出し、それをUNICODE関数の引数に指定します。たとえば、セルA3に入力されている文字列の4文字めの文字コードを知りたい場合には「=UNICODE(MID(A3,4,1))」とします。

参照▶MID……P.363

HINT 16進数で結果を表示するには

DEC2HEX関数を使えば10進数を16進数の文字列に変換できます。上の例であれば、セルB3に「=DEC2HEX(UNICODE(A3))」と入力します。

参照▶DEC2HEX……P.763

▶ UNICHAR unicodeに対する文字を返す

UNICHAR（数値）
ユニキャラクター

▶関数の解説

［数値］で指定した10進数のunicodeに対応する文字を返します。

▶引数の意味

数値………………… 文字コードを10進数のunicodeで指定します。

ポイント

- 半角英数字の文字コードはASCIIコードと同じ値です。
- 日本語文字やそのほかのさまざまな言語で使われている文字、記号の場合は、2バイトまたは3バイト分の値を指定します。
- 文字コードと主な文字の種類は以下のように対応しています。かっこ内は16進数での表現です。

文字コード	主な文字の種類
1～127(01～7F)	制御文字(改行やタブなど)、半角英数字
19968～40959(4E00～9FFF)	CJK 統合漢字 (C: 中国、J: 日本、K: 韓国)
65381～65439(FF65～FF9F)	半角カタカナ

- フォントの種類によっては、同じ文字コードでも表示される文字が異なることがあります。

参照▶CHAR……P.399　参照▶UNICODE……P.401

エラーの意味

エラーの種類	原因	エラーとなる例
[#VALUE!]	引数の文字コードに対応する文字が定義されていない	=UNICHAR(0)
	引数に複数の行と列からなるセル範囲を指定した	=UNICHAR(A1:B2)
[#N/A]	サロゲート(補助的な文字に切り替えるためのコード)領域の値を指定した	=UNICHAR(55296)

関数の使用例　コマンド(⌘)記号を表示する

「⌘」に対応するunicodeの値を指定して、文字を表示します。値はセルA3に入力されているものとします。

=UNICHAR(A3)

セルA3に入力されている10進数に対応するunicodeの文字を返す。

❶セルB3に「=UNICHAR(A3)」と入力

参照▶関数を入力するには……P.38
サンプル▶07_027_UNICHAR.xlsx

[数値]で指定したunicodeの値に対応する文字(⌘)が表示された

文字列をunicodeの数値で指定して求めた文字に置き換えるには

上の例では、セルC3に入力された「command+X」の「command」の部分を「⌘」に置き換えた文字列をセルD3に表示してあります。このように文字列の一部を置換するにはSUBSTITUTE関数を使うといいでしょう。セルD3には「=SUBSTITUTE(C3,"command",B3)」という関数を入力してあります。セルB3の結果を利用せず、関数を組み合わせて直接求めるなら「=SUBSTITUTE(C3,"command",UNICHAR(8984))」とします。

16進数で文字コードを指定するには

HEX2DEC関数を使って16進数の文字列を10進数の数値に変換し、その値をUNICHAR関数に指定します。上の例で、セルA3に「2318」(10進数の8984を16進数で表したもの)が入力されているとすれば、セルB3に「=UNICHAR(HEX2DEC(A3))」と入力します。

参照▶HEX2DEC……P.768

7-11

全角文字と半角文字を変換する

7-11 全角文字と半角文字を変換する

ASC 全角文字を半角文字に変換する

ASC（文字列）
アスキー

▶関数の解説

［文字列］に含まれる全角文字を半角文字に変換し、その結果の文字列を返します。半角文字で表せない文字は変換されずにそのまま返されます。

▶引数の意味

文字列……………… 半角文字に変換したい文字列を指定します。数値や数式も指定できます。

ポイント

- ［文字列］に含まれる全角の数字、英字、空白文字、カタカナが半角に変換されます。漢字や全角のひらがなは、そのまま返されます。
- 記号は、対応する半角の記号があるものについてのみ、半角に変換されます。たとえば、全角の「￥」や「（）」などは半角の「¥」や「()」に変換されますが、全角の「☆」や「『』」、「【】」などは全角のままで返されます。
- 文字列を引数に直接指定する場合は「"（ダブルクォーテーション）」で囲んで指定します。
- ［文字列］に数値や日付、時刻を指定した場合、表示形式が適用された結果ではなく、元の値を文字列とみなします。 たとえば、正負のスタイルの指定により「▲ 1,234」と表示されている数値も「-1234」という文字列として扱われます。
- 通常、［文字列］にセル範囲は指定できません。

参照 文字列関数でセル範囲を指定すると……P.353

エラーの意味

エラーの種類	原因	エラーとなる例
［#VALUE!］	引数に複数の行と列からなるセル範囲を指定した	=ASC(B3:C5)

関 数 の 使 用 例　得意先名を半角文字に変換する

セルB3に入力されている得意先名を半角文字に変換します。半角文字にできない文字はそのまま返されます。

=ASC(B3)

セルB3に入力されている文字列を半角に変換する。

サイドバー

関数の基本知識	1
日付／時刻関数	2
数学／三角関数	3
論理関数	4
検索／行列関数	5
データベース関数	6
文字列操作関数	7
統計関数	8
財務関数	9
エンジニアリング関数	10
情報関数	11
キューブ関数	12
ウェブ関数	13
付　録	

文字列

| C3 | | ✕ ✓ fx | =ASC(B3) |

	A	B	C
1	得意先コード表（運輸・サービス）		
2	コード	得意先名	得意先名（半角）
3	090010	千歳トラベル	千歳ﾄﾗﾍﾞﾙ
4	090014	マキシリゾート	ﾏｷｼﾘｿﾞｰﾄ
5	090038	六甲運送	六甲運送
6			

❶セルC3に「=ASC(B3)」と入力

参照📖 関数を入力するには……P.38

サンプル📄07_028_ASC.xlsx

❷セルC3をセルC5までコピー

得意先名に含まれる全角文字が半角文字に変換された

💡HINT 半角文字に変換できない文字

半角文字に存在しない文字（ヴ、ヱ、ヵ、ヶ）や右に示すカッコや引用符は、ASC関数を使っても半角文字には変換できません。

◆ASC関数で半角文字に変換できない文字の例

" 〔 〕 〈 〉 《 》 『 』 【 】

▶ JIS 半角文字を全角文字に変換する

ジス
JIS（文字列）

▶関数の解説

［文字列］に含まれる半角文字を全角文字に変換し、その結果の文字列を返します。全角文字で表せない文字は変換されずにそのまま返されます。

▶引数の意味

文字列 ……………… 全角文字に変換したい文字列を指定します。数値や数式も指定できます。

ポイント

• ［文字列］に含まれる半角の数字、英字、空白文字、カタカナが全角に変換されます。漢字や全角のひらがなは、そのまま返されます。

• 記号は、対応する全角の記号があるものについてのみ、全角に変換されます。たとえば、半角の「¥」や「()」などは全角の「￥」や「（）」に変換されますが、「©」や「æ」、「é」などはそのまま返されます。

• 文字列を引数に直接指定する場合は「"（ダブルクォーテーション）」で囲んで指定します。

• ［文字列］に数値や日付、時刻を指定した場合、表示形式が適用された結果ではなく、元の値を文字列とみなします。たとえば、正負のスタイルの指定により「▲ 1,234」と表示されている数値も「-1234」という文字列として扱われます。

• 通常、［文字列］にセル範囲は指定できません。

参照📖文字列関数でセル範囲を指定すると……P.353

エラーの意味

エラーの種類	原因	エラーとなる例
[#VALUE!]	引数にセル範囲を指定した	=JIS(B3:C5)

7-11

全角文字と半角 文字を変換する

1 関数の基本知識
2 日付／時刻関数
3 数学／三角関数
4 論理関数
5 検索／行列関数
6 データベース関数
7 文字列操作関数
8 統計関数
9 財務関数
10 エンジニアリング関数
11 情報関数
12 キューブ関数
13 ウェブ関数
付 録

405
できる

7-11 全角文字と半角文字を変換する

関数の使用例　得意先名を全角文字に変換する

セルB3に入力されている得意先名を全角文字に変換します。全角文字にできない文字はそのまま返されます。

=JIS(B3)

セルB3に入力されている文字列を全角に変換する。

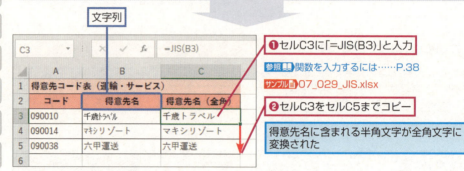

❶セルC3に「=JIS(B3)」と入力

参照 関数を入力するには……P.38
サンプル 07_029_JIS.xlsx

❷セルC3をセルC5までコピー

得意先名に含まれる半角文字が全角文字に変換された

HINT 全角文字に変換できない文字

全角文字に存在しない文字は、JIS関数を使っても全角文字には変換できません。これらの文字を引数に指定した場合は、引数の文字がそのまま表示されます。

◆JIS関数で全角文字に変換できない文字の例

¿ Á À Â Ä Ã Å á à â ä ã å

7-12 大文字と小文字を変換する

UPPER関数、LOWER関数、PROPER関数

英字を大文字に変換したり、小文字に変換したりするには、以下の関数を利用します。

英字を大文字にする ➡ UPPER関数
英字を小文字にする ➡ LOWER関数
英単語の1文字めだけを大文字にし、2文字め以降を小文字にする ➡ PROPER関数

英字以外の文字は変換されずにそのまま返されます。

大文字と小文字の変換に利用できる3つの関数の違い

abcABC　　JOE SMITH　　Apple

ABCABC JOE SMITH APPLE	abcabc joe smith apple	Abcabc Joe Smith Apple
▶UPPER関数 英字すべてを 大文字に変換する	▶LOWER関数 英字すべてを 小文字に変換する	▶PROPER関数 英単語の1文字めを大文字 に、2文字め以降を小文字 に変換する

・いずれの関数も、全角と半角の変換は行いません。たとえば、UPPER関数では半角の英小文字は半角の英大文字に変換され、全角の英小文字は全角の英大文字に変換されます。

サイドインデックス（右欄）

1 関数の基本知識
2 日付／時刻関数
3 数学／三角関数
4 論理関数
5 検索／行列関数
6 データベース関数
7 文字列操作関数
8 統計関数
9 財務関数
10 エンジニアリング関数
11 情報関数
12 キューブ関数
13 ウェブ関数
付録

▶ UPPER 英字を大文字に変換する

UPPER（文字列）
アッパー

▶関数の解説

［文字列］に含まれる英字の小文字を大文字に変換し、その結果の文字列を返します。英字以外の文字はそのまま返されます。

▶引数の意味

文字列 ………………… 大文字に変換したい文字列を指定します。数値や数式も指定できます。

ポイント

・半角の英小文字は半角の英大文字に、全角の英小文字は全角の英大文字に変換されます。
・文字列を引数に直接指定する場合は、「"（ダブルクォーテーション）」で囲んで指定します。

407
できる

7-12 大文字と小文字を変換する

- ［文字列］に数値や日付、時刻を指定した場合、表示形式が適用された結果ではなく、元の値を文字列とみなします。たとえば、日付のスタイルの指定により「25-Dec-17」と表示されている日付も、シリアル値の「43094」という文字列として扱われます（「Dec」が大文字にされるわけではありません）。
- 通常、［文字列］にセル範囲は指定できません。

参照▶文字列関数でセル範囲を指定すると……P.353

エラーの意味

エラーの種類	原因	エラーとなる例
[#VALUE!]	引数に複数の行と列からなるセル範囲を指定した	=UPPER(B3:C5)

関数の使用例 商品名に含まれる英字の小文字を大文字に変換する

セルA3に入力されている商品名に含まれる英字の小文字を大文字に変換します。英字以外の文字はそのまま返されます。

=UPPER(A3)

セルA3に入力されている文字列に含まれる英小文字を英大文字に変換する。

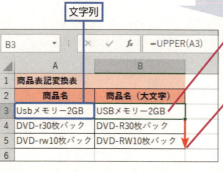

❶セルB3に「=UPPER(A3)」と入力

参照▶関数を入力するには……P.38
サンプル■07_030_UPPER.xlsx

❷セルB3をセルB5までコピー

［文字列］に含まれる英小文字が大文字に変換された

商品名の英字の小文字が大文字に変換された

HINT 全角の英字は全角の大文字になる

UPPER関数では、全角と半角の変換は行いません。引数に全角の英字を指定すると、全角の英大文字に変換されます。また、半角の英字は半角の英大文字に変換されます。全角の英字と半角の英字が混在している場合は、全角の英字は全角の英大文字に、半角の英字は半角の英大文字に変換されます。

HINT 全角の英字を半角の大文字に変換するには

ASC関数を使えば全角文字を半角文字に変換できるので、その結果をUPPER関数に指定します。たとえばセルA3に全角の英小文字が入力されているのであれば、「=UPPER(ASC(A3))」のように入力します。

参照▶ASC……P.404

LOWER 英字を小文字に変換する

LOWER（文字列）
ロウアー

▶関数の解説
［文字列］に含まれる英字の大文字を小文字に変換し、その結果の文字列を返します。英字以外の文字はそのまま返されます。

▶引数の意味
文字列……………小文字に変換したい文字列を指定します。数値や数式も指定できます。

ポイント
- 半角の英大文字は半角の英小文字に、全角の英大文字は全角の英小文字に変換されます。
- 文字列を引数に直接指定する場合は、「"（ダブルクォーテーション）」で囲んで指定します。
- ［文字列］に数値や日付、時刻を指定した場合、表示形式が適用された結果ではなく、元の値を文字列とみなします。 たとえば、日付のスタイルの指定により「25-Dec-17」と表示されている日付も、シリアル値の「43094」という文字列として扱われます（「Dec」が小文字にされるわけではありません）。
- 通常、［文字列］にセル範囲は指定できません。

参照▶文字列関数でセル範囲を指定すると……P.353

エラーの意味

エラーの種類	原因	エラーとなる例
[#VALUE!]	引数に複数の行と列からなるセル範囲を指定した	=LOWER(B3:C5)

関数の使用例　商品名に含まれる英字の大文字を小文字に変換する

セルA3に入力されている商品名に含まれる英字の大文字を小文字に変換します。英字以外の文字はそのまま返されます。

=LOWER(A3)

セルA3に入力されている文字列に含まれる英大文字を英小文字に変換する。

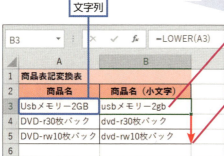

❶セルB3に「=LOWER(A3)」と入力

参照▶関数を入力するには……P.38
サンプル▶07_031_LOWER.xlsx

❷セルB3をセルB5までコピー

［文字列］に含まれる英大文字が小文字に変換された

商品名の英字の大文字が小文字に変換された

7-12 大文字と小文字を変換する

7-12 大文字と小文字を変換する

左サイドバー
関数の基本知識 **1**
日付／時刻関数 **2**
数学／三角関数 **3**
論理関数 **4**
検索／行列関数 **5**
データベース関数 **6**
文字列操作関数 **7**
統計関数 **8**
財務関数 **9**
エンジニアリング関数 **10**
情報関数 **11**
キューブ関数 **12**
ウェブ関数 **13**
付録

> **HINT 全角の英字は全角の小文字になる**
>
> LOWER関数では、全角と半角の変換は行いません。引数に全角の英字を指定すると、全角の英小文字に変換されます。また、半角の英字は半角の英小文字に変換されます。全角の英字と半角の英字が混在している場合は、全角の英字は全角の英小文字に、半角の英字は半角の英小文字に変換されます。

▶ PROPER 英単語の先頭文字だけを大文字に変換する

PROPER(文字列)
プロパー

▶関数の解説

[文字列]に含まれる英単語の1文字めを大文字に、2文字め以降をすべて小文字に変換して、その結果の文字列を返します。英字以外の文字はそのまま返されます。

▶引数の意味

文字列 …………………… 英単語の先頭文字だけを大文字に変換したい文字列を指定します。数値や数式も指定できます。

ポイント

- 半角の英字は半角のまま、全角の英字は全角のまま変換されます。
- 文字列を引数に直接指定する場合は、「"（ダブルクォーテーション)」で囲んで指定します。
- [文字列]に数値や日付、時刻を指定した場合、表示形式が適用された結果ではなく、元の値を文字列とみなします。たとえば、時刻のスタイルの指定により「12:00 PM」と表示されている日付も、シリアル値の「0.5」という文字列として扱われます(「PM」が「Pm」にされるわけではありません)。
- 通常、[文字列]にセル範囲は指定できません。

参照 文字列関数でセル範囲を指定すると……P.353

エラーの意味

エラーの種類	原因	エラーとなる例
[#VALUE!]	引数に複数の行と列からなるセル範囲を指定した	=PROPER(B3:C5)

関数の使用例 人名の1文字めを大文字に、2文字め以降を小文字に変換する

セルA3に入力されている人名の1文字めを大文字に、2文字め以降をすべて小文字に変換します。英字以外の文字はそのまま返されます。

=PROPER(A3)

セルA3に入力されている文字列に含まれる英単語の先頭を大文字に変換し、2文字め以降を小文字に変換する。

410
できる

7-12

大文字と小文字を変換する

文字列

| B3 | | : | × | ✓ | fx | =PROPER(A3) |

▲	A	B
1	人名一覧	
2	大文字表記	通常表記
3	DYLAN HUNTER	Dylan Hunter
4	VEGA VALENTINE	Vega Valentine
5	RANCE GEMINI	Rance Gemini
6		

❶セルB3に「=PROPER(A3)」と入力

参照📖関数を入力するには……P.38

サンプル📗07_032_PROPER.xlsx

［文字列］に含まれる英単語の先頭文字が大文字に変換され、2文字め以降が小文字に変換された

❷セルB3をセルB5までコピー

姓と名の先頭文字だけが大文字に変換され、2文字め以降が小文字に変換された

💡 **全角の英字は全角の大文字になる**

PROPER関数では、全角と半角の変換は行いません。引数に全角の英単語を指定すると、先頭の文字が全角の大文字に、2文字め以降が全角の小文字に変換されます。半角の英単語であれば、半角のまま1文字めが大文字に、2文字め以降が小文字に変換されます。全角の英字と半角の英字が混在している場合も、全角文字は全角のまま、半角文字は半角のまま、大文字と小文字の変換だけを行います。

💡 **セルの先頭の文字だけを大文字に変換するには**

単語の先頭ではなく、セルの先頭の文字だけを大文字に変換するには、左から1文字を取り出して大文字に変換し、残りの文字列を小文字に変換して連結します。たとえば、上の表であれば、セルB3に「=UPPER(LEFT(A3))&LOWER(RIGHT(A3,LEN(A3)-1))」と入力します。

参照📖UPPER……P.407
参照📖LOWER……P.409
参照📖LEFT……P.357
参照📖RIGHT……P.360
参照📖LEN……P.352

---

1 関数の基本知識
2 日付／時刻関数
3 数学／三角関数
4 論理関数
5 検索／行列関数
6 データベース関数
7 文字列操作関数
8 統計関数
9 財務関数
10 エンジニアリング関数
11 情報関数
12 キューブ関数
13 ウェブ関数
付録

7-13 数値の表示をさまざまな形式に整える

YEN 数値に¥記号と桁区切り記号を付ける

YEN(数値, 桁数)

▶関数の解説

[数値]を[桁数]で四捨五入し、通貨記号(¥)と、桁区切り記号(,)を付けた文字列に変換します。桁区切りや小数点の記号には、[オプション]ダイアログボックスの[詳細設定]で指定されている文字が使われます。

▶引数の意味

数値……………… 通貨記号(¥)と桁区切り記号を付けたい数値を指定します。

桁数……………… [数値]を四捨五入するときにどの桁までを求めるかを、以下のように整数で指定します。省略すると0が指定されたものとみなされます。

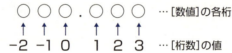

たとえば、[数値]が1234.5678で、[桁数]が2の場合、小数点以下第2位までが求められるように四捨五入されるので、結果は「¥1,234.57」となります。

参照▶TRUNC関数やROUND関数で指定する[桁数]の意味とは……P.141

ポイント

- 戻り値は文字列ですが、数式のなかで数値として使うこともできます。
- 戻り値は文字列なので、YEN関数を入力したセルの表示形式に、数値の表示形式を適用することはできません。
- 通常、[数値]や[桁数]にセル範囲は指定できません。

参照▶文字列関数でセル範囲を指定すると……P.353

エラーの意味

エラーの種類	原因	エラーとなる例
[#VALUE!]	[数値]や[桁数]に文字列を指定した	=YEN("ABC",2)
	引数に複数の行と列からなるセル範囲を指定した	=YEN(A1:B2,2)

関数の使用例　請求額に通貨記号（¥）と桁区切り記号を付ける

セルE16に入力されている合計請求額に通貨記号（¥）と桁区切り記号を付けて表示します。

=YEN(E16)

セルE16に入力されている数値を通貨記号（¥）と桁区切り記号の付いた文字列に変換する。

❶セルB7に「=YEN(E16)」と入力

参照▶関数を入力するには……P.38
サンプル▶07_033_YEN.xlsx

［数値］に通貨記号（¥）と桁区切り記号を付けた文字列が返された

請求金額が通貨形式の文字列として表示された

DOLLAR 数値にドル記号と桁区切り記号を付ける

DOLLAR(数値, 桁数)

▶関数の解説

［数値］を［桁数］で四捨五入し、ドル記号（$）と、桁区切り記号（,）を付けた文字列に変換します。桁区切りや小数点の記号には、Excelの［オプション］ダイアログボックスの［詳細設定］で指定されている文字が使われます。

▶引数の意味

数値……………………ドル記号（$）と桁区切り記号を付けたい数値を指定します。

桁数……………………［数値］を四捨五入するときにどの桁までを求めるかを、以下のように整数で指定します。省略すると2が指定されたものとみなされます。

```
　　　　○○○.○○○　　…[数値]の各桁
　　　　↑↑↑↑↑↑
　　　　-2 -1 0  1 2 3　…[桁数]の値
```

たとえば、［数値］が1234.5678で、［桁数］を省略するか2を指定した場合、小数点以下第2位までが求められるように四捨五入されるので、結果は「$1,234.57」となります。

参照▶TRUNC関数やROUND関数で指定する［桁数］の意味とは……P.141

ポイント

・戻り値は文字列ですが、数式のなかで数値として使うこともできます。
・戻り値は文字列なので、DOLLAR関数を入力したセルの表示形式に、数値の表示形式を適用することはできません。

7-13 数値の表示をさまざまな形式に整える

- 通常、[数値] や [桁数] にセル範囲は指定できません。

参照▶文字列関数でセル範囲を指定すると……P.353

エラーの意味

エラーの種類	原因	エラーとなる例
[#VALUE!]	[数値] や [桁数] に文字列を指定した	=DOLLAR("ABC",2)
	引数に複数の行と列からなるセル範囲を指定した	=DOLLAR(A1:B2,2)

関数の使用例　請求額にドル記号（$）と桁区切り記号を付ける

セルD14に入力されている合計請求額にドル記号（$）と桁区切り記号を付けて表示します。

=DOLLAR(D14)

セルD14に入力されている数値を通貨記号（$）と桁区切り記号の付いた文字列に変換する。

❶セルB5に「=DOLLAR(D14)」と入力

参照▶関数を入力するには……P.38
サンプル▶07_034_DOLLAR.xlsx

[数値] にドル記号と桁区切り記号を付けた文字列が返された

FIXED 数値に桁区切り記号と小数点を付ける

FIXED(数値, 桁数, 桁区切り)

▶関数の解説

[数値] を [桁数] で四捨五入し、桁区切り記号（,）と小数点を付けた文字列に変換します。桁区切りや小数点の記号には、Excelの [オプション] ダイアログボックスの [詳細設定] で指定されている文字が使われます。

▶引数の意味

数値……………………桁区切り記号を付けたい数値を指定します。

桁数……………………[数値] を四捨五入するときにどの桁までを求めるかを、以下のように整数で指定します。省略すると2が指定されたものとみなされます。

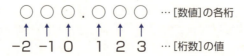

たとえば、[数値]が1234.5678で、[桁数]が2の場合、小数点以下第2位までが求められるように四捨五入されるので、結果は「1,234.57」となります。

参照📖 TRUNC関数やROUND関数で指定する[桁数]の意味とは……P.141

桁区切り ……………… 桁区切り記号を入れるかどうかを論理値で指定します。

┌─ TRUE ………………………………桁区切り記号を入れない
└─ FALSEまたは省略……………桁区切り記号を入れる

ポイント

- [桁数]には127までの整数が指定できます。ただし、Excelの最大有効桁数は15桁までなので、それよりも桁数の大きな数値を計算で使うと誤差が生じるおそれがあります。
- 戻り値は文字列ですが、式のなかで数値として使うこともできます。
- 戻り値は文字列なので、FIXED関数を入力したセルの表示形式に、数値の表示形式を適用することはできません。
- 通常、[数値]や[桁数]、[桁区切り]にセル範囲は指定できません。

参照📖 文字列関数でセル範囲を指定すると……P.353

エラーの意味

エラーの種類	原因	エラーとなる例
[#VALUE!]	[数値]や[桁数]、[桁区切り]に文字列を指定した	=FIXED("ABC",2)
	引数に複数の行と列からなるセル範囲を指定した	=FIXED(A1:B2,2)

関数の使用例　消費税に桁区切り記号を付ける

セルE15に入力されている消費税に桁区切り記号を付けます。

="(うち消費税"&FIXED(E15,0)&"円)"

セルE15に入力されている数値に桁区切り記号の付いた文字列に変換し、文字列と連結する。

❶セルC7に
「="(うち消費税"&FIXED(E15,0)&"円)"」と入力

参照📖 関数を入力するには……P.38

サンプル📄 07_035_FIXED.xlsx

[数値]に桁区切り記号が付けられた

数値

HINT　数値を四捨五入するには

数値を四捨五入するには、ROUND関数も使えます。ただし、ROUND関数はFIXED関数と違って、結果を文字列に変換しません。
参照📖 ROUND……P.144

7-13
数値の表示をさまざまな形式に整える

1 関数の基本知識
2 日付／時刻関数
3 数学／三角関数
4 論理関数
5 検索／行列関数
6 データベース関数
7 文字列操作関数
8 統計関数
9 財務関数
10 エンジニアリング関数
11 情報関数
12 キューブ関数
13 ウェブ関数
付録

415
できる

7-13

数値の表示を
さまざまな
形式に整える

▶ TEXT 数値に表示形式を適用した文字列を返す

テキスト
TEXT(値, 表示形式)

▶関数の解説

［値］に［表示形式］を適用した文字列を返します。

▶引数の意味

値･････････････････････ 文字列に変換したい値を指定します。

表示形式 ･･････････････ 数値の表示形式を「"（ダブルクォーテーション）」で囲んで指定します。書式記号は417ページの表にあるものが指定できます。文字列の書式記号や「*（アスタリスク）」は指定できません。

【ポイント】

- ［値］に文字列を指定すると、文字列の表示形式が適用できます。

- ［表示形式］に日付や時刻の書式記号を指定したときには、［値］はシリアル値とみなされます。

- ［表示形式］に書式記号以外の文字を指定した場合、その文字がそのまま返されます。ただし、「*」など、［表示形式］に指定できない文字を使うと［#VALUE!］エラーになります。

- 戻り値は文字列ですが、数値とみなすことのできる形式であれば、数式のなかで使うこともできます。

- 戻り値は文字列なので、TEXT関数を入力したセルの表示形式に、数値の表示形式を適用することはできません。

- 通常、［値］や［表示形式］にセル範囲は指定できません。

参照📖文字列関数でセル範囲を指定すると……P.353

【エラーの意味】

エラーの種類	原因	エラーとなる例
［#VALUE!］	［表示形式］に指定できない文字を指定した	=TEXT(1234,"*")
	引数に複数の行と列からなるセル範囲を指定した	=TEXT(A1:B2,"0.00")

関数の使用例　値引額の先頭に「△」を付け、桁区切り記号を付ける

セルE15に入力されている値引額の先頭に「△」を付け、桁区切り記号を付けます。さらに、最後に「円」を付けます。値引額が0なら「△0円」とします。

="値引き"&TEXT(E15,"△#,##0円")

セルE15に入力されている数値に表示形式を適用した文字列に変換し、文字列と連結する。

関数の基本知識 **1**

日付／時刻関数 **2**

数学／三角関数 **3**

論理関数 **4**

検索／行列関数 **5**

データベース関数 **6**

文字列操作関数 **7**

統計関数 **8**

財務関数 **9**

エンジニアリング関数 **10**

情報関数 **11**

キューブ関数 **12**

ウェブ関数 **13**

付 録

416
できる

表示形式

❶セルC7に「"値引き"&TEXT(E15,"△#,##0円")」と入力

参照 📖 関数を入力するには……P.38

サンプル 📄 07_036_TEXT.xlsx

［値］が［表示形式］を適用した文字列に変換された

値

7-13

数値の表示をさまざまな形式に整える

1 関数の基本知識
2 日付／時刻関数
3 数学／三角関数
4 論理関数
5 検索／行列関数
6 データベース関数
7 文字列操作関数
8 統計関数
9 財務関数
10 エンジニアリング関数
11 情報関数
12 キューブ関数
13 ウェブ関数
付 録

● セルの表示形式一覧

TEXT関数の［表示形式］には、数値、時刻と時間、日付などの書式記号を使った表示形式を指定できます。［表示形式］に指定するときには、書式記号を「"（ダブルクォーテーション）」で囲んでください。

数値	
書式記号	**書式記号の意味**
#	数値の桁数が指定した桁数より少ない場合は、余分な0は表示しない。小数の場合、表示桁数に満たない数値は四捨五入される <例> 123.456 に「####.##」を指定→ 123.46
0	数値の桁数が指定した桁数より少ない場合は、先頭に0を表示する。小数の場合、表示桁数に満たない数値は四捨五入される <例> 123.456 に「0000.00」を指定→ 0123.46
?	小数点の位置を合わせる。表示桁数に満たない数値は四捨五入される。実際に小数点の位置を合わせて表示するには、固定幅フォントを指定する必要がある <例> 12.3456 に「???.???」を指定→ 12.346
.（ピリオド）	小数点を表す　<例> 12345 に「###.000」を指定→ 12345.000
,（カンマ）	桁区切りの記号を付ける　<例> 12345 に「###,###」を指定→ 12,345
	3桁ごとに桁区切り記号を表示する <例> 12345 に「0,000」を指定→ 12,345
	数値のあとに1つ付けると、下3桁を省略し、概数表示にする。表示桁数に満たない数値は四捨五入される <例> 12345 に「0, 千円」を指定→ 12 千円 <例> 12345670 に「0.00,, 百万円」を指定→ 12.35 百万円
%	パーセント表示にする　<例> 0.5 に「0%」を指定→ 50%
¥	¥記号を付ける　<例> 12345 に「¥#####」を指定→¥12345
$	ドル記号を付ける　<例> 12345 に「$#####」を指定→$12345
/	分数を表す　<例> 0.5 に「##/##」を指定→ 1/2

417

できる

7-13 数値の表示を さまざまな 形式に整える

サイドナビ:
1. 関数の基本知識
2. 日付／時刻関数
3. 数学／三角関数
4. 論理関数
5. 検索／行列関数
6. データベース関数
7. 文字列操作関数
8. 統計関数
9. 財務関数
10. エンジニアリング関数
11. 情報関数
12. キューブ関数
13. ウェブ関数
付録

時刻／時間

書式記号	書式記号の意味
hh	「時」を表す。2桁に満たない場合は1桁めに0を補う <例> 8:30:05 に「hh」を指定→ 08
h	「時」を表す　<例> 8:30:05 に「h」を指定→ 8
mm	「分」を表す。2桁に満たない場合は1桁めに0を補う。時刻の書式記号とともに指定したときだけ「分」とみなされる。それ以外の場合は、「月」とみなされる <例> 8:03:05 に「h:mm」を指定→ 8:03
m	「分」を表す。時刻の書式記号とともに指定したときだけ「分」とみなされる。それ以外の場合は「月」とみなされる。 <例> 8:03:05 に「h:m」を指定→ 8:3
ss	「秒」を表す。2桁に満たない場合は1桁めに0を補う <例> 8:30:05 に「ss」を指定→ 05
s	「秒」を表す　<例> 8:30:05 に「s」を指定→ 5
AM/PM	午前0時〜正午前までは「AM」、正午〜午前0時前までは「PM」を付ける <例> 8:30:05 に「h:m AM/PM」を指定→ 8:30 AM
[]	経過時間を表す。[h] は時間、[mm] は分、[ss] は秒を表す <例> 8:30:25 に「[mm]:ss」を指定→ 510:25
/	分数を表す　<例> 0.5 に「##/##」を指定→ 1/2

日付

書式記号	書式記号の意味
yyyy	西暦を4桁で表示する　<例> 2018/1/5 に「yyyy」を指定→ 2018
yy	西暦を下2桁で表示する　<例> 2018/1/5 に「yy」を指定→ 18
e	和暦の年を表示する　<例> 2018/1/5 に「e」を指定→ 30
ggg	和暦の元号を表示する　<例> 2018/1/5 に「ggg」を指定→平成
gg	和暦の元号を短縮形で表示する　<例> 2018/1/5 に「gg」を指定→平
g	和暦の元号を英字の短縮形で表示する　<例> 2018/1/5 に「g」を指定→ H
m	月を数値で表示する　<例> 2018/1/5 に「m」を指定→ 1
mmmm	月を英語で表示する　<例> 2018/1/5 に「mmmm」を指定→ January
mmm	月を英語の短縮形で表示する　<例> 2018/1/5 に「mmm」を指定→ Jan
dd	日付を2桁の数値で表示する。2桁に満たない場合は1桁めに0を補う <例> 2018/1/5 に「dd」を指定→ 05
d	日付を数値で表示する　<例> 2018/1/5 に「d」を指定→ 5
aaaa	曜日を表示する　<例> 2018/1/5 に「aaaa」を指定→金曜日
aaa	曜日を短縮形で表示する　<例> 2018/1/5 に「aaa」を指定→金
dddd	曜日を英語で表示する　<例> 2018/1/5 に「dddd」を指定→ Friday
ddd	曜日を英語の短縮形で表示する　<例> 2018/1/5 に「ddd」を指定→ Fri

その他	
書式記号	書式記号の意味
G/ 標準	入力された文字をそのまま表示する <例> 123450 に「G/ 標準」を指定→ 123450
[DBNum1]	漢数字（一、二）と位（十、百）で表示する <例> 123450 に「[DBNum1]」を指定→十二万三千四百五十
[DBNum1]###0	漢数字（一、二）で表示する <例> 123450 に「[DBNum1]###0」を指定→一二三四五〇
[DBNum2]	漢数字（壱、弐）と位（十、百）で表示する <例> 123450 に「[DBNum2]」を指定→壱拾弐萬参阡四百伍拾
[DBNum2]###0	漢数字（壱、弐）で表示する <例> 123450 に「[DBNum2]###0」を指定→壱弐参四伍〇
[DBNum3]	全角数字（1、2）と位（十、百）で表示する <例> 123450 に「[DBNum3]」を指定→十2万3千4百5十
[条件] 書式 ;	条件と数式の書式を「 ;（セミコロン）」で区切って 2 つ指定できる。2 つめの「;」のあとは数式または文字列の書式、3 つめの「;」のあとは文字列の書式のみ指定できる <例> 10 に「[<0]" 負 ";[=0]" ゼロ ";" 正 "」を指定→正
;（セミコロン）	正負の表示形式を「正 ; 負」の書式で指定する <例> -12345 に「##;(##)」を指定→ (12345)
_（アンダーバー）	「_」の直後にある文字幅分の間隔を空ける。桁数を揃えるために使う <例> 12345 に「#,###_- $;#,###- $」を指定→ 12,345 $
@(アットマーク)	文字列を「@」の位置に埋め込む <例> "ABC" に「@ です」を指定→「ABC です」

HINT 色は指定できない

セルの表示形式では、「[色][条件]書式;」などの形式で、文字の色も指定できます。たとえば「[赤][<0]-#,##0;[緑][>=0]#,##0」とすると、負の値を赤で、0または正の値を緑で表示できます。しかし、TEXT関数では色の指定は無視されます。

7-**13**

数値の表示をさまざまな形式に整える

1 関数の基本知識
2 日付／時刻関数
3 数学／三角関数
4 論理関数
5 検索／行列関数
6 データベース関数
7 文字列操作関数
8 統計関数
9 財務関数
10 エンジニアリング関数
11 情報関数
12 キューブ関数
13 ウェブ関数
付　録

7-14

数値の表記を変える

7-14 数値の表記を変える

▶ NUMBERSTRING 数値を漢数字の文字列に変換する

ナ ン バ ー ス ト リ ン グ
NUMBERSTRING(数値, 形式)

▶関数の解説

［数値］を漢数字で表記した文字列に変換します。

▶引数の意味

数値······················· 漢数字で表記した文字列に変換したい数値を指定します。

桁数······················· 漢数字の表記方法を以下の1～3までの整数で指定します。

  ┌─ 1·····漢数字「一、二、三……」と位取りの文字「十、百、千、万……」で
  │   表す。たとえば、「123450」は「十二万三千四百五十」となる。表
  │   示形式として［DBNUM1］を指定した場合と同じ表記となる。
  │
  │   2·····漢数字「壱、弐、参……」と位取りの文字「拾、百、阡、萬……」で
  │   表す。たとえば、「123450」は「壱拾弐萬参阡四百伍拾」となる。
  │   表示形式として［DBNUM2］を指定した場合と同じ表記となる。
  │
  └─ 3····· 漢数字「〇、一、二、三……」で表す。たとえば、「123450」は
         「一二三四五〇」となる。表示形式として［DBNUM1］〇を指定した
         場合と同じ表記となる。　　　　**参照 📖 セルの表示形式一覧……P.417**

ポイント

- NUMBERSTRING関数は［関数の挿入］ダイアログボックスからは選択できません。セルに直接入力します。
- 戻り値を数式のなかで数値として使うことはできません。
- 戻り値は文字列なので、NUMBERSTRING関数を入力したセルの表示形式に、数値の表示形式を適用することはできません。
- 通常、［数値］や［形式］にセル範囲は指定できません。

参照 📖 文字列関数でセル範囲を指定すると……P.353

エラーの意味

エラーの種類	原因	エラーとなる例
［#NUM!］	［形式］に1未満の値または4以上の値を指定した	=NUMBERSTRING(123,0)
［#VALUE!］	［数値］や［形式］に文字列を指定した	=NUMBERSTRING("ABC",2)
	引数に複数の行と列からなるセル範囲を指定した	=NUMBERSTRING(A1:B2, 1")

サイドバー（左）:

関数の基本知識 **1**

日付／時刻関数 **2**

数学／三角関数 **3**

論理関数 **4**

検索／行列関数 **5**

データベース関数 **6**

文字列操作関数 **7**

統計関数 **8**

財務関数 **9**

エンジニアリング関数 **10**

情報関数 **11**

キューブ関数 **12**

ウェブ関数 **13**

付録

7-14 数値の表記を変える

関数の使用例　金額を漢数字表記の文字列に変換する

セルA3に入力されている金額を漢数字表記の文字列に変換して表示します。

=NUMBERSTRING(A3,2)

セルA3に入力されている数値を漢数字の文字列に変換する。

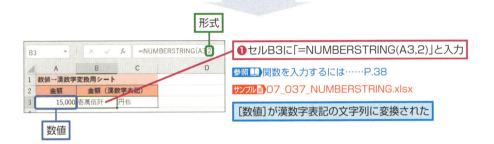

❶セルB3に「=NUMBERSTRING(A3,2)」と入力

参照▶関数を入力するには……P.38
サンプル▶07_037_NUMBERSTRING.xlsx

[数値]が漢数字表記の文字列に変換された

HINT 漢数字で計算するには

NUMBERSTRING関数の戻り値は文字列なので、変換後の漢数字は計算には使えません。数値を漢数字で表示して、さらに計算も行いたい場合には、NUMBERSTRING関数を使わず、[セルの書式設定]ダイアログボックスで数値の表示形式を変更します。
数値の入力されたセルを右クリックし、[セルの書式設定]を選択します。[セルの書式設定]ダイアログボックスが表示されたら、[表示形式]タブの[分類]の一覧から[ユーザー定義]を選択し、「[DBNum1]」、「[DBNum2]」、「[DBNum1] ###0」のいずれかを指定します。

参照▶セルの表示形式一覧……P.417

◆[セルの書式設定]ダイアログボックス

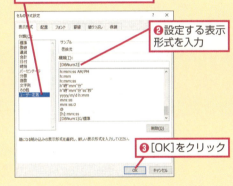

❶[ユーザー定義]をクリック
❷設定する表示形式を入力
❸[OK]をクリック

NUMBERVALUE　地域別の数値形式の文字列を通常の数値に変換する

NUMBERVALUE(文字列, 小数点記号, 桁区切り記号)
（ナンバーバリュー）

▶関数の解説

特定のロケール(地域)の表示形式で表されている数値の[文字列]を通常の数値に変換します。

▶引数の意味

文字列……………特定のロケール(地域)の表示形式を適用された数値を文字列として指定します。
小数点記号………ロケールで使われている小数点を指定します。省略すると現在のロケールで使われている小数点記号が指定されたものとみなされます。
桁区切り記号……桁区切りに使われている記号を指定します。省略すると現在のロケールで使わ

れている桁区切り記号が指定されたものとみなされます。

ポイント
- この関数はExcel 2013で新たに追加されたものです。Excel 2010以前では使えません。
- 元の文字列は計算に使えませんが、戻り値として得られた数値は計算に使えます。
- ［文字列］に含まれるスペースは無視されます。
- ［文字列］に数値を指定すると数値がそのまま返されます。
- ［文字列］に空の文字列や空のセルを指定すると0が返されます。
- ［小数点記号］や［桁区切り記号］に文字列が指定されている場合は先頭の文字が指定されたものとみなされます。

エラーの意味

エラーの種類	原因	エラーとなる例
[#VALUE!]	［文字列］に数値と解釈できない文字がある	=NUMBERVALUE("1.25H", ".")
	［文字列］に複数の小数点記号が含まれている	=NUMBERVALUE("1.1.2", ".")
	［文字列］に含まれる小数点記号が桁区切り記号よりも左にある	=NUMBERVALUE("3.14,2", ".", ",")

関数の使用例　小数点記号や桁区切り記号を指定して文字列を数値に変換する

小数点の記号として「,(カンマ)」が、桁区切りの記号として「.(ピリオド)」が使われている文字列を通常の数値に変換する。

=NUMBERVALUE(B3,",",".")

セルB3に入力されている文字列を、小数点記号が「,」、桁区切り記号が「.」の表記の数字とみなして、数値に変換する。

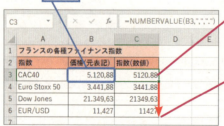

❶セルC3に「=NUMBERVALUE(B3,",",".")」と入力

参照▶関数を入力するには……P.38
サンプル▶07_038_NUMBERVALUE.xlsx

❷セルC3をセルC6までコピー

「,」が［小数点記号］、「.」が［桁区切り記号］とみなされ、数値に変換された

ROMAN 数値をローマ数字の文字列に変換する

ROMAN(数値, 書式)

▶関数の解説

［数値］をローマ数字で表記した文字列に変換します。

▶引数の意味

数値 ………………… ローマ数字で表記した文字列に変換したい数値を指定します。

書式 ………………… ローマ数字の表記方法を以下の0～4までの整数か、TRUEまたはFALSE、省略で指定します。

```
┌─ 0、省略、TRUE ………… 正式な形式（古典的な表記）
│  1 …………………………… 簡略化した形式
│  2 …………………………… 1より簡略化した形式
│  3 …………………………… 2より簡略化した形式
└─ 4、FALSE ………………… 略式形式
```

アラビア数字	1	5	10	50	100	500	1000
ローマ数字	I	V	X	L	C	D	M

表記形式の比較（アラビア数字の「499」をローマ数字で表した例）

書式の設定	ローマ数字の表記	数字の計算方法			
0、省略、TRUE	CDXCIX	CD	XC	IX	合計
		400	90	9	499
1	LDVLIV	LD	VL	IV	合計
		450	45	4	499
2	XDIX	XD	IX		合計
		490	9		499
3	VDIV	VD	IV		合計
		495	4		499
4、FALSE	ID	ID			合計
		499			499

ポイント

- ［数値］に0を指定すると、「""（空の文字列）」が返されます。

- 戻り値を数式のなかで数値として使うことはできません。

- 戻り値は文字列なので、ROMAN関数を入力したセルの表示形式に、数値の表示形式を適用することはできません。

- 通常、［数値］や［書式］にセル範囲は指定できません。

参照▶文字列関数でセル範囲を指定すると……P.353

エラーの意味

エラーの種類	原因	エラーとなる例
［#VALUE!］	［数値］や［書式］に文字列を指定した	=ROMAN("ABC",2)
	［数値］に負の数や4000以上の値を指定した	=ROMAN(-1,1)
	［書式］に0未満の値または5以上の値を指定した	=ROMAN(123,-1)
	引数に複数の行と列からなるセル範囲を指定した	=ROMAN(A1:B2,1)

7-14 数値の表記を変える

関数の使用例　時間をローマ数字表記の文字列に変換する

時間を表す数値をローマ数字に変換して表示します。

=ROMAN(A3)

セルA3に入力されている数値をローマ数字の文字列に変換する。

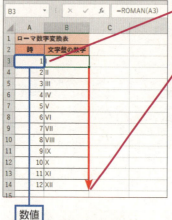

❶セルB3に「=ROMAN(A3)」と入力

参照▶関数を入力するには……P.38
サンプル▶07_039_ROMAN.xlsx

❷セルB3をセルB14までコピー

［数値］がローマ数字表記の文字列に変換された

時間がローマ数字で表示された

数値

活用例　小文字表記のローマ数字を使う

本のページ番号には、小文字表記のローマ数字が使われることがあります。ROMAN関数の戻り値は大文字なので、LOWER関数を使って小文字に変換すれば、小文字表記のローマ数字に変換して表示できます。

参照▶LOWER……P.409

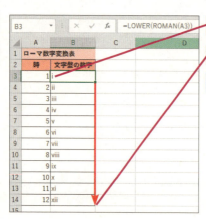

❶「=LOWER(ROMAN(A3))」と入力

❷セルB3をセルB14までコピー

時間が小文字のローマ数字で表示された

ARABIC ローマ数字の文字列を数値に変換する

7-14

数値の表記を変える

ARABIC（文字列）
アラビック

▶関数の解説

ローマ数字で表記された［文字列］を通常の（アラビア数字で表された）数値に変換します。

▶引数の意味

文字列‥‥‥‥‥‥‥‥‥ローマ数字の文字列を半角の英字で指定します。大文字でも小文字でも構いません。

ポイント

- この関数はExcel 2013で新たに追加されたものです。Excel 2010以前では使えません。
- 元の文字列は計算に使えませんが、戻り値として得られた数値は計算に使えます。
- ［文字列］に空の文字列や空のセルを指定すると0が返されます。
- 通常、［文字列］にセル範囲は指定できません。

参照 文字列関数でセル範囲を指定すると‥‥‥P.353

- アラビア数字とローマ数字の対応については、ROMAN関数の解説を参照してください。

参照 ROMAN‥‥‥P.422

エラーの意味

エラーの種類	原因	エラーとなる例
[#VALUE!]	［文字列］にローマ数字として解釈できない文字がある	=ARABIC("ABC")
	［文字列］に全角文字が含まれる	=ARABIC("Ⅱ Ｘ ")
	引数に複数の行と列からなるセル範囲を指定した	=ARABIC(A1:B2)

関数の使用例　ローマ数字を通常の数値に変換する

ローマ数字をアラビア数字で表記された数値に変換し、計算に使えるようにします。

=ARABIC(A3)

セルA3に入力されているローマ数字の文字列をアラビア数字の数値に変換する。

文字列

B3		× ✓ fx	=ARABIC(A3)		
	A	B	C	D	
1	ローマ数字→アラビア数字変換表				
2	ローマ数字	アラビア数字			
3	IV	4			
4	IIX	8			
5	CM	900			
6	MMXVII	2017			

❶セルB3に「=ARABIC(A3)」と入力

参照 関数を入力するには‥‥‥P.38

サンプル 07_040_ARABIC.xlsx

❷セルB3をセルB6までコピー

［文字列］に指定されたローマ数字が通常の数値に変換された

サイドバー目次

1 関数の基本知識
2 日付／時刻関数
3 数学／三角関数
4 論理関数
5 検索／行列関数
6 データベース関数
7 文字列操作関数
8 統計関数
9 財務関数
10 エンジニアリング関数
11 情報関数
12 キューブ関数
13 ウェブ関数
付録

425
できる

7-14 数値の表記を変える

▶ BAHTTEXT 数値をタイ文字の通貨表記に変換する

BAHTTEXT(数値)
バーツ・テキスト

▶関数の解説

[数値]をタイ文字の通貨表記の文字列に変換し、最後にバーツを表すタイ文字を付加します。

▶引数の意味

数値……………………タイ文字の通貨表記の文字列に変換したい数値を指定します。

[ポイント]
- 戻り値を数式のなかで数値として使うことはできません。
- 通常、[数値]にセル範囲は指定できません。

参照▶文字列関数でセル範囲を指定すると……P.353

- 戻り値は文字列なので、BAHTTEXT関数を入力したセルの表示形式に、数値の表示形式を適用することはできません。

[エラーの意味]

エラーの種類	原因	エラーとなる例
[#VALUE!]	[数値]に文字列を指定した	=BAHTTEXT("ABC")
	引数に複数の行と列からなるセル範囲を指定した	=BAHTTEXT(A1:B2)

関数の使用例 金額をタイ文字の通貨表記の文字列に変換する

金額を表す数値ををタイ文字の通貨表記に変換して表示します。

=BAHTTEXT(C4)

セルC4に入力されている数値をタイ文字の通貨表記の文字列に変換する。

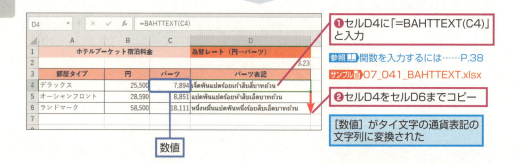

❶セルD4に「=BAHTTEXT(C4)」と入力

参照▶関数を入力するには……P.38

サンプル▶07_041_BAHTTEXT.xlsx

❷セルD4をセルD6までコピー

[数値]がタイ文字の通貨表記の文字列に変換された

7-15 文字列を数値に変換する

▶ VALUE 数値を表す文字列を数値に変換する

VALUE（文字列）
バリュー

▶関数の解説
［文字列］が数値や日付、時刻などの形式になっている場合、それを数値に変換します。

▶引数の意味
文字列……………… 数値に変換したい文字列を指定します。［文字列］には以下の表のように、通貨や日付、時刻の形式になっているものを指定します。

種類	引数に指定する文字列	変換結果
日付	2006 年 12 月 25 日	38711
時刻	12:00	0.5
パーセント	60%	0.6
通貨記号	US $300.00	300
通貨記号	¥2,500	2500
分数	1/4	0.25
指数	1.E+05	100000

ポイント

- LEFT関数、RIGHT関数、MID関数などで取り出した文字列や、&演算子を使って連結した文字列も、数値や日付の形式になっていれば、数値に変換できます。

  参照📖LEFT……P.357　参照📖RIGHT……P.360
  参照📖MID……P.363　参照📖文字列演算子……P.34

- 全角の数字も数値に変換できます。
- 日付や時刻の形式になっている文字列を数値に変換したときには、シリアル値が返されます。
- 正しく変換できた場合、戻り値は数値となります。したがって、数式のなかで計算に使うことができます。
- 文字列を引数に直接指定する場合は、「"（ダブルクォーテーション）」で囲んで指定します。
- 通常、［文字列］にセル範囲は指定できません。参照📖文字列関数でセル範囲を指定すると……P.353

エラーの意味

エラーの種類	原因	エラーとなる例
[#VALUE!]	［文字列］が数値に変換できない	=VALUE("1+2")
	引数に複数の行と列からなるセル範囲を指定した	=VALUE(A1:B2)

7-15

文字列を数値に変換する

関数の 基本知識	1
日付／ 時刻関数	2
数学／ 三角関数	3
論理関数	4
検索／ 行列関数	5
データベース 関数	6
文字列操作 関数	**7**
統計関数	8
財務関数	9
エンジニアリング 関数	10
情報関数	11
キューブ関数	12
ウェブ関数	13
付　録	

関数の使用例　数値とみなせる文字列を数値に変換する

数値とみなせる文字列を数値に変換し、計算に使えるようにします。

=VALUE(A3)

セルA3に入力されている文字列を数値に変換する。

❶ セルB3に「=VALUE(A3)」と入力

参照 関数を入力するには……P.38

サンプル 07_042_VALUE.xlsx

❷ セルB3をセルB7までコピー

[文字列]が数値に変換された

数値に変換できない値を指定すると [#VALUE!] が表示される

B3 | =VALUE(A3)

	A	B
1	数値への変換例	
2	文字列	変換後の数値
3	2010/12/25	40537
4	10時30分	0.4375
5	60%	0.6
6	ABC	#VALUE!
7	￥18,000	18000
8		

文字列

HINT 合計する範囲に文字列が入力されている場合にエラーとする

SUM関数では、合計する範囲に文字列が含まれていると、その文字列は無視され、数値のみの合計が求められます。VALUE関数を使うと、文字列が数値に変換できない場合は [#VALUE!] エラーが表示されるので、合計する範囲に数値とみなせる文字列が含まれているときにその値も含めた合計を求めたり、数値とみなせない文字列が含まれているときにエラーを表示したりできます。

セルB3には文字列「123」が入力されている

セルG3には文字列「abc」が入力されている

❶ セルB6に「=SUM(VALUE(B3:B5))」と入力し、入力終了時に [Ctrl] + [Shift] + [Enter] キーを押す

「123」も数値に変換されて合計された

SUM関数では「123」は無視されている

❷ セルG6に「=SUM(VALUE(G3:G5))」と入力し、入力終了時に [Ctrl] + [Shift] + [Enter] キーを押す

文字列が含まれていたので [#VALUE!] エラーになった

SUM関数では「abc」は無視されている

428

できる

7-16 文字列を返す

T 引数が文字列のときだけ文字列を返す

<ruby>T<rt>テキスト</rt></ruby>(値)

▶関数の解説

［値］が文字列のとき、文字列を返します。［値］が文字列でない場合には「""（空の文字列）」を返します。

▶引数の意味

値............................... 文字列として返したい値を指定します。

［ポイント］

- ハイパーリンクの設定されたセルを引数に指定すると、リンク先のURLではなく、表示文字列が返されます。
- 文字列を引数に直接指定する場合は、「"（ダブルクォーテーション）」で囲んで指定します。
- ［値］にセル範囲を指定すると、範囲の先頭のセルが指定されたものとみなされます。

［エラーの意味］

T関数では、エラー値が返されることはありません。

関数の使用例　ハイパーリンクの表示文字列を取り出す

セルB3に入力されているハイパーリンクの表示文字列を取り出します。

=T(B3)

セルB3に入力されている文字列を返す。

❶セルC3に「＝T(B3)」と入力

参照📖関数を入力するには……P.38

サンプル📄07_043_T.xlsx

❷セルC3をセルC6までコピー

ハイパーリンクの表示文字列が取り出せた

	種類	リンク先	リンク先の表示文字列
1	文字への変換例		
2	種類	リンク先	リンク先の表示文字列
3	ハイパーリンク（表示文字列）	North Horn スポーツショップ	North Horn スポーツショップ
4	ハイパーリンク	http://www.northhorn.xx.jp/	http://www.northhorn.xx.jp/
5	メールアドレス（表示文字列）	ショップのマスター	ショップのマスター
6	メールアドレス	nobody@northhorn.xx.jp	nobody@northhorn.xx.jp

値

右側インデックス:

1 関数の基本知識
2 日付／時刻関数
3 数学／三角関数
4 論理関数
5 検索／行列関数
6 データベース関数
7 文字列操作関数
8 統計関数
9 財務関数
10 エンジニアリング関数
11 情報関数
12 キューブ関数
13 ウェブ関数
付録

7-16 文字列を返す

HINT ハイパーリンクの設定を解除するには
セルに設定されたハイパーリンクを通常の文字列に戻すには、セルを右クリックして［ハイパーリンクの削除］を選択します。

HINT ハイパーリンクの自動設定をやめるには
メールアドレスやURLを入力したとき、ハイパーリンクが自動で設定されないようにするには、オートコレクトの設定を変更します。
まず［ファイル］タブをクリックし、［オプション］を選択します。次に［Excelのオプション］ダイアログボックスで［文章校正］をクリックし、［オートコレクトのオプション］ボタンをクリックします。［オートコレクト］ダイアログボックスで［入力オートフォーマット］タブを開き、［インターネットとネットワークのアドレスをハイパーリンクに変更する］のチェックマークをはずします。

活用例　数値だけを消去した表を作る

表を印刷したり、流用するときに、数値だけを消去しておきたいことがあります。数値がまとまった範囲にあると簡単に消去できますが、離れた位置にあるとひとつひとつ消去するのは面倒です。そのような場合に、T関数を使い、数値だけを空の文字列に置き換えた表を別に作っておくと便利です。

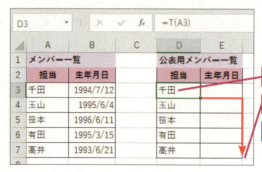

❶セルD3に「=T(A3)」と入力する
❷セルD3をセルE7までコピーする
数値だけが空の文字列に置き換えられた

第8章

統計関数

8 - 1. データの個数を求める	432
8 - 2. 平均値を求める	440
8 - 3. 中央値や最頻値を求める	452
8 - 4. 最大値や最小値を求める	458
8 - 5. 順位を求める	466
8 - 6. 頻度の一覧表を作る	473
8 - 7. 百分位数や四分位数を求める	475
8 - 8. 分散を求める	485
8 - 9. 標準偏差を求める	491
8 - 10. 平均偏差や変動を求める	498
8 - 11. データを標準化する	501
8 - 12. 歪度や尖度を求める	503
8 - 13. 回帰直線を利用した予測を行う	508
8 - 14. 指数回帰曲線を利用した予測を行う	523
8 - 15. 時系列分析を行う	529
8 - 16. 相関係数や共分散を求める	540
8 - 17. 母集団に対する信頼区間を求める	547
8 - 18. 下限値から上限値までの確率を求める	550
8 - 19. 二項分布の確率を求める	552
8 - 20. 超幾何分布の確率を求める	561
8 - 21. ポワソン分布の確率を求める	564
8 - 22. 正規分布の確率を求める	567
8 - 23. 対数正規分布の確率を求める	575
8 - 24. カイ二乗分布を求める、カイ二乗検定を行う	579
8 - 25. t分布を求める、t検定を行う	589
8 - 26. 正規母集団の平均を検定する	599
8 - 27. F分布を求める、F検定を行う	602
8 - 28. フィッシャー変換を行う	610
8 - 29. 指数分布関数を求める	614
8 - 30. ガンマ関数やガンマ分布を求める	616
8 - 31. ベータ分布を求める	622
8 - 32. ワイブル分布を求める	627

8-1 データの個数を求める

COUNT関数、COUNTA関数、COUNTBLANK関数

指定した値やセル範囲のなかにデータがいくつあるかを求めるには、以下のような3つの関数を利用します。

COUNT関数、COUNTA関数、COUNTBLANK関数の違い

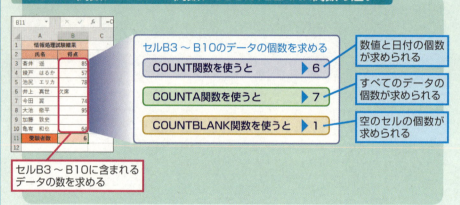

COUNTIF関数、COUNTIFS関数

指定したセル範囲のなかで、条件に一致するセルがいくつあるかを求めるには、以下のような2つの関数を利用します。

COUNTIF関数、COUNTIFS関数の違い

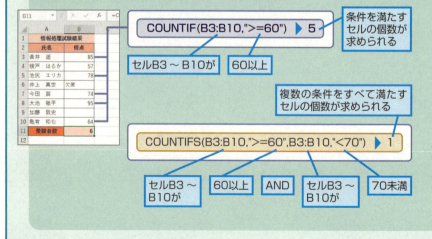

COUNT 数値や日付、時刻の個数を求める

COUNT(値1, 値2, … , 値255)
カ ウ ン ト

▶関数の解説

[値] のなかに数値や日付、時刻がいくつあるかを求めます。

▶引数の意味

値………………………… 個数を求めたい値を指定します。引数は「,（カンマ）」で区切って
255個まで指定できます。

ポイント

• 通常、値にはセルやセル範囲を指定します。

• 文字列、論理値、空のセルは個数として数えられません。

エラーの意味

COUNT関数では、エラー値が返されることはありません。

関数の使用例　検定試験の受験者数を求める

検定試験の受験者数を求めます。試験結果はセルB3～B10に入力されています。試験を欠席した場合には「欠席」という文字列が入力されているか空のセルになっています。したがって、この範囲の数値の個数を数えれば、受験者数が求められます。

=COUNT(B3:B10)

セルB3～B10に含まれる数値の個数を返す。

値1

B11		▼	:	×	✓	fx	=COUNT(B3:B10)

▲	A	B	C	D	E
1	情報処理試験結果				
2	氏名	得点			
3	蒼井　遥	85			
4	綾戸　はるか	57			
5	池尻　エリカ	78			
6	井上　真世	欠席			
7	今田　翼	74			
8	大池　徹平	95			
9	加藤　敦史				
10	亀有　和也	64			
11	受験者数	6			
12					

❶セルB11に「=COUNT(B3:B10)」と入力

参照 関数を入力するには……P.38

サンプル 08_001_COUNT.xlsx

数値の個数が求められた

検定試験の受験者数は6人であることがわかった

8-1

データの個数を求める

1	関数の基本知識
2	日付／時刻関数
3	数学／三角関数
4	論理関数
5	検索／行列関数
6	データベース関数
7	文字列操作関数
8	統計関数
9	財務関数
10	エンジニアリング関数
11	情報関数
12	キューブ関数
13	ウェブ関数
	付　録

433
できる

💡 オートSUMを使ってCOUNT関数を入力するには

関数を入力したいセルを選択して、[ホーム]タブの[編集]グループにある[合計]ボタンの[▼]をクリックし、[数値の個数]を選択します。

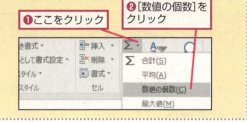

COUNTA データの個数を求める

COUNTA(値1, 値2, … , 値255)
カウント・エー

▶関数の解説

[値]のなかにデータがいくつあるかを求めます。

▶引数の意味

値 ……………………… 個数を求めたい値を指定します。引数は「,（カンマ）」で区切って255個まで指定できます。

ポイント

- 通常、値にはセルやセル範囲を指定します。
- [値]に数式を指定した場合、結果が「""（空の文字列）」やエラー値であっても個数として数えられます。
- [値]に文字列を「"（ダブルクォーテーション）」で囲まずに指定した場合（定義されていない名前を指定した場合）にも、個数として数えられます。たとえば、「=COUNTA(得点)」とすると、結果は1になります。
- 個数として数えられないのは空のセルだけです。

エラーの意味

COUNTA関数では、エラー値が返されることはありません。

関数の使用例　検定試験の受験予定者数を求める

検定試験の受験予定者数を求めます。試験結果はセルB3〜B10に入力されています。試験を欠席した場合には「欠席」という文字列が入力されています。空のセルは、名簿にはあっても受験の予定がなかった人とします。したがって、この範囲のデータの個数を数えれば、受験予定だった人の数が求められます。

=COUNTA(B3:B10)

セルB3〜B10に含まれるデータの個数を返す。

値1

	A	B	C	D	E
1	情報処理試験結果				
2	氏名	得点			
3	蒼井　遥	85			
4	綾戸　はるか	57			
5	池尻　エリカ	78			
6	井上　真世	欠席			
7	今田　翼	74			
8	大池　徹平	95			
9	加藤　敦史				
10	亀有　和也	64			
11	受験予定者数	7			
12					

B11 = `=COUNTA(B3:B10)`

❶セルB11に「=COUNTA(B3:B10)」と入力

参照📖 関数を入力するには……P.38

サンプル📁 08_002_COUNTA.xlsx

データの個数が求められた

検定試験を受験する予定であった人は7人であることがわかった

💡HINT COUNT関数との違い

COUNT関数は日付や数値の個数を求めるので、文字列が入力されたセルは数えられません。COUNTA関数では日付や数値、文字列など、すべてのデータの個数が求められます。

▶ COUNTBLANK 空のセルの個数を求める

カウント・ブランク
COUNTBLANK(範囲)

▶関数の解説

［範囲］のなかに空のセルがいくつあるかを求めます。

▶引数の意味

範囲……………………… 空のセルの個数を求めたい範囲を指定します。

ポイント

• 引数は1つだけしか指定できません。

• ［範囲］に値や数式を直接指定することはできません。

• ［範囲］に数式が入力されている場合、結果が「""（空の文字列）」であれば空のセルとみなされ、個数として数えられます。

• 半角スペースや全角スペースが入力されているセルは空のセルとみなされないので、個数として数えられません。

エラーの意味

COUNTBLANK関数では、エラー値が返されることはありません。

8-1

データの個数を求める

1 関数の基本知識
2 日付／時刻関数
3 数学／三角関数
4 論理関数
5 検索／行列関数
6 データベース関数
7 文字列操作関数
8 統計関数
9 財務関数
10 エンジニアリング関数
11 情報関数
12 キューブ関数
13 ウェブ関数
付録

8-1 データの個数を求める

関数の使用例　検定試験の未登録者数を求める

検定試験の未登録者数を求めます。試験結果はセルB3～B10に入力されています。試験を欠席した場合には「欠席」という文字列が入力されています。空のセルは、名簿にはあっても受験の予定がなかった人（未登録者）とします。したがって、この範囲の空のセルの個数を数えれば、未登録者数が求められます。

=COUNTBLANK(B3:B10)

セルB3～B10に含まれる空のセルの個数を返す。

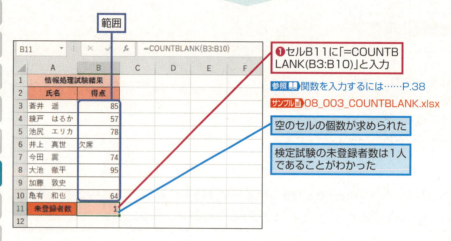

❶セルB11に「=COUNTBLANK(B3:B10)」と入力

参照▶関数を入力するには……P.38
サンプル▶08_003_COUNTBLANK.xlsx

空のセルの個数が求められた

検定試験の未登録者数は1人であることがわかった

COUNTIF　条件に一致するデータの個数を求める

COUNTIF(範囲, 検索条件)
（カウント・イフ）

▶関数の解説

［範囲］のなかに［検索条件］を満たすセルがいくつあるかを求めます。

▶引数の意味

範囲……………………検索の対象とするセルやセル範囲を指定します。

検索条件………………［範囲］のなかからセルを検索するための条件を指定します。

ポイント
- ［範囲］に値や数式を直接指定することはできません。
- 指定できる［検索条件］は1つだけです。
- ［検索条件］として文字列を指定する場合は「">=100"」や「"<>土"」のように、「"（ダブルクォーテーション）」で囲む必要があります。
- ［検索条件］にはワイルドカード文字も指定できます。

参照▶検索条件で使えるワイルドカード文字……P.124

- [検索条件] に文字列を「"」で囲まずに指定した場合（定義されていない名前を指定した場合）には0が返されます。
- 戻り値として返されるのは数値の個数ではなく、条件に一致したセルの個数です。
- 複数の検索条件を指定したい場合には、COUNTIFS関数が使えます。

参照📖COUNTIFS……P.438

エラーの意味

COUNTIF関数では、エラー値が返されることはありません。

関 数 の 使 用 例 　検定試験の合格者数を求める

検定試験の合格者数を求めます。試験結果はセルB3 ～ B10に入力されています。得点が60点以上であれば合格とします。

=COUNTIF(B3:B10,">=60")

セルB3 ～ B10のうち、60以上の値が入力されているセルの数を返す。

範囲　　　　　検索条件

	A	B	C	D	E	F
1	情報処理試験結果					
2	氏名	得点				
3	蒼井　遥	85				
4	綾戸　はるか	57				
5	池尻　エリカ	78				
6	井上　真世	欠席				
7	今田　翼	74				
8	大池　徹平	95				
9	加藤　敦史					
10	亀有　和也	64				
11	合格者数	5				
12						

B11　　fx =COUNTIF(B3:B10,">=60")

❶セルB11に「=COUNTIF(B3:B10,">=60")」と入力

参照📖関数を入力するには……P.38

サンプル📄08_004_COUNTIF.xlsx

[検索条件] を満たすセルの個数が求められた

検定試験の合格者数は5人であることがわかった

💡HINT **検索条件の汎用性を高めるには**

[検索条件] として">=60"のような文字列を指定すると、合格点が変わったときに関数そのものを変更する必要があります。そのような場合にも容易に対応できるようにするには、合格点をいずれかのセルに入れておきます。たとえば、セルD3に合格点を入れておけば、関数は「=COUNTIF(B3:B10,">="&D3)」となり、関数を変更しなくても、セルD3の値を変更するだけで、合格点を変えられます。

このように、変化する可能性のある数値は数式のなかにそのまま指定するのではなく、セルに入れておき、数式内でセル参照を指定するのが表の汎用性を高める基本です。

8-1

データの個数を求める

1 関数の基本知識
2 日付／時刻関数
3 数学／三角関数
4 論理関数
5 検索／行列関数
6 データベース関数
7 文字列操作関数
8 統計関数
9 財務関数
10 エンジニアリング関数
11 情報関数
12 キューブ関数
13 ウェブ関数
付　録

437
できる

8-1

データの個数を求める

関数の基本知識 **1**

日付／時刻関数 **2**

数学／三角関数 **3**

論理関数 **4**

検索／行列関数 **5**

データベース関数 **6**

文字列操作関数 **7**

統計関数 **8**

財務関数 **9**

エンジニアリング関数 **10**

情報関数 **11**

キューブ関数 **12**

ウェブ関数 **13**

付　録

COUNTIFS 複数の条件に一致するデータの個数を求める

カウント・イフ・エス
COUNTIFS(範囲1, 検索条件1, 範囲2, 検索条件2, …, 範囲127, 検索条件127)

▶ 関数の解説

複数の検索条件を満たすセルがいくつあるかを求めます。

▶ 引数の意味

範囲………………… 検索の対象とするセルやセル範囲を指定します。

検索条件 ……………… 直前に指定された［範囲］のなかからセルを検索するための条件を指定します。

ポイント

- ［範囲］に値や数式を直接指定することはできません。
- すべての［範囲］は同じ行数、列数を指定する必要があります。
- 複数の条件はAND条件とみなされます。つまり、［範囲］に対する［検索条件］がすべて満たされているセルの個数が求められます。
- ［検索条件］として文字列を指定する場合は「">=100"」や「"<>土"」のように、「"（ダブルクォーテーション）」で囲む必要があります。
- OR条件を指定したいときにはDCOUNT関数を使うか、複数のCOUNTIF関数の結果を合計し、その値からCOUNTIFS関数の結果を引きます。

参照📖DCOUNT……P.324　　参照📖COUNTIF……P.436

エラーの意味

エラーの種類	原因	エラーとなる例
[#VALUE!]	複数の［範囲］の行数と列数が異なる	=COUNTIFS(B3:B10,">=60",B3:B9,"<70")

関数の使用例　受験者の「可」（60点以上70点未満）の人数を求める

試験結果から受験者の「可」（60点以上70点未満）の人数を求めます。試験結果はセルB3～B10に入力されています。

=COUNTIFS(B3:B10,">=60",B3:B10,"<70")

セルB3～B10に入力されている値が60以上という条件と、セルB3～B10に入力されている値が70未満という条件の両方を満たすセルの数を返す。

8-1 データの個数を求める

範囲1　範囲2　検索条件1　検索条件2

❶ セルB11に「=COUNTIFS(B3:B10,">=60",B3:B10,"<70")」と入力

参照▶関数を入力するには……P.38
サンプル▶08_005_COUNTIFS.xlsx

複数の検索条件を満たすセルの個数が求められた

受験者の「可」の人数は1人であることがわかった

活用例　OR条件を満たす人数を数える

COUNTIFS関数では、複数の条件が「AND条件」とみなされます。つまり、すべての条件を満たすセルの個数が求められます。「OR条件」（いずれかの条件を満たす）は指定できませんが、条件が2つの場合は、それぞれの条件を満たすセルの個数を合計し、両方の条件を満たすセルの個数を引いておけば、OR条件を指定したのと同じことになります。ここでは、受験者の「不可」（得点が60点未満）または「欠席」の人数を求めています。

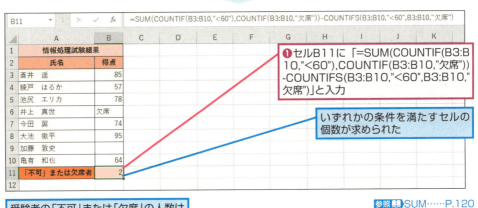

❶ セルB11に「=SUM(COUNTIF(B3:B10,"<60"),COUNTIF(B3:B10,"欠席"))-COUNTIFS(B3:B10,"<60",B3:B10,"欠席")」と入力

いずれかの条件を満たすセルの個数が求められた

受験者の「不可」または「欠席」の人数は2人であることがわかった

参照▶SUM……P.120

---

1 関数の基本知識
2 日付／時刻関数
3 数学／三角関数
4 論理関数
5 検索／行列関数
6 データベース関数
7 文字列操作関数
8 統計関数
9 財務関数
10 エンジニアリング関数
11 情報関数
12 キューブ関数
13 ウェブ関数
付録

8-2

平均値を求める

8-2 平均値を求める

サイドバー:
- 関数の基本知識 1
- 日付／時刻関数 2
- 数学／三角関数 3
- 論理関数 4
- 検索／行列関数 5
- データベース関数 6
- 文字列操作関数 7
- 統計関数 8
- 財務関数 9
- エンジニアリング関数 10
- 情報関数 11
- キューブ関数 12
- ウェブ関数 13
- 付録

AVERAGE 数値の平均値を求める

AVERAGE(数値1, 数値2, …, 数値255)

アベレージ

▶関数の解説

[数値] の平均値を求めます。[数値] の合計÷[数値] の個数で求めた値が返されます。この値は「算術平均」や「相加平均」とも呼ばれます。

▶引数の意味

数値………………… 平均値を求めたい数値を指定します。引数は「,（カンマ）」で区切って255個まで指定できます。

ポイント

- 計算の対象になるのは、数値、文字列として入力された数字、またはこれらを含むセルです。
- 文字列、論理値、空のセルは計算の対象となりません。

エラーの意味

エラーの種類	原因	エラーとなる例
[#DIV/O!]	引数に数値が1つも含まれていなかった	=AVERAGE(A1:A6) と入力したが、セルA1～A6に数値が入力されていなかった
[#VALUE!]	引数に数値とみなせない文字列を直接指定した	=AVERAGE("ABC","DEF")

関数の使用例　検定試験の平均点を求める

試験結果から検定試験の平均点を求めます。試験結果はセルB3～B10に入力されています。試験を欠席した場合には、「欠席」という文字列が入力されているか、空のセルになっています。

=AVERAGE(B3:B10)

セルB3～B10に入力されている数値の平均値を返す。

440
できる

8-2 平均値を求める

数値

	数値
B11	=AVERAGE(B3:B10)

	A	B	C	D	E
1	情報処理試験結果				
2	氏名	得点			
3	蒼井　遥	85			
4	綾戸　はるか	57			
5	池尻　エリカ	78			
6	井上　真世	欠席			
7	今田　翼	74			
8	大池　徹平	95			
9	加藤　敦史				
10	亀有　和也	64			
11	平均点	75.5			
12					

❶セルB11に「=AVERAGE(B3:B10)」と入力

参照📖関数を入力するには……P.38

サンプル📄08_006_AVERAGE.xlsx

[数値]の平均値が求められた

検定試験の平均点は75.5点であることがわかった

💡HINT 空のセルとゼロの違い

AVERAGE関数では空のセルや文字列は無視され、平均値の計算には使われません。空のセルは、なにもデータが入力されていないセルです。「0」という数値とは異なります（空のセルが0点であるとみなされるわけではありません）。

💡HINT オートSUMを使ってAVERAGE関数を入力するには

関数を入力したいセルを選択して、[ホーム] タブの [編集] グループにある [合計] ボタンの [▼] をクリックし、[平均] を選択します。引数も自動的に表示されますが、途中に空のセルや文字列の入力されたセルがあると、意図とは異なる範囲が指定される場合もあります。そのような場合には、指定したい範囲をドラッグすれば、引数を修正できます。

▶ AVERAGEA すべてのデータの平均値を求める

アベレージ・エー
AVERAGEA(値1, 値2, …, 値255)

▶関数の解説

[値]の平均値を求めます。[値]の合計÷[値]の個数で求めた値が返されます。この値は「算術平均」や「相加平均」とも呼ばれます。

▶引数の意味

値……………………… 平均値を求めたい値を指定します。引数は「,（カンマ）」で区切って255個まで指定できます。

8-2 平均値を求める

1 関数の基本知識
2 日付／時刻関数
3 数学／三角関数
4 論理関数
5 検索／行列関数
6 データベース関数
7 文字列操作関数
8 統計関数
9 財務関数
10 エンジニアリング関数
11 情報関数
12 キューブ関数
13 ウェブ関数
付 録

441
できる

8-2

平均値を求める

1 関数の基本知識
2 日付／時刻関数
3 数学／三角関数
4 論理関数
5 検索／行列関数
6 データベース関数
7 文字列操作関数
8 統計関数
9 財務関数
10 エンジニアリング関数
11 情報関数
12 キューブ関数
13 ウェブ関数
付　録

ポイント

- 文字列は0とみなされます。論理値については、TRUEが1、FALSEが0とみなされます。
- 空のセルは計算の対象となりません。

エラーの意味

エラーの種類	原因	エラーとなる例
[#VALUE!]	引数に数値とみなせない文字列を直接指定した	=AVERAGEA("ABC","DEF")

関 数 の 使 用 例　**検定試験の平均点を求める**

試験結果から検定試験の平均点を求めます。試験結果はセルB3 ～ B10に入力されています。試験を欠席した場合には「欠席」という文字列が入力されています。空のセルは、名簿にはあっても受験の予定がなかった人とします。欠席の場合は0点とみなし、受験の予定がなかった場合は平均値の計算に含めないものとします。

=AVERAGEA(B3:B10)

セルB3 ～ B10に入力されている［値］の平均値を返す。

値1

❶セルB11に「=AVERAGEA(B3:B10)」と入力

参照 関数を入力するには……P.38

サンプル 08_007_AVERAGEA.xlsx

［値］の平均値が求められた

検定試験の平均点は64.7点であることがわかった

	A	B
1	情報処理試験結果	
2	氏名	得点
3	蒼井　遥	85
4	綾戸　はるか	57
5	池尻　エリカ	78
6	井上　真世	欠席
7	今田　翼	74
8	大池　徹平	95
9	加藤　敦史	
10	亀有　和也	64
11	平均点	64.71429
12		

B11 | =AVERAGEA(B3:B10)

HINT **欠測値の扱いには注意が必要**

上の使用例では、たまたま「欠席」を0点とみなしているのでAVERAGEA関数が使えました。しかし、たいていの場合、欠測値を0とみなすことは正しくありません。AVERAGEA関数は欠測値を正しく扱うわけではないことに十分注意してください。

HINT **AVERAGE関数との違い**

AVERAGE関数は日付や数値の平均を求めるので、文字列や論理値（TRUEやFALSE）は無視されます。一方、AVERAGEA関数は文字列を0とみなし、TRUEは1、FALSEは0とみなします。

活用例　条件を満たすデータの比率を求める

AVERAGEA関数では、TRUEを1、FALSEを0として平均値を計算します。これを利用すれば、TRUEの個数が全体のなかでどれだけの割合を占めているかを求めることができます。たとえば、以下のような表で、性別に「男」、既婚に「Y」と入力されている人が全体の何パーセントいるかを知りたいとき、AND関数を使って両方の条件を満たしているかを調べ、AVERAGEA関数で論理値の平均値を求めます。

参照 📖 AND……P.259

	A	B	C	D	E
		劇団五騎メンバープロファイル			
2	氏名	性別	既婚	男性で既婚	
3	蒼井　遥	女	N	FALSE	
4	井上　真世	女	N	FALSE	
5	加藤　敦史	男	Y	TRUE	
6	亀有　和也	男	N	FALSE	
7	木元　拓也	男	Y	TRUE	
8	樽田　優	男	Y	TRUE	
9	辻本　希美	女	Y	FALSE	
10	宮本　あおい	女	Y	FALSE	
11			比率	0.375	
12					

D11　=AVERAGEA(D3:D10)

❶ セルD3に「=AND(B3="男",C3="Y")」と入力

❷ セルD3をセルD10までコピー

❸ セルD11に「=AVERAGEA(D3:D10)」と入力

TRUEは1、FALSEは0とみなされるので、平均を求めると、TRUEが表示されているセルの割合が求められる

性別が「男」で、既婚が「Y」である人は、全体の0.375（約38%）であることがわかった

AVERAGEIF 条件を指定して数値の平均を求める

アベレージ・イフ
AVERAGEIF(範囲, 検索条件, 平均対象範囲)

▶関数の解説

[範囲]のなかから[検索条件]を満たすセルを検索し、見つかったセルと同じ行（または列）にある[平均対象範囲]のセルの数値の平均値を求めます。

▶引数の意味

範囲……………………… 検索の対象とするセル範囲を指定します。

検索条件……………… [範囲]のなかからセルを検索するための条件を指定します。

平均対象範囲……… 平均値を求めたい数値が入力されているセル範囲を指定します。[範囲]のなかで[検索条件]に一致するセルと同じ行（または列）にある[平均対象範囲]のセルが計算の対象となります。この引数を省略すると、[範囲]で指定したセルがそのまま集計の対象となります。

ポイント

- 指定できる[検索条件]は1つだけです。
- [検索条件]として文字列を指定する場合は「">=100"」や「"<>土"」のように、「"（ダブルクォーテーション）」で囲む必要があります。数値やセル参照、数式を指定する場合は「"」で囲む必要はありません。

8-2

平均値を求める

1 関数の基本知識

2 日付／時刻関数

3 数学／三角関数

4 論理関数

5 検索／行列関数

6 データベース関数

7 文字列操作関数

8 統計関数

9 財務関数

10 エンジニアリング関数

11 情報関数

12 キューブ関数

13 ウェブ関数

付録

443
できる

- ［範囲］と［平均対象範囲］の行数（または列数）が異なっていると、正しい結果が得られない場合があります。
- ［平均対象範囲］に空のセルや文字列の入力されたセルが含まれている場合、それらは無視されます。
- 条件の指定方法と計算の方法についての考え方はSUMIF関数と同じです。SUMIF関数では合計を求めるのに対し、AVERAGEIF関数では平均を求めます。　　参照▶SUMIF……P.122
- 複数の条件を指定して平均値を求めたい場合には、AVERAGEIFS関数を使います。

参照▶AVERAGEIFS……P.445

エラーの意味

エラーの種類	原因	エラーとなる例
［#DIV/0!］	［検索条件］に一致するセルがない	=AVERAGEIF(B3:B8,"日曜日",C3:C8)と入力したが、セルB3～B8に「日曜日」が1つも入力されていなかった
	検索された［平均対象範囲］の値に数値が1つも含まれていない	=AVERAGEIF(B3:B8,"日曜日")

関数の使用例　平日の平均来場者数を求める

来場者数一覧から平日の平均来場者数を求めます。曜日はセルB3～B8に、毎日の来場者数はセルC3～C8に入力されています。

=AVERAGEIF(B3:B8,"<>土",C3:C8)

セルB3～B8で「土」以外が入力されているセルと同じ行にある、セルC3～C8の数値の平均を返す。

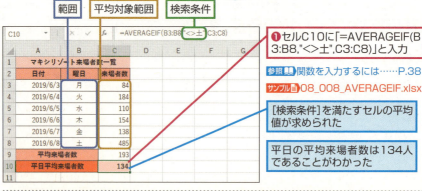

❶セルC10に「=AVERAGEIF(B3:B8,"<>土",C3:C8)」と入力

参照▶関数を入力するには……P.38
サンプル▶08_008_AVERAGEIF.xlsx

［検索条件］を満たすセルの平均値が求められた

平日の平均来場者数は134人であることがわかった

HINT 検索条件の汎用性を高めるには

［検索条件］として"<>土"のような文字列を指定すると、別の曜日を指定したいときに関数そのものを変更する必要があります。そのような場合にも容易に対応できるようにするには、曜日をいずれかのセルに入れておきます。たとえば、セルE3に曜日を入れておけば、関数は「=AVERAGEIF(B3:B8,"<>"&E3,C3:C8)」となり、セルE3の値を変更するだけで、除外する曜日を変えられます。

このように、変化する可能性のある数値は数式のなかにそのまま指定するのではなく、セルに入れておき、数式内でセル参照を指定するのが表の汎用性を高める基本です。

AVERAGEIFS 複数の条件を指定して数値の平均を求める

8-2

平均値を求める

アベレージ・イフ・エス
AVERAGEIFS(平均対象範囲, 条件範囲1, 条件1, 条件範囲2, 条件2, …)

▶関数の解説

複数の条件を満たすセルを検索し、見つかったセルと同じ行（または列）にある［平均対象範囲］のセルの数値の平均値を求めます。

▶引数の意味

平均対象範囲 ………… 平均値を求めたい値が入力されているセル範囲を指定します。この引数のあとに指定する［条件］によって選び出されたセルと同じ行（または列）にある［平均対象範囲］のセルが計算の対象となります。

条件範囲 …………… 検索の対象とするセル範囲を指定します。

条件 ………………… 直前の［条件範囲］のなかからセルを検索するための条件を指定します。［条件範囲］と［条件］の組は127個まで指定できます。

ポイント

- AVERAGEIF関数とは異なり、［平均対象範囲］を最初に指定します。

参照 **AVERAGEIF……P.443**

- 複数の［条件］はAND条件とみなされます。つまり、すべての条件を満たすセルに対応する［平均対象範囲］のなかの数値だけが平均されます。

- 検索の［条件］として文字列を指定する場合は「">=100"」や「"<>土"」のように、「"（ダブルクォーテーション）」で囲む必要があります。数値やセル参照、数式を指定する場合は「"」で囲む必要はありません。

- ［平均対象範囲］の行数（または列数）と［条件範囲］の行数（または列数）は同じである必要があります。

- ［平均対象範囲］に空のセルや文字列の入力されたセルが含まれている場合、それらは無視されます。

- OR条件を指定したいときにはDAVERAGE関数を使うか、複数のAVERAGE関数の結果を合計したものからAVERAGEIFS関数の結果を引きます。

参照 **DAVERAGE……P.337**

エラーの意味

エラーの種類	原因	エラーとなる例
[#DIV/0!]	［条件］に一致するセルがない	=AVERAGEIFS(D3:D12,B3:B12,"日曜日")と入力したが、セルB3～B12に「日曜日」が1つも入力されていなかった
	検索された［平均対象範囲］の値に数値が1つも含まれていない	=AVERAGEIFS(B3:B12,B3:B12,"日曜日")
[#VALUE!]	［平均対象範囲］と［条件範囲］の行数（または列数）が異なっている	=AVERAGEIFS(D3:D12,B3:B10,"<>土")

---

1 関数の基本知識
2 日付／時刻関数
3 数学／三角関数
4 論理関数
5 検索／行列関数
6 データベース関数
7 文字列操作関数
8 統計関数
9 財務関数
10 エンジニアリング関数
11 情報関数
12 キューブ関数
13 ウェブ関数
付録

445

関数の使用例　平日の午前の平均来場者数を求める

来場者数一覧から平日の午前の平均来場者数を求めます。毎日の来場者数はセルD3～D12に、曜日はセルB3～B12に、部はセルC3～C12に、それぞれ入力されています。

=AVERAGEIFS(D3:D12,B3:B12,"<>土",C3:C12,"午前")

セルD3～D12に入力されている値の平均を求める。ただし、B3～B12に入力されている値が「土」以外という条件と、セルC3～C12に入力されている値が「午前」であるという条件の両方を満たす行と同じ位置にあるセルのみを対象とする。

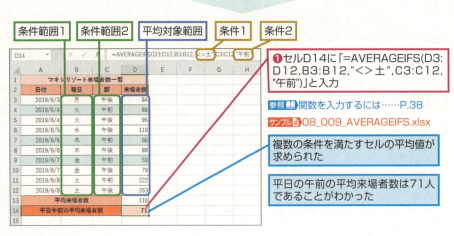

❶セルD14に「=AVERAGEIFS(D3:D12,B3:B12,"<>土",C3:C12,"午前")」と入力

参照▶関数を入力するには……P.38
サンプル▶08_009_AVERAGEIFS.xlsx

複数の条件を満たすセルの平均値が求められた

平日の午前の平均来場者数は71人であることがわかった

TRIMMEAN　極端なデータを除いて平均値を求める

TRIMMEAN(配列, 割合)
（トリム・ミーン）

▶関数の解説

［配列］の平均値を求めます。ただし、［割合］で指定した値を除いて計算します。極端な値を除外して平均値を求めるのに便利です。

▶引数の意味

配列……………………… 平均値を求めたい数値が入力されているセル範囲を指定します。配列定数も指定できます。数値以外のデータは無視されます。

参照▶配列を利用する……P.64

割合……………………… 除外するデータの個数を全体の個数に対する割合で指定します。たとえば、0.2を指定すると、上下合わせて20%のデータを除外します。つまり、上位10%、下位10%が除外されます。

ポイント

- 除外される個数が小数になる場合、小数点以下を切り捨てた個数が除外されます。たとえば、全体の個数が10個で、[割合]に0.3を指定すると、上下1.5個ずつのデータが除外されることになりますが、小数点以下を切り捨てるので、上下1個ずつ（合わせて2個）のデータが除外されます。

エラーの意味

エラーの種類	原因	エラーとなる例
[#NUM!]	[配列]の範囲に数値が含まれていない	=TRIMMEAN({"a","b","c"},0.1)
[#NUM!]	[割合]に0より小さい値や1以上の値を指定した	=TRIMMEAN(B3:B12,2)
[#VALUE!]	[割合]に数字以外の文字列を直接指定した	=TRIMMEAN(B3:B12,"x")

関数の使用例　極端なデータを除外して平均値を求める

背筋力測定の結果から平均値を求めます。成績はセルB3～B12に入力されています。ただし、極端なデータが含まれているので、上位10%と下位10%を除外します。

=TRIMMEAN(B3:B12, 0.2)

セルB3～B12に入力されている値の平均値を求める。ただし、上下合わせて20%（つまり上位10%と下位10%）は計算から除外する。

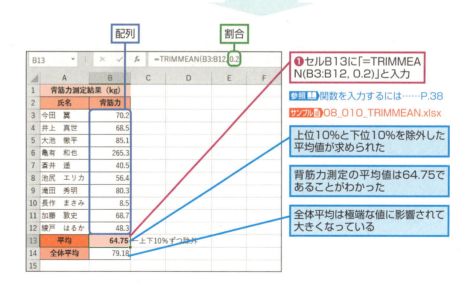

❶セルB13に「=TRIMMEAN(B3:B12, 0.2)」と入力

参照▶関数を入力するには……P.38
サンプル▶08_010_TRIMMEAN.xlsx

上位10%と下位10%を除外した平均値が求められた

背筋力測定の平均値は64.75であることがわかった

全体平均は極端な値に影響されて大きくなっている

HINT [割合]は%でも指定できる

[割合]の値は、小数や%付きの値でもかまいません。たとえば、0.2の代わりに「20%」と入力できます。

HINT TRIMMEAN関数では算術平均が使われる

TRIMMEAN関数で求められる平均は算術平均です。算術平均はデータの総和÷データの個数で求めます。

参照▶ AVERAGE……P.440
参照▶ AVERAGEA……P.441

GEOMEAN 相乗平均（幾何平均）を求める

GEOMEAN(数値1, 数値2, …, 数値255)

▶関数の解説

[数値]の相乗平均を求めます。伸び率の平均を求めるときなどに便利です。相乗平均は幾何平均とも呼ばれます。

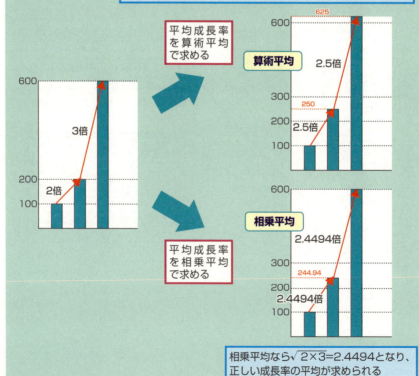

算術平均と相乗平均の違い

算術平均では、(2+3)÷2＝2.5となるが、100の2.5倍は250。続く250の2.5倍は625となり、結果が違ってしまう

相乗平均なら√2×3＝2.4494となり、正しい成長率の平均が求められる

相乗平均を求めるための式

相乗平均はすべての引数を掛け合わせ、その個数のべき乗根を計算することによって求められます。

$$相乗平均 = \sqrt[n]{数値1 \times 数値2 \times \cdots \times 数値n}$$

▶引数の意味

数値................ 相乗平均を求めたい数値を指定します。引数は「,（カンマ）」で区切って255個まで指定できます。

ポイント

- 計算の対象になるのは、数値、文字列として入力された数字、またはこれらを含むセルです。
- 文字列、論理値、空のセルは計算の対象となりません。

エラーの意味

エラーの種類	原因	エラーとなる例
[#NUM!]	[数値]に0以下の値を指定した	=GEOMEAN(1,2,3,0)
	[数値]に指定した範囲に数値が1つも含まれていない	=GEOMEAN(E4:E6)
[#VALUE!]	[数値]に数字以外の文字列を直接指定した	=GEOMEAN("利率")

関数の使用例　複利計算の平均利率を求める

利率が変動する複利計算の平均利率を求めます。それぞれの利率はセルB4～B6に入力されています。さらに、幾何平均を使って求めた平均利率をもとに、正しい元利合計を求めます。

=GEOMEAN(B4:B6)

セルB4～B6に入力されている数値の相乗平均を返す。

❶セルB7に「=GEOMEAN(B4:B6)」と入力

参照▶関数を入力するには……P.38
サンプル▶08_011_GEOMEAN.xlsx

数値

相乗平均（幾何平均）が求められ、平均利率が1.88%であることがわかった

「=INT(D5*(1+$B$7))」が入力されている

平均利率を使って元利合計を求めた

丸め誤差（ここでは切り捨て）のため、セルC6とは結果が異なっている

8-2 平均値を求める

1 関数の基本知識
2 日付／時刻関数
3 数学／三角関数
4 論理関数
5 検索／行列関数
6 データベース関数
7 文字列操作関数
8 統計関数
9 財務関数
10 エンジニアリング関数
11 情報関数
12 キューブ関数
13 ウェブ関数
付録

8-2 平均値を求める

1 関数の基本知識
2 日付／時刻関数
3 数学／三角関数
4 論理関数
5 検索／行列関数
6 データベース関数
7 文字列操作関数
8 統計関数
9 財務関数
10 エンジニアリング関数
11 情報関数
12 キューブ関数
13 ウェブ関数

付　録

> **HINT 複利計算の方法**
>
> 単利計算では元金に利息が付くだけですが、複利計算では、前回求めた元利合計に利息が付きます。たとえば、10,000円に2%の年利が付く複利計算の場合には、1年めは 10,000×(1+0.02)＝10,200円 になり、2年めは10,200×(1+0.02)＝10,404円 となります。

HARMEAN 調和平均を求める

HARMEAN(数値1, 数値2, …, 数値255)
ハー・ミーン

▶関数の解説

[数値] の調和平均を求めます。速度の平均を求めるときなどに便利です。

算術平均と調和平均の違い

算術平均では、1分あたりの仕事数が(1.25＋2)÷2＝1.625と計算される。1分あたりに1.625個の仕事ができるとすると、20個の仕事が20/1.625＝12.3分で済んでしまうことになり、間違った結果となる

1分あたりの仕事数	1.625	1.625
かかる時間	6.15分	6.15分

全12.3分

1分あたりの仕事数	1.25	2
かかる時間	8分	5分

全13分

算術平均

10個の仕事　10個の仕事

調和平均

1分あたりの仕事数の平均を求める

1分あたりの仕事数	1.5385	1.5385
かかる時間	6.5分	6.5分

全13分

調和平均なら、1分あたりの仕事数の平均値を正しく求められる。実際の計算方法は下の説明を参照

調和平均を求めるための式

調和平均はすべての引数の逆数を加え、その値を個数で割り、さらにその値の逆数を計算することによって求められます。

$$\frac{1}{調和平均} = \left(\frac{1}{数値1} + \frac{1}{数値2} + \cdots + \frac{1}{数値n} \right) \div n$$

▶引数の意味

数値.........................調和平均を求めたい数値を指定します。引数は「,（カンマ）」で区切って255個まで指定できます。

ポイント

• 計算の対象になるのは、数値、文字列として入力された数字、またはこれらを含むセルです。

• 文字列、論理値、空のセルは計算の対象となりません。

エラーの意味

エラーの種類	原因	エラーとなる例
[#N/A]	［数値］に指定した範囲に数値が1つも含まれていない	=HARMEAN(D3:D4)
[#NUM!]	［数値］に0以下の値を指定した	=HARMEAN(1,2,3,0)
	［数値］に指定した範囲に数値が1つも含まれていない	
[#VALUE!]	［数値］に数字以外の文字列を直接指定した	=HARMEAN("ABC","DEF")

関数の使用例　1分あたりに販売されたチケット枚数の調和平均を求める

複数の窓口で、1分あたりに販売されたチケット枚数の調和平均を求めます。チケットの平均販売速度が求められます。さらに、調和平均を使って求めた1枚あたりの販売速度をもとに、チケットを完売するまでの時間を求めます。

=HARMEAN(C3:C4)

セルC3 ～ C4に入力されている数値の調和平均を返す。

数値

❶セルC5に「=HARMEAN(C3:C4)」と入力

参照 関数を入力するには……P.38

サンプル 08_012_HARMEAN.xlsx

調和平均が求められた

チケットの平均販売速度は5.8であることがわかった

「=500/C5」と入力されている

500枚のチケットを完売するまでの平均時間が正しく求められた

右サイドバー

8-2
平均値を求める

1 関数の基本知識
2 日付／時刻関数
3 数学／三角関数
4 論理関数
5 検索／行列関数
6 データベース関数
7 文字列操作関数
8 統計関数
9 財務関数
10 エンジニアリング関数
11 情報関数
12 キューブ関数
13 ウェブ関数
付録

8-3 中央値や最頻値を求める

8-3 中央値や最頻値を求める

サイドタブ（左）:
- 関数の基本知識 1
- 日付／時刻関数 2
- 数学／三角関数 3
- 論理関数 4
- 検索／行列関数 5
- データベース関数 6
- 文字列操作関数 7
- 統計関数 8
- 財務関数 9
- エンジニアリング関数 10
- 情報関数 11
- キューブ関数 12
- ウェブ関数 13
- 付 録

MEDIAN関数とMODE.SNGL関数、MODE.MULT関数

中央値を求めるにはMEDIAN関数を利用します。中央値とは、数値を順に並べたとき、ちょうど真ん中にある値のことです。数値が偶数個ある場合は中央の2つの数値の算術平均が中央値とされます。

一方、最頻値（さいひんち）を求めるにはMODE.SNGL関数やMODE.MULT関数を利用します。最頻値とは、最も個数の多い数値のことです。中央値や最頻値は、平均値とともに、集団の性質を代表する値（代表値）の1つとして使われます。

MEDIAN関数の考え方

数値の個数が奇数の場合

| 1 | 2 | 2 | 2 | 4 | 8 | 18 |

中央値 → ◆MEDIAN関数 中央値を求める

数値の個数が偶数の場合

| 1 | 2 | 2 | 2 | 3 | 4 | 8 | 18 |

$(2+3) \div 2 = 2.5$

中央値

MODE関数の考え方

最頻値が1つの場合

| 1 | 2 | 2 | 2 | 4 | 8 |

最頻値

最頻値が複数個の場合

| 1 | 2 | 2 | 3 | 4 | 4 |

最頻値　　　最頻値

◆MODE.SNGL関数
最頻値を1つ求める

◆MODE.MULT関数
最頻値を複数求める

複数ある場合は、最初の最頻値のみを返す

複数ある場合は、最頻値を配列として返す

452 できる

MEDIAN 中央値を求める

MEDIAN(数値1, 数値2, …, 数値255)

▶関数の解説

[数値] の中央値を求めます。極端に大きい（小さい）値がサンプルにいくつか含まれていても、その影響を受けにくいので、算術平均の代わりに使われることがあります。

▶引数の意味

数値…………………中央値を求めたい数値を指定します。引数は「,（カンマ）」で区切って255個まで指定できます。

ポイント

- 中央値とは、[数値] を順に並べたときに、中央にある値のことです。
- データの個数が偶数の場合、中央にある2つの値の算術平均が中央値とされます。
- 計算の対象になるのは、数値と数値を含むセルです。
- 文字列、論理値、空のセルは計算の対象となりません。

エラーの意味

エラーの種類	原因	エラーとなる例
[#NUM!]	[数値] の範囲に数値が1つも含まれていない	=MEDIAN(C3:C10) と入力したがセル C3 ～ C10 に数値が入力されていなかった
[#VALUE!]	[数値] に数値とみなせない文字列を直接指定した	=MEDIAN("ABC","DEF")

関数の使用例　月間利用回数の中央値を求める

フィットネスゾーンの月間利用回数の中央値を求めます。個人別の利用回数はセルB3 ～ B10に入力されています。

=MEDIAN(B3:B10)

セルB3 ～ B10に入力されている数値の中央値を求める。

8-3

中央値や最頻値を求める

1 関数の基本知識
2 日付／時刻関数
3 数学／三角関数
4 論理関数
5 検索／行列関数
6 データベース関数
7 文字列操作関数
8 統計関数
9 財務関数
10 エンジニアリング関数
11 情報関数
12 キューブ関数
13 ウェブ関数
付録

453
できる

8-3 中央値や最頻値を求める

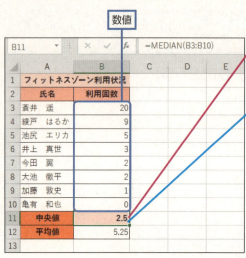

❶セルB11に「=MEDIAN(B3:B10)」と入力

参照▶関数を入力するには……P.38
サンプル▶08_013_MEDIAN.xlsx

[数値]の中央値が求められた

HINT データを並べ替える必要はない
左の例では降順に並べ替えたデータを使用していますが、MEDIAN関数では、データを並べ替えていなくても正しく中央値が求められます。

MODE.SNGL 最頻値を求める
MODE 最頻値を求める

MODE.SNGL(数値1, 数値2, …, 数値255)
MODE(数値1, 数値2, …, 数値255)

▶関数の解説

[数値]の最頻値（さいひんち）を求めます。

▶引数の意味

数値……………………最頻値を求めたい数値を指定します。引数は「,（カンマ）」で区切って255個まで指定できます。

[ポイント]

- MODE.SNGL関数とMODE関数の働きは同じです。MODE関数はExcel 2007以前の表と互換性を持たせるために使われる関数です。
- 最頻値とは、[数値]のなかで最も多く現れる値のことです。
- 最頻値が複数ある場合、前にある値が最頻値とされます。
- 計算の対象になるのは、数値と数値を含むセルです。
- 文字列、論理値、空のセルは計算の対象となりません。

エラーの意味

エラーの種類	原因	エラーとなる例
[#N/A]	[数値] の範囲に数値が1つも含まれていない	=MODE.SNGL(C3:C10) と入力したがセル C3 ～ C10 に数値が入力されていなかった
[#VALUE!]	[数値] に数値以外の値を直接指定した	=MODE.SNGL("ABC","DEF")

関数の使用例　月間利用回数の最頻値を求める

検診センターの月間利用回数の最頻値を求めます。個人別の利用回数はセルB3 ～ B10に入力されています。

=MODE.SNGL(B3:B10)

セルB3 ～ B10に入力されている数値の最頻値を求める。

数値

B11		× ✓ fx	=MODE.SNGL(B3:B10)		
	A	B	C	D	E
1	検診センター利用状況				
2	氏名	利用回数			
3	安達　祐希	10			
4	岩原　さとみ	6			
5	上田　綾	4			
6	上野　朱里	0			
7	滝田　秀明	0			
8	玉本　宏	0			
9	玉山　鉄三	0			
10	塚木　高史	0			
11	最頻値	0			
12	平均値	2.5			
13					

❶セルB11に「=MODE.SNGL(B3:B10)」と入力

参照 関数を入力するには……P.38

サンプル 08_014_MODE_SNGL.xlsx

[数値]の最頻値が求められた

ほとんどの人が1回も利用していないことがわかった

HINT データを並べ替える必要はない

左の例では降順に並べ替えたデータを使用していますが、MODE.SNGL関数やMODE関数では、データを並べ替えていなくても正しく最頻値が求められます。ただし、最頻値が複数ある場合は前にある値が最頻値として返されます。

HINT 連続分布の場合は

5段階評価で回答するアンケートの結果など、値が飛び飛びになっている分布のことを離散分布と呼びます。一方、身長や売上金額のように連続した値の分布のことを連続分布と呼びます。連続分布の場合、ほとんどの値が1回しか現れないので、MODE.SNGL関数やMODE.MULT関数で最頻値を求めても意味がありません。連続分布では、FREQUENCY関数で作成した度数分布表の、度数が最も多い階級を最頻値とします。

参照 FREQUENCY……P.473

8-3 中央値や最頻値を求める

1 関数の基本知識
2 日付／時刻関数
3 数学／三角関数
4 論理関数
5 検索／行列関数
6 データベース関数
7 文字列操作関数
8 統計関数
9 財務関数
10 エンジニアリング関数
11 情報関数
12 キューブ関数
13 ウェブ関数
付録

8-3 中央値や最頻値を求める

MODE.MULT 複数の最頻値を求める

MODE.MULT(数値1, 数値2, …, 数値255)
モード・マルチ

▶関数の解説

［数値］の最頻値(さいひんち)を求めます。配列数式として入力すると複数の最頻値が求められます。

▶引数の意味

数値‥‥‥‥‥‥‥‥‥ 最頻値を求めたい数値を指定します。数値は「,(カンマ)」で区切って255個まで指定できます。

ポイント

- 最頻値とは、［数値］のなかで最も多く現れる値のことです。
- 配列数式として入力するには、あらかじめ結果を表示したいセルを選択しておき、関数の入力終了時に Ctrl + Shift + Enter キーを押します。
- 戻り値の配列は［数値］のなかで、前にある最頻値から順に並んでいます。ただし、入力したセルの数が最頻値よりも多いときは、余ったセルには［#N/A］が表示されます。
- 計算の対象になるのは、数値と数値を含むセルです。
- 文字列、論理値、空のセルは計算と対象となりません。

エラーの意味

エラーの種類	原因	エラーとなる例
［#N/A］	［数値］の範囲に数値が含まれていない	=MODE.MULT(B3:B10) と入力したが、セル B3 ～ B10 に数値が入力されていなかった
	最頻値の数よりも関数を入力したセルの数が多い	3つのセル範囲を選択して「{=MODE.MULT(B3:B10)}」と入力したが、最頻値が 2つしかなかった (3つめのセルに［#N/A］が表示される)
［#VALUE!］	［数値］に数値以外の値を直接指定した	=MODE.MULT("ABC","DEF")

関数の使用例　月間利用回数の最頻値を求める

検診センターの月間利用回数の最頻値を求めます。個人別の利用回数はセルB3 ～ B10に入力されており、最頻値が2つあることが分かっているものとします。

{=MODE.MULT(B3:B10)}

セルB3～B10に入力されている数値の複数の最頻値を求める。配列数式として入力するには、関数に入力終了時に Ctrl + Shift + Enter キーを押す。

8-3 中央値や最頻値を求める

数値

	A	B	C	D	E
B11		{=MODE.MULT(B3:B10)}			
1	検診センター利用状況				
2	氏名	利用回数			
3	安達 祐希	1			
4	岩原 さとみ	1			
5	上田 彩	0			
6	上野 朱里	5			
7	滝田 秀明	4			
8	玉本 宏	4			
9	玉山 鉄三	2			
10	塚木 高史	6			
11	最頻値	1			
12	最頻値	4			
13	平均値	2.875			
14					

❶あらかじめセルB11～B12を選択しておく

❷「=MODE.MULT(B3:B10)」と入力し、入力終了時に Ctrl + Shift + Enter キーを押す

参照▶配列数式を利用するには……P.65
サンプル▶08_015_MODE_MULT.xlsx

[数値]の最頻値が求められた

最頻値は1と4であった

HINT 通常の数式として入力すると

配列数式としてではなく、通常の数式として入力すると、最初に見つかった最頻値が返されます。つまり、MODE.SNGL関数と同じ働きになります。

HINT 最頻値の個数を求めるには

MODE.MULT関数の戻り値の個数をCOUNT関数で数えます。上の例であれば「=COUNT(MODE.MULT(B3:B10))」となります。この式が返す値は最頻値の個数だけなので、戻り値は1つです。したがって、配列数式としてではなく通常の数式として入力します。

---

1 関数の基本知識
2 日付／時刻関数
3 数学／三角関数
4 論理関数
5 検索／行列関数
6 データベース関数
7 文字列操作関数
8 統計関数
9 財務関数
10 エンジニアリング関数
11 情報関数
12 キューブ関数
13 ウェブ関数
付 録

8-4

最大値や最小値を求める

MAX 数値の最大値を求める

MAX(数値1, 数値2, …, 数値255)
マックス

▶関数の解説

［数値］の最大値を求めます。

▶引数の意味

数値‥‥‥‥‥‥‥‥‥‥ 最大値を求めたい数値を指定します。引数は「, （カンマ）」で区切って255
個まで指定できます。

ポイント

• 文字列、論理値、空のセルは無視されます。ただし、指定したセル範囲の内容がすべて文字列、
論理値あるいは空のセルであった場合には0が返されます。

エラーの意味

エラーの種類	原因	エラーとなる例
[#VALUE!]	［数値］に数値とみなせない文字列を直接指定した	=MAX("ABC","DEF")

関数の使用例 検定試験の成績の最高点を求める

試験結果から検定試験の成績の最高点を求めます。試験結果はセルB3 〜 B10に入力されています。試験を欠席した場合には「欠席」という文字列が入力されているか空のセルになっています。

=MAX(B3:B10)

セルB3 〜 B10に入力されている数値の最大値を求める。

8-4

最大値や最小値を求める

| B11 | ▼ | : | × | ✓ | *fx* | =MAX(B3:B10) |

数値

	A	B	C	D	E
1	情報処理試験結果				
2	氏名	得点			
3	蒼井　遥	85			
4	綾戸　はるか	57			
5	池尻　エリカ	78			
6	井上　真世	欠席			
7	今田　翼	74			
8	大池　徹平	95			
9	加藤　敦史				
10	亀有　和也	64			
11	最高点	95			
12					

❶セルB11に「=MAX(B3:B10)」と入力

参照▶関数を入力するには……P.38

サンプル▶08_016_MAX.xlsx

［数値］の最大値が求められた

成績の最高点は95点であることがわかった

HINT オートSUMを使って MAX関数を入力する

関数を入力したいセルを選択して、［ホーム］タブの［編集］グループにある［合計］ボタンの［▼］をクリックし、［最大値］を選択します。

HINT 引数には列全体や行全体も指定できる

たとえば、B列全体の最大値を求めたいときには、「=MAX(B:B)」と入力します。B列～D列全体の最大値なら「=MAX(B:D)」となります。また、1行め全体の最大値を求めるなら「=MAX(1:1)」とし、1行め～3行め全体の最大値であれば「=MAX(1:3)」とします。ただし、MAX関数を引数と同じ列や行に入力すると、循環参照になることに注意が必要です。

参照▶循環参照に対応するには……P.71

▶ MAXA データの最大値を求める

マックス・エー
MAXA(値1, 値2, …, 値255)

▶関数の解説

［値］の最大値を求めます。

▶引数の意味

値………………………… 最大値を求めたい値を指定します。引数は「,（カンマ）」で区切って255個まで指定できます。

ポイント

- 文字列は0とみなされます。論理値については、TRUEが1、FALSEが0とみなされます。
- 空のセルは計算の対象となりません。

エラーの意味

エラーの種類	原因	エラーとなる例
[#VALUE!]	［値］に数値とみなせない文字列を直接指定した	=MAXA("ABC","DEF")

1	関数の基本知識
2	日付／時刻関数
3	数学／三角関数
4	論理関数
5	検索／行列関数
6	データベース関数
7	文字列操作関数
8	統計関数
9	財務関数
10	エンジニアリング関数
11	情報関数
12	キューブ関数
13	ウェブ関数
	付　録

459

8-4 最大値や最小値を求める

関数の使用例　成績の最高点を求める

試験結果から検定試験の成績の最高点を求めます。試験結果はセルB3～B10に入力されています。試験を欠席した場合には「欠席」という文字列が入力されているか空のセルになっています。

=MAXA(B3:B10)

セルB3～B10に入力されている値の最大値を求める。

❶ セルB11「=MAXA(B3:B10)」と入力

参照▶関数を入力するには……P.38
サンプル▶08_017_MAXA.xlsx

[値]の最大値が求められた

成績の最高点は95点であることがわかった

HINT　MAX関数との違い

MAXA関数では、すべてのデータが計算の対象になりますが、MAX関数は数値のみが対象となり、文字列や論理値は無視されます。
参照▶MAX……P.458

▶ MAXIFS　複数の条件を指定して最大値を求める　365

MAXIFS(最大範囲, 条件範囲1, 条件1, 条件範囲2, 条件2, …)
（マックス・イフ・エス）

▶関数の解説

複数の条件に一致するセルを検索し、見つかったセルと同じ行（または列）にある、[最大範囲]のなかのセルの最大値を求めます。

▶引数の意味

最大範囲……………最大値を求めたい値が入力されているセル範囲を指定します。[条件範囲]と[条件]の指定によって見つかったセルと同じ行（または列）にある、[最大範囲]のなかのセルが最大値を求める対象となります。

条件範囲……………検索の対象とするセル範囲を指定します。

条件…………………直前の[条件範囲]からセルを検索するための条件を数値や文字列で指定します。[条件範囲]と[条件]の組み合わせは127個まで指定できます。

460

ポイント

- この関数はOffice 365のみで使える関数です。
- 条件に一致するセルがない場合は0が返されます。
- 複数の［条件］は、AND条件とみなされます。つまり、すべての［条件］に一致したセルに対応する［最大範囲］のなかの数値だけが合計されます。
- ［条件］にはワイルドカード文字が使えます。詳しくは124ページのHINT「検索条件で使えるワイルドカード文字」を参照してください。
- ［条件］に文字列を指定する場合は、"">=100""や""<>土""のように、"""（ダブルクォーテーション）"で囲む必要があります。数値やセル参照、数式を指定する場合は"""で囲む必要はありません。
- ［最大範囲］の行数（または列数）と［条件範囲］の行数（または列数）は同じである必要があります。
- ［最大範囲］含まれている空のセルや文字列の入力されているセルは無視されます。
- 条件に一致するセルを検索する方法はSUMIFS関数と同じです。125ページの図も参照してください。

参照▶SUMIFS……P.124

エラーの意味

エラーの種類	原因	エラーとなる例
[#VALUE!]	［最大範囲］と［条件範囲］の行数（または列数）が異なっている	=MAXIFS(D3:D12, B3:B10,"<>土")

関数の使用例　平日午前の部の最大来場者数を求める

来場者数を日付別に記録した表で、平日午前の部の最大来場者を求めます。

=MAXIFS(D3:D12,B3:B12,"<>土",C3:C12,"午前")

セルB3～B12に入力されている曜日が「土」以外で、かつ、セルC3～C12に入力されている部が「午前」のセルを検索し、この2つの条件を満たすセルと同じ行にあるセルD3～D12のなかの最大値を求める。

❶セルD14に「=MAXIFS(D3:D12,B3:B12,"<>土",C3:C12,"午前")」と入力

参照▶関数を入力するには……P.38

サンプル▶08_018_MAXIFS.xlsx

複数の［条件範囲］と［条件］にあてはまるセルと同じ行にある［最大範囲］のなかの最大値が求められた

平日午前の部の最大来場者数は88人であった

8-4

最大値や最小値を求める

MIN 数値の最小値を求める

MIN（数値1，数値2，…，数値255）
ミニマム

▶関数の解説

［数値］の最小値を求めます。

▶引数の意味

数値‥‥‥‥‥‥‥‥‥‥ 最小値を求めたい数値を指定します。引数は「，（カンマ）」で区切って255
個まで指定できます。

ポイント

・文字列、論理値、空のセルは無視されます。ただし、指定したセル範囲の内容がすべて文字列、
論理値あるいは空のセルであった場合には0が返されます。

エラーの意味

エラーの種類	原因	エラーとなる例
［#VALUE!］	［数値］に数値とみなせない文字列を直接指定した	=MIN("ABC","DEF")

関数の使用例　検定試験の成績の最低点を求める

試験結果から検定試験の成績の最低点を求めます。試験結果はセルB3〜B10に入力されています。試験を欠席した場合には「欠席」という文字列が入力されているか空のセルになっています。

=MIN(B3:B10)

セルB3〜B10に入力されている数値の最小値を求める。

数値

	A	B	C	D	E
1	情報処理試験結果				
2	氏名	得点			
3	蒼井　遥	85			
4	綾戸　はるか	57			
5	池尻　エリカ	78			
6	井上　真世	欠席			
7	今田　翼	74			
8	大池　徹平	95			
9	加藤　敦史				
10	亀有　和也	64			
11	最低点	57			
12					

B11　fx　=MIN(B3:B10)

❶セルB11に「=MIN(B3:B10)」と入力

参照 関数を入力するには……P.38

サンプル 08_019_MIN.xlsx

［数値］の最小値が求められた

成績の最低点は57点であることがわかった

HINT　オートSUMを使ってMIN関数を入力する

関数を入力したいセルを選択して、［ホーム］タブの［編集］グループにある［合計］ボタンの［▼］をクリックし、［最小値］を選択します。

462
できる

引数には列全体や行全体も指定できる

たとえば、B列全体の最小値を求めたいときには、「=MIN(B:B)」と入力します。B列～D列全体の最小値なら「=MIN(B:D)」となります。また、1行め全体の最小値を求めるなら「=MIN(1:1)」とし、1行め～3行め全体の最小値であれば「=MIN(1:3)」とします。ただし、MIN関数を引数と同じ列や行に入力すると、循環参照になることに注意が必要です。

参照 循環参照に対応するには……P.71

数値を一定の範囲に収めるには

数値の上限と下限が決まっている場合には、MAX関数とMIN関数を組み合わせると、数値をその範囲に収めることができます。たとえば、料金が1000円以下であれば、一律1000円を徴収し、5000円以上であれば5000円を徴収するというルールがある場合、料金がセルA1に入力されているとすると「=MIN(5000,MAX(1000,A1))」で徴収額が求められます。

参照 MAX……P.458

8-4

最大値や最小値を求める

1 関数の基本知識
2 日付／時刻関数
3 数学／三角関数
4 論理関数
5 検索／行列関数
6 データベース関数
7 文字列操作関数
8 統計関数
9 財務関数
10 エンジニアリング関数
11 情報関数
12 キューブ関数
13 ウェブ関数
付録

▶ MINA データの最小値を求める

ミニマム・エー
MINA(値1, 値2, …, 値255)

▶関数の解説

[値]の最小値を求めます。

▶引数の意味

値‥‥‥‥‥‥‥‥‥ 最小値を求めたい値を指定します。引数は「,（カンマ）」で区切って255個まで指定できます。

ポイント

• 文字列は0とみなされます。論理値については、TRUEが1、FALSEが0とみなされます。

• 空のセルは計算の対象となりません。

エラーの意味

エラーの種類	原因	エラーとなる例
[#VALUE!]	[値]に数値とみなせない文字列を直接指定した	=MINA("ABC","DEF")

関数の使用例　検定試験の成績の最低点を求める

試験結果から検定試験の成績の最低点を求めます。試験結果はセルB3～B10に入力されています。試験を欠席した場合には「欠席」という文字列が入力されているか空のセルになっています。

=MINA(B3:B10)

セルB3～B10に入力されている値の最小値を求める。

463

8-4 最大値や最小値を求める

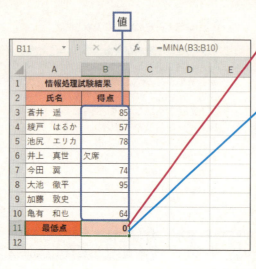

❶セルB11に「=MINA(B3:B10)」と入力

 参照 関数を入力するには……P.38

サンプル 08_020_MINA.xlsx

[値]の最小値が求められた

成績の最低点は0点であることがわかった

💡HINT 欠測値の扱いには注意が必要

左の使用例では、たまたま「欠席」を0点とみなしているのでMINA関数が使えました。しかし、たいていの場合、欠測値を0とみなすことは正しくありません。MINA関数は欠測値を正しく扱うわけではないことに十分注意してください。

💡HINT MIN関数との違い

MINA関数はすべてのデータが計算の対象となりますが、MIN関数は数値のみが対象となり、文字列や論理値は無視されます。
 参照 MIN……P.462

▶ MINIFS 複数の条件を指定して最小値を求める　365

MINIFS(最大範囲, 条件範囲1, 条件1, 条件範囲2, 条件2, …)
ミニマム・イフ・エス

▶関数の解説

複数の条件に一致するセルを検索し、見つかったセルと同じ行（または列）にある、[最小範囲]のなかのセルの最小値を求めます。

▶引数の意味

最大範囲……………最小値を求めたい値が入力されているセル範囲を指定します。[条件範囲]と[条件]の指定によって見つかったセルと同じ行（または列）にある、[最小範囲]のなかのセルが最小値を求める対象となります。

条件範囲……………検索の対象とするセル範囲を指定します。

条件…………………直前の[条件範囲]からセルを検索するための条件を数値や文字列で指定します。[条件範囲]と[条件]の組み合わせは127個まで指定できます。

ポイント

- この関数はOffice 365のみで使える関数です。
- 条件に一致するセルがない場合は0が返されます。
- 複数の［条件］は、AND条件とみなされます。つまり、すべての［条件］に一致したセルに対応する［最小範囲］のなかの数値だけが合計されます。
- ［条件］にはワイルドカード文字が使えます。詳しくは124ページのHINT「検索条件で使えるワイルドカード文字」を参照してください。
- ［条件］に文字列を指定する場合は、「">=100"」や「"<>土"」のように、「"（ダブルクォーテーション）」で囲む必要があります。数値やセル参照、数式を指定する場合は「"」で囲む必要はありません。
- ［最小範囲］の行数（または列数）と［条件範囲］の行数（または列数）は同じである必要があります。
- ［最小範囲］含まれている空のセルや文字列の入力されているセルは無視されます。
- 条件に一致するセルを検索する方法はSUMIFS関数と同じです。125ページの図も参照してください。

参照 SUMIFS……P.124

エラーの意味

エラーの種類	原因	エラーとなる例
[#VALUE!]	［最小範囲］と［条件範囲］の行数（または列数）が異なっている	=MINIFS(D3:D12, B3:B10,"<>土")

関数の使用例　平日午前の部の最小来場者数を求める

来場者数を日付別に記録した表で、平日午前の部の最小来場者を求めます。

=MINIFS(D3:D12,B3:B12,"<>土",C3:C12,"午前")

セルB3 ～ B12に入力されている曜日が「土」以外で、かつ、セルC3 ～ C12に入力されている部が「午前」のセルを検索し、この2つの条件を満たすセルと同じ行にあるセルD3 ～ D12のなかの最小値を求める。

❶セルD14に「=MINIFS(D3:D12,B3:B12,"<>土",C3:C12,"午前")」と入力

参照 関数を入力するには……P.38

サンプル 08_021_MINIFS.xlsx

複数の［条件範囲］と［条件］にあてはまるセルと同じ行にある［最小範囲］のなかの最小値が求められた

平日午前の部の最小来場者数は59人であった

条件範囲1　条件範囲2　最小範囲　条件1　条件2

	A	B	C	D
1	マキシリゾート 来場者数一覧			
2	日付	曜日	部	来場者数
3	2019/6/3	月	午後	84
4	2019/6/4	火	午前	88
5	2019/6/4	火	午前	96
6	2019/6/5	水	午後	110
7	2019/6/6	木	午前	66
8	2019/6/6	木	午後	88
9	2019/6/7	金	午前	59
10	2019/6/7	金	午後	79
11	2019/6/8	土	午前	222
12	2019/6/8	土	午後	263
13	来場者数			1,155
14	平日午前の部最小来場者数			59
15				

サイドタブ
- 8-4 最大値や最小値を求める
- 1 関数の基本知識
- 2 日付／時刻関数
- 3 数学／三角関数
- 4 論理関数
- 5 検索／行列関数
- 6 データベース関数
- 7 文字列操作関数
- 8 統計関数
- 9 財務関数
- 10 エンジニアリング関数
- 11 情報関数
- 12 キューブ関数
- 13 ウェブ関数
- 付録

465
できる

8-5

順位を求める

8-5 順位を求める

LARGE 大きいほうから何番めかの値を求める

サイドバー:
関数の基本知識 1
日付／時刻関数 2
数学／三角関数 3
論理関数 4
検索／行列関数 5
データベース関数 6
文字列操作関数 7
統計関数 8
財務関数 9
エンジニアリング関数 10
情報関数 11
キューブ関数 12
ウェブ関数 13
付　録

LARGE（ラージ）(配列, 順位)

▶関数の解説

［配列］のなかで、大きいほうから数えた［順位］の値を求めます。

▶引数の意味

配列………………… 検索範囲をセル範囲または配列で指定します。文字列や論理値の入力されているセル、空のセルは無視されます。

参照📖配列を利用する……P.64

順位………………… 求めたい値の順位を指定します。大きいほうから数えて何番めかという値を指定します。

ポイント

- ［配列］の値を降順に並べ替えておく必要はありません。
- ゴルフのスコアなど、小さい順（昇順）で何番めかの値を求めるときにはSMALL関数を使います。

参照📖SMALL……P.468

エラーの意味

エラーの種類	原因	エラーとなる例
[#NUM!]	［配列］に数値が含まれていない	=LARGE(C3:C10,1) と入力したがセル C3 ～ C10 に数値が入力されていなかった
	［順位］が 1 未満または［配列］内の数値の個数を超える	=LARGE(B3:B10,9)
[#VALUE!]	［配列］や［順位］に数値とみなせない文字列を直接指定した	=LARGE(B3:B10,"A")

関数の使用例 スコアから第2位の得点を求める

ボウリング大会のスコアから第2位の得点を求めます。スコアはセルB3 ～ B10に入力されています。

=LARGE(B3:B10,2)

セルB3 ～ B10に入力されている数値のなかで2番めに大きな値を返す。

466
できる

8-5 順位を求める

配列

❶セルB13に「=LARGE(B3:B10,2)」と入力

参照▶関数を入力するには……P.38

サンプル▶08_022_LARGE.xlsx

2番めに大きな値が求められた

第2位の得点が510点であることがわかった

HINT 同じ値がある場合は

同じ値がある場合は、降順に並べ替えたときの先頭からの位置と同じ値が返されます。5, 5, 4, 3, 2, 1という値があるとき、1位の値は5、2位の値も5になります。2位の値は4ではないことに注意してください。

活用例　第2位の得点ではなく氏名を求める

LARGE関数とVLOOKUP関数、LOOKUP関数などを組み合わせれば、検索した得点からさらに名前を検索できます。ここでは、LARGE関数で求めた第2位の得点（セルC13）をもとに、LOOKUP関数を使って氏名（セルA3～A10）を検索します。

参照▶VLOOKUP……P.275　　参照▶LOOKUP（ベクトル形式）……P.281

LOOKUP関数で検索するため、あらかじめ得点の昇順に並べ替えておく

❶セルC13に「=LARGE(B3:B10,2)」と入力

第2位の得点が求められた

❷セルB13に「=LOOKUP(C13,B3:B10,A3:A10)」と入力

第2位の人の氏名がわかった

8-5

順位を求める

関数の基本知識	1
日付／時刻関数	2
数学／三角関数	3
論理関数	4
検索／行列関数	5
データベース関数	6
文字列操作関数	7
統計関数	8
財務関数	9
エンジニアリング関数	10
情報関数	11
キューブ関数	12
ウェブ関数	13
付　録	

SMALL 小さいほうから何番めかの値を求める

スモール
SMALL(配列, 順位)

▶関数の解説

［配列］のなかで、小さいほうから数えた［順位］の値を求めます。

▶引数の意味

配列‥‥‥‥‥‥‥‥‥　検索範囲をセル範囲または配列で指定します。文字列や論理値の入力されているセル、空のセルは無視されます。

参照📖配列を利用する……P.64

順位‥‥‥‥‥‥‥‥‥　求めたい値の順位を指定します。小さいほうから数えて何番めかという値を指定します。

ポイント

• ［配列］の値を昇順に並べ替えておく必要はありません。

• 試験の成績など、大きい順（降順）で何番めかの値を求めるときにはLARGE関数を使います。

参照📖LARGE……P.466

エラーの意味

エラーの種類	原因	エラーとなる例
[#NUM!]	［配列］に数値が含まれていない	=SMALL(C3:C10,1) と入力したがセル C3 ～ C10 に数値が入力されていなかった
	［順位］が1未満または［配列］内の数値の個数を超える	=SMALL(B3:B10,9)
[#VALUE!]	［配列］や［順位］に数値とみなせない文字列を直接指定した	=SMALL(B3:B10,"A")

関数の使用例　ブービー賞（最下位から2番め）の得点を求める

ボウリング大会のスコアからブービー賞（最下位から2番め）の得点を求めます。スコアはセル B3 ～ B10に入力されています。

=SMALL(B3:B10,2)

セルB3 ～ B10に入力されている数値のなかで2番めに小さな値を返す。

468
できる

8-5 順位を求める

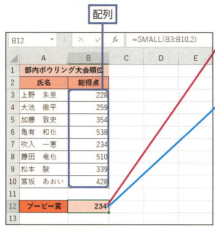

配列

❶セルB12に「=SMALL(B3:B10,2)」と入力

参照▶関数を入力するには……P.38

サンプル▶08_023_SMALL.xlsx

2番めに小さな値が求められた

ブービー賞の得点が234点であることがわかった

HINT ブービー賞とは

最下位から2番めをブービー賞とする場合と、最下位をブービー賞とする場合があります。

HINT 同じ値がある場合は

同じ値がある場合は、昇順に並べ替えたときの先頭からの位置と同じ値が返されます。1, 1, 2, 3, 4, 5という値があるとき、1位の値は1、2位の値も1になります。2位の値は2ではないことに注意してください。

活用例　ブービー賞の得点ではなく氏名を求める

SMALL関数とVLOOKUP関数、LOOKUP関数などを組み合わせれば、検索した得点からさらに名前を検索できます。ここでは、SMALL関数で求めたブービー賞の得点（セルC12）をもとに、LOOKUP関数を使って氏名（セルA3～A10）を検索します。

参照▶VLOOKUP……P.275　　参照▶LOOKUP（ベクトル形式）……P.281

あらかじめ得点の昇順に並べ替えておく

❶セルC12に「=SMALL(B3:B10,2)」と入力

❷セルB12に「=LOOKUP(C12,B3:B10,A3:A10)」と入力

ブービー賞の人の氏名がわかった

1 関数の基本知識
2 日付／時刻関数
3 数学／三角関数
4 論理関数
5 検索／行列関数
6 データベース関数
7 文字列操作関数
8 統計関数
9 財務関数
10 エンジニアリング関数
11 情報関数
12 キューブ関数
13 ウェブ関数
付録

8-5

順位を求める

▶ RANK.EQ 順位を求める（同値がある場合は上位の順位を返す）

▶ RANK 順位を求める（同値がある場合は上位の順位を返す）

ランク・イコール
RANK.EQ(数値, 参照, 順序)
ランク
RANK(数値, 参照, 順序)

▶関数の解説

［参照］の範囲で、［数値］が第何位かを求めます。大きいほうから数えるか、小さいほうから数えるかを［順序］で指定します。

▶引数の意味

数値‥‥‥‥‥‥‥‥ 順位を求めたい数値を指定します。

参照‥‥‥‥‥‥‥‥ 数値全体が入力されているセル範囲を指定します。範囲内に含まれる文字列、論理値、空のセルは無視されます。

順序‥‥‥‥‥‥‥‥ 大きいほうから数える（降順）か、小さいほうから数える（昇順）かを数値で指定します。

- 0を指定、または省略‥‥‥‥‥‥‥‥‥‥‥降順
- 1を指定、または0以外の値を指定‥‥‥‥昇順

ポイント

- RANK.EQ関数とRANK関数の働きは同じです。RANK関数はExcel 2007以前の表と互換性を持たせるために使われる関数です。
- ［参照］の範囲を並べ替えておく必要はありません。
- 降順の場合は一番大きい値が1位となります。昇順の場合は一番小さい値が1位となります。
- 同じ数値は同じ順位とみなされます。たとえば、同じ値が2つあり、その順位が3位であるとき、次の順位は5位となります。

エラーの意味

エラーの種類	原因	エラーとなる例
[#N/A]	［参照］の範囲のなかで［数値］が見つからなかった	=RANK.EQ(0,B3:B10)
[#VALUE!]	［順序］に数値とみなせない文字列を直接指定した	=RANK.EQ(B3,B3:B10,"A")

サイドバー:
- 関数の基本知識 1
- 日付／時刻関数 2
- 数学／三角関数 3
- 論理関数 4
- 検索／行列関数 5
- データベース関数 6
- 文字列操作関数 7
- 統計関数 8
- 財務関数 9
- エンジニアリング関数 10
- 情報関数 11
- キューブ関数 12
- ウェブ関数 13
- 付 録

関数の使用例 　スコアから順位を求める

ボウリング大会のスコアから順位を求めます。セルB3の値がセルB3 〜 B10のなかで、大きいほうから数えて第何位かを求めます。

=RANK.EQ(B3,B3:B10,0)

セルB3に入力されている数値の順位を、セルB3 〜 B10の範囲で求める。順位は大きい値から数える。

数値　参照

| C3 | | : | × | ✓ | *fx* | =RANK.EQ(B3,B3:B10,0) |

	A	B	C	D	E
1	部内ボウリング大会順位				
2	氏名	総得点	順位		
3	上野　朱里	228	8		
4	大池　徹平	259			
5	加藤　敦史	354			
6	亀有　和也	538			
7	吹入　一恵	234			
8	藤田　竜也	510			
9	松本　駿	339			
10	宮坂　あおい	428			
11					

❶セルC3に「=RANK.EQ(B3,B3:B10,0)」と入力

参照📖 関数を入力するには……P.38

サンプル📄 08_024_RANK_EQ.xlsx

[数値]の順位が求められた

セルB3の順位が8位であることがわかった

> **HINT**
> **数式をコピーし、ほかのセルにも順位を表示する**
>
> セルC3に入力したRANK.EQ関数を、オートフィルの機能を使ってコピーし、セルC4 〜 C10にも順位を表示したいときは、数式を下方向にコピーしても、[参照]のセル参照が変わらないようにしておく必要があります。そのため、[範囲]のセル参照を$B$3:$B$10のように、絶対参照にしておきます。
>
> 参照📖 関数をコピーするには……P.57
> 参照📖 絶対参照……P.56

▷ RANK.AVG 順位を求める（同値がある場合は順位の平均値を返す）

ランク・アベレージ
RANK.AVG(数値, 参照, 順序)

▶関数の解説

[参照]の範囲で、[数値]が第何位かを求めます。大きいほうから数えるか、小さいほうから数えるかを[順序]で指定します。

8-5

順位を求める

1 関数の基本知識
2 日付／時刻関数
3 数学／三角関数
4 論理関数
5 検索／行列関数
6 データベース関数
7 文字列操作関数
8 統計関数
9 財務関数
10 エンジニアリング関数
11 情報関数
12 キューブ関数
13 ウェブ関数
　付　録

471
できる

8-5 順位を求める

▶引数の意味

数値……………… 順位を求めたい数値を指定します。

参照……………… 数値全体が入力されているセル範囲を指定します。範囲内に含まれる文字列、論理値、空のセルは無視されます。

順序……………… 大きいほうから数える（降順）か、小さいほうから数える（昇順）かを数値で指定します。

　　　　　┌── 0を指定、または省略………………………降順
　　　　　└── 1を指定、または0以外の値を指定……昇順

ポイント

- ［参照］の範囲を並べ替えておく必要はありません。
- 降順の場合は一番大きい値が1位となります。昇順の場合は一番小さい値が1位となります。
- 同じ数値は同じ順位とみなされます。たとえば、同じ値が2つあり、その順位が3位であるとき、いずれの順位も(3+4)÷2=3.5位となり、次の順位は5位となります。

エラーの意味

エラーの種類	原因	エラーとなる例
［#N/A］	［参照］の範囲のなかで［数値］が見つからなかった	=RANK.AVG(0,B3:B10)
［#VALUE!］	［順序］に文字列を指定した	=RANK.AVG(B3,B3:B10,"A")

関数の使用例　スコアから順位を求める

ゴルフ大会のスコアから順位を求めます。セルB3の値がセルB3〜B10のなかで、小さいほうから数えて第何位かを求めます。

=RANK.AVG(B3,B3:B10,1)

セルB3に入力されている数値の順位を、セルB3〜B10の範囲で求める。順位は小さい値から数える。

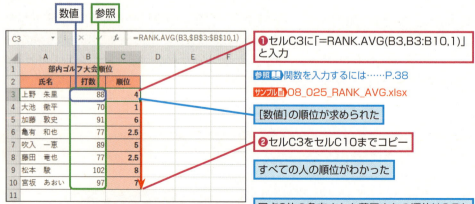

8-6 頻度の一覧表を作る

FREQUENCY 区間に含まれる値の個数を求める

FREQUENCY(データ配列, 区間配列)
フリーケンシー

▶関数の解説

［データ配列］の値が、［区間配列］の各区間に含まれる個数を求めます。たとえば、成績が49点より大きく、59点以下である人数を求める場合などに使います。

度数分布表が1つの関数で作成できる

	A	B	C	D	E	F	G
1	簿記実カテスト結果				度数分布表		
2	氏名	得点		区間	頻度	区間の内訳	
3	滝田　秀明	56		49	0	49以下	
4	玉山　鉄三	72		59	2	49より大、59以下	
5	亀有　和也	71		69	2	59より大、69以下	
6	二宮　勝也	68		79	5	69より大、79以下	
7	松本　駿	70		89	2	79より大、89以下	
8	森田　未来	85			1	89より大	
9	蒼井　遥	61					
10	池尻　エリカ	98					
11	岩原　さとみ	52					
12	上野　朱里	74					
13	松本　奈緒	81					
14	佐藤　ローサ	75					
15							

49点より大きく（50点以上で）59点以下の成績は52点と56点の2つ

区間は「階級」とも呼ばれる

データの個数は「頻度」や「度数」と呼ばれる

区間配列

データ配列

▶引数の意味

データ配列 ………… 数値が入力されているセル範囲や配列を指定します。文字列や論理値の入力されているセル、空のセルは無視されます。

参照🔖配列を利用する……P.64

区間配列 ……………… 区間の値が入力されているセル範囲や配列を指定します。値の意味は「1つ前の値より大きく、この値以下」となります。たとえば、セルD3に49、セルD4に59が入力されている場合、セルD4は「49より大きく、59以下」という区間を表します。

▶ポイント

・［区間配列］の値は、昇順に並べ替えておく必要はありませんが、通常、昇順に並べておきます。

・FREQUENCY関数は、縦方向の配列数式として入力する必要があります。

参照🔖配列数式……P.64

・結果として返される配列の数は、［区間配列］の数より1つ多くなります。最後の要素には、［区間配列］のうち、最も大きな値を超える区間の個数が返されます。

・結果は度数分布表になっているので、ヒストグラムを作成するために使えます。

参照🔖ヒストグラムを作るには……P.474

8-6 頻度の一覧表を作る

エラーの意味

エラーの種類	原因	エラーとなる例
[#N/A]	[区間配列]に数値とみなせない文字列が直接指定されている	=FREQUENCY({3,4,4,5,6},{"A",4,5})

関数の使用例　実力テストの度数分布表を作る

実力テストの度数分布表を作ります。49点以下、50点～59点、60点～69点、70点～79点、80点～89点、90点以上の6つの区間に分け、各区間の人数を求めます。

$$\{=\text{FREQUENCY}(B3:B14, D3:D7)\}$$

セルB3～B14の値をもとに、セルD3～D7を区間とした度数分布表を作る。関数は配列数式として入力する。

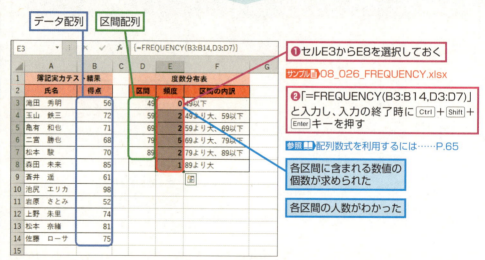

❶セルE3からE8を選択しておく

サンプル 08_026_FREQUENCY.xlsx

❷「=FREQUENCY(B3:B14,D3:D7)」と入力し、入力の終了時に Ctrl + Shift + Enter キーを押す

参照▶配列数式を利用するには……P.65

各区間に含まれる数値の個数が求められた

各区間の人数がわかった

HINT 配列数式を修正するには

配列数式は、部分的に内容を修正したり、削除したりすることができません。配列数式を修正するには、まず、配列数式が入力されたセルのどれか1つを選択し、 F2 キーを押して数式を修正します。修正が終わったら、 Ctrl + Shift + Enter キーを押します。これで、配列数式全体が更新されます。

HINT ヒストグラムを作るには

上の使用例で、[区間]を項目軸として棒グラフを作成し、棒の間隔を0にするとヒストグラムが作成できます。なお、Excel 2016では度数分布表を作らなくても、元のデータから直接ヒストグラムが作れます。

参照▶アドインを利用する……P.73

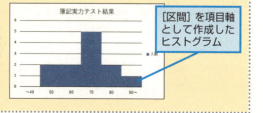

[区間]を項目軸として作成したヒストグラム

8-7 百分位数や四分位数を求める

百分位数や四分位数を求めるための関数

値を昇順に並べたときに、パーセントで示した順位に対応する値を百分位数（パーセンタイル値）と呼びます。特に、25パーセンタイル値を第1四分位数、50パーセンタイル値を第2四分位数、75パーセンタイル値を第3四分位数と呼びます。

PERCENTILE.INC関数、QUARTILE.INC関数、PERCENTRANK.INC関数

PERCENTILE.INC関数では、最小値の位置を0パーセント、最大値の位置を100パーセントとみなします。この場合、最小値を0番として数えた順位を、全体の個数−1で割ったものが値の位置を表します。
たとえば、以下の図のように、値が9個あるときには、全体の個数-1は(9-1)=8です。最小値が0番ということは、21の順位は2番になるので、2÷(9-1)=25%の位置にあたることがわかります。したがって、25パーセンタイル値は21となります。この値は第1四分位数なので、QUARTILE.INC関数でも求められます。
逆に、値が何パーセントの位置にあるかを知るためには、PERCENTRANK.INC関数を使います。

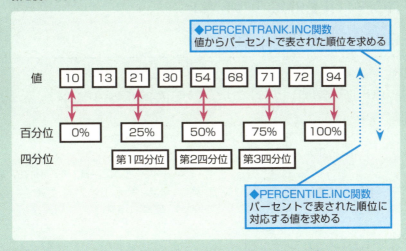

PERCENTILE.EXC関数、QUARTILE.EXC関数、PERCENTRANK.EXC関数

PERCENTILE.EXC関数とQUARTILE.EXC関数もパーセンタイル値や四分位数を求める関数ですが、0パーセントと100パーセントを除外して計算します。この場合、最小値を1番として数えた順位を、全体の個数+1で割った値が位置を表します。上の例では、先頭は1÷(9+1)=10%の位置となります。また、3番めの位置は3÷(9+1)=30%となるので、30パーセンタイル値が21となります。
逆に、値が何パーセントの位置にあるかを知るためには、PERCENTRANK.EXC関数を使います。

8-7

百分位数や四分位数を求める

関数の基本知識	1
日付／時刻関数	2
数学／三角関数	3
論理関数	4
検索／行列関数	5
データベース関数	6
文字列操作関数	7
統計関数	8
財務関数	9
エンジニアリング関数	10
情報関数	11
キューブ関数	12
ウェブ関数	13
付　録	

率に対応する順位の値が整数にならない場合

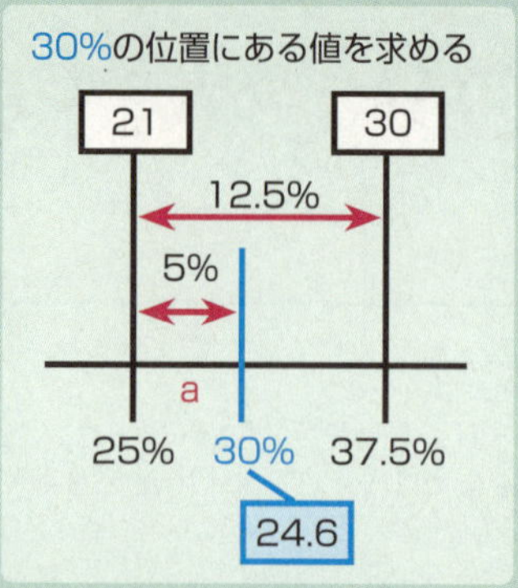

30%の位置にある値を求める

```
   21              30
    │── 12.5% ──→  │
    │─ 5%         │
    │──→          │
    │    a         │
   25%  30%  37.5%
        │
       24.6
```

補間を行う

左の図で、30%の位置は21から5%離れた位置にあり、21と30の間は12.5%あるので、aの割合は5÷12.5＝0.4になる

30と21の差は9なので、その0.4にあたる値は3.6となる。
したがって、30パーセンタイル値は21＋3.6＝24.6となる

▶ PERCENTILE.INC 百分位数を求める（0%と100%を含む）

▶ PERCENTILE 百分位数を求める（0%と100%を含む）

パーセンタイル・インクルーシブ
PERCENTILE.INC(配列, 率)

パーセンタイル
PERCENTILE(配列, 率)

▶関数の解説

［配列］の値を小さいものから並べたとき、［率］で指定した位置にある値を求めます。

▶引数の意味

配列‥‥‥‥‥‥‥‥‥‥ 百分位数を求めるための数値が入力されているセル範囲や配列を指定します。文字列や論理値が入力されているセル、空のセルは無視されます。

　　　　　　　　　　　　　　　　　　参照🔖 配列を利用する……P.64

率‥‥‥‥‥‥‥‥‥‥‥ 求めたい値の位置を0 〜 1の範囲で指定します。たとえば、先頭から10%の位置にある値を求めたいときには0.1を指定します。

ポイント

• PERCENTILE.INC関数とPERCENTILE関数の働きは同じです。PERCENTILE関数はExcel 2007以前の表と互換性を持たせるために使われる関数です。

• ［配列］の最小値を0番めとし、値がN個あるものとしたとき、k番めの値はk÷(N-1)の位置にあるものとみなされます。たとえば、値が9個あるとき、2番めの値は2÷(9-1)＝0.25、つまり25%の位置にあるものとみなされます。

• ［率］が0の場合は最小値が求められ、1の場合は最大値が求められます。また0.5の場合は中央値が求められます。

• ［率］が1/（値の個数－1）の倍数でない場合、補間が行われます。補間の方法については、上の図を参照してください。

エラーの意味

エラーの種類	原因	エラーとなる例
[#NUM!]	［配列］のなかに数値が含まれていない	=PERCENTILE.INC({"abc","def"},0.1)
	［率］が0より小さい、または1より大きい	=PERCENTILE.INC(B3:B14,-1)
[#VALUE!]	［率］に数値とみなせない文字列を直接指定した	=PERCENTILE.INC(B3:B14,"A")

関数の使用例　上位10%の順位に入るための成績を求める

実力テストの結果をもとに、上位10%の順位に入るための成績を求めます。テスト結果はセルB3～B14に入力されています。上位10%にあたる値を求めるには、下位から90%（0.9）の位置にある値を求めます。

=PERCENTILE.INC(B3:B14,0.9)

セルB3～B14に入力された値のうち、下位から90%の位置にあたる値を返す。

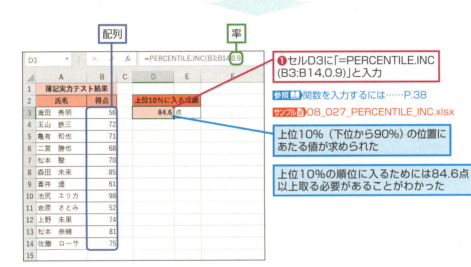

❶セルD3に「=PERCENTILE.INC(B3:B14,0.9)」と入力

参照▶関数を入力するには……P.38
サンプル▶08_027_PERCENTILE_INC.xlsx

上位10%（下位から90%）の位置にあたる値が求められた

上位10%の順位に入るためには84.6点以上取る必要があることがわかった

PERCENTILE.EXC　百分位数を求める（0%と100%を除く）

パーセンタイル・エクスクルーシブ
PERCENTILE.EXC(配列, 率)

▶関数の解説

［配列］の値を小さいものから並べたとき、［率］で指定した位置にある値を求めます。［率］は0パーセントと100パーセントを除外したものとみなします。

8-7 百分位数や四分位数を求める

▶引数の意味

配列……………… 百分位数を求めるための数値が入力されているセル範囲や配列を指定します。文字列や論理値が入力されているセル、空のセルは無視されます。

参照▶配列を利用する……P.64

率………………… 求めたい値の位置を0より大きく、1より小さい範囲で指定します。たとえば、先頭から10%の位置にある値を求めたいときには0.1を指定します。

ポイント

- [配列] の先頭を1番めとし、値がN個あるものとしたとき、k番めの値はk÷(N+1)の位置にあるものとみなされます。たとえば、値が9個あるとき、3番めの値は3÷(9+1)=0.3、つまり30%の位置にあるものとみなされます。
- [率] が0.5の場合は中央値が求められます。
- [率] が1/(データの個数+1) の倍数でない場合、補間が行われます。補間の方法については、476ページの図を参照してください。

エラーの意味

エラーの種類	原因	エラーとなる例
[#NUM!]	[配列] のなかに数値が含まれていない	=PERCENTILE.EXC({"abc","def"},0.1)
	[率] が 0 以下、または 1 以上	=PERCENTILE(B3:B14, 0)
[#VALUE!]	[率] に数値とみなせない文字列を指定した	=PERCENTILE(B3:B14,"A")

関数の使用例　上位10%の順位に入るための成績を求める

実力テストの結果をもとに、上位10%の順位に入るための成績を求めます。テスト結果はセルB3~B14に入力されています。上位10%にあたる値を求めるには、下位から90%（0.9）の位置にある値を求めます。

=PERCENTILE.EXC(B3:B14, 0.9)

セルB3~B14に入力された値のうち、下位から90%の位置にあたる値を返す。

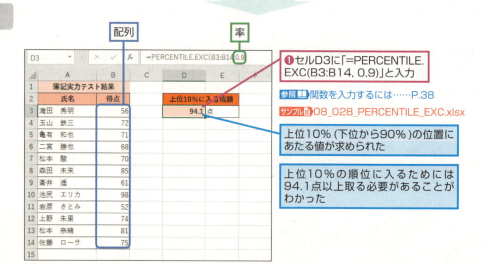

❶セルD3に「=PERCENTILE.EXC(B3:B14, 0,9)」と入力

参照▶関数を入力するには……P.38
サンプル▶08_028_PERCENTILE_EXC.xlsx

上位10%（下位から90%）の位置にあたる値が求められた

上位10%の順位に入るためには94.1点以上取る必要があることがわかった

QUARTILE.INC 四分位数を求める（0%と100%を含む）

QUARTILE 四分位数を求める（0%と100%を含む）

クアタイル・インクルーシブ
QUARTILE.INC(配列, 戻り値)

クアタイル
QUARTILE(配列, 戻り値)

▶関数の解説

［配列］の値を小さいものから並べたとき、0%、25%、50%、75%、100%の位置にある値を求めます。

▶引数の意味

配列……………………四分位数を求めるための元の数値が入力されているセル範囲や配列を指定します。文字列や論理値が入力されているセル、空のセルは無視されます。

参照🔖配列を利用する……P.64

戻り値………………求めたい値の位置を以下の数値で指定します。小数部分のある数値を指定した場合、小数点以下を切り捨てた整数とみなされます。

- 0 …………… 0%の位置（最小値）
- 1 …………… 25%の位置（第1四分位数）
- 2 …………… 50%の位置（第2四分位数＝中央値）
- 3 …………… 75%の位置（第3四分位数）
- 4 …………… 100%の位置（最大値）

ポイント

- QUARTILE.INC関数とQUARTILE関数の働きは同じです。QUARTILE関数はExcel 2007以前の表と互換性を持たせるために使われる関数です。
- ［配列］の最小値を0番めとし、値がN個あるものとしたとき、k番めの値はk÷(N-1)の位置にあるものとみなされます。たとえば、値が9個あるとき、2番めの値は2÷(9-1)＝0.25、つまり25%の位置(第一四分位)にあるものとみなされます。
- ［戻り値］が0の場合は最小値が求められ、4の場合は最大値が求められます。また2の場合は中央値が求められます。
- ［戻り値］にちょうどあてはまる数値がないときには、補間が行われます。補間の方法については、476ページの図を参照してください。
- 第3四分位数の値から第1四分位数の値を引くと、四分位範囲の値が求められます。

エラーの意味

エラーの種類	原因	エラーとなる例
[#NUM!]	［配列］のなかに数値が含まれていない	=QUARTILE.INC({"abc","def"},1)
	［戻り値］が0より小さい、または5以上である	=QUARTILE.INC(B3:B14,5)
[#VALUE!]	［戻り値］に数値とみせない文字列を直接指定した	=QUARTILE.INC(B3:B14,"A")

8-7

百分位数や四分位数を求める

関数の使用例	下位25%にあたる成績を求める

実力テストの結果をもとに、下位25%にあたる成績を求めます。テスト結果はセルB3〜B14に入力されています。

=QUARTILE.INC(B3:B14,1)

セルB3〜B14に入力された値から、第1四分位数を求める。

配列

D3	▼	×	✓	f_x	=QUARTILE.INC(B3:B14,1)

	A	B	C	D	E	F
1	簿記実力テスト結果					
2	氏名	得点		下位25%の成績		
3	滝田　秀明	56		66.25 点		
4	玉山　鉄三	72				
5	亀有　和也	71				
6	二宮　勝也	68				
7	松本　駿	70				
8	森田　未来	85				
9	蒼井　遥	61				
10	池尻　エリカ	98				
11	岩原　さとみ	52				
12	上野　朱里	74				
13	松本　奈緒	81				
14	佐藤　ローサ	75				
15						

❶セルD3に「=QUARTILE.INC(B3:B14,1)」と入力

参照📖関数を入力するには……P.38

サンプル📄08_029_QUARTILE_INC.xlsx

下位25%の位置にある値が求められた

下位25%にあたる成績は66.25点であることがわかった

QUARTILE.EXC 百分位数を求める（0%と100%を除く）

クアタイル・エクスクルーシブ
QUARTILE.EXC(配列, 戻り値)

▶**関数の解説**

［配列］の値を小さいものから並べたとき、25%、50%、75%の位置にある値を求めます。

▶**引数の意味**

配列……………………… 四分位数を求めるための元の数値が入力されているセル範囲や配列を指定します。文字列や論理値が入力されているセル、空のセルは無視されます。

参照📖配列を利用する……P.64

戻り値…………………… 求めたい値の位置を以下の数値で指定します。小数部分のある数値を指定した場合、小数点以下が切り捨てられた整数とみなされます。

- 1 …………… 25%の位置（第1四分位数）
- 2 …………… 50%の位置（第2四分位数＝中央値）
- 3 …………… 75%の位置（第3四分位数）

ポイント

- [配列] の先頭を1番めとし、値がN個あるものとしたとき、k番めの値はk÷(N+1)の位置にあるものとみなされます。たとえば、値が7個あるとき、2番めの値は2÷(7+1)=0.25、つまり25%の位置にあるものとみなされ、この位置の値が第1四分位数になります。
- [戻り値] が2の場合は中央値が求められます。
- [戻り値] にちょうどあてはまる数値がないときには、補間が行われます。補間の方法については、476ページの図を参照してください。
- 第3四分位数の値から第1四分位数の値を引くと、四分位範囲の値が求められます。

エラーの意味

エラーの種類	原因	エラーとなる例
[#NUM!]	[配列] のなかに数値が含まれていない	=QUARTILE.EXC({"abc","def"}, 1)
	[戻り値] が0以下、または4以上	=QUARTILE(B3:B14, 0)
[#VALUE!]	[戻り値] に数値とみなせない文字列を指定した	=QUARTILE(B3:B14,"A")

関数の使用例　下位25%にあたる成績を求める

実力テストの結果をもとに、下位25%にあたる成績を求めます。テスト結果はセルB3～B14に入力されています。

=QUARTILE.EXC(B3:B14, 1)

セルB3～B14に入力された値から、第1四分位数を求める。

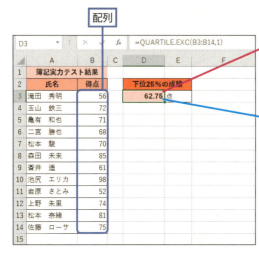

❶セルD3に「=QUARTILE.EXC(B3:B14,1)」と入力

参照 関数を入力するには……P.38
サンプル 08_030_QUARTILE_EXC.xlsx

下位25%の位置にある値が求められた

下位25%にあたる成績は62.75点であることがわかった

8-7

百分位数や四分位数を求める

PERCENTRANK.INC 百分率での順位を求める（0%と100%を含む）

PERCENTRANK 百分率での順位を求める（0%と100%を含む）

パーセントランク・インクルーシブ
PERCENTRANK.INC(配列, 値, 有効桁数)
パーセント・ランク
PERCENTRANK(配列, 値, 有効桁数)

▶関数の解説

［配列］の値を小さいものから並べたとき、［値］が何パーセントの位置にあるかを求めます。
PERCENTRANK.INC関数は、PERCENTILE.INC関数と逆の計算を行います。

参照📖 PERCENTILE.INC……P.476

▶引数の意味

配列………………… 順位を求めるための元の数値が入力されているセル範囲や配列を指定します。
文字列や論理値が入力されているセル、空のセルは無視されます。

参照📖 配列を利用する……P.64

値…………………… 順位を求めたい値を指定します。

有効桁数…………… 結果を小数点以下第何位まで求めるかを数値で指定します。省略すると小数点
以下第3位までの結果を求めます。

ポイント

- PERCENTRANK.INC関数とPERCENTRANK関数の働きは同じです。PERCENTRANK関数
はExcel 2007以前の表と互換性を持たせるために使われる関数です。

- ［配列］の最小値を0番めとし、値がN個あるものとしたとき、k番めの値はk÷(N-1)の位置にあ
るものとみなされます。たとえば、値が9個あるとき、2番めの値は2÷(9-1)=0.25、つまり
25%の位置にあるものとみなされます。

- 最小値の順位は0（0%）、最大値の順位は1（100%）となります。

- ［値］が、［配列］にない場合、補間が行われます。補間の方法は、476ページの図と同じ考え方
ですが、計算の方法は逆になります（値から比率を求めます）。

エラーの意味

エラーの種類	原因	エラーとなる例
[#N/A]	［配列］のなかに数値が含まれていない	=PERCENTRANK.INC({"abc","def"},1)
	［有効桁数］が1より小さい	=PERCENTRANK.INC(B3:B14,0)
[#VALUE!]	［値］や［有効桁数］に数値とみなせない文字列を直接指定した	=PERCENTRANK.INC(B3:B14,"A")

関数の基本知識 **1**
日付／時刻関数 **2**
数学／三角関数 **3**
論理関数 **4**
検索／行列関数 **5**
データベース関数 **6**
文字列操作関数 **7**
統計関数 **8**
財務関数 **9**
エンジニアリング関数 **10**
情報関数 **11**
キューブ関数 **12**
ウェブ関数 **13**
付 録

関数の使用例　百分率での順位を求める

実力テストの成績をもとに、百分率での順位を求めます。テスト結果はセルB3～B14に入力されています。

=PERCENTRANK.INC($B$3:$B$14, B3)

セルB3～B14に入力された値のなかで、セルB3に入力された値の百分率での順位を求める。

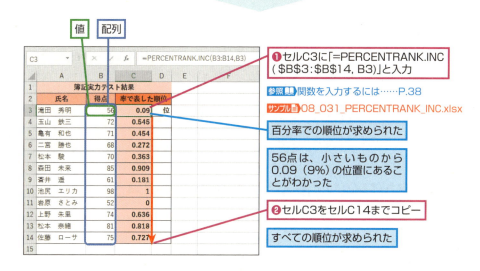

❶ セルC3に「=PERCENTRANK.INC ($B$3:$B$14, B3)」と入力

参照▶関数を入力するには……P.38
サンプル▶08_031_PERCENTRANK_INC.xlsx

百分率での順位が求められた

56点は、小さいものから0.09（9％）の位置にあることがわかった

❷ セルC3をセルC14までコピー

すべての順位が求められた

PERCENTRANK.EXC　百分率での順位を求める（0％と100％を除く）

PERCENTRANK.EXC(配列, 値, 有効桁数)
パーセントランク・エクスクルーシブ

▶関数の解説

［配列］の値を小さいものから並べたとき、［値］が何パーセントの位置にあるかを求めます。結果は0パーセントと100パーセントを除外して求められます。PERCENTRANK.EXC関数は、PERCENTILE.EXC関数と逆の計算を行います。

▶引数の意味

配列…………………… 順位を求めるための元の数値が入力されているセル範囲や配列を指定します。文字列や論理値が入力されているセル、空のセルは無視されます。

参照▶配列を利用する……P.64

値……………………… 順位を求めたい値を指定します。

有効桁数……………… 結果を小数点以下第何位まで求めるかを数値で指定します。省略すると小数点以下第3位までの結果を求めます。

483

ポイント

- [配列]の先頭を1番めとし、値がN個あるものとしたとき、k番めの値はk÷(N+1)の位置にあるものとみなされます。たとえば、値が9個あるとき、3番めの値は3÷(9+1)=0.3、つまり30%の位置にあるものとみなされます。
- [値]が、[配列]にない場合、補間が行われます。補間の方法は、476ページの図と同じ考え方ですが、計算の方法は逆になります(値から比率を求めます)。

エラーの意味

エラーの種類	原因	エラーとなる例
[#NUM!]	[配列]のなかに数値が含まれていない	=PERCENTRANK.EXC({"abc","def"}, 1)
	[有効桁数]が1より小さい	=PERCENTRANK.EXC(B3:B14,0)
[#VALUE!]	[値]や[有効桁数]に数値とみなせない文字列を指定した	=PERCENTRANK.EXC(B3:B14,"A")

関数の使用例 百分率での順位を求める

実力テストの結果をもとに、百分率での順位を求めます。テスト結果はセルB3〜B14に入力されています。

=PERCENTRANK.EXC($B$3:$B$14,B3)

セルB3〜B14に入力された値のなかで、セルB3に入力された値の百分率での順位を求める。

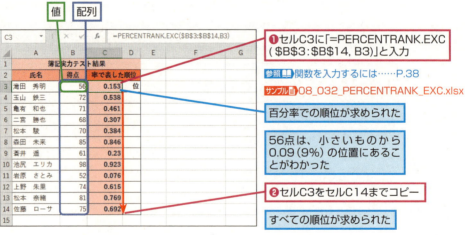

❶セルC3に「=PERCENTRANK.EXC($B$3:$B$14, B3)」と入力

参照 関数を入力するには……P.38
サンプル 08_032_PERCENTRANK_EXC.xlsx

百分率での順位が求められた

56点は、小さいものから0.09(9%)の位置にあることがわかった

❷セルC3をセルC14までコピー

すべての順位が求められた

8-8

分散を求める

不偏分散と標本分散

分散とは分布の散らばり具合を表す値です。分散には、不偏分散と呼ばれる値と標本分散と呼ばれる値があります。不偏分散とは、実験や抜き取り検査で得られたいくつかの値（標本）をもとに、全体のデータ（母集団）の分散を推定したものです。一方、標本分散とは、得られた値が母集団全体の値であるものとして求められた分散の値です。これらは以下のような関数を使って求めます。

不偏分散を求める

母集団

標本＝
母集団から抽出した
データ

全体のなかの一部分
から、全体の分散を
推定する

◆VAR.S関数、VARA関数
データを正規母集団の標本とみなしたときの母集団の分散の推定値（不偏分散）を求める

各データの二乗の総和　　各データの総和の二乗

$$\frac{n\sum x^2 - (\sum x)^2}{n(n-1)}$$

データの個数

標本分散を求める

標本＝母集団全体

データを母集団全体と
みなして分散を求める

◆VAR.P関数、VARPA関数
データを母集団全体とみなしたときの分散を求める

各データの二乗の総和　　各データの総和の二乗

$$\frac{n\sum x^2 - (\sum x)^2}{n^2}$$

データの個数

8-8

分散を求める

1 関数の
基本知識

2 日付／
時刻関数

3 数学／
三角関数

4 論理関数

5 検索／
行列関数

6 データベース
関数

7 文字列操作
関数

8 統計関数

9 財務関数

10 エンジニアリング
関数

11 情報関数

12 キューブ関数

13 ウェブ関数

付　録

8-8

分散を求める

関数の基本知識	1
日付／時刻関数	2
数学／三角関数	3
論理関数	4
検索／行列関数	5
データベース関数	6
文字列操作関数	7
統計関数	8
財務関数	9
エンジニアリング関数	10
情報関数	11
キューブ関数	12
ウェブ関数	13
付　録	

▶ VAR.S 数値をもとに不偏分散を求める

▶ VAR 数値をもとに不偏分散を求める

バリアンス・エス
VAR.S(数値1, 数値2, …, 数値255)

バリアンス
VAR(数値1, 数値2, …, 数値255)

▶関数の解説

［数値］を正規母集団の標本とみなして、母集団の分散の推定値（不偏分散）を求めます。

▶引数の意味

数値…………………… 標本の値を指定します。「, （カンマ）」で区切って255個まで指定できます。

ポイント

- VAR.S関数とVAR関数の働きは同じです。VAR関数はExcel 2007以前の表と互換性を持たせるために使われる関数です。
- 計算の対象になるのは、数値と数値を含むセルです。
- 文字列、論理値、空のセルは計算の対象となりません。

エラーの意味

エラーの種類	原因	エラーとなる例
[#DIV/O!]	［数値］に含まれる数値が1個以下である	=VAR.S(1)
[#VALUE!]	引数に数値とみなせない文字列を直接指定した	=VAR.S("ABC","DEF")

関数の使用例　母集団の分散の推定値（不偏分散）を求める

実力テストの結果をもとに、母集団の分散の推定値（不偏分散）を求めます。標本となるテスト結果はセルB3～B14に入力されています。

=VAR.S(B3:B14)

セルB3～B14に入力された値をもとに不偏分散を求める。

486
できる

数値

| B15 | | : | × | ✓ | fx | =VAR.S(B3:B14) |

	A	B	C	D	E
1	簿記実力テスト結果				
2	氏名	得点			
3	滝田　秀明	56			
4	玉山　鉄三	72			
5	亀有　和也	71			
6	二宮　勝也	68			
7	松本　駿	70			
8	森田　未来	85			
9	蒼井　遥	61			
10	池尻　エリカ	98			
11	岩原　さとみ	52			
12	上野　朱里	74			
13	松本　奈緒	81			
14	佐藤　ローサ	75			
15	不偏分散	157.9			
16					

❶セルB15に「=VAR.S(B3:B14)」と入力

参照▶関数を入力するには……P.38

サンプル▶08_033_VAR_S.xlsx

不偏分散の値が求められた

分散の推定値は157.9であることがわかった

HINT 不偏分散と標本分散

統計学の解説書には、不偏分散のことを「標本分散」と呼び、標本分散のことを単に「分散」と呼んでいるものもあります。Excelの集計機能やピボットテーブルでもそのような表記になっていたり、区別せずに表記されていたりするので注意が必要です。

8-8
分散を求める

1 関数の基本知識
2 日付／時刻関数
3 数学／三角関数
4 論理関数
5 検索／行列関数
6 データベース関数
7 文字列操作関数
8 統計関数
9 財務関数
10 エンジニアリング関数
11 情報関数
12 キューブ関数
13 ウェブ関数
付録

VARA データをもとに不偏分散を求める

バリアンス・エー
VARA(値1, 値2, …, 値255)

▶関数の解説

[値]を正規母集団の標本とみなして、母集団の分散の推定値（不偏分散）を求めます。

▶引数の意味

値………………………… 標本の値を指定します。「,（カンマ）」で区切って255個まで指定できます。

ポイント

• すべてのデータが計算の対象となります。文字列は0とみなされ、論理値については、TRUEが1、FALSEが0とみなされます。

• 空のセルは計算の対象となりません。

エラーの意味

エラーの種類	原因	エラーとなる例
[#DIV/0!]	[値]に含まれる数値が1個以下である	=VARA(1)
[#VALUE!]	引数に数値とみなせない文字列を直接指定した	=VARA("ABC","DEF")

487
できる

8-8 分散を求める

関数の使用例　母集団の分散の推定値（不偏分散）を求める

オンライン研修の利用回数をもとに、母集団の分散の推定値（不偏分散）を求めます。標本となる利用回数はセルB3～B14に入力されています。1回も利用しなかった場合は「未利用」という文字列が入力されています。その場合の値は0とみなされます。

=VARA(B3:B14)

セルB3～B14に入力されたデータをもとに不偏分散を求める。

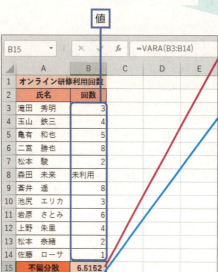

❶セルB15に「=VARA(B3:B14)」と入力

参照▶関数を入力するには……P.38
サンプル▶08_034_VARA.xlsx

不偏分散の値が求められた

分散の推定値は6.5152であることがわかった

HINT 欠測値の扱いには注意が必要
通常、欠測値や文字列を0とみなすことは正しくありません。VARA関数は欠測値を正しく扱うわけではないことに十分注意してください
参照▶VAR.S……P.486

VAR.P　数値をもとに分散を求める
VARP　数値をもとに分散を求める

バリアンス・ピー
VAR.P(数値1, 数値2, …, 数値255)

バリアンス・ピー
VARP(数値1, 数値2, …, 数値255)

▶関数の解説

［数値］を母集団そのものとみなして分散を求めます。

▶引数の意味

数値………………標本の値を指定します。「,（カンマ）」で区切って255個まで指定できます。

ポイント
- VAR.P関数とVARP関数の働きは同じです。VARP関数はExcel 2007以前の表と互換性を持たせるために使われる関数です。
- 計算の対象になるのは、数値と数値を含むセルです。
- 文字列、論理値、空のセルは計算の対象となりません。

エラーの意味

エラーの種類	原因	エラーとなる例
[#DIV/0!]	[数値] に含まれる数値が1つもない	=VAR.P(C3:C14) と入力したがセルC3～C14に数値が入力されていなかった
[#VALUE!]	引数に数値とみなせない文字列を直接指定した	=VAR.P("ABC","DEF")

関数の使用例　　結果をもとに分散の値を求める

実力テストの結果をもとに、分散の値を求めます。テスト結果はセルB3～B14に入力されています。

=VAR.P(B3:B14)

セルB3～B14に入力された値をもとに標本分散を求める。

数値

| B15 | : | × | ✓ | fx | =VAR.P(B3:B14) |

	A	B	C	D	E
1	簿記実力テスト結果				
2	氏名	得点			
3	滝田　秀明	56			
4	玉山　鉄三	72			
5	亀有　和也	71			
6	二宮　勝也	68			
7	松本　駿	70			
8	森田　未来	85			
9	蒼井　遥	61			
10	池尻　エリカ	98			
11	岩原　さとみ	52			
12	上野　朱里	74			
13	松本　奈緒	81			
14	佐藤　ローサ	75			
15	分散	144.74			
16					

❶セルB15に「=VAR.P(B3:B14)」と入力

参照📖関数を入力するには……P.38

サンプル📄08_035_VAR_P.xlsx

分散の値が求められた

テスト結果の分散の値は144.74であることがわかった

VARPA データをもとに分散を求める

バリアンス・ピー・エー
VARPA(値1, 値2, …, 値255)

▶関数の解説

[値] を母集団そのものとみなして分散を求めます。

▶引数の意味

値……………………… 標本の値を指定します。「,（カンマ）」で区切って255個まで指定できます。

8-8

分散を求める

1 関数の基本知識
2 日付／時刻関数
3 数学／三角関数
4 論理関数
5 検索／行列関数
6 データベース関数
7 文字列操作関数
8 統計関数
9 財務関数
10 エンジニアリング関数
11 情報関数
12 キューブ関数
13 ウェブ関数
付録

489
できる

8-8 分散を求める

▶関数の解説
指定した［値］を母集団そのものとみなして分散を求めます。

▶引数の意味
値……………………… 分散を求める元の数値を指定します。引数は「,（カンマ）」で区切って255個まで指定できます。

ポイント
- すべてのデータが計算の対象となります。文字列は0とみなされ、論理値については、TRUEが1、FALSEが0とみなされます。
- 空のセルは計算の対象となりません。

エラーの意味

エラーの種類	原因	エラーとなる例
[#DIV/0!]	［値］に指定したセル範囲にデータが1つもない	=VARPA(C3:C14)と入力したがセルC3～C14にデータが入力されていなかった
[#VALUE!]	引数に数値とみなせない文字列を直接指定した	=VARPA("ABC","DEF")

関数の使用例　利用回数をもとに分散の値を求める

オンライン研修の利用回数をもとに、分散の値を求めます。利用回数はセルB3～B14に入力されています。1回も利用しなかった場合は「未利用」という文字列が入力されています。その場合の値は0とみなされます。

=VARPA(B3:B14)

セルB3～B14に入力されたデータをもとに標本分散を求める。

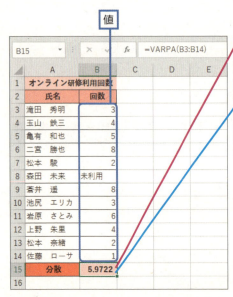

❶セルB15に「=VARPA(B3:B14)」と入力

参照▶関数を入力するには……P.38
サンプル▶08_036_VARPA.xlsx

分散の値が求められた

利用回数の分散の値は5.9722であることがわかった

HINT 欠測値の扱いには注意が必要
通常、欠測値や文字列を0とみなすことは正しくありません。VARPA関数は欠測値を正しく扱うわけではないことに十分注意してください。

8-9 標準偏差を求める

不偏標準偏差と標本標準偏差

標準偏差とは分布の散らばり具合を表す値で、不偏標準偏差と呼ばれる値と標本標準偏差と呼ばれる値があります。不偏標準偏差とは、実験や抜き取り検査で得られたいくつかの値（標本）をもとに、全体のデータ（母集団）の標準偏差を推定したものです。一方、標本標準偏差とは、得られた値が母集団全体の値であるものとして求められた標準偏差の値です。これらは以下のような関数で求められます。

なお、通常、不偏標準偏差は $\sqrt{不偏分散}$ の値に、標本標準偏差は $\sqrt{標本分散}$ の値になっています。分散は元の値の二乗の次数になっていますが、標準偏差は元の値と次数が同じになるので、散らばり具合が直感的にわかります。

不偏標準偏差を求める

◆STDEV.S関数、STDEVA関数
データを正規母集団の標本とみなしたときの母集団の標準偏差を求める

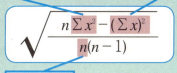

$$\sqrt{\frac{n\sum x^2 - (\sum x)^2}{n(n-1)}}$$

不偏標準偏差を求める

◆STDEV.P関数、STDEVPA関数
データを母集団そのものとみなしたときの標準偏差を求める

$$\sqrt{\frac{n\sum x^2 - (\sum x)^2}{n^2}}$$

8-9

標準偏差を求める

STDEV.S 数値をもとに不偏標準偏差を求める

STDEV 数値をもとに不偏標準偏差を求める

スタンダード・ディビエーション・エス
STDEV.S(数値1, 数値2, …, 数値255)

スタンダード・ディビエーション
STDEV(数値1, 数値2, …, 数値255)

▶**関数の解説**

［数値］を正規母集団の標本とみなして、母集団の標準偏差の推定値（不偏標準偏差）を求めます。

▶**引数の意味**

数値………………… 標本の値を指定します。「,（カンマ）」で区切って255個まで指定できます。

ポイント

- STDEV.S関数とSTDEV関数の働きは同じです。STDEV関数はExcel 2007以前の表と互換性を持たせるために使われる関数です。
- 計算の対象になるのは、数値と数値を含むセルです。
- 文字列、論理値、空のセルは計算の対象となりません。

エラーの意味

エラーの種類	原因	エラーとなる例
[#DIV/O!]	［数値］に含まれる数値が1個以下である	=STDEV.S(1)
[#VALUE!]	引数に数値とみなせない文字列を直接指定した	=STDEV.S("ABC","DEF")

関数の使用例 　母集団の標準偏差の推定値（不偏標準偏差）を求める

実力テストの結果をもとに、母集団の標準偏差の推定値（不偏標準偏差）を求めます。テスト結果はセルB3～B14に入力されています。

=STDEV.S(B3:B14)

セルB3～B14に入力された値をもとに不偏標準偏差を求める。

サイドバー目次
- 1 関数の基本知識
- 2 日付／時刻関数
- 3 数学／三角関数
- 4 論理関数
- 5 検索／行列関数
- 6 データベース関数
- 7 文字列操作関数
- 8 統計関数
- 9 財務関数
- 10 エンジニアリング関数
- 11 情報関数
- 12 キューブ関数
- 13 ウェブ関数
- 付録

数値

| | B15 | : | × | ✓ | fx | =STDEV.S(B3:B14) |

	A	B	C	D	E
1	簿記実力テスト結果				
2	氏名	得点			
3	滝田　秀明	56			
4	玉山　鉄三	72			
5	亀有　和也	71			
6	二宮　勝也	68			
7	松本　駿	70			
8	森田　未来	85			
9	蒼井　遥	61			
10	池尻　エリカ	98			
11	岩見　さとみ	52			
12	上野　朱里	74			
13	松本　奈緒	81			
14	佐藤　ローサ	75			
15	不偏標準偏差	12.566			
16					

❶セルB15に「=STDEV.S(B3:B14)」と入力

参照🔖 関数を入力するには……P.38

サンプル📖 08_037_STDEV_S.xlsx

不偏標準偏差の値が求められた

標準偏差の推定値は12.566であることがわかった

HINT　不偏標準偏差と標本標準偏差

統計学の解説書には、不偏標準偏差のことを「標本標準偏差」と呼び、標本標準偏差のことを単に「標準偏差」と呼んでいるものもあります。Excelの集計機能やピボットテーブルでもそのような表記になっているので注意が必要です。

右上インデックス

8-9　標準偏差を求める

1　関数の基本知識
2　日付／時刻関数
3　数学／三角関数
4　論理関数
5　検索／行列関数
6　データベース関数
7　文字列操作関数
8　統計関数
9　財務関数
10　エンジニアリング関数
11　情報関数
12　キューブ関数
13　ウェブ関数
付録

STDEVA データをもとに不偏標準偏差を求める

スタンダード・ディビエーション・エー
STDEVA(値1, 値2, …, 値255)

▶関数の解説

［値］を正規母集団の標本とみなして、母集団の標準偏差の推定値（不偏標準偏差）を求めます。

▶引数の意味

値……………………… 標本の値を指定します。「，（カンマ）」で区切って255個まで指定できます。

ポイント

- すべてのデータが計算の対象となります。文字列は0とみなされ、論理値については、TRUEが1、FALSEが0とみなされます。
- 空のセルは計算の対象となりません。

エラーの意味

エラーの種類	原因	エラーとなる例
[#DIV/O!]	［値］に含まれる数値が1個以下である	=STDEVA(1)
[#VALUE!]	引数に数値とみなせない文字列を直接指定した	=STDEVA("ABC","DEF")

493
でき る

8-9

標準偏差を求める

関数の使用例 　**母集団の標準偏差の推定値（不偏標準偏差）を求める**

オンライン研修の利用回数をもとに、母集団の標準偏差の推定値（不偏標準偏差）を求めます。
標本となる利用回数はセルB3 〜 B14に入力されています。1回も利用しなかった場合は「未利用」
という文字列が入力されています。その場合の値は0とみなされます。

=STDEVA(B3:B14)

セルB3 〜 B14に入力されたデータをもとに不偏標準偏差を求める。

値

| B15 | ▼ | : | × | ✓ | fx | =STDEVA(B3:B14) |

▲	A	B	C	D	E
1	オンライン研修利用回数				
2	氏名	回数			
3	滝田　秀明	3			
4	玉山　鉄三	4			
5	亀有　和也	5			
6	二宮　勝也	8			
7	松本　駿	2			
8	森田　未来	未利用			
9	蒼井　遥	8			
10	池尻　エリカ	3			
11	岩原　さとみ	6			
12	上野　朱里	4			
13	松本　奈緒	2			
14	佐藤　ローサ	1			
15	不偏標準偏差	2.5525			
16					

❶セルB15に「=STDEVA(B3:B14)」と入力

参照 関数を入力するには……P.38

サンプル 08_038_STDEVA.xlsx

不偏標準偏差の値が求められた

標準偏差の推定値は2.5525で
あることがわかった

> **HINT**
> **欠測値の扱いには注意が必要**
>
> 通常、欠測値や文字列を0とみなすことは正
> しくありません。STDEVA関数は欠測値を
> 正しく扱うわけではないことに十分注意してく
> ださい。　参照 STDEV.S……P.492

> ## STDEV.P 数値をもとに標準偏差を求める

> ## STDEVP 数値をもとに標準偏差を求める

スタンダード・ディビエーション・ピー
STDEV.P(数値1, 数値2, …, 数値255)

スタンダード・ディビエーション・ピー
STDEVP(数値1, 数値2, …, 数値255)

▶関数の解説

［数値］を母集団そのものとみなして標準偏差を求めます。

▶引数の意味

数値………………………標本の値を指定します。「,（カンマ）」で区切って255個まで指定でき
　　　　　　　　　　　　ます。

ポイント

- 計算の対象になるのは、数値と数値を含むセルです。
- 文字列、論理値、空のセルは計算の対象となりません。

（サイドバー項目）

1. 関数の基本知識
2. 日付／時刻関数
3. 数学／三角関数
4. 論理関数
5. 検索／行列関数
6. データベース関数
7. 文字列操作関数
8. 統計関数
9. 財務関数
10. エンジニアリング関数
11. 情報関数
12. キューブ関数
13. ウェブ関数
付録

エラーの意味

エラーの種類	原因	エラーとなる例
[#DIV/0!]	[数値]に含まれる数値が1つもない	=STDEV.P(C3:C14)と入力したがセルC3～C14に数値が入力されていなかった
[#VALUE!]	引数に数値とみなせない文字列を直接指定した	=STDEV.P("ABC","DEF")

関数の使用例　標準偏差の値を求める

実力テストの結果をもとに、標準偏差の値を求めます。テスト結果はセルB3～B14に入力されています。

=STDEV.P(B3:B14)

セルB3～B14に入力された値をもとに標本標準偏差を求める。

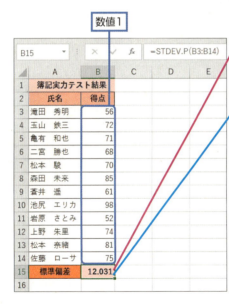

❶セルB15に「=STDEV.P(B3:B14)」と入力

参照▶関数を入力するには……P.38
サンプル▶08_039_STDEV_P.xlsx

標準偏差の値が求められた

テスト結果の標準偏差の値は12.031であることがわかった

活用例　偏差値を求める

得点と平均、標準偏差をもとに偏差値を求めます。偏差値は「(平均－得点)÷標準偏差×10＋50」で求められます。平均や散らばり具合が異なるデータでも、偏差値を利用すれば、値がどのあたりに位置するかを比較できます。平均値と同じ得点の場合、偏差値は50になります。

8-9 標準偏差を求める

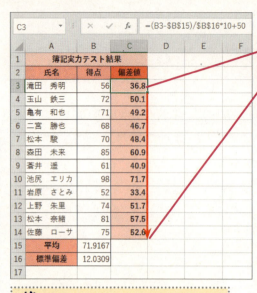

平均と標準偏差のセルを絶対参照で指定する

❶ セルD3に「=(B3-$B$15)/$B$16*10+50」と入力

❷ セルC3をセルC14までコピー

すべての受験者の偏差値がわかった

HINT 偏差値とは

偏差値は、分布の平均が50に、標準偏差が10になるように調整したときの値です。

HINT 分散と標準偏差

分散は平均値と各データの差を二乗した値をもとにして求められますが、標準偏差はその値の正の平方根を取って求められるので、各データと単位が同じになります。したがって、標準偏差のほうが直感的にわかりやすい値になっています。

STDEVPA データをもとに標準偏差を求める

スタンダード・ディビエーション・ピー・エー
STDEVPA(値1, 値2, …, 値255)

▶関数の解説

［値］を母集団そのものとみなして標準偏差を求めます。

▶引数の意味

値……………………… 標本の値を指定します。「,（カンマ）」で区切って255個まで指定できます。

ポイント

- すべてのデータが計算の対象となります。文字列は0とみなされ、論理値については、TRUEが1、FALSEが0とみなされます。
- 空のセルは計算の対象となりません。

エラーの意味

エラーの種類	原因	エラーとなる例
[#DIV/0!]	［値］に指定したセル範囲にデータが1つもない	=STDEVPA(C3:C14) と入力したがセルC3～C14にデータが入力されていなかった
[#VALUE!]	引数に数値とみなせない文字列を直接指定した	=STDEVPA("ABC","DEF")

関数の使用例 利用回数をもとに、標準偏差の値を求める

オンライン研修の利用回数をもとに、標準偏差の値を求めます。利用回数はセルB3～B14に入力されています。1回も利用しなかった場合は「未利用」という文字列が入力されています。その場合の値は0とみなされます。

=STDEVPA(B3:B14)

セルB3～B14に入力されたデータをもとに標本標準偏差を求める。

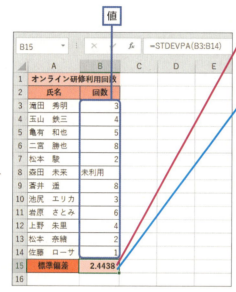

❶ セルB15に「=STDEVPA(B3:B14)」と入力

参照▶関数を入力するには……P.38
サンプル▶08_040_STDEVPA.xlsx

標準偏差の値が求められた

利用回数の標準偏差の値は2.4438であることがわかった

HINT 欠測値の扱いには注意が必要

通常、欠測値や文字列を0とみなすことは正しくありません。STDEVPA関数は欠測値を正しく扱うわけではないことに十分注意してください。 参照▶STDEV.P……P.494

8-10 平均偏差や変動を求める

AVEDEV関数、DEVSQ関数

平均偏差を求めるにはAVEDEV関数を利用します。偏差とは、各データと平均値との差のことで、平均偏差は、偏差の絶対値の平均のことです。一方、変動を求めるにはDEVSQ関数を利用します。変動とは偏差の二乗の総和で、データの散らばり具合を表します。変動は、分散や標準偏差を求めるのに使う基本的な値です。

AVEDEV関数、DEVSQ関数の違い

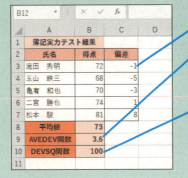

データと平均値の差（偏差）

◆AVEDEV関数
偏差の絶対値の平均を求める。ここでは、
$(|-1|+|-5|+|-3|+|1|+|8|) \div 5 = 3.6$

◆DEVSQ関数
偏差の二乗の合計を求める。ここでは、
$(-1)^2+(-5)^2+(-3)^2+1^2+8^2=100$

▶ AVEDEV 数値をもとに平均偏差を求める

アベレージ・ディビエーション
AVEDEV(数値1, 数値2, …, 数値255)

▶関数の解説

［数値］をもとに平均偏差を求めます。

▶引数の意味

数値……………… 標本の値を指定します。「,（カンマ）」で区切って255個まで指定できます。

[ポイント]
- 計算の対象になるのは、数値と数値を含むセルです。
- 文字列、論理値、空のセルは計算の対象となりません。

エラーの意味

エラーの種類	原因	エラーとなる例
[#NUM!]	[数値]に含まれる数値が1つもない	=AVEDEV(C3:C14)と入力したがセル C3～C14に数値が入力されていなかった
[#VALUE!]	引数に数値とみなせない文字列を直接指定した	=AVEDEV("ABC","DEF")

関数の使用例　平均偏差の値を求める

実力テストの結果をもとに、平均偏差の値を求めます。テスト結果はセルB3～B14に入力されています。

=AVEDEV(B3:B14)

セルB3～B14に入力された数値をもとに平均偏差を求める。

数値

❶セルB15に「=AVEDEV(B3:B14)」と入力

参照 関数を入力するには……P.38

サンプル 08_041_AVEDEV.xlsx

平均偏差の値が求められた

テスト結果の平均偏差の値は8.9167であることがわかった

DEVSQ 数値をもとに変動を求める

ディビエーション・スクエア
DEVSQ(数値1, 数値2, …, 数値255)

▶関数の解説

[数値]をもとに変動を求めます。

▶引数の意味

数値………………………標本の値を指定します。「,（カンマ）」で区切って255個まで指定できます。

ポイント

・計算の対象になるのは、数値と数値を含むセルです。

・文字列、論理値、空のセルは計算の対象となりません。

8-10
平均偏差や変動を求める

1 関数の基本知識
2 日付／時刻関数
3 数学／三角関数
4 論理関数
5 検索／行列関数
6 データベース関数
7 文字列操作関数
8 統計関数
9 財務関数
10 エンジニアリング関数
11 情報関数
12 キューブ関数
13 ウェブ関数
付　録

499

8-10 平均偏差や変動を求める

エラーの意味

エラーの種類	原因	エラーとなる例
[#NUM!]	[数値] に含まれる数値が1つもない	=DEVSQ(C3:C14) と入力したがセルC3～C14に数値が入力されていなかった
[#VALUE!]	引数に数値とみなせない文字列を直接指定した	=DEVSQ("ABC","DEF")

関数の使用例　変動の値を求める

実力テストの結果をもとに、変動の値を求めます。テスト結果はセルB3～B14に入力されています。

=DEVSQ(B3:B14)

セルB3～B14に入力された数値をもとに変動を求める。

数値1

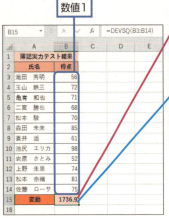

❶セルB15に「=DEVSQ(B3:B14)」と入力

参照▶関数を入力するには……P.38
サンプル▶08_042_DEVSQ.xlsx

変動の値が求められた

テスト結果の変動の値は1736.9であることがわかった

> **HINT 変動から分散や標準偏差を求めるには**
>
> 変動の値をデータの個数で割ると標本分散が求められ、データの個数-1で割ると不偏分散が求められます。それらの正の平方根を求めると、標本標準偏差と不偏標準偏差になります。
> 上の例であれば、「=DEVSQ(B3:B14)/COUNT(B3:B14)」の結果と「=VAR.P(B3:B14)」の結果が等しくなります。
>
> 参照▶VAR.P……P.488
> 参照▶VAR.S……P.486
> 参照▶STDEV.P……P.494
> 参照▶STDEV.S……P.492
> 参照▶COUNT……P.433

8-11 データを標準化する

STANDARDIZE 数値データをもとに標準化変量を求める

STANDARDIZE(値, 平均値, 標準偏差)
スタンダーダイズ

▶関数の解説

[値] を標準化した標準化変量を求めます。標準化とは、平均が0、分散が1の正規分布になるように値を補正することです。値を標準化すると、身長と体重など、単位の異なるデータの分布を比較しやすくなります。標準化変量は、([値] − [平均値]) ÷ [標準偏差] で求められます。

▶引数の意味

値‥‥‥‥‥‥‥‥‥‥‥‥ 標準化したい数値を指定します。

平均値‥‥‥‥‥‥‥‥‥ 全体の算術平均（相加平均）を指定します。

標準偏差‥‥‥‥‥‥‥ 標準偏差を指定します。

ポイント

- 文字列は計算の対象となりません。
- 空のセルは0とみなされます。

エラーの意味

エラーの種類	原因	エラーとなる例
[#NUM!]	[標準偏差] に 0 以下の値を指定した	=STANDARDIZE(B3,B15,0)
[#VALUE!]	[値] や [平均値] に数値とみなせない文字列を直接指定した	=STANDARDIZE("A",B15,B16)

関数の使用例　標準化変量の値を求める

実力テストの結果をもとに、標準化変量の値を求めます。テスト結果はセルB3 〜 B14に入力されており、平均値がセルB15に、標本標準偏差がセルB16に求められているものとします。

=STANDARDIZE(B3,B15,B16)

セルB3に入力された値を標準化する。平均値はセルB15に、標本標準偏差はセルB16に入力されている。

8-11
データを標準化する

1 関数の基本知識
2 日付／時刻関数
3 数学／三角関数
4 論理関数
5 検索／行列関数
6 データベース関数
7 文字列操作関数
8 統計関数
9 財務関数
10 エンジニアリング関数
11 情報関数
12 キューブ関数
13 ウェブ関数
付 録

501
できる

8-11 データを標準化する

値

❶セルC3に「=STANDARDIZE(B3,$B$15, $B$16)」と入力

参照▶関数を入力するには……P.38
サンプル●08_043_STANDARDIZE.xlsx

標準化変量の値が求められた

テスト結果の標準化変量の値は-1.3230であることがわかった

❷セルC3をセルC14までコピー

すべてのテスト結果の標準化変量の値がわかった

標準偏差　平均値

活用例　標準化変量を使って偏差値を求める

標準化変量は（[値] - [平均値]）÷[標準偏差]で求められるので、この値に10を掛け、50を足せば偏差値になります。496ページで求めた偏差値は、STANDERDIZE関数を使えば以下のように求められます。

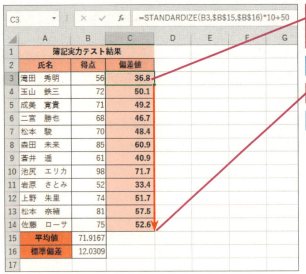

❶セルC3に「=STANDARDIZE(B3, $B$15, $B$16)*10+50」と入力

偏差値が求められた

❷セルC3をセルC14までコピー

すべての偏差値が求められた

8-12 歪度や尖度を求める

SKEW関数、SKEW.P関数、KURT関数

歪度（わいど）を求めるにはSKEW関数やSKEW.P関数を利用します。歪度は分布が左右対称になっているかどうかを調べるのに役立ちます。

尖度（せんど）を求めるにはKURT関数を利用します。尖度は、正規分布と比べて分布が尖った形になっているか、平坦な形になっているかを調べるのに役立ちます。

歪度を求める

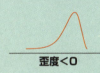
歪度<0

◆正規分布
歪度=0　歪度>0

分布がどちらに偏っているかがわかる

SKEW 関数での歪度の定義

$$\frac{n}{(n-1)(n-2)} \sum \left(\frac{x_i - \overline{x}}{s}\right)^3$$

SKEW.P 関数での歪度の定義

$$\frac{\sum (x_i - \overline{x})^3}{ns^3}$$

sは標準偏差

KURT関数とは

尖度<0

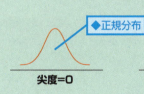
◆正規分布
尖度=0

尖度>0

平均値付近に値が集中しているかどうかがわかる

KURT 関数での尖度の定義

$$\left\{\frac{n(n+1)}{(n-1)(n-2)(n-3)} \sum \left(\frac{x_i - \overline{x}}{s}\right)^4\right\} - \frac{3(n-1)^2}{(n-2)(n-3)}$$

一般的な尖度の定義

$$\frac{\sum (x_i - \overline{x})^4}{ns^4}$$

sは標準偏差。この場合、正規分布の尖度は3となる。この値から3を引いた値を尖度とすることもある

SKEW 歪度を求める（SPSS方式）

SKEW(数値1, 数値2, …, 数値255)

▶関数の解説

［数値］をもとに歪度を求めます。結果が正であれば右側のすそが長く左側に山が寄っている分布、負であれば左側のすそが長く右側に山が寄っている分布、0であれば左右対称な分布です。

▶引数の意味

数値……………………標本の値を指定します。「,（カンマ）」で区切って255個まで指定できます。

[ポイント]
- SKEW関数で求められる歪度はSPSSなどの有名な統計パッケージで定義されている歪度と同じです。
- 計算の対象になるのは、数値と数値を含むセルです。
- 文字列、論理値、空のセルは計算の対象となりません。

[エラーの意味]

エラーの種類	原因	エラーとなる例
[#DIV/0!]	［数値］に含まれる数値が2個以下である	=SKEW(1,2)
[#VALUE!]	引数に数値とみなせない文字列を直接指定した	=SKEW("A","B","C")

関数の使用例　分布の歪度を求める

実力テストの結果をもとに、分布の歪度を求めます。テスト結果はセルB3～B14に入力されています。

=SKEW(B3:B14)

セルB3～B14に入力されている値をもとに歪度を求める。

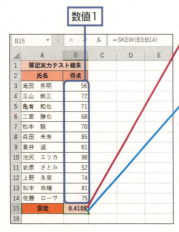

❶セルB15に「=SKEW(B3:B14)」と入力

参照▶関数を入力するには……P.38
サンプル▶08_044_SKEW.xlsx

歪度の値が求められた

歪度の値は0.4108であることがわかった

左右はほぼ対称だが、正規分布より右側にすそが長い分布であることがわかった

SKEW.P 歪度を求める

SKEW.P(数値1, 数値2, …, 数値255)
（スキュー・ピー）

▶関数の解説
[数値]をもとに歪度を求めます。結果が正であれば右側のすそが長く左側に山が寄っている分布、負であれば左側のすそが長く右側に山が寄っている分布、0であれば左右対称な分布です。

▶引数の意味
数値………………… 標本の値を指定します。「，（カンマ）」で区切って255個まで指定できます。

ポイント
- この関数はExcel 2013で新たに追加されたものです。Excel 2010以前では使えません。
- SKEW.P関数で求められる歪度は、古くから使われている一般的な定義の歪度です。
- 計算の対象になるのは、数値と数値を含むセルです。
- 文字列、論理値、空のセルは計算の対象となりません。

エラーの意味

エラーの種類	原因	エラーとなる例
[#DIV/0!]	[数値]に含まれる数値が2個以下である	=SKEW.P(1,2)
[#VALUE!]	引数に数値とみなせない文字列を直接指定した	=SKEW.P("A","B","C")

関数の使用例　分布の歪度を求める

実力テストの結果をもとに、分布の歪度を求めます。テスト結果はセルB3～B14に入力されています。

=SKEW.P(B3:B14)

セルB3～B14に入力されている値をもとに歪度を求める。

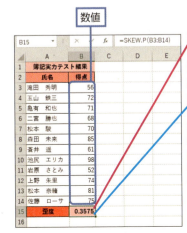

❶セルB15に「=SKEW.P(B3:B14)」と入力

参照 関数を入力するには……P.38
サンプル 08_045_SKEW_P.xlsx

歪度の値が求められた

歪度の値は0.3575であることがわかった

左右はほぼ対称だが、正規分布より右側にすそが長い分布であることがわかった

8-12

歪度や尖度を求める

KURT 尖度を求める（SPSS方式）

KURT(数値１, 数値２, …, 数値２５５)
（カート）

▶関数の解説

［数値］をもとに尖度を求めます。結果が正であれば分布はとがった形になり、負であれば分布は平坦な形になります。0に近ければ正規分布に近くなります。

▶引数の意味

数値………………… 標本の値を指定します。「,（カンマ）」で区切って255個まで指定できます。

ポイント

- KURT関数で求められる歪度はSPSSなどの有名な統計パッケージで定義されている歪度と同じです。
- 計算の対象になるのは、数値と数値を含むセルです。
- 文字列、論理値、空のセルは計算の対象となりません。

エラーの意味

エラーの種類	原因	エラーとなる例
［#DIV/0!］	［数値］に含まれる数値が３個以下である	=KURT(1,2,3)
［#VALUE!］	引数に数値とみなせない文字列を直接指定した	=KURT("A","B","C","D")

関数の使用例　分布の尖度を求める

実力テストの結果をもとに、分布の尖度を求めます。テスト結果はセルB3 ～ B14に入力されています。

=KURT(B3:B14)

セルB3 ～ B14に入力されている値をもとに尖度を求める。

数値１

❶セルB15に「=KURT(B3:B14)」と入力

参照 関数を入力するには……P.38

サンプル 08_046_KURT.xlsx

尖度の値が表示された

尖度の値は0.6123であることがわかった

値は正の数なので、正規分布よりもとがった形になっていることがわかった

506

できる

HINT 一般的な定義の尖度を求めるには

KURT関数で求められる尖度はSPSSなどで定義されている尖度です。古くから使われてきた一般的な定義にしたがって尖度を求めるには、

まず、各データと平均値の差を求め、その4乗の総和を求めます。続いて、その値を（データの個数×標本標準偏差の4乗）で割ります。

	A	B	C	D	E	F
	C16	▼ : × ✓ fx	=SUM(C3:C14)/(COUNT(B3:B14)*B16^4)			
1		簿記実力テスト結果				
2	氏名	得点	偏差の4乗			
3	滝田　秀明	56	64181.296			
4	玉山　鉄三	72	0.000			
5	成美　寛貴	71	0.706			
6	二宮　勝也	68	235.324			
7	松本　駿	70	13.495			
8	森田　未来	85	29300.405			
9	蒼井　通	61	14202.350			
10	池尻　エリカ	98	462862.894			
11	岩原　さとみ	52	157349.954			
12	上野　朱里	74	18.838			
13	松本　奈緒	81	6807.396			
14	佐藤　ローサ	75	90.382			
15	平均	71.9167	尖度			
16	標準偏差	12.0309	2.9238			
17						

❶ セルC3に「=(B3- $B15)^4」と入力

❷ セルC3をセルC14までコピー

❸ セルC16に「=SUM(C3:C14)/(COUNT(B3:B14)*B16^4)」と入力

一般的な定義の尖度が求められた

8-13 回帰直線を利用した予測を行う

回帰直線を求め、予測を行うための関数

回帰直線とは、いくつかのデータのできるだけ近くを通る直線のことです。回帰直線を求めることによって変数の関係を知ることを回帰分析といいます。回帰分析では、予測に使う元の値のことを独立変数と呼び、予測される値のことを従属変数と呼びます。

回帰分析には、1つの独立変数と1つの従属変数を使う単回帰分析と、複数の独立変数と1つの従属変数を使う重回帰分析があります。

Excelでは、以下のような、回帰分析のための関数が提供されています。

FORECAST関数、TREND関数、SLOPE関数、INTERCEPT関数

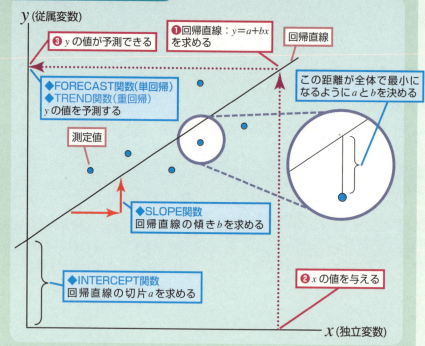

※重回帰の場合、直線ではなく平面(または超平面)になりますが、本書ではまとめて「回帰直線」と呼ぶことにします。

回帰直線の傾きbと切片aを求める式

$$b = \frac{n\sum xy - (\sum x)(\sum y)}{n\sum x^2 - (\sum x)^2} \qquad a = \overline{y} - b\overline{x}$$

8-13 回帰直線を利用した予測を行う

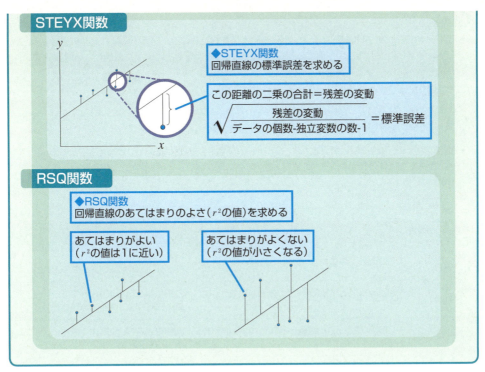

FORECAST.LINEAR 回帰直線を使って予測する(単回帰分析)

FORECAST 回帰直線を使って予測する(単回帰分析)

FORECAST.LINEAR(フォーキャスト・リニア)(予測に使うx, 既知のy, 既知のx)

FORECAST(フォーキャスト)(予測に使うx, 既知のy, 既知のx)

▶関数の解説

[既知のy]と[既知のx]をもとに回帰直線を求め、[予測に使うx]に対するyの値を求めます。このとき、すでにわかっているデータのできるだけ近くを通るように、回帰直線y=a+bxの切片aと傾きbの値が決められます。なお、回帰直線のyは従属変数または目的変数と呼ばれ、xは独立変数または説明変数と呼ばれます。

▶引数の意味

予測に使うx………… yの値を予測するために使うxの値を指定します。

既知のy……………… すでに分かっているyの値をセル範囲または配列で指定します。

既知のx……………… すでに分かっているxの値をセル範囲または配列で指定します。

参照 配列を利用する……P.64

509

8-13 回帰直線を利用した予測を行う

ポイント

- FORECAST.LINEAR関数はExcel 2016で追加されたもので、FORECAST関数の働きも同じです。FORECAST関数はExcel 2013以前の表と互換性を持たせるために使われる関数です。
- この方法はxとyの関係が直線的であると考えられる場合に有効です。直線があてはめられないような場合には、この方法で予測しても意味がありません。
- 計算の対象になるのは、数値と数値を含むセルです。
- [予測に使うx] に空のセルを指定すると0が指定されたものとみなされます。
- [既知のy] や [既知のx] に含まれる文字列や論理値、空のセルは計算の対象になりません。いずれか一方だけが計算の対象にならない場合でも、そのyの値とxの値の両方が計算から除外されます。

エラーの意味

エラーの種類	原因	エラーとなる例
[#DIV/0!]	[既知のx] の値がすべて同じである	=FORECAST.LINEAR (10,{100,200,300},{10,10,10})
[#N/A]	[既知のy] と [既知のx] の個数が異なっている	=FORECAST.LINEAR (A8,B3:B7,A3:A6) [#VALUE!]
[#VALUE!]	[予測に使うx] に数値とみなせない文字列を直接指定した	=FORECAST.LINEAR ("x",B3:B7,A3:A7)

関数の使用例　売上金額をもとに、2018年の売上を予測する

2013年から2017年までの売上金額をもとに、2018年の売上を予測します。

=FORECAST.LINEAR(A8,B3:B7,A3:A7)

セルA8に入力されたxの値に対するyの値を予測する。[既知のy] はセルB3 〜 B7に、[既知のx] はセルA3 〜 A7に入力されているものとする。

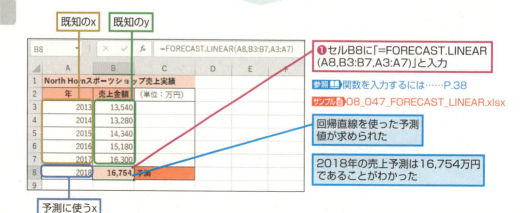

❶ セルB8に「=FORECAST.LINEAR(A8,B3:B7,A3:A7)」と入力

参照▶関数を入力するには……P.38
サンプル▶08_047_FORECAST_LINEAR.xlsx

回帰直線を使った予測値が求められた

2018年の売上予測は16,754万円であることがわかった

オートフィルでも予測できる

[既知のx]の値が一定の間隔で並んでいる場合は、関数を使わずに、オートフィルを使って予測することもできます。

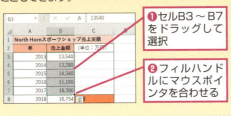

❶セルB3～B7をドラッグして選択
❷フィルハンドルにマウスポインタを合わせる
❸ここまでドラッグ
売上予測が求められた

TREND 重回帰分析を使って予測する

TREND(既知のy, 既知のx, 予測に使うxの範囲, 切片)

▶関数の解説

[既知のy]と[既知のx]をもとに回帰式を求め、[予測に使うxの範囲]に対するyの値を求めます。回帰式は $y = a + bx_1 + cx_2 + \cdots$ で表されます。

▶引数の意味

既知のy............すでにわかっているyの値をセル範囲または配列で指定します。

既知のx............すでにわかっているxの値をセル範囲または配列で指定します。

予測に使うxの範囲....yの値を予測するために使うxの値を指定します。セルやセル範囲、配列も指定できます。

参照▶配列を利用する......P.64

切片................回帰式の切片aの取り扱いを指定します。
　　　　　　　　　┬ TRUEまたは省略........切片aを計算する
　　　　　　　　　└ FALSE...................切片を0とする

▶ポイント

- この方法はxとyの関係が直線的であると考えられる場合に有効です。直線的でない場合には、この方法で予測しても意味がありません。
- [既知のy]の個数と[既知のx]の個数が同じ場合、単回帰とみなされます。この場合、回帰直線は $y = a + bx_1$ となります。
- [既知のx]の個数が[既知のy]の個数の2倍以上の整数倍の場合、重回帰とみなされます。たとえば、[既知のx]が2列で、[既知のy]が1列の場合、独立変数が2つになり、回帰式は $y = a + bx_1 + cx_2$ になります。
- [予測に使うxの範囲]は独立変数の個数×予測したいyの個数分指定します。独立変数は、単回帰の場合は1つ、重回帰の場合は複数となります。
- 予測したいyの個数が複数の場合、複数のyの値を予測できます。その場合は、配列数式として入力します。

参照▶配列数式......P.64

- [予測に使うxの範囲]に空のセルを指定すると0が指定されたものとみなされます。

8-13 回帰直線を利用した予測を行う

エラーの意味

エラーの種類	原因	エラーとなる例
[#REF!]	[既知のx]の個数が[既知のy]の個数の整数倍でない	=TREND(B3:B7,A3:A6,A8:A10)
	[予測に使う既知のx]の個数が独立変数の整数倍でない	=TREND(C3:C7,A3:B7,A8)
[#VALUE!]	[既知のy]と[既知のx]に数値以外の値を指定した	=TREND({100,200,300},{20,30,"x"},50)
	[予測に使うxの範囲]や[切片]に文字列を指定した	=TREND(B3:B7,A3:A6,"x")

関数の使用例① 2018年から2020年までの売上を予測する

2013年から2017年までの売上金額をもとに、2018年から2020年までの売上を予測します。この例では、年から売上を予測するので、単回帰分析となります。

=TREND(B3:B7,A3:A7,A8:A10)

セルB3～セルB7に入力された[既知のy]と、セルA3～A7に入力された[既知のx]をもとに、セルA8～A10の[予測に使うxの範囲]対するyの値を求める。複数のyの値を求めるので配列数式として入力する。

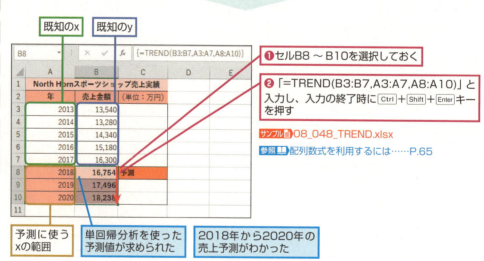

❶ セルB8～B10を選択しておく

❷ 「=TREND(B3:B7,A3:A7,A8:A10)」と入力し、入力の終了時に [Ctrl]+[Shift]+[Enter]キーを押す

サンプル 08_048_TREND.xlsx
参照 配列数式を利用するには……P.65

既知のx　既知のy
予測に使うxの範囲
単回帰分析を使った予測値が求められた
2018年から2020年の売上予測がわかった

HINT オートフィルでも予測できる

[xの範囲]の値が一定の間隔で並んでいる場合は、関数を使わずに、オートフィルを使って予測を行うこともできます。操作例は511ページを参照してください。
参照 オートフィルでも予測できる……P.511

8-13 回帰直線を利用した予測を行う

関数の使用例② 2018年の売上金額を予測する

2013年から2017年までのイベント回数と広告回数を独立変数として重回帰分析を行い、80回のイベントと50回の広告を打った場合の2018年の売上金額を予測します。

=TREND(D3:D7,B3:C7,B8:C8)

セルD3～D7に入力された［既知のy］と、セルB3～C7に入力された［既知のx］をもとに、セルB8～C10の［予測に使うxの範囲］に対するyの値を求める。求めるyの値は1つなので配列数式として入力する必要はない。

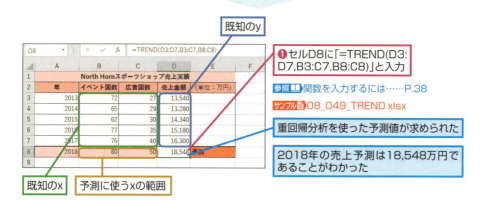

❶セルD8に「=TREND(D3:D7,B3:C7,B8:C8)」と入力

参照▶関数を入力するには……P.38
サンプル▶08_049_TREND.xlsx

重回帰分析を使った予測値が求められた

2018年の売上予測は18,548万円であることがわかった

HINT 重回帰分析では多重共線性に注意

重回帰分析では、似たような独立変数を複数使っても意味がありません（これを多重共線性と言います）。ここでの例であれば、イベント回数と広告回数に強い相関がある場合には、ほかの独立変数を選ぶ必要があります。

SLOPE 回帰直線の傾きを求める

SLOPE(既知のy, 既知のx)
（スロープ）

▶関数の解説

［既知のy］と［既知のx］から求めた回帰直線 $y = a + bx$ の傾きbを返します。なお、回帰直線のyは従属変数または目的変数と呼ばれ、xは独立変数または説明変数と呼ばれます。

▶引数の意味

既知のy……………すでにわかっているyの値をセル範囲または配列で指定します。

既知のx……………すでにわかっているxの値をセル範囲または配列で指定します。

参照▶配列を利用する……P.64

8-13 回帰直線を利用した予測を行う

ポイント

この方法はxとyの関係が直線的であると考えられる場合に有効です。直線があてはめられないような場合には、この方法で傾きを求めても意味はありません。

- 計算の対象になるのは、数値と数値を含むセルです。
- [既知のy] や [既知のx] に含まれる文字列や論理値、空のセルは計算の対象になりません。いずれか一方だけが計算の対象にならない場合でも、そのyの値とxの値の両方計算から除外されます。

エラーの意味

エラーの種類	原因	エラーとなる例
[#DIV/O!]	[既知の x] の値がすべて同じである	=SLOPE({100,200,300},{10,10,10})
[#N/A]	[既知の y] と [既知の x] の個数が異なっている	=SLOPE(B3:B7,A3:A6)

関数の使用例　平均的な売上金額の伸び（回帰直線の傾き）を求める

2013年から2017年までの売上金額をもとに、平均的な売上金額の伸び（回帰直線の傾き）を求めます。

=SLOPE(B3:B7,A3:A7)

セルB3 〜セルB7に入力された [既知のy] と、セルA3 〜 A7に入力された [既知のx] をもとに、回帰直線の傾きを返す。

既知のx　既知のy

B8			fx	=SLOPE(B3:B7,A3:A7)	
	A	B	C	D	
1	North Hornスポーツショップ売上実績				
2	年	売上金額	(単位：万円)		
3	2013	13,540			
4	2014	13,280			
5	2015	14,340			
6	2016	15,180			
7	2017	16,300			
8	伸び/年	742			
9					

❶セルB8に「=SLOPE(B3:B7,A3:A7)」と入力

参照 関数を入力するには……P.38

サンプル 08_050_SLOPE.xlsx

回帰直線の傾きが求められた

平均的な売上の伸びは毎年742万円であることがわかった

HINT 重回帰分析の係数を求めるには

SLOPE関数では、単回帰分析の回帰直線の傾き(係数)が求められます。重回帰分析の回帰式の係数を求めるには、LINEST関数を使います。

参照 LINEST……P.516

INTERCEPT 回帰直線の切片を求める

8-13

回帰直線を利用した予測を行う

INTERCEPT(既知のy, 既知のx)
インターセプト

▶関数の解説

［既知のy］と［既知のx］から求めた回帰直線 $y = a + bx$ の切片aを返します。なお、回帰直線のy は従属変数または目的変数と呼ばれ、xは独立変数または説明変数と呼ばれます。

▶引数の意味

既知のy ·····················すでにわかっているyの値をセル範囲または配列で指定します。

既知のx ·····················すでにわかっているxの値をセル範囲または配列で指定します。

参照 配列を利用する……P.64

ポイント

- この方法はxとyの関係が直線的であると考えられる場合に有効です。直線があてはめられないような場合には、この方法で切片を求めても意味はありません。
- 計算の対象になるのは、数値と数値を含むセルです。
- ［既知のy］や［既知のx］に含まれる文字列や論理値、空のセルは計算の対象になりません。いずれか一方だけが計算の対象にならない場合でも、そのyの値とxの値のいずれもが計算から除外されます。

エラーの意味

エラーの種類	原因	エラーとなる例
［#DIV/0!］	［既知の x］の値がすべて同じである	=INTERCEPT({100,200,300},{10,10,10})
［#N/A］	［既知の y］と［既知の x］の個数が異なっている	=INTERCEPT(B3:B7,A3:A6)

1 関数の基本知識
2 日付／時刻関数
3 数学／三角関数
4 論理関数
5 検索／行列関数
6 データベース関数
7 文字列操作関数
8 統計関数
9 財務関数
10 エンジニアリング関数
11 情報関数
12 キューブ関数
13 ウェブ関数
付録

関数の使用例　回帰直線の切片を求め、海抜3000メートルの気温を求める

海抜0メートルから1050メートルまでの地点で測定された気温をもとに、回帰直線の切片を求め、海抜3000メートルの気温を求めます。

=INTERCEPT(C6:C10,B6:B10)

セルB3 〜 B7に入力された［既知のy］と、セルA3 〜 A7に入力された［既知のx］をもとに、回帰直線の切片を返す。

515

8-13 回帰直線を利用した予測を行う

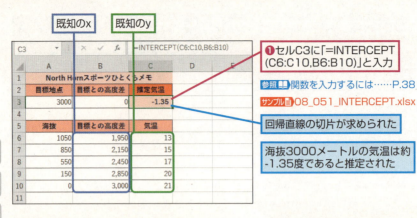

❶セルC3に「=INTERCEPT(C6:C10,B6:B10)」と入力

参照▶関数を入力するには……P.38
サンプル▶08_051_INTERCEPT.xlsx

回帰直線の切片が求められた

海抜3000メートルの気温は約-1.35度であると推定された

HINT 回帰直線の切片とは

切片とは、xの値が0のときのyの値です。上の使用例では、海抜0メートルから1050メートルまでの気温がわかっているときに3000メートルの気温を推定するため、3000メートルの地点を0として、そこからの距離をxとし、気温をyとしています。

HINT 重回帰分析の定数項を求めるには

INTERCEPT関数では、単回帰分析の回帰直線の切片(定数項)が求められます。重回帰分析の回帰式の定数項を求めるには、LINEST関数を使います。
参照▶LINEST……P.516

▶ LINEST 重回帰分析により係数や定数項を求める

LINEST(既知のy, 既知のx, 定数項の扱い, 補正項の扱い)
（ライン・エスティメーション）

▶関数の解説

［既知のy］と［既知のx］をもとに、回帰直線 $y = a + bx_1 + cx_2 + \cdots\cdots$ を求め、係数や定数項（切片）を求めます。補正項の値も求められます。2つ以上の値を求める場合は配列数式として入力します。

参照▶配列数式……P.64

▶引数の意味

既知のy……………すでにわかっているyの値をセル範囲または配列で指定します。

既知のx……………すでにわかっているxの値をセル範囲または配列で指定します。

参照▶配列を利用する……P.64

定数項の扱い…………定数項aの取り扱いを指定します。
　　　　　　　　　┌ TRUE ………………定数項aを計算する
　　　　　　　　　└ FALSEまたは省略……定数項を0とする

補正項の扱い…………補正項の取り扱いを指定します。
　　　　　　　　　┌ TRUE ………………補正項を計算する
　　　　　　　　　└ FALSEまたは省略……係数と定数項だけを計算する

ポイント

この方法はxとyの関係が直線的であると考えられる場合に有効です。直線的でない場合には、この方法で係数や定数項を求めても意味がありません。

- [既知のy] の個数と [既知のx] の個数が同じ場合、単回帰とみなされます。この場合、回帰直線は $y = a + bx$ となります。
- [既知のx] の個数が [既知のy] の個数の2倍以上の整数倍の場合、重回帰とみなされます。たとえば、[既知のx] が2列で、[既知のy] が1列の場合、独立変数が2つになり、回帰式は $y = a + bx_1 + cx_2$ になります。
- 補正項を求める場合、結果の範囲には、下の表のような値が表示されます。複数の値が返されるので、結果を表示したい範囲をあらかじめ選択しておき、配列数式として関数を入力する必要があります。

回帰式が $y = a + m_1x_1 + m_2x_2 + \cdots\cdots + m_{n-1}x_{n-1} + m_nx_n$ の場合の結果

mn	mn-1	……	m2	m1	a
標準誤差 n	標準誤差 n-1	……	標準誤差 2	標準誤差 1	標準誤差 a
確実度係数 r^2	y の標準誤差	#N/A	#N/A	#N/A	#N/A
F 補正項	自由度	#N/A	#N/A	#N/A	#N/A
回帰の平方和	残差の平方和	#N/A	#N/A	#N/A	#N/A

関数を入力する範囲はn+1列×5行となります。確実度係数は寄与率とも呼ばれます。

エラーの意味

エラーの種類	原因	エラーとなる例
[#REF!]	[既知の x] の個数が [既知の y] の個数の整数倍でない	=LINEST(C6:C10,B6:B9)
[#VALUE!]	[既知の y] と [既知の x] に数値以外の値を指定した	=LINEST({100,200,300},{20,30,"x"})
	[定数項の扱い] や [補正項の扱い] に文字列を指定した	=LINEST(C6:C10;B6:B10,"x")

関数の使用例① 回帰直線の係数と定数項を求める

海抜0メートルから1050メートルまでの地点で測定された気温をもとに、回帰直線の係数と定数項を求めます。海抜3000メートルの地点を0地点として、そこからの高度差と気温の関係を調べます。

=LINEST(C6:C10,B6:B10,TRUE,FALSE)

セルB3 ～ B7に入力された [既知のy] と、セルA3 ～ A7に入力された [既知のx] をもとに、回帰直線の係数と定数項を返す。補正項の情報は不要なので、[補正項の扱い] にはFALSEを指定する。

8-13 回帰直線を利用した予測を行う

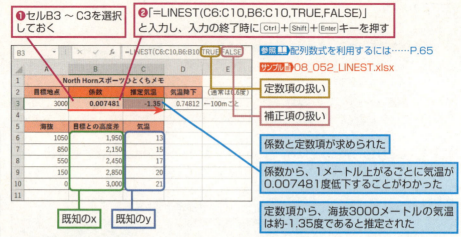

関数の使用例② 係数、定数項、補正項の情報を求める

2013年から2017年までのイベント回数と広告回数を独立変数とし、売上金額を従属変数として、重回帰分析を行い、係数、定数項、補正項の情報を求めます。

=LINEST(D3:D7,B3:C7,,TRUE)

セルD3～D7に入力された［既知のy］と、セルB3～C7に入力された［既知のx］をもとに、重回帰分析を行い、係数、定数項、補正項の値をすべて求める。複数の値を求めるので配列数式として入力する。

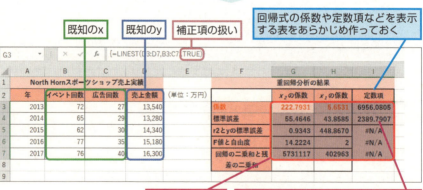

回帰式は $y=6956.0805+5.6531x_1+222.7931x_2$ となることがわかった

8-13 回帰直線を利用した予測を行う

💡HINT 係数の順序に注意

LINEST関数で求められる回帰式は$y=a+bx_1+cx_2+\cdots$という形式ですが、結果として求められる係数は式の順序とは逆です。

前ページの例であれば、x_1がイベント回数、x_2が広告回数ですが、求められた係数はx_2、x_1の順に並んでいます。

💡HINT 回帰直線のあてはまりのよさと係数の有効性の検定も行える

r^2は回帰直線のあてはまりのよさを表し、1に近いほどあてはまりがよいと考えられます。F値と自由度を利用すれば、このあてはまりのよさの検定ができます。式は、以下のとおりです。

●F.DIST.RT(F値, データの件数-自由度-1,自由度)
この結果（確率）が小さければ、あてはまりがよいと考えられます。
参照📖F.DIST.RT……P.604

また、それぞれの係数の有効性の検定ができます。これには係数の値と標準誤差を利用します。

●T.DIST.2T(ABS(係数/標準誤差), 自由度)
ABS関数は絶対値を求める関数です。T.DIST.2T関数で両側検定を行います。この結果（確率）が小さければ、係数に有効性があるといえます。
参照📖T.DIST.2T……P.591
参照📖ABS……P.163

	F	G	H	I
	G12		=F.DIST.RT(G6,G11,H11)	
1		重回帰分析の結果		
2		x_2の係数	x_1の係数	定数項
3	係数	222.7931	5.6531	6956.0305
4	標準誤差	55.4646	43.8585	2385.7907
5	r2とyの標準誤差	0.9343	448.8670	#N/A
6	F値と自由度	14.2224	2	#N/A
7	回帰の二乗和と残	5731117	402963	#N/A
8	差の二乗和			
9				
10	F検定	自由度1	自由度2	
11		2	2	
12	確率	0.0656925		
13				
14	T検定	x_2の係数	x_1の係数	
15	t値	4.016854611	0.12889483	
16	両側確率	0.056752	0.909234	
17				

「=F.DIST.RT(G6,G11,H11)」と入力されている

確率が5％よりも高いので有意ではない。回帰直線のあてはまりはよいとはいえない

「=G3/G4」と入力されている

「=T.DIST.2T(ABS(G15), $H $6)」と入力されている

確率が5％よりも高いので有意ではない。x_2の係数は有効とはいえない

1 関数の基本知識
2 日付／時刻関数
3 数学／三角関数
4 論理関数
5 検索／行列関数
6 データベース関数
7 文字列操作関数
8 統計関数
9 財務関数
10 エンジニアリング関数
11 情報関数
12 キューブ関数
13 ウェブ関数
付録

8-13 回帰直線を利用した予測を行う

STEYX 回帰直線の標準誤差を求める

スタンダード・エラー・ワイ・エックス
STEYX(既知のy, 既知のx)

▶関数の解説

[既知のy] と [既知のx] をもとにyの標準誤差を求めます。なお、回帰直線のyは従属変数または目的変数と呼ばれ、xは独立変数または説明変数と呼ばれます。

▶引数の意味

既知のy……………………すでにわかっているyの値をセル範囲または配列で指定します。

既知のx……………………すでにわかっているxの値をセル範囲または配列で指定します。

参照 配列を利用する……P.64

ポイント

・計算の対象になるのは、数値と数値を含むセルです。

・[既知のy] や [既知のx] に含まれる文字列や論理値、空のセルは計算の対象になりません。いずれか一方だけが計算の対象にならない場合でも、そのyの値とxの値のいずれもが計算から除外されます。

エラーの意味

エラーの種類	原因	エラーとなる例
[#DIV/0!]	[既知のx] の値がすべて同じである	=STEYX({100,200,300},{10,10,10})
	[既知のy] や [既知のx] の数値の個数が2個以下である	=STEYX({100,200},{10,24})
[#N/A]	[既知のy] と [既知のx] の個数が異なっている	=STEYX(B3:B7,A3:A6)

関数の使用例　売上金額をもとにy（売上金額）の標準誤差を求める

2013年から2017年までの売上金額をもとに、y（売上金額）の標準誤差を求めます。

=STEYX(B3:B7,A3:A7)

セルB3 〜 B7に入力された [既知のy] と、セルA3 〜 A7に入力された [既知のx] をもとに、回帰直線の標準誤差を求める。

既知のx **既知のy**

B8		：	×	✓	fx	=STEYX(B3:B7,A3:A7)	
	A	B	C	D	E		
1	North Hornスポーツショップ売上実績						
2	年	売上金額	(単位：万円)				
3	2013	13,540					
4	2014	13,280					
5	2015	14,340					
6	2016	15,180					
7	2017	16,300					
8	標準誤差	457.6899					
9							

❶セルB8に「=STEYX(B3:B7,A3:A7)」と入力

参照📖 関数を入力するには……P.38

サンプル📋 08_054_STEYX.xlsx

標準誤差が求められた

売上金額をもとにした回帰直線のy（売上金額）の標準誤差は457.6899であることがわかった

RSQ 回帰直線のあてはまりのよさを求める

アール・エス・キュー
RSQ(既知のy, 既知のx)

▶関数の解説

［既知のy］と［既知のx］をもとに回帰直線のあてはまりのよさを求めます。この値は確実度の係数あるいは寄与率とも呼ばれます。なお、［回帰直線のy］は従属変数または目的変数と呼ばれ、xは独立変数または説明変数と呼ばれます。

▶引数の意味

既知のy……………………すでにわかっているyの値をセル範囲または配列で指定します。

既知のx……………………すでにわかっているxの値をセル範囲または配列で指定します。

参照📖 配列を利用する……P.64

ポイント

• 計算の対象になるのは、数値と数値を含むセルです。

• ［既知のy］や［既知のx］に含まれる文字列や論理値、空のセルは計算の対象になりません。いずれか一方だけが計算の対象にならない場合でも、そのyの値とxの値のいずれもが計算から除外されます。

• 結果は0以上1以下となり、1に近いほどあてはまりがよいと考えられます。

エラーの意味

エラーの種類	原因	エラーとなる例
[#DIV/0!]	［既知の x］の値がすべて同じである	=RSQ({100,200,300},{10,10,10})
	［既知の y］や［既知の x］の数値の個数が1個以下である	=RSQ({100},{10})
[#N/A]	［既知の y］と［既知の x］の個数が異なっている	=RSQ(B3:B7,A3:A6)

8-13

回帰直線を利用した予測を行う

1 関数の基本知識
2 日付／時刻関数
3 数学／三角関数
4 論理関数
5 検索／行列関数
6 データベース関数
7 文字列操作関数
8 統計関数
9 財務関数
10 エンジニアリング関数
11 情報関数
12 キューブ関数
13 ウェブ関数
付 録

521
できる

関数の使用例　回帰直線のあてはまりのよさを求める

2013年から2017年までの売上金額をもとに、回帰直線のあてはまりのよさを求めます。

=RSQ(B3:B7,A3:A7)

セルB3～B7に入力された［既知のy］と、セルA3～A7に入力された［既知のx］をもとに、回帰直線のあてはまりのよさを求める。

❶ セルB8に「=RSQ(B3:B7,A3:A7)」と入力

参照▶関数を入力するには……P.38
サンプル▶08_055_RSQ.xlsx
参照▶相関係数や共分散を求める……P.540
参照▶相関係数の検定を行う……P.611

r^2の値が求められた

回帰直線のあてはまりのよさを表す値は0.8975であることがわかった

重回帰分析では多重共線性に注意

重回帰分析では、似たような独立変数を複数使っても意味がありません（これを多重共線性と言います）。ここでの例であれば、イベント回数と広告回数に強い相関がある場合には、ほかの独立変数を選ぶ必要があります。

多重共線性が見られるかどうかを知るには、独立変数同士の相関係数を行列の形に並べ、その逆行列を求めます。この値はVIF（分散拡大要因）と呼ばれ、一般に、VIFの値が10より大きいと多重共線性が見られると言われています。

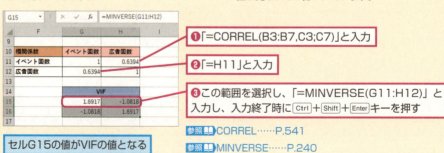

❶「=CORREL(B3:B7,C3;C7)」と入力
❷「=H11」と入力
❸ この範囲を選択し、「=MINVERSE(G11:H12)」と入力し、入力終了時にCtrl+Shift+Enterキーを押す

参照▶CORREL……P.541
参照▶MINVERSE……P.240

セルG15の値がVIFの値となる

数字上は多重共線性は見られない（ただし、業務の流れから見て関連が強いと思われる場合は別の独立変数を選んだほうがよい）

8-14 指数回帰曲線を利用した予測を行う

指数回帰曲線を求め、予測を行うための関数

指数回帰曲線とは、いくつかのデータのできるだけ近くを通る指数関数のことです。回帰分析では、予測に使う元の値のことを独立変数と呼び、予測される値のことを従属変数と呼びます。
回帰分析には、1つの独立変数と1つの従属変数を使う単回帰分析と、複数の独立変数と1つの従属変数を使う重回帰分析があります。単回帰の場合、指数回帰曲線は$y=b*m^x$で表され、重回帰の場合は$y=b*m_1^{x_1}*m_2^{x_2}*...*m_n^{x_n}$で表されます。
Excelでは、以下のような、指数回帰分析のための関数が提供されています。

GROWTH関数、LOGEST関数とは

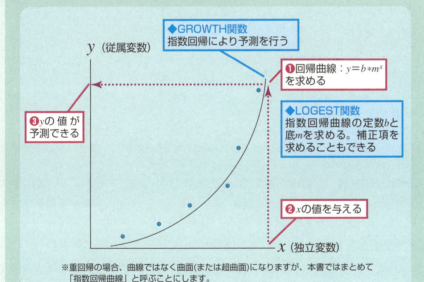

※重回帰の場合、曲線ではなく曲面(または超曲面)になりますが、本書ではまとめて「指数回帰曲線」と呼ぶことにします。

指数回帰曲線の定数の求め方

$$\log y = \log b + x \log m$$

ここで、

$$\log y = Y,\ \log b = B,\ \log m = A$$

とおくと、

$$Y = B + Ax$$

という直線になる
最小二乗法を使ってこの直線を求める

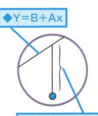

8-14

指数回帰曲線を利用した予測を行う

GROWTH 指数回帰曲線を使って予測する

GROWTH(既知のy, 既知のx, 予測に使うxの範囲, 定数の扱い)
グロウス

▶関数の解説

［既知のy］と［既知のx］をもとに指数回帰曲線を求め、［予測に使うxの範囲］に対するyの値を求めます。指数回帰曲線は$y=b*m^x$で表されます。

▶引数の意味

既知のy……………………すでにわかっているyの値をセル範囲または配列で指定します。

既知のx……………………すでにわかっているxの値をセル範囲または配列で指定します。

予測に使うxの範囲……yの値を予測するのに使うxの値を指定します。セルやセル範囲、配列も指定できます。 　　　　　　　　　　　　　　　参照📖配列を利用する……P.64

定数の扱い………………指数回帰曲線の定数bの取り扱いを指定します。

┌── TRUEまたは省略………定数bを計算する
└── FALSE ………………………定数bを1とする

ポイント

- この方法はxとyの関係が指数関数（成長曲線）であると考えられる場合に有効です。指数関数があてはめられないような場合には、この方法で予測しても意味がありません。

- ［既知のy］の個数と［既知のx］の個数が同じ場合、単回帰とみなされます。この場合、指数回帰曲線は$y=b*m^x$となります。

- ［既知のx］の個数が［既知のy］の個数の2倍以上の整数倍の場合、重回帰とみなされます。たとえば、［既知のx］が2列で、［既知のy］が1列の場合、独立変数が2つになり、指数回帰曲線は$y=b*m_1^{x_1}*m_2^{x_2}$となります。

- ［予測に使うxの範囲］の値を複数個指定すると、複数のyの値を予測できます。その場合は、配列数式として入力します。 　　　　　　　　　　　　　　　参照📖配列数式……P.64

- ［定数の扱い］に空のセルを指定すると、FALSEが指定されたものとみなされます。

エラーの意味

エラーの種類	原因	エラーとなる例
[#NUM!]	［既知の y］に 0 が含まれている	=GROWTH({0,200,800},{10,12,13},{20,30})
[#REF!]	［既知の x］の個数が［既知の y］の個数の整数倍でない	=GROWTH(B3:B7,A3:A6,A8:A9)
	［予測に使う x の範囲］の個数が独立変数の整数倍でない	=GROWTH(B3:C7,A3:A7,A8)
[#VALUE!]	［既知の y］と［既知の x］に数値以外の値を指定した	=GROWTH({"x",200,800},{10,12,13},{20,30})
	［予測に使う x の範囲］に文字列を指定した	=GROWTH(B3:B7,A3:A7,"x")
	［定数の扱い］に文字列を指定した	=GROWTH(B3:B7,A3:A7,A8,"x")

関数の使用例 **既存の会員数をもとに、次期の会員数を予測する**

あるネットワークサービスの第1期から第5期までの会員数をもとに、第6期と第7期の会員数を予測します。会員数の増加は指数関数に従っているものとします。

{=GROWTH(B3:B7,A3:A7,A8:A9)}

セルB3〜セルB7に入力された［既知のy］と、セルA3〜A7に入力された［既知のx］をもとに、セルA8〜A9の［予測に使うxの範囲］対するyの値を指数回帰によって求める。複数のyの値を求めるので配列数式として入力する。

既知のx　既知のy

B8		×　fx	{=GROWTH(B3:B7,A3:A7,A8:A9)}			
▲	A	B	C	D	E	F
1	ローグソーシャルネット会員数の推移					
2	年	会員数				
3	1	14				
4	2	147				
5	3	624				
6	4	2,583				
7	5	12,658				
8	6	74440.32	予測			
9	7	386844.4				
10						

予測に使うxの範囲

指数回帰曲線を使った予測値が求められた

第6期と第7期の会員数の予測値がわかった

❶セルB8〜B9を選択しておく

❷「=GROWTH(B3:B7,A3:A7,A8:A9)」と入力し、入力の終了時に Ctrl + Shift + Enter キーを押す

参照 配列数式を利用するには……P.65

サンプル 08_056_GROWTH.xlsx

HINT オートフィルでも予測できる

［既知のx］の値が一定の間隔で並んでいる場合は、関数を使わずに、オートフィルを使って予測を行うこともできます。あらかじめ入力された［既知のy］を選択しておき、マウスの右ボタンを押しながらフィルハンドルをドラッグします。マウスボタンを離すとメニューが表示されるので、[連続データ（乗算）] を選択します。

LOGEST 指数回帰曲線の底や定数などを求める

ログ・エスティメーション
LOGEST(既知のy, 既知のx, 定数の扱い, 補正項の扱い)

▶関数の解説

［既知のy］と［既知のx］をもとに指数回帰曲線を求め、底と定数を求めます。指数回帰曲線は $y = b * m_1^{x_1} * m_2^{x_2} * \cdots$ で表されます。b が定数で、m_1, $m_2 \cdots$ が底です。また補正項の値も求められます。

▶引数の意味

既知のy……………… すでにわかっているyの値をセル範囲または配列で指定します。

既知のx……………… すでにわかっているxの値をセル範囲または配列で指定します。

参照 配列を利用する……P.64

8-14

指数回帰曲線を利用した予測を行う

1 関数の基本知識
2 日付／時刻関数
3 数学／三角関数
4 論理関数
5 検索／行列関数
6 データベース関数
7 文字列操作関数
8 統計関数
9 財務関数
10 エンジニアリング関数
11 情報関数
12 キューブ関数
13 ウェブ関数

付録

525
できる

定数の扱い ……………… 指数回帰曲線の定数bの取り扱いを指定します。

- TRUEまたは省略 ………定数bを計算する
- FALSE …………………定数bを1とする

補正項の扱い ……… 補正項の取り扱いを指定します。

- TRUE ………………… 補正項を計算する
- FALSEまたは省略 ……定数と底だけを計算する

ポイント

- この方法はxとyの関係が指数関数（成長曲線）であると考えられる場合に有効です。指数関数があてはめられないような場合には、この方法で予測しても意味がありません。

- ［既知のy］の個数と［既知のx］の個数が同じ場合、単回帰とみなされます。この場合、指数回帰曲線は$y=b*m^x$となります。

- ［既知のx］の個数が［既知のy］の個数の2倍以上の整数倍の場合、重回帰とみなされます。たとえば、［既知のx］が2列で、［既知のy］が1列の場合、独立変数が2つになり、指数回帰曲線は$y=b*m_1{}^{x_1}*m_2{}^{x_2}$となります。

- 補正項を求める場合、結果の範囲には、以下の表のような値が表示されます。結果を表示したい範囲をあらかじめ選択しておき、配列数式として関数を入力する必要があります。

参照 配列定数……P.64

指数回帰曲線が$y=b*m_1{}^{x_1}*m_2{}^{x_2}*\cdots\cdots*m_{n-1}{}^{x_{n-1}}*m_n{}^{x_n}$の場合の結果

m_n	m_{n-1}	……	m_2	m_1	b
標準誤差 n	標準誤差 $n-1$	……	標準誤差 2	標準誤差 1	標準誤差 b
確実度係数 r^2	y の標準誤差	#N/A	#N/A	#N/A	#N/A
F 補正項	自由度	#N/A	#N/A	#N/A	#N/A
回帰の平方和	残差の平方和	#N/A	#N/A	#N/A	#N/A

関数を入力する範囲はn+1列×5行となります。確実度係数は寄与率とも呼ばれます。

エラーの意味

エラーの種類	原因	エラーとなる例
[#NUM!]	［既知の y］の値に 0 が含まれている	=LOGEST({0,200},{10,12})
[#REF!]	［既知の x］の個数が［既知の y］の個数の整数倍でない	=LOGEST(B3:B7,A3:A6)
[#VALUE!]	［既知の y］と［既知の x］に数値以外の値を指定した	=LOGEST({"x",200,800},{10,12,13})
	［定数の扱い］や［補正項の扱い］に文字列を指定した	=LOGEST(B3:B7,A3:A6,"x")

関数の使用例 ① 一定期間の会員数をもとに、指数回帰曲線の底と定数を求める

あるネットワークサービスの第1期から第5期までの会員数をもとに、指数回帰曲線の底と定数を求めます。

{=LOGEST(B3:B7,A3:A7,TRUE,FALSE)}

セルB3 ～ セルB7に入力された［既知のy］と、セルA3 ～ A7に入力された［既知のx］をもとに、指数回帰曲線の底と定数を返す。

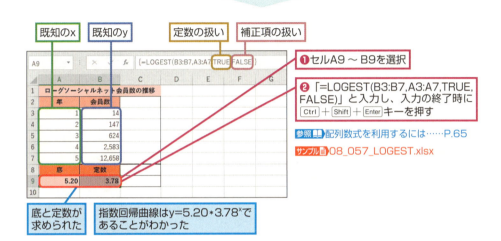

❶ セルA9 ～ B9を選択
❷「=LOGEST(B3:B7,A3:A7,TRUE,FALSE)」と入力し、入力の終了時に [Ctrl]+[Shift]+[Enter]キーを押す

参照▶配列数式を利用するには……P.65
サンプル▶08_057_LOGEST.xlsx

底と定数が求められた
指数回帰曲線はy=5.20*3.78^{x}であることがわかった

HINT 指数曲線は既知のyの対数を求めると直線になる

指数曲線はyがmのx乗に比例するので、yの対数を取ると直線になります。上の例で、セルC3に「=LOG(B3, $A$9)」と入力し、セルC7までコピーすると、yの対数が求められます。グラフにするとほぼ直線になります。これが直線に近い形でない場合は指数回帰分析には適さないことがわかります。

関数の使用例 ② イベント回数と広告回数から指数回帰曲線の底、定数、補正項を求める

2013年から2017年までのイベント回数と広告回数を独立変数として指数回帰曲線を求め、底、定数、補正項の情報を求めます。

{=LOGEST(D3:D7,B3:C7,,TRUE)}

セルD3 ～ セルD7に入力された［既知のy］と、セルB3 ～ C7に入力された［既知のx］をもとに、指数回帰曲線を求め、底、定数、補正項の値をすべて求める。複数の値を求めるので配列数式として入力する。

8-14 指数回帰曲線を利用した予測を行う

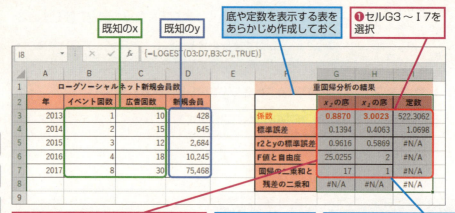

❶ セルG3～I7を選択

❷ 「=LOGEST(D3:D7,B3:C7,,TRUE)」と入力し、入力の終了時に[Ctrl]+[Shift]+[Enter]キーを押す

底、定数、補正項が求められた

指数回帰曲線はy=522.3062*3.0023^{X_1}*0.8870^{X_2}であることがわかった

参照▶配列数式を利用するには……P.65
サンプル▶08_058_LOGEST.xlsx

HINT 重回帰分析では多重共線性に注意

重回帰分析では、似たような独立変数を複数使っても意味がありません（これを多重共線性といいます）。ここでの例であれば、イベント回数と広告回数に強い相関がある場合には、ほかの独立変数を選ぶ必要があります。

参照▶重回帰分析では多重共線性に注意……P.522

528

8-15 時系列分析を行う

FORECAST.ETS 指数平滑法を利用して将来の値を予測する

フォーキャスト・イーティーエス
FORECAST.ETS(目標期日, 値, タイムライン, [季節性], [補間], [集計])

▶関数の解説

［値］と［タイムライン］をもとに［目標期日］の値を予測します。季節によって変動がある場合は［季節性］の指定や、欠測値がある場合には［補間］の指定ができます。元のデータに同じ期の値が複数ある場合には［集計］の指定もできます。予測にはETS（三重指数平滑法）アルゴリズムのAAAバージョンと呼ばれる方法が使われます。

▶引数の意味

目標期日 ················· 予測値を求める期を指定します。最大値を求める範囲を指定します。

値 ··················· 次の引数の［タイムライン］に対応する値（予測に使う元の値）を指定します。

タイムライン ············· 年度や日付など、［値］が得られた期を指定します。

季節性 ················· 季節性の変動がある場合に、周期を指定します。8784（1年の時間数）までの値が指定できます。以下の値も指定できます。

    ┌─ 1または省略 ·········· 季節性は自動的に計算されます。
    └─ 0 ···················· 季節性がないものとみなされます。

補間 ··················· 欠測値の扱いを指定します。全体の30%までは欠測値の補間が行われます。

    ┌─ 1または省略 ·········· 自動的に補間されます。
    └─ 0 ···················· 欠測値を0とします。

集計 ··················· ［タイムライン］に同じ期がある場合の［値］の集計方法を指定します。（）内に指定した関数と同じ方法で集計を行います。省略した場合は集計を行いません。

    ┌─ 1 ····················· 平均（AVERAGE）
    ├─ 2 ····················· 数値の個数（COUNT）
    ├─ 3 ····················· データの個数（COUNTA）
    ├─ 4 ····················· 最大値（MAX）
    ├─ 5 ····················· 中央値（MEDIAN）
    ├─ 6 ····················· 最小値（MIN）
    └─ 7 ····················· 合計（SUM）

ポイント

- この関数はExcel 2016で新たに追加されたものです。Excel 2013以前では使えません。

- 三重指数平滑法とは、過去のいくつかの値の平均から次の値を予測する方法です。この方法では、最近の値の方に指数関数的に大きなウェイトを与え、古い値の影響を少なくします。さらに季節による変動も含めて値を予測します。

- FORECAST.ETS関数を配列数式として入力すれば、複数の［目標期日］の予測ができます。

---

1 関数の基本知識
2 日付／時刻関数
3 数学／三角関数
4 論理関数
5 検索／行列関数
6 データベース関数
7 文字列操作関数
8 統計関数
9 財務関数
10 エンジニアリング関数
11 情報関数
12 キューブ関数
13 ウェブ関数
付録

- [タイムライン] は並べ替えられている必要はありません。
- [季節性] とは、同じパターンが現れる周期のことです。たとえば、四半期の売上データが何年分か入力されていて、毎年同じパターンで売上高が変化する場合、[季節性] の長さは4となります。

エラーの意味

エラーの種類	原因	エラーとなる例
[#NUM!]	[目標期日] が [タイムライン] に指定された期よりも前である	「=FORECAST.ETS(F4,D4:D15,A4:A15)」と入力したが、セルF4の値がセルA4～A15の最小値よりも小さかった
	[タイムライン] の間隔が特定できない	「=FORECAST.ETS(F4,D4:D15,A4:A15)」と入力したが、セルA4～セルA15の中に飛び抜けて大きな値があった
	[季節性] に0より小さい値や8784より大きい値、小数点以下のある値を指定した	=FORECAST.ETS(F4,D4:D15,A4:A15,-1)
	欠測値が [値] の30%以上あった	「=FORECAST.ETS(F4,D4:D15,A4:A15)」と入力したが、セルD4～セルD15(12個の値)の途中に欠測値が4個以上あった
	[集計] に1～7以外の値や小数点以下のある値を指定した	[集計] に1～7以外の値や小数点以下のある値を指定した
[#N/A!]	[値] と [タイムライン] の数が異なる	=FORECAST.ETS(F4,D4:D16,A4:A15)

関数の使用例　四半期ごとの売上高をもとに2019年第1四半期の売上高を予測する

2016年から2018年までの四半期ごとの売上高をもとに2019年第1四半期の売上高を予測します。

=FORECAST.ETS(F4,D4:D15,A4:A15)

セルF4に入力されている [目標期日] の売上高を予測する。[値] はセルD4～D15に入力されており、[値] に対する [タイムライン] がセルA4～A15に入力されているものとする。

❶セルF6に「=FORECAST.ETS(F4,D4:D15,A4:A15)」と入力

参照▶関数を入力するには……P.38
サンプル▶08_059_FORECAST_ETS.xlsx

13期（2019年第1四半期）の売上高が予測された

季節性の変動も自動的に計算される

[季節性]に1を指定するか省略すると、季節性の変動が考慮されます。この例では、各年度の第3四半期(3期、7期、11期)の売上が他の期よりも少なめです。たとえば、セルF3に15と入力すると、1027.99という結果になり、ほかの期よりもやや少なめの結果が得られます。この例の周期は実際には4なので、[季節性]に4を指定しても同じ結果になります。なお、セルF3に15を入力し、セルF6に「=FORECAST.ETS(F4,D4:D15,A4:A15,0)」と入力して季節性を計算しないようにすると、結果は1037.35となります。

参照▶FORECAST.ETS.SEASONALITY……P.532

活用例 2016年～2018年の売上高をもとに2019年の売上高を予測する

関数の使用例では、四半期ごとの売上金額をもとに、次の四半期の売上金額を予測しました。同じデータを使って1年単位で売上金額を予測するには、同じ年の売上金額を集計する必要があります。このような場合、あらかじめ集計を行わなくても、FORECAST.ETS関数で集計の指定ができます。[タイムライン]は「年」の値になるので、セルB4～セルB15を指定します。[集計の方法]には7の「合計」を指定します。同じ年の売上高を集計した上で予測ができます。

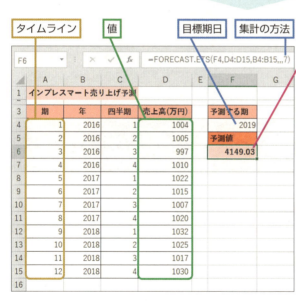

❶セルF6に「=FORECAST.ETS(F4,D4:D15,B4:B15,,,7)」と入力

2019年の売上高が予測された

活用例 四半期ごとの売上高をもとに2019年第1四半期～第4四半期の売上高を予測する

2016年から2018年までの四半期ごとの売上高をもとに2019年第1四半期～第4四半期の売上高を予測します。セルB16～B19に入力されている複数の[目標期日]の売上高を予測するので、FORECAST.ETS関数を配列数式として入力します。

8-15 時系列分析を行う

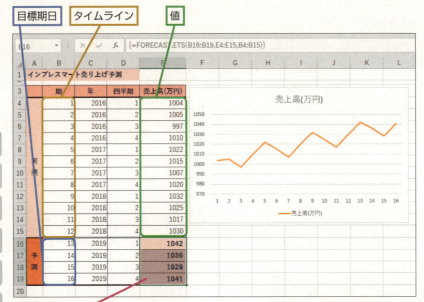

❶ セルE16～E19を選択しておく

❷ 「=FORECAST.ETS(B16:B19, E4:E15,B4:B15)」と入力し、入力終了時に[Ctrl]+[Shift]+[Enter]キーを押す

参照▶ 配列数式を利用するには……P.65

HINT グラフを描いてみると季節性の変動がわかる

[タイムライン]を項目軸に、売上高を数値軸として折れ線グラフを描くと、予測に季節性の変動が反映されていることがよくわかります。

FORECAST.ETS.SEASONALITY
指数平滑法を利用して予測を行うときの季節変動の長さを求める

フォーキャスト・イーティーエス・シーズナリティ
FORECAST.ETS.SEASONALITY(値, タイムライン, [補間], [集計])

▶関数の解説

[値]と[タイムライン]をもとに予測を行うときの、季節変動の長さを求めます。元のデータに欠測値がある場合には[補間]の指定ができます。また、元のデータに同じ期の値が複数ある場合には[集計]の指定もできます。予測にはETS（三重指数平滑法）アルゴリズムのAAAバージョンと呼ばれる方法が使われます。

参照▶ 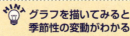 FORECAST.ETS……P.529

▶引数の意味

値……………………次の引数の[タイムライン]に対応する値（予測に使う元の値）を指定します。

タイムライン…………年度や日付など、[値]が得られた期を指定します。

補間…………………欠測値の扱いを指定します。全体の30%までは欠測値の補間が行われます。

　　　┌ 1または省略 ………… 自動的に補間されます。
　　　└ 0 ……………………… 欠測値を0とします。

集計 ·····················[タイムライン]に同じ期がある場合の[値]の集計方法を指定します。()内に指定した関数と同じ方法で集計を行います。省略した場合は集計を行いません。

- 1·····················平均（AVERAGE）
- 2·····················数値の個数（COUNT）
- 3·····················データの個数（COUNTA）
- 4·····················最大値（MAX）
- 5·····················中央値（MEDIAN）
- 6·····················最小値（MIN）
- 7·····················合計（SUM）

ポイント

- この関数はExcel 2016で新たに追加されたものです。Excel 2013以前では使えません。
- 三重指数平滑法とは、過去のいくつかの値の平均から次の値を予測する方法です。この方法では、最近の値の方に指数関数的に大きなウェイトを与え、古い値の影響を少なくします。
- [タイムライン]は並べ替えられている必要はありません。
- 季節変動とは、同じパターンが現れる周期のことです。たとえば、四半期の売上データが何年分か入力されていて、毎年同じパターンで売上高が変化する場合、季節変動の長さは4となります。

エラーの意味

エラーの種類	原因	エラーとなる例
[#NUM!]	[タイムライン]の間隔が特定できない	「=FORECAST.ETS.SEASONALITY(D4:D15,A4:A15)」と入力したが、セルA4～セルA15の中に飛び抜けて大きな値があった
	欠測値が[値]の30%以上あった	「=FORECAST.ETS.SEASONALITY(D4:D15,A4:A15)」と入力したが、セルD4～セルD15（12個の値）の途中に欠測値が4個以上あった
	[集計]に1～7以外の値や小数点以下のある値を指定した	=FORECAST.ETS SEASONALITY (D4:D15,A4:A15,,,8)
[#N/A!]	[値]と[タイムライン]の数が異なる	=FORECAST.ETS(F4,D4:D16,A4:A15)

関数の使用例　四半期ごとの売上高をもとに予測を行う場合の、季節変動の長さを求める

2016年から2018年までの四半期ごとの売上高をもとに予測を行う場合の季節変動の長さを求めます。

=FORECAST.ETS.SEASONALITY(D4:D15,A4:A15)

セルD4～D15に入力されている[値]とセルA4～A15に入力されている[タイムライン]をもとに予測を行う場合の季節変動の長さを求める。

8-15
時系列分析を行う

1 関数の基本知識
2 日付／時刻関数
3 数学／三角関数
4 論理関数
5 検索／行列関数
6 データベース関数
7 文字列操作関数
8 統計関数
9 財務関数
10 エンジニアリング関数
11 情報関数
12 キューブ関数
13 ウェブ関数
付録

533

8-15 時系列分析を行う

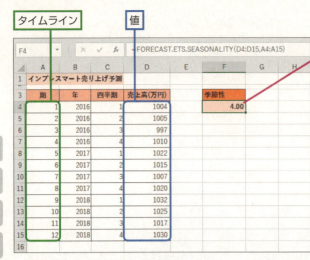

季節変動の長さが求められた

FORECAST.ETS.CONFINT
指数平滑法を利用して予測した値の信頼区間を求める

フォーキャスト・イーティーエス・コンフィデンスインターバル
FORECAST.ETS.CONFINT(目標期日, 値, タイムライン, 信頼レベル, 季節性, 補間, 集計)

▶関数の解説

[値] と [タイムライン] をもとに [目標期日] の値を予測したとき、[信頼レベル] で指定された信頼区間を求めます。季節によって変動がある場合は [季節性] の指定や、欠測値がある場合には [補間] の指定ができます。元のデータに同じ期の値が複数ある場合には [集計] の指定もできます。予測にはETS（三重指数平滑法）アルゴリズムのAAAバージョンと呼ばれる方法が使われます。

▶引数の意味

目標期日……………予測値を求める期を指定します。最大値を求める範囲を指定します。

値………………………次の引数の [タイムライン] に対応する値（予測に使う元の値）を指定します。

タイムライン…………年度や日付など、[値] が得られた期を指定します。

信頼レベル……………信頼区間の信頼レベルを指定します。0より大きく、1より小さい値を指定します。省略した場合は95％が指定されたものとみなされます。

季節性…………………季節性の変動がある場合に、周期を指定します。8784（1年の時間数）までの値が指定できます。以下の値も指定できます。

　　　┌1または省略 ………… 季節性は自動的に計算されます。
　　　└0 ……………………… 季節性がないものとみなされます。

補間……………………欠測値の扱いを指定します。全体の30％までは欠測値の補間が行われます。

　　　┌1または省略 ………… 自動的に補間されます。
　　　└0 ……………………… 欠測値を0とします。

集計 ························[タイムライン]に同じ期がある場合の[値]の集計方法を指定します。( )
内に指定した関数と同じ方法で集計を行います。省略した場合は集計を行い
ません。

- 1 ······················平均（AVERAGE）
- 2 ······················数値の個数（COUNT）
- 3 ······················データの個数（COUNTA）
- 4 ······················最大値（MAX）
- 5 ······················中央値（MEDIAN）
- 6 ······················最小値（MIN）
- 7 ······················合計（SUM）

ポイント

- この関数はExcel 2016で新たに追加されたものです。Excel 2013以前では使えません。
- 三重指数平滑法とは、過去のいくつかの値の平均から次の値を予測する方法です。この方法では、最近の値の方に指数関数的に大きなウェイトを与え、古い値の影響を少なくします。さらに季節による変動も含めて値を予測します。
- FORECAST.ETS.CONFINT関数を配列数式として入力すれば、複数の[目標期日]に対する予測値の信頼区間が求められます。
- [タイムライン]は並べ替えられている必要はありません。
- [季節性]とは、同じパターンが現れる周期のことです。たとえば、四半期の売上データが何年分か入力されていて、毎年同じパターンで売上高が変化する場合、[季節性]の長さは4となります。

エラーの意味

エラーの種類	原因	エラーとなる例
[#NUM!]	[目標期日]が[タイムライン]に指定された期よりも前である	「=FORECAST.ETS.CONFINT(F4,D4:D15,A4:A15,95％）」と入力したが、セルF4の値がセルA4～A15の最小値よりも小さかった
	[タイムライン]の間隔が特定できない	「=FORECAST.ETS.CONFINT(F4,D4:D15,A4:A15,95％）」と入力したが、セルA4～セルA15の中に飛び抜けて大きな値があった
	[季節性]に0より小さい値や8784より大きい値、小数点以下のある値を指定した	=FORECAST.ETS.CONFINT(F4,D4:D15,A4:A15,95％,-1)
	欠測値が[値]の30％以上あった	「=FORECAST.ETS.CONFINT(F4,D4:D15,A4:A15,95％）」と入力したが、セルD4～セルD15（12個の値）の途中に欠測値が4個以上あった
	[集計]に1～7以外の値や小数点以下のある値を指定した	=FORECAST.ETS.CONFINT(F4,D4:D15,A4:A15,95％ ,,,8)
[#N/A!]	[値]と[タイムライン]の数が異なる	=FORECAST.ETS.CONFINT(F4,D4:D16,A4:A15,95％）

8-15

時系列分析を行う

関数の使用例 四半期ごとの売上高をもとに2019年第1四半期の売上高を予測し、その信頼区間を求める

2016年から2018年までの四半期ごとの売上高をもとに2019年第1四半期の売上高を予測し、95%信頼区間を求めます。

=FORECAST.ETS.CONFINT(F4,D4:D15,A4:A15,95%)

セルF4に入力されている［目標期日］の売上高を予測し、95%信頼区間の値を返す。［値］はセルD4 〜 D15に入力されており、［値］に対する［タイムライン］がセルA4 〜 A15に入力されているものとする。

関数の基本知識 1
日付／時刻関数 2
数学／三角関数 3
論理関数 4
検索／行列関数 5
データベース関数 6
文字列操作関数 7
統計関数 8
財務関数 9
エンジニアリング関数 10
情報関数 11
キューブ関数 12
ウェブ関数 13
付録

タイムライン　　　値　　　目標期日

F8	▼	× ✓ fx	=FORECAST.ETS.CONFINT(F4,D4:D15,A4:A15,95%)			
	A	B	C	D	E	F	G	H
1	インプレスマート売り上げ予測							
3	期	年	四半期	売上高(万円)		予測する期		
4	1	2016	1	1004			13	
5	2	2016	2	1005		予測値		
6	3	2016	3	997			1042	
7	4	2016	4	1010		信頼区間		
8	5	2017	1	1022			4.32	
9	6	2017	2	1015				
10	7	2017	3	1007				
11	8	2017	4	1020				
12	9	2018	1	1032				
13	10	2018	2	1025				
14	11	2018	3	1017				
15	12	2018	4	1030				
16								

セルF6には「=FORECAST.ETS (F4,D4:D15,A4:A15)」が入力されている

❶セルF8に「=FORECAST.ETS.CONFINT(F4,D4:D15,A4:A15,95%)」と入力

参照 関数を入力するには……P.38

サンプル 08_061_FORECAST_ETS_CONFINT.xlsx

13期（2019年第1四半期）に対する売上高の予測値の信頼区間が求められた

95%信頼区間は1042±4.32となることがわかった

参照 FORECAST.ETS……P.529

FORECAST.ETS.STAT
指数平滑法を利用して予測を行うときの各種の統計量を求める

フォーキャスト・イーティーエス・スタット
FORECAST.ETS.STAT(値, タイムライン, 統計値の種類, [季節性], [補間], [集計])

▶関数の解説

［値］と［タイムライン］をもとに予測を行うときの、各種統計量を求めます。たとえば、予測を行うときに使われる数式の係数や予測の精度を表す値が求められます。元のデータに欠損値がある場合には［補間］の指定ができます。また、元のデータに同じ期の値が複数ある場合には［集計］の指定もできます。予測にはETS（三重指数平滑法）アルゴリズムのAAAバージョンと呼ばれる方法が使われます。

▶引数の意味

値……………………次の引数の［タイムライン］に対応する値（予測に使う元の値）を指定します。

タイムライン…………年度や日付など、［値］が得られた期を指定します。

536
できる

統計値の種類 ………… どの統計値を求めたいかを以下のように指定します。値の意味についてはポイントを参照してください。

- 1 …………………… αパラメーター
- 2 …………………… βパラメーター
- 3 …………………… γパラメーター
- 4 …………………… MASEの値
- 5 …………………… SMAPEの値
- 6 …………………… MAEの値
- 7 …………………… RMSEの値
- 8 …………………… 検出されたステップサイズ

季節性 ………………… 季節性の変動がある場合に、周期を指定します。8784（1年の時間数）までの値が指定できます。以下の値も指定できます。

- 1または省略 ……… 季節性は自動的に計算されます。
- 0 …………………… 季節性がないものとみなされます。

補間 …………………… 欠測値の扱いを指定します。全体の30%までは欠測値の補間が行われます。

- 1または省略 ……… 自動的に補間されます。
- 0 …………………… 欠測値を0とします。

集計 …………………… ［タイムライン］に同じ期がある場合の［値］の集計方法を指定します。()内に指定した関数と同じ方法で集計を行います。省略した場合は集計を行いません。

- 1 …………………… 平均（AVERAGE）
- 2 …………………… 数値の個数（COUNT）
- 3 …………………… データの個数（COUNTA）
- 4 …………………… 最大値（MAX）
- 5 …………………… 中央値（MEDIAN）
- 6 …………………… 最小値（MIN）
- 7 …………………… 合計（SUM）

ポイント

- この関数はExcel 2016で新たに追加されたものです。Excel 2013以前では使えません。
- 三重指数平滑法とは、過去のいくつかの値の平均から次の値を予測する方法です。この方法では、最近の値の方に指数関数的に大きなウェイトを与え、古い値の影響を少なくします。
- ［タイムライン］は並べ替えられている必要はありません。
- ［統計値の種類］に指定した値によって、予測に使われる係数や各種の統計値が得られます。以下の1〜3と8はいわば予測の方法に関する値で、4〜7は予測の精度（誤差の大きさや割合）に関する値です。

- 1 ⋯⋯ αパラメーター ⋯⋯⋯⋯⋯⋯⋯⋯⋯⋯ この値が大きいほど最近のデータの重みが大きくなります
- 2 ⋯⋯ βパラメーター ⋯⋯⋯⋯⋯⋯⋯⋯⋯⋯ この値が大きいほど最近の傾向の重みが大きくなります
- 3 ⋯⋯ γパラメーター ⋯⋯⋯⋯⋯⋯⋯⋯⋯⋯ この値が大きいほど最近の季節性の重みが大きくなります
- 4 ⋯⋯ MASEの値 ⋯⋯⋯⋯⋯⋯⋯⋯⋯⋯⋯⋯ Mean Absolute Scaled Error（平均絶対スケーリング誤差）の略です。予測の精度を表す値です。

5……SMAPEの値…………………… Symmetric Mean Absolute Percentage Error（対称平均絶対比率誤差）の略です。誤差の割合に基づいて求めた精度です。

6……MAEの値……………………… Mean Absolute Error（平均絶対誤差）の略で、予測値と実測値の差の絶対値の平均です。

7……RMSEの値…………………… Root Mean Square Error（平均平方誤差）の略で、予測値と実測値の差の二乗の平均の正の平方根です。

8……検出されたステップサイズ…… 予測に使われるステップ（刻み値）のサイズです。

• ［季節性］とは、同じパターンが現れる周期のことです。たとえば、四半期の売上データが何年分か入力されていて、毎年同じパターンで売上高が変化する場合、［季節性］の長さは4となります。

エラーの意味

エラーの種類	原因	エラーとなる例
[#NUM!]	［タイムライン］の間隔が特定できない	「=FORECAST.ETS.STAT(D4:D15,A4:A15,1)」と入力したが、セル A4 ～セル A15 の中に飛び抜けて大きな値があった
	［季節性］に 0 より小さい値や 8784 より大きい値、小数点以下のある値を指定した	［季節性］に 0 より小さい値や 8784 より大きい値、小数点以下のある値を指定した
	欠測値が［値］の 30％以上あった	「=FORECAST.ETS.STAT(D4:D15,A4:A15,1)」と入力したが、セル D4 ～セル D15（12 個の値）の途中に欠測値が 4 個以上あった
	［統計値の種類］に 1 ～ 8 以外の値や小数点以下のある値を指定した	=FORECAST.ETS.STAT(D4:D15,A4:A15,9)
	［集計］に 1 ～ 7 以外の値や小数点以下のある値を指定した	=FORECAST.ETS.STAT(D4:D15,A4:A15,1,,,8)
[#N/A!]	［値］と［タイムライン］の数が異なる	=FORECAST.ETS.STAT(D4:D16,A4:A15)

関数の使用例 四半期ごとの売上高をもとに予測を行う場合の、各種統計値を求める

2016年から2018年までの四半期ごとの売上高をもとに予測を行う場合の各種統計値を求めます。

=FORECAST.ETS.STAT($D$4:$D$15, $A$4:$A$15,F4)

セル D4 ～ D15に入力されている［値］とセルA4 ～ A15に入力されている［タイムライン］をもとに予測を行う場合のαパラメーターを求める。求めたい［統計値の種類］はセルF 4に入力されているものとする。

8-15 時系列分析を行う

タイムライン　　値　　統計値の種類

❶セルG4に「=FORECAST.ETS.STAT（$D$4:$D$15,$A$4:$A$15,F4)」と入力

参照 関数を入力するには……P.38

サンプル 08_062_FORECAST_ETS_STAT.xlsx

G4		▼	×	✓	fx	=FORECAST.ETS.STAT($D$4:$D$15,$A$4:$A$15,F4)

▲	A	B	C	D	E	F	G	H
1	インプレスマート売り上げ予測							
3	期	年	四半期	売上高(万円)		求める値		
4	1	2016	1	1004		1	0.9	αパラメーター
5	2	2016	2	1005		2	0.001	βパラメーター
6	3	2016	3	997		3	0.099	γパラメーター
7	4	2016	4	1010		4	0.05643	MASEの値
8	5	2017	1	1022		5	0.00049	SMAPEの値
9	6	2017	2	1015		6	0.49984	MAEの値
10	7	2017	3	1007		7	0.68794	RMSEの値
11	8	2017	4	1020		8	1	検出されたステップサイズ
12	9	2018	1	1032				
13	10	2018	2	1025				
14	11	2018	3	1017				
15	12	2018	4	1030				
16								

αパラメーターが求められた

❷セルG4をセルG11までコピー

すべての統計値が求められた

参照 FORECAST.ETS……P.529

8-16 相関係数や共分散を求める

2つの変量の関係の強さを知るための関数

相関係数を求めるにはCORREL関数やPEARSON関数を利用します。相関係数とは、2つの変量の関係の強さを表す値で、rと呼ばれることもあります。一方の変量が増えたときに他方の変量も増えるような場合は、「正の相関がある」といい、逆に、一方の変量が増えたときに他方の変量が減るような場合は、「負の相関がある」といいます。
相関係数の値が1に近い場合は正の相関が強く、−1に近い場合は負の相関が強くなっています。相関係数の値が0に近ければ、2つの変量は無関係（無相関）とみなされます。ただし、相関係数は直線の傾きの大きさを表すものではなく、関係の強さを表すものです。また、因果関係を表すものではありません。
共分散を求めるにはCOVARIANCE.P関数やCOVARIANCE.S関数を利用します。共分散は相関係数を求めたり、多変量解析を行ったりするためによく使われる値です。

CORREL関数、PEARSON関数とは

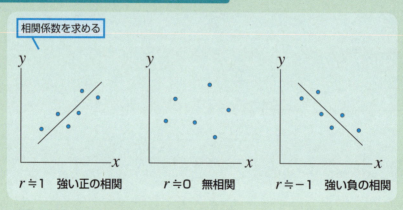

相関係数rの値を求める式

$$r = \frac{X と Y の共分散}{X の標準偏差 \times Y の標準偏差}$$

COVARIANCE.P関数、COVARIANCE.S関数とは

共分散を求める式（COVARIANCE.P関数）

$$\frac{1}{n}\sum(x-\overline{x})(y-\overline{y})$$

> **共分散の不偏推定値を求める式（COVARIANCE.S関数）**
>
> $$\frac{1}{n-1}\sum(x-\overline{x})(y-\overline{y})$$

CORREL 相関係数を求める

CORREL(配列1, 配列2)
コーレル

▶関数の解説
2群の数値をもとに、相関係数を求めます。

▶引数の意味
配列1·························1つめの群の数値が入力されている範囲を指定します。

配列2·························2つめの群の数値が入力されている範囲を指定します。

ポイント

- 数値以外のデータは無視されます。
- ［配列1］と［配列2］には対応する値が順に入力されている必要があります。
- ［配列1］と［配列2］の数値の個数は同じにしておく必要があります。
- 求められた結果が1に近い場合は、正の相関（一方が増えれば他方も増える）が強く、－1に近い場合は、負の相関（一方が増えれば他方は減る）が強いと考えられます。0に近い場合は相関がないものとみなされます。
- CORREL関数とPEARSON関数は同じ働きをします。引数の指定方法や求められる結果も同じです。 参照 PEARSON……P.542

エラーの意味

エラーの種類	原因	エラーとなる例
[#DIV/0!]	［配列1］と［配列2］の数値が1個しかない	=CORREL(A3,B3)
	いずれかの範囲の数値がすべて同じ値になっている	=CORREL({1,1,1},{1,2,3})
[#N/A!]	［配列1］と［配列2］の範囲や値の個数が異なっている	=CORREL(A3:A8,B3:B7)
[#VALUE!]	［配列1］と［配列2］が単一のセルや値で、その中に数値が含まれていない	=CORREL(A3,B3)と入力したがセルA3やB3に数値が入力されていなかった

8-16

相関係数や共分散を求める

1 関数の基本知識
2 日付／時刻関数
3 数学／三角関数
4 論理関数
5 検索／行列関数
6 データベース関数
7 文字列操作関数
8 統計関数
9 財務関数
10 エンジニアリング関数
11 情報関数
12 キューブ関数
13 ウェブ関数

付　録

541

できる

8-16 相関係数や共分散を求める

関数の使用例　気温とビールの売上本数との相関係数を求める

気温とビールの売上本数との相関係数を求めます。

=CORREL(A3:A8,B3:B8)

セルA3～A8に入力された［配列1］の数値とセルB3～B8に入力された［配列2］の数値をもとに相関係数を求める。

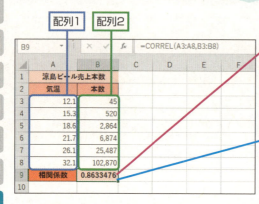

❶セルB9に「=CORREL(A3:A8,B3:B8)」と入力

参照▶関数を入力するには……P.38
サンプル▶08_063_CORREL.xlsx
参照▶相関係数の検定を行う……P.611

相関係数が表示された

相関係数は0.863となり、正の相関が強い（気温の上昇と売上の増加には強い関係がある）と考えられる

HINT 相関係数は因果関係を説明しない

相関係数は、どちらが原因でどちらが結果であるかということを明らかにするものではありません。たとえば、テレビの視聴時間と成績の相関係数を求めたときに負の相関が認められたとしても、テレビをよく見るから成績が悪いのか、成績が悪いからテレビを見てしまうのかは説明できません。
また、相関係数は、2つの項目が直線的な関係であることを前提にして求められた値です。通常、ビールの売上はある一定の気温を超えると急激に増えるものと考えられるので、必ずしも直線的であるとは限りません。そのため、むしろ指数関数的であると考えられます。ここでの例は架空のデータですが、売上の対数を取ってから相関係数を求めると、より強い正の相関が認められます。

HINT 相関係数の大きさは直線の傾きとは異なる

相関係数は、直線の傾きの符号によって正か負かが変わりますが、傾きの大きさを表すものではありません。相関係数は、2群の数値が直線の近くに集まっているかそうでないかを表すものと考えられます。

参照▶SLOPE……P.513

▶ PEARSON 相関係数を求める

PEARSON(配列1, 配列2)

▶関数の解説
2群の数値をもとに、相関係数を求めます。

▶引数の意味

配列1 ………………… 1つめの群の数値が入力されているセル範囲や配列を指定します。

配列2 ………………… 2つめの群の数値が入力されているセル範囲や配列を指定します。

参照🔖 配列を利用する……P.64

ポイント

- 数値以外のデータは無視されます。
- [配列1] と [配列2] には対応する値が順に入力されている必要があります。
- [配列1] と [配列2] の数値の個数は同じにしておく必要があります。
- 求められた結果が1に近い場合は、正の相関（一方が増えれば他方も増える）が強く、－1に近い場合は、負の相関（一方が増えれば他方は減る）が強いと考えられます。0に近い場合は相関がないものとみなされます。
- PEARSON関数とCORREL関数は同じ働きをします。引数の指定方法や求められる結果も同じです。

参照🔖 CORREL……P.541

エラーの意味

エラーの種類	原因	エラーとなる例
[#DIV/0!]	[配列1] と [配列2] の数値が1個しかない	=PEARSON(A3,B3)
	いずれかの範囲の数値がすべて同じ値になっている	=PEARSON({1,1,1},{1,2,3})
[#N/A!]	[配列1] と [配列2] の範囲や値の個数が異なる	=PEARSON(A3:A8,B3:B7)
[#VALUE!]	[配列1] と [配列2] が単一のセルや値で、その中に数値が含まれていない	=PEARSON(A3,B3) と入力したがセルA3やB3に数値が入力されていなかった

関数の使用例　気温とビールの売上本数との相関係数を求める

気温とビールの売上本数との相関係数を求めます。

=PEARSON(A3:A8,B3:B8)

セルA3 〜 A8に入力された [配列1] の数値とセルB3 〜 B8に入力された [配列2] の数値をもとに相関係数を求める。

❶セルB9に「=PEARSON(A3:A8,B3:B8)」と入力

参照🔖 関数を入力するには……P.38

サンプル📄 08_064__PEARSON.xlsx

相関係数が表示された

相関係数は0.8633476となり、正の相関が強い（気温の上昇と売上の増加には強い関係がある）と考えられる

右側インデックス:

8-16 相関係数や共分散を求める

1 関数の基本知識
2 日付／時刻関数
3 数学／三角関数
4 論理関数
5 検索／行列関数
6 データベース関数
7 文字列操作関数
8 統計関数
9 財務関数
10 エンジニアリング関数
11 情報関数
12 キューブ関数
13 ウェブ関数
付録

543
できる

8-16

相関係数や共分散を求める

COVARIANCE.P 共分散を求める

COVAR 共分散を求める

COVARIANCE.P(配列1, 配列2)
コバリアンス・ビー

COVAR(配列1, 配列2)
コバリアンス

▶関数の解説

2群の数値をもとに、共分散を求めます。

▶引数の意味

配列1 ······················ 1つめの群の数値が入力されているセル範囲や配列を指定します。

配列2 ······················ 2つめの群の数値が入力されているセル範囲や配列を指定します。

ポイント

- COVARIANCE.P関数とCOVAR関数の働きは同じです。COVAR関数はExcel 2007以前の表と互換性を持たせるために使われる関数です。
- 数値以外のデータは無視されます。
- ［配列1］と［配列2］には対応する値が順に入力されている必要があります。
- ［配列1］と［配列2］の数値の個数は同じにしておく必要があります。
- 共分散÷（［配列1］の標準偏差×［配列2］の標準偏差）の値が相関係数です。

エラーの意味

エラーの種類	原因	エラーとなる例
[#DIV/0!]	［配列1］や［配列2］に数値が1組もない	=COVARIANCE.P({"abc","def"},{1,2})
[#N/A!]	［配列1］と［配列2］の範囲や値の個数が異なる	=COVARIANCE.P(A3:A8,B3:B7)
[#VALUE!]	［配列1］と［配列2］が単一のセルや値で、その中に数値が含まれていない	=COVARIANCE.P(A3,B3)と入力したがセルA3やB3に数値が入力されていなかった

関数の使用例　気温とビールの売上本数との共分散を求める

気温とビールの売上本数との共分散を求めます。

=COVARIANCE.P(A3:A8,B3:B8)

セルA3～A8に入力された［配列1］の数値とセルB3～B8に入力された［配列2］の数値をもとに共分散を求める。

サイドバー

1 関数の基本知識
2 日付／時刻関数
3 数学／三角関数
4 論理関数
5 検索／行列関数
6 データベース関数
7 文字列操作関数
8 統計関数
9 財務関数
10 エンジニアリング関数
11 情報関数
12 キューブ関数
13 ウェブ関数
付録

8-16 相関係数や共分散を求める

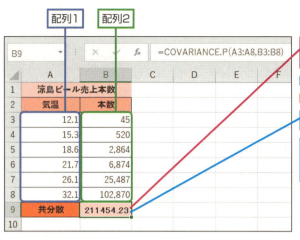

❶ セルB9に「=COVARIANCE.P(A3:A8,B3:B8)」と入力

参照 関数を入力するには……P.38
サンプル 08_065_COVARIANCE_P.xlsx

共分散が求められた

気温とビールの売上本数との共分散は211454.23であることがわかった

HINT 共分散から相関係数を求める

540ページの式を元に共分散から相関係数が求められます。たとえば、上の例で、いずれかのセルに「=B9/(STDEV.P(A3:A8)*STDEV.P(B3:B8))」と入力すると相関係数が求められます。

COVARIANCE.S 共分散の不偏推定値を求める

COVARIANCE.S(配列1, 配列2)

▶ 関数の解説

2群から取り出したサンプルの数値をもとに、母集団の共分散を推定します。

▶ 引数の意味

配列1…………………… 1つめの群の数値が入力されているセル範囲や配列を指定します。
配列2…………………… 2つめの群の数値が入力されているセル範囲や配列を指定します

ポイント

- 数値以外のデータは無視されます。
- ［配列1］と［配列2］には対応する値が順に入力されている必要があります。
- ［配列1］と［配列2］の数値の個数は同じにしておく必要があります。

エラーの意味

エラーの種類	原因	エラーとなる例
[#DIV/0!]	［配列1］や［配列2］の数値が1組以下である	=COVARIANCE.S({"abc",1},{1,2})
[#N/A!]	［配列1］や［配列2］の範囲や値の個数が異なる	=COVARIANCE.S(A3:A8,B3:B7)
[#VALUE!]	［配列1］と［配列2］が単一のセルや値で、その中に数値が含まれていない	=COVARIANCE.S(A3,B3)と入力したが、セルA3やB3に数値が入力されていなかった

545

8-16 相関係数や共分散を求める

関数の使用例 気温とビールの売上本数との共分散の不偏推定値を求める

気温とビールの売上本数をもとに、共分散の不偏推定値を求めます。値は母集団から抽出された標本と考えます。

=COVARIANCE.S(A3:A8, B3:B8)

セルA3～A8に入力された［配列1］の数値とセルB3～B8に入力された［配列2］の数値をもとに共分散の不偏推定値を求める。

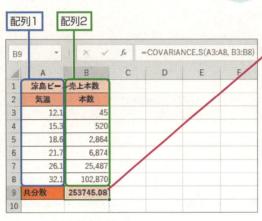

❶セルB9に「=COVARIANCE.S(A3:A8,B3:B8)」と入力

参照▶関数を入力するには……P.38

サンプル▶08_066_COVARIANCE_S.xlsx

共分散の不偏推定値が求められた

気温とビールの売上本数の共分散の不偏推定値は253745.08であることがわかった

8-17 母集団に対する信頼区間を求める

> **CONFIDENCE.NORM** 母集団に対する信頼区間を求める（正規分布を利用）

> **CONFIDENCE** 母集団に対する信頼区間を求める（正規分布を利用）

CONFIDENCE.NORM(有意水準, 標準偏差, 数値の個数)
CONFIDENCE(有意水準, 標準偏差, 数値の個数)

▶関数の解説

［標準偏差］と［データの個数］をもとに、母集団に対する信頼区間を求めます。母集団は正規分布に従っているものとします。

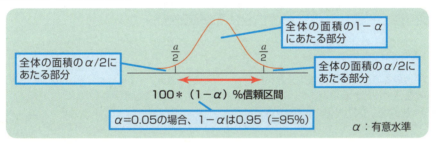

▶引数の意味

有意水準 ………… 信頼区間を求めるための有意水準を指定します。1%の場合は1%または0.01を指定します。

標準偏差 ………… 母集団の標準偏差を指定します。

数値の個数 ………… 標本の個数を指定します。

ポイント

- CONFIDENCE.NORM関数とCONFIDENCE関数の働きは同じです。CONFIDENCE関数はExcel 2007以前の表と互換性を持たせるために使われる関数です。
- CONFIDENCE.NORM関数で求められた値を平均値から引いた値と、平均値に加えた値の間が、母集団の平均値の信頼区間となります。

エラーの意味

エラーの種類	原因	エラーとなる例
[#NUM!]	［有意水準］の値が 0 以下または 1 以上である	=CONFIDENCE.NORM(0,A3,B3)
	［標準偏差］の値が 0 以下である	=CONFIDENCE.NORM(0.05,0,B3)
	［数値の個数］の値が 1 未満である	=CONFIDENCE.NORM(0.01,1,0)
[#VALUE!]	引数に数値以外の値を指定した	=CONFIDENCE.NORM("a",1,10)

8-17 母集団に対する信頼区間を求める

関数の使用例　母集団の信頼区間を求める（正規分布を利用）

実力テストの結果をもとに、5%の［有意水準］で、母集団の信頼区間を求めます。母集団は正規分布に従っているものとします。

=CONFIDENCE.NORM(0.05,A3,B3)

有意水準5%で、セルA3に入力された［標準偏差］と、セルB3に入力された［数値の個数］をもとに信頼区間の値を求める。

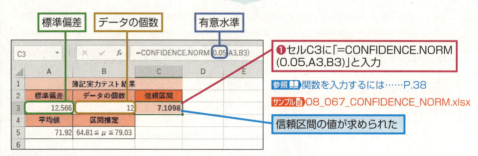

❶セルC3に「=CONFIDENCE.NORM(0.05,A3,B3)」と入力

参照▶関数を入力するには……P.38
サンプル▶08_067_CONFIDENCE_NORM.xlsx

信頼区間の値が求められた

信頼区間の値は7.1098であることがわかった

平均値が71.92の場合、95%信頼区間は64.81≦μ≦79.03となる

HINT 信頼区間とは

1つの数値で母集団の平均値や分散を推定することを「点推定」といいます。一方、一定の幅を持たせてそれらの値を推定することを「区間推定」といいます。信頼区間は区間推定のために使われる値です。

CONFIDENCE.T　母集団に対する信頼区間を求める（t分布を利用）

CONFIDENCE.T(有意水準, 標準偏差, データの個数)
（コンフィデンス・ティー）

▶関数の解説

［標準偏差］と［データの個数］をもとに、母集団に対する信頼区間を求めます。母集団はt分布に従っているものとします。

▶引数の意味

有意水準……………信頼区間を求めるための有意水準を指定します。1%の場合は1%または0.01を指定します。

標準偏差……………母集団の標準偏差を指定します。

データの個数………標本の個数を指定します。

[ポイント]
・CONFIDENCE.T関数で求められた値を平均値から引いた値と、平均値に加えた値が、母集団の平均値の信頼区間となります。

エラーの意味

エラーの種類	原因	エラーとなる例
[#NUM!]	[有意水準] の値が 0 以下または 1 以上である	=CONFIDENCE.T(0,A3,B3)
	[標準偏差] の値が 0 以下である	=CONFIDENCE.T(0.05,0,B3)
	[#DIV/0!] [データの個数] の値が 2 未満である	=CONFIDENCE(0.01,1,1)
	[#VALUE!] 引数に数値以外の値を指定した	=CONFIDENCE("a",1,10)

関数の使用例　母集団の信頼区間を求める（t分布を利用）

実力テストの結果をもとに、5%の有意水準で母集団の信頼区間を求めます。母集団はt分布に従っているものとします。

=CONFIDENCE.T(0.05,A3,B3)

有意水準5%で、セルA3に入力された [標準偏差] と、セルB3に入力された [数値の個数] をもとに信頼区間の値を求める。

標準偏差　データの個数　有意水準

❶セルC3に 「=CONFIDENCE.T (0.05, A3, B3)」と入力

参照 関数を入力するには……P.38
サンプル 08_068_CONFIDENCE_T.xlsx

信頼区間の値が求められた

信頼区間の値は7.9841であることがわかった

平均が71.92の場合、95%信頼区間は 63.94 ≦ μ ≦ 79.90となる

区間推定を行うには

区間推定とは、平均値を1つの値で表す（点推定）のではなく、一定の精度を指定して推定することです。区間推定を行うには、平均値±信頼区間の値を求めます。セルB5には「=TEXT(A5-C3,"0.00")&"≦μ≦"&TEXT (A5+C3,"0.00")」という数式が入力されています。TEXT関数は小数点以下の桁数を2桁とするために使っています。

参照 TEXT……P.416

8-17
母集団に対する信頼区間を求める

1 関数の基本知識
2 日付／時刻関数
3 数学／三角関数
4 論理関数
5 検索／行列関数
6 データベース関数
7 文字列操作関数
8 統計関数
9 財務関数
10 エンジニアリング関数
11 情報関数
12 キューブ関数
13 ウェブ関数
付録

549
できる

8-18

下限値から上限値までの確率を求める

8-18 下限値から上限値までの確率を求める

PROB 下限値から上限値までの確率を求める

プロバビリティ
PROB(値の範囲, 確率範囲, 下限, 上限)

▶関数の解説

［値の範囲］とそれに対応する確率で表される分布で、［下限］の値から［上限］の値までの確率を求めます。

▶引数の意味

値の範囲 ················ 確率分布のxにあたる値をセル範囲や配列で指定します。

確率範囲 ················ ［値の範囲］のそれぞれの値に対する確率をセル範囲や配列で指定します。

参照 📖配列を利用する……P.64

下限 ······················ 確率を求めたい値の下限を指定します。

上限 ······················ 確率を求めたい値の上限を指定します。

ポイント

・［上限］を省略すると、［下限］の値に対する確率が求められます。

エラーの意味

エラーの種類	原因	エラーとなる例
［#DIV/0!］	［値の範囲］に数値がない	=PROB(A3:A8,C3:C8,A3,A5) と入力したがセル A3 ～ A8 がすべて空のセルであった
［#N/A］	［値の範囲］と［確率範囲］の数値の個数が異なっている	=PROB(A3:A8,C3:C7,A3,A5)
［#NUM!］	［確率範囲］の値の合計が 1 にならない	=PROB({1,2,3},{0,0.1,0.5},1,2)
［#VALUE!］	［下限］または［上限］に数値とみなせない文字列を指定した	=PROB(A3:A8,C3:C8,"x1","x2")

左サイドバー

関数の基本知識 1
日付／時刻関数 2
数学／三角関数 3
論理関数 4
検索／行列関数 5
データベース関数 6
文字列操作関数 7
統計関数 8
財務関数 9
エンジニアリング関数 10
情報関数 11
キューブ関数 12
ウェブ関数 13
付　録

関数の使用例　1等から3等までに当選する確率を求める

福引きの当選本数と確率が入力された表で1等から3等までに当選する確率を求めます。

=PROB(A3:A8,C3:C8,A3,A5)

セルA3〜A8に［値の範囲］が入力されており、それらの値に対する［確率範囲］がセルC3〜C8に入力されているとき、セルA3の［下限］からセルA5の［上限］に入る確率を求める。

❶ セルD3に「=PROB(A3:A8,C3:C8,A3,A5)」と入力

参照▶関数を入力するには……P.38
サンプル▶08_069_PROB.xlsx

確率が求められた

1等から3等までが当選する確率は0.0013であることがわかった

💡HINT　累積確率を求める関数も利用できる

決まった分布であれば、累積確率を求めるための関数が用意されています。二項分布では、BINOM.DIST.RANGE関数を使えば、一定区間の累積確率が求められます。また、超幾何分布ではHYPEGEOM.DIST関数で、ポワソン分布ではPOISSON.DIST関数で、累積確率が求められるので、上限までの累積確率から下限-1までの累積確率を引けば、一定区間の累積確率が求められます。

参照▶BINOM.DIST.RANGE……P.556
参照▶HYPGEOM.DIST……P.561
参照▶POISSON.DIST……P.564

💡HINT　期待値を求めるには

当選金額×確率が期待値です。例えば、1等の当選金額が10000円で、当選確率が0.1%であれば、1等の期待値は10000×0.1%＝10円です。すべての期待値の総和を求めると、くじを最低でもいくらで売らないといけないかがわかります。ただし、この計算にはPROB関数を使う必要はありません。

「=B3*C3」と入力されている

「=SUM(D3:D5)」と入力されている

全体の期待値は12.5円なので、このくじは最低でも12.5円より高い値段で売り出す必要があることがわかる

8-19 二項分布の確率を求める

二項分布を利用するための関数

二項分布とは、一定の確率で起こる事象が何回か起こる確率を表す関数です。二項分布を利用して確率を求めたり、確率から逆に値を求めたりするには以下のような関数が使えます。

BINOM.DIST関数、BINOM.DIST.RANGE関数

10回サイコロを振って、ある目（たとえば1）が何回か出る確率は以下のようにグラフ化できます。棒グラフを見ると、ある目が2回出る確率は0.29であることがわかります。一方、折れ線グラフを見ると、ある目が0回または1回または2回出る確率（累積確率）は0.77であることがわかります。これらの値は、いずれもBINOM.DIST関数を使って求められます。また、ある目が2回〜4回まで出る確率、といった一定区間の累積確率を求めるにはBINOM.DIST.RANGE関数が使えます。

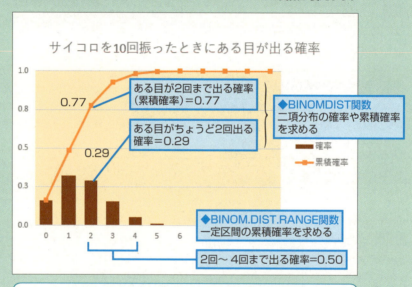

n回サイコロを振って、ある目がx回出る確率

$$_nC_x \left(\frac{1}{6}\right)^x \left(\frac{5}{6}\right)^{(n-x)}$$

二項分布の確率を求める

BINOM.INV関数

BINOM.INV関数は、BINOM.DIST関数の逆関数です。累積確率をもとに、xの値（xを超えない整数の値）を求めます。

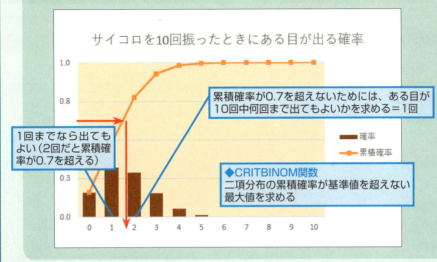

サイコロを10回振ったときにある目が出る確率

1回までなら出てもよい（2回だと累積確率が0.7を超える）

累積確率が0.7を超えないためには、ある目が10回中何回まで出てもよいかを求める＝1回

◆CRITBINOM関数
二項分布の累積確率が基準値を超えない最大値を求める

NEGBINOM.DIST関数

負の二項分布とは、何回かの試行のうち、指定した回数だけ成功するまでに、何回失敗するかという確率の分布です。以下の例はサイコロを振ったとき、ある目が3回出るまでに、ほかの目が何回か出る確率をグラフにしたものです。たとえば、ある目が3回出るまでに、ほかの目が2回出る確率は0.019となっています。

ある目が3回出るまでに、ほかの目が2回出る確率

◆NEGBINOM.DIST関数
目的の回数だけ成功する前に、指定された回数失敗する確率を求める

確率
0.019

- 1 関数の基本知識
- 2 日付／時刻関数
- 3 数学／三角関数
- 4 論理関数
- 5 検索／行列関数
- 6 データベース関数
- 7 文字列操作関数
- 8 統計関数
- 9 財務関数
- 10 エンジニアリング関数
- 11 情報関数
- 12 キューブ関数
- 13 ウェブ関数
- 付録

BINOM.DIST 二項分布の確率や累積確率を求める

BINOMDIST 二項分布の確率や累積確率を求める

バイノミアル・ディストリビューション
BINOM.DIST(成功数, 試行回数, 成功率, 関数形式)
バイノミアル・ディストリビューション
BINOMDIST(成功数, 試行回数, 成功率, 関数形式)

▶関数の解説

［成功率］で示される確率で事象が起こるときに、［試行回数］のうち［成功数］だけの事象が起こる確率を求めます。［成功数］までの回数の事象が起こる累積確率を求めることもできます。たとえば、不良品が0.1％の割合で発生することがわかっているとき、1,000個の製品のうち不良品が3個である確率や、不良品が3個以下である確率が求められます。この場合、［成功数］は3、［試行回数］は1,000、［成功率］は0.1％です。

▶引数の意味

成功数 ····················· 目的の事象が起こる回数を指定します。

試行回数 ················· 全体の試行回数を指定します。

成功率 ····················· あらかじめわかっている確率を指定します。試行を1回行ったときに目的の事象が起こる確率です。

関数形式 ················· ［成功数］の回数まで事象が起こる累積確率を求めるか、［成功数］の回数だけ事象が起こる確率を求めるかを指定します。

> ┌ TRUEまたは0以外の数値 ······· 累積分布関数の値（累積確率）を求めます。
> └ FALSEまたは0 ························ 確率質量関数の値（確率）を求めます。

ポイント

- BINOM.DIST関数とBINOMDIST関数の働きは同じです。BINOMDIST関数はExcel 2007以前の表と互換性を持たせるために使われる関数です。

- ［成功数］［試行回数］に小数部分のある数値を指定した場合、小数点以下を切り捨てた整数とみなされます。

- ［成功数］［試行回数］［成功率］を省略すると、0が指定されたものとみなされます。

- ［関数形式］は省略できません。ただし、カンマだけを指定すると、FALSEが指定されたものとみなされます。たとえば、BINOM.DIST(A3,B3,C3)はエラーとなりますが、BINOM.DIST(A3,B3,C3,)とすることはできます。

- 二項分布は、サイコロの目やコインの裏表など、出現確率が一定のものについて適用できます。n個の製品のなかからx個を取り出して不良品かどうかを調べるとき、製品を1つ取り出して調べたあと、それを元に戻し、（よくかきまぜてから）次の製品を取り出して調べるような検査の場合にも使えます。取り出したものを元に戻さずに次の製品を取り出す場合には、超幾何分布を使います。

参照 超幾何分布の確率を求める ······P.561

8-19 二項分布の確率を求める

エラーの意味

エラーの種類	原因	エラーとなる例
[#NUM!]	[成功数]に 0 未満の値を指定した	=BINOM.DIST(-1,10,3% ,FALSE)
	[試行回数]が 0 以下である	=BINOM.DIST(0,0,3% ,FALSE)
	[試行回数]に[成功数]より小さい値を指定した	=BINOM.DIST(6,5,3% ,FALSE)
	[成功率]が 0 未満か、1 より大きい	=BINOM.DIST(6,10,100,FALSE)
[#VALUE!]	引数に数値とみなせない文字列を指定した	=BINOM.DIST("x",10,3% ,FALSE)

関数の使用例　来客の何組が子供連れであるかの確率を求める

来客の30%が子供連れであるとわかっている店で、10組の来客のうち、ちょうど6組が子供連れである確率を求めます。この場合、[成功数]が6、[試行回数]が10、[成功率]が0.3となります。

=BINOM.DIST(A3,B3,C3,FALSE)

ある事象がセルA3の[成功数]の数だけ起こる確率を求める。ただし、[試行回数]はセルB3の値とし、1回の試行で事象が起こる確率をセルC3の[成功率]とする。確率を求めるので、[関数形式]はFALSEとする。

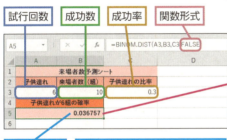

❶セルA5に「=BINOM.DIST(A3,B3,C3,FALSE)」と入力

確率が求められた

ちょうど6組が子供連れである確率は0.036757（約3.7%）であることがわかった

参照▶関数を入力するには……P.38
サンプル▶08_070_BINOM_DIST.xlsx

HINT 累積確率を求めるには

子供連れがちょうど6組である確率ではなく、6組以下である確率を求めたい場合は[関数形式]としてTRUEを指定して累積確率を求めます。

HINT 二項分布と超幾何分布

使用例では、いったん店に入った客がもう一度入ってくることは考えにくいので、厳密には超幾何分布のほうが適しています。しかし、母数の数が非常に大きい場合は、超幾何分布は二項分布に近づくので、BINOM.DIST関数が使えます。
参照▶超幾何分布の確率を求める……P.561

HINT 「成功数」や「成功率」の考え方

Excelのヘルプや[関数の引数]ダイアログボックスでは「成功数」や「成功率」という用語が使われていますが、必ずしも望ましいことが起こるという意味での「成功」ではありません。「成功数」＝「その事象が起こる回数」、「成功率」＝「1回の試行で、その事象が起こる確率」です。

8-19

二項分布の確率を求める

BINOM.DIST.RANGE　二項分布で一定区間の累積確率を求める

関数の基本知識	**1**
日付／時刻関数	**2**
数学／三角関数	**3**
論理関数	**4**
検索／行列関数	**5**
データベース関数	**6**
文字列操作関数	**7**
統計関数	**8**
財務関数	**9**
エンジニアリング関数	**10**
情報関数	**11**
キューブ関数	**12**
ウェブ関数	**13**
付　録	

BINOM.DIST.RANGE(試行回数, 成功率, 成功数1, 成功数2)

▶関数の解説

［成功率］で示される確率で事象が起こるときに、［試行回数］のうち［成功数1］から［成功数2］までの回数だけ、事象が起こる確率を求めます。

▶引数の意味

試行回数‥‥‥‥‥‥‥全体の試行回数を指定します。

成功率‥‥‥‥‥‥‥‥あらかじめわかっている確率を指定します。試行を1回行ったときに目的の事象が起こる確率です。

成功数1‥‥‥‥‥‥‥目的の事象が起こる下限の回数を指定します。

成功数2‥‥‥‥‥‥‥目的の事象が起こる上限の回数を指定します。

ポイント

- この関数はExcel 2013で新たに追加されたものです。Excel 2010以前では使えません。
- 引数の指定順序がBINOM.DIST関数と異なっていることに注意してください。
- ［試行回数］［成功数1］［成功数2］に小数部分のある数値を指定した場合、小数点以下を切り捨てた整数とみなされます。
- ［試行回数］［成功数1］［成功数2］を省略すると、0が指定されたものとみなされます。

エラーの意味

エラーの種類	原因	エラーとなる例
[#NUM!]	［試行回数］が0未満である	=BINOM.DIST.RANGE(-1, 3% , 1, 2)
	［試行回数］≧［成功数2］≧［成功数1］という関係を満たしていない	=BINOM.DIST.RANGE(10, 3% , 2, 1)
	［成功率］に0未満または1より大きい値を指定した	=BINOM.DIST.RANGE(10, -3% , 3, 5)
[#VALUE!]	引数に数値とみなせない文字列を指定した	=BINOM.DIST.RANGE("x", 3% , 3, 5)

関数の使用例　来客の3組～5組が子ども連れである確率を求める

来客の30%が子供連れであるとわかっている店で、10組の来客のうち、3組～5組が子供連れである確率を求めます。

=BINOM.DIST.RANGE(A3, B3, C3, D3)

ある事象がセルA3の［試行回数］のうち、セルC3の［成功数1］からセルD3の［成功数2］までの回数起こる確率を求める。ただし、1回の試行で事象が起こる確率はセルB3の［成功率］とする。

❶セルD5に「=BINOM.DIST.RANGE(A3, B3, C3, D3)」と入力

参照▶関数を入力するには……P.38
サンプル▶08_071_BINOM_DIST_RANGE.xlsx

確率が求められた　3組～5組が子ども連れである確率は0.5699（約57%）であることがわかった

HINT Excel 2010では

Excel 2010では、BINOM.DIST.RANGE関数が使えません。上の例と同じことを行うには、BINOM.DISTで関数求めた上限の確率から下限-1の確率を引きます。例えば、セルD5に「=BINOM.DIST(D3,A3,B3,TRUE)-BINOM.DIST(C3-1,A3,B3,TRUE)」と入力します。

BINOM.INV 累積二項確率が基準値以下になる最大値を求める
CRITBINOM 累積二項確率が基準値以下になる最大値を求める

BINOM.INV（バイノミアル・インバース）**(試行回数, 成功率, 基準値)**
CRITBINOM（クライテリア・バイノミアル）**(試行回数, 成功率, 基準値)**

▶関数の解説

[成功率]で示される確率で事象が起こるとき、[試行回数]のうち累積確率が[基準値]以下になる値（事象の生起回数）を求めます。たとえば、不良品が2%の割合で発生することがわかっているものとし、10個の製品を取り出して検査するとき、不良品の累積確率を3%までに収めるには、不良品はいくつまで許容できるかが求められます。この場合、[試行回数]は10、[成功率]は2%、[基準値]は3%です。

▶引数の意味

試行回数………………全体の試行回数を指定します。

成功率…………………あらかじめわかっている確率を指定します。試行を1回行ったときに目的の事象が起こる確率です。

基準値…………………累積確率を指定します。この値に対する、事象の生起回数の最大値が求められます。

ポイント

- BINOM.INV関数とCRITBINOM関数の働きは同じです。CRITBINOM関数はExcel 2007以前の表と互換性を持たせるために使われる関数です。
- [試行回数]に小数部分のある数値を指定した場合、小数点以下を切り捨てた整数とみなされます。
- [試行回数][成功率][基準値]を省略すると、0が指定されたものとみなされます。ただし、[成功率]が0の場合は、[#NUM!]エラーになります。
- 返される値は累積二項分布の逆関数の値（xにあたる値）を超えない最大の整数です。

8-19 二項分布の確率を求める

- 二項分布は、サイコロの目やコインの裏表など、出現確率が一定のものについて適用できます。n個の製品のなかからx個を取り出して不良品かどうかを調べるとき、製品を1つ取り出して調べたあと、それを元に戻し、(よくかきまぜてから) 次の製品を取り出して調べるような検査の場合にも使えます。取り出したものを元に戻さずに次の製品を取り出す場合には、超幾何分布を使います。

参照▶超幾何分布の確率を求める……P.561

エラーの意味

エラーの種類	原因	エラーとなる例
[#NUM!]	[試行回数] が 0 未満である	=CRITBINOM(-1, 0.3, 0.5)
	[成功率] や [基準値] が 0 以下か、1 以上である	=CRITBINOM(10, 50, 0.5)
[#VALUE!]	引数に数値とみなせない文字列を指定した	=CRITBINOM("x", 0.3, 0.5)

関数の使用例 子供連れである累積確率が50%以内になるのは何組までの場合かを求める

来客の30%が子供連れであるとわかっている店で、10組の来客のうち、n組以下が子供連れである確率が50%以内になるnの値を求めます。この場合、[試行回数] が10、[成功率] が0.3、[基準値] が0.5となります。

=BINOM.INV(A3,B3,C3)

セルA3の [試行回数] のうち、ある事象が起こる累積確率がセルC3の [基準値] 以下になる確率を求める。ただし、1回の試行で目的事象が起こる確率はセルB3の [成功率] であるものとする。

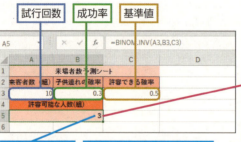

❶セルA5に「BINOM.INV(A3,B3,C3)」と入力

参照▶関数を入力するには……P.38
サンプル▶08_072_BINOM_INV.xlsx

NEGBINOM.DIST 負の二項分布の確率を求める

NEGBINOMDIST 負の二項分布の確率を求める

NEGBINOM.DIST(失敗数, 成功数, 成功率, 関連形式)
ネガティブ・バイノミアル・ディストリビューション

NEGBINOMDIST(失敗数, 成功数, 成功率)
ネガティブ・バイノミアル・ディストリビューション

▶関数の解説

[成功率]で示される確率で事象が起こるとき、[成功数]の事象が起こるまでに、ほかの事象が[失敗数]だけ起こる確率を求めます。NEGBINOM.DIST関数では、ほかの事象が[失敗数]まで起こる累積確率を求めることもできます。たとえば、不良品が2%の割合で発生することがわかっているとき、不良品が2個出るまでに、良品が10個出る確率が求められます。この場合、[失敗数]は10、[成功数]は2、[成功率]は2%です。

▶引数の意味

失敗数······················ 目的の事象と異なる事象が起こる回数を指定します。

成功数······················ 目的の事象が起こる回数を指定します。

成功率······················ あらかじめわかっている確率を指定します。試行を1回行ったときに目的の事象が起こる確率です。

関数形式·················· NEGBINOM.DIST関数で[成功数]の事象が起こるまでにほかの事象が[失敗数]まで起こる確率（累積確率）を求めるか、[失敗数]だけ起こる確率を求めるかを指定します。

> ┌─TRUEまたは0以外の数値······· 累積分布関数の値（累積確率）を求めます。
> └─FALSEまたは0 ····················· 確率質量関数の値（確率）を求めます。

NEGBINOMDIST関数にはこの引数はありません。常に確率質量関数の値（確率）が求められます。

ポイント

- NEGBINOMDIST関数では累積確率は求められません。この関数はExcel 2007以前の表と互換性を持たせるために使われる関数です。

- [失敗数]や[成功数]に小数部分のある数値を指定した場合、小数点以下が切り捨てられた整数とみなされます。

- [失敗数][成功数][成功率]を省略すると、0が指定されたものとみなされます。ただし、[成功数]や[成功率]が0の場合は、[#NUM!]エラーになります。

- NEGBINOM.DIST関数では、[関数形式]は省略できません。ただし、カンマだけを指定すると、FALSEが指定されたものとみなされます。たとえば、NEGBINOM.DIST(A3,B3,C3)はエラーとなりますが、NEGBINOMDIST(A3,B3,C3,)とすることはできます。

- 負の二項分布は、二項分布と同じように、サイコロの目やコインの裏表など、出現確率が一定のものについて適用できます。

8-19 二項分布の確率を求める

エラーの意味

エラーの種類	原因	エラーとなる例
[#NUM!]	[失敗数]が0未満である	=NEGBINOM.DIST(-1,5,0.3,FALSE)
	[成功数]が0以下である	=NEGBINOM.DIST(5,0,0.3,FALSE)
	[成功率]が0以下か、1以上である	=NEGBINOM.DIST(5,5,10,FALSE)
[#VALUE!]	引数に数値とみなせない文字列を指定した	=NEGBINOM.DIST(5,5,"x",FALSE)

関数の使用例　子供連れでない客の来店確率を求める

来客の30%が子供連れであるとわかっている店で、子供連れの客が5組来るまでに、子供連れでない客が5組だけ来る確率を求めます。この場合、[失敗数]が5、[成功数]が5、[成功率]が0.3となります。

=NEGBINOM.DIST(A3,B3,C3,FALSE)

ある事象がセルB3の[成功数]だけ起こるまでに、それ以外の事象と異なる事象がセルC3の[失敗数]だけ起こる確率を求める。1回の試行で目的の事象が起こる確率はセルC3に入力されているものとする。累積確率ではなく、確率を求めるので、[関数形式]にはFALSEを指定する。

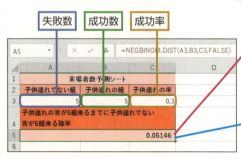

❶セルA5に「=NEGBINOM.DIST(A3,B3,C3,FALSE)」と入力

参照▶関数を入力するには……P.38
サンプル▶08_073_NEGBINOM_DIST.xlsx

確率が求められた

子供連れの客が5組来るまでに、子供連れでない客が5組来る確率は0.05146（約5.1%）であることがわかった

HINT 累積確率を求めるには

関数の使用例の表で、子供連れでない客が5組まで来る確率を求めるには、[関数形式]にTRUEを指定して、累積確率を求めます。NEGBIONMDIST関数の場合は、[失敗数]が1の場合の結果から[失敗数]が5の場合の結果までをすべて合計すれば累積確率が求められます。

8-20 超幾何分布の確率を求める

▶ HYPGEOM.DIST 超幾何分布の確率を求める
▶ HYPGEOMDIST 超幾何分布の確率を求める

ハイパー・ジオメトリック・ディストリビューション
HYPGEOM.DIST(標本の成功数, 標本数, 母集団の成功数, 母集団の大きさ, 関数形式)

ハイパー・ジオメトリック・ディストリビューション
HYPGEOMDIST(標本の成功数, 標本数, 母集団の成功数, 母集団の大きさ)

▶関数の解説

あらかじめ事象の起こる確率がわかっているとき、母集団から[標本数]だけを取り出し、[標本の成功数]の事象が起こる確率を求めます。HYPGEOM.DIST関数では、事象が[標本の成功数]まで起こる累積確率を求めることもできます。たとえば、1,000個のうち1個（0.1%）が不良品であるとわかっている製品で、10,000個から10個の標本を抜き取って検査したときに、不良品が2個である確率を求めることができます。この場合、[標本の成功数]は2、[標本数]は10、[母集団の成功数]は10、[母集団の大きさ]は10,000です。

超幾何分布の例

以下の図は、500人のうち214人が既婚者のとき、無作為に10人選んだ場合に、既婚者が何人選ばれるかの確率をグラフにしたものです。棒グラフは、HYPGEOM.DIST関数で求めた確率で、折れ線グラフは累積確率です。

参照▶累積確率を求めるには……P.563

▶引数の意味

標本の成功数 ………… 目的の事象が起こる回数を指定します。

標本数 ………………… 取り出した標本数を指定します。

母集団の成功数 ……… 目的の事象が母集団全体のなかで起こる回数を指定します。

母集団の大きさ ……… 母集団の数（すべての事象の数）を指定します。

関数形式 …………… HYPGEOM.DIST関数で［標本の成功数］までの事象が起こる確率（累積確率）を求めるか、［標本の成功数］だけ起こる確率を求めるかを指定します。

┌── TRUEまたは0以外の数値 …… 累積分布関数の値（累積確率）を求めます。

└── FALSEまたは0 ………………… 確率質量関数の値（確率）を求めます。

HYPGEOMDIST関数にはこの引数はありません。常に確率質量関数の値（確率）が求められます。

ポイント

- HYPGEOMDIST関数では累積確率は求められません。この関数はExcel 2007以前の表と互換性を持たせるために使われる関数です。
- 引数に小数部分のある数値を指定した場合、小数点以下を切り捨てた整数とみなされます。
- いずれの引数も、省略すると0が指定されたものとみなされます。ただし［母集団の大きさ］が0の場合は、［#NUM!］エラーになります。
- ［母集団の成功数］を［母集団の大きさ］で割ったものが、あらかじめわかっている事象の生起確率です。
- HYPGEOM.DIST関数では、［関数形式］は省略できません。ただし、カンマだけを指定すると、FALSEが指定されたものとみなされます。たとえば、HYPGEOM.DIST(A3,B3,C3,D3)はエラーとなりますが、HYPGEOM.DIST(A3,B3,C3,D3,)とすることはできます。
- 超幾何分布は、n個の製品のなかからx個を取り出して不良品かどうかを調べるとき、製品を1つ取り出して調べたあと、それを元に戻さずに、次の製品を取り出して調べるような検査の場合に使います。

エラーの意味

エラーの種類	原因	エラーとなる例
[#NUM!]	［標本の成功数］［標本数］［母集団の成功数］に0未満の値を指定した	=HYPGEOM.DIST(-1,10,214,500,FALSE)
	［母集団の大きさ］に0以下の値を指定した	=HYPGEOM.DIST(4,10,214,0,FALSE)
	以下のような値（全体よりも部分のほうが大きくなるような値）を指定した ・［標本の成功数］＞［標本数］ ・［標本の成功数］＞［母集団の成功数］ ・［標本の成功数］＞［母集団の大きさ］ ・［標本数］＞［母集団の大きさ］ ・［母集団の成功数］＞［母集団の大きさ］	=HYPGEOM.DIST(20,10,214,500,FALSE) =HYPGEOM.DIST(8,10,5,500,FALSE) など
[#VALUE!]	引数に数値とみなせない文字列を指定した	=HYPGEOM.DIST("x",10,214,500,FALSE)

8-20 超幾何分布の確率を求める

関数の使用例　無作為に10人選んだうち、既婚者がちょうど4人である確率を求める

全会員500人のうち既婚者が214人であるとき、無作為に10人選んだうち、既婚者がちょうど4人である確率を求めます。この場合、［標本の成功数］が4、［標本数］が10、［母集団の成功数］が214、［母集団の大きさ］が500となります。

=HYPGEOM.DIST(A3,B3,C3,D3,FALSE)

ある事象がセルB3の［標本数］のうち、セルA3の［標本の成功数］だけ起こる確率を求める。ただし、［母集団の成功数］がセルC3に、母集団の大きさがセルD3に入力されているものとする。累積確率ではなく、確率を求めるので、［関数形式］にはFALSEを指定する。

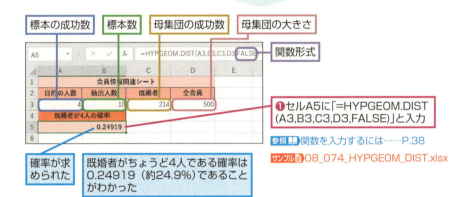

❶ セルA5に「=HYPGEOM.DIST(A3,B3,C3,D3,FALSE)」と入力

参照▶関数を入力するには……P.38
サンプル▶08_074_HYPGEOM_DIST.xlsx

既婚者がちょうど4人である確率は0.24919（約24.9%）であることがわかった

HINT 累積確率を求めるには

関数の使用例の表で、既婚者が4人以下である確率を求めるには、［関数形式］にTRUEを指定して、累積確率を求めます。HYPGEOMDIST関数の場合は、［標本の成功数］が1の場合の結果から、［標本の成功数］が4の場合の結果までをすべて合計すれば累積確率が求められます。

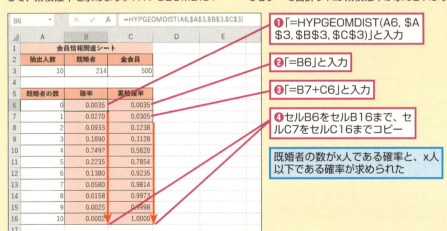

❶「=HYPGEOMDIST(A6,$A$3,$B$3,$C$3)」と入力
❷「=B6」と入力
❸「=B7+C6」と入力
❹ セルB6をセルB16まで、セルC7をセルC16までコピー

既婚者の数がx人である確率と、x人以下である確率が求められた

563

8-21 ポワソン分布の確率を求める

> **POISSON.DIST** ポワソン分布の確率や累積確率を求める

> **POISSON** ポワソン分布の確率や累積確率を求める

POISSON.DIST(ポワソン・ディストリビューション)(事象の数, 事象の平均, 関数形式)
POISSON(ポワソン)(事象の数, 事象の平均, 関数形式)

▶関数の解説

あらかじめ事象の起こる確率がわかっているとき、母集団から標本を取り出し、目的の事象が何回か起こる確率を求めます。目的の事象が何回まで起こるかという累積確率も求められます。たとえば、1,000個のうち2個が不良品であるとわかっている製品で、不良品が3個ある確率や、3個以下である確率を求めることができます。この場合、[事象の数]は3、[事象の平均]は2です。

POISSON関数の例

下の図はポワソン分布をグラフ化した例です。棒グラフは、抽出した1,000人のうち、あるウイルスに感染している人がちょうどx人いる確率を求めたものです。一方、折れ線グラフは、抽出した1,000人のうちそのウイルスに感染している人がx人までである確率（累積確率）を求めたものです。

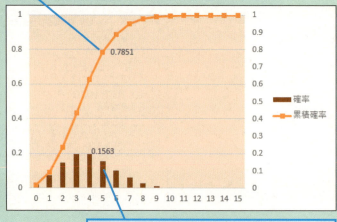

あるウイルスの感染者が0.4％（1,000人あたり4人）であることがわかっているとき、1,000人を抽出して、そのウイルスに感染している人が5人以下である確率=0.7851

あるウイルスの感染者が0.4％（1,000人あたり4人）であることがわかっているとき、1,000人を抽出して、そのウイルスに感染している人が5人である確率=0.1563

▶引数の意味

事象の数……… 目的の事象が起こる回数を指定します。

事象の平均……… 事象が平均して起こる回数を指定します。単位時間あたりの回数や人口1,000人あたりの人数などを指定します。

関数形式……… [事象の数]の回数だけ事象が起こる確率を求めるか、累積確率を求めるかを指定します。

- TRUEまたは0以外の数値 ……… 累積分布関数の値（累積確率）を求める。
- FALSEまたは0 ……………………… 確率質量関数の値（確率）を求める。

ポイント

- POISSON.DIST関数とPOISSON関数の働きは同じです。POISSON関数はExcel 2007以前の表と互換性を持たせるために使われる関数です。
- いずれの引数も、省略すると0が指定されたものとみなされます。
- [事象の数] に小数部分のある数値を指定した場合、小数点以下を切り捨てた整数とみなされます。
- [事象の数] と [事象の平均] には同じ単位の値を指定します。たとえば、[事象の数] が1,000人あたりであれば、[事象の平均] も1,000人あたりの値を指定します。
- ポワソン分布は、目的の事象があまり起こらない場合に適した分布です。

エラーの意味

エラーの種類	原因	エラーとなる例
[#NUM!]	[事象の数] や [事象の平均] に 0 未満の値を指定した	=POISSON.DIST(-1,0,FALSE)
[#VALUE!]	引数に数値とみなせない文字列を指定した	=POISSON.DIST(5,"x",FALSE)

関数の使用例　ウイルスに感染している人の確率を求める

あるウイルスの感染者数が人口1,000人あたり4人であることがわかっているとき、1,000人のうち、そのウイルスに感染している人が5人である確率を求めます。この場合、[事象の数] が5、[事象の平均] が4となります。

=POISSON.DIST(A6,A3,FALSE)

ある事象が、セルA3の [事象の平均] の割合で起こるとき、セルA6の [事象の数] だけ起こる確率を求める。累積確率ではなく、確率を求めるので [関数の形式] にはFALSEを指定する。

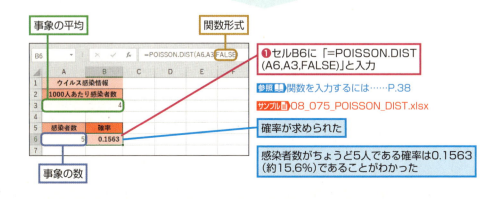

❶セルB6に「=POISSON.DIST(A6,A3,FALSE)」と入力

参照▶関数を入力するには……P.38
サンプル 08_075_POISSON_DIST.xlsx

確率が求められた

感染者数がちょうど5人である確率は0.1563（約15.6%）であることがわかった

8-21 ポワソン分布の確率を求める

活用例　ポワソン分布の累積確率を求める

あるウイルスの感染者数が人口1,000人あたり4人であることがわかっているとき、1,000人のうち、そのウイルスに感染している人がx人である確率とx人以下である確率（累積確率）を求めます。xの値はセルA6～A21に入力されています。セルB6～B21では、POISSON.DIST関数の最後の引数にFALSEを指定しています。したがって、それぞれのxに対する確率が求められます。セルC6～C21では、POISSON.DIST関数の最後の引数にTRUEを指定しています。したがって、累積確率が求められます。なお、2番めの引数（A3）を絶対参照にしているのは、関数を下方向にコピーしても、セル参照が変更されないようにするためです。

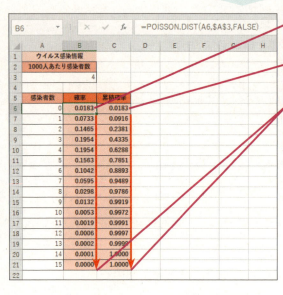

❶「=POISSON.DIST(A6, $A$3, FALSE)」と入力

❷「=POISSON.DIST(A6, $A$3, TRUE)」と入力

❸セルB6をセルB21まで、セルC6をセルC21までコピー

感染者数がx人である確率と、x人以下である確率が求められた

8-22 正規分布の確率を求める

正規分布に関する関数

正規分布の確率密度や累積確率を求めるにはNORM.DIST関数を利用します。また、累積正規分布の逆関数の値を求めるにはNORM.INV関数を利用します。
一方、標準正規分布の累積確率を求めるにはNORM.S.DIST関数を利用します。また、標準正規分布の累積分布関数の逆関数の値を求めるには、NORM.S.INV関数を利用します。

NORM.DIST関数

下の図は平均が60、標準偏差が10の正規分布のグラフです。横軸がx（試験の点数などにあたる）、縦軸が確率です。NORMDIST関数では、xに対する累積確率や確率密度が求められます。たとえば、x=50のとき、累積確率は図の網掛け部分の面積÷全体の面積にあたります。

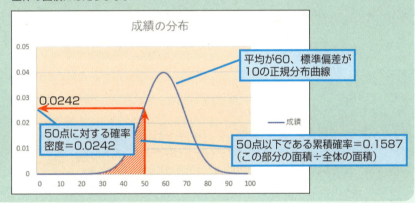

NORM.INV関数

下の図は平均が60、標準偏差が10の正規分布の累積分布関数のグラフです。横軸がx（試験の点数などにあたる）、縦軸が累積確率です。NORM.INV関数では、累積確率から、xの値が求められます。

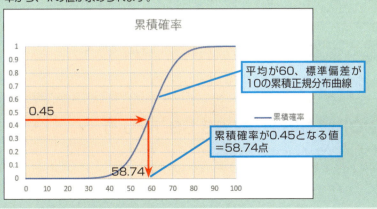

8-22

正規分布の確率を求める

NORM.DIST 正規分布の累積確率や確率密度を求める

NORMDIST 正規分布の累積確率や確率密度を求める

ノーマル・ディストリビューション
NORM.DIST(x, 平均, 標準偏差, 関数形式)

ノーマル・ディストリビューション
NORMDIST(x, 平均, 標準偏差, 関数形式)

▶関数の解説

［平均］と［標準偏差］で表される正規分布関数で、［x］の値に対する累積確率や確率密度の値を求めます。たとえば、テスト結果の分布をもとに、ある得点以下である確率を求めたりするのに使います。

▶引数の意味

x ································ 正規分布関数に代入する標本の値を指定します。

平均 ···························· 分布の算術平均（相加平均）を指定します。

標準偏差 ······················ 分布の標準偏差を指定します。

関数形式 ······················ 累積確率を求めるか、確率密度を求めるかを指定します。

     ┌ TRUEまたは0以外の数値 ······ 累積分布関数の値（累積確率）を求める

     └ FALSEまたは0 ·························· 確率密度関数の値を求める

ポイント

- NORM.DIST関数とNORMDIST関数の働きは同じです。NORMDIST関数はExcel 2007以前の表と互換性を持たせるために使われる関数です。

- いずれの引数も、省略すると0が指定されたものとみなされます。

- 平均が0、標準偏差が1の正規分布を標準正規分布と呼びます。標準正規分布の場合、NORM.S.DIST関数やNORM.S.INV関数を利用したほうが便利です。

参照 NORM.S.DIST ······ P.570　　参照 NORM.S.INV ······ P.572

エラーの意味

エラーの種類	原因	エラーとなる例
[#NUM!]	［標準偏差］に 0 以下の値を指定した	=NORM.DIST(80,60,0,FALSE)
[#VALUE!]	引数に数値とみなせない文字列を指定した	=NORM.DIST("a",60,10,FALSE)

関数の使用例　80点以上の点数を取る人数を求める

テスト結果の平均が60点、標準偏差が10であるとき、80点以上の点数を取る人がどれくらいいるかを求めます。全体が1（100%）なので、1から80点以下の累積確率を引いて求めます。

=1-NORM.DIST(A3,B3,C3,TRUE)

セルA3の値までの累積確率を求める。平均はセルB3に、標準偏差はセルC3に入力されている。累積確率を求めるので［関数形式］にはTRUEを指定する。

関数の基本知識 1

日付／時刻関数 2

数学／三角関数 3

論理関数 4

検索／行列関数 5

データベース関数 6

文字列操作関数 7

統計関数 8

財務関数 9

エンジニアリング関数 10

情報関数 11

キューブ関数 12

ウェブ関数 13

付 録

568
できる

8-22

正規分布の確率を求める

❶ セルD3に「=1-NORM.DIST (A3,B3,C3,TRUE)」と入力

参照 関数を入力するには……P.38

サンプル 08_076_NORM_DIST.xlsx

累積確率が求められた

80点以上の人は全体の0.0228 （約2.3%）であることがわかった

HINT 確率密度とは

上の例で、［関数形式］にFALSEを指定すると、確率密度関数の値が求められます。連続分布では、この値は、特定の値に対する確率というわけではありません。つまり、ちょうど80点の人が何パーセントいるかが求められるわけではありません。そのため、「確率」とは呼ばずに「確率密度」や「確率密度関数の値」と呼びます。連続分布では、確率密度ではなく、累積確率を使って、一定の範囲内に入る確率を求めるのが普通です。

HINT 累積確率から人数を求めるには

受験者数に累積確率を掛けると、その点数以下である人数が求められます。上の例では、80点以下ではなく80点以上の人数を求めるので、（1-累積確率）を掛けます。したがって、受験者を1,000人とすると、80点以上の人は1000×0.0228≒22.8人と考えられます。

▶ NORM.INV 正規分布の累積確率から逆関数の値を求める

▶ NORMINV 正規分布の累積確率から逆関数の値を求める

ノーマル・インバース
NORM.INV（累積確率, 平均, 標準偏差）

ノーマル・インバース
NORMINV（累積確率, 平均, 標準偏差）

▶関数の解説

［平均］と［標準偏差］で表される正規分布関数の［累積確率］に対する元の値を求めます。たとえば、テスト結果の分布をもとに、下位から60%以上に入るためにはどれだけの点数を取る必要があるかが求められます。

▶引数の意味

累積確率················· 元の値（x）を求めるための累積確率を指定します。

平均························· 分布の算術平均（相加平均）を指定します。

標準偏差················· 分布の標準偏差を指定します。

ポイント

・NORM.INV関数とNORMINV関数の働きは同じです。NORMINV関数はExcel 2007以前の表と互換性を持たせるために使われる関数です。

・いずれの引数も、省略すると0が指定されたものとみなされます。

・平均が0、標準偏差が1の正規分布を標準正規分布と呼びます。標準正規分布の場合、NORM.S.DIST関数やNORM.S.INV関数を利用したほうが便利です。

参照 NORM.S.DIST……P.570　　参照 NORM.S.INV……P.572

---

1 関数の基本知識

2 日付／時刻関数

3 数学／三角関数

4 論理関数

5 検索／行列関数

6 データベース関数

7 文字列操作関数

8 統計関数

9 財務関数

10 エンジニアリング関数

11 情報関数

12 キューブ関数

13 ウェブ関数

付録

569
できる

8-22

正規分布の確率を求める

エラーの意味

エラーの種類	原因	エラーとなる例
[#NUM!]	[累積確率] に 0 以下の値または 1 以上の値を指定した	=NORM.INV(0,60,10)
	[標準偏差] に 0 以下の値を指定した	=NORM.INV(0.9,60,0)
[#VALUE!]	引数に数値とみなせない文字列を指定した	=NORM.INV("a",60,10)

サイドバー項目:
1 関数の基本知識
2 日付／時刻関数
3 数学／三角関数
4 論理関数
5 検索／行列関数
6 データベース関数
7 文字列操作関数
8 統計関数
9 財務関数
10 エンジニアリング関数
11 情報関数
12 キューブ関数
13 ウェブ関数
付録

関数の使用例 **テストで上位10%以内に入るための点数を求める**

テスト結果の平均が60点、標準偏差が10であるとき、上位10%以内（下位から90%以上）に入るためには何点以上取る必要があるかを求めます。

=NORM.INV(A3,B3,C3)

セルA3の累積確率に対応する元の値を求める。平均はセルB3に、標準偏差はセルC3に入力されているものとする。

累積確率　平均　標準偏差

❶セルD3に「=NORM.INV(A3,B3,C3)」と入力

参照 関数を入力するには……P.38

サンプル 08_077_NORM_INV.xlsx

累積確率に対する逆関数の値が求められた

上位10%以内に入るためには72.81552（約72.8）点以上を取る必要があることがわかった

NORM.S.DIST 標準正規分布の累積確率や確率密度を求める

NORMSDIST 標準正規分布の累積確率や確率密度を求める

ノーマル・スタンダード・ディストリビューション
NORM.S.DIST(z, 関数形式)
ノーマル・スタンダード・ディストリビューション
NORMSDIST(z)

▶関数の解説

標準正規分布関数で、[z] の値に対する累積確率や確率密度の値を求めます。標準正規分布とは、平均が0、標準偏差が1の正規分布です。

570
できる

▶引数の意味

z ··················· 標準正規分布関数に代入する値を指定します。

関数形式 ··········· NORM.S.DIST関数で［z］に対する累積確率を求めるか、確率密度を求めるかを指定します。

　　┌ TRUEまたは0以外の数値 ········ 累積分布関数の値（累積確率）を求めます。
　　└ FALSEまたは0 ····················· 確率密度関数の値を求めます。

NORMSDIST関数にはこの引数はありません。常に累積確率が求められます。Excel 2013以降では、累積分布関数の値はGAUSS関数の結果に0.5を足しても求められます。また、確率密度関数の値はPHI関数でも求められます。

（ポイント）
- 引数を省略すると、0が指定されたものとみなされます。
- NORMSDIST関数で求められるのは累積確率のみで、確率密度は求められません。この関数はExcel 2007以前の表と互換性を持たせるために使われる関数です。

（エラーの意味）

エラーの種類	原因	エラーとなる例
[#VALUE!]	引数に数値とみなせない文字列を指定した	=NORM.S.DIST("z",TRUE)

関数の使用例　**標準正規分布で、0.8に対する累積確率を求める**

標準正規分布で、0.8に対する累積確率を求めます。

=NORM.S.DIST(A3,TRUE)

標準正規分布で、セルA3に入力された値に対する累積確率を求める。

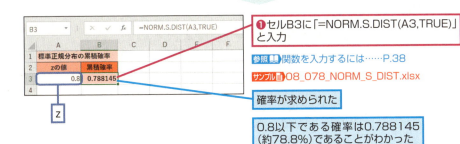

❶セルB3に「=NORM.S.DIST(A3,TRUE)」と入力

参照▶関数を入力するには……P.38
サンプル▶08_078_NORM_S_DIST.xlsx

確率が求められた

0.8以下である確率は0.788145（約78.8％）であることがわかった

NORM.S.INV 標準正規分布の累積確率から逆関数の値を求める
NORMSINV 標準正規分布の累積確率から逆関数の値を求める

NORM.S.INV(累積確率)
（ノーマル・スタンダード・インバース）

NORMSINV(累積確率)
（ノーマル・スタンダード・インバース）

▶関数の解説

標準正規分布関数の［累積確率］に対応する元の値を求めます。標準正規分布とは、平均が0、標準偏差が1の正規分布です。

▶引数の意味

累積確率 ………………… 元の値（z）を求めるための累積確率を指定します。

ポイント

・引数を省略すると、0が指定されたものとみなされます。

エラーの意味

エラーの種類	原因	エラーとなる例
[#NUM!]	［累積確率］に0以下の値または1以上の値を指定した	=NORM.S.INV(0)
[#VALUE!]	［累積確率］数値とみなせない文字列を指定した	=NORM.S.INV("z")

関数の使用例　標準正規分布で、上位10％以内に入る値を求める

標準正規分布で、上位10％以内（下位から90％以上）に入る値を求めます。

=NORM.S.INV(A3)

標準正規分布で、セルA3に入力された累積確率に対する元の値を求める。

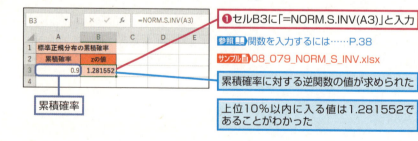

❶セルB3に「=NORM.S.INV(A3)」と入力

参照▶関数を入力するには……P.38
サンプル▶08_079_NORM_S_INV.xlsx

累積確率に対する逆関数の値が求められた

上位10％以内に入る値は1.281552であることがわかった

GAUSS 標準正規分布の平均からの累積確率を求める

GAUSS(数値)

▶関数の解説

標準正規分布で、[数値] に対する累積確率を平均の位置を0として返します。[数値] が平均よりも小さい場合は負の値が返されます。

▶GAUSS関数が返す値

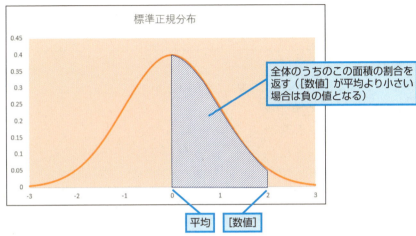

▶引数の意味

数値……………………標準正規分布関数に代入する値を指定します。

ポイント

- GAUSS関数で求められる結果は、NORM.S.DIST関数で求めた累積確率から0.5を引いた値になります。　　　　　　　　　　　　　　　　　　　　参照▶NORM.S.DIST……P.570
- 標準正規分布では、平均が0、標準偏差が1なので、[数値] の値は、平均から標準偏差の何倍離れた位置であるかを表します。
- この関数はExcel 2013で新たに追加されたものです。Excel 2010以前では使えません。

エラーの意味

エラーの種類	原因	エラーとなる例
[#VALUE!]	[数値] に指定したセルに数値が入力されていない、または、数値とみなせない文字列を直接指定した	=GAUSS("z")

関数の使用例　平均から標準偏差の2倍までの累積確率を求める

平均から標準偏差の2倍の値の範囲に入る累積確率を求めます。

=GAUSS(A3)

平均からセルA3に入力された [数値] までの累積確率を返す。

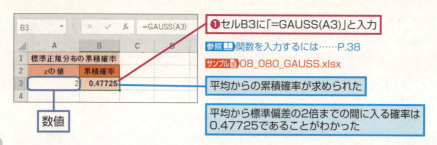

PHI 標準正規分布の確率密度を求める

PHI(数値)
ファイ

▶関数の解説

標準正規分布で、[数値]に対する確率密度関数の値を返します。

▶引数の意味

数値……………………標準正規分布関数に代入する値を指定します。

[ポイント]

- PHI関数で求められる結果は、NORM.S.DIST関数で[関数形式]にFALSEを指定したときの結果と同じです。　　　　　　　　　　　　　　　　　　参照▶NORM.S.DIST……P.570
- この関数はExcel 2013で新たに追加されたものです。Excel 2010以前では使えません。

[エラーの意味]

エラーの種類	原因	エラーとなる例
[#VALUE!]	[数値]に指定したセルに数値が入力されていない、または、数値とみなせない文字列を直接指定した	=PHI("z")

関数の使用例　標準正規分布で、0に対する確率密度を求める

標準正規分布の平均(0)に対する確率密度を求めます。

=PHI(A3)

A3に入力された[数値]に対する標準正規分布の確率密度を返す。

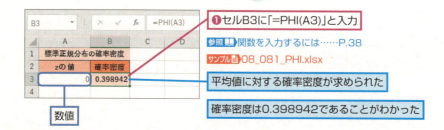

8-23 対数正規分布の確率を求める

LOGNORM.DIST関数とLOGNORM.INV関数

対数正規分布の累積確率や確率密度を求めるにはLOGNORM.DIST関数を利用します。また、対数正規分布の累積分布関数の逆関数の値を求めるにはLOGNORM.INV関数を利用します。対数正規分布は、変数xを自然対数に変換すると正規分布になります。

LOGNORM.DIST関数

下の図は、ln(x)の平均が1.4、ln(x)の標準偏差が0.4の対数正規分布をグラフ化したものです。横軸がx、縦軸が確率密度です。LOGNORM.DIST関数では累積確率や確率密度の値が求められます。累積確率は図の網掛け部分の面積÷全体の面積にあたります。

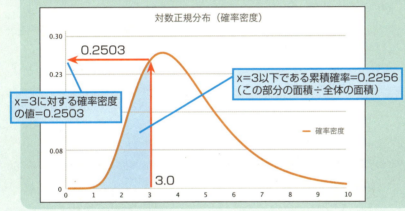

LOGNORM.INV関数

下の図は、ln(x)の平均が1.4、ln(x)の標準偏差が0.4の対数正規分布の累積確率をグラフ化したものです。横軸がx、縦軸が累積確率です。LOGNORM.INV関数では累積確率に対するxの値が求められます。

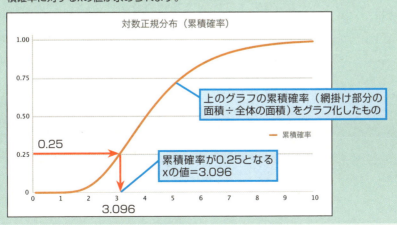

8-23

対数正規分布の確率を求める

関数の基本知識	1
日付／時刻関数	2
数学／三角関数	3
論理関数	4
検索／行列関数	5
データベース関数	6
文字列操作関数	7
統計関数	8
財務関数	9
エンジニアリング関数	10
情報関数	11
キューブ関数	12
ウェブ関数	13
付　録	

▶ **LOGNORM.DIST** 対数正規分布の累積確率や確率密度を求める

▶ **LOGNORMDIST** 対数正規分布の累積確率や確率密度を求める

ログ・ノーマル・ディストリビューション
LOGNORM.DIST(x, 平均, 標準偏差, 関数形式)
ログ・ノーマル・ディストリビューション
LOGNORMDIST(x, 平均, 標準偏差)

▶関数の解説

[平均]と[標準偏差]で表される対数正規分布関数で、[x]の値に対する累積確率や確率密度の値を求めます。対数正規分布は、値の小さい部分に山ができるような分布です。所得の分布や将来の株価の分布は対数正規分布にあてはまるものと考えられています。

▶引数の意味

x ················· 対数正規分布関数に代入する値を指定します。

平均 ············· ln(x)の算術平均（相加平均）を指定します。

標準偏差 ········· ln(x)の標準偏差を指定します。

関数形式 ········· LOGNORM.DIST関数で[x]に対する累積確率を求めるか、確率密度を求めるかを指定します。

　　　　　　┌ TRUEまたは0以外の数値······累積分布関数の値（累積確率）を求めます
　　　　　　└ FALSEまたは0 ·················確率密度関数の値を求めます

　　　　　　LOGNORMSDIST関数にはこの引数はありません。常に累積確率が求められます。

ポイント

・LOGNORMSDIST関数で求められるのは累積確率のみで、確率密度は求められません。この関数はExcel 2007以前の表と互換性を持たせるために使われる関数です。

・ln(x)はxの自然対数です。

・いずれの引数も、省略すると0が指定されたものとみなされます。

エラーの意味

エラーの種類	原因	エラーとなる例
[#NUM!]	[x]または[標準偏差]に0以下の値を指定した	=LOGNORM.DIST(0,1.4,0.4,TRUE)
[#VALUE!]	引数に数値とみなせない文字列を指定した	=LOGNORM.DIST("x",1.4,0.4,TRUE)

576
できる

関数の使用例　対数正規分布でxの値に対する累積確率を求める

ln(x)の平均が1.4、ln(x)の標準偏差が0.4の対数正規分布で3.0という値に対する累積確率を求めます。

=LOGNORM.DIST(A3,B3,C3,TRUE)

対数正規分布で、セルA3に入力された値に対する累積確率を求める。対数正規分布の平均はセルB3に、標準偏差はセルC3に入力されているものとする。

❶セルD3に「=LOGNORM.DIST(A3,B3,C3,TRUE)」と入力

参照▶関数を入力するには……P.38
サンプル▶08_082_LOGNORM_DIST.xlsx

xが3.0以下である確率は0.2503（約25%）であることがわかった

▶ LOGNORM.INV　対数正規分布の累積確率から逆関数の値を求める
▶ LOGINV　対数正規分布の累積確率から逆関数の値を求める

ログ・ノーマル・インバース
LOGNORM.INV(累積確率, 平均, 標準偏差)
ログ・インバース
LOGINV(累積確率, 平均, 標準偏差)

▶関数の解説

[平均]と[標準偏差]で表される対数正規分布関数で、[累積確率]に対する元の値を求めます。対数正規分布は、値の小さい部分に山ができるような分布です。所得の分布や将来の株価の分布は対数正規分布にあてはまるものと考えられています。

▶引数の意味

累積確率……………元の値を求めるための累積確率を指定します。この確率に対する対数正規分布の累積確率関数の逆関数の値が求められます。

平均…………………ln(x)の算術平均（相加平均）を指定します。

標準偏差……………ln(x)の標準偏差を指定します。

ポイント

- LOG.INV関数とLOGINV関数の働きは同じです。LOGINV関数はExcel 2007以前の表と互換性を持たせるために使われる関数です。
- ln(x)はxの自然対数です。
- いずれの引数も、省略すると0が指定されたものとみなされます。

8-23 対数正規分布の確率を求める

エラーの意味

エラーの種類	原因	エラーとなる例
[#NUM!]	[累積確率]に0以下の値または1以上の値を指定した	=LOGNORM.INV(1,1.4,0.4)
	[標準偏差]に0以下の値を指定した	=LOGNORM.INV(0.45,1.4,0)
[#VALUE!]	引数に数値とみなせない文字列を指定した	=LOGNORM.INV("y",1.4,0.4)

関数の使用例　対数正規分布で累積確率に対するxを求める

ln(x)の平均が1.4、ln(x)の標準偏差が0.4の対数正規分布で、累積確率が25%となるxの値を求めます。

$$=\text{LOGNORM.INV}(A3,B3,C3)$$

対数正規分布で、セルA3に入力された累積確率に対する元の値を求める。対数正規分布の平均はセルB3に、標準偏差はセルC3に入力されているものとする。

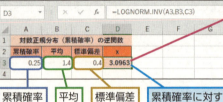

❶ セルD3に「=LOGNORM.INV(A3,B3,C3)」と入力

参照▶関数を入力するには……P.38
サンプル▶08_083_LOGNORM_INV.xlsx

累積確率に対する逆関数の値が求められた

累積確率が25%以下となるxの値は3.0963であることがわかった

HINT 対数とは

たとえば、2の3乗は8です。これを、数式で表すと$2^3=8$となります。このとき、2を「底（てい）」と呼び、3を「指数」と呼び、答えの8を「真数」と呼びます。対数とは、「底」と「真数」から逆に「指数」を求める計算です。この例であれば、底は2で、真数は8なので、それらの値に対する指数は3です。これを$\log_2 8=3$と表します。つまり、

　　$\log_底 真数 = 指数$

となります。自然対数とは底の値がe（=2.7182）の対数で、常用対数とは底が10の対数です。常用対数では、たとえば$\log_{10} 1000=3$となります。1000は10^3なので、指数の3が求められたというわけです。このように、常用対数の整数部分+1が、真数の整数部分の桁数になります。
一般的な対数はLOG関数で、自然対数はLN関数で、常用対数はLOG10関数で求められます。

参照▶対数関数の値を求める……P.188

8-24 カイ二乗分布を求める、カイ二乗検定を行う

カイ二乗分布やカイ二乗検定のための関数

カイ二乗分布の累積確率や確率密度を求めるにはCHISQ.DIST関数を使います。また、右側確率を求めるにはCHISQ.DIST.RT関数が使えます。逆に、累積確率から元の値を求めるには、CHISQ.INV関数を使い、右側確率から元の値を求めるにはCHISQ.INV.RT関数を使います。カイ二乗検定にはCHISQ.TEST関数を使います。

CHISQ.DIST関数、CHISQ.DIST.RT関数

下の図は、自由度4のカイ二乗分布をグラフ化したものです。横軸がx、縦軸が確率密度です。CHISQ.DIST関数では累積確率や確率密度が求められます。累積確率は図の網掛け部分の面積÷全体の面積にあたります。CHISQ.DIST.RT関数は右側確率を求めます。右側確率は図の網掛け部分以外の面積÷全体の面積にあたります。したがって、1-累積確率に等しくなります。

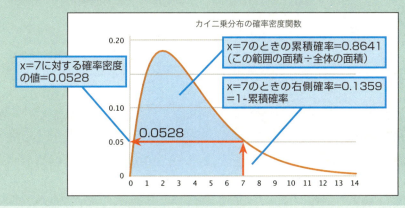

CHISQ.INV関数、CHISQ.INV.RT関数

下の図は自由度4のカイ二乗分布の累積確率をグラフ化したものです。CHISQ.INV関数では累積確率に対するxの値が求められます。また、CHISQ.INV.RT関数では、右側確率に対するxの値が求められます。

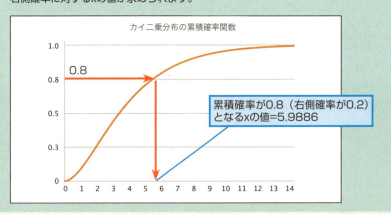

CHISQ.TEST関数

CHISQ.TEST関数は、適合性や独立性の検定に使います。適合性とは、データがある分布に従っているかということです。下のグラフは実測値とポワソン分布とを比較したもので、棒グラフが実測度数、折れ線グラフがポワソン分布の値です。これらの値をもとに、適合性の検定を行います。また、下の表は説明用のテキストと課題の誤操作数をクロス集計表にしたものです。このようなデータをもとに、独立性の検定（関連がないかあるか）を行うこともできます。

参照▶ポワソン分布の確率を求める……P.564

◆適合性の検定
分布に適合しているかどうかを調べる（この例では、適合していないとはいえない≒適合している）

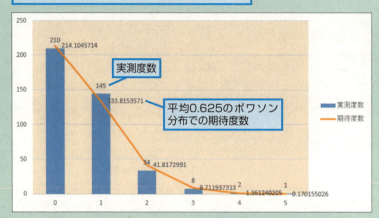

実測度数

平均0.625のポワソン分布での期待度数

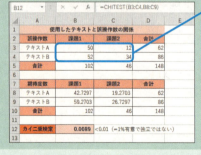

◆独立性の検定
使用したテキストと課題の誤操作数は独立であるかどうかを調べる（この例では、テキストと課題の誤操作数は独立ではない＝関係がある）

▶ CHISQ.DIST カイ二乗分布の累積確率や確率密度を求める

カイ・スクエアド・ディストリビューション
CHISQ.DIST(x, 自由度, 関数形式)

▶関数の解説

カイ二乗分布で、[x]という値に対する累積確率や確率密度を求めます。

▶引数の意味

x……………………カイ二乗分布関数に代入する値を指定します。

自由度………………分布の自由度を指定します。

関数形式……………[x]に対する累積確率を求めるか、確率密度を求めるかを指定します。

　　　　　┌─TRUEまたは0以外の値………累積分布関数の値（累積確率）を求めます。
　　　　　└─FALSEまたは0………………確率密度関数の値を求めます。

ポイント

- CHISQ.DIST関数はExcel 2010以降で使える関数です。
- いずれの引数も、省略すると0が指定されたものとみなされます。
- ［自由度］に小数部分のある数値を指定した場合、小数点以下を切り捨てた整数とみなされます。
- 右側確率を求めるには、CHISQ.DIST.RTまたはCHIDIST関数を使うか、1からCHISQ.DIST関数で求めた累積確率を引きます。

エラーの意味

エラーの種類	原因	エラーとなる例
[#NUM!]	[x] に負の値を指定したり、自由度に1未満の値や $10^{10}+1$ 以上の値を指定した	=CHISQ.DIST(-1,4,TRUE)
[#VALUE!]	引数に数値とみなせない文字列を直接指定した	=CHISQ.DIST("x", 4, TRUE)

関数の使用例　カイ二乗分布で［x］の値に対する累積確率を求める

自由度が4のカイ二乗分布で、7という値に対する累積確率を求めます。この値は左側確率または下側確率とも呼ばれます。

=CHISQ.DIST(A3, B3, TRUE)

カイ二乗分布で、セルA3に入力された値に対する累積確率を求める。カイ二乗分布の自由度はセルB3に入力されているものとする。累積確率を求めるので、関数の形式にはTRUEを指定する。

❶セルC3に「=CHISQ.DIST(A3,B3,TRUE)」と入力

参照▶関数を入力するには……P.38
サンプル▶08_084_CHISQ_DIST.xlsx

カイ二乗分布の累積確率がわかった

累積確率の値は0.8641であることがわかった

▶ CHISQ.DIST.RT　カイ二乗分布の右側確率を求める

▶ CHIDIST　カイ二乗分布の右側確率を求める

カイ・スクエアド・ディストリビューション・ライトテイルド
CHISQ.DIST.RT(x, 自由度)

カイ・ディストリビューション
CHIDIST(x, 自由度)

▶関数の解説

カイ二乗分布で、[x] の値に対する右側確率を求めます。カイ二乗分布は、分散の区間推定をしたり、カイ二乗検定（適合性や独立性の検定）を行ったりするのに使われます。

8-24 カイ二乗分布を求める、カイ二乗検定を行う

▶引数の意味

x……………………カイ二乗分布関数に代入する値（確率を求めるのに使うxの値）を指定します。
自由度………………分布の自由度を指定します。

ポイント

- CHISQ.DIST.RT関数とCHIDIST関数の働きは同じです。CHIDIST関数はExcel 2007以前の表と互換性を持たせるために使われる関数です。
- この関数で得られた右側確率は、1からCHISQ.DIST関数で求めた累積確率を引いた値と等しくなります。
- いずれの引数も、省略すると0が指定されたものとみなされます。
- ［自由度］に小数部分のある数値を指定した場合、小数点以下を切り捨てた整数とみなされます。

エラーの意味

エラーの種類	原因	エラーとなる例
[#NUM!]	[x] に0より小さい値を指定した	=CHISQ.DIST.RT(9,0)
	［自由度］に1より小さい値または$10^{10}+1$以上の値を指定した	
[#VALUE!]	引数に数値とみなせない文字列を指定した	=CHISQ.DIST.RT("x",4)

関数の使用例　カイ二乗分布の右側確率を求める

自由度が4のカイ二乗分布で、7という値に対する右側確率を求めます。この値は上側確率とも呼ばれます。

=CHISQ.DIST.RT(A3,B3)

セルA3に入力されている自由度のカイ二乗分布で、セルB3の値に対する右側確率を求める。

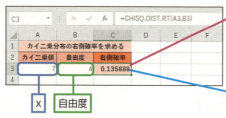

❶セルC3に「=CHISQ.DIST.RT(A3,B3)」と入力

参照　関数を入力するには……P.38
サンプル　08_085_CHISQ_DIST_RT.xlsx

カイ二乗分布の右側確率が求められた

x=7の場合の右側確率は0.1359であることがわかった

HINT 左側確率を求めるには

CHISQ.DIST関数の［関数形式］にTRUEを指定して求めます。なお、「1-右側確率」が左側確率の値なので「1-CHIDIST関数の結果」でも求められます。

CHISQ.INV カイ二乗分布の累積確率から逆関数の値を求める

8-24

カイ二乗分布を求める、カイ二乗検定を行う

カイ・スクエアド・インバース
CHISQ.INV(確率, 自由度)

▶関数の解説

カイ二乗分布で、[確率]に対する逆関数の値（カイ二乗値）を求めます。[確率]には累積確率を指定します。カイ二乗分布は、分散の区間推定をしたり、カイ二乗検定（適合性や独立性の検定）を行ったりするのに使われます。

▶引数の意味

確率‥‥‥‥‥‥‥‥‥ カイ二乗分布の累積確率（左側確率）を指定します。

自由度‥‥‥‥‥‥‥‥ 分布の自由度を指定します。

ポイント

- CHISQ.INV関数はExcel 2010以降で使える関数です。
- いずれの引数も、省略すると0が指定されたものとみなされます。
- [自由度]に小数部分のある数値を指定した場合、小数点以下を切り捨てた整数とみなされます。
- 右側確率からカイ二乗値を求めるには、[確率]に1-累積確率を指定するか、CHISQ.INV.RT関数またはCHIINV関数を使います。

エラーの意味

エラーの種類	原因	エラーとなる例
[#NUM!]	[確率]に0未満の値または1以上の値を指定した	=CHISQ.INV(1.5,4)
	自由度に1未満の値や$10^{10}+1$以上の値を指定した	=CHISQ.DIST.RT(9,0)
[#VALUE!]	引数に数値とみなせない文字列を直接指定した	=CHISQ.INV("x", 4,)

関数の使用例　カイ二乗分布で、累積確率に対する逆関数の値を求める

自由度が4のカイ二乗分布で、累積確率が0.05であるxの値を求めます。

=CHISQ.INV(A3, B3)

カイ二乗分布で、セルA3に入力された累積確率に対する元の値を求める。カイ二乗分布の自由度はセルB3に入力されているものとする。

❶セルC3に「=CHISQ.INV(A3,B3)」と入力

参照 関数を入力するには……P.38

サンプル 08_086_CHISQ_INV.xlsx

	A	B	C
1	累積確率からカイ二乗値を求める		
2	累積確率	自由度	カイ二乗値
3	0.05	4	0.710723
4			

累積確率　自由度

累積確率に対するx（カイ二乗値）がわかった

累積確率0.05に対するxの値は0.710723であることがわかった

583

できる

1 関数の基本知識
2 日付／時刻関数
3 数学／三角関数
4 論理関数
5 検索／行列関数
6 データベース関数
7 文字列操作関数
8 統計関数
9 財務関数
10 エンジニアリング関数
11 情報関数
12 キューブ関数
13 ウェブ関数
付録

活用例　母分散の検定を行う

ある工作機械で作った部品の長さの分散がこれまで0.0196であったとします。ばらつきを小さくするため、新しい機械のテストを行ったところ、分散が0.003886になったとします。このとき、ばらつきが小さくなったかどうかを検定します。この例では母分散の検定を行います。分散はVAR.S関数を使って求めます。推定統計量は「自由度×不偏分散÷母分散」で求められます。この推定統計量と、CHISQ.INV関数に累積確率0.05と自由度7を指定して求めた値を比較し、ばらつきが改善されたかどうかを調べます。

参照▶ VAR.S……P.486

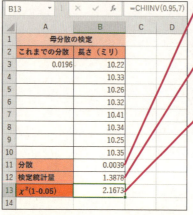

❶「=VAR.S(B3:B10)」と入力

不偏分散の値がわかった

❷「=7*B11/A3」と入力

推定統計量がわかった

❸「=CHISQ.INV(0.05,7)」と入力

推定統計量=1.3878＜χ^2(1-0.05)=2.1673なので、ばらつきは改善されたといえる

HINT 母分散の検定方法

この活用例の帰無仮説は「母集団の分散=0.0196(=σ_0^2)である」で、対立仮説は「母集団の分散<0.0196(=σ_0^2)である」なので、片側検定となります。母集団の平均が未知の場合、母集団の分散σ^2の推定統計量は、(n-1)×σ^2/σ_0^2で求められます。ここでは、n-1=7、σ^2=0.0039、σ_0^2=0.0196です。

なお、対立仮説が$\sigma^2>\sigma_0^2$（分散が大きくなった）である場合は、「=CHISQ.INV(0.95,7)」の値より大きいかどうかを調べ、対立仮説が$\sigma^2\neq\sigma_0^2$（分散は異なる）である場合は、「=CHISQ.INV(0.025,7)」の値より小さいか、または「=CHISQ.INV(1-0.025,7)」の値より大きいかを調べます。

HINT CHISQ.INV.RT関数やCHIINV関数を使うには

右側確率=1-累積確率なので、CHISQ.INV.RT関数やCHIINV関数を使って活用例と同じことをするには、セルB13に「=CHISQ.INV.RT(1-0.05,7)」と入力します。

> **CHISQ.INV.RT** カイ二乗分布の右側確率の逆関数を求める

> **CHIINV** カイ二乗分布の右側確率の逆関数を求める

カイ・スクエアド・インバース・ライトテイルド
CHISQ.INV.RT(確率, 自由度)

カイ・インバース
CHIINV(確率, 自由度)

▶関数の解説

カイ二乗分布で、[確率]の値に対する逆関数の値（カイ二乗値）を求めます。[確率]には右側確率を指定します。カイ二乗分布は、分散の区間推定をしたり、カイ二乗検定（適合性や独立性の検定）を行ったりするのに使われます。　　　　　　　　　参照🔖CHISQ.TEST関数……P.580

▶引数の意味

確率………………………… カイ二乗分布の右側確率を指定します。

自由度…………………… 分布の自由度を指定します。

ポイント

- CHISQ.INV.RT関数とCHIINV関数の働きは同じです。CHIINV関数はExcel 2007以前の表と互換性を持たせるために使われる関数です。
- いずれの引数も、省略すると0が指定されたものとみなされます。
- [自由度]に小数部分のある数値を指定した場合、小数点以下を切り捨てた整数とみなされます。

エラーの意味

エラーの種類	原因	エラーとなる例
[#NUM!]	[確率]に0以下の値または1より大きな値を指定した	=CHISQ.INV.RT(1.5,4)
	[自由度]に1より小さい値を指定した	=CHISQ.INV.RT(0.05,0)
[#VALUE!]	引数に数値とみなせない文字列を指定した	=CHISQ.INV.RT("x",4)

関数の使用例 カイ二乗分布で、右側確率に対する逆関数の値を求める

自由度が4のカイ二乗分布で、右側確率が0.05であるxの値を求めます。

=CHISQ.INV.RT(A3,B3)

カイ二乗分布で、セルA3に入力された右側確率に対する元の値を求める。カイ二乗分布の自由度はセルB3に入力されているものとする。

❶セルC3に「=CHISQ.INV.RT(A3,B3)」と入力

参照🔖関数を入力するには……P.38

サンプル🗂08_087_CHISQ_INV_RT.xlsx

右側確率に対するx（カイ二乗値）の値が求められた

右側確率0.05に対するxの値は9.487729であることがわかった

確率　自由度

8-24

カイ二乗分布を求める、カイ二乗検定を行う

1 関数の基本知識
2 日付／時刻関数
3 数学／三角関数
4 論理関数
5 検索／行列関数
6 データベース関数
7 文字列操作関数
8 統計関数
9 財務関数
10 エンジニアリング関数
11 情報関数
12 キューブ関数
13 ウェブ関数
付 録

585
できる

8-24

カイ二乗分布を求める、カイ二乗検定を行う

関数の基本知識	1
日付／時刻関数	2
数学／三角関数	3
論理関数	4
検索／行列関数	5
データベース関数	6
文字列操作関数	7
統計関数	8
財務関数	9
エンジニアリング関数	10
情報関数	11
キューブ関数	12
ウェブ関数	13
付　録	

CHISQ.TEST カイ二乗検定を行う

CHITEST カイ二乗検定を行う

カイ・スクエアド・テスト
CHISQ.TEST(実測値範囲, 期待値範囲)
カイ・テスト
CHITEST(実測値範囲, 期待値範囲)

▶関数の解説

実測値と期待値をもとに、カイ二乗検定（適合性や独立性の検定）を行います。

参照 CHISQ.TEST関数……P.580

▶引数の意味

実測値範囲 ……………… 実測値が入力されているセル範囲や配列を指定します。

期待値範囲 ……………… 期待値が入力されているセル範囲や配列を指定します。

参照 配列を利用する……P.64

ポイント

- CHISQ.TEST関数とCHITEST関数の働きは同じです。CHITEST関数はExcel 2007以前の表と互換性を持たせるために使われる関数です。
- ［実測値範囲］と［期待値範囲］のいずれかに数値以外のデータが入力されている場合、そのデータの組は無視されます。
- 自由度は（行数－1）×（列数－1）となります。

エラーの意味

エラーの種類	原因	エラーとなる例
［#DIV/0!］	［期待値範囲］の範囲に０が含まれていた	=CHISQ.TEST(B3:B8,D3:D8) と入力したがセル D3 〜 D8 のいずれかに０が入力されていた
［#N/A］	［実測値範囲］と［期待値範囲］の範囲の大きさが異なった	=CHISQ.TEST(B3:B8,D3:D7)

関数の使用例① 当選回数の集計結果がポワソン分布にあてはまるかどうかを調べる

500人のアンケート結果から、IPO（新規公開株）の抽選に当選した回数を集計して表にまとめてあります。この結果がポワソン分布にあてはまるかどうかを調べます。帰無仮説は「回数の分布はポワソン分布にあてはまる」となります（適合性の検定）。

参照 ポワソン分布の確率を求める……P.564　　参照 CHISQ.TEST関数……P.580

=CHISQ.TEST(B3:B8,D3:D8)

セルB3 〜 B8に入力されている実測値と、セルD3 〜 D8に入力されている期待値をもとに、カイ二乗検定（適合性の検定）を行う。

8-24 カイ二乗分布を求める、カイ二乗検定を行う

実測値範囲 / 期待値範囲

B12 =CHISQ.TEST(B3:B8,D3:D8)

	A	B	C	D	E
1	IPO(新規公開株)当選回数調査				
2	回数	実測度数	回数×実測度数	期待度数	
3	0	255	0	264.1740	
4	1	184	184	168.5430	
5	2	52	104	53.7652	
6	3	6	18	11.4341	
7	4	2	8	1.8237	
8	5	1	5	0.2327	
9	合計	500	319	499.9728	
10	平均		0.6380		
11					
12	確率	0.2264			
13					

あらかじめポワソン分布による期待度数を求めておく

❶ セルB12に「=CHISQ.TEST(B3:B8,D3:D8)」と入力

参照▶関数を入力するには……P.38
サンプル▶08_088_CHISQ_TEST.xlsx

確率が求められた

確率は0.2264となり、0.05より大きいので帰無仮説は棄却されない(ポワソン分布にあてはまらないとはいえない)

期待度数の求め方

ポワソン分布の確率はPOISSON.DIST関数で求められます。この値に合計の値(セルB9)を掛ければ、期待度数(期待値)が求められます。たとえば、セルD3には「=POISSON.DIST(A3, $C$10,FALSE)*$B$9」という式が入力されています。セルD3をセルD8までコピーすれば、すべての期待度数が求められます。 参照▶POISSON.DIST……P.564

「異なるとはいえない」=「等しい」ではない

仮説検定では、「等しい」と言わずに「異なるとはいえない」といった回りくどい表現が使われることがあります。上の例でも「あてはまる」ではなく「あてはまらないとはいえない」という表現が使われています。これには理由があります。帰無仮説の「ポワソン分布にあてはまる」を棄却(否定)できれば「あてはまらない」といえます。しかし、仮説を棄却できない場合は「あてはまる」が肯定できるということではなく、否定はできないということです。したがって、否定は(=あてはまらないとは)、できない(=いえない)という表現を使うわけです。
参照▶帰無仮説と対立仮説……P.598

CHISQ.DIST関数またはCHISQ.DIST.RT関数で確率を求めるには

カイ二乗値を求め、CHISQ.DIST関数やCHISQ.DIST.RT関数にその値を指定することによって確率を求めることもできます。カイ二乗値は、期待度数と実測度数の差の二乗を期待度数で割った値の総和です。

たとえば、セルE3には「=(B3-D3)^2/D3」と入力されており、セルB12には「=CHISQ.DIST.RT(E9,5)」と入力されています。
参照▶CHISQ.DIST.RT……P.581
参照▶CHISQ.DIST……P.580

B12 =CHISQ.DIST.RT(E9,5)

	A	B	C	D	E	F
1	IPO(新規公開株)当選回数調査					
2	回数	実測度数	回数×実測度数	期待度数	差の二乗/実測度数	
3	0	255	0	264.1740	0.3186	
4	1	184	184	168.5430	1.4175	
5	2	52	104	53.7652	0.0580	
6	3	6	18	11.4341	2.5826	
7	4	2	8	1.8237	0.0170	
8	5	1	5	0.2327	2.5299	
9	合計	500	319	499.9728	6.9236	
10	平均		0.6380		カイ二乗値	
11						
12	確率	0.2264				
13						

❶「=(B3-D3)^2/D3」と入力
❷「=CHISQ.DIST.RT(E9,5)」と入力

確率が求められた

セルB12に「=1-CHISQ.DIST(B9,5,TRUE)」と入力しても同じ結果になる

関数の基本知識 / 日付/時刻関数 / 数学/三角関数 / 論理関数 / 検索/行列関数 / データベース関数 / 文字列操作関数 / 統計関数 / 財務関数 / エンジニアリング関数 / 情報関数 / キューブ関数 / ウェブ関数 / 付録

関数の使用例 ② 誤操作数がテキストと課題によって異なるかどうかを知る

2種類のテキストでパソコンの操作を学習し、課題1と課題2に取り組んだ結果をクロス集計表にまとめてあります。この表から、誤操作数がテキストと課題の種類によって異なるかどうかをカイ二乗検定を使って調べます。帰無仮説は「テキストと課題の種類とは独立である（関係がない）」となります（独立性の検定）。

参照▶ CHISQ.TEST関数……P.580

=CHISQ.TEST(B3:C4,B8:C9)

セルB3～C4に入力されている実測値と、セルB8～D9に入力されている期待値をもとに、カイ二乗検定（独立性の検定）を行う。

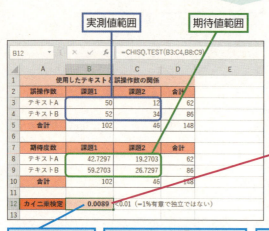

実測値範囲　期待値範囲

あらかじめセルB8に「=B$5*($D3/$D$5)」と入力して、セルC9までコピーしておく

❶セルB12に「=CHISQ.TEST(B3:C4,B8:C9)」と入力

参照▶ 関数を入力するには……P.38
サンプル▶ 08_089_CHISQ_TEST.xlsx

確率が求められた

確率は0.0089で0.01より小さいので、帰無仮説は棄却される

テキストと課題の種類は独立ではない（誤操作数はテキストと課題によって異なる）

HINT 期待度数の求め方

独立性の検定を行うにあたって、期待度数を求めておく必要があります。期待度数は、「合計の比率を使って、値を分配する」という方法で求めます。たとえば、テキストAで教わり、課題1で誤操作した人と、テキストBで教わり、課題1で誤操作した人の数は、テキストと課題による違いがないのであれば、合計の62:86という比率になっているはずであると考えます。そこで、課題1で誤操作した人全体を62:86に分けます。つまり、テキストAという方法で教わり、課題1で誤操作した人の数は、102×(62÷(62+86))になるはずです。同じようにして、テキストBで教わり、課題1で誤操作した人の期待度数は、102×(86÷(62+86))となります。したがって、セルB8には「=B$5*($D3/$D$5)」という数式が入力されています。この数式をB9、C8、C9にコピーすると、すべての期待度数が求められます。複合参照を使って、うまくコピーできることに注目してください。

参照▶ 複合参照……P.57

8-25 t分布を求める、t検定を行う

t分布やt検定のための関数

t分布は母集団の平均値の区間推定や平均値の差の検定によく使われる分布です。以下のような関数を使ってt分布の確率を求めたり、t検定を行ったりします。

T.DIST関数、T.DIST.RT関数、T.DIST.2T関数

下の図はt分布のグラフで、横軸がxの値、縦軸が確率です。T.DIST関数やT.DIST.RT関数では、t分布の左側確率（累積確率）や右側確率が求められます。一方、T.DIST.2T関数ではt分布の両側確率が求められます。また、T.INV関数ではt分布の左側確率からxの値を求めることができます。

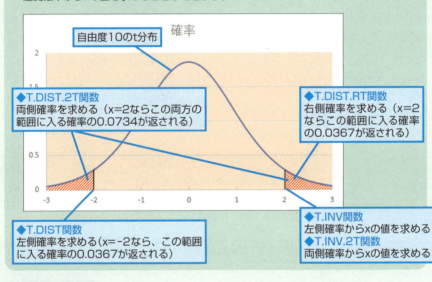

◆T.DIST.2T関数
両側確率を求める（x=2ならこの両方の範囲に入る確率の0.0734が返される）

◆T.DIST.RT関数
右側確率を求める（x=2ならこの範囲に入る確率の0.0367が返される）

◆T.DIST関数
左側確率を求める（x=-2なら、この範囲に入る確率の0.0367が返される）

◆T.INV関数
左側確率からxの値を求める

◆T.INV.2T関数
両側確率からxの値を求める

T.TEST関数

T.TEST関数を利用すれば、2群のデータをもとに、母集団の平均値に差があるかどうかを検定できます。2群の値に対応があるかどうか、母集団の分散が等しいと仮定できるかどうか、片側検定か両側検定か、といった指定が細かくできます。

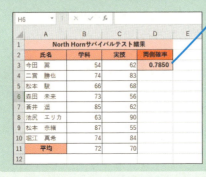

◆T.TEST関数
t検定の確率を返す。確率が0.05または0.01未満であれば有意差があるものとみなされ、帰無仮説が棄却される

8-25

t分布を求める
t検定を行う

T.DIST　t分布の累積確率や確率密度を求める

ティー・ディストリビューション
T.DIST(x, 自由度, 関数形式)

▶関数の解説

指定した［自由度］のt分布で、［x］の値に対する累積確率や確率密度の値を求めます。t分布は左右対称の分布で、平均は0です。したがって、x＝0のとき、累積確率（左側確率）＝0.5となります。

▶引数の意味

x ························· t分布関数に代入する値（確率を求めるのに使うt値）を指定します。

自由度 ···················· 分布の自由度を指定します。

関数形式 ················· ［x］に対する累積確率を求めるか、確率密度を求めるかを指定します。

┌─TRUEまたは0以外の値 ······ 累積分布関数の値（累積確率）を求めます。
└─FALSEまたは0 ················ 確率密度関数の値を求めます。

ポイント

- Excel 2007以前との互換性を持つTDIST関数と名前は似ていますが、TDIST関数は右側確率や両側確率を求める関数であることに注意してください。
- いずれの引数も、省略すると0が指定されたものとみなされます。
- ［自由度］に小数部分のある数値を指定した場合、小数点以下を切り捨てた整数とみなされます。
- 右側確率を求めるには、T.DIST.RT関数を使うか、1からT.DIST関数で求めた累積確率(左側確率)を引きます。

エラーの意味

エラーの種類	原因	エラーとなる例
[#NUM!]	［自由度］に1未満の値を指定したり、［関数形式］がTRUEのときに［自由度］に $10^{10}+1$ 以上の値を指定した	=T.DIST(1,0,TRUE)
[#DIV/0!]	［関数形式］がFALSEのときに［自由度］に1未満の値を指定した	=T.DIST(1,0, FALSE)
[#VALUE!]	引数に数値とみなせない文字列を直接指定した	=T.DIST("x", 4, TRUE)

関数の使用例　t分布で［x］の値に対する累積確率を求める

自由度が10のt分布で、4という値に対する累積確率を求めます。この値は左側確率または下側確率とも呼ばれます。

=T.DIST(A3, B3, TRUE)

t分布で、セルA3に入力された値に対する累積確率を求める。t分布の自由度はセルB3に入力されているものとする。累積確率を求めるので、関数の形式にはTRUEを指定する。

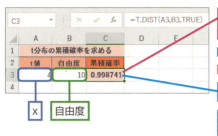

❶セルC3に「=T.DIST(A3,B3,TRUE)」と入力

参照▶関数を入力するには……P.38

サンプル 08_090_T_DIST.xlsx

t分布の累積確率がわかった

累積確率の値は0.998741であることがわかった

T.DIST.2T t分布の両側確率を求める

T.DIST.2T(x, 自由度)

▶関数の解説

指定した［自由度］のt分布で、［x］の値に対する両側確率の値を求めます。t分布は左右対称の分布で、平均は0です。したがって、x=0のとき、両側確率=1となります。

▶引数の意味

x ………………………… t分布関数に代入する値（確率を求めるのに使うt値）を指定します。

自由度 …………………… 分布の自由度を指定します。

ポイント

- いずれの引数も、省略すると0が指定されたものとみなされます。
- ［x］に負の値は指定できません。
- ［自由度］に小数部分のある数値を指定した場合、小数点以下を切り捨てた整数とみなされます。
- 左側確率を求めるには、T.DIST関数を使って累積確率を求めます。
- 右側確率を求めるには、T.DIST.RT関数を使います。
- T.DIST.2T関数の値は、T.DIST関数の［x］に-xを指定して求めた累積確率（左側確率）と、T.DIST.RT関数で求めた右側確率を足したものになります。

エラーの意味

エラーの種類	原因	エラーとなる例
[#NUM!]	［x］に負の値を指定したり、［自由度］に1未満の値または10^{10}+1以上の値を指定した	=T.DIST.2T(-1,10)
[#VALUE!]	引数に数値とみなせない文字列を直接指定した	=T.DIST.2T("x", 4)

関数の使用例　t分布で［x］の値に対する両側確率を求める

自由度が10のt分布で、4という値に対する両側確率を求めます。

=T.DIST.2T(A3, B3)

t分布で、セルA3に入力された値に対する両側を求める。t分布の自由度はセルB3に入力されているものとする。

8-25 t分布を求める t検定を行う

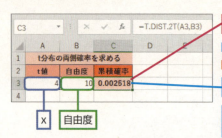

❶ セルC3に「=T.DIST.2T(A3,B3)」と入力

参照▶関数を入力するには……P.38
サンプル▶08_091_T_DIST_2T.xlsx

t分布の右側確率がわかった

累積確率の値は0.002518であることがわかった

T.DIST.RT t分布の右側確率を求める

T.DIST.RT(x, 自由度)

▶関数の解説

指定した［自由度］のt分布で、［x］の値に対する右側確率の値を求めます。t分布は左右対称の分布で、平均は0です。したがって、x＝0のとき、右側確率＝0.5となります。

▶引数の意味

x……………………… t分布関数に代入する値（確率を求めるのに使うt値）を指定します。
自由度………………… 分布の自由度を指定します。

ポイント

- いずれの引数も、省略すると0が指定されたものとみなされます。
- ［自由度］に小数部分のある数値を指定した場合、小数点以下を切り捨てた整数とみなされます。
- 左側確率を求めるには、T.DIST関数を使って累積確率を求めるか、1からT.DIST.RT関数で求めた右側確率を引きます。

エラーの意味

エラーの種類	原因	エラーとなる例
[#NUM!]	［自由度］に1未満の値または$10^{10}+1$以上の値を指定した	=T.DIST.RT(1,0)
[#VALUE!]	引数に数値とみなせない文字列を直接指定した	=T.DIST.RT("x", 4)

関数の使用例　t分布で［x］の値に対する右側確率を求める

自由度が10のt分布で、4という値に対する右側確率を求めます。この値は上側確率とも呼ばれます。

=T.DIST.RT(A3, B3)

t分布で、セルA3に入力された値に対する両側を求める。t分布の自由度はセルB3に入力されているものとする。

❶セルC3に「=T.DIST.RT(A3,B3)」と入力

参照▶関数を入力するには……P.38
サンプル▶08_092_T_DIST_RT.xlsx

t分布の右側確率がわかった

右側確率の値は0.001259であることがわかった

TDIST　t分布の右側確率や両側確率を求める

TDIST(x, 自由度, 尾部)

▶関数の解説

指定した［自由度］のt分布で、［x］の値に対する右側確率や両側確率を求めます。t分布は左右対称の分布で、平均は0です。したがって、x=0のとき、右側確率=0.5、両側確率=1となります。両側確率は片側確率に2を掛けた値となります。

▶引数の意味

x ……………………………… t分布関数に代入する値（確率を求めるのに使うt値）を指定します。

自由度 ……………………… 分布の自由度を数値で指定します。

尾部 ………………………… 右側確率を求めるか、両側確率を求めるかを指定します。
　　　　　　　　　　　　　┌ 1 ……………… 右側確率を求める
　　　　　　　　　　　　　└ 2 ……………… 両側確率を求める

▶ポイント

- この関数はExcel 2007以前の表と互換性を持たせるために使われる関数です。
- ［自由度］や［尾部］に小数部分のある数値を指定した場合、小数点以下を切り捨てた整数とみなされます。
- ［尾部］に1を指定した場合は、T.DIST.RT関数と同じ結果が得られます。また、求められた値を1から引くと、T.DIST関数で求めた累積確率（左側確率）と同じ結果になります。
- ［尾部］に2を指定した場合は、T.DIST.2T関数と同じ結果が得られます。

▶エラーの意味

エラーの種類	原因	エラーとなる例
［#NUM!］	［x］に 0 より小さい値を指定した	=TDIST(-1,10,1)
	［自由度］に 1 より小さい値または $10^{10}+1$ 以上の値を指定した	=TDIST(4,0,1)
	［尾部］に、小数部を切り捨てたとき、1、2 以外になる値を指定した	=TDIST(4,10,10)
［#VALUE!］	引数に数値とみなせない文字列を指定した	=TDIST("t",10,1)

8-25 t分布を求める／t検定を行う

関数の使用例　t分布で、[x]の値に対する右側確率を求める

自由度が10のt分布で、4という値に対する右側確率を求めます。

=TDIST(A3,B3,1)

t分布で、セルA3に入力された値に対する右側確率を求める。t分布の自由度はセルB3に入力されているものとする。

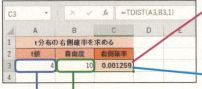

❶セルC3に「=TDIST(A3,B3,1)」と入力

参照▶関数を入力するには……P.38
サンプル▶08_093_TDIST.xlsx

t分布の右側確率が求められた

t=4に対する片側確率は0.001259であることがわかった

> **HINT　両側確率を求めるには**
> 両側確率を求めるには「=TDIST(A3,B3,2)」と入力するか、「=TDIST(A3,B3,1)*2」と入力します。Excel 2010以降であれば、「=T.DIST.2T(A3,B3)」とするのが簡単です。

▶ T.INV　t分布の累積確率（左側確率）からt値を求める

ティー・インバース
T.INV(x, 自由度, 関数形式)

▶関数の解説

指定した［自由度］のt分布で、累積確率（左側確率）に対するt値を求めます。

▶引数の意味

確率……………………t分布の累積確率（左側確率）を指定します。
自由度…………………分布の自由度を指定します。

ポイント

- Excel 2007以前との互換性を持つTINV関数と名前は似ていますが、TINV関数は両側確率からt値を求める関数であることに注意してください。
- いずれの引数も、省略すると0が指定されたものとみなされます。
- ［自由度］に小数部分のある数値を指定した場合、小数点以下を切り捨てた整数とみなされます。
- 右側確率からt値を求めるには［確率］に1-右側確率を指定します。

エラーの意味

エラーの種類	原因	エラーとなる例
[#NUM!]	［確率］に0以下の値や1以上の値を指定した	=T.INV(-1,10)
	［自由度］に1未満の値または $10^{10}+1$ 以上の値を指定した	=T.INV(0.05, 0)
[#VALUE!]	引数に数値とみなせない文字列を直接指定した	=T.INV("p",10)

関数の使用例　t分布で、累積確率（左側確率）に対するt値を求める

自由度が10のt分布で、累積確率が0.95となるt値を求めます。

=T.INV(A3, B3)

t分布で、セルA3に入力された累積確率に対する元の値（t値）を求める。t分布の自由度はセルB3に入力されているものとする。

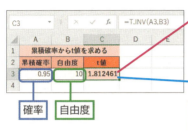

❶セルC3に「=T.INV(A3,B3)」と入力

参照▶関数を入力するには……P.38

サンプル▶08_094_T_INV.xlsx

t値が求められた

累積確率が95%になるt値は1.812461であることがわかった

T.INV.2T　t分布の両側確率からt値を求める
TINV　t分布の両側確率からt値を求める

ティー・インバース・ツーテイルド
T.INV.2T(両側確率, 自由度)

ティー・インバース
TINV(両側確率, 自由度)

▶関数の解説
指定した［自由度］のt分布で、両側確率に対するt値を求めます。

▶引数の意味
両側確率……………… t分布の両側確率を指定します。

自由度………………… 分布の自由度を数値で指定します。

ポイント
- T.INV.2T関数とTINV関数の働きは同じです。TINV関数はExcel 2007以前の表と互換性を持たせるために使われる関数です。
- ［自由度］に小数部分のある数値を指定すると、小数点以下を切り捨てた整数とみなされます。

エラーの意味

エラーの種類	原因	エラーとなる例
[#NUM!]	［確率］に0より小さい値や1以上の値を指定した	=TINV.2T(-1,10)
	［自由度］に1より小さい値または$10^{10}+1$以上の値を指定した	=TINV.2T(0.05,0)
[#VALUE!]	引数に数値とみなせない文字列を指定した	=TINV.2T("p",10)

8-25　t分布を求める／t検定を行う

1 関数の基本知識
2 日付／時刻関数
3 数学／三角関数
4 論理関数
5 検索／行列関数
6 データベース関数
7 文字列操作関数
8 統計関数
9 財務関数
10 エンジニアリング関数
11 情報関数
12 キューブ関数
13 ウェブ関数
付録

関数の使用例　t分布で、両側確率に対するt値を求める

自由度が10のt分布で、両側確率が0.05（5%）となるt値を求めます。

=T.INV.2T(A3,B3)

t分布で、セルA3に入力された両側確率に対する元の値（t値）を求める。t分布の自由度はセルB3に入力されているものとする。

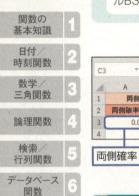

❶セルC3に「=T.INV.2T(A3,B3)」と入力

参照 関数を入力するには……P.38
サンプル 08_095_T_INV_2T.xlsx

t値が求められた

両側確率が5%になるt値は2.228139であることがわかった

T.TEST t検定を行う
TTEST t検定を行う

T.TEST(範囲1, 範囲2, 尾部, 検定の種類)
TTEST(範囲1, 範囲2, 尾部, 検定の種類)

▶関数の解説

t検定により、平均に差があるかどうかを検定します。　　参照 T.TEST関数……P.589

▶引数の意味

範囲1……………… 1つめの変量をセル範囲または配列で指定します。
範囲2……………… 2つめの変量をセル範囲または配列で指定します。

参照 配列を利用する……P.64

尾部……………… 片側確率（右側確率）を求めるか両側確率を求めるかを指定します。
　　　　　　　┌ 1 …………… 片側確率（右側確率）を求める
　　　　　　　└ 2 …………… 両側確率を求める

検定の種類……… どのような検定をするかを指定します。
　　　　　　　┌ 1 …………… 対になっているデータのt検定
　　　　　　　├ 2 …………… 2つの母集団の分散が等しい場合のt検定
　　　　　　　└ 3 …………… 2つの母集団の分散が等しくない場合のt検定（ウェルチの検定と呼ばれる）

ポイント
- T.TEST関数とTTEST関数の働きは同じです。TTEST関数はExcel 2007以前の表と互換性を持たせるために使われる関数です。「有意差がある」「帰無仮説を棄却する」と言います。

- 求められた確率が0.05（あるいは0.01）より小さい場合、「有意水準5%で（あるいは1%で）有意差がある」「帰無仮説を棄却する」と言います。　参照▶帰無仮説と対立仮説……P.598
- ［範囲1］と［範囲2］のいずれかに数値以外のデータが入力されている場合、そのデータの組は無視されます。
- ［尾部］や［検定の種類］に小数部分のある数値を指定した場合、小数点以下を切り捨てた整数とみなされます。
- 対になっているデータ（対応のあるデータ）とは、同じ人の試験の1回めの結果と2回めの結果などです。この場合は、［検定の種類］に1を指定します。対になっていないデータ（対応のないデータ）とは、あるクラスの試験の成績と別のクラスの試験の成績といった場合です。この場合、母集団の分散が等しいと仮定できる場合は2を、仮定できない場合は3を指定します。

エラーの意味

エラーの種類	原因	エラーとなる例
[#DIV/0!]	［範囲1］と［範囲2］のデータが1組以下である	=T.TEST(B3:B3,C3:C3,2,2)
[#N/A]	［範囲1］と［範囲2］の大きさが異なっている	=T.TEST(B3:B10,C3:C9,2,1)
[#NUM!]	［尾部］に、小数部を切り捨てたとき1、2以外になる値を指定した	=T.TEST(B3:B10,C3:C10,3,1)
	［検定の種類］に、小数部を切り捨てたとき1、2、3以外になる値を指定した	=T.TEST(B3:B10,C3:C10,2,0)
[#VALUE!]	［尾部］や［検定の種類］に、数値とみなせない文字列を指定した	=T.TEST(B3:B10,C3:C10,"x",2)

関数の使用例　テスト科目によって平均に差があるか検定する

テスト科目によって平均に差があるかどうかを検定します。この場合の帰無仮説は「科目の平均は等しい」、対立仮説は「科目の平均は等しくない」なので、両側確率を求めます。また、同じ人が2つの試験を受けているので、2群のデータは対応のあるデータです。

=T.TEST(B3:B10,C3:C10,2,1)

セルB3～B10に入力されたデータとセルC3～C10に入力されたデータをもとに、母集団の平均に差があるかどうかを検定する。両側確率を求めるので［検定の種類］には2を指定し、対応のあるデータなので［尾部］には1を指定する。

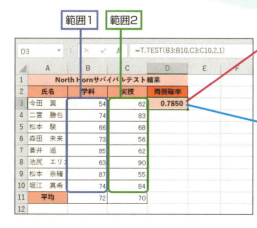

❶セルD3に「=T.TEST(B3:B10,C3:C10,2,1)」と入力

参照▶関数を入力するには……P.38
サンプル▶08_096_T_TEST.xlsx

両側確率が求められた

両側確率は0.7850となり0.05より大きいので、帰無仮説は棄却されない（平均に差があるとはいえない）

8-25 t分布を求める t検定を行う

HINT 帰無仮説と対立仮説

仮説検定で立てる「帰無仮説」とは、「無に帰してしまいたい」、つまり、それが棄却されることを暗に期待している仮説です。一方、対立仮説とは帰無仮説に対立するような仮説です。たとえば、「A群とB群の平均は等しい」という帰無仮説の対立仮説は「A群の平均のほうが大きい」「B群の平均のほうが大きい」「A群とB群の平均は異なる」の3つが考えられます。前の2つの対立仮説のいずれかが考えられる場合は、片側検定を使い、最後の対立仮説が考えられる場合は、両側検定を使います。

HINT 後から[尾部]を変えるのは邪道

両側確率と片側確率では、片側確率のほうが小さな値になります。したがって、両側確率で有意差がなくても、片側確率では有意差が出る場合もあります。しかし、そもそもの対立仮説が「等しくない」のであれば、あくまで両側確率を使う必要があります。「どちらかが大きい」「どちらかが小さい」という対立仮説であれば、片側確率を使います。有意差を出すために、後から片側確率に変えるというのは本末転倒であることに注意してください。

活用例 母分散が等しくない場合の平均の差を検定する

オンラインショッピングのページを新しい方法でデザインし、商品の購入手続きを終えるまでの時間を測定したところ、以下の表のような結果になりました。16名のユーザーを2つの組に分けて、ある商品を購入したものとします。このとき、デザインによって操作時間の平均に差があるかどうかを検定します。ここでは、帰無仮説は「旧デザインの平均と新デザインの平均に差はない」で、対立仮説は「新デザインの平均のほうが小さい」です。したがって、片側検定を使います。つまり、[尾部]には1を指定します。また、旧デザインを使った人と新デザインを使った人は別なので（同じ1番でも異なる人なので）、データに対応はありません。なお、母集団の分散が等しいと仮定できないものとするので、[検定の種類]には3を指定します。

❶「=T.TEST(B3:B10,C3:C10,1,3)」と入力

0.05より小さいので、有意水準5％で、新デザインのほうが操作時間が短いといえることがわかった

HINT 等分散の検定を行ってから[尾部]を変えてはいけない

F.TEST関数を使うと、母集団の分散が等しいかどうかの検定ができます。この結果を見てから、[尾部]に2（母分散が等しい場合）を指定するか3（母分散が等しくない場合）を指定するかを変えてはいけません。検定を行う際には、誤差が生じるので、誤差が累積されてしまうからです。集団の性質を見て、母分散が等しいと仮定できれば2を、仮定できなければ（わからなければ）3を指定します。

参照 F.TEST……P.608

8-26 正規母集団の平均を検定する

▶ Z.TEST 正規母集団の平均を検定する

▶ ZTEST 正規母集団の平均を検定する

ゼット・テスト
Z.TEST(配列, μ_0, 標準偏差)
ZTEST(配列, μ_0, 標準偏差)

▶関数の解説

［配列］の正規母集団の平均が［μ_0］であるかどうかを検定します。Z.TEST関数では標準正規分布の片側確率（右側確率）が求められます。

Z.TEST関数の考え方

母集団の標準偏差がわかっているとき、（標本の平均−検定の対象となる値）÷（母集団の標準偏差÷√標本の個数）でz値が求められます。z値の分布は標準正規分布に従います。Z.TEST関数で求められる値（片側確率）は、1−NORM.S.DIST(z, TRUE)となります。なお、母集団の標準偏差がわかっていないときには、標本から求めた不偏標準偏差が母集団の標準偏差の代わりに使われます。

参照📖NORM.S.DIST……P.570

平均が65.4より大きいかどうかを調べる。p<0.05なので、5%有意で平均は65.4より大きいといえる（片側検定）

平均が65.4と等しいかどうかを調べる。p>0.05なので、等しくないとはいえない（両側検定）

▶引数の意味

配列………………… 標本が入力されているセル範囲や配列を指定します。

参照📖配列を利用する……P.64

μ_0………………… 検定の対象となる値（仮説での母集団の平均）を指定します。

標準偏差…………… 母集団の標準偏差を数値で指定します。母集団の標準偏差がわかっていない場合は、この引数を省略できます。その場合、標本から求められた不偏標準偏差が計算に使われます。

8-26 正規母集団の平均を検定する

ポイント

- Z.TEST関数とZTEST関数の働きは同じです。ZTEST関数はExcel 2007以前の表と互換性を持たせるために使われる関数です。
- ［配列］に含まれる空の文字列や数値以外の値は無視されます。データは無視されます。
- 求められる確率は片側確率（右側確率）です。
- 両側確率を求めるには、MIN(片側確率, 1－片側確率)*2という計算をします。MINは小さいほうの値を意味します。 参照 MIN……P.462
- 母集団の標準偏差がわかっていないときにはt分布を使う必要がありますが、この関数では標準正規分布が使われます。自由度が大きいときにはt分布は正規分布に近くなるので、この関数を利用してもかまいませんが、自由度が小さいときには使わないほうがよいでしょう（活用例を参照）。

エラーの意味

エラーの種類	原因	エラーとなる例
[#DIV/0!]	［配列］に含まれる数値が1つだけである	=Z.TEST(B3:B10,C3,C5) と入力したがセル B3 ～ B10 に数値が1つしか入力されていなかった
[#N/A]	［配列］に含まれる数値が1つもない	=Z.TEST(B3:B10,C3,C5) と入力したがセル B3 ～ B10 に数値が入力されていなかった
[#NUM!]	［標準偏差］に0以下の値を指定した	=Z.TEST(B3:B10,C3,0)
[#VALUE!]	［μ_0］や［標準偏差］に、数値とみなせない文字列を指定した	=Z.TEST(B3:B10,"x",0.35)

関数の使用例 　平均の重さが100gであるかどうかを検定する

ある袋詰め機で100グラムのお菓子を袋に詰めたときの標準偏差が0.35であるとわかっているものとします。その袋詰め機で詰めた8個のお菓子の重さを量り、平均100グラムで正しく詰められているかどうかを調べます。この場合、帰無仮説は「平均は100グラムである」、対立仮説は「平均は100グラムとは異なる」なので、両側確率を求めます。

=Z.TEST(B3:B10,C3,C5)

セルB3 ～ B10に入力されている値をもとに、母集団の平均がセルC3の値であるかどうかを検定する。母集団の標準偏差はセルC5に入力されているものとする。

8-26 正規母集団の平均を検定する

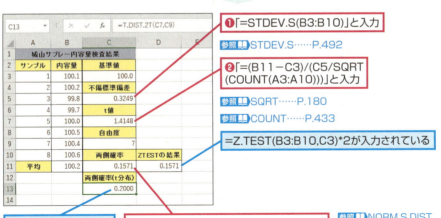

配列　μ_0　標準偏差

❶ セルB12に「=Z.TEST(B3:B10,C3,C5)」と入力

参照▶関数を入力するには……P.38
サンプル▶08_097_Z_TEST.xlsx

片側確率が求められた

❷ セルB13に「=MIN(B12,1-B12)*2」と入力

両側確率が求められた

両側確率は0.1891で0.05より大きいので、帰無仮説は棄却されない（平均は100グラムでないとはいえない）

活用例　t分布を使って平均の検定を行う

関数の使用例と同じデータを使って、正規母集団の平均の検定を定義どおりに行ってみます。セルC11がその結果で、セルD11に入力したZ.TEST関数の結果と一致しています。ただし、母集団の標準偏差がわかっていないときは、通常、t分布が使われます。セルC13はt分布を使った場合の結果です（自由度が大きくなるとZ.TEST関数の結果に近くなります）。

参照▶AVERAGE……P.440　　参照▶T.DIST.2T……P.591

❶「=STDEV.S(B3:B10)」と入力

参照▶STDEV.S……P.492

❷「=(B11-C3)/(C5/SQRT(COUNT(A3:A10)))」と入力

参照▶SQRT……P.180
参照▶COUNT……P.433

=Z.TEST(B3:B10,C3)*2が入力されている

=T.DIST.2T(C7,C9)が入力されている

❸「=(1-NORM.S.DIST(C7,TRUE))*2」と入力

参照▶NORM.S.DIST……P.570
参照▶T.DIST.2T……P.591

帰無仮説は棄却されないので平均100グラムでないとはいえない

HINT 母集団の標準偏差がわかっていないときは

母集団の標準偏差がわかっていないとき、t値は、(標本の平均-検定の対象となる値)÷(不偏標準偏差÷√標本の個数)で求められます。自由度は(標本の個数-1)です。

右側見出し:
1 関数の基本知識
2 日付／時刻関数
3 数学／三角関数
4 論理関数
5 検索／行列関数
6 データベース関数
7 文字列操作関数
8 統計関数
9 財務関数
10 エンジニアリング関数
11 情報関数
12 キューブ関数
13 ウェブ関数
付録

8-27 F分布を求める、F検定を行う

F分布やF検定のための関数

F分布は母集団の分散の比を検定したり、重回帰分析の回帰直線のあてはまりの良さの検定などに使われる分布です。以下のような関数を使ってF分布の確率を求めたり、F検定を行ったりします。

F.DIST関数、F.DIST.RT関数

F.DIST関数では、F分布の累積確率（左側確率）や確率密度が求められます。一方、F.DIST.RT関数では、F分布の右側確率が求められます。x軸の値（F値）を指定したとき、網掛けの部分が全体の面積の何パーセントにあたるかがわかります。

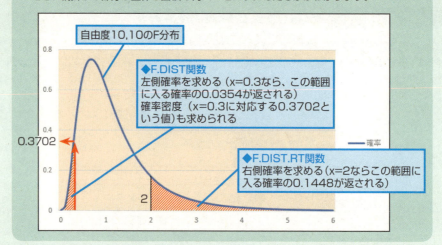

F.INV関数、F.INV.RT関数

F.INV関数では、左側確率から元の値（F値）が求められます。F.INV.RT関数では、右側確率から元の値（F値）が求められます。下の図では、網掛けの部分の面積が全体の面積の0.05（5%）にあたるときの値を示してあります。

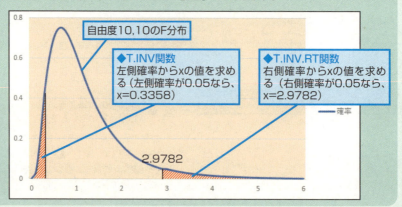

F.TEST関数

F.TEST関数を利用すれば、2群のデータをもとに、母集団の分散に差があるかどうかを検定できます。F.TEST関数では両側確率が求められます。

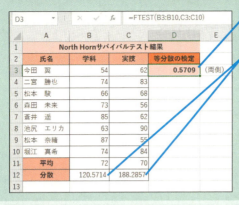

F.DIST　F分布の累積確率や確率密度を求める

F.DIST(x, 自由度1, 自由度2, 関数形式)
（エフ・ディストリビューション）

▶関数の解説

F分布で、[x]の値に対する累積確率や確率密度の値を求めます。

▶引数の意味

x ……………………… F分布関数に代入する値（確率を求めるのに使うF値）を指定します。

自由度1 ……………… 1つめの自由度を指定します。

自由度2 ……………… 2つめの自由度を指定します。

関数形式 …………… [x]に対する累積確率を求めるか、確率密度を求めるかを指定します。
　　　　　　　　　　┌ TRUEまたは0以外の値 ……… 累積分布関数の値（累積確率）を求めます。
　　　　　　　　　　└ FALSEまたは0 ……………… 確率密度関数の値を求めます。

ポイント

- Excel 2007以前との互換性を持つFDIST関数と名前は似ていますが、FDIST関数は右側確率を求める関数であることに注意してください。
- [自由度1] や [自由度2] に小数部分のある数値を指定した場合、小数点以下を切り捨てた整数とみなされます。
- 右側確率を求めるには、F.DIST.RT関数を使うか、1からF.DIST関数で求めた累積確率（左側確率）を引きます。

エラーの意味

エラーの種類	原因	エラーとなる例
[#NUM!]	[x]に0未満の値を指定した	=F.DIST(-1, 10, 10, TRUE)
	[自由度1] や [自由度2] に1未満の値または $10^{10}+1$ 以上の値を指定した	=F.DIST(4, 0, 0, TRUE)
[#VALUE!]	引数に数値とみなせない文字列を指定した	=F.DIST("x", 10, 10, TRUE)

8-27 F分布を求める、F検定を行う

関数の使用例　F分布で［x］の値に対する累積確率を求める

自由度が10, 10のF分布で、4という値に対する累積確率を求めます。この値は左側確率とも呼ばれます。

=F.DIST(A3, B3, C3, TRUE)

F分布で、セルA3に入力された値に対する累積確率を求める。F分布の自由度1はセルB3に、自由度2はセルC3に入力されているものとする。累積確率を求めるので、関数の形式にはTRUEを指定する。

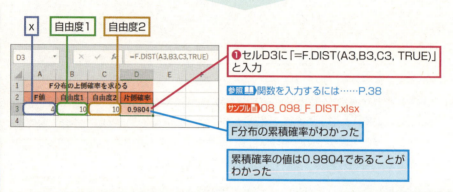

❶セルD3に「=F.DIST(A3,B3,C3, TRUE)」と入力

参照　関数を入力するには……P.38
サンプル　08_098_F_DIST.xlsx

F分布の累積確率がわかった

累積確率の値は0.9804であることがわかった

▶ F.DIST.RT　F分布の右側確率を求める

▶ FDIST　F分布の右側確率を求める

エフ・ディストリビューション・ライトテイルド
F.DIST.RT(x, 自由度1, 自由度2)

エフ・ディストリビューション
FDIST(x, 自由度1, 自由度2)

▶関数の解説

F分布で、［x］の値に対する右側確率を求めます。

▶引数の意味

x ……………………… F分布関数に代入する値（確率を求めるのに使うF値）を指定します。
自由度1 ……………… 1つめの自由度を数値で指定します。
自由度2 ……………… 2つめの自由度を数値で指定します。

ポイント

- F.DIST.RT関数とFDIST関数の働きは同じです。FDIST関数はExcel 2007以前の表と互換性を持たせるために使われる関数です。
- ［自由度1］や［自由度2］に小数部分のある数値を指定すると、小数点以下を切り捨てた整数とみなされます。
- 左側確率を求めるには、F.DIST関数を使うか、1からF.DIST.RT関数で求めた右側確率を引きます。

エラーの意味

エラーの種類	原因	エラーとなる例
[#NUM!]	[x] に 0 未満の値を指定した	=F.DIST.RT(-1,10,10)
	[自由度 1] や [自由度 2] に 1 未満の値または $10^{10}+1$ 以上の値を指定した	=F.DIST.RT(4,0,0)
[#VALUE!]	引数に数値とみなせない文字列を指定した	=F.DIST.RT("F",10,10)

関数の使用例 　指定した[自由度]のF分布で、xの値に対する上側確率を求める

自由度が10, 10のF分布で、4という値に対する右側確率を求めます。この値は上側確率とも呼ばれます。

=F.DIST.RT(A3,B3,C3)

F分布で、セルA3に入力された値に対する右側確率を求める。F分布の自由度1はセルB3に、自由度2はセルC3に入力されているものとする。

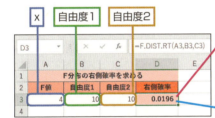

❶セルD3に「=F.DIST.RT(A3,B3,C3)」と入力

参照 関数を入力するには……P.38
サンプル 08_099_F_DIST_RT.xlsx

F分布の右側確率が求められた

F=4に対する右側確率は0.0196であることがわかった

F.INV　F分布の累積確率からF値を求める

エフ・インバース
F.INV(確率, 自由度1, 自由度2)

▶関数の解説

指定した[自由度]のF分布で、累積確率(左側確率)に対するF値を求めます。

▶引数の意味

確率……………………F分布の累積確率(左側確率)を指定します。
自由度1………………1つめの自由度を指定します。
自由度2………………2つめの自由度を指定します。

ポイント

- Excel 2007以前との互換性を持つFINV関数と名前は似ていますが、FINV関数は右側確率からF値を求める関数であることに注意してください。
- [自由度1] や [自由度2] に小数部分のある数値を指定した場合、小数点以下を切り捨てた整数とみなされます。
- 右側確率からF値を求めるには、F.INV.RT関数やFINV関数を使うか、1からF.INV関数で求めた累積確率（左側確率）を引きます。

エラーの意味

エラーの種類	原因	エラーとなる例
[#NUM!]	[x] に0未満の値や1以上の値を指定した	=F.INV(-1, 10, 10)
	[自由度1] や [自由度2] に1未満の値または $10^{10}+1$ 以上の値を指定した	=F.INV(4, 0, 0)
[#VALUE!]	引数に数値とみなせない文字列を指定した	=F.INV("p", 10, 10)

関数の使用例　F分布で、累積確率(左側確率)に対するF値を求める

自由度が10, 10のF分布で、累積確率が0.95となるF値を求めます。

=F.INV(A3, B3, C3)

F分布で、セルA3に入力された累積確率に対する元の値(F値)を求める。F分布の自由度1はセルB3に、自由度2はセルC3に入力されているものとする。

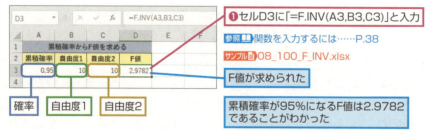

❶セルD3に「=F.INV(A3,B3,C3)」と入力

参照▶関数を入力するには……P.38
サンプル▶08_100_F_INV.xlsx

F値が求められた

累積確率が95%になるF値は2.9782であることがわかった

▶ F.INV.RT　F分布の右側確率からF値を求める

▶ FINV　F分布の右側確率からF値を求める

エフ・インバース・ライトテイルド
F.INV.RT(確率, 自由度1, 自由度2)

エフ・インバース
FINV(確率, 自由度1, 自由度2)

▶関数の解説

F分布で、右側確率に対するF値を求めます。

▶引数の意味

F.INV.RT関数とFINV関数の働きは同じです。FINV関数はExcel 2007以前の表と互換性を持たせるために使われる関数です。

確率………………………F分布の右側確率を数値で指定します。

自由度1……………… 1つめの自由度を数値で指定します。

自由度2……………… 2つめの自由度を数値で指定します。

ポイント

- ［自由度1］や［自由度2］に小数部分のある数値を指定すると、小数点以下が切り捨てられた整数とみなされます。
- 左側確率に対するF値を求めたいときにはF.INV関数を使うか、［確率］に（1－上側確率）を指定します。

エラーの意味

エラーの種類	原因	エラーとなる例
[#NUM!]	［確率］に 0 以下の値や 1 より大きい値を指定した	=F.INV.RT(-1,10,10)
	［自由度］に 1 未満の値または $10^{10}+1$ 以上の値を指定した	=F.INV.RT(0.05,0,0)
[#VALUE!]	引数に数値とみせない文字列を指定した	=F.INV.RT("F",10,10)

関数の使用例　F分布で、右側確率に対するF値を求める

［自由度］が10,10のF分布で、右側確率が0.05（5%）となるFの値を求めます。

=F.INV.RT(A3,B3,C3)

F分布で、セルA3に入力された右側確率に対する元の値（F値）を求める。t分布の自由度1はセルB3に、自由度2はセルC3に入力されているものとする。

確率　自由度1　自由度2

	A	B	C	D	E
1	右側確率からF値を求める				
2	右側確率	自由度1	自由度2	$F_{(10,10)}(0.05)$	
3	0.05	10	10	2.9782	
4					

D3 `=F.INV.RT(A3,B3,C3)`

❶セルD3に「=F.INV.RT((A3,B3,C3)」と入力

参照 関数を入力するには……P.38

サンプル 08_101_F_INV_RTxlsx

F値が求められた

右側確率が5%になるFの値は2.9782であることがわかった

左側確率に対するF値の求め方

左側確率に対するF値はF.INV関数に左側確率を指定して求めます。また、F.INV.RT関数に1－右側確率を指定しても求められます。なお、$F(m,n)(1-\alpha)=1/F(n,m)(\alpha)$という等式が成り立つので、1/F.INV.RT(右側確率,自由度2,自由度1)でも求められます。

8-27

F F分布を求める、F検定を行う

▶ F.TEST F検定を行う

▶ FTEST F検定を行う

エフ・テスト
F.TEST(配列1, 配列2)

エフ・テスト
FTEST(配列1, 配列2)

▶関数の解説

F検定により、母分散に差があるかどうかを検定します。F.TEST関数では両側検定が行われることに注意してください。

▶引数の意味

配列1 ······················ 1つめの変量をセル範囲または配列で指定します。

配列2 ······················ 2つめの変量のセル範囲または配列で指定します。

参照 📖 配列を利用する……P.64

ポイント

- [配列1] の大きさと [配列2] の大きさは異なっていてもかまいません。
- [配列1] や [配列2] に含まれる空の文字列や数値以外の値は無視されます。

エラーの意味

エラーの種類	原因	エラーとなる例
[#DIV/0!]	[配列1] や [配列2] のデータの個数が1つ以下である	=F.TEST(B3:B3,C3:C10)
	[配列1] や [配列2] のデータがすべて同じである	=F.TEST({10,10,10},{12,13,14})

関数の使用例　母分散に差があるかどうかを検定する

オンラインショッピングのウェブページを旧デザインと新デザインで操作し、商品の購入手続きを終えるまでの時間を測定した場合に、母分散に差があるかどうかを検定します。この場合の帰無仮説は「母分散は等しい」、対立仮説は「母分散は等しくない」なので、両側確率を求めます。

=F.TEST(B3:B10,C3:C10)

セルB3～B10に入力されたデータとセルC3～C10に入力されたデータをもとに、母集団の分散に差があるかどうかを両側検定する。

8-27 F分布を求める、F検定を行う

配列1 **配列2**

	A	B	C	D	E	F
1	North Hornウェブショップユーザビリティテスト結果					
2	被験者番号	旧デザイン	新デザイン	分散の差の検定（両側）		
3	1	12.2	12.5	0.0085	←1%有意	
4	2	13.2	10.8			
5	3	26.4	9.8			
6	4	15.4	12.4			
7	5	19.5	11.5			
8	6	18.5	10.9			
9	7	20.3	11.2			
10	8	11.2	15.3			
11	平均	17.09	11.80	(秒)		
12	分散	25.91	2.77			
13							

D3 の数式: `=F.TEST(B3:B10,C3:C10)`

❶ セルD3に「=F.TEST(B3:B10,C3:C10)」と入力

参照 関数を入力するには……P.38

サンプル 08_102_F_TEST.xlsx

F分布の両側確率が求められた

両側確率は0.0085となり0.01より小さいので、帰無仮説は棄却される（母分散には差がある）

HINT 両側検定と片側検定の使い分け

F検定の帰無仮説は「母分散1＝母分散2（母分散に差はない）」です。対立仮説が「母分散1≠母分散2」の場合は両側検定を使い、対立仮説が「母分散1＜母分散2」や「母分散1＞母分散2」の場合は片側検定を使います。つまり、両側検定は「等しいか等しくないか」を調べるのに使い、片側検定は、いずれかが「大きいかどうか」を調べるのに使います。ただし、ExcelのF.TEST関数では両側検定しかできません。

HINT F検定を片側検定で行うには

対立仮説が「新デザインの分散が小さい」であれば、片側検定を行う必要があります。この場合、まず、「分散の大きい方/分散の小さい方」、つまり「=VAR.S(B3:B10)/VAR.S(C3:C10)」という式を入力し、F値を求めます。この式をセルE3に入力したとすれば、セルE3には9.3682という値が表示されます。次に、F.DIST.RT関数にF値を指定します。この場合、標本がいずれも8個なので、自由度1、自由度2とも7を指定します。したがって、「=F.DIST.RT(E3, 7, 7)」という式になります。実際に計算してみると、右側確率は0.0043となります。この値は0.01より小さいので、帰無仮説は棄却され、新デザインの分散が小さいといえます。

---

1 関数の基本知識
2 日付／時刻関数
3 数学／三角関数
4 論理関数
5 検索／行列関数
6 データベース関数
7 文字列操作関数
8 統計関数
9 財務関数
10 エンジニアリング関数
11 情報関数
12 キューブ関数
13 ウェブ関数
付録

609

8-28

フィッシャー変換を行う

（縦書き）8-28 フィッシャー変換を行う

8-28 フィッシャー変換を行う

左側サイドバー：
1. 関数の基本知識
2. 日付／時刻関数
3. 数学／三角関数
4. 論理関数
5. 検索／行列関数
6. データベース関数
7. 文字列操作関数
8. 統計関数
9. 財務関数
10. エンジニアリング関数
11. 情報関数
12. キューブ関数
13. ウェブ関数
付録

FISHER フィッシャー変換を行う

FISHER(r)
フィッシャー

▶関数の解説

相関係数［r］をフィッシャー変換した値を求めます。フィッシャー変換により、母相関係数の分布を正規分布に変換できます。フィッシャー変換は「フィッシャーのz変換」または「z変換」とも呼ばれます。

▶引数の意味

r······················· 相関係数を数値で指定します。

ポイント

・FISHER関数の戻り値はATANH関数の値と同じです。　　　参照📖ATANH……P.234

・フィッシャー変換は、次の式で表されます。

$$Z = \frac{1}{2} \log_e \frac{1-r}{1+r}$$

エラーの意味

エラーの種類	原因	エラーとなる例
[#NUM!]	［r］の値が-1以下または1以上である	=FISHER(1)
[#VALUE!]	［r］に数値とみなせない文字列を指定した	=FISHER("r")

関数の使用例　相関係数［r］をフィッシャー変換した値を求める

0.7という相関係数をフィッシャー変換した値を求めます。

=FISHER(A3)

セルA3に入力されている値をフィッシャー変換する。

8-28 フィッシャー変換を行う

❶ セルB3に「=FISHER(A3)」と入力

参照▶関数を入力するには……P.38
サンプル▶08_103_FISHER.xlsx

フィッシャー変換した値が求められた

0.7をフィッシャー変換すると0.8673であることがわかった

活用例　相関係数の検定を行う

気温とビールの売上本数との相関係数が0.8より大きいかどうかを検定します。セルB9にはCORREL関数を入力して気温と売上本数の相関係数を求めます。セルB10では、以下の式に従って検定統計量を求めます。この場合の帰無仮説は、「相関係数は0.8と等しい」、対立仮説は「相関係数は0.8より大きい」です。したがって、片側検定となります。

$$T(r) = \sqrt{n-3}\left(\frac{1}{2}\log_e\frac{1-r}{1+r} - \frac{1}{2}\log_e\frac{1-\rho}{1+\rho}\right)$$

この値を求めるのに、FISHER関数が使える

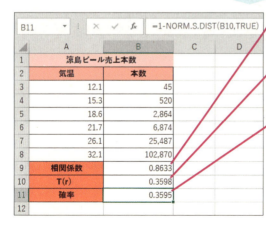

❶「=CORREL(A3:A8,B3:B8)」と入力

参照▶CORREL……P.541

❷「=SQRT(6-3)*(FISHER(B9)-FISHER(0.8))」と入力

参照▶SQRT……P.180

❸「=1-NORM.S.DIST(B10,TRUE)」と入力

参照▶NORM.S.DIST……P.570

確率が0.05より大きいので、帰無仮説は棄却されない（気温とビールの売上本数との相関係数は0.8より大きいとはいえない）

> 💡 **小さいかどうか、異なるかどうかを調べたいとき**
>
> 相関係数がある値より小さいかどうかを調べるときには、セルB11は「=NORM.S.DIST(B10,TRUE)」となります。一方、両側検定を行う（異なるかどうかを調べるとき）には、NORM.S.DIST(B10,TRUE)と、1-=NORM.S.DIST(B10,TRUE)の小さいほうの値を2倍し、確率を求めます。つまり、「=MIN(=NORM.S.DIST(B10,TRUE),1-=NORM.S.DIST(B10,TRUE))*2」となります。

相関があるかないかを調べるには

活用例では相関係数が特定の値より大きいかどうかを調べましたが、相関があるかないかを検定するには、無相関の検定を行います。相関係数をr、標本の組の個数をnとすると、次に示す統計量は自由度n-2のt分布に従います。

◆=PEARSON(A3:A8,B3:B8)
参照 PEARSON……P.542

◆=(B9*SQRT(6-2))/SQRT(1-B9^2)
参照 SQRT……P.180

◆=T.DIST.2T(B10,6-2)
値が0.05より小さいので、帰無仮説（相関はない）は棄却される（5%有意で相関があるといえる）
参照 T.DIST.2T……P.591

FISHERINV フィッシャー変換の逆関数を求める

フィッシャー・インバース
FISHERINV(z)

▶関数の解説

フィッシャー変換の逆関数の値を求めます。フィッシャー変換の式はFISHER関数の解説（610ページ）を参照してください。

▶引数の意味

z …………………… フィッシャー変換後の数値を指定します。

ポイント

・FISHERINV関数の戻り値はTANH関数と同じです。　　　参照 TANH……P.223

エラーの意味

エラーの種類	原因	エラーとなる例
[#VALUE!]	[z]に数値とみなせない文字列を指定した	=FISHERINV("z")

関数の使用例　フィッシャー変換後の値から元の値（相関係数）を求める

フィッシャー変換後の値が0.9のとき、元の値（相関係数）を求めます。

=FISHERINV(A3)

セルA3に入力された値をもとにフィッシャー変換の逆関数の値を求める。

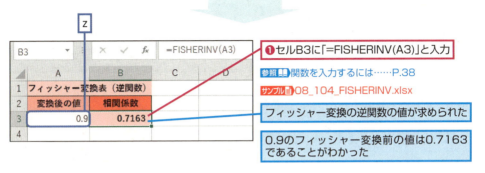

❶セルB3に「=FISHERINV(A3)」と入力

参照▶関数を入力するには……P.38
サンプル▶08_104_FISHERINV.xlsx

フィッシャー変換の逆関数の値が求められた

0.9のフィッシャー変換前の値は0.7163であることがわかった

8-29 指数分布関数を求める

EXPON.DIST 指数分布関数の値を求める
EXPONDIST 指数分布関数の値を求める

エクスポーネンシャル・ディストリビューション
EXPON.DIST(x, λ, 関数形式)
エクスポーネンシャル・ディストリビューション
EXPONDIST(x, λ, 関数形式)

▶関数の解説

指数分布の累積確率や確率密度の値を求めます。累積確率は、ある事象が単位時間に起こる平均の回数をλ(ラムダ)としたとき、xで指定された時間以内にその事象が起こる確率を求める場合などに使われます。

確率分布関数と累積分布関数の関係

下の図は、指数分布の累積確率と確率密度をグラフ化したものです。横軸が x、縦軸が累積確率または確率密度です。たとえば、xが2であれば、累積確率は0.6321となり、確率密度は0.1839となります。

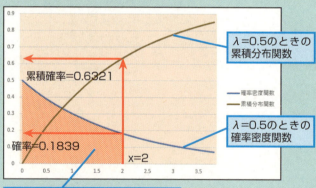

指数分布の累積分布関数f(x)の値を求める式
$$F(x) = 1 - e^{-\lambda x}$$

指数分布の確率密度関数f(x)の値を求める式
$$f(x) = \lambda e^{-\lambda x}$$

▶引数の意味

x	……………………	指数分布関数に代入する数値（時間など）を指定します。
λ	……………………	パラメータ（単位時間に起こる事象の数など）を数値で指定します。
関数形式	………………	累積確率を求めるか、確率密度を求めるかを指定します。

TRUEまたは0以外の数値……… 累積分布関数の値（累積確率）を求める

FALSEまたは0 ………………… 確率密度関数の値を求める

ポイント

- EXPON.DIST関数とEXPONDIST関数の働きは同じです。EXPONDIST関数はExcel 2007以前の表と互換性を持たせるために使われる関数です。

- 機械が故障するまでの時間間隔や、駐車場に車が到着するまでの時間間隔、電話の通話時間などが指数分布に従うものと考えられます。これらの待ち時間を求める場合などにEXPON.DIST関数が使えます。

エラーの意味

エラーの種類	原因	エラーとなる例
[#NUM!]	[x] に0より小さい値を指定した	=EXPON.DIST(-1,0.5,TRUE)
	[λ] に0以下の値を指定した	=EXPON.DIST(5,0,TRUE)
[#VALUE!]	引数に数値とみなせない文字列を指定した	=EXPON.DIST("t",0.5,TRUE)

関数の使用例　一定の時間内に車が1台到着する確率を求める

あるガソリンスタンドでは、来客の時間間隔が指数分布に従うことがわかっているものとします。そのガソリンスタンドで1分あたりに到着するクルマの数が平均0.2台であるとき、5分以内にクルマが1台到着する確率を求めます。

=EXPON.DIST(A3,B3,TRUE)

セルA3の値を [x]、セルB3の値を [λ] として、指数分布関数の累積確率を求める。

❶ セルC3に「=EXPON.DIST(A3,B3,TRUE)」と入力

参照📖関数を入力するには……P.38

サンプル📁08_105_EXPON_DIST.xlsx

累積確率が求められた

5分以内にクルマが1台到着する確率は0.6321（約63%）であることがわかった

8-29

指数分布関数を求める

1 関数の基本知識
2 日付／時刻関数
3 数学／三角関数
4 論理関数
5 検索／行列関数
6 データベース関数
7 文字列操作関数
8 統計関数
9 財務関数
10 エンジニアリング関数
11 情報関数
12 キューブ関数
13 ウェブ関数
付録

615
できる

8-30 ガンマ関数やガンマ分布を求める

ガンマ分布の累積確率や確率密度を求める関数

ガンマ分布は待ち行列の分析などに使われる分布です。また、ガンマ関数はガンマ分布のほか、カイ二乗分布、t分布、F分布などの関数を求めるのに広く使われている関数です。Excelでは、以下のような関数が利用できます。

GAMMA.DIST関数、GAMMA.INV関数

下の図は、ガンマ分布の累積確率と確率密度をグラフ化したものです。たとえば、xが2のとき、ガンマ分布の累積確率は0.5940となり、確率密度は0.2707となります。

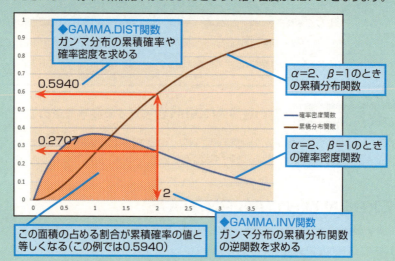

ガンマ分布の確率密度関数f(x)の値を求める式

$$f(x, \alpha, \beta) = \frac{1}{\beta^\alpha \Gamma(\alpha)} x^{\alpha-1} e^{\frac{-x}{\beta}}$$

ただし、$\Gamma(\alpha)$はガンマ関数

GAMMA関数、GAMMALN.PRECISE関数

ガンマ関数の値を求めるにはGAMMA関数が使えます。また、ガンマ関数の自然対数を求めるにはGAMMALN.PRECISE関数が使えます。ガンマ関数の値は以下の式で求められます。

$$\Gamma(x) = \int_0^\infty e^{-u} u^{x-1} du$$

ガンマ関数の自然対数は以下の式で求められます。

$$\log_e(\Gamma(x))$$

GAMMA.DIST ガンマ分布の累積確率や確率密度を求める

GAMMADIST ガンマ分布の累積確率や確率密度を求める

ガンマ・ディストリビューション
GAMMA.DIST(x, α, β, 関数形式)

ガンマ・ディストリビューション
GAMMADIST(x, α, β, 関数形式)

▶関数の解説

ガンマ分布の累積確率や確率密度を求めます。ガンマ分布は待ち行列の分析などに使われます。ガンマ分布の平均は $\alpha\beta$、分散は $\alpha\beta^2$ です。なお、待ち行列の分析とは、窓口に到着する顧客の人数などから待ち時間を求めたり、最適な窓口の数を求めたりするための数学的な手法です。

▶引数の意味

x ·························· ガンマ分布関数に代入する数値を指定します。

α ·························· パラメータαの値を数値で指定します。ガンマ分布の確率密度関数を求める式（616ページ）を参照してください。

β ·························· パラメータβの値を数値で指定します。ガンマ分布の確率密度関数を求める式（616ページ）を参照してください。

関数形式 ················ 累積確率を求めるか、確率密度を求めるかを指定します。

    ┌─ TRUEまたは0以外の値······累積分布関数の値（累積確率）を求めます。
    └─ FALSEまたは0 ··············確率密度関数の値を求めます。

ポイント

- GAMMA.DIST関数とGAMMADIST関数の働きは同じです。GAMMADIST関数はExcel 2007以前の表と互換性を持たせるために使われる関数です。
- ［α］が正の整数の場合、アーラン分布と呼ばれます。また、［α］が1の場合、$\lambda=1/\beta$ の指数分布となります。
- ［β］が1の場合、標準ガンマ分布の値が求められます。

エラーの意味

エラーの種類	原因	エラーとなる例
[#NUM!]	［x］に0より小さい値を指定した	=GAMMA.DIST(-1,6,3,TRUE)
	［α］や［β］に0以下の値を指定した	=GAMMA.DIST(20,0,0,TRUE)
[#VALUE!]	引数に数値とみせない文字列を指定した	=GAMMA.DIST("x",6,3,TRUE)

関数の使用例   一定時間の来客数がx人までである確率を求める

あるチケット売り場では、一定時間内の来客数がガンマ分布に従うことがわかっているものとします。このとき、その時間の来客数が20人までである確率を求めます。

=GAMMA.DIST(B7,B5,C5,TRUE)

セルB7に入力された値に対するガンマ分布の累積確率を求める。パラメータの［α］はセルB5に、［β］はセルC5に入力されているものとする。

サイドバー（縦書き）

8-30

ガンマ関数やガンマ分布を求める

ガンマ関数やガンマ分布を求める

1 関数の基本知識
2 日付／時刻関数
3 数学／三角関数
4 論理関数
5 検索／行列関数
6 データベース関数
7 文字列操作関数
8 統計関数
9 財務関数
10 エンジニアリング関数
11 情報関数
12 キューブ関数
13 ウェブ関数
付録

8-30 ガンマ関数やガンマ分布を求める

❶セルC7に「=GAMMA.DIST(B7,B5,C5,TRUE)」と入力

参照▶関数を入力するには……P.38
サンプル▶08_106_GAMMA_DIST.xlsx

累積確率が求められた

来客数が20人までである確率は0.6092（約61%）であることがわかった

HINT $α$と$β$の値を求めるには
ガンマ分布の平均は$αβ$、分散は$αβ^2$なので、$α$と$β$について連立方程式を解くと$β=$分散/平均、$α=$平均/$β$ （$=$平均^2/分散）となります。
参照▶AVERAGE……P.440
参照▶VAR.S……P.486

▶ GAMMA.INV ガンマ分布の累積確率から逆関数の値を求める
▶ GAMMAINV ガンマ分布の累積確率から逆関数の値を求める

GAMMA.INV(確率, $α$, $β$)
GAMMAINV(確率, $α$, $β$)

▶関数の解説

ガンマ分布の累積確率から逆関数の値を求めます。ガンマ分布は待ち行列の分析などに使われます。ガンマ分布の平均は$αβ$、分散は$αβ^2$です。

▶引数の意味

確率………………… 累積確率を指定します。
$α$…………………… パラメータ$α$の値を数値で指定します。ガンマ分布の確率密度関数を求める式（616ページ）を参照してください。
$β$…………………… パラメータ$β$の値を数値で指定します。ガンマ分布の確率密度関数を求める式（616ページ）を参照してください。

ポイント

- GAMMA.INV関数とGAMMAINV関数の働きは同じです。GAMMAINV関数はExcel 2007以前の表と互換性を持たせるために使われる関数です。
- ［$α$］が正の整数の場合、アーラン分布と呼ばれます。［$α$］が1の場合、$λ=1/β$の指数分布となります。
- ［$β$］が1の場合、標準ガンマ分布となります。

エラーの意味

エラーの種類	原因	エラーとなる例
[#NUM!]	［確率］に0より小さい値または1より大きな値を指定した	=GAMMA.INV(-1,6,3)
	［$α$］や［$β$］に0以下の値を指定した	=GAMMA.INV(20,0,0)
[#VALUE!]	引数に数値とみなせない文字列を指定した	=GAMMA.INV("p",6,3)

関数の使用例　一定時間の来客確率が95%のとき、来客人数xを求める

あるチケット売り場では、ある時間の来客数が α=6、β=3のガンマ分布に従うことがわかっているものとします。このとき、95%の確率に対する逆関数の値（その時間の来客数がx人までである確率が95%としたときのxの値）を求めます。

=GAMMA.INV(A3,B3,C3)

セルA3に入力されたガンマ分布の累積確率をもとに、逆関数の値を求める。パラメータの［α］はセルB3に、［β］はセルC3に入力されているものとする。

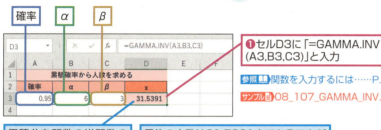

❶セルD3に「=GAMMA.INV(A3,B3,C3)」と入力

参照▶関数を入力するには……P.38
サンプル 08_107_GAMMA_INV.xlsx

累積分布関数の逆関数の値が求められた

目的の人数は31.5391人であることがわかった

GAMMA　ガンマ関数の値を求める

GAMMA(x)
（ガンマ）

▶関数の解説

ガンマ関数の値を求めます。ガンマ関数は、カイ二乗分布、t分布、F分布などの関数を求めるのに広く使われている関数です。

▶引数の意味

x ……………………… ガンマ関数に代入する値を指定します。

ポイント

- この関数はExcel 2013で新たに追加されたものです。Excel 2010以前では使えません。
- ガンマ関数は階乗（n!）の考え方を連続した値に拡張したものです。
- ガンマ関数にはさまざまな性質があります。以下はその例です。

　　　Nが自然数のとき $\Gamma(n) = (n-1)!$

　　　$\Gamma(0.5) = \sqrt{\pi}$

　　　$\Gamma(x+1) = x\Gamma(x)$

　　　$\Gamma(x)\Gamma(1-x) = \pi/\sin(\pi x)$

エラーの意味

エラーの種類	原因	エラーとなる例
[#NUM!]	[x]に負の整数または0を指定した	=GAMMA(-1)
[#VALUE!]	引数に数値とみなせない文字列を指定した	=GAMMA("x")

8-30 ガンマ関数やガンマ分布を求める

関数の使用例　さまざまな値に対するガンマ関数の値を求める

さまざまな値を引数に指定してガンマ関数の値を求めてみます。自然数nを指定すると(n-1)の階乗が求められます。

=GAMMA(A3)

セルA3に入力された値に対するガンマ関数の値を求める。

❶セルB3に「=GAMMA(A3)」と入力

❷セルB3をセルB12までコピー

参照▶関数を入力するには……P.38
サンプル▶08_108_GAMMA.xlsx

	A	B
1	ガンマ関数の値を求める	
2	x	Γ(x)
3	-1.5	2.3633
4	-0.5	-3.5449
5	0.5	1.7725
6	1	1
7	1.5	0.8862
8	2	1
9	3	2
10	4	6
11	5	24
12	6	120

さまざまな値に対するガンマ関数の値が求められた

活用例　t分布のグラフを作る

GAMMA関数を使って、自由度10のt分布のグラフを作ります。[x]の値は－3から0.1きざみで3まで、セルA3～A63に入力してあります。セルB3に入力した数式をセルB63までコピーして、[x]のそれぞれの値に対応した確率を求めます。そのあと、求められたデータから折れ線グラフまたはデータポイントを平滑線でつないだ散布図を作成します。データポイントのマーカーは「なし」とします。

参照▶EXP……P.186　参照▶SQRT……P.180

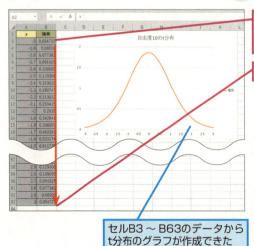

❶セルB3に「=GAMMA(($B$1+1)/2))/SQRT($B$1*PI())/($B$1/2)/(1+A3^2/$B$1)^(($B$1+1)/2)」と入力

❷セルB3をセルB63までコピー

セルB3～B63のデータからt分布のグラフが作成できた

HINT　t分布を表す式

t分布関数は、次の式で表されます（mは自由度、－∞＜x＜∞）。

$$f(x) = \frac{\Gamma\left[\dfrac{m+1}{1}\right]}{\sqrt{m\pi}\,\Gamma\left[\dfrac{m}{2}\right]\left(1+\dfrac{x^2}{m}\right)^{\frac{m+1}{2}}}$$

GAMMALN.PRECISE ガンマ関数の自然対数を求める

8-30

ガンマ関数や
ガンマ分布を
求める

ガンマ・ログ・ナチュラル・プリサイス
GAMMALN.PRECISE(x)
ガンマ・ログ・ナチュラル
GAMMALN(x)

▶関数の解説

ガンマ関数の自然対数の値を求めます。ガンマ関数は、カイ二乗分布、t分布、F分布などの関数を求めるのに広く使われている関数です。

▶引数の意味

x ······························· ガンマ関数に代入する数値を指定します。

ポイント

- GAMMALN.PRECISE関数とGAMMALN関数の働きは同じです。GAMMALN関数はExcel 2007以前の表と互換性を持たせるために使われる関数です。
- =EXP(GAMMALN.PRECISE(x))で、ガンマ関数の値が求められます。　参照🔖EXP……P.186

エラーの意味

エラーの種類	原因	エラーとなる例
[#NUM!]	[x] に 0 以下の値を指定した	=GAMMALN.PRECISE(-1)
[#VALUE!]	引数に数値とみなせない文字列を指定した	=GAMMALN.PRECISE("x")

関数の使用例　ガンマ関数の自然対数の値を求める

[x] の値が10のとき、ガンマ関数の自然対数の値を求めます。

=GAMMALN.PRECISE(A3)

セルA3に入力されている値をもとに、ガンマ関数の自然対数の値を求める。

❶セルB3に「=GAMMALN.PRECISE(A3)」と入力

参照🔖関数を入力するには……P.38

サンプル📗08_109_GAMMALN_PRECISE.xlsx

ガンマ関数の自然対数の値が求められた

x=10のときのガンマ関数の自然対数の値は12.8018であることがわかった

1　関数の基本知識
2　日付／時刻関数
3　数学／三角関数
4　論理関数
5　検索／行列関数
6　データベース関数
7　文字列操作関数
8　統計関数
9　財務関数
10　エンジニアリング関数
11　情報関数
12　キューブ関数
13　ウェブ関数
　　付録

621
できる

8-31 ベータ分布を求める

ベータ分布の累積確率や確率密度を求める関数

ベータ分布は信用リスク管理やプロジェクトのコスト管理などに使われる分布です。Excelでは以下のような関数が利用できます。

BETA.DIST関数、BETA.INV関数

下の図は、$\alpha=2$、$\beta=3$のときのベータ分布の累積確率と確率密度をグラフ化したものです。たとえば、xが1.5のとき、ベータ分布の累積確率は0.6875となり、確率密度は0.5となります。これらの値はBETA.DIST関数で求められます。累積分布関数の逆関数を求めるBETA.INV関数では、0.6875という値から、1.5というxの値が求められます。

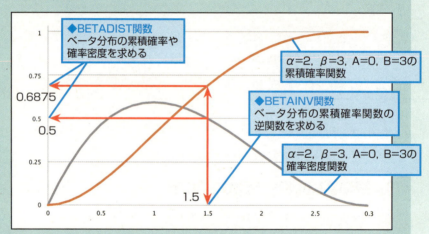

ベータ分布の確率密度関数Be(x)の値を求める式

$$Be(x) = \frac{x^{\alpha-1}(1-x)^{\beta-1}}{B(\alpha, \beta)}$$

ただし、$B(\alpha, \beta)$はベータ関数　$B(\alpha, \beta) = \dfrac{\Gamma(\alpha)\Gamma(\beta)}{\Gamma(\alpha+\beta)}$

ベータ分布の累積分布関数の値を求める式

$$\frac{\int_A^x Be(u)du}{\int_A^B Be(u)du}$$

ただし、Aは範囲の下限、Bは範囲の上限

BETA.DIST ベータ分布の累積確率や確率密度を求める

BETA.DIST(x, α, β, 関数形式, 下限, 上限)

▶関数の解説

β分布で、[x] の値に対する累積確率や確率密度の値を求めます。ベータ分布は信用リスク管理やプロジェクトのコスト管理などによく使われます。

▶引数の意味

x·····························ベータ分布関数に代入する数値を指定します。

α·····························パラメータαの値を指定します。ベータ分布の確率密度関数を求める式（622ページ）を参照してください。

β·····························パラメータβの値を指定します。ベータ分布の確率密度関数を求める式（622ページ）を参照してください。

関数形式·················累積確率を求めるか、確率密度を求めるかを指定します。

    ┌─ TRUEまたは0以外の値········累積分布関数の値（累積確率）を求める
    └─ FALSEまたは0 ···················確率密度関数の値を求める

下限·························区間の下限値を指定します。省略すると0が指定されたものとみなされます。

上限·························区間の上限値を指定します。省略すると1が指定されたものとみなされます。

ポイント

• ベータ分布の平均は$1/(α+β)$、分散は$αβ/((α+β)2(α+β+1))$です。

エラーの意味

エラーの種類	原因	エラーとなる例
[#NUM!]	[α] や [β] に 0 以下の値を指定した	=BETA.DIST(4,0,6,TRUE, 0,11)
	[下限] ≦ [x] ≦ [上限] かつ [下限] ≠ [上限] という関係を満たしていない	=BETA.DIST(4,3,6,TRUE,5,5)
[#VALUE!]	引数に数値とみなせない文字列を指定した	=BETADIST("x",3,6,TRUE, 0,11)

関数の使用例　作業の進捗率（％）を求める

あるプロジェクトでは、プロジェクトの期間と進捗率が、α＝3、β＝6のベータ分布に従うことがわかっているものとします。このとき、全体の作業が10週（第11週の開始時点）で終わると見積もったとすると、第3週（第4週の開始時点）でどれくらいの作業が終わっているかを求めます。

=BETA.DIST(A3, B3, C3, TRUE, D3, E3)

セルA3の値に対するベータ分布の累積確率を求める。パラメータαはセルB3に、パラメータβはセルC3に、範囲の下限値はセルD3に、範囲の上限値はセルE3に入力されているものとする。

8-31 ベータ分布を求める

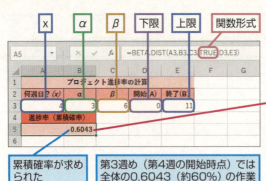

❶セルA5に「=BETA.DIST(A3, B3, C3, TRUE, D3, E3)」と入力

参照▶関数を入力するには……P.38
サンプル▶08_110_BETA_DIST.xlsx

累積確率が求められた

第3週め（第4週の開始時点）では全体の0.6043（約60％）の作業が終わっていることがわかった

BETADIST ベータ分布の累積確率を求める

BETADIST(x, α, β, 下限, 上限)
ベータ・ディストリビューション

▶関数の解説

ベータ分布の累積確率を求めます。ベータ分布は信用リスク管理やプロジェクトのコスト管理などによく使われます。

▶引数の意味

x ………………… ベータ分布関数に代入する数値を指定します。

α ………………… パラメータαの値を指定します。ベータ分布の確率密度関数を求める式（622ページ）を参照してください。

β ………………… パラメータβの値を指定します。ベータ分布の確率密度関数を求める式（622ページ）を参照してください。

下限 ……………… 区間の下限値を指定します。省略すると0が指定されたものとみなされます。

上限 ……………… 区間の上限値を指定します。省略すると1が指定されたものとみなされます。

[ポイント]

- BETADIST関数はBETA.DIST関数で累積確率を求める場合と同じ働きです（確率密度は求められません）。BETADIST関数はExcel 2007以前の表と互換性を持たせるために使われる関数です。
- ベータ分布の平均は$1/(α+β)$、分散は$αβ/((α+β)^2(α+β+1))$です。

[エラーの意味]

エラーの種類	原因	エラーとなる例
[#NUM!]	[α]や[β]に0以下の値を指定した	=BETADIST(4,0,6,0,11)
	[x]の値が[下限]未満、または[x]の値が[上限]より大きい、または[下限]と[上限]が等しい	=BETADIST(4,3,6,5,5)
[#VALUE!]	引数に数値とみなせない文字列を指定した	=BETADIST("x",3,6,0,11)

関数の使用例　作業の進捗率（%）を求める

あるプロジェクトでは、プロジェクトの期間と進捗率が、α＝3、β＝6のベータ分布に従うことがわかっているものとします。このとき、全体の作業が10週（第11週の開始時点）で終わると見積もったとすると、第3週（第4週の開始時点）でどれくらいの作業が終わっているかを求めます。

=BETADIST(A3,B3,C3,D3,E3)

セルA3の値に対するベータ分布の累積確率を求める。パラメータαはセルB3に、パラメータβはセルC3に、範囲の下限値はセルD3に、範囲の上限値はセルE3に入力されているものとする。

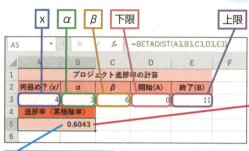

❶ セルA5に「=BETADIST(A3,B3,C3,D3,E3)」と入力

参照　関数を入力するには……P.38
サンプル　08_111_BETADIST.xlsx

累積確率が求められた

第3週め（第4週の開始時点）では全体の0.6043（約60%）の作業が終わっていることがわかった

▶ BETA.INV　ベータ分布の累積確率から逆関数の値を求める
▶ BETAINV　ベータ分布の累積確率から逆関数の値を求める

ベータ・インバース
BETA.INV(確率, α, β, 下限, 上限)
ベータ・インバース
BETAINV(確率, α, β, 下限, 上限)

▶関数の解説

ベータ分布の累積確率から逆関数の値を求めます。ベータ分布は信用リスク管理やプロジェクトのコスト管理などによく使われます。

▶引数の意味

確率……………… 累積確率を数値で指定します。

α………………… パラメータαの値を指定します。ベータ分布の確率密度関数を求める式（622ページ）を参照してください。

β………………… パラメータβの値を指定します。ベータ分布の確率密度関数を求める式（622ページ）を参照してください。

下限……………… 区間の下限値を指定します。省略すると0が指定されたものとみなされます。

上限……………… 区間の上限値を指定します。省略すると1が指定されたものとみなされます。

8-31 ベータ分布を求める

ポイント
- BETA.INV関数とBETAINV関数の働きは同じです。BETAINV関数はExcel 2007以前の表と互換性を持たせるために使われる関数です。
- ベータ分布の平均は$1/(α+β)$、分散は$αβ/((α+β)^2(α+β+1))$です。

エラーの意味

エラーの種類	原因	エラーとなる例
[#NUM!]	[確率]に0以下の値または1以上の値を指定した	=BETA.INV(0,3,6,0,11)
	[α]や[β]に0以下の値を指定した	=BETA.INV(0.5,0,0,0,11)
[#VALUE!]	引数に数値とみなせない文字列指定した	=BETA.INV("p",3,6,0,11)

関数の使用例　期間と進捗率をもとに、作業が終わる週を求める

あるプロジェクトでは、プロジェクトの期間と進捗率が、α＝3、β＝6のベータ分布に従うことがわかっているものとします。このとき、全体の作業が10週（第11週の開始時点）で終わると見積もったとすると、50％の作業が終わるのはどの時点かを求めます。

=BETA.INV(A3,B3,C3,D3,E3)

セルA3に入力されたベータ分布の累積確率をもとに、逆関数の値を求める。パラメータαはセルB3に、パラメータβはセルC3に、範囲の下限値はセルD3に、範囲の上限値はセルE3に入力されているものとする。

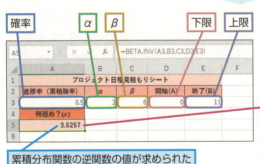

累積分布関数の逆関数の値が求められた

❶セルA5に「=BETA.INV(A3,B3,C3,D3,E3)」と入力

参照▶関数を入力するには……P.38
サンプル 08_112_BETA_INV.xlsx

全体の50％の作業が終わるのはだいたい第3週の半ばであることがわかった

HINT 作業は一定の割合では進まない

日課のような作業であれば、全体で10の作業を毎日1ずつ進めていけば、10日で終わる計算になります。しかし、複雑な作業では、最初のうちはゆっくりと進み、少しずつ作業のスピードが上がっていきます。しかし、終盤近くになるとまたスピードが落ちて、ゴールは目の前なのになかなかたどり着けないといった感覚にとらわれるものです。622ページのグラフを見ればそのイメージがつかめます。確率密度関数は作業のスピードを表し、累積分布関数はそれまでに済ませた作業の量と考えるといいでしょう。

8-32 ワイブル分布を求める

▶ **WEIBULL.DIST** ワイブル分布の累積確率や確率密度を求める

▶ **WEIBULL** ワイブル分布の累積確率や確率密度を求める

ワイブル・ディストリビューション
WEIBULL.DIST(x, α, β, 関数形式)

ワ イ ブ ル
WEIBULL(x, α, β, 関数形式)

▶関数の解説

ワイブル分布は、機械が故障するまでの時間や生物の寿命などを分析するのに使われる分布です。

ワイブル分布の累積分布関数と確率密度関数

下の図は、$α=2$、$β=3$のときのワイブル分布の累積確率と確率密度をグラフ化したものです。xの値が3のとき、ワイブル分布の累積確率は0.6321となり、確率密度は0.2463となります。

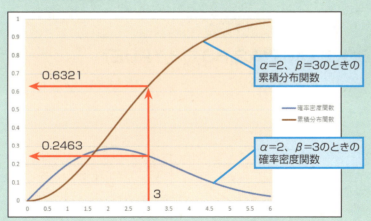

ワイブル分布の累積分布関数F(x)の値を求める式

$$F(x) = 1 - e^{-\left(\frac{x}{\beta}\right)^{\alpha}}$$

ワイブル分布の確率密度関数f(x)の値を求める式

$$f(x) = \frac{\alpha}{\beta^{\alpha}} x^{\alpha-1} e^{-\left(\frac{x}{\beta}\right)^{\alpha}}$$

8-32 ワイブル分布を求める

▶引数の意味

- x ………… ワイブル分布関数に代入する数値を指定します。
- α ………… パラメータαの値を指定します。ワイブル分布の確率密度関数を求める式（627ページ）を参照してください。
- β ………… パラメータβの値を指定します。ワイブル分布の確率密度関数を求める式（627ページ）を参照してください。
- 関数形式 ………… 累積確率を求めるか、確率密度を求めるかを指定します。
  - TRUEまたは0以外の値 …… 累積分布関数の値（累積確率）を求めます。
  - FALSEまたは0 …………… 確率密度関数の値を求めます。

ポイント

- α＝1のとき、ワイブル分布はλ＝1/βの指数分布関数となります。614ページの解説を参照してください。

エラーの意味

エラーの種類	原因	エラーとなる例
[#NUM!]	[x]に0より小さい値を指定した	=WIEBULL.DIST(-1,2,3,TRUE)
	[α]や[β]に0以下の値を指定した	=WIEBULL.DIST(3,0,0,TRUE)
[#VALUE!]	引数に数値とみなせない文字列を指定した	=WIEBULL.DIST("x",2,3,TRUE)

関数の使用例　機械が一定期間内に故障する確率を求める

ある機械の寿命がα＝2、β＝3のワイブル分布に従うことがわかっているものとします。このとき、3年後までにその機械が故障している確率を求めます。

=WEIBULL.DIST(A3,B3,C3,TRUE)

セルA3に入力されている値に対するワイブル分布の累積確率を求める。パラメータαはセルB3に、パラメータβはセルC3に入力されているものとする。

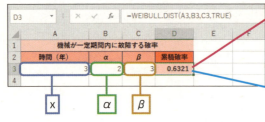

❶セルD3に「=WIEBULL.DIST(A3,B3,C3,TRUE)」と入力

参照　関数を入力するには……P.38
サンプル　08_113_WEIBULL_DIST.xlsx

累積確率が求められた

3年後までに機械が故障している確率は0.6321（約63.2%）であることがわかった

第 9 章

財務関数

9 - 1 ．ローンの返済額や積立貯蓄の払込額を求める・・・630
9 - 2 ．ローン返済額の元金相当分を求める・・・・・・634
9 - 3 ．ローン返済額の金利相当分を求める・・・・・・640
9 - 4 ．ローンの借入可能額や貯蓄の頭金を求める・・・648
9 - 5 ．貯蓄や投資の満期額を求める・・・・・・・・・・652
9 - 6 ．返済期間や積立期間を求める・・・・・・・・・・656
9 - 7 ．ローンや積立貯蓄の利率を求める・・・・・・・660
9 - 8 ．実効年利率や名目年利率を求める・・・・・・・663
9 - 9 ．正味現在価値を求める・・・・・・・・・・・・・666
9 - 10．内部利益率を求める・・・・・・・・・・・・・・670
9 - 11．定期利付債の計算をする・・・・・・・・・・・・675
9 - 12．定期利付債の日付情報を得る・・・・・・・・・・681
9 - 13．定期利付債のデュレーションを求める・・・・692
9 - 14．利払期間が半端な定期利付債の計算をする・・・697
9 - 15．満期利付債の計算をする・・・・・・・・・・・・706
9 - 16．割引債の計算をする・・・・・・・・・・・・・・712
9 - 17．米国財務省短期証券の計算をする・・・・・・・719
9 - 18．ドル価格の分数表記と小数表記を変換する・・・724
9 - 19．ユーロ圏の通貨単位を換算する・・・・・・・・・727
9 - 20．減価償却費を求める・・・・・・・・・・・・・・730

9-1 ローンの返済額や積立貯蓄の払込額を求める

PMT関数

ローンの毎回の返済額や積立貯蓄の払込額を求めるにはPMT関数を利用します。元利均等払いのローンや、複利の積立貯蓄を行う場合に使います。

PMT関数に指定する［現在価値］は現在の残高（元金）を意味し、［将来価値］は将来の残高を意味します。

ローン計算の場合（元利均等払い）

100万円を借り入れた場合、［現在価値］は100万円で、完済するのであれば［将来価値］は0円。元利均等払いでは毎回の返済額(元金＋金利)は一定です。

- 年利5％、期間1年で、100万円の借入金を返済する例
  現在価値：100万円（グラフの緑色の部分全体）
  将来価値：0円

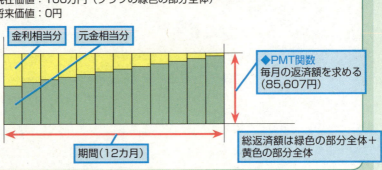

積立貯蓄の場合（複利）

100万円を目標に積み立てる場合、元金を0円から始めるとすると、［現在価値］は0円で、［将来価値］は100万円。積立貯金では毎回の払込額は一定です。

- 年利2％、期間5年で、100万円を目標に積み立てる例
  現在価値：0円
  将来価値：100万円（グラフの緑色の部分全体＋黄色の部分全体）

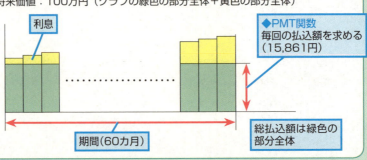

PMT ローンの返済額や積立貯蓄の払込額を求める

PMT(利率, 期間, 現在価値, 将来価値, 支払期日)
ペイメント

▶関数の解説

元利均等払いのローン返済や複利の積立貯蓄の払い込みで、1回あたりの返済額（払込額）がいくらになるかを求めます。通常、結果はマイナスで表示されます。

▶引数の意味

利率·····················利率を指定します。

期間·····················返済あるいは積立の期間を指定します。

現在価値···············現在価値を指定します。借入の場合は借入額を指定し、積立で頭金がない場合は0を指定します。

将来価値···············将来価値を指定します。借入金を完済する場合は0を指定し、積立の場合は満期額を指定します。

支払期日···············返済や払い込みが期首に行われるか期末に行われるかを指定します。期首の場合、通常は1を指定します。

┌ 0または省略··········期末（たとえば、月払いの場合は月末）
└ 0以外の値·············期首（たとえば、月払いの場合は月初）

ポイント

- [利率] と [期間] の単位は同じにします。たとえば、毎月の返済額を求めるのであれば、[利率] は月利（年利/12）で指定し、[期間] も月数（年数*12）で指定します。

- PMT関数の結果は、通常マイナスとなります。PMT関数では、手元に入る金額はプラスで表し、手元から出ていく金額はマイナスで表します。返済額や払込額は手元から出ていく金額なのでマイナスになります。

- PMT関数の結果には表示形式として通貨スタイルが自動的に適用されます。通貨スタイルでは、小数点以下が表示されませんが、小数点以下も求められています（表示されている値は小数点以下が四捨五入されたものです）。

- 小数点以下を四捨五入するにはROUND関数が利用できます。また、切り捨てにはROUNDDOWN関数が、切り上げにはROUNDUP関数が利用できます。

　　　　参照🔖ROUND……P.144　　参照🔖ROUNDDOWN……P.141　　参照🔖ROUNDUP……P.143

エラーの意味

エラーの種類	原因	エラーとなる例
[#DIV/0!]	[期間] に 0 を指定した	=PMT(5% /12,0,C3,0)
[#VALUE!]	引数に数値とみなせない文字列を指定した	=PMT("rate",60,C3,0)

9-1 ローンの返済額や積立貯蓄の払込額を求める

関数の使用例① 元利均等払いのローンで、毎月の返済額がいくらになるかを求める

年利5%の5年ローンで100万円を借りたとき、毎月の返済額がいくらになるかを求めます。[現在価値]は当初借入残高の1,000,000で、完済するので[将来価値]は0となります。返済額は手元から出ていく金額なので、結果はマイナスで表示されます。

=PMT(A3/12,B3*12,C3,0)

セルA3～C3に入力されている[利率]、[期間]、[現在価値]をもとにローンの毎月の返済額を求める。ただし、[利率]にはセルA3の年利を12で割って求めた月利を指定し、[期間]にはセルB3の年数に12を掛けて求めた月数を指定する。完済するので[将来価値]は0とし、返済日が期末なので[支払期日]は省略する。

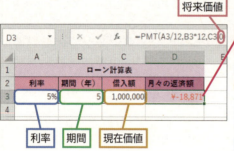

❶セルD3に「=PMT(A3/12,B3*12,C3,0)」と入力

参照▶関数を入力するには……P.38
サンプル▶09_001_PMT.xlsx

[利率]はセルA3の年利を12で割って月利にし、[期間]はセルB3の年数に12を掛けて月単位にする

[現在価値]には元金(借入額)が入力されているセルを指定する

完済するので[将来価値]には0を指定する

返済額が求められた

毎月の返済額は18,871円であることがわかった

関数の使用例② 複利の積立貯金で毎月の払込額がいくらになるかを求める

年利2%の積立貯蓄で、5年間で100万円貯めるためには、毎月の払込額がいくらになるかを求めます。頭金はなし(0)とし、期首に払い込みを行います。払込額は手元から出ていく金額なので、結果はマイナスで表示されます。

=PMT(A3/12, B3*12, 0, C3, 1)

セルA3～C3に入力されている[利率]、[期間]、[将来価値]をもとに積立貯蓄の払込額を求める。ただし、[利率]にはセルA3の年利を12で割って求めた月利を指定し、[期間]にはセルB3の年数に12を掛けて求めた月数を指定する。頭金を入れないので[現在価値]は0とし、期首に払い込むので[支払期日]には1を指定する。

現在価値

D3 | × ✓ fx =PMT(A3/12,B3*12,0,C3,1)

	A	B	C	D	E
1		積立貯蓄計算表			
2	利率	期間（年）	目標金額	月々の払込額	
3	2%	5	1,000,000	¥-15,835	

利率　期間　将来価値

❶ セルD3に「=PMT(A3/12,B3*12,0,C3,1)」と入力

参照📖 関数を入力するには……P.38

サンプル📄 09_002_PMT.xlsx

[利率] は、セルA3の年利を12で割って月利にする。

[期間] は、セルB3の年数に12を掛けて月単位にする

[現在価値] には現在の積立金（0円）として0を指定する

[将来価値] には目標金額が入力されているセルを指定する

払込額が求められた

毎月の払込額は15,835円であることがわかった

HINT 頭金がある場合は

頭金は [現在価値] に指定します。ローンの場合でも、積立貯蓄の場合でも、頭金は手元から出ていく金額なのでマイナスで指定します。たとえば、関数の使用例①で、頭金が20万円だった場合には、「=PMT(A3/12, B3*12, C3-200000, 0)」とします(80万円を借り入れたのと同じことです)。結果は「-15,097」となります。

一方、積立貯蓄の場合は「=PMT(A3/12, B3*12, -200000, C3)」とします。結果は「-12,356」となります。

HINT 支払期日を期首にするか期末にするか

契約にもよりますが、ローンの場合は支払期日を期末とし、積立貯蓄の場合は支払期日を期首とするのが一般的です。

ローンの場合、期首に支払を行うと、1回分早く払い込んだことになるので、そのだけ金利が安くなります。1回めの返済分を差し引いた金額を借り入れたと考えてもいいでしょう。

一方、積立貯蓄の場合は、期末に払い込むと、最初の1回分の利息が付きません。したがって、目標金額が同じであれば、期首に払い込む場合より払込額が少し多くなります。

9-1

ローンの返済額や積立貯蓄の払込額を求める

1　関数の基本知識
2　日付／時刻関数
3　数学／三角関数
4　論理関数
5　検索／行列関数
6　データベース関数
7　文字列操作関数
8　統計関数
9　財務関数
10　エンジニアリング関数
11　情報関数
12　キューブ関数
13　ウェブ関数
付録

633
できる

9-2 ローン返済額の元金相当分を求める

PPMT関数、CUMPRINC関数

ローンの毎回の返済額のうち元金相当分がいくらあるかを求めるにはPPMT関数を利用します。また、返済額の元金相当分の累計を求めるにはCUMPRINC関数を利用します。これらの関数は、利率が一定で、定期的に返済を行う場合に使います。
PPMT関数は、指定された期の返済額のうち、元金に相当する金額を求めます。以下の例では、グラフの緑色の部分にあたります。たとえば、第1期（1カ月め）であれば、毎月の返済額（17,121円）のうち、16,288円が元金相当分になります。
CUMPRINC関数は、指定された期間の元金相当分の累計を求めます。以下の例では、グラフの緑色の部分の開始月から終了月までの合計です。たとえば、1カ月めから3カ月めまでの累計であれば、49,068円（16,288＋16,356＋16,424）となります。

ローン計算の場合

- 年利5％、期間1年で、20万円の借入金を返済する例
  現在価値：20万円（グラフの緑色の部分全体）
  将来価値：0円

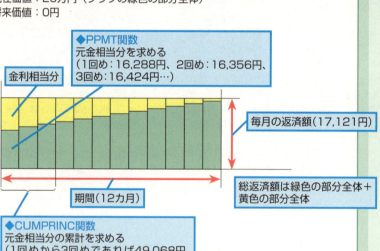

PPMT ローン返済の元金相当分を求める

プリンシプル・ペイメント
PPMT(利率, 期, 期間, 現在価値, 将来価値, 支払期日)

▶関数の解説

元利均等払いのローン返済で、特定の［期］の返済額のうち、元金相当分がいくらになるかを求めます。通常、結果はマイナスで示されます。

▶引数の意味

利率	利率を指定します。
期	元金相当分の金額を求めたい期を指定します。
期間	返済期間を指定します。
現在価値	現在価値を指定します。借入額を指定します。
将来価値	将来価値を指定します。借入金を完済する場合は0を指定します。
支払期日	返済が期首に行われるか期末に行われるかを指定します。期首の場合、通常は1を指定します。

> ┌ 0または省略 …………………… 期末（たとえば、月払いの場合は月末）
> └ 0以外の値 …………………… 期首（たとえば、月払いの場合は月初）

ポイント

- ［利率］、［期］、［期間］の単位は同じにします。たとえば、毎月の返済額のうちの元金相当分を求めるのであれば、［利率］は月利（年利/12）で指定し、［期］は特定の月の値を指定します。［期間］も月数（年数*12）で指定します。

- PPMT関数の結果は、通常マイナスとなります。PPMT関数では、手元に入る金額はプラスで表し、手元から出ていく金額はマイナスで表します。返済額のうちの元金相当分は手元から出ていく金額なのでマイナスになります。

- PPMT関数の結果には表示形式として通貨スタイルが自動的に適用されます。通貨スタイルでは、小数点以下が表示されませんが、小数点以下も求められています（表示されている値は小数点以下が四捨五入されたものです）。

- 小数点以下を四捨五入するにはROUND関数が利用できます。また、切り捨てにはROUNDDOWN関数が、切り上げにはROUNDUP関数が利用できます。
  - 参照📖 ROUND……P.144　参照📖 ROUNDDOWN……P.141　参照📖 ROUNDUP……P.143

- 毎回の返済額はPMT関数で求められます。また、各回の金利相当分の金額はIPMT関数で求められます。これらの関数はPMT = PPMT + IPMTという関係になります。
  - 参照📖 PMT……P.631　参照📖 IPMT……P.641

エラーの意味

エラーの種類	原因	エラーとなる例
[#NUM!]	［期］に1未満の値を指定した	=PPMT(5%/12,0,12,D3,0)
	［期間］に0以下の値を指定した	=PPMT(5%/12,1,0,D3,0)
	［期］に［期間］の範囲外の値を指定した	=PPMT(5%/12,13,12,D3,0)
[#VALUE!]	引数に数値とみなせない文字列を指定した	=PPMT("rate",1,12,D3,0)

9-2
ローン返済額の元金相当分を求める

1 関数の基本知識
2 日付／時刻関数
3 数学／三角関数
4 論理関数
5 検索／行列関数
6 データベース関数
7 文字列操作関数
8 統計関数
9 財務関数
10 エンジニアリング関数
11 情報関数
12 キューブ関数
13 ウェブ関数
付録

9-2 ローン返済額の元金相当分を求める

関数の使用例 元利均等払いのローンで、最初の月の元金相当分を求める

年利5%の1年ローンで20万円を借りたとき、最初の月の返済額のうち、元金相当分がいくらになるかを求めます。[現在価値]は当初借入残高の200,000で、完済するので[将来価値]は0となります。返済額の元金相当分は手元から出ていく金額なので、結果はマイナスで表示されます。

=PPMT(A3/12,B3,C3*12,D3,0)

セルA3～D3に入力されている[利率]、[期]、[期間]、[現在価値]をもとにローンの初回返済額の元金相当分を求める。ただし、[利率]にはセルA3の年利を12で割って求めた月利を指定し、[期間]にはセルB3の年数に12を掛けて求めた月数を指定する。完済するので[将来価値]は0とし、返済日が期末なので[支払期日]は省略する。

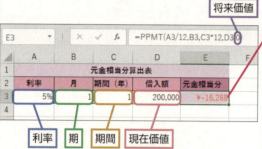

❶セルE3に「=PPMT(A3/12,B3,C3*12,D3,0)」と入力

参照▶関数を入力するには……P.38
サンプル▶09_003_PPMT.xlsx

[利率]にはセルA3の年利を12で割って求めた月利を指定する

元金相当分を求めたい[期]はセルB3に入力されている

[期間]にはセルC3の年数に12を掛けて月数とした値を指定する

[現在価値]には、元金(借入額)が入力されているセルD3を指定し、完済するので[将来価値]には0を指定する

元金相当分の金額が求められた

最初の月の返済額のうち、元金相当分は16,288円であることがわかった

> **HINT 元利均等返済では元金相当分が徐々に増える**
>
> 元利均等返済は、毎回の返済額が同じ額になるような返済方法です。最初は返済額のうち元金相当分が少なく、金利相当分が多くなります。返済が進むにつれ、元金相当分が増え、金利相当分が少なくなります(634ページの図を参照)。元利均等返済では、早い時期に繰上返済をすると、ローンの負担が少なくなります。

活用例 元利均等払いのローンで、元金相当分の一覧表を作成する

ローン返済の元金相当分の一覧表を作成します。[利率]をセルA3に、[期間]をセルA5に、[現在価値]をセルA7に入力します。[期]はセルB3～B14に入力し、PPMT関数を使って元金相当分の金額を求めます。[利率]、[期間]、[現在価値]については数式をコピーしても参照するセルが変わらないので、絶対参照で指定します。

参照▶絶対参照……P.56

| C3 | | : | × ✓ fx | =PPMT($A$3/12,B3,$A$5*12,$A$7,0) |

①「=PPMT($A$3/12,B3, $A$5*12,$A$7,0)」と入力

②「=CUMPRINC($A$3/12, $A$5*12,$A$7,1,B3,0)」と入力

参照📖CUMPRINC……P.637

	A	B	C	D	E
1	ローンの返済額シミュレーション（元金相当分）				
2	利率	月	元金相当分	累計	
3	5%	1	¥-16,288	¥-16,288	
4	期間（年）	2	¥-16,356	¥-32,644	
5	1	3	¥-16,424	¥-49,068	
6	元金	4	¥-16,493	¥-65,561	
7	¥200,000	5	¥-16,561	¥-82,122	
8		6	¥-16,630	¥-98,753	
9		7	¥-16,700	¥-115,452	
10		8	¥-16,769	¥-132,222	
11		9	¥-16,839	¥-149,061	
12		10	¥-16,909	¥-165,970	
13		11	¥-16,980	¥-182,950	
14		12	¥-17,050	¥-200,000	
15		合計	¥-200,000		
16					

③セルC3をセルC14まで、セルD3をセルD14まで、それぞれコピー

元金相当分の一覧表が作成できた

たとえば、10回めの返済のときには、返済額のうち16,909円が元金相当分となる

CUMPRINC ローン返済額の元金相当分の累計を求める

キュムラティブ・プリンシパル
CUMPRINC(利率, 期間, 現在価値, 開始期, 終了期, 支払期日)

▶関数の解説

元利均等払いのローン返済で、［開始期］から［終了期］までの返済額のうち、元金相当分の累計がいくらになるかを求めます。通常、結果はマイナスで示されます。

▶引数の意味

利率………………………… 利率を指定します。

期間………………………… 返済期間を指定します。

現在価値………………… 現在価値を指定します。借入額を指定します。

開始期………………………… 元金相当分の累計金額を求めたい最初の期を指定します。

終了期………………………… 元金相当分の累計金額を求めたい最後の期を指定します。

支払期日………………… 返済が期首に行われるか期末に行われるかを指定します。

┌0…………期末（たとえば、月払いの場合は月末）
└1…………期首（たとえば、月払いの場合は月初）

［ポイント］

- ［利率］、［期間］、［開始期］、［終了期］の単位は同じにします。たとえば、毎月の返済額のうちの元金相当分を求めるのであれば、［利率］は月利（年利/12）で指定し、［期間］も月数（年数*12）で指定します。［開始期］や［終了期］は特定の月の値を指定します。

- PPMT関数と異なり、支払期日は省略できません。また0、1以外の値を指定するとエラーになります。　　　　　　　　　　　　　　　　　　　　　　　　参照📖PPMT……P.635

- CUMPRINC関数の結果は、通常マイナスとなります。CUMPRINC関数では、手元に入る金額はプラスで表し、手元から出ていく金額はマイナスで表します。返済額のうちの元金相当分は手元から出ていく金額なのでマイナスになります。

9-2
ローン返済額の元金相当分を求める

1 関数の基本知識
2 日付／時刻関数
3 数学／三角関数
4 論理関数
5 検索／行列関数
6 データベース関数
7 文字列操作関数
8 統計関数
9 財務関数
10 エンジニアリング関数
11 情報関数
12 キューブ関数
13 ウェブ関数
付録

637
できる

- 小数点以下を四捨五入するにはROUND関数が利用できます。また、切り捨てにはROUNDDOWN関数が、切り上げにはROUNDUP関数が利用できます。

参照🔖ROUND……P.144　　参照🔖ROUNDDOWN……P.141　　参照🔖ROUNDUP……P.143

エラーの意味

エラーの種類	原因	エラーとなる例
[#DIV/0!]	[利率]、[期間]、[現在価値] に 0 以下の値を指定した	=CUMPRINC(0,12,D3,1,5,0)
	[開始期] や [終了期] に 1 未満の値を指定した	=CUMPRINC(5%/12,12,D3,0,5,0)
	[開始期] や [終了期] に [期間] の範囲外の値を指定した	=CUMPRINC(5%/12,12,D3,1,13,0)
	[開始期] の値が [終了期] の値よりも大きい	=CUMPRINC(5%/12,12,D3,5,1,0)
	[支払期日] に 0 または 1 以外の値を指定した	=CUMPRINC(5%/12,12,D3,1,5,2)
[#N/A!]	[支払期日] になにも指定しなかった	=CUMPRINC(5%/12,12,D3,1,5,)
[#VALUE!]	引数に数値とみなせない文字列を指定した	=CUMPRINC("rate",12,D3,1,5,0)

関数の使用例　　元利均等払いのローンで、5カ月めまでの元金相当分累計を求める

年利5%の1年ローンで20万円を借りたとき、最初の月から5カ月めまでの返済額のうち、元金相当分の累計がいくらになるかを求めます。[現在価値] は当初借入残高の200,000です。返済額の元金相当分は手元から出ていく金額なので、結果はマイナスで表示されます。

=CUMPRINC(A3/12,B3*12,C3,1,D3,0)

セルA3 ～ C3に入力されている [利率]、[期間]、[現在価値] をもとに、[開始期] から [終了期] までのローン返済額の元金相当分の累計を求める。ただし、[利率] にはセルA3の年利を12 で割って求めた月利を指定し、[期間] にはセルB3の年数に12を掛けて求めた月数を指定する。[開始期] には1を指定し、[終了期] にはセルD3を指定する。返済日が期末なので [支払期日] には0を指定する。

9-2
ローン返済額の元金相当分を求める

支払期日

❶セルE3に「=CUMPRINC(A3/12, B3*12,C3,1,D3,0)」と入力

参照 関数を入力するには……P.38
サンプル 09_004_CUMPRINC.xlsx

	E3			fx	=CUMPRINC(A3/12,B3*12,C3,1,D3,0)	
	A	B	C	D	E	F
1	元金相当分算出表					
2	利率	期間（年）	借入額	月	元金相当分	
3	5%	1	200,000	5	¥-82,122	

利率　期間　現在価値　終了期

[利率]にはセルA3の年利を12で割って求めた月利を指定する

[期間]にはセルB3の年数に12を掛けて月数とした値を指定する

[現在価値]には、元金(借入額)が入力されているセルC3を指定する

[開始期]には1を、[終了期]にはセルD3を指定する

[支払期日]は月末なので0を指定する

元金相当分の金額の累計が求められた

最初の月から5カ月めまでの返済額のうち、元金相当分の累計は82,122円であることがわかった

HINT PPMT関数との関係

CUMPRINC関数の結果は、[開始期]から[終了期]までPPMT関数の結果を累計した値と同じです。したがって、636ページの累計はCUMPRINC関数を使って求めることもできます。なお、PPMT関数とCUMPRINC関数では、「期」を指定するための引数の位置が異なっているので注意が必要です。

参照 PPMT……P.635

活用例 繰上返済で低減された支払額を求める

住宅ローンの繰上返済では、毎月の返済額を低減するか、返済期間を短縮するかが選べます。ここでは、低減された返済額を求めてみます。まず、CUMPRINC関数を使って、これまでに返済した元金相当分を求めます。借入額から、返済済み元金相当分を引けば、現時点での残高が求められます。この残高から繰上返済額を引いた値が新しい借入額になります。最後に、PMT関数を使って残りの期間の毎回の返済額を求めます。

参照 PMT……P.631

❶セルB5に「=CUMPRINC(B3/12,C3*12,A3,1,D3,0)」と入力

参照 関数を入力するには……P.38

	B5			fx	=CUMPRINC(B3/12,C3*12,A3,1,D3,0)	
	A	B	C	D	E
1	繰上返済計画表（返済額低減）				
2	元金	利率	期間(年)	経過月数	
3	39,000,000	2.63%	35	30	
4	返済月額	返済済み元金	借入残高		
5	¥-142,050	¥-1,757,225	¥37,242,775		
6					
7	繰上金額	繰上後残高	繰上後返済月額		
8	2,000,000	¥35,242,775	¥-134,421		
9					

すでに返済した元金相当分の金額が求められた

❷セルC5に「=A3+B5」と入力

現時点でのローンの残額が求められた

❸セルB8に「=C5-A8」と入力

繰上返済後の残高が求められた

繰上返済する金額

❹セルC8に「=PMT(B3/12,C3*12-D3,B8,0)」と入力

繰上返済後の毎月の返済額が求められた

9-2
ローン返済額の元金相当分を求める

1 関数の基本知識
2 日付／時刻関数
3 数学／三角関数
4 論理関数
5 検索／行列関数
6 データベース関数
7 文字列操作関数
8 統計関数
9 財務関数
10 エンジニアリング関数
11 情報関数
12 キューブ関数
13 ウェブ関数
付　録

639
できる

9-3 ローン返済額の金利相当分を求める

左サイドバー（縦書き）:
9-3 ローン返済額の金利相当分を求める

1 関数の基本知識
2 日付／時刻関数
3 数学／三角関数
4 論理関数
5 検索／行列関数
6 データベース関数
7 文字列操作関数
8 統計関数
9 財務関数
10 エンジニアリング関数
11 情報関数
12 キューブ関数
13 ウェブ関数
付録

IPMT関数、CUMIPMT関数、ISPMT関数

元利均等払いのローンで、毎回の返済額のうち金利相当分がいくらであるかを求めるにはIPMT関数を利用します。また、金利相当分の累計を求めるにはCUMIPMT関数が利用できます。一方、元金均等返済の場合の金利を求めるにはISPMT関数を利用します。

これらの関数に指定する［現在価値］は現在の残高（元金）を意味し、［将来価値］は将来の残高を意味します。たとえば、20万円を借り入れた場合、［現在価値］は20万円で、完済するのであれば［将来価値］は0円です。

元利均等払いのローンで金利を求める　IPMT関数、CUMIPMT関数

「元利均等払い」とは毎回の返済額（元金＋金利）が一定の金額になるような返済の方法です。下のグラフでは、緑色の部分が元金相当分にあたり、黄色の部分が金利相当分にあたります。これらの合計が毎回同じ金額になります。

IPMT関数では、金利相当分（黄色の部分）の金額が求められます。CUMIPMT関数では、金利相当分の累計が求められます。たとえば、1カ月めから3カ月めの累計であれば、2,296円（833+765+697）となります。合計が一致していないのは丸め誤差の影響です。

- 年利5％、期間1年で、20万円の借入金を返済する例
  現在価値：20万円（グラフの緑色の部分全体）
  将来価値：0円

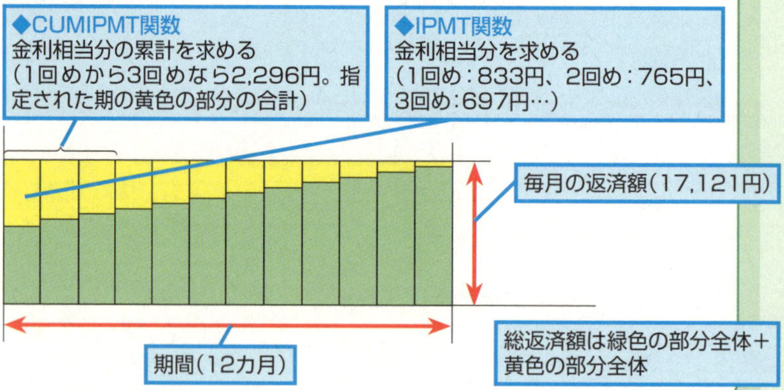

◆CUMIPMT関数
金利相当分の累計を求める
（1回めから3回めなら2,296円。指定された期の黄色の部分の合計）

◆IPMT関数
金利相当分を求める
（1回め：833円、2回め：765円、3回め：697円…）

毎月の返済額（17,121円）

期間（12カ月）

総返済額は緑色の部分全体＋黄色の部分全体

640

9-3

ローン返済額の金利相当分を求める

ローン返済額の金利相当分を求める

元金均等払いのローンで金利を求める　ISPMT関数

「元金均等払い」とは毎回の返済額のうち、元金相当分が一定になるような返済の方法です。下のグラフでは、緑色の部分が元金相当分にあたり、黄色の部分が金利相当分にあたります。毎回の返済額は少しずつ減っていきます。
ISPMT関数では、金利相当分の金額(黄色の部分)が求められます。

- 年利5%、期間1年で、20万円の借入金を返済する例
  現在価値：20万円（グラフの緑色の部分全体）
  将来価値：0円

◆ISPMT関数
金利相当分を求める
(1回め：833円、2回め：764円、3回め：694円…)

元金相当分

毎月の返済額は少しずつ減る

期間(12カ月)

総返済額は緑色の部分全体＋黄色の部分全体

IPMT ローンの返済額の金利相当分を求める

1	関数の基本知識
2	日付／時刻関数
3	数学／三角関数
4	論理関数
5	検索／行列関数
6	データベース関数
7	文字列操作関数
8	統計関数
9	財務関数
10	エンジニアリング関数
11	情報関数
12	キューブ関数
13	ウェブ関数
	付　録

インタレスト・ペイメント
IPMT(利率, 期, 期間, 現在価値, 将来価値, 支払期日)

▶関数の解説

元利均等払いのローン返済で特定の［期］の返済額のうち、金利相当分がいくらになるかを求めます。通常、結果はマイナスで表示されます。

▶引数の意味

利率………………… 利率を指定します。

期…………………… 金利相当分の金額を求めたい期を指定します。

期間………………… 返済期間を指定します。

現在価値…………… 現在価値を指定します。借入額を指定します。

将来価値…………… 将来価値を指定します。借入金を完済する場合は0を指定します。

支払期日…………… 返済が期首に行われるか期末に行われるかを指定します。期首の場合、通常は1を指定します。

┌ 0または省略………… 期末（たとえば、月払いの場合は月末）
└ 0以外の値…………… 期首（たとえば、月払いの場合は月初）

641
できる

9-3

ローン返済額の金利相当分を求める

サイドバー（ナビゲーション）
- 関数の基本知識 **1**
- 日付／時刻関数 **2**
- 数学／三角関数 **3**
- 論理関数 **4**
- 検索／行列関数 **5**
- データベース関数 **6**
- 文字列操作関数 **7**
- 統計関数 **8**
- 財務関数 **9**
- エンジニアリング関数 **10**
- 情報関数 **11**
- キューブ関数 **12**
- ウェブ関数 **13**
- 付録

ポイント

- ［利率］、［期］、［期間］の単位は同じにします。たとえば、毎月の返済額のうちの金利相当分を求めるのであれば、［利率］は月利（年利/12）で指定し、［期］は特定の月の値を指定します。［期間］も月数（年数*12）で指定します。
- IPMT関数の結果は、通常マイナスとなります。IPMT関数では、手元に入る金額はプラスで表し、手元から出ていく金額はマイナスで表します。返済額のうちの金利相当分は手元から出ていく金額なのでマイナスになります。
- IPMT関数の結果には表示形式として通貨スタイルが自動的に適用されます。通貨スタイルでは、小数点以下が表示されませんが、小数点以下も求められています（表示されている値は小数点以下が四捨五入されたものです）。
- 小数点以下を四捨五入するにはROUND関数が利用できます。切り捨てにはROUNDDOWN関数が、切り上げにはROUNDUP関数が利用できます。

  参照📖ROUND……P.144　　参照📖ROUNDDOWN……P.141　　参照📖ROUNDUP……P.143

- 毎回の返済額はPMT関数で求められます。また、各回の元金相当分の金額はPPMT関数で求められます。これらの関数はPMT ＝ PPMT＋IPMTという関係になります。

  参照📖PMT……P.631　　参照📖PPMT……P.635

エラーの意味

エラーの種類	原因	エラーとなる例
[#NUM!]	［期］に1未満の値を指定した	=IPMT(5%／12,0,12,D3,0)
	［期間］に0以下の値を指定した	=IPMT(5%／12,1,0,D3,0)
	［期］に［期間］の範囲外の値を指定した	=IPMT(5%／12,13,12,D3,0)
[#VALUE!]	引数に数値とみなせない文字列を指定した	=IPMT("rate",1,12,D3,0)

関数の使用例　年利5％の1年ローンで20万円を借りたとき、最初の月の金利相当分を求める

年利5％の1年ローンで20万円を借りたとき、最初の月の返済額のうち、金利相当分がいくらになるかを求めます。［現在価値］は当初借入残高の200,000で、完済するので［将来価値］は0となります。返済額の金利相当分は手元から出ていく金額なので、結果はマイナスで表示されます。

=IPMT(A3/12,B3,C3*12,D3,0)

セルA3 ～ D3に入力されている［利率］、［期］、［期間］、［現在価値］をもとにローンの初回返済額の金利相当分を求める。ただし、［利率］にはセルA3の年利を12で割って求めた月利を指定し、［期間］にはセルB3の年数に12を掛けて求めた月数を指定する。完済するので［将来価値］は0とし、返済日が期末なので［支払期日］は省略する。

642

9-3 ローン返済額の金利相当分を求める

将来価値

❶ セルE3に「=IPMT(A3/12,B3,C3*12,D3,0)」と入力

参照▶関数を入力するには……P.38
サンプル▶09_005_IPMT.xlsx

[利率]にはセルA3の年利を12で割って求めた月利を指定する

金利相当分を求めたい[期]はセルB3に入力されている

[期間]にはセルC3の年数に12を掛けて月数とした値を指定する

[現在価値]には、元金(借入額)が入力されているセルD3を指定し、完済するので[将来価値]には0を指定する

金利相当分の金額が求められた

最初の月の返済額のうち、金利相当分は833円であることがわかった

活用例　返済額中の金利相当分の一覧表を作成する

ローン返済の金利相当分の一覧表を作成します。[利率]をセルA3に、[期間]をセルA5に、[現在価値]をセルA7に入力します。[期]はセルB3〜B14に入力し、IPMT関数を使って金利相当分の金額を求めます。[利率]、[期間]、[現在価値]については、数式をコピーしても参照するセルが変わらないので、絶対参照で指定します。　　参照▶絶対参照……P.56

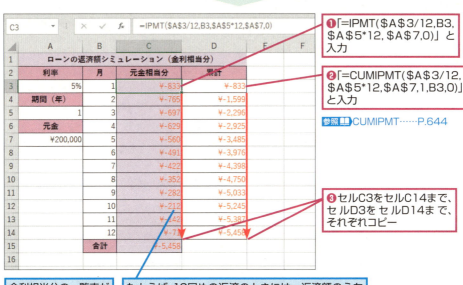

❶「=IPMT($A$3/12,B3,$A$5*12,$A$7,0)」と入力

❷「=CUMIPMT($A$3/12,$A$5*12,$A$7,1,B3,0)」と入力

参照▶CUMIPMT……P.644

❸ セルC3をセルC14まで、セルD3をセルD14まで、それぞれコピー

金利相当分の一覧表が作成できた

たとえば、10回めの返済のときには、返済額のうち212円が金利相当分となる

9-3

ローン返済額の金利相当分を求める

CUMIPMT ローンの返済額の金利相当分の累計を求める

キュムラティブ・インタレスト・ペイメント
CUMIPMT(利率, 期間, 現在価値, 開始期, 終了期, 支払期日)

▶関数の解説

元利均等払いのローン返済で、[開始期]から[終了期]までの返済額のうち、金利相当分の累計がいくらになるかを求めます。通常、結果はマイナスで表示されます。

▶引数の意味

利率·························· 利率を指定します。

期間·························· 返済期間を指定します。

現在価値·················· 現在価値を指定します。借入額を指定します。

開始期······················ 金利相当分の累計金額を求めたい最初の期を指定します。

終了期······················ 金利相当分の累計金額を求めたい最後の期を指定します。

支払期日·················· 返済が期首に行われるか期末に行われるかを指定します。

┌ 0·············· 期末（たとえば、月払いの場合は月末）
└ 1·············· 期首（たとえば、月払いの場合は月初）

ポイント

• [利率]、[期間]、[開始期]、[終了期]の単位は同じにします。たとえば、毎月の返済額のうちの金利相当分を求めるのであれば、[利率]は月利（年利/12）で指定し、[期間]も月数（年数*12）で指定します。[開始期]や[終了期]は特定の月の値を指定します。

• IPMT関数と異なり、支払期日は省略できません。また0、1以外の値を指定するとエラーになります。 参照▣ IPMT……P.641

• CUMIPMT関数の結果は、通常マイナスとなります。CUMIPMT関数では、手元に入る金額はプラスで示され、手元から出ていく金額はマイナスで示されます。返済額のうちの金利相当分は手元から出ていく金額なのでマイナスになります。

• CUMIPMT関数の結果には表示形式として通貨スタイルが自動的に適用されます。通貨スタイルでは、小数点以下が表示されていませんが、結果は小数点以下も求められています（表示されている値は小数点以下が四捨五入されたものです）。

• 小数点以下を四捨五入するにはROUND関数が利用できます。また、小数点以下を切り捨てるにはROUNDDOWN関数が、小数点以下を切り上げるにはROUNDUP関数が利用できます。

参照▣ ROUNDDOWN……P.141　参照▣ ROUNDUP……P.143　参照▣ ROUND……P.144

エラーの意味

エラーの種類	原因	エラーとなる例
[#DIV/0!]	[利率]、[期間]、[現在価値]に0以下の値を指定した	=CUMIPMT(0,12,D3,1,5,0)
	[開始期]や[終了期]に1未満の値を指定した	=CUMIPMT(5% /12,12,D3,0,5,0)
	[開始期]や[終了期]に[期間]の範囲外の値を指定した	=CUMIPMT(5% /12,12,D3,1,13,0)
	[開始期]の値が[終了期]の値よりも大きい	=CUMIPMT(5% /12,12,D3,5,1,0)
	[支払期日]に0または1以外の値を指定した	=CUMIPMT(5% /12,12,D3,1,5,2)
[#N/A!]	[支払期日]になにも指定しなかった	=CUMIPMT(5% /12,12,D3,1,5,)
[#VALUE!]	引数に数値値とみなせない文字列を指定した	=CUMIPMT("rate",12,D3,1,5,0)

関数の基本知識 **1**
日付／時刻関数 **2**
数学／三角関数 **3**
論理関数 **4**
検索／行列関数 **5**
データベース関数 **6**
文字列操作関数 **7**
統計関数 **8**
財務関数 **9**
エンジニアリング関数 **10**
情報関数 **11**
キューブ関数 **12**
ウェブ関数 **13**
付　録

9-3 ローン返済額の金利相当分を求める

関数の使用例　元利均等払いのローンで、5カ月めまでの金利相当分の累計を求める

年利5%の1年ローンで20万円を借りたとき、最初の月から5カ月めまでの返済額のうち、金利相当分の累計がいくらになるかを求めます。［現在価値］は当初借入残高の200,000です。返済額の金利相当分は手元から出ていく金額なので、結果はマイナスで表示されます。

=CUMIPMT(A3/12,B3*12,C3,1,D3,0)

セルA3～C3に入力されている［利率］、［期間］、［現在価値］をもとに、［開始期］から［終了期］までのローン返済額の金利相当分の累計を求める。ただし、［利率］にはセルA3の年利を12で割って求めた月利を指定し、［期間］にはセルB3の年数に12を掛けて求めた月数を指定する。［開始期］には1を指定し、［終了期］にはセルD3を指定する。返済日が期末なので［支払期日］には0を指定する。

❶ セルE3に「=CUMIPMT(A3/12,B3*12,C3,1,D3,0)」と入力

参照▶関数を入力するには……P.38
サンプル▶09_006_CUMIPMT.xlsx

［利率］にはセルA3の年利を12で割って求めた月利を指定する

［期間］にはセルB3の年数に12を掛けて月数とした値を指定する

［現在価値］には、元金(借入額)が入力されているセルC3を指定する

［開始期］には1を、［終了期］にはセルD3を指定する

［支払期日］は月末なので0を指定する

金利相当分の金額の累計が求められた

最初の月から5カ月めまでの返済額のうち、金利相当分の累計は3,485円であることがわかった

HINT　IPMT関数との関係

CUMIPMT関数の結果は、［開始期］から［終了期］までIPMT関数の結果を累計した値と同じです。したがって、643ページの累計はCUMIPMT関数を使って求めることもできます。なお、IPMT関数とCUMIPMT関数では、「期」を指定するための引数の位置が異なっているので注意が必要です。
参照▶IPMT……P.641

ISPMT　元金均等返済の金利相当分を求める

ISPMT（利率, 期, 期間, 現在価値）
イズ・ペイメント

▶関数の解説

元金均等払いのローン返済で、特定の［期］の返済額のうち、金利相当分がいくらになるかを求めます。通常、結果はマイナスで示されます。

9-3

ローン返済額の金利相当分を求める

関数の基本知識	1
日付／時刻関数	2
数学／三角関数	3
論理関数	4
検索／行列関数	5
データベース関数	6
文字列操作関数	7
統計関数	8
財務関数	9
エンジニアリング関数	10
情報関数	11
キューブ関数	12
ウェブ関数	13
付録	

▶引数の意味

利率………………… 利率を指定します。

期………………… 金利相当分の金額を求めたい期を指定します。最初の期は0、次の期は1……、というように指定します。

期間………………… 返済期間を指定します。

現在価値………………… 現在価値を指定します。借入額を指定します。

ポイント

- [利率]、[期]、[期間] の単位は同じにします。たとえば、毎月の返済額のうちの金利相当分を求めるのであれば、[利率] は月利（年利/12）で指定し、[期] は特定の月の値を指定します。[期間] も月数（年数*12）で指定します。
- ISPMT関数の結果は、通常マイナスとなります。ISPMT関数では、手元に入る金額はプラスで表し、手元から出ていく金額はマイナスで表します。返済額のうちの金利相当分は手元から出ていく金額なのでマイナスになります。
- ISPMT関数の結果には表示形式として通貨スタイルが自動的に適用されます。通貨スタイルでは、小数点以下が表示されませんが、小数点以下も求められています（表示されている値は小数点以下が四捨五入されたものです）。
- 小数点以下を四捨五入するにはROUND関数が利用できます。切り捨てにはROUNDDOWN関数が、切り上げにはROUNDUP関数が利用できます。
  参照📖ROUND……P.144　　参照📖ROUNDDOWN……P.141　　参照📖ROUNDUP……P.143
- [期] の指定方法がIPMT関数などと異なっていることに注意が必要です（ヘルプには「1 〜」と書かれていますが、正しくは「0 〜」です。
  参照📖IPMT……P.641

エラーの意味

エラーの種類	原因	エラーとなる例
[#DIV/0!]	[期間] に 0 を指定した	=ISPMT(5% /12,0,0,D3)
[#VALUE!]	引数に数値とみなせない文字列を指定した	=ISPMT("rate",1,12,D3)

関数の使用例　**元金均等払いのローンで、最初の月の金利相当分を求める**

年利5%の1年ローンで20万円を借り、元金均等返済で返済するとき、最初の月の返済額のうち、金利相当分がいくらになるかを求めます。[現在価値] は当初借入残高の200,000です。返済額の金利相当分は手元から出ていく金額なので、結果はマイナスで表示されます。

=ISPMT(A3/12,B3,C3*12,D3)

セルA3 〜 D3に入力されている [利率]、[期]、[期間]、[現在価値] をもとにローンの初回返済額の金利相当分を求める。ただし、[利率] にはセルA3の年利を12 で割って求めた月利を指定し、[期間] にはセルB3の年数に12を掛けて求めた月数を指定する。

9-3

ローン返済額の金利相当分を求める

❶セルE3に「=ISPMT(A3/12,B3,C3*12,D3)」と入力

参照▶関数を入力するには……P.38

サンプル▶09_007_ISPMT.xlsx

[利率]にはセルA3の年利を12で割って求めた月利を指定する

金利相当分を求めたい[期]はセルB3に入力されている

[期間]にはセルC3の年数に12を掛けて月数とした値を指定する

[現在価値]には、元金(借入額)が入力されているセルD3を指定する

金利相当分の金額が求められた

最初の月の返済額のうち、金利相当分は833円であることがわかった

					1	関数の基本知識
2	日付／時刻関数
3	数学／三角関数
4	論理関数
5	検索／行列関数
6	データベース関数
7	文字列操作関数
8	統計関数
9	財務関数
10	エンジニアリング関数
11	情報関数
12	キューブ関数
13	ウェブ関数
	付 録

活用例　元金均等返済ローンの毎回の金利一覧表を作成する

元金均等払いのローン返済で、金利相当分の一覧表を作成します。[利率]をセルA3に、[期間]をセルA5に、[現在価値]をセルA7に入力します。[期]はセルB3〜B14に入力し、ISPMT関数を使って毎回の金利を求めます。[利率]、[期間]、[現在価値]については数式をコピーしても参照するセルが変わらないので、絶対参照で指定します。なお、初回の元金相当分だけが異なっているのは端数調整のためです。

参照▶絶対参照……P.56

❶「=ISPMT($A$3/12,B3,$A$5*12,$A$7)」と入力

D3 = ISPMT($A$3/12,B3,$A$5*12,$A$7)

	A	B	C	D
1	ローンの返済額シミュレーション（元金均等返済）			
2	利率	月	元金相当分	金利相当分
3	5%	0	¥-16,674	¥-833
4	期間（年）	1	¥-16,666	¥-764
5	1	2	¥-16,666	¥-694
6	元金	3	¥-16,666	¥-625
7	¥200,000	4	¥-16,666	¥-556
8		5	¥-16,666	¥-486
9		6	¥-16,666	¥-417
10		7	¥-16,666	¥-347
11		8	¥-16,666	¥-278
12		9	¥-16,666	¥-208
13		10	¥-16,666	¥-139
14		11	¥-16,666	¥-69
15		合計	¥-200,000	
16				

❷セルD3をセルD14までコピー

金利相当分の一覧表が作成できた

たとえば、10回めの返済のときには、返済額のうち208円が金利相当分となる

647

できる

9-4 ローンの借入可能額や貯蓄の頭金を求める

PV関数

ローンや貯蓄の現在価値を求めるにはPV関数を利用します。借入可能額や、頭金などの自己資金が求められます。

ローン計算の場合（残高の推移）

下の図はローン残高の推移を表しています。たとえば、利率を5％、返済期間を5年とし、毎月5万円ずつ返済すると、現在価値（借入金額）は2,649,535円となります（ちなみに、総返済額は、5万円×60カ月＝300万円です）。

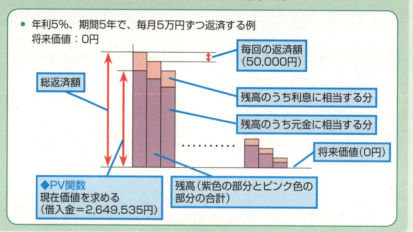

積立貯蓄の場合（残高の推移）

下の図は積立貯蓄の残高の推移を表しています。たとえば、利率2％、積立期間5年で、100万円を貯めるために毎月1万5千円ずつ月初に払い込むとすると、現在価値（頭金）として47,701円用意しておく必要があることがわかります（ちなみに、頭金を除いた総払込額は、1万5千円×60カ月＝90万円です）。

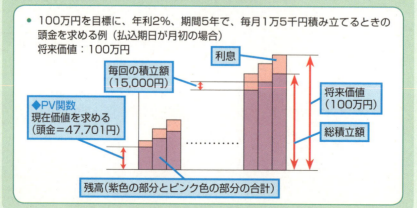

PV 現在価値を求める

PV(利率, 期間, 定期支払額, 将来価値, 支払期日)
プレゼント・バリュー

▶関数の解説
元利均等払いのローン返済や複利の積立貯蓄の払い込みで、現在価値（ローンの借入額や貯蓄の頭金）を求めます。

▶引数の意味

利率･･････････････････利率を指定します。

期間･･････････････････返済や積立の期間を指定します。

定期支払額････････各期の返済額や払込額を指定します。通常、マイナスで指定します。

将来価値･･････････残高を指定します。借入金を完済する場合は0を指定します。積立貯蓄の場合は満期受取額を指定します。省略すると0が指定されたものとみなされます。

支払期日･･････････返済や払い込みが期首に行われるか期末に行われるかを指定します。期首の場合、通常は1を指定します。

┌0または省略･･････････期末（たとえば、月払いの場合は月末）
└0以外の値･･････････････期首（たとえば、月払いの場合は月初）

ポイント

- ［利率］、［期間］の単位は同じにします。たとえば、［定期支払額］が月払いであれば、［利率］を月利（年利/12）で指定し、［期間］も月数（年数*12）で指定します。

- ［定期支払額］は、通常マイナスで指定します。PV関数では、手元に入る金額はプラスで示され、手元から出ていく金額はマイナスで示されます。払込額は手元から出ていく金額なのでマイナスになります。

- PV関数の結果には表示形式として通貨スタイルが自動的に適用されます。通貨スタイルでは、小数点以下が表示されていませんが、結果は小数点以下も求められています（表示されている値は小数点以下が四捨五入されたものです）。

- 小数点以下を四捨五入するにはROUND関数が利用できます。また、小数点以下を切り捨てるにはROUNDDOWN関数が、小数点以下を切り上げるにはROUNDUP関数が利用できます。
  参照📖ROUNDDOWN……P.141　　参照📖ROUNDUP……P.143　　参照📖ROUND……P.144

エラーの意味

エラーの種類	原因	エラーとなる例
［#VALUE!］	引数に数値とみなせない文字列を指定した	=PV("rate",60,-50000)

9-4

ローンの借入可能額や貯蓄の頭金を求める

1	関数の基本知識
2	日付／時刻関数
3	数学／三角関数
4	論理関数
5	検索／行列関数
6	データベース関数
7	文字列操作関数
8	統計関数
9	財務関数
10	エンジニアリング関数
11	情報関数
12	キューブ関数
13	ウェブ関数
	付録

649
できる

9-4 ローンの借入可能額や貯蓄の頭金を求める

関数の使用例① 毎月5万円を返済するとき、借入できる金額を求める

年利5%の5年ローンで毎月5万円を返済するとき、借入できる金額（現在価値）がいくらになるかを求めます。現在価値は手元に入る金額なので、結果はプラスで表示されます。

=PV(A3/12,B3*12,C3)

セルA3〜C3に入力されている［利率］、［期間］、［定期支払額］をもとにローンの借入可能額を求める。ただし、［利率］にはセルA3の年利を12で割って求めた月利を指定し、［期間］にはセルB3の年数に12を掛けて求めた月数を指定する。［将来価値］と［支払期日］は省略する（［将来価値］は0、［支払期日］は期末とみなされる）。

❶ セルD3に「=PV(A3/12,B3*12,C3)」と入力

参照▶関数を入力するには……P.38
サンプル▶09_008_PV.xlsx

［利率］にはセルA3の年利を12で割って求めた月利を指定する

［期間］にはセルB3の年数に12を掛けて月数とした値を指定する

［定期支払額］にはセルC3を指定する

［将来価値］は0で、［支払期日］は期末なので、いずれも省略する

現在価値が求められた

借入できる金額は2,649,535円であることがわかった

関数の使用例① 5年間で100万円を受け取るために毎月1万5千円ずつ払い込む場合の頭金を求める

100万円の満期受取額を目標として、年利2％、5年物の定額積立貯蓄に毎月1万5千円ずつ払い込む場合、頭金としていくら用意しておく必要があるかを求めます。払込日は期首（月初）とします。

=PV(A3/12,B3*12,C3,D3,1)

セルA3〜C3に入力されている［利率］、［期間］、［定期支払額］をもとに、［将来価値］を満期受取額として受け取るために必要な頭金を求める。ただし、［利率］にはセルA3の年利を12で割って求めた月利を指定し、［期間］にはセルB3の年数に12を掛けて求めた月数を指定する。［将来価値］にはセルD3を指定し、期首に払い込むので［支払期日］には1を指定する。

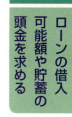

9-4 ローンの借入可能額や貯蓄の頭金を求める

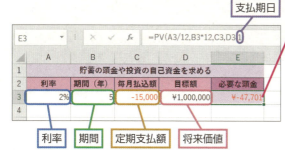

❶セルE3に「=PV(A3/12,B3*12, C3,D3,1)」と入力

参照▶関数を入力するには……P.38

サンプル▶09_009_PV.xlsx

[利率]は利率が入力されているセルA3の値を12で割って月利にし、[期間]は期間が入力されているセルB3の値に12を掛けて月単位にして指定する

[支払期日]は期首とするので1を指定する

現在価値が求められた

頭金として47,701円必要であることがわかった

HINT 支払期日を期首にするか期末にするか

契約にもよりますが、ローンの場合は支払期日を期末とし、積立貯蓄の場合は支払期日を期首とするのが一般的です。
ローンの場合、期首に支払を行うと、1回分早く払い込んだことになるので、そのだけ金利が安くなります。1回めの返済分を差し引いた金額を借り入れたと考えてもいいでしょう。
一方、積立貯蓄の場合は、期末に払い込むと、最初の1回分の利息が付きません。したがって、目標金額が同じであれば、期首に払い込む場合より払込額が少し多くなります(上の例であれば、頭金を多くする必要があります)。

651

9-5 貯蓄や投資の満期額を求める

FV関数、FVSCHEDULE関数

貯蓄や投資の将来価値を求めるにはFV関数を利用します。満期時の受取額などが求められます。一方、利率が変化する場合の将来価値（満期受取額）を求めるにはFVSCHDULE関数が利用できます。

FV関数の場合

下のグラフは積立貯蓄の残高の推移を表しています。たとえば、利率を2%、積立期間を5年とし、毎月1万5千円ずつ月初に払い込むとすると、将来価値（満期受取額）は947,287円になります（ちなみに、総払込額は1万5千円×60カ月＝90万円です）。

- 年利2%、期間5年で、毎月1万5千円積み立てたときの満期受取額を求める例（払込期日が月初の場合）

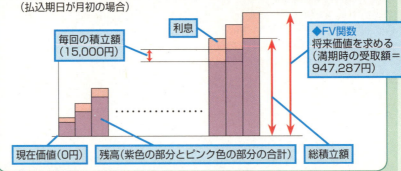

FVSCHEDULE関数の場合

下の図は利率が変動する預金の例です。最初に100万円払い込むものとし、利息は各期の利率を使って複利計算します。この例では、将来価値（満期受取額）は1,206,961円となります。

- 年率が変動する預金のキャッシュフロー
  利率が変動する預金に100万円を払い込んだ場合の満期時受取額を求める例

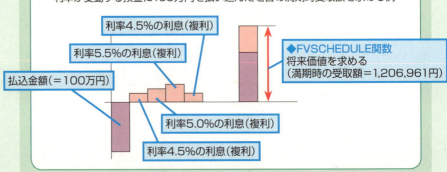

FV 将来価値を求める

9-5

貯蓄や投資の満期額を求める

FV(利率, 期間, 定期支払額, 現在価値, 支払期日)
フューチャー・バリュー

▶関数の解説
利率が一定の積立貯蓄(複利)で、将来価値（満期受取額）を求めます。

▶引数の意味

利率……………………… 利率を指定します。

期間……………………… 積立の期間を指定します。

定期支払額…………… 各期の払込額を指定します。通常、マイナスで指定します。

現在価値……………… 積立貯蓄の頭金を指定します。省略すると0が指定されたものとみなされます。

支払期日……………… 払い込みが期首に行われるか期末に行われるかを指定します。期首の場合、通常は1を指定します。

```
┌0または省略…………… 期末（たとえば、月払いの場合は月末）
└0以外の値……………… 期首（たとえば、月払いの場合は月初）
```

ポイント

• ［利率］、［期間］の単位は同じにします。たとえば、［定期支払額］が月払いであれば、［利率］を月利（年利/12）で指定し、［期間］も月数（年数*12）で指定します。

• ［定期支払額］は、通常マイナスで指定します。FV関数では、手元に入る金額はプラスで表し、手元から出ていく金額はマイナスで表します。払込額は手元から出ていく金額なのでマイナスになります。

• FV関数の結果には表示形式として通貨スタイルが自動的に適用されます。通貨スタイルでは、小数点以下が表示されませんが、小数点以下も求められています（表示されている値は小数点以下が四捨五入されたものです）。

• 小数点以下を四捨五入するにはROUND関数が利用できます。切り捨てにはROUNDDOWN関数が、切り上げにはROUNDUP関数が利用できます。

参照📖ROUNDDOWN……P.141　　参照📖ROUNDUP……P.143　　参照📖ROUND……P.144

エラーの意味

エラーの種類	原因	エラーとなる例
[#VALUE!]	引数に数値とみなせない文字列を指定した	=FV("rate",60,-50000)

1 関数の基本知識
2 日付／時刻関数
3 数学／三角関数
4 論理関数
5 検索／行列関数
6 データベース関数
7 文字列操作関数
8 統計関数
9 財務関数
10 エンジニアリング関数
11 情報関数
12 キューブ関数
13 ウェブ関数
付録

653

できる

9-5 貯蓄や投資の満期額を求める

関数の使用例　積立貯蓄に毎月1万5千円ずつ払い込む場合の満期額を求める

年利2%、5年物の定額積立貯蓄に毎月1万5千円ずつ払い込む場合、満期受取額がいくらになるかを求めます。将来価値は手元に入る金額なので、結果はプラスで示されます。

=FV(A3/12,B3*12,C3,0,1)

セルA3～C3に入力されている［利率］、［期間］、［定期支払額］をもとに積立貯蓄の満期受取額を求める。ただし、［利率］にはセルA3の年利を12で割って求めた月利を指定し、［期間］にはセルB3の年数に12を掛けて求めた月数を指定する。頭金を0とするので［現在価値］は0。期首に払い込むので［支払期日］には1を指定する。

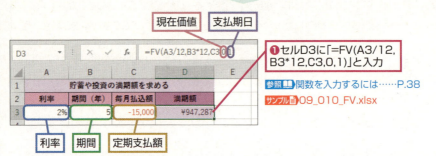

❶セルD3に「=FV(A3/12,B3*12,C3,0,1)」と入力

参照▶関数を入力するには……P.38
サンプル▶09_010_FV.xlsx

- ［利率］にはセルA3の年利を12で割って求めた月利を指定する
- ［期間］にはセルB3の年数に12を掛けて月数とした値を指定する
- ［定期支払額］にはセルC3を指定する
- ［現在価値］には頭金を指定する。ここでは頭金がないので0とする
- 期首に払い込むので、［支払期日］には1を指定する
- 将来価値が求められた
- 満期受取額は947,287円であることがわかった

活用例　定期預金の満期額を求める

年利2%、10年物の定期預金に100万円預けた場合、満期受取額がいくらになるかを求めます。定期預金の場合、通常は年に2回利息が付くので、［利率］は年利（セルA3）を2で割って求めます。［期間］は利息の付く回数なので、年数（セルB3）に2を掛けて求めます。積立はしないので、［定期支払額］（セルC3）は0です。最初に預けた金額が［現在価値］（セルD3）となります。なお、［定期支払額］がないので［支払期日］は期首でも期末でも同じ結果になります。

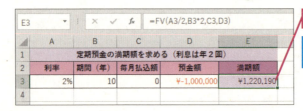

❶「=FV(A3/2,B3*2,C3,D3)」と入力

定期預金の満期受取額は1,220,190円であることがわかった

FVSCHEDULE 利率が変動する預金の将来価値を求める

FVSCHEDULE(元金, 利率配列)
フューチャー・バリュー・スケジュール

▶関数の解説

利率が変動する預金や投資の将来価値（満期受取額）を求めます。

▶引数の意味

元金……………………預金の払込額や投資額を指定します。

利率配列………………各期の利率が入力されているセル範囲を指定します。配列定数も指定できます。

参照▶配列定数……P.64

ポイント

・ほかの財務関数とは異なり、手元から出ていく金額も正の数で指定します。

エラーの意味

エラーの種類	原因	エラーとなる例
[#VALUE!]	引数に数値とみなせない文字列を指定した	=FVSCHEDULE("x",{0.03,0.04,0.05})

関数の使用例　変動金利定期預金の満期額を求める

金利が4.5％、5.0％、5.5％、4.5％と変動する複利の預金に100万円預けたとき、満期受取額がいくらになるかを求めます。

=FVSCHEDULE(A3,B3:B6)

セルA3の［元金］に、セルB3～B6に入力された［利率配列］の金利が付く場合の満期受取額を求める。

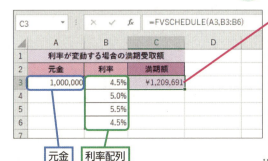

❶セルC3に「=FVSCHEDULE(A3,B3:B6)」と入力

参照▶関数を入力するには……P.38
サンプル▶09_011_FVSCHEDULE.xlsx

将来価値が求められた

満期受取額は1,209,691円であることがわかった

HINT 金利はいつ変更されるか

一般的な変動金利定期預金では、あらかじめ金利が決まっているわけではなく、通常、6か月ごとに金利が見直されます。

9-5 貯蓄や投資の満期額を求める

9-6 返済期間や積立期間を求める

NPER ローンの返済期間や積立貯蓄の払込期間を求める

ナンバー・オブ・ピリオド

NPER(利率, 定期支払額, 現在価値, 将来価値, 支払期日)

▶関数の解説

元利均等払いのローンの返済期間や、複利の積立貯蓄の払込期間を求めます。たとえば、5%の利率で100万円を借入し、月3万円ずつ返済するといった場合の返済期間が求められます(35.96カ月となります)。また、2%の利率で、月初に1万5千円払い込んで、100万円貯める場合の積立期間も求められます(63.17カ月となります)。

▶引数の意味

利率······················ 利率を指定します。

定期支払額············ 各期の返済額または払込額を指定します。通常、マイナスで指定します。

現在価値················ 現在の残高を指定します。ローンの場合は借入額を指定し、積立貯蓄で頭金がない場合は0を指定します。

将来価値················ 将来の残高を指定します。ローンで借入金を完済する場合は0を指定し、積立貯蓄の場合は満期受取額を指定します。

支払期日················ 返済が期首に行われるか期末に行われるかを指定します。期首の場合、通常は1を指定します。

┌ 0または省略·············· 期末（たとえば、月払いの場合は月末）
└ 0以外の値················· 期首（たとえば、月払いの場合は月初）

ポイント

• [利率]、[期間] の単位は同じにします。たとえば、毎月の返済額のうちの元金相当分を求めるのであれば、[利率] は月利（年利/12）で指定します。

エラーの意味

エラーの種類	原因	エラーとなる例
[#NUM!]	[定期支払額] に 0 を指定した	=NPER(5%/12,0,C3,0)
	指定した [利率] での利息が [定期支払額] を上回る（返済が不可能）	=NPER(40%/12,B3,C3,0)
[#VALUE!]	引数に数値とみなせない文字列を指定した	=NPER("rate",B3,C3,0)

目次（サイドバー）

1 関数の基本知識
2 日付／時刻関数
3 数学／三角関数
4 論理関数
5 検索／行列関数
6 データベース関数
7 文字列操作関数
8 統計関数
9 財務関数
10 エンジニアリング関数
11 情報関数
12 キューブ関数
13 ウェブ関数
付録

656

9-6 返済期間や積立期間を求める

関数の使用例① 100万円の借入金を3万円ずつ返済するときの返済期間を求める

年利5%で100万円を借り、毎月3万円ずつ返済するとき、返済期間がどれくらいになるかを求めます。[現在価値]は当初借入残高の1,000,000で、完済するので[将来価値]は0となります。[定期支払額]は手元から出ていく金額なので、マイナスで指定します。

=NPER(A3/12,B3,C3,0)

セルA3～C3に入力されている[利率]、[定期支払額]、[現在価値]をもとにローンの期間を求める。ただし、[利率]にはセルA3の年利を12で割って求めた月利を指定する。完済するので[将来価値]は0とし、返済日は期末なので[支払期日]は省略する。

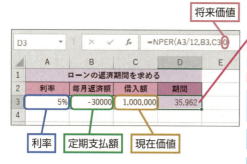

❶ セルD3に「=NPER(A3/12,B3,C3,0)」と入力

参照▶関数を入力するには……P.38
サンプル▶09_012_NPER.xlsx

[利率]にはセルA3の年利を12で割って求めた月利を指定する

[定期支払額]にはセルB3を指定する

[現在価値]にはセルC3の借入金を指定する

[将来価値]は、完済するので0を指定する

返済期間が求められた

返済期間は35.962カ月であることがわかった

関数の使用例② 100万円を受け取るまでの積立期間を求める

年利2%の積立貯蓄で、毎月1万5000円ずつ払い込む場合、100万円が受け取れるまでの期間を求めます。払い込みは月初とします。満期受取額の1,000,000が[将来価値]です。[定期支払額]は手元から出ていく金額なので、マイナスで指定します。

=NPER(A3/12,B3,0,C3,1)

セルA3～C3に入力されている[利率]、[定期支払額]、[将来価値]をもとに積立貯蓄のの期間を求める。ただし、[利率]にはセルA3の年利を12で割って求めた月利を指定し、[期間]にはセルB3の年数に12を掛けて求めた月数を指定する。頭金がないので、[現在価値]は0とし、期首に払い込みを行うので[支払期日]は1とする

657

9-6 返済期間や積立期間を求める

❶セルD3に「=NPER(A3/12,B3,0,C3,1)」と入力

参照▶関数を入力するには……P.38
サンプル▶09_013_NPER.xlsx

[利率] にはセルA3の年利を12で割って求めた月利を指定する

[現在価値] は、頭金がないので0を指定する

[将来価値] は、セルC3の満期受取額（目標金額）を指定する

[支払期日] は、月初なので1を指定する

積立期間が求められた

積立期間は63.17カ月であることがわかった

PDURATION 投資金額が目標額になるまでの期間を求める

PDURATION(利率, 現在価値, 将来価値)
ピリオド・デュレーション

▶関数の解説

現在価値が将来価値になるまでの期間を求めます。定期預金の場合、元金（預入額）が現在価値で、満期受取額が将来価値にあたります。

▶引数の意味

利率……………… 投資の利率を指定します。
現在価値………… 定期預金の元金など、最初の残高を指定します。
将来価値………… 定期預金の満期受取額など、将来の残高を指定します。

[ポイント]
- 求められる期間は [利率] の期間と同じ単位です。たとえば、結果が10のとき、[利率] が月利であれば、10カ月を意味し、年利であれば10年を意味します。
- [現在価値] や [将来価値] は他の財務関数とは異なり、正の値を指定します。
- この関数はExcel 2013以降で使える関数です。Excel 2010以前ではNPER関数を使うか、以下の式で期間を求めます。
  PDURATION = (LOG(将来価値) − LOG(現在価値))/LOG(1＋利率)

[エラーの意味]

エラーの種類	原因	エラーとなる例
[#NUM!]	引数に 0 以下の値を指定した	=PDURATION(-1,1000,1200)
[#VALUE!]	引数に数値とみなせない文字列を指定した	=PDURATION(1%,"x",1200)

9-6 返済期間や積立期間を求める

関数の使用例 定期預金で目標額が受け取れるまでの期間を求める

年利1%の定期預金に100万円を預け、満期受取額が120万円になるまでの期間を求めます。定期預金では半年ごとに利息が付くので、期間は半年単位になります。

=PDURATION(A3/2,B3,C3)

セルA3～C3に入力されている［利率］、［現在価値］、［将来価値］をもとに投資の期間を求める。ただし、半期ごとに利息が付くので、［利率］にはセルA3の年利を2で割った値を指定する。

❶セルD3に「=PDURATION(A3/2,B3,C3)」と入力

参照▶関数を入力するには……P.38
サンプル▶09_014_PDURATION.xlsx

［利率］にはセルA3の年利を2で割って半年ごとの利率とする

満期までの期間が求められた

期間は36.56であることがわかった

結果は半年単位なので、年単位だと18.28年となる

HINT NPER関数を使っても同じ計算ができる

投資の期間を求めるにはNPER関数も使えます。上の例と同じ計算をするなら「=NPER(A3/2,0,-B3,C3)」とします。［定期支払額］には0を指定し、定期預金の元金にあたる［現在価値］は手元から出ていく金額なので、NPER関数ではマイナスの値を指定する必要があります。

参照▶NPER……P.656

9-7

ローンや積立貯蓄の利率を求める

9-7 ローンや積立貯蓄の利率を求める

RATE ローンや積立貯蓄の利率を求める

RATE(期間, 定期支払額, 現在価値, 将来価値, 支払期日, 推定値)

▶関数の解説

元利均等払いのローンや、複利の積立貯蓄の利率を求めます。たとえば、100万円を借入して毎月1万8千円ずつ返済し、5年で完済するといった場合に、利率がいくらであるかが求められます（0.256%となります）。

▶引数の意味

期間·················· ローンの返済期間や積立貯蓄の払込期間を指定します。

定期支払額··········· 各期の返済額または払込額を指定します。通常、マイナスで指定します。

現在価値·············· 現在の残高を指定します。ローンの場合は借入額を指定し、積立貯蓄で頭金がない場合は0を指定します。

将来価値·············· 将来の残高を指定します。ローンで借入金を完済する場合は0を指定し、積立貯蓄の場合は満期受取額を指定します。省略すると0が指定されたものとみなされます。

支払期日·············· 返済が期首に行われるか期末に行われるかを指定します。期首の場合、通常は1を指定します。

　┌0または省略·················期末（たとえば、月払いの場合は月末）
　└0以外の値·····················期首（たとえば、月払いの場合は月初）

推定値················ 利率の推定値を指定します。推定値を省略すると10%が指定されたものとみなされます。

ポイント

- 求めたい利率と［期間］の単位は同じにします。たとえば、月利を求めるのであれば、［期間］や［定期支払額］の値も月単位で指定します。
- RATE関数では、利率を求めるために反復計算の手法が使われます。反復計算とは、結果から元の値を逆算し、誤差を小さくしていく方法です。［推定値］に指定した値が反復計算の初期値として使われます。

エラーの意味

エラーの種類	原因	エラーとなる例
[#NUM!]	［期間］や［定期支払額］に0を指定した	=RATE(60,0,C3)
	反復計算を20回行っても収束しない（指定した引数の値では完済できない）	=RATE(60,100,10000)
[#VALUE!]	引数に数値とみなせない文字列を指定した	=RATE("m",-18000,C3)

関数の基本知識 **1**

日付／時刻関数 **2**

数学／三角関数 **3**

論理関数 **4**

検索／行列関数 **5**

データベース関数 **6**

文字列操作関数 **7**

統計関数 **8**

財務関数 **9**

エンジニアリング関数 **10**

情報関数 **11**

キューブ関数 **12**

ウェブ関数 **13**

付　録

関数の使用例② 100万円の借入金を毎月1万8千円ずつ返済するときの月利を求める

100万円を借入し、5年間で毎月1万8千円ずつ返済するとき、月利はどれくらいかを求めます。[現在価値] は当初借入残高の1,000,000で、完済するので、[将来価値] は0となります。[定期支払額] は手元から出ていく金額なので、マイナスで指定します。

=RATE(A3*12,B3,C3,0)

セルA3～C3に入力されている [期間]、[定期支払額]、[現在価値] をもとにローンの利率を求める。ただし、[期間] にはセルA3の年数に12を掛けて求めた月数を指定する。完済するので [将来価値] は0とし、返済日は期末なので [支払期日] は省略する。

❶セルD3に「=RATE(A3*12,B3,C3,0)」と入力

参照▶関数を入力するには……P.38
サンプル▶09_015_RATE.xlsx

[期間] にはセルA3の年数に12を掛けて月数とした値を指定する

[定期支払額] にはセルB3を指定する

[現在価値] にはセルC3の借入金を指定する

[将来価値] は、完済するので0を指定する

利率が求められた

利率(月利)は0.256%であることがわかった

💡HINT 年利を求めるには

[期間] や [定期支払額] を月単位で指定した場合、求められた利率は月利となります。年利を求めるには月利に12を掛けます。この例であれば、年利は3.072%となります。ただし、月払いではなく年払いでの年利を求めるには、[期間] や [定期支払額] も年単位で指定します。この例が年払い([定期支払額] が18,000×12=216,000円) であるとすると、関数は=RATE(A3,B3*12,C3,0)となります。この場合、年利は2.621%となります。

RRI 元金と満期受取額から複利計算の利率を求める

レリバント・レート・オブ・インタレスト
RRI(期間, 現在価値, 将来価値)

▶関数の解説

現在価値と将来価値から複利の利率(等価利率)を求めます。定期預金の場合、元金(預入額)が現在価値で、満期受取額が将来価値にあたります。

▶引数の意味

期間……………投資の期間を指定します。

現在価値………定期預金の元金など、最初の残高を指定します。

将来価値………定期預金の満期受取額など、将来の残高を指定します。

661

9-7 ローンや積立貯蓄の利率を求める

ポイント

- 求められる利率は［期間］と同じ単位です。たとえば、［期間］に12を指定したとき、それが12か月を意味するのであれば、利率は月利になり、12年を意味するのであれば、利率は年利になります。
- ［現在価値］や［将来価値］は他の財務関数とは異なり、正の値を指定します。
- この関数はExcel 2013以降で使える関数です。Excel 2010以前ではRATE関数を使うか、以下の式で利率を求めます。式中の「^」はべき乗を表します。

    RRI＝(将来価値/現在価値)^(1/期間)−1

エラーの意味

エラーの種類	原因	エラーとなる例
[#NUM!]	引数に0以下の値を指定した	=RRI(-10 ,1000,1200)
[#VALUE!]	引数に数値とみなせない文字列を指定した	=RRI(10 ,"x",1200)

関数の使用例　定期預金の元金と満期額から利率を求める

10年物の定期預金に100万円を預け、満期受取額が120万円になる場合、利率はいくらかを求めます。定期預金では半年ごとに利息が付くので、10年間は20期にあたります。

=RRI(A3*2,B3,C3)

セルA3～C3に入力されている［期間］、［現在価値］、［将来価値］をもとに投資の期間を求める。ただし、半期ごとに利息が付くので、［期間］にはセルA3の年に2を掛けた値を指定する。

❶ セルD3に「=RRI(A3*2,B3,C3)」と入力

参照▶関数を入力するには……P.38
サンプル▶09_016_RRI.xlsx

［期間］にはセルA3の年に2を掛けて半年単位で期を数える

利率が求められた

利率は0.9158%であることがわかった

結果は半年単位なので、年利だと1.8316%となる

HINT RATE関数を使っても同じ計算ができる

投資の利率を求めるにはRATE関数も使えます。上の例と同じ計算をするなら「=RATE(A3*2,0,-B3,C3)」とします。［定期支払額］には0を指定し、預入額にあたる［現在価値］は手元から出ていく金額なので、RATE関数ではマイナスの値を指定する必要があります。　参照▶RATE……P.660

9-8 実効年利率や名目年利率を求める

EFFECT関数、NOMINAL関数

実効年利率を求めるにはEFFECT関数を利用します。また名目年利率を求めるにはNOMINAL関数を利用します。実効年利率と名目年利率の意味や計算のしかたについては、下の図を参照してください。

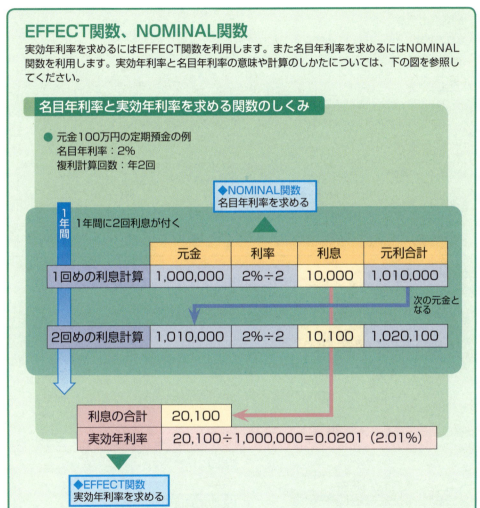

たとえば、名目年利率が2%の定期預金に100万円を預ける場合、利息は年に2回付くので、1年後の元利合計は$1,000,000 \times (1+0.02 \div 2)^2 = 1,020,100$円となります。この場合の利息分は20,100円なので、実効年利率は2.010%となります。

もし、毎月利息が付くとすれば、元利合計は$1,000,000 \times (1+0.02 \div 12)^{12} = 1,020,184$円なので、実効年利率は2.018%となります。利息は複利で計算するので、利息を計算する回数が多いほど、元利合計は多くなります。実効年利率はその元利合計をもとに計算した利率です。

EFFECT 実効年利率を求める

EFFECT(名目年利率, 複利計算回数)
(イフェクト)

▶関数の解説

[名目年利率]と[複利計算回数]をもとに、実効年利率を求めます。

▶引数の意味

名目年利率………… 名目年利率を指定します。

複利計算回数……… 1年間で利息を何回計算するか指定します。

[ポイント]
- [複利計算回数]が多いほど、実効年利率は大きくなります。
- [複利計算回数]が1のとき、[名目年利率]と実効年利率は等しくなります。

[エラーの意味]

エラーの種類	原因	エラーとなる例
[#NUM!]	[名目年利率]に0以下の値を指定した	=EFFECT(-0.5% ,2)
	[複利計算回数]に1未満の値を指定した	=EFFECT(2% ,0)
[#VALUE!]	引数に数値とみなせない文字列を指定した	=EFFECT(2% ,"Freq")

関数の使用例　名目年利率と利払回数から実効年利率を求める

名目年利率が2%、年間の利払いが2回のときの実効年利率を求めます。

=EFFECT(A3,B3)

セルA3の[名目年利率]とセルB3の[複利計算回数]をもとに、実効年利率を求める。

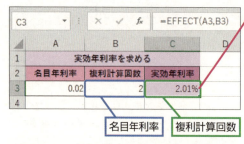

❶セルC3に「=EFFECT(A3,B3)」と入力

参照▶関数を入力するには……P.38
サンプル▶09_017_EFFECT.xlsx

実効年利率が求められた

実効年利率は2.01%であることがわかった

HINT 小数点以下の値を表示するには

[ホーム]タブの[数値]グループにある[小数点以下の表示桁数を増やす]ボタンを何回かクリックすると、小数点以下が表示されます。

NOMINAL 名目年利率を求める

9-8

実効年利率や名目年利率を求める

NOMINAL（ノミナル）（**実効年利率**, **複利計算回数**）

▶関数の解説

［実効年利率］と［複利計算回数］をもとに、名目年利率を求めます。

▶引数の意味

実効年利率 …………… 実効年利率を指定します。

複利計算回数 ………… 1年間で利息を何回計算するか指定します。

ポイント

- ［複利計算回数］が多いほど、名目年利率は小さくなります。
- ［複利計算回数］が1のとき、［実効年利率］と名目年利率は等しくなります。

エラーの意味

エラーの種類	原因	エラーとなる例
[#NUM!]	［実効年利率］に0以下の値を指定した	=NOMINAL(-0.5% ,2)
	［複利計算回数］に1未満の値を指定した	=NOMINAL(2.01% ,0)
[#VALUE!]	引数に数値とみなせない文字列を指定した	=NOMINAL(2.01% ,"Freq")

関数の使用例　実効年利率と利払回数から名目年利率を求める

実効年利率が2.01%、年間の利払いが2回のときの名目年利率を求めます。

=NOMINAL(A3,B3)

セルA3の［実効年利率］とセルB3の［複利計算回数］をもとに、名目年利率を求める。

❶セルC3に「=NOMINAL(A3,B3)」と入力

参照📖 関数を入力するには……P.38

サンプル📄 09_018_NOMINAL.xlsx

名目年利率が求められた

名目年利率は2.00%であることがわかった

	A	B	C	D
1	名目年利率を求める			
2	実効年利率	複利計算回数	名目年利率	
3	0.0201	2	2.00%	
4				

C3　=NOMINAL(A3,B3)

実効年利率　複利計算回数

HINT 小数点以下の値を表示するには

［ホーム］タブの［数値］グループにある［小数点以下の表示桁数を増やす］ボタンを何回かクリックすると、小数点以下が表示されます。

1　関数の基本知識
2　日付／時刻関数
3　数学／三角関数
4　論理関数
5　検索／行列関数
6　データベース関数
7　文字列操作関数
8　統計関数
9　財務関数
10　エンジニアリング関数
11　情報関数
12　キューブ関数
13　ウェブ関数
付録

665
できる

9-9 正味現在価値を求める

NPV関数、XNPV関数

正味現在価値は投資の採算性を評価するために使われる指標です。正味現在価値を定期的なキャッシュフローから求めるにはNPV関数を、不定期なキャッシュフローから求めるにはXNPV関数を利用します。

下の図は定期的なキャッシュフローから正味現在価値を求める方法を示したものです。割引率とは、将来価値と等価な現在価値を求めるために将来価値を割り引いた値です。たとえば、現在の100万円が1年後には110万円になっていると考えられるとき、現在価値の100万円と将来価値の110万円が等価であると考えます。このときの割引率は10%となります。不定期なキャッシュフローから正味現在価値を求めるには日付を指定しますが、基本的な考え方は同じです。

初年度の投資が最初の期の期末に発生している場合

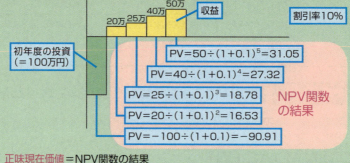

正味現在価値＝NPV関数の結果
　　　　　＝－90.91＋16.53＋18.78＋27.32＋31.05
　　　　　＝2.77

◆NPV関数
初年度の投資が最初の期の期末に発生している場合の正味現在価値

初年度の投資が最初の期の期首に発生している場合

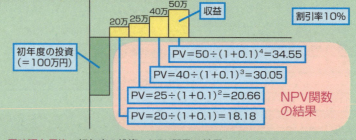

正味現在価値＝初年度の投資＋NPV関数の結果
　　　　　＝－100＋34.15＋30.05＋20.66＋18.18
　　　　　＝3.04

◆NPV関数
初年度の投資が最初の期の期首に発生している場合の正味現在価値を求めるには、初年度の投資を除外して、あとで加算する

NPV 定期的なキャッシュフローから正味現在価値を求める

NPV(割引率, 値1, 値2, …, 値254)
（ネット・プレゼント・バリュー）

▶関数の解説

［割引率］と［値］で示される定期的なキャッシュフローから正味現在価値を求めます。

▶引数の意味

割引率 …………………… 割引率を指定します。
値 ………………………… キャッシュフローを指定します。「,（カンマ）」で区切って254個まで指定できます。

ポイント

- ［値］に文字列や論理値など数値以外のデータが指定されると無視されます。
- 最初のキャッシュフロー（投資）が、最初の期の期末に発生する場合は、そのキャッシュフローを1つめの［値］に指定します。
- 最初のキャッシュフロー（投資）が、最初の期の期首に発生する場合は、そのキャッシュフローは引数に指定せずに、NPV関数で求めた値に加算して正味現在価値を求めます。
- 正味現在価値が負になる場合、その投資は採算がとれないものとみなされます。

エラーの意味

エラーの種類	原因	エラーとなる例
[#VALUE!]	［割引率］に数値以外のデータを指定した	=NPV("d",10,20,30)
	［値］に数値とみなせない文字列を直接指定した	=NPV(10% ,"x",20,25,40,50)

関数の使用例　100万円を投資し、各年に収益が上がった場合の正味現在価値を求める

100万円を投資し、各年に20万円、25万円、40万円、50万円という収益が上がった場合の正味現在価値を求めます。［割引率］は10％とし、初期投資は初年度の期末に支払いが行われたものとします。

=NPV(A3,C5:C9)

セルA3の［割引率］と、セルC5〜C9の［キャッシュフロー］をもとに正味現在価値を求める。

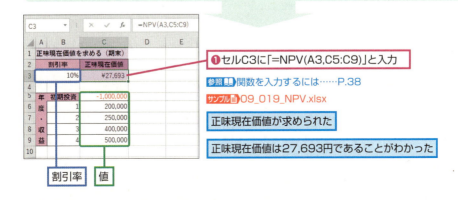

❶セルC3に「=NPV(A3,C5:C9)」と入力

参照 関数を入力するには……P.38
サンプル 09_019_NPV.xlsx

正味現在価値が求められた

正味現在価値は27,693円であることがわかった

9-9 正味現在価値を求める

> **HINT NPV（正味現在価値）とIRR（内部利益率）**
> IRRはNPVが0となる割引率と等しい値です。したがって、NPV（IRR（値の範囲），値の範囲）は0となります。
> 参照▶IRR……P.670

活用例　初期投資が期首に行われる場合の例

100万円を投資し、各年に20万円、25万円、40万円、50万円という収益が上がった場合の正味現在価値を求めます。［割引率］は10%とし、セルA3に入力します。初期投資は初年度の期首に支払いが行われたものとします。この場合、最初のキャッシュフローは引数に指定せず、NPV関数で求めた値に加算します。

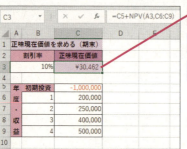

❶「=C5+NPV(A3,C6:C9)」と入力
正味現在価値が求められた
正味現在価値は30,462円であることがわかった

XNPV 不定期なキャッシュフローから正味現在価値を求める

XNPV（割引率, キャッシュフロー, 日付）
エックス・ネット・プレゼント・バリュー

▶関数の解説
不定期な［キャッシュフロー］から正味現在価値を求めます。

▶引数の意味
割引率……………… 割引率を指定します。
キャッシュフロー…… キャッシュフローの値が入力されている範囲や配列定数を指定します。
日付………………… キャッシュフローが発生した日付の範囲や配列定数を指定します。
参照▶配列定数……P.64

ポイント
- ［キャッシュフロー］は、投資や支払いの金額を負の値で指定します。正の値と負の値が、それぞれ1つ以上含まれている必要があります。
- ［日付］の先頭に最初の支払日を指定します。それ以降は、最初の支払日以降の日付を指定します。ただし、最初の支払日以外の日付の順序は自由です。
- 正味現在価値が負になる場合、その投資は採算がとれないものとみなされます。

9-9 正味現在価値を求める

エラーの意味

エラーの種類	原因	エラーとなる例
[#NUM!]	[キャッシュフロー]と[日付]に含まれる値の数が異なっている	=XNPV(10%,C5:C9,D5:D8)
	[日付]に投資の開始日より前の日付を指定した	=XNPV(10%,C5:C9,D5:D9)と入力したが、セルD6〜D9に、セルD5より前の日付が入力されていた
[#VALUE!]	引数に数値とみなせない文字列を指定した	=XNPV("d",C5:C9,D5:D9)

関数の使用例 　100万円を投資し、不定期に収益が上がった場合の正味現在価値を求める

100万円を投資し、不定期に20万円、25万円、40万円、50万円という収益が上がった場合の正味現在価値を求めます。[割引率]は10%とします。初期投資は初年度の期末に支払いが行われたものとします。

=XNPV(A3,C5:C9,D5:D9)

セルA3の値を[割引率]とし、セルC5〜C9の[キャッシュフロー]がセルD5〜D9の[日付]に発生した場合の正味現在価値を求める。

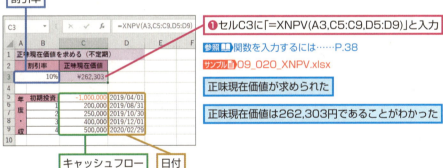

❶セルC3に「=XNPV(A3,C5:C9,D5:D9)」と入力

参照▶関数を入力するには……P.38
サンプル▶09_020_XNPV.xlsx

正味現在価値が求められた

正味現在価値は262,303円であることがわかった

HINT NPVとXNPVを求める式

NPVとXNPVは以下の式で求められます。

$$NPV = \sum_{i=1}^{n} \frac{値_i}{(1+割引率)^i}$$

ただし、nはキャッシュフローの数、値$_i$は収益または投資の金額

$$XNPV = \sum_{i=1}^{n} \frac{値_i}{(1+割引率)^{\left(\frac{d_i-d_1}{365}\right)}}$$

ただし、nはキャッシュフローの数、値$_i$は収益または投資の金額、d_iはi回めの支払日

669

9-10 内部利益率を求める

IRR 定期的なキャッシュフローから内部利益率を求める

インターナル・レート・オブ・リターン
IRR(範囲, 推定値)

▶関数の解説

定期的なキャッシュフローから内部利益率を求めます。内部利益率は正味現在価値値とともに、投資の採算性を評価するために使われる指標です。

▶引数の意味

範囲………………………… キャッシュフローの値が入力されている範囲や配列定数を指定します。

参照📖 配列定数……P.64

推定値…………………… 内部利益率の推定値を指定します。省略すると10%が指定されたものとみなされます。

ポイント

- [範囲]に含まれる空白のセルや文字列、論理値など数値以外のデータは無視されます。
- [範囲]には、負の数（投資や支払い）と正の数（収益）がそれぞれ1つ以上含まれている必要があります。
- IRR関数では、内部利益率を求めるために反復計算の手法が使われます。反復計算とは、結果から元の値を逆算し、誤差を小さくしていく方法です。[推定値]に指定した値が反復計算の初期値として使われます。
- IRR関数の結果はNPV関数の結果が0であるときの利益率と等しくなります。

参照📖 NPV……P.667

- 内部利益率が負になる場合、その投資は採算がとれないものとみなされます。

エラーの意味

エラーの種類	原因	エラーとなる例
[#NUM!]	[範囲]内に正の数と負の数がそれぞれ1つ以上含まれていない	=IRR({100,20,30,40})
[#VALUE!]	[推定値]に数値とみなせない文字列を指定した	=IRR({-100,20,30,40},"start")

関数の使用例　100万円を投資し、各年に収益が上がった場合の内部利益率を求める

100万円を投資し、各年に20万円、25万円、40万円、30万円、35万円という収益が上がった場合の内部利益率を求めます。

=IRR(C2:C7)

セルC2～C7の［キャッシュフロー］をもとに内部利益率を求める。

❶セルC8に「=IRR(C2:C7)」と入力

参照▶関数を入力するには……P.38
サンプル▶09_021_IRR.xlsx

内部利益率が求められた

内部利益率は13.89%であることがわかった

HINT 小数点以下の値を表示するには

［ホーム］タブの［数値］グループにある［小数点以下の表示桁数を増やす］ボタンを何回かクリックすると、小数点以下が表示されます。

XIRR 不定期なキャッシュフローから内部利益率を求める

エックス・インターナル・レート・オブ・リターン
XIRR(範囲, 日付, 推定値)

▶関数の解説

不定期なキャッシュフローから内部利益率を求めます。内部利益率は正味現在価値とともに、投資の採算性を評価するために使われる指標です。

▶引数の意味

範囲……………キャッシュフローの値が入力されている範囲や配列定数を指定します。

日付……………キャッシュフローの発生した日付が入力されている範囲や配列定数を指定します。
　　　　　　　　　　　　　　　　　　　参照▶配列定数……P.64

推定値…………内部利益率の推定値を指定します。省略すると10%が指定されたものとみなされます。

(ポイント)
・［範囲］と［日付］内に含まれる空白のセルは無視されます。

9-10 内部利益率を求める

- ［範囲］内には、負の数（投資や支払い）と正の数（収益）がそれぞれ1つ以上含まれている必要があります。
- ［範囲］と［日付］の先頭には、最初のキャッシュフロー（初期投資）を指定します。それ以降の順序は自由です。
- XIRR関数では、内部利益率を求めるために反復計算の手法が使われます。反復計算とは、結果から元の値を逆算し、誤差を小さくしていく方法です。［推定値］に指定した値が反復計算の初期値として使われます。
- XIRR関数の結果はXNPV関数の結果が0であるときの利益率と等しくなります。

参照▶XNPV……P.668

- 内部利益率が負になる場合、その投資は採算がとれないものとみなされます。

エラーの意味

エラーの種類	原因	エラーとなる例
[#NUM!]	［範囲］と［日付］に含まれる値の数が異なっている	=XIRR(C2:C7,D2:D6)
	［範囲］と［日付］に正の数と負の数がそれぞれ1つ以上含まれていない	=XIRR(C2:C7,D2:D7) と入力したがセルC2～C7がすべて正の数であった
[#VALUE!]	引数に数値とみなせない文字列を指定した	=XIRR(C2:C7,D2:D7) と入力したが範囲内に文字列が含まれていた

関数の使用例　100万円を投資し、不定期に収益が上がった場合の内部利益率を求める

100万円を投資し、不定期に20万円、25万円、40万円、30万円、35万円という収益が上がった場合の内部利益率を求めます。

=XIRR(C2:C7,D2:D7)

セルC2～C7の［キャッシュフロー］がセルD2～D7の［日付］に発生した場合の内部利益率を求める。

❶セルC8に「=XIRR(C2:C7,D2:D7)」と入力

参照▶関数を入力するには……P.38
サンプル▶09_022_XIRR.xlsx

内部利益率が求められた

内部利益率は71.45％であることがわかった

範囲　日付

HINT 小数点以下の値を表示するには

［ホーム］タブの［数値］グループにある［小数点以下の表示桁数を増やす］ボタンを何回かクリックすると、小数点以下が表示されます。

MIRR 定期的なキャッシュフローから修正内部利益率を求める

9-10 内部利益率を求める

モディファイド・インターナル・レート・オブ・リターン
MIRR（範囲, 安全利率, 危険利率）

▶関数の解説

定期的なキャッシュフローから修正内部利益率を求めます。修正内部利益率は正味現在価値とともに、投資の採算性を評価するために使われる指標です。

▶引数の意味

範囲 ………………………… キャッシュフローの値が入力されている範囲や配列定数を指定します。

参照📖配列定数……P.64

安全利率 ……………… 支払額（負のキャッシュフロー）に対する利率を指定します。

危険利率 ……………… 収益額（正のキャッシュフロー）に対する利率を指定します。

ポイント

- ［範囲］内に含まれる空白のセルや文字列、論理値などは無視されます。

- ［範囲］内には、負の数（投資や支払い）と正の数（収益）がそれぞれ1つ以上含まれている必要があります。

- IRR関数で求められる内部利益率は、初期投資に関する利率や収益の再投資に対する利率が考慮されていません。MIRR関数ではそれらの利率も考慮した内部利益率が求められます。

参照📖IRR……P.670

- 内部利益率が負になる場合、その投資は採算がとれないものとみなされます。

エラーの意味

エラーの種類	原因	エラーとなる例
[#DIV/0!]	［範囲］に正の数と負の数がそれぞれ1つ以上含まれていない	=MIRR(C5:C10,A3,C3) と入力したがセル C5 ～ C10 がすべて正の数であった
[#VALUE!]	［安全利率］や［危険利率］に数値とみなせない文字列を指定した	=MIRR(C5:C10,5% ,"rate")

関数の使用例　100万円を投資し、各年に収益が上がった場合の修正内部利益率を求める

100万円を投資し、各年に20万円、25万円、40万円、30万円、35万円という収益が上がった場合の修正内部利益率を求めます。初期投資に対する借入利率を5%、収益の再投資に対する利率を10%とします。

=MIRR(C5:C10,A3,C3)

セルC5 ～ C10の［キャッシュフロー］が定期的に発生した場合の修正内部利益率を求める。セルA3に［安全利率］が、セルC3に［危険利率］が入力されているものとする。

1 関数の基本知識
2 日付／時刻関数
3 数学／三角関数
4 論理関数
5 検索／行列関数
6 データベース関数
7 文字列操作関数
8 統計関数
9 財務関数
10 エンジニアリング関数
11 情報関数
12 キューブ関数
13 ウェブ関数
付録

9-10 内部利益率を求める

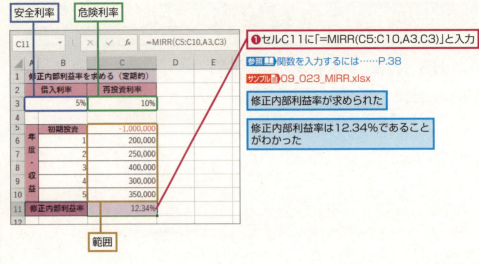

安全利率
危険利率
範囲

❶ セルC11に「=MIRR(C5:C10,A3,C3)」と入力

参照▶関数を入力するには……P.38
サンプル▶09_023_MIRR.xlsx

修正内部利益率が求められた

修正内部利益率は12.34%であることがわかった

9-11 定期利付債の計算をする

YIELD関数、PRICE関数、ACCRINT関数

定期利付債の利回り、現在価格、経過利息を求めるには、それぞれYIELD関数、PRICE関数、ACCRINT関数を利用します。

定期利付債とは、発行日から満期日（償還日）までの間は定期的に利息（クーポン）が支払われ、満期時には最初に決められた償還価額（額面）が全額返済される債券のことです。この債券によって得られる収益は、保有期間中の利息の合計に、償還価額から購入時の価格を差し引いた償還差損益を加えたものとなります。なお、債券は売買されるときに実際の価格が付くため、「現在価値」の代わりに「現在価格」という用語が使われます。

定期利付債のしくみ（定期利付債を途中購入した場合）の合計

定期利付債の収益＝（償還価額－購入価格）＋利息の合計

◆ACCRINT関数
発行条件と保有期間をもとに経過利息を求める

PRICE関数とYIELD関数の関係

◆PRICE関数
発行条件と利回りをもとに現在価格を求める

利回り
購入価格に対して1年間で得られる収益の比率

現在価格
償還価額100あたりの単価

◆YIELD関数
発行条件と現在価格をもとに利回りを求める

定期利付債の発行条件

期　　間：発行日～償還日の期間
償　還　日：償還される日
利　払　日：利息（クーポン）が支払われる日
利　　率：償還価額に対する利息の比率
償還価額（額面）：償還される金額

675

9-11

定期利付債の計算をする

▶ YIELD 定期利付債の利回りを求める

YIELD（受渡日, 満期日, 利率, 現在価格, 償還価額, 頻度, 基準）
（イールド）

▶関数の解説

定期利付債を購入し、［満期日］まで保有した場合に得られる収益の利回りを求めます。

▶引数の意味

受渡日···············債券の受渡日（購入日）を指定します。

満期日···············債券の満期日（償還日）を指定します。

利率···············債券の年間の利率を指定します。

現在価格···············額面100に対する債券の現在価格を指定します。

償還価額···············額面100に対する債券の償還価額を指定します。

頻度···············年間の利払回数を指定します。年1回の場合は1を、年2回の場合は2を、四半期ごとの場合は4を指定します。

基準···············日数計算に使われる基準日数（月／年）を表す値を指定します。省略すると、0を指定したものとみなされます。

0または省略············	30日／360日（NASD方式）
1··················	実際の日数／実際の日数
2··················	実際の日数／360日
3··················	実際の日数／365日
4··················	30日／360日（ヨーロッパ方式）

参照📖 NASD方式とヨーロッパ方式の会計方式の違い·······P.111

ポイント

- 日付を表す引数、［頻度］、［基準］に小数部分のある数値を指定した場合、小数点以下が切り捨てられた整数とみなされます。
- YIELD関数は、定期利付債の［現在価格］がわかっているとき、その債券を［受渡日］に購入して［満期日］まで保有したときの1年間あたりの最終利回りを求めたい場合に使います。なお、［受渡日］に債券の発行日を指定すれば、発行時から満期時までの応募者利回りが求められます。

エラーの意味

エラーの種類	原因	エラーとなる例
[#NUM!]	［利率］＜0である	=YIELD(A3,B3,-0.02,D3,E3,F3,G3)
	［現在価格］≦0、または［償還価額］≦0である	=YIELD(A3,B3,C3,0,E3,F3,G3)
	［頻度］に1、2、4以外の値を指定した	=YIELD(A3,B3,C3,D3,E3,5,G3)
	［基準］＜0、または4＜［基準］である	=YIELD(A3,B3,C3,D3,E3,F3,5)
	［受渡日］≧［満期日］である	=YIELD("2019/6/1","2019/1/31",C3,D3,E3,F3,G3)
[#VALUE!]	［受渡日］または［満期日］に無効な日付を指定した	=YIELD(A3,"2019/6/31",C3,D3,E3,F3,G3)

1 関数の基本知識
2 日付／時刻関数
3 数学／三角関数
4 論理関数
5 検索／行列関数
6 データベース関数
7 文字列操作関数
8 統計関数
9 財務関数
10 エンジニアリング関数
11 情報関数
12 キューブ関数
13 ウェブ関数
付録

676

関数の使用例　定期利付債の利回りを求める

［償還価額］が100、［利率］が1.5%、利払の［頻度］が年2回の定期利付債を、［受渡日］の2019年6月1日に［現在価格］97で購入し、［満期日］の2029年6月1日まで保有したときの利回りを求めます。

=YIELD(A3,B3,C3,D3,E3,F3,1)

セルA3～G3に順に入力されている［受渡日］、［満期日］、［利率］、［現在価格］、［償還価額］、［頻度］をもとに、定期付債の利回りを求める。

❶セルG3に「=YIELD(A3,B3,C3,D3,E3,F3,1)」と入力

参照▶関数を入力するには……P.38
サンプル▶09_024_YIELD.xlsx

［基準］として「1」（実際の日数／実際の日数）を指定する

定期利付債の利回りが求められた

利回りは1.830%であることがわかった

PRICE 定期利付債の現在価格を求める

PRICE(受渡日, 満期日, 利率, 利回り, 償還価額, 頻度, 基準)

▶関数の解説

定期利付債の［満期日］までの［利回り］をもとに、額面100あたりの現在価格を求めます。

▶引数の意味

受渡日……………… 債券の受渡日（購入日）を指定します。
満期日……………… 債券の満期日（償還日）を指定します。
利率………………… 債券の年間の利率を指定します。
利回り……………… 債券を満期日まで保有したときの年間の利回りを指定します。
償還価額…………… 額面100に対する債券の償還価額を指定します。
　　　┌ 0または省略………… 30日／360日（NASD方式）
　　　│ 1 ……………………… 実際の日数／実際の日数
　　　│ 2 ……………………… 実際の日数／360日
　　　│ 3 ……………………… 実際の日数／365日
　　　└ 4 ……………………… 30日／360日（ヨーロッパ方式）
　　　　　　　　　参照▶NASD方式とヨーロッパ方式の会計方式の違い……P.111
頻度………………… 年間の利払回数を指定します。年1回の場合は1を、年2回の場合は2を、四半期ごとの場合は4を指定します。

9-11 定期利付債の計算をする

基準……………… 日数計算に使われる基準日数（月／年）を表す値を指定します。省略すると、0を指定したものとみなされます。

ポイント
- 日付を表す引数、[頻度]、[基準]に小数部分のある数値を指定した場合、小数点以下が切り捨てられた整数とみなされます。
- PRICE関数は、定期利付債を[満期日]まで保有したときの[利回り]がわかっているとき、その債券を[受渡日]に購入すると、額面100あたりの現在価格がいくらになるかを求めたい場合に使います。なお、[受渡日]に債券の発行日を指定すれば、応募者価格が求められます。

エラーの意味

エラーの種類	原因	エラーとなる例
[#NUM!]	[利率]＜0、または[利回り]＜0である	=PRICE(A3,B3,-0.02,D3,E3,F3,G3)
	[償還価額]≦0である	=PRICE(A3,B3,C3,D3,0,F3,G3)
	[頻度]に1、2、4以外の値を指定した	=PRICE(A3,B3,C3,D3,E3,5,G3)
	[基準]＜0、または4＜[基準]である	=PRICE(A3,B3,C3,D3,E3,F3,5)
	[受渡日]≧[満期日]である	=PRICE("2019/6/1","2019/1/31",C3,D3,E3,F3,G3)
[#VALUE!]	[受渡日]または[満期日]に無効な日付を指定した	=PRICE(A3,"2019/6/31",C3,D3,E3,F3,G3)

関数の使用例　定期利付債の現在価格を求める

[償還価額]が100、[利率]が1.5%、利払の[頻度]が年2回の定期利付債を、[満期日]の2029年6月1日まで保有したときの[利回り]が1.830%であるとき、2019年6月1日における現在価格がいくらになるかを求めます。

=PRICE(A3,B3,C3,D3,E3,F3,1)

セルA3～G3に順に入力されている[受渡日]、[満期日]、[利率]、[利回り]、[償還価額]、[頻度]をもとに、定期利付債の現在価格を求める。

❶セルG3に「=PRICE(A3,B3,C3,D3,E3,F3,1)」と入力

参照▶関数を入力するには……P.38
サンプル▶09_025_PRICE.xlsx

[基準]として「1」（実際の日数／実際の日数）を指定する

定期利付債の現在価格が求められた

現在価格は97.00であることがわかった

9-11

ACCRINT 定期利付債の経過利息を求める

定期利付債の計算をする

アクルード・インタリスト
ACCRINT(発行日, 最初の利払日, 受渡日, 利率, 額面, 頻度, 基準, 計算方式)

▶関数の解説

定期利付債の［発行日］または［最初の利払日］をもとに、［受渡日］までの間に発生する利息の合計、つまり経過利息（未収利息）を求めます。

▶引数の意味

発行日······················· 債券の発行日を指定します。

最初の利払日··········· 債券の利息（クーポン）が初回に支払われる日付を指定します。

受渡日······················· 債券の受渡日（購入日）を指定します。

利率··························· 債券の年間の利率を指定します。

額面··························· 債券の額面を指定します。

頻度··························· 年間の利払回数を指定します。年1回の場合は1を、年2回の場合は2を、四半期ごとの場合は4を指定します。

基準··························· 日数計算に使われる基準日数（月／年）を表す値を指定します。省略すると、0を指定したものとみなされます。

    0または省略··············30日／360日（NASD方式）

    1·····························実際の日数／実際の日数

    2·····························実際の日数／360日

    3·····························実際の日数／365日

    4·····························30日／360日（ヨーロッパ方式）

    参照 NASD方式とヨーロッパ方式の会計方式の違い······P.111

計算方式····················· 受渡日が最初の利払日よりあとになる場合の経過利息（未収利息）の計算に使用される方法を、論理値または整数値で指定します。TRUEまたは1を指定すると、発行日から受渡日までの経過利息の合計が返されます。FALSEまたは0を指定すると、最初の利払日から受渡日までの経過利息が返されます。直前の「,（カンマ）」を含めて省略すると、TRUEを指定したものとみなされます。

ポイント

• 日付を表す引数、［頻度］、［基準］に小数部分のある数値を指定した場合、小数点以下が切り捨てられた整数とみなされます。

• ［受渡日］とは、発行日以降に債券が買い手に引き渡される日のことです。

• Excelのヘルプでは、「［額面］を省略すると＄1,000を指定したとみなされる」と書かれていますが、実際にはこの引数を省略すると0に限りなく近い正の数を指定したとみなされ、戻り値が0になります。

---

1 関数の基本知識
2 日付／時刻関数
3 数学／三角関数
4 論理関数
5 検索／行列関数
6 データベース関数
7 文字列操作関数
8 統計関数
9 財務関数
10 エンジニアリング関数
11 情報関数
12 キューブ関数
13 ウェブ関数
付録

679
できる

9-11 定期利付債の計算をする

エラーの意味

エラーの種類	原因	エラーとなる例
[#NUM!]	[利率] ≦ 0、または [額面] ≦ 0 である	=ACCRINT(A3,B3,C3,-0.02,E3,F3,G3,H3)
	[頻度] に1、2、4以外の値を指定した	=ACCRINT(A3,B3,C3,D3,E3,5,G3,H3)
	[基準] < 0、または 4 < [基準] である	=ACCRINT(A3,B3,C3,D3,E3,F3,5,H3)
	[発行日] ≧ [受渡日] である	=ACCRINT("2019/6/1",B3,"2019/3/1",D3,E3,F3,G3,H3)
[#VALUE!]	[発行日]、[最初の利払日]、または [受渡日] に無効な日付を指定した	=ACCRINT(A3,B3,"2020/9/31",D3,E3,F3,G3,H3)

関数の使用例　定期利付債の経過利息を求める

[額面] が100、[利率] が1.5%、利払の [頻度] が年2回の定期利付債について、[発行日] の2018年6月1日から [受渡日] の2019年6月1日までの経過利息を求めます。

=ACCRINT(A3,B3,C3,D3,E3,F3,1,G3)

セルA3～G3に順に入力されている [発行日]、[最初の利払日]、[受渡日]、[利率]、[額面]、[頻度]、[計算方式] をもとに、定期利付債の経過利息を求める。

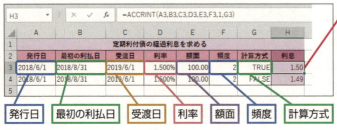

❶セルH3に「=ACCRINT(A3,B3,C3,D3,E3,F3,1,G3)」と入力

参照▶関数を入力するには……P.38

サンプル▶09_026_ARCRINT.xlsx

[基準] として「1」(実際の日数／実際の日数)を指定する

❷セルH3をセルH4までコピー

定期利付債の経過利息が求められた

[発行日] から [受渡日] までの経過利息がわかった

HINT 日付の指定にはDATE関数も利用できる

[発行日] などに日付を指定する場合は日付を表す文字列を使うと簡単ですが、エラーが発生することもあります。その場合には、DATE関数を使うようにしてください。たとえば2029年6月1日を指定するには、DATE(2029,6,1) と入力します。

参照▶DATE……P.88

HINT 利率をパーセント表示にするには

セルを選択してから、[ホーム] タブの [数値] グループにある [パーセントスタイル] ボタンをクリックします。

9-12 定期利付債の日付情報を得る

COUPPCD関数、COUPNCD関数、COUPDAYBS関数、COUPNUM関数、COUPDAYSNC関数、COUPDAYS関数

定期利付債券の利払日や利払期間、利払日の回数などの情報を得るには、COUPPCD関数をはじめとする6つの関数を利用します。

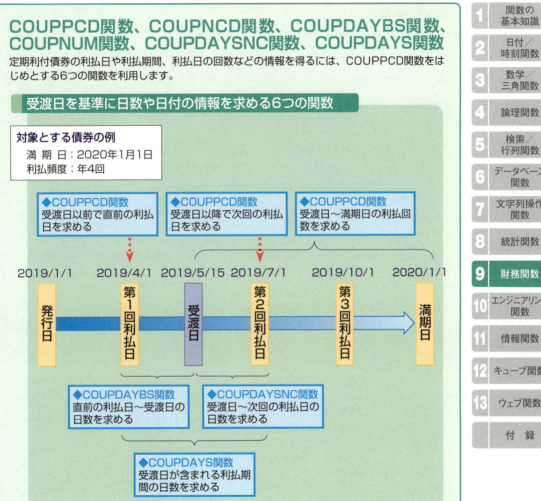

9-12 定期利付債の日付情報を得る

COUPPCD 受渡日以前で直前の利払日を求める

クーポン・ピー・シー・ディー
COUPPCD(受渡日, 満期日, 頻度, 基準)

▶関数の解説

定期利付債を購入したとき、[受渡日] 以前で最も近い（直前の）利払日を求めます。

▶引数の意味

受渡日················· 債券の受渡日（購入日）を指定します。

満期日················· 債券の満期日（償還日）を指定します。

頻度················· 年間の利払回数を指定します。年1回の場合は1を、年2回の場合は2を、四半期ごとの場合は4を指定します。

基準················· 日数計算に使われる基準日数（月／年）を表す値を指定します。省略すると、0を指定したものとみなされます。

0または省略	··········	30日／360日（NASD方式）
1	··········	実際の日数／実際の日数
2	··········	実際の日数／360日
3	··········	実際の日数／365日
4	··········	30日／360日（ヨーロッパ方式）

参照 NASD方式とヨーロッパ方式の会計方式の違い……P.111

ポイント

- 引数に小数部分のある数値を指定した場合、小数点以下が切り捨てられた整数とみなされます。
- COUPPCD関数は、定期利付債の発行条件（[受渡日]、[満期日]、利払の [頻度]）がわかっているとき、[受渡日] 以前で直前の利払日（つまり、[受渡日] が含まれる利払期間の初日）を求めたい場合に使います。

エラーの意味

エラーの種類	原因	エラーとなる例
[#NUM!]	[頻度] に1、2、4以外の値を指定した	=COUPPCD(A3,B3,5,D3)
	[基準] ＜ 0、または 4 ＜ [基準] である	=COUPPCD(A3,B3,C3,5)
	[受渡日] ≧ [満期日] である	=COUPPCD("2019/1/15","2019/1/1",C3,D3)
[#VALUE!]	[受渡日] または [満期日] に無効な日付を指定した	=COUPPCD(A3,"2020/2/30",C3,D3)

関数の基本知識 **1**
日付／時刻関数 **2**
数学／三角関数 **3**
論理関数 **4**
検索／行列関数 **5**
データベース関数 **6**
文字列操作関数 **7**
統計関数 **8**
財務関数 **9**
エンジニアリング関数 **10**
情報関数 **11**
キューブ関数 **12**
ウェブ関数 **13**
付 録

9-12 定期利付債の日付情報を得る

関数の使用例　定期利付債について、受渡日以前で直前の利払日を求める

［満期日］が2020年1月1日、利払の［頻度］が年4回の定期利付債について、［受渡日］以前で直前の利払日を求めます。ここでは、2019年1月15日から2019年9月15日までの毎月1回の［受渡日］について調べます。

=COUPPCD(A3,B3,C3,1)

定期利付債について、セルA3～C3に順に入力されている［受渡日］、［満期日］、［頻度］をもとに、受渡日以前で直前の利払日を求める。

❶ セルD3に「=COUPPCD(A3,B3,C3,1)」と入力

参照▶関数を入力するには……P.38
サンプル▶09_027_COUPPCD.xlsx

［基準］として「1」（実際の日数／実際の日数）を指定する

直前の利払日が求められた

❷ セルD3をセルD11までコピー

すべての［受渡日］について直前の利払日がわかった

HINT 結果を日付形式で表示するには

COUPPCD関数の戻り値は日付のシリアル値となります。これを日付形式で正しく表示したい場合、結果が表示されたセルを選択してから、［ホーム］タブの［数値］グループにある［表示形式］の［▼］をクリックし、［長い日付形式］または［短い日付形式］を選択します。

COUPNCD　受渡日以降で次回の利払日を求める

クーポン・エヌ・シー・ディー
COUPNCD(受渡日, 満期日, 頻度, 基準)

▶関数の解説

定期利付債を購入したとき、［受渡日］以降で最も近い（次回の）利払日を求めます。

▶引数の意味

受渡日……………債券の受渡日（購入日）を指定します。

満期日……………債券の満期日（償還日）を指定します。

9-12

定期利付債の日付情報を得る

頻度‥‥‥‥‥‥‥ 年間の利払回数を指定します。年1回の場合は1を、年2回の場合は2を、四半期ごとの場合は4を指定します。

基準‥‥‥‥‥‥‥ 日数計算に使われる基準日数（月／年）を表す値を指定します。省略すると、0を指定したものとみなされます。

- 0または省略‥‥‥‥‥‥30日／360日（NASD方式）
- 1‥‥‥‥‥‥‥‥‥‥実際の日数／実際の日数
- 2‥‥‥‥‥‥‥‥‥‥実際の日数／360日
- 3‥‥‥‥‥‥‥‥‥‥実際の日数／365日
- 4‥‥‥‥‥‥‥‥‥‥30日／360日（ヨーロッパ方式）

参照📖NASD方式とヨーロッパ方式の会計方式の違い‥‥‥P.111

ポイント

- 引数に小数部分のある数値を指定した場合、小数点以下が切り捨てられた整数とみなされます。
- COUPNCD関数は、定期利付債の発行条件（[受渡日]、[満期日]、利払の[頻度]）がわかっているとき、[受渡日]以降で次回の利払日（つまり、[受渡日]が含まれる利払期間に続く、次の利払期間の初日）を求めたい場合に使います。

エラーの意味

エラーの種類	原因	エラーとなる例
[#NUM!]	[頻度]に1、2、4以外の値を指定した	=COUPNCD(A3,B3,5,D3)
	[基準]＜0、または4＜[基準]である	=COUPNCD(A3,B3,C3,5)
	[受渡日]≧[満期日]である	=COUPNCD("2019/1/15","2019/1/1",C3,D3)
[#VALUE!]	[受渡日]または[満期日]に無効な日付を指定した	=COUPNCD(A3,"2020/2/30",C3,D3)

関数の使用例　定期利付債について、受渡日以降で次回の利払日を求める

[満期日]が2020年1月1日、利払の[頻度]が年4回の定期利付債について、[受渡日]以降で次回の利払日を求めます。ここでは、2019年1月15日から2019年9月15日までの毎月1回の[受渡日]について調べます。

=COUPNCD(A3,B3,C3,1)

定期利付債について、セルA3～C3に順に入力されている[受渡日]、[満期日]、[頻度]をもとに、受渡日以降で次回の利払日を求める。

9-12

定期利付債の日付情報を得る

❶セルD3に「=COUPNCD(A3,B3,C3,1)」と入力

参照🔖 関数を入力するには……P.38

サンプル📖 09_028_COUPNCD.xlsx

[基準] として日数計算に使われる基準日数が表す値「1」（実際の日数／実際の日数）を指定する

次回の利払日が求められた

❷セルD3をセルD11までコピー

すべての[受渡日]について次回の利払日がわかった

受渡日　満期日　頻度

🔆 HINT 結果を日付形式で表示するには

COUPNCD関数の戻り値は日付のシリアル値となります。これを日付形式で正しく表示したい場合、結果が表示されたセルを選択してから、[ホーム]タブの[数値]グループにある[表示形式]の[▼]をクリックし、[長い日付形式]または[短い日付形式]を選択します。

1	関数の基本知識
2	日付／時刻関数
3	数学／三角関数
4	論理関数
5	検索／行列関数
6	データベース関数
7	文字列操作関数
8	統計関数
9	財務関数
10	エンジニアリング関数
11	情報関数
12	キューブ関数
13	ウェブ関数
	付　録

▶ COUPNUM 受渡日〜満期日の利払回数を求める

クーポン・ナンバー
COUPNUM（受渡日, 満期日, 頻度, 基準）

▶関数の解説

定期利付債を購入したとき、[受渡日]から[満期日]までの利払回数を求めます。

▶引数の意味

受渡日………………… 債券の受渡日（購入日）を指定します。

満期日………………… 債券の満期日（償還日）を指定します。

頻度…………………… 年間の利払回数を指定します。年1回の場合は1を、年2回の場合は2を、四半期ごとの場合は4を指定します。

基準…………………… 日数計算に使われる基準日数（月／年）を表す値を指定します。省略すると、0を指定したものとみなされます。

- 0または省略……………30日／360日（NASD方式）
- 1……………………………実際の日数／実際の日数
- 2……………………………実際の日数／360日
- 3……………………………実際の日数／365日
- 4……………………………30日／360日（ヨーロッパ方式）

参照🔖 NASD方式とヨーロッパ方式の会計方式の違い……P.111

ポイント

- 引数に小数部分のある数値を指定した場合、小数点以下が切り捨てられた整数とみなされます。

685

できる

9-12 定期利付債の日付情報を得る

- COUPNUM関数は、定期利付債の発行条件（[受渡日]、[満期日]、利払の[頻度]）がわかっているとき、[受渡日]から[満期日]までの利払回数（利払日の数）を求めたい場合に使います。

エラーの意味

エラーの種類	原因	エラーとなる例
[#NUM!]	[頻度]に1、2、4以外の値を指定した	=COUPNUM(A3,B3,5,D3)
	[基準]＜0、または4＜[基準]である	=COUPNUM(A3,B3,C3,5)
	[受渡日]≧[満期日]である	=COUPNUM("2019/1/15","2019/1/1",C3,D3)
[#VALUE!]	[受渡日]または[満期日]に無効な日付を指定した	=COUPNUM(A3,"2020/2/30",C3,D3)

関数の使用例　定期利付債について、受渡日から満期日までの利払回数を求める

[満期日]が2020年1月1日、利払の[頻度]が年4回の定期利付債について、[受渡日]から[満期日]までの利払回数を求めます。ここでは、2019年1月15日から2019年9月15日までの毎月1回の[受渡日]について調べます。

=COUPNUM(A3,B3,C3,1)

定期利付債について、セルA3～C3に順に入力されている[受渡日]、[満期日]、[頻度]をもとに、受渡日から満期日までの利払回数を求める。

❶ セルD3に「=COUPNUM(A3,B3,C3,1)」と入力

参照　関数を入力するには……P.38
サンプル　09_029_COUPNUM.xlsx

[基準]として「1」（実際の日数／実際の日数）を指定する

[受渡日]から[満期日]までの利払回数が求められた

❷ セルD3をセルD11までコピー

すべての[受渡日]について、[満期日]までの利払回数がわかった

COUPDAYBS 直前の利払日～受渡日の日数を求める

クーポンデイ・ビー・エス
COUPDAYBS(受渡日, 満期日, 頻度, 基準)

▶関数の解説

定期利付債を購入したとき、[受渡日]以前で最も近い（直前の）利払日から、[受渡日]までの日数を求めます。

▶引数の意味

受渡日 ···················· 債券の受渡日（購入日）を指定します。

満期日 ···················· 債券の満期日（償還日）を指定します。

頻度 ······················· 年間の利払回数を指定します。年1回の場合は1を、年2回の場合は2を、四半期ごとの場合は4を指定します。

基準 ······················· 日数計算に使われる基準日数（月／年）を表す値を指定します。省略すると、0を指定したものとみなされます。

```
┌ 0または省略 ············ 30日／360日（NASD方式）
│  1 ····························· 実際の日数／実際の日数
│  2 ····························· 実際の日数／360日
│  3 ····························· 実際の日数／365日
└  4 ····························· 30日／360日（ヨーロッパ方式）
```

参照 NASD方式とヨーロッパ方式の会計方式の違い……P.111

ポイント

- 引数に小数部分のある数値を指定した場合、小数点以下が切り捨てられた整数とみなされます。
- COUPDAYBS関数は、定期利付債の発行条件（[受渡日]、[満期日]、利払の[頻度]）がわかっているとき、[受渡日]以前で直前の利払日（つまり、受渡日が含まれる利払期間の初日）から[受渡日]までの日数を求めたい場合に使います。

エラーの意味

エラーの種類	原因	エラーとなる例
[#NUM!]	[頻度]に1、2、4以外の値を指定した	=COUPDAYBS(A3,B3,5,D3)
	[基準]＜0、または4＜[基準]である	=COUPDAYBS(A3,B3,C3,5)
	[受渡日]≧[満期日]である	=COUPDAYBS("2019/1/15","2019/1/1",C3,D3)
[#VALUE!]	[受渡日]または[満期日]に無効な日付を指定した	=COUPDAYBS(A3,"2020/2/30",C3,D3)

9-12

定期利付債の日付情報を得る

1 関数の基本知識
2 日付／時刻関数
3 数学／三角関数
4 論理関数
5 検索／行列関数
6 データベース関数
7 文字列操作関数
8 統計関数
9 財務関数
10 エンジニアリング関数
11 情報関数
12 キューブ関数
13 ウェブ関数
付録

687

できる

9-12 定期利付債の日付情報を得る

関数の使用例　定期利付債について、直前の利払日から受渡日までの日数を求める

[満期日]が2020年1月1日、利払の[頻度]が年4回の定期利付債について、直前の利払日から[受渡日]までの日数を求めます。ここでは、2019年1月15日から2019年9月15日までの毎月1回の[受渡日]について調べます。

=COUPDAYBS(A3,B3,C3,1)

定期利付債について、セルA3～C3に順に入力されている[受渡日]、[満期日]、[頻度]をもとに、直前の利払日から受渡日までの日数を求める。

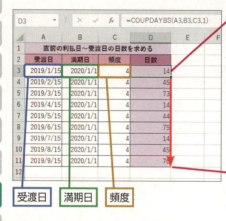

❶ セルD3に「=COUPDAYBS(A3,B3,C3,1)」と入力

参照 関数を入力するには……P.38
サンプル 09_030_COUPDAYBS.xlsx

[基準]として「1」（実際の日数／実際の日数）を指定する

直前の利払日から[受渡日]までの日数が求められた

❷ セルD3をセルD11までコピー

すべての[受渡日]について直前の利払日からの日数がわかった

COUPDAYSNC　受渡日～次回の利払日の日数を求める

クーポンデイ・エス・エヌ・シー
COUPDAYSNC(受渡日, 満期日, 頻度, 基準)

▶ 関数の解説

定期利付債を購入したとき、[受渡日]から、[受渡日]以降で最も近い（次回の）利払日までの日数を求めます。

▶ 引数の意味

受渡日……………… 債券の受渡日（購入日）を指定します。

満期日……………… 債券の満期日（償還日）を指定します。

頻度………………… 年間の利払回数を指定します。年1回の場合は1を、年2回の場合は2を、四半期ごとの場合は4を指定します。

基準………………… 日数計算に使われる基準日数（月／年）を表す値を指定します。省略すると、0を指定したものとみなされます。

　　　　　　┌ 0または省略……………30日／360日（NASD方式）
　　　　　　│ 1……………………………実際の日数／実際の日数
　　　　　　│ 2……………………………実際の日数／360日
　　　　　　└ 3……………………………実際の日数／365日

9-12 定期利付債の日付情報を得る

└ 4 ················· 30日／360日（ヨーロッパ方式）

参照⇒NASD方式とヨーロッパ方式の会計方式の違い……P.111

ポイント

- 引数に小数部分のある数値を指定した場合、小数点以下が切り捨てられた整数とみなされます。
- COUPDAYSNC関数は、定期利付債の発行条件（［受渡日］、［満期日］、利払の［頻度］）がわかっているとき、［受渡日］から次回の利払日（つまり、［受渡日］が含まれる利払期間に続く、次の利払期間の初日）までの日数を求めたい場合に使います。

エラーの意味

エラーの種類	原因	エラーとなる例
[#NUM!]	［頻度］に1、2、4以外の値を指定した	=COUPDAYSNC(A3,B3,5,D3)
	［基準］＜0、または4＜［基準］である	=COUPDAYSNC(A3,B3,C3,5)
	［受渡日］≧［満期日］である	=COUPDAYSNC("2019/1/15","2019/1/1",C3,D3)
[#VALUE!]	［受渡日］または［満期日］に無効な日付を指定した	=COUPDAYSNC(A3,"2020/2/30",C3,D3)

関数の使用例　定期利付債について、受渡日から次回の利払日までの日数を求める

［満期日］が2020年1月1日、利払の［頻度］が年4回の定期利付債について、［受渡日］から次回の利払日までの日数を求めます。ここでは、2019年1月15日から2019年9月15日までの毎月1回の［受渡日］について調べます。

=COUPDAYSNC(A3,B3,C3,1)

定期利付債について、セルA3～C3に順に入力されている［受渡日］、［満期日］、［頻度］をもとに、受渡日から次回の利払日までの日数を求める。

❶セルD3に「=COUPDAYSNC(A3,B3,C3,1)」と入力

参照⇒関数を入力するには……P.38
サンプル 09_031_COUPDAYSNC.xlsx

［基準］として「1」（実際の日数／実際の日数）を指定する

［受渡日］から次回の利払日までの日数が求められた

❷セルD3をセルD11までコピー

すべての［受渡日］について次回の利払日までの日数がわかった

689

9-12 定期利付債の日付情報を得る

COUPDAYS 受渡日が含まれる利払期間の日数を求める

COUPDAYS（受渡日, 満期日, 頻度, 基準）
クーポンデイズ

▶関数の解説

定期利付債を購入したとき、［受渡日］が含まれる利払期間の日数を求めます。

▶引数の意味

受渡日……………… 債券の受渡日（購入日）を指定します。

満期日……………… 債券の満期日（償還日）を指定します。

頻度………………… 年間の利払回数を指定します。年1回の場合は1を、年2回の場合は2を、四半期ごとの場合は4を指定します。

基準………………… 日数計算に使われる基準日数（月／年）を表す値を指定します。省略すると、0を指定したものとみなされます。

```
┌ 0または省略……………30日／360日（NASD方式）
│  1…………………………実際の日数／実際の日数
│  2…………………………実際の日数／360日
│  3…………………………実際の日数／365日
└ 4…………………………30日／360日（ヨーロッパ方式）
```

参照 📖 NASD方式とヨーロッパ方式の会計方式の違い……P.111

ポイント

- 引数に小数部分のある数値を指定した場合、小数点以下が切り捨てられた整数とみなされます。
- COUPDAYS関数は、定期利付債の発行条件（［受渡日］、［満期日］、利払の［頻度］）がわかっているとき、［受渡日］が含まれる利払期間（つまり、［受渡日］以前で直前の利払日から、［受渡日］以降で次回の利払日まで）の日数を求めたい場合に使います。

エラーの意味

エラーの種類	原因	エラーとなる例
[#NUM!]	［頻度］に1、2、4以外の値を指定した	=COUPDAYS(A3,B3,5,D3)
	［基準］＜0、または4＜［基準］である	=COUPDAYS(A3,B3,C3,5)
	［受渡日］≧［満期日］である	=COUPDAYS("2019/1/15","2019/1/1",C3,D3)
[#VALUE!]	［受渡日］または［満期日］に無効な日付を指定した	=COUPDAYS(A3,"2020/2/30",C3,D3)

サイドバー（縦書き）

関数の基本知識 1
日付／時刻関数 2
数学／三角関数 3
論理関数 4
検索／行列関数 5
データベース関数 6
文字列操作関数 7
統計関数 8
財務関数 9
エンジニアリング関数 10
情報関数 11
キューブ関数 12
ウェブ関数 13
付録

9-12 定期利付債の日付情報を得る

関数の使用例 定期利付債について、受渡日が含まれる利払期間の日数を求める

［満期日］が2020年1月1日、利払の［頻度］が年4回の定期利付債について、［受渡日］が含まれる利払期間の日数を求めます。ここでは、2019年1月15日から2019年9月15日までの毎月1回の［受渡日］に対する結果を求めます。

=COUPDAYS(A3,B3,C3,1)

定期利付債について、セルA3〜C3に順に入力されている［受渡日］、［満期日］、［頻度］をもとに、受渡日が含まれる利払期間の日数を求める。

❶セルD3に「=COUPDAYS(A3,B3,C3,1)」と入力

参照 関数を入力するには……P.38
サンプル 09_032_COUPDAYS.xlsx

［基準］として「1」（実際の日数／実際の日数）を指定する

［受渡日］が含まれる利払期間の日数が求められた

❷セルD3をセルD11までコピー

すべての［受渡日］について利払期間の日数がわかった

9-13 定期利付債のデュレーションを求める

DURATION関数、MDURATION関数

定期利付債券のデュレーションを求めるにはDURATION関数を、修正デュレーションを求めるにはMDURATION関数を利用します。

定期利付債への投資金は、定期的に支払われる利息（クーポン）と、満期日（償還日）に返済される償還価額の形で回収されるため、複数回のキャッシュフロー（お金の流れ）が発生します。「デュレーション」は、この複数回のキャッシュフローを1本にまとめたとき、どの程度の期間で資金が回収できるかを表す指標です。一方、「修正デュレーション」はデュレーションを（1＋利回り）で割った数値として定義されており、利回りの変化に対して現在価格がどれほど変化するかを表す指標として使われます。

利付債のデュレーションの考え方

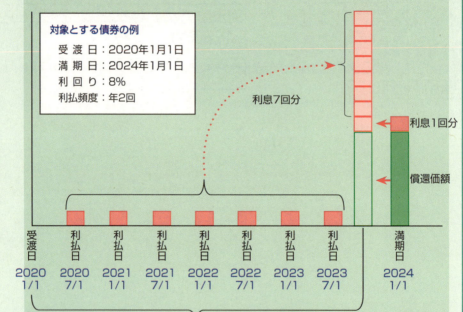

対象とする債券の例
- 受渡日：2020年1月1日
- 満期日：2024年1月1日
- 利回り：8％
- 利払頻度：年2回

◆DURATION関数
デュレーションを求める
結果＝3.40（年）

◆MDURATION関数
修正デュレーションを求める
結果＝3.46（年）

デュレーションの意味
複数回のキャッシュフローを1本にまとめたと考えたときの資金回収期間を表す

修正デュレーションの意味

$$修正デュレーション = \frac{デュレーション}{1+利回り}$$

で定義され、利回りの変化に対する現在価格の変化の度合いを表す

DURATION 定期利付債のデュレーションを求める

DURATION(受渡日, 満期日, 利率, 利回り, 頻度, 基準)

▶関数の解説

定期利付債の発行条件をもとに、デュレーションを求めます。

▶引数の意味

受渡日 ····················· 債券の受渡日（購入日）を指定します。

満期日 ····················· 債券の満期日（償還日）を指定します。

利率 ························· 債券の年間の利率を指定します。

利回り ····················· 債券を満期日まで保有したときの年間の利回りを指定します。

頻度 ························· 年間の利払回数を指定します。年1回の場合は1を、年2回の場合は2を、四半期ごとの場合は4を指定します。

基準 ························· 日数計算に使われる基準日数（月／年）を表す値を指定します。省略すると、0を指定したものとみなされます。

```
┌─ 0または省略 ········ 30日／360日（NASD方式）
│   1 ······················ 実際の日数／実際の日数
│   2 ······················ 実際の日数／360日
│   3 ······················ 実際の日数／365日
└─ 4 ······················ 30日／360日（ヨーロッパ方式）
```

参照 📖 NASD方式とヨーロッパ方式の会計方式の違い······P.111

ポイント

- 日付を表す引数、[頻度]、[基準]に小数部分のある数値を指定した場合、小数点以下が切り捨てられた整数とみなされます。
- デュレーションの単位は「年」となります。
- DURATION関数では、債券の償還価額（額面）が100であるものとしてデュレーションが計算されます。

エラーの意味

エラーの種類	原因	エラーとなる例
[#NUM!]	[利率] ＜ 0、または [利回り] ＜ 0である	=DURATION(A3,B3,-0.06,D3,E3,F3)
	[頻度] に 1、2、4 以外の値を指定した	=DURATION(A3,B3,C3,D3,5,F3)
	[基準] ＜ 0、または 4 ＜ [基準] である	=DURATION(A3,B3,C3,D3,E3,5)
	[受渡日] ≧ [満期日] である	=DURATION("2020/1/1","2019/9/1",C3,D3,E3,F3)
[#VALUE!]	[受渡日] または [満期日] に無効な日付を指定した	=DURATION(A3,"2024/2/30",C3,D3,E3,F3)

9-13

定期利付債のデュレーションを求める

1 関数の基本知識

2 日付／時刻関数

3 数学／三角関数

4 論理関数

5 検索／行列関数

6 データベース関数

7 文字列操作関数

8 統計関数

9 財務関数

10 エンジニアリング関数

11 情報関数

12 キューブ関数

13 ウェブ関数

付録

693
できる

9-13 定期利付債のデュレーションを求める

関数の使用例　定期利付債のデュレーションを求める

[満期日]が2024年1月1日、[利率]が6%、[利回り]が8%、利払の[頻度]が年2回の定期利付債について、そのデュレーションを求めます。

=DURATION(A3,B3,C3,D3,E3,1)

セルA3～E3に順に入力されている[受渡日]、[満期日]、[利率]、[利回り]、[頻度]をもとに、定期利付債のデュレーションを求める。

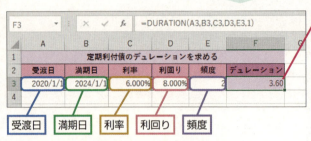

❶セルF3に「=DURATION(A3,B3,C3,D3,E3,1)」と入力

参照▶関数を入力するには……P.38
サンプル▶09_033_DURATION.xlsx

[基準]として「1」(実際の日数／実際の日数)を指定する

デュレーションが求められた

デュレーションは3.60年であることがわかった

HINT デュレーションの別名

デュレーションは、「平均回収期間」、「マコーレーデュレーション」、「マコーレー係数」などと呼ばれることもあります。

HINT デュレーションの利用法

デュレーションは、債券の現在価格の変動による損益と、定期的に受け取る利息が再投資されることで生じる損益とが均衡する時点を表しています。したがって、利回りの低下が予想される場合にはデュレーションより短い期間で債券を売却し、利回りの上昇が予想される場合にはデュレーションより長い期間で債券を売却すれば、より大きな収益が見込めます。

MDURATION 定期利付債の修正デュレーションを求める

モディファイド・デュレーション
MDURATION(受渡日, 満期日, 利率, 利回り, 頻度, 基準)

▶関数の解説

定期利付債の発行条件をもとに、修正デュレーションを求めます。

▶引数の意味

受渡日……………債券の受渡日(購入日)を指定します。
満期日……………債券の満期日(償還日)を指定します。
利率………………債券の年間の利率を指定します。
利回り……………債券を満期日まで保有したときの年間の利回りを指定します。

頻度‥‥‥‥‥‥‥‥‥ 年間の利払回数を指定します。年1回の場合は1を、年2回の場合は2を、四半期ごとの場合は4を指定します。

基準‥‥‥‥‥‥‥‥‥ 日数計算に使われる基準日数（月／年）を表す値を指定します。省略すると、0を指定したものとみなされます。

```
┌─ 0または省略‥‥‥‥30日／360日（NASD方式）
│  1‥‥‥‥‥‥‥‥‥‥実際の日数／実際の日数
│  2‥‥‥‥‥‥‥‥‥‥実際の日数／360日
│  3‥‥‥‥‥‥‥‥‥‥実際の日数／365日
└─ 4‥‥‥‥‥‥‥‥‥‥30日／360日（ヨーロッパ方式）
```

参照📖NASD方式とヨーロッパ方式の会計方式の違い‥‥‥P.111

ポイント

- 日付を表す引数、［頻度］、［基準］に小数部分のある数値を指定した場合、小数点以下が切り捨てられた整数とみなされます。
- 修正デュレーションに単位はありませんが、一般に「年」が使われます。
- MDURATION関数では、債券の償還価額（額面）が100であるものとして修正デュレーションが計算されます。

エラーの意味

エラーの種類	原因	エラーとなる例
[#NUM!]	［利率］＜ 0、または［利回り］＜ 0である	=MDURATION(A3,B3,-0.06,D3,E3,F3)
	［頻度］に 1、2、4以外の値を指定した	=MDURATION(A3,B3,C3,D3,5,F3)
	［基準］＜ 0、または 4 ＜［基準］である	=MDURATION(A3,B3,C3,D3,E3,5)
	［受渡日］≧［満期日］である	=MDURATION("2020/1/1","2019/9/1",C3,D3,E3,F3)
[#VALUE!]	［受渡日］または［満期日］に無効な日付を指定した	=MDURATION(A3,"2024/2/30",C3,D3,E3,F3)

関数の使用例　定期利付債の修正デュレーションを求める

［満期日］が2024年1月1日、［利率］が6%、［利回り］が8%、利払の［頻度］が年2回の定期利付債について、その修正デュレーションを求めます。

=MDURATION(A3,B3,C3,D3,E3,1)

セルA3 ～ E3に順に入力されている［受渡日］、［満期日］、［利率］、［利回り］、［頻度］をもとに、定期利付債の修正デュレーションを求める。

9-13

定期利付債のデュレーションを求める

1 関数の基本知識
2 日付／時刻関数
3 数学／三角関数
4 論理関数
5 検索／行列関数
6 データベース関数
7 文字列操作関数
8 統計関数
9 財務関数
10 エンジニアリング関数
11 情報関数
12 キューブ関数
13 ウェブ関数
付　録

695
できる

9-13 定期利付債のデュレーションを求める

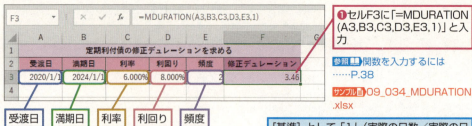

❶セルF3に「=MDURATION(A3,B3,C3,D3,E3,1)」と入力

参照▶関数を入力するには……P.38

サンプル▶09_034_MDURATION.xlsx

[基準] として「1」(実際の日数／実際の日数)を指定する

修正デュレーションが求められた

修正デュレーションは3.46年であることがわかった

HINT 修正デュレーションの利用法

修正デュレーションを使うと、定期利付債の利回りが変化したときに、その現在価格がどれだけ変化するかを概算できます。現在価格の変化率は以下の式で求められます。

現在価格の変化率
≒−1×修正デュレーション×利回りの変化

たとえば、修正デュレーションが3.5年のとき、利回りが8%から7%に変化すると、

−1×3.5×(7%−8%)=3.5%

となり、債券の現在価格は約3.5%上昇することがわかります。

HINT 利率や利回りをパーセント表示にするには

セルを選択してから、[ホーム] タブの [数値] グループにある [パーセントスタイル] ボタンをクリックします。

HINT 日付の指定にはDATE関数も利用できる

[受渡日] などの日付を指定する場合、日付を表す文字列を使うと簡単ですが、エラーが発生することもあります。その場合には、DATE関数を使うようにしてください。たとえば2029年6月1日を指定するには、DATE(2029,6,1)と入力します。

参照▶DATE……P.88

9-14 利払期間が半端な定期利付債の計算をする

9-14
利払期間が半端な定期利付債の計算をする

ODDFYIELD関数、ODDFPRICE関数、ODDLYIELD関数、ODDLPRICE関数

最初の利払期間が半端な定期利付債の利回りを求めるにはODDFYIELD関数を利用し、現在価格を求めるにはODDFPRICE関数を利用します。また、最後の利払期間が半端な定期利付債の利回りを求めるにはODDLYIELD関数を利用し、現在価格を求めるにはODDLPRICE関数を利用します。

通常の定期利付債では、発行条件で決められる利払日がほぼ等間隔になっており、各利払期間はほぼ同じです。しかし、場合によっては最初や最後の利払期間が半端な債券が発行されることもあります。このような債券について現在価格や利回りを求めるには、通常のYIELD関数やPRICE関数ではなく、ここで解説する専用の関数を利用する必要があります。

最初の利払期間が半端な定期利付債の計算をする関数

> **対象とする債券の例**
>
> 償還価額：100 　　　　利　率：0.85%
> 発 行 日：2019年2月15日 　利払頻度：年4回
> 受 渡 日：2019年3月1日 　利 払 日：2019年4月1日、2019年7月1日、
> 満 期 日：2020年1月1日 　　　　　　2019年10月1日

最初の期間が半端で残りの期間は規則的

2019/2/15　2019/3/1　2019/4/1　　2019/7/1　　2019/10/1　2020/1/1

発行日　受渡日　第1回利払日　第2回利払日　第3回利払日　満期日

◆ODDFPRICE関数
最初の利払期間が半端な利付債の現在価格を求める
利回り＝6%の場合→現在価格＝95.83

◆ODDFYIELD関数
最初の利払期間が半端な利付債の利回りを求める
現在価格＝96の場合→利回り＝5.785%

サイドバーインデックス

1 関数の基本知識
2 日付／時刻関数
3 数学／三角関数
4 論理関数
5 検索／行列関数
6 データベース関数
7 文字列操作関数
8 統計関数
9 財務関数
10 エンジニアリング関数
11 情報関数
12 キューブ関数
13 ウェブ関数
付録

697
できる

9-14 利払期間が半端な定期利付債の計算をする

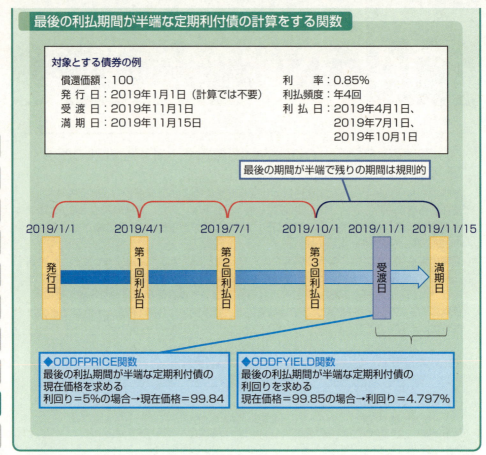

ODDFYIELD 最初の利払期間が半端な定期利付債の利回りを求める

ODDFYIELD(受渡日, 満期日, 発行日, 最初の利払日, 利率, 現在価格, 償還価額, 頻度, 基準)

▶関数の解説

最初の利払期間が半端な定期利付債を購入し、[満期日]まで保有した場合に得られる収益の利回りを求めます。

▶引数の意味

受渡日 ……………… 債券の受渡日（購入日）を指定します。

満期日 ……………… 債券の満期日（償還日）を指定します。

発行日 ……………… 債券の発行日を指定します。

最初の利払日 ……… 債券の利息（クーポン）が初回に支払われる日付を指定します。

利率 ………………… 債券の年間の利率を指定します。

現在価格 …………… 額面100に対する債券の現在価格を指定します。

償還価額 …………… 額面100に対する債券の償還価額を指定します。

頻度‥‥‥‥‥‥‥‥‥‥ 年間の利払回数を指定します。年1回の場合は1を、年2回の場合は2を、四半
期ごとの場合は4を指定します。

基準‥‥‥‥‥‥‥‥‥‥ 日数計算に使われる基準日数（月／年）を表す値を指定します。省略すると、
0を指定したものとみなされます。

┌─ 0または省略‥‥‥30日／360日（NASD方式）
│ 1‥‥‥‥‥‥‥‥‥実際の日数／実際の日数
│ 2‥‥‥‥‥‥‥‥‥実際の日数／360日
│ 3‥‥‥‥‥‥‥‥‥実際の日数／365日
└─ 4‥‥‥‥‥‥‥‥‥30日／360日（ヨーロッパ方式）

参照 NASD方式とヨーロッパ方式の会計方式の違い‥‥‥‥P.111

ポイント

- 日付を表す引数、［頻度］、［基準］に小数部分のある数値を指定した場合、小数点以下が切り捨
てられた整数とみなされます。
- ODDFYIELD関数は、最初の利払期間が半端な定期利付債の発行条件、［最初の利払日］、［現在
価格］がわかっているとき、その債券を［受渡日］から［満期日］まで保有したときの1年間あ
たりの最終利回りを求めたい場合に使います。

エラーの意味

エラーの種類	原因	エラーとなる例
[#NUM!]	［利率］＜0である	=ODDFYIELD(A3,B3,C3,D3,-0.01,F3,G3,H3,I3)
	［現在価格］≦0、または［償還価額］≦0である	=ODDFYIELD(A3,B3,C3,D3,E3,F3,0,H3,I3)
	［頻度］に1、2、4以外の値を指定した	=ODDFYIELD(A3,B3,C3,D3,E3,F3,G3,5,I3)
	［基準］＜0、または4＜［基準］である	=ODDFYIELD(A3,B3,C3,D3,E3,F3,G3,H3,5)
	［満期日］＞［最初の利払日］＞［受渡日］＞［発行日］という条件が満たされていない	=ODDFYIELD("2020/3/1","2020/1/1",C3,D3,E3,F3,G3,H3,I3)
[#VALUE!]	［受渡日］、［満期日］、［発行日］、［最初の利払日］のいずれかに無効な日付を指定した	=ODDFYIELD("2019/2/31",B3,C3,D3,E3,F3,G3,H3,I3)

関数の使用例 最初の利払期間が半端な定期利付債の利回りを求める

［償還価額］が100、［発行日］が2019年2月15日、［利率］が0.85%、利払の［頻度］が年4回、
［最初の利払日］が2019年4月1日の定期利付債を、2019年3月1日に［現在価格］96で購入し、
［満期日］の2020年1月1日まで保有したときの利回りを求めます。

=ODDFYIELD(A3,B3,C3,D3,A5,B5,C5,D5,1)

セルA3～D3に順に入力されている［受渡日］、［満期日］、［発行日］、［最初の利払日］、およ
びセルA5～D5に順に入力されている［利率］、［現在価格］、［償還価額］、［頻度］をもとに、
最初の利払期間が半端な定期利付債の利回りを求める。

9-14

利払期間が半端
な定期利付債の
計算をする

1 関数の基本知識
2 日付／時刻関数
3 数学／三角関数
4 論理関数
5 検索／行列関数
6 データベース関数
7 文字列操作関数
8 統計関数
9 財務関数
10 エンジニアリング関数
11 情報関数
12 キューブ関数
13 ウェブ関数
付録

699
できる

9-14 利払期間が半端な定期利付債の計算をする

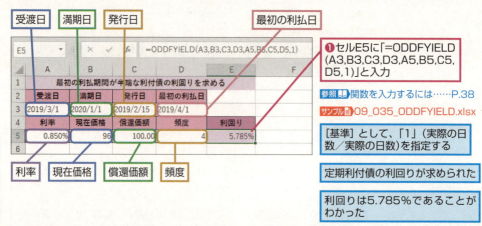

❶セルE5に「=ODDFYIELD(A3,B3,C3,D3,A5,B5,C5,D5,1)」と入力

参照▶関数を入力するには……P.38
サンプル▶09_035_ODDFYIELD.xlsx

[基準] として、「1」（実際の日数／実際の日数）を指定する

定期利付債の利回りが求められた

利回りは5.785%であることがわかった

ODDFPRICE　最初の利払期間が半端な定期利付債の現在価格を求める

オッド・ファースト・プライス
ODDFPRICE(受渡日, 満期日, 発行日, 最初の利払日, 利率, 利回り, 償還価額, 頻度, 基準)

▶関数の解説

最初の利払期間が半端な定期利付債の [満期日] までの利回りから、額面100あたりの現在価格を求めます。

▶引数の意味

受渡日…………… 債券の受渡日（購入日）を指定します。

満期日…………… 債券の満期日（償還日）を指定します。

発行日…………… 債券の発行日を指定します。

最初の利払日……… 債券の利息（クーポン）が初回に支払われる日付を指定します。

利率……………… 債券の年間の利率を指定します。

利回り…………… 債券を満期日まで保有したときの年間の利回りを指定します。

償還価額………… 額面100に対する債券の償還価額を指定します。

頻度……………… 年間の利払回数を指定します。年1回の場合は1を、年2回の場合は2を、四半期ごとの場合は4を指定します。

基準……………… 日数計算に使われる基準日数（月／年）を表す値を指定します。省略すると、0を指定したものとみなされます。

　　　　　　　0または省略…… 30日／360日（NASD方式）
　　　　　　　1 ………………… 実際の日数／実際の日数
　　　　　　　2 ………………… 実際の日数／360日
　　　　　　　3 ………………… 実際の日数／365日
　　　　　　　4 ………………… 30日／360日（ヨーロッパ方式）

参照▶NASD方式とヨーロッパ方式の会計方式の違い……P.111

[ポイント]

・日付を表す引数、[頻度]、[基準] に小数部分のある数値を指定した場合、小数点以下が切り捨てられた整数とみなされます。

- ODDFPRICE関数は、最初の利払期間が半端な定期利付債の発行条件、[最初の利払日]、[利回り] がわかっているとき、[受渡日]における額面100あたりの現在価格を求めたい場合に使います。

エラーの意味

エラーの種類	原因	エラーとなる例
[#NUM!]	[利率]＜0、または[利回り]＜0である	=ODDFPRICE(A3,B3,C3,D3, -0.01,F3,G3,H3,I3)
	[償還価額]≦0である	=ODDFPRICE(A3,B3,C3,D3,E3, F3,0,H3,I3)
	[頻度]に1、2、4以外の値を指定した	=ODDFPRICE(A3,B3,C3,D3,E3, F3,G3,5,I3)
	[基準]＜0、または4＜[基準]である	=ODDFPRICE(A3,B3,C3,D3,E3, F3,G3,H3,5)
	[満期日]＞[最初の利払日]＞[受渡日]＞[発行日]という条件が満たされていない	=ODDFPRICE("2020/3/1","2020/1/1",C3,D3,E3,F3,G3,H3,I3)
[#VALUE!]	[受渡日]、[満期日]、[発行日]、[最初の利払日]のいずれかに無効な日付を指定した	=ODDFPRICE("2019/2/31",B3, C3,D3,E3,F3,G3,H3,I3)

関数の使用例　最初の利払期間が半端な定期利付債の現在価格を求める

[償還価額]が100、[発行日]が2019年2月15日、[利率]が0.85%、利払の[頻度]が年4回、[最初の利払日]が2019年4月1日の定期利付債を、[満期日]の2020年1月1日まで保有した場合の[利回り]が6%であるとき、2019年3月1日における現在価格がいくらになるかを求めます。

=ODDFPRICE(A3,B3,C3,D3,A5,B5,C5,D5,1)

セルA3～D3に順に入力されている[受渡日]、[満期日]、[発行日]、[最初の利払日]、およびセルA5～D5に順に入力されている[利率]、[利回り]、[償還価額]、[頻度]をもとに、最初の利払期間が半端な定期利付債の現在価格を求める。

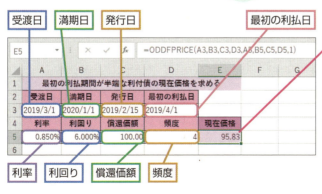

❶セルE5に「=ODDFPRICE(A3,B3,C3,D3,A5,B5,C5,D5,1)」と入力

[基準]として、「1」(実際の日数／実際の日数)を指定する

定期利付債の現在価格が求められた

現在価格は95.83であることがわかった

ODDLYIELD 最後の利払期間が半端な定期利付債の利回りを求める

オッド・ラスト・イールド
ODDLYIELD(受渡日, 満期日, 最後の利払日, 利率, 現在価格, 償還価額, 頻度, 基準)

▶関数の解説

最後の利払期間が半端な定期利付債を購入し、[満期日]まで保有した場合に得られる収益の利回りを求めます。

▶引数の意味

受渡日 ····················· 債券の受渡日(購入日)を指定します。

満期日 ····················· 債券の満期日(償還日)を指定します。

最後の利払日 ·········· 債券の利息(クーポン)が最後に支払われる日付を指定します。

利率 ························ 債券の年間の利率を指定します。

現在価格 ················· 額面100に対する債券の現在価格を指定します。

償還価額 ················· 額面100に対する債券の償還価額を指定します。

頻度 ························ 年間の利払回数を指定します。年1回の場合は1を、年2回の場合は2を、四半期ごとの場合は4を指定します。

基準 ························ 日数計算に使われる基準日数(月/年)を表す値を指定します。省略すると、0を指定したものとみなされます。

```
┌ 0または省略 ········ 30日/ 360日(NASD方式)
│ 1 ························ 実際の日数/実際の日数
│ 2 ························ 実際の日数/ 360日
│ 3 ························ 実際の日数/ 365日
└ 4 ························ 30日/ 360日(ヨーロッパ方式)
```

参照 NASD方式とヨーロッパ方式の会計方式の違い……P.111

ポイント

- 日付を表す引数、[頻度]、[基準]に小数部分のある数値を指定した場合、小数点以下が切り捨てられた整数とみなされます。
- ODDLYIELD関数は、最後の利払期間が半端な定期利付債の発行条件、[最後の利払日]、[現在価格]がわかっているとき、その債券を[受渡日]から[満期日]まで保有したときの1年間あたりの最終利回りを求めたい場合に使います。

エラーの意味

エラーの種類	原因	エラーとなる例
[#NUM!]	[利率]<0である	=ODDLYIELD(A3,B3,C3,-0.01,E3,F3,G3,H3)
	[現在価格]≦0、または[償還価額]≦0である	=ODDLYIELD(A3,B3,C3,D3,E3,0,G3,H3)
	[頻度]に1、2、4以外の値を指定した	=ODDLYIELD(A3,B3,C3,D3,E3,F3,5,H3)
	[基準]<0、または4<[基準]である	=ODDLYIELD(A3,B3,C3,D3,E3,F3,G3,5)

[#NUM!]	[満期日] ＞ [受渡日] ＞ [最後の利払日] という条件が満たされていない	=ODDLYIELD("2019/11/30","2019/11/15",C3,D3,E3,F3,G3,H3)
[#VALUE!]	[受渡日]、[満期日]、[最後の利払日] のいずれかに無効な日付を指定した	=ODDLYIELD("2019/11/31",B3,C3,D3,E3,F3,G3,H3)

関数の使用例　最後の利払期間が半端な定期利付債の利回りを求める

[償還価額] が100、[利率] が0.85％、利払の [頻度] が年4回、[最後の利払日] が2019年10月1日の定期利付債を、2019年11月1日に [現在価格] 99.85で購入し、[満期日] の2019年11月15日まで保有したときの利回りを求めます。

=ODDLYIELD(A3,B3,C3,A5,B5,C5,D5,1)

セルA3 〜 C3に順に入力されている [受渡日]、[満期日]、[最後の利払日]、およびセルA5 〜 D5に順に入力されている [利率]、[現在価格]、[償還価額]、[頻度] をもとに、最後の利払期間が半端な定期利付債の利回りを求める。

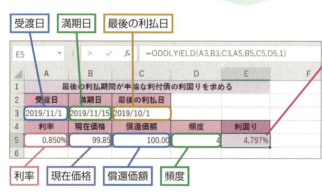

❶ セルE5に「=ODDLYIELD(A3,B3,C3,A5,B5,C5,D5,1)」と入力

[基準] として、「1」（実際の日数／実際の日数）を指定する

定期利付債の利回りが求められた

利回りは4.797％であることがわかった

9-14

利払期間が半端な定期利付債の計算をする

ODDLPRICE 最後の利払期間が半端な定期利付債の現在価格を求める

オッド・ラスト・プライス
ODDLPRICE(受渡日, 満期日, 最後の利払日, 利率, 利回り, 償還価額, 頻度, 基準)

▶関数の解説

最後の利払期間が半端な定期利付債の［満期日］までの利回りから、額面100あたりの現在価格を求めます。

▶引数の意味

受渡日 ····················· 債券の受渡日（購入日）を指定します。

満期日 ····················· 債券の満期日（償還日）を指定します。

最後の利払日 ········· 債券の利息（クーポン）が最後に支払われる日付を指定します。

利率 ························· 債券の年間の利率を指定します。

利回り ····················· 債券を満期日まで保有したときの年間の利回りを指定します。

償還価額 ················ 額面100に対する債券の償還価額を指定します。

頻度 ························· 年間の利払回数を指定します。年1回の場合は1を、年2回の場合は2を、四半期ごとの場合は4を指定します。

基準 ························· 数計算に使われる基準日数（月／年）を表す値を指定します。省略すると、0を指定したものとみなされます。

```
0または省略 ············· 30日／360日（NASD方式）
1 ··················· 実際の日数／実際の日数
2 ··················· 実際の日数／360日
3 ··················· 実際の日数／365日
4 ··················· 30日／360日（ヨーロッパ方式）
```

参照 NASD方式とヨーロッパ方式の会計方式の違い……P.111

ポイント

・日付を表す引数、［頻度］、［基準］に小数部分のある数値を指定した場合、小数点以下が切り捨てられた整数とみなされます。

・ODDLPRICE関数は、最後の利払期間が半端な定期利付債の発行条件、［最後の利払日］、［利回り］がわかっているとき、［受渡日］における額面100あたりの現在価格を求めたい場合に使います。

エラーの意味

エラーの種類	原因	エラーとなる例
[#NUM!]	［利率］＜0、または［利回り］＜0である	=ODDLPRICE(A3,B3,C3,-0.01,E3,F3,G3,H3)
	［償還価額］≦0である	=ODDLPRICE(A3,B3,C3,D3,E3,0,G3,H3)
	［頻度］に1、2、4以外の値を指定した	=ODDLPRICE(A3,B3,C3,D3,E3,F3,5,H3)
	［基準］＜0、または4＜［基準］である	=ODDLPRICE(A3,B3,C3,D3,E3,F3,G3,5)

関数の基本知識 1
日付／時刻関数 2
数学／三角関数 3
論理関数 4
検索／行列関数 5
データベース関数 6
文字列操作関数 7
統計関数 8
財務関数 9
エンジニアリング関数 10
情報関数 11
キューブ関数 12
ウェブ関数 13
付録

704
できる

[#NUM!]	[満期日] ＞ [受渡日] ＞ [最後の利払日] という条件が満たされていない	=ODDLPRICE("2019/11/30", "2019/11/15",C3,D3,E3,F3,G3, H3)
[#VALUE!]	[受渡日]、[満期日]、[最後の利払日] のいずれかに無効な日付を指定した	=ODDLPRICE("2019/11/31",B3,C 3,D3,E3,F3,G3,H3)

関数の使用例　最後の利払期間が半端な定期利付債の現在価格を求める

[償還価額] が100、[利率] が0.85%、利払の [頻度] が年4回、[最後の利払日] が2019年10月1日の定期利付債を、[満期日] の2019年11月15日まで保有したときの [利回り] が5%であるとき、2019年11月1日における現在価格がいくらになるかを求めます。

=ODDLPRICE(A3,B3,C3,A5,B5,C5,D5,1)

セルA3 ～ C3に順に入力されている [受渡日]、[満期日]、[最後の利払日]、およびセルA5 ～ D5に順に入力されている [利率]、[利回り]、[償還価額]、[頻度] をもとに、最後の利払期間が半端な定期利付債の現在価格を求める。

❶セルE5に「=ODDLPRICE (A3,B3,C3,A5,B5,C5,D5, 1)」と入力

参照▶関数を入力するには……P.38

サンプル▶09_038_ODDLPRICE.xlsx

[基準] として、「1」(実際の日数／実際の日数)を指定する

定期利付債の現在価格が求められた

現在価格は99.84であることがわかった

9-15 満期利付債の計算をする

YIELDMAT関数、PRICEMAT関数、ACCRINTM関数

満期利付債の利回り、現在価格、経過利息を求めるには、それぞれYIELDMAT関数、PRICEMAT関数、ACCRINTM関数を利用します。

満期利付債とは、発行日から満期日（償還日）までの間に一定の利息が付き、満期時には最初に決められた償還価額（額面）にその利息が加算されて返済される債券のことです。この債券によって得られる収益は、保有期間中の利息に、償還価額から購入時の価格を差し引いた償還差損益を加えたものとなります。なお、債券は売買されるときに実際の価格が付くため、「現在価値」の代わりに「現在価格」という用語が使われます。

満期利付債のしくみ（満期利付債を途中購入した場合）

満期利付債の収益＝（償還価額－購入価格）＋利息

◆ACCRINTM関数
発行条件と保有期間をもとに経過利息を求める

利回りと現在価格の関係

◆PRICEMAT関数
発行条件と利回りをもとに現在価格を求める

利回り
購入価格に対して1年間で得られる収益の比率

現在価格
償還価額100あたりの単価

◆YIELDMAT関数
発行条件と現在価格をもとに利回りを求める

満期利付債の発行条件
期間：発行日〜償還日の期間
利率：償還価額に対する利息の比率
償還日：償還される日
償還価額（額面）：償還される金額

YIELDMAT 満期利付債の利回りを求める

イールド・マット
YIELDMAT(受渡日, 満期日, 発行日, 利率, 現在価格, 基準)

▶関数の解説
満期利付債を購入し、[満期日] まで保有した場合に得られる収益の利回りを求めます。

▶引数の意味
受渡日………………… 債券の受渡日（購入日）を指定します。

満期日………………… 債券の満期日（償還日）を指定します。

発行日………………… 債券の発行日を指定します。

利率…………………… 債券の年間の利率を指定します。

現在価格……………… 額面100に対する債券の現在価格を指定します。

基準…………………… 日数計算に使われる基準日数（月／年）を表す値を指定します。省略すると、
0を指定したものとみなされます。

```
┌ 0または省略………30日／360日（NASD方式）
│ 1………………………実際の日数／実際の日数
│ 2………………………実際の日数／360日
│ 3………………………実際の日数／365日
└ 4………………………30日／360日（ヨーロッパ方式）
```

参照 NASD方式とヨーロッパ方式の会計方式の違い……P.111

ポイント

• 日付を表す引数や [基準] に小数部分のある数値を指定した場合、小数点以下が切り捨てられた整数とみなされます。

• YIELDMAT関数は、満期利付債の発行条件と [現在価格] がわかっているとき、その債券を [受渡日] から [満期日] まで保有したときの1年間あたりの最終利回りを求めたい場合に使います。

エラーの意味

エラーの種類	原因	エラーとなる例
[#NUM!]	[利率] ＜0である	=YIELDMAT(A3,B3,C3,-0.01, E3,F3)
	[現在価格] ≦0である	=YIELDMAT(A3,B3,C3,D3,0,F3)
	[基準] ＜0、または4＜[基準] である	=YIELDMAT(A3,B3,C3,D3,E3,5)
	[満期日]＞[受渡日]＞[発行日] という条件が満たされていない	=YIELDMAT("2019/9/20", "2019/3/20",C3,D3,E3,F3)
[#VALUE!]	[受渡日]、[満期日]、または [発行日] に無効な日付を指定した	=YIELDMAT("2019/9/31",B3, C3,D3,E3,F3)

9-15 満期利付債の計算をする

関数の使用例　満期利付債の利回りを求める

［発行日］が2019年3月20日、［利率］が0.5％の満期利付債を、2019年9月20日に［現在価格］95で購入し、［満期日］の2029年3月20日まで保有したときの利回りを求めます。

=YIELDMAT(A3,B3,C3,D3,E3,1)

セルA3～E3に順に入力されている［受渡日］、［満期日］、［発行日］、［利率］、［現在価格］をもとに、満期利付債の利回りを求める。

❶ セルF3に「=YIELDMAT(A3,B3,C3,D3,E3,1)」と入力

参照▶関数を入力するには……P.38

サンプル▶09_039_YIELDMAT.xlsx

［基準］として、「1」（実際の日数／実際の日数）を指定する

満期利付債の利回りが求められた

利回りは1.077％であることがわかった

PRICEMAT 満期利付債の現在価格を求める

PRICEMAT(受渡日, 満期日, 発行日, 利率, 利回り, 基準)
プライス・マット

▶関数の解説

満期利付債の［満期日］までの［利回り］をもとに、額面100あたりの現在価格を求めます。

▶引数の意味

受渡日……………債券の受渡日（購入日）を指定します。

満期日……………債券の満期日（償還日）を指定します。

発行日……………債券の発行日を指定します。

利率………………債券の年間の利率を指定します。

利回り……………債券を満期日まで保有したときの年間の利回りを指定します。

基準………………日数計算に使われる基準日数（月／年）を表す値を指定します。省略すると、0を指定したものとみなされます。

　　　　　　　　0または省略……30日／360日（NASD方式）
　　　　　　　　1………………………実際の日数／実際の日数
　　　　　　　　2………………………実際の日数／360日
　　　　　　　　3………………………実際の日数／365日
　　　　　　　　4………………………30日／360日（ヨーロッパ方式）

参照▶NASD方式とヨーロッパ方式の会計方式の違い……P.111

ポイント

- 日付を表す引数や［基準］に小数部分のある数値を指定した場合、小数点以下が切り捨てられた整数とみなされます。
- PRICEMAT関数は、満期利付債の発行条件と、その債券を［満期日］まで保有したときの［利回り］がわかっているとき、その債券を［受渡日］に購入すると、額面100あたりの現在価格がいくらになるかを求めたい場合に使います。なお、［受渡日］に債券の発行日を指定すれば、応募者価格が求められます。

エラーの意味

エラーの種類	原因	エラーとなる例
[#NUM!]	［利率］＜0、または［利回り］＜0である	=PRICEMAT(A3,B3,C3,-0.01,E3,F3)
	［基準］＜0、または4＜［基準］である	=PRICEMAT(A3,B3,C3,D3,E3,5)
	［満期日］＞［受渡日］＞［発行日］という条件が満たされていない	=PRICEMAT("2019/9/20","2019/3/20",C3,D3,E3,F3)
[#VALUE!]	［受渡日］、［満期日］、または［発行日］に無効な日付を指定した	=PRICEMAT("2019/9/31",B3,C3,D3,E3,F3)

関数の使用例　満期利付債の現在価格を求める

［発行日］が2019年3月20日、［利率］が0.5%の満期利付債を、［満期日］の2029年3月20日まで保有した場合の［利回り］が1.1%であるとき、2019年9月20日における現在価格がいくらになるかを求めます。

=PRICEMAT(A3,B3,C3,D3,E3,1)

セルA3～E3に順に入力されている［受渡日］、［満期日］、［発行日］、［利率］、［利回り］をもとに、満期利付債の現在価格を求める。

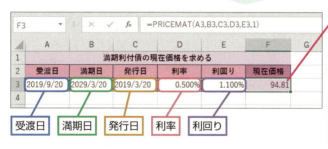

❶セルF3に「=PRICEMAT(A3,B3,C3,D3,E3,1)」と入力

参照▶関数を入力するには……P.38

サンプル 09_040_PRICEMAT.xlsx

［基準］として、「1」（実際の日数／実際の日数）を指定する

満期利付債の現在価格が求められた

現在価格は94.81であることがわかった

ACCRINTM 満期利付債の経過利息を求める

アルクード・インタレスト・マット
ACCRINTM(発行日, 受渡日, 利率, 償還価額, 基準)

▶関数の解説
満期利付債の［発行日］から［受渡日］までの間に発生する経過利息を求めます。

▶引数の意味

発行日‥‥‥‥‥‥‥‥ 債券の発行日を指定します。

受渡日‥‥‥‥‥‥‥‥ 債券の受渡日（購入日）を指定します。

利率‥‥‥‥‥‥‥‥‥ 債券の発行日を指定します。

償還価額‥‥‥‥‥‥‥ 額面100に対する債券の償還価額を指定します。

基準‥‥‥‥‥‥‥‥‥ 日数計算に使われる基準日数（月／年）を表す値を指定します。省略すると、0を指定したものとみなされます。

- 0または省略‥‥‥‥30日／360日（NASD方式）
- 1‥‥‥‥‥‥‥‥‥‥実際の日数／実際の日数
- 2‥‥‥‥‥‥‥‥‥‥実際の日数／360日
- 3‥‥‥‥‥‥‥‥‥‥実際の日数／365日
- 4‥‥‥‥‥‥‥‥‥‥30日／360日（ヨーロッパ方式）

参照 NASD方式とヨーロッパ方式の会計方式の違い‥‥‥P.111

ポイント

- 日付を表す引数や［基準］に小数部分のある数値を指定した場合、小数点以下が切り捨てられた整数とみなされます。
- ACCRINTM関数は、満期利付債の発行条件と、その債券の［受渡日］がわかっているとき、その期間中に発生する経過利息（未収利息）を求めたい場合に使います。

エラーの意味

エラーの種類	原因	エラーとなる例
[#NUM!]	［利率］≦0である	=ACCRINTM(A3,B3,-0.01,D3,E3)
	［償還価額］≦0である	=ACCRINTM(A3,B3,C3,0,E3)
	［基準］＜0、または4＜［基準］である	=ACCRINTM(A3,B3,C3,D3,5)
	［受渡日］＞［発行日］である	=ACCRINTM("2019/3/21","2019/3/20",C3,D3,E3)
[#VALUE!]	［発行日］または［受渡日］に無効な日付を指定した	=ACCRINTM("2019/9/31",B3,C3,D3,E3)

関数の使用例　満期利付債の経過利息を求める

［発行日］が2019年9月20日、［償還価額］が100、［利率］が0.5％の満期利付債を、2029年3月20日まで保有したとき、経過利息がいくらになるかを求めます。

=ACCRINTM(A3,B3,C3,D3,1)

セルA3～D3に順に入力されている［発行日］、［受渡日］、［利率］、［償還価額］をもとに、満期利付債の経過利息を求める。

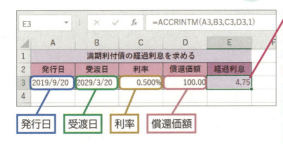

❶セルE3に「=ACCRINTM(A3,B3,C3,D3,1)」と入力

参照▶関数を入力するには……P.38
サンプル▶09_041_ACCRINTM.xlsx

［基準］として、「1」（実際の日数／実際の日数）を指定する

満期利付債の経過利息が求められた

経過利息は4.75であることがわかった

HINT 割引手形の割引料も求められる

割引手形を満期利付債の一種と考えて、購入日から満期日までの経過利息を求めれば、ちょうどその手形の割引料に相当する額になります。具体的には、ACCRINTM関数の［発行日］に手形の購入日（割引日）、［受渡日］に満期日、そして［償還価額］にその額面を指定します。

9-16 割引債の計算をする

YIELDDISC関数、INTRATE関数、RECEIVED関数、PRICEDISC関数、DISC関数

割引債の利回り、償還価額、現在価格、割引率を求めるには、それぞれYIELDDISC関数またはINTRATE関数、RECEIVED関数、PRICEDISC関数、DISC関数を利用します。
割引債とは、償還価額（額面）から利息（割引率）相当分の金額を割り引いた価格で発行され、償還時にはその額面どおりの金額が返済される債券のことです。この債券によって得られる収益は、償還価額から購入時の価格を差し引いた金額となります。

割引債のしくみ（割引債を途中購入した場合）

割引債の収益＝償還価額－購入価格＝割引率相当分

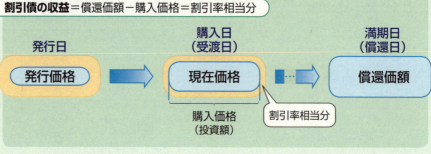

YIELDDISC 割引債の利回りを求める

INTRATE 割引債の利回りを求める

イールド・ディスカウント
YIELDDISC(受渡日, 満期日, 現在価格, 償還価額, 基準)

イントレート
INTRATE(受渡日, 満期日, 現在価格, 償還価額, 基準)

▶関数の解説

割引債を購入し、[満期日]まで保有した場合に得られる収益の利回りを求めます。

▶引数の意味

受渡日 ···················· 債券の受渡日（購入日）を指定します。

満期日 ···················· 債券の満期日（償還日）を指定します。

現在価格 ················· 額面100に対する債券の現在価格を指定します。

償還価額 ················· 額面100に対する債券の償還価額を指定します。

基準 ························ 日数計算に使われる基準日数（月／年）を表す値を指定します。省略すると、0を指定したものとみなされます。

```
┌ 0または省略 ········ 30日／360日（NASD方式）
│ 1 ···················· 実際の日数／実際の日数
│ 2 ···················· 実際の日数／360日
│ 3 ···················· 実際の日数／365日
└ 4 ···················· 30日／360日（ヨーロッパ方式）
```

参照 NASD方式とヨーロッパ方式の会計方式の違い……P.111

ポイント

• YIELDDISC関数とINTRATE関数の機能はまったく同じなので、どちらを使っても同じ結果が得られます。

• 日付を表す引数や［基準］に小数部分のある数値を指定した場合、小数点以下が切り捨てられた整数とみなされます。

• YIELDDISC関数またはINTRATE関数は、割引債の［償還価額］と［現在価格］がわかっているとき、その債券を［受渡日］に購入して［満期日］まで保有したときの1年間あたりの最終利回りを求めたい場合に使います。

• ［受渡日］に債券の発行日を指定すれば、発行時から満期時までの応募者利回りが求められます。

参照 INTRATE……P.713

エラーの意味

エラーの種類	原因	エラーとなる例
[#NUM!]	［現在価格］≦0、または［償還価額］≦0である	=YIELDDISC(A3,B3,C3,0,E3)
	［基準］＜0、または4＜［基準］である	=YIELDDISC(A3,B3,C3,D3,5)
	［受渡日］≧［満期日］である	=YIELDDISC("2019/3/20","2019/3/20",C3,D3,E3)
[#VALUE!]	［受渡日］または［満期日］に無効な日付を指定した	=YIELDDISC("2019/2/30","2029/3/20",95,100,1)

9-16

割引債の計算をする

1 関数の基本知識

2 日付／時刻関数

3 数学／三角関数

4 論理関数

5 検索／行列関数

6 データベース関数

7 文字列操作関数

8 統計関数

9 財務関数

10 エンジニアリング関数

11 情報関数

12 キューブ関数

13 ウェブ関数

付 録

9-16

割引債の計算をする

関数の使用例　割引債の利回りを求める

［償還価額］が100の割引債を、2019年3月20日に［現在価格］95で購入し、［満期日］の2029年3月20日まで保有したときの利回りを求めます。

=YIELDDISC(A3,B3,C3,D3,1)
=INTRATE(A3,B3,C3,D3,1)

セルA3 ～ D3に順に入力されている［受渡日］、［満期日］、［現在価格］、［償還価額］をもとに、割引債の利回りを求める。

❶セルE3に「=YIELDDISC(A3,B3,D3,1)」と入力

参照 📖 関数を入力するには……P.38

サンプル 🗐 09_042_YIELDDISC.xlsx

［基準］として、「1」（実際の日数／実際の日数）を指定する

割引債の利回りが求められた

利回りは0.526%であることがわかった

HINT ［現在価格］と［投資額］

ExcelのヘルプではINTRATE関数の3番めの引数が［投資額］と表現されていますが、本書では、ほかの関数で使われている引数名と合わせるために、［現在価格］と表現しています。

実際のところ、割引債に投資するときにはその債券を現在価格で購入することになるので、どちらの用語であっても意味はまったく同じです。

RECEIVED　割引債の満期日支払額を求める

RECEIVED（受渡日, 満期日, 現在価格, 割引率, 基準）
（レ シ ー ブ ド）

▶関数の解説

割引債を購入し、［満期日］まで保有した場合に支払われる満期日支払額を求めます。

▶引数の意味

受渡日……………… 債券の受渡日（購入日）を指定します。

満期日……………… 債券の満期日（償還日）を指定します。

現在価格…………… 額面100に対する債券の現在価格を指定します。

割引率……………… 債券の年間の割引率を指定します。

基準………………… 日数計算に使われる基準日数（月／年）を表す値を指定します。省略すると、0を指定したものとみなされます。

714
できる

```
┌ 0または省略‥‥‥ 30日／360日（NASD方式）
│ 1‥‥‥‥‥‥‥ 実際の日数／実際の日数
│ 2‥‥‥‥‥‥‥ 実際の日数／360日
│ 3‥‥‥‥‥‥‥ 実際の日数／365日
└ 4‥‥‥‥‥‥‥ 30日／360日（ヨーロッパ方式）
```

参照▶NASD方式とヨーロッパ方式の会計方式の違い‥‥‥P.111

ポイント

- 日付を表す引数や［基準］に小数部分のある数値を指定した場合、小数点以下が切り捨てられた整数とみなされます。
- RECEIVED関数は、割引債の［割引率］と［現在価格］（投資額）がわかっているとき、その債券を［受渡日］に購入して［満期日］まで保有したときの満期日支払額を求めたい場合に使います。

エラーの意味

エラーの種類	原因	エラーとなる例
[#NUM!]	［割引率］≦0、または［現在価格］≦0である	=RECEIVED(A3,B3,C3,0,E3)
	［基準］＜0、または4＜［基準］である	=RECEIVED(A3,B3,C3,D3,5)
	［受渡日］≧［満期日］である	=RECEIVED("2019/3/20","2019/3/20",C3,D3,E3)
[#VALUE!]	［受渡日］または［満期日］に無効な日付を指定した	=RECEIVED("2019/2/30",B3,C3,D3,E3)

関数の使用例　割引債の満期日支払額を求める

［割引率］が0.5％の割引債を、2019年3月20日に［現在価格］95で購入し、［満期日］の2029年3月20日まで保有したときの満期日支払額を求めます。

=RECEIVED(A3,B3,C3,D3,1)

セルA3～D3に順に入力されている［受渡日］、［満期日］、［現在価格］、［割引率］をもとに、割引債の満期日支払額を求める。

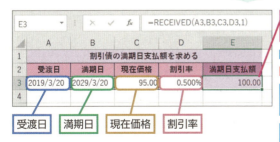

❶セルE3に「=RECEIVED(A3,B3,C3,D3,1)」と入力

参照▶関数を入力するには‥‥‥P.38

サンプル▶09_043_RECEIVED.xlsx

［基準］として、「1」（実際の日数／実際の日数）を指定する

割引債の満期日支払額が求められた

満期日支払額は100.00であることがわかった

9-16 割引債の計算をする

9-16

割引債の計算をする

PRICEDISC 割引債の現在価格を求める

プライス・ディスク
PRICEDISC(受渡日, 満期日, 割引率, 償還価額, 基準)

▶関数の解説

割引債を購入するときの、額面100あたりの現在価格を求めます。

▶引数の意味

受渡日‥‥‥‥‥‥‥‥ 債券の受渡日（購入日）を指定します。

満期日‥‥‥‥‥‥‥‥ 債券の満期日（償還日）を指定します。

割引率‥‥‥‥‥‥‥‥ 債券の年間の割引率を指定します。

償還価額‥‥‥‥‥‥‥ 額面100に対する債券の償還価額を指定します。

基準‥‥‥‥‥‥‥‥‥ 日数計算に使われる基準日数（月／年）を表す値を指定します。省略すると、0を指定したものとみなされます。

```
┌ 0または省略‥‥‥‥30日／360日（NASD方式）
│ 1‥‥‥‥‥‥‥‥‥‥実際の日数／実際の日数
│ 2‥‥‥‥‥‥‥‥‥‥実際の日数／360日
│ 3‥‥‥‥‥‥‥‥‥‥実際の日数／365日
└ 4‥‥‥‥‥‥‥‥‥‥30日／360日（ヨーロッパ方式）
```

参照 NASD方式とヨーロッパ方式の会計方式の違い‥‥‥‥P.111

ポイント

・日付を表す引数や［基準］に小数部分のある数値を指定した場合、小数点以下が切り捨てられた整数とみなされます。

・PRICEDISC関数は、割引債の［割引率］と［償還価額］（額面）がわかっているとき、その債券を［受渡日］に購入すると、額面100あたりの現在価格がいくらになるかを求めたい場合に使います。なお、［受渡日］に債券の発行日を指定すれば、発行価格が求められます。

エラーの意味

エラーの種類	原因	エラーとなる例
[#NUM!]	［割引率］≦ 0、または［償還価額］≦ 0である	=PRICEDISC(A3,B3,C3,0,E3)
	［基準］< 0、または 4 <［基準］である	=PRICEDISC(A3,B3,C3,D3,5)
	［受渡日］≧［満期日］である	=PRICEDISC("2019/3/20","2019/3/20",C3,D3,E3)
[#VALUE!]	［受渡日］または［満期日］に無効な日付を指定した	=PRICEDISC("2019/2/30",B3,C3,D3,E3)

関数の基本知識 **1**

日付／時刻関数 **2**

数学／三角関数 **3**

論理関数 **4**

検索／行列関数 **5**

データベース関数 **6**

文字列操作関数 **7**

統計関数 **8**

財務関数 **9**

エンジニアリング関数 **10**

情報関数 **11**

キューブ関数 **12**

ウェブ関数 **13**

付　録

716
できる

関数の使用例　割引債の現在価格を求める

［償還価額］が100、［割引率］が0.5%、［満期日］が2029年3月20日の割引債について、2019年3月20日における現在価格を求めます。

=PRICEDISC(A3,B3,C3,D3,1)

セルA3～D3に順に入力されている［受渡日］、［満期日］、［割引率］、［償還価額］をもとに、割引債の現在価格を求める。

❶ セルE3に「=PRICEDISC(A3,B3,C3,D3,1)」と入力

参照▶関数を入力するには……P.38
サンプル▶09_044_PRICEDISC.xlsx

［基準］として、「1」（実際の日数／実際の日数）を指定する

割引債の現在価格が求められた

現在価格は95.00であることがわかった

DISC　割引債の割引率を求める

DISC(受渡日, 満期日, 現在価格, 償還価額, 基準)

▶関数の解説

割引債を購入するときの割引率を求めます。

▶引数の意味

受渡日……………債券の受渡日（購入日）を指定します。
満期日……………債券の満期日（償還日）を指定します。
現在価格…………額面100に対する債券の現在価格を指定します。
償還価額…………額面100に対する債券の償還価額を指定します。
基準………………日数計算に使われる基準日数（月／年）を表す値を指定します。省略すると、0を指定したものとみなされます。

　　　　　　　　　　0または省略……30日／360日（NASD方式）
　　　　　　　　　　1…………………実際の日数／実際の日数
　　　　　　　　　　2…………………実際の日数／360日
　　　　　　　　　　3…………………実際の日数／365日
　　　　　　　　　　4…………………30日／360日（ヨーロッパ方式）

参照▶NASD方式とヨーロッパ方式の会計方式の違い……P.111

【ポイント】

・日付を表す引数や［基準］に小数部分のある数値を指定した場合、小数点以下が切り捨てられた整数とみなされます。

9-16 割引債の計算をする

- DISC関数は、割引債の［償還価額］（額面）と［現在価格］がわかっているとき、その債券を［受渡日］に購入して［満期日］まで保有したときの割引率を求めたい場合に使います。

エラーの意味

エラーの種類	原因	エラーとなる例
[#NUM!]	［現在価格］≦ 0、または［償還価額］≦ 0 である	=DISC(A3,B3,C3,0,E3)
	［基準］< 0、または 4 <［基準］である	=DISC(A3,B3,C3,D3,5)
	［受渡日］≧［満期日］である	=DISC("2019/3/20","2019/3/20",C3,D3,E3)
[#VALUE!]	［受渡日］または［満期日］に無効な日付を指定した	=DISC("2019/2/30",B3,C3,D3,E3)

関数の使用例　割引債の割引率を求める

［償還価額］が100、［現在価格］が95、［満期日］が2029年3月20日の割引債について、2019年3月20日における割引率を求めます。

=DISC(A3,B3,C3,D3,1)

セルA3～D3に順に入力されている［受渡日］、［満期日］、［現在価格］、［償還価額］をもとに、割引債の割引率を求める。

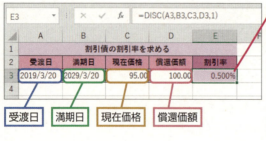

❶ セルE3に「=DISC(A3,B3,C3,D3,1)」と入力

参照 関数を入力するには……P.38
サンプル 09_045_DISC.xlsx

［基準］として、「1」（実際の日数／実際の日数）を指定する

割引債の割引率が求められた

割引率は0.500％であることがわかった

⁹⁻17 米国財務省短期証券の計算をする

TBILLYIELD関数、TBILLEQ関数、TBILLPRICE関数

米国財務省短期証券の利回り、債券換算利回り、現在価格を求めるには、それぞれTBILLYIELD関数、TBILLEQ関数、TBILLPRICE関数を利用します。

米国財務省短期証券（Treasury Bill、TBまたはT-Billと略される）とは、米国内で発行される期限1年未満（13週、26週、52週）の短期国債のことです。割引債の一種なので、償還価額（額面）から利息（割引率）相当分の金額を割り引いた価格で発行され、償還時にはその額面どおりの金額が返済されます。この証券によって得られる収益は、償還価額から購入時の価格を差し引いた金額となります。

米国財務省短期証券のしくみ（財務省短期証券を途中購入した場合）

米国財務省短期証券の収益＝償還価額－購入価格＝割引率相当分

発行日	購入日 （受渡日）	満期日 （償還日）
発行価格	現在価格	償還価額
	購入価格 （投資額） 割引率相当分	

---

1 関数の基本知識
2 日付／時刻関数
3 数学／三角関数
4 論理関数
5 検索／行列関数
6 データベース関数
7 文字列操作関数
8 統計関数
9 財務関数
10 エンジニアリング関数
11 情報関数
12 キューブ関数
13 ウェブ関数
付録

9-17

米国財務省短期証券の計算をする

TBILLYIELD 米国財務省短期証券の利回りを求める

TBILLYIELD(受渡日, 満期日, 現在価格)
ティー・ビル・イールド

▶関数の解説
米国財務省短期証券を購入し、[満期日] まで保有した場合に得られる収益の利回りを求めます。

▶引数の意味
受渡日 ····················· 証券の受渡日（購入日）を指定します。

満期日 ····················· 証券の満期日（償還日）を指定します。

現在価格 ················· 額面100に対する証券の現在価格を指定します。

ポイント

- [受渡日] や [満期日] に小数部分のある数値を指定した場合、小数点以下が切り捨てられた整数とみなされます。
- TBILLYIELD関数は、米国財務省短期証券の [現在価格] がわかっているとき、その証券を [受渡日] に購入して [満期日] まで保有したときの1年間あたりの最終利回りを求めたい場合に使います。
- この関数では、1年＝360日として計算されます。
- [受渡日] に証券の発行日を指定すれば、発行時から満期時までの応募者利回りが求められます。

エラーの意味

エラーの種類	原因	エラーとなる例
[#NUM!]	[現在価格] ＜ 0 である	=TBILLYIELD(A3,B3,-10)
	[受渡日] ～ [満期日] の日数が 1 年を超えている	=TBILLYIELD("2019/4/1","2020/4/15",C3)
	[受渡日] ≧ [満期日] である	=TBILLYIELD("2019/4/1","2019/3/1",C3)
[#VALUE!]	[受渡日] または [満期日] に無効な日付を指定した	=TBILLYIELD("2019/4/31",B3,C3)

関数の使用例 米国財務省短期証券の利回りを求める

米国財務省短期証券を [受渡日] の2019年4月1日に [現在価格] 99.3ドルで購入し、[満期日] の2020年4月1日まで保有したときの利回りを求めます。

=TBILLYIELD(A3,B3,C3)

セルA3 ～ C3に順に入力されている [受渡日]、[満期日]、[現在価格] をもとに、米国財務省短期証券の利回りを求める。

9-17 米国財務省短期証券の計算をする

❶セルD3に「=TBILLYIELD(A3,B3,C3)」と入力

参照▶関数を入力するには……P.38
サンプル▶09_046_TBILLYIELD.xlsx

米国財務省短期証券の利回りが求められた

利回りは0.693%であることがわかった

TBILLEQ 米国財務省短期証券の債券換算利回りを求める

TBILLEQ(受渡日, 満期日, 割引率)

▶関数の解説

米国財務省短期証券を購入し、[満期日]まで保有した場合に得られる収益の利回りを、通常の債券に換算した値で求めます。

▶引数の意味

受渡日……………証券の受渡日（購入日）を指定します。
満期日……………証券の満期日（償還日）を指定します。
割引率……………証券の年間の割引率を指定します。

ポイント

・[受渡日]や[満期日]に小数部分のある数値を指定した場合、小数点以下が切り捨てられた整数とみなされます。
・TBILLEQ関数は、米国財務省短期証券の[割引率]がわかっているとき、その証券を[受渡日]に購入して[満期日]まで保有したときの1年間あたりの最終利回りを、通常の債券に換算した値で求めたい場合に使います。
・この関数では、1年＝365日として計算されます。
・[受渡日]に証券の発行日を指定すれば、発行時から満期時までの応募者利回りが求められます。

エラーの意味

エラーの種類	原因	エラーとなる例
[#NUM!]	[割引率]≦0である	=TBILLEQ(A3,B3,0)
	[受渡日]～[満期日]の日数が1年を超えている	=TBILLEQ("2019/4/1","2020/4/15",C3)
	[受渡日]≧[満期日]である	=TBILLEQ("2019/4/1","2019/3/1",C3)
[#VALUE!]	[受渡日]または[満期日]に無効な日付を指定した	=TBILLEQ("2019/4/31",B3,C3)

9-17 米国財務省短期証券の計算をする

関数の使用例　米国財務省短期証券の債券換算利回りを求める

［割引率］が0.5％の米国財務省短期証券を［受渡日］の2019年4月1日に購入し、［満期日］の2020年4月1日まで保有したときの債券換算利回りを求めます。

=TBILLEQ(A3,B3,C3)

セルA3～C3に順に入力されている［受渡日］、［満期日］、［割引率］をもとに、米国財務省短期証券の債権換算利回りを求める。

❶セルD3に「=TBILLEQ(A3,B3,C3)」と入力

参照 関数を入力するには……P.38
サンプル 09_047_TBILLEQ.xlsx

米国財務省短期証券の債券換算利回りが求められた

債券換算利回りは0.509％であることがわかった

TBILLPRICE　米国財務省短期証券の現在価格を求める

TBILLPRICE(受渡日, 満期日, 割引率)

▶関数の解説

米国財務省短期証券を購入するときの、額面100ドルあたりの現在価格を求めます。

▶引数の意味

受渡日……………証券の受渡日（購入日）を指定します。
満期日……………証券の満期日（償還日）を指定します。
割引率……………証券の年間の割引率を指定します。

ポイント

・［受渡日］や［満期日］に小数部分のある数値を指定した場合、小数点以下が切り捨てられた整数とみなされます。

・TBILLPRICE関数は、米国財務省短期証券の［割引率］と［満期日］がわかっているとき、その証券を［受渡日］に購入すると、額面100ドルあたりの現在価格がいくらになるかを求めたい場合に使います。

・［受渡日］に証券の発行日を指定すれば、応募者価格が求められます。

9-17 米国財務省短期証券の計算をする

エラーの意味

エラーの種類	原因	エラーとなる例
[#NUM!]	[割引率] ≦ 0 である	=TBILLPRICE(A3,B3,0)
	[受渡日] ～ [満期日] の日数が1年を超えている	=TBILLPRICE("2019/4/1","2020/4/15",C3)
	[受渡日] ≧ [満期日] である	=TBILLPRICE("2019/4/1","2019/3/1",C3)
[#VALUE!]	[受渡日] または [満期日] に無効な日付を指定した	=TBILLPRICE("2019/4/31",B3,C3)

関数の使用例　米国財務省短期証券の現在価格を求める

[割引率]が0.5%、[満期日]が2020年4月1日の米国財務省短期証券について、[受渡日]の2019年4月1日における現在価格がいくらになるかを求めます。

=TBILLPRICE(A3,B3,C3)

セルA3～C3に順に入力されている[受渡日]、[満期日]、[割引率]をもとに、米国財務省短期証券の現在価格を求める。

❶セルD3に「=TBILLPRICE(A3,B3,C3)」と入力

参照▶関数を入力するには……P.38
サンプル▶09_048_TBILLPRICE.xlsx

米国財務省短期証券の現在価格が求められた

現在価格は99.49ドルであることがわかった

9-18 ドル価格の分数表記と小数表記を変換する

DOLLARDE 分数表記のドル価格を小数表記に変換する

ダラー・デシマル
DOLLARDE(整数部と分子部, 分母)

▶関数の解説

分数表記のドル価格を10進数の小数表記に変換します。

▶引数の意味

整数部と分子部⋯⋯⋯ 分数表記のドル価格の整数部分と分子部分を「.（ピリオド）」で区切って指定します。たとえば、ドル価格が「50 1/8」なら「50.1」と指定します。

分母⋯⋯⋯⋯⋯⋯⋯⋯ 分数で表記されたドル価格の分母部分を整数で指定します。たとえばドル価格が「50 1/8」なら「8」と指定します。小数部分のある数値を指定した場合、小数点以下が切り捨てられた整数とみなされます。

> **ポイント**
>
> ・DOLLARDE関数の［整数部と分子部］に指定する数値は、分数表記の整数部分と分子部分を「.」でつないだ小数のような形になります。ただし、これは特殊な引数を指定するための便宜上の形式であり、計算の対象とするドル価格の分子の値を実際に表しているわけではありません。

> **エラーの意味**

エラーの種類	原因	エラーとなる例
[#DIV/O!]	［分母］＝0である	=DOLLARDE(5.1,0)
[#NUM!]	［分母］＜0である	=DOLLARDE(5.1,-1)

関数の使用例　分数表記の米国証券の価格を小数表記に変換する

分数で表記された米国証券の価格「47 3/4」ドルを、小数表記に変換します。この場合、DOLLARDE関数の引数を指定するための特別な工夫が必要になります。具体的には、セルA3にドル価格の整数部分と分子部分を「.」で区切った数値「47.3」を入力し、セルA4には分母部分にあたる「4」を入力しておきます。

=DOLLARDE(A3,A4)

セルA3に入力されている［整数部と分子部］と、セルA4に入力されている［分母］による分数で表記された米国証券のドル価格を小数表記に変換する。

整数部と分子部 **分母**

❶セルB3に「=DOLLARDE(A3,A4)」
と入力

参照📘関数を入力するには……P.38

サンプル📄09_049_DOLLARDE.xlsx

分数表記のドル価格が
小数表記に変換された

小数表記では47.75ドル
になることがわかった

9-18

ドル価格の分数
表記と小数表記
を変換する

1 関数の
  基本知識
2 日付／
  時刻関数
3 数学／
  三角関数
4 論理関数
5 検索／
  行列関数
6 データベース
  関数
7 文字列操作
  関数
8 統計関数
9 財務関数
10 エンジニアリング
   関数
11 情報関数
12 キューブ関数
13 ウェブ関数
   付　録

💡HINT **分母が2桁以上になるときは**

[分母]に2桁以上の数値を指定する場合は、[整数部と分子部]に指定する分子部分の桁数を[分母]の桁数と合わせる必要があります。たとえば、「101 1/16ドル」を小数表記に変換したい場合、[整数部と分子部]には「101.1」ではなく、「101.01」と指定しなければなりません。

💡HINT **現在は小数表記が一般的**

米国の証券取引では、証券の価格を表すとき、以前は分数表記が使われていましたが、現在では小数表記のほうが一般的です。

▶ **DOLLARFR 小数表記のドル価格を分数表記に変換する**

ダラー・フラクション
DOLLARFR(小数値, 分母)

▶関数の解説
小数表記のドル価格を分数表記に変換します。

▶引数の意味

小数値······················ 小数表記のドル価格を10進数で指定します。

分母·························· 分数表記のドル価格に変換したとき、分母としたい数値を整数で指定します。分母には一般に、2、4、8、16、32のいずれかを使います。小数部分のある数値を指定した場合、小数点以下が切り捨てられた整数とみなされます。

ポイント

• DOLLARFR関数の戻り値は、分数表記のドル価格の整数部分と分子部分を「.（ピリオド）」でつないだ小数のような形になります。ただし、この戻り値は、計算の対象とするドル価格の分子の値を実際に表しているわけではなく、便宜上の形式なので、最終的に正しい分数表記に読み替える必要があります。たとえば、戻り値が「50.1」であり、そのとき[分母]に8を指定しているのであれば、結果は「50 1/8」と読み替えます。

エラーの意味

エラーの種類	原因	エラーとなる例
[#DIV/O!]	[分母]＝0である	=DOLLARFR(8.2,0)
[#NUM!]	[分母]＜0である	=DOLLARFR(8.2,-1)

725
できる

9-18 ドル価格の分数表記と小数表記を変換する

関数の使用例　小数表記の米国証券の価格を分数表記に変換する

小数で表記された米国証券の価格「98.25」ドルを、「4」を分母とする分数表記に変換します。

=DOLLARFR(A3,B4)

セルA3に入力されている小数表記の米国証券のドル価格を、セルB4に入力されている数値を分母とする分数表記に変換する。

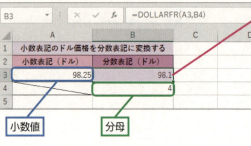

❶セルB3に「DOLLARFR(A3,B4)」と入力

参照 関数を入力するには……P.38
サンプル 09_050_DOLLARFR.xlsx

小数表記のドル価格が分数表記に変換された

分数表記では98 1/4ドルになることがわかった

9-19 ユーロ圏の通貨単位を換算する

EUROCONVERT ユーロ圏の通貨単位を相互に換算する

ユーロコンバート
EUROCONVERT(数値, 換算前通貨, 換算後通貨, 換算方法, 換算桁数)

▶関数の解説

ユーロ圏に属する各国の通貨単位を相互に換算します。扱える通貨は、EU（欧州連合）の加盟国のうち13カ国の通貨に、EUの共通通貨であるユーロを加えた14種類です。

▶引数の意味

数値·························· 換算する通貨の数値（金額）を、換算前の通貨単位で指定します。
[Number]

換算前通貨············· 換算する前の通貨単位を指定します。729ページの表に示す「ISOコード」の
[Source] 文字列が指定できます。大文字と小文字の区別は不要ですが、半角英字で指定しなければなりません。

換算後通貨············· 換算したあとの通貨単位を指定します。729ページの表に示す「ISOコード」
[Target] の文字列が指定できます。大文字と小文字の区別は不要ですが、半角英字で指定しなければなりません。 参照🔲ユーロ通貨のISOコード……P.729

換算方法·················· [数値] をユーロから [換算後通貨] に換算するとき、および結果をセルに表
[Full_Precision] 示するときの有効桁数をどのように扱うかを、TRUEまたはFALSEで指定します。

　　┌─ TRUE·························· ユーロから [換算後通貨] へ換算するときに最大の有効桁数で計算し、結果を表示するときには最大の有効桁数を使う

　　└─ FALSEまたは省略 ······ [換算後通貨] の種類に応じて、729ページの表に示す有効桁数で計算し、結果を表示する。ユーロから [換算後通貨] に換算するときには、小数点以下を「演算桁数」で計算し、結果を表示するときには小数点以下を「表示桁数」に合わせる

参照🔲ユーロ通貨の演算桁数と表示桁数……P.729

換算桁数·················· [換算前通貨] からユーロへの換算で使う小数点以下の演算桁数を、3以上の
[Triangulation_Precision] 整数で指定します。省略すると、ユーロへ換算するときに四捨五入を実行しないので、精度が最も高くなります。ただし、[換算前通貨] に「EUR（ユーロ）」を指定した場合は、この引数を指定しても無視されます。

9-19 ユーロ圏の通貨単位を換算する

1 関数の基本知識
2 日付／時刻関数
3 数学／三角関数
4 論理関数
5 検索／行列関数
6 データベース関数
7 文字列操作関数
8 統計関数
9 財務関数
10 エンジニアリング関数
11 情報関数
12 キューブ関数
13 ウェブ関数
付録

727
できる

9-19

ユーロ圏の通貨単位を換算する

関数の基本知識	1
日付／時刻関数	2
数学／三角関数	3
論理関数	4
検索／行列関数	5
データベース関数	6
文字列操作関数	7
統計関数	8
財務関数	9
エンジニアリング関数	10
情報関数	11
キューブ関数	12
ウェブ関数	13
付　録	

ポイント

- EUROCONVERT関数は、正式には「外部（アドイン）」に分類される関数ですが、本書では本章「財務関数」のなかで扱っています。　　　　　　　　　参照 関数の分類……P.36
- EUROCONVERT関数を使用するには［ユーロ通貨対応ツール］（または［Euro Currency Tool]）アドインを有効にしておく必要があります。　　参照 アドインを有効にするには……P.73
- EUROCONVERT関数を［数式］タブの［関数ライブラリ］グループのボタンから入力することはできません。セルや数式バーに直接入力するか、［関数の挿入］ダイアログボックスの［関数の分類］で［ユーザー定義］を選択し、［関数名］から［EUROCONVERT］を選択します。
　　　　　　　　　　　　　　　　　　　　　　　　　　参照 関数を入力するには……P.38
- EUROCONVERT関数では、通貨単位の換算をするときに、EUによって設定された固定の通貨換算率が使われます。
- 通貨換算率が変更されたり、新しい通貨単位が追加されたりした場合は、マイクロソフトのWebサイト上で、変更や追加に対処するための更新プログラムが提供されることになっています。

エラーの意味

エラーの種類	原因	エラーとなる例
[#VALUE!]	［換算前通貨］や［換算後通貨］に使用できないISOコードを指定した	=EUROCONVERT(10,"JPN","DEM",TRUE,4)
	［換算方法］に論理値以外の値を指定した	=EUROCONVERT(10,"FRF","DEM",SHIN,4)
	［換算桁数］に3未満の整数を指定した	=EUROCONVERT(10,"FRF","DEM",TRUE,1)

関数の使用例　　別の通貨単位に換算する

いろいろな通貨単位で表された金額を、それぞれ別の通貨単位に換算して表示します。

=EUROCONVERT(A3,B3,D3,TRUE,4)

セルA3に入力されている金額を、セルB3に入力されている通貨単位からセルD3に入力されている通貨単位に換算する。ユーロから［換算後通貨］への換算時と結果表示の際には最大の有効桁数を使い、［換算前通貨］からユーロへの換算時には小数点以下4桁で演算を行う。

728
できる

9-19

ユーロ圏の通貨単位を換算する

数値　換算前通貨　換算後通貨　換算方法　換算桁数

C3 ： fx =euroconvert(A3,B3,D3,TRUE,4)

	A	B	C	D	E
1	ユーロ圏の通貨単位を相互に換算する				
2	換算前の金額	換算前通貨	換算後の金額	換算後通貨	
3	200	FRF	59.63286553	DEM	
4	59.63	DEM	199.990138	FRF	
5	1000	FRF	152.449	EUR	
6	152.45	EUR	1000.006447	FRF	
7	200	DEM	102.2584	EUR	
8	102.258	EUR	199.9992641	DEM	
9					

❶セルC3に「=EURO CONVERT(A3,B3,D3,TRUE,4)」と入力

指定した金額が、別の通貨で表される金額に換算された

❷セルC3をセルC8までコピー

通貨単位の換算ができた

参照📖 関数を入力するには……P.38

サンプル📄 09_051_EUROCONVERT.xlsx

ユーロ通貨のISOコード

国名	通貨の名称	ISO コード	国名	通貨の名称	ISO コード
アイルランド	ポンド	IEP	ドイツ	ドイツマルク	DEM
イタリア	リラ	ITL	フィンランド	マルッカー	FIM
オーストリア	シリング	ATS	フランス	フラン	FRF
オランダ	ギルダー	NLG	ベルギー	フラン	BEF
ギリシャ	ドラクマ	GRD	ポルトガル	エスクド	PTE
スペイン	ペセタ	ESP	ルクセンブルク	フラン	LUF
スロベニア	トラル	SIT	欧州連合加盟国	ユーロ	EUR

ユーロ通貨の演算桁数と表示桁数（小数点以下）

ISO コード	演算桁数	表示桁数	ISO コード	演算桁数	表示桁数
IEP	2	2	DEM	2	2
ITL	0	0	FIM	2	2
ATS	2	2	FRF	2	2
NLG	2	2	BEF	0	0
GRD	0	2	PTE	0	2
ESP	0	0	LUF	0	0
SIT	2	2	EUR	2	2

💡 **結果の表示桁数を揃えるには**

EUROCONVERT関数では、結果を表示するとき、有効桁数の最後に余分な0があるとそれを切り捨てます。結果表示の小数点以下の桁数を揃えたい場合には、セルの表示形式を［数値］や［通貨］に変更し、［小数点以下の桁数］を設定するようにします。

参照📖 セルの表示形式一覧……P.417

右側インデックス:
ユーロ圏の通貨単位を換算する

1 関数の基本知識
2 日付／時刻関数
3 数学／三角関数
4 論理関数
5 検索／行列関数
6 データベース関数
7 文字列操作関数
8 統計関数
9 財務関数
10 エンジニアリング関数
11 情報関数
12 キューブ関数
13 ウェブ関数
付録

9-20

減価償却費を求める

9-20 減価償却費を求める

SLN 定額法（旧定額法）で減価償却費を求める

ストレート・ライン
SLN(取得価額, 残存価額, 耐用年数)

▶関数の解説

1期あたりの減価償却費を定額法で求めます。SLN関数では減価償却費を以下の式で求めています。

$$減価償却費 = （取得価額－残存価額）÷耐用年数$$

建物や牛馬などの静物については、通常、定額法で減価償却費を計算します。

また、個人事業主で税務署に償却方法の変更を届け出ていない場合も、通常、定額法を使います。

▶引数の意味

取得価額 ················ 資産の取得価額を指定します。

残存価額 ················ 耐用年数が経過したあとの資産の価額を指定します。

耐用年数 ················ 資産の耐用年数を指定します。

ポイント

- SLN関数の計算方法は旧定額法に基づいています。[残存価額] は取得価額×残存割合であらかじめ求めた値を指定します。残存割合は資産の種類によって異なります。たとえば、機械装置（車両やパソコンなど）の場合は10%です。

- 新定額法では、2007年4月1日以降に取得した資産については、1円まで償却できるようになりました。しかし、[残存価額] として1を指定すると丸め誤差が出ます。その場合は [残存価額] を0として計算するか、SLN関数を使わずに取得価額×償却率という式で減価償却費を求め、最後の期の減価償却費から1を引いておきます。

- [耐用年数] は資産の種類によって異なります。本書の執筆時点（2017年7月）では、普通自動車は6年、サーバー以外のパソコンは4年です。

- 資産の種類ごとの残存割合や耐用年数、償却率、償却方法の選定、特例などについては、国税庁のWebページ（http://www.nta.go.jp/）から検索できます。

エラーの意味

エラーの種類	原因	エラーとなる例
[#DIV/0!]	[耐用年数] に0または空白のセルを指定した	=SLN(A3,B3,0)
[#VALUE!]	引数に数値とみなせない文字列を指定した	=SLN("x",30000,4)

730
でき る

9-20 減価償却費を求める

関数の使用例 パソコンの初年度の減価償却費を旧定額法で求める

30万円で購入したパソコンの初年度の減価償却費を旧定額法で求めます。［耐用年数］は4年、［残存価額］は3万円とします。

=SLN(A3,B3,C3)

セルA3の［取得価額］の資産の減価償却費を旧定額法で求める。ただし、［残存価額］はセルB3に、耐用年数はセルC3に入力されているものとする。

❶セルD3に「=SLN(A3,B3,C3)」と入力

参照▶関数を入力するには……P.38
サンプル▶09_052_SLN.xlsx

旧定額法での減価償却費が求められた

減価償却費は67,500円であることがわかった

HINT 新定額法で減価償却費の表を作成するには

30万円で取得したパソコンの減価償却費の表を作成します。償却方法は定額法（新定額法）で、［耐用年数］は4年、［残存価額］は1円とし、第1期の使用月数は8カ月とします。SLN関数を使って求めた値(手順①～手順③)と手計算で求めた値(手順④～手順⑥)を比べてみます。なお、新定額法は単に定額法と呼ばれ、これまでの定額法が旧定額法と呼ばれることになっています。

❶「=SLN($A$3,$B$3,$C$3)*B7/12」と入力
❷セルC7をセルC11までコピー
❸「=SLN($A$3,$B$3,$C$3)*B11/12-1」と修正

自分で数式を入力して新定額法の減価償却費を求めてみる

❹「=$A$3*$D$3*B7/12」と入力
❺セルD7をセルD11までコピー
❻「=$A$3*$D$3*B11/12-1」と修正

各期の減価償却費の表が作成できた

各期の値に丸め誤差が出ている。1を引かないと最後の期が正しい値にならないが、1を引くと合計が正しい値にならない

手計算では、減価償却費の合計も、各期の値も正しく求められた

9-20 減価償却費を求める

DB 定率法（旧定率法）で減価償却費を求める

DB(取得価額, 残存価額, 耐用年数, 期, 月)
（ディクライニング・バランス）

▶関数の解説

指定した［期］の減価償却費を定率法で求めます。DB関数では各期の減価償却費を以下の式で求めています。

$$減価償却費 = (取得価額 - 前期までの償却累計額) \times 償却率$$

ただし、**償却率＝1－(残存価額/取得価額)**$^{(1/耐用年数)}$です。

なお、最初の期と最後の期の減価償却費は月割で計算されます。つまり、最初の期は、

$$減価償却費 = 取得価額 \times 償却率 \times (月/12)$$

で求められ、最後の期は、

$$減価償却費 = (取得価額 - 前期までの償却累計額) \times 償却率 \times (12 - 月)/12$$

で求められます。ここで指定する［月］は初年度に資産を使用していた月数です。たとえば、4月に資産を購入した場合は、［月］は12－8＝4となります。定率法では定額法よりも、初期の償却額が大きくなります。

▶引数の意味

取得価額 ················ 資産の取得価額を指定します。

残存価額 ················ 耐用年数が経過したあとの資産の価額を指定します。

耐用年数 ················ 資産の耐用年数を指定します。

期 ····························· 減価償却費を求めたい期を指定します。

月 ····························· 初年度に資産を使用していた月数を指定します。購入した月ではなく、使用した月数を指定します。

ポイント

- DB関数の計算方法は旧定率法に基づいています。［残存価額］は取得価額×残存割合であらかじめ求めた値を指定します。残存割合は資産の種類によって異なります。たとえば、機械装置（車両やパソコンなど）の場合は10%です。

- 新定率法では、2007年4月1日以降に取得した資産については、1円まで償却できるようになりました。DB関数では正しい減価償却費を計算することができないので、HINT「新定額法で減価償却費の表を作成するには」に示した計算方法に基づいて数式を入力する必要があります。
  参照 新定額法で減価償却費の表を作成するには……P.731

- ［耐用年数］は資産の種類によって異なります。本書の執筆時点（2017年7月）では、普通自動車は6年、サーバー以外のパソコンは4年です。

- 資産の種類ごとの残存割合や耐用年数、償却率、償却方法の選定、特例などについては、国税庁のWebページ（http://www.nta.go.jp/）から検索できます。

9-20 減価償却費を求める

エラーの意味

エラーの種類	原因	エラーとなる例
[#NUM!]	[耐用年数]に0以下の値または空白のセルを指定した	=DB(A3,B3,0,A6)
	[月]に1未満の値または空白のセルまたは13以上の値を指定した	=DB(A3,B3,C3,A6,0)
	[期]に0以下の値または[耐用年数]+2以上の値を指定した	=DB(A3,B3,C3,0)
[#VALUE!]	引数に数値とみなせない文字列を指定した	=DB("x",B3,C3,A6)

関数の使用例　パソコンの初年度の減価償却費を旧定率法で求める

30万円で購入したパソコンの初年度の減価償却費を旧定率法で求めます。[耐用年数]は4年、[残存価額]は3万円で、初年度に使用した[月]は8カ月とします。

=DB(A3,B3,C3,A6,D3)

セルA3～C3に入力された[取得価額]、[残存価額]、[耐用年数]の資産について、セルA6の[期]の減価償却費を旧定率法で求める。ただし、資産は初年度にセルD3の[月]だけ使用されたものとする。

❶セルB6に「=DB(A3,B3,C3,A6,D3)」と入力　旧定率法での減価償却費が求められた　減価償却費は87,600円であることがわかった

参照▶関数を入力するには……P.38
サンプル▶09_053_DB.xlsx

新定額法で減価償却費の表を作成するには

50万円で取得した事務用キャビネットの減価償却費の表を作成します。償却方法は定率法（新定率法）で、［耐用年数］は8年、［残存価額］は1円とし、第1期の使用月数は8カ月とします。新定率法では、償却保証額まで償却すると、それ以降は改訂償却率を利用した定額法で減価償却費を計算します（VDB関数で［率］に2.5を指定し、定額法への切り替えを有効にした場合と似た方法ですが、VDB関数で正しい値を求めることはできません）。償却保証額は、取得価額に保証率を掛けて求めます。

この例では、セルC13の減価償却費が償却保証額を下回るので、その前の期の未償却残高（セルC12）の値をもとに、それ以降は改訂償却率を使った定額法で計算します。最後の期（セルC15）は未償却残高が1円になる値を減価償却費とします。

なお、新定率法は単に「定率法」と呼ばれ、これまでの定率法が「旧定率法」と呼ばれることになっています。計算方法については、http://www.nta.go.jp/taxanswer/shotoku/2106.htmを参照してください。また、資産の種類ごとの耐用年数、償却率、改訂償却率、保証率などについてはhttp://law.e-gov.go.jp/htmldata/S40/S40F03401000015.htmlを参照してください。

参照 ▶ VDB……P.736

償却保証額まで償却したかどうかを調べる

❶「FALSE」と入力
❷「=IF(INT(G7*$C$3)<$F$3,TRUE,FALSE)」と入力

参照 ▶ IF……P.252
参照 ▶ INT……P.139

❸ セルI8をセルI15までコピー
通常の償却率で償却した場合に、償却保証額を下回るかどうかがわかった
第7期（セルC13）以降は、セルG12〜G14の値をもとに定額法で計算される

❹「=IF(I7=FALSE,$C$3,$D$3)」と入力
❺ セルH7をセルH15までコピー
償却率を使うか、改訂償却率を使うかがわかった

新定額法で減価償却費を求める

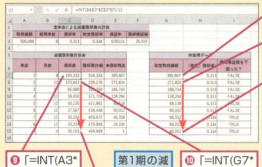

❻「=A3-D7」と入力
❼「=IF(I8=TRUE,G7,G7-C8)」と入力
❽ セルG8をセルG15までコピー
減価償却費を計算するために使う前期の残高がわかった

❾「=INT(A3*C3*B7/12)」と入力
第1期の減価償却費が求められた
❿「=INT(G7*H8*B8/12)」と入力
⓫ セルC8をセルC15までコピー
各期の減価償却費が求められた

DDB 倍額定率法で減価償却費を求める

ダブル・ディクライニング・バランス
DDB(取得価額, 残存価額, 耐用年数, 期, 率)

▶関数の解説

指定した［期］の減価償却費を倍額定率法で求めます。DDB関数では各期の減価償却費を以下の式で求めています。

$$減価償却費 = (取得価額-前期までの償却累計額)×(償却率÷耐用年数)$$

▶引数の意味

取得価額…………… 資産の取得価額を指定します。

残存価額…………… 耐用年数が経過したあとの資産の価額を指定します。

耐用年数…………… 資産の耐用年数を指定します。

期………………… 減価償却費を求めたい期を指定します。

率………………… 償却率を指定します。省略すると2が指定されたものとみなされます。

ポイント

- 引数に指定する期間の単位は同じにしておく必要があります。たとえば［期］を月単位で指定した場合は、［耐用年数］も月単位で指定します。
- 倍額定率法は日本の税法では認められていません。

エラーの意味

エラーの種類	原因	エラーとなる例
[#NUM!]	［取得価額］や［残存価額］に０未満の値を指定した	=DDB(A3,-1,C3,A6)
	［耐用年数］に１未満の値または空白のセルを指定した	=DDB(A3,B3,0,A6)
	［期］に０以下の値または［耐用年数］より大きい値を指定した	=DDB(A3,B3,5,10)
	［率］に０以下の値を指定した	=DDB(A3,B3,C3,A6,0)
[#VALUE!]	引数に数値とみなせない文字列を指定した	=DDB("x",B3,C3,A6)

関数の使用例 　パソコンの初年度の減価償却費を倍額定率法で求める

3,000ドルで購入したパソコンの初年度の減価償却費を倍額定率法で求めます。［耐用年数］は5年、［残存価額］は300ドルとします。あらかじめセルの表示形式の通貨記号をドルに変更しておきます。

=DDB(A3,B3,C3,A6)

セルA3 〜 C3に入力された［取得価額］、［残存価額］、［耐用年数］の資産について、セルA6の［期］の減価償却費を倍額定率法で求める。

9-20
減価償却費を求める

1 関数の基本知識
2 日付／時刻関数
3 数学／三角関数
4 論理関数
5 検索／行列関数
6 データベース関数
7 文字列操作関数
8 統計関数
9 財務関数
10 エンジニアリング関数
11 情報関数
12 キューブ関数
13 ウェブ関数
付録

9-20 減価償却費を求める

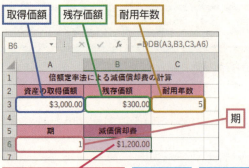

❶セルB6に「=DDB(A3,B3,C3,A6)」と入力　ここでは率を省略する　倍額定率法での減価償却費が求められた　減価償却費は1,200ドルであることがわかった

参照 関数を入力するには……P.38
サンプル 09_054_DDB.xlsx

▶ VDB 指定した期間の減価償却費を倍額定率法で求める

バリアブル・ディクライニング・バランス
VDB(取得価額, 残存価額, 耐用年数, 開始期, 終了期, 率, 切り替え方法)

▶関数の解説

[開始期]から[終了期]の減価償却費を倍額定率法で求めます。定額法での減価償却費のほうが大きくなると、それ以降の期を定額法で計算するように指定することもできます。

▶引数の意味

取得価額……………… 資産の取得価額を指定します。

残存価額……………… 耐用年数が経過したあとの資産の価額を指定します。

耐用年数……………… 資産の耐用年数を指定します。

開始期………………… 減価償却費を求めたい最初の期を指定します。開始期が第m期である場合には、m-1を指定します。

終了期………………… 減価償却費を求めたい最後の期を指定します。

率……………………… 償却率を指定します。省略すると2が指定されたものとみなされます。

切り替え方法………… すべての期で倍額定率法を使うか、途中で定額法に切り替えるかを指定します。
　　　　　　　　　　┌ TRUEまたは0以外の値…… すべての期で倍額定率法を使う
　　　　　　　　　　└ FALSEまたは0……………… 定額法での減価償却費のほうが大きくなった場合には、それ以降の期を定額法で計算する

ポイント

- 引数に指定する期間の単位は同じにしておく必要があります。たとえば[期]を月単位で指定した場合は、[耐用年数]も月単位で指定します。
- [開始期]には指定したい期よりも1少ない値を指定します。たとえば、[開始期]が3期であれば、2を指定します。3期めのみを対象にしたい場合は、[開始期]に2を指定し、[終了期]に3を指定します。
- 倍額定率法は日本の税法では認められていません。

エラーの意味

エラーの種類	原因	エラーとなる例
[#NUM!]	[取得価額] や [残存価額] に 0 未満の値を指定した	=VDB(A3,-1,C3,A5,B5)
	[耐用年数] に 1 未満の値または空白のセルを指定した	=VDB(A3,B3,0,A5,B5)
	[開始期] や [終了期] に 0 以下の値または [耐用年数] より大きい値を指定した	=VDB(A3,B3,C3,-1,B5)
	[開始期] ＞ [終了期] となる値を指定した	=VDB(A3,B3,C3,10,5)
	[率] に 0 未満の値を指定した	=VDB(A3,B3,C3,A5,B5,-1)
[#VALUE!]	引数に数値とみなせない文字列を指定した	=VDB("x",B3,C3,A5,B5)

関数の使用例　キャビネットの10期めの減価償却費を倍額定率法で求める

10,000ドルで購入したキャビネットの10期めの減価償却費を倍額定率法で求めます。[耐用年数]は10年、[残存価額]は1,000ドルとします。償却方法の切り替えを行わない場合と、行った場合の結果を対比します。あらかじめセルの表示形式の通貨記号をドルに変更しておきます。

=VDB(A3,B3,C3,A5,B5,C5,FALSE)

セルA3～C3に入力された[取得価額]、[残存価額]、[耐用年数]の資産について、セルA5の[開始期]から、セルB5の[終了期]までの減価償却費を倍額定率法で求める。[償却率]はセルC5に入力されているものとする。この式では償却方法は切り替えるので[切り替え方法]にFALSEを指定する。

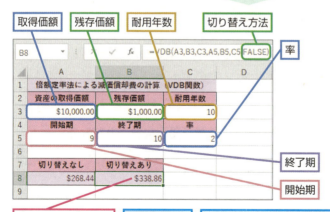

❶セルB6に「=VDB(A3,B3,C3,A5,B5,C5,FALSE)」と入力

倍額定率法での減価償却費が求められた

途中で定額法に切り替えなかった場合には、減価償却費は268.44ドルであることがわかった

減価償却費は338.86ドルであることがわかった

セルA8には、[切り替え方法]にTRUEを指定した場合（償却方法の切り替えを行わない場合）の結果が求められている。

参照▶関数を入力するには……P.38
サンプル▶09_055_VDB.xlsx

SYD 算術級数法で減価償却費を求める

SYD(取得価額, 残存価額, 耐用年数, 期)
サム・オブ・イヤーズ・ディジッツ

▶関数の解説

指定した［期］の減価償却費を算術級数法で求めます。SYD関数では各期の減価償却費を以下の式で求めています。

$$減価償却費 = \frac{(取得価額－残存価額)×(耐用年数－期＋1)×2}{耐用年数×(耐用年数＋1)}$$

▶引数の意味

取得価額 ················ 資産の取得価額を指定します。

残存価額 ················ 耐用年数が経過したあとの資産の価額を指定します。

耐用年数 ················ 資産の耐用年数を指定します。

期 ···························· 減価償却費を求めたい期を指定します。

ポイント

• 算術級数法を使って減価償却を行うには税務署への申請と許可が必要です。

エラーの意味

エラーの種類	原因	エラーとなる例
[#NUM!]	［取得価額］や［残存価額］に０未満の値を指定した	=SYD(-1,B3,C3,A6)
	［耐用年数］に１未満の値または空白のセルを指定した	=SYD(A3,B3,0,A6)
	［期］に０以下の値または［耐用年数］より大きい値を指定した	=SYD(A3,B3,C3,0)
[#VALUE!]	引数に数値とみなせない文字列を指定した	=SYD("x",B3,C3,A6)

関数の使用例　資産の初年度の減価償却費を算術級数法で求める

300万円で購入した資産の初年度の減価償却費を算術級数法で求めます。［耐用年数］は4年、［残存価額］は12万5千円とします。

=SYD(A3,B3,C3,A6)

セルA3 ～ C3に入力された［取得価額］、［残存価額］、［耐用年数］の資産について、セルA6の［期］の減価償却費を算術級数法で求める。

❶ セルB6に「=SYD(A3,B3,C3,A6)」と入力

算術級数法での減価償却費が求められた

減価償却費は1,150,000円であることがわかった

参照▶関数を入力するには……P.38
サンプル▶09_056_SYD.xlsx

AMORLINC フランスの会計システムで減価償却費を求める

アモルティス・モンリネール・コンタビリテ
AMORLINC(取得価額, 購入日, 開始期, 残存価額, 期, 率, 年の基準)

▶関数の解説

指定した［期］の減価償却費をフランスの会計システムに合わせて求めます。

▶引数の意味

取得価額……………資産の取得価額を指定します。
購入日………………資産を購入した日を指定します。
開始期………………資産を購入したあと、最初に来る決算日（会計期の終了日）を指定します。
残存価額……………耐用年数が経過したあとの資産の価額を指定します。
期……………………減価償却費を求めたい期を指定します。
率……………………償却率を指定します。
年の基準……………1年を何日として計算するかを指定します。以下の値が指定できます。

　　　　　┌── 0 ……360日（NASD方式）
　　　　　├── 1 ……実際の日数
　　　　　├── 2 ……365日
　　　　　└── 3 ……360日（ヨーロッパ方式）

参照▶NASD方式とヨーロッパ方式の会計方式の違い……P.111

9-20 減価償却費を求める

エラーの意味

エラーの種類	原因	エラーとなる例
[#NUM!]	[取得価額] や [率] に0以下の値を指定した	=AMORLINC(0,B3,C3,D3,A6,E3,1)
	[残存価額] や [期] に0未満の値を指定した	=AMORLINC(A3,B3,C3,-1,A6,E3,1)
	[購入日] > [開始期] となっている	=AMORLINC(A3,"2018/8/1","2018/4/1",D3,A6,E3,1)
	[年の基準] に1,2,3,4以外の値を指定した	=AMORLINC(A3,B3,C3,D3,A6,E3,5)
[#VALUE!]	引数に数値とみなせない文字列を指定した	=AMORLINC("x",B3,C3,D3,A6,E3,1)

関数の使用例　車両の初年度の減価償却費をフランスの会計システムで求める

30,000ユーロで購入した車両の初年度の減価償却費をフランスの会計システムに合わせた方法で求めます。[購入日] は2016年5月1日、[開始期] となる決算日は2016年9月30日、[残存価額] は3,000ユーロ、償却率として指定する [率] は10%とします。あらかじめセルの表示形式の通貨記号をユーロに変更しておきます。

=AMORLINC(A3,B3,C3,D3,A6,E3,1)

セルA3～D3に入力された [取得価額]、[購入日]、[開始期]、[残存価額] の資産について、セルA6の [期] の減価償却費をフランスの会計システムに合わせた方法で求める。ただし、[期] はセルA6に、償却率を表す [率] はセルE3に入力されているものとする。[年の基準] は実際の日数とするので1を指定する。

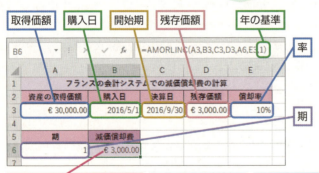

❶セルB6に「=AMORLINC(A3,B3,C3,D3,A6,E3,1)」と入力

[年の基準] として、「1」（実際の日数）を指定する

フランスの会計システムでの減価償却費が求められた

減価償却費は3,000ユーロであることがわかった

参照▶関数を入力するには……P.38
サンプル▶09_057_AMORLINC.xlsx

AMORDEGRC フランスの会計システムで減価償却費を求める

9-20

アモルティス・モンデクレレシフ・コンタビリテ
AMORDEGRC(取得価額, 購入日, 開始期, 残存価額, 期, 率, 年の基準)

▶関数の解説

指定した［期］の減価償却費をフランスの会計システムに合わせて求めます。AMORLINC関数と異なり、減価償却費の計算にあたって、耐用年数に応じた減価償却係数が適用されます。

▶引数の意味

取得価額	資産の取得価額を指定します。
購入日	資産を購入した日を指定します。
開始期	資産を購入したあと、最初に来る決算日（会計期の終了日）を指定します。
残存価額	耐用年数が経過したあとの資産の価額を指定します。
期	減価償却費を求めたい期を指定します。
率	償却率を指定します。
年の基準	1年を何日として計算するかを指定します。以下の値が指定できます。

- 0 ……360日（NASD方式）
- 1 ……実際の日数
- 2 ……365日
- 3 ……360日（ヨーロッパ方式）

参照 NASD方式とヨーロッパ方式の会計方式の違い……P.111

エラーの意味

エラーの種類	原因	エラーとなる例
[#NUM!]	［取得価額］や［率］に0以下の値を指定した	=AMORDEGRC(0,B3,C3,D3,A6,E3,1)
	［残存価額］や［期］に0未満の値を指定した	=AMORDEGRC(A3,B3,C3,-1,A6,E3,1)
	［購入日］＞［開始期］となっている	=AMORDEGRC(A3,"2018/8/1","2018/4/1",D3,A6,E3,1)
	［年の基準］に1,2,3,4以外の値を指定した	=AMORDEGRC(A3,B3,C3,D3,A6,E3,5)
[#VALUE!]	引数に数値とみなせない文字列を指定した	=AMORDEGRC("x",B3,C3,D3,A6,E3,1)

減価償却費を求める

1 関数の基本知識
2 日付／時刻関数
3 数学／三角関数
4 論理関数
5 検索／行列関数
6 データベース関数
7 文字列操作関数
8 統計関数
9 財務関数
10 エンジニアリング関数
11 情報関数
12 キューブ関数
13 ウェブ関数
付 録

9-20 減価償却費を求める

関数の使用例 車両の初年度の減価償却費をフランスの会計システムで求める

30,000ユーロで購入した車両の初年度の減価償却費をフランスの会計システムに合わせた方法で求めます。[購入日]は2016年5月1日、[開始期]となる決算日は2016年9月30日、[残存価額]は3,000ユーロ、償却率として指定する[率]は10%とします。あらかじめセルの表示形式の通貨記号をユーロに変更しておきます。

=AMORDEGRC(A3,B3,C3,D3,A6,E3,1)

セルA3～D3に入力された[取得価額]、[購入日]、[開始期]、[残存価額]の資産について、セルA6の[期]の減価償却費をフランスの会計システムに合わせた方法で求める。ただし、[期]はセルA6に、償却率を表す[率]はセルE3に入力されているものとする。[年の基準]は実際の日数とするので1を指定する。

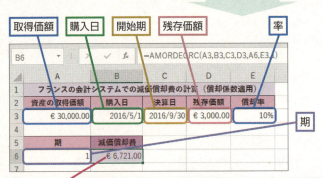

❶セルB6に「=AMORDEGRC(A3,B3,C3,D3,A6,E3,1)」と入力

[年の基準]として、「1」(実際の日数)を指定する

フランスの会計システムでの減価償却費が求められた

減価償却費は6,721ユーロであることがわかった

参照▶ 関数を入力するには……P.38
サンプル▶ 09_058_AMORLINC.xlsx

AMORLINC関数との違い

AMORDEGRC関数は、AMORLINC関数と同様に減価償却費を求めますが、耐用年数に応じた減価償却係数が適用されます。
減価償却係数は次のように決められています。

参照▶ AMORLINC……P.739

耐用年数	減価償却係数
3～4年	1.5
5～6年	2
6年を超える年数	2.5

第 **10** 章

エンジニアリング関数

10- 1．数値を比較する	・・・・・・・・・・・・・・・・・・・・	744
10- 2．単位を変換する	・・・・・・・・・・・・・・・・・・・	747
10- 3．数値の進数表記を変換する	・・・・・・・・・・・・・・	751
10- 4．複素数を作成、分解する	・・・・・・・・・・・・・・・	772
10- 5．複素数を極形式に変換する	・・・・・・・・・・・・・	778
10- 6．複素数の四則演算を行う	・・・・・・・・・・・・・・	782
10- 7．複素数の平方根を求める	・・・・・・・・・・・・・・	790
10- 8．複素数のべき関数と指数関数の値を求める	・・・	792
10- 9．複素数の対数関数の値を求める	・・・・・・・・・	795
10-10．複素数の三角関数の値を求める	・・・・・・・・・	800
10-11．複素数の双曲線関数の値を求める	・・・・・・・	808
10-12．ベッセル関数の値を求める	・・・・・・・・・・・・・	814
10-13．誤差関数の値を求める	・・・・・・・・・・・・・・・・	822
10-14．ビット演算を行う	・・・・・・・・・・・・・・・・・・・	826

10-1

数値を比較する

10-**1**

数値を比較する

DELTA 2つの数値が等しいかどうか調べる

DELTA(数値1, 数値2)
デ ル タ

▶ **関数の解説**

2つの［数値］を比較します。2つの［数値］が等しければ1が、等しくなければ0が返されます。

▶ **引数の意味**

数値1 ･･･････････････ 比較したい1つめの数値を指定します。

数値2 ･･･････････････ 比較したい2つめの数値を指定します。省略すると0が指定されたものとみなされます。

ポイント

• IF関数を使っても同様の比較ができますが、DELTA関数では戻り値が数値として返されるので、使用例のように結果を集計したい場合には便利です。

参照 📖 IF……P.252　　参照 📖 正答数を得るには……P.745

エラーの意味

エラーの種類	原因	エラーとなる例
[#VALUE!]	引数に数字とみなせない文字列を指定した	=DELTA("ABC",2)

関数の使用例　正答と回答を比較して判定する

択一式の昇進テストの回答結果を、あらかじめ用意しておいた正答番号と比較し、その正否を判定します。

=DELTA(B3,C3)

セルB3に入力されている正答番号と、セルC3に入力されている実際の回答を比較する。

サイドバー（目次）

関数の基本知識	1
日付／時刻関数	2
数学／三角関数	3
論理関数	4
検索／行列関数	5
データベース関数	6
文字列操作関数	7
統計関数	8
財務関数	9
エンジニアリング関数	10
情報関数	11
キューブ関数	12
ウェブ関数	13
付　録	

10-1 数値を比較する

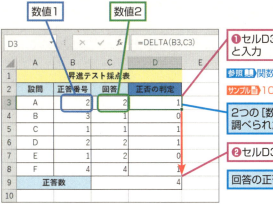

❶セルD3に「=DELTA(B3,C3)」と入力

参照▶関数を入力するには……P.38

サンプル●10_001_DELTA.xlsx

2つの[数値]が等しいかどうかが調べられた

❷セルD3をセルD8までコピー

回答の正否がわかった

HINT 正答数を得るには
使用例では、正答であれば1が、誤答であれば0が表示されます。したがって、セルD9に「=SUM(D3:D8)」と入力しておけば、正答の合計数が得られます。また、各設問に配点がある場合には、判定結果にそれぞれの配点を掛けてからSUM関数で合計を取れば、総得点が求められます。
参照▶SUM……P.120

HINT IF関数を使って2つの数値を比較するには
IF関数を使って「=IF(x=y,1,0)」と入力すれば、DELTA関数とまったく同じように数値を比較できます。この場合も、数値xと数値yが等しければ結果が1に、等しくなければ結果が0になります。
参照▶IF……P.252

GESTEP 数値が基準値以上かどうか調べる

ジー・イー・ステップ
GESTEP(数値, しきい値)

▶関数の解説

[数値]を[しきい値]と比較します。[数値]が[しきい値]以上であれば1が、[しきい値]未満であれば0が返されます。

▶引数の意味

数値……………………[しきい値]と比較したい数値を指定します。
しきい値………………[数値]を比較する基準となる数値を指定します。省略すると、0が指定されたものとみなされます。

ポイント
・IF関数を使っても同様の比較ができますが、GESTEP関数では戻り値が数値として返されるので、使用例のように結果を集計したい場合には便利です。
参照▶IF……P.252　参照▶合格者数を得るには……P.746

エラーの意味

エラーの種類	原因	エラーとなる例
[#VALUE!]	引数に数字とみなせない文字列を指定した	=GESTEP("ABC",2)

10-1 数値を比較する

関数の使用例　テストの合否を判定する

昇進テストの得点を、あらかじめ決めておいた最低合格点と比較し、合否を判定します。

=GESTEP(B4, $C$2)

セルB4に入力されているテストの得点と、セルC2に入力されている最低合格点を比較する。

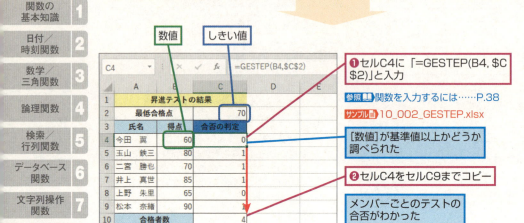

❶セルC4に「=GESTEP(B4, $C$2)」と入力

参照 関数を入力するには……P.38
サンプル 10_002_GESTEP.xlsx

[数値]が基準値以上かどうか調べられた

❷セルC4をセルC9までコピー

メンバーごとのテストの合否がわかった

HINT しきい値とは

「しきい値」は、なにかが、ある状態から異なる状態に急変する限界または境界の値を意味する用語で、科学の分野ではよく使われます。

HINT 合格者数を得るには

使用例では、合格であれば1が、不合格であれば0が表示されます。したがって、セルC10に「=SUM(C4:C9)」と入力しておけば、合格者の合計数が得られます。
参照 SUM……P.120

HINT IF関数を使ってしきい値との比較をするには

IF関数を使って「=IF(x>=y,1,0)」と入力すれば、GESTEP関数とまったく同じように数値を比較できます。この場合も、値xがしきい値y以上であれば結果が1に、そうでなければ結果が0になります。
参照 IF……P.252

10-2 単位を変換する

CONVERT 数値の単位を変換する

CONVERT（コンバート）(数値, 変換前単位, 変換後単位)

▶関数の解説

［変換前単位］で表される［数値］を、［変換後単位］の数値に変換します。変換できる単位の種類は、重量、距離、エネルギー、仕事率、磁力、時間、圧力、物理的な力、温度、体積（容積）、領域、情報、速度の13種類です。

▶引数の意味

数値 ························· 単位を変換したい数値を、変換前の単位で指定します。

変換前単位 ··········· ［数値］の単位を、以下の表に示す「記号」の文字列で指定します。文字列は半角英字で、大文字と小文字を区別して指定する必要があります。なお、この引数には必ず［変換後単位］と同じ種類の単位を指定しなければなりません。

変換後単位 ··········· 変換後の単位を、以下の表に示す「記号」の文字列で指定します。文字列は半角英字で、大文字と小文字を区別して指定する必要があります。なお、この引数には必ず［変換前単位］と同じ種類の単位を指定しなければなりません。

［ポイント］

- ［変換前単位］や［変換後単位］を指定するときには、以下の表に示すような「接頭辞」の記号を単位の前に付けて指定することもできます。たとえば、「W」（ワット）に10^6倍を表す接頭辞を組み合わせるには、「MW」（メガワット）と指定します。ただし、単位によっては接頭辞が使えないものもあります。

単位の接頭辞とその記号

接頭語	倍数	記号	接頭語	倍数	記号
yotta（ヨタ）	10^{24}	Y	deci（デシ）	10^{-1}	d
zetta（ゼタ）	10^{21}	Z	centi（センチ）	10^{-2}	c
exa（エクサ）	10^{18}	E	milli（ミリ）	10^{-3}	m
peta（ペタ）	10^{15}	P	micro（マイクロ）	10^{-6}	u
tera（テラ）	10^{12}	T	nano（ナノ）	10^{-9}	n
giga（ギガ）	10^{9}	G	pico（ピコ）	10^{-12}	p
mega（メガ）	10^{6}	M	femto（フェムト）	10^{-15}	f
kilo（キロ）	10^{3}	k	atto（アト）	10^{-18}	a
hecto（ヘクト）	10^{2}	h	zepto（ゼプト）	10^{-21}	z
deca（デカ）	10^{1}	da または e	yocto（ヨクト）	10^{-24}	y

---

1 関数の基本知識
2 日付／時刻関数
3 数学／三角関数
4 論理関数
5 検索／行列関数
6 データベース関数
7 文字列操作関数
8 統計関数
9 財務関数
10 エンジニアリング関数
11 情報関数
12 キューブ関数
13 ウェブ関数
付録

10-2

単位を変換する

- ［変換前単位］や［変換後単位］に「情報」の単位を指定するときには、以下の表に示すような「2進接頭辞」の記号を単位の前に付けて指定することもできます。たとえば、「bit」（ビット）に2^{30}倍を表す2進接頭辞を組み合わせるには、「Gibit」（ギビビット）と指定します。ただし、2進接頭辞は「情報」の単位以外には使えません。

情報単位の2進接頭辞とその記号

2進接頭辞	倍数	記号	2進接頭辞	倍数	記号
ヨビ	2^{80}	Yi	テビ	2^{40}	Ti
ゼビ	2^{70}	Zi	ギビ	2^{30}	Gi
エクスビ	2^{60}	Ei	メビ	2^{20}	Mi
ペビ	2^{50}	Pi	キビ	2^{10}	ki

単位とその記号

種類	単位	記号	種類	単位	記号
重量	グラム	g	距離	パイカ（1/6インチ）	pica
	スラグ	sg		米国測量マイル（法定マイル）	survey_mi
	ポンド	lbm	エネルギー	ジュール	J
	U（原子質量単位）	u		エルグ	e
	オンス	ozm		カロリー（物理化学的熱量）	c
	グレイン	grain		カロリー（生理学的代謝熱量）	cal
	米国（ショート）ハンドレッドウェイト	cwt または shweight		電子ボルト	eV または ev
	英国ハンドレッドウェイト	uk_cwt または lcwt (hweight)		馬力時	HPh または hh
	ストーン	stone		ワット時	Wh または wh
	トン	ton		フィートポンド	flb
	英国トン	uk_ton または LTON (brton)		BTU（英国熱量単位）	BTU または btu
距離	メートル	m	仕事率	馬力	HP または h
	法定マイル	mi		Pferdestärke	PS
	海里（カイリ）	Nmi		ワット	W または w
	インチ	in	磁力	テスラ	T
	フィート	ft		ガウス	ga
	ヤード	yd	時間	年	yr
	オングストローム	ang		日	day または d
	エル	ell		時	hr
	光年	ly		分	mn または min
	パーセク	parsec または pc		秒	sec または s
	パイカ（1/72インチ）	Picapt または Pica	圧力	パスカル	Pa または p
				気圧	atm または at

748

10-2 単位を変換する

分類	単位	記号
圧力	ミリメートル Hg	mmHg
	PSI	psi
	トール	Torr
物理的な力	ニュートン	N
	ダイン	dyn または dy
	ポンドフォース	lbf
	ポンド	pond
温度	摂氏	C または cel
	華氏	F または fah
	絶対温度	K または kel
	ランキン度	Rank
	レオミュール度	Reau
体積（容積）	ティースプーン	tsp
	小さじ	tspm
	テーブルスプーン	tbs
	オンス	oz
	カップ	cup
	米国パイント	pt または us_pt
	英国パイント	uk_pt
	クォート	qt
	英国クォート	uk_qt
	ガロン	gal
	英国ガロン	uk_gal
	リットル	l または lt または L
	立方オングストローム	ang3 または ang^3
	米国 石油バレル	barrel
	米国 ブッシェル	bushel
	立方フィート	ft3 または ft^3
	立方インチ	in3 または in^3
	立方光年	ly3 または ly^3
	立方メートル	m3 または m^3
	立方マイル	mi3 または mi^3
	立方ヤード	yd3 または yd^3

分類	単位	記号
体積（容積）	立方海里	Nmi3 または Nmi^3
	立方パイカ	Picapt3、Picapt^3、Pica3、または Pica^3
	登録総トン数	GRT (regton)
	容積トン（フレートトン）	MTON
領域	国際エーカー	uk_acre
	米国 測量/法定エーカー	us_acre
	平方オングストローム	ang2 または ang^2
	アール	ar
	平方フィート	ft2 または ft^2
	ヘクタール	ha
	平方インチ	in2 または in^2
	平方光年	ly2 または ly^2
	平方メートル	m2 または m^2
	モルヘン	Morgen
	平方マイル	mi2 または mi^2
	平方海里	Nmi2 または Nmi^2
	平方パイカ	Picapt2、Pica2、Pica^2、または Picapt^2
	平方ヤード	yd2 または yd^2
情報	ビット	bit
	バイト	byte
速度	英国ノット	admkn
	ノット	kn
	メートル/時	m/h または m/hr
	メートル/秒	m/s または m/sec
	マイル/時	mph

10-2 単位を変換する

エラーの意味

エラーの種類	原因	エラーとなる例
[#N/A]	[変換前単位]または[変換後単位]に文字列以外の値を指定した	=CONVERT(100,30,40)
	[変換前単位]または[変換後単位]に存在しない単位を指定した	=CONVERT(10,"yen","dollar")
	[変換前単位]と[変換後単位]に違う種類の単位を指定した	=CONVERT(200,"m","g")
[#VALUE!]	[数値]に数字とみなせない文字列を指定した	=CONVERT("ABC","m","yd")

関数の使用例　別の単位に変換する

いろいろな単位で表された数値を、それぞれ別の単位に変換します。

=CONVERT(A3,B3,D3)

セルA3に入力されている数値を、セルB3に入力されている単位から、セルD3に入力されている単位に変換する。

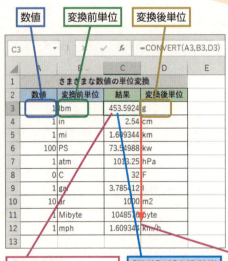

❶セルC3に「=CONVERT(A3,B3,D3)」と入力
[数値]が[変換前単位]から[変換後単位]に変換された
❷セルC3をセルC12までコピー
数値が別の単位に変換された

参照▶関数を入力するには……P.38
サンプル▶10_003_CONVERT.xlsx

10-3 数値の進数表記を変換する

m進数の数値をn進数の数値に変換する関数

数値は、一般に0、1、2、3、4、5、6、7、8、9という10種類の文字（数字）を使った「10進数」という表記法で表現されています。これは、数値を1、2、3……と順に表していき、9の次は「桁上がり」して10として表し、さらに19の次は20として表すという方法です。これに対して、工学やコンピュータの分野などでは、0と1のみを使って数値を順に1、10、11、100のように表す2進数表記をはじめ、0～7を使う8進数表記、0～9に加えてA～Fの英字まで使う16進数表記などが利用されています。

おもな進数表記と桁上がり位置の違い

10進数表記 DECimal	2進数表記 BINary	8進数表記 OCTal	16進数表記 HEXadecimal
0	0	0	0
1	1	1	1
2	10	2	2
3	11	3	3
4	100	4	4
5	101	5	5
6	110	6	6
7	111	7	7
8	1000	10	8
9	1001	11	9
10	1010	12	A
11	1011	13	B
12	1100	14	C
13	1101	15	D
14	1110	16	E
15	1111	17	F
16	10000	20	10
17	10001	21	11
18	10010	22	12
19	10011	23	13
20	10100	24	14
…	…	…	…

※緑で塗りつぶされたところ＝桁上がりが発生した箇所

これらの異なる進数表記法の間で、同じ値を持つ数値の表記を互いに変換することを「基数変換」といいます。基数変換を実行するには、以下の14種類の関数が使えます。

基数変換を実行する14の関数

関数名	機能の説明	
BIN2OCT	2進数表記を	8進数表記に変換
BIN2DEC		10進数表記に変換
BIN2HEX		16進数表記に変換
OCT2BIN	8進数表記を	2進数表記に変換
OCT2DEC		10進数表記に変換
OCT2HEX		16進数表記に変換

関数名	機能の説明	
DEC2BIN	10進数表記を	2進数表記に変換
DEC2OCT		8進数表記に変換
DEC2HEX		16進数表記に変換
HEX2BIN	16進数表記を	2進数表記に変換
HEX2OCT		8進数表記に変換
HEX2DEC		10進数表記に変換
BASE	10進数表記を	n進数表記に変換
DECIMAL	n進数表記を	10進数表記に変換

10-3

数値の進数表記を変換する

▶ BIN2OCT 2進数表記を8進数表記に変換する

バイナリ・トゥ・オクタル
BIN2OCT(数値, 桁数)

▶関数の解説

2進数表記の［数値］を、指定した［桁数］の8進数表記の文字列に変換します。

▶引数の意味

数値‥‥‥‥‥‥‥ 2進数表記の数値または文字列を1000000000（-512）～ 1111111111（-1）、および0000000000（0）～ 0111111111（511）の範囲内で指定します。指定できる桁数は10桁までです。

桁数‥‥‥‥‥‥‥ 変換結果の桁数を1 ～ 10の整数で指定します。戻り値の桁数が、指定した［桁数］よりも少ないと、その桁数になるように頭に0が追加されます。ただし、［数値］に負の数が指定されたときは、戻り値は常に10桁で表示されます。［桁数］を省略すると0は追加されず、戻り値は必要最小限の桁数で表示されます。

ポイント

- ［桁数］に小数部分のある数値を指定した場合、小数点以下が切り捨てられた整数とみなされます。
- 戻り値は、0 ～ 7の数字からなる7777777000（-512）～ 7777777777（-1）、および0000000000（0）～ 0000000777（511）の範囲内の文字列（最大10桁）となります。結果は、標準では左揃えで表示されます。

エラーの意味

エラーの種類	原因	エラーとなる例
[#NUM!]	［数値］に1と0以外の数字や文字列を含めた	=BIN2OCT(2010,10) =BIN2OCT("AB",2)
	［数値］に10桁を超える数字や文字列を指定した	=BIN2OCT(101010101010,10)
	［桁数］に1 ～ 10の範囲外の数値を指定した	=BIN2OCT(1111,12)
	戻り値の桁数が、指定した［桁数］よりも大きくなった	=BIN2OCT(1111,1)
[#VALUE!]	［桁数］に数字とみなせない文字列を指定した	=BIN2OCT(1010,"AB")

HINT 戻り値を利用するときの注意点

戻り値は文字列なので計算に使えないことがあります。数値とみなして計算される場合でも、10進数として扱われてしまいます。たとえば、戻り値が0000000077である場合、10進数では63という値であるべきですが、そのまま計算に利用すると10進数の77として扱われてしまいます。BIN2OCT関数は、最終的な結果を表示するときにだけ使うほうがよいでしょう。

サイドバー:
関数の基本知識 1
日付／時刻関数 2
数学／三角関数 3
論理関数 4
検索／行列関数 5
データベース関数 6
文字列操作関数 7
統計関数 8
財務関数 9
エンジニアリング関数 10
情報関数 11
キューブ関数 12
ウェブ関数 13
付録

752
できる

関数の使用例　2進数を8進数に変換する

2進数表記の数値を10桁の8進数表記に変換します。

=BIN2OCT(A3,10)

セルA3に入力されている2進数表記の数値を10桁の8進数表記に変換する。

数値

桁数

B3		:	×	✓	fx	=BIN2OCT(A3,10)

▲	A	B	C
1	2進数表記を8進数表記に変換する		
2	2進数表記	8進数表記	10進数表記
3	111111111	0000000777	511
4	100000000	0000000400	256
5	1111111111	7777777777	-1
6	1111111110	7777777776	-2
7	1000000001	7777777001	-511
8	1000000000	7777777000	-512
9			

❶セルB3に「=BIN2OCT(A3,10)」と入力

参照📖 関数を入力するには……P.38

サンプル📂 10_004_BIN2OCT.xlsx

2進数表記の［数値］が8進数表記に変換された

❷セルB3をセルB8までコピー

8進数表記に変換された結果がわかった

💡HINT 負の数の表現

［数値］に10桁分の数値や文字列を指定したとき、10桁め（先頭）の桁が1であれば、負の数（2の補数表現）とみなされます。また、戻り値の10桁め（先頭）の桁が7であれば、負の数（2の補数表現）を意味します。

💡HINT 使用例の「10進数表記」について

使用例では、扱っている数値が10進数のどの値に対応するかがわかるように、セルC3 ～ C8に「=BIN2DEC(A3)」 ～ 「=BIN2DEC(A8)」と入力しています。

▶ BIN2DEC 2進数表記を10進数表記に変換する

バイナリ・トゥ・デシマル
BIN2DEC(数値)

▶関数の解説

2進数表記の［数値］を10進数の整数に変換します。

▶引数の意味

数値……………………2進数表記の数値または文字列を1000000000 (-512) ～ 1111111111 (-1)、および0000000000 (0) ～ 0111111111 (511) の範囲内で指定します。指定できる桁数は10桁までです。

ポイント

・戻り値は、-512 ～ 511の整数となります。結果は、標準では右揃えで表示されます。

10-3
数値の進数表記を変換する

1 関数の基本知識
2 日付／時刻関数
3 数学／三角関数
4 論理関数
5 検索／行列関数
6 データベース関数
7 文字列操作関数
8 統計関数
9 財務関数
10 エンジニアリング関数
11 情報関数
12 キューブ関数
13 ウェブ関数
付録

10-3 数値の進数表記を変換する

エラーの意味

エラーの種類	原因	エラーとなる例
[#NUM!]	[数値]に1と0以外の数字や文字列を含めた	=BIN2DEC(2010) =BIN2DEC("AB")
	[数値]に10桁を超える数字や文字列を指定した	=BIN2DEC(101010101010)

関数の使用例 ― 2進数を10進数に変換する

2進数表記の数値を10進数表記に変換します。

参照▶BIN2OCT……P.752

=BIN2DEC(A3)

セルA3に入力されている2進数表記の数値を10進数に変換する。

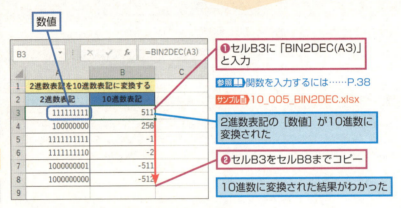

❶ セルB3に「BIN2DEC(A3)」と入力

参照▶関数を入力するには……P.38
サンプル▶10_005_BIN2DEC.xlsx

2進数表記の[数値]が10進数に変換された

❷ セルB3をセルB8までコピー

10進数に変換された結果がわかった

HINT 負の数の表現

[数値]に10桁分の数値や文字列を指定したとき、10桁め(先頭)の桁が1であれば、負の数(2の補数表現)とみなされます。

▶ BIN2HEX 2進数表記を16進数表記に変換する

バイナリ・トゥ・ヘキサデシマル
BIN2HEX(数値, 桁数)

▶関数の解説

2進数表記の[数値]を、指定した[桁数]の16進数表記の文字列に変換します。

▶引数の意味

数値……………… 2進数表記の数値または文字列を1000000000 (-512) 〜 1111111111 (-1)、および0000000000 (0) 〜 0111111111 (511) の範囲内で指定します。指定できる桁数は10桁までです。

桁数……………… 変換結果の桁数を1～10の整数で指定します。戻り値の桁数が、指定した［桁数］よりも少ないと、その桁数になるように頭に0が追加されます。ただし、［数値］に負の数が指定されたときは、戻り値は常に10桁で表示されます。［桁数］を省略すると0は追加されず、戻り値は必要最小限の桁数で表示されます。

ポイント

- ［桁数］に小数部分のある数値を指定した場合、小数点以下が切り捨てられた整数とみなされます。
- 戻り値は、0～9の数字とA～Fの英字からなるFFFFFFFE00（-512）～FFFFFFFFFF（-1）、および0000000000（0）～00000001FF（511）の範囲内の文字列（最大10桁）となります。結果は、標準では左揃えで表示されます。

エラーの意味

エラーの種類	原因	エラーとなる例
[#NUM!]	［数値］に1と0以外の数字や文字列を含めた	=BIN2HEX(2010,10) =BIN2HEX("AB",2)
	［数値］に10桁を超える数字や文字列を指定した	=BIN2HEX(101010101010,10)
	［桁数］に1～10の範囲外の数値を指定した	=BIN2HEX(1111,12)
	戻り値の桁数が、指定した［桁数］よりも大きくなった	=BIN2HEX(11111,1)
[#VALUE!]	［桁数］に数字とみなせない文字列を指定した	=BIN2HEX(1010,"AB")

関数の使用例　2進数を16進数に変換する

2進数表記の数値を10桁の16進数表記に変換します。　　　　参照▶BIN2OCT……P.752

=BIN2HEX(A3,10)

セルA3に入力されている2進数表記の数値を10桁の16進数表記に変換する。

❶セルB3に「BIN2HEX(A3,10)」と入力

参照▶関数を入力するには……P.38
サンプル▶10_006_BIN2HEX.xlsx

2進数表記の［数値］が16進数表記に変換された

❷セルB3をセルB8までコピー

16進数表記に変換された結果がわかった

10-3 数値の進数表記を変換する

> **HINT 使用例の「10進数表記」について**
> 使用例では、扱っている数値が10進数のどの値に対応するかがわかるように、セルC3〜C8に「＝BIN2DEC(A3)」〜「＝BIN2DEC(A8)」と入力しています。

> **HINT 負の数の表現**
> ［数値］に10桁分の数値や文字列を指定したとき、10桁め（先頭）の桁が1であれば、負の数（2の補数表現）とみなされます。また、戻り値の10桁め（先頭）の桁がFであれば、負の数（2の補数表現）を意味します。

▶ OCT2BIN 8進数表記を2進数表記に変換する

オクタル・トゥ・バイナリ
OCT2BIN(数値, 桁数)

▶関数の解説

8進数表記の［数値］を、指定した［桁数］の2進数表記の文字列に変換します。

▶引数の意味

数値	8進数表記の数値または文字列を7777777000 (-512) 〜 7777777777 (-1)、および0000000000 (0) 〜 0000000777 (511) の範囲内で指定します。指定できる桁数は10桁までです。
桁数	変換結果の桁数を1〜10の整数で指定します。戻り値の桁数が、指定した［桁数］よりも少ないと、その桁数になるように頭に0が追加されます。ただし、［数値］に負の数が指定されたときは、戻り値は常に10桁で表示されます。［桁数］を省略すると0は追加されず、戻り値は必要最小限の桁数で表示されます。

ポイント
- ［桁数］に小数部分のある数値を指定した場合、小数点以下が切り捨てられた整数とみなされます。
- 戻り値は、0と1の数字からなる1000000000 (-512) 〜 1111111111 (-1)、および0000000000 (0) 〜 0111111111 (511) の範囲内の文字列（最大10桁）となります。結果は、標準では左揃えで表示されます。

エラーの意味

エラーの種類	原因	エラーとなる例
[#NUM!]	［数値］に0〜7の範囲外の数字や文字列を含めた	=OCT2BIN(8070,10) =OCT2BIN("AB",2)
	［数値］に10桁を超える数字や文字列を指定した	=OCT2BIN(123123123123,10)
	［数値］に、10進記で-512〜511の範囲外の数値を指定した	=OCT2BIN(7777,10)
	［桁数］に1〜10の範囲外の数値を指定した	=OCT2BIN(677,12)
	戻り値の桁数が、指定した［桁数］よりも大きくなった	=OCT2BIN(7,2)
[#VALUE!]	［桁数］に数字とみなせない文字列を指定した	=OCT2BIN(7070,"AB")

戻り値を利用するときの注意点

戻り値は文字列なので計算に使えないことがあります。数値とみなして計算される場合でも、10進数として扱われてしまいます。たとえば、戻り値が0000000011である場合、10進数では3という値であるべきですが、そのまま計算に利用すると10進数の11として扱われてしまいます。OCT2BIN関数は、最終的な結果を表示するときにだけ使うほうがよいでしょう。

関数の使用例 8進数を2進数に変換する

8進数表記の数値を10桁の2進数表記に変換します。

=OCT2BIN(A3,10)

セルA3に入力されている8進数表記の数値を10桁の2進数表記に変換する。

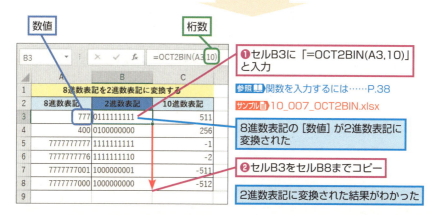

❶セルB3に「=OCT2BIN(A3,10)」と入力

参照▶関数を入力するには……P.38
サンプル▶10_007_OCT2BIN.xlsx

8進数表記の[数値]が2進数表記に変換された

❷セルB3をセルB8までコピー

2進数表記に変換された結果がわかった

負の数の表現

[数値]に10桁分の数値や文字列をの数値や文字列指定したとき、10桁め(先頭)の桁が7であれば、負の数(2の補数表現)とみなされます。また、戻り値の10桁め(先頭)の桁が1であれば、負の数(2の補数表現)を意味します。

使用例の「10進数表記」について

使用例では、扱っている数値が10進数のどの値に対応するかがわかるように、セルC3〜C8に「=OCT2DEC(A3)」〜「=OCT2DEC(A8)」と入力しています。

OCT2DEC 8進数表記を10進数表記に変換する

オクタル・トゥ・デシマル
OCT2DEC(数値)

▶関数の解説

8進数表記の[数値]を10進数の整数に変換します。

10-3 数値の進数表記を変換する

▶引数の意味

数値............8進数表記の数値または文字列を4000000000（-536870912）～ 7777777777（-1）、および0000000000（0）～ 3777777777（536870911）の範囲内で指定します。指定できる桁数は10桁までです。

ポイント

- 戻り値は、-536870912 ～ 536870911の整数となります。結果は、標準では右揃えで表示されます。

エラーの意味

エラーの種類	原因	エラーとなる例
[#NUM!]	[数値]に0～7の範囲外の数字や文字列を含めた	=OCT2DEC(8070) =OCT2DEC("AB")
	[数値]に10桁を超える数字や文字列を指定した	=OCT2DEC(123123123123)

関数の使用例　8進数を10進数に変換する

8進数表記の数値を10進数表記に変換します。　　　参照▶ OCT2BIN……P.756

=OCT2DEC(A3)

セルA3に入力されている8進数表記の数値を10進数表記に変換する。

数値

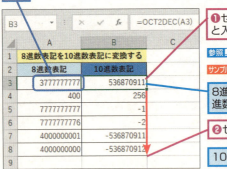

❶セルB3に「BIN2HEX(A3,10)」と入力

参照▶ 関数を入力するには……P.38
サンプル 10_008_OCT2DEC.xlsx

8進数表記の[数値]が10進数表記に変換された

❷セルB3をセルB8までコピー

10進数に変換された結果がわかった

HINT 負の数の表現

[数値]に10桁分の数値や文字列を指定したとき、10桁め（先頭）の桁が4～7のいずれかであれば、負の数（2の補数表現）とみなされます。

758

OCT2HEX 8進数表記を16進数表記に変換する

10-3

数値の進数表記を変換する

オクタル・トゥ・ヘキサデシマル
OCT2HEX(数値, 桁数)

▶**関数の解説**

8進数表記の［数値］を、指定した［桁数］の16進数表記の文字列に変換します。

▶**引数の意味**

数値‥‥‥‥‥‥‥‥‥‥ 8進数表記の数値または文字列を4000000000（-536870912）～ 7777777777（-1）、 および0000000000（0）～ 3777777777 （536870911）の範囲内で指定します。指定できる桁数は10桁までです。

桁数‥‥‥‥‥‥‥‥‥‥ 変換結果の桁数を1 ～ 10の整数で指定します。戻り値の桁数が、指定した［桁数］よりも少ないと、その桁数になるように頭に0が追加されます。ただし、［数値］に負の数が指定されたときは、戻り値は常に10桁で表示されます。［桁数］を省略すると0は追加されず、戻り値は必要最小限の桁数で表示されます。

ポイント

- ［桁数］に小数部分のある数値を指定した場合、小数点以下が切り捨てられた整数とみなされます。
- 戻り値は、0 ～ 9の数字とA ～ Fの英字からなるFFE0000000（-536870912）～ FFFFFFFFFF（-1）、および0000000000（0）～ 001FFFFFFF（536870911）の範囲内の文字列（最大10桁）となります。結果は、標準では左揃えで表示されます。

エラーの意味

エラーの種類	原因	エラーとなる例
[#NUM!]	［数値］に0 ～ 7の範囲外の数字や文字列を含めた	=OCT2HEX(8070,10) =OCT2HEX("AB",2)
	［数値］に10桁を超える数字や文字列を指定した	=OCT2HEX(123123123123,10)
	［桁数］に1 ～ 10の範囲外の数値を指定した	=OCT2HEX(377,12)
	戻り値の桁数が、指定した［桁数］よりも大きくなった	=OCT2HEX(400,2)
[#VALUE!]	［桁数］に数字とみなせない文字列を指定した	=OCT2HEX(7010,"AB")

関数の使用例　8進数を16進数に変換する

8進数表記の数値を10桁の16進数表記に変換します。　参照 OCT2BIN‥‥‥P.756

=OCT2HEX(A3,10)

セルA3に入力されている8進数表記の数値を10桁の16進数表記に変換する。

---

1 関数の基本知識
2 日付／時刻関数
3 数学／三角関数
4 論理関数
5 検索／行列関数
6 データベース関数
7 文字列操作関数
8 統計関数
9 財務関数
10 エンジニアリング関数
11 情報関数
12 キューブ関数
13 ウェブ関数
付 録

10-3 数値の進数表記を変換する

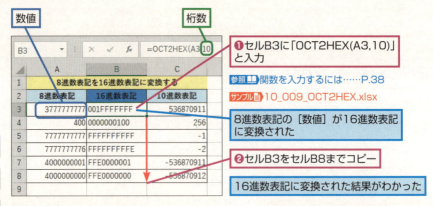

① セルB3に「OCT2HEX(A3,10)」と入力

参照▶関数を入力するには……P.38
サンプル 10_009_OCT2HEX.xlsx

8進数表記の［数値］が16進数表記に変換された

② セルB3をセルB8までコピー

16進数表記に変換された結果がわかった

HINT 使用例の「10進数表記」について

使用例では、扱っている数値が10進数でどう表記されるのかがわかるように、セルC3～C8に「＝OCT2DEC(A3)」～「＝OCT2DEC(A8)」と入力しています。

HINT 負の数の表現

［数値］に10桁分の数値や文字列を指定したとき、10桁め（先頭）の桁が4～7のいずれかであれば、負の数（2の補数表現）とみなされます。また、戻り値の10桁め（先頭）の桁がFであれば、負の数（2の補数表現）を意味します。

DEC2BIN 10進数表記を2進数表記に変換する

デシマル・トゥ・バイナリ
DEC2BIN(数値, 桁数)

▶関数の解説

10進数表記の［数値］を、指定した［桁数］の2進数表記の文字列に変換します。

▶引数の意味

数値……………… 10進数表記の数値または文字列を-512～511の整数で指定します。

桁数……………… 変換結果の桁数を1～10の整数で指定します。戻り値の桁数が、指定した［桁数］よりも少ないと、その桁数になるように頭に0が追加されます。ただし、［数値］に負の数が指定されたときは、戻り値は常に10桁で表示されます。［桁数］を省略すると0は追加されず、戻り値は必要最小限の桁数で表示されます。

ポイント

・引数に小数部分のある数値を指定した場合、小数点以下が切り捨てられた整数とみなされます。
・戻り値は、0と1の数字からなる1000000000（-512）～1111111111（-1）、および0000000000（0）～0111111111（511）の範囲内の文字列（最大10桁）となります。結果は、標準では左揃えで表示されます。

エラーの意味

エラーの種類	原因	エラーとなる例
[#NUM!]	[数値]に-512～511の範囲外の数字や文字列を指定した	=DEC2BIN(520,10)
	[桁数]に1～10の範囲外の数値を指定した	=DEC2BIN(128,12)
	戻り値の桁数が、指定した[桁数]よりも大きくなった	=DEC2BIN(4,2)
[#VALUE!]	[数値]または[桁数]に数字とみなせない文字列を指定した	=DEC2BIN("AB",10) =DEC2BIN(128,"CD")

関数の使用例　10進数を2進数に変換する

10進数表記の数値を10桁の2進数表記に変換します。

=DEC2BIN(A3,10)

セルA3に入力されている10進数表記の数値を10桁の2進数表記に変換する。

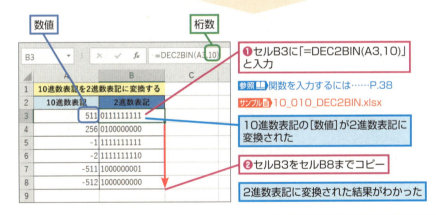

❶セルB3に「=DEC2BIN(A3,10)」と入力

参照 関数を入力するには……P.38
サンプル 10_010_DEC2BIN.xlsx

10進数表記の[数値]が2進数表記に変換された

❷セルB3をセルB8までコピー

2進数表記に変換された結果がわかった

HINT 負の数の表現

戻り値の10桁め（先頭）の桁が1であれば、負の数（2の補数表現）を意味します。

HINT 戻り値を利用するときの注意点

戻り値は文字列なので計算に使えないことがあります。数値とみなして計算される場合でも、10進数として扱われてしまいます。たとえば、戻り値が0000000011である場合、10進数では3という値であるべきですが、そのまま計算に利用すると10進数の11として扱われてしまいます。DEC2BIN関数は、最終的な結果を表示するときにだけ使うほうがよいでしょう。

10-3

数値の進数表記を変換する

DEC2OCT 10進数表記を8進数表記に変換する

デシマル・トゥ・オクタル
DEC2OCT(数値, 桁数)

▶関数の解説

10進数表記の［数値］を、指定した［桁数］の8進数表記の文字列に変換します。

▶引数の意味

数値‥‥‥‥‥‥‥‥ 10進数表記の数値または文字列を-536870912 ～ 536870911の整数で指定します。

桁数‥‥‥‥‥‥‥‥ 変換結果の桁数を1 ～ 10の整数で指定します。戻り値の桁数が、指定した［桁数］よりも少ないと、その桁数になるように頭に0が追加されます。ただし、［数値］に負の数が指定されたときは、戻り値は常に10桁で表示されます。［桁数］を省略すると0は追加されず、戻り値は必要最小限の桁数で表示されます。

ポイント

- 引数に小数部分のある数値を指定した場合、小数点以下が切り捨てられた整数とみなされます。
- 戻り値は、0 ～ 7の数字からなる最大10桁の文字列で、4000000000 (-536870912) ～ 7777777777 (-1)、および0000000000 (0) ～ 3777777777 (536870911) の範囲内の文字列（最大10桁）となります。結果は、標準では左揃えで表示されます。

エラーの意味

エラーの種類	原因	エラーとなる例
[#NUM!]	［数値］に -536870912 ～ 536870911 の範囲外の数字や文字列を指定した	=DEC2OCT(536900000,10)
	［桁数］に1 ～ 10 の範囲外の数値を指定した	=DEC2OCT(128,12)
	戻り値の桁数が、指定した［桁数］よりも大きくなった	=DEC2OCT(512,3)
[#VALUE!]	［数値］または［桁数］に数字とみなせない文字列を指定した	=DEC2OCT("AB",10) =DEC2OCT(128,"CD")

関数の使用例　10進数を8進数に変換する

10進数表記の数値を10桁の8進数表記に変換します。　　　参照 DEC2BIN……P.760

=DEC2OCT(A3,10)

セルA3に入力されている10進数表記の数値を10桁の8進数表記に変換する。

関数の基本知識　**1**

日付／時刻関数　**2**

数学／三角関数　**3**

論理関数　**4**

検索／行列関数　**5**

データベース関数　**6**

文字列操作関数　**7**

統計関数　**8**

財務関数　**9**

エンジニアリング関数　**10**

情報関数　**11**

キューブ関数　**12**

ウェブ関数　**13**

付　録

数値 | 桁数

❶セルB3に「DEC2OCT(A3,10)」と入力

B3		× ✓ *fx*	=DEC2OCT(A3,10)
	A	B	C
1	10進数表記を8進数表記に変換する		
2	10進数表記	8進数表記	
3	536870911	3777777777	
4	256	0000000400	
5	-1	7777777777	
6	-2	7777777776	
7	-536870911	4000000001	
8	-536870912	4000000000	
9			

参照▶関数を入力するには……P.38

サンプル▶10_011_DEC2OCT.xlsx

10進数表記の[数値]が8進数表記に変換された

❷セルB3をセルB8までコピー

8進数表記に変換された結果がわかった

HINT 戻り値を利用するときの注意点

戻り値は文字列なので計算に使えないことがあります。数値とみなして計算される場合でも、10進数として扱われてしまいます。たとえば、戻り値が0000000077である場合、10進数では63という値であるべきですが、そのまま計算に利用すると10進数の77として扱われてしまいます。DEC2OCT関数は、最終的な結果を表示するときにだけ使うほうがよいでしょう。

HINT 負の数の表現

戻り値の10桁め（先頭）の桁が4～7のいずれかであれば、負の数（2の補数表現）を意味します。

DEC2HEX 10進数表記を16進数表記に変換する

デシマル・トゥ・ヘキサデシマル
DEC2HEX(数値, 桁数)

▶**関数の解説**

10進数表記の[数値]を、指定した[桁数]の16進数表記の文字列に変換します。

▶**引数の意味**

数値………………………10進数表記の数値または文字列を-549755813888～549755813887の整数で指定します。

桁数………………………変換結果の桁数を1～10の整数で指定します。戻り値の桁数が、指定した[桁数]よりも少ないと、その桁数になるように頭に0が追加されます。ただし、[数値]に負の数が指定されたときは、戻り値は常に10桁で表示されます。[桁数]を省略すると0は追加されず、戻り値は必要最小限の桁数で表示されます。

ポイント

- 引数に小数部分のある数値を指定した場合、小数点以下が切り捨てられた整数とみなされます。

- 戻り値は、0～9の数字とA～Fの英字からなる8000000000（-549755813888）～FFFFFFFFFF（-1）、および0000000000（0）～7FFFFFFFFF（549755813887）の範囲内の文字列（最大10桁）となります。結果は、標準では左揃えで表示されます。

10-3

数値の進数表記を変換する

1 関数の基本知識
2 日付/時刻関数
3 数学/三角関数
4 論理関数
5 検索/行列関数
6 データベース関数
7 文字列操作関数
8 統計関数
9 財務関数
10 エンジニアリング関数
11 情報関数
12 キューブ関数
13 ウェブ関数
付録

763
できる

エラーの意味

エラーの種類	原因	エラーとなる例
[#NUM!]	［数値］に -549755813888 ～ 549755813887 の範囲外の数字や文字列を指定した	=DEC2HEX(550000000000,10)
	［桁数］に 1 ～ 10 の範囲外の数値を指定した	=DEC2HEX(128,12)
	戻り値の桁数が、指定した［桁数］よりも大きくなった	=DEC2HEX(4096,3)
[#VALUE!]	［数値］または［桁数］に数字とみなせない文字列を指定した	=DEC2HEX("AB",10) =DEC2HEX(128,"CD")

関数の使用例　10進数を16進数に変換する

10進数表記の数値を10桁の16進数表記に変換します。

参照▶DEC2BIN……P.760

=DEC2HEX(A3,10)

セルA3に入力されている10進表記の数値を10桁の16進数表記に変換する。

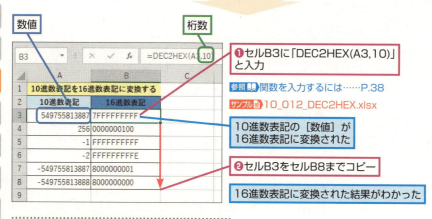

❶セルB3に「DEC2HEX(A3,10)」と入力

参照▶関数を入力するには……P.38
サンプル▶10_012_DEC2HEX.xlsx

10進数表記の［数値］が16進数表記に変換された

❷セルB3をセルB8までコピー

16進数表記に変換された結果がわかった

HINT 負の数の表現

戻り値の10桁め（先頭）の桁が8、9、A ～ Fのいずれかであれば、負の数（2の補数表現）を意味します。

HEX2BIN　16進数表記を2進数表記に変換する

ヘキサデシマル・トゥ・バイナリ
HEX2BIN(数値, 桁数)

▶関数の解説

16進数表記の［数値］を、指定した［桁数］の2進数表記の文字列に変換します。

▶引数の意味

数値･････････････ 16進数表記の数値または文字列をFFFFFFFE00（-512）～ FFFFFFFFFF（-1）、および0000000000（0）～ 00000001FF（511）の範囲内で指定します。指定できる桁数は10桁までです。

桁数･････････････ 変換結果の桁数を1 ～ 10の整数で指定します。戻り値の桁数が、指定した［桁数］よりも少ないと、その桁数になるように頭に0が追加されます。ただし、［数値］に負の数が指定されたときは、戻り値は常に10桁で表示されます。［桁数］を省略すると0は追加されず、戻り値は必要最小限の桁数で表示されます。

ポイント

- 引数に小数部分のある数値を指定した場合、小数点以下が切り捨てられた整数とみなされます。
- 戻り値は、0と1の数字からなる1000000000（-512）～ 1111111111（-1）、および0000000000（0）～ 0111111111（511）の範囲内の文字列（最大10桁）となります。結果は、標準では左揃えで表示されます。

エラーの意味

エラーの種類	原因	エラーとなる例
[#NUM!]	［数値］に0～9以外の数字やA～F以外の文字列を含めた	=HEX2BIN("AG",10)
	［数値］に10桁を超える数字や文字列を指定した	=HEX2BIN("000000001F0")
	［数値］に、10進表記で-512～511の範囲外の数値を指定した	=HEX2BIN("2FF",10)
	［桁数］に1～10の範囲外の数値を指定した	=HEX2BIN("CF",12)
	戻り値の桁数が、指定した［桁数］よりも大きくなった	=HEX2BIN("100",8)
[#VALUE!]	［数値］または［桁数］に数字とみなせない文字列を指定した	=HEX2BIN("200","AB")

関数の使用例　16進数を2進数に変換する

16進数表記の数値を10桁の2進数表記に変換します。

=HEX2BIN(A3,10)

セルA3に入力されている16進数表記の数値を10桁の2進数表記に変換する。

10-**3**

数値の進数表記を変換する

1 関数の基本知識

2 日付／時刻関数

3 数学／三角関数

4 論理関数

5 検索／行列関数

6 データベース関数

7 文字列操作関数

8 統計関数

9 財務関数

10 エンジニアリング関数

11 情報関数

12 キューブ関数

13 ウェブ関数

付　録

765

10-3 数値の進数表記を変換する

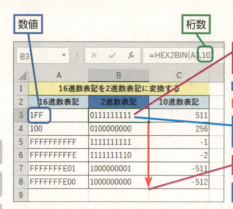

❶ セルB3に「=HEX2BIN(A3,10)」と入力

参照▶ 関数を入力するには……P.38
サンプル▶ 10_013_HEX2BIN.xlsx

16進数表記の［数値］が2進数表記に変換された

❷ セルB3をセルB8までコピー

2進数表記に変換された結果がわかった

HINT 負の数の表現

［数値］に10桁分の数値や文字列を指定したとき、10桁め（先頭）の桁がFであれば、負の数（2の補数表現）とみなされます。また、戻り値の10桁め（先頭）の桁が1であれば、負の数（2の補数表現）を意味します。

HINT 戻り値を利用するときの注意点

戻り値は文字列なので計算に使えないことがあります。数値とみなして計算される場合でも、10進数として扱われてしまいます。たとえば、戻り値が0000000011である場合、10進数では3という値であるべきですが、そのまま計算に利用すると10進数の11として扱われてしまいます。HEX2BIN関数は、最終的な結果を表示するときにだけ使うほうがよいでしょう。

HINT 16進数表記の数値をセルに入力するときの工夫

16進数表記の数値をセルに入力すると、その数値に英字（A～F）の桁が含まれる場合は文字列とみなされて左揃えになり、数字（0～9）の桁しか含まれない場合は数値とみなされて右揃えになるので、見映えが悪くなってしまいます。使用例では、これを避けるために、あらかじめセルA3～A8の表示形式を［文字列］に設定してから16進数表記の数値を入力するようにしています。

参照▶ セルの表示形式一覧……P.417

HEX2OCT 16進数表記を8進数表記に変換する

ヘキサデシマル・トゥ・オクタル
HEX2OCT(数値, 桁数)

▶関数の解説

16進数表記の［数値］を、指定した［桁数］の8進数表記の文字列に変換します。

▶引数の意味

数値……………… 16進数表記の数値または文字列をFFE0000000（-536870912）～FFFFFFFFFF（-1）、および0000000000（0）～001FFFFFFF（536870911）の範囲で指定します。指定できる桁数は10桁までです。

桁数……………… 変換結果の桁数を1～10の整数で指定します。戻り値の桁数が、指定した［桁数］よりも少ないと、その桁数になるように頭に0が追加されます。ただし、［数値］に負の数が指定されたときは、戻り値は常に10桁で表示されます。［桁数］を省略すると0は追加されず、戻り値は必要最小限の桁数で表示されます。

ポイント

- [桁数] に小数部分のある数値を指定した場合、小数点以下が切り捨てられた整数とみなされます。
- 戻り値は、0～7の数字からなる4000000000（-536870912）～ 7777777777（-1）、および0000000000（0）～ 3777777777（536870911）の範囲内の文字列（最大10桁）となります。結果は、標準では左揃えで表示されます。

エラーの意味

エラーの種類	原因	エラーとなる例
[#NUM!]	[数値] に 0～9以外の数字や A～F以外の文字列を含めた	=HEX2OCT("AG",10)
	[数値] に 10 桁を超える数字や文字列を指定した	=HEX2OCT("000000001F0")
	[数値] に、10 進表記で -536870912～536870911 の範囲外の数値を指定した	=HEX2OCT("0020000000",10)
	[桁数] に 1～10 の範囲外の数値を指定した	=HEX2OCT("CF",12)
	戻り値の桁数が、指定した [桁数] よりも大きくなった	=HEX2OCT("40",2)
[#VALUE!]	[桁数] に数字とみなせない文字列を指定した	=HEX2OCT("200","AB")

関数の使用例　16進数を8進数に変換する

16進数表記の数値を10桁の8進数表記に変換します。　参照 HEX2BIN……P.764

=HEX2OCT(A3,10)

セルA3に入力されている16進数表記の数値を10桁の8進数表記に変換する。

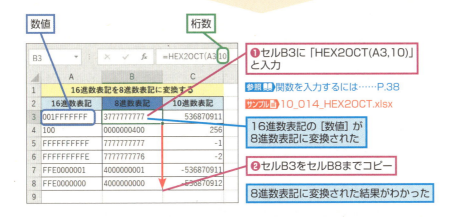

10-3 数値の進数表記を変換する

10-3 数値の進数表記を変換する

HINT 負の数の表現

［数値］に10桁分の数値や文字列を指定したとき、10桁め（先頭）の桁がFであれば、負の数（2の補数表現）とみなされます。また、戻り値の10桁め（先頭）の桁が4〜7のいずれかであれば、負の数（2の補数表現）を意味します。

HINT 戻り値を利用するときの注意点

戻り値は文字列なので計算に使えないことがあります。数値とみなして計算される場合でも、10進数として扱われてしまいます。たとえば、戻り値が0000000077である場合、10進数では63という値であるべきですが、そのまま計算に利用すると10進数の77として扱われてしまいます。HEX2OCT関数は、最終的な結果を表示するときにだけ使うほうがよいでしょう。

▶ HEX2DEC　16進数表記を10進数表記に変換する

ヘキサデシマル・トゥ・デシマル
HEX2DEC(数値)

▶関数の解説

16進数表記の［数値］を、10進数の整数に変換します。

▶引数の意味

数値······················· 16進数表記の数値または文字列を8000000000（-549755813888）〜 FFFFFFFFFF（-1）、および0000000000（0）〜 7FFFFFFFFF（549755813887）の範囲内で指定します。指定できる桁数は10桁までです。

ポイント

・戻り値は、-549755813888 〜 549755813887の整数となります。結果は、標準では右揃えで表示されます。

エラーの意味

エラーの種類	原因	エラーとなる例
[#NUM!]	［数値］に0〜9以外の数字やA〜F以外の文字列を含めた	=HEX2DEC("AG")
	［数値］に10桁を超える数字や文字列を指定した	=HEX2DEC("000000001F0")

関数の使用例　16進数を10進数に変換する

16進数表記の数値を10進数表記に変換します。　　　参照 HEX2BIN……P.764

=HEX2DEC(A3)

セルA3に入力されている16進数表記の数値を10進数表記に変換する。

数値

	B3		▼	:	×	✓	fx	=HEX2DEC(A3)

▲	A	B	C
1	16進数表記を10進数表記に変換する		
2	16進数表記	10進数表記	
3	7FFFFFFFFF	549755813887	
4	100	256	
5	FFFFFFFFFF	-1	
6	FFFFFFFFFE	-2	
7	8000000001	-549755813887	
8	8000000000	-549755813888	
9			

❶ セルB3に「HEX2DEC(A3)」と入力

参照📖 関数を入力するには……P.38

サンプル📄 10_015_HEX2DEC.xlsx

16進数表記の［数値］が10進数表記に変換された

❷ セルB3をセルB8までコピー

10進数表記に変換された結果がわかった

💡HINT 負の数の表現

［数値］に10桁分の数値や文字列を指定したとき、10桁め（先頭）の桁が8、9、A～Fであれば、負の数（2の補数表現）とみなされます。

▶ BASE 10進数表記をn進数表記に変換する

BASE(数値, 基数, 桁数)
ベ ー ス

▶関数の解説

10進数表記の［数値］を、指定した［桁数］のn進数表記に変換します。n進数の「n」は［基数］で指定します。

▶引数の意味

数値……………………… 10進数表記の数値または文字列を0 ～ 2^{53}の範囲内で指定します。

基数……………………… n進数の「n」を2 ～ 36の整数で指定します。

桁数……………………… 戻り値の桁数が［桁数］よりも少ないと、その桁数になるように頭に0が追加されます。［桁数］を省略すると0は追加されず、戻り値は必要最小限の桁数で表示されます。

［ポイント］

- この関数はExcel 2013で新たに追加されたものです。Excel 2010以前では使えません。

- 引数に小数部分のある数値を指定した場合、小数点以下が切り捨てられた整数とみなされます。

- 戻り値は、0 ～ 9の数字とA ～ Zの英字からなるn進数表記の文字列となります。たとえば、2進数表記の場合なら0と1が、12進数表記の場合なら0 ～ 9とAおよびBが各桁を表すために使われます。

10-3

数値の進数表記を変換する

1 関数の基本知識
2 日付／時刻関数
3 数学／三角関数
4 論理関数
5 検索／行列関数
6 データベース関数
7 文字列操作関数
8 統計関数
9 財務関数
10 エンジニアリング関数
11 情報関数
12 キューブ関数
13 ウェブ関数
付 録

769
できる

10-3 数値の進数表記を変換する

エラーの意味

エラーの種類	原因	エラーとなる例
[#NUM!]	[数値]に0～9007199254740990の範囲外の数字や文字列を指定した	=BASE(-100,10)
	[基数]に2～36の範囲外の数値を指定した	=BASE(128,40)
	[最小桁数]に負の数値を指定した	=BASE(128,12,-2)
[#VALUE!]	[数値]、または[桁数]に数字とみなせない文字列を指定した	=BASE("AB",6) =BASE(128,"CD") =BASE(128,6,"EF")

関数の使用例　10進数をn進数に変換する

10進数表記の数値を、n進数表記に変換します。

=BASE(B2,B3,B4)

セルB2に入力されている10進数表記の数値を、セルB3に入力されている基数nの数値（n進数）に変換し、結果をセルB4に入力されている桁数で求める。

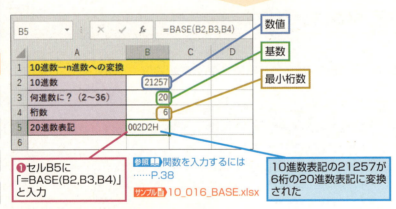

❶セルB5に「=BASE(B2,B3,B4)」と入力

参照▶関数を入力するには……P.38
サンプル▶10_016_BASE.xlsx

10進数表記の21257が6桁の20進数表記に変換された

HINT　n進数をm進数に変換するには

n進数をm進数に変換するには、771ページのDECIMAL関数を使ってn進数を10進数に変換したあと、その値をBASE関数でm進数に変換します。たとえば、12進数の「1A」を7進数に変換するには「=BASE(DECIMAL("1A",12),7)」とします。

参照▶n進数表記を10進数表記に変換する……P.771

DECIMAL　n進数表記を10進数表記に変換する

DECIMAL(文字列, 基数)

▶関数の解説

［文字列］がn進数表記で表されているものとみなし、10進数の整数に変換します。n進数の「n」は［基数］で指定します。

▶引数の意味

文字列……………… n進数表記による文字列を255文字以内で指定します。

基数………………… n進数の「n」を2～36の整数で指定します。

ポイント

- この関数はExcel 2013で新たに追加されたものです。Excel 2010以前では使えません。
- 引数に小数部分のある数値を指定した場合、小数点以下が切り捨てられた整数とみなされます。
- 戻り値が2^{53}より大きい数値になる場合、精度が低下することがあります。

エラーの意味

エラーの種類	原因	エラーとなる例
[#NUM!]	［文字列］にn進数の表記法に合わない文字列を指定した	=DECIMAL("AAX",12) =DECIMAL("あ",12)
	［基数］に2～36の範囲外の数値を指定した	=DECIAML("12A",40)
[#VALUE!]	［文字列］に256文字以上の文字列を指定した	=DECIMAL(REPT("A",256),12)
	［基数］に数字とみなせない文字列を指定した	=DECIMAL("12A","AB")

関数の使用例　n進数を10進数に変換する

n進数表記の文字列を、10進数表記に変換します。

=DECIMAL(B2,B3)

セルB2に入力されている文字列がn進数表記で表されているものとみなし、10進数表記に変換する。基数nはセルB3に入力されている。

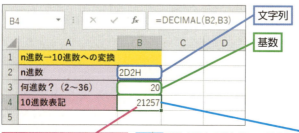

❶セルB4に「=DECIMAL(B2,B3)」と入力

参照　関数を入力するには……P.38
サンプル　10_017_DECIMAL.xlsx

20進数表記の2D2Hが10進数表記に変換された

10-4 複素数を作成、分解する

COMPLEX関数、IMREAL関数、IMAGINARY関数、IMCONJUGATE関数

2つの実数a、bがある場合、虚数単位$i=\sqrt{-1}$を使って「$z=a+bi$」の形で表される数を「複素数」といいます。このとき、aをzの「実部」、bをzの「虚部」と呼びます。したがって、実部aと虚部bの値が与えられれば複素数$z=a+bi$が作成でき、逆に複素数zが存在すれば、その実部aと虚部bが取り出せます。

複素数zの作成

$$z = a + bi \quad \begin{cases} i = \sqrt{-1} & \cdots 虚数単位 \\ a & \cdots 実部 \\ b & \cdots 虚部 \end{cases}$$

また、複素数$z=a+bi$は、2次元平面上の点zの座標(a,b)に1:1で対応させることができ、このような平面を「複素平面」または「ガウス平面」と呼びます。この場合、横軸は実数を表すので「実軸」、縦軸は虚数を表すので「虚軸」と呼びます。さらに、複素数$z=a+bi$が存在するとき、その虚部の符号を反転した$\bar{z}=a-bi$を「共役複素数」といいます。これを複素平面上で表すと、実軸を対称軸とした、複素数zの線対称な点となります。

複素平面

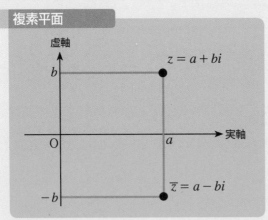

実部と虚部から複素数を作成したり、逆に複素数を実部と虚部に分解したり、共役複素数を求めたりするには、以下の関数を利用します。

基数変換を実行する14の関数

関数名	機能の説明
COMPLEX	実部と虚部から複素数を作成する
IMREAL	複素数の実部を求める
IMAGINARY	複素数の虚部を求める
IMCONJUGATE	共役複素数を求める

COMPLEX 実部と虚部から複素数を作成する

10-4

複素数を作成、分解する

コンプレックス
COMPLEX(実部, 虚部, 虚数単位)

▶関数の解説

［実部］の値*a*と［虚部］の値*b*を組み合わせて複素数$a+bi$（または$a+bj$）を作成し、文字列で返します。

▶引数の意味

実部·························· 作成したい複素数の実部を数値で指定します。

虚部·························· 作成したい複素数の虚部を数値で指定します。

虚数単位················· 虚部の単位として英小文字の「i」または「j」を指定します。英大文字の「I」または「J」は指定できません。省略すると、「i」を指定したものとみなされます。

ポイント

• 戻り値は、複素数の表記法に従った文字列となります。

• 戻り値は、複素数に関連した各種関数（IMREAL関数、IMSUM関数、IMPOWER関数など、「IM～」ではじまる25種類の関数）の引数を指定するために使えます。

エラーの意味

エラーの種類	原因	エラーとなる例
[#VALUE!]	［実部］または［虚部］に数字とみなせない文字列やセル範囲を指定した	=COMPLEX("ABC","DEF","i")
	［虚数単位］に「i」または「j」以外の文字列を指定した	=COMPLEX(10,20,"m")

関数の使用例   複素数を作成する

実部と虚部を組み合わせて複素数を作成します。

=COMPLEX(A3,B3,"i")

セルA3に入力されている実部と、セルB3に入力されている虚部を組み合わせて複素数を作成し、文字列で返す。虚数単位は「i」を使う。

---

1 関数の基本知識
2 日付／時刻関数
3 数学／三角関数
4 論理関数
5 検索／行列関数
6 データベース関数
7 文字列操作関数
8 統計関数
9 財務関数
10 エンジニアリング関数
11 情報関数
12 キューブ関数
13 ウェブ関数
付 録

10-4 複素数を作成、分解する

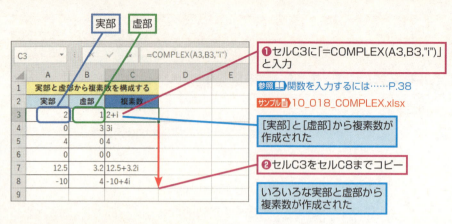

HINT 虚数単位が2種類ある理由

虚数単位として指定できる「i」と「j」は、いずれもまったく同じ意味です。通常は「i」が使われますが、電気工学や電子工学の分野では、電流を表す変数「i」との混同を避けるために「j」がよく使われます。

IMREAL 複素数の実部を求める

IMREAL(複素数)
イマジナリー・リアル

▶関数の解説

$a+bi$（または$a+bj$）という文字列で指定した［複素数］から、実部の値aを取り出し、数値で返します。

▶引数の意味

複素数 …………… 実部を取り出したい複素数を$a+bi$（iは虚数単位）という複素数の表記法に従った文字列で指定します。実部のみ（a）、あるいは虚部のみ（bi）を指定することもできます。虚数単位は「i」または「j」のどちらでも使えます。

▶ポイント
- 戻り値は、複素数の実部を表す数値（実数）となります。
- ［複素数］に実部のみを指定する場合は、文字列ではなく数値として指定してもかまいません。

▶エラーの意味

エラーの種類	原因	エラーとなる例
[#NUM!]	［複素数］に、正しい複素数の表記法に従っていない文字列を指定した	=IMREAL("10+20+30i") =IMREAL("123+456m")

関数の使用例　複素数の実部を求める

複素数から実部を取り出します。

=IMREAL(A3)

セルA3に入力されている複素数から実部を取り出し、数値で返す。

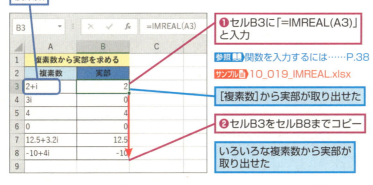

❶セルB3に「=IMREAL(A3)」と入力

参照▶関数を入力するには……P.38
サンプル●10_019_IMREAL.xlsx

[複素数]から実部が取り出せた

❷セルB3をセルB8までコピー

いろいろな複素数から実部が取り出せた

HINT [複素数]の虚部が1のときは指定を省略できる

[複素数]を指定する場合、「1+3i」や「5i」のように、実部と虚部は必ず数字でなければなりません。ただし、虚部が1のときは、「1i」ではなく、単に「i」と指定できます。

▶ IMAGINARY 複素数の虚部を求める

IMAGINARY(複素数)
（イマジナリー）

▶関数の解説

$a+bi$（または$a+bj$）という文字列で指定した[複素数]から、虚部の値bを取り出し、数値で返します。

▶引数の意味

複素数……………… 虚部を取り出したい複素数をa+bi（iは虚数単位）という複素数の表記法に従った文字列で指定します。実部のみ（a）、あるいは虚部のみ（bi）を指定することもできます。虚数単位は「i」または「j」のどちらでも使えます。

ポイント
- 戻り値は、複素数の虚部を表す数値（実数）となります。
- [複素数]に実部のみを指定する場合は、文字列ではなく数値として指定してもかまいません。

10-4

複素数を作成、分解する

エラーの意味

エラーの種類	原因	エラーとなる例
[#NUM!]	[複素数] に、正しい複素数の表記法に従っていない文字列を指定した	=IMAGINARY("10+20+30i") =IMAGINARY("123+456m")

関数の使用例　複素数の虚部を求める

複素数から虚部を取り出します。

=IMAGINARY(A3)

セルA3に入力されている複素数から虚部を取り出し、数値で返す。

複素数

B3	▼	:	× ✓ fx	=IMAGINARY(A3)

▲	A	B	C	D
1	複素数から虚部を求める			
2	複素数	虚部		
3	2+i	1		
4	3i	3		
5	4	0		
6	0	0		
7	12.5+3.2i	3.2		
8	-10+4i	4		
9				

❶セルB3に「=IMAGINARY(A3)」と入力

参照▶関数を入力するには……P.38
サンプル▶10_020_IMAGINARY.xlsx

[複素数]から虚部が取り出せた

❷セルB3をセルB8までコピー

いろいろな複素数から虚部が取り出せた

IMCONJUGATE　共役複素数を求める

イマジナリー・コンジュゲイト
IMCONJUGATE(複素数)

▶関数の解説

$a+bi$（または$a+bj$）という文字列で指定した［複素数］から、虚部の符号を反転した共役複素数$a-bi$（または$a-bj$）を作成し、文字列で返します。

▶引数の意味

複素数‥‥‥‥‥‥‥ 共役複素数を求めたい複素数をa+bi（iは虚数単位）という複素数の表記法に従った文字列で指定します。実部のみ（a）、あるいは虚部のみ（bi）を指定することもできます。虚数単位は「i」または「j」のどちらでも使えます。

ポイント

• 戻り値は、複素数の表記法に従った文字列となります。

• 戻り値は、複素数に関連した各種関数（IMREAL関数、IMSUM関数、IMPOWER関数など、「IM〜」ではじまる25種類の関数）の引数を指定するために使うことができます。

• ［複素数］に実部のみを指定する場合は、文字列ではなく数値として指定してもかまいません。ただし、この場合も戻り値は文字列で返されることに注意してください。

10-4 複素数を作成、分解する

エラーの意味

エラーの種類	原因	エラーとなる例
[#NUM!]	[複素数]に、正しい複素数の表記法に従っていない文字列を指定した	=IMCONJUGATE("10+20+30i") =IMCONJUGATE("123+456m")

関数の使用例　共役複素数を求める

複素数に対応する共役複素数を作成します。

=IMCONJUGATE(A3)

セルA3に入力されている複素数から共役複素数を作成し、文字列で返す。

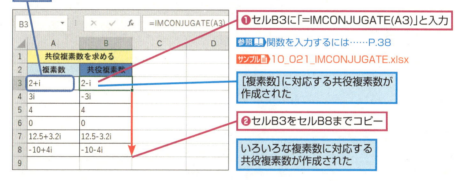

❶セルB3に「=IMCONJUGATE(A3)」と入力

参照▶関数を入力するには……P.38
サンプル▶10_021_IMCONJUGATE.xlsx

[複素数]に対応する共役複素数が作成された

❷セルB3をセルB8までコピー

いろいろな複素数に対応する共役複素数が作成された

10-5 複素数を極形式に変換する

IMABS関数、IMARGUMENT関数

複素数$z=a+bi$は、複素平面上の座標(a,b)にある点zとして表せます。この場合、原点Oから点zまでの距離をr、両点を結ぶ線分が実軸となす角度をθとすると、次のような関係が成り立ちます。

複素平面上の複素数

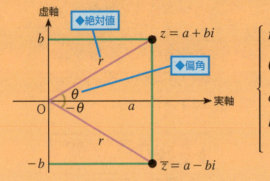

ここで、rはzの「絶対値」、θはzの「偏角」と呼ばれ、これらを使えば複素数zおよびその共役複素数$\bar{z}$は次のように表せます。これを、複素数の「極形式」といいます。なお、絶対値は$|z|$(または$mod\ z$)、偏角は$arg\ z$(または$\angle z$)と表される場合もあります。

複素数の極形式

$$z = a + bi$$
$$= r\cos\theta + ir\sin\theta$$
$$= r(\cos\theta + i\sin\theta)$$

$$\bar{z} = a - bi$$
$$= r\cos\theta - ir\sin\theta$$
$$= r(\cos\theta - i\sin\theta)$$
$$= r(\cos(-\theta) + i\sin(-\theta))$$

$a+bi$の形で表された複素数を極形式に変換したいとき、その絶対値と偏角を求めるには、以下の関数を利用します。

複素数を極形式に変換するときに使う2つの関数

関数名	機能の説明
IMABS 関数	複素数の絶対値を求める
IMARGUMENT 関数	複素数の偏角を求める

10-5 複素数を極形式に変換する

IMABS 複素数の絶対値を求める

IMABS(複素数)
イマジナリー・アブソリュート

▶関数の解説

$a+bi$（または$a+bj$）という文字列で指定した［複素数］から、絶対値rを求め、数値で返します。以下に、複素数の絶対値の定義を示します。

$$\mathrm{IMABS}(z) = |a+bi| = \sqrt{a^2+b^2} = r$$

▶引数の意味

複素数……………絶対値を求めたい複素数を$a+bi$（iは虚数単位）という複素数の表記法に従った文字列で指定します。実部のみ（a）、あるいは虚部のみ（bi）を指定することもできます。虚数単位は「i」または「j」のどちらでも使えます。

ポイント

- 戻り値は、複素数の絶対値を表す数値（実数）となります。
- ［複素数］に実部のみを指定する場合は、文字列ではなく数値として指定してもかまいません。

エラーの意味

エラーの種類	原因	エラーとなる例
[#NUM!]	［複素数］に、正しい複素数の表記法に従っていない文字列を指定した	=IMABS("10+20+30i") =IMABS("123+456m")

関数の使用例　複素数の絶対値を求める

複素数の絶対値を求めます。

=IMABS(A3)

セルA3に入力されている複素数の絶対値を求め、数値で返す。

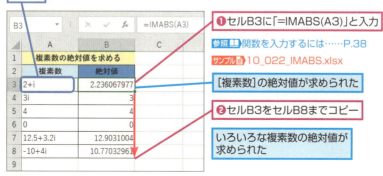

❶セルB3に「=IMABS(A3)」と入力

参照▶関数を入力するには……P.38
サンプル▶10_022_IMABS.xlsx

［複素数］の絶対値が求められた

❷セルB3をセルB8までコピー

いろいろな複素数の絶対値が求められた

10-5 複素数を極形式に変換する

> **HINT 複素数の絶対値の表現**
>
> 複素数 z の絶対値は、通常は「|z|」と表記されますが、「$mod\ z$」と書かれる場合もあります。ただし、これは割り算の余りを求めるための「mod」（ExcelではMOD関数に相当）とはまったく意味が違うので、混同しないように注意してください。
>
> 参照▶ MOD……P.157

> **HINT 極形式の複素数から通常の複素数に変換するには**
>
> 複素数 z の絶対値 r と偏角 θ がわかっていれば、実部の値 $a = r\cos\theta$、および虚部の値 $b = r\sin\theta$ をそれぞれ計算することにより、$z = a + bi$ という通常の形式に変換できます。
>
> 参照▶ IMARGUMENT……P.780

> **HINT [複素数]の虚部が1のときは指定を省略できる**
>
> [複素数]を指定する場合、「1+3i」や「5i」のように、実部と虚部は必ず数字でなければなりません。ただし、虚部が1のときは、「1i」ではなく、単に「i」と指定できます。

IMARGUMENT 複素数の偏角を求める

イマジナリー・アーギュメント
IMARGUMENT(複素数)

▶ **関数の解説**

$a+bi$（または $a+bj$）という文字列で指定した［複素数］から、偏角 θ を求め、数値で返します。以下に、複素数の偏角の定義を示します。

$$\mathrm{IMARGUMENT}(z) = \angle(a+bi) = \arctan\frac{b}{a} = \theta$$

▶ **引数の意味**

複素数………………… 偏角を求めたい複素数を a+bi（i は虚数単位）という複素数の表記法に従った文字列で指定します。実部のみ（a）、あるいは虚部のみ（bi）を指定することもできます。虚数単位は「i」または「j」のどちらでも使えます。

ポイント

- 戻り値は、複素数の偏角を表すラジアン単位の数値（実数）となります。
- ［複素数］に実部のみを指定する場合は、文字列ではなく数値として指定してもかまいません。

エラーの意味

エラーの種類	原因	エラーとなる例
[#DIV/0!]	［複素数］に、0 + 0i、0、0i のいずれかを指定した	=IMARGUMENT("0+0i")
[#NUM!]	［複素数］に、正しい複素数の表記法に従っていない文字列を指定した	=IMARGUMENT("10+20+30i") =IMARGUMENT("123+456m")

関数の使用例　複素数の偏角を求める

複素数の偏角を求めます。

=IMARGUMENT(A3)

セルA3に入力されている複素数の偏角を求め、数値で返す。

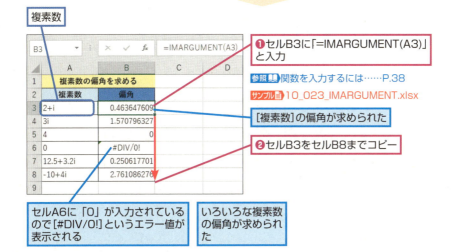

❶セルB3に「=IMARGUMENT(A3)」と入力

参照▶関数を入力するには……P.38
サンプル▶10_023_IMARGUMENT.xlsx

［複素数］の偏角が求められた

❷セルB3をセルB8までコピー

セルA6に「0」が入力されているので［#DIV/0!］というエラー値が表示される

いろいろな複素数の偏角が求められた

HINT 複素数の偏角の表現

複素数zの偏角は、通常は「∠z」と表記されますが、「arg z」または「amp z」と表記されることもあります。

HINT 戻り値を度単位の角度に変換するには

IMARGUMENT関数の戻り値はラジアン単位の数値となります。度単位の角度として扱いたい場合には、DEGREES関数を利用するか、または戻り値に「180/pi()」を掛けて変換します。
参照▶DEGREES……P.196
参照▶PI……P.193

10-5 複素数を極形式に変換する

10-6 複素数の四則演算を行う

IMSUM 複素数の和を求める

IMSUM(複素数1, 複素数2, …, 複素数255)
（イマジナリー・サム）

▶関数の解説

$a+bi$（または$a+bj$）という文字列で指定した複数の複素数の和を求め、文字列で返します。たとえば、2つの複素数の和は、以下のように計算されます。

$$\text{IMSUM}(z_1, z_2) = (a+bi) + (c+di) = (a+c) + (b+d)i$$

これを複素平面上で表すと、ちょうどその実部と虚部を成分とするベクトルの和を求めることと同じ操作になります。たとえば、2つの複素数の和は、以下のように表されます。

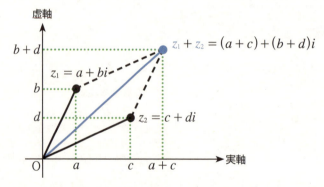

▶引数の意味

複素数 ……………… 和を求めたい複素数を$a+bi$（iは虚数単位）という複素数の表記法に従った文字列で指定します。セル範囲も指定できます。実部のみ（a）、あるいは虚部のみ（bi）を指定することもできます。虚数単位は「i」または「j」のどちらでも使えます。引数は、カンマで区切って255個まで指定できます。

▶ポイント

・［複素数］に実部のみを指定する場合は、文字列ではなく数値として指定してもかまいません。ただし、この場合も戻り値は文字列で返されることに注意してください。

・［複素数］には、複素数の表記法に従った文字列を指定するほか、COMPLEX関数を指定することもできます。　　　　　　　　　　　参照 ▶COMPLEX……P.773

・戻り値は、複素数の表記法に従った文字列となります。

10-6 複素数の四則演算を行う

エラーの意味

エラーの種類	原因	エラーとなる例
[#NUM!]	[複素数]に、正しい複素数の表記法に従っていない文字列を指定した	=IMSUM("2*3i","10/30i") =IMSUM("1+3m","8p")

関数の使用例　複素数の和を求める

2つの複素数の和を求めます。

=IMSUM(A3,B3)

セルA3に入力されている複素数に、セルB3に入力されている複素数を足した結果（和）を求め、文字列で返す。

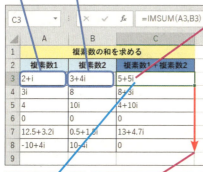

複素数1 ／ 複素数2

❶セルC3に「=IMSUM(A3,B3)」と入力

参照▶関数を入力するには……P.38
サンプル▶10_024_IMSUM.xlsx

[複素数]の和が求められた

❷セルC3をセルC8までコピー

いろいろな複素数の和が求められた

> **HINT [複素数]の虚部が1のときは指定を省略できる**
>
> [複素数]を指定する場合、「1+3i」や「5i」のように、実部と虚部は必ず数字でなければなりません。ただし、虚部が1のときは、「1i」ではなく、単に「i」と指定できます。

IMSUB 複素数の差を求める

イマジナリー・サブトラクト
IMSUB(複素数1, 複素数2)

▶関数の解説

$a+bi$（または$a+bj$）という文字列で指定した［複素数1］から、同様に指定した［複素数2］を引いた結果（差）を求め、文字列で返します。2つの複素数の差は、以下のように計算されます。

$$\text{IMSUB}(z_1, z_2) = (a+bi) - (c+di) = (a-c) + (b-d)i$$

これを複素平面上で表すと、ちょうどその実部と虚部を成分とするベクトルの差を求めることと同じ操作になります。2つの複素数の差は、以下のように表されます。

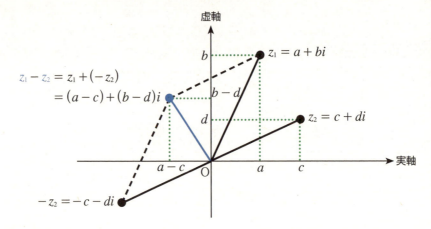

▶引数の意味

複素数1 ………… ［複素数2］によって引かれる複素数を$a+bi$（iは虚数単位）という複素数の表記法に従った文字列で指定します。実部のみ（a）、あるいは虚部のみ（bi）を指定することもできます。虚数単位は「i」または「j」のどちらでも使えます。

複素数2 ………… ［複素数1］から引く複素数を$a+bi$（iは虚数単位）という複素数の表記法に従った文字列で指定します。実部のみ（a）、あるいは虚部のみ（bi）を指定することもできます。虚数単位は「i」または「j」のどちらでも使えます。

ポイント

・［複素数］に実部のみを指定する場合は、文字列ではなく数値として指定してもかまいません。ただし、この場合も戻り値は文字列で返されることに注意してください。

・［複素数］には、複素数の表記法に従った文字列を指定するほか、COMPLEX関数を指定することもできます。　　　　　　　　　　　　　　　　　参照 COMPLEX……P.773

・戻り値は、複素数の表記法に従った文字列となります。

エラーの意味

エラーの種類	原因	エラーとなる例
[#NUM!]	［複素数］に、正しい複素数の表記法に従っていない文字列を指定した	=IMSUB("2*3i","10/30i") =IMSUB("1+3m","8p")

関数の使用例　複素数の差を求める

2つの複素数の差を求めます。

=IMSUB(A3,B3)

セルA3に入力されている複素数から、セルB3に入力されている複素数を引いた結果（差）を求め、文字列で返す。

❶セルC3に「=IMSUB(A3,B3)」と入力

参照▶関数を入力するには……P.38
サンプル▶10_025_IMSUB.xlsx

[複素数]の差が求められた

❷セルC3をセルC8までコピー

いろいろな複素数の差が求められた

IMPRODUCT 複素数の積を求める

イマジナリー・プロダクト
IMPRODUCT(複素数1, 複素数2, …, 複素数255)

▶関数の解説

$a+bi$（または$a+bj$）という文字列で指定した複数の複素数の積を求め、文字列で返します。たとえば、2つの複素数の積は、以下のように計算されます。

$$\text{IMPRODUCT}(z_1, z_2) = (a+bi)(c+di) = (ac-bd)+(bc+ad)i$$

このとき、これら2つの複素数を極形式で表現すれば、積は以下のように計算されます。

$$z_1 \times z_2 = r_1(\cos\theta_1 + i\sin\theta_1) \times r_2(\cos\theta_2 + i\sin\theta_2)$$
$$= r_1 r_2 \{\cos(\theta_1+\theta_2) + i\sin(\theta_1+\theta_2)\}$$

ただし、$r_1 = |z_1|$、$\theta_1 = \angle z_1$、$r_2 = |z_2|$、$\theta_2 = \angle z_2$

参照▶複素数を極形式に変換する……P.778

これを複素平面上で表すと、結果として得られる複素数の積を表す点は、原点からの距離が2つの複素数の絶対値の積で、実軸となす角度が2つの複素数の偏角の和であるような点となります。

10-6 複素数の四則演算を行う

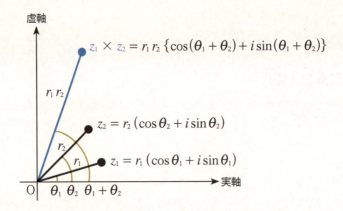

▶引数の意味

複素数 …………… 積を求めたい複素数を a+bi（i は虚数単位）という複素数の表記法に従った文字列で指定します。セル範囲も指定できます。実部のみ（a）、あるいは虚部のみ（bi）を指定することもできます。虚数単位は「i」または「j」のどちらでも使えます。引数は、カンマで区切って255個まで指定できます。

ポイント

- [複素数] に実部のみを指定する場合は、文字列ではなく数値として指定してもかまいません。ただし、この場合も戻り値は文字列で返されることに注意してください。
- [複素数] には、複素数の表記法に従った文字列を指定するほか、COMPLEX関数を指定することもできます。　　　　　　　　　　　　　　　　　参照🔎 COMPLEX……P.773
- 戻り値は、複素数の表記法に従った文字列となります。

エラーの意味

エラーの種類	原因	エラーとなる例
[#NUM!]	[複素数] に、正しい複素数の表記法に従っていない文字列を指定した	=IMPRODUCT("2*3i","10/30i") =IMPRODUCT("1+3m","8p")

関数の使用例　複素数の積を求める

2つの複素数の積を求めます。

=IMPRODUCT(A3,B3)

セルA3に入力されている複素数に、セルB3に入力されている複素数を掛けた結果（積）を求め、文字列で返す。

10-6 複素数の四則演算を行う

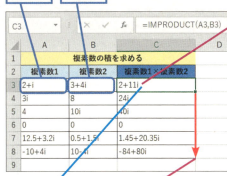

❶セルC3に「=IMPRODUCT(A3,B3)」と入力

参照▶関数を入力するには……P.38
サンプル▶10_026_IMPRODUCT.xlsx

[複素数]の積が求められた

❷セルC3をセルC8までコピー

いろいろな複素数の積が求められた

HINT 絶対値と偏角について

計算の対象とする複素数、および結果の複素数について、IMABS関数とIMARGUMENT関数を使ってそれぞれ絶対値と偏角を計算してみると、2つの複素数の積が、両者の絶対値の積と、両者の偏角の和を持つ複素数になっていることがわかります。

参照▶IMABS……P.779
参照▶IMARGUMENT……P.780

IMDIV 複素数の商を求める

イマジナリー・ディバイデッド
IMDIV(複素数1, 複素数2)

▶関数の解説

$a+bi$（または$a+bj$）という文字列で指定した［複素数1］を、同様に指定した［複素数2］で割った結果（商）を求め、文字列で返します。2つの複素数の商は、以下のように計算されます。

$$\mathrm{IMDIV}(z_1, z_2) = \frac{a+bi}{c+di} = \frac{(ac+bd)+(bc-ad)i}{c^2+d^2}$$

このとき、これら2つの複素数を極形式で表現すれば、商は以下のように計算されます。

$$\frac{z_1}{z_2} = \frac{r_1(\cos\theta_1 + i\sin\theta_1)}{r_2(\cos\theta_2 + i\sin\theta_2)}$$
$$= \frac{r_1}{r_2}\{\cos(\theta_1-\theta_2) + i\sin(\theta_1-\theta_2)\}$$

ただし、$r_1 = |z_1|$、$\theta_1 = \angle z_1$、$r_2 = |z_2|$、$\theta_2 = \angle z_2$

これを複素平面上で表すと、結果として得られる複素数の商を表す点は、原点からの距離が2つの複素数の絶対値の商で、実軸となす角度が2つの複素数の偏角の差であるような点となります。

参照▶ 複素数を極形式に変換する……P.778

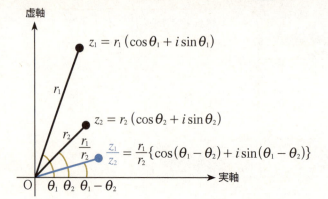

▶引数の意味

複素数1 ………… ［複素数2］によって割られる複素数（被除数）をa+bi（iは虚数単位）という複素数の表記法に従った文字列で指定します。実部のみ（a）、あるいは虚部のみ（bi）を指定することもできます。虚数単位は「i」または「j」のどちらでも使えます。

複素数2 ………… ［複素数1］を割る複素数（除数）をa+bi（iは虚数単位）という複素数の表記法に従った文字列で指定します。実部のみ（a）、あるいは虚部のみ（bi）を指定することもできます。虚数単位は「i」または「j」のどちらでも使えます。

ポイント

- ［複素数］に実部のみを指定する場合は、文字列ではなく数値として指定してもかまいません。ただし、この場合も戻り値は文字列で返されることに注意してください。
- ［複素数］には、複素数の表記法に従った文字列を指定するほか、COMPLEX関数を指定することもできます。

参照▶ COMPLEX……P.773

- 戻り値は、複素数の表記法に従った文字列となります。

エラーの意味

エラーの種類	原因	エラーとなる例
［#NUM!］	［複素数］に、正しい複素数の表記法に従っていない文字列を指定した	=IMDIV("2*3i","10/30i") =IMDIV("1+3m","8p")
	［複素数2］に、0＋0i、0、0iのいずれかを指定した	=IMDIV("3+5i","0+0i")

関数の使用例　複素数の商を求める

2つの複素数の商を求めます。

=IMDIV(A3,B3))

セルA3に入力されている複素数を、セルB3に入力されている複素数で割った結果（商）を求め、文字列で返す。

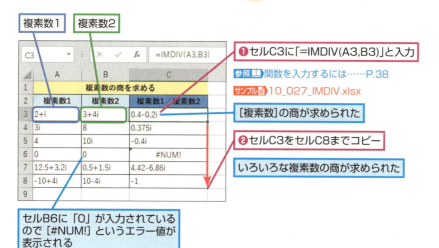

❶セルC3に「=IMDIV(A3,B3)」と入力

参照▶関数を入力するには……P.38
サンプル 10_027_IMDIV.xlsx

[複素数]の商が求められた

❷セルC3をセルC8までコピー

いろいろな複素数の商が求められた

セルB6に「0」が入力されているので［#NUM!］というエラー値が表示される

10-6 複素数の四則演算を行う

10-7

複素数の平方根を求める

10-7 複素数の平方根を求める

IMSQRT 複素数の平方根を求める

イマジナリー・スクエアルート
IMSQRT(複素数)

▶関数の解説

$a+bi$（または$a+bj$）という文字列で指定した複素数の平方根を求め、文字列で返します。複素数の平方根は、以下のように計算されます。

$$\text{IMSQRT}(z) = \sqrt{a+bi} = \sqrt{r(\cos\theta + i\sin\theta)} = \sqrt{r}\left(\cos\frac{\theta}{2} + i\sin\frac{\theta}{2}\right)$$

$$\text{ただし、} \quad r = \sqrt{a^2+b^2}, \quad \theta = \arctan\frac{b}{a}$$

▶引数の意味

複素数 ···················· 平方根を求めたい複素数を$a+bi$（iは虚数単位）という複素数の表記法に従った文字列で指定します。実部のみ（a）、あるいは虚部のみ（bi）を指定することもできます。虚数単位は「i」または「j」のどちらでも使えます。

ポイント

- ［複素数］に実部のみを指定する場合は、文字列ではなく数値として指定してもかまいません。この場合、SQRT関数の［数値］に実数を指定したのと同じ結果になりますが、戻り値は文字列で返されることに注意してください。
- IMSQRT関数の内部では、結果を求めるために複素数の極形式が使われますが、［複素数］を指定するときには事前に極形式に変換する必要はありません。

  参照📖 複素数を極形式に変換する……P.778

- 戻り値は、複素数の表記法に従った文字列となります。

エラーの意味

エラーの種類	原因	エラーとなる例
[#NUM!]	［複素数］に、正しい複素数の表記法に従っていない文字列を指定した	=IMSQRT("10+20+30i") =IMSQRT("123+456m")

関数の基本知識 1
日付／時刻関数 2
数学／三角関数 3
論理関数 4
検索／行列関数 5
データベース関数 6
文字列操作関数 7
統計関数 8
財務関数 9
エンジニアリング関数 10
情報関数 11
キューブ関数 12
ウェブ関数 13
付　録

790
できる

関数の使用例　複素数の平方根を求める

複素数の平方根を求めます。

=IMSQRT(A3)

セルA3に入力されている複素数の平方根を求め、文字列で返す。

複素数

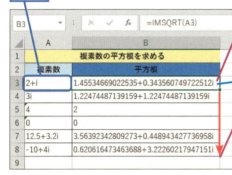

❶セルB3に「=IMSQRT(A3)」と入力
参照▶関数を入力するには……P.38
サンプル▶10_028_IMSQRT.xlsx
［複素数］の平方根が求められた

❷セルB3をセルB8までコピー
いろいろな複素数の平方根が求められた

IMPOWER関数を使っても平方根が求められる

複素数のべき乗を求めるIMPOWER関数を利用して、たとえば「=IMPOWER(2+3i, 0.5)」と入力すれば、複素数2+3iの平方根が求められます。なお、べき乗の算術演算子「^」は実数にしか使えないので、「=(2+3i)^0.5」と入力しても、複素数の平方根を求めることはできません。
参照▶IMPOWER……P.792
参照▶算術演算子……P.34

10-7 複素数の平方根を求める

1 関数の基本知識
2 日付／時刻関数
3 数学／三角関数
4 論理関数
5 検索／行列関数
6 データベース関数
7 文字列操作関数
8 統計関数
9 財務関数
10 エンジニアリング関数
11 情報関数
12 キューブ関数
13 ウェブ関数
付録

10-8 複素数のべき関数と指数関数の値を求める

（左サイドバー縦書き）
10-8 複素数のべき関数と指数関数の値を求める

（左サイドナビ）
1 関数の基本知識
2 日付／時刻関数
3 数学／三角関数
4 論理関数
5 検索／行列関数
6 データベース関数
7 文字列操作関数
8 統計関数
9 財務関数
10 エンジニアリング関数
11 情報関数
12 キューブ関数
13 ウェブ関数
付録

IMPOWER 複素数のべき関数の値を求める

イマジナリー・パワー
IMPOWER(複素数, 数値)

▶関数の解説

$a+bi$（または$a+bj$）という文字列で指定した［複素数］を、［数値］に指定した指数でべき乗した値（べき関数の値）を求め、文字列で返します。複素数のべき関数の値は、以下のように計算されます。

$$\text{IMPOWER}(z,x) = (a+bi)^x = (r(\cos\theta + i\sin\theta))^x$$
$$= r^x e^{ix\theta} = r^x(\cos x\theta + i\sin x\theta)$$
$$\text{ただし、} \quad r = \sqrt{a^2 + b^2}、\quad \theta = \arctan\frac{b}{a}$$

▶引数の意味

複素数……………………べき関数を求めたい複素数をa+bi（iは虚数単位）という複素数の表記法に従った文字列で指定します。実部のみ（a）、あるいは虚部のみ（bi）を指定することもできます。虚数単位は「i」または「j」のどちらでも使えます。

数値………………………べき関数の指数を数値で指定します。小数や負の数も指定できます。

ポイント

- ［複素数］に実部のみを指定する場合は、文字列ではなく数値として指定してもかまいません。この場合、POWER関数の［数値］に実数を指定したのと同じ結果になりますが、戻り値は文字列で返されることに注意してください。　参照📖POWER……P.184
- 戻り値は、複素数の表記法に従った文字列となります。

エラーの意味

エラーの種類	原因	エラーとなる例
[#NUM!]	［複素数］に、正しい複素数の表記法に従っていない文字列を指定した	=IMPOWER("10+20+30i",3) =IMPOWER("123+456m",10)
[#VALUE!]	［数値］に、虚数単位を含む複素数を指定した	=IMPOWER("2+5i","3+i")

関数の使用例　**複素数のべき乗を求める**

複素数を、指定した指数でべき乗した値を求めます。

=IMPOWER(A3,B3)

セルA3に入力されている複素数を、セルB3に入力されている指数でべき乗した値を求め、文字列で返す。

複素数　数値

C3	:	× ✓ fx	=IMPOWER(A3,B3)

	A	B	C
1	複素数のべき関数の値を求める		
2	複素数	指数	き関数の値
3	2+i	3	2+11i
4	3i	-0.8	0.128317343586622-0.394920175890607i
5	4	0	1
6	0	1	0
7	12.5+3.2i	1.5	43.1124238824008+17.0163478166087i
8	-10+4i	6	-1020096-1181440i
9			

❶セルC3に「=IMPOWER(A3,B3)」と入力

[複素数]を、[数値]に指定した指数でべき乗した値が求められた

参照📖 関数を入力するには……P.38

サンプル📄 10_029_IMPOWER.xlsx

❷セルC3をセルC8までコピー

いろいろな複素数をべき乗した値が求められた

💡 **HINT　算術演算子の「^」は使えない**

べき乗の算術演算子「^」は実数にしか使えないので、たとえば「=(2+3i)^2」と入力しても、複素数2+3iの2乗を正しく求めることはできません。
参照📖算術演算子……P.34

IMEXP 複素数の指数関数の値を求める

イマジナリー・エクスポーネンシャル
IMEXP(複素数)

▶関数の解説

$a+bi$（または$a+bj$）という文字列で指定した［複素数］に対する指数関数の値を求め、文字列で返します。複素数の指数関数の値は以下のように計算されます。

$$\mathrm{IMEXP}(z) = e^{(a+bi)} = e^a e^{bi} = e^a(\cos b + i \sin b)$$

$$\text{ただし、}\quad r = \sqrt{a^2 + b^2}, \quad \theta = \arctan\frac{b}{a}$$

10-8

複素数のべき関数と指数関数の値を求める

1	関数の基本知識
2	日付／時刻関数
3	数学／三角関数
4	論理関数
5	検索／行列関数
6	データベース関数
7	文字列操作関数
8	統計関数
9	財務関数
10	エンジニアリング関数
11	情報関数
12	キューブ関数
13	ウェブ関数
	付録

10-8 複素数のべき関数と指数関数の値を求める

▶引数の意味

複素数……………… 指数関数を求めたい複素数をa＋bi（iは虚数単位）という複素数の表記法に従った文字列で指定します。実部のみ（a）、あるいは虚部のみ（bi）を指定することもできます。虚数単位は「i」または「j」のどちらでも使えます。

ポイント

- [複素数] に実部のみを指定する場合は、文字列ではなく数値として指定してもかまいません。この場合、EXP関数の引数に実数を指定したのと同じ結果になりますが、戻り値は文字列で返されることに注意してください。　　　　　　　　　　　　　　参照▶EXP……P.186
- 戻り値は、複素数の表記法に従った文字列となります。

エラーの意味

エラーの種類	原因	エラーとなる例
[#NUM!]	[複素数] に、正しい複素数の表記法に従っていない文字列を指定した	=IMEXP("10+20+30i") =IMEXP("123+456m")

関数の使用例　複素数に対する指数関数の値を求める

複素数に対する指数関数の値を求めます。

=IMEXP(A3)

セルA3に入力されている複素数に対する指数関数の値を求め、文字列で返す。

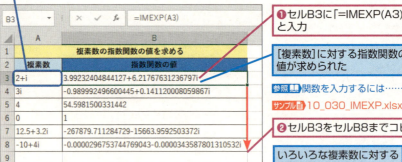

❶セルB3に「=IMEXP(A3)」と入力

[複素数]に対する指数関数の値が求められた

参照▶関数を入力するには……P.38
サンプル▶10_030_IMEXP.xlsx

❷セルB3をセルB8までコピー

いろいろな複素数に対する指数関数の値が求められた

HINT 複素数の指数関数の表記

複素数zの指数関数は通常「e^z」と表記されますが、「$exp\ z$」と表記されることもあります。

10-9 複素数の対数関数の値を求める

IMLN 複素数の自然対数の値を求める

イマジナリー・ログ・ナチュラル
IMLN(複素数)

▶関数の解説

$a+bi$（または$a+bj$）という文字列で指定した［複素数］に対する自然対数の値を求め、文字列で返します。複素数の自然対数の値は以下のように計算されます。

$$\text{IMLN}(z) = \log_e(a+bi) = \log_e r(\cos\theta + i\sin\theta)$$
$$= \log_e re^{i\theta} = \log_e r + i\theta$$
$$\text{ただし、} \quad r = \sqrt{a^2+b^2}、\quad \theta = \arctan\frac{b}{a}$$

▶引数の意味

複素数・・・・・・・・・・・・・・・・・・自然対数を求めたい複素数をa+bi（iは虚数単位）という複素数の表記法に従った文字列で指定します。実部のみ（a）、あるいは虚部のみ（bi）を指定することもできます。虚数単位は「i」または「j」のどちらでも使えます。

ポイント

• ［複素数］に実部のみを指定する場合は、文字列ではなく数値として指定してもかまいません。この場合、LN関数の引数に実数を指定したのと同じ結果になりますが、戻り値は文字列で返されることに注意してください。　　　　　　　　　　　　　　　参照 LN……P.191

• 戻り値は、複素数の表記法に従った文字列となります。

エラーの意味

エラーの種類	原因	エラーとなる例
[#NUM!]	［複素数］に、正しい複素数の表記法に従っていない文字列を指定した	=IMLN("10+20+30i") =IMLN("123+456m")
	［複素数］に、0 + 0i、0、0i のいずれかを指定した	=IMLN("0+0i")

サイドバー（右）

10-9 複素数の対数関数の値を求める

1 関数の基本知識
2 日付／時刻関数
3 数学／三角関数
4 論理関数
5 検索／行列関数
6 データベース関数
7 文字列操作関数
8 統計関数
9 財務関数
10 エンジニアリング関数
11 情報関数
12 キューブ関数
13 ウェブ関数
付録

795

10-9 複素数の対数関数の値を求める

関数の使用例　複素数に対する自然対数の値を求める

複素数に対する自然対数の値を求めます。

=IMLN(A3)

セルA3に入力されている複素数に対する自然対数の値を求め、文字列で返す。

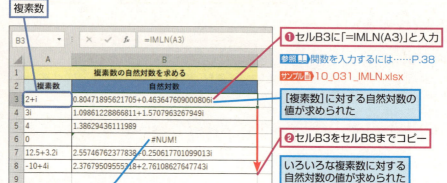

複素数

❶セルB3に「=IMLN(A3)」と入力

参照▶関数を入力するには……P.38
サンプル▶10_031_IMLN.xlsx

[複素数]に対する自然対数の値が求められた

❷セルB3をセルB8までコピー

いろいろな複素数に対する自然対数の値が求められた

セルA6に「0」が入力されているので[#NUM!]というエラー値が表示される

IMLOG10 複素数の常用対数の値を求める

IMLOG10(複素数)
イマジナリー・ログ・テン

▶関数の解説

$a+bi$（または$a+bj$）という文字列で指定した［複素数］から、偏角θを求め、文字列で返します。以下に、複素数の偏角の定義を示します。

$$\mathrm{IMLOG10}(z) = \frac{\log_e(a+bi)}{\log_e 10} = \frac{\log_e r + i\theta}{\log_e 10}$$

$$\text{ただし、} r = \sqrt{a^2+b^2} \text{、} \theta = \arctan\frac{b}{a}$$

▶引数の意味

複素数……………… 常用対数を求めたい複素数をa+bi（iは虚数単位）という複素数の表記法に従った文字列で指定します。実部のみ（a）、あるいは虚部のみ（bi）を指定することもできます。虚数単位は「i」または「j」のどちらでも使えます。

ポイント

- [複素数]に実部のみを指定する場合は、文字列ではなく数値として指定してもかまいません。この場合、LOG10関数の引数に実数を指定したのと同じ結果になりますが、戻り値は文字列で返されることに注意してください。　参照▶LOG10……P.190
- 戻り値は、複素数の表記法に従った文字列となります。

エラーの意味

エラーの種類	原因	エラーとなる例
[#NUM!]	[複素数]に、正しい複素数の表記法に従っていない文字列を指定した	=IMLOG10("10+20+30i") =IMLOG10("123+456m")
	[複素数]に、0 + 0i、0、0i のいずれかを指定した	=IMLOG10("0+0i")

関数の使用例　複素数に対する常用対数の値を求める

複素数に対する常用対数の値を求めます。

=IMLOG10(A3)

セルA3に入力されている複素数に対する常用対数の値を求め、文字列で返す。

❶セルB3に「=IMLOG10(A3)」と入力

参照▶関数を入力するには……P.38
サンプル▶10_032_IMLOG10.xlsx

[複素数]に対する常用対数の値が求められた

❷セルB3をセルB8までコピー

いろいろな複素数に対する常用対数の値が求められた

セルA6に「0」が入力されているので[#NUM!]というエラー値が表示される

 複素数に対して任意の数値を底とする対数を求めるには

複素数の対数関数では、複素数 z および正の整数 n（ただし $n \ne 1$）に対して右の数式が成り立ちます。
そのため、セルに「=IMLOG10($a+bi$)/LOG10(n)」という数式を入力すれば、複素数 $a+bi$ に対して、整数 n を底とする対数の値が求められます。

$$\log_n z = \frac{\log_{10} z}{\log_{10} n}$$

10-9

複素数の対数関数の値を求める

1 関数の基本知識
2 日付／時刻関数
3 数学／三角関数
4 論理関数
5 検索／行列関数
6 データベース関数
7 文字列操作関数
8 統計関数
9 財務関数
10 エンジニアリング関数
11 情報関数
12 キューブ関数
13 ウェブ関数

付　録

▶ IMLOG2 複素数の2を底とする対数の値を求める

イマジナリー・ログ・ツー
IMLOG2(複素数)

▶関数の解説

$a+bi$（または$a+bj$）という文字列で指定した［複素数］に対して2を底とする対数の値を求め、文字列で返します。複素数の2を底とする対数の値は以下のように計算されます。

$$\text{IMLOG2}(z) = \frac{\log_e(a+bi)}{\log_e 2} = \frac{\log_e r + i\theta}{\log_e 2}$$

$$\text{ただし、} \quad r = \sqrt{a^2+b^2}、\quad \theta = \arctan\frac{b}{a}$$

▶引数の意味

複素数 ·················· 2を底とする対数を求めたい複素数をa+bi（iは虚数単位）という複素数の表記法に従った文字列で指定します。実部のみ（a）、あるいは虚部のみ（bi）を指定することもできます。虚数単位は「i」または「j」のどちらでも使えます。

> **ポイント**
> - ［複素数］に実部のみを指定する場合は、文字列ではなく数値として指定してもかまいません。この場合、LOG関数の第1引数に実数を、第2引数に「2」を指定したのと同じ結果になりますが、戻り値は文字列で返されることに注意してください。　　**参照** LOG……P.188
> - 戻り値は、複素数の表記法に従った文字列となります。

> **エラーの意味**

エラーの種類	原因	エラーとなる例
[#NUM!]	［複素数］に、正しい複素数の表記法に従っていない文字列を指定した	=IMLOG2("10+20+30i") =IMLOG2("123+456m")
	［複素数］に、0 + 0i、0、0i のいずれかを指定した	=IMLOG2("0+0i")

▶ 関数の使用例　複素数に対して2を底とする対数の値を求める

複素数に対して2を底とする対数の値を求めます。

=IMLOG2(A3)

セルA3に入力されている複素数に対して、2を底とする対数の値を求め、文字列で返す。

798
できる

複素数

B3		× ✓ fx	=IMLOG2(A3)

▲	A	B
1	複素数の2を底とする対数を求める	
2	複素数	2を底とする対数
3	2+i	1.16096404744368+0.668902106225488i
4	3i	1.58496250072116+2.2661800709136i
5	4	2
6	0	#NUM!
7	12.5+3.2i	3.68964585805915+0.361564914534539i
8	-10+4i	3.42899049756379+3.98340547854056i
9		

❶セルB3に「=IMLOG2(A3)」と入力

参照📖 関数を入力するには……P.38

サンプル📄 10_033_IMLOG2.xlsx

[複素数]に対して2を底とする
対数の値が求められた

❷セルB3をセルB8までコピー

いろいろな複素数に対して2を
底とする対数の値が求められた

セルA6に「0」が入力されているので
[#NUM!]というエラー値が表示される

10-9

複素数の対数関数の値を求める

1	関数の基本知識
2	日付／時刻関数
3	数学／三角関数
4	論理関数
5	検索／行列関数
6	データベース関数
7	文字列操作関数
8	統計関数
9	財務関数
10	エンジニアリング関数
11	情報関数
12	キューブ関数
13	ウェブ関数
	付録

799
できる

10-10

10-10 複素数の三角関数の値を求める

左サイドバー:
- 10-10 複素数の三角関数の値を求める
- 関数の基本知識 **1**
- 日付／時刻関数 **2**
- 数学／三角関数 **3**
- 論理関数 **4**
- 検索／行列関数 **5**
- データベース関数 **6**
- 文字列操作関数 **7**
- 統計関数 **8**
- 財務関数 **9**
- エンジニアリング関数 **10**
- 情報関数 **11**
- キューブ関数 **12**
- ウェブ関数 **13**
- 付録

▶ IMSIN 複素数の正弦の値を求める

イマジナリー・サイン
IMSIN(複素数)

▶関数の解説

$a+bi$（または$a+bj$）という文字列で指定した［複素数］に対する正弦の値を求め、文字列で返します。複素数の正弦の値は以下のように計算されます。

複素数の正弦の計算

$$\mathrm{IMSIN}(z) = \sin(a + bi)$$
$$= \sin a \cosh b + (\cos a \sinh b)i$$

▶引数の意味

複素数·················· 正弦を求めたい複素数を$a+bi$（iは虚数単位）という複素数の表記法に従った文字列で指定します。実部のみ（a）、あるいは虚部のみ（bi）を指定することもできます。虚数単位は「i」または「j」のどちらでも使えます。

参照 正弦を求める……P.199

ポイント

- ［複素数］に実部のみを指定する場合は、文字列ではなく数値として指定してもかまいません。ただし、この場合も戻り値は文字列で返されることに注意してください。
- 戻り値は、複素数の表記法に従った文字列となります。

エラーの意味

エラーの種類	原因	エラーとなる例
[#NUM!]	［複素数］に、正しい複素数の表記法に従っていない文字列を指定した	=IMSIN("10+20+30i") =IMSIN("123+456m")

関数の使用例 複素数に対する正弦の値を求める

複素数に対する正弦の値を求めます。

=IMSIN(A3)

セルA3に入力されている複素数に対する正弦の値を求め、文字列で返す。

800
できる

複素数

| | セルB3に「=IMSIN(A3)」と入力 |

B3 | =IMSIN(A3)

	A	B
1	複素数の正弦を求める	
2	複素数	正弦
3	2+i	1.40311925062204-0.489056259041294i
4	3i	10.0178749274099i
5	4	-0.756802495307928
6	0	0
7	12.5+3.2i	-0.81487368810299+12.2189219787936i
8	-10+4i	14.8562551638753-22.8981925509638i
9		

❶ セルB3に「=IMSIN(A3)」と入力

参照📖 関数を入力するには……P.38

サンプル🗎 10_034_IMSIN.xlsx

[複素数] に対する正弦の値が求められた

❷ セルB3をセルB8までコピー

いろいろな複素数に対する正弦の値が求められた

10-10

複素数の三角関数の値を求める

1 関数の基本知識
2 日付／時刻関数
3 数学／三角関数
4 論理関数
5 検索／行列関数
6 データベース関数
7 文字列操作関数
8 統計関数
9 財務関数
10 エンジニアリング関数
11 情報関数
12 キューブ関数
13 ウェブ関数
付録

IMCOS 複素数の余弦の値を求める

イマジナリー・コサイン
IMCOS(複素数)

▶関数の解説

$a+bi$（または$a+bj$）という文字列で指定した［複素数］に対する余弦の値を求め、文字列で返します。複素数の余弦の値は以下のように計算されます。

複素数の余弦の計算

$$IMCOS(z) = \cos(a+bi)$$
$$= \cos a \cosh b + (\sin a \sinh b)i$$

▶引数の意味

複素数……………… 余弦を求めたい複素数をa+bi（iは虚数単位）という複素数の表記法に従った文字列で指定します。実部のみ（a）、あるいは虚部のみ（bi）を指定することもできます。虚数単位は「i」または「j」のどちらでも使えます。

参照📖 余弦を求める……P.201

ポイント

・［複素数］に実部のみを指定する場合は、文字列ではなく数値として指定してもかまいません。ただし、この場合も戻り値は文字列で返されることに注意してください。

・戻り値は、複素数の表記法に従った文字列となります。

エラーの意味

エラーの種類	原因	エラーとなる例
[#NUM!]	［複素数］に、正しい複素数の表記法に従っていない文字列を指定した	=IMCOS("10+20+30i") =IMCOS("123+456m")

801
できる

10-10 複素数の三角関数の値を求める

関数の使用例　複素数に対する余弦の値を求める

複素数に対する余弦の値を求めます。

=IMCOS(A3)

セルA3に入力されている複素数に対する余弦の値を求め、文字列で返す。

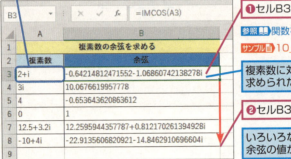

❶セルB3に「=IMCOS(A3)」と入力

参照▶関数を入力するには……P.38
サンプル▶10_035_IMCOS.xlsx

複素数に対する余弦の値が求められた

❷セルB3をセルB8までコピー

いろいろな複素数に対する余弦の値が求められた

IMTAN 複素数の正接の値を求める

イマジナリー・タンジェント
IMTAN(複素数)

▶関数の解説

$a+bi$（または$a+bj$）という文字列で指定した［複素数］に対する正接の値を求め、文字列で返します。複素数の正接の値は以下のように計算されます。

複素数の正接の計算

$$\text{IMTAN}(z) = \tan(a+bi) = \frac{\sin 2a + (\sinh 2b)i}{\cos 2a + \cosh 2b}$$

▶引数の意味

複素数……………正接を求めたい複素数を$a+bi$（iは虚数単位）という複素数の表記法に従った文字列で指定します。実部のみ（a）、あるいは虚部のみ（bi）を指定することもできます。虚数単位は「i」または「j」のどちらでも使えます。

参照▶正接を求める……P.202

ポイント

- この関数はExcel 2013で新たに追加されたものです。Excel 2010以前では使えません。
- ［複素数］に実部のみを指定する場合は、文字列ではなく数値として指定してもかまいません。ただし、この場合も戻り値は文字列で返されることに注意してください。
- 戻り値は、複素数の表記法に従った文字列となります。

10-10 複素数の三角関数の値を求める

エラーの意味

エラーの種類	原因	エラーとなる例
[#NUM!]	[複素数]に、正しい複素数の表記法に従っていない文字列を指定した	=IMTAN("10+20+30i") =IMTAN("123+456m")
[#VALUE!]	[複素数]に論理値を指定した	=IMTAN(TRUE)

関数の使用例　複素数に対する正接の値を求める

複素数に対する正接の値を求めます。

=IMTAN(A3)

セルA3に入力されている複素数に対する余弦の値を求め、文字列で返す。

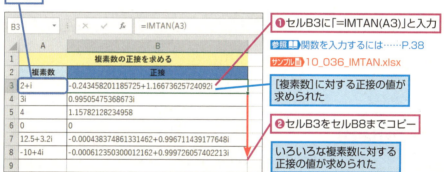

❶セルB3に「=IMTAN(A3)」と入力

参照▶関数を入力するには……P.38

サンプル▶10_036_IMTAN.xlsx

[複素数]に対する正接の値が求められた

❷セルB3をセルB8までコピー

いろいろな複素数に対する正接の値が求められた

▶ IMCSC 複素数の余割の値を求める

イマジナリー・コセカント
IMCSC(複素数)

▶関数の解説

$a+bi$（または$a+bj$）という文字列で指定した［複素数］に対する余割の値を求め、文字列で返します。複素数の余割の値は以下のように計算されます。

複素数の余割の計算

$$\text{IMCSC}(z) = \csc(a+bi) = \frac{1}{\sin(a+bi)}$$
$$= \frac{1}{\sin a \cosh b + (\cos a \sinh b)i}$$

803

10-10 複素数の三角関数の値を求める

▶引数の意味

複素数……………… 余割を求めたい複素数をa＋bi（iは虚数単位）という複素数の表記法に従った文字列で指定します。実部のみ（a）、あるいは虚部のみ（bi）を指定することもできます。虚数単位は「i」または「j」のどちらでも使えます。

参照▶余割を求める……P.204

ポイント

- この関数はExcel 2013で新たに追加されたものです。Excel 2010以前では使えません。
- ［複素数］に実部のみを指定する場合は、文字列ではなく数値として指定してもかまいません。ただし、この場合も戻り値は文字列で返されることに注意してください。
- 戻り値は、複素数の表記法に従った文字列となります。

エラーの意味

エラーの種類	原因	エラーとなる例
[#NUM!]	［複素数］に、正しい複素数の表記法に従っていない文字列を指定した	=IMCSC("10+20+30i") =IMCSC("123+456m")
	［複素数］に、0または0＋0iを指定した	=IMCSC("0")
[#VALUE!]	［複素数］に論理値を指定した	=IMCSC(TRUE)

関数の使用例　複素数に対する余割の値を求める

複素数に対する余割の値を求めます。

=IMCSC(A3)

セルA3に入力されている複素数に対する余割の値を求め、文字列で返す。

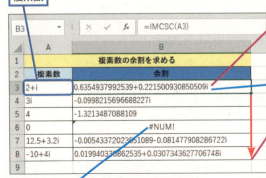

❶セルB3に「=IMCSC(A3)」と入力

参照▶関数を入力するには……P.38
サンプル▶10_037_IMCSC.xlsx

［複素数］に対する余割の値が求められた

❷セルB3をセルB8までコピー

いろいろな複素数に対する余割の値が求められた

セルA6に「0」が入力されているので［#NUM!］というエラー値が表示される

IMSEC 複素数の正割の値を求める

IMSEC(複素数)
イマジナリー・セカント

▶関数の解説

$a+bi$（または$a+bj$）という文字列で指定した［複素数］に対する正割の値を求め、文字列で返します。複素数の正割の値は以下のように計算されます。

複素数の正割の計算

$$IMSEC(z) = sec(a+bi) = \frac{1}{\cos(a+bi)}$$
$$= \frac{1}{\cos a \cosh b + (\sin a \sinh b)i}$$

▶引数の意味

複素数·················· 正割を求めたい複素数をa+bi（iは虚数単位）という複素数の表記法に従った文字列で指定します。実部のみ（a）、あるいは虚部のみ（bi）を指定することもできます。虚数単位は「i」または「j」のどちらでも使えます。

参照 正割を求める……P.206

ポイント

- この関数はExcel 2013で新たに追加されたものです。Excel 2010以前では使えません。
- ［複素数］に実部のみを指定する場合は、文字列ではなく数値として指定してもかまいません。ただし、この場合も戻り値は文字列で返されることに注意してください。
- 戻り値は、複素数の表記法に従った文字列となります。

エラーの意味

エラーの種類	原因	エラーとなる例
[#NUM!]	［複素数］に、正しい複素数の表記法に従っていない文字列を指定した	=IMSEC("10+20+30i") =IMSEC("123+456m")
[#VALUE!]	［複素数］に論理値を指定した	=IMSEC(TRUE)

関数の使用例　複素数に対する正割の値を求める

複素数に対する正割の値を求めます。

=IMSEC(A3)

セルA3に入力されている複素数に対する正割の値を求め、文字列で返す。

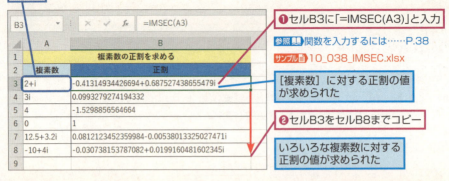

IMCOT 複素数の余接の値を求める

イマジナリー・コタンジェント
IMCOT(複素数)

▶関数の解説

$a+bi$（または$a+bj$）という文字列で指定した［複素数］に対する余接の値を求め、文字列で返します。複素数の余接の値は以下のように計算されます。

複素数の余接の計算

$$\mathrm{IMCOT}(z) = \cot(a+bi) = -\frac{\sin 2a - (\sinh 2b)i}{\cos 2a - \cosh 2b}$$

▶引数の意味

複素数……………… 余接を求めたい複素数をa+bi（iは虚数単位）という複素数の表記法に従った文字列で指定します。実部のみ（a）、あるいは虚部のみ（bi）を指定することもできます。虚数単位は「i」または「j」のどちらでも使えます。

参照 余接を求める……P.207

ポイント
- この関数はExcel 2013で新たに追加されたものです。Excel 2010以前では使えません。
- ［複素数］に実部のみを指定する場合は、文字列ではなく数値として指定してもかまいません。ただし、この場合も戻り値は文字列で返されることに注意してください。
- 戻り値は、複素数の表記法に従った文字列となります。

エラーの意味

エラーの種類	原因	エラーとなる例
[#NUM!]	［複素数］に、正しい複素数の表記法に従っていない文字列を指定した	=IMCOT("10+20+30i") =IMCOT("123+456m")
	［複素数］に、0または0 + 0i を指定した	=IMCOT("0")
[#VALUE!]	［複素数］に論理値を指定した	=IMCOT(TRUE)

関数の使用例　複素数に対する余接の値を求める

複素数に対する余接の値を求めます。

=IMCOT(A3)

セルA3に入力されている複素数に対する余接の値を求め、文字列で返す。

複素数

	A	B
1	複素数の余接を求める	
2	複素数	余接
3	2+i	-0.171383612909185-0.821329797493852i
4	3i	-1.00496982331369i
5	4	0.863691154450617
6	0	#NUM!
7	12.5+3.2i	-0.000441272305968118-1.00329921705562i
8	-10+4i	-0.000612635705720615-1.00027364238182i
9		

B3 ∨ : × ✓ fx =IMCOT(A3)

❶セルB3に「=IMCOT(A3)」と入力

参照📖関数を入力するには……P.38
サンプル📁10_039_IMCOT.xlsx

［複素数］に対する余接の値が求められた

❷セルB3をセルB8までコピー

いろいろな複素数に対する余接の値が求められた

セルA6に「0」が入力されているので［#NUM!］というエラー値が表示される

10-10

複素数の三角関数の値を求める

1 関数の基本知識
2 日付／時刻関数
3 数学／三角関数
4 論理関数
5 検索／行列関数
6 データベース関数
7 文字列操作関数
8 統計関数
9 財務関数
10 エンジニアリング関数
11 情報関数
12 キューブ関数
13 ウェブ関数
付録

10-11

複素数の双曲線関数の値を求める

IMSINH 複素数の双曲線正弦の値を求める

ハイパーボリック・イマジナリー・サイン
IMSINH(複素数)

▶関数の解説

$a+bi$（または$a+bj$）という文字列で指定した［複素数］に対する双曲線正弦（ハイパーボリック・サイン）の値を求め、文字列で返します。複素数の双曲線正弦の値は以下のように計算されます。

複素数の双曲線正弦の計算

$$
\begin{aligned}
\mathrm{IMSINH}(z) &= \sinh(a+bi) \\
&= \sinh a \cosh bi + \cosh a \sinh bi \\
&= \sinh a \cos b + (\cosh a \sin b)i
\end{aligned}
$$

▶引数の意味

複素数························ 双曲線正弦を求めたい複素数をa+bi（iは虚数単位）という複素数の表記法に従った文字列で指定します。実部のみ（a）、あるいは虚部のみ（bi）を指定することもできます。虚数単位は「i」または「j」のどちらでも使えます。

参照 双曲線正弦を求める······P.220

ポイント

- この関数はExcel 2013で新たに追加されたものです。Excel 2010以前では使えません。
- ［複素数］に実部のみを指定する場合は、文字列ではなく数値として指定してもかまいません。ただし、この場合も戻り値は文字列で返されることに注意してください。
- 戻り値は、複素数の表記法に従った文字列となります。

エラーの意味

エラーの種類	原因	エラーとなる例
[#NUM!]	［複素数］に、正しい複素数の表記法に従っていない文字列を指定した	=IMSINH("10+20+30i") =IMSINH("123+456m")
[#VALUE!]	［複素数］に論理値を指定した	=IMSINH(TRUE)

10-11

複素数の双曲線関数の値を求める

関数の使用例　複素数に対する双曲線正弦の値を求める

複素数に対する双曲線正弦の値を求めます。

=IMSINH(A3)

セルA3に入力されている複素数に対する双曲線正弦の値を求め、文字列で返す。

複素数

	A	B
	B3	f_x =IMSINH(A3)
1	複素数の双曲線正弦を求める	
2	複素数	双曲線正弦
3	2+i	1.95960104142161+3.16577851321617i
4	3i	0.141120008059867i
5	4	27.2899171971278
6	0	0
7	12.5+3.2i	-133939.855640504-7831.97962527736i
8	-10+4i	7198.72941363529-8334.84215534162i
9		

❶ セルB3に「=IMSINH(A3)」と入力

参照　関数を入力するには……P.38

サンプル　10_040_IMSINH.xlsx

[複素数]に対する双曲線正弦の値が求められた

❷ セルB3をセルB8までコピー

いろいろな複素数に対する双曲線正弦の値が求められた

1	関数の基本知識
2	日付／時刻関数
3	数学／三角関数
4	論理関数
5	検索／行列関数
6	データベース関数
7	文字列操作関数
8	統計関数
9	財務関数
10	エンジニアリング関数
11	情報関数
12	キューブ関数
13	ウェブ関数
	付録

▶ IMCOSH 複素数の双曲線余弦の値を求める

ハイパーボリック・イマジナリー・コサイン
IMCOSH(複素数)

▶関数の解説

$a+bi$（または$a+bj$）という文字列で指定した［複素数］に対する双曲線余弦（ハイパーボリック・コサイン）の値を求め、文字列で返します。複素数の双曲線余弦の値は以下のように計算されます。

複素数の双曲線余弦の計算

$$\text{IMCOSH}(z) = \cosh(a+bi)$$
$$= \cosh a \cosh bi + \sinh a \sinh bi$$
$$= \cosh a \cos b + (\sinh a \sin b)i$$

▶引数の意味

複素数………………… 双曲線余弦を求めたい複素数をa+bi（iは虚数単位）という複素数の表記法に従った文字列で指定します。実部のみ（a）、あるいは虚部のみ（bi）を指定することもできます。虚数単位は「i」または「j」のどちらでも使えます。

参照　双曲線余弦を求める……P.221

ポイント

- この関数はExcel 2013で新たに追加されたものです。Excel 2010以前では使えません。
- ［複素数］に実部のみを指定する場合は、文字列ではなく数値として指定してもかまいません。ただし、この場合も戻り値は文字列で返されることに注意してください。
- 戻り値は、複素数の表記法に従った文字列となります。

809

できる

10-11 複素数の双曲線関数の値を求める

エラーの意味

エラーの種類	原因	エラーとなる例
[#NUM!]	[複素数]に、正しい複素数の表記法に従っていない文字列を指定した	=IMCOSH("10+20+30i") =IMCOSH("123+456m")
[#VALUE!]	[複素数]に論理値を指定した	=IMCOSH(TRUE)

関数の使用例　複素数に対する双曲線余弦の値を求める

複素数に対する双曲線余弦の値を求めます。

=IMCOSH(A3)

セルA3に入力されている複素数に対する双曲線余弦の値を求め、文字列で返す。

複素数

	A	B
1	複素数の双曲線余弦を求める	
2	複素数	双曲線余弦
3	2+i	2.03272300701967+3.0518977991518i
4	3i	-0.989992496600445
5	4	27.3082328360165
6	0	1
7	12.5+3.2i	-133939.855644225-7831.97962505982i
8	-10+4i	-7198.72944331067+8334.84212098284i
9		

❶セルB3に「=IMCOSH(A3)」と入力

参照▶関数を入力するには……P.38

サンプル▶10_041_IMCOSH.xlsx

[複素数]に対する双曲線余弦の値が求められた

❷セルB3をセルB8までコピー

いろいろな複素数に対する双曲線余弦の値が求められた

IMCSCH 複素数の双曲線余割の値を求める

ハイパーボリック・イマジナリー・コセカント
IMCSCH(複素数)

▶関数の解説

$a+bi$（または$a+bj$）という文字列で指定した[複素数]に対する双曲線余割（ハイパーボリック・コセカント）の値を求め、文字列で返します。複素数の双曲線余割の値は以下のように計算されます。

複素数の双曲線余割の計算

$$\text{IMCSCH}(z) = \text{csch}(a+bi) = \frac{1}{\sinh(a+bi)}$$
$$= \frac{1}{\sinh a \cos b + (\cosh a \sin b)i}$$

▶引数の意味

複素数……………… 双曲線余割を求めたい複素数をa＋bi（iは虚数単位）という複素数の表記法に従った文字列で指定します。実部のみ（a）、あるいは虚部のみ（bi）を指定することもできます。虚数単位は「i」または「j」のどちらでも使えます。

参照▶双曲線余割を求める……P.224

ポイント

- この関数はExcel 2013で新たに追加されたものです。Excel 2010以前では使えません。
- ［複素数］に実部のみを指定する場合は、文字列ではなく数値として指定してもかまいません。ただし、この場合も戻り値は文字列で返されることに注意してください。
- 戻り値は、複素数の表記法に従った文字列となります。

エラーの意味

エラーの種類	原因	エラーとなる例
[#NUM!]	［複素数］に、正しい複素数の表記法に従っていない文字列を指定した	=IMCSCH("10+20+30i") =IMCSCH("123+456m")
	［複素数］に、0または0＋0iを指定した	=IMCSCH("0")
[#VALUE!]	［複素数］に論理値を指定した	=IMCSCH(TRUE)

関数の使用例　複素数に対する双曲線余割の値を求める

複素数に対する双曲線余割の値を求めます。

=IMCSCH(A3)

セルA3に入力されている複素数に対する双曲線余割の値を求め、文字列で返す。

❶セルB3に「=IMCSCH(A3)」と入力

参照▶関数を入力するには……P.38

サンプル▶10_042_IMCSCH.xlsx

［複素数］に対する双曲線余割の値が求められた

❷セルB3をセルB8までコピー

いろいろな複素数に対する双曲線余割の値が求められた

セルA6に「0」が入力されているので[#NUM!]というエラー値が表示される

10-11

複素数の双曲線関数の値を求める

IMSECH 複素数の双曲線正割の値を求める

ハイパーボリック・イマジナリー・セカント
IMSECH(複素数)

▶関数の解説

$a+bi$（または$a+bj$）という文字列で指定した［複素数］に対する双曲線正割（ハイパーボリック・セカント）の値を求め、文字列で返します。複素数の双曲線正割の値は以下のように計算されます。

複素数の双曲線正割の計算

$$\text{IMSECH}(z) = \text{sech}(a+bi) = \frac{1}{\cosh(a+bi)}$$

$$= \frac{1}{\cosh a \cos b + (\sinh a \sin b)i}$$

▶引数の意味

複素数………………… 双曲線正割を求めたい複素数をa+bi（iは虚数単位）という複素数の表記法に従った文字列で指定します。実部のみ（a）、あるいは虚部のみ（bi）を指定することもできます。虚数単位は「i」または「j」のどちらでも使えます。

参照 双曲線正割を求める……P.226

ポイント

- この関数はExcel 2013で新たに追加されたものです。Excel 2010以前では使えません。
- ［複素数］に実部のみを指定する場合は、文字列ではなく数値として指定してもかまいません。ただし、この場合も戻り値は文字列で返されることに注意してください。
- 戻り値は、複素数の表記法に従った文字列となります。

エラーの意味

エラーの種類	原因	エラーとなる例
[#NUM!]	［複素数］に、正しい複素数の表記法に従っていない文字列を指定した	=IMSECH("10+20+30i") =IMSECH("123+456m")
[#VALUE!]	［複素数］に論理値を指定した	=IMSECH(TRUE)

関数の使用例　複素数に対する双曲線正割の値を求める

複素数に対する双曲線正割の値を求めます。

=IMSECH(A3)

セルA3に入力されている複素数に対する双曲線正割の値を求め、文字列で返す。

複素数

| B3 | | | ✗ | ✓ | f_x | =IMSECH(A3) | |

	A	B
1	複素数の双曲線正割を求める	
2	複素数	双曲線正割
3	2+i	0.151176298265577-0.226973675393722i
4	3i	-1.01010866590799
5	4	0.0366189934736865
6	0	1
7	12.5+3.2i	-7.44059678566824E-06+4.35080373525488E-07i
8	-10+4i	-0.0000593507491117379-0.0000687175601616855i
9		

❶セルB3に「=IMSECH(A3)」と入力

参照📖 関数を入力するには……P.38

サンプル🔴 10_043_IMSECH.xlsx

[複素数]に対する双曲線正割の値が求められた

❷セルB3をセルB8までコピー

いろいろな複素数に対する双曲線正割の値が求められた

10-11

複素数の双曲線関数の値を求める

1 関数の基本知識
2 日付／時刻関数
3 数学／三角関数
4 論理関数
5 検索／行列関数
6 データベース関数
7 文字列操作関数
8 統計関数
9 財務関数
10 エンジニアリング関数
11 情報関数
12 キューブ関数
13 ウェブ関数
付録

813
できる

10-12

10-12 ベッセル関数の値を求める

BESSELJ 第1種ベッセル関数の値を求める

ベッセル・ジェイ
BESSELJ(数値, 次数)

▶関数の解説

[数値] で指定した変数xに対して、[次数] で指定したn次の第1種ベッセル関数$J_n(x)$の値を求めます。第1種ベッセル関数は、以下に示すベッセル微分方程式の特殊解の1つとして与えられます。

$$x^2 \frac{d^2 y}{dx^2} + x \frac{dy}{dx} + (x^2 - n^2)y = 0 \quad \cdots\cdots \text{ベッセル微分方程式}$$

2つある特殊解のうちの1つ→第1種ベッセル関数

$$\text{BESSELJ}(x, n) = J_n(x) = \left(\frac{x}{2}\right)^n \sum_{k=0}^{\infty} \frac{(-1)^k}{k!\,\Gamma(n+k+1)} \left(\frac{x}{2}\right)^{2k}$$

ただし、Γはガンマ関数で、$\Gamma(n+k+1) = \int_0^\infty e^{-t} t^{n+k} dt$

ベッセル微分方程式の特殊解はもう1つあり、第2種ベッセル関数$Y_n(x)$と呼ばれています。

参照 BESSELY……P.816

▶引数の意味

数値……………………第1種ベッセル関数の値を求めたい変数xを数値で指定します。

次数……………………第1種ベッセル関数の次数nを数値で指定します。負の値を指定することはできません。

ポイント

- 第1種ベッセル関数は、円柱座標系や極座標系における有限の振動現象を扱うのに有効です。たとえば、太鼓に張られた皮の振動や、ミュージックシンセサイザーの波形を解析する場合などに応用できます。
- [次数] に小数部分のある数値を指定した場合、小数点以下が切り捨てられた整数とみなされます。

エラーの意味

エラーの種類	原因	エラーとなる例
[#NUM!]	[次数] に負の値を指定した	=BESSELJ(5,-1)
[#VALUE!]	[数値] または [次数] に数字とみなせない文字列を指定した	=BESSELJ("ABC",O) =BESSELJ(5,"DE")

関数の使用例　0次の第1種ベッセル関数の値を求める

0～8の変数に対する、0次の第1種ベッセル関数$J_0(x)$の値を求めます。

=BESSELJ(A3,0)

セルA3に入力されている数値に対する、0次の第1種ベッセル関数の値を求める。

数値　　**次数**

	A	B
1	第1種ベッセル関数の値を求める	
2	変数値 x	$J_0(x)$
3	0	1.000000003
4	0.5	0.938469807
5	1	0.765197684
6	1.5	0.511827671
7	2	0.223890782
8	2.5	-0.048383776
9	3	-0.260051958
10	3.5	-0.380127741
11	4	-0.397149807
12	4.5	-0.320542509
13	5	-0.177596774
14	5.5	-0.006843868
15	6	0.150645259
16	6.5	0.260094603
17	7	0.300079274
18	7.5	0.266339658
19	8	0.171650807

❶セルB3に「=BESSELJ(A3,0)」と入力

参照▶関数を入力するには……P.38
サンプル▶10_044_BESSELJ.xlsx

[数値]に対する$J_0(x)$の値が求められた

❷セルB3をセルB19までコピー

いろいろな変数に対する$J_0(x)$の値が求められた

HINT　BESSELJ関数の結果をグラフで表示するには

関数で求めた結果をなめらかなグラフで表示するには、描画対象のセル範囲を選択したあと、[挿入]タブの[グラフ]グループにある[散布図（X, Y）またはバブルチャートの挿入]ボタンをクリックし、[散布図（平滑線）]または[散布図（平滑線とマーカー）]ををを選択します。「平滑線」が含まれる項目を選択すると「スムージング」機能が働き、実際のデータが存在しない区間が自動的に「補完」されるので、グラフをなめらかな曲線で描画できます。

HINT　さらに次数の高い第1種ベッセル関数

右の例は、0次の第1種ベッセル関数$J_0(x)$に、1次の第1種ベッセル関数$J_1(x)$と2次の第1種ベッセル関数$J_2(x)$を書き加えたものです。セルC3～C19には「=BESSELJ(A3,1)」～「=BESSELJ(A19,1)」を、セルD3～D19には「=BESSELJ(A3,2)」～「=BESSELJ(A19,2)」をそれぞれ入力しています。xが増えていくと、いずれの関数の値も正負に振動する様子がわかります。次数をさらに大きくすると、振動の周期はさらに長くなります。

◆1次のベッセル関数 $J_1(x)$
◆2次のベッセル関数 $J_2(x)$

10-12

ベッセル関数の値を求める

BESSELY 第2種ベッセル関数の値を求める

BESSELY(数値, 次数)
ベッセル・ワイ

▶関数の解説

［数値］で指定した変数xに対して、［次数］で指定したn次の第2種ベッセル関数$Y_n(x)$の値を求めます。第2種ベッセル関数は、以下に示すベッセル微分方程式の特殊解の1つとして与えられます。

$$x^2 \frac{d^2y}{dx^2} + x\frac{dy}{dx} + (x^2 - n^2)y = 0 \quad \cdots\cdots \text{ベッセル微分方程式}$$

2つある特殊解のうちの1つ→第2種ベッセル関数

$$\text{BESSELY}(x,n) = Y_n(x) = \frac{J_n(x)\cos n\pi - J_{-n}(x)}{\sin n\pi}$$

ベッセル微分方程式の特殊解はもう1つあり、第1種ベッセル関数$J_n(x)$と呼ばれています。

参照 BESSELJ……P.814

▶引数の意味

数値………………… 第2種ベッセル関数の値を求めたい変数xを数値で指定します。0以下の数値やセル範囲を指定することはできません。

次数………………… 第2種ベッセル関数の次数nを数値で指定します。負の値を指定することはできません。

ポイント

・第2種ベッセル関数は、第1種ベッセル関数と同様に、円柱座標系や極座標系における有限の振動現象を扱うのに有効です。たとえば、円筒容器内の水の表面に発生する波の形状や、電磁波の振動を解析する場合などに応用できます。

・［次数］に小数部分のある数値を指定した場合、小数点以下が切り捨てられた整数とみなされます。

エラーの意味

エラーの種類	原因	エラーとなる例
[#NUM!]	［数値］に0以下の数値を指定した	=BESSELY(-2,1)
	［次数］に負の値を指定した	=BESSELY(5,-1)
[#VALUE!]	［数値］または［次数］に数字とみなせない文字列を指定した	=BESSELY("ABC",0) =BESSELY(5,"DE")

関数の基本知識 **1**

日付／時刻関数 **2**

数学／三角関数 **3**

論理関数 **4**

検索／行列関数 **5**

データベース関数 **6**

文字列操作関数 **7**

統計関数 **8**

財務関数 **9**

エンジニアリング関数 **10**

情報関数 **11**

キューブ関数 **12**

ウェブ関数 **13**

付 録

816
できる

10-12 ベッセル関数の値を求める

関数の使用例　0次の第2種ベッセル関数の値を求める

0～8の変数に対する、0次の第2種ベッセル関数 $Y_0(x)$ の値を求めます。

=BESSELY(A3,0)

セルA3に入力されている数値に対する、0次の第2種ベッセル関数の値を求める。

❶ セルB3に「=BESSELY(A3,0)」と入力

参照　関数を入力するには……P.38
サンプル　10_045_BESSELY.xlsx

[数値] に対する $Y_0(x)$ の値が求められた

	A	B
1	第2種ベッセル関数の値を求める	
2	変数値 x	$Y_0(x)$
3	0.001	-4.471416628
4	0.01	-3.005455651
5	0.05	-1.979311012
6	0.1	-1.534238661
7	0.2	-1.08110533
8	0.4	-0.606024571
9	0.7	-0.190664925
10	1.1	0.16216321
11	1.6	0.420426895
12	2.2	0.52078428
13	2.8	0.435915989
14	3.5	0.189021945
15	4.3	-0.129595906
16	5.2	-0.331250935
17	6.1	-0.269434936
18	7	-0.025949756
19	8	0.223521489

❷ セルB3をセルB19までコピー

いろいろな変数に対する $Y_0(x)$ の値が求められた

HINT　BESSELY関数の結果をグラフで表示するには

関数で求めた結果をなめらかなグラフで表示するには、描画対象のセル範囲を選択したあと、[挿入] タブの [グラフ] グループにある [散布図（X, Y）またはバブルチャートの挿入] ボタンをクリックし、[散布図（平滑線）] または [散布図（平滑線とマーカー）] ををを選択します。「平滑線」が含まれる項目を選択すると「スムージング」機能が働き、実際のデータが存在しない区間が自動的に「補完」されるので、グラフをなめらかな曲線で描画できます。

HINT　さらに次数の高い第2種ベッセル関数

右の例は、0次の第2種ベッセル関数 $Y_0(x)$ に、1次の第2種ベッセル関数 $Y_1(x)$ と2次の第2種ベッセル関数 $Y_2(x)$ を書き加えたものです。セルC3～C19には「=BESSELY(A3,1)」～「=BESSELY(A19,1)」を、セルD3～D19には「=BESSELY(A3,2)」～「=BESSELY(A19,2)」をそれぞれ入力しています。x が増えていくと、いずれの関数の値も正負に振動する様子がわかります。次数をさらに大きくすると、振動の周期はさらに長くなります。また、第1種ベッセル関数とは異なり、x が0に近づくと関数の値は $-\infty$ に発散します。

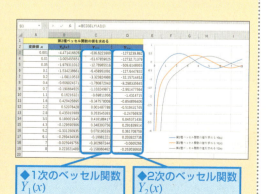

◆1次のベッセル関数 $Y_1(x)$
◆2次のベッセル関数 $Y_2(x)$

BESSELI 第1種変形ベッセル関数の値を求める

ベッセル・アイ
BESSELI(数値, 次数)

▶関数の解説

[数値]で指定した変数xに対して、[次数]で指定したn次の第1種変形ベッセル関数$I_n(x)$の値を求めます。第1種変形ベッセル関数は、以下に示す変形ベッセル微分方程式の特殊解の1つとして与えられます。

$$x^2 \frac{d^2y}{dx^2} + x \frac{dy}{dx} - (x^2 + n^2)y = 0 \ \cdots\cdots\ \text{変形ベッセル微分方程式}$$

2つある特殊解のうちの1つ→第1種変形ベッセル関数

$$\text{BESSELI}(x, n) = I_n(x) = \left(\frac{x}{2}\right)^n \sum_{k=0}^{\infty} \frac{1}{k!\Gamma(n+k+1)} \left(\frac{x}{2}\right)^{2k}$$

ただし、Γ はガンマ関数で、$\Gamma(n+k+1) = \displaystyle\int_0^{\infty} e^{-t} t^{n+k} dt$

変形ベッセル微分方程式の特殊解はもう1つあり、第2種変形ベッセル関数$K_n(x)$と呼ばれています。

参照 BESSELK……P.820

▶引数の意味

数値……………………第1種変形ベッセル関数の値を求めたい変数xを数値で指定します。

次数……………………第1種変形ベッセル関数の次数nを数値で指定します。負の値を指定することはできません。

ポイント

- 第1種変形ベッセル関数は、拡散を伴う物理現象などを扱うのに有効です。たとえば、表面張力によって1円玉が水上に浮かんでいるとき、その周囲にできる水の形状を解析する場合などに応用できます。
- [次数]に小数部分のある数値を指定した場合、小数点以下が切り捨てられた整数とみなされます。

エラーの意味

エラーの種類	原因	エラーとなる例
[#NUM!]	[次数]に負の数を指定した	=BESSELI(5,-1)
[#VALUE!]	[数値]または[次数]に数字とみなせない文字列を指定した	=BESSELI("ABC",0) =BESSELI(5,"DE")

10-12 ベッセル関数の値を求める

関数の使用例 0次の第1種変形ベッセル関数の値を求める

0～4の変数に対する、0次の第1種変形ベッセル関数$I_0(x)$の値を求めます。

=BESSELI(A3,0)

セルA3に入力されている数値に対する、0次の第1種変形ベッセル関数の値を求める。

❶ セルB3に「=BESSELI(A3,0)」と入力

参照▶関数を入力するには……P.38
サンプル▶10_046_BESSELI.xlsx

[数値]に対する$I_0(x)$の値が求められた

❷ セルB3をセルB19までコピー

いろいろな変数に対する$I_0(x)$の値が求められた

HINT BESSELI関数の結果をグラフで表示するには

関数で求めた結果をなめらかなグラフで表示するには、描画対象のセル範囲を選択したあと、[挿入]タブの[グラフ]グループにある[散布図（X, Y）またはバブルチャートの挿入]ボタンをクリックし、[散布図（平滑線）]または[散布図（平滑線とマーカー）]をを選択します。「平滑線」が含まれる項目を選択すると「スムージング」機能が働き、実際のデータが存在しない区間が自動的に「補完」されるので、グラフをなめらかな曲線で描画できます。

HINT さらに次数の高い第1種変形ベッセル関数

右の例は、0次の第1種変形ベッセル関数$I_0(x)$に、1次の第1種変形ベッセル関数$I_1(x)$と2次の第1種変形ベッセル関数$I_2(x)$を書き加えたものです。セルC3～C19には「=BESSELI(A3,1)」～「=BESSELI(A19,1)」を、セルD3～D19には「=BESSELI(A3,2)」～「=BESSELI(A19,2)」をそれぞれ入力しています。xが増えていくと、いずれの関数の値も急激に増加し、∞に発散する様子がわかります。次数をさらに大きくすると、xの増加に対する関数の値の増え方が緩やかになります。

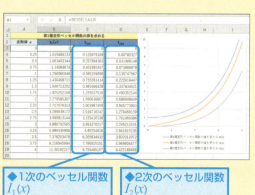

◆1次のベッセル関数 $I_1(x)$
◆2次のベッセル関数 $I_2(x)$

10-12

ベッセル関数の値を求める

BESSELK 第2種変形ベッセル関数の値を求める

BESSELK(数値, 次数)
（ベッセル・ケイ）

▶関数の解説

［数値］で指定した変数xに対して、［次数］で指定したn次の第2種変形ベッセル関数$K_n(x)$の値を求めます。第2種変形ベッセル関数は、以下に示す変形ベッセル微分方程式の特殊解の1つとして与えられます。

$$x^2 \frac{d^2y}{dx^2} + x\frac{dy}{dx} - (x^2 + n^2)y = 0 \quad \cdots\cdots \text{変形ベッセル微分方程式}$$

2つある特殊解のうちの1つ→第2種変形ベッセル関数

$$\text{BESSELK}(x, n) = K_n(x) = \left(\frac{\pi}{2}\right)\frac{I_{-n}(x) - I_n(x)}{\sin n\pi}$$

変形ベッセル微分方程式の特殊解はもう1つあり、第1種変形ベッセル関数$I_n(x)$と呼ばれています。

参照 BESSELI……P.818

▶引数の意味

数値………………… 第2種変形ベッセル関数の値を求めたい変数xを数値で指定します。0以下の数値を指定することはできません。

次数………………… 第2種変形ベッセル関数の次数nを数値で指定します。負の値を指定することはできません。

ポイント

- 第2種変形ベッセル関数は、第1種変形ベッセル関数と同様に、拡散を伴う物理現象などを扱うのに有効です。たとえば、河川を流れる水が、河口から海に向かって流れ出すときの拡散状態を解析する場合などに応用できます。
- ［次数］に小数部分のある数値を指定した場合、小数点以下が切り捨てられた整数とみなされます。

エラーの意味

エラーの種類	原因	エラーとなる例
[#NUM!]	［数値］に0以下の数値を指定した	=BESSELK(-2,1)
	［次数］に負の数を指定した	=BESSELK(5,-1)
[#VALUE!]	［数値］または［次数］に数字とみなせない文字列を指定した	=BESSELK("ABC",0) =BESSELK(5,"DE")

10-12 ベッセル関数の値を求める

関数の使用例　0次の第2種変形ベッセル関数の値を求める

0〜4の変数に対する、0次の第2種変形ベッセル関数$K_0(x)$の値を求めます。

=BESSELK(A3,0)

セルA3に入力されている数値に対する、0次の第2種変形ベッセル関数の値を求める。

[数値] [次数]

❶セルB3に「=BESSELK(A3,0)」と入力

参照▶関数を入力するには……P.38
サンプル▶10_047_BESSELK.xlsx

[数値]に対する$K_0(x)$の値が求められた

	A	B
1	第2種変形ベッセル関数の値を求める	
2	変数値 x	$K_0(x)$
3	0.0001	9.326271918
4	0.001	7.023688805
5	0.02	4.028457335
6	0.04	3.336541461
7	0.07	2.779817769
8	0.12	2.247857463
9	0.2	1.752703846
10	0.3	1.37246004
11	0.4	1.114529105
12	0.55	0.846568196
13	0.75	0.610582387
14	1	0.421024421
15	1.3	0.278247647
16	1.7	0.16549633
17	2.2	0.089269001
18	2.8	0.043819983
19	4	0.011159676

❷セルB3をセルB19までコピー

いろいろな変数に対する$K_0(x)$の値が求められた

HINT BESSELK関数の結果をグラフで表示するには

関数で求めた結果をなめらかなグラフで表示するには、描画対象のセル範囲を選択したあと、[挿入]タブの[グラフ]グループにある[散布図（X, Y）またはバブルチャートの挿入]ボタンをクリックし、[散布図（平滑線）]または[散布図（平滑線とマーカー）]をを選択します。「平滑線」が含まれる項目を選択すると「スムージング」機能が働き、実際のデータが存在しない区間が自動的に「補完」されるので、グラフをなめらかな曲線で描画できます。

HINT さらに次数の高い第2種変形ベッセル関数

右の例は、0次の第2種変形ベッセル関数$K_0(x)$に、1次の第2種変形ベッセル関数$K_1(x)$と2次の第2種変形ベッセル関数$K_2(x)$を書き加えたものです。セルC3〜C19には「＝ＢＥＳＳＥＬＫ（Ａ３，１）」〜「=BESSELK(A19,1)」を、セルD3〜D19には「=BESSELK(A3,2)」〜「=BESSELK(A19,2)」をそれぞれ入力しています。xが増えていくと、いずれの関数の値も、xが0に近づくと∞に発散し、xが増えていくと0に収束する様子がわかります。次数をさらに大きくすると、xが0に近づいたとき、関数の値が∞に発散するのが遅くなります。

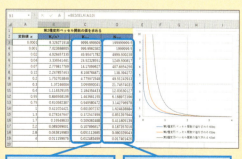

◆1次のベッセル関数 $K_1(x)$
◆2次のベッセル関数 $K_2(x)$

10 エンジニアリング関数

10-13 誤差関数の値を求める

10-13 誤差関数の値を求める

ERF ／ ERF.PRECISE 誤差関数の値を求める

エラー・ファンクション
ERF(下限, 上限)
エラー・ファンクション・プリサイス
ERF.PRECISE(上限)

▶関数の解説

ERF関数は、指定した［下限］〜［上限］の範囲で積分した誤差関数の値を求めます。ERF.
PRECISE関数は、0〜［上限］の範囲で積分した誤差関数の値を求めます。誤差関数はガウス分布の積分として定義されており、その値は以下のように計算されます。

誤差関数 0〜aの範囲で積分

$$\mathrm{ERF}(a) = erf(a) = \frac{2}{\sqrt{\pi}} \int_0^a e^{-t^2} dt$$

誤差関数 a〜bの範囲で積分

$$\mathrm{ERF}(a,b) = erf(b) - erf(a) = \frac{2}{\sqrt{\pi}} \int_a^b e^{-t^2} dt$$

▶引数の意味

下限························ERF関数で誤差関数で積分するときの開始値を指定します。

上限························誤差関数で積分するときの終了値を指定します。ERF関数で［上限］を省略すると、誤差関数が0〜［下限］の範囲で積分されます。

ポイント

・指定値〜∞の範囲で積分した誤差関数の値、つまり相補誤差関数の値を求めるにはERFC ／ ERFC.PRECISE関数を使います。　　　　　　　参照📖ERFC ／ ERFC.PRECISE……P.824

エラーの意味

エラーの種類	原因	エラーとなる例
[#VALUE!]	［下限］または［上限］に数字とみなせない文字列指定した	=ERF("ABC") =ERF.PRECISE("ABC","DE")

サイドバーナビゲーション
1 関数の基本知識
2 日付／時刻関数
3 数学／三角関数
4 論理関数
5 検索／行列関数
6 データベース関数
7 文字列操作関数
8 統計関数
9 財務関数
10 エンジニアリング関数
11 情報関数
12 キューブ関数
13 ウェブ関数
付録

関数の使用例　誤差関数の値を求める

0～3の変数値に対する誤差関数の値を求めます。この使用例では［下限］だけを指定しているので、0～［下限］の範囲で積分した誤差関数の値が求められます。

=ERF(A3)

0からセルA3に入力されている数値までの範囲で積分した誤差関数の値を求める。

下限

	A	B
1	誤差関数の値を求める	
2	変数値 x	$y = erf(x)$
3	0	0
4	0.2	0.222702589
5	0.4	0.428392355
6	0.6	0.603856091
7	0.8	0.742100965
8	1	0.842700793
9	1.2	0.910313978
10	1.4	0.95228512
11	1.6	0.976348383
12	1.8	0.989090502
13	2	0.995322265
14	2.2	0.998137154
15	2.4	0.999311486
16	2.6	0.999763966
17	2.8	0.999924987
18	3	0.99997791

❶セルB3に「=ERF(A3)」と入力

参照▶関数を入力するには……P.38
サンプル▶10_048_ERF.xlsx

0～［下限］の範囲で積分した誤差関数の値が求められた

❷セルB3をセルB18までコピー

いろいろな変数値に対する誤差関数の値が求められた

ERF関数の結果をグラフで表示するには

関数で求めた結果をなめらかなグラフで表示するには、描画対象のセル範囲を選択したあと、［挿入］タブの［グラフ］グループにある［散布図（X,Y）またはバブルチャートの挿入］ボタンをクリックし、［散布図（平滑線）］または［散布図（平滑線とマーカー）］を選択します。「平滑線」が含まれる項目を選択すると「スムージング」機能が働き、実際のデータが存在しない区間が自動的に「補完」されるので、グラフをなめらかな曲線で描画できます。

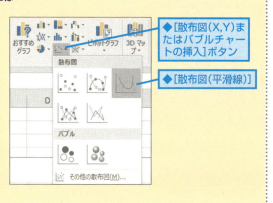

◆［散布図（X,Y）またはバブルチャートの挿入］ボタン

◆［散布図（平滑線）］

10-13 誤差関数の値を求める

1 関数の基本知識
2 日付／時刻関数
3 数学／三角関数
4 論理関数
5 検索／行列関数
6 データベース関数
7 文字列操作関数
8 統計関数
9 財務関数
10 エンジニアリング関数
11 情報関数
12 キューブ関数
13 ウェブ関数
付録

10-13

誤差関数の値を求める

ERFC／ERFC.PRECISE 相補誤差関数の値を求める

エラー・ファンクション・シー
ERFC(数値)
エラー・ファンクション・シー・プリサイス
ERFC.PRECISE(数値)

▶関数の解説

［数値］～∞の範囲で積分した誤差関数の値を求めます。これは相補誤差関数と呼ばれ、その値は以下のように計算されます。

相補誤差関数　a～∞の範囲で積分

$$\mathrm{ERFC}(a) = \frac{2}{\sqrt{\pi}} \int_a^\infty e^{-t^2} dt = 1 - erf(a)$$

▶引数の意味

数値...................... 誤差関数を積分するときの開始値を指定します。

ポイント

- 戻り値は、同じ指定値について得られる誤差関数の値を1から引いた値（つまり、1の補数）となります。
- 相補誤差関数は、余誤差関数と呼ばれることもあります。
- 0～指定値の範囲、または任意の指定範囲で積分した誤差関数の値を求めるには、ERF関数を使います。

参照 ERF／ERF.PRECISE……P.822

エラーの意味

エラーの種類	原因	エラーとなる例
[#VALUE!]	引数に数字とみなせない文字列を指定した	=ERFC.PRECISE("ABC")

関数の使用例　相補誤差関数の値を求める

0～3の変数値に対する相補誤差関数の値を求めます。

=ERFC(A3)

セルA3に入力されている数値から∞（無限大）までの範囲で積分した相補誤差関数の値を求める。

10-13 誤差関数の値を求める

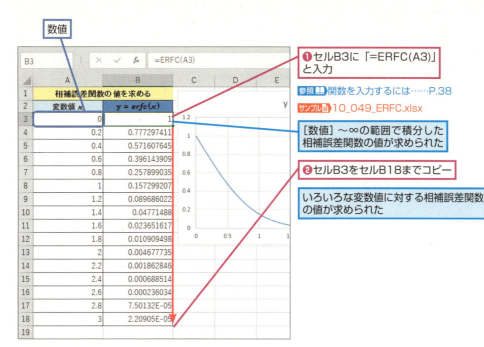

❶セルB3に「=ERFC(A3)」と入力

参照▶関数を入力するには……P.38
サンプル▶10_049_ERFC.xlsx

[数値]～∞の範囲で積分した相補誤差関数の値が求められた

❷セルB3をセルB18までコピー

いろいろな変数値に対する相補誤差関数の値が求められた

HINT ERFC関数の結果をグラフで表示するには

関数で求めた結果をなめらかなグラフで表示するには、描画対象のセル範囲を選択したあと、[挿入] タブの [グラフ] グループにある [散布図（X, Y）またはバブルチャートの挿入] ボタンをクリックし、[散布図（平滑線）] または [散布図（平滑線とマーカー）] をを選択します。「平滑線」が含まれる項目を選択すると「スムージング」機能が働き、実際のデータが存在しない区間が自動的に「補完」されるので、グラフをなめらかな曲線で描画できます。

参照▶ERF関数の結果をグラフで表示するには……P.823

10-14 ビット演算を行う

ビット演算とは

2進数で表現された数値に対して、桁（ビット）単位の操作を行うことを「ビット演算」といいます。Excelでは、2つの数値に対してビット演算を行うBITAND関数、BITOR関数、BITXOR関数と、1つの数値に対してビット演算を行うBITLSHIFT関数とBITRSHIFT関数が使えます。

BITAND関数、BITOR関数、BITXOR関数

2つの数値の各ビットを比較することにより、新しい数値を得るための関数です。論理積、論理和、排他的論理和という3種類のビット演算が実行できます。

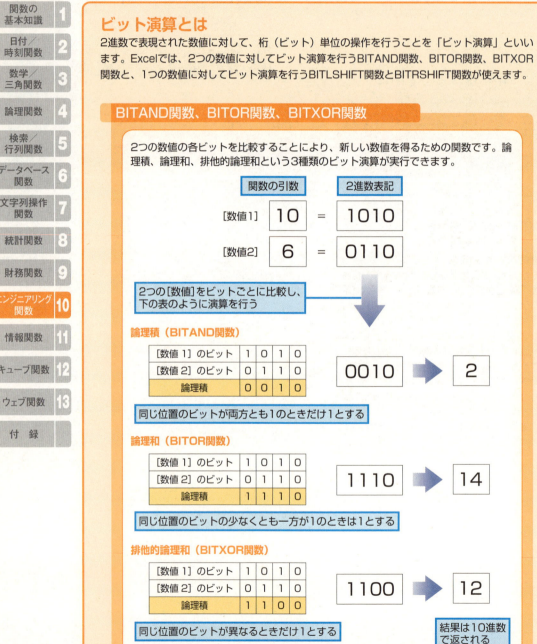

BITLSHIFT関数、BITRSHIFT関数

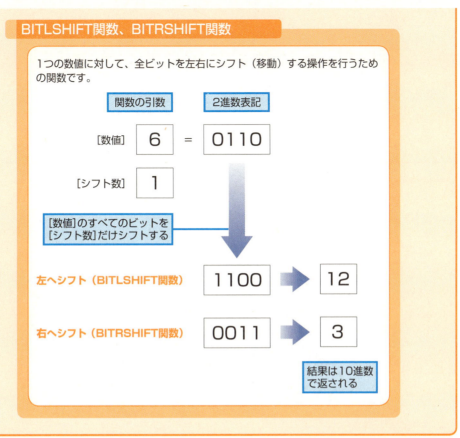

▶ BITAND ビットごとの論理積を求める

ビット・アンド
BITAND(数値1, 数値2)

▶関数の解説

2つの［数値］のビットごとの論理積を求めます。2つの数値の同じ位置にあるビットが両方とも1の場合は1、それ以外の場合は0とした値を返します。ビット演算の詳細については826ページを参照してください。　　　　　　　　　　　　　　　　参照🔖ビット演算を行う……P.826

▶引数の意味

数値………………………ビットごとの論理積を求めたい数値を正の整数で指定します。指定できる引数は2つだけです。

［ポイント］

- この関数はExcel 2013で新たに追加されたものです。Excel 2010以前では使えません。
- 戻り値は10進数の数値となります。結果を2進数や8進数、16進数に変換したい場合は、DEC2BIN関数、DEC2OCT関数、DEC2HEX関数を使います。また、BASE関数を使えば任意のn進数表記に変換できます。

10-14 ビット演算を行う

エラーの意味

エラーの種類	原因	エラーとなる例
[#NUM!]	引数に負の数を指定した	=BITAND(-1,5)
	引数に整数以外の値を指定した	=BITAND(1.2,5)
	引数に281474976710655を超える値を指定した	=BITAND(300000000000000,23)
[#VALUE!]	引数に数値以外の値を指定した	=BITAND("ABC","DE")

関数の使用例　ビットごとの論理積を求める

2つの数値について、ビットごとの論理積を求めます。

=BITAND(B3,B4)

セルB3に入力されている数値と、セルB4に入力されている数値について、ビットごとの論理積を求める。

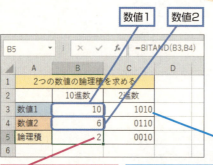

❶セルB5に「=BITAND(B3,B4)」と入力

[数値1]と[数値2]のビットごとの論理積が求められた

セルC3には「=DEC2BIN(B3,4)」と入力し、セルC5までコピーしておく

参照▶関数を入力するには……P.38
サンプル▶10_050_BITAND.xlsx

HINT　あるビットが立っているかどうか調べるには

BITAND関数を使うと、数値の特定のビットが立っている（1である）かどうかかんたんに調べられます。たとえば、セルA3に入力した数値の右から3ビットめが立っているかどうかを調べたければ、適当なセルに
　=BITAND(A3,4)
という関数を入力します。その結果、関数の戻り値が0以外なら3ビットめが立っており、0なら3ビットめは立っていない、と判断できます。たとえば、セルA3に「6」を入力したとすると、この関数は次のような計算をします。

```
0110　…調べたい数値（10進数の6）
0100　…マスク値（10進数の4）
0100　…BITAND関数の戻り値
```

この場合、戻り値は「4」となり、0以外なので、調べたい「6」の3ビットめは立っていることがわかります。
ここで、「マスク値」というのは調べたいビットだけを立てた数値のことで、この例の場合は3ビットめを立てた「0100」（2進数表記）、つまり10進数の「4」を使っています。

BITOR ビットごとの論理和を求める

ビット・オア
BITOR(数値1，数値2)

▶関数の解説

2つの［数値］のビットごとの論理和を求めます。2つの数値の同じ位置にあるビットの少なくとも一方が1の場合は1、それ以外の場合は0とした値を返します。ビット演算の詳細については826ページを参照してください。

参照📘ビット演算を行う……P.826

▶引数の意味

数値………………………ビットごとの論理和を求めたい数値を正の整数で指定します。指定できる引数は2つだけです。

ポイント

• この関数はExcel 2013で新たに追加されたものです。Excel 2010以前では使えません。

• 戻り値は10進数の数値となります。結果を2進数や8進数、16進数に変換したい場合は、DEC2BIN関数、DEC2OCT関数、DEC2HEX関数を使います。また、BASE関数を使えば任意のn進数表記に変換できます。

エラーの意味

エラーの種類	原因	エラーとなる例
[#NUM!]	引数に負の数を指定した	=BITOR(-1,5)
	引数に整数以外の値を指定した	=BITOR(1.2,5)
	引数に 281474976710655 を超える値を指定した	=BITOR(300000000000000,23)
[#VALUE]	引数に数値以外の値を指定した	=BITOR("ABC","DE")

関数の使用例　ビットごとの論理和を求める

2つの数値について、ビットごとの論理和を求めます。

=BITOR(B3,B4)

セルB3に入力されている数値と、セルB4に入力されている数値について、ビットごとの論理和を求める。

サイドバー

10-**14**

ビット演算を行う

1 関数の基本知識
2 日付／時刻関数
3 数学／三角関数
4 論理関数
5 検索／行列関数
6 データベース関数
7 文字列操作関数
8 統計関数
9 財務関数
10 エンジニアリング関数
11 情報関数
12 キューブ関数
13 ウェブ関数
付録

829
できる

10-14 ビット演算を行う

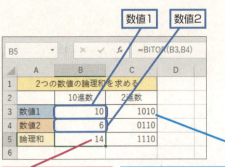

❶セルB5に「=BITOR(B3,B4)」と入力

[数値1]と[数値2]のビットごとの論理和が求められた

セルC3には「=DEC2BIN(B3,4)」と入力し、セルC5までコピーしておく

参照▶関数を入力するには……P.38

サンプル▶10_051_BITOR.xlsx

▶ BITXOR ビットごとの排他的論理和を求める

ビット・エクスクルーシブ・オア
BITXOR(数値1, 数値2)

▶関数の解説

2つの[数値]のビットごとの排他的論理和を求めます。2つの数値の同じ位置にあるビットが互いに異なる場合は1、それ以外の場合は0とした値を返します。ビット演算の詳細については826ページを参照してください。　　　　　　　　　　　　　　参照▶ビット演算を行う……P.826

▶引数の意味

数値………………… ビットごとの排他的論理和を求めたい数値を正の整数で指定します。指定できる引数は2つだけです。

ポイント

- この関数はExcel 2013で新たに追加されたものです。Excel 2010以前では使えません。
- 戻り値は10進数の数値となります。結果を2進数や8進数、16進数に変換したい場合は、DEC2BIN関数、DEC2OCT関数、DEC2HEX関数を使います。また、BASE関数を使えば任意のn進数表記に変換できます。

エラーの意味

エラーの種類	原因	エラーとなる例
[#NUM!]	引数に負の数を指定した	=BITXOR(3,-2)
	引数に整数以外の値を指定した	=BITXOR(3.3,4)
	引数に281474976710655を超える値を指定した	=BITXOR(300000000000000,23)
[#VALUE]	引数に数値以外の値を指定した	=BITXOR("ABC","DE")

830

関数の使用例　ビットごとの排他的論理和を求める

2つの数値について、ビットごとの排他的論理和を求めます。

=BITXOR(B3,B4)

セルB3に入力されている数値と、セルB4に入力されている数値について、ビットごとの排他的論理和を求める。

❶B5に「=BITXOR(B3,B4)」と入力する

[数値1]と[数値2]のビットごとの排他的論理和が求められた

セルC3には「=DEC2BIN(B3,4)」と入力し、セルC5までコピーしておく

参照▶関数を入力するには……P.38
サンプル▶10_052_BITXOR.xlsx

BITLSHIFT／BITRSHIFT　ビットを左または右にシフトする

　　ビット・レフト・シフト
BITLSHIFT(数値, シフト数)
　　ビット・ライト・シフト
BITRSHIFT(数値, シフト数)

▶関数の解説

BITLSHIFT関数は、[数値]のすべてのビットを[シフト数]だけ左にシフトします。BITRSHIFT関数は、[数値]のすべてのビットを[シフト数]だけ右にシフトします。

▶引数の意味

数値……………………ビットをシフトしたい数値を正の整数で指定します。

シフト数………………シフトするビットの数を整数で指定します。負の数を指定すると、シフトする左右の向きが逆になります。

[ポイント]

- この関数はExcel 2013で新たに追加されたものです。Excel 2010以前では使えません。
- BITLSHIFT関数では、[数値]のビットを左にシフトした結果、空きが生じた最下位のビットには「0」が入ります。同時に、[数値]全体のビット数はシフトした分だけ増えます。
- BITRSHIFT関数では、[数値]のビットをシフトした結果、最下位のビットから桁落ちした「1」や「0」は捨てられます。同時に、[数値]全体のビット数はシフトした分だけ減ります。

- 戻り値は10進数の数値となります。結果を2進数や8進数、16進数に変換したい場合は、DEC2BIN関数、DEC2OCT関数、DEC2HEX関数を使います。また、BASE関数を使えば任意のn進数表記に変換できます。

エラーの意味

エラーの種類	原因	エラーとなる例
[#NUM!]	［数値］に負の数を指定した	=BITLSHIFT(-1,2) =BITRSHIFT(-2,3)
	引数に整数以外の値を指定した	=BITLSHIFT(1.2,5) =BITRSHIFT(3,4.5)
	［数値］に281474976710655を超える値を指定した	=BITLSHIFT(300000000000000,23)
[#VALUE!]	引数に数値以外の値を指定した	=BITLSHIFT("ABC","DE")

関数の使用例　数値のビットをシフトする

数値のすべてのビットを、指定した数だけ左または右にシフトします。

=BITLSHIFT(B3,B4)
=BITRSHIFT(B3,B4)

セルB3に入力されている数値のすべてのビットを、セルB4で指定した数だけ左（BITLSHIFT関数）または右（BITRSHIFT関数）にシフトする。

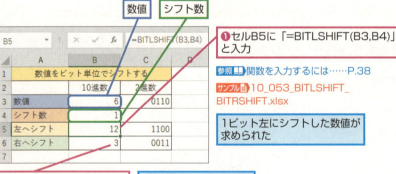

❶セルB5に「=BITLSHIFT(B3,B4)」と入力

参照▶関数を入力するには……P.38

サンプル▶10_053_BITLSHIFT_BITRSHIFT.xlsx

1ビット左にシフトした数値が求められた

❷セルB6に「=BITRSHIFT(B3,B4)」と入力

1ビット右にシフトした数値が求められた

HINT 結果を2進数として表示するには

使用例のC列のセルには、B列に表示されている数値を4桁の2進数に変換して表示するために、DEC2BIN関数を使った数式が入力してあります。たとえば、セルC3には「=DEC2BIN(B3,4)」と入力されています。ただし、このように設定した場合、結果が4桁を超える2進数になるとエラーになってしまうので、必要に応じて桁数を増やすといいでしょう。

第11章
情報関数

11- 1．セルの内容や状態を調べる・・・・・・・・・・・・834
11- 2．データやエラー値の種類を調べる・・・・・・・852
11- 3．セルの情報を得る・・・・・・・・・・・・・・・・・・・・856
11- 4．操作環境の情報を得る・・・・・・・・・・・・・・・860
11- 5．エラー値［#N/A］を返す・・・・・・・・・・・・862
11- 6．数値に変換する・・・・・・・・・・・・・・・・・・・・864
11- 7．ワークシートの番号や数を調べる・・・・・・866

11-1 セルの内容や状態を調べる

ISBLANK 空のセルかどうか調べる

ISBLANK（テストの対象）
（イズ・ブランク）

▶関数の解説

［テストの対象］が空のセルかどうか調べます。戻り値は、［テストの対象］が空のセルならばTRUE（真）、空のセルでなければFALSE（偽）になります。

▶引数の意味

テストの対象 ………… 空のセルかどうか調べたいセルへのセル参照を指定します。

【ポイント】
- ISBLANK関数は主に、IF関数の引数の［論理式］を指定するために利用されます。これにより、対象が空のセルかどうかに応じて返す値を変えられます。　　参照▶IF……P.252
- ［テストの対象］に指定した数式が空の文字列を返した場合は、戻り値はFALSEになります。

【エラーの意味】
ISBLANK関数では、エラー値が返されることはありません。

関数の使用例　入場者数が未入力かどうか調べる

毎日の入場者数とその累計を記録しておくための表があります。ここでは、ISBLANK関数を使って、「入場者数」のセルが未入力かどうか調べます。

=ISBLANK(B3)

セルB3が未入力かどうか調べる。

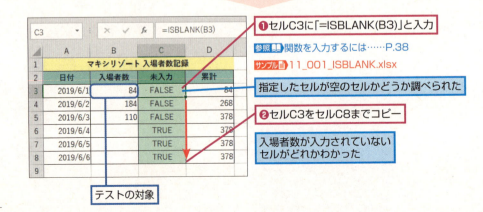

❶セルC3に「=ISBLANK(B3)」と入力
参照▶関数を入力するには……P.38
サンプル▶11_001_ISBLANK.xlsx
指定したセルが空のセルかどうか調べられた
❷セルC3をセルC8までコピー
入場者数が入力されていないセルがどれかわかった

テストの対象

| 活用例 | 入場者数が未入力のときは累計が表示されないようにする |

使用例では、「入場者数」のセルに数値が入力されているかどうかが、TRUEまたはFALSEで表示されますが、このような表示ではあまり実用的とはいえません。そこで、IF関数のなかにISBLANK関数を直接指定することにより、「入場者数」が未入力のときには「累計」が自動的に表示されないようにします。

❶「=IF(ISBLANK(B3),"",B3)」と入力
❷「=IF(ISBLANK(B4),"",C3+B4)」と入力
❸セルC4をセルC8までコピー

入場者数が未入力のときには累計が表示されなくなった

ISERROR エラー値かどうか調べる

ISERROR(テストの対象)
（イズ・エラー）

▶関数の解説

[テストの対象]がエラー値かどうか調べます。戻り値は、[テストの対象]がエラー値（[#DIV/0!]、[#N/A]、[#NAME?]、[#NULL!]、[#NUM!]、[#REF!]、[#VALUE!]）のうちのどれかであればTRUE（真）、それ以外であればFALSE（偽）になります。

参照 エラー値の種類……P.68

▶引数の意味

テストの対象 ……… エラー値かどうか調べたい値を指定します。

ポイント

・引数には数式も指定できます。
・ISERROR関数は主に、IF関数の引数の[論理式]を指定するために利用されます。これにより、対象がエラー値かどうかに応じて返す値を変えられます。　　参照 IF……P.252
・ISERROR関数とIF関数を組み合わせる代わりに、IFERROR関数を使えば、よりかんたんな数式で同じことができます。　　参照 IFERROR……P.267

エラーの意味

ISERROR関数では、エラー値が返されることはありません。

11-1 セルの内容や状態を調べる

関数の使用例 数式の結果がエラーになっているかどうか調べる

身長と体重の測定結果から、肥満度を表すBMI（ボディ・マス・インデックス）を表示する表があります。この表では、「身長」や「体重」のセルに文字列が入力されていると、「BMI」のセルにエラー値（[#VALUE!]）が表示されます。ここでは、ISERROR関数を使って、「BMI」のセルにエラー値が表示されているかどうか調べます。

=ISERROR(D3)

セルD3の内容がエラー値かどうか調べる。

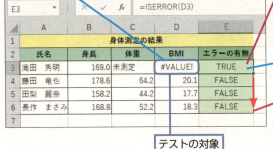

セルD3には、BMIを計算するための数式として「=C3/(B3/100)^2」と入力しておく

セルD3をセルD6までコピーしておく

❶セルE3に「=ISERROR(D3)」と入力

参照 関数を入力するには……P.38
サンプル 11_002_ISERROR.xlsx

指定したセルにエラー値が表示されているかどうか調べられた

❷セルE3をセルE6までコピー

テストの対象

数式の結果がエラーになっているセルがどれかわかった

HINT BMIとは

BMI（ボディ・マス・インデックス）はヒトの肥満度を表す指数で、次のような数式で表されます。ただし、体重はkg単位、身長はm単位で算出する必要があります。

BMI＝体重÷(身長)^2
日本肥満学会の基準では、BMIが25以上の場合が「肥満」、22の場合が「標準体重」、18.5未満の場合が「やせ」とされています。

▶ ISNA [#N/A] かどうか調べる

ISNA(テストの対象)

▶**関数の解説**

[テストの対象]が[#N/A]かどうか調べます。戻り値は、[テストの対象]が[#N/A]であればTRUE（真）、それ以外であればFALSE（偽）になります。

▶**引数の意味**

テストの対象 ……… [#N/A]かどうか調べたい値を指定します。

ポイント

・[テストの対象]が[#N/A]以外のエラー値（[#DIV/0!]、[#NAME?]、[#NULL!]、[#NUM!]、[#REF!]、[#VALUE!]）のうちのどれかであれば、FALSE（偽）が返されます。
・引数には数式も指定できます。

- ISNA関数は主に、IF関数の引数の［論理式］を指定するために利用されます。これにより、対象が［#N/A］かどうかに応じて返す値を変えられます。　　　　　参照🔖IF……P.252
- ISNA関数とIF関数を組み合わせる代わりに、IFNA関数を使えば、よりかんたんな数式で同じことができます。　　　　　　　　　　　　　　　　　　　　　参照🔖IFNA……P.268

エラーの意味

ISNA関数では、エラー値が返されることはありません。

関数の使用例　VLOOKUP関数の検索結果が正しいかどうか調べる

VLOOKUP関数を使って、製品番号に対応する製品名を製品リストから検索する表があります。VLOOKUP関数は、検索値に対応するデータが検索対象の範囲内に見つからないとエラー値［#N/A］を返します。ここでは、ISNA関数を使って、検索結果が正しく得られたかどうか調べます。

=ISNA(B3)

セルB3の内容がエラー値[#N/A]かどうか調べる。

セルB3には、製品リストを検索するために「=VLOOKUP(A3, $A$9:$C$12,2,FALSE)」と入力しておく

セルB3をセルB5までコピーしておく

❶セルC3に「=ISNA(B3)」と入力

参照🔖関数を入力するには……P.38

サンプル📗11_003_ISNA.xlsx

指定したセルに［#N/A］が表示されているかどうか調べられた

❷セルC3をセルC5までコピー

VLOOKUP関数の検索結果がエラーになっているセルがどれかわかった

C3		fx	=ISNA(B3)
	A	B	C
1	製品名問い合わせ表		
2	製品番号を入力	検索結果	検索エラーの有無
3	JK-SV	#N/A	TRUE
4	PK-FZ	軽量レインパーカ	FALSE
5	PK-RV	Goaパーカ	FALSE
6			
7	製品リスト		
8	製品番号	製品名	価格
9	JK-SP	スプラッシュジャケット	18,900
10	JK-TR	トレッキングジャケット	18,900
11	PK-FZ	軽量レインパーカ	8,190
12	PK-RV	Goaパーカ	11,340
13			

テストの対象

ISERR ［#N/A］以外のエラー値かどうか調べる

イズ・イー・アール・アール
ISERR(テストの対象)

▶関数の解説

［テストの対象］が［#N/A］以外のエラー値かどうか調べます。戻り値は、［テストの対象］が［#N/A］以外のエラー値（［#DIV/0!］、［#NAME?］、［#NULL!］、［#NUM!］、［#REF!］、［#VALUE!］）であればTRUE（真）、それ以外であればFALSE（偽）になります。

参照🔖エラー値の種類……P.68

11-1
セルの内容や状態を調べる

1 関数の基本知識
2 日付／時刻関数
3 数学／三角関数
4 論理関数
5 検索／行列関数
6 データベース関数
7 文字列操作関数
8 統計関数
9 財務関数
10 エンジニアリング関数
11 情報関数
12 キューブ関数
13 ウェブ関数
付　録

837
できる

11-1 セルの内容や状態を調べる

▶引数の意味

テストの対象 ………… [#N/A] 以外のエラー値かどうか調べたい値を指定します。

ポイント

- [テストの対象] が [#N/A] であれば、FALSE（偽）が返されます。
- 引数には数式も指定できます。
- ERROR.TYPE関数と組み合わせると、エラー値の種類を調べることができます。
  参照▶ERROR.TYPE……P.854
- ISERR関数は主に、IF関数の引数の [論理式] を指定するために利用されます。これにより、対象が [#N/A] 以外のエラー値かどうかに応じて返す値を変えられます。
  参照▶IF……P.252

エラーの意味

ISERR関数では、エラー値が返されることはありません。

関数の使用例　VLOOKUP関数の [列番号] が正しく指定されたかどうか調べる

VLOOKUP関数を使って、指定した製品番号に対応する製品名や価格を製品リストから検索する表があります。VLOOKUP関数は、検索値に対応するデータが検索対象の範囲内に見つからないとエラー値 [#N/A] を返します。また、引数 [列番号] に0未満または検索対象範囲の列数を超える数値を入力すると、[#N/A] ではなく [#REF] を返します。ここでは、ISERR関数を使って、VLOOKUP関数の [列番号] が正しく指定されたかどうか調べます。
参照▶VLOOKUP……P.275

=ISERR(C3)

セルB3の内容がエラー値[#N/A]以外かどうか調べる。

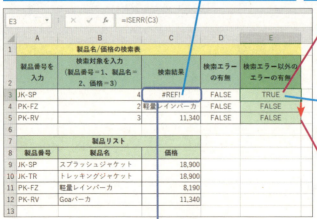

11-1 セルの内容や状態を調べる

検索エラーの有無をチェックするには

使用例では、検索値に対応するデータが製品リスト内に見つからないと、C列のVLOOKUP関数がエラー値［#N/A］を返します。そこで、セルD3～D5にそれぞれ「=ISNA(C3)」～「=ISNA(C5)」と入力し、検索結果が正しく得られたかどうかチェックできるようにしてあります。

参照▶ISNA……P.836

活用例　VLOOKUP関数について複数のエラーチェックをする

VLOOKUP関数は、引数［列番号］の指定が間違っていれば［#REF!］または［#VALUE!］を返し、検索値が見つからなければ［#N/A］を返します。このように、いくつかのエラー値が返される可能性がある場合は、IF関数を組み合わせて複数のエラーをチェックをすれば、エラーの種類ごとに的確なコメントが表示できます。ここでは、まず［列番号］の指定が誤っているかどうかチェックするため、ISERR関数を使って［#N/A］以外のエラー値かどうか調べます。そして［列番号］が正しく指定されていれば、さらにISNA関数を使って、正しく検索されたかどうか調べます。

参照▶VLOOKUP……P.275　　参照▶IF……P.252　　参照▶ISNA……P.836

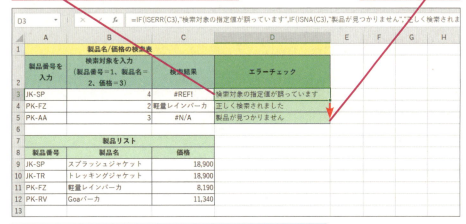

❶「=IF(ISERR(C3),"検索対象の指定値が誤っています",IF(ISNA(C3),"製品が見つかりません","正しく検索されました"))」と入力

❷セルD3をセルD5までコピー

［#N/A］でなければ「検索対象の指定値が誤っています」と表示され、［#N/A］であれば「製品が見つかりません」と表示される。エラーがなければ「正しく検索されました」と表示される

839

ISTEXT 文字列かどうか調べる

ISTEXT(テストの対象)
(イズ・テキスト)

▶関数の解説
[テストの対象]が文字列かどうか調べます。戻り値は、[テストの対象]が文字列ならばTRUE（真）、文字列以外ならばFALSE（偽）になります。

▶引数の意味
テストの対象 ………… 文字列かどうか調べたい値を指定します。

ポイント
- 引数には数値やセル参照も指定できます。
- ISTEXT関数は主に、IF関数の引数の[論理式]を指定するために利用されます。これにより、対象のセルの内容が文字列かどうかに応じて返す値を変えられます。　　参照▶IF……P.252
- [テストの対象]に指定した数式が空の文字列を返した場合は、戻り値はTRUEになります。たとえば、セルA1に「=""」と入力すると何も表示されず、文字列が入っていないように見えますが、「=ISTEXT(A1)」の戻り値はFALSEではなくTRUEになります。

エラーの意味
ISTEXT関数では、エラー値が返されることはありません。

関数の使用例　価格が文字列で入力されているかどうか調べる

製品名と価格を入力して、製品価格表を作成しています。「価格」のセルには、文字列を含まない正しい数値を入力する必要があります。ここでは、ISTEXT関数を使って、「価格」の列に入力したデータが文字列かどうか調べます。

=ISTEXT(B3)
セルB3の内容が文字列かどうか調べる。

❶セルC3に「=ISTEXT(B3)」と入力
参照▶関数を入力するには……P.38
サンプル 11_005_ISTEXT.xlsx
指定したセルに文字列が入力されているかどうか調べられた
❷セルC3をセルC6までコピー
価格が文字列で入力されているセルがどれかわかった

11-1
セルの内容や状態を調べる

1	関数の基本知識
2	日付／時刻関数
3	数学／三角関数
4	論理関数
5	検索／行列関数
6	データベース関数
7	文字列操作関数
8	統計関数
9	財務関数
10	エンジニアリング関数
11	情報関数
12	キューブ関数
13	ウェブ関数
	付 録

> **HINT 数値かどうか調べるには**
>
> 使用例では、ISTEXT関数の機能がよく理解できるように、[テストの対象]として「価格」のデータを使っています。しかし、数値であるかどうか調べる場合は、ISNUMBER関数を使うほうが、意味がわかりやすく、より一般的です。
>
> 参照📖ISNUMBER……P.842

活用例　**価格が文字列で入力されているかどうかで表示する内容を変える**

使用例では、「価格」のセルに文字列以外が入力されているかどうかがTRUEまたはFALSEで表示されますが、このような表示ではあまり実用的とはいえません。そこで、IF関数のなかにISTEXT関数を直接指定して、「価格」のセルに入力されているデータが文字列であれば「数値を入力してください」と表示し、それ以外ならば「OK」と表示するようにします。

参照📖IF……P.252

C3　=IF(ISTEXT(B3),"数値を入力してください","OK")

	A	B	C	D
1	製品価格表			
2	製品名	価格	入力チェック	
3	スプラッシュジャケット	18,900	OK	
4	トレッキングジャケット	18,900	OK	
5	軽量レインパーカ	8190円	数値を入力してください	
6	Goaパーカ	11340円	数値を入力してください	
7				

❶「=IF(ISTEXT(B3),"数値を入力してください","OK")」と入力

❷セルC3をセルC6までコピー

> 価格が文字列で入力されているかどうかにより、表示する文字列を変えることができた

ISNONTEXT 文字列以外かどうか調べる

イ ズ・ノ ン・テ キ ス ト
ISNONTEXT(テストの対象)

▶**関数の解説**

[テストの対象] が文字列以外かどうか調べます。戻り値は、[テストの対象] が文字列以外ならばTRUE（真）、文字列ならばFALSE（偽）になります。

▶**引数の意味**

テストの対象 ………文字列以外かどうか調べたい値を指定します。

ポイント

- 引数には数値やセル参照も指定できます。
- ISNONTEXT関数は主に、IF関数の引数の [論理式] を指定するために利用されます。これにより、対象が文字列以外かどうかに応じて返す値を変えられます。　　参照📖IF……P.252
- [テストの対象] に指定した数式が空の文字列を返した場合は、戻り値はFALSEになります。

エラーの意味

ISNONTEXT関数では、エラー値が返されることはありません。

841
できる

11-1 セルの内容や状態を調べる

関数の使用例　価格が文字列以外で入力されているかどうか調べる

製品名と価格を入力して、製品価格表を作成しています。「価格」のセルには、文字列を含まない正しい数値を入力する必要があります。ここでは、ISNONTEXT関数を使って、「価格」の列に入力したデータが文字列以外かどうか調べます。

=ISNONTEXT(B3)

セルB3の内容が文字列以外かどうか調べる。

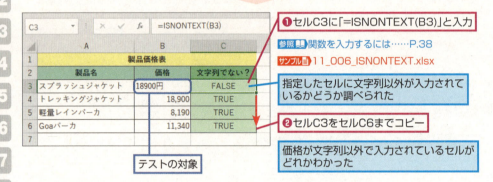

❶セルC3に「=ISNONTEXT(B3)」と入力

参照▶関数を入力するには……P.38

サンプル▶11_006_ISNONTEXT.xlsx

指定したセルに文字列以外が入力されているかどうか調べられた

❷セルC3をセルC6までコピー

価格が文字列以外で入力されているセルがどれかわかった

テストの対象

HINT 数値かどうか調べるには

使用例では、ISNONTEXT関数の機能がよく理解できるように、[テストの対象]として「価格」のデータを使っています。しかし、数値であるかどうか調べる場合は、ISNUMBER関数を使うほうが、意味がわかりやすく、より一般的です。

参照▶ISNUMBER……P.842

ISNUMBER 数値かどうか調べる

ISNUMBER(テストの対象)
（イズ・ナンバー）

▶関数の解説

[テストの対象]が数値かどうか調べます。戻り値は、[テストの対象]が数値ならばTRUE（真）、数値以外ならばFALSE（偽）になります。

▶引数の意味

テストの対象 ……… 数値かどうか調べたい値を指定します。

ポイント

・引数には文字列やセル参照も指定できます。
・ISNUMBER関数は主に、IF関数の引数の[論理式]を指定するために利用されます。これにより、対象が数値かどうかに応じて返す値を変えられます。　　　　　　　参照▶IF……P.252
・[テストの対象]に、数字が文字列として指定されている場合は、戻り値はFALSEになります。

エラーの意味

ISNUMBER関数では、エラー値が返されることはありません。

11-1 セルの内容や状態を調べる

関数の使用例　身長が数値で入力されているかどうか調べる

身長の測定結果をもとに、標準体重を計算するための表があります。この表では、「身長」のセルに数値が入力されていなければ標準体重が計算できません。ここでは、ISNUMBER関数を使って、「身長」のセルに数値が入力されているかどうか調べます。なお、標準体重はBMI（ボディ・マス・インデックス）が22となるような体重とされています。

参照▶BMIとは……P.836

=ISNUMBER(B3)

セルB3の内容が数値かどうか調べる。

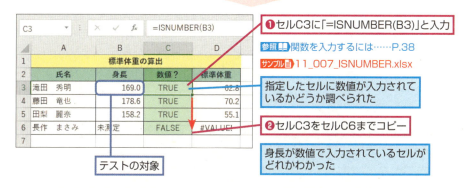

❶セルC3に「=ISNUMBER(B3)」と入力

参照▶関数を入力するには……P.38
サンプル▶11_007_ISNUMBER.xlsx

指定したセルに数値が入力されているかどうか調べられた

❷セルC3をセルC6までコピー

身長が数値で入力されているセルがどれかわかった

 日付や時刻も数値とみなされる

ISNUMBER関数の引数に日付や時刻を指定するとTRUEが返されます。これは、Excelの内部では、日付や時刻が数値（シリアル値）で表されているからです。

参照▶YEAR……P.78
参照▶HOUR……P.84

活用例　身長が数値で入力されているかどうかで表示する内容を変える

使用例では「身長」のセルに数値が入力されているかどうかがTRUEまたはFALSEで表示されますが、このような表示では、あまり実用的とはいえません。そこで、IF関数のなかにISNUMBER関数を直接指定して、「身長」のセルに入力されているデータが数値であれば「標準体重」のセルに計算結果を表示し、それ以外ならば「計算できません」と表示するようにします。

❶「=IF(ISNUMBER(B3),22*(B3/100)^2,"計算できません")」と入力

❷セルC3をセルC6までコピー

身長が数値で入力されているかどうかにより、表示する内容を変えることができた

- 1 関数の基本知識
- 2 日付/時刻関数
- 3 数学/三角関数
- 4 論理関数
- 5 検索/行列関数
- 6 データベース関数
- 7 文字列操作関数
- 8 統計関数
- 9 財務関数
- 10 エンジニアリング関数
- 11 情報関数
- 12 キューブ関数
- 13 ウェブ関数
- 付録

11-1 セルの内容や状態を調べる

ISEVEN 偶数かどうか調べる

ISEVEN(テストの対象)
（イズ・イーブン）

▶関数の解説

[テストの対象]が偶数かどうか調べます。戻り値は、[テストの対象]が偶数ならばTRUE（真）、偶数以外（つまり奇数）ならばFALSE（偽）になります。

▶引数の意味

テストの対象 ……… 偶数かどうか調べたい数値を指定します。

[ポイント]
- 引数にはセル参照も指定できます。
- 引数に小数部分のある数値を指定した場合、小数点以下が切り捨てられた整数とみなされます。
- ISEVEN関数は主に、IF関数の引数の[論理式]を指定するために利用されます。これにより、対象が偶数かどうかに応じて返す値を変えられます。　　　参照▶IF……P.252

[エラーの意味]

エラーの種類	原因	エラーとなる例
[#VALUE!]	[テストの対象]に数値とはみなせない文字列を指定した	=ISEVEN("X")

関数の使用例　自動車のナンバーが偶数かどうか調べる

交通渋滞緩和策の一環として、自動車のナンバーが偶数かどうかによって、特定の日の通行を規制するかどうかを決めます。ここでは、ISEVEN関数を使って、対象のセルに入力されている自動車のナンバーが偶数かどうか調べます。

=ISEVEN(B3)

セルB3の内容が偶数かどうか調べる。

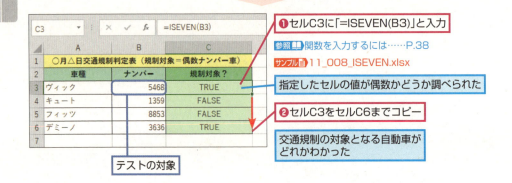

❶セルC3に「=ISEVEN(B3)」と入力
参照▶関数を入力するには……P.38
サンプル▶11_008_ISEVEN.xlsx
指定したセルの値が偶数かどうか調べられた
❷セルC3をセルC6までコピー
交通規制の対象となる自動車がどれかわかった

活用例　自動車のナンバーが偶数かどうかで表示する内容を変える

使用例では、「ナンバー」のセルに偶数の数値が入力されているかどうかがTRUEまたはFALSEで表示されますが、このような表示ではあまり実用的とはいえません。そこで、IF関数のなかにISEVEN関数を直接指定して、入力されているナンバーが偶数であれば「はい」と表示し、それ以外ならば「いいえ」と表示するようにします。

参照▶IF……P.252

❶「=IF(ISEVEN(B3),"はい","いいえ")」と入力

❷セルC3をセルC6までコピー

自動車のナンバーが偶数かどうかにより、表示する内容を変えることができた

ISODD 奇数かどうか調べる

ISODD(テストの対象)
（イズ・オッド）

▶関数の解説

［テストの対象］が奇数かどうか調べます。戻り値は、［テストの対象］が奇数ならばTRUE（真）、奇数以外（つまり偶数）ならばFALSE（偽）になります。

▶引数の意味

テストの対象………奇数かどうか調べたい数値を指定します。

ポイント

- 引数にはセル参照も指定できます。
- 引数に小数部分のある数値を指定した場合、小数点以下が切り捨てられた整数とみなされます。
- ISODD関数は主に、IF関数の引数の［論理式］を指定するために利用されます。これにより、対象が奇数かどうかに応じて返す値を変えられます。

参照▶IF……P.252

エラーの意味

エラーの種類	原因	エラーとなる例
[#VALUE!]	［テストの対象］に数値とはみなせない文字列を指定した	=ISODD("X")

11-1 セルの内容や状態を調べる

関数の使用例　サイコロの目が奇数かどうか調べる

RANDBETWEEN関数を利用して、サイコロの目に見立てた1から6までの整数の乱数を発生させるようにした表があります。ISODD関数を使って、その結果が奇数かどうか調べます。

参照▶RANDBETWEEN……P.249

=ISODD(A3)

セルA3の内容が偶数かどうか調べる。

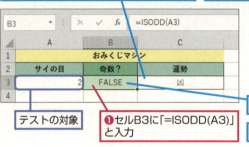

運勢を表示するために「=IF(B3,"吉","凶")」と入力しておく

セルB3がTRUEであれば「吉」、FALSEであれば「凶」と表示されることになる

❶セルB3に「=ISODD(A3)」と入力

テストの対象

指定したセルの値が奇数かどうか調べられた

サイコロの目が偶数であることがわかった

参照▶関数を入力するには……P.38

サンプル▶11_009_ISODD.xlsx

> **HINT　サイコロを振り直すには**
>
> 使用例で使っているRANDBETWEEN関数は、ワークシートが再計算されるたびに新しい乱数を返します。そこで、以下のいずれかの操作をしてワークシートを再計算すれば、あたかもサイコロを振り直したかのように乱数の値を変えられます。
>
> - そのブック（ファイル）を開く
> - 任意のセルにデータを入力するか、または任意のセルのデータを修正する
> - [F9]キー、[Shift]+[F9]キー、[Ctrl]+[Alt]+[F9]キー、[Shift]+[Ctrl]+[Alt]+[F9]キーのいずれかを押す
>
> 参照▶RANDBETWEEN……P.249

▶ ISLOGICAL　論理値かどうか調べる

ISLOGICAL(テストの対象)
（イズ・ロジカル）

▶関数の解説

［テストの対象］が論理値かどうか調べます。戻り値は、［テストの対象］が論理値ならばTRUE（真）、論理値以外ならばFALSE（偽）になります。

▶引数の意味

テストの対象 ……… 論理値かどうか調べたい値を指定します。

[ポイント]
・引数にはセル参照も指定できます。

- ISLOGICAL関数は主に、IF関数の引数の［論理式］を指定するために利用されます。これにより、対象が論理値かどうかに応じて表示する値を変えられます。　　　　　　　　参照▶IF……P.252

[エラーの意味]

ISLOGICAL関数では、エラー値が返されることはありません。

関数の使用例　セルの内容が論理値かどうか調べる

セルに入力されている内容が論理値かどうか調べます。論理値であればTRUE、論理値以外であればFALSEが表示されます。

=ISLOGICAL(A3)

セルA3の内容が論理値かどうか調べる。

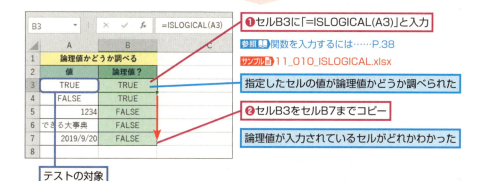

❶セルB3に「=ISLOGICAL(A3)」と入力

参照▶関数を入力するには……P.38
サンプル▶11_010_ISLOGICAL.xlsx

指定したセルの値が論理値かどうか調べられた

❷セルB3をセルB7までコピー

論理値が入力されているセルがどれかわかった

テストの対象

ISFORMULA 数式かどうか調べる

イズ・フォーミュラ
ISFORMULA(参照)

▶関数の解説

［参照］が数式かどうか調べます。戻り値は、［参照］が数式ならばTRUE（真）、数式以外ならばFALSE（偽）になります。

▶引数の意味

参照……………………数式が入力されているかどうか調べたいセルのセル参照を指定します。

[ポイント]

- この関数はExcel 2013で新たに追加されたものです。Excel 2010以前では使えません。
- ISFORMULA関数は、表が正しく作られているかどうか調べたいときに使うと便利です。
- ［参照］に複数のセルを指定すると、先頭のセルに数式が入力されているかどうかが調べられます。

[エラーの意味]

ISFORMULA関数では、エラー値が返されることはありません。

11-1 セルの内容や状態を調べる

関数の使用例　セルの内容が数式かどうか調べる

セルに入力されている内容が数式かどうか調べます。数式であればTRUE、数式以外であればFALSEが表示されます。

=ISFORMULA(B5)

セルB5の内容が数式かどうか調べる。

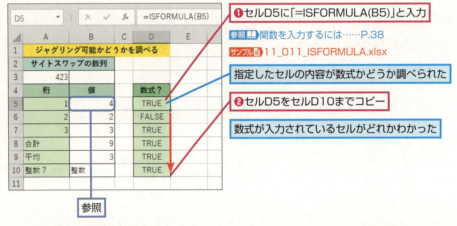

❶セルD5に「=ISFORMULA(B5)」と入力

参照▶関数を入力するには……P.38
サンプル▶11_011_ISFORMULA.xlsx

指定したセルの内容が数式かどうか調べられた

❷セルD5をセルD10までコピー

数式が入力されているセルがどれかわかった

HINT 使用例の各セルに入力されている内容

使用例では、セルA3の各桁を取り出すための数式をセルB5～B7に入力してあります。また、セルB9には、セルB9が整数であるかどうか調べるための数式を入力してあります。ただし、ISFORMULA関数の動作がわかるように、セルB6だけは数値を入力してあります。

参照▶FORMULATEXT……P.848

FORMULATEXT 数式を取り出す

FORMULATEXT(参照)
（フォーミュラ・テキスト）

▶**関数の解説**

［参照］に入力されている数式を取り出します。数式以外が入力されていればエラー値［#N/A］を返します。

▶**引数の意味**

参照……………………数式が入力されているかどうか調べたいセルのセル参照を指定します。

ポイント
- この関数はExcel 2013で新たに追加されたものです。Excel 2010以前では使えません。
- FORMULATEXT関数は、数式を表示して、どのような計算をしているか説明を加えたいときに使うと便利です。
- ［参照］に複数のセルを指定すると、先頭のセルに入力されている数式が取り出されます。

エラーの意味

エラーの種類	原因	エラーとなる例
[#N/A]	引数の参照先に数式が含まれていない	=ISFORMULA(A2) A2の内容：2850
	引数の参照先の数式が8193文字以上	
	ワークシートの保護などで数式がワークシートに表示されないセルを指定した	
	引数に外部ブックを指定したがその外部ブックがExcelで開かれていない	

関数の使用例　セルに入力されている数式を取り出す

セルに入力されている数式を取り出して表示します。

=FORMULATEXT(B5)

セルB5に入力されている数式を取り出して表示する。

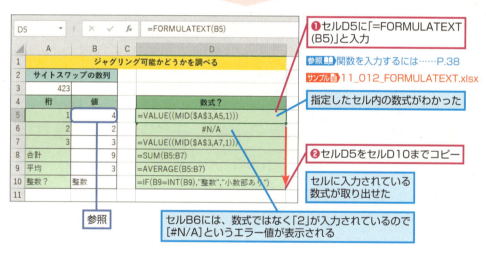

❶セルD5に「=FORMULATEXT(B5)」と入力

参照 関数を入力するには……P.38
サンプル 11_012_FORMULATEXT.xlsx

指定したセル内の数式がわかった

❷セルD5をセルD10までコピー

セルに入力されている数式が取り出せた

参照

セルB6には、数式ではなく「2」が入力されているので[#N/A]というエラー値が表示される

使用例の各セルに入力されている内容

使用例では、セルA3の各桁を取り出すための数式をセルB5～B7に入力してあります。また、セルB9には、セルB9が整数であるかどうか調べるための数式を入力してあります。ただし、FORMULATEXT関数の動作がわかるように、セルB6だけは数値を入力してあります。

ワークシート上の数式を一度にすべて表示するショートカットキー

ワークシートを開いた状態で Ctrl + Shift + @ キーを押すと、ワークシート上に入力されている数式がすべて表示されます。多数の数式や複雑な数式を使っているときなど、すべての内容が一度に確認できるのでとても便利です。なお、このとき、数式以外の文字列や数値は書式の設定がない状態で表示され、日付はシリアル値で表示されます。もとの表示に戻したいときは、もう一度 Ctrl + Shift + @ キーを押してください。

11-1 セルの内容や状態を調べる

ISREF セル参照かどうか調べる

ISREF(テストの対象)
イズ・リファレンス

▶関数の解説

[テストの対象]がセル参照かどうか調べます。戻り値は、[テストの対象]がセル参照ならばTRUE（真）、セル参照以外ならばFALSE（偽）になります。

▶引数の意味

テストの対象 ……… セル参照かどうか調べたい対象を指定します。

[ポイント]
・[テストの対象]に名前を指定した場合、名前が定義されていればその名前でセルを正しく参照できるため、戻り値はTRUEになります。逆に、名前が定義されていなければ戻り値はFALSEになります。

[エラーの意味]
ISREF関数では、エラー値が返されることはありません。

関数の使用例　名前として定義されているかどうか調べる

「製品番号」が名前として定義されているかどうか調べます。同様に、「製品名」、「価格」についても調べます。名前が定義されていればTRUE、定義されていなければFALSEが返されます。

参照▶「名前」とは……P.851

=ISREF(製品番号)

「製品番号」が名前として定義されているかどうか調べる。

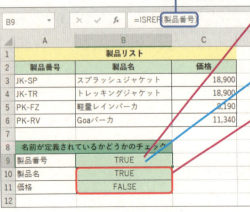

❶セルB9に「=ISREF(製品番号)」と入力

参照▶関数を入力するには……P.38
サンプル▶11_013_ISREF.xlsx

指定した引数が名前として定義されているかどうか調べられた

❷それぞれの引数を変えてISREF関数を入力

「製品番号」と「製品名」が名前として定義されていることがわかった

「名前」とは

セルやセル範囲には、「名前」を付けて(定義して)おくことができます。名前は、セルやセル範囲の代わりとして、関数の引数や数式の一部に指定できます。名前を利用すると入力がかんたんになるだけでなく、引数の意味がわかりやすくなります。なお、セルやセル範囲に名前を付けると、通常はその参照範囲が絶対参照になるので、名前を含む数式をコピーしても、参照されるセルやセル範囲は変化しません(ただし、相対参照の名前を定義することもできます)。

●名前を定義するには

名前を定義する最もかんたんな方法は、セルやセル範囲を選択してから、ワークシートの左上にある[名前ボックス]に名前を入力することです。以下の例では、セルC3〜C6に「価格」という名前を付けています。こうして名前を付けておくと、たとえば「=SUM($C$3:$C$6)」と入力する代わりに、「=SUM(価格)」と入力するだけで済むようになります。

❶名前を付けるセル範囲を選択
❷[名前ボックス]をクリック
❸名前を入力
❹[Enter]キーを押す

「価格」という名前が定義できた

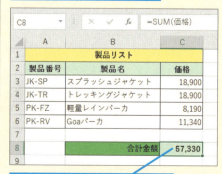

「=SUM(価格)」と入力するだけで合計金額が求められる

●名前を管理するには

[名前の管理]ダイアログボックスを使えば、定義した名前をあとで変更したり、参照範囲を修正したりできます。

❶[数式]タブ-[定義された名前]-[名前の管理]をクリック

[名前の管理]ダイアログボックスが表示された

❷設定を確認または修正したい名前を選択

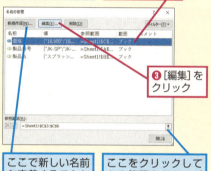

❸[編集]をクリック

ここで新しい名前を定義することもできる

ここをクリックしてセル範囲をドラッグし直せば参照範囲が修正できる

[名前の編集]ダイアログボックスが表示された

ここでは名前を「単価」に変更する

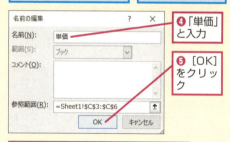

❹「単価」と入力
❺[OK]をクリック

❻[名前の管理]ダイアログボックスの[閉じる]をクリック

「価格」という名前が「単価」に変更できた

11-2

データやエラー値の種類を調べる

左サイド縦書き: データやエラー値の種類を調べる

11-2 データやエラー値の種類を調べる

TYPE データの種類を調べる

TYPE(テストの対象)
タ イ プ

▶関数の解説

[テストの対象] に入力されているデータや数値の結果などのデータの種類を調べます。戻り値は、[テストの対象] のデータの種類を表す次のような数値になります。

TYPE関数の戻り値

データの種類	TYPE 関数の戻り値
数値	1
文字列	2
論理値（TRUE または FALSE）	4
エラー値	16
配列	64

▶引数の意味

テストの対象 ……… データの種類を調べたい値やセル参照、配列を指定します。

参照▲配列を利用する……P.64

ポイント

• 引数に空のセルが指定された場合は、戻り値は1になります。また、引数に空の文字列が指定された場合は、戻り値は2になります。

• TYPE関数を、LOOKUP関数やINDEX関数などと組み合わせると、データの種類に対応する説明が表示できます。　参照▲LOOKUP……P.283　参照▲INDEX……P.301

エラーの意味

TYPE関数では、エラー値が返されることはありません。

関数の使用例 データの種類を調べる

さまざまなデータが入力されているセルを対象に、TYPE関数を使ってそれぞれのデータの種類を調べます。

=TYPE(A3)

セルA3に入力されているデータの種類を数値で返す。

左サイドメニュー:
1 関数の基本知識
2 日付／時刻関数
3 数学／三角関数
4 論理関数
5 検索／行列関数
6 データベース関数
7 文字列操作関数
8 統計関数
9 財務関数
10 エンジニアリング関数
11 情報関数
12 キューブ関数
13 ウェブ関数
付　録

852
できる

11-2 データやエラー値の種類を調べる

テストの対象

❶ セルB3に「=TYPE(A3)」と入力

参照▶関数を入力するには……P.38
サンプル▶11_014_TYPE.xlsx

指定したセルのデータの種類が調べられた

❷ セルB3をセルB8までコピー

セルA9～A10の配列についてデータの種類を調べるには、セルB9～B10にTYPE関数を配列数式として入力する必要がある

❸ セルB9～B10を選択後、数式バーに「=TYPE(A9:A10)」と入力し、Ctrl+Shift+Enterキーを押す

いろいろなデータの種類がわかった

参照▶配列数式……P.64

	A	B
1	データの種類を調べる	
2	データ	TYPE関数の戻り値
3	1234	1
4	2019/9/20	1
5		1
6	できる大事典	2
7	TRUE	4
8	#VALUE!	16
9	10	64
10	20	64
11		

活用例　データの種類に対応する説明を表示する

使用例では、TYPE関数の戻り値がそのまま表示されるだけなので、あまり実用的とはいえません。そこで、TYPE関数の戻り値とデータの種類との対応表を別に用意し、LOOKUP関数で参照することによって、データの種類に対応する説明を表示するようにします。

参照▶LOOKUP……P.283

セルB3～B10に表示されているTYPE関数の戻り値に対応する説明を、セルB14～C18の表から検索する

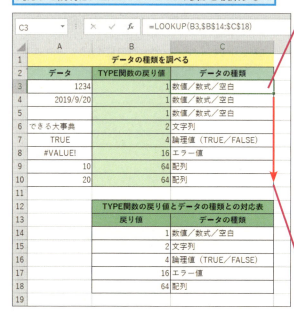

❶「=LOOKUP(B3,$B$14:$C$18)」と入力

❷ セルC3をセルC10までコピー

データの種類に対応する説明が表示できた

- 1 関数の基本知識
- 2 日付/時刻関数
- 3 数学/三角関数
- 4 論理関数
- 5 検索/行列関数
- 6 データベース関数
- 7 文字列操作関数
- 8 統計関数
- 9 財務関数
- 10 エンジニアリング関数
- 11 情報関数
- 12 キューブ関数
- 13 ウェブ関数
- 付録

11-2

データや
エラー値の
種類を調べる

関数の
基本知識 **1**

日付／
時刻関数 **2**

数学／
三角関数 **3**

論理関数 **4**

検索／
行列関数 **5**

データベース
関数 **6**

文字列操作
関数 **7**

統計関数 **8**

財務関数 **9**

エンジニアリング
関数 **10**

情報関数 **11**

キューブ関数 **12**

ウェブ関数 **13**

付　録

ERROR.TYPE エラー値の種類を調べる

エ ラ ー ・ タ イ プ
ERROR.TYPE(テストの対象)

▶関数の解説

[テストの対象] に表示されているエラー値の種類を調べます。戻り値は、エラー値の種類に応じた、次のような数値になります。なお、[テストの対象] がエラー値でない場合、戻り値は [#N/A] になります。　　　　　　　　　　　　　　　　　　　　　　参照 エラーに対処する……P.67

ERROR.TYPE関数の戻り値

エラー値	ERROR.TYPE 関数の戻り値
#NULL!	1
#DIV/0!	2
#VALUE!	3
#REF!	4
#NAME?	5
#NUM!	6
#N/A	7
#GETTING_DATA	8

▶引数の意味

テストの対象 ……… エラー値かどうか調べたい値を指定します。

ポイント

・引数にはセル参照や数式も指定できます。

・ERROR.TYPE関数は主に、IF関数、ISERROR関数、ISERR関数などと組み合わせて使われます。また、LOOKUP関数やINDEX関数などと組み合わせると、データの種類に対応する説明が表示できます。　　　　　参照 IF……P.252　　参照 ISERROR……P.835　　参照 ISERR……P.837
　　　　　　　　　　　　　参照 LOOKUP……P.283　　参照 INDEX……P.301

エラーの意味

エラーの種類	原因	エラーとなる例
[#N/A]	引数にエラー値以外の値を指定した	=ERROR.TYPE("ABCD")

854
できる

関数の使用例　エラー値の種類を調べる

身長と体重の測定結果から、肥満度を表すBMI（ボディ・マス・インデックス）を表示する表があります。この表では、「身長」や「体重」のセルが空のままだったり、文字列が入力されていたりすると、「BMI」のセルにエラー値が表示されます。ここでは、それらのエラー値に対応するERROR.TYPE関数の戻り値を表示します。

参照▶BMIとは……P.836

=ERROR.TYPE(D3)

セルD3に表示されているエラー値の種類を数値で返す。

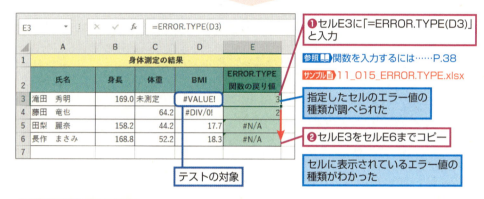

❶セルE3に「=ERROR.TYPE(D3)」と入力

参照▶関数を入力するには……P.38
サンプル▶11_015_ERROR.TYPE.xlsx

指定したセルのエラー値の種類が調べられた

❷セルE3をセルE6までコピー

セルに表示されているエラー値の種類がわかった

テストの対象

活用例　エラー値の説明を表示する

使用例では、ERROR.TYPE関数の戻り値がそのまま表示されるだけなので、あまり実用的とはいえません。そこで、ERROR.TYPE関数の戻り値とエラー値の説明との対応表を別に用意し、LOOKUP関数で参照することによって、エラー値に対応する説明を表示するようにします。

参照▶LOOKUP……P.283

セルD3～D6に表示されているエラー値に対応する説明を、セルA10～B16の表から検索する

❶「=LOOKUP(ERROR.TYPE(D3),$A$10:$B$16)」と入力

❷セルE3をセルE6までコピー

エラー値に対応する説明が表示できた

11-2 データやエラー値の種類を調べる

1 関数の基本知識
2 日付／時刻関数
3 数学／三角関数
4 論理関数
5 検索／行列関数
6 データベース関数
7 文字列操作関数
8 統計関数
9 財務関数
10 エンジニアリング関数
11 情報関数
12 キューブ関数
13 ウェブ関数
付録

11-3 セルの情報を得る

CELL セルの情報を得る

CELL(検査の種類, 対象範囲)

▶ 関数の解説

[対象範囲] のセルやセル範囲を対象に、[検査の種類] の情報を調べます。セル参照（アドレス）、列番号や行番号、表示形式、セル内の文字の配置などの情報が得られます。

▶ 引数の意味

検査の種類 ………… 得たい情報の種類を、以下の文字列で指定します。英小文字、英大文字のどちらを使ってもかまいません。

address（アドレス） …………… セル範囲の先頭（左上隅）にあるセルのセル参照（アドレス）を得る。戻り値は絶対参照になる　参照 絶対参照……P.56

col（カラム） ………………… セルの列番号を得る。戻り値はセルの列番号を表す数値になる

color（カラー） ……………… セルに、負の数を色付きで表す表示形式が設定されているかどうか調べる。戻り値は、そのような表示形式が設定されていれば「1」に、設定されていなければ「0」になる
参照 セルの表示形式一覧……P.417

contents（コンテンツ） ……………… セルの内容を得る。戻り値は、セルに入力されているデータ（数値や文字列）になる

filename（ファイルネーム） ……………… そのセルを含むファイルの名前を得る。戻り値は、ファイルのパス名と作業中のワークシート名になる。対象のワークシートがまだ保存されていない場合は、戻り値は「""（空の文字列）」になる

format（フォーマット） ……………… セルに指定されている表示形式を得る。戻り値は、表示形式に対応した「書式コード」になる
参照 書式コードの意味……P.858

parentheses（パーレンシーシス） ………… 正の数、またはすべての数値を（）で囲む表示形式が設定されているかどうか調べる。戻り値は、そのような表示形式が設定されていれば「1」に、設定されていなければ「0」になる

prefix（プレフィックス） ……………… データ（文字列）のセル内の配置を調べる。戻り値は、左揃えが「'（シングルクォーテーション）」に、中央揃えが「^（キャレット）」に、右揃えが「"（ダブルクォーテーション）」に、くり返しが「￥（円記号）」に、その他の場合は「""（空の文字列）」になる

protect（プロテクト） ……………… セルがロックされているかどうか調べる。戻り値は、ロックされていれば「1」に、ロックされていなければ「0」になる

row（ロウ） ………………… セルの行番号を得る。戻り値は、セルの行番号を表す数値になる

type	セルに入力されているデータを調べる。戻り値は、セルが空
(タイプ)	ならば「b（blank）」に、文字列ならば「l（label）」に、そ
	れ以外ならば「v（value）」になる
width	セル幅を整数で得る。セル幅は、標準のフォントサイズの文字
(ウィズス)	が何文字入るかで表される。小数点以下は切り捨てられる

対象範囲 ……………… 情報を得たいセルのセル参照を指定します。セル範囲も指定できます。

ポイント

- ［対象範囲］を省略すると、CELL関数が入力されているセルの情報が得られます。
- ［対象範囲］にセル範囲を指定した場合は、セル範囲の左上隅にあるセルの情報が得られます。
- CELL関数は主に、IF関数の引数の［論理式］を指定するために利用されます。これにより、対象のセルの情報に応じて返す値を変えられます。　　　　　　　　　　参照 IF……P.252
- ［検査の種類］に"format"を指定してCELL関数を入力したあと、対象のセルの表示形式を変更しても戻り値が変化しません。このような場合は、ワークシートを再計算すれば最新の戻り値が得られます。ワークシートを再計算するには、F9キーを押します。

エラーの意味

エラーの種類	原因	エラーとなる例
[#N/A]	ほかのブック（ファイル）のデータを参照するときに、そのファイルが開かれていない	=CELL("filename",'[Income.xls]Sheet1'!$C$3)と入力していて、Income.xls が開かれていない
[#VALUE!]	［検査の種類］に正しい文字列が指定されていない	=CELL("cell",A1:A3)

関数の使用例　**セル範囲の先頭のセル参照を得る**

指定したセル範囲の先頭（左上隅）にあるセルのセル参照を得ます。

=CELL("address",A9:C12)

セルA9 ～ C12の先頭にあるセルのセル参照を絶対参照で返す。

検査の種類

C3		:	×	✓	fx	=CELL("address",A9:C12)

	A	B	C
1		セルの情報を得る	
2	検査の種類	対象範囲	セルの情報
3	address	A9:C12	$A$9
4	prefix	A8	
5	format	C9	
6			
7		製品リスト	
8	製品番号	製品名	価格
9	JK-SP	スプラッシュジャケット	18,900
10	JK-TR	トレッキングジャケット	18,900
11	PK-FZ	軽量レインパーカ	8,190
12	PK-RV	Goaパーカ	11,340
13			

❶セルC3に「=CELL("address",A9:C12)」と入力

参照 関数を入力するには……P.38
サンプル 11_016_CELL.xlsx

指定したセルの情報が得られた

セルA9 ～ C12の先頭にあるセルのセル参照は$A$9であることがわかった

検査の種類

11-3
セルの情報を得る

1 関数の基本知識
2 日付／時刻関数
3 数学／三角関数
4 論理関数
5 検索／行列関数
6 データベース関数
7 文字列操作関数
8 統計関数
9 財務関数
10 エンジニアリング関数
11 情報関数
12 キューブ関数
13 ウェブ関数
付録

857
できる

HINT [検査の種類] に「filename」を指定した場合は

CELL関数を入力するとき、[検査の種類] に「filename」を指定した場合は、対象のファイルをあらかじめ開いておき、[対象範囲] を指定するときにそのファイルの任意のセルをクリックします。対象のファイルを閉じてワークシートを再計算すると [#N/A] が表示されますが、対象のファイルを開いてから再計算すれば元に戻ります。

HINT 書式コードの意味

以下の表は、書式コードが表す表示形式の例を一覧にしたものです。たとえば、戻り値が「G」の場合は、指定したセルに「G/標準」という表示形式が設定されています。設定されている表示形式を確認するには、[ホーム] タブの [数値] グループにある [ダイアログボックス起動ツール] ボタンをクリックし、[セルの書式設定] ダイアログボックスを表示します。[表示形式] タブの [分類] で [ユーザー定義] をクリックすると、[種類] に表示形式が表示されます。

書式コード	表示形式の例
G	G/ 標準
	# ?/?
F0	0
F2	0.00
,0	#,##0
,2	#,##0.00
,0	#,##0; － #,##0
,0	$#,##0_);($#,##0)
,2	#,##0.00; － #,##0.00
,2	$#,##0.00_);($#,##0.00)
,0 －	#,##0;[赤] － #,##0
,2 －	#,##0.00;[赤] － #,##0.00
C0	¥#,##0_);(¥#,##0)
C2	¥#,##0.00_);(¥#,##0.00)
C0 －	\#,##0_);[赤](\#,##0)
C2 －	\#,##0.00_);[赤](\#,##0.00)
p0	0%
P2	0.00%

書式コード	表示形式の例
S0	0E+00
S2	0.00E+00
D1	yyyy/m/d
	yyyy" 年 "m" 月 "d" 日 "
	yyyy/m/d h:mm
	d-mmm-yy
	m/d/yy
D2	mmm － yy
D3	d － mmm
D4	ge.m.d
	ggge" 年 "m" 月 "d" 日 "
D6	h:mm:ss AM/PM
D7	h:mm AM/PM
D8	h:mm:ss
	h" 時 "mm" 分 "ss" 秒 "
D9	h:mm

HINT 名前を付けたセル範囲の先頭のセル参照を知るには

セル範囲に名前を付けている場合、その先頭(左上隅)にあるセルのセル参照(アドレス)を知るにはCELL関数が使えます。たとえば、セルA2 ～ A8の範囲に「店名」という名前を付けている場合であれば、「=CELL("address",店名)とすれば、先頭のセル参照である「A2」が返されます。定義した名前の一覧表を作るときなどに便利です。参照 「名前」とは……P.851

11-3 セルの情報を得る

活用例　中央揃えのセルに背景色を自動的に設定する

見出しはいつも中央揃えにして背景色を設定する、と決めている場合、CELL関数を応用すればその操作が自動的に行えます。CELL関数に"prefix"を指定するとセルの配置が調べられるので、それを利用して条件付き書式を指定しておけば、セルを中央揃えにするだけで塗りつぶし色が設定されるようになります。

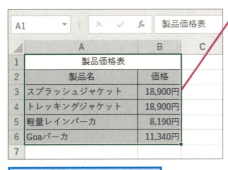

❶ セルA1～B6を選択

❷ [ホーム]タブ-[条件付き書式]-[新しいルール]を選択

[新しい書式ルール]ダイアログボックスが表示された

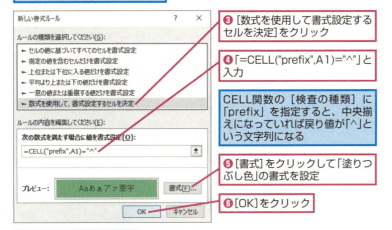

❸ [数式を使用して書式設定するセルを決定]をクリック

❹ 「=CELL("prefix",A1)="^"」と入力

CELL関数の[検査の種類]に「prefix」を指定すると、中央揃えになっていれば戻り値が「^」という文字列になる

❺ [書式]をクリックして「塗りつぶし色」の書式を設定

❻ [OK]をクリック

見出しに塗りつぶし色が設定された

11-4

11-4 操作環境の情報を得る

▶ INFO 現在の操作環境についての情報を得る

INFO(検査の種類)
インフォ

▶関数の解説

現在の操作環境について、［検査の種類］の情報を調べます。使用しているExcelのバージョン、システムやメモリの状況、開いているワークシートの枚数などの情報が得られます。

▶引数の意味

検査の種類 …………… 調べたい情報の種類を、以下の文字列で指定します。英小文字、英大文字のどちらを使ってもかまいません。

directory ……………… フォルダーのパス名を調べる。Excelを起動したときは、
（ディレクトリ）　　　　Excelの［オプション］ダイアログボックスの［保存］の［既定のローカルファイルの保存場所］に指定されているフォルダーのパス名が返される。ただしExcel起動後、ブックを開くために［ファイルを開く］ダイアログボックスで特定のフォルダーを指定すると、以後はそのフォルダーのパス名が返されるようになる

numfile ………………… 現在開いているワークシートの枚数を調べる。戻り値は、ア
（ナムファイル）　　　　ドインに含まれるワークシートの枚数も含めた数になる

　　　　　　　　　　　　　　　　　　　参照 アドインとは……P.73

origin …………………… 現在表示されているウィンドウの左上隅にあるセル参照が、
（オリジン）　　　　　　先頭に「＄A:」を付けた絶対参照形式で返される。先頭の「＄A:」はLotus 1-2-3リリース3.x との互換性を保つための表記。たとえば、左上隅のセルがC10であれば、戻り値は「＄A:＄C＄10」になる　　**参照** 絶対参照……P.56

osversion ……………… 使用しているOSのバージョンを調べる。戻り値はOSのバー
（オーエスバージョン）　ジョンによって異なり、たとえば「Windows (64bit) NT 6.02」、「Windows (32bit) NT 10.00」などとなる

recalc ………………… 設定されている再計算のモードを調べる。戻り値は、Excel
（リカルク）　　　　　　の［オプション］ダイアログボックスの［数式］の［ブックの計算］で指定されている値に従って、［自動］または［手動］になる

release ………………… Excelのバージョンを調べる。戻り値は、Excel 2010 な
（リリース）　　　　　　らば「14.0」、Excel 2013ならば「15.0」、Excel 2016ならば「16.0」になる

system ………………… Excelの操作環境を調べる。戻り値は、Windows版Excelでは「pcdos」になる

ポイント

・［検査の種類］に"origin"を指定してINFO関数を入力したあと、ワークシートをスクロールしても戻り値が更新されません。この場合は、F9 キーを押してワークシートを再計算すれば、最新の戻り値が得られます。

860

- Excel 2010／2013／2016では、［検査の種類］に"memavail"、"memused"、"totmem" を指定すると、いずれも「#N/A」エラー値が返されます。

エラーの意味

エラーの種類	原因	エラーとなる例
[#N/A]	「検査の種類」に "memavail"、"memused"、"totmem" のいずれかを指定した	=INFO("memavail")
[#VALUE!]	［検査の種類］に正しい文字列が指定されていない	=INFO("systemversion")

関数の使用例　フォルダーのパス名を得る

フォルダーのパス名を得ます。

=INFO("directory")

現在保存先となっているフォルダーのパス名を返す。

検査の種類

B3		× ✓ fx	=INFO(directory)
	A	B	
1		操作環境の情報を得る	
2	検査の種類	操作環境の情報	
3	directory	C:¥Users¥yoshi¥Documents¥	
4	numfile		1
5	osversion	Windows (32-bit) NT :.00	
6	release	16.0	
7			

❶セルB3に「=INFO("directory")」と入力

参照📖関数を入力するには……P.38

サンプル📁11_017_INFO.xlsx

操作環境の情報が得られた

フォルダーのパス名がわかった

> **HINT**
> **［関数の引数］ダイアログボックスでは「"」の入力を省略できる**
>
> ［関数の引数］ダイアログボックスを使って関数を入力する場合は、［検査の種類］ボックスに文字列を入力するときに前後を「"（ダブルクォーテーション）」で囲まなくても自動的に付加されます。
> 参照📖［関数の挿入］ダイアログボックスを使う……P.44

操作環境の情報を得る

1	関数の基本知識
2	日付／時刻関数
3	数学／三角関数
4	論理関数
5	検索／行列関数
6	データベース関数
7	文字列操作関数
8	統計関数
9	財務関数
10	エンジニアリング関数
11	情報関数
12	キューブ関数
13	ウェブ関数
	付 録

11-5 エラー値［#N/A］を返す

NAエラー値［#N/A］を返す

ノン・アプリカブル
NA()

▶関数の解説
「値がみつからない」、「使用できる値がない」、「該当する値がない」などの意味を持つエラー値［#N/A］を戻り値として返します。

参照▶エラー値の種類……P.68

▶引数の意味
引数を指定する必要はありません。関数名に続けて( )のみ入力します。

ポイント
- セルや数式のなかに単に「#N/A」と入力しても、エラー値［#N/A］を表示、または指定できます。

エラーの意味
NA関数は、［#N/A］以外のエラー値を返すことはありません。

関数の使用例　未測定のデータに#N/Aを表示する

身長と体重の測定結果から、肥満度を表すBMI（ボディ・マス・インデックス）を表示する表があります。ここでは、NA関数を使って、まだ測定が済んでいない「身長」や「体重」のセルに「#N/A」を表示し、「使える値がない」ことを表します。

参照▶BMIとは……P.836

=NA()
エラー値［#N/A］を返す。

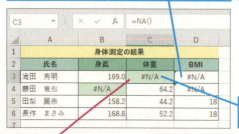

- セルD3には、BMIを計算するための数式として「=C3/(B3/100)^2」と入力しておく
- セルD3をセルD6までコピーしておく
- 指定したセルにエラー値［#N/A］が表示された
- ❶セルC3に「=NA()」と入力

参照▶関数を入力するには……P.38
サンプル▶11_018_NA.xlsx

セルD3に[#N/A]が表示される理由

使用例で、セルC3にNA関数を入力すると、セルD3にも[#N/A]が表示されます。これは、セルD3に入力した数式がセルC3を参照しているためです。このように、エラー値[#N/A]を参照する数式の結果は、同じく[#N/A]になります。

活用例　エラー発生時にいつも[#N/A]を表示する

使用例では、未測定の「身長」や「体重」のセルにNA関数を入力しています。しかし、こうした場面ではセルを空のままにしたり、「未測定」などと入力するのが一般的であり、NA関数を利用するのはあまり実用的とはいえません。そこで、IFERROR関数とNA関数を組み合わせることにより、セルを空のままにしたり、「未測定」と入力したりしてエラーが発生したときに、「BMI」のセルに[#N/A]を表示するようにします。

参照▶ IFERROR……P.267

❶「=IFERROR(C3/(B3/100)^2,NA())」と入力

❷セルD3をセルD6までコピー

エラーが発生したときに「#N/A」と表示されるようになった

	A	B	C	D
1		身体測定の結果		
2	氏名	身長	体重	BMI
3	滝田　秀明	169.0	未測定	#N/A
4	藤田　竜也		64.2	#N/A
5	田梨　麗奈	158.2	44.2	17.7
6	長作　まさみ	168.8	52.2	18.3

11-5 エラー値[#N/A]を返す

11-6 エラー値

11-6 数値に変換する

N 引数を数値に変換する

N(データ) ［ナンバー］

▶関数の解説

［データ］の日付や時刻、論理値などを数値に変換します。データの種類に応じて、次のように変換されます。

N関数の変換規則

引数に指定するデータの種類	N 関数の戻り値
数値	数値がそのまま返される
日付または時刻	日付または時刻のシリアル値
TRUE	1
FALSE	0
エラー値（［#N/A］、［#VALUE!］など）	エラー値がそのまま返される
その他（文字列、空のセルなど）	0

▶引数の意味

データ ………………… 数値に変換したい日付や時刻、論理値などを指定します。それらのデータが入力されているセルへのセル参照も指定できます。セル範囲は指定できません。

ポイント

- N関数は、Excel以外の表計算ソフトとの互換性を保つために用意されている関数です。Excelでは、数式に含まれる日付や時刻、論理値などのデータは必要に応じて自動的に数値に変換されます。しかし、表計算ソフトによっては、このような変換が行われないものもあり、N関数はそのような場合に強制的に変換を行うために使用されます。

エラーの意味

N関数では、引数にエラー値を指定した場合以外にエラー値が返されることはありません。

関数の使用例 数値に変換する

いろいろなデータを、N関数を使って数値に変換します。

=N(A3)

セルA3に入力されているデータを数値に変換する。

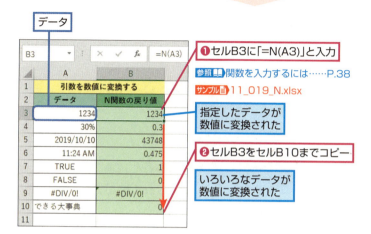

❶セルB3に「=N(A3)」と入力
参照▶関数を入力するには……P.38
サンプル 11_019_N.xlsx

指定したデータが数値に変換された

❷セルB3をセルB10までコピー

いろいろなデータが数値に変換された

11-7 ワークシートの番号や数を調べる

SHEET ワークシートの番号を調べる

SHEET(参照)

▶関数の解説

[参照] に指定したワークシート名やグラフシート名から、そのワークシートの番号を返します。また、[参照] にセル参照やセル範囲、名前、またはテーブル名を指定したときは、それらが含まれるワークシートの番号を返します。

▶引数の意味

参照·················· ワークシート名、グラフシート名、セル参照やセル範囲、定義されている名前、またはテーブル名を指定します。

ポイント

- この関数はExcel 2013で新たに追加されたものです。Excel 2010以前では使えません。

- 引数にワークシート名やグラフシート名を指定するときは、文字列で指定しなければなりません。そのため、引数の前後をダブルクォート（"）で囲むか、またはT関数を使う必要があります。

  参照 T関数を使っている理由……P.867

- 戻り値は、ブック内でのワークシートやグラフシートの並び順に応じた番号となります。たとえば、引数に「Sheet1」というワークシート名を指定した場合でも、そのワークシートが3番めの位置に移動されていれば、戻り値は「1」ではなく「3」となります。

エラーの意味

エラーの種類	原因	エラーとなる例
[#N/A]	引数に無効なワークシート名を指定した	=SHEET(" 成績 ")

関数の使用例　ワークシートの番号を調べる

指定したワークシート名から、そのワークシートの番号を調べます。

=SHEET(T(A3))

セルA3に入力されているワークシート名を文字列に変換し、その結果からワークシートの番号を得る。

参照

❶セルB3に「=SHEET(T(A3))」と入力

参照📖関数を入力するには……P.38

サンプル📗11_020_SHEET.xlsx

指定したワークシート名のワークシート番号がわかった

❷セルB3をセルB4にコピー

ワークシート名に対応するワークシート番号がわかった

HINT T関数を使っている理由

使用例の手順1の数式を、単純に「=SHEET(A3)」とすると、セルA3そのものが含まれるワークシートの番号が返されるため、結果は「1」となってしまいます。そこで、ここではT関数を使って、セルA3に入力されているデータを文字列に変換し、その結果をSHEET関数の引数とすることによって、その名前のワークシートの番号を求めています。

参照📖T……P.429

SHEETS ワークシートの数を調べる

SHEETS(参照)
シーツ

▶関数の解説

［参照］で指定したセルやセル範囲が含まれているワークシートの数を返します。

▶引数の意味

参照……………………… セル参照やセル範囲、定義されている名前、またはテーブル名を指定します。

ポイント

- この関数はExcel 2013で新たに追加されたものです。Excel 2010以前では使えません。
- 引数を省略すると、ブックに含まれるすべてのワークシートの数が返されます。
- 引数として、複数のワークシートにまたがるセル参照を指定すると、その複数のワークシートの数が返されます。

エラーの意味

エラーの種類	原因	エラーとなる例
[#VALUE!]	引数にセル参照や名前以外の無効な値を指定した	=SHEETS("ABC")

11-7
ワークシートの番号や数を調べる

1 関数の基本知識
2 日付／時刻関数
3 数学／三角関数
4 論理関数
5 検索／行列関数
6 データベース関数
7 文字列操作関数
8 統計関数
9 財務関数
10 エンジニアリング関数
11 情報関数
12 キューブ関数
13 ウェブ関数
付録

11-7

ワークシートの番号や数を調べる

関数の使用例　ブックに含まれるワークシートの数を調べる

ブックに含まれるすべてのワークシートの数を調べます。

=SHEETS()

このブックに含まれるすべてのワークシートの数を返す。

A3	▼	× ✓ fx	=SHEETS()	
	A	B	C	D
1	駐輪場データ			
2	シート数	地区数		
3	3	2		
4				

11_021_SHEETS　北地区　南地区

❶セルA3に「=SHEETS()」と入力

参照 関数を入力するには……P.38
サンプル 11_021_SHEETS.xlsx

ブックに含まれるワークシートの数がわかった

HINT 「地区数」を得るための数式の内容

使用例のセルB3には、「=SHEETS(北地区：南地区!A1)」と入力してあります。引数に、「北地区」シートと「南地区」シートという2つのワークシートにまたがるセル参照が指定されているため、SHEETS関数の戻り値は「2」となります。このブックでは、地区ごとにワークシートを作成しているので、この「2」というワークシートの数が「地区数」を表すことになります。

HINT SHEETS関数は「串刺し計算」にも使える

複数のワークシートにまたがったセルの間で計算を行う方法を、一般に「串刺し計算」と呼びます。たとえば、複数のワークシートにまたがるセルの合計を求めた場合、SHEETS関数で求めたワークシートの数でその合計値を割れば、ワークシート間での平均値が求められます。

左サイドバー:

関数の基本知識 1
日付／時刻関数 2
数学／三角関数 3
論理関数 4
検索／行列関数 5
データベース関数 6
文字列操作関数 7
統計関数 8
財務関数 9
エンジニアリング関数 10
情報関数 11
キューブ関数 12
ウェブ関数 13
付録

第 12 章
キューブ関数

12-1. キューブ関数を利用する・・・・・・・・・・・・・・870

12-1

12-1

キューブ関数を利用する

サイドバー（章索引）
1 関数の基本知識
2 日付／時刻関数
3 数学／三角関数
4 論理関数
5 検索／行列関数
6 データベース関数
7 文字列操作関数
8 統計関数
9 財務関数
10 エンジニアリング関数
11 情報関数
12 キューブ関数
13 ウェブ関数
付録

キューブのメンバーやセット、値を取り出す関数

キューブ関数とは、Microsoft SQL Server Analysis Services（SSAS）で提供される分析機能やデータマイニング機能を利用するための関数です。キューブとは、製品や顧客、時間などのディメンション（データの構造）と、売上金額や個数などのメジャー（集計に使われる値）を含むデータの集まりと考えられます。SSASでは、データを見やすい形で表示したり、キューブを使って、さまざまな観点でデータを分析したりできます。多次元式（MDX式）を使ったデータの検索や集計、主要業績評価指標（KPI）を利用した業績の分析や評価なども行えます。
集計などに使うデータを絞り込むための軸はスライサーと呼ばれます。たとえば、ある年の売上の合計を求める場合には、「年」がスライサーとなります。
本書では、Microsoftが提供しているAdventureWorks2014DWというサンプルデータベース（自転車を製造販売するAdventure Worksという架空の企業の例）を利用してキューブ関数を説明します。

キューブの考え方

下の図は、SQL Server Data Toolsで、キューブのデザインを表示したものです。キューブ関数はこのような構造のデータから、メンバーやセット、値などを取り出すのに利用されます。

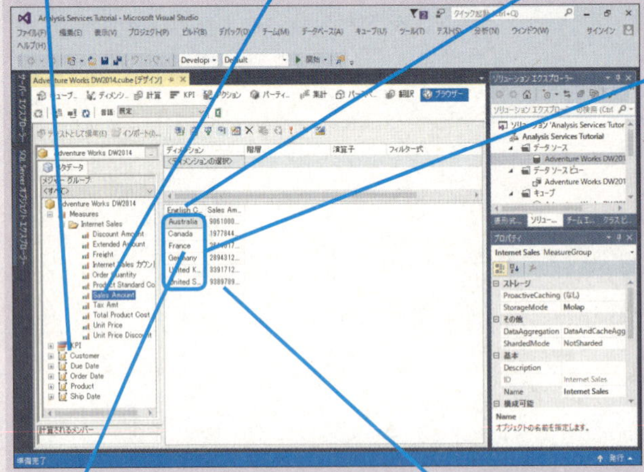

[Customer]や[Product]などのディメンションがある

メジャーには売上金額を表す[Sales Amount]がある

◆CUBEMEMBER関数
メンバーや組を返す。たとえば、キューブに[Customer].[English Country Region Name]というメンバーがあるかどうか調べる

◆CUBESET関数
いくつかのメンバーや組（セットと呼ばれる）を返す。たとえば、[Customer].[English Country Region Name]というメンバーの子（AustraliaからUnitedStatesまで）をすべて返す

◆CUBESETCOUNT関数
セットに含まれる項目の個数を求める。たとえば、[Customer].[English Country Region Name]というメンバーの子セットの個数は7（画面には「Unknown」が表示されていない）

ディメンション[Customer]には[English Country Region Name]というメンバーがあり、[Australia]や[Canada]などの組がある。「メンバー」は項目、「組」は個々のセルにあたるものと考えてもよい

◆CUBEVALUE関数
キューブの集計値を求める。[Measures].[Sales Amount]の集計値などが求められる

870
できる

12-1 キューブ関数を利用する

主要業績評価指標（KPI）とは

キューブ関数のうちCUBEKPIMEMBER関数は、主要業績評価指標（KPI：Key Performance Indicator）の各種のプロパティを求めます。下の図は、SQL Server Data Toolsで、KPIのプロパティを定義したものです。評価したい値の目標値や、目標値をどれぐらい達成しているかを示す「状態」、一定期間での評価を示す「傾向」などを数値や式で定義してあります。

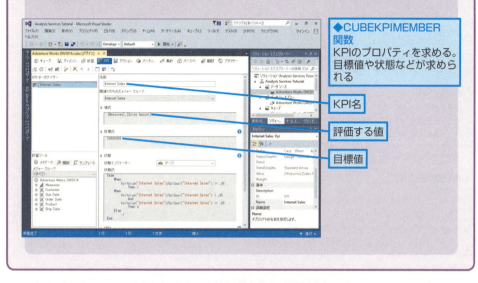

◆CUBEKPIMEMBER関数
KPIのプロパティを求める。目標値や状態などが求められる

KPI名
評価する値
目標値

データソースとの接続

キューブ関数を利用するためには、SSASのデータソースと接続しておく必要があります。そのためには、以下のような手順で［データ接続ウィザード］を表示し、サーバー名とデータベース名を指定します。ここで、［フレンドリ名］に指定した名前がキューブ関数の［接続名］として使えます。本書では「売上分析」という名前を使うことにします。
［データのインポート］ダイアログボックスでは、キューブ関数を利用するだけであれば、［接続の作成のみ］を選択します。キューブをもとにピボットテーブルを作成することもできます。

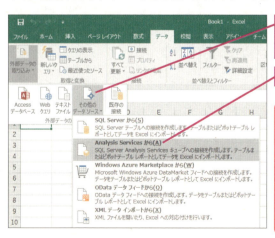

❶［データ］タブ-［外部データの取り込み］グループ-［その他のデータソース］をクリック

❷［Analysis Servicesから］をクリック

注意　サンプルデータベースはhttp://msftdbprodsamples.codeplex.com/releasesからダウンロードできますが、SSASを利用するためには、以下のようなソフトウェアが必要です。
・Microsoft SQL Server
・SQL Server Management Studio (SSMS)
・SQL Server Data Tools(SSDT)
・Microsoft Visual Studio

871

12-1 キューブ関数を利用する

関数の基本知識	1
日付／時刻関数	2
数学／三角関数	3
論理関数	4
検索／行列関数	5
データベース関数	6
文字列操作関数	7
統計関数	8
財務関数	9
エンジニアリング関数	10
情報関数	11
キューブ関数	12
ウェブ関数	13
付　録	

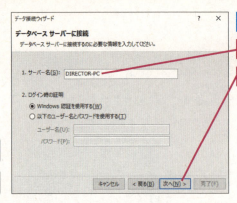

[データ接続ウィザード]が表示された
❸[サーバー名]を入力
❹[次へ]をクリック

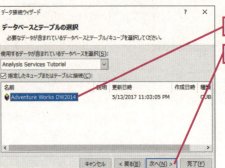

❺使用するデータベースを選択
❻[次へ]をクリック

❼[フレンドリ名]を入力

> **HINT** [フレンドリ名]は接続名として使える
>
> 接続名には[ファイル名]の文字列が使われますが、[フレンドリ名]にわかりやすい名前を指定しておけば、その名前が接続名として使えるようになります。

❽[完了]をクリック

[データのインポート]ダイアログボックスが表示された

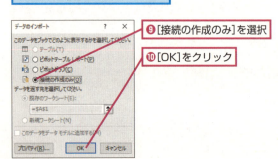

❾[接続の作成のみ]を選択
❿[OK]をクリック

> **HINT** ピボットテーブルにデータを表示できる
>
> [データのインポート]ダイアログボックスで[ピボットテーブルレポート]や[ピボットグラフ/ピボットテーブルレポート]をクリックすると、ピボットテーブルやピボットグラフに、テーブルのデータやグラフを表示できます。

872
できる

CUBEMEMBER キューブ内のメンバーや組を返す

12-1

キューブ関数を利用する キューブ関数を利用する

CUBEMEMBER(接続名, メンバー式, キャプション)
キューブ・メンバー

▶関数の解説

キューブ内のメンバーや組を返します。[メンバー式]で指定されたメンバーや組があれば、[キャプション]の文字列がセルに表示されます。[キャプション]が省略されている場合は、最後のメンバーの[キャプション]の文字列が表示されます。メンバーや組があるかどうか調べるのに使われます。

▶引数の意味

接続名 ····················· キューブへの接続名を指定します。

メンバー式 ············· キューブのメンバーや組を表す多次元式(MDX式)を指定します。

キャプション ········· メンバーや組が見つかったときにセルに表示される文字列を指定します。

参照📘キューブのメンバーやセット、値を取り出す関数······P.870

ポイント

- この関数を利用するためには、あらかじめSQL Analysis Servicesのキューブと接続しておく必要があります。
- [接続名]や[メンバー式]を入力するときに、[″(ダブルクオーテーション)]を入力すると、利用できる名前の一覧がヒントとして表示され、一覧から接続名などが選択できるようになります。ただし、セル参照を入力した場合や、[関数の引数]ダイアログボックスで引数を指定する場合には、ヒントは表示されません。

エラーの意味

エラーの種類	原因	エラーとなる例
[#N/A]	[メンバー式]の書式に間違いがある	=CUBEMEMBER(A2,″[Customer]:[City]″)
	指定されたメンバーが存在しない	=CUBEMEMBER(A2,″[Customer].[City].[Paradise]″)
[#NAME?]	キューブと接続されていなかった、または、[接続名]が間違っていた	=CUBEMEMBER(″Test″,″[Customer]″)

関数の使用例　特定のメンバーがあるかどうか調べる

「売上分析」という接続名のキューブに、英語表記の地域名を表す″[Customer].[English Country Region Name]″というメンバーがあるかどうか調べます。メンバーが見つかった場合には″地域″と表示します。[接続名]はセルA2に入力されています。

=CUBEMEMBER(A2,″[Customer].[English Country Region Name]″,″地域″)

セルA2に入力されている[接続名]のキューブに、″[Customer].[English Country Region Name]″という[メンバー式]のメンバーがあれば、″地域″という[キャプション]を表示する。

---

1 関数の基本知識
2 日付／時刻関数
3 数学／三角関数
4 論理関数
5 検索／行列関数
6 データベース関数
7 文字列操作関数
8 統計関数
9 財務関数
10 エンジニアリング関数
11 情報関数
12 キューブ関数
13 ウェブ関数
付録

12-1 キューブ関数を利用する

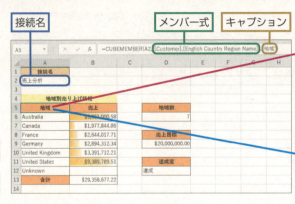

❶セルA5に「=CUBEMEMBER(A2, "[Customer].[English Country Region Name]","地域")」と入力

参照▶関数を入力するには……P.38
サンプル▶12_001_CUBEMEMBER.xlsx

「地域」というキャプションが表示された

[Customer].[English Country Region Name]というメンバー式で表されるメンバーが存在することがわかった

CUBEMEMBERPROPERTY　キューブ内のメンバーのプロパティを求める

CUBEMEMBERPROPERTY(接続名, メンバー式, プロパティ)
（キューブ・メンバー・プロパティ）

▶関数の解説

［メンバー式］で指定されたキューブメンバーのプロパティの値を求めます。

▶引数の意味

接続名………………… キューブへの接続名を指定します。
メンバー式…………… キューブのメンバーを表す多次元式（MDX式）を指定します。
プロパティ…………… 値を求めたいプロパティの名前を指定します。

参照▶キューブのメンバーやセット、値を取り出す関数……P.870

（ポイント）

・この関数を利用するためには、あらかじめSQL Analysis Servicesのキューブと接続しておく必要があります。

・［接続名］や［メンバー式］を入力するときに、「"(ダブルクオーテーション)」を入力すると、利用できる名前の一覧がヒントとして表示され、一覧から接続名などが選択できるようになります。ただし、セル参照を入力した場合や、［関数の引数］ダイアログボックスで引数を指定する場合には、ヒントは表示されません。

（エラーの意味）

エラーの種類	原因	エラーとなる例
[#N/A]	［メンバー式］の書式に間違いがある	=CUBEMEMBERPROPERTY(B1, "Product","Color"))
	指定されたメンバーが存在しない	=CUBEMEMBERPROPERTY(B1, "[Product]","Color")
	指定された［プロパティ］が存在しない	=CUBEMEMBERPROPERTY(B1, B2,"Height")
[#NAME?]	キューブと接続されていなかった、または［接続名］が間違っていた	=CUBEMEMBERPROPERTY("Test", B3,"Color")

12-1 キューブ関数を利用する

関数の使用例 メンバーのColorプロパティの値を求める

「売上分析」という接続名のキューブで、製品番号が559番の製品の色を表示します。製品番号が559番の製品の色を表示します。［接続名］はセルB1に、製品を表す［メンバー式］はセルB2に入力されています。また、色はColorプロパティで表されています。

=CUBEMEMBERPROPERTY(B1,B2,"Color")

セルB1に入力されている［接続名］のキューブで、セルB2に入力されている［メンバー式］のメンバーの"Color"という［プロパティ］を返す。

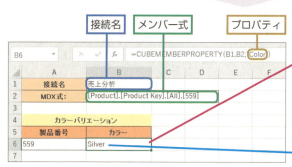

❶セルB6に「=CUBEMEMBERPROPERTY(B1,B2,"Color")」と入力

参照▶関数を入力するには……P.38
サンプル▶12_002_CUBEMEMBERPROPERTY.xlsx

Colorという［プロパティ］の値が表示された

Colorプロパティの値は"Silver"であることがわかった

▶ CUBESET キューブからメンバーや組のセットを取り出す

CUBESET(接続名, セット式, キャプション, 並べ替え順序, 並べ替えキー)

▶関数の解説

キューブからメンバーや組のセットを取り出します。［セット式］で指定されたメンバーや組のセットがあれば、サーバー上で作成されたセットが返されます。

▶引数の意味

接続名……………キューブへの接続名を指定します。

セット式…………キューブのメンバーや組のセットを表す多次元式（MDX式）を指定します。

キャプション………セットが返されたときにセルに表示される文字列を指定します。省略するとキューブのキャプションが表示されます。

参照▶キューブのメンバーやセット、値を取り出す関数……P.870

並べ替え順序………並べ替えの方法を指定します。以下のいずれかが指定できます。
- 0または省略………並べ替えを行わない
- 1………………［並べ替えキー］により昇順に並べ替える
- 2………………［並べ替えキー］により降順に並べ替える
- 3………………アルファベットの昇順に並べ替える
- 4………………アルファベットの降順に並べ替える
- 5………………元のデータの昇順に並べ替える
- 6………………元のデータの降順に並べ替える

875

並べ替えキー………… 並べ替えに使うキーを指定します。［並べ替え順序］が1または2のときに意味を持ちます。それ以外の場合は無視されます。

ポイント

- この関数を利用するためには、あらかじめSQL Analysis Servicesのキューブと接続しておく必要があります。
- ［並べ替え順序］に小数部分のある数値を指定した場合、小数点以下を切り捨てた整数とみなされます。
- この関数の戻り値として返されるセットは、CUBESETCOUNT関数やCUBEVALUE関数、CUBERANKEDMEMBER関数の引数に指定できます。

参照📖 CUBESETCOUNT……P.877
参照📖 CUBEVALUE……P.878
参照📖 CUBERANKEDMEMBER……P.880

- ［接続名］や［メンバー式］を入力するときに、「"(ダブルクオーテーション)」を入力すると、利用できる名前の一覧がヒントとして表示され、一覧から接続名などが選択できるようになります。ただし、セル参照を入力した場合や、［関数の引数］ダイアログボックスで引数を指定する場合には、ヒントは表示されません。

エラーの意味

エラーの種類	原因	エラーとなる例
[#N/A]	［セット式］の書式に間違いがある	=CUBESET(A2,"[Customer]:[City]")
	指定されたメンバーが存在しない	=CUBESET(A2,"[Customer].[City].[Paradise]")
	［並べ替え順序］に0～6以外の値を指定した	=CUBESET(A2,"[Customer].[City]",,7)
[#NAME?]	キューブと接続されていない、または［接続名］が間違っている	=CUBESET("Test","[Customer]")
[#VALUE!]	［並べ替え順序］に文字列を指定した	=CUBESET(A2,"[Customer].[City]",,"As")
	［並べ替え順序］に1または2を指定したが、［並べ替えキー］を指定しなかった	=CUBESET(A2,"[Customer].[English Country Region Name.Children",,1)

関数の使用例 キューブからセットを取り出す

「売上分析」という接続名のキューブから、「地域」を表すセットを取り出します。セット式のなかの"Children"は、メンバーの子セットを求めるために使うMDX式の関数です。［接続名］はセルA2に入力されています。

=CUBESET(A2,"[Customer].[English Country Region Name].Children","地域数")

セルA2に入力されている［接続名］のキューブに、"[Customer].[English Country Region Name].Childrenという［セット式］のセットがあれば、"地域数"という［キャプション］を表示する。

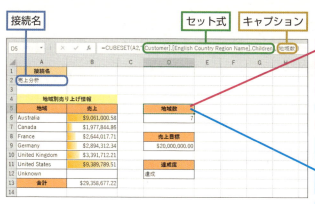

❶セルD5に「=CUBESET(A2,"[Customer].[English Country Region Name].Children","地域数")」と入力

参照▶関数を入力するには……P.38
サンプル▶12_003_CUBESET.xlsx

"[Customer].[English Country Region Name].Children"というセット式で表されるセットが取り出せた

「地域数」というキャプションが表示された

CUBESETCOUNT キューブセット内の項目の個数を求める

CUBESETCOUNT(セット)

▶関数の解説

キューブセットに含まれる項目の個数を求めます。

▶引数の意味

セット……………キューブセットを指定します。CUBESET関数や、CUBESET関数が入力されているセルの参照が指定できます。　　参照▶CUBESET……P.875

ポイント

・この関数を利用するためには、あらかじめSQL Analysis Servicesのキューブと接続しておく必要があります。

エラーの意味

エラーの種類	原因	エラーとなる例
[#N/A]	[セット]にCUBESET関数の結果以外の文字列や数値が指定された	=CUBESETCOUNT("MySet")
	[セット]のメンバー式の書式に間違いがある	=CUBESETCOUNT(CUBESET(A2,"[Customer]:[City]"))
	[セット]で指定されたメンバーが存在しない	=CUBESETCOUNT(CUBESET(A2,"[Customer].[City].[Paradise]"))
[#NAME?]	キューブと接続されていない、または接続名が間違っている	=CUBESETCOUNT(CUBESET("Test","[Customer]"))
[#VALUE!]	キューブのメンバーや組(CUBEMEMBER関数の戻り値)を引数に指定した	=CUBESETCOUNT(CUBEMEMBER(A2,"[Customer].[City]"))

12-1 キューブ関数を利用する

関数の使用例　キューブセットの項目数を求める

地域を表すセットの項目数を求めます。セルD5にCUBESET関数が入力されており、地域を表すセットが求められているものとします。

=CUBESETCOUNT(D5)

セルD5に入力されたセットの項目数を返す。

セルD5には「=CUBESET(A2,"[Customer].[English Country Region Name].Children","地域数")」と入力されている

❶セルD6に「=CUBESETCOUNT(D5)」と入力

参照▶関数を入力するには……P.38
参照▶CUBESET……P.875
サンプル▶12_004_CUBESETCOUNT.xlsx

"[Customer].[English Country Region Name].Children"というセット式で表されるセットの項目数が求められた

項目数は7個であることがわかった

CUBEVALUE キューブの集計値を求める

CUBEVALUE(接続名, メンバー式1, メンバー式2, … ,メンバー式254)

▶関数の解説

キューブの集計値を求めます。

▶引数の意味

接続名……………キューブへの接続名を指定します。

メンバー式………キューブのメンバーや組を表す多次元式（MDX式）を指定します。254個まで指定できます。CUBESET関数で求めたセットも指定できます。これらの［メンバー式］をスライサーとして指定された部分の合計が返されます。

参照▶CUBESET……P.875
参照▶キューブのメンバーやセット、値を取り出す関数……P.870

ポイント
- この関数を利用するためには、あらかじめSQL Analysis Servicesのキューブと接続しておく必要があります。
- ［メンバー式］にメジャーが指定されていない場合は、キューブの既定のメジャーが使われます。
- ［接続名］や［メンバー式］を入力するときに、「"(ダブルクオーテーション)」を入力すると、利用できる名前の一覧がヒントとして表示され、一覧から接続名などが選択できるようになります。

ただし、セル参照を入力した場合や、[関数の引数] ダイアログボックスで引数を指定する場合には、ヒントは表示されません。

エラーの意味

エラーの種類	原因	エラーとなる例
[#N/A]	[メンバー式] の書式に間違いがある	=CUBEVALUE(A2,"[Measures]:[Sales Amount]")
	指定されたメンバーが存在しない	=CUBEVALUE(A2,"[Measures].[Sales Data]")
[#NAME?]	キューブと接続されていない、または [接続名] が間違っている	=CUBEVALUE("Test","[Measures].[Sales Amount]")
[#VALUE!]	組内に無効な要素がある	=CUBEVALUE(A2,"[Customer].[English Country Region Name].[Australia]","[Customer].[English Country Region Name].[Canada]")

関数の使用例　キューブでメンバーの合計を求める

「売上分析」という接続名のキューブで、売上合計を求めます。[接続名] はセルA2に入力されています。

=CUBEVALUE(A2,"[Measures].[Sales Amount]")

セルA2に入力された [接続名] のキューブで、[Measures].[Sales Amount]"という [メンバー式] で表されるメンバーの集計値を求める。

❶セルB13に「=CUBEVALUE(A2,"[Measures].[Sales Amount]")」と入力

参照 関数を入力するには……P.38
サンプル 12_005_CUBEVALUE.xlsx

"[Measures].[Sales Amount]"というメンバー式で表されるメンバーの合計が求められた

合計は $29,358,677.22 であることがわかった

地域ごとの合計を求めるには

総合計ではなく、地域ごとの合計のように、一部分の集計値を求めたい場合には、スライサーとして［メンバー式］を指定します。以下の例では、"[Customer].[English Country Region Name].["&A6&"]"などを指定し、地域ごとの合計を求めています。

さらに、=CUBEVALUE($A $2,"[Measures].[SalesAmount]","[Customer].[English Country Region Name].["&A6&"]","[Order Date].[Calendar Year].[2014]")のように受注年を表すスライサーを追加すれば、その地域の2014年の合計を求めることができます。

❶「=CUBEVALUE($A$2,"[Measures].[Sales Amount]","[Customer].[English Country Region Name].["&A6&"]")」と入力

Australiaの合計が求められた

セルB6をセルB12までコピーしておく

CUBERANKEDMEMBER 指定した順位のメンバーを求める

CUBERANKEDMEMBER(接続名, セット式, ランク, キャプション)
　　　キューブ・ランクト・メンバー

▶関数の解説

キューブ内で、指定した順位のメンバーを求めます。

▶引数の意味

接続名……………… キューブへの接続名を指定します。

セット式…………… キューブのメンバーや組のセットを表す多次元式（MDX式）を指定します。CUBESET関数で求めたセットを指定することもできます。
　　　　　　　　　　参照 CUBESET……P.875
　　　　　　　　　　参照 キューブのメンバーやセット、値を取り出す関数……P.870

ランク……………… 取り出したいメンバーの順位（先頭からの位置）を指定します。

キャプション……… メンバーが見つかったときにセルに表示される文字列を指定します。省略すると、見つかったメンバーのキャプションが表示されます。

［ポイント］

・この関数を利用するためには、あらかじめSQL Analysis Servicesのキューブと接続しておく必要があります。
・［ランク］に小数部分のある数値を指定した場合、小数点以下を切り捨てた整数とみなされます。
・［続続名］や［メンバー式］を入力するときに、「"(ダブルクオーテーション)」を入力すると、利用できる名前の一覧がヒントとして表示され、一覧から接続名などが選択できるようになります。

ただし、セル参照を入力した場合や、[関数の引数] ダイアログボックスで引数を指定する場合には、ヒントは表示されません。

エラーの意味

エラーの種類	原因	エラーとなる例
[#N/A]	[セット式] のメンバー式の書式に間違いがある	=CUBERANKEDMEMBER(A2,"[Customer]:[English Country Region Name].children",1)
	[セット式] で指定されたメンバーが存在しない	=CUBERANKEDMEMBER(A2,"[Customer].[Country].Children",1)
	[ランク] で指定した位置のメンバーがない	=CUBERANKEDMEMBER(A2,"[Customer].[English Country Region Name].children",O)
[#NAME?]	キューブと接続されていない、または [接続名] が間違っている	=CUBERANKEDMEMBER("Test",D5,1)
[#VALUE!]	[ランク] に文字列を直接指定した	=CUBERANKEDMEMBER(A2,"[Customer].[English Country Region Name].children","1st")

関数の使用例　**指定したセットの先頭のメンバーを表示する**

「売上分析」という接続名のキューブで、売上が最も多い地域の名前を表示します。[接続名] はセルA2に入力されており、地域名のセットはセルD5で、売上の降順に並べ替えたものが求められているものとします。

=CUBERANKEDMEMBER(A2,D5,1)

セルA2に入力された [接続名] のキューブで、セルD5に入力された [セット式] のセットの1番めのメンバーを表示する。

接続名　　セット式　　　　　　　　　　　ランク

セルD5には「=CUBESET(A2,"[Customer].[English Country Region Name].[All].Children","第1位",2,"[Measures].[Sales Amount]")」と入力されている

❶セルD6に「=CUBERANKEDMEMBER(A2,D5,1)」と入力

参照📖関数を入力するには……P.38
参照📖CUBESET……P.875
サンプル📗12_006_CUBERANKEDMEMBER.xlsx

セットの先頭にあるメンバーが表示された

売上が第1位の地域はUnited Statesであることがわかった

	A	B	C	D
1	接続名			
2	売上分析			
3				
4	地域別売り上げ情報			
5	地域	売上		第1位
6	Australia	$9,061,000.58		United States
7	Canada	$1,977,844.86		
8	France	$2,644,017.71		
9	Germany	$2,894,312.34		
10	United Kingdom	$3,391,712.21		
11	United States	$9,389,789.51		
12	Unknown			
13	合計	$29,358,677.22		
14				

D6セル: =CUBERANKEDMEMBER(A2,D5,1)

12-1 キューブ関数を利用する

1 関数の基本知識
2 日付／時刻関数
3 数学／三角関数
4 論理関数
5 検索／行列関数
6 データベース関数
7 文字列操作関数
8 統計関数
9 財務関数
10 エンジニアリング関数
11 情報関数
12 キューブ関数
13 ウェブ関数
付録

881
できる

CUBEKPIMEMBER 主要業績評価指標（KPI）のプロパティを返す

キューブ・ケーピーアイ・メンバー
CUBEKPIMEMBER(接続名, KPI名, プロパティ, キャプション)

▶関数の解説

キューブのKPIのプロパティを取得します。

▶引数の意味

接続名······················· キューブへの接続名を指定します。

KPI名·························· キューブ内のKPIの名前を指定します。

プロパティ ··············· 求めたいKPIのプロパティを指定します。以下のいずれかの値を指定します。

1 ··························	KPI名
2 ··························	目標値
3 ··························	状態
4 ··························	傾向
5 ··························	相対的重要度
6 ··························	現在の時間メンバー

キャプション ··········· プロパティの代わりにセルに表示される文字列を指定します。

ポイント

• この関数を利用するためには、あらかじめSQL Analysis Servicesのキューブと接続しておく必要があります。

• ［プロパティ］に小数部分のある値を指定した場合、小数点以下を切り捨てた整数とみなされます。

• ［接続名］や［メンバー式］を入力するときに、「"(ダブルクオーテーション)」を入力すると、利用できる名前の一覧がヒントとして表示され、一覧から接続名などが選択できるようになります。ただし、セル参照を入力した場合や、［関数の引数］ダイアログボックスで引数を指定する場合には、ヒントは表示されません。

• プロパティの値を取得するには、CUBEVALUE関数の引数に、この関数の結果を指定します。

参照🔖CUBEVALUE······P.878

エラーの意味

エラーの種類	原因	エラーとなる例
[#N/A]	存在しない［KPI名］を指定した	=CUBEKPIMEMBER(A2,"Sales",2," 売上目標 ")
	［プロパティ］に 1 ～ 6 以外の値を指定したか、指定したプロパティが定義されていなかった	=CUBEKPIMEMBER(A2,"Internet Sales",7)
[#NAME?]	キューブと接続されていない、または［接続名］が間違っている	=CUBEKPIMEMBER("Test","Internet Sales",1)
[#VALUE!]	［プロパティ］に文字列を直接指定した	=CUBEKPIMEMBER(A2,"Internet Sales","Status")

12-1 キューブ関連を利用する

関数の使用例　キューブでKPIの目標値を表すプロパティを取り出す

「売上分析」という接続名のキューブで、インターネットでの売上に関するKPIの目標値を表すプロパティを取り出します。[接続名]はセルA2に入力されています。

=CUBEKPIMEMBER(A2,"Internet Sales",2,"売上目標")

セルA2に入力された[接続名]のキューブで、"Internet Sales"という[KPI名]から、目標値を表す2を指定して[プロパティ]を取り出す。プロパティが取り出せたら、「売上金額」という[キャプション]を表示する。

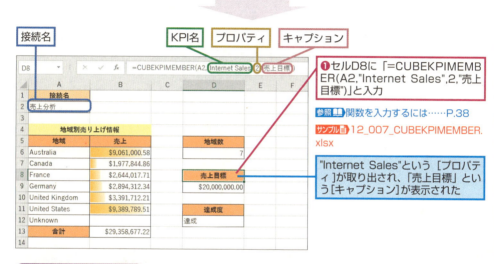

❶セルD8に「=CUBEKPIMEMBER(A2,"Internet Sales",2,"売上目標")」と入力

参照▶関数を入力するには……P.38
サンプル▶12_007_CUBEKPIMEMBER.xlsx

"Internet Sales"という[プロパティ]が取り出され、「売上目標」という[キャプション]が表示された

活用例　キューブでKPIの目標値を取り出す

CUBEKPIMEMBER関数によってKPIのプロパティが取り出せたら、それをCUBEVALUE関数の引数に指定することによってプロパティの値が取り出せます。関数の使用例ではKPIの目標値を表すプロパティを取り出してあるので、以下の例でそのプロパティの値を求めてみます。

参照▶CUBEVALUE……P.878

セルD8は「=CUBEKPIMEMBER(A2,"Internet Sales", 2, "売上目標")」と入力されている

❶セルD9に「=CUBEVALUE(A2, D8)」と入力

目標値が求められた

目標値が$20,000,000であることがわかった

KPIの状態を求めるには

CUBEKPIMEMBER関数の［プロパティ］の値を変えると、前ページの例で見た目標値のほか、KPIの状態や傾向なども取り出せます。本書では、871ページに示したように、状態の値として、売上が目標値の95％以上であれば1が、95％未満、85％以上であれば0が、85％未満であれば-1が返されるように定義されているものとします。この場合、

CUBEKPIMEMBER関数の［プロパティ］に3を指定してKPIの状態を表すプロパティを取り出し、それをCUBEVALUE関数に指定すると、1、0、-1のいずれかの値が返されます。以下の例では、その値によって目標が達成されたかどうかをIF関数によって表示しています。

参照▶主要業績評価指標(KPI)とは……P.871

❶「=CUBEKPIMEMBER(A2,"Internet Sales",3,"達成度")」と入力

❷「=IF(CUBEVALUE(A2,D11)=1,"達成","未達")」と入力

売上が目標値の95％以上であったので、CUBEVALUE関数から1が返され、IF関数により「達成」と表示された

参照▶IF……P.252

第13章
ウェブ関数

13-1. ウェブ関数を利用する・・・・・・・・・・・・・・・・・886

13-1 ウェブ関数を利用する

ENCODEURL関数、WEBSERVICE関数、FILTERXML関数

インターネットには、URLクエリーと呼ばれる文字列を指定して検索などの機能を利用できる
Webサイトがあります。その場合、URLクエリーに含まれる空白文字や英記号、日本語文字列
をENCODEURL関数によってURLエンコードされた文字列に変換しておく必要があります。
また、天気予報や株価などのデータを配信しているWebサイトもあります。そのようなWebサ
イトから情報を得るにはWEBSERVICE関数を使います。また、そこから得られたXML文書か
ら必要な情報だけを取り出すにはFILTERXML関数を使います。

文字列をURLエンコードする　ENCODEURL関数

文字列　エクセル

ENCODEURL関数

http://www.……/search?p= % E3% 82% A8% E3% 82% AF% E3% 82% BB% E3% 83% AB

URLエンコードされた文字列

WEBサイトにアクセスして検索を実行

Webサービスを利用する　WEBSERVICE関数、FILTERXML関数

http://www.……/……　　天気予報や株価などの情報を提供しているサイト

WEBSERVICE関数……Webサイトから情報を取得

```
<?xml version="1.0" ...>
<rss>
  <channel>
    <item>
      <title>XX日の天気</tle>
```

XML文書

XX日の天気

FILTERXML関数……XML文書から必要な情報を取得

---

1 関数の基本知識
2 日付／時刻関数
3 数学／三角関数
4 論理関数
5 検索／行列関数
6 データベース関数
7 文字列操作関数
8 統計関数
9 財務関数
10 エンジニアリング関数
11 情報関数
12 キューブ関数
13 ウェブ関数
付録

ENCODEURL 文字列をURLエンコードする

ENCODEURL(文字列)
エンコード・ユーアールエル

▶関数の解説
［文字列］をURLエンコードした結果を返します。英数字や一部の記号以外がUTF-8という文字コードで表され、各バイトの文字コードの前に「％」が付けられます。

▶引数の意味
文字列……………… URLエンコードする文字列を指定します。

ポイント
- この関数はExcel 2013で新たに追加されたものです。Excel 2010以前では使えません。
- URLエンコードされた文字列の文字コードは16進数で表されています。
- URLエンコードされた文字列はHYPERLINK関数やWEBSERVICE関数の引数に指定するURL文字列の一部として使えます。
  参照▶HYPERLINK……P.316
  参照▶WEBSERVICE……P.888
- 通常、［文字列］にセル範囲は指定できません。
  参照▶文字列関数でセル範囲を指定すると……P.353

エラーの意味

エラーの種類	原因	エラーとなる例
[#VALUE!]	引数に複数の行と列からなるセル範囲を指定した	=ENCODEURL(A1:B2)

関数の使用例 文字列をURLエンコードする

セルA3に入力された「エクセル」という文字列をURLエンコードした文字列を求めます。

=ENCODEURL(A3)

セルA3に入力された文字列をURLエンコードする。

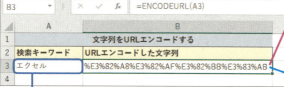

❶ セルA6に「=ENCODEURL(A3)」と入力

参照▶関数を入力するには……P.38
サンプル 13_001_ENCODEURL.xlsx

「エクセル」という文字列がURLエンコードされた

13-1

ウェブ関数を利用する

活用例　Webページを検索するためのハイパーリンクを作成する

Webサイトによっては、URLアドレスのあとに「?名前=値」という形式の文字列を指定し、検索などの操作ができるようになっているページがあります。その場合、値に日本語文字を指定するためにはURLエンコードされた文字列を指定する必要があります。ENCODEURL関数を利用すると、そのような文字列が作成できます。ここでは、Yahoo! JAPANのWebページにアクセスして「エクセル」という文字列を検索するハイパーリンクを作成します。

関数の基本知識	1
日付／時刻関数	2
数学／三角関数	3
論理関数	4
検索／行列関数	5
データベース関数	6
文字列操作関数	7
統計関数	8
財務関数	9
エンジニアリング関数	10
情報関数	11
キューブ関数	12
ウェブ関数	13
付　録	

B5　　　fx　=HYPERLINK("http://search.yahoo.co.jp/search?p="&B3,"「"&A3&"」を検索します")

	A	B	C	D	E	F	G
1		Webサイトの検索を行う					
2	検索キーワード	URLエンコードした文字列					
3	エクセル	%E3%82%A8%E3%82%AF%E3%82%BB%E3%83%AB					
4							
5	ここをクリック→	「エクセル」を検索します					
6							

❶「=HYPERLINK("http://search.yahoo.co.jp/search?p="&B3,"「"&A3&"」を検索します")」と入力

セルB5にハイパーリンクが設定された

セルB5をクリックするとブラウザーが起動し、Webページが検索される

参照📖HYPERLINK……P.316

WEBSERVICE Webサービスを利用してデータをダウンロードする

ウェブサービス
WEBSERVICE(URL)

▶関数の解説

[URL]で指定されたWebサービスにアクセスし、データをダウンロードします。Webサービスで提供されているデータはXML形式またはJSON形式になっています。

▶引数の意味

URL………………… Webサービスを提供しているサイトのURLを文字列として指定します。

（ポイント）

- この関数はExcel 2013で新たに追加されたものです。Excel 2010以前では使えません。

- URLに空白文字や記号、日本語文字などを含める場合はURLエンコードされた文字列を指定する必要があります。

- ネットワークの速度が遅い場合、データがダウンロードされるまでの間、一時的に[#VALUE!]エラーが表示されます。

- ダウンロードしたXML文書から必要な情報だけを取り出すにはFILTERXML関数が使えます。

参照📖FILTERXML……P.890

- 通常、[URL]にセル範囲は指定できません。　参照📖文字列関数でセル範囲を指定すると……P.353

888
できる

エラーの意味

エラーの種類	原因	エラーとなる例
[#VALUE!]	引数が WEBSERVICE 関数で利用できるデータを返さないサイトである場合や 2048 文字を超える文字列を指定した	=WEBSERVICE("http://dekiru.net/")
	引数に URL として無効な文字列を指定した	=WEBSERVICE("xxx")
	引数に「ftp://〜」や「file://〜」といったサポートされていないプロトコルを指定した	=WEBSERVICE("ftp://dekiru.net/a.html")
	引数に複数の行と列からなるセル範囲を指定した	=WEBSERVICE(A1:B2)
	データのダウンロード中	ネットワークの速度が遅い（ダウンロードが終了すれば自動的にエラー表示が消え、データが表示される）

関数の使用例　Webサービスを利用して天気予報のデータを取得する

livedoor天気情報のデータを配信しているWebサービスにアクセスして、データをダウンロードします。WebサービスのURLはセルA3に入力されています。

=WEBSERVICE(A3)

セルA3に入力されたURLのWebサービスにアクセスし、ダウンロードしたデータを返す。

URL

セルB3にlivedoor天気情報のデータを取得するためのURLを入力しておく

❶セルB3に「=WEBSERVICE(A3)」と入力

参照 関数を入力するには……P.38
サンプル 13_002_WEBSERVICE.xlsx

livedoor天気情報からダウンロードされたXML形式の天気予報データが表示された

13-1

ウェブ関数を利用する

1 関数の基本知識
2 日付／時刻関数
3 数学／三角関数
4 論理関数
5 検索／行列関数
6 データベース関数
7 文字列操作関数
8 統計関数
9 財務関数
10 エンジニアリング関数
11 情報関数
12 キューブ関数
13 ウェブ関数
付録

HINT XML、JSONとは

XMLやJSONは、天気予報や株価情報などのさまざまなWebサービスで情報を配信するためによく使われるデータの形式です。XML (Extensible Markup Language)は、HTMLと同様、<>で囲まれたタグを使って要素を表します。JSON(JavaScript Object Notation)は、JavaScriptの文法に沿った形式でデータを表します。

889
できる

13-1

ウェブ関数を利用する

関数の基本知識 **1**
日付／時刻関数 **2**
数学／三角関数 **3**
論理関数 **4**
検索／行列関数 **5**
データベース関数 **6**
文字列操作関数 **7**
統計関数 **8**
財務関数 **9**
エンジニアリング関数 **10**
情報関数 **11**
キューブ関数 **12**
ウェブ関数 **13**
付　録

FILTERXML XML文書から必要な情報だけを取り出す

フィルター・エックスエムエル
FILTERXML(XML, パス)

▶関数の解説

［XML］で指定したXML文書から［パス］にあるデータを取り出します。［パス］で指定された要素が複数ある場合は、複数のデータが配列として返されます。

▶引数の意味

XML .... XML文書が入力されたセル参照や文字列を指定します。

パス .... 取り出したい情報を表すXPath式を指定します。

ポイント

• この関数はExcel 2013で新たに追加されたものです。Excel 2010以前では使えません。
• Webサービスで提供されているXML文書をダウンロードするにはWEBSERVICE関数が使えます。　　　　　　　　　　　　　　　　　　　　　参照 WEBSERVICE……P.888
• XPath式では、階層を「/」で区切ったり、要素間の関係を示したりして、XML文書の要素や属性を表します。
• 通常、引数にセル範囲は指定できません。　　参照 文字列関数でセル範囲を指定すると……P.353

エラーの意味

エラーの種類	原因	エラーとなる例
[#VALUE!]	引数で指定した XML 文書の形式やパスの指定が誤っていた	=FILTERXML(A1,"/")
	引数に複数の行と列からなるセル範囲を指定した	=FILTERXML(A1:B2,"/item")

関数の使用例　XML文書に含まれる個人データから「名」を取り出す

「姓」と「名」を表す要素からなるXML文書から「名」にあたるデータを取り出します。XML文書はセルA3に入力されており、「名」を表すパスはセルB3に入力されています。

=FILTERXML(A3,B3)

セルA3に入力されたXML文書から、セルB3に入力されたXPath式にしたがってデータを取り出す。

890
できる

13-1 ウェブ関数を利用する

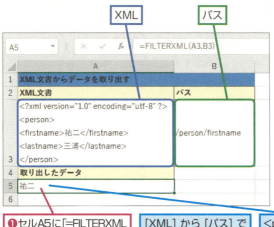

❶セルA5に「=FILTERXML(A3,B3)」と入力

[XML]から[パス]で指定された要素の値が取り出せた

<person>の下の<firstname>の値が表示された

参照▶関数を入力するには……P.38
サンプル▶13_003_FILTERXML.xlsx

HINT XML文書の構造

この例のXML文書は次の図のような構造になっています。最上位の要素をルート要素と呼びます。personというルート要素の下にfirstnameという要素とlastnameという要素があります。fistname要素の値は「祐二」で、lastname要素の値は「三浦」です。

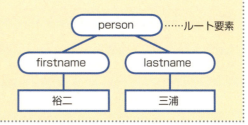

HINT セルに「/」ではじまる文字列を入力するには

Excelでは「/」だけを入力すると、リボンのボタンなどを文字で選択できる状態になり、セルに「/」が入力できません。そのような場合は、いったん Esc キーを押してリボンからの選択を解除し、「/」を入力したいセルをダブルクリックするか、 F2 キーを押して、セルの編集ができる状態にします。その状態であれば「/」が入力できます。

活用例　XML形式の天気予報から今日の天気を取り出す

WEBSERVICE関数を使ってダウンロードしたlivedoor天気情報のXML文書から、今日の天気を取り出します。天気予報のデータは<rss>→<channel>→<item>→<title>の順に階層をたどった位置にあります。ただし、<item>は複数個あり、今日の天気は、2番めの<item>にあるので、XPath式は"/rss/channel/item[2]/title"とします（1番めの<item>要素は広告です）。

13-1 ウェブ関数を利用する

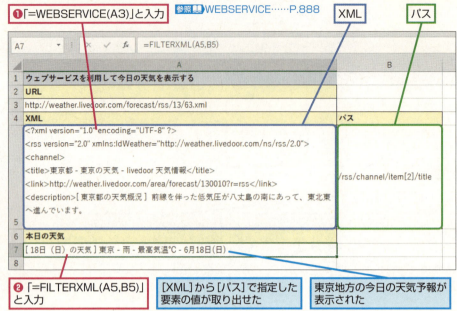

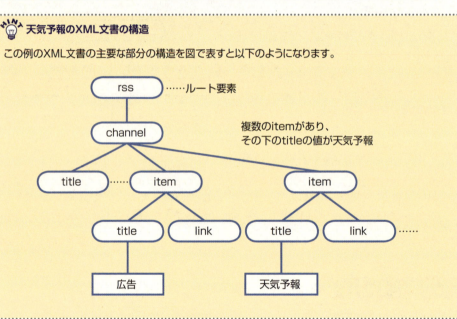

天気予報のXML文書の構造

この例のXML文書の主要な部分の構造を図で表すと以下のようになります。

複数の要素を持つ配列から特定の値を取り出すには

この例ではXML文書に複数の<item>要素があるので、セルB5のXPath式を「/rss/channel/item/title」とすると、複数の<item>要素に含まれる<title>要素（1週間分の天気予報）が取り出せます。その場合、複数のセルを選択しておき、FILTER関数を配列数式として入力すれば、複数の天気予報が表示できます。また、INDEX関数を使えば、配列の要素が取り出せるので、「=INDEX(FILTERXML(A5,B5),2)」と入力すれば、今日の天気予報が表示できます。

付 録

付録-1. ユーザー定義関数 ・・・・・・・・・・・・・・・・・・・・・・894
付録-2. サンプルファイルのダウンロード ・・・・・・・・901

付録-1
ユーザー定義関数

付録-1 ユーザー定義関数

サイドタブ:
- 関数の基本知識 1
- 日付／時刻関数 2
- 数学／三角関数 3
- 論理関数 4
- 検索／行列関数 5
- データベース関数 6
- 文字列操作関数 7
- 統計関数 8
- 財務関数 9
- エンジニアリング関数 10
- 情報関数 11
- キューブ関数 12
- ウェブ関数 13
- 付録

独自の関数を作る

マクロ機能を利用すると、新しい関数を自分で作ることができます。一度ユーザー定義関数を作っておけば、Excelにあらかじめ用意されている関数ではできない計算や、特殊な用途に使う計算が簡単にできるようになります。

ユーザー定義関数の書き方

ユーザー定義関数を作るには、Visual Basic Editorと呼ばれる編集画面を利用し、VBAと呼ばれる簡単なプログラミング言語を使ってプログラムを書きます。下に例を示していますが、ここでは内容を理解する必要はありません。どのようなキーワードを使うのか大まかに把握しておくだけでいいでしょう。なお、VBAはVisual Basic for Applicationsの略です。

ユーザー定義関数に必要な要素

ユーザー定義関数は「Function」ではじまり、「End Function」で終わる

❶「Function」のあとに関数名を書く

❷関数に与える引数があれば( )のなかに書く

ユーザー定義関数

```
Function DecisionMaker (conf As Integer) As String
    Dim result As Integer
    Randomize
    result = Rnd * 100
    If result > conf Then
        DecisionMaker = "行け"
    Else
        DecisionMaker = "待て"
    End If
End Function
```

Asのあとに戻り値のデータ型を書く（省略可能）

Asのあとに引数のデータ型を書く（省略可能）

❸VBAの文を書く

関数名に値を代入すると、それが戻り値となる

「Function」のあとには、関数の働きがわかるような名前を自分で付けます。関数に与える値(引数)があれば、かっこの中に書きます。引数が複数ある場合は、「,(カンマ)」で区切って書きます。

関数のなかにはVBAの文法に従って、どのような計算を行うのかを書きます。このようにして作成したユーザー定義関数は標準の関数と同じように使えます。

ユーザー定義関数を作成するには

ユーザー定義関数を作る方法を簡単な例で見ていきます。作成する関数は、身長と体重から体格指数（BMI）を求めるものとします。BMIは次の式で求められます。体重の単位はkg、身長の単位はmであることに注意してください。

参照▶BMIとは……P.836

> BMI=体重(kg)÷(身長(m)×身長(m))

Visual Basic Editorを起動し、標準モジュールを作成して、そこにユーザー定義関数の内容を書きます。

● Visual Basic Editorを起動する

あらかじめリボンに［開発］タブを表示しておくと、ユーザー定義関数の作成が進めやすくなります。［開発］タブに表示されている［Visual Basic］をクリックすれば、Visual Basic Editorが起動します。

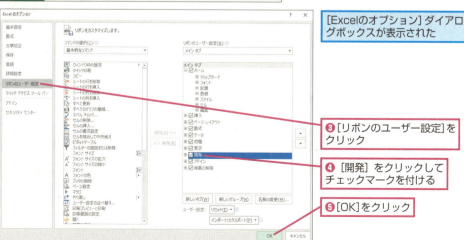

[開発]タブが表示された　Visual Basic Editorを起動する

❻[Visual Basic]をクリック

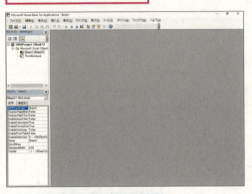

Visual Basic Editorが起動した

Alt + F11 キーでもVisual Basic Editorを起動できる

[開発]タブが表示されていなくても、Alt + F11 キーを押すだけでVisual Basic Editorを起動できます。

VBEの画面構成

VBEの標準的な画面では、左上にワークシートの一覧など（モジュール一覧）が表示されています。左下に表示されているのはプロパティの一覧です。プロパティとは「性質」や「属性」といった意味です。画面の右側でVBAのプログラムを編集します。

VBAってなに？

VBAはVisual Basic for Applicationsの略で、ExcelやWordなどのMicrosoft Office製品に共通のプログラミング言語です。VBAを利用してマクロと呼ばれるプログラムを作成すると、ExcelやWordの操作を自動化したり、複雑な計算を簡単に実行したりすることができます。

VBEってなに？

VBEとは、Visual Basic Editorの略です。VBEはVBAのプログラムを編集するための画面です。

作成していないユーザー定義関数が表示されることもある

[分析ツール]アドインなどを利用すると、上の画面にユーザー定義関数が表示されることもあります。それらはアドインで利用されているユーザー定義関数です。ユーザー定義関数が表示されているウィンドウ(内側のウィンドウ)の[閉じる]ボタンをクリックすれば非表示にできます。

参照▶アドインを利用するには……P.73

● ユーザー定義関数を入力する

標準モジュールを追加し、ユーザー定義関数のコードを入力します。

Visual Basic Editorを起動しておく	[標準モジュール]を作成する

❶ [ユーザーフォームの挿入]の[▼]をクリック ❷ [標準モジュール]をクリック

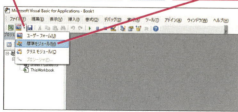

新しいモジュールが作成された

モジュールの編集画面が表示された

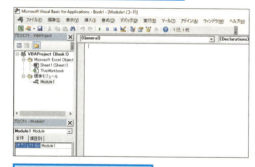

ユーザー定義関数を入力する

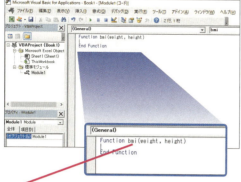

❸「Function」に続けて関数名と引数を入力

Enterキーを押すと、自動的に「End Function」が挿入される

HINT 標準モジュールってなに？

Excelのマクロ（VBAのプログラム）は、モジュールに分けて記述します。モジュールとは、いくつかのプログラムを目的や操作対象ごとに集めたものです。モジュールには、特定のワークシートに対して処理を行うものと、どのワークシートでも共通に使われるものとがあります。どのワークシートでも共通に使う処理は、標準モジュールに記述します。

HINT ユーザーフォームが挿入されてしまったら

[ユーザーフォームの挿入] ボタンそのものをクリックすると、ユーザー独自のダイアログボックスを作るための画面が表示されてしまいます。そのような場合には、左上のモジュール一覧に表示されている [UserForm1] を右クリックし、[UserForm1の解放] を選択します。[削除する前にUserForm1をエクスポートしますか?] というメッセージが表示されたら [いいえ] ボタンをクリックします。これで元の画面に戻ります。手順1からやり直しましょう。

[UserForm1] を右クリックして、[UserForm1の解放] を選択すると、元の画面に戻れる

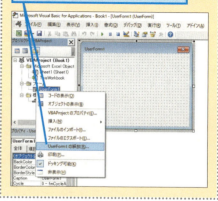

付録-1 ユーザー定義関数

1 関数の基本知識
2 日付／時刻関数
3 数学／三角関数
4 論理関数
5 検索／行列関数
6 データベース関数
7 文字列操作関数
8 統計関数
9 財務関数
10 エンジニアリング関数
11 情報関数
12 キューブ関数
13 ウェブ関数

付　録

897

付録-1 ユーザー定義関数

ユーザー定義関数の内容を入力する

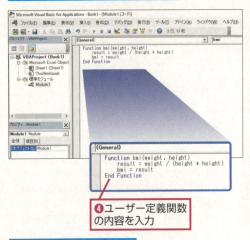

❹ユーザー定義関数の内容を入力

Excelの画面に切り替える

❺[表示Microsoft Excel]をクリック

Excelの画面に戻る

HINT 入力中に[コンパイルエラー]と表示されたら

VBEでは、入力された文が文法的に正しいかどうかが自動的にチェックされます。[コンパイルエラー]というメッセージが表示されたら[OK]ボタンをクリックして、正しい文に修正しましょう。

[OK]をクリックして、文を正しく入力し直す

HINT 戻り値は関数名に代入する

関数名に代入した値が戻り値(関数の計算結果)になります。ワークシートで関数を入力すると、計算結果として戻り値がセルに表示されます。

HINT ブックを保存するとユーザー定義関数も保存される

ユーザー定義関数はブックとともに保存されるので、Excelの画面に戻る前に保存しておく必要はありません。ただし、ブックを保存するときには、[ファイルの種類]を「Excelマクロ有効ブック」にしておく必要があります。Excelマクロ有効ブックの拡張子は「.xlsm」です。

HINT 作成したユーザー定義関数の処理内容

この関数では、引数として指定した体重がweightという変数に、身長がheightという変数に渡されます。BMIは、「weight / (height * height)」という式で求められるので、その結果をresultという変数に代入します。最後に、関数名のbmiにresultの値を代入します。変数とはさまざまな値を入れることのできるデータの入れ物のことです。なお、上の例で入力したコードは、resultという変数を使わず、「bmi = weight / (height * height)」としても構いません。

```
Function bmi (weight, height)
    result = weight / (height * height)
    bmi = result
End Functon
```

❶引数に指定した身長と体重がこの変数に渡される

❷「体重÷(身長×身長)」の計算結果がresultに代入される

❸resultの値がbmiに代入され、この値が結果としてセルに表示される

ユーザー定義関数を利用するには

ユーザー定義関数は、あらかじめ用意された関数と同じように利用できます。引数の個数や値、データ型に注意して利用しましょう。

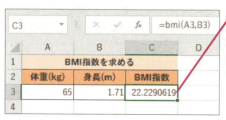

❶ セルC3に「=bmi(A3,B3)」と入力

参照▶関数を入力するには……P.38

ユーザー定義関数により、BMIが求められた

HINT ユーザー定義関数をすべてのブックで使えるようにするには

ユーザー定義関数をほかのブックでも使えるようにするには何通りかの方法がありますが、ユーザー定義関数を含むブックをアドインとして保存しておくのが一番簡単です。アドインを有効にすれば、ほかのブックでもユーザー定義関数が使えるようになります。

参照▶アドインを有効にするには……P.73

HINT セキュリティの警告が表示されたときは

ユーザー定義関数などのマクロを含んだブックを開くと［セキュリティの警告］というメッセージが表示され、マクロが無効にされます。このようなときは［コンテンツの有効化］をクリックすれば、ユーザー定義関数が利用できるようになります。
マクロにはコンピュータウイルスが含まれている危険があります。安全であることが確実でない場合は、［コンテンツの有効化］をクリックしないでください。

ユーザー定義関数の活用例

ユーザー定義関数を利用すれば、ほかにもさまざまな処理ができます。ここでは簡単な例を2つ紹介します。

活用例 ❶ BMIを求め、肥満度を判定する

ここでは仮に、18.5未満を「やせている」、18.5以上25未満を「ふつう」、25以上を「ふとっている」とします。このユーザー定義関数では、If文を使って、条件による場合分けを行っています。

```
Function bmij(weight, height)
    result = weight / (height * height)
    If result < 18.5 Then
        bmij = "やせている"
    ElseIf result < 25 Then
        bmij = "ふつう"
    Else
        bmij = "ふとっている"
    End If
End Function
```

体重と身長から肥満度が表示される

活用例❷　頭文字を使った略語（頭字語）を作る

たとえば、「social networking service」という文字列を引数として与えると、その頭文字だけをとって「SNS」という結果を返すユーザー定義関数を作ります。ここでは、Do ... Loop文によるくり返し処理を使っています。なお、「'（シングルクォーテーション）」から行末まではコメントとみなされます。コメントはプログラムの実行には影響を与えないので、その場所でどのような処理をしているかなどのメモを入力しておくのに使えます。

```
Function acronym(sourcestring As String) As String
    startpos = 1  ' 開始位置
    ' 先頭の文字を取り出す
    letters = letters & Mid(sourcestring, startpos, 1)
    ' 空白を探す
    endpos = InStr(startpos, sourcestring, " ")
    ' 空白が見つからなくなるまで繰り返す
    Do While endpos <> 0
        ' 空白の次を先頭とする
        startpos = endpos + 1
        ' 先頭から1文字取り出す
        letters = letters & Mid(sourcestring, startpos, 1)
        ' 空白を探す
        endpos = InStr(startpos, sourcestring, " ")
    Loop
    ' 大文字にして返す
    acronym = UCase(letters)
End Function
```

指定した文字列の頭字語が大文字で表示される

 VBAについて学びたいときは

ここでは、ユーザー定義関数を作るための操作の流れだけを示していますが、より詳しく知りたい場合には、「Office VBA オブジェクト ライブラリ リファレンス」（https://msdn.microsoft.com/ja-jp/library/office/ff862474.aspx）や「Office VBA 言語リファレンス」（https://msdn.microsoft.com/ja-jp/library/office/gg264383.aspx）などのWebサイトを参照するといいでしょう。

付録-2 サンプルファイルのダウンロード

▶ サンプルファイルをダウンロードするには

本書で使用しているサンプルファイルは、インプレスのWebページからダウンロードできます。このデータを書籍と併用すれば、よりExcel関数に関する理解を深められます。

▼ できる大事典 Excel関数 2016/2013/2010対応のWebページ
http://book.impress.co.jp/books/1116101157

書籍のWebページを表示する　❶WebページのURLを入力

❷ [ダウンロード]をクリック

[ダウンロード]の部分が表示された

❸ [500225.zip]をクリック

注意 Webページのデザインや内容は変更になる場合があります

付録-2 サンプルファイルのダウンロード

サンプルファイルの操作に関する
メッセージバーが表示された

ここではサンプルファイル
を保存する

❹[保存]を
クリック

サンプルファイルがダウンロードされた

サンプルファイルのダウンロードに
関するメッセージバーが表示された

❺[フォルダーを開く]
をクリック

[ダウンロード]フォルダーにファイルが
ダウンロードされた

圧縮ファイルを
展開する

❻サンプルファイル
を右クリック

❼[すべて展開]を
クリック

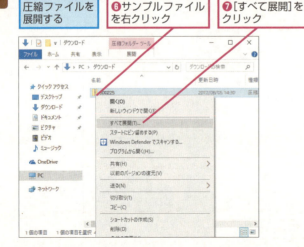

任意のフォルダーに ダウンロードするには

サンプルファイルを任意のフォルダーにダウンロードするには、手順4で[保存]ボタンの右にある[^]をクリックして、[名前を付けて保存]をクリックします。[名前を付けて保存]ダイアログボックスが表示されるので保存先のフォルダーを選択して、[保存]ボタンをクリックしましょう。

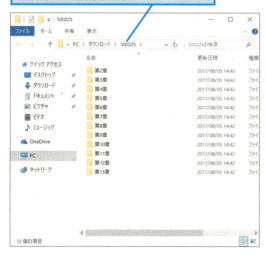

[圧縮（ZIP形式）フォルダーの展開]ダイアログボックスが表示された

ここでは展開先は特に変更しない

[参照]をクリックすると展開先を変更できる

❽[展開]をクリック

サンプルファイルが展開される

❾しばらく待つ

サンプルファイルが展開され、[500225]フォルダーが作成された

章ごとのフォルダーが表示された

各章のサンプルファイルがフォルダーごとに分類されている

目的の章のフォルダーをダブルクリックしてファイルを使用する

付録2 サンプルファイルのダウンロード

1 関数の基本知識
2 日付／時刻関数
3 数学／三角関数
4 論理関数
5 検索／行列関数
6 データベース関数
7 文字列操作関数
8 統計関数
9 財務関数
10 エンジニアリング関数
11 情報関数
12 キューブ関数
13 ウェブ関数
付録

903
できる

索引

この索引は、本書で取り上げた Excel 関数について、記号、数字、アルファベット、50 音順にまとめています。はじめに、すべての関数名をアルファベット順に掲載し、続いて機能名や用途、本書中で解説した知っておくと便利な知識の項目名を掲載しています。

関数

A

関数	ページ
ABS	163
ACCRINT	675, 679
ACCRINTM	706, 710
ACOS	212
ACOSH	232
ACOT	216
ACOTH	235
ADDRESS	310
AGGREGATE	137
AMORDEGRC	741
AMORLINC	739
AND	259
ARABIC	425
AREAS	296
ASC	404
ASIN	211
ASINH	231
ATAN	214
ATAN2	217
ATANH	234
AVEDEV	498
AVERAGE	440
AVERAGEA	441
AVERAGEIF	443
AVERAGEIFS	445

B

関数	ページ
BAHTTEXT	426
BASE	751, 769
BESSELI	818
BESSELJ	814
BESSELK	820
BESSELY	816
BETA.DIST	622, 623
BETADIST	624
BETA.INV	622, 625
BETAINV	625
BIN2DEC	751, 753
BIN2HEX	751, 754
BIN2OCT	751, 752
BINOM.DIST	552, 554
BINOMDIST	554
BINOM.DIST.RANGE	552, 556
BINOM.INV	553, 557
BITAND	826, 827
BITLSHIFT	827, 831
BITOR	826, 829
BITRSHIFT	827, 831
BITXOR	826, 830

C

関数	ページ
CEILING	149
CEILING.MATH	151
CEILING.PRECISE	150
CELL	856
CHAR	399
CHIDIST	581
CHIINV	585
CHISQ.DIST	579, 580
CHISQ.DIST.RT	579, 581
CHISQ.INV	579, 583
CHISQ.INV.RT	579, 585
CHISQ.TEST	586
CHITEST	586
CHOOSE	286
CLEAN	389
CODE	398
COLUMN	288
COLUMNS	294
COMBIN	171
COMBINA	174
COMPLEX	772, 773
CONCAT	384
CONCATENATE	382
CONFIDENCE	547
CONFIDENCE.NORM	547
CONFIDENCE.T	548
CONVERT	747
CORREL	541
COS	201
COSH	221
COT	207
COTH	228

COUNT	432, 433
COUNTA	432, 434
COUNTBLANK	432, 435
COUNTIF	432, 436
COUNTIFS	432, 438
COUPDAYBS	681, 687
COUPDAYS	681, 690
COUPDAYSNC	681, 688
COUPNCD	681, 683
COUPNUM	681, 685
COUPPCD	681, 682
COVAR	544
COVARIANCE.P	544
COVARIANCE.S	545
CRITBINOM	557
CSC	204
CSCH	224
CUBEKPIMEMBER	871, 882
CUBEMEMBER	870, 873
CUBEMEMBERPROPERTY	874
CUBERANKEDMEMBER	880
CUBESET	870, 875
CUBESETCOUNT	870, 877
CUBEVALUE	870, 878
CUMIPMT	640, 644
CUMPRINC	634, 637

D

DATE	88
DATEDIF	108
DATESTRING	115
DATEVALUE	90
DAVERAGE	337
DAY	81
DAYS	111
DAYS360	109
DB	732
DCOUNT	324
DCOUNTA	327
DDB	735
DEC2BIN	751, 760
DEC2HEX	751, 763
DEC2OCT	751, 762
DECIMAL	751, 771
DEGREES	196
DELTA	744
DEVSQ	499
DGET	341
DISC	712, 717
DMAX	330
DMIN	332
DOLLAR	413
DOLLARDE	724

DOLLARFR	725
DPRODUCT	339
DSTDEV	347
DSTDEVP	349
DSUM	334
DURATION	692, 693
DVAR	343
DVARP	345

E

EDATE	97
EFFECT	663, 664
ENCODEURL	886, 887
EOMONTH	98
ERF	822
ERFC	824
ERFC.PRECISE	824
ERF.PRECISE	822
ERROR.TYPE	854
EUROCONVERT	727
EVEN	154
EXACT	395
EXP	186
EXPON.DIST	614
EXPONDIST	614

F

FACT	165
FACTDOUBLE	166
FALSE	272
F.DIST	602, 603
FDIST	604
F.DIST.RT	602, 604
FILTERXML	886, 890
FIND	369
FINDB	370
F.INV	602, 605
FINV	606
F.INV.RT	602, 606
FISHER	610
FISHERINV	612
FIXED	414
FLOOR	145
FLOOR.MATH	148
FLOOR.PRECISE	146
FORECAST	508, 509
FORECAST.ETS	529
FORECAST.ETS.CONFINT	534
FORECAST.ETS.SEASONALITY	532
FORECAST.ETS.STAT	536
FORECAST.LINEAR	509
FORMULATEXT	848
FREQUENCY	473

F.TEST	603, 608
FTEST	608
FV	652, 653
FVSCHEDULE	652, 655

G

GAMMA	616, 619
GAMMA.DIST	616, 617
GAMMADIST	617
GAMMA.INV	616, 618
GAMMAINV	618
GAMMALN.PRECISE	616, 621
GAUSS	573
GCD	160
GEOMEAN	448
GESTEP	745
GETPIVOTDATA	318
GROWTH	523, 524

H

HARMEAN	450
HEX2BIN	751, 764
HEX2DEC	751, 768
HEX2OCT	751, 766
HLOOKUP	279
HOUR	84
HYPERLINK	316
HYPGEOM.DIST	561
HYPGEOMDIST	561

I

IF	252
IFERROR	267
IFNA	268
IFS	255
IMABS	778, 779
IMAGINARY	772, 775
IMARGUMENT	778, 780
IMCONJUGATE	772, 776
IMCOS	801
IMCOSH	809
IMCOT	806
IMCSC	803
IMCSCH	810
IMDIV	787
IMEXP	793
IMLN	795
IMLOG10	796
IMLOG2	798
IMPOWER	792
IMPRODUCT	785
IMREAL	772, 774
IMSEC	805

IMSECH	812
IMSIN	800
IMSINH	808
IMSQRT	790
IMSUB	784
IMSUM	782
IMTAN	802
INDEX（セル参照形式）	301
INDEX（配列形式）	303
INDIRECT	306
INFO	860
INT	139
INTERCEPT	508, 515
INTRATE	712, 713
IPMT	640, 641
IRR	670
ISBLANK	834
ISERR	837
ISERROR	835
ISEVEN	844
ISFORMULA	847
ISLOGICAL	846
ISNA	836
ISNONTEXT	841
ISNUMBER	842
ISO.CEILING	150
ISODD	845
ISOWEEKNUM	114
ISPMT	640, 645
ISREF	850
ISTEXT	840

J

JIS	405

K

KURT	506

L

LARGE	466
LCM	161
LEFT	357
LEFTB	358
LEN	352
LENB	354
LINEST	516
LN	191
LOG	188
LOG10	190
LOGEST	523, 525
LOGINV	577
LOGNORM.DIST	575, 576
LOGNORMDIST	576

LOGNORM.INV	575, 577
LOOKUP（配列形式）	283
LOOKUP（ベクトル形式）	281
LOWER	409

M

MATCH	291
MAX	458
MAXA	459
MAXIFS	460
MDETERM	239
MDURATION	692, 694
MEDIAN	452, 453
MID	363
MIDB	365
MIN	462
MINA	463
MINIFS	464
MINUTE	85
MINVERSE	240
MIRR	673
MMULT	242
MOD	157
MODE	454
MODE.MULT	452, 456
MODE.SNGL	452, 454
MONTH	79
MROUND	152
MULTINOMIAL	175
MUNIT	244

N

N	864
NA	862
NEGBINOM.DIST	553, 559
NEGBINOMDIST	559
NETWORKDAYS	104
NETWORKDAYS.INTL	106
NOMINAL	663, 665
NORM.DIST	568
NORMDIST	568
NORM.INV	569
NORMINV	569
NORM.S.DIST	570
NORMSDIST	570
NORM.S.INV	572
NORMSINV	572
NOT	265
NOW	77
NPER	656
NPV	666, 667
NUMBERSTRING	420
NUMBERVALUE	421

O

OCT2BIN	751, 756
OCT2DEC	751, 757
OCT2HEX	751, 759
ODD	155
ODDFPRICE	697, 700
ODDFYIELD	697, 698
ODDLPRICE	697, 704
ODDLYIELD	697, 702
OFFSET	298
OR	261

P

PDURATION	658
PEARSON	542
PERCENTILE	476
PERCENTILE.EXC	477
PERCENTILE.INC	476
PERCENTRANK	482
PERCENTRANK.EXC	483
PERCENTRANK.INC	482
PERMUT	168
PERMUTATIONA	170
PHI	574
PHONETIC	391
PI	193
PMT	630, 631
POISSON	564
POISSON.DIST	564
POWER	184
PPMT	634, 635
PRICE	675, 677
PRICEDISC	712, 716
PRICEMAT	706, 708
PROB	550
PRODUCT	127
PROPER	410
PV	648, 649

Q

QUARTILE	479
QUARTILE.EXC	480
QUARTILE.INC	479
QUOTIENT	158

R

RADIANS	195
RAND	246
RANDBETWEEN	249
RANK	470
RANK.AVG	471
RANK.EQ	470

RATE	660
RECEIVED	712, 714
REPLACE	378
REPLACEB	380
REPT	393
RIGHT	360
RIGHTB	361
ROMAN	422
ROUND	144
ROUNDDOWN	141
ROUNDUP	143
ROW	289
ROWS	295
RRI	661
RSQ	509, 521
RTD	321

S

SEARCH	372
SEARCHB	374
SEC	206
SECH	226
SECOND	86
SERIESSUM	177
SHEET	866
SHEETS	867
SIGN	164
SIN	199
SINH	220
SKEW	504
SKEW.P	505
SLN	730
SLOPE	508, 513
SMALL	468
SQRT	180
SQRTPI	181
STANDARDIZE	501
STDEV	492
STDEVA	493
STDEV.P	494
STDEVP	494
STDEVPA	496
STDEV.S	492
STEYX	509, 520
SUBSTITUTE	376
SUBTOTAL	135
SUM	120
SUMIF	122
SUMIFS	124
SUMPRODUCT	128
SUMSQ	129
SUMX2MY2	133
SUMX2PY2	132

SUMXMY2	134
SWITCH	257
SYD	738

T

T	429
TAN	202
TANH	223
TBILLEQ	719, 721
TBILLPRICE	719, 722
TBILLYIELD	719, 720
T.DIST	589, 590
TDIST	593
T.DIST.2T	589, 591
T.DIST.RT	589, 592
TEXT	416
TEXTJOIN	385
TIME	92
TIMEVALUE	94
T.INV	594
TINV	595
T.INV.2T	595
TODAY	76
TRANSPOSE	313
TREND	508, 511
TRIM	388
TRIMMEAN	446
TRUE	271
TRUNC	140
T.TEST	589, 596
TTEST	596
TYPE	852

U

UNICHAR	402
UNICODE	401
UPPER	407

V

VALUE	427
VAR	486
VARA	487
VAR.P	488
VARP	488
VARPA	489
VAR.S	486
VDB	736
VLOOKUP	275

W

WEBSERVICE	886, 888
WEEKDAY	82
WEEKNUM	112

WEIBULL―――――627
WEIBULL.DIST―――――627
WORKDAY―――――99
WORKDAY.INTL―――――101

X

XIRR―――――671
XNPV―――――666, 668
XOR―――――263

Y

YEAR―――――78
YEARFRAC―――――117
YEN―――――412
YIELD―――――675, 676
YIELDDISC―――――712, 713
YIELDMAT―――――706, 707

Z

Z.TEST―――――599
ZTEST―――――599

共通

数字／記号

[#N/A] 以外のエラー値かどうか調べる―――837
[#N/A] かどうか調べる―――――836
[#N/A] が表示される理由―――――863
％（パーセント）―――――34
＊（アスタリスク）―――――34
-（マイナス）―――――34
＋（プラス）―――――34
,（カンマ）―――――32, 34
／（スラッシュ）―――――34
:（コロン）―――――32, 34
＾（キャレット）―――――34
0次の第1種ベッセル関数の値を求める―――815
0次の第1種変形ベッセル関数の値を求める
―――――819
0次の第2種ベッセル関数の値を求める―――817
0次の第2種変形ベッセル関数の値を求める
―――――821
2次元平面―――――772
2進数表記を10進数表記に変換する―――753
2進数表記を16進数表記に変換する―――754
2進数表記を8進数表記に変換する―――752
2進数を10進数に変換する―――――754
2進数を16進数に変換する―――――755
2進数を8進数に変換する―――――753
2つの数値が等しいかどうか調べる―――744
8進数表記を10進数表記に変換する―――757
8進数表記を16進数表記に変換する―――759

8進数表記を2進数表記に変換する―――756
8進数を10進数に変換する―――――758
8進数を16進数に変換する―――――759
8進数を2進数に変換する―――――757
10進数表記―――――753, 756, 757, 760
10進数表記を16進数表記に変換する―――763
10進数表記を2進数表記に変換する―――760
10進数表記を8進数表記に変換する―――762
10進数表記をn進数表記に変換する―――769
10進数を16進数に変換する―――――764
10進数を2進数に変換する―――――761
10進数を8進数に変換する―――――762
10進数をn進数に変換する―――――770
16進数表記の数値をセルに入力するときの工夫
―――――766
16進数表記を10進数表記に変換する―――768
16進数表記を2進数表記に変換する―――764
16進数表記を8進数表記に変換する―――766
16進数を10進数に変換する―――――768
16進数を2進数に変換する―――――765
16進数を8進数に変換する―――――767
20進数表記―――――770

アルファベット

A1形式―――――309
Adventure Works―――――870
AdventureWorks2014DW―――――870
AND条件―――――329
BESSELI関数の結果をグラフで表示するには
―――――819
BESSELJ関数の結果をグラフで表示するには
―――――815
BESSELK関数の結果をグラフで表示するには
―――――821
BESSELY関数の結果をグラフで表示するには
―――――817
BMIとは―――――836
BMIを求め、肥満度を判定する―――――899
ERFC関数の結果をグラフで表示するには
―――――825
ERF関数の結果をグラフで表示するには―――823
Excelマクロ有効ブック―――――898
Function―――――894
F検定―――――602, 608
F分布―――――602
　　右側確率……………………604
　　右側確率からF値を求める……………606
　　累積確率からF値を求める……………605
　　累積確率や確率密度を求める……………603
IF関数を使って2つの数値を比較するには―745
IF関数を使ってしきい値との比較をするには
―――――746

909

IMPOWER関数を使っても平方根が求められる————791

KPI————871, 882

KPIの状態を求めるには————884

KPI名————882

MDX式————873, 878

Microsoft SQL Server Analysis Services————870

m進数の数値をn進数の数値に変換する関数————751

N関数の変換規則————864

n進数表記を10進数表記に変換する————771

n進数を10進数に変換する————771

n進数をm進数に変換するには————770

OR条件————329

R1C1形式————309

SHEETS関数は「串刺し計算」にも使える————868

SQL Server Data Tools————871

T関数を使っている理由————867

t検定————589, 596

t分布————589
- 右側確率 ………… 592, 593
- 両側確率 …………591, 593
- 両側確率からt値を求める …………595
- 累積確率（左側確率）からt値を求める…594
- 累積確率や確率密度を求める …………590

URL————888

URLエンコード————886
- 文字列をURLエンコードする……… 886, 887

URLクエリー————886

VBA————894
- VBAについて学びたいときは……………900

Visual Basic Editor————894
- [Alt]+[F11]キーでもVisual Basic Editorを起動できる…………896
- VBEの画面構成 …………896
- Visual Basic Editorを起動する…………895

Visual Basic for Applications————894

VLOOKUP関数について複数のエラーチェックをする————839

VLOOKUP関数の検索結果が正しいかどうか調べる————837

VLOOKUP関数の［列番号］が正しく指定されたかどうか調べる————838

Webサービス
- Webサービスのデータを利用する………317
- Webサービスを利用してデータをダウンロードする…………888
- Webサービスを利用して天気予報のデータを取得する…………889
- Webサービスを利用する…………886
- Webページを検索するためのハイパーリンクを作成する…………888

XML————890

XML、JSONとは…………889

XML形式の天気予報から今日の天気を取り出す…………891

XML文書から必要な情報だけを取り出す…………890

XML文書から必要な情報を取得………886

XML文書に含まれる個人データから「名」を取り出す…………890

XML文書の構造…………891

セルに「/」ではじまる文字列を入力するには…………891

天気予報のXML文書の構造…………892

複数の要素を持つ配列から特定の値を取り出すには…………892

あ

アドイン————73
- アドインを有効にする…………73
- 標準インストール…………74
- 分析ツールアドイン…………74

余りを求める————157

あるビットが立っているかどうか調べるには————828

い

イコール————32

一覧をランダムに並べ替える————247

印刷できない文字の削除————389

う

ウェブ関数を利用する————886

え

英字
- 大文字に変換する…………407
- 小文字に変換する…………409
- 先頭の文字だけ大文字に変換する………410

エラー
- ［#N/A］以外のエラー値かどうか調べる…………837
- ［#N/A］かどうか調べる…………836
- ［#N/A］が表示される理由…………863
- VLOOKUP関数について複数のエラーチェックをする…………839
- エラーインジケータ…………70
- エラー値［#N/A］を返す…………862
- エラーチェックダイアログボックス………70
- エラー値かどうか調べる…………835
- エラー値の種類…………68
- エラー値の種類を調べる………854, 855
- エラー値の説明を表示する…………855
- エラーの種類を調べる…………268
- エラーのトレースボタン…………68, 69, 70

エラーの場合に返す値を指定する ……… 267
エラー発生時にいつも［#N/A］を表示する
……………………………………………… 863
エラーをチェックする ……………………… 69
検索エラーの有無をチェックするには … 839
循環参照 …………………………………… 67, 71
数式の結果がエラーになっているかどうか
調べる …………………………………… 836
トレース矢印 ……………………………… 72
未測定のデータに#N/Aを表示する ……862
エラー値 ……………………………………… 67, 33
……………………………………… 69
#DIV/0! ……………………………………… 68
#N/A ……………………………………… 68
#NAME? ……………………………………… 68
#NULL! ……………………………………… 68
#NUM! ……………………………………… 68
#REF! ……………………………………… 68
#VALUE! ……………………………………… 68
種類と対処法 ……………………………… 68
演算子 ……………………………………… 34
演算子の優先順位 ………………………… 35
算術演算子 ………………………………… 34
参照演算子 ………………………………… 34
種類 ……………………………………… 34
比較演算子 ………………………………… 34
文字列演算子 ……………………………… 34
論理式 ……………………………………… 35
エンジニアリング関数 ……………………… 36
円周率π
近似値を求める ………………………… 193
倍数の平方根を求める ………………… 181
π単位の表示 ……………………………… 194
表示桁数を増やす ……………………… 194
分数形式で表示 ………………………… 194
円柱座標系 ……………………………… 814, 816

お

オートSUM ……………………………… 39, 434
オートフィルオプション …………………… 58
おもな進数表記と桁上がり位置の違い …… 751

か

回帰直線 ……………………………………… 508
あてはまりのよさ ……………………… 521
傾き ……………………………………… 513
切片 ……………………………………… 515
標準誤差 ………………………………… 520
予測 ……………………………………… 509
階乗
階乗を求める …………………………… 165
二重階乗を求める ……………………… 166
カイ二乗検定 ……………………………… 579, 586

カイ二乗分布 ……………………………… 579
右側確率 ………………………………… 581
右側確率の逆関数 ……………………… 585
累積確率から逆関数の値を求める …… 583
累積確率や確率密度を求める ………… 580
外部（アドイン／オートメーション）関数 …… 37
ガウス分布の積分 ………………………… 822
ガウス平面 ………………………………… 772
価格が文字列以外で入力されているかどうか調
べる ……………………………………… 842
価格が文字列で入力されているかどうか調べる
……………………………………………… 840
価格が文字列で入力されているかどうかで表示
する内容を変える ……………………… 841
拡散を伴う物理現象 …………………… 818, 820
下限値 ……………………………………… 550
頭文字（頭字語）を使った略語を作る …… 900
括弧 …………………………………………… 32, 35
カラーリファレンス ……………………… 53
空のセルかどうか調べる ………………… 834
空のセルとゼロの違い …………………… 441
空のセルの個数を求める ………………… 435
関数 ……………………………………… 30, 33
関数のみコピー ………………………… 58
関数ライブラリ ………………………… 40
組み合わせ ……………………………… 46
計算結果のみコピー …………………… 63
形式 ……………………………………… 32
削除 ……………………………………… 55
しくみ …………………………………… 32
指定できるもの ………………………… 33
指定方法 ………………………………… 33
修正 ……………………………………… 52
数式バーに入力 ………………………… 39
絶対参照 ………………………………… 56
相対参照 ………………………………… 56
直接入力 ………………………………… 38, 47
入力 ……………………………………… 38
ネスト …………………………………… 46
引数に関数を指定 ……………………… 46
複合参照 ………………………………… 57
分類 ……………………………………… 36
ほかのワークシートを参照 …………… 45
漢数字で計算する ………………………… 421
関数の基本知識
アドインの利用 ………………………… 73
エラーの対処 …………………………… 67
概念 ……………………………………… 30
コピー …………………………………… 56
削除 ……………………………………… 52
修正 ……………………………………… 52
入力 ……………………………………… 32
関数の挿入ダイアログボックス ………… 43

911
できる

関数の引数ダイアログボックス——————46, 52
［関数の引数］ダイアログボックスでは「"」
の入力を省略できる ································· 861
関数の分類——————————————36
　エンジニアリング ································· 36
　検索/行列 ·· 273
　財務 ··· 629
　数学/三角 ·· 119
　データベース ··································· 323
　統計 ··· 431
　日付/時刻 ·· 75
　文字列操作 ······································ 351
　論理 ··· 251
関数ライブラリ——————————————38, 40
間接参照——————————————————306
ガンマ関数——————————————————814
ガンマ分布——————————————————616
　ガンマ関数の自然対数 ····················· 621
　ガンマ関数の値 ······························· 619
　累積確率から逆関数の値を求める········· 618
　累積確率や確率密度 ························· 617

き

期間
　1年間に占める割合を求める ············· 117
　1年を360日として日数を求める ············· 109
　2つの日付から日数を求める ············· 111
　指定した休日を除外して日数を求める··· 106
　土日と祭日を除外して日数を求める······· 104
　年数、月数、日数を求める ················· 108
基準位置からの列を調べる——————————289
基数——————————————————769, 771
奇数かどうか調べる——————————————845
基数変換——————————————————751
季節変動——————————————————532
帰無仮説——————————————————598
逆正弦を求める——————————————211
逆正接を求める——————————————214
　x-y座標から逆正接を求める ·················· 217
　逆正接の値をπ単位で求める ············· 194
　度単位 ·· 219
逆余弦を求める——————————————212
逆余接を求める——————————————216
キャッシュフロー
　定期的なキャッシュフロー········ 667, 670, 673
　不定期なキャッシュフロー··············668, 671
キャプション——————————873, 875, 880, 882
キューブからメンバーや組のセットを取り出す
·· 875
キューブ関数——————————————————36
　Adventure Works ····························· 870
　AdventureWorks2014DW··············· 870
　KPI ··· 871

MDX式——————————————————873
Microsoft SQL Server Analysis Services
·· 870
　SQL Server Data Tools ····················· 871
　キューブ関数を利用する ··················· 870
　主要業績評価指標 ····························· 871
　スライサー ······································· 870
　接続名 ·· 871
　多次元式 ·· 873
　ディメンション ································· 870
　データ接続ウィザード ······················ 871
　データソースとの接続 ······················ 871
　データのインポート ·························· 871
　データマイニング機能 ······················ 870
　ピボットテーブル ···························· 871
　フレンドリ名 ··································· 871
　分析機能 ·· 870
　メジャー ·· 870
キューブセット
　キューブからセットを取り出す············· 876
　キューブセット内の項目の個数を求める
·· 877
キューブでKPIの目標値を表すプロパティを取り
出す ··· 883
キューブでメンバーの合計を求める——————879
キューブ内のメンバーのプロパティを求める——874
キューブ内のメンバーや組を返す——————————873
キューブの集計値を求める——————————878
キューブのメンバーやセット、値を取り出す関数
·· 870
行位置と列位置で検索する——————————293
共役複素数——————————————————772
　共役複素数を求める ······················ 776, 777
共分散——————————————————540
　共分散の不偏推定値を求める ············· 545
　共分散を求める ································· 544
行数を求める——————————————————295
行と列の交わる点にある値を求める——————308
行と列を入れ替える——————————————313
行番号を求める——————————————289
行列
　2つの行列の積を求める ····················· 242
　同じ行列を配列定数で指定する ············· 240
　逆行列を持つか調べる ······················ 242
　逆行列を求める ································· 240
　行列式を求める ································· 239
　単位行列を求める ···························· 244
極形式——————————778, 787, 790
　極形式の複素数から通常の複素数に変換
するには ··· 780
極座標——————————————————814
極座標系——————————————————816
虚軸——————————————————772

虚数 ————————————————772	行と列を入れ替える ————————313
虚数単位 ——————————————773	サーバーからデータを取り出す ———321
虚数単位が2種類ある理由 —————774	指定した位置のセル参照を求める ——298
虚部 —————————————772, 773	セルの位置や検索値の位置を求める—288
切り上げ	ハイパーリンクを作成する —————316
指定した数値の倍数になるように切り上げる	範囲内の要素を求める —————294
—————————————————149	引数のリストから特定の値を選ぶ ——286
指定の桁数まで求める ——————143	ピボットテーブルからデータを取り出す—318
最も近い奇数に切り上げる ————155	表を検索してデータを取り出す ———274
最も近い偶数に切り上げる ————154	ほかのセルを間接的に参照する ———306
切り捨て	検索エラーの有無をチェックするには——839
指定した数値の倍数になるように切り捨てる	検索値以下の最大値を検索する————278
—————————————————145	検索値がないときにエラーメッセージを表示する
指定の桁数まで求める ——————141	—————————————————277
小数点以下を切り捨てる —————139	検索値に近い値を検索する————280
小数点からの距離 ———————141	検査の種類 ————————856, 860
近似値の精度を上げる ——————179	[検査の種類]に「filename」を指定した
	場合は ———————————858

く

偶数かどうか調べる ——————844	
空白文字を削除する ——————388	
組み合わせの数を求める ————171	
同じ項目を重複して取り出す ———174	
順列との違い ———————172	

こ

合格者数を得るには ——————746	
合計	
「""」の入力を省略 ——————123	

け

計算方法を変更する ——————322	検索条件で使えるワイルドカード ——124
係数や定数項を求める ——————516	検索条件を柔軟に指定する ————124
結果を2進数として表示するには ——832	自動的に入力された引数 —————121
減価償却費 ——————————730	条件を指定して集計 ———————123
算術級数法 ————————738	複数の条件を指定して集計 ————126
新定額法で減価償却費の表を作成——731	平方和 —————————129
新定率法で減価償却費の表を作成——734	交差する部分のデータを取り出す————320
定額法（旧定額法）—————730	構造化参照 ————————————37
定率法（旧定率法）—————732	誤差関数 ——————————823
倍額定率法 ———————735, 736	ERFC関数の結果をグラフで表示するには
フランスの会計システムで求める—739, 741	—————————————————825
現在の操作環境についての情報を得る——860	ERF関数の結果をグラフで表示するには
検索	—————————————————823
1行または1列の範囲を探す ————281	ガウス分布の積分 ———————822
関数の検索 —————————43	下限 ——————————822
近似値検索できる表を作る ————278	誤差関数の値を求める ———822, 823
検索方法の指定 ———————276	上限 ——————————822
指定した位置の値を求める ————303	相補誤差関数 ————————822, 824
セル参照を求める ———298, 301, 310	余誤差関数 ————————824
相対位置を求める ———————291	弧度法 ————————————195
対応する値を探す ———————283	コピー ———————————56, 57
データを探す ———————274	関数のみをコピーする —————58
範囲を下に向かって探す —————275	クリップボードを使ってコピーする——58
範囲を右に向かって探す —————279	計算結果だけをコピーする ————63
ほかのブックやシートを検索 ————277	セル参照の列だけ、または行だけを固定し
文字列の検索 ———368, 369, 370, 372, 374	たまま関数をコピーする —————61
検索/行列関数 ————————273	セル参照を固定したまま関数をコピーする
	—————————————————59
	コンテンツの有効化 ——————899

913
できる

さ

サーバーからデータを取り出す―――321
サイコロの目が奇数かどうか調べる―――846
サイコロを振り直すには―――846
祭日を配列定数で指定する―――100
最小公倍数を求める―――161
最小値
　　数値の最小値―――462
　　データの最小値―――463
　　複数の条件を指定して最小値を求める―――464
最大公約数を求める―――160
最大値
　　数値の最大値―――458
　　データの最大値―――459
　　複数の条件を指定して最大値を求める―――460
最頻値―――452, 454, 456
財務関数―――36, 629
　　減価償却費を求める―――730
　　実効年利率や名目年利率を求める―――663
　　正味現在価値を求める―――666
　　貯蓄や投資の満期額を求める―――652
　　定期利付債の計算をする―――675
　　定期利付債のデュレーションを求める―――692
　　定期利付債の日付情報を得る―――681
　　ドル価格の分数表記と小数表記を変換する―――724
　　内部利益率を求める―――670
　　米国財務省短期証券の計算をする―――719
　　返済期間や積立期間を求める―――656
　　満期利付債の計算をする―――706
　　ユーロ圏の通貨単位を換算する―――727
　　利払期間が半端な定期利付債の計算する―――697
　　ローンの借入可能額や貯蓄の頭金を求める―――648
　　ローンの返済額や積立貯蓄の払込額を求める―――630
　　ローン返済額の元金相当分を求める―――634
　　ローン返済額の金利相当分を求める―――640
　　ローンや積立貯蓄の利率を求める―――660
　　割引債の計算をする―――712
削除―――55
作成したユーザー定義関数の処理内容―――898
作成していないユーザー定義関数が表示されることもある―――896
さらに次数の高い第1種変形ベッセル関数―――819
さらに次数の高い第2種ベッセル関数―――817
さらに次数の高い第2種変形ベッセル関数―――821
算術演算子―――34
　　算術演算子の「＾」は使えない―――793
算術級数法―――738
参照演算子―――34

参照形式
　　切り替える―――59
　　絶対参照―――56, 59
　　相対参照―――56
　　複合参照―――57, 61

し

しきい値―――745, 746
時刻
　　時刻を更新しない―――77
　　時、分、秒から時刻を求める―――92
　　シリアル値を求める―――94
　　時を取り出す―――84
　　秒を取り出す―――86
　　分を取り出す―――85
　　文字列を連結する―――79
四捨五入
　　指定の桁数まで求める―――144
指数回帰
　　指数回帰曲線―――523, 524
　　指数回帰曲線の底や定数などを求める―――525
　　指数回帰曲線を使った予測―――524
指数関数―――184, 793
指数分布関数―――614
指数平滑法
　　将来の値を予測する―――529
　　予測した値の信頼区間を求める―――534
　　予測を行うときの各種の統計量を求める―――536
　　予測を行うときの季節変動の長さを求める―――532
自然対数の底e―――186
自然対数を求める―――191
実効年利率―――663, 664
実軸―――772
実数―――772
実部―――772, 773
　　実部と虚部から複素数を作成する―――773
指定した位置までの合計を求める―――287
指定した順位のメンバーを求める―――880
指定したセットの先頭のメンバーを表示する―――881
自動車のナンバーが偶数かどうか調べる―――844
自動車のナンバーが偶数かどうかで表示する内容を変える―――845
シフト数―――831
四分位数―――475, 479
重回帰分析
　　係数や定数項を求める―――516
　　予測―――511
集計値―――135, 137
修正―――52, 53, 54
修正デュレーション―――692

修正内部利益率————————673
主要業績評価指標——————871, 882
　　主要業績評価指標（KPI）のプロパティを
　　返す——————————882
順位
　　大きいほうから何番めかの値————466
　　順位を求める——————470, 471
　　小さいほうから何番めかの値————468
循環参照————————————67
　　解消——————————71
　　循環参照を起こしているセルを探す——72
順列の数を求める——————————168
　　同じ項目を重複して取り出す——169, 170
　　組合わせとの違い——————169
条件
　　いずれかの条件が満たされているかを調
　　べる——————————261
　　検索値に一致する値を探して対応する結
　　果を返す————————257
　　最小値を求める——————332
　　最大値を求める——————330
　　条件が満たされていないことを調べる——265
　　条件に一致するデータの個数————436
　　条件によって異なる値を返す————252
　　条件を指定した数値の平均————443
　　条件を満たすデータの比率————443
　　数値の個数を求める——————324
　　すべての条件が満たされているかを調べる
　　———————————259
　　セルの合計を求める——————334
　　セルの個数を求める——————327
　　セルの積を求める——————339
　　セルの平均を求める——————337
　　データから不偏分散を求める————343
　　データの標準偏差を求める————349
　　データの不偏標準偏差を求める————347
　　データの分散を求める——————345
　　データを探す——————341
　　複数の条件の真偽が同じか異なるかを調
　　べる——————————263
　　複数の条件を指定して最小値を求める——464
　　複数の条件を指定して最大値を求める——460
　　複数の条件を順に調べて異なる値を返す
　　———————————255
上限値————————————550
条件にワイルドカード文字を使う————333
情報関数————————————36
情報単位の2進接頭辞とその記号————748
正味現在価値————————————666
常用対数を求める——————————190
使用例の各セルに入力されている内容——848, 849
書式コードの意味————————858
除数————————————788

進数
　　2進数表記を10進数表記に変換する————753
　　2進数表記を16進数表記に変換する————754
　　2進数表記を8進数表記に変換する————752
　　2進数を10進数に変換する————754
　　2進数を16進数に変換する————755
　　2進数を8進数に変換する————753
　　8進数表記を10進数表記に変換する————757
　　8進数表記を16進数表記に変換する————759
　　8進数表記を2進数表記に変換する————756
　　8進数を10進数に変換する————758
　　8進数を16進数に変換する————759
　　8進数を2進数に変換する————757
　　10進数表記を16進数表記に変換する————763
　　10進数表記を2進数表記に変換する————760
　　10進数表記を8進数表記に変換する————762
　　10進数表記をn進数表記に変換する————769
　　10進数を16進数に変換する————764
　　10進数を2進数に変換する————761
　　10進数を8進数に変換する————762
　　10進数をn進数に変換する————770
　　16進数表記の数値をセルに入力するときの
　　工夫——————————766
　　16進数表記を10進数表記に変換する————768
　　16進数表記を2進数表記に変換する————764
　　16進数表記を8進数表記に変換する————766
　　16進数を10進数に変換する————768
　　16進数を2進数に変換する————765
　　16進数を8進数に変換する————767
　　20進数表記————————770
　　n進数表記を10進数表記に変換する————771
　　n進数を10進数に変換する————771
　　n進数をm進数に変換するには————770
　　おもな進数表記と桁上がり位置の違い——751
　　数値の進数表記を変換する————751
身長が数値で入力されているかどうか調べる——843
身長が数値で入力されているかどうかで表示する
内容を変える————————————843
進捗率を求める——————————296
新定額法————————————731
新定率法————————————734
振動の周期————————————817
信頼区間——————————534, 547

す

数学/三角関数————————————119
　　円周率を求める——————193
　　逆三角関数を利用する——————210
　　逆双曲線関数を利用する——————230
　　行列や行列式を計算する——————238
　　組合わせの計算をする——————165
　　合計する——————120
　　最小公倍数を求める——————161

915
できる

最大公約数を求める …………………… 160
三角関数の値を求める …………………… 199
指数関数 …………………………………… 184
集計値を求める …………………………… 135
数値を丸める ……………………………… 139
整数商や余りを求める …………………… 157
積を求める ………………………………… 127
双曲線関数の値を求める ………………… 220
対数関数 …………………………………… 188
度とラジアンを変換する ………………… 195
配列の平方計算をする …………………… 131
符号を変換する …………………………… 163
平方根を求める …………………………… 180
べき級数を求める ………………………… 177
乱数を発生させる ………………………… 246
数カ月前や数カ月後の月末を求める————98
数カ月前や数カ月後の日付を求める————97
数式————————————————————33
数式かどうか調べる ……………………… 847
数式の結果がエラーになっているかどうか
調べる ……………………………………… 836
数式を取り出す …………………………… 848
セルに入力されている数式を取り出す … 849
セルの内容が数式かどうか調べる ……… 848
ワークシート上の数式を一度にすべて表示
するショートカットキー ………………… 849
数式バー————————————————39
数値————————————————————33
2つの数値が等しいかどうか調べる …… 744
16進数表記の数値をセルに入力するときの
工夫 ………………………………………… 766
m進数の数値をn進数の数値に変換する関数
……………………………………………… 751
合計する …………………………………… 120
指定した数値の倍数になるように丸める
……………………………………………… 152
条件を指定して合計する ………………… 122
身長が数値で入力されているかどうか調べる
……………………………………………… 843
身長が数値で入力されているかどうかで表
示する内容を変える ……………………… 843
数値が基準値以上かどうか調べる ……… 745
数値かどうか調べるには ………… 841, 842
数値に変換する ………………… 864, 865
数値の進数表記を変換する ……………… 751
数値の単位を変換する …………………… 747
数値のビットをシフトする ……………… 832
数値を四捨五入する ……………………… 415
数値を比較する …………………………… 744
数値を丸める ……………………………… 139
比較 ………………………………………… 744
引数を数値に変換する …………………… 864
日付や時刻も数値とみなされる ………… 843

複数の条件を指定して合計する ………… 124
数値の表示
¥記号と桁区切り記号を付ける ………… 412
漢数字の文字列に変換する ……………… 420
桁区切り記号と小数点を付ける………… 414
小数点以下の桁数を変える……………… 198
タイ文字の通貨表記に変換する ………… 426
地域別の数値形式の文字列を通常の数値
に変換する ………………………………… 421
ドル記号と桁区切り記号を付ける……… 413
表示形式を適用した文字列にする ……… 416
ローマ数字の文字列に変換する………… 422
ローマ数字の文字列を数値に変換する… 425
スムージング————————————————823
スライサー—————————————870, 880

せ

正規分布———————————————————567
正規分布の確率を求める………………… 567
累積確率から逆関数の値を求める ……… 569
累積確率や確率密度を求める …………… 568
正規母集団の平均の検定————————599
制御文字の文字コード————————397, 400
正弦（サイン）を求める————————199
整数nを底とする対数の値————————797
整数商を求める———————————158, 159
正割（セカント）を求める————————206
正接（タンジェント）を求める——————202
正答数を得るには————————————745
正答と回答を比較して判定する—————744
正負を調べる————————————————164
積
積を求める ………………………………… 127
配列要素の積を合計する ………………… 128
セキュリティの警告————————————899
接続名————871, 873, 874, 875, 878, 880, 882
絶対参照—————————————————56, 59
絶対値———————————————————778
絶対値と偏角について …………………… 787
絶対値を求める …………………………… 163
複素数 ……………………………………… 164
セット———————————————————877
接頭辞———————————————————747
情報単位の2進接頭辞とその記号………… 748
単位とその記号 …………………………… 748
単位の接頭辞とその記号………………… 747
セット式—————————————875, 880
セル————————————————————33
空のセルかどうか調べる ………………… 834
セル参照…………………………………33, 56
セル参照かどうか調べる ………………… 850
セルに「/」ではじまる文字列を入力する
には ………………………………………… 891

916
できる

セルに入力されている数式を取り出す…849
セルの情報を得る…856
セルの内容が数式かどうか調べる…848
セルの内容が論理値かどうか調べる…847
セルの内容や状態を調べる…834
セルの名前…33
セル範囲…33, 121
セル範囲の先頭のセル参照を得る…857
中央揃えのセルに背景色を自動的に設定する…859
名前を付けたセル範囲の先頭のセル参照を知るには…858
表示形式…417
ほかのワークシートのセル参照…45
セルの表示形式一覧…417
　時刻/時間…418
　数値…417
　その他…419
　日付…418
全角文字に変換できない文字…406
全角を半角に変換する…404
尖度…503
尖度を求める…506

そ

相関係数…540
　相関係数を求める…541, 542
双曲線関数
　双曲線逆正弦を求める…231
　双曲線逆正接を求める…234
　双曲線逆余弦を求める…232
　双曲線逆余接を求める…235
　双曲線正割を求める…226
　双曲線正弦を求める…220
　双曲線正接を求める…223
　双曲線余割を求める…224
　双曲線余弦を求める…221
　双曲線余接を求める…228
双曲線正割…812
双曲線正弦…808
双曲線余割…810
操作環境の情報を得る…860
相対参照…56
相補誤差関数…822
　相補誤差関数の値を求める…824

た

第1種ベッセル関数の値を求める…814
第1種変形ベッセル関数の値を求める…818
第2種ベッセル関数の値を求める…816
第2種変形ベッセル関数の値を求める…820
対数関数…188
対数正規分布…575

累積確率から逆関数の値を求める…577
累積確率や確率密度を求める…576
対立仮説…598
多項係数を求める…175
多次元式…873, 878
単位
　情報単位の2進接頭辞とその記号…748
　単位とその記号…748
　単位の接頭辞とその記号…747
　単位を変換する…747
　別の単位に変換する…750

ち

地域ごとの合計を求めるには…880
「地区数」を得るための数式の内容…868
中央揃えのセルに背景色を自動的に設定する…859
中央値…452, 453
超幾何分布…561
貯蓄…652
　将来価値…653, 655
　積立期間…656
　満期額…652

つ

積立期間…656
積立貯蓄…630, 660
　利率…660

て

定額法（旧定額法）…730
定期利付債…675, 681, 692, 697
定数…33
ディメンション…870
定率法（旧定率法）…732
データ接続ウィザード…871
データソースとの接続…871
データのインポート…871
データの個数
　空のセルの個数…435
　条件に一致するデータの個数…436
　数値や日付、時刻の個数…433
　データの個数を求める…434
　複数の条件に一致するデータの個数…438
データの種類に対応する説明を表示する…853
データの種類を調べる…852
データベース関数…36, 323
　検索条件に文字列だけを指定する…326
　最大値や最小値を求める…330
　数式を使って条件を指定する…336
　セルの個数を求める…324
　データの標準偏差を求める…347

917
できる

データの分散を求める ――――343
データを計算する ――――334
データを探す ――――341
データマイニング機能――――870
データやエラー値の種類を調べる――――852
摘要が未入力のセルの個数を求める――――329
テストの合否を判定する――――746
テストの対象――――834, 835
デュレーション
修正デュレーション――――692, 694
別名――――694
天気予報のXML文書の構造――――892

と

統計関数――――36, 169, 431
F分布を求める、F検定を行う――――602
t分布を求める、t検定を行う――――589
相関係数や共分散を求める――――540
回帰直線を利用した予測を行う――――508
カイ二乗分布を求める、カイ二乗検定を行う
――――579
下限値から上限値までの確率を求める――550
ガンマ関数やガンマ分布を求める――――616
最大値や最小値を求める――――458
時系列分析を行う――――529
指数回帰曲線を利用した予測を行う――523
指数分布関数を求める――――614
順位を求める――――466
正規母集団の平均を検定する――――599
対数正規分布の確率を求める――――575
中央値や最頻値を求める――――452
超幾何分布の確率を求める――――561
データの個数を求める――――432
データを標準化する――――501
二項分布の確率を求める――――552
百分位数や四分位数を求める――――475
標準偏差を求める――――491
頻度の一覧表を作る――――473
フィッシャー変換を行う――――610
分散を求める――――485
平均値を求める――――440
平均偏差や変動を求める――――498
ベータ分布を求める――――622
母集団に対する信頼区間を求める――――547
ポワソン分布の確率を求める――――564
歪度や尖度を求める――――503
ワイブル分布を求める――――627
投資
将来価値――――653, 655
投資金額が目標額になるまでの期間――658
満期額――――652
独自の関数を作る――――894
特定のメンバーがあるかどうか調べる――873

特定の文字以降の文字列を取り出す――――361
特定の文字間を取り出す――――365
特定の文字までの文字列を取り出す――――358
特定の文字より前の文字列を取り出す
――――370, 373
ドル価格
小数表記を分数表記に変換――――725
分数表記を小数表記に変換――――724

な

内部利益率――――670
名前――――851
名前として定義されているかどうか調べる
――――850
名前を管理するには――――851
名前を付けたセル範囲の先頭のセル参照
を知るには――――858
名前を定義するには――――851
並べ替えキー――――876
並べ替え順序――――875

に

二項係数を求める――――173
二項分布――――552
確率――――554
累積確率――――554, 556
入場者数が未入力かどうか調べる――――834
入場者数が未入力のときは累計が表示されない
ようにする――――835
入力――――38, 46
入力されている引数を修正する――――121
入力中に［コンパイルエラー］と表示され
たら――――898

ね

ネスト――――46

は

倍額定率法――――735, 736
排他的論理和――――826
ハイパーボリック・コセカント――――810
ハイパーボリック・サイン――――808
ハイパーボリック・セカント――――812
ハイパーリンク――――888
ハイパーリンク作成――――316
ハイパーリンク設定の解除――――430
ハイパーリンクの自動設定――――430
文字列を取り出す――――317
リンク先の指定方法――――316
配列
関数で利用する――――65
配列数式――――64
配列数式を修正する――――65

配列定数 ························33, 64	
戻り値が1つの値 ·················66	
戻り値が配列 ···················66	

配列の平方計算
2つの配列要素の差の平方和を求める···134
2つの配列要素の平方差を合計する·······133
2つの配列要素の平方和を合計する·······132

パス————————————890
離れたセルの値を合計する————121
半角文字に変換できない文字———405
半角を全角に変換する————405

ひ

比較演算子—————————34
引数——————————32
引数が省略できる場合の入力方法·········39
引数に関数を指定する··················46
引数にセル参照を指定する··············39
引数に文字列を指定する···············39
引数の指定方法··················33
引数のリストから選び出す···········286
引数を数値に変換する···············864

被除数——————————788
日付
0、または負の数を指定した場合··········89
ISO88601方式で何週めかを求める······114
NASD方式···111
更新されないようにする················77
シリアル値を日付の形式で表示·········98
シリアル値を表示する·················97
シリアル値を求める·················90
月を取り出す··························79
年、月、日から日付を求める·········88
年を取り出す·························78
年をまたがる週の計算·················113
日付が何週めかを求める·············112
日付と時刻を求める···················77
日付や時刻も数値とみなされる·······843
日付を求める··························76
日を取り出す···························81
満年齢を求める·······················109
文字列を連結する·····················79
曜日を取り出す·······················82
和暦に変換する·······················115

日付/時刻関数———————36, 75
期間が1年間に占める割合を求める·······117
期間を求める·······················103
期日を求める·························96
時刻を表す数値·······················92
時、分、秒を取り出す·················84
年、月、日、曜日を取り出す·········78
何週目かを求める···················112
日付や時刻を求める···················76

日付を表す数値 ···············81, 88	
和暦に変換する ···············115	

ビット演算
1つの数値に対してビット演算を行う····826
2つの数値に対してビット演算を行う····826
あるビットが立っているかどうか調べる
には···································828
シフト数···································831
数値のビットをシフトする·············832
全ビットを左右にシフ·················827
排他的論理和·······················826
ビット演算を行う···················826
ビットごとの排他的論理和を求める
·······························830, 831
ビットごとの論理積を求める········827, 828
ビットごとの論理和を求める·········829
ビットを左または右にシフトする·········831
マスク値·····························828
論理積·······························826
論理和·······························826

ピボットテーブル————318, 871
アイテム·····························319
ピボットテーブルにデータを表示できる
·······································872
フィールド···························319

百分位数———————475, 476, 477, 480
百分率での順位—————482, 483
標準化——————————501
標準正規分布
確率密度を求める···················574
平均からの累積確率を求める·········573
累積確率から逆関数の値を求める·······572
累積確率や確率密度を求める·········570

標準偏差—————————491
数値をもとに標準偏差を求める·········494
データをもとに標準偏差を求める·······496

標準モジュール——————897
標準モジュールってなに？···········897

表の最終行の数値を取り出す———300
頻度——————————473
区間に含まれる値の個数·············473

ふ

フィールドを省略する————326
フィッシャー変換——————610
フィッシャー変換の逆関数·············612
フィルハンドル————————57
フォルダーのパス名を得る————861
複合参照————————57, 61
複数の文字列の置き換え————377
複数の要素を持つ配列から特定の値を取り出す
には———————————892
複素数——————————772

919
できる

IMPOWER関数を使っても平方根が求め
られる……………………………………791
基数変換を実行する14の関数…………772
共役複素数……………………772, 776, 777
極形式……………………778, 787, 790
極形式の複素数から通常の複素数に変換
するには………………………………780
虚軸…………………………………………772
虚数…………………………………………772
虚数単位…………………………………773
虚数単位が2種類ある理由………………774
虚部……………………………………772, 773
指数関数…………………………………793
実軸…………………………………………772
実数…………………………………………772
実部……………………………………772, 773
実部と虚部から複素数を作成する………773
除数…………………………………………788
整数nを底とする対数の値………………797
絶対値……………………………………778
絶対値と偏角について…………………787
双曲線正割………………………………812
双曲線正弦………………………………808
双曲線余割………………………………810
正しい複素数の表記法…………………783
ハイパーボリック・コセカント…………810
ハイパーボリック・サイン………………808
ハイパーボリック・セカント……………812
被除数……………………………………788
複素数に対して2を底とする対数の値を求
める……………………………………798
複素数に対して任意の数値を底とする対数
を求めるには…………………………797
複素数に対する指数関数の値を求める…794
複素数に対する自然対数の値を求める…796
複素数に対する常用対数の値を求める…797
複素数に対する正割の値を求める………805
複素数に対する正弦の値を求める………800
複素数に対する正接の値を求める………803
複素数に対する双曲線正割の値を求める
………………………………………812
複素数に対する双曲線正弦の値を求める
………………………………………809
複素数に対する双曲線余割の値を求める
………………………………………811
複素数に対する双曲線余弦の値を求める
………………………………………810
複素数に対する余割の値を求める………804
複素数に対する余弦の値を求める………802
複素数に対する余接の値を求める………807
［複素数］の虚部が1のときは指定を省略
できる……………………775, 780, 783
複素数の虚部を求める……………775, 776

複素数の差を求める………………784, 785
複素数の三角関数の値を求める…………800
複素数の指数関数の値を求める…………793
複素数の指数関数の表記………………794
複素数の自然対数の値を求める…………795
複素数の四則演算を行う………………782
複素数の実部を求める……………774, 775
複素数の常用対数の値を求める…………796
複素数の商を求める………………787, 789
複素数の正割の計算……………………805
複素数の正接の値を求める……………802
複素数の積を求める………………785, 786
複素数の絶対値の積………………785, 788
複素数の絶対値の表現…………………780
複素数の絶対値を求める………………779
複素数の双曲線関数の値を求める………808
複素数の双曲線正弦の値を求める………808
複素数の双曲線余割の値を求める………810
複素数の双曲線余弦の値を求める………809
複素数の対数関数の値を求める…………795
複素数の表記……………………………792
複素数の平方根を求める…………790, 791
複素数のべき関数と指数関数の値を求める
………………………………………792
複素数のべき関数の値を求める…………792
複素数のべき乗を求める………………793
複素数の偏角の表現……………………781
複素数の偏角の和…………………785, 788
複素数の偏角を求める……………780, 781
複素数の余割の値を求める……………803
複素数の余弦の値を求める……………801
複素数の余接の値を求める……………806
複素数の和を求める………………782, 783
複素数を極形式に変換する……………778
複素数を極形式に変換するときに使う2つ
の関数…………………………………778
複素数を作成、分解する………………772
複素平面………778, 782, 784, 785, 788
べき関数…………………………………792
ベクトルの差……………………………784
ベクトルの和……………………………782
偏角……………………………………778, 796
戻り値を度単位の角度に変換するには…781
複素平面————772, 778, 782, 784, 785
複利計算—————————449, 450
ブックに含まれるワークシートの数を調べる—868
ブックを保存するとユーザー定義関数も保存さ
れる————————————————898
不定期なキャッシュフロー——————671
不偏標準偏差
　　数値をもとに不偏標準偏差を求める……492
　　データをもとに不偏標準偏差を求める…493

不偏分散
　　数値をもとに不偏分散を求める…………486
　　データをもとに不偏分散を求める………487
負の数の表現──753, 754, 756, 757, 758, 760,
　　　　　　　761, 763, 764, 766, 768, 769
負の二項分布────────────559
ふりがなを使わずに並べ替える──────283
フレンドリ名───────────871
　　［フレンドリ名］は接続名として使える…872
プロパティ──────────874, 882
分散──────────────485
　　数値をもとに分散を求める……………488
　　データをもとに分散を求める…………489
分析機能────────────870
［分析ツール］アドイン─────────896

へ

平滑線──────────────823
平均値
　　幾何平均……………………………448
　　極端なデータを除いた平均値…………446
　　条件を指定した数値の平均……………443
　　数値の平均値を求める…………………440
　　すべてのデータの平均値………………441
　　相乗平均……………………………448
　　調和平均……………………………450
　　複数の条件を指定した数値の平均………445
平均偏差────────────498
　　数値をもとに平均偏差を求める………498
米国財務省短期証券──────────719
　　現在価格………………………………722
　　債券換算利回り………………………721
　　利回り…………………………………720
平方根─────────────180
　　IMPOWER関数を使っても平方根が求め
　　られる………………………………791
　　表示桁数を増やす……………………181
　　複素数の平方根………………………181
平方和を求める────────────129
ベータ分布────────────622
　　累積確率………………………………624
　　累積確率から逆関数の値を求める……625
　　累積確率や確率密度…………………623
べき関数────────────792
べき級数────────────177
　　SIN関数との比較………………………178
　　配列定数による指定とセル範囲による指定
　　…………………………………………178
べき乗
　　算術演算子……………………………185
　　べき乗を求める………………………184
ベクトルの差───────────784
ベクトルの和───────────782

ベッセル関数
　　0次の第1種ベッセル関数の値を求める…815
　　0次の第1種変形ベッセル関数の値を求める
　　…………………………………………819
　　0次の第2種ベッセル関数の値を求める…817
　　0次の第2種変形ベッセル関数の値を求める
　　…………………………………………821
　　BESSELI関数の結果をグラフで表示する
　　には……………………………………819
　　BESSELJ関数の結果をグラフで表示する
　　には……………………………………815
　　BESSELK関数の結果をグラフで表示する
　　には……………………………………821
　　BESSELY関数の結果をグラフで表示する
　　には……………………………………817
　　拡散を伴う物理現象…………………818, 820
　　ガンマ関数……………………………814
　　さらに次数の高い第1種ベッセル関数…815

　　さらに次数の高い第1種変形ベッセル関数
　　…………………………………………819
　　さらに次数の高い第2種ベッセル関数…817
　　さらに次数の高い第2種変形ベッセル関数
　　…………………………………………821
　　次数……………………814, 816, 818, 820
　　振動の周期……………………………817
　　第1種ベッセル関数の値を求める………814
　　第1種変形ベッセル関数の値を求める…818
　　第2種ベッセル関数の値を求める………816
　　第2種変形ベッセル関数の値を求める…820
　　ベッセル関数の値を求める……………814
　　ベッセル微分方程式…………………814, 816
　　変形ベッセル微分方程式………………818, 820
ベッセル微分方程式────────814, 816
別の単位に変換する──────────750
偏角──────────────778, 796
変換
　　計算結果を値に変換する…………………62
　　変換結果の桁数………752, 755, 756, 759, 760,
　　　　　　　　　　762, 763, 765, 766
　　変換後単位……………………………747
　　変換前単位……………………………747
変形ベッセル微分方程式──────818, 820
返済期間────────────656
変動──────────────498
　　数値をもとに変動を求める……………499

ほ

ほかのシートやブックを参照する──────312
ほかのブックやシートに入力されている範囲を
検索する─────────────277
母集団
　　信頼区間………………………………547

921
できる

ポワソン分布―――――――――564

ま

マスク値―――――――――828
満期利付債―――――――――706
　経過利息――――――――710
　現在価格――――――――708
　利回り―――――――――707

み

未測定のデータに#N/Aを表示する―――862

め

名目年利率―――――――――663, 665
メジャー―――――――――870, 878
メンバー式――――――――873, 874, 878
メンバーのColorプロパティの値を求める―875

も

文字コード―――――――――397
　制御文字―――――――397, 400
　全角文字に変換できない文字――406
　半角文字に変換できない文字――405
文字列―――――――――33
　価格が文字列以外で入力されているかど
　うか調べる―――――――842
　価格が文字列で入力されているかどうか
　調べる――――――――840
　価格が文字列で入力されているかどうか
　で表示する内容を変える―――841
　区切り記号で区切って連結する――――385
　指定回数文字列をくり返す――――393
　文字列以外かどうか調べる――――841
　文字列かどうか調べる――――840
　文字列が等しいか調べる――――395
　文字列からふりがなを取り出す―――391
　文字列の長さを求める―――――352
　文字列のバイト数を求める――――354
　文字列をURLエンコードする―――886, 887
　文字列を置き換える――――376, 378, 380
　文字列を返す――――――429
　文字列を数値に変換する――――427
　文字列を途中に挿入する――――379
　文字列を取り出す
　―――――357, 358, 360, 361, 363, 365
　文字を削除する――――――388
　連結する――――――382, 384
文字列演算子―――――――――34
文字列操作関数――――――――36, 351
　一部を取り出す――――――356
　大文字と小文字を変換する――――407
　数値の表記を変える――――420
　数値の表示をさまざまな形式に整える――412

全角文字と半角文字を変換する―――404
長さを調べる―――――――352
ふりがなを取り出す――――――391
文字コードを操作する――――397
文字列が等しいかどうかを返す――――395
文字列を置き換える――――376
文字列を返す――――――429
文字列をくり返し表示する――――393
文字列を検索する――――368
文字列を数値に変換する――――427
文字列を連結する――――382
余計な文字を削除する――――388
戻り値―――――――――32
　戻り値の桁数――――――769
　戻り値の桁をすべて表示する―――166, 167
　戻り値は関数名に代入する――――898
　戻り値を度単位の角度に変換するには
　――――――――781
　戻り値を利用するときの注意点
　――――――752, 757, 761, 763, 768

ゆ

有限の振動現象―――――――814, 816
ユーザー定義関数―――――――894
　BMIを求め、肥満度を判定する――――899
　End Function――――――897
　Function――――――――894
　頭文字（頭字語）を使った略語を作る――900
　作成したユーザー定義関数の処理内容
　――――――――898
　セキュリティの警告が表示されたときは――899
　独自の関数を作る――――――894
　入力中に［コンパイルエラー］と表示され
　たら――――――――898
　ブックを保存するとユーザー定義関数も
　保存される――――――898
　戻り値は関数名に代入する――――898
　ユーザー定義関数に必要な要素――――894
　ユーザー定義関数の書き方――――894
　ユーザー定義関数の活用例――――899
　ユーザー定義関数を作成するには―――895
　ユーザー定義関数をすべてのブックで使え
　るようにするには――――――899
　ユーザー定義関数を入力する――――897
　ユーザー定義関数を利用するには―――899
ユーザーフォームが挿入されてしまったら―897
ユーロ圏の通貨単位を換算する―――727

よ

曜日
　祭日を配列定数で指定――――――99
　日付から取り出す――――――82
　曜日の書式記号――――――83

ヨーロッパ方式 ――――――――111
余割（コセカント）を求める ――――204
余弦（コサイン）を求める ――――201
余誤差関数 ――――――――――824
余接（コタンジェント）を求める ――207

ら

ラジアン ――――――――――780
　ラジアンを度に変換する ――――196
ラジアン単位 ――――――――194
　度をラジアンに変換する ――――195
ランク ――――――――――880
乱数
　0以上1未満の乱数を発生させる ―――246
　実数の乱数を発生させる ―――――250
　整数の乱数を発生させる ――― 247, 249
　任意の刻みで乱数を発生させる ―――250
　乱数を変更されないようにする ―――247

り

領域数を求める ―――――――296
利率 ――――――――――――660
　元金と満期額から複利計算の利率を求める
　―――――――――――――661
　実効年利率 ――――――― 663, 664
　名目年利率 ――――――― 663, 665

る

累積二項確率 ―――――――――557

れ

列数を求める ――――――――294
列の見出しや行の見出しを名前にする――309
列番号を求める ―――――――288

ろ

ローン ――――――――――630
　元金均等返済の金利相当分 ――――645
　現在価値 ―――――――――649
　返済額の元金相当分 ――――――635
　返済額の元金相当分の累計 ―――――637
　返済額の金利相当分 ――――――641
　返済額の金利相当分の累計 ―――――644
　返済額や積立貯蓄の払込額 ―――――631
　返済期間 ―――――――――656
　利率 ――――――――――660
論理関数 ――――――――――251
　エラーの場合に返す値を指定する ―――267
　条件によって異なる値を返す ――――252
　条件を組み合わせて判定する ――――259
　条件を否定する ――――――――265
　複数の条件を順に調べて異なる値を返す
　―――――――――――――255

論理値を表す ―――――――――271
論理式 ―――――――――33, 35, 252
　「〜以上〜以下」を指定 ――――261
　論理式と条件 ―――――――260
論理積 ――――――――――826
論理値 ――――――――33, 35, 271, 272
　セルの内容が論理値かどうか調べる―――847
　論理値かどうか調べる ――――846
論理和 ――――――――――826

わ

ワークシート
　ブックに含まれるワークシートの数を調べる
　―――――――――――――868
　ワークシート上の数式を一度にすべて表
　示するショートカットキー ――――849
　ワークシートの数を調べる ――――867
　ワークシートの番号を調べる ―――866
歪度 ――――――――――――503
　歪度を求める ―――――― 504, 505
ワイブル分布 ―――――――――627
　累積確率や確率密度 ――――――627
ワイルドカード文字 ―――――――124
割引債 ――――――――――712
　現在価格 ―――――――――716
　満期日支払額 ――――――――714
　利回り ―――――――――713
　割引率 ―――――――――717
和暦 ――――――――――――115
　和暦を表示する ―――――――116

本書を読み終えた方へ
できるシリーズのご案内

Excel 関連書籍

できるExcel 2016
Windows 10/8.1/7対応

小舘由典＆
できるシリーズ編集部
定価：本体1,140円＋税

レッスンを読み進めていくだけで、思い通りの表が作れるようになる！関数や数式を使った表計算やグラフ作成、データベースとして使う方法もすぐに分かる。

できるExcelデータベース
大量データの
ビジネス活用に役立つ本
2016/2013/2010/2007対応

早坂清志＆
できるシリーズ編集部
定価：本体1,980円＋税

Excelをデータベースのように使いこなして、大量に蓄積されたデータを有効活用しよう！データ収集や分析に役立つ方法も分かる。

できるExcel マクロ&VBA
作業の効率化＆
スピードアップに役立つ本
2016/2013/2010/2007対応

小舘由典＆
できるシリーズ編集部
定価：本体1,580円＋税

マクロとVBAを駆使すれば、毎日のように行っている作業を自動化できる！ 仕事をスピードアップできるだけでなく、VBAプログラミングの基本も身に付きます。

できるExcel ピボットテーブル
データ集計・分析に役立つ本
2016/2013/2010対応

門脇香奈子＆
できるシリーズ編集部
定価：本体2,300円＋税

大量のデータをあっという間に集計・分析できる「ピボットテーブル」を身に付けよう！「準備編」「基本編」「応用編」の3ステップ解説だから分かりやすい！

できるExcel パーフェクトブック
困った！＆便利ワザ
大全
2016/2013/2010/2007対応

きたみあきこ＆
できるシリーズ編集部
定価：本体1,680円＋税

仕事で使える実践的なワザを約800本収録。データの入力や計算から関数、グラフ作成、データ分析、印刷のコツなど、幅広い応用力が身に付く。

できるExcel 関数&マクロ
困った！＆便利技
パーフェクトブック
2013/2010/2007対応

羽山 博・吉川明広＆
できるシリーズ編集部
定価：本体1,980円＋税

関数とマクロの活用ワザを400以上網羅！思いのままにデータを活用する方法が身に付く。豊富な図解で、基本から詳しく解説しているので、すぐに仕事に生かせる。

Windows、Office 関連書籍

できるWindows 10 改訂2版

法林岳之・一ヶ谷兼乃・
清水理史＆
できるシリーズ編集部
定価：本体1,000円+税

刷新された［スタート］メニューやブラウザーなど、Windows 10の最新機能と便利な操作を丁寧に解説。無料の「できるサポート」付きだから安心！

できるWindows 10 パーフェクトブック 困った！＆便利ワザ大全

広野忠敏＆
できるシリーズ編集部
定価：本体1,480円+税

Windows 10を使いこなす基本操作や活用テクニック、トラブル解決の方法を大ボリュームで解説。常に手元に置いておきたい安心の1冊！

できるWord 2016
Windows 10/8.1/7対応

田中亘＆
できるシリーズ編集部
定価：本体1,140円+税

基本的な文書作成はもちろん、写真や図形、表を組み合わせた文書の作り方もマスターできる！ はがき印刷やOneDriveを使った文書の共有も網羅。

できるPowerPoint 2016
Windows 10/8.1/7対応

井上香緒里＆
できるシリーズ編集部
定価：本体1,140円+税

スライド作成の基本を完全マスター。発表時などに役立つテクニックのほか、「見せる資料作り」のノウハウも分かる。この本があればプレゼンの準備は万端！

できるOutlook 2016
Windows 10/8.1/7対応

山田祥平＆
できるシリーズ編集部
定価：本体1,380円+税

すぐにメールを作成・整理できる！「予定表」「タスク」「To Do」なども完全解説！ ブラウザーで使えるGmailやOutlook.comの利用方法もよく分かる。

できるAccess 2016
Windows 10/8.1/7対応

広野忠敏＆
できるシリーズ編集部
定価：本体1,880円+税

「基本編」「活用編」の2ステップ構成で、データベースをまったく作ったことがない人でも自然にレベルアップしながらデータベースの活用方法を学べる。

読者アンケートにご協力ください！
http://book.impress.co.jp/books/1116101157

このたびは「できるシリーズ」をご購入いただき、ありがとうございます。
本書はWebサイトにおいて皆さまのご意見・ご感想を承っております。
気になったことやお気に召さなかった点、役に立った点など、
皆さまからのご意見・ご感想をお聞かせいただき、
今後の商品企画・制作に生かしていきたいと考えています。
お手数ですが以下の方法で読者アンケートにご回答ください。
ご協力いただいた方には抽選で毎月プレゼントをお送りします！

※プレゼントの内容については、「CLUB Impress」のWebサイト
　（http://book.impress.co.jp/）をご確認ください。

ご意見・ご感想をお聞かせください！

❶URLを入力して Enter キーを押す

❷[アンケートに答える]をクリック

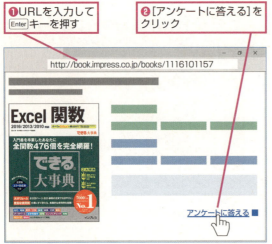

※Webサイトのデザインやレイアウトは変更になる場合があります。

◆会員登録がお済みの方
会員IDと会員パスワードを入力して、
[ログインする]をクリックする

◆会員登録をされていない方
[こちら]をクリックして会員規約に同意してから
メールアドレスや希望のパスワードを入力し、登
録確認メールのURLをクリックする

本書のご感想をぜひお寄せください　　http://book.impress.co.jp/books/1116101157

「アンケートに答える」をクリックしてアンケートにご協力ください。アンケート回答者の中から、抽選で
商品券（1万円分）や**図書カード（1,000円分）**などを毎月プレゼント。当選は賞品の発送をもって代え
させていただきます。はじめての方は、「CLUB Impress」へご登録（無料）いただく必要があります。

読者登録サービス　　
アンケートやレビューでプレゼントが当たる！

■著者

羽山 博（はやま ひろし）

京都大学文学部哲学科（心理学専攻）卒業後、NECでユーザー教育や社内SE教育を担当したのち、ライターとして独立。ソフトウェアの基本からプログラミング、認知科学、統計学まで幅広く執筆。読者の側に立った分かりやすい表現を心がけている。2006年に東京大学大学院学際情報学府博士課程を単位取得後退学。現在、有限会社ローグ・インターナショナル代表取締役、日本大学、青山学院大学、お茶の水女子大学、東京大学講師。

吉川明広（よしかわ あきひろ）

芝浦工業大学工学部電子工学科卒業後、特許事務所勤務を経て株式会社アスキーに入社。パソコン関連記事の執筆・編集に従事したのち、フリーランスの翻訳編集者として独立。コンピューターとネットワーク分野を対象に書籍や雑誌の執筆・翻訳・編集を手がけている。どんな難解な技術も中学3年性が理解できる言葉で表現することが目標。2000年～2003年、国土交通省航空保安大学校講師。2004年～現在、お茶の水女子大学講師。

STAFF

本文オリジナルデザイン	川戸明子
シリーズロゴデザイン	山岡デザイン事務所<yamaoka@mail.yama.co.jp>
カバーデザイン	株式会社ドリームデザイン
DTP制作	株式会社トップスタジオ、町田有美、田中麻衣子
編集	株式会社トップスタジオ
デザイン制作室	今津幸弘<imazu@impress.co.jp>
	鈴木　薫<suzu-kao@impress.co.jp>
制作担当デスク	柏倉真理子<kasiwa-m@impress.co.jp>
編集	安福　聰<yasufuku@impress.co.jp>
編集長	柳沼俊宏<yaginuma@impress.co.jp>
オリジナルコンセプト	山下憲治

本書は、Excelの操作方法について2017年8月時点での情報を掲載しています。紹介しているハードウェアやソフトウェア、各種サービスの使用方法は用途の一例であり、すべての製品やサービスが本書の手順と同様に動作することを保証するものではありません。

本書の内容に関するご質問は、書名・ISBN（奥付ページに記載）・お名前・電話番号と、該当するページや具体的な質問内容、お使いの動作環境などを明記のうえ、インプレスカスタマーセンターまでメールまたは封書にてお問い合わせください。電話やFAX等でのご質問には対応しておりません。なお、本書発行後に仕様が変更されたハードウェアやソフトウェア、各種サービスの内容等に関するご質問にはお答えできない場合があります。また、以下のご質問にはお答えできませんのでご了承ください。

・書籍に掲載している操作以外のご質問
・書籍で取り上げているハードウェア、ソフトウェア、各種サービス以外のご質問
・ハードウェアやソフトウェア、各種サービス自体の不具合に関するご質問

本書の利用によって生じる直接的、または間接的な被害について、著者ならびに弊社では一切の責任を負いかねます。あらかじめご了承ください。

●落丁・乱丁本はお手数ですがインプレスカスタマーセンターまでお送りください。送料弊社負担にてお取り替えさせていただきます。但し、古書店で購入されたものについてはお取り替えできません。

■読者の窓口
インプレスカスタマーセンター
〒101-0051 東京都千代田区神田神保町一丁目105番地
TEL 03-6837-5016 ／ FAX 03-6837-5023
info@impress.co.jp

■書店／販売店のご注文窓口
株式会社インプレス 受注センター
TEL 048-449-8040 ／ FAX 048-449-8041

できる大事典 Excel関数
2016/2013/2010対応

2017年9月21日 初版発行

著　者　羽山 博・吉川明広 ＆ できるシリーズ編集部
発行人　土田米一
編集人　高橋隆志
発行所　株式会社インプレス
　　　　〒101-0051 東京都千代田区神田神保町一丁目105番地
　　　　TEL 03-6837-4635（出版営業部）
　　　　ホームページ http://book.impress.co.jp/

本書は著作権法上の保護を受けています。本書の一部あるいは全部について（ソフトウェア及びプログラムを含む）、株式会社インプレスから文書による許諾を得ずに、いかなる方法においても無断で複写、複製することは禁じられています。

Copyright © 2017 Hiroshi Hayama, Akihiro Yoshikawa and Impress Corporation. All rights reserved.

印刷所　株式会社リーブルテック
ISBN978-4-295-00225-3 C3055

Printed in Japan